第六届中国建筑学会
建筑设计奖（给水排水）优秀设计
工程实例

中国建筑学会建筑给水排水研究分会　主编

中国建筑工业出版社

图书在版编目（CIP）数据

第六届中国建筑学会建筑设计奖（给水排水）优秀设
计工程实例/中国建筑学会建筑给水排水研究分会主编.
—北京：中国建筑工业出版社，2020.10
ISBN 978-7-112-25405-7

Ⅰ．①第… Ⅱ．①中… Ⅲ．①建筑-给水工程-工
程设计②建筑-排水工程-工程设计 Ⅳ.①TU82

中国版本图书馆 CIP 数据核字（2020）第 163733 号

由中国建筑学会主办的建筑设计奖，是经国务院办公厅、监察部与有关部门组成联席会议、
规范评比达标表彰确认的保留项目，是我国建筑领域最高荣誉奖之一，该奖每两年举办一次。

本书为中国建筑学会建筑给水排水研究分会组织的"第六届中国建筑学会建筑设计奖（给水
排水）"的评奖展示。本书共分三篇，即公共建筑篇、居住建筑篇、工业建筑篇，其中包括了郑州
新郑国际机场航站区二期建设项目 T2 航站楼及综合交通换乘中心（GTC）、嘉定新城 D10-15 地块
保利大剧院项目、北京密云海湾半山温泉酒店、沈阳夏宫、东方之门、北京绿地中心、采埃孚转
向系统汽车电液转向机系统项目等目前国内技术先进的大型公共建筑、生产基地等。

这些工程规模、设计水平以及给水排水专业的创新技术、节能减排、绿色建筑给水排水设计
等应用都代表了近年国内目前最高水平，有的项目已达到国际领先水平。

本书可供从事建筑给水排水设计的专业人员参考。

责任编辑：于　莉
责任校对：张惠雯

第六届中国建筑学会
建筑设计奖（给水排水）优秀设计工程实例
中国建筑学会建筑给水排水研究分会　主编
*
中国建筑工业出版社出版、发行（北京海淀三里河路 9 号）
各地新华书店、建筑书店经销
霸州市顺浩图文科技发展有限公司制版
河北鹏润印刷有限公司印刷
*
开本：880×1230 毫米　1/16　印张：56½　字数：1698 千字
2020 年 10 月第一版　2020 年 10 月第一次印刷
定价：**236.00** 元
ISBN 978-7-112-25405-7
（36369）

编委会

主编单位：中国建筑学会建筑给水排水研究分会

主   任：赵 锂

主   编：赵 锂 钱 梅

编   委（以姓氏笔画为序）

        丰汉军 王 研 王靖华 孔德骞 归谈纯

        朱建荣 刘西宝 刘玖玲 刘福光 金 鹏

        赵 锂 栗心国 徐 杨 郭汝艳 黄晓家

        程宏伟 薛学斌

前言

由中国建筑学会主办的建筑设计奖，是经国务院办公厅、监察部与有关部门组成联席会议，规范评比达标表彰确认的保留项目，是我国建筑领域最高荣誉奖之一，该奖每两年举办一次。

为了进一步鼓励我国广大建筑给水排水工作者的创新精神，提高建筑给水排水设计水平，推进我国建筑给水排水事业的繁荣和发展，受中国建筑学会委托，由中国建筑学会建筑给水排水研究分会组织开展第六届中国建筑设计奖（给水排水）优秀设计工程的评选活动。

中国建筑设计奖（给水排水）优秀设计工程突出体现在如下方面：设计技术创新；解决难度较大的技术问题；节约用水、节约能源、保护环境；提供健康、舒适、安全的居住、工作和活动场所；体现"以人为本"的绿色建筑宗旨。

第六届中国建筑设计奖（给水排水）优秀设计工程评选活动共收到来自全国42家设计单位按规定条件报送的120个项目。其中，公共建筑111项、居住建筑6项、工业建筑3项。专家初评会于2018年8月23日至24日在北京举行。

评审会由中国建筑学会建筑给水排水研究分会理事长赵锂主持，中国建筑学会学术部项目主管臧奥奇出席会议。评审委员会由18位建筑给水排水界著名专家组成。评审委员会推选中国建筑设计研究院有限公司副总经理、总工程师、教授级高级工程师赵锂担任评选组组长，中国建筑西北建筑设计研究院有限公司副总工程师、教授级高级工程师王研、广州市设计院副总工程师、教授级高级工程师赵力军担任副组长。

评审组专家有中国建筑设计研究院有限公司顾问总工程师、教授级高级工程师赵世明，中国建筑设计研究院有限公司总工程师、教授级高级工程师郭汝艳，中国中元国际工程公司副总工程师、教授级高级工程师黄晓家，北京市建筑设计研究院有限副总工程师、教授级高级工程师郑克白、中国五洲工程设计有限公司教授级高级工程师刘巍荣、华东建筑集团股份有限公司上海建筑设计研究院有限公司副总工程师、教授级高级工程师朱建荣，同济大学建筑设计研究院（集团）有限公司副总工程师、教授级高级工程师归谈纯，广东省建筑设计研究院顾问总工程师、教授级高级工程师符培勇，华南理工大学建筑设计研究院有限公司副总工程师、研究员王峰，福建省建筑设计研究院有限公司副总工程师、教授级高级工程师程宏伟，中南建筑设计研究院有限公司副总工程师、教授级高级工程师栗心国，浙江大学建筑设计研究院有限公司副总工程师、研究员王靖华，中国建筑东北设计研究院有限公司总工程师、教授级高级工程师金鹏，中国建筑西南设计研究院有限公司副总工程师、教授级高级工程师孙钢，深圳华森建筑与工程设计顾问有限公司副总工程师、教授级高级工程师周克晶。

评审工作严格遵照公开、公正和公平的评选原则。每位主审专家对申报书、计算书和相关设计图纸进行了认真地审阅，对申报的120项工程进行了逐一的集中讲评，最后通过无记名投票的方式，确定出入围工程名单和此次初评结果。经专家评选出的结果，并报送中国建筑学会终评委会，评选出一等奖14项、二等奖20项、三等奖22项。

第六届中国建筑设计奖（给水排水）优秀设计工程的评审工作得到了上海熊猫机械集团有限公司的大力支持。颁奖仪式在2018年11月13日于北京举行的中国建筑学会建筑给水排水研究分会第三届第二次全体会员大会暨学术交流会上隆重举行。为增进技术交流，推进技术进步，由中国建筑工业出版社出版获奖项目，向全国发行。在获奖项目设计人员和建筑给水排水研究分会秘书处的共同努力下，完成了本书。

本届优秀设计奖包括了郑州新郑国际机场航站区二期建设项目 T2 航站楼及综合交通换乘中心（GTC）、嘉定新城 D10-15 地块保利大剧院项目、北京密云海湾半山温泉酒店、沈阳夏宫、东方之门、北京绿地中心、采埃孚转向系统汽车电液转向机系统项目等目前国内技术先进的大型公共建筑、生产基地等。这些工程的规模、设计水平以及给水排水专业的创新技术、节能减排、绿色建筑给水排水设计等应用都代表了近年国内目前最高水平，有的项目已达到国际领先水平。申报工程的技术水平很高，在学术、工程应用中均具有很高参考价值。由于我国建筑给水排水技术的高速发展，相关标准规范也在修订完善中，设计时应根据工程所在地的具体情况、工程性质、业主要求、造价控制等合理地选用系统，本书中的系统不是唯一的选择，在参考使用时应具体情况具体分析。本书行文中也可能有一些疏漏，请各位读者指正。

目录

公共建筑篇

居住建筑篇

工业建筑篇

公共建筑篇

郑州新郑国际机场航站区二期建设项目 T2 航站楼及综合交通换乘中心（GTC）

设计单位： 中国建筑东北设计研究院有限公司
设 计 人： 董明东　朱宝峰　胡甜　蔡曙光　金鹏
获奖情况： 公共建筑类　一等奖

工程概况：

郑州新郑国际机场 T2 航站楼及 GTC 位于现有航站区核心位置，T2 航站楼平面呈"X"形，由主楼和四个指廊组成。主楼部分面宽 360m，最小处进深 192m，指廊南北长约为 1128m，总建筑面积 48.48 万 m²。T2 航站楼主楼地上 4 层，地下 2 层。一层主要为行李处理层布置行李分拣、业务用房和贵宾候机室，二层布置旅客到达层及行李提取厅，三层为旅客候机厅，四层为国内国际办票大厅。四层是旅客出发层，主要布置旅客值机和安检等用房。

GTC 地上 2 层，地下 4 层，一层主要设有长途汽车站，二层主要功能是地铁、城铁车站连接候机楼的换乘交通大厅，沿主要交通通道布置旅客所需的商业设施。地下一层～地下四层为旅客停车库、地铁和城铁站厅层，GTC 总建筑面积 28 万 m²。

郑州新郑国际机场二期工程规划中，充分借鉴国内外大型机场的先进经验，按照建设构建综合交通体系的原则，同步建设机场综合交通换乘中心，设立中原城市群城际枢纽站，引入高速铁路、城际铁路、城市轨道交通、高速公路等多种交通运输方式。建成后，郑州新郑国际机场将成为具备空陆联运条件，实现客运"零距离换乘"和货运"无缝衔接"的现代综合交通枢纽。

机场作为现代大型公共交通建筑和城市门户，不仅功能复杂，更承载着一个城市的文化底蕴，代表着整个城市乃至区域经济发展和科技进步的水平，应当体现当代最先进的生产工艺和设计理念。本方案力图为河南打造一座全新概念的现代化大型枢纽机场，以展现河南省在 21 世纪中代表中原崛起的崭新形象和时代精神。

工程说明：

一、给水排水系统

（一）给水系统

1. 冷水用水量

T2 航站楼内的生活给水系统主要供应餐饮和商业用水、卫生间用水、空调机房补水。设计采用用水标准及用水量计算见表 1 和表 2：

设计目标年为 2020 年（高峰小时人次约 11062 人次）的用水量　　　　表 1

序号	用水名称	用水规模	最高日用水定额	小时变化系数 K_h	日用水时间 (h)	用水量		备注
						最高日 (m³/d)	最大时 (m³/h)	
1	旅客生活用水	116442 人	20L/(人·d)	1.5	16	2328.8	218.3	
2	员工生活用水	1200 人	50L/(人·d)	1.5	10	60.0	9.0	
3	商业餐饮用水	3200 人次/d	60L/人次	1.5	10	192.0	28.8	
4	小计					2580.8	256.1	
5	未预见水量	小计的 15%				387.1	38.4	
6	合计					2967.9	294.5	

生活冷水用水量：最高日用水量 2967.9m³/d，最大时用水量 294.5m³/h。

设计目标年为 2030 年（高峰小时人次约 14700 人次）的用水量　　　　表 2

序号	用水名称	用水规模	最高日用水定额	小时变化系数 K_h	日用水时间 (h)	用水量		备注
						最高日 (m³/d)	最大时 (m³/h)	
1	旅客生活用水	154737 人	20L/(人·d)	1.5	16	3094.7	290.1	
2	员工生活用水	1500 人	50L/(人·d)	1.5	10	75.0	11.3	
3	商业餐饮用水	4000 人次/d	60L/人次	1.5	10	240.0	36.0	
4	小计					3409.7	337.4	
5	未预见水量	小计的 15%				511.5	50.6	
6	合计					3921.2	388.0	

生活冷水用水量：最高日用水量 3921.2m³/d，最大时用水量 388.0m³/h。

2. 水源

本工程水源为城市自来水，其供水压力约 0.35MPa。从机场区域西侧迎宾路和北侧东西贯穿路各引 1 根 DN500 的给水管在 GTC 建筑周边沿主要道路形成环状布置，T2 航站楼从 GTC 环网上引 2 根 DN300 的给水管沿建筑周边成环状布置，作为室外消防和生活的合用管道。航站楼内生活用水从室外环管引数根引入管，经水表后供至各用水点。在地下一层生活水泵房内设变频无负压供水设备一套，供五层用水。

3. 系统竖向分区

市政给水压力约 0.35MPa，地下一层～四层给水采用直供方式向各用水点供水；五层采用变频无负压供水设备加压供水，供水设备设在地下一层生活水泵房内。本工程每路引入管均在室外水表井内设远传水表以计量 T2 航站楼用水量，远传水表的数据传至中央控制室进行汇总和统计。对营业性的餐饮用水点、零售区商业用水点等处根据需要设计分户计量水表。

给水主干管敷设在一层吊顶内，然后分路供给各层用水点。餐饮部分用水均预留给水管道，由餐饮企业进行二次设计。T2 航站楼内每个卫生间的给水管均配合建筑采用暗装方式敷设，以保证美观。吊顶内给水管采用泡沫橡塑进行防结露，厚度 25mm。

公共卫生间的洗脸盆采用红外线感应水嘴，能根据人手的感应自动开关水龙头，既节约用水又利于个人卫生。小便器、大便器均采用红外电子感应式冲洗阀。建议洗脸盆、小便器、坐便器采用挂墙式，以便于卫生清洁。

4. 供水方式及给水加压设备

市政给水压力约 0.35MPa，地下一层～四层给水采用直供方式向各用水点供水；五层采用变频无负压供水设备加压供水，供水设备设在地下一层生活水泵房内。

5. 管材

管材规格小于或等于 DN100 的给水管采用铝合金衬塑复合管，电热熔连接，公称压力 1.0MPa。管材规格大于 DN100 的给水管和水泵房内的给水管均采用薄壁不锈钢管，DN150 的壁厚为 2.5mm，DN200 的壁厚为 3.0mm，氩弧焊连接，成分为 304 不锈钢。

(二) 热水系统

1. 热水用水量

生活热水用水量：T2 航站楼最高日用水量为 150.0m³/d，最大时用水量为 14.1m³/h。

2. 热源

在机场 CIP、VIP 及集中餐饮厨房热水用水相对集中的区域，采用"太阳能集热板＋热泵辅助加热"集中热水系统，在地下一层分设两个热水机房，由热水供回水管网接至各用水点。其他热水用水点，根据需要主要供应卫生间内洗手盆，提供旅客的舒适度，相对分散，由设置在各卫生间内的电热水器供应。

3. 系统竖向分区

在机场 CIP、VIP 及集中餐饮厨房热水用水相对集中的区域，采用"太阳能集热板＋热泵辅助加热"集中热水系统，在地下一层分设两个热水机房，由热水供回水管网接至各用水点，系统竖向分为一个区，采用下行上给防水，热水主干管设置在航站楼下方的综合管沟内。其他热水用水点，根据需要主要供应卫生间内洗手盆，提供旅客的舒适度，相对分散，由设置在各卫生间内的电热水器供应。

4. 热交换器

郑州属于寒冷地区，太阳能热水系统内以防冻液为热交换工质，在室内设置板式换热器间接换热，同时设有第一、第二循环换热系统，由热水保温水箱作为贮热装置。

5. 冷、热水压力平衡措施及热水温度的保证措施

压力平衡措施：在淋浴器和给水龙头处增设恒温平衡阀，尽量保证热水和冷水给水压力一致，同时热水供水泵组压力选用尽可能与冷水供水压力一致。

6. 管材

管材规格小于或等于 DN100 的热水管采用铝合金衬塑复合管，电热熔连接，公称压力 1.0MPa。管材规格大于 DN100 的给水管和热水机房内的热水管均采用薄壁不锈钢管，DN150 的壁厚为 2.5mm，DN200 的壁厚为 3.0mm，氩弧焊连接，成分为 304 不锈钢。

(三) 中水系统

本项目未设置中水系统。

(四) 排水系统

1. 排水系统的形式

(1) 排水系统采用污、废合流。系统采用专用通气立管排水方式。

(2) 卫生间内排水采用洁具通气形式。排水地漏水封大于 50mm。

(3) 地下室卫生间污水由密闭提升设备排至室外污水管网。

(4) 各层餐饮厨房废水经一层和地下层油脂分离器处理后排至室外污水管网，经化粪池处理达标后排入市政污水管网。生活污水汇集后经化粪池处理合格后排入市政污水管网。

(5) 医务室、检验检疫的排水经消毒池处理后排至室外排水管网。

(6) T2 航站楼大空间钢结构屋面雨水排水，采用压力流虹吸排水系统。雨水经雨水沟、雨水斗、雨水

立管排至室外雨水检查井内。雨水设计重现期按 $P=20$ 年计算，降雨历时为 5min。

（7）屋面设溢流口排水系统，整个屋面排水能力按雨水设计重现期 $P=100$ 年校核。

（8）T2 航站楼西侧下沉空间雨水采用压力提升排水系统。雨水由排水沟、集水坑收集后，经潜污泵提升排至室外雨水检查井内。该压力提升排水系统按雨水设计重现期 $P=100$ 年计算，降雨历时为 5min。每个集水坑设置 2 台潜污泵，潜污泵的启停皆由磁性浮球控制器进行控制。

（9）室外采用雨污分流。

2. 通气管的设置方式

航站楼和交通换乘中心由于是大空间加房中房建筑形式，无法将每处卫生间通气管均伸顶通气，故本工程采用汇合通气方式。

3. 采用的局部污水处理设施

各层餐饮厨房废水经一层和地下层油脂分离器处理后排至室外污水管网，经化粪池处理达标后排入市政污水管网。生活污水汇集后经化粪池处理合格后排入市政污水管网。

4. 管材

室内及综合管沟明装压力排水管采用热镀锌钢管，卡箍连接；室外埋地压力排水管采用 PE 给水管（电熔连接），管道承压能力 1.6MPa；埋地部分及卫生间排水及通气管大于或等于 $DN50$ 采用 HDPE 排水管，电熔连接；一层业务用房内分体式空调、柜式空调冷凝水管、卫生洁具器具通气管小于 $DN50$ 采用 PE 给水管，热熔连接；房间及走廊、卫生间吊顶、设备房、其他明装的排水管、通气管均采用机制柔性铸铁管，柔性接口，不锈钢卡箍连接；室内压力雨水管采用热镀锌钢管，丝扣连接；虹吸雨水管明设部分采用不锈钢管（SUS304），氩弧焊连接，不锈钢管壁厚参考以下要求：$DN<100mm$ 者壁厚 1.5mm，$100mm \leqslant DN < 200mm$ 者壁厚 2mm，$200mm \leqslant DN < 300mm$ 者壁厚 3mm，无装修要求或埋地雨水管采用 HDPE 管，电熔连接。

二、消防系统

（一）消火栓系统

1. 各消防系统的用水量及延续时间（见表 3）

各消防系统的用水量及延续时间　　　　　　　　　　　　　　表 3

序号	消防系统名称	消防用水量标准 (L/s)	火灾延续时间 (h)	一次灭火用水量 (m³)	备注
1	室外消火栓系统	30	3	324	由市政管网供水
2	室内消火栓系统	40	3	432	由消防水池供水
3	自动喷水灭火系统	40	1	144	由消防水池供水
4	大空间主动喷水灭火系统	40	1	144	与自喷系统合用
5	自动固定消防水炮系统	40	1	144	由消防水池供水
6	卷帘水雾系统	30	3	324	由消防水池供水

一次火灾最大用水量 1368m³。

2. 消防用水水源及消防水池、水泵房

（1）水源

本工程水源为城市自来水，其供水压力约 0.35MPa。从机场区域西侧迎宾路和北侧东西贯穿路各引 1 根 $DN500$ 的给水管在 GTC 建筑周边沿主要道路形成环状布置，T2 航站楼从 GTC 环网上引 2 根 $DN300$ 的给水管沿建筑周边成环状布置，作为室外消防和生活的合用管道。室内消防水池由动力站室外给水管上引 2 根 $DN150$ 的补水管供给。

（2）消防水池、水泵房

室内消防采用临时高压系统，在航站楼动力中心内建消防水池及水泵房，供 T2 航站区消防合用。T2 航站楼发生火灾时，由消防水泵抽取消防水池内的消防贮备水，由管道沿综合管沟输送至 T2 航站楼内进行灭火。

消防水池总贮水 $1050m^3$，分成两个独立的消防水池，消防水池充满时间不大于 48h。T2 航站楼一次灭火总用水量合计为 $1368m^3$（含室外消防用水）。

消防泵房内设有室内消火栓给水泵 2 台，1 用 1 备；室内喷洒给水泵 2 台，1 用 1 备；消防水炮给水泵 2 台，1 用 1 备；卷帘水雾给水泵 2 台，1 用 1 备。根据机场建筑特点，室内消防系统无法设屋顶水箱，水箱设置在机场最高建筑信息指挥中心大楼屋顶上方，水箱有效容积为 $36m^3$。

3. 室外消火栓系统

T2 航站楼室外消火栓系统设计为低压给水系统，在室外环网上设置地下式消火栓。室外消火栓系统按低压制考虑，最不利点的消火栓出口压力从室外设计地面算起不小于 0.10MPa，消火栓保护半径不大于 120m。消防用水管上采用阀门分成若干独立段，每段内室外消火栓的数量不超过 5 个。

4. 室内消火栓系统

室内消火栓系统设计成独立的给水系统，其平时压力由机场信息指挥中心大楼屋顶高位消防水箱维持，室内消火栓系统稳压设备压力控制在 1.0MPa。火灾时启动消火栓泵抽取消防水池内贮存的水灭火。消火栓泵为 1 用 1 备，系统在室外设置 6 套消防水泵接合器（航站楼及交通换乘中心室外消防车道旁）。

T2 航站楼各层均设置室内消火栓。室内消火栓给水系统在水平及竖向上均设计成环状。室内消火栓的设置保证室内火灾部位同时有两股充实水柱到达。消火栓充实水柱长度根据室内空间计算，且不小于 13m。系统消防用水量根据充实水柱长度及同时使用水枪数量经计算确定。室内消火栓给水管道采用阀门分成若干独立段，检修停止使用的消火栓数不应超过 5 个。栓口压力大于 0.5MPa 的消火栓采用减压稳压型。

消火栓箱采用丙型带应急照明组合式消防柜（SGY24D65Z-J（单栓）），箱内设有 $DN65$ 消火栓 1 个，25m 长消防水带 1 条，$\phi19$ 水枪 1 支，消防卷盘 1 个（软管长 25m），5kg 磷酸铵盐手提式灭火器 3 具，消火栓箱内均应带发光二极管（LED，DC24V）和消防启泵按钮。

室内消火栓系统给水管采用内外热镀锌钢管，管径小于或等于 $DN100$ 采用丝扣连接，管径大于 $DN100$ 采用沟槽式卡箍连接，管道公称压力 1.60MPa。

（二）自动喷水灭火系统

（1）本工程除大于 12m 的钢结构大空间部分以及小于 $5m^2$ 的卫生间和不宜用水扑救的部位外，均设自动喷水灭火系统。自动喷水用水量 60L/s，火灾延续时间 1h。系统竖向不分区。航站楼及交通换乘中心室外消防车道旁设有 6 组水泵接合器。自喷泵设于动力中心内，两根供水干管沿综合管沟敷设至 T2 航站楼内各报警阀室，报警阀分设于航站楼及交通换乘中心室内的各处报警阀室内。

（2）一层行李分拣厅、ROC 和公安监控室，四层 TOC、航班延误应急处理中心、安检控制中心和交通换乘中心不供暖的车库区域采用电气单连锁预作用系统，准工作状态时报警阀后管道为常压空管，管网主干管末端设置快速排气阀；其余区域采用湿式系统。

（3）行李分拣厅按中危险Ⅱ级设置，设计喷水强度 8L/(min·m^2)，作用面积 $160m^2$；其余按中危险Ⅰ级设置，设计喷水强度 6L/(min·m^2)，作用面积 $160m^2$。净空高度 8～12m 区域，设计喷水强度 6L/(min·m^2)，作用面积 $260m^2$。

（4）在地下一层、一层和四层分设多个报警阀室，报警阀后控制的喷头数不超过 800 个。按每个防火分区及不同楼层分别设置水流指示器和信号阀，每层水流指示器水压超过 0.4MPa 的设减压孔板。每个报警阀控制的喷头最不利点设置末端试水装置，其余水流指示器控制的最不利点设置末端试水阀。水力警铃设于走廊内或有人值班的地点附近。

（5）预作用系统配水管道充水时间不大于 2min，四层 TOC 等房间的预作用系统的预作用报警阀就近串联接自湿式系统，该系统的湿式报警阀后控制的总喷头数不超过 800 个。

（6）喷头选用：行李分拣厅等无供暖区域采用易熔合金喷头，其余有供暖区域采用玻璃球喷头；喷头动作温度除厨房采用 93℃ 外，其余部分均采用 68℃。无吊顶区域采用直立型喷头，有吊顶处喷头根据吊顶形式采用吊顶型喷头或装饰型喷头；在净空高度超过 800mm 的封闭吊顶内，若有可燃物时增设喷头；二次装修时吊顶若有调整，则应按照规范要求根据顶棚装饰平面作相应调整。

（7）室内自动喷水灭火系统入口压力为 1.0MPa，平时由消防增压稳压装置维持。

（8）室内自动喷水灭火系统给水管采用内外热镀锌钢管，管径小于或等于 DN100 采用丝扣连接，管径大于 DN100 采用沟槽式卡箍连接，管道公称压力 1.60MPa。

（三）大空间主动喷水灭火系统

在 T2 航站楼与城铁的共享空间内，按《大空间智能型主动喷水灭火系统设计规程》CECS 263—2009 采用大空间智能型主动喷水灭火系统。设计配置 ZSS-25 型高空水炮的大空间主动喷水灭火系统，单个水炮的设计流量为 5L/s，工作电压 220V，标准工作压力 0.6MPa，保护半径为 25m，安装高度为 6～20m，每个配套一个电磁阀，由自带的红外探测组件自动控制，而且可由消防控制室手动强制控制。大空间主动喷水灭火系统中高空水炮最多同时开启个数为 8 个，采用 360° 转角，设计中保证其保护范围内任意地方同时有一股水柱到达。大空间主动喷水灭火系统用水量按 40L/s 设计，火灾延续时间按照 1h 计算。

大空间主动喷水灭火系统设计成与喷洒的合用给水系统，管网在报警阀前分开。其平时压力也由消防泵房内的增压稳压设备维持，由于大空间主动喷水灭火系统与喷洒系统设置在不同的防火分区且喷洒系统用水量为 40L/s，能够满足大空间主动喷水灭火系统的要求，因此可以共用喷洒泵。火灾时启动喷洒泵抽取消防水池内贮存的水供大空间主动喷水灭火系统灭火。

ZSS-25 型高空水炮为探测器、水炮一体化设置。当水炮探测到火灾后发出指令联动打开相应的电磁阀，启动消防水泵进行灭火，驱动现场的声光报警器进行报警。并将火灾信号送到火灾报警控制器。扑灭火源后，若有新火源，则系统重复上述动作。系统中设有水流指示器与信号阀。在系统管网最不利点处设置模拟末端试水装置，出口接不小于 DN50 的排水管。

大空间主动喷水灭火系统给水管采用内外热镀锌钢管。管径小于或等于 DN100 采用丝扣连接，管径大于 DN100 采用沟槽式卡箍连接，管道公称压力 1.60MPa。

（四）自动固定消防水炮灭火系统

T2 航站楼的 8.400m 层候机厅、14.000m 层离港大厅、19.600m 层及交通换乘中心 6.0m 层餐饮商业面积大，空间高度高，在建筑形式上是一个开阔、明亮没有繁密结构的大空间体，属于超常规大空间建筑。这种大空间建筑形式给消防安全带来了一定的隐患，国内没有相应的设计规范，需要采用合理的消防灭火系统来弥补超规所带来的风险。

目前，对大空间建筑物内的灭火系统进行了论证和研究，认为采用与火灾探测器联动的固定消防水炮是一个较好的方案，能使火灾时的灭火效果大大提高，同时保证了建筑物整体美观性和便于业主以后大空间商业利用。本项目在上述空间采用了自动固定消防水炮灭火系统。

固定消防水炮灭火系统设计参数：水炮水量为 20L/s，射程 50m，系统炮口处压力不小于 0.8MPa，固定消防水炮按两股水柱同时到达设计，消防水量为 40L/s。

固定消防水炮灭火系统设计成独立的给水系统，其平时压力由消防泵房内的增压稳压设备维持，火灾时启动消防水炮泵抽取消防水池内贮存的水灭火。消防水炮泵为 1 用 1 备，系统在室外设置 8 套消防水泵接合器（分别在 T2 航站楼和交通换乘中心两处设置）。

固定消防水炮灭火系统给水管采用内外热镀锌无缝钢管。管径小于或等于 $DN100$ 采用丝扣连接，管径大于 $DN100$ 采用沟槽式卡箍连接，管道公称压力 2.50MPa。

（五）防护冷却水幕系统

T2 航站楼内防火分区分隔处的防火卷帘，建筑从美观等方面考虑，采用了成套水雾式特级钢质防火卷帘，卷帘自带水雾喷头。每层卷帘水雾供水总管上设水流指示器及信号阀，每个卷帘单独设置电磁阀。帘片平均布水强度 $0.178m^3/(m^2 \cdot h)$，最大防火分区处卷帘最大长度和约 50m，系统用水量按 30L/s 设计，保护时间 3h，供水压力 $0.25 \sim 0.40MPa$。各报警阀间内设湿式报警阀，室外设 3 组水泵接合器接至湿式报警阀前供水干管上。防护冷却水幕系统设计成独立的给水系统，其平时压力由消防泵房内增压稳压设备维持，火灾时由卷帘两侧的烟感、温感控制供水管路上的电子阀开启，并联动启动消防泵房内的防护冷却水幕泵抽取消防水池内贮存的水灭火。水幕泵为 1 用 1 备，系统在室外设置 4 套消防水泵接合器（分别在 T2 航站楼两处设置）。

防护冷却水幕系统在 T2 航站楼内共设有 9 套雨淋阀组。报警阀布置相对集中，水力警铃安装在报警阀间室外走廊处。

室内防护冷却水幕系统给水管采用内外热镀锌钢管。管径小于或等于 $DN100$ 采用丝扣连接，管径大于 $DN100$ 采用沟槽式卡箍连接，管道公称压力 1.60MPa。

（六）高压细水雾灭火系统

1. 高压细水雾灭火系统设置的位置

在地下一层配电间、油箱间、柴油发电机房；一层 UPS、TSCR、低压配电室、高压配电室、柴油发电机房、电力监控及电池室采用高压细水雾开式灭火系统进行保护，保护区域划分为 40 个防护分区，总保护面积 $4071m^2$。

2. 设计参数及标准

（1）持续喷雾时间 15min；

（2）喷雾强度不小于 $0.80L/(min \cdot m^2)$；

（3）最不利点喷头工作压力为 10MPa；

（4）开式系统设计流量按最大防护区内同时动作喷头的总流量乘安全系数 1.05 计算。

3. 喷头选型

根据保护对象火灾危险性和空间尺寸选择喷头：柴油发电机房和油箱间选用 $K_2 = 1.50$ 的开式喷头，其他保护区选用 $K_1 = 0.80$ 的开式喷头。喷头安装间距不大于 3m 且不小于 2m。对空间较大的保护区，设计采用双排细水雾喷头进行水幕分隔，分割喷头排距在 $1.25 \sim 2.0m$ 之间。

4. 系统组成

（1）高压细水雾开式灭火系统由高压泵组、补水增压装置、不锈钢水箱、开式分区控制阀、细水雾开式喷头、泵组控制柜、供水系统、不锈钢管道和阀门等组成。高压泵组由主泵、过滤器、安全溢流阀、阀件、机架等组成。泵组主要部件材质为不锈钢。

（2）泵组控制柜具有自动、手动两种控制方式，同自动报警系统联动控制，收到报警信号后控制泵组启动，并向控制中心反馈泵组运行信息。

（3）开式分区控制阀安装于每个防护分区的进水管处。具有手动和自动两种控制方式，受消防中心控制，向消防中心反馈信号。

5. 系统控制方式

正常情况下，系统处于待命状态，泵组不启动，高压管网内没有水。高压细水雾灭火系统同火灾报警系统联动，有自动和手动两种控制方式。

（1）自动控制：某防护分区内发生火灾后，火灾探测器探测到火情并发信号给火灾报警控制器，经确认后，火灾报警控制器给泵组控制柜和对应分区控制阀发送启动信号，该分区控制阀打开，补水增压装置和高压泵组自动启动，对该防护分区实施喷雾灭火。

（2）手动控制：人员已经确认发生火灾后，而该分区的灭火系统还没有自动启动或者自动功能失灵，可手动启动细水雾灭火系统；对于设有手动报警按钮的场所，若人员确认发生火灾，可直接按下对应防护分区的报警按钮启动系统；对于没有手动报警按钮或者手动报警按钮失灵的场所，可先手动开启分区控制阀，后手动操作泵组控制柜，启动补水增压装置和各高压泵组，对该防护分区实施喷雾灭火。

（七）气体灭火系统

1. 气体灭火系统设置的位置

T2 航站楼和交通换乘中心的一层中央控制室、ROC 及部分配电间等；四层安全管理中心 SOC、TOC、部分配电间、UPS 间及 TSCR 间等弱电房间设计全淹没管网式七氟丙烷气体灭火系统。T2 航站楼和交通换乘中心各层配电间、UPS 间、DCR 及 TSCR 间等电气用房设淹没式无管网柜式七氟丙烷灭火装置。

2. 七氟丙烷全淹没气体保护灭火系统的设计参数

（1）设计喷放时间：在通信机房和电子计算机房等防护区不应大于 8s；在其他防护区不应大于 10s。

（2）设计延迟时间：0～30s（可调）。

（3）系统设计压力：有管网 4.2＋0.1MPa（表压）；无管网 2.5MPa（表压）。

（4）设计灭火浓度：8%～9%。

（5）技术要求：气体消防供货厂家应有压力容器设计资格证和压力容器制造许可证；气体消防供货厂家应具有 VDS 国际认证；为保证系统可靠性，选择阀应具有自动复位功能；供货时的喷头及减压装置的开孔尺寸，通过专用的气体灭火系统水力计算程序计算得到。

（6）对防护区的要求：防护区宜以固定的单个封闭空间划分；防护区的围护结构及门、窗的耐火极限不应低于 0.5h，吊顶的耐火极限不应低于 0.25h；围护结构及门、窗的允许压强不宜小于 1200Pa；防护区灭火时应保持封闭条件，除泄压口以外的开口，以及用于保护区域通风机和通风管道中的防火阀，应能在喷放前自行关闭；防护区的泄压口宜设在外墙上，泄压口面积按相应气体灭火系统设计规定计算；泄压口宜安装于保护区外墙 2/3 高的适当位置，具体安装高度见图纸；防护区的最低环境温度不应低于－10℃；各防护区出入门应为防火门，均向疏散方向开启，并能在气体灭火喷射灭火剂前自动关闭。

（7）对贮瓶间的要求：贮存装置的布置应方便检查和维护，并应避免阳光直射；应靠近防护区，出口应直接通向室外或疏散走道；耐火等级不应低于二级；贮瓶间的环境温度应为－10～50℃，应保持干燥和良好通风。

3. 系统工作程序

保护区均设两路独立探测回路，当第一路探测器发出火灾信号时，发出警报，指示火灾发生的部位，提醒工作人员注意；当第二路探测器亦发出火灾信号后，自动灭火控制器开始进入延时阶段（0～30s 可调），此阶段用于疏散人员（声光报警器等动作）和联动设备的动作（关闭通风空调、防火卷帘门等）。延时过后，向保护区的电磁驱动器发出灭火指令，打开驱动瓶容器阀，然后由瓶内氮气打开防护区相应的选择阀和七氟丙烷贮存气瓶（无管网预置灭火系统直接启动电磁阀）向失火区进行灭火作业。同时报警控制器接收压力信号发生器的反馈信号，控制面板喷放指示灯亮。当报警控制器处于手动状态时，报警控制器只发出报警信号，不输出动作信号，由值班人员确认火警后，按下报警控制面板上的应急启动按钮或保护区门口处的紧急启停按钮，即可启动系统喷放七氟丙烷灭火剂。在整个系统工作过程中，气体自动灭火控制盘把灭火系统故障、气体释放信号传至火灾报警中心。

4. 系统控制方式

每一系统应有自动控制、手动控制和机械应急操作三种启动方式，系统的自动控制应在同时接收到烟感报警和温感报警信号后才能启动。

三、工程特点及设计体会

整个郑州新郑国际机场 T2 航站楼及交通换乘中心建设工程给水排水设计可分为如下几个设计过程：

（1）保障机场原一期 T1 航站楼建筑群安全运行的——T1 保通工程室外给水排水设计。

（2）郑州新郑国际机场二期建设工程单体建筑——T2 航站楼、交通换乘中心 GTC、航站楼动力中心、外场指挥中心及信息大楼、航管楼和在地下横穿 GTC、T2 航站楼的城际铁路车站、地铁车站的单体室内给水排水系统设计。

（3）将如上几个单体建筑的室内给水排水及水消防系统有机地联系在一起的纽带——航站区总图工程给水排水外线。

以上三个过程是郑州新郑国际机场二期建设工程给水排水专业设计中需要考虑的主要事项。二期工程不是一个孤立的新项目，它是一个在运行阶段 T1 航站楼周边进行扩建的工程，工程第一要旨是要在二期工程扩建的同时不能中断原一期 T1 航站楼的运行，而且还要保证二期工程设计、施工必须做到最优。可是，两大建筑群距离如此之近，尤其是地下管线错综复杂，这给二期建设工程的设计带来了巨大挑战，在设计阶段必须要考虑好现有航站楼群地下管线如何和本次二期建设工程室外新设计的地下管线有效衔接，因而衍生出了 T1 保通工程，即保障 T1 航站楼通畅通航工程。

当然以上三个设计过程不是独立的，而是有机、紧密地联系在一起的。因为工程的巨大、复杂，涉及的设计单位数量较多，设计总包单位不能单单从完成自己的设计任务角度考虑，还要有大局观，能高屋建瓴地协调好其他诸如航站区城铁、地铁、室外道路、高架桥、地下隧道、航管楼、飞行区、民航弱电、室外燃气、市政给水排水、航站区供油、区域电站、室外景观等多达几十家的配套设计单位。只有大家勠力同心、精确配合、协调稳步推进，最终才能完成这一次的设计任务。

最后，T2 航站楼和 GTC 室内给水排水设计还有几点小的感悟：

传统做给水排水设计一般都会根据室内卫生间和厨房等用水点来进行配水设计，对于体量规模较小的建筑来说，如此设计没有问题，而此种做法对 T2 航站楼不妥，因为整个航站楼每层面积巨大，服务用房超多，建筑专业也仅按规范要求的服务半径设置卫生间而已，如果仅按此设计给水排水理论上没有问题，可是一旦后期业主入场使用，通常都会根据自己的使用需求慢慢地再去改造办公室，例如增加几处独立卫生间、增加一个小餐厅等，这样就会涉及上下水的改造，而此种情况下对于航站楼这样的建筑改造上下水将变得非常困难。一是因为建筑吊顶内被空调管道、电缆桥架、消防管道等管线占得满满的，还要涉及拆改吊顶等，所以二次在吊顶内增加给水排水管道非常困难；二是有些一层房间内地面楼板还是"混凝土板＋地梁"的形式，如果先期未在楼板下预留排水管道，二次在楼板下增加排水管道，无异于要破坏土建结构楼板，这样对建筑单体的结构非常不利。因而本次郑州新郑国际机场二期项目，除了满足图纸上水点处的上下水设计外，还在很多办公区和远期可能做餐饮商业的地方最大限度地增加了多处上下水的预留设计，本期不使用，就用阀门和清扫口将上下水管道封死，待远期使用后再打开。这样无形中就丰富了航站楼的使用功能。航站楼运行后，也证实了这一先期预想，后期业主进行上下水改造非常方便。

因为航站楼体量巨大，设备管线众多，为方便后期使用单位对管线进行统一维护管理，在航站楼地下设计了连通航站楼动力中心、外场指挥中心信息大楼及 GTC 的地下综合管沟。综合管沟内有空调冷热水供回水管线、强电高压和低压回路、弱电管线、消防管线以及生活供水管线等。T2 航站楼的 DN300 环状供水主管线就安装在其下面的综合管沟内。综合管沟在航站楼的每一固定区域设置了进线口，方便航站楼管线和综合管沟内主管线的连通。

现在的航站楼已经不再是过去只要满足坐飞机功能就可以的单纯意义的航站楼，现在的航站楼已经开始了多元化的发展，其除了要满足基本的乘坐飞机要求，还增加了更多的商业元素，人们在乘坐飞机之余有了更多的时间可以逛商场、吃饭，甚至看电影。所以，在航站楼给水排水设计中除了满足图纸上餐饮商业上下水的需求外，在很多其他商业区域也预留了多处餐饮上下水管道，本期上下水管道若不使用，可封堵，未来使用时再打开，并且按 50m 左右服务半径在一层和地下室设置了隔油间，用来接收远期和现在的餐饮商业废水。

航站楼和 GTC 体量巨大，其内的排水重力流管线众多，有些排水悬吊管长度可达 50～60m，又因为航站楼和 GTC 钢结构大屋面形式不利于设置污、废水伸顶通气管道，因此合理地设置航站楼和 GTC 的排水通气系统对室内重力流排水能否排水流畅至关重要。本项目采用了吊顶内汇合通气和侧墙通气相结合的方式，其中侧墙通气采用多点排出通气，这样最大限度地减小了汇合通气管道的管径，给本来就十分狭小的吊顶空间释放了更多管位，用来安装其他更大的风管、桥架等。

四、工程照片及附图

郑州新郑国际机场近期鸟瞰效果图

郑州新郑国际机场建成后效果图

冷却塔群及屋顶太阳能集热器

机场动力站消防泵房

机场综合管廊

太阳能集热器

分区供水立管

地下室污水提升一体化设备

机场直饮水器

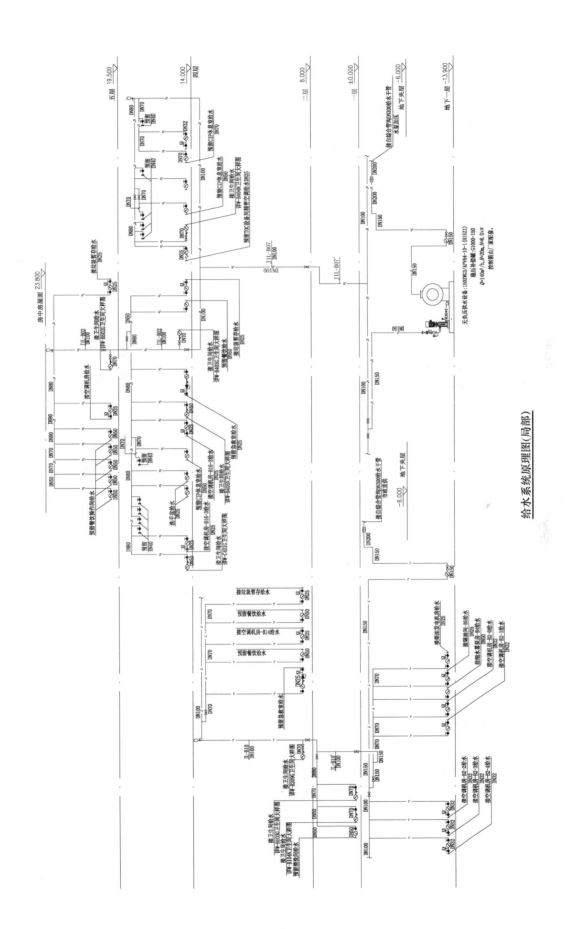

给水系统原理图（局部）

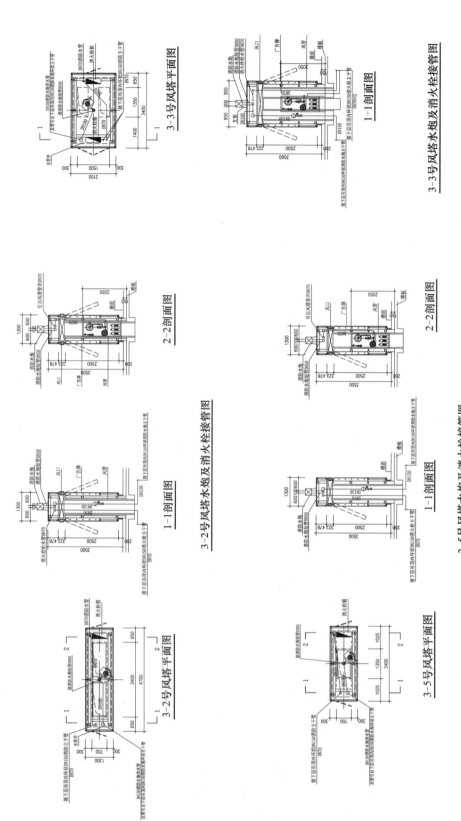

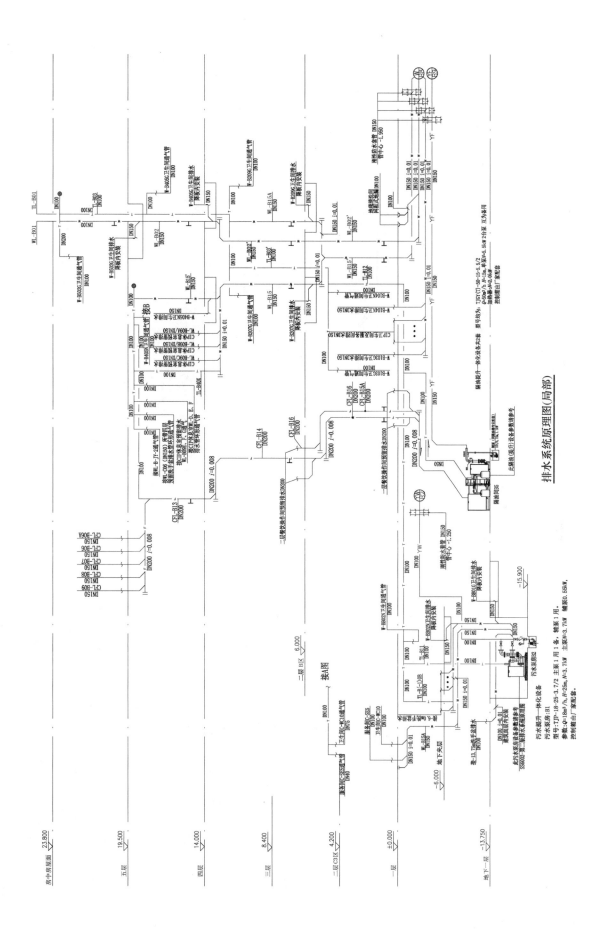

排水系统原理图（局部）

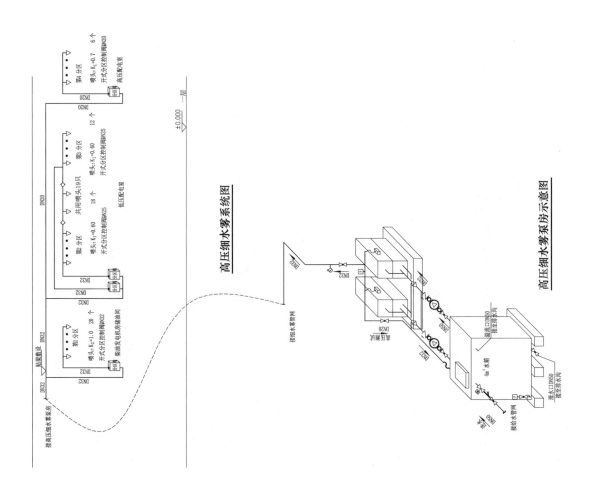

高压细水雾系统图

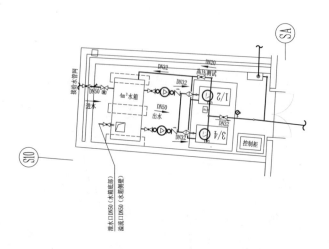

高压细水雾泵房示意图

高压细水雾泵房大样图

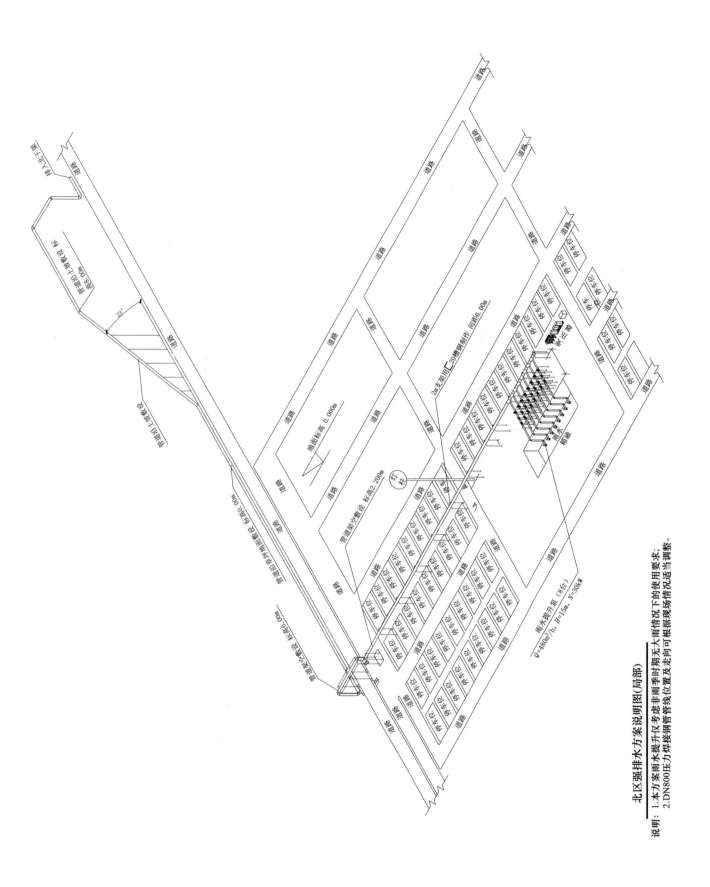

北区强排水方案说明图（局部）

说明：1.本方案雨水提升仅考虑非雨季时期无大雨情况下的使用要求；
     2.DN800压力焊接钢管管线位置及走向可根据现场情况适当调整。

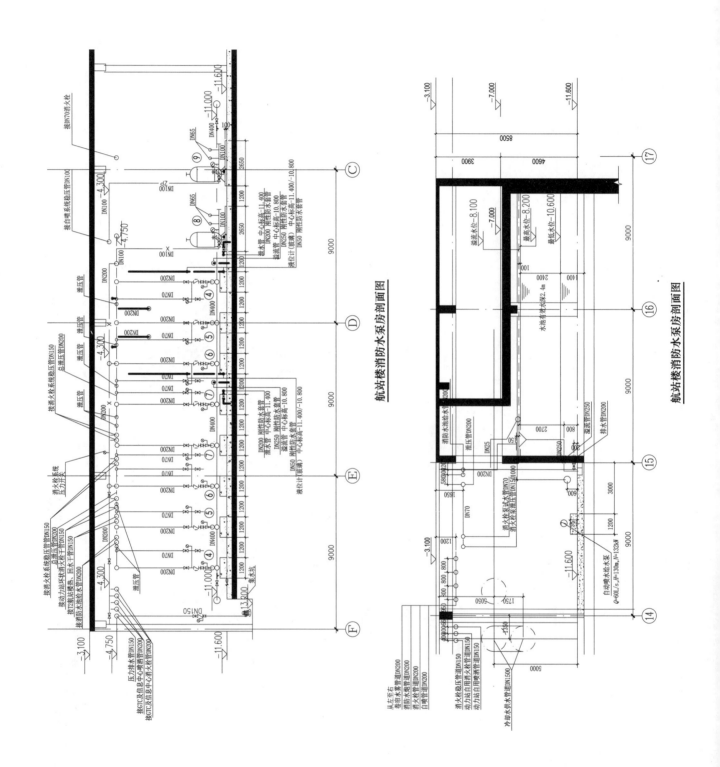

航站楼消防水泵房剖面图

航站楼消防水泵房剖面图

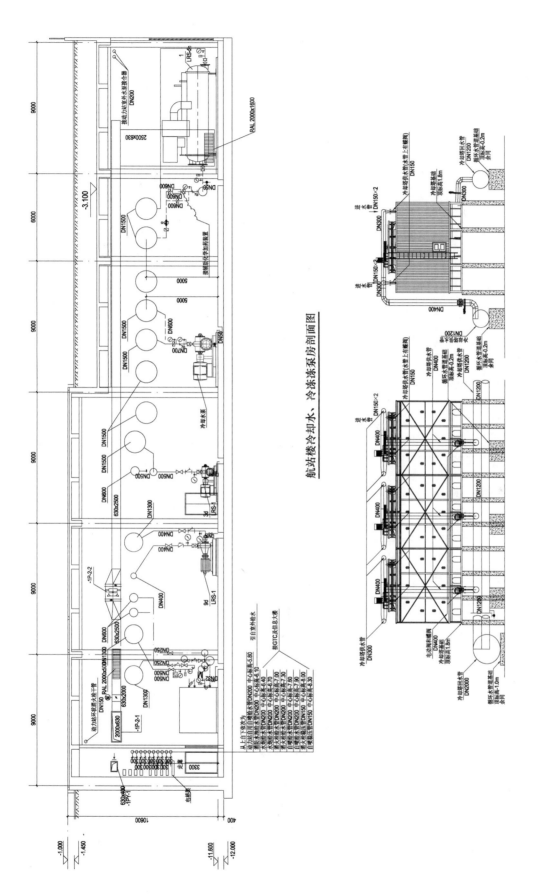

航站楼冷却水、冷冻泵泵房剖面图

航站楼冷却塔剖面图

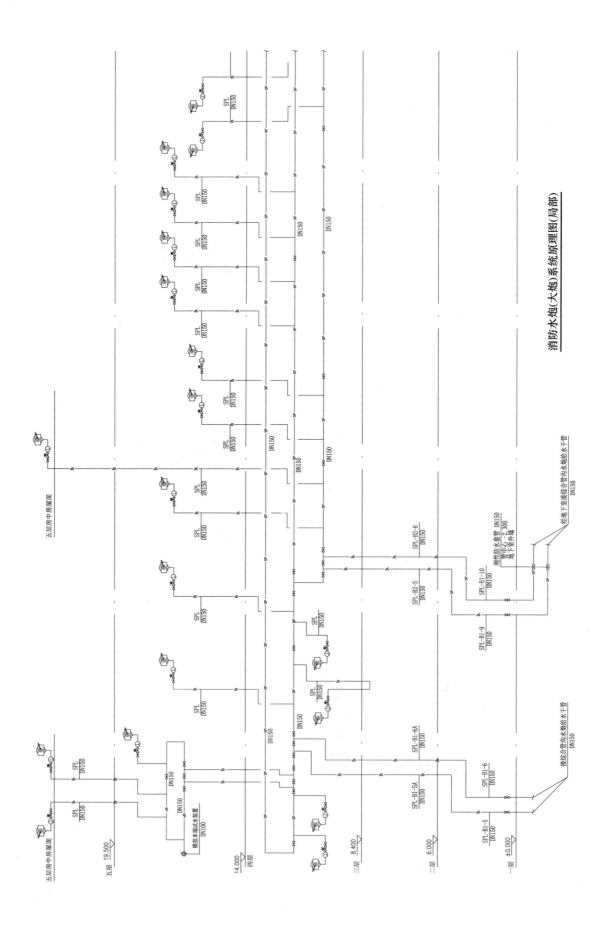

消防水炮(大炮)系统原理图(局部)

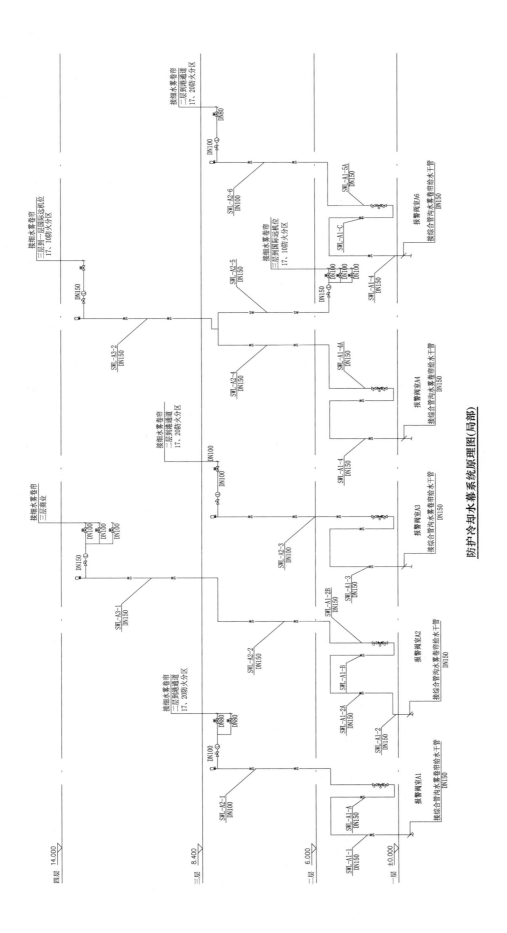

防护冷却水幕系统原理图(局部)

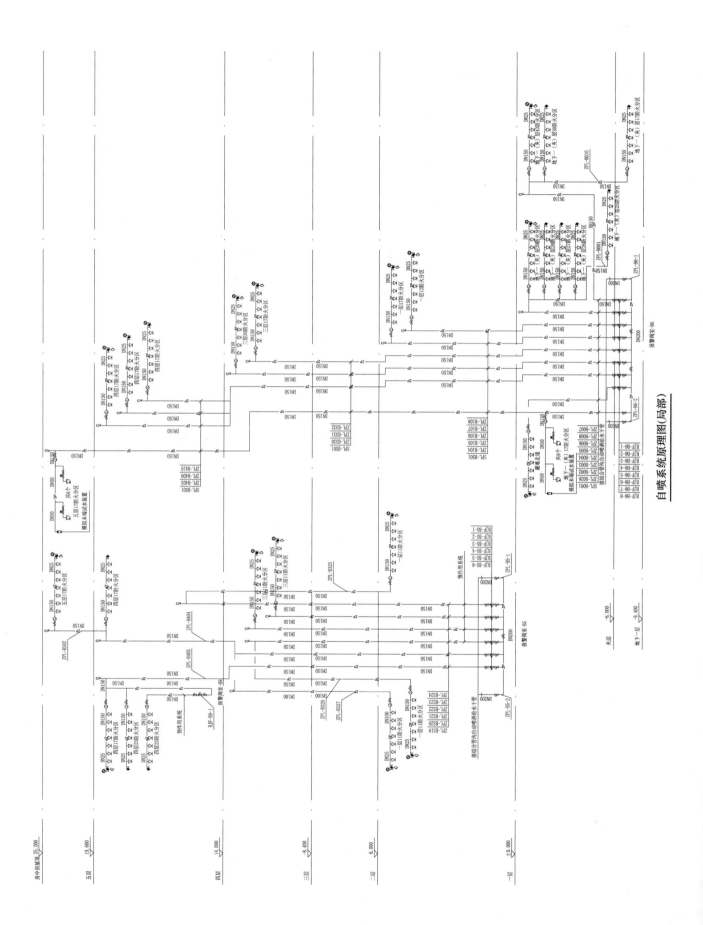

自喷系统原理图(局部)

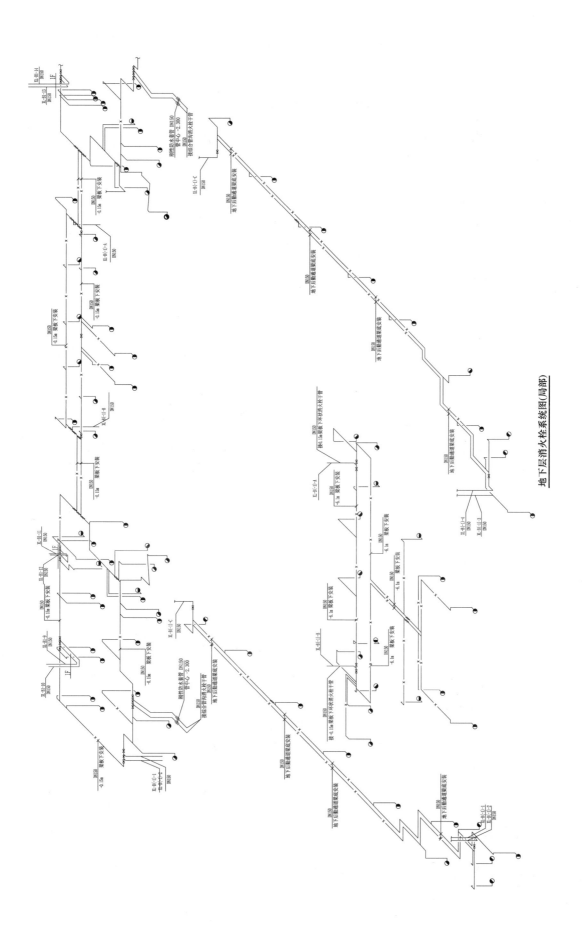

地下层消火栓系统图(局部)

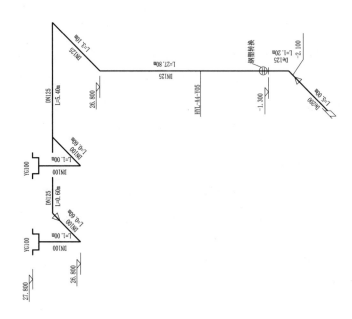

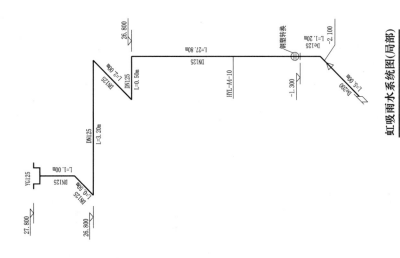

虹吸雨水系统图(局部)

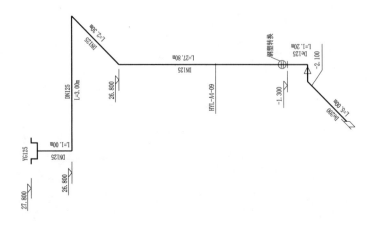

嘉定新城 D10-15 地块保利大剧院项目

设计单位： 同济大学建筑设计研究院（集团）有限公司
设 计 人： 刘瑾
获奖情况： 公共建筑类　一等奖

工程概况：

上海保利大剧院是公共文化建筑，位于上海市嘉定区，嘉定新城 D10-15 地块，北隔白银路与规划中的嘉定新城商务中心区对望，西以裕民南路为界，南侧为塔秀路，东南方向面临远香湖。用地总面积 30235m²，总建筑面积 54934m²，建筑高度 34.4m，地上 6 层，地下 1 层（局部地下 3 层）。

在形态上，大剧院以一个 100m×100m×34m 的立方体形式展开，在基地中构成了中心。建筑内部通过 5 组直径 18m 的圆筒以不同的方向与立方体相交，在保证核心剧场功能的基础上，将光、水、风等自然要素以及周边水景、远香湖的自然美景有机地引入建筑内部，从而在简洁型体的内部形成了丰富变化的室内和半室外的公共空间。在紧邻建筑的南侧及东侧设计了连接远香湖区域的水池，使得大剧院和湖景自然地融为一体。水边的广场与剧院北侧的前广场相连，形成可以让市民围绕剧场休闲体验的漫步道。建筑范围内的大部分半室外空间平时免费对公众开放。

大剧院共有 2 个室内剧场，其中歌剧厅 1572 座，多功能厅 498 座，为大型剧院。另外还有 2 个半室外的剧场，分别位于与水景接合的一层和屋顶。各层主要平面功能布局为：

地下三层、地下二层平面：主舞台台仓。

地下一层平面：机动车库，主舞台检修走道、椅子储藏室、指挥及乐队休息室、灯具库房，后勤用房、员工餐厅、值班宿舍，冷冻机房、冰蓄冷库、空调机房、排烟机房、排风机房、新风机房、消防泵房、雨水调蓄水池、发电机房、变电所。

一层平面：大剧院观众厅池座、乐池、主舞台、侧台、后台、大剧场前厅，音乐书店、售票厅、艺术品展示，单人化妆间、双人化妆间、大众化妆间、休息区、员工演艺人员入口门厅、布景存放、雨淋阀间，消防控制中心，贵宾门厅、贵宾休息室、贵宾接待室、贵宾会议室。

二层平面：大剧院观众厅池座、耳光室、放映及光控室，休息厅、咖啡厅、男女化妆间、男女演员服装室、制作室，室外公共活动室间。

三层平面：大剧院观众厅楼座，声控及光控室、耳光室，休息厅、餐厅。

四层平面：大剧院观众厅楼座、耳光室、光控室、多功能厅舞台机械室，综合排演厅、合唱排演厅、芭蕾舞排演厅、琴房、化妆间。

五层平面：多功能厅、休息厅、咖啡厅，贵宾接待厅、贵宾餐厅，画廊、水庭，业主办公区，空调机房、排风排烟机房、检修马道，主舞台上葡萄架、舞台机械控制室、硅控室。

六层平面：多功能厅硅控室，室外屋顶剧场的门厅、化妆间，消防水箱间、空调机房。

工程说明:

一、给水排水系统

（一）给水系统

1. 冷水用水量（见表1）

冷水用水量　　　　　　　　　　　　　　　　　　　　　　　　　　　　　　　　表1

用途	用水定额	用水单位数	最高日用水量 （m³/d）	日用水时间 （h）	小时变化系数 K	最大时用水量 （m³/h）	每年使用天数 （d）	年用水量 （m³/年）
观众	5L/人次	1600人次/d	8	3	1.5	4	100	800
演员	50L/人次	100人次/d	5	3	3	5	100	500
职工	50L/（人·d）	200人	10	8	2	2.5	260	2600
生活用水小计			23			11.5		
空调系统补水			60	10	1	6	30	1800
绿化洒浇用水	2L/（m²·d）	7740m²	16	4	1	4	150	2400
杂用水小计			76			10		
合计			99			21.5		8100

2. 水源

水源为城市自来水。本设计考虑由基地外围市政主干道路接入一根 $DN100$ 进水管，作为本工程的生活专用水源。杂用水包括冷却塔补水、屋顶绿化喷灌用水、水庭补水、冲厕用水，其采用收集的雨水净化后回用。室外绿化浇灌取远香湖水体。

3. 系统竖向分区

生活用水竖向分两个区，分别为市政供水区（低区）和压力供水区（高区）。其他供水方式竖向不分区。

4. 供水方式及给水加压设备

（1）分质供水

1）厨房、卫生间面盆、热水水源、消防给水采用市政自来水。

2）屋顶绿化喷灌用水、冲厕用水、冷却塔补水、水庭补水采用雨水收集处理后回用。

3）中央直饮水供水系统，供观众、演员和后勤人员。

4）室外绿化浇灌和水景补水取远香湖水体。

（2）市政供水充分利用市政水压，生活给水中地下层和一层采用市政给水直接供应。二层至六层采用生活水箱＋恒压调速变频泵组供水。水箱采用装配式不锈钢水箱。

5. 管材

室外市政压力给水管采用铸铁给水管，室内给水管采用铝合金衬塑（PP-R）管，卫生间内采用PP-R管。

（二）热水系统

1. 热水用水量（见表2）

热水计算温度为60℃。

2. 热源

热源来自热水锅炉（由暖通专业设计）。项目所有热水用水点都采用中央热水供应的方式。

热水用水量　　　　　　　　　　　　　　　　表 2

用途	用水定额	用水单位数	最高日用水量 （m³/d）	日用水时间 （h）	小时变化系数 K_h	最大时用水量 m³/h
观众	1L/人次	1600 人次/d	1.6	3	1.5	0.8
演员	30L/人次	100 人次/d	3	3	3	3
职工	5L/（人·d）	200 人	1	8	1.5	0.19
职工淋浴	70L/（人·d）	50 人	3.5	8	2	0.875
合计			9.1			4.9

3. 系统竖向分区

热水系统的竖向分区与冷水系统一致。

4. 热交换器

采用间接交换，水-水交换器。

低区（市政给水）采用 2 只 2m³ 的立式碳钢衬紫铜容积式热交换器，高区采用 2 只 1m³ 的立式碳钢衬紫铜容积式热交换器。热交换器配置自动温控阀和安全阀等。

5. 冷、热水压力平衡措施及热水温度的保证措施

热水系统的竖向分区与冷水系统一致，冷热水压力相同。热水供水管道系统采用同程设计，机械循环。热水循环泵的启动和关闭由回水管上的温度传感器控制。

热水管、回水管和热交换器采用 30～100mm 厚离心玻璃棉保温，外包铝箔。

6. 管材

热水管采用铝合金衬塑（PP-R）管，卫生间内采用 PP-R 管。

（三）雨水利用系统

1. 雨水源水量、中水回用水量、水量平衡

（1）可收集雨水量

本项目雨水收集回用，收集范围为屋面雨水和部分室外平台排水。

年可收集雨水量为年降水量与屋面面积、绿化屋面径流系数与可利用率之积为 4053m³。

蓄水池利用地下一层一处平面异型的条形空间，总容积为 646m³，由于分为沉淀区和蓄水区，沉淀区有 1.2m 的底部蓄水不能被利用，定期排除，可利用的蓄水量为 560m³。

（2）回用雨水量（见表 3）

回用雨水量　　　　　　　　　　　　　　　　表 3

用途	用水定额	用水单位数	最高日用水量 （m³/d）	日用水时间 （h）	小时变化系数 K	最大时用水量 （m³/h）	每年使用天数 （d）	年用水量 （m³/年）
观众（冲厕）*	2.5L/人次	1600 人次/d	4	3	1.5	2	100	400
演员（冲厕）*	5L/人次	100 人次/d	0.5	3	3	0.5	100	50
职工（冲厕）*	15L/（人·d）	200 人	3	8	2	0.75	260	780
空调系统补水			60	10	1	6	30	1800
屋顶绿化用水	2L/（m²·d）	5085m² （扣除地面绿化 2655m²）	10	4	1	2.5	150	1500

用途	用水定额	用水单位数	最高日用水量 （m³/d）	日用水时间 （h）	小时变化系数 K	最大时用水量 （m³/h）	每年使用天数 （d）	年用水量 （m³/年）
中水用水合计			83.5			13.2		4530
地面绿化用水**	2L/(m²·d)	2655m²	5.3	4	1	1.3	150	195

* 冲厕用水占生活用水比：观众为50%，演员为10%，职工为30%。

** 地面绿化用水直接取用远香湖水。

（3）水量平衡

年可利用雨水量为4053m³，年需使用雨水量为4530m³，不足部分477m³由市政给水补充。地面绿化用水直接取用远香湖水，年用水量为195m³。全年总用水量为8100m³。

本项目利用非传统水源水量比例为：（4053+195）/8100＝52%。

（4）年径流总量控制率核算

上海85%年径流总量控制率对应的降雨厚度为33.2mm，基地面积30235m²，综合径流系数0.63，需调蓄雨水量为632m³。雨水蓄水池总容积为646m³，暴雨前腾空容积，可满足85%年径流总量控制率调蓄水量。

2. 系统竖向分区

由于建筑一共只有6层，雨水回用竖向为一个压力分区。

3. 供水方式及给水加压设备

水箱＋恒压调速变频泵组供水。清水箱采用装配式不锈钢水箱。

4. 水处理工艺流程

屋面雨水经屋顶绿化过滤后，由管道收集流过雨水蓄沉淀区→雨水池蓄水区→水处理提升泵→絮凝剂→全自动过滤系统→次氯酸钠消毒（采用次氯酸钠发生器）→超滤模块→清水池→供水水泵→冲厕、冷却塔补水、屋顶绿化灌溉。

设计处理水量：15m³/h。

5. 管材

雨水管采用高密度聚乙烯HDPE排水管，中水管采用镀锌衬塑管。

（四）排水系统

1. 排水系统的形式

卫生间污、废合流，空调机房等清洁废水单独设立管间接排放，观众厅和舞台下台仓的消防排水排入室外污水井。

室外污、废合流，污水直接排入市政污水管。

2. 通气管的设置方式

污水管均设置专用通气管，公共卫生间均设置环形通气管。

3. 采用的局部污水处理设施

厨房单独设排水系统，厨房废水经隔油池处理后排入室外污水管网。

4. 屋面排水方式

屋面采用虹吸排水，室外和半室外采用重力排水，设计重现期为50年一遇。半室外空间平台靠外侧预留土建排水沟和雨水立管，装修阶段安装线性排水沟。

5. 管材

室内污水管、通气管采用 PVC-U 排水管及其管配件，厨房排水管采用球墨铸铁排水管。

二、消防系统

(一) 消火栓系统

1. 水源

城市自来水。引入三路市政给水。白银路有两路分别为 $DN600$ 和 $DN300$ 市政给水管，裕民南路有一路 $DN300$ 市政给水管，拟从白银路 $DN600$ 市政管道上引入一根 $DN400$ 给水管，从白银路 $DN300$ 和裕民南路 $DN300$ 市政管道各引入一根 $DN300$ 给水管，在基地内形成 $DN400$ 环状管网，作为本工程的室内外消防水源。

2. 消防用水量、系统分区

室外消火栓系统的设计流量为 30L/s，作用时间按 3h 计。室内消火栓系统的设计流量为 30L/s，火灾延续时间按 3h 计。系统设一个压力区。

3. 消火栓泵、消火栓稳压设备的参数

消火栓泵参数：30L/s，0.6MPa，30kW，1 用 1 备。

在地下一层和一层的消火栓口动压超过 50m，设减压孔板减压。

消火栓稳压设备参数：5L/s，0.3MPa，3kW，1 用 1 备。

消防稳压罐有效容积 300L，承压 0.8MPa。

4. 消防水箱

不设消防水池，直接从消防环管吸水。屋顶消防水箱 18m³，设在六层消防水箱间内，水箱间内同时设了消火栓和喷淋稳压设备。

5. 水泵接合器

消防水泵接合器 2 组，阀门组设在地下一层室内靠近消防泵房处，接合器口部设在靠近室外道路的绿化内。

(二) 自动喷水灭火系统

1. 自动喷水灭火系统的用水量、系统分区

一般场所自动喷水灭火系统按中危险 I 级设计。而大剧院观众大厅和多功能厅的室内净空高度大于 8m 小于 15m，拟采用高大净空场所的设计水量及基本参数，作用面积为 350m²，流量为 47L/s。系统设一个压力区。

2. 喷淋泵、喷淋稳压设备的参数

喷淋泵参数：48L/s，0.75MPa，55kW，1 用 1 备。

所有水流指示器后水压力大于 0.4MPa 的，设减压孔板减压。

喷淋稳压设备参数：1L/s，0.3MPa，1.5kW，1 用 1 备。

喷淋稳压罐有效容积 150L，承压 0.8MPa。

3. 喷头选型

一般场所在有吊顶部位设 $K=80$ 隐蔽型 68℃闭式喷头，在无吊顶部位设 $K=80$、68℃直立式闭式喷头；观众厅吊顶处和多功能厅安装 $K=115$、68℃闭式喷头。

4. 报警阀的数量、位置

一共设 6 组报警阀，其中一组为雨淋阀，地下室柴油发电机房和日用贮油间设水喷雾灭火系统。报警阀均设在消防泵房内。

5. 水泵接合器

喷淋水泵接合器 3 组，阀门组设在地下一层室内靠近消防泵房处，接合器口部设在靠近室外道路的绿

化内。

（三）雨淋系统

主舞台、两侧台及后台设雨淋系统。设计喷水强度为 $16L/(min \cdot m^2)$，作用面积 $260m^2$。系统在两种不同方式的火灾报警系统同时作用后自动执行，并在消防中心和现场设手动启动装置。雨淋系给水泵采用 2 台立式离心泵，1 用 1 备。水泵参数为：$70L/s$，$0.55MPa$，$55kW$，$758kg$。雨淋阀设在舞台后台外的专门房间内。设置 9 组雨林阀。

因该系统和喷淋系统不会同时作用，因此其增压系统和喷淋系统合用，而雨淋阀独立设置，设在消防泵房内。

（四）防护冷却用水幕和防火分隔水幕系统

主舞台与观众厅设有防火幕，且采用内侧防护冷却水幕保护，冷却用水幕设计喷水强度为 $1.0L/(s \cdot m)$，采用水幕喷头；主舞台与侧台和后台间均设有防火分隔水幕系统，防火用水幕设计喷水强度为 $2.0L/(s \cdot m)$，采用开式喷头。作用长度按主舞台四周内侧的水幕喷头同时作用确定。水幕喷头安装高度为 $11m$ 左右，由于市政水压为 $0.16MPa$，因此水泵扬程不小于 $0.35MPa$。水幕泵参数为：$80L/s$，$0.45MPa$，$45kW$，2 用 1 备。

（五）消防水炮灭火系统

通高 5 层的入口大厅和水平圆柱状观众厅前厅，分别安装 4 台 $5L/s$、保护半径为 $20m$ 的自动扫描射水灭火系统。采用 ZSS-25 型，最小喷水压力为 $0.6MPa$。与喷淋系统共用喷淋泵。每个空间的消防水炮可以同时启动，根据水炮探测到的火情摄像，启动控制水炮的电磁阀开启，即可喷水。

（六）消防系统管材

所有消防系统的管材均为内外壁热镀锌钢管。

三、景观给水及绿化喷灌

（1）屋顶绿化喷灌和室内水景给水，利用雨水池收集的雨水处理后回用。

设计包含了屋顶花园喷灌系统的设计，分片灌溉，经济合理。将电磁阀等重要部件安装在室内，只将给水管留至屋面。以便延长设施的寿命。

（2）室外绿化喷灌和室外水景给水，利用天然湖水补充。

项目的优势是贴邻远香湖，故根据分质供水原则，充分利用水资源（上海市水务局允许在每天绿化用水量小于 $10m^3$ 的情况下，免费从自然河道取水）。

（3）水景喷泉。景观水体循环过滤和消毒；室外景观水体内设 2 组涌泉，组成阵列。涌泉喷高 $0.5m$，喷洒直径 $0.6m$。喷头型号：GPB-101ϕ50 外螺纹，$8.0m^3/h$，喷头压力 4m 水柱。为每组喷泉设一台卧式潜水泵，可单独启停。

四、设计及施工配合体会

（一）从方案阶段参与项目

本项目是建筑大师安藤忠雄的建筑和景观方案，为了深刻理解设计大师的设计方案，在概念方案成型后的方案深化阶段多次听取建筑方案的介绍，及时联系本专业特点，进行必要的沟通，如提示门厅大空间内需要设置消火栓，建筑师就可尽早与其他功能综合考虑。给水排水也方便从地下一层向一层的准确位置预埋管道。门厅顶四周玻璃天窗中间混凝土屋顶与圆桶型围护墙连接的部分，正好用于屋面雨水的导流。轻松的前期配合工作为后期的施工图设计铺平了道路。

（二）理解建筑

设计为功能服务，在建筑华丽的外表和空间下抽象出给水排水专业的要点，如独立单体（各层因建筑功能竖向分割形成的水平管道横向不能通过）、寻找建筑的消极空间，定好竖向水管井位置。在土建阶段设计时，对后期的装修效果要有一些预判。本项目的建筑内墙根区域为清水混凝土的，在土建设计阶段就需要预留预埋定好位，以便设备管道的隐蔽，如敞开楼梯顶部清水混凝土面下喷头管道的预埋、半室外平台雨水立管隐藏等。

（三）全设计过程参与和配合

经过积极争取，给水排水设计有幸全程参与土建施工图后的工作，包括室内设计配合和景观设计。喷灌及水景喷泉均设计到直接购买末端设备的水平，为业主节约了投资和工期。

配合业主节约投资，取消中央直饮水供水系统。

（四）坚持可持续绿色发展理念

具体分析环境给予的条件决定设计要素和环境和谐相处。本项目利用紧邻远香湖的优势，将湖水作为地面绿化、水景的水源，同时作为消防备用水源。

室内利用地下一层的消极空间建造了容量较大的雨水蓄水池，因此考虑冲厕和冷却塔补水利用雨水，为了保证水质采用了超滤工艺和次氯酸钠发生器消毒，为方便管理采用全自动系统。

（五）采纳积极建议

本项目紧靠后台设置的雨淋阀间由消防评审专家提出；室外从远香湖取水的消防车取水口设置由上海市消防局提出，这些意见的落实不但有利于本项目的安全，也为其他剧院的设计提供了宝贵经验。

（六）屋面虹吸排水系统的设计

在采用虹吸排水系统时，按照设计重现期布置好汇水坑和完整的雨水立管、雨水系统。在专业厂家深化时，利于完全契合建筑要求，达到深化优化的目标。

（七）与业主保持良好沟通

设计方案阶段的系统、措施充分与业主交流，并达成共识，得到业主充分信任，减少反复修改，利于设计过程顺利进行，合理的设计也利于施工顺利，呈现好的结果。

五、工程照片及附图

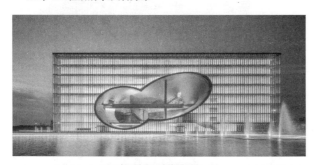

保利大剧院全景

保利大剧院西北角

入口门厅采光顶

室外舞台和坐席

入口门厅

门厅小水炮验收

室外水景夜景

五层的水庭

圆柱体观众厅前厅及隐藏的小水炮

观众厅

生活泵房

半室外空间（一）

半室外空间（二）

消防泵房

消防水箱间

窗景

屋顶

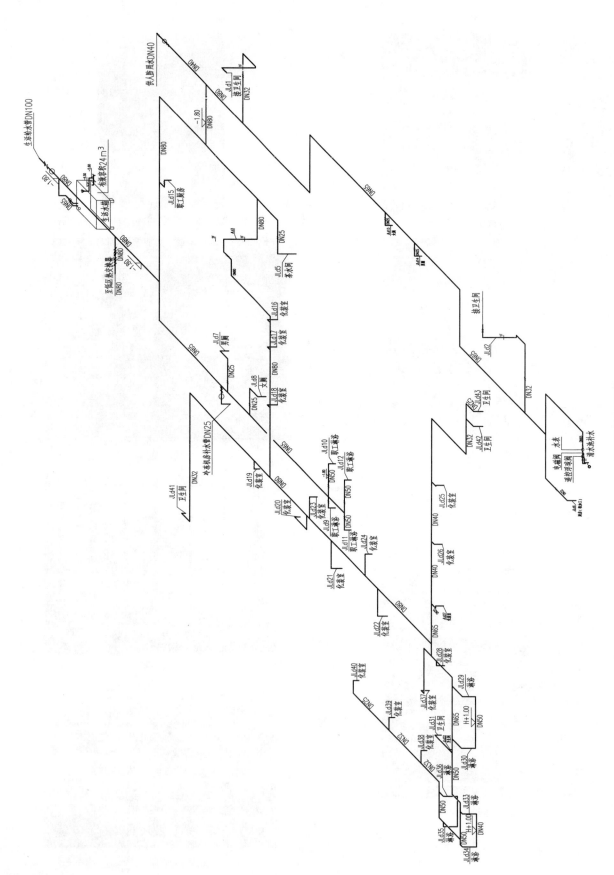

低区给水系统图

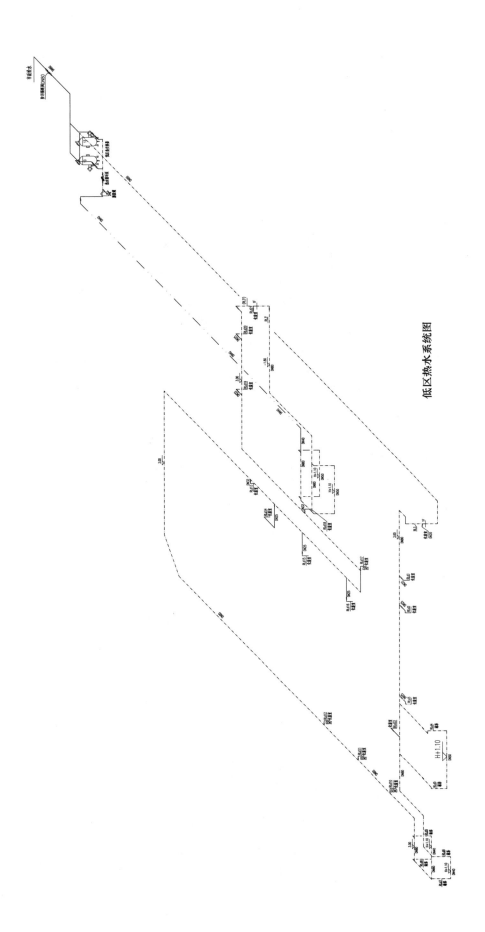

低区热水系统图

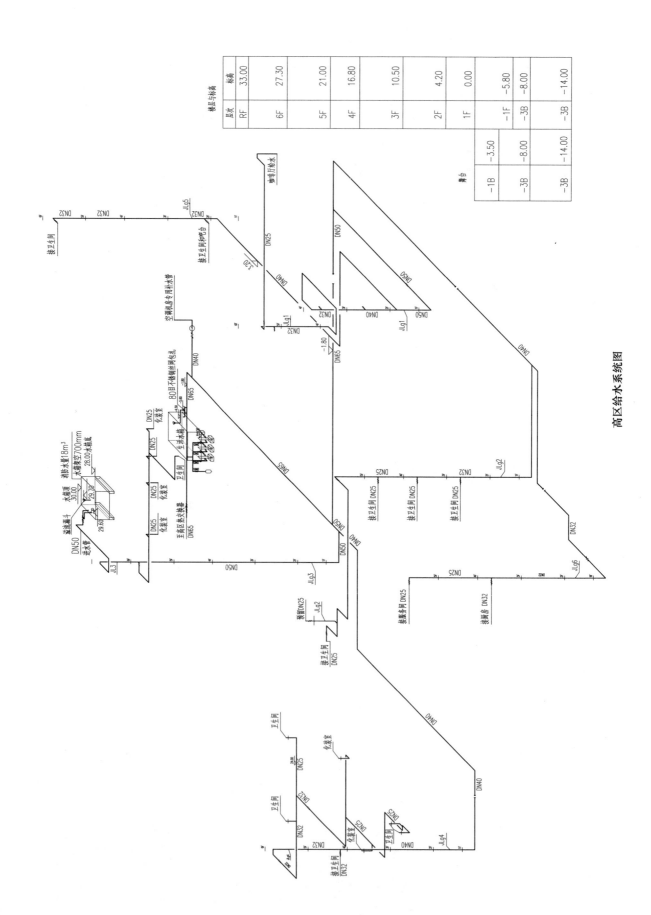

高区给水系统图

楼层与标高			
标高	33.00		
层次	RF		
	27.30		
	6F		
	21.00		
	5F		
	16.80		
	4F		
	10.50		
	3F		
	4.20		
	2F		
	0.00		
	1F		
	−5.80	−3.50	−1B
	−1F		
	−8.00	−8.00	−3B
	−3B		
	−14.00	−14.00	−3B
	−3B		
夹台		−3.50	−1B
		−8.00	−3B
		−14.00	−3B

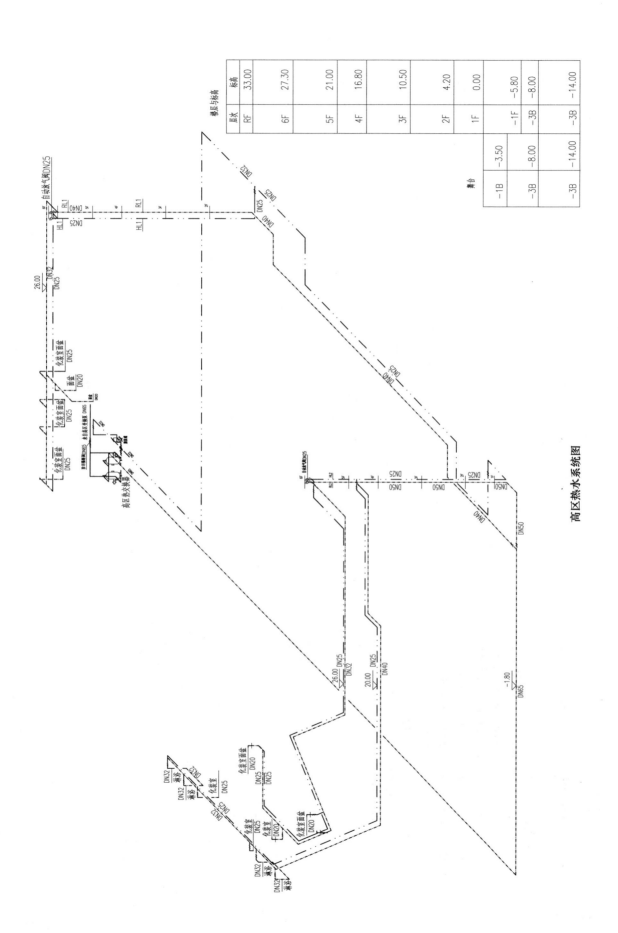

高区热水系统图

楼层与标高	标高		集合	
RF	33.00			
6F	27.30	−3.50	−1B	
5F	21.00			
4F	16.80			
3F	10.50	−8.00	−3B	
2F	4.20			
1F	0.00			
−1F	−5.80			
−3B	−8.00	−14.00	−3B	
−3B	−14.00			

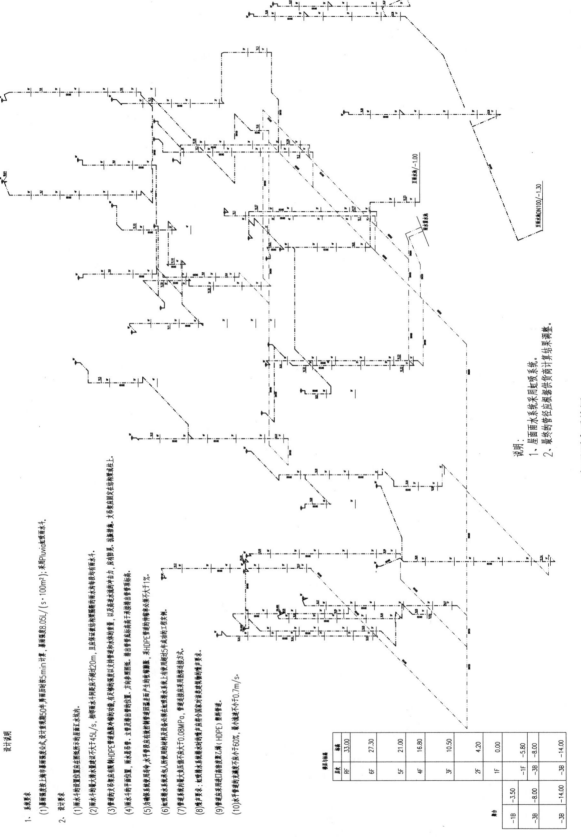

设计说明

1. 基本要求
(1) 屋面采用上海市暴雨强度公式，设计重现期10年，屋面汇水时间5min计算，暴雨强度8.05L/(s·100m²)；采用Pluvia虹吸雨水斗。

2. 设计要求
(1) 雨水斗均按图位置及数量进行系统布置。
(2) 雨水斗连接横管设不大于45L/s，雨水斗连接横管长度不超过20m，且出现正负压时根据计算调整以保证雨水斗的有效工作。
(3) 悬吊支管采用HDPE管道及配件连接成整体，在支管明装及以支持管道的冲击力，应采用牢固的支吊架固定在结构梁或柱上。
(4) 雨水斗均水平安置，雨水悬吊管，立管及接出管的位置，方便安置检修。各接管处标高根据不同连接情况各有标高。
(5) 冷却塔系统管中冷水平管及排水管道进口处应设钢制堵漏阀且直通至出水均有坡度，未接HDPE管道的排水管有效系不大于1%。
(6) 虹吸雨水管系包六层楼时期间材料设备必须止污水干，右有明模出5年自动处理。
(7) 管道系统试压大压重不低于0.08MPa，管支连接压采用防腐接头及。
(8) 声声管采用相关规范设置防声音声重声明，并符合国家现关标准的声声的要求。
(9) 穿墙应采用阻火圈隔热乙烯（HDPE）塑料管。
(10) 水平管坡流充满度不低于60%，最小流速不小于0.7m/s。

说明：
1. 屋面雨水系统采用虹吸系统。
2. 最终的管径应根据供货商计算结果调整。

虹吸雨水系统图

楼层	标高		轴	
RF	33.00			
6F	27.30			
5F	21.00			
4F	16.80			
3F	10.50			
2F	4.20			
1F	0.00			
-1F	-5.80		-1B	-3.50
-3B	-8.00		-3B	-8.00
-3B	-14.00		-3B	-14.00

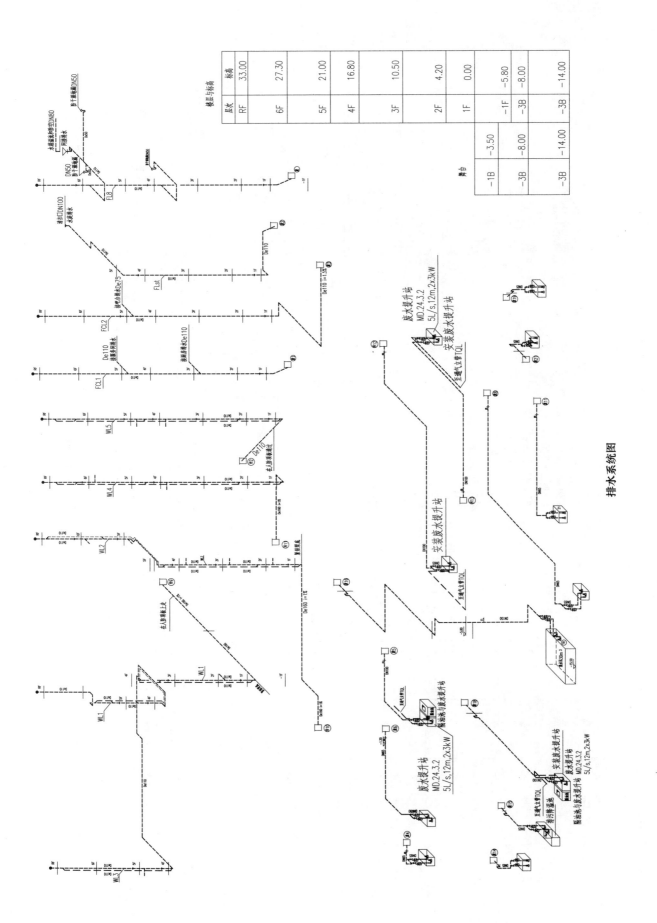

层次	标高
RF	33.00
6F	27.30
5F	21.00
4F	16.80
3F	10.50
2F	4.20
1F	0.00
-1F	-5.80
-3B	-8.00
-3B	-14.00

舞台	
-1B	-3.50
-3B	-8.00
-3B	-14.00

排水系统图

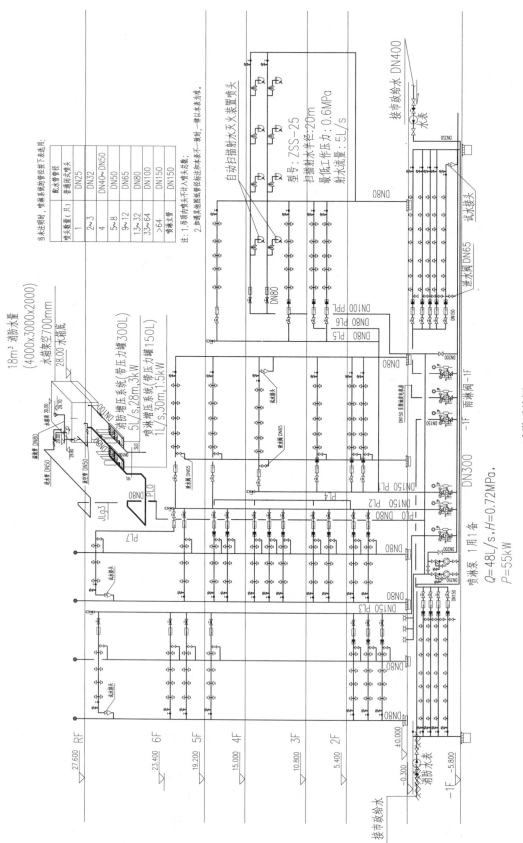

喷淋系统图

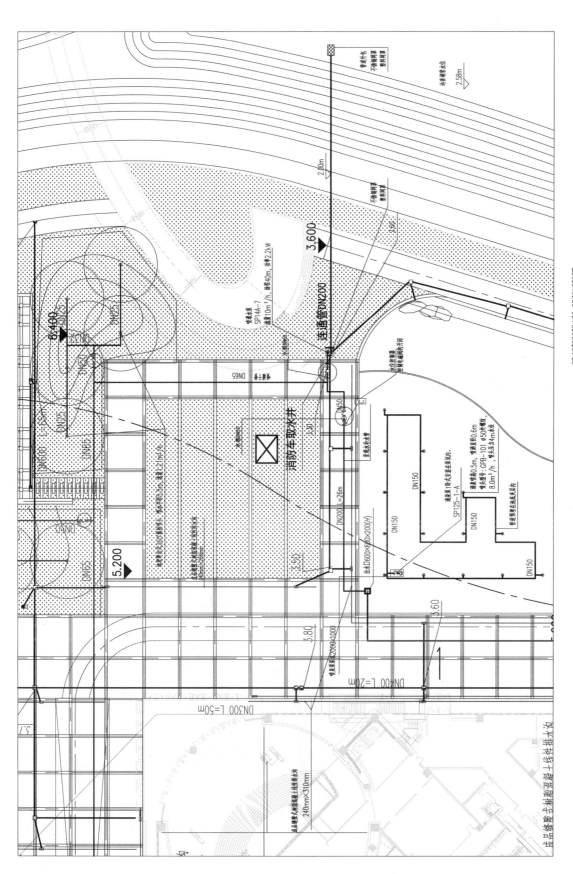

室外景观给水排水平面图图局部

注释：为了项目效整性，此局部一起区域纳入了设计范围。

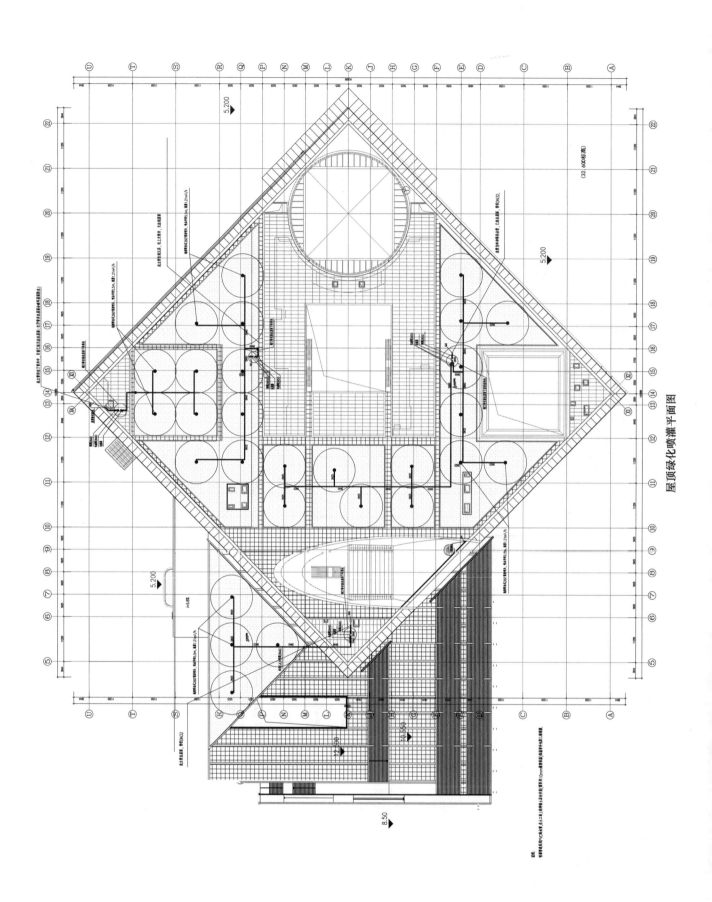

屋顶绿化喷灌平面图

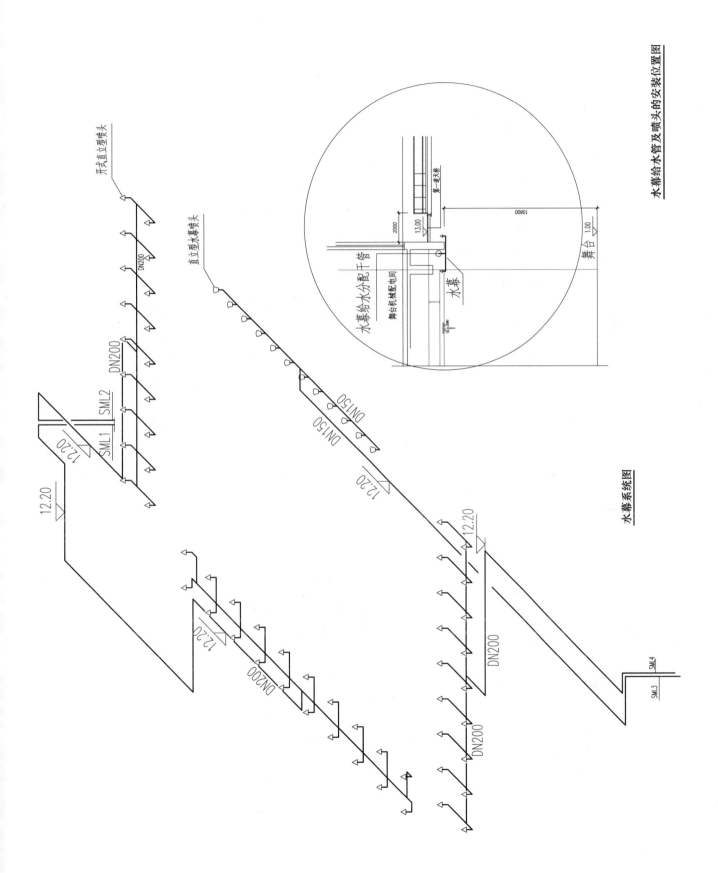

水幕给水管及喷头的安装位置图

水幕系统图

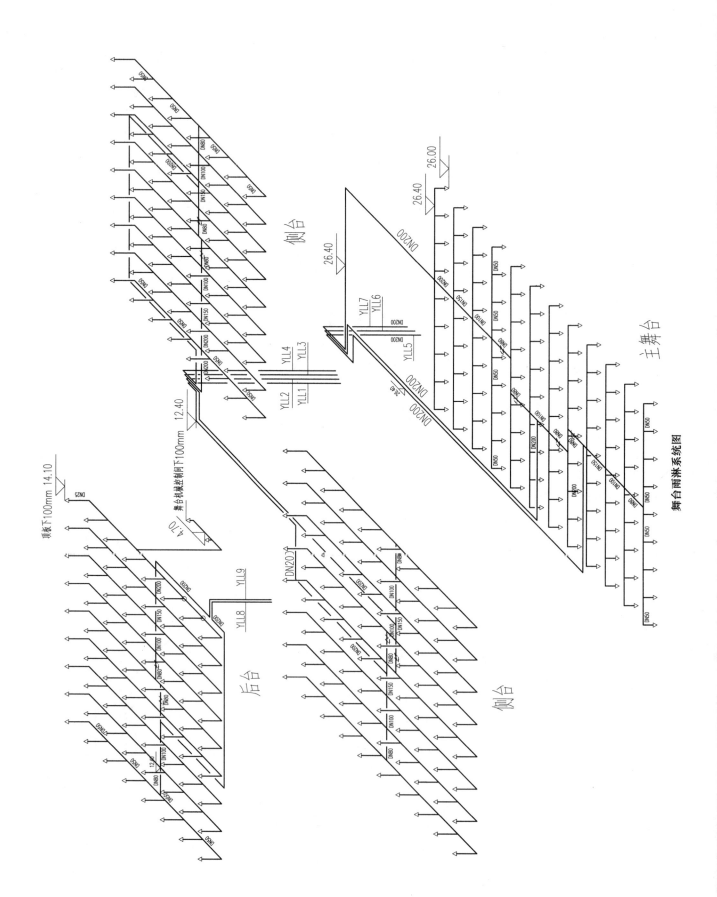

舞台雨淋系统图

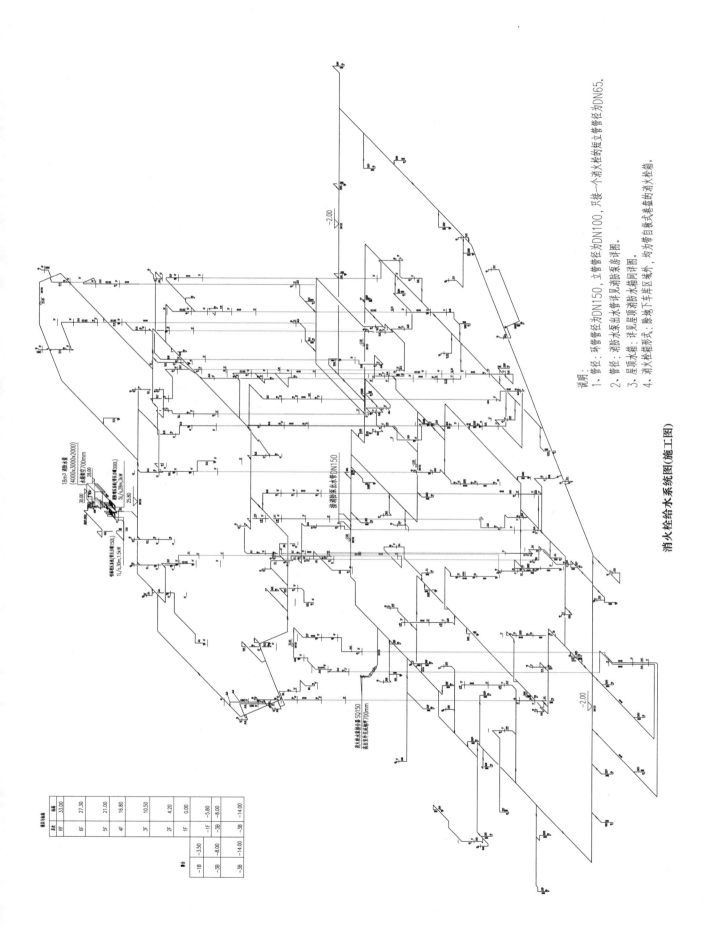

消火栓给水系统图(施工图)

说明：
1、管径：环管管径为DN150，立管管径为DN100，只接一个消火栓的竖立管管径为DN65。
2、管径：消防水泵出水管详见消防泵房详图。
3、屋顶水箱：详见屋顶消防水箱详图。
4、消火栓箱形式：除地下车库区域外，均为带自救式卷盘的消火栓箱。

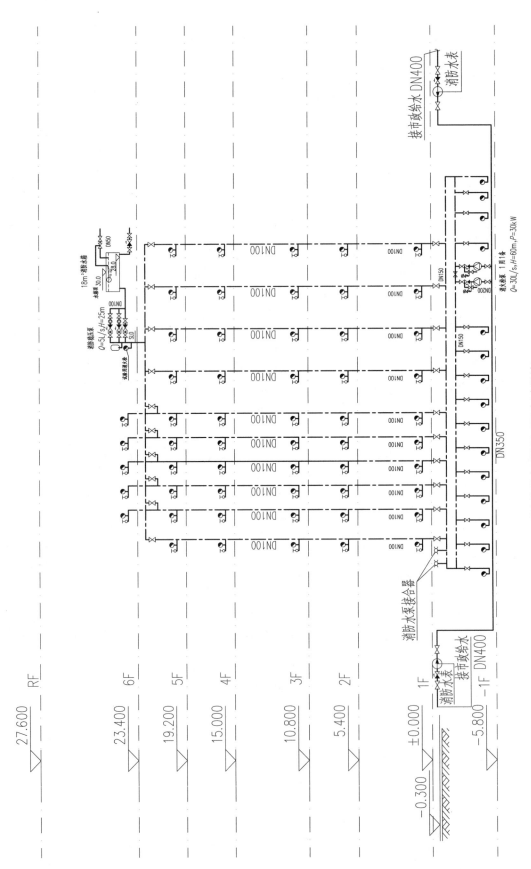

消火栓给水系统展示图(初步设计)

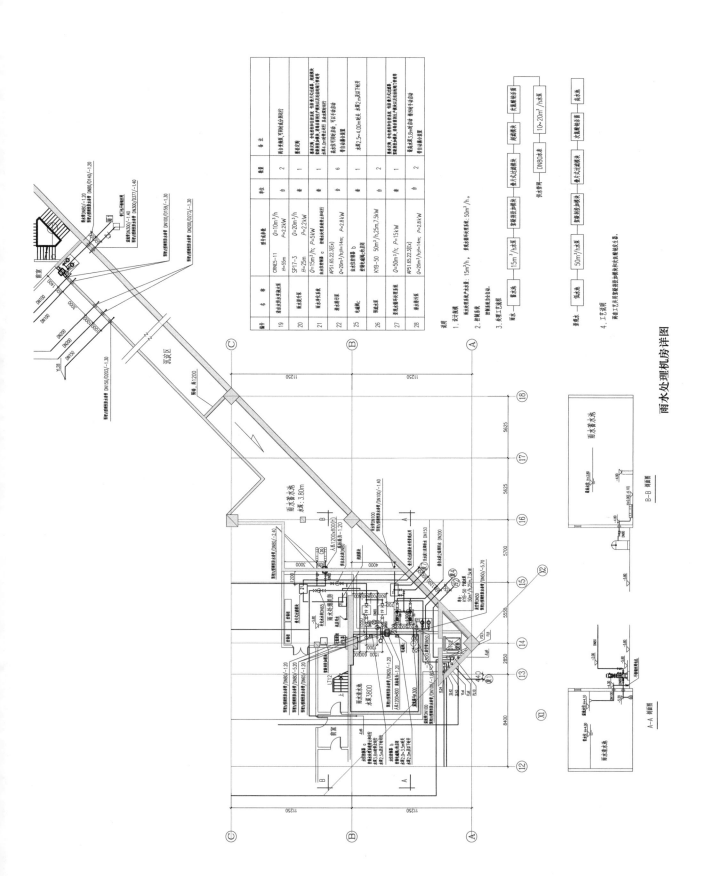

雨水处理机房详图

楼层与标高			
层次	标高		
RF	33.00		
6F	27.30		
5F	21.00		
4F	16.80		
3F	10.50		
2F	4.20		
1F	0.00		
-1F	-5.80	集水	
-3B	-8.00	-1B	-3.50
-3B	-14.00	-3B	-8.00
		-3B	-14.00

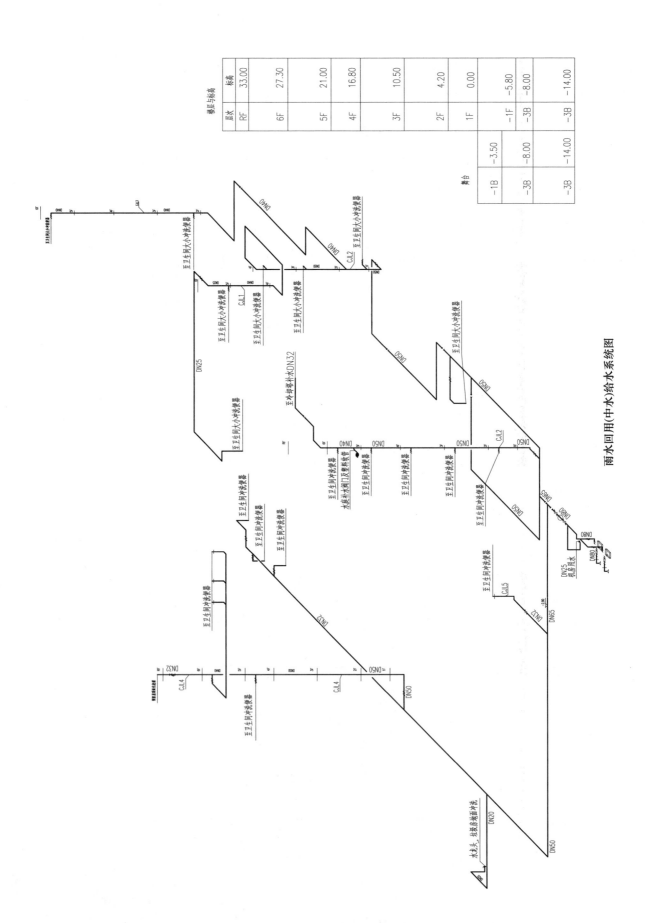

雨水回用(中水)给水系统图

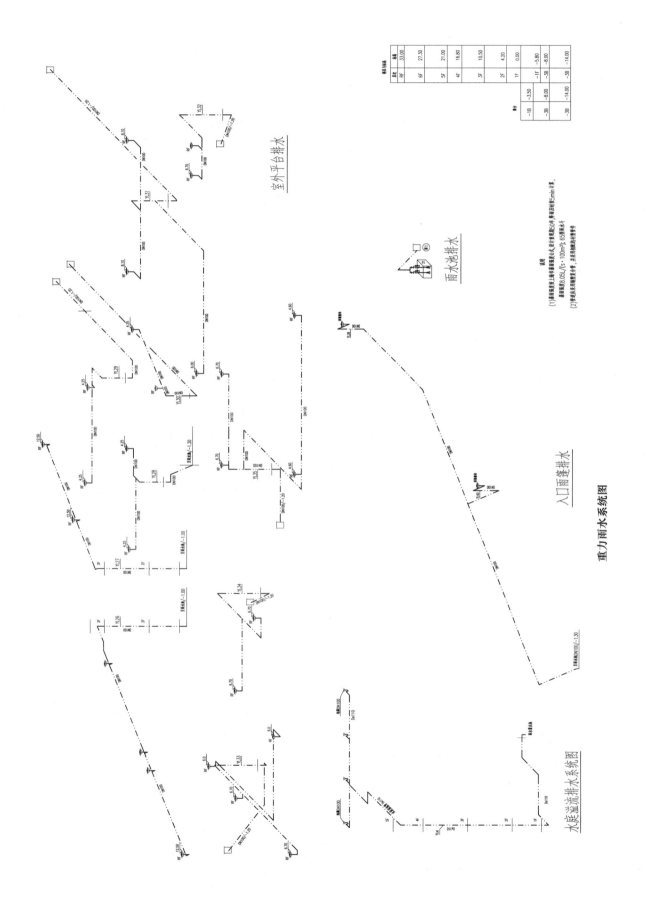

室外平台排水

雨水池排水

入口雨篷排水

重力雨水系统图

水庭溢流排水系统图

北京密云海湾半山温泉酒店

设计单位：中国中元国际工程有限公司
设 计 人：张亦静　齐小依　吴希亮　丁晓珏　马宁　张颖　金凤
获奖情况：公共建筑类　一等奖

工程概况：

本项目为五星级酒店，位于北京市密云县翁溪庄镇密溪路 36 号院，密溪路东侧，立新村北侧，原黄金大酒店用地。本项目分为北翼客房区（一区）、中心服务区（二区）、南翼客房区（三区）三部分，整个建筑群由 2～6 层高低不同的建筑错落组成。

本项目总建筑面积 60917m²，其中地上 38801m²，地下 22116m²。

建筑高度（最低处室外地面到结构顶板）：中心服务区（二区）：泳池水疗区 13.6m，大宴会厅 18.0m，大堂 16.5m；北翼客房区（一区）：22.2m；南翼客房区（三区）：22.2m。

建筑层数：一区、二区±0.000m 标高以上为地上，±0.000m 标高以下为地下；三区−3.600m 标高以上为地上，−3.600m 标高以下为地下。一区：地上 5 层；二区：地下 2 层，地上 3 层（不含设备夹层）；三区：地下 2 层，地上 4 层。

北翼客房区二层至五层为客房区。南翼客房区地下二层至四层为客房区。中心服务区一层为酒店大套、SPA、西餐厅、宴会厅，二层为设备机房层，三层、四层为中餐厅，地下一层为酒店后勤配套用房、锅炉房、KTV、会议区，地下二层为汽车库和设备用房。本项目为多层建筑，耐火等级为地上一级，地下室一级。

工程说明：

一、给水排水系统

（一）给水系统

1. 冷水用水量（见表 1）

冷水用水量　　　　　表 1

序号	用水名称	用水规模	用水定额	用水量		日用水时间(h)	小时变化系数 K_h
				最高日(m³/d)	最大时(m³/h)		
1	SPA 区	35 人	200L/(人·d)	7	0.7	12	1.2
2	健身、跳操	50 人次/d	40L/人次	2	0.2	12	1.2
3	游泳池补水	375m²	每日占水池容积10%	37.5	3.13	12	1.0
4	宴会厅	1300 人次/d	60L/人次	78	7.8	12	1.2

续表

序号	用水名称	用水规模	用水定额	用水量		日用水时间(h)	小时变化系数 K_h
				最高日(m³/d)	最大时(m³/h)		
5	会议室	360人次/d	8L/人次	2.88	0.43	8	1.2
6	多功能厅	200人次/d	50L/人次	10	1	12	1.2
7	中餐厅	640人次/d	60L/人次	38.4	3.84	12	1.2
8	西餐厅	700人次/d	60L/人次	42	4.2	12	1.2
9	大堂吧(咖啡厅)	50人次/d	15L/人次	0.75	0.07	16	1.5
10	员工餐厅	1200人次/d	25L/人次	30	4.5	10	1.5
11	KTV	100人次/d	15L/人次	1.5	0.14	16	1.5
12	洗衣房	604kg/d	70L/kg	42.28	6.342	8	1.2
13	员工用水	1200人	80L/(人·d)	96	8.8	24	2.2
14	客房用水	604人	400L/(人·d)	241.6	22.15	24	2.2
15	车库冲洗	6100m²	2L/(m²·d)	12.2	1.22	12	1.2
16	冷却塔补水	1656m³/h	2%	397.44	24.84	16	1.0
17	空调补水			40	2.5	16	1.0
18	锅炉房补水			240	10	24	
	小计			1319.55	101.86		
	未预见水量		10%				
Ⅰ	室内总计			1451.51	101.86		
1	道路冲洗	6417m²	2L/(m²·d)	12.83	1.60	8	1.0
2	绿化	5461m²	2L/(m²·d)	10.92	1.37	8	1.0
Ⅱ	室外总计			23.75	2.97		

2. 水源

以城市自来水为水源，市政给水至酒店处的压力约为 0.05MPa（绝对标高约为 118.00m），酒店引一根 $DN150$ 给水管供本楼。本项目市政水源水质总硬度（以 $CaCO_3$ 计）为 240～285mg/L。

3. 系统竖向分区

生活给水系统分为三个区。

市政给水区：中心服务区地下二层（冷冻站、锅炉房除外）由市政水直供，市政压力约为 0.05MPa。

低区：中心服务区地下一层～三层及南区客房为低区，由低区变频给水设备供水，内含 4 台变频泵，3 用 1 备，低区给水泵组设计参数 $Q=29L/s$，$H=0.45MPa$，$N=3×7.5kW$，隔膜罐 80L。

高区：北区客房、康体中心为高区，由高区变频给水设备供水，内含 3 台变频泵，2 用 1 备，高区给水泵组设计参数 $Q=13L/s$，$H=0.60MPa$，$N=2×7.5kW$，隔膜罐 80L。

4. 供水方式及给水加压设备

本项目市政水源水质总硬度（以 $CaCO_3$ 计）为 240～285mg/L。酒店要求生活用给水硬度为 100～120mg/L。设一座食品级不锈钢原水水箱（20m³），经给水加压泵（单台泵参数 $Q=50m^3/h$，$H=0.30MPa$，$N=7.5kW$，2 台，1 用 1 备）供至软化水设备（1 台，双阀双罐，$Q=50m^3/h$），产出的软化水与原水混合制成硬度为 100～120mg/L 的软水后贮存在有效容积 288m³（2 座，每座水箱有效容积 144m³）的生活软水箱内，经紫外线消毒装置消毒后加压供给全楼生活用水，紫外线消毒装置为 2 台，1 用 1 备（$Q=50m^3/h$，$N=1.2kW$）。

洗碗机、咖啡机、制冰机等特殊用途所需的软化水，由各用水点根据各自需要单独处理。

洗衣房用水总硬度为 50～100mg/L，由洗衣房设备厂家提供。蒸汽锅炉补水总硬度不超过 1.5mg/L，热水锅炉补水总硬度不超过 30mg/L，锅炉房软化水由动力专业设计。

酒店室外入口设总水表计量总用水量，室内给水系统按分区设置水表，中心服务区按使用功能设置水表（远传）计量。

5. 管材

室内给水管采用 SUS304 薄壁不锈钢管，快速接口连接；室外生活给水管采用钢骨架聚乙烯塑料复合管或球墨铸铁承插管。

(二) 热水系统

1. 热水用水量（见表 2）

热水用水量 表 2

序号	用水名称	用水规模	用水定额	用水量 最高日(m³/d)	用水量 最大时(m³/h)	日用水时间 (h)	小时变化系数 K_h
1	SPA 区	35 人	100L/(人·d)	3.5	0.35	12	1.2
2	健身、跳操	50 人次/d	20L/人次	1	0.1	12	1.2
3	宴会厅	1300 人次/d	20L/人次	26	2.6	12	1.2
4	会议室	360 人次/d	3L/人次	1.08	0.16	8	1.2
5	多功能厅	200 人次/d	20L/人次	4	0.4	12	1.2
6	中餐厅	640 人次/d	20L/人次	12.8	1.28	12	1.2
7	西餐厅	700 人次/d	20L/人次	14	1.4	12	1.2
8	大堂吧(咖啡厅)	50 人次/d	8L/人次	0.4	0.04	16	1.5
9	员工餐厅	1200 人次/d	10L/人次	12	1.8	10	1.5
10	KTV	100 人次/d	8L/人次	0.8	0.08	16	1.5
11	洗衣房	604kg/d	25L/kg	15.1	2.265	8	1.2
12	员工用水	1200 人	40L/(人·d)	48	4.4	24	2.2
13	客房用水	604 人	160L/(人·d)	96.64	8.86	24	2.2
	小计			235.32	23.73		
	未预见水量		10%				
	总计			258.85	23.73		

2. 热源

生活热水由锅炉房经热交换站供给，热媒为高温热水，供水温度 80℃，回水温度 65℃。

3. 系统竖向分区

生活热水采用分区供水，分区方式同生活给水，供水温度 60℃，回水温度 50℃，采用全日机械循环供给。

地下一层员工淋浴及其卫生间的生活热水由太阳能供给，热媒为太阳能，全年供应生活热水，供水时间为 24h，热水供应温度设计为 50～55℃（可调）。地下一层员工淋浴及其卫生间的设计小时用水量 4.4m³/h，设计小时耗热量 300kW。太阳能集热板放在北区靠南侧的客房屋面上，由于屋面面积有限，集热板集热面积为 240m²，仅能提供 41.4% 的热量，其余部分由锅炉房经热交换站供给，阴雨天则该区域全部生活热水由锅炉房供给。

低区热水系统由低区生活补水泵补水，低区设计小时用水量 22.5m³/h，设计小时耗热量 1510kW。

高区热水系统由高区生活给水泵补水，高区设计小时用水量 $5.28\text{m}^3/\text{h}$，设计小时耗热量 361kW。

4. 热交换器

低区热水系统：低区热水循环泵设计参数 $Q=7\text{m}^3/\text{h}$，$H=0.25\text{MPa}$，$N=1.1\text{kW}$；2台，1用1备。低区选用2台水-水热交换器，$F=34\text{m}^2$、$V=10\text{m}^3$，1用1备。1台气压罐，型号为 SN1000-0.6。

高区热水系统：高区热水循环泵设计参数 $Q=1.6\text{m}^3/\text{h}$，$H=0.25\text{MPa}$，$N=0.37\text{kW}$；2台，1用1备。高区选用2台水-水热交换器，$F=8\text{m}^2$、$V=2.5\text{m}^3$，1用1备。1台气压罐，型号为 SN800-0.6。

5. 冷、热水压力平衡措施及热水温度的保证措施

低区和高区的冷水、热水同源，管道同程布置，保证用水点处压力平衡。服务中心根据使用功能不同，采用集分水器的供水方式，以减少不同功能之间的互相影响。

6. 管材

室内热水管采用 SUS304 薄壁不锈钢管，快速接口连接。

(三) 温泉水和泳池水给水系统

1. 温泉水系统

山外别墅区域内有一座温泉水井，就地处理达标后加压供至酒店，温泉水供水温度为30℃（温泉水的水井、水质处理及加压供水设计不包括在本设计范围内）。

中心服务区二层设一集中的大泡池。南北区西侧首层客房分别设独立的室外温泉池与客房一一对应（详见总图）。

处理后的30℃温泉原水进原水水箱（有效容积为 30m^3），经热交换器加热至42℃（可调）后进温泉水恒温水箱（有效容积为 30m^3），由变频供水泵供至每间客房的室外温泉池。每间客房的室外温泉池不设计循环系统，使用后直接排放。

30℃温泉原水直接供至中心服务区二层的集中大泡池，大泡池采用顺流式循环系统，循环周期 $T=2\text{h}$，设计温度为40℃（可调）。温泉水循环处理工艺流程见图1。

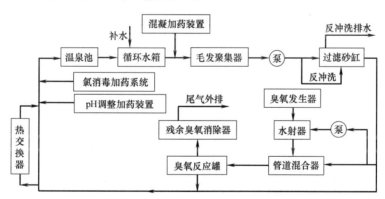

图1 温泉水循环处理工艺流程图

温泉水系统管材采用 ABS 管，粘接。

2. 泳池水系统

游泳池水温度为28℃（可调），游泳池给水系统采用循环净化给水系统，游泳池的池水初次充水时间不得超过48h，游泳池补水水源为低区自来水供水，游泳池水循环方式为逆流式循环，游泳池容积约为 $V=375\text{m}^3$，循环水量 $Q=69\text{m}^3/\text{h}$，循环周期 $T=6\text{h}$。

游泳池热源由锅炉房供给。游泳池水循环处理工艺流程见图2。

游泳池循环系统管材采用 SUS304 薄壁不锈钢管，快速接口连接。

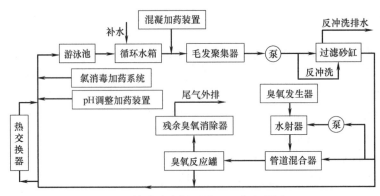

图 2　游泳池水循环处理工艺流程图

(四) 中水系统

1. 中水源水量、中水回用水量、水量平衡（见图 3）

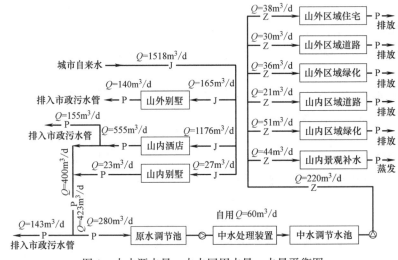

图 3　中水源水量、中水回用水量、水量平衡图

2. 系统竖向分区

中水供给山内区域绿化用水、道路用水及景观补水。中水处理站建在山外区域，由中水供水泵供至山内区域。

3. 供水方式及给水加压设备

不在本设计范围。

4. 水处理工艺流程

不在本设计范围。

5. 管材

中水管直埋部分采用给水球墨铸铁管；山内区域与山外区域连接的中水管架空敷设，采用 SUS304 不锈钢管，焊接连接。

(五) 排水系统

1. 排水系统的形式

中心服务区地上部分排水采用污、废分流，重力排至室外污废水管网。地下部分排水采用污、废合流，卫生间的排水采用一体化小型排水提升设备，提升排至室外污水管网。设备房排水排至集水坑，由排水泵提升排至室外废水管网。

客房区排水采用污、废分流，西侧和东侧客房排水分别就近排至室外。

2. 通气管的设置方式

公共区域的卫生间内连接 4 个及 4 个以上卫生器具且横支管长度大于 12m、连接 6 个及 6 个以上大便器的污水横支管时设环形通气管。

每个客房卫生间污水管与废水管共用通气立管。

3. 室外排水

酒店南北区室外排水分流，北区集中设一根污水管、一根废水管分别收集酒店公共区域的污废水及北区客房部分的污废水，经穿山埋地的铸铁排水管排至山下中水处理站。南区集中设一根污水管、一根废水管收集南区客房及别墅的污废水，向南排至红线外排水管网。

4. 管材

室内排水管采用机制柔性铸铁管；室外排水管管径小于 $DN200$ 采用机制排水铸铁管；管径大于或等于 $DN200$ 采用高密度聚乙烯（HDPE）双壁波纹管。

二、消防系统

（一）消防系统的用水量（见表 3）

消防用水量   表 3

用水名称	用水量标准(L/s)	一次消防	
		时间(h)	水量(m³)
室外消火栓	30	2	216
室内消火栓	20	2	144
自动喷水	40	1	144
合计			504

（二）消火栓系统

室内消火栓系统采用稳高压系统。

在地下二层消防泵房内设一座钢筋混凝土消防水池（$V=600m^3$），内存 2h 室内外消火栓用水量 360m^3、1h 自动喷水消防水量 144m^3 及 2h 冷却循环水补水量 50m^3。选用 2 台室内消火栓泵，水泵性能：$Q=20L/s$，$H=0.70MPa$，$N=30kW$，1 用 1 备，由消火栓箱内按钮控制启动，所有消火栓箱内配消防卷盘。为满足火灾初期时室内消火栓系统水量及水压的要求，在屋顶水箱间设一座屋顶水箱（18m^3）及一套消火栓系统的增压稳压装置，其水泵参数：$Q=5L/s$，$H=60m$，$N=5.5kW$，2 台，1 用 1 备；气压罐一个，直径为 800mm。

消火栓给水管网竖向成环，并在室外设 2 套地下式消火栓水泵接合器。

消火栓系统给水管采用内外壁热镀锌钢管。

（三）自动喷水灭火系统

自动喷水灭火系统采用稳高压系统，每层除卫生间、设备用房及不能用水消防的房间外，均设闭式喷头。在底层消防泵房内设 2 台自动喷水泵，水泵性能：$Q=40L/s$，$H=0.85MPa$，$N=75kW$，1 用 1 备，由湿式报警阀的压力开关控制启动。在消防泵房内设 4 组湿式报警阀和 1 组预作用报警阀，在南区、北区客房报警阀间各设 2 组湿式报警阀。室外设 3 套地下式自动喷水水泵接合器。

为满足火灾初期时室内自动喷水灭火系统水量及水压的要求，在屋顶水箱间设一套自动喷水灭火系统增压稳压装置，其水泵参数：$Q=1.0L/s$，$H=50m$，$N=2.2kW$，2 台，1 用 1 备；气压罐一个，直径为 800mm。

(四) 水喷雾灭火系统

1. 柴油发电机房水喷雾灭火系统

地下二层柴油发电机房设水喷雾灭火系统，设计喷雾强度采用 20L/(min·m²)，持续喷雾时间为 0.5h，水雾喷头采用雾化角为 100°的高速水雾喷头（$K=26$），喷头最低工作压力不小于 0.35MPa，在地下二层消防泵房内设 2 台水喷雾泵，型号为 XBD5/31-SLH，水泵性能：$Q=31$L/s，$H=0.5$MPa，$N=37$kW，1 用 1 备。水喷雾灭火系统设有电气自动控制、手动控制和应急操作三种控制方式，发电机房内设一套雨淋阀组。

2. 锅炉房水喷雾灭火系统

地下一层锅炉房设水喷雾灭火系统，设计喷雾强度采用 9L/(min·m²)，持续喷雾时间为 1.0h，水雾喷头采用雾化角为 100°的高速水雾喷头（$K=26$），喷头最低工作压力不小于 0.20MPa，锅炉房水喷雾泵与发电机房水喷雾泵共用。锅炉房水喷雾灭火系统设有电气自动控制、手动控制和应急操作三种控制方式，锅炉房内设五套雨淋阀组。

水喷雾灭火系统管材采用内外壁热镀锌钢管。

(五) 自动干粉灭火系统

变电室、电缆室、分变电所、信息机房采用局部全淹没灭火方式，选用自动干粉灭火装置。

装置内的驱动源为常态无压贮存，其工作原理为干粉灭火装置内的电启动器收到感温信号启动器或手动/联动控制装置的脉冲电信号后，其装置内的冷气发生器的固体物质开始极速气化产生大量气体，壳内气压急剧增加，冲破喷射口的隔膜片，开始喷射出大量灭火干粉，将该防护区内的火灾喷灭。

采用三种启动方式：感温自动启动、手动启动、消防控制中心联动启动。

感温自动启动：在无人看守的情况下，被保护场所内温度升高达到 63℃时，感温开关正常—断开的接触点将闭合，电源与电气线路接通，设备将给出报警的声光信号（警报声、光信号），直到延时结束之后发出"启动指令"，向电点燃器给出启动电流；向保护区域迅速开始喷射灭火干粉，将该防护区内的火灾喷灭。

手动启动：根据现场情况在门外的一侧设有手动启动按钮，防护区人员发现火灾情况后，可手动选择区域内的相应启动按钮，将该防护区内的火灾喷灭。

消防控制中心联动启动：极早期报警系统设在防护区内，如极早期报警系统发现防护区内任意一点有火情时会通知火灾控制系统，火灾控制系统接到信号后通过启动模块启动装置，将防护区内的火灾喷灭。

(六) 消防水炮灭火系统

大堂净高超过 8m 时，采用消防水炮灭火系统，由自动喷水泵供给。设计工作压力 0.6MPa，流量 5L/s，射程 25m，采用远程自动控制、远程手动控制及现场应急手动三种控制方式。

三、设计及施工体会或工程特点介绍

(一) 山地建筑雨水系统的设计

酒店雨水系统设计不仅是所在红线区域的雨水设计，还应考虑四周山体流域由于降雨引起的地表径流汇集到本项目用地的雨水设计。所以，山地建筑的雨水设计应考虑山体的防洪设计。防洪设计需要参照全局地形图，对汇水区域进行合理划分，计算出洪水流量。酒店的雨水系统在红线区域内设置一道雨水沟，收集红线区域的雨水，经过初期弃流和过滤消毒处理后作为景观水池的补水。在红线区域外山体与道路交界处做了一道排洪沟，山体上各山坳处的雨水冲沟最终汇入该排洪沟。

值得注意的是，排洪沟的设计应该进行现场踏勘并收集该地区的历史暴雨洪水资料，如果缺乏该地区暴雨洪水资料，可根据参数的地理分布规律，用推理公式法推求出山洪的设计公式。

山坳处雨水冲沟自山上向山下流，底部的雨水有较大压力，设计时应设置减压设施。在雨水冲沟的下游处设计急流槽、消能台及跌水井等设施，最后接至排洪沟。

排洪沟最终排至排洪箱涵，由于雨水中含有石子、污泥等大量的固体污染物，排洪沟排入排洪箱涵前应设置多级沉砂池，并在入口处设置钢格栅。排洪箱涵按洪水 100 年一遇设计。

（二）山地建筑室外管道的设计

酒店的给水、中水、温泉水等水源均在山下，由山下至酒店供水管道的敷设，是值得商榷的问题。北方的山体基本由岩石组成，山地标高复杂多变，部分山体坡度大于 45°，采用爆破技术开山控制标高难以一次到位，室外管道暗敷困难，施工难度高、投资大。为节省投资，连接酒店及山下的室外给水、中水、温泉水管道采用沿山体明敷的方式。管道明敷对管材、接口、保温材料及支座的安全可靠、防水、防冻、防晒、防冲刷、耐收缩有技术要求，特别是管道坡度大于 45°，防重力下沉也是必须要考虑的因素。明敷有压管道采用设混凝土模块包封，混凝土与管道之间采用软木支撑，并在最低处根据受力计算设置混凝土支座。考虑冬季和夏季、白天和夜间的温度变化大，根据计算，在管道适当部位设置了滑动支架、固定支架，以及适合室外条件的补偿器和保温伴热做法。设计中补偿器和管道保温材料为超细复合玻璃棉，采用铝板或不锈钢板做保护壳，固定支座与补偿器之间设滑动支座，补偿器两端设导向滑动支座，支座最大间距 2.0m。

我国已有室外跌水检查井的国家标准图集及地方标准图集，如华北标 BS 系列图集《排水工程》11BS4等，室外跌水检查井深度的要求为：国标图集《排水检查井》02S515 中跌水检查井的最大跌差≤6m，华北标《排水工程》11BS4 中跌水检查井的最大跌差$<D+4m$（D 为管径）。而在山地建筑中，由于地势高差大，石头山体施工难度大，往往在设计中室外跌水检查井的跌差大，跌差高度远远超过 6m。现有国家和地方标准图集都不能满足实际工程的需求。

为此在酒店项目进行了高跌差防冲刷的排水检查井设计，跌水井进水管和出水管的高差大，为保证井底耐冲刷，将原有 C30 混凝土垫层改为 C35 混凝土垫层，且在此垫层上设置一层直径为 200mm 的耐冲层。此外，跌水井采用钢筋混凝土井壁，满足了山地建筑安全可靠性的要求。

（三）山地建筑室外冷却塔的布置

本建筑选址在半山的位置，建筑体型、体量与地形、地貌相协调，尽量不破坏原有山形、风景，又使建筑为风景增色。为满足建筑立面等要求，与传统冷却塔及其管道设置在建筑屋面或室外平地的水平布置方式不同，冷却塔及其管道垂直布置可解决山体中设置冷却塔困难的问题。通常可以采用爆破等手段，在山体中开出一片空地布置冷却塔及其管道；或者可以在山体中搭建一个大平台，将冷却塔及其管道水平布置在平台上面。本项目采用了冷却塔及其管道垂直布置的形式，其优点如下：①不用爆破等方式，对山体影响最小，最为环保；②占地小，结构投资最少；③能满足冷却塔与空气对流换热的要求；④能满足管道安装、维修的需要。

四、工程照片及附图

建筑外观

室外园景

室内大堂

宴会前厅

夜景

太阳能集热器

冷却塔

室外明敷管道

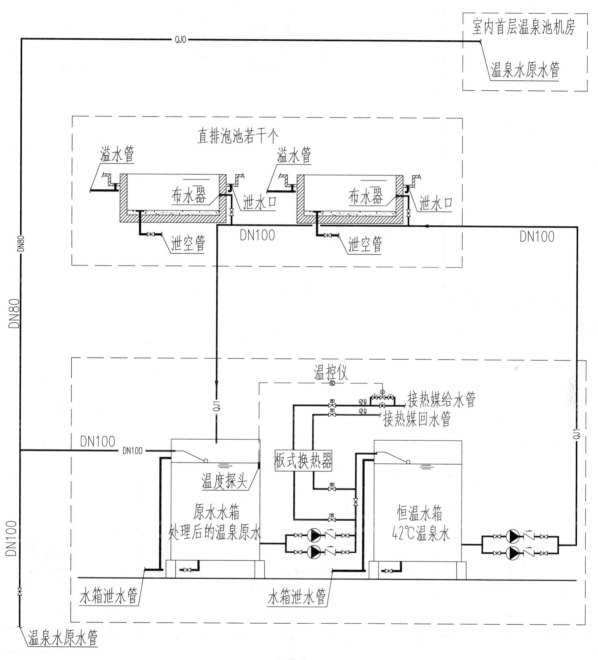

温泉水原理图

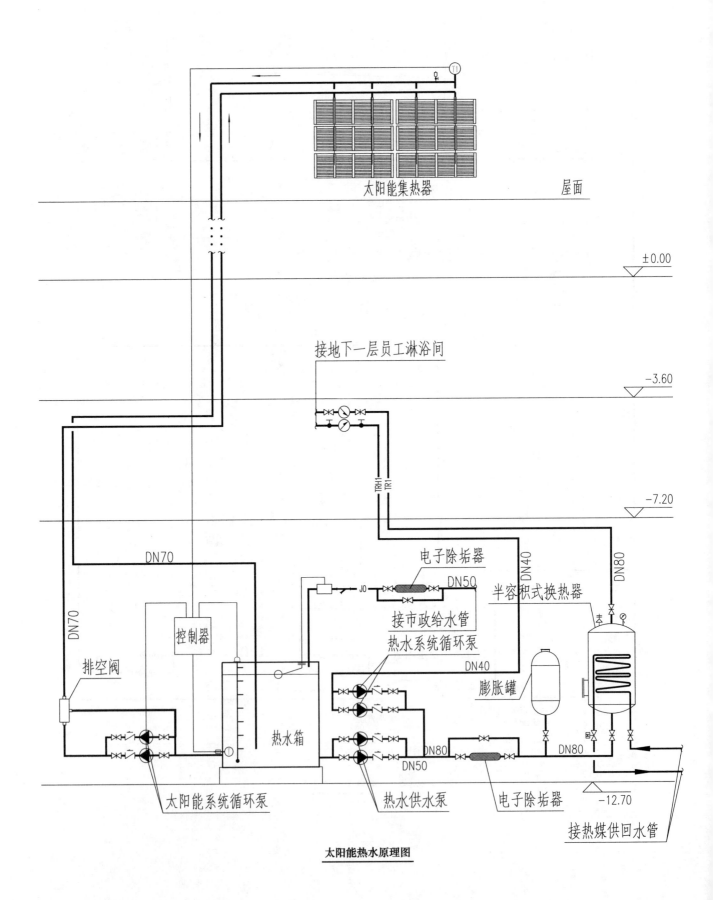

太阳能热水原理图

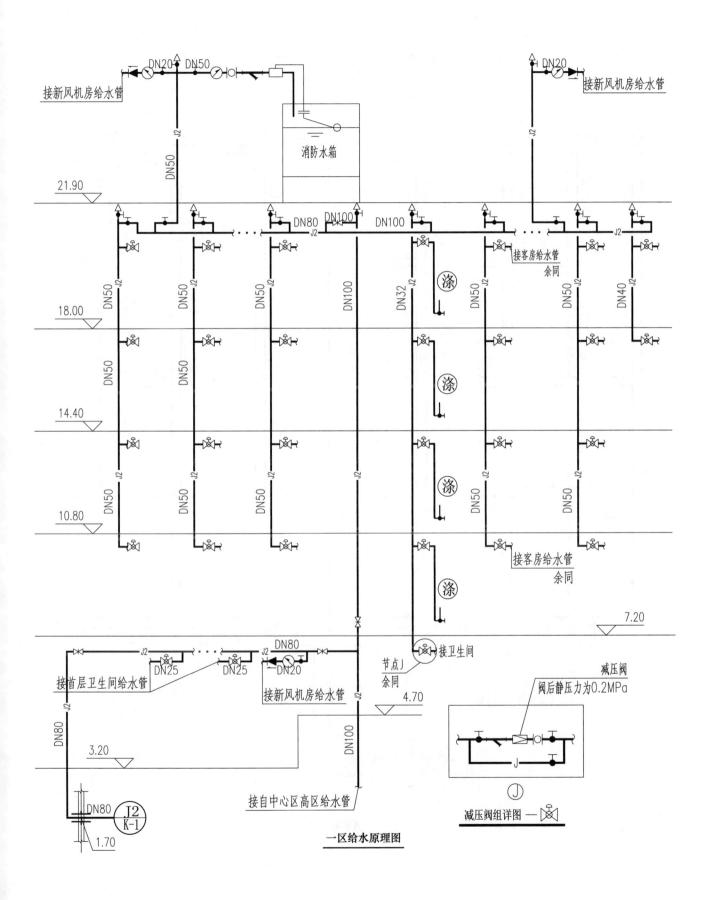

一区给水原理图

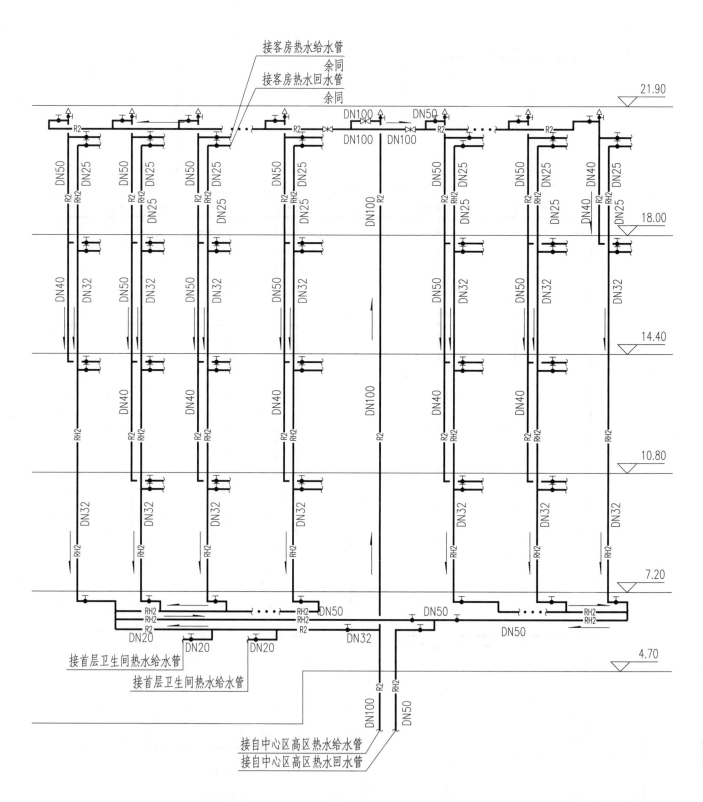

一区热水原理图

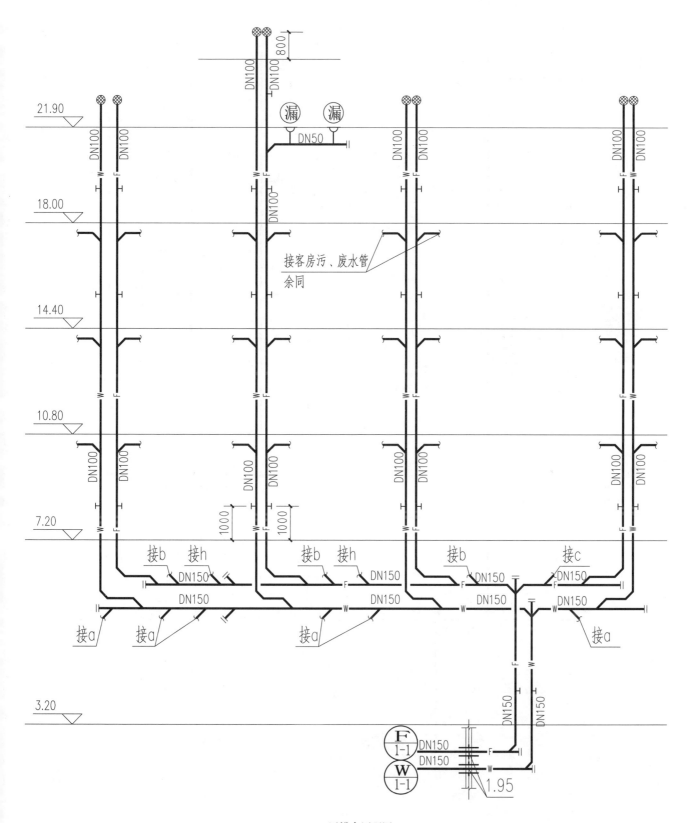

一区排水原理图

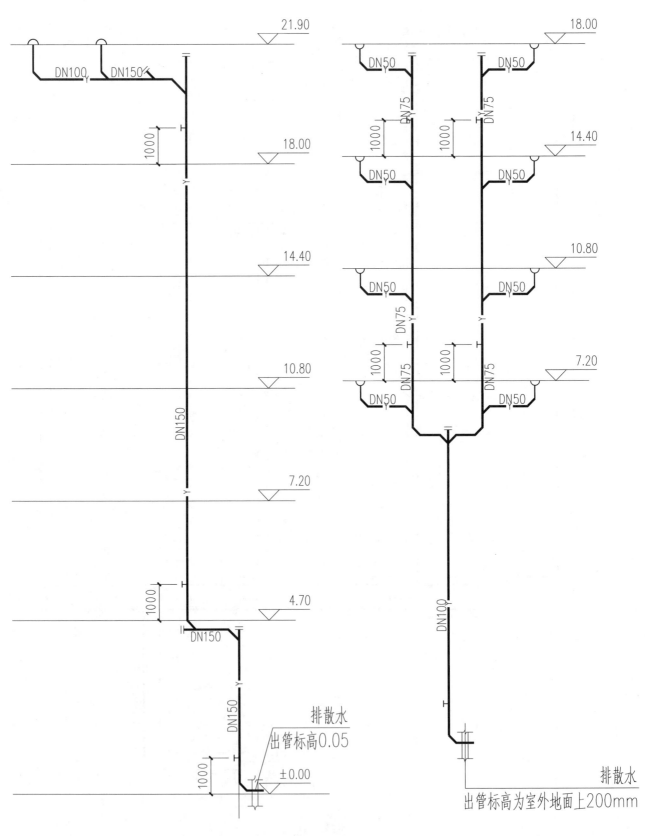

一区雨水原理图

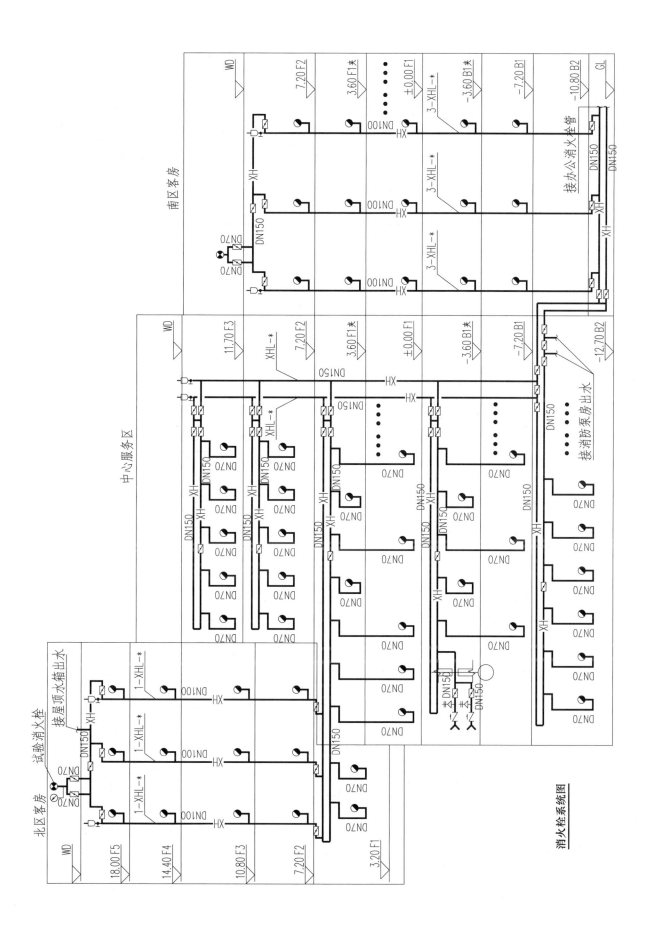

消火栓系统图

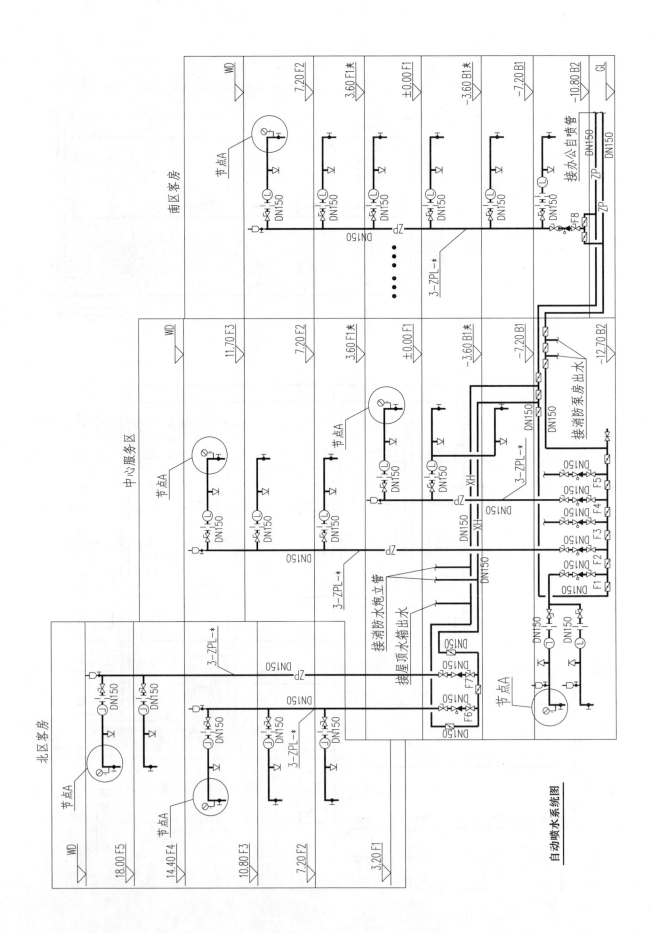

自动喷水系统图

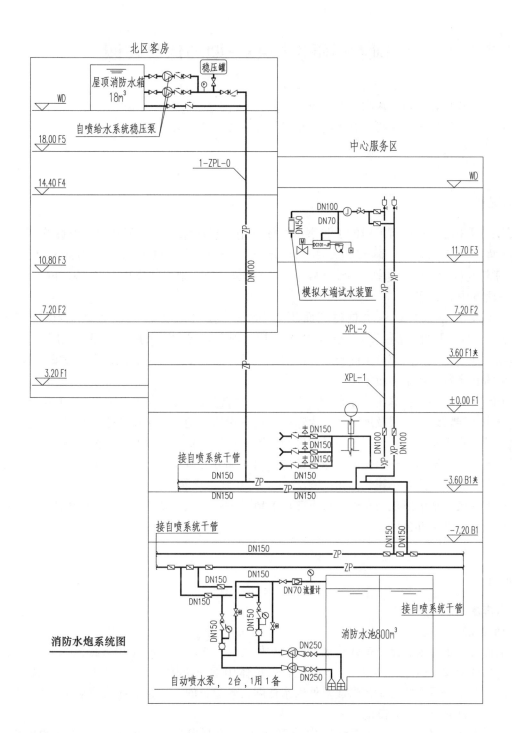

消防水炮系统图

中国人寿研发中心一期环保科技园

设计单位：悉地国际设计顾问（深圳）有限公司
设 计 人：刘春华　潘国庆　沈玥　杜于蛟　李路　郑希传　张林欢
获奖情况：公共建筑类　一等奖

工程概况：

中国人寿研发中心一期建筑工程位于北京市海淀区中关村环保科技示范园内，项目总用地面积 235 亩，一期总用地面积 78113.3m²，总建筑面积 240058m²，其中地上建筑面积 93736m²，地下建筑面积 146322m²，建筑高度为 18m。包括三个地块，共三个单体：E05 地块研发中心 A 座、F04 地块研发中心 B 座、F05 地块研发中心 C 座。

E05 地块研发中心 A 座：地块总建筑面积 56706m²，其中地上建筑面积 24964m²，地下建筑面积 31742m²。地上 5 层，局部 4 层；地下 3 层，局部 4 层。地下四层为设备用房，地下三层为内部员工配套服务用房及车库，地下二层为内部员工配套服务用房，地下一层为员工餐厅、厨房及配套设备用房。地上部分为内部员工倒班宿舍及企业培训教学用房。

F04 地块研发中心 B 座：总建筑面积 59726m²，其中地上建筑面积 23989m²，地下建筑面积 35737m²。地下部分共分为 3 层：地下二层及地下三层为车库及设备用房，地下一层由一系列的厨房、员工餐厅、宴会厅、咖啡厅、健身房等构成，各个区域通过内庭园周围的走道连接，但又相互独立。地上一层至三层：西侧部分为研发办公区，东侧为合作工作区。地上四层：西侧部分为研发办公区，东侧为测试办公区。

F05 地块研发中心 C 座：总建筑面积 120077m²，其中地上建筑面积 42897m²，地下建筑面积 77180m²。地上 4 层、地下 3 层。地下三层为车库，地下二层及地下一层为能源动力区及计算机机房区。地上一层～四层为员工数据城堡及员工办公区。

工程说明：

一、给水排水系统

（一）给水系统

（1）本工程市政供水为 2 路，市政给水管网供水压力为 0.18MPa。根据甲方提供的本建筑物周围的给水管网现状，拟从环保园十四路、环保园十五路上，各单体用地地块从不同方向各接出一根 DN200 给水管进入用地红线，经总水表后围绕各单体形成室外给水环网，各建筑的入户管从室外给水环管上接出。

（2）给水水量计算见表 1～表 3。

（3）给水系统设计如下：管网系统竖向分区的压力控制参数为：各区最不利点的出水压力不小于 0.10MPa，最低用水点最大静水压力（0 流量状态）不大于 0.45MPa。室内给水系统分区供给，低区给水由市政给水管网直接供给，高区给水采用变频设备加压供给。给水系统分区原则：地下三层～地上二层为低区；地上三层、四层为高区。

研发中心 A 座用水量　　　　　　　　　　　　　　　　　　　　　　　　表 1

序号	用水项目	用水规模	用水量标准	小时变化系数	日用水时间(h)	最高日用水量(m³/d)	自来水所占比例	自来水最高日用水量(m³/d)	自来水平均时用水量(m³/h)	自来水最大时用水量(m³/h)
1	标准客房	568 人	300.00L/(人·d)	2.5	24	170.40	79%	134.62	5.61	14.02
2	VIP 套房	30 人	400.00L/(人·d)	2.5	24	12.00	40%	4.80	0.20	0.50
3	培训教室	1000 人	50.00L/(人·d)	1.5	8	50.00	79%	39.50	4.94	7.41
4	办公	122 人	30.00L/(人·d)	1.5	8	3.66	40%	1.46	0.18	0.27
5	食堂	2100 人次/d	25.00L/人次	1.5	12	52.50	100%	52.50	4.38	6.56
6	开放式咖啡厅	150 人次/d	15.00L/人次	1.5	12	2.25	95%	2.14	0.18	0.27
7	健身中心	200 人次/d	50.00L/人次	1.5	12	10.00	95%	9.50	0.79	1.19
8	游泳池淋浴	200 人次/d	50.00L/人次	1.5	12	10.00	95%	9.50	0.79	1.19
9	游泳池补水	1440m³/d	5%	1.0	12	72.00	100%	72.00	6.00	6.00
10	SPA 补水	135m³/d	5%	1.0	12	6.75	100%	6.75	0.56	0.56
11	停车库冲洗	1800m²	2.00L/(m²·d)	1.0	6	3.60	0%	0.00	0.00	0.00
12	绿化	8231m²	2.00L/(m²·d)	1.0	2	16.46	0%	0.00	0.00	0.00
13	锅炉房补水			1.0	24	113.28	100%	113.28	4.72	4.72
14	冷冻水补水			1.0	24	15.84	100%	15.84	0.66	0.66
15	冷却塔补水			1.0	24	480.00	100%	480.00	20.00	20.00
16	未预见水量					101.87		94.19	2.90	4.34
17	合计					1120.62		1036.08	51.91	67.69

研发中心 B 座用水量　　　　　　　　　　　　　　　　　　　　　　　　表 2

序号	用水项目	用水规模	用水量标准	小时变化系数	日用水时间(h)	最高日用水量(m³/d)	自来水所占比例	自来水最高日用水量(m³/d)	自来水平均时用水量(m³/h)	自来水最大时用水量(m³/h)
1	办公	2248 人	30.00L/(人·d)	1.5	8	67.44	40%	26.98	3.37	5.06
2	员工餐厅	1420 人次/d	25.00L/人次	1.5	12	35.50	95%	33.73	2.81	4.22
3	多功能宴会厅	1068 人次/d	50.00L/人次	1.5	12	53.38	95%	50.71	4.23	6.34
4	VIP 餐厅	200 人次/d	50.00L/人次	1.5	12	10.00	95%	9.50	0.79	1.19
5	开放式咖啡厅	100 人次/d	15.00L/人次	1.5	12	1.50	100%	1.50	0.13	0.19
6	健身中心	100 人次/d	50.00L/人次	1.5	12	5.00	95%	4.75	0.40	0.59
7	停车库冲洗	20000m²	2.00L/(m²·d)	1.5	6	40.00	0%	0.00	0.00	0.00
8	绿化	8180m²	2.00L/(m²·d)	1.0	2	16.36	0%	0.00	0.00	0.00
9	冷冻水补水			1.0	10	6.60	100%	6.60	0.66	0.66
10	冷却塔补水			1.0	10	40.00	100%	40.00	4.00	4.00
11	未预见水量					27.58		17.38	1.24	1.82
12	合计					303.35		191.13	17.62	24.06

研发中心 C 座用水量　　　　　　　　　　　　　　　　表 3

序号	用水项目	用水规模	用水量标准	小时变化系数	日用水时间(h)	最高日用水量(m³/d)	自来水所占比例	自来水最高日用水量(m³/d)	自来水平均时用水量(m³/h)	自来水最大时用水量(m³/h)
1	办公	590人	30.00L/(人·d)	1.5	8	17.70	40%	7.08	0.89	1.33
2	绿化	19400m²	2.00L/(m²·d)	1.0	2	38.80	0%	0.00	0.00	0.00
3	停车库冲洗	19000m²	2.00L/(m²·d)	1.5	6	38.00	0%	0.00	0.00	0.00
4	冷冻水补水			1.0	10	6.60	100%	6.60	0.66	0.66
5	冷却塔补水			1.0	10	120.00	100%	120.00	12.00	12.00
6	冷冻水补水			1.5	12	360.00	100%	383.40	30.00	45.00
7	冷却塔补水			1.4	24	3072.00	100%	2795.18	128.00	179.20
8	未预见水量					365.31		331.23	0.09	0.13
9	合计					4018.41		3643.49	171.63	238.32

（4）给水水箱、加压机房设在研发中心 A 座内的地下三层，本工程设计生活水箱一个，容积为 80m³，通过地下环廊供给各个建筑。

（5）生活给水管：铜管采用焊接，埋在垫层或嵌在墙槽内的管道采用套塑铜管。机房内管道及与大于或等于 DN50 的阀门相接的管道采用法兰连接。

（二）热水系统

（1）研发中心 A 座最高日热水用水量（60℃）116.44m³/d，设计小时耗热量 844.07kW，设计小时流量（60℃）13.15m³/h。

（2）热源：热源由屋顶太阳能集热器提供，自建锅炉房（95℃/70℃热水）提供的热量为辅助热源。太阳能集中热水系统采用强制循环间接加热方式。

（3）本工程热水系统分区同给水系统，管道同程布置。

（4）热水供水温度为 60℃，由安装在半容积式水加热器热媒管道上的温度控制阀自动调节控制。

（5）热水管采用铜管，焊接，TP2 牌号，C 类，以《无缝铜水管和铜气管》GB/T 18033—2017 为依据。埋在垫层或嵌在墙槽内的管道采用套塑铜管。

（三）中水系统

（1）本系统以收集研发中心 A 座员工休息室淋浴、泳池淋浴、泳池反冲洗排水等优质杂排水为原水，经中水处理站处理为符合冲厕、绿化水质标准后供给 A、B、C 座各单体，不足部分由市政中水补给。市政供水压力为 0.18MPa，每栋单体各有一个市政接口，研发中心 A 座接口管径为 DN125。

（2）中水原水量见表 4。研发中心 A 座建筑最高日总用水量 84.54m³/d，设计小时流量为 17.41m³/h。研发中心 B 座建筑最高日总用水量 112.22m³/d，设计小时流量为 29.06m³/h。景观灌溉量 6090m³/年。研发中心 C 座建筑最高日总用水量 96.16m³/d，设计小时流量为 33.98m³/h。

（3）中水处理站日处理水量 120m³，设计运行时间为 24h/d，设计小时处理水量为 5m³。中水处理工艺流程为：原水→隔栅→调节池→生物接触氧化→沉淀→过滤→消毒→中水。

（4）中水给水系统向本建筑全部卫生间供水。中水系统竖向分为高、低两区。最不利点供水压力

0.10MPa，用水点的最大静水压力 0.45MPa。低区中水由市政给水管网直接供给，高区中水采用变频设备加压供给。中水系统分区同给水系统。

中水原水量计算表 表4

序号	用水部位	设计用水定额	用水规模	设计用水量 Q (m³/d)	折减系数 α	折减系数 β	淋浴(盥洗)用水给水百分率 b	中水原水量 Q_y (m³/d)
1	标准客房	300.00L/(人·d)	568人	170.4	0.9	0.9	64%	88.34
2	VIP套房	400.00L/(人·d)	30人	12	0.9	0.9	64%	6.22
3	健身中心	50.00L/人次	50人次/d	2.5	0.9	0.9	98%	1.98
4	泳池淋浴	50.00L/人次	50人次/d	2.5	0.9	0.9	98%	1.98
5	泳池反冲洗用水			30	0.8			24
6	合计							122.52

（5）中水水池、加压机房设在研发中心 A 座地下三层，通过地下环廊供给各个建筑。中水水箱有效容积 60m³，占水泵高区供水系统最高日用水量的 20%。各组水泵均设备用泵 1 台。

（6）中水给水管采用内外壁热镀锌钢管，管径小于 DN100 者丝扣连接，管径大于或等于 DN100 者沟槽连接，机房内管道及与阀门相接的管段采用法兰连接。

（四）饮用水系统

（1）研发中心 A、B、C 座均采用管道直饮水系统，各自设置水处理机房。

（2）研发中心 A 座日供直饮水量为 4.94m³，直饮水处理机组按日工作 10h 计，平均时处理量为 1.0m³。

（3）系统以市政自来水为原水，经净水站深度处理成符合《饮用净水水质标准》CJ 94—2005 的水供给直饮水。直饮水处理流程为活性炭→离子交换→纳滤（反渗透）。

（4）A、B、C 座各单体各自独立设置直饮水处理机房。变频调速泵组采用 2 台，1 台工作，1 台备用，轮换启动；泵组的运行控制同给水变频调速泵组，系统设定工作压力为 0.50MPa。

（5）供水管道采用薄壁不锈钢管，材质采用 OCr17Ni12Mo2（316），环压连接，与设备及阀门等管件、附件连接处采用管件或法兰连接。

（五）循环水系统

（1）研发中心 A 座游泳池容积 1017m³，设计水温 27℃，循环周期 4h，循环水量 270m³/h，初次充水时间 36h，每天补水量 102m³。SPA 池容积 100m³，设计水温 38℃，循环周期 4h，循环水量 26.5m³/h，初次充水时间 36h，每天补水量 10m³。

（2）泳池循环处理采用逆流循环方式，工艺流程如下：池岸溢流回水槽回水→均衡水池→毛发聚集器→循环水泵→絮凝剂加药装置→石英砂过滤器→臭氧氧化消毒→活性炭吸附罐→池水加热→pH 调整→氯消毒→池底给水口。

（六）水景系统

（1）研发中心 B 座水景池容积 15m³，循环周期 8h，循环水量 2m³/h，初次充水时间 12h，每天补水量 0.7m³。配管、循环水处理机房等均由专业公司负责深化设计、安装、调试、试运行和培训等。

（2）水景池循环处理工艺流程如下：水景池溢流回水槽回水→循环水箱→絮凝剂加药装置→石英砂过滤

器→氯消毒→水池给水口。

（七）污、废水系统

（1）室外污、废水合流，经室外化粪池或隔油池处理后排入市政污水管网。

（2）研发中心 A 座污水与废水分流，员工休息室淋浴、泳池淋浴、泳池反冲洗排水等优质杂排水作为中水原水。生活污水经室外化粪池处理后排入市政污水管网。

（3）地面层（±0.000m）以上为重力流排水，地面层（±0.000m）以下排入地下三层污废水集水坑，经潜水排水泵提升排至室外污水管网。地面以上污废水直接排至室外污水管网。厨房废水汇合后排至隔油间内油脂分离器，统一接至室外污水检查井。

（八）雨水系统

雨水系统采用建筑外排水系统，沿建筑外墙设置雨水立管，重力流排出。雨水量按北京市暴雨强度公式计算，室外雨水设计重现期取 3 年；屋面雨水设计重现期取 10 年，降雨历时 5min。北京市暴雨强度公式为：

$$q=\frac{2001\times(1+0.811\lg P)}{(t+8)^{0.711}}$$

二、消防系统

（一）消火栓系统

（1）园区共用消防系统。消防用水水源为市政给水管网，室外消防为低压制，室外消防和生活用水管道合用，室内消防为临时高压。消火栓消防用水流量为：室外消火栓 30L/s，室内消火栓 20L/s，火灾延续时间 2h，一次火灾设计总用水量（含室内、外消火栓系统、自动喷水灭火系统等消防水量）为 522m³。

研发中心 B 座地下三层设有消防水池、消防水泵，供给各单体的室内消火栓系统及自动喷水灭火系统等用水。消防水池有效贮水容积 370m³。其中消防贮水量 330m³（消防用水量 306m³），冷却水用水量 40m³，利用冷却水使消防水池水更新。

（2）系统竖向不分区，设一组消火栓系统水泵、一组自动喷水灭火系统水泵供水。

（3）研发中心 A 座顶层设有效贮水容积为 18m³ 的高位消防水箱、增压泵组保证灭火初期的消防用水。

（4）消火栓管道采用内外壁热镀锌钢管，管径小于 DN100 者丝扣连接，管径大于或等于 DN100 者沟槽连接，机房内管道及与阀门相接的管段采用法兰连接。

（二）自动喷水灭火系统

（1）本工程室内存在 8～12m 高大净空场所，故按非仓库类高大净空场所 8～12m 中庭设计，喷水强度 6L/(min·m²)，作用面积 260m²，消防流量为 45L/s，火灾延续时间为 1h。

（2）本系统竖向不分区，由培训中心的高位水箱加增压泵保证火灾初期灭火用水，一组消防泵保证消防时加压供水。

（3）系统竖向不分区，设一组消火栓系统水泵、一组自动喷水灭火系统水泵供水。

（4）自动喷水灭火管道采用内外壁热镀锌钢管，管径小于 DN100 者丝扣连接，管径大于或等于 DN100 者沟槽连接，机房内管道及与阀门等相接的管段采用法兰连接。

（三）高压细水雾灭火系统

（1）柴油发电机房采用高压细水雾灭火系统，系统由高压细水雾泵组供给，系统由市政给水管网接出两路供水管道至高压细水雾泵组贮水箱。泵组均设置在防护区域外的机房内。采用开式的保护方式。

（2）喷雾粒径不大于 200μm。开式系统响应时间不大于 45s。喷头最不利点工作压力为 10MPa。系统持续喷雾时间不小于 30min。高压细水雾开式喷头：K=0.95，q=9.5L/min；系统流量：约 261.3L/min。

（3）控制方式：系统具有自动控制、气动控制和应急操作三种控制方式，并应在接收两个独立的火灾信号后才能启动。

（4）高压细水雾泵组：由 4 台高压泵（3 用 1 备）、2 台稳压泵（1 用 1 备）、泵控制箱、进水过滤器及电磁阀、安全泄压阀、机架及连接管道等组成，泵组外形尺寸为 2.23m×0.78m×1.8m。主要材料为 316 不锈钢，单台高压泵：$Q=112$L/min，$H=16$MPa，$N=33$kW；单台稳压泵：$Q=11.8$L/min，$H=1.4$MPa，$N=0.55$kW。

（5）高压细水雾管道采用 316L 不锈钢管，管道连接采用焊接、高压卡套管件连接。管道、管件的工作压力为 16MPa。

（四）气体灭火系统

（1）数据中心固定通信机房、数据网络中心、磁介质库、备品备件、设备存储、设备测试、图书资料库、变配电室采用有管网气体灭火系统。

（2）有管网气体灭火房间采用 IG541 混合气体灭火系统。灭火浓度 28.1%；当 IG541 混合气体灭火剂喷放至设计用量的 95% 时，其喷放时间不应大于 60s，且不应小于 48s。

（3）管网系统控制应包括自动控制、手动控制、应急操作三种方式。每一保护区门外明显位置，应装一绿色指示灯，采用手动灯亮。并装一告示牌，注明"入内时关闭自动。开启手动，此时绿灯亮"。施放灭火剂前防护区的通风机和通风管道上的防火阀自动关闭。火灾扑灭后，应开窗或打开排风机将残余有害气体排除。气体灭火区域每层设置两个空气呼吸器。

（4）气体灭火系统管道、阀门及管件、附件等均由消防承包公司负责供应。一般管道选材原则为：气体贮存压力<2.5MPa 时采用加厚镀锌钢管，气体贮存压力≥2.5MPa 时采用相应承压等级的无缝钢管，内外镀锌。管径小于或等于 $DN80$ 者螺纹连接，管径大于 $DN80$ 者法兰连接。

三、设计及施工体会或工程特点介绍

中国人寿研发中心一期环保科技园由 CCDI 与 HENN 联合设计总承包。设计秉持绿色低碳的设计宗旨，设计中采用了多种节能设计策略。其中研发中心 A 座采用生活热水＋防冻供暖太阳能联用系统；研发中心 A、B、C 座依据国家绿建三星的节能标准进行设计及认证，同时研发中心 B 座依据 LEED 最高标准——铂金级进行设计及认证；研发中心 C 座数据中心机房面积达 5 万 m²，按照国际最高标准设计和建设，获得美国 UPTIME 颁发的 T4 设计认证证书，是我国第一个获得 T4 认证的地下数据中心机房，也是我国最大的地下数据机房。

1. 研发中心 A 座

（1）研发中心 A 座主要为培训功能。由于使用不均衡、不稳定，通常在一年中会有几次集中培训时使用。没有培训时，客房入住率较低；有培训时，客房入住率较高。研发中心 A 座采用太阳能系统集中收集热量，屋面共设置 515m² 太阳能集热器，集热器效率在 80% 以上。在运行中根据需要分配给热水或供暖系统，采用阀门切换。冬季，太阳能为地板防冻供暖系统的主热源；夏季，太阳能为生活热水系统的主热源；锅炉加热为辅助热源。

（2）生活热水及采暖系统共用太阳能系统应用在公共建筑内在当时设计时国内尚无案例，本项目也是作为一个尝试，后期业主反馈运行效果良好。

（3）泳池加热系统采用锅炉系统及烟气热回收系统作为热源，充分利用废热。

2. 研发中心 B 座

研发中心 B 座主要功能为办公。为满足国家绿建三星的节能标准、LEED 铂金级认证要求，设计采用如下做法：

（1）中水的使用：收集研发中心 A 座客房淋浴、泳池淋浴、泳池反冲洗排水等优质杂排水作为中水

原水，处理后用于研发中心 A、B、C 座各单体建筑冲厕、车库地面冲洗和绿化用水。中水原水平均日收集水量 121.40m³，三中心中水总用水量 346.80m³/d，中水不足部分由市政中水补给，避免自来水冲厕。

（2）节水洁具的使用：采用满足 LEED 节水要求的节水型洁具，如分挡冲水的坐便器、加气水龙头等。

（3）雨水径流的控制：屋面雨水通过雨水管收集到雨水渗透池渗透补充地下水。地表径流采用渗透—排放方式，采用透水路面，室外绿地低于道路 100mm，室外地面雨水通过透水路面、下凹式绿地等渗透补充地下水，多余的雨水通过排水沟排入雨水渗透池，超过雨水渗透池蓄水容积的部分溢流排放。

（4）雨水污染的控制：实施过滤和分离，使得平均年降雨径流的 90% 得到处理，本项目考虑人工湿地，园区内湿地的设置既满足了景观的要求，又有利于雨水污染的控制。

（5）节水灌溉：选用地方植物，不需要用水浇灌或采用滴灌及微灌系统用少量中水灌溉。

3. 研发中心 C 座

研发中心 C 座主要功能为数据机房，给水排水专业有如下特点：

（1）消防灭火：本工程 24 个机房模块及与之相关的配套房间采用 IG541 混合气体灭火。柴油发电机房采用高压细水雾灭火系统。地下车库、数据机房相关走道、总控中心等采用预作用自动喷水灭火系统。组合分配式全淹没系统于地下三层～地下一层共设置 11 个气体钢瓶间，以满足各防护区域气体消防要求；其中地下三层气体钢瓶间内贮存一套系统备份钢瓶。

（2）机房补水：机房空调冷冻水系统补水、冷冻机循环冷却水系统补水及各层计算机机房空调加湿用水水源为市政自来水，管网双路供水。系统水量、水压由市政自来水直接保证。依据国际数据中心 UPTIME-TierⅣ级别进行设计，保证计算机机房不间断运行。

（3）事故及消防排水：各层机房空调凝结水排水、加湿器排污水、冷冻站排水系统设置独立排水管路，由各层走廊架空地板下汇总至地下三层冷冻站内集水坑，由提升泵统一加压排至室外事故排水设施。公共走廊消防废水以架空地板下降板区域为排水沟，汇总收集至地下二层消防废水收集坑，提升排放。

（4）机房区域人防功能：选取两个模块的服务器机房和总控中心为人防区域。保证两个模块的服务器机房和总控中心战时的运行。该项目为北京人防办的一个样板项目，为以后的数据机房的人防功能提供了一种设置思路。

四、工程照片及附图

整体效果

A 座大堂

B、C座管廊

车库内消防管道

内庭院雨水

热水机房

人防-总控中心

太阳能集热器

太阳能热水机房

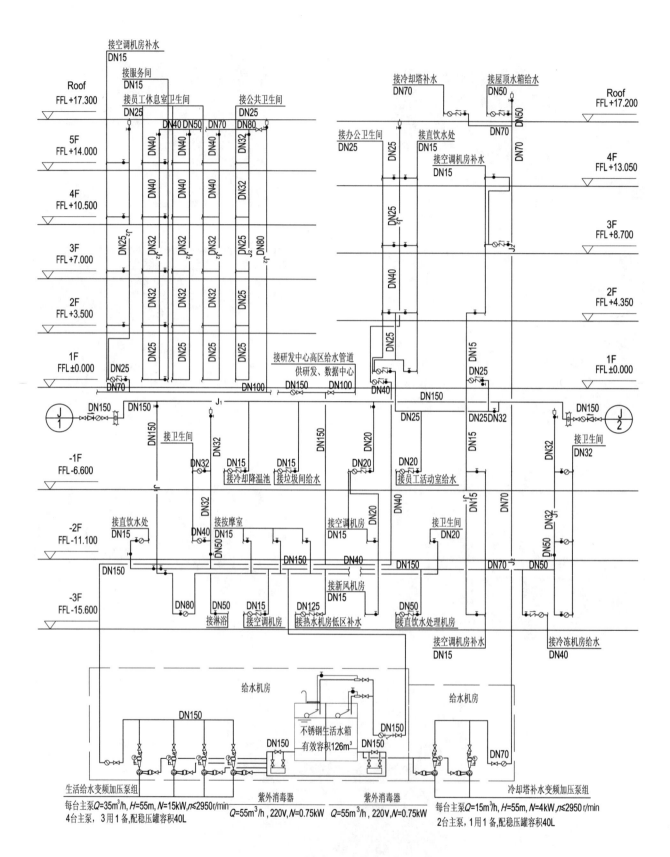

研发中心A座给水系统原理图

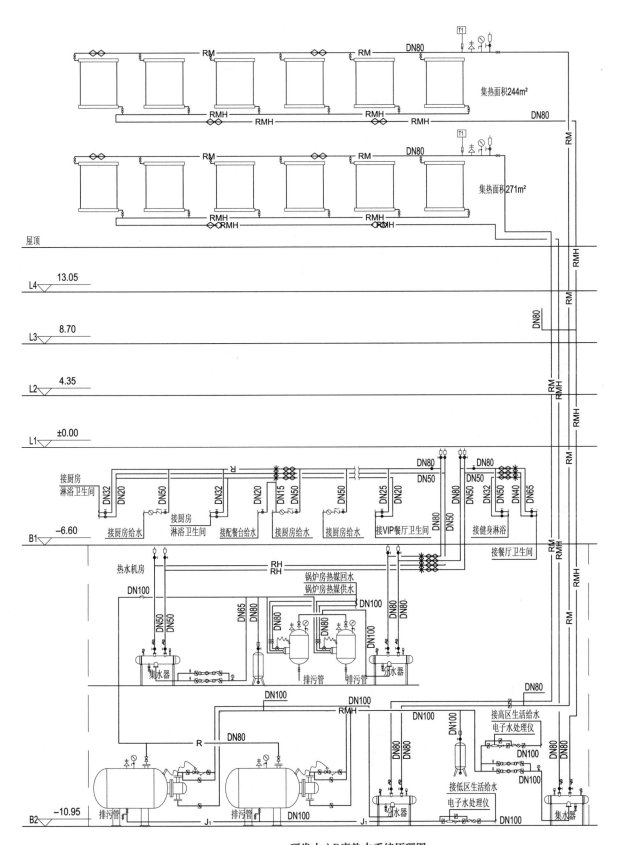

研发中心B座热水系统原理图

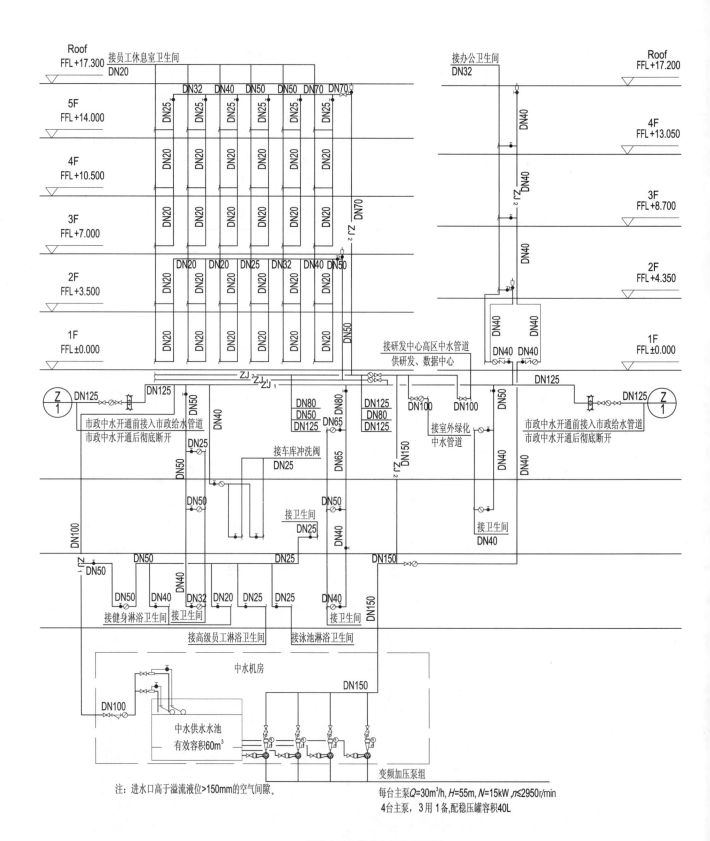

研发中心A座中水系统原理图

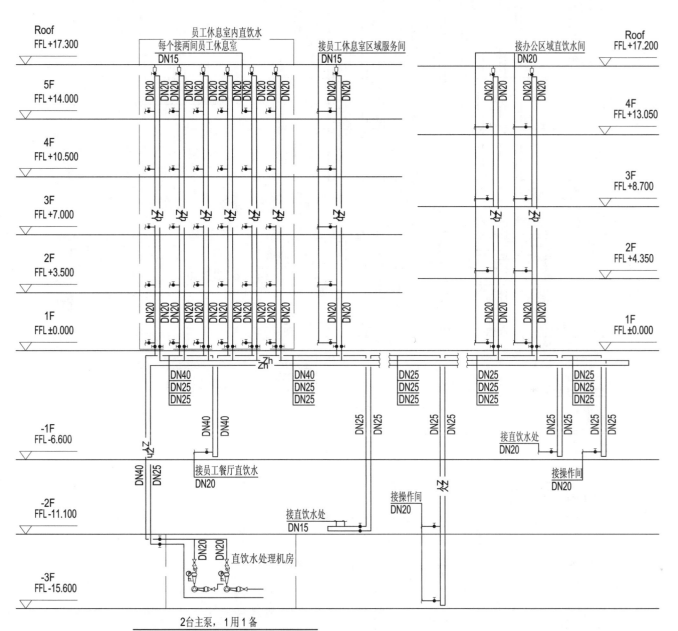

研发中心A座直饮水供水系统原理图

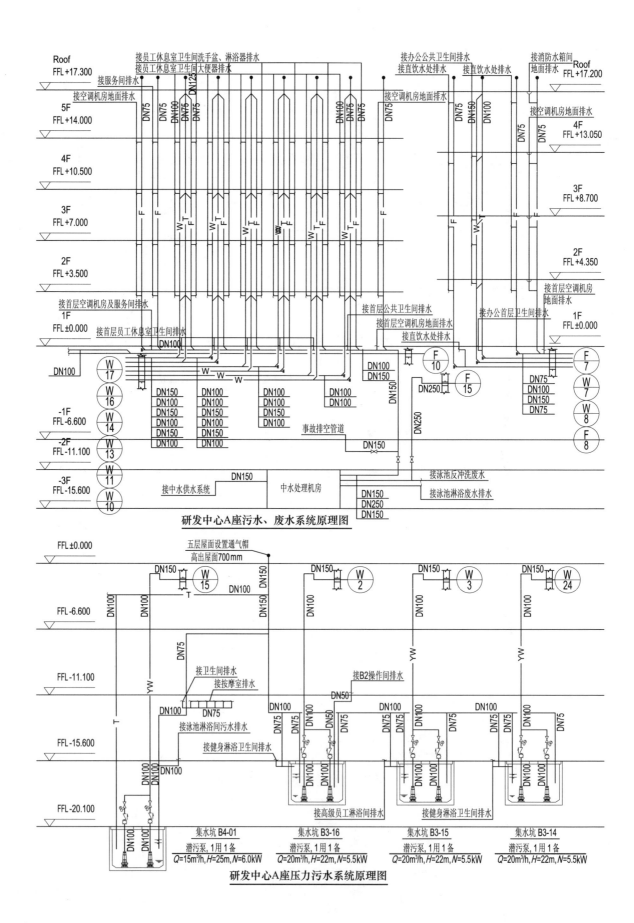

研发中心A座污水、废水系统原理图

研发中心A座压力污水系统原理图

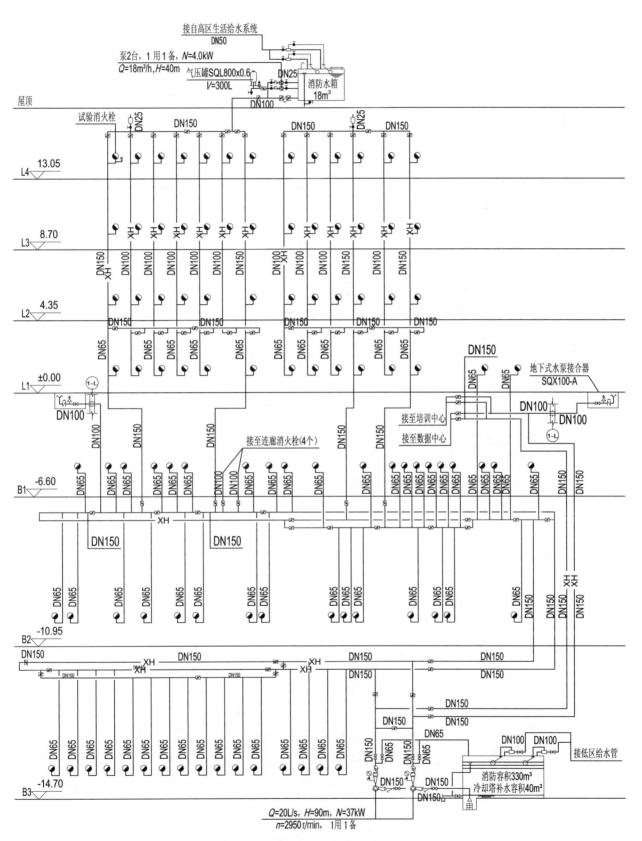

接自高区生活给水系统
DN50

泵2台，1用1备，*N*=4.0kW
Q=18m³/h，*H*=40m
气压罐SQL800x0.6
V=300L

DN25

消防水箱
18m³

DN100

屋顶

试验消火栓 DN25 DN150 DN150 DN25 DN150

L4 13.05

L3 8.70

DN150 DN100 DN100 DN100 DN100 DN150 DN100 DN100 DN100 DN150 DN100 DN150
XH

L2 4.35

DN65 DN65 DN65 DN65 DN65 DN65 DN65 DN65 DN65 DN65
DN150 DN150 DN150 DN150 DN150

DN65

DN150
DN65 DN65
地下式水泵接合器
SQX100-A

L1 ±0.00
1-L
DN100
DN100
DN100 DN150 DN150 DN150 DN150
接至培训中心
接至数据中心
DN100
DN100
1-L

接至连廊消火栓(4个)

B1 -6.60
DN65 DN65 DN65 DN65 DN65 DN65 DN100 DN100 DN65 DN65 DN65 DN65 DN65 DN65 DN65 DN65 DN65 DN65 DN150 DN150
XH

DN150 DN150

DN65 DN65 DN65 DN65 DN65 DN65 DN65 DN65 DN65 DN65 DN65 DN150 DN150 DN150 DN150
XH XH

B2 -10.95

DN150 DN150 DN150 DN150 DN150
XH XH XH XH
DN150 DN150 DN150
DN150 DN150
DN150 DN150

DN150 DN150
DN150
DN65 DN150 DN65
DN100 DN100
接低区给水管

DN65 DN65 DN65 DN65 DN65 DN65 DN65 DN65 DN65 DN65 DN65 DN65 DN65 DN65 DN65 DN150 DN65 DN150
消防容积330m³
冷却塔补水容积40m³

B3 -14.70
DN150 DN150 DN150

Q=20L/s，*H*=90m，*N*=37kW
n=2950 r/min，1用1备

研发中心B座消火栓系统原理图 注：所有消火栓均采用减压稳压消火栓。

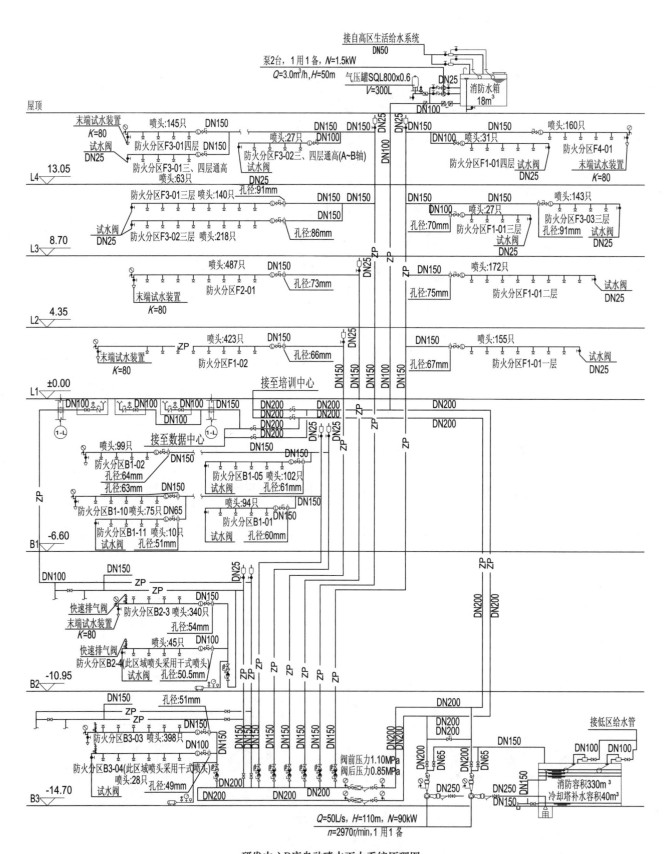

研发中心B座自动喷水灭火系统原理图

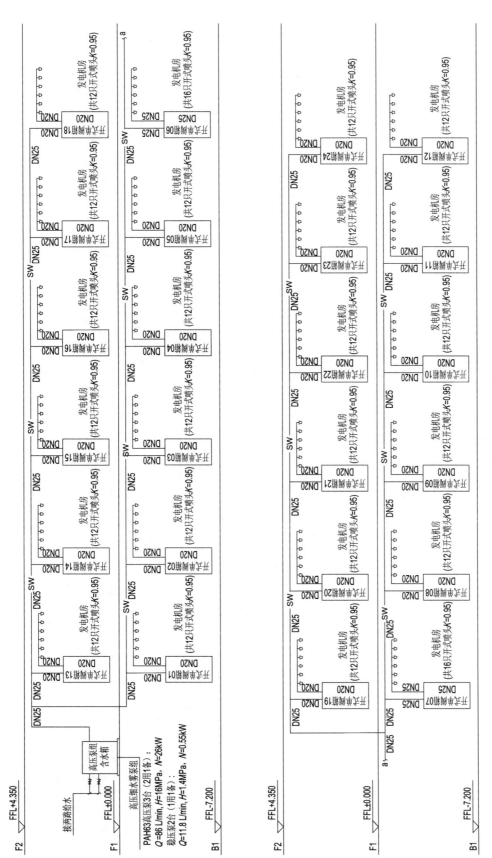

研发中心C座高压细水雾系统原理图

序号	名称
1	自动格栅
2	水下曝气器(射流式)
3	毛发聚集器
4	原水提升泵
5	水下曝气器(泵式)
6	滤前加压泵
7	石英砂过滤器
8	活性炭吸附器
9	反冲洗水泵
10	混凝剂投药设备
11	消毒剂投药设备
12	管道混合器
13	液位计
14	电气控制柜
15	变频供水机组
16	水质检测仪

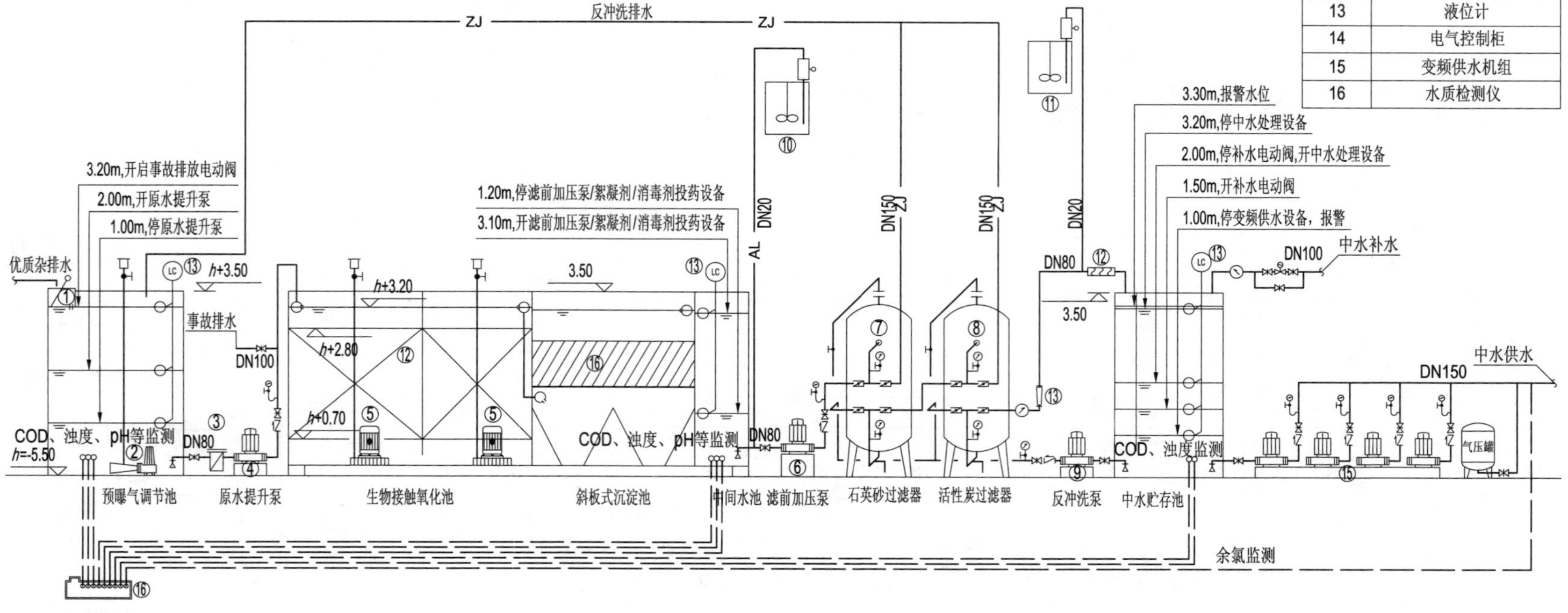

中水供水 DN150

3.30m,报警水位
3.20m,停补水电动阀,开中水处理设备
2.00m,停补水电动阀,开中水处理设备,报警
1.50m,停变频供水设备
1.00m,停变频供水设备
中水补水 DN100

余氯监测

COD、浊度监测
中水补水

中水水存池

DN20
DN80
3.50

反冲洗水泵

DN150 DN150

活性炭过滤器 石英砂过滤器

DN20
DN80

中间水池 滤前加压泵

COD、浊度、pH等监测

1.20m,停滤前加压泵聚絮剂消毒剂投药设备
3.10m,开滤前加压泵聚絮剂消毒剂投药设备

斜板式沉淀池

反冲洗排水

3.50

COD、浊度监测

生物接触氧化池 h+3.20 h+2.80 h+0.70

ZJ

ZJ

DN100
原水提升泵

事故排水 h+3.50

3.20m,开启事故排放电动阀
2.00m,开原水提升泵
1.00m,停原水提升泵

事故排水 DN80

优质杂排水 h=3.50

COD、浊度、pH等监测
预曝气调节池
h=5.50
优质杂排水

水质检测仪

研发中心A座中水处理系统原理图

沈 阳 夏 宫

设计单位：中国建筑东北设计研究院有限公司
设 计 人：于彦章　王欣路　孙识昊　刘晓峰　李玲　曹威
获奖情况：公共建筑类　一等奖

工程概况：

　　新夏宫项目位于沈阳市青年大街东侧，是在原夏宫的旧址上，去旧建新打造而成的具有全新功能的城市综合体建筑群。本项目共涵盖商业区和居住区两大部分，两个区域相对独立且有适当的连接。其中商业区共包含一座205m高的超高层办公楼和五星级酒店、一座175m高的酒店服务式公寓楼及一座41375m² 的购物中心；住宅区共包含三栋百米的高层住宅和两栋超高层住宅，共448户；整个项目用地的地下全部开挖做3层地下停车场以解决停车和设备用房的需要，且在西侧商业部分与城市地铁相连通。项目设计起止年月为2010年04月—2011年03月，建成使用时间为2013年09月。

工程说明：

一、给水排水系统

(一) 给水系统

1. 冷水用水量（见表1～表4）

酒店部分生活用水量计算　　　　　　　　　　　　　　　　　　　　　　　　　表1

序号	使用部位或对象	用水量标准 [L/(人·d)]	设计人数 (人)	日用水时间 (h)	小时变化系数	最高日用水量 (m³/d)	最大时用水量 (m³/h)
1	客房	300	620	24	2.4	186	18.6
2	员工	100	110	24	2	11	0.92
3	餐饮	22.5	700	12	1.35	15.75	1.78
小计						212.75	21.30
未预见水量						21.275	0.89
总计						234.03	22.19

办公部分生活用水量计算　　　　　　　　　　　　　　　　　　　　　　　　　表2

序号	使用部位或对象	用水量标准 [L/(人·d)]	设计人数 (人)	日用水时间 (h)	小时变化系数	最高日用水量 (m³/d)	最大时用水量 (m³/h)
1	办公	50	3808	10	1.2	190.4	22.85
小计						190.4	22.85

续表

序号	使用部位 或对象	用水量标准 [L/(人·d)]	设计人数 (人)	日用水时间 (h)	小时变化 系数	最高日用水量 (m³/d)	最大时用水量 (m³/h)
未预见水量						19.04	0.79
合计						209.44	23.64
	办公楼 冷却塔补水 (24系统)					30.3	1.9
	办公楼 冷却塔补水 (常规系统)					66.6	8.4
总计						306.34	33.94

公寓部分生活用水量计算 表3

序号	使用部位	用水量标准 [L/(人·d)]	设计人数 (人)	日用水时间 (h)	小时变化 系数	最高日 用水量 (m³/d)	最大时 用水量 (m³/h)
1	十五层~四十二层 (中高区)	300	858	24	2.0	257.4	21.5
2	五层~十四层 (低区)	300	327	24	2.0	98.1	8.2
小计						355.5	29.7
未预见水量						35.6	3.0
总计						391.1	32.7

裙房用水量计算 表4

用水项目	用水量标准	用水单位数	小时变化系数	日用水 时间 (h)	最大时 用水量 (m³/h)	最高日 用水量 (m³/d)
商业	6.5L/(m²·d)	25000m²	1.5	12	20.3	162.5
中餐	50L/人次	4000人次/d	1.35	10	27.0	200
快餐	22.5L/人次	5000人次/d	1.35	10	15.2	112.5
餐厅员工	50L/(人·d)	600人	1.2	10	3.6	30
泳池淋浴	100L/人次	200人次/d	2.0	12	3.4	20
泳池补水	—	—	1.0	12	1.7	20.5
小计					71.2	545.5
未预见水量	10%				7.12	54.6
总计					78.3	600.1

2. 水源

按规划沈阳夏宫项目由青年大街市政给水干管引入一根 DN250 的供水管,在室外(红线内)分设公共建筑和住宅两部分的总水表,并分别入户。公共建筑部分市政给水引入管为一根 DN200 的给水管,消防水池由此引入管供水。住宅部分市政给水引入管为一根 DN150 的给水管,其经本工程引至住宅部分。市政供水压力约为 0.10MPa(具体应以自来水公司提供的数值为准)。

3. 系统竖向分区、供水方式及给水加压设备

酒店和公寓中区和高区部分采用变频泵＋中间转输水箱串联供水。公寓低区、办公和商场部分采用变频泵＋生活水箱联合供水。办公部分中区由其高区系统经减压阀减压后供给。

生活给水系统由生活水箱、微机变频供水泵组、控制阀门、供水管道和用水配件等组成。酒店、办公、公寓和商场分别设置独立的生活水箱、水泵房和管道系统。

4. 管材

水泵吸水管采用普通壁厚的不锈钢管，需拆卸部位（如设备、阀门等处）采用法兰连接，其余为焊接。其他给水管采用薄壁不锈钢管，管径小于或等于 $DN100$ 的采用卡压式连接，其他采用沟槽式连接。

（二）热水系统

1. 热水用水量（见表 5）

热水用水量 表 5

用水项目	最高日用水量（m³/d）	最大时用水量（m³/h）
泳池淋浴	10	2.0
酒店	88.2	10.6
酒店(低区)	11.4	1.2
酒店(中区)	38.4	4.7
酒店(高区)	38.4	4.7

2. 热源

因市政热网不能向本工程提供所需的热能，故经分析比较后确定本工程生活热水的热源为城市电网。酒店高区系统另设有太阳能热水系统。

3. 系统形式及组成

（1）办公、商场及公寓采用分散式热水供应系统，系统不设回水管。

（2）裙房五层泳池淋浴采用全日制集中热水供应系统，为机械半循环方式。容积式电热器（2台，2用）设于四层泳池水处理机房内，并设热水贮水罐、热水循环泵。泳池初次（或再次）充水时，本系统可临时转换为仅向泳池提供热水，辅助泳池水加热系统提升池水温度，同时设计采取管路临时连接并设防水质污染等措施。

（3）酒店采用全日制集中热水供应系统，低区为机械半循环方式，中区和高区为机械全循环方式，管网为上供下回，在1号楼二十八层热水机房内分设各区容积式电热器（低、中和高区各为2台、4台、3台）、热水贮水罐、热水循环泵（均为1用1备，由设在热水回水总管上的电接点温度计控制，自动启闭）、过滤型射频水处理器（每区一台）。

酒店低、中和高区各热水系统的设计小时耗热量分别为140kW、330kW、330kW。

4. 管材

热水管、热水回水管采用薄壁不锈钢管，管径小于或等于 $DN100$ 的采用卡压式连接，其他采用沟槽式连接。

（三）排水系统

1. 排水系统的形式

本设计采用雨污分流、污废分流的排水体制。地上部分排水采用重力流排水方式，底层污水单独排出。地下室污、废水由设于集水池内的潜污泵提升排出，水泵为1用1备，交替运行，其由设于水池内的液位器控制，自动启闭。

2. 通气管的设置方式

视本系统管路设置情况采用单立管伸顶通气方式、专用通气管方式或环形通气管方式。

3. 采用的局部污水处理设施

生活粪便污水经室外化粪池处理后与其他废水汇合排入市政管网。在裙房二层隔油器间内设成套油脂分离器（四处，每处一台），其用于处理裙房部分的厨房含油废水。

4. 管材

排水管采用橡胶密封圈柔性接口机制排水铸铁管，排水出户管、排水横干管、公共厨房排水管和塔楼排水立管等采用法兰连接，其他采用不锈钢卡箍连接。压力排水管采用内外壁涂塑钢管，沟槽连接。

二、消防系统

(一) 消火栓系统

1. 消火栓系统的用水量

室外消火栓系统用水量为 30L/s，室内消火栓系统用水量为 40L/s。

2. 系统分区

本工程室内消火栓系统和自动喷水灭火系统竖向分区相同。室内消火栓系统和自动喷水灭火系统分区见表 6。

室内消火栓系统和自动喷水灭火系统分区　　　　　　　　　　表 6

建筑功能	分区名称	分区楼层	供水
酒店/办公楼 1 号楼	4 区 (4XH-H/O、4ZP-H/O)	二十八层～顶层	由本区加压泵从十五层中间水箱汲水加压供给
	3 区 (3XH-H/O、3ZP-H/O)	十三层～二十七层	由本区加压泵从十五层中间水箱汲水加压供给
	2 区 (2XH-H/O、2ZP-H/O)	六层～十二层	同商场合用
公寓楼 (2 号楼)	4 区 (4XH-A、4ZP-A)	三十层～顶层	由本区加压泵从十五层中间水箱汲水加压供给
	3 区 (3XH-A、3ZP-A)	十五层～二十九层	由本区加压泵从十五层中间水箱汲水加压供给
	2 区 (2XH-A、2ZP-A)	六层～十四层	同商场合用
裙房商场 (3 号楼)	2 区 (2XH-P、2ZP-P)	一层～五层	由本区加压泵从设置在地下三层的消防水池汲水加压供给，同 1 号楼、2 号楼低区及住宅部分低区合用系统
地下层	1 区 (1XH-B、1ZP-B)	地下三层～地下一层	由本区加压泵从设置在地下三层的消防水池汲水加压供给，住宅部分地下室与此合用系统

3. 消防水泵房

本设计在消防水泵房内分设各区室内消火栓系统和自动喷水灭火系统消防泵。除在本工程地下三层设（主）消防水泵房外，另在酒店/办公楼十五层和公寓楼十五层分设中间消防水泵房。

在地下三层消防水泵房内分设地 1 区、2 区室内消火栓系统和自动喷水灭火系统消防泵、水喷雾灭火系统消防泵、大空间自动喷水灭火系统消防泵、室外消防系统消防泵和为住宅部分预留的住宅 2 区室内消火栓系统和自动喷水灭火系统消防泵（均为 1 用 1 备），另设一组室内消防转输水泵（2 用 1 备），火灾时由其将消防水池内的水转输至 1 号楼（或 2 号楼）十五层中间消防水箱内。1 号楼和 2 号楼十五层中间消防水泵房分设 3 区、4 区室内消火栓系统和自动喷水灭火系统消防泵（均为 1 用 1 备）。

4. 消防水池

在本工程地下三层设一座服务于整个夏宫项目的消防水池，其设于住宅部分地下三层西侧，与设于本工程内亦服务于整个夏宫项目的消防水泵房毗邻，其被分为接近均等的两格，其内除贮存上述一次火灾设计消防用水量外，另贮存 64m³ 空调循环冷却水补水量（设计已采取消防水不被动用的措施），即消防（与循环冷却水补水合用）水池设计总有效容积为 1108m³，其中消防贮水量为 1044m³。

消防水池消防贮水量包括：室外消防系统 324m³，室内消火栓系统 432m³，自动喷水灭火系统 144m³，水喷雾灭火系统 90m³，消防水炮灭火系统 144m³。其中消防水炮灭火系统及水喷雾灭火系统考虑会不同时作用，取二者最大值计算贮水量。

5. 高位消防水箱、消防增压稳压设备

本设计相对应的室内消火栓系统和自动喷水灭火系统分区合用消防水箱。

1 号楼：在十五层设中间消防水箱（有效容积 63m³），满足其 3 区、4 区消防系统转输供水需求；在二十八层和顶层分设 3 区、4 区消防水箱（有效容积 18m³）及室内消火栓系统和自动喷水灭火系统消防增压稳压设备，满足其 3 区、4 区消防系统初期火灾需求。

2 号楼：在十五层设中间消防水箱（有效容积 63m³），满足其 3 区、4 区消防系统转输供水需求，其也可满足 1 区室内消火栓系统和自动喷水灭火系统初期火灾需求，另在此中间消防水箱内分设 2 区室内消火栓系统和自动喷水灭火系统消防增压稳压设备，其与此中间消防水箱一起可满足 2 区系统初期火灾需求；在三十层和顶层分设 3 区、4 区消防水箱（有效容积 18m³）及室内消火栓系统和自动喷水灭火系统消防增压稳压设备，满足其 3 区、4 区消防系统初期火灾需求。

6. 水泵接合器的设置

在室外设置有明显标志的地下式水泵接合器，在消防车供水能力达到的区域，水泵接合器直接与室内消防环管相连，在消防车供水能力达不到的区域，消防水泵接合器补水进入两栋塔楼的中间消防水箱，并由各系统供水泵加压供给各系统。每套水泵接合器的输水流量为 15L/s。

7. 管材

（1）地下三层消防水泵房内的水泵吸水总管采用普通壁厚的不锈钢管，需拆卸部位采用法兰连接，其他为焊接。

（2）为住宅部分预留的住宅高区室内消火栓系统管道和住宅高区自动喷水灭火系统管道，以及 1 号楼高区和 2 号楼高区在 110.000m 标高之下采用内外壁热镀锌无缝钢管，此部分管道系统（包括相应的阀门）的公称压力为 PN20；其他采用内外壁热镀锌钢管，管径小于 DN100 为丝接，管径大于或等于 DN100 为沟槽或法兰连接。

（3）室外埋地管道：采用球墨铸铁给水管，承插连接；室内管道：管材及其连接方式等同室内消火栓管。

（二）自动喷水灭火系统

1. 自动喷水灭火系统的用水量

自动喷水灭火系统的用水量为 40L/s。

2. 系统分区

本设计自动喷水灭火系统采用串联与并联相结合的供水方式，设计以满足每个分区最低配水管道的工作压力不大于 1.20MPa 为原则划分系统竖向分区。自动喷水灭火系统和室内消火栓系统竖向分区相同，详见室内消火栓系统和自动喷水灭火系统分区附表（表 6）。

3. 自动喷水加压的参数

中庭（净空高度 8～12m 的部位）按喷水强度 6L/(min·m²)，作用面积 260m² 设计；地下车库和商场按中危险 II 级设计，喷水强度 8L/(min·m²)，作用面积 160m²；其他按中危险 I 级设计，喷水强度 6L/(min·m²)，作用面积 160m²。火灾延续时间均按 1h 计。

4. 喷头选型

除特别指出的外，本设计均采用快速响应型玻璃球闭式喷头，均采用流量系数 K 为 80 的喷头；有吊顶处采用下垂型喷头或吊顶型喷头，无吊顶处采用直立型喷头；厨房热加工间和其他高温作业的地方选用动作温度为 93℃ 的喷头，其余部位采用动作温度为 68℃ 的喷头；本设计在酒店、办公楼和公寓楼的大堂等有装饰要求部位采用隐蔽型喷头，公寓及酒店客房内（按有吊顶考虑）亦采用隐蔽型喷头（可视需要增大此类喷头的设置范围)。

5. 报警阀的数量、位置

1ZP 区 6 套，设于地下三层消防水泵房内；2ZP 区 11 套，设于地下一层报警阀间内；酒店/办公楼 3ZP 区 5 套，设于十五层消防水泵房内，4ZP 区 5 套，设于二十八层消防水箱间内；公寓楼 3ZP 区 3 套，设于十五层消防水泵房内，4ZP 区 3 套，设于三十层消防水箱间内。

6. 水泵接合器的设置

水泵接合器的设计原则同消火栓系统，每套水泵接合器的输水流量为 15L/s。

7. 管材

(1) 地下三层消防水泵房内的水泵吸水总管采用普通壁厚的不锈钢管，需拆卸部位采用法兰连接，其他为焊接。

(2) 为住宅部分预留的住宅高区自动喷水灭火系统管道，以及 1 号楼高区和 2 号楼高区在 110.000m 标高之下采用内外壁热镀锌无缝钢管，此部分管道系统（包括相应的阀门）的公称压力为 PN20；其他采用内外壁热镀锌钢管，管径小于 DN100 为丝接，管径大于或等于 DN100 为沟槽或法兰连接。

(三) 水喷雾灭火系统

1. 水喷雾灭火系统设置的位置

本工程的柴油发电机房及日用油箱间设此系统。由设在公寓楼十五层的中间消防水箱提供初期火灾用水，其水箱出水管与固定消防水炮灭火系统共用，并设置逆止阀及检修阀。在地下一层柴油发电机房附近设本系统雨淋阀间，其内设 3 组雨淋阀。本系统附设 4 套地下式水泵结合器。

2. 系统设计的参数

系统设计喷雾强度为 20L/(min·m²)，设计流量为 50L/s，火灾延续时间按 0.5h 计，一次火灾用水量为 90m³。

3. 系统的控制

当火灾探测装置探测到火灾信号后，由火灾报警控制器发出指令，电动开启雨淋阀组附带的电磁阀，从而开启雨淋阀组，雨淋阀组附带的压力开关和水力警铃动作后，由火灾报警控制器发出指令，联动启动本系统消防泵，进行灭火，同时水力警铃发出声音报警器信号。由压力开关可反馈系统运行状况。火灾时也可通过人工应急开启雨淋阀组附带的手动开启装置开启雨淋阀组，启动系统进行灭火。

4. 加压设备的选用

因本系统不与固定消防水炮灭火系统同时使用，故消防水池内仅贮存两者中较大者的水量。在地下消防水泵房内设一组本系统消防泵 (1 用 1 备)。

5. 管材

水喷雾灭火系统管材及其连接方式同自动喷水灭火系统。

(四) 气体灭火系统

1. 气体灭火系统设置的位置

本设计在 10kV 变电站、变配电站和通信机房等处设有全淹没七氟丙烷气体灭火系统。其中地下一层通信机房（公寓）、10kV 变电站、公寓自维配电间、公寓局维配电间和公寓变电站为一套组合分配系统，气瓶间设于地下一层；地下一层通信机房（商场）（有两处）和变电站（商场/办公）为一套组合分配系统，气瓶间设于地下二层；1 号楼二十八层酒店变配电室、二十九层酒店通信机房为一套组合分配系统，气瓶间设于二十八层。

2. 系统设计的参数

设计环境温度为 20℃，设计浓度为 8%，浸渍时间 5min，喷放时间不大于 8s。

3. 系统的控制

系统设有自动控制、手动控制和机械应急操作三种启动方式。

（五）消防水炮灭火系统

1. 消防水炮灭火系统设置的位置

本工程的中庭（一层~五层通高处）采用固定消防水炮（两门，每门设计流量 20L/s），二层~四层通高处采用大空间微型自动扫描灭火装置（两套，每套设计流量 5L/s）辅助消防水炮灭火。

2. 系统设计的参数

本系统设计流量为 40L/s，火灾延续时间按 1h 计，一次火灾用水量为 $144m^3$。消防水池贮水量 $144m^3$（未计入大空间微型自动扫描装置用水量），用水贮存在地下三层消防水池内，在消防水泵房设一组本系统消防泵（1 用 1 备）。系统由设在公寓楼十五层的中间消防水箱提供初期火灾用水，其水箱出水管与水喷雾系统共用，并设置止回阀及检修阀。

3. 系统的控制

当红外探测装置探测到火灾信号后，由火灾报警控制器发出指令，遥控消防灭火装置寻找着火目标，联动开启灭火装置前的电磁阀（向其供水），启动本系统消防泵，进行灭火，同时启动现场的声光报警器进行报警。水流指示器动作后可反馈系统运行状况。扑灭火灾后，火灾报警控制器再发出指令关闭电磁阀，停止水泵。若有新火源，则系统重复上述动作。上述电磁阀和消防泵也可视需要由人工强制开启。

三、工程特点介绍

（1）给水系统：酒店和公寓中区和高区部分采用变频泵＋中间转输水箱串联供水；公寓低区、办公和商场部分采用变频泵＋生活水箱联合供水；办公部分中区由其高区系统经减压阀减压后供给。

（2）热水系统：办公、商场、公寓采用分散式热水供应系统；泳池和酒店采用全日制集中热水供应系统；各区热源均为城市电网，其中酒店高区用电加热与太阳能加热相结合的方式，以达到对太阳能的充分利用。

（3）排水系统：采用雨污分流、污废分流的排水体制。屋面（除裙房）雨水采用重力流排水方式，裙房屋面雨水采用虹吸式排水方式。厨房排水经集中成套油脂分离器处理后排放。

（4）空调冷凝水回收利用系统：本工程空调制冷系统产生的冷凝水经独立的管道系统收集，汇合后经过滤、消毒后自流流入地下消防水池，其用于本工程冷却水补水。

（5）消防系统：本工程在地下三层设主消防水泵房，另在酒店/办公楼十五层和公寓楼十五层分设中间消防水泵房。各区均设置相应的高位消防水箱。

（6）其他消防设施：本工程的中庭（一层~五层通高处）采用固定消防水炮灭火系统；本工程的柴油发电机房及日用油箱间设水喷雾灭火系统；本工程在 10kV 变电站、变配电站和通信机房等处设有全淹没七氟丙烷气体灭火系统。

四、工程照片及附图

沈阳夏宫外立面实景图

沈阳夏宫大堂实景图

沈阳夏宫公寓样板间实景图

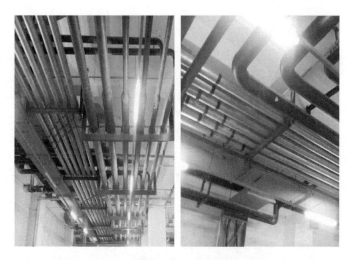

沈阳夏宫地下室管道安装图

报警阀

水泵

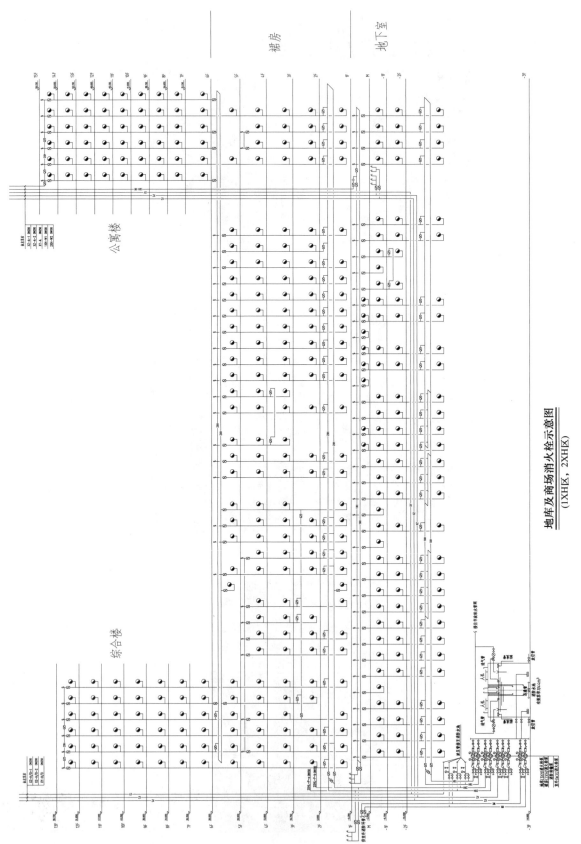

地库及商场消火栓示意图
(1XH区，2XH区)

注：该图纸为消火栓完整示意图。

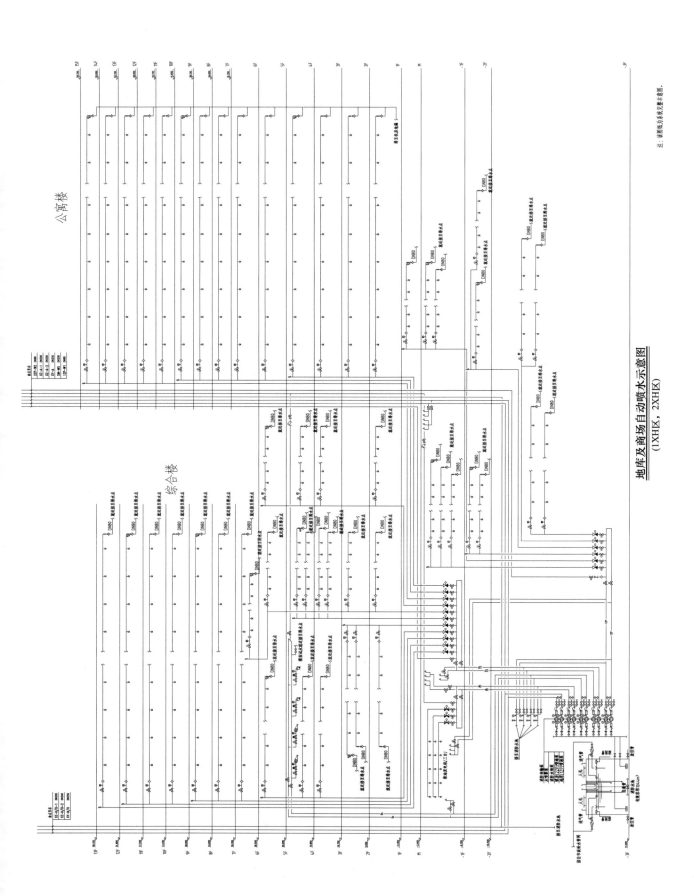

地库及商场自动喷水示意图
(1XH区, 2XH区)

注: 请图纸方系统完整示意图。

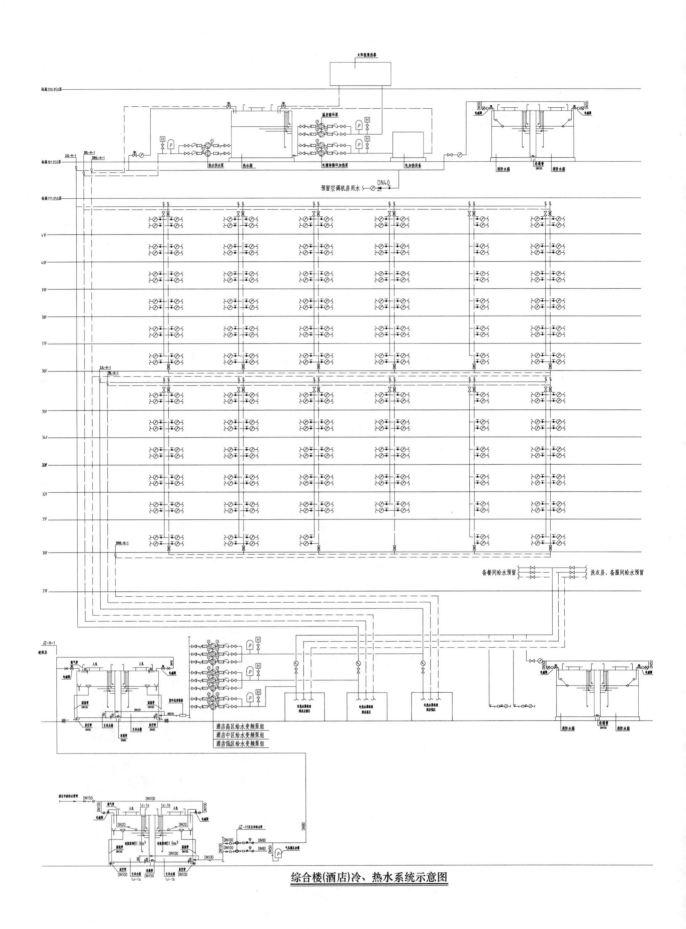

综合楼(酒店)冷、热水系统示意图

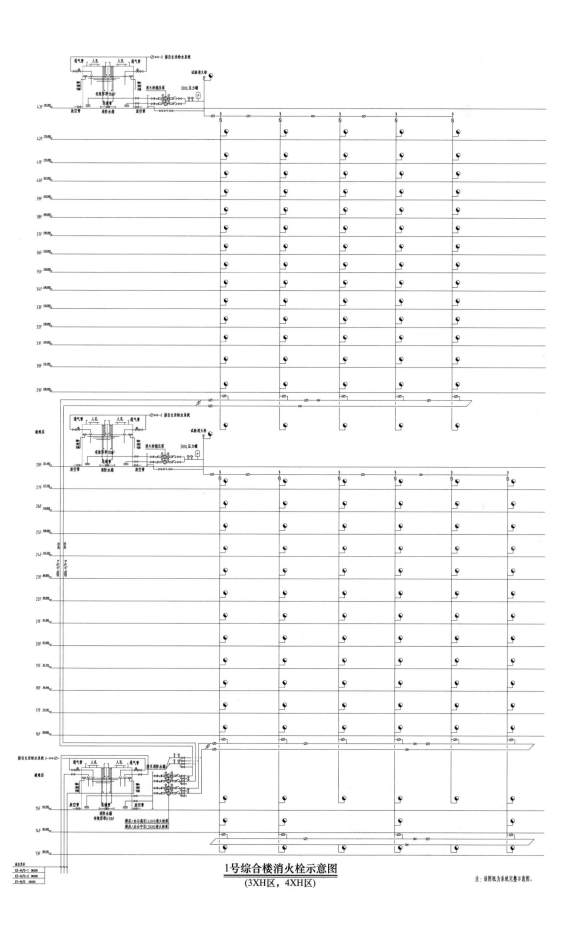

1号综合楼消火栓示意图
(3XH区，4XH区)

注：该图纸为系统完整示意图。

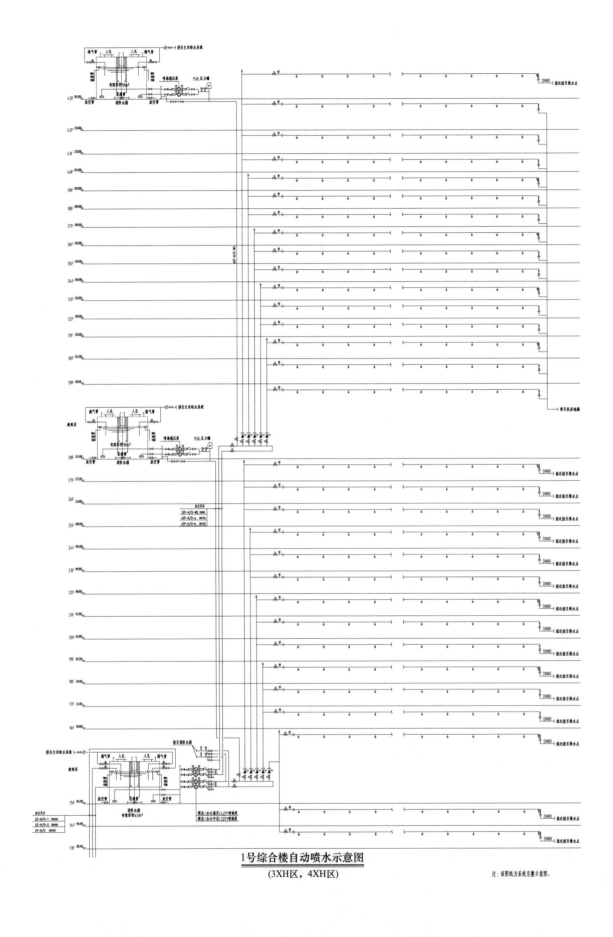

1号综合楼自动喷水示意图
(3XH区, 4XH区)

注: 该图纸为系统完整示意图.

苏州国际财富广场

设计单位：华东建筑设计研究总院
设 计 人：李云贺　唐国丞　王珏　徐琴　朱冬红
获奖情况：公共建筑类　一等奖

工程概况：

苏州国际财富广场主要功能为 5A 级金融办公楼，工程建设用地位于苏州工业园区轴线主干道苏华路附近，交通便捷，市政配套设施完善。总建筑面积 196473.82m²，地下 4 层（含夹层）；主体建筑高度 A 楼（西塔楼）199.3m，地上 44 层；B 楼（东塔楼）143.4m，地上 31 层；商业裙房连接东西两个塔楼，建筑高度 23.7m，地上 4 层。

工程说明：

一、给水排水系统

（一）给水系统

1. 冷水用水量（见表 1）

生活给水量计算表

表 1

序号	用水类别			用水量标准	用水规模	日用水时间 (h)	小时变化系数	用水量		
								最高日 (m³/d)	最大时 (m³/h)	平均时 (m³/h)
1	A楼	三十七层～四十四层	证券交易	6L/(m²·d)	1600m²	12	1.5	9.60	1.20	0.80
2			会所餐厅	15L/人次	1040 人次/d	12	1.5	15.60	1.95	1.30
3			办公三十七层～四十一层	40L/(人·d)	1000 人	10	1.2	40.00	4.80	4.00
4			小计					65.20	7.95	6.10
5		办公(二十八层～三十六层)		40L/(人·d)	1600 人	10	1.2	64.00	7.68	6.40
6		办公(十二层～二十七层)		40L/(人·d)	3000 人	10	1.2	120.00	14.40	12.00
7		办公(五层～十一层)		40L/(人·d)	1250 人	10	1.2	50.00	6.00	5.00
8	B楼	二十四层～三十一层	证券交易	6L/(m²·d)	1600m²	12	1.5	9.60	1.20	0.80
9			办公（二十四层～三十层）	40L/(人·d)	1400 人	10	1.2	56.00	6.72	5.60
10			小计					65.60	7.92	6.40

续表

序号	用水类别			用水量标准	用水规模	日用水时间 (h)	小时变化系数	用水量		
								最高日 (m³/d)	最大时 (m³/h)	平均时 (m³/h)
11	B楼	办公(十六层~二十三层)		40L/(人·d)	1400人	10	1.2	56.00	6.72	5.60
12		办公(六层~十五层)		40L/(人·d)	2000人	10	1.2	80.00	9.60	8.00
13	裙房	一层~四层	商业	8L/(m²·d)	3540m²	12	1.5	28.32	3.54	2.36
14			餐厅	40L/人次	2120人次/d	10	1.5	84.80	12.72	8.48
15			健身中心	50L/人次	1500人次/d	12	1.5	75.00	9.38	6.25
16			会议中心	8L/人次	120人次/d	4	1.5	0.96	0.36	0.24
17						小计		189.08	26.00	17.33
18		咖啡厅		10L/人次	600人次/d	12	1.5	6.00	0.75	0.50
19		商业		8L/(m²·d)	1580m²	12	1.5	12.64	1.58	1.05
20		员工餐厅		25L/人次	2400人次/d	12	1.5	60.00	7.50	5.00
21		地下车库冲洗		2L/(m²·d)	18670m²	6	1.0	37.34	6.22	6.22
22		道路浇洒及绿化		2.5L/(m²·d)	5180m²	3	1.0	12.95	4.32	4.32
23		循环冷却系统补水		3840m³/h	1.0%	10	1.0	384.00	38.40	38.40
24		锅炉房补水		10.0m³/h	1	8	1.0	80.00	10.00	10.00
25						小计		592.93	68.77	65.49
26						总计		1458.81	176.16	149.92
27						未预见水量(10%)		145.88	17.62	14.99
28						合计		1604.69	193.78	164.91

最高日用水量1604.69m³/d,最大时用水量193.78m³/h。

2. 水源

由基地北侧苏华路、西侧星原街上的两路市政供水管上各引入一根 $DN200$ 进水管,各设给水总水表(远传)及倒流防止器一只,在基地内形成 $DN200$ 的供水环网,作为生活和消防水源。基地内生活用水引自基地环管,设 $DN200$ 水表一只。市政水压力暂按0.20MPa考虑。

3. 系统竖向分区(见表2)

给水系统竖向分区   表2

功能	分区	楼层
地库及裙房	低-1	地下四层~一层
	低-2	二层~四层
A楼	A楼低Ⅰ区	五层~十层
	A楼低Ⅱ区	十一层~十七层
	A楼低Ⅲ区	十八层~二十四层
	A楼高Ⅰ区	二十五层~三十一层
	A楼高Ⅱ区	三十二层~三十八层
	A楼高Ⅲ区	三十九层~四十四层

续表

功能	分区	楼层
B楼	B楼低Ⅰ区	五层~九层
	B楼低Ⅱ区	十层~十四层
	B楼高Ⅰ区	十五层~二十三层
	B楼高Ⅱ区	二十四层~三十一层

4. 供水方式及给水加压设备（见表3）

供水方式及给水加压设备   表3

功能	分区	供水方式	加压泵组
地库及裙房	低—1	市政管网直接供水	无
	低—2	裙房变频泵组加压供水	大泵：$Q=14$L/s，$H=60$m，$N=15$kW，2用1备；小泵：$Q=1$L/s，$H=60$m，$N=1.5$kW，1用。三大一小，共4台，一频一泵控制
A楼	A楼低Ⅰ区	A楼低区变频泵组加压供水	$Q=1.5$L/s，$H=80$m，$N=3.0$kW，3台，2用1备。一频一泵控制
	A楼低Ⅱ区	A楼二十八层水箱重力（经减压阀减压后）供水	无
	A楼低Ⅲ区	A楼二十八层水箱重力供水	无
	A楼高Ⅰ区	A楼二十八层高Ⅰ区变频泵组加压供水	$Q=1.5$L/s，$H=35$m，$N=1.5$kW，3台，2用1备。一频一泵控制
	A楼高Ⅱ区	A楼二十八层高Ⅱ区变频泵组加压供水	$Q=1.5$L/s，$H=70$m，$N=2.2$kW，3台，2用1备。一频一泵控制
	A楼高Ⅲ区	A楼二十八层高Ⅲ区变频泵组加压供水	$Q=1.5$L/s，$H=105$m，$N=3.0$kW，2用1备。一频一泵控制
B楼	B楼低Ⅱ区	B楼十八层水箱重力供水	无
	B楼低Ⅰ区	B楼十八层水箱重力（经减压阀减压后）供水	无
	B楼高Ⅱ区	B楼十八层高Ⅱ区变频泵组加压供水	$Q=1.5$L/s，$H=45$m，$N=2.2$kW，3台，2用1备。一频一泵控制
	B楼高Ⅰ区	B楼十八层高Ⅰ区变频泵组加压供水	$Q=2.0$L/s，$H=85$m，$N=4.0$kW，3台，2用1备。一频一泵控制

5. 管材

室内给水管（冷、热水）采用薄壁不锈钢管道，管径≤$DN100$采用卡压式连接；$DN125<$管径≤$DN200$采用沟槽式连接。其与设备或其他管路连接时，$DN15$≤管径≤$DN50$采用管螺纹转换接头连接；$DN50<$管径≤$DN200$采用法兰转换接头连接。密封圈采用硅橡胶。在直线长度大于20m的热水及回水管段上设置不锈钢波纹补偿器，其伸缩量须经设计院根据业主选用的产品进行复核。

（二）热水系统

本工程不设置集中热水供应系统。办公、商场、餐饮区域的卫生间、茶水间就地设置容积式电热水器供应热水，热水管线较短，可减少热损失，节水、节能、省材，便于物业调控和管理，电热水器选用高效节能型，须带有保证使用安全的装置。

在 A、B 楼屋顶的会所厨房内由太阳能供应热水，电热水炉辅助加热。其中东塔楼会所餐厅日就餐人数为 390 人次，按照 10L/人次计算，其日热水用量为 3.9m³/d；西塔楼会所餐厅日就餐人数为 900 人次，按照 10L/人次计算，其日热水用量为 9.0m³/d，用水温度 55℃。

（三）雨水回用系统

本工程设计了雨水回用系统。回用雨水仅作为绿化浇洒及道路浇洒回用水，不作为其他系统的回用水，考虑到系统的经济性、实用性，系统的调蓄容积按照保证率的 90％考虑满足绿化、道路浇洒月用水量，雨水收集池有效容积取 300m³。

雨水收集池设于室外雨水贮水池（有效容积 300m³）内，将收集到的雨水进行简单处理，贮存于地下室的清水池（有效容积 35m³），再用一套变频泵组供给室外绿化浇洒用水、道路浇洒用水等。在雨水回用系统未开通之前或没有雨水时，以市政自来水作为补充。

下雨时首先收集雨水进入雨水收集池，用提升泵输送至组合滤料过滤器过滤。处理后的水进入清水池中贮存，回用于绿化浇洒、道路浇洒用水。

1. 雨量平衡计算（见表 4）

雨水中水水量平衡计算表　　　　　　表 4

月份	降雨量(mm)	可收集雨水量(m³)	耗水量(m³)			供需差(m³)
			绿化浇洒	道路浇洒	合计	
1	75.3	263.55	61.7	184.8	246.5	17.05
2	43.7	152.95	61.7	184.8	246.5	−93.55
3	117.3	410.55	61.7	184.8	246.5	164.05
4	63.2	221.2	61.7	184.8	246.5	−25.3
5	85.2	298.2	61.7	184.8	246.5	51.7
6	211.6	740.6	61.7	184.8	246.5	494.1
7	141.8	496.3	61.7	184.8	246.5	249.8
8	230.1	805.35	61.7	184.8	246.5	558.85
9	76.1	266.35	61.7	184.8	246.5	19.85
10	63.5	222.25	61.7	184.8	246.5	−24.25
11	42.6	149.1	61.7	184.8	246.5	−97.4
12	33.7	117.95	61.7	184.8	246.5	−128.55

2. 供水方式及加压设备

回用雨水用于绿化浇洒及道路浇洒回用水，采用变频泵组直接供至用水点。

3. 水处理工艺流程（见图 1）

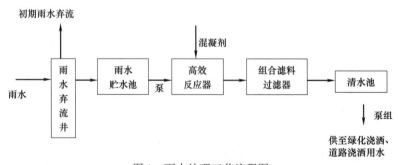

图 1　雨水处理工艺流程图

4. 管材

雨水回用管采用内外涂塑（环氧树脂）钢管。在管道外壁及给水栓口应注明"非饮用水"的带状标识。

（四）排水系统

1. 排水系统的形式

室内排水：采用污、废合流。

室外排水：采用雨、污分流。雨水收集池设于室外雨水贮水池（有效容积 300m³）内，超过雨水贮水池调蓄容积的部分直接排至市政雨水管网。

2. 通气管的设置方式

室内排水系统设有主通气立管、环形通气管和器具通气管，以保证良好的排水条件。

3. 采用的局部污水处理设施

地下室设集水井，采用潜污泵提升排出。厨房含油废水均需经过两级隔油处理后方可排入室外污水管网。所有厨房设备均配置自带隔油的装置。

4. 管材

排水管采用柔性接口铸铁管及管件，法兰压盖承插连接；施工时严格按照《建筑排水柔性接口铸铁管管道工程技术规程》CECS 168—2004 和国家标准图集《建筑排水用柔性接口铸铁管安装》04S409 的有关规定施工。空调凝结水管、排水泵的接管及排出管、人防区地漏排水管均采用内涂塑（环氧树脂）无缝钢管，丝扣连接或沟槽式机械连接。

二、消防系统

（一）消火栓系统

本工程按照超过 100m 的一类高层建筑设计。设有消火栓系统、自动喷水灭火系统、消防水炮系统、气体灭火系统、手提式灭火器。

1. 消防用水量

室内消火栓消防用水量：40L/s；

室外消火栓消防用水量：30L/s；

自动喷水灭火系统消防用水量：35L/s；

大空间智能型主动喷水灭火系统消防用水量：40L/s。

火灾延续时间室外消火栓系统 3h，室内消火栓系统 3h，自动喷水灭火系统 1h，大空间智能型主动喷水灭火系统 1h。

消防水池容积：

$$V = 40 \times 3.6 \times 3 + 40 \times 3.6 \times 1 + 35 \times 3.6 \times 1 = 702 \text{m}^3$$

2. 室内消火栓系统

室内消火栓系统为临时高压消防给水系统。室内消火栓系统按照静压不大于 1.0MPa 进行分区，栓口动压大于 0.5MPa 的楼层消火栓采用减压稳压消火栓。高低区分别设水泵接合器。

A、B 楼低区及裙房、地下室共用消火栓泵，A、B 楼高区共用消火栓转输泵供水，分设消火栓加压泵。

低区消火栓泵设置在地下二层消防水泵房（−7.20m），最不利消火栓设置在 A 楼十二层避难层（52.30m），水泵参数：$Q = 40$L/s，$H = 105$m，$N = 75$kW，2 台，1 用 1 备。

高区室内消火栓转输泵设置在地下二层消防水泵房（−7.20m），转输水箱设置在 B 楼十八层避难层（水箱标高约 81.0m），最不利配水管部分长约 140m，水泵参数：$Q = 40$L/s，$H = 115$m，$N = 75$kW，2 台，1 用 1 备。

A 楼高区消火栓加压泵设置在 A 楼十二层避难层消防水泵房，最不利消火栓设置在 A 楼四十五层避难层（199.1m），设计管径 $DN200$，加压泵选型：$Q=40L/s$，$H=190m$，$N=132kW$，2 台，1 用 1 备。

B 楼高区消火栓加压泵设置在 B 楼十八层避难层消防水泵房（78.10m），最不利消火栓设置在 B 楼三十一层（134.00m），设计管径 $DN150$，加压泵选型：$Q=40L/s$，$H=100m$，$N=55kW$，2 台，1 用 1 备。

室内消火栓系统给水管管径≥$DN100$ 采用无缝钢管，内外壁热镀锌，法兰（工作压力大于 1.6MPa 时）或机械沟槽式卡箍连接；管径<$DN100$ 采用内外壁热镀锌钢管，丝扣连接。

（二）自动喷水灭火系统

本项目自动喷水灭火系统分情况计算：

第一种情况：高大净空场所（中危险Ⅰ级）

设计喷水强度：6L/（min·m^2）（中危险Ⅰ级）

作用面积：260m^2

喷头工作压力：0.1MPa

取系统最大设计流量 $Q=1.3×260×6/60=33.8L/s$，取 $Q=35L/s$。

第二种情况：按中危险Ⅱ级设计

设计喷水强度：8L/（min·m^2）（中危险Ⅱ级）

作用面积：160m^2

喷头工作压力：0.1MPa

取系统最大设计流量 $Q=1.3×160×8/60=28L/s$，取 $Q=30L/s$。

自动喷水灭火系统的流量按 $Q=35L/s$，火灾延续时间 1h。

室内自动喷水灭火系统为临时高压消防给水系统，A、B 楼低区及裙房、地下室共用喷淋泵，高区共用喷淋转输泵供水，分设喷淋加压泵。

低区自动喷水灭火系统水泵设置在地下二层消防水泵房（−7.20m），保护最高层为 B 楼十一层（顶标高52.30m），最不利配水承担的流量长约 200m，水泵选型：$Q=35L/s$，$H=120m$，$N=75kW$，2 台，1 用 1 备。

高区喷淋转输泵设置在地下二层消防水泵房（−7.20m），转输水箱设置在 B 楼十八层避难层（水箱标高约 81.0m），最不利配水管部分长约 140m，设计管径 $DN150$，水泵选型：$Q=35L/s$，$H=110m$，$N=55kW$，2 台，1 用 1 备。

A 楼高区喷淋加压泵设置在 A 楼十二层避难层消防水泵房（52.30m），保护最高层为 A 楼四十五层（顶标高 199.10m），最不利配水承担的流量长约 200m，管径 $DN150$，水泵选型：$Q=35L/s$，$H=215m$，$N=132kW$，2 台，1 用 1 备。

B 楼高区喷淋加压泵设置在 B 楼十八层避难层消防水泵房（78.10m），保护最高层为 B 楼三十一层（顶标高 139.00m），最不利配水承担的流量长约 100m，管径 $DN150$，水泵选型：$Q=35L/s$，$H=120m$，$N=75kW$，2 台，1 用 1 备。

室内自动喷水灭火系统给水管管径≥$DN100$ 采用无缝钢管，内外壁热镀锌，法兰（工作压力大于 1.6MPa 时）或机械沟槽式卡箍连接；管径<$DN100$ 采用内外壁热镀锌钢管，丝扣连接。

（三）高压细水雾自动灭火系统

根据江苏省工程建设标准《民用建筑水消防系统设计规范》DGJ 3292—2009 的要求，本建筑物内的燃气锅炉房、柴油发电机房及油箱间、高低压变压器室、开关室、通信机房、高低压配电室等设泵组式高压细水雾自动灭火系统，全淹没应用系统。地下室设有高压细水雾机房。由给水管网中接出一根 $DN50$ 的给水管作为该系统的水源。

系统持续喷雾时间 30min，开式系统的响应时间不大于 30s，开式系统设计流量按同时喷放的喷头个数计算，闭式预作用系统作用面积按 140m^2，最不利点喷头工作压力不低于 10MPa。地下一层发电机房、锅炉

房采用 $K=0.95$ 的喷头，$q=9.5\text{L/min}$，其他电气室采用闭式 $K=1.25$ 的喷头，$q=12.5\text{L/min}$，动作温度 $57℃$，RTI 小于 20。本系统最大保护区是地下一层锅炉房，其系统设计按照流量为 $Q=544\text{L/min}$。系统工作压力按照最不利点进行水力计算，计算公式采用 Darcy-Weisbach（达西-魏斯巴赫）公式，计算结果：$H=12\text{MPa}$。根据计算结果选用高压细水雾泵组一套（其中主泵 5 用 1 备），$Q=560\text{L/min}$，$H=13\text{MPa}$，$P=30\text{kW}$；含稳压泵（1 用 1 备），$Q=700\text{L/H}$，$H=1.2\text{MPa}$，$P=0.55\text{kW}$。

（四）大空间智能型主动喷水灭火系统

大楼内裙房大堂净空高度超过 12m，采用智能自动扫描灭火系统，地下二层设有消防水池及消防水泵房。消防水泵房内设有智能自动扫描灭火消防泵（$Q=20\text{L/s}$，$H=100\text{m}$，$N=37.5\text{kW}$，1 用 1 备），采用 B 楼十八层中间转输消防水箱专用稳压管进行稳压，设有水泵接合器。

三、设计及施工体会或工程特点介绍

（一）解决的技术难题、工程问题的成效与深度

（1）本项目利用三维 BIM 进行机电管线综合，BIM 公司进行建模，查找碰撞并发出碰撞报告。根据碰撞报告优化机电管线布设，在层高受限条件下，保证室内净高要求，满足了业主对空间舒适度的要求。

（2）考虑到高级金融办公楼出租办公的需求，配设了独立的租户 24h 循环冷却水系统。东塔楼采用闭式循环方式，选用闭式冷却塔和变频循环泵，冷却塔分别设在各自物业的屋顶，循环泵就近设置。西塔楼采用板式热交换器对系统进行竖向分区，板式热交换器设置在西塔楼二十八层。

（3）设置雨水回用系统。将收集的雨水经处理后贮存于清水池内，用一套变频泵组供给室外绿化浇洒用水、道路浇洒用水等。此工艺不仅降低了本项目对市政自来水用水量的需求，同时降低了雨水排放量，起到了节水、节能的作用。

（4）屋顶会所热水系统分别由设于塔楼屋顶的太阳能热水系统供水，电辅助加热。充分利用太阳能，起到了节能、环保的作用。

（5）整个项目的燃气锅炉房、柴油发电机房及油箱间、高低压变压器室、开关室、通信机房、高低压配电室等设泵组式高压细水雾自动灭火系统。在消防时不会对值班人员造成伤害，不会对设备造成损坏。

（6）因建筑师对室内净高要求较高，机电安装空间有限。本项目裙房雨水系统采用虹吸雨水系统。并与结构专业密切配合，在结构专业复核允许的条件下，在梁上预留孔洞，部分给水排水管线穿梁敷设。上述措施有效地降低了给水排水管道安装高度要求。

（7）为保证施工质量、施工进度，密切配合建设单位及施工单位工作。在机电工程集中安装阶段，每周参加工地例会，进行施工现场巡查。及时配合建设单位及施工单位解决施工过程中遇到的问题，审核专项设计文件，解答施工图纸疑问。

（二）项目产生的经济、社会、环境效益

（1）在东、西塔楼屋顶层设置太阳能集中热水供应系统，太阳能集热板结合屋面条件因地制宜设置，因地制宜进行可再生能源利用。

（2）设置独立的雨水回用系统。不仅降低了本项目对市政自来水用水量的需求，同时降低了场地雨水排放量，起到了节能减排的作用。

（3）分区域设置集中隔油处理站，配置专用油脂处理装置对餐饮排水进行处置，以符合环保要求，并尽可能合理地布置排水管线走向来满足层高需求。

（4）裙房中庭净高超过 12m 的区域，根据消防主管部门意见，设置大空间智能型主动喷水灭火系统。结合装修要求，确定大空间智能型主动喷水灭火系统设置位置，使扫描、喷水系统无死角，既满足消防要求，又满足装修美观要求。

（5）业主认为本项目机电系统设计经济合理、施工配合工作落实到位、节能环保措施效果明显，达到了业主对项目的预期效果。

四、工程照片及附图

办公楼电梯厅实景图

东南鸟瞰图

东南裙房实景图

东南人视实景图

东南人视实景图——夜景

东南实景图

东南实景图——夜景

南立面图

裙房东立面图

裙房西南实景图——夜景

西南人视实景图

中庭实景图

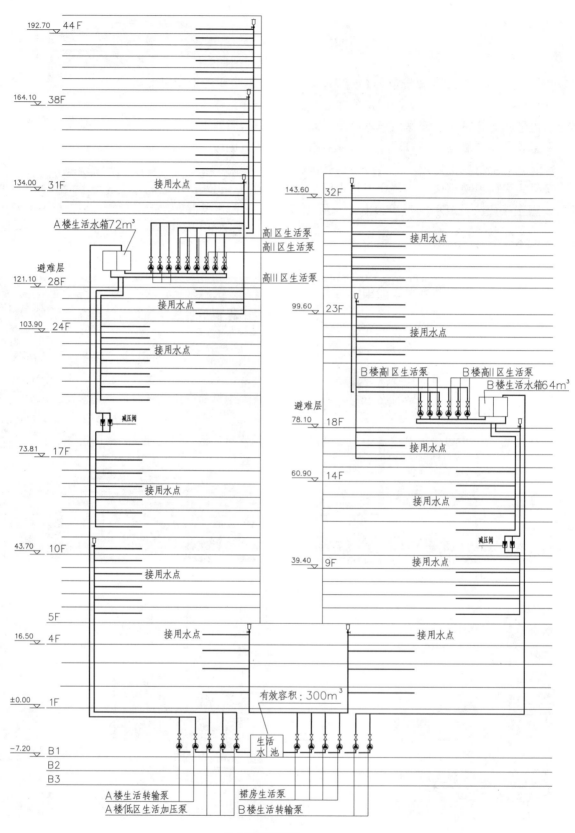

给水系统示意图

非通用图示

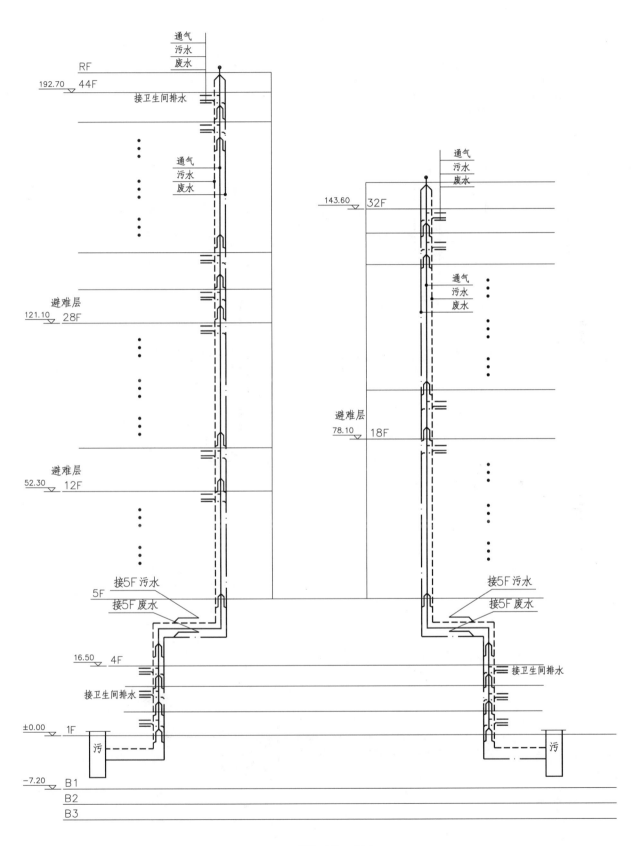

排水系统示意图　　　　非通用图示

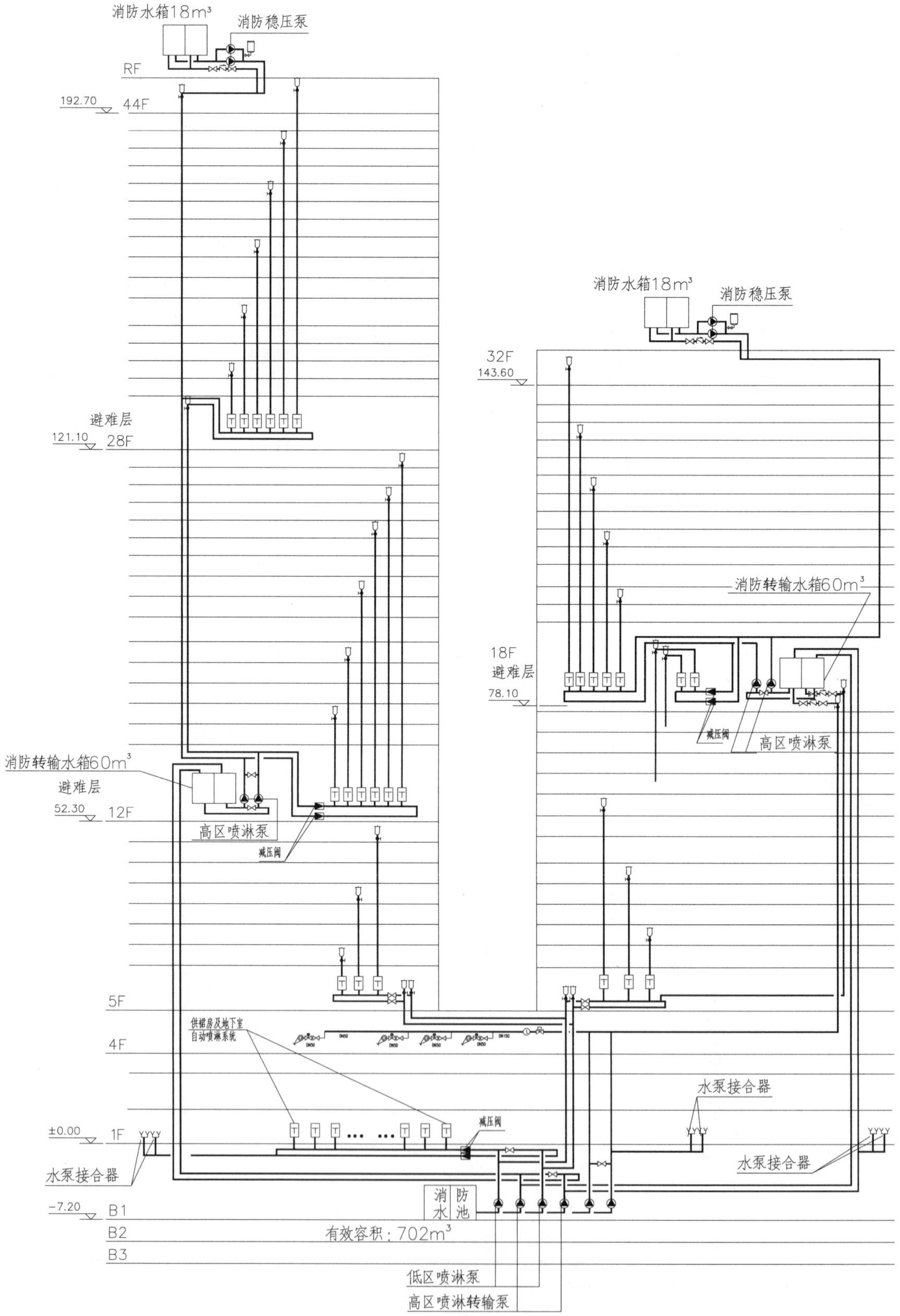

消防水箱18m³　消防稳压泵

RF

192.70 ▽ 44F

消防水箱18m³　消防稳压泵

32F
143.60 ▽

消防转输水箱60m³

避难层
121.10 ▽ 28F

18F
避难层
78.10

减压阀　高区喷淋泵

消防转输水箱60m³
避难层
52.30 ▽ 12F

高区喷淋泵
减压阀

5F

供锅房及地下室
自动喷淋系统

4F

减压阀

水泵接合器

±0.00 ▽ 1F

水泵接合器

水泵接合器

-7.20 ▽ B1

消防水池

B2　　有效容积：702m³
B3

低区喷淋泵
高区喷淋转输泵

喷淋及大空间智能型主动喷水灭火系统示意图

非通用图示

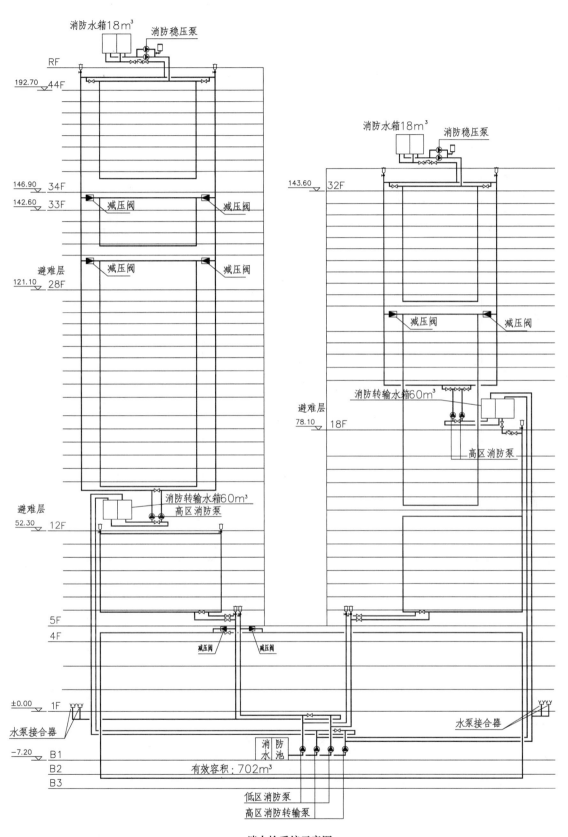

消火栓系统示意图

非通用图示

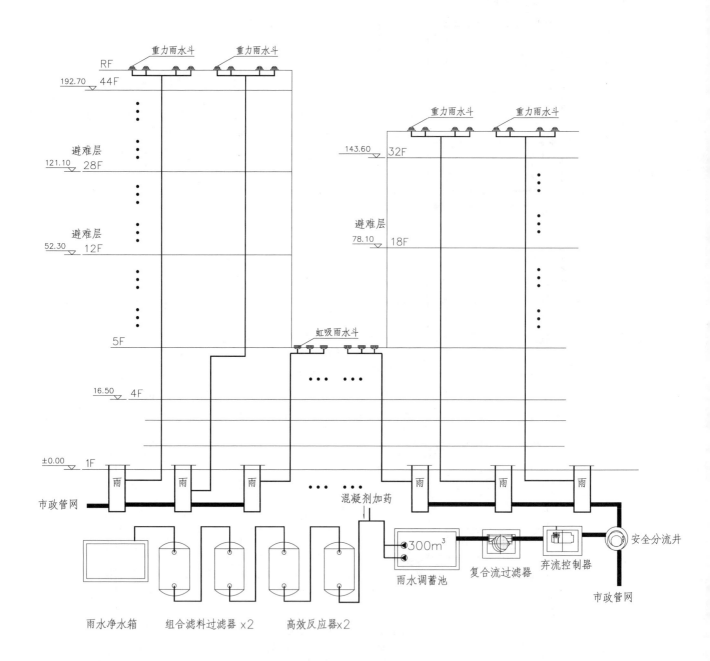

雨水及雨水回用系统示意图

非通用图示

东 方 之 门

设计单位： 华东建筑设计研究总院
设 计 人： 徐琴 李云贺 冯旭东 费宏 李鸿奎 刘华 濮文渊 张霞
获奖情况： 公共建筑类 一等奖

工程概况：

东方之门位于苏州工业园区CBD轴线的东端，东临星港街及金鸡湖，西面为园区管委会大楼及世纪金融大厦。由上海至苏州的轻铁线穿过本项目。基地东为星港街，南面为小河，西面紧邻规划地块，北侧为城市绿带和城市道路。基地总面积为 24319m²。总建筑面积为 453141.79m²，其中地上建筑面积 336680.71m²，地下建筑面积116461.08m²。项目将发展成一个综合性多功能的超大型单体公共建筑。主要功能是综合性商业、餐饮、观光、办公、酒店式公寓和五星级酒店。地下室用作商业、停车库和设备用房。

工程说明：

一、给水排水系统

（一）给水系统

1. 冷水用水量（见表1）

冷水用水量   表1

用水位置		用水类别	使用人数（人）	同时使用率	日使用次数	日使用人次	用水量标准[L/（人·d）]	最高日用水量（m³/d）	日用水时间（h）	小时变化系数 K_h	最大时用水量（m³/h）	平均时用水量（m³/h）	处理水量（m³/h）
南楼	九层～六十五层	公寓	3392				300	1017.6	24		106.0	42.4	
	七层	冷却水补水					1%	1180.0	24	1.0	49.2	49.2	
	合计							2197.6					
北楼	五十层～六十层	酒店（P）	486				400	186.4	24	2.5	19.4	7.8	7.8
	二十七层～四十八层	办公	6600				50	330.0	8	1.5	61.9	41.3	41.3
	十层～二十六层	酒店	816				400	326.4	24	2.5	6.0	13.6	13.6
		洗衣房	1302				60	250.0	8	1.5	46.9	31.2	31.2

续表

用水位置		用水类别	使用人数（人）	同时使用用率	日使用次数	日使用人次	用水量标准[L/(人·d)]	最高日用水量（m³/d）	日用水时间（h）	小时变化系数 K_h	最大时用水量（m³/h）	平均时用水量（m³/h）	处理水量（m³/h）
北楼		酒店职员	1042				100	104.2	24	2.5	10.9	4.3	4.3
	七层	冷却水补水					1%	1392.0	24	1.0	58.0	58.0	
	一层~六层	商业					8	497.2	12	1.2	49.7	41.4	41.4
	裙房	健身	200	70%	3	420	50	21.0	10	1.5	3.2	2.1	2.1
		SPA	150	100%	3	450	180	81.0	10	2.0	16.2	8.1	8.1
		游泳池	10					30	10	1.0	3.0	3.0	
		泳池淋浴	40	80%	10	320	40	12.8	10	3.0	3.8	1.3	1.3
		美容	100	70%	3	210	80	16.8	10	2.0	3.4	1.7	1.7
		中餐厅	1000	80%	3	2400	50	120.0	10	2.0	24.0	12.0	12.0
		西餐厅	500	80%	3	1200	40	48.0	10	2.0	9.6	4.8	4.8
		宴会厅	315	80%	2	504	40	20.2	10	2.0	4.0	2.0	2.0
		会议厅	90	80%	3	216	8	1.7	10	2.0	0.3	0.2	0.2
		娱乐	150	80%	3	360	30	10.8	10	2.0	2.2	1.1	1.1
		酒吧	100	80%	3	240	15	3.6	10	2.0	0.7	0.4	0.4
	地下五层~地下三层	车库地面冲洗					2	95.6	8	1	11.9	11.9	
		绿化用水					2	11.2	8	1	1.4	1.4	
	合计							2716.0					110.6
小计								5756.4			491.6	339.1	173.2
未预见水量							10%	575.6			49.2	33.9	17.3
总计								6332.0			540.8	373.0	190.5

2. 水源

生活、消防用水由星港街的城市给水管接两根 DN300 给水管引入小区成 DN300 环状管网（两根引入管间设阀门）。引入管设带水表及防污隔断阀的阀门井，生活给水管引至其中一根。

3. 系统竖向分区

北楼：

1区：地下五层~一层；

2区：一层夹层~三层；

3区：三层夹层~六层夹层；

4区：七层~九层；

5区：十层~十六层；

6区：十七层~二十二层；

7区：二十三层～三十二层；

8区：三十三层～三十七层；

9区：三十八层～四十六层；

10区：四十七层～五十层；

11区：五十一层～五十七层；

12区：五十八层～五十八层夹层；

13区：五十九层～屋顶。

南楼：

1区：地下五层～一层；

2区：一层夹层～三层；

3区：三层夹层～六层夹层；

4区：七层～九层；

5区：十层～十五层；

6区：十六层～二十一层；

7区：二十二层～二十六层；

8区：二十七层～三十二层；

9区：三十三层～三十八层；

10区：三十九层～四十三层；

11区：四十四层～五十二层；

12区：五十三层～五十七层夹层；

13区：五十八层～六十三层。

4. 供水方式及给水加压设备

（1）地下室自来水由城市管网直接供给。

（2）裙房一层～一层夹层自来水由城市管网直接供给。

（3）裙房二层～六层夹层自来水由第一避难层中间自来水水箱供给。

（4）裙房七层～九层自来水由第一避难层中间自来水水箱经变频泵组供给。

（5）裙房七层～九层净水由第一避难层中间净水水箱经变频泵组供给。

（6）北楼十层～二十二层自来水由第一避难层中间自来水水箱经变频泵组供给。

（7）北楼二十三层～三十二层自来水由第三避难层中间自来水水箱供给。

（8）北楼三十三层～三十七层自来水由第三避难层中间自来水水箱经变频泵组供给。

（9）北楼三十八层～四十六层净水由第四避难层中间净水水箱供给。

（10）北楼四十七层～屋顶净水由第四避难层中间净水水箱经变频泵组供给。

（11）南楼十层～二十一层自来水由第二避难层中间自来水水箱供给。

（12）南楼二十二层～三十八层自来水由第三避难层中间自来水水箱供给。

（13）南楼三十九层～五十二层自来水由第四避难层中间自来水水箱供给。

（14）南楼五十三层～六十三层自来水由第四避难层中间自来水水箱经变频泵组供给。

5. 管材

地下室及裙房：室内自来水管采用钢塑复合（LP）管，丝扣或法兰连接；净水管采用铜管及配件，焊接连接，与供水设备接口处应采用卡套式或法兰连接。

塔楼：室内自来水管、净水管等均采用铜管及配件，焊接连接，与供水设备接口处应采用卡套式或法兰连接。

（二）热水系统

1. 热水用水量（见表2）

热水用水量 表2

用水位置	用水类别	用水量标准	用水规模	日用水时间（h）	小时变化系数	最高日用水量（m³/d）	最大时用水量（m³/h）
南楼	公寓	140L/（人·d）	1877 人	24	3.9	262.8	42.7
北楼	酒店客房	160L/（人·d）	1044 人	24	4.1	167	28.5
	观光层	15L/人次	1500 人次/d	10	1.5	22.5	3.4
南楼裙房	美发美容	15L/人次	56 人次/d	10	2.0	0.84	0.2
	健身中心	15L/人次	1400 人次/d	10	1.5	21	3.2
	餐饮	15L/人次	1790 人次/d	10	1.5	26.9	4.0
	西餐厅	15L/人次	200 人次/d	10	1.5	3	0.5
	淋浴用水	15L/人次	518 人次/d	10	3.0	7.8	2.3
	职工餐厅	10L/人次	1010 人次/d	12	2.0	10.1	1.7
北楼裙房	宴会（会议）厅	15L/人次	1300 人次/d	10	1.5	19.5	2.9
	中餐厅	15L/人次	620 人次/d	10	1.5	9.3	1.4
	餐饮	15L/人次	3700 人次/d	10	1.5	55.5	8.3
	职工餐厅	10L/人次	608 人次/d	12	2.0	6.1	1.2
	酒店后勤	40L/（人·d）	815 人	24	2.5	32.6	3.4
	洗衣房	30L/kg	2610kg/d	8	1.5	78.3	14.7
合计						723.2	118.4

2. 热源

（1）蒸汽供给集中式容积式热交换器。

（2）电能供给分散式小型容积式电加热热水器。

（3）燃气供给裙房商用燃气热水器。

3. 系统竖向分区

公寓、酒店、酒店后勤采用集中热水供应，其竖向分区与冷水相同。

4. 热交换器

（1）公寓、酒店、酒店后勤采用集中热水供应，由就近设置在本系统附近地下室、避难层机房内的汽-水容积式热交换器供给。

（2）裙房餐厅热水由厨房内的商用燃气热水器提供。

（3）办公、商业、地下室等业态洗手盆用水，由设置在吊顶内的小型容积式电加热热水器提供。

5. 冷、热水压力平衡措施及热水温度的保证措施

（1）集中供给热水的热交换器就近设于本系统附近的地下室、避难层机房内，以避免热水管过多，热损失过大的弊端，节能降耗。

（2）集中供给热水分区压力与冷水相同，热水采用上行下给式，设机械循环系统，以确保热水管供水温度，热水表后的热水支管采用电伴热保温。

（3）所有热交换器均采用高效、低耗产品。

6. 管材

室内热水管均采用铜管及配件，焊接连接，与供水设备接口处应采用卡套式或法兰连接。嵌墙敷设的小口径热水管采用自带保温层的覆塑优质薄壁硬紫铜管。

（三）中水系统

1. 中水源水量（见表3）

本项目回收凝结水，用于冷却塔补水和便器冲洗，回收水量见表3。

凝结水回收量   表3

位置	凝结水量 （m³/h）	功能	面积 （m²）	面积比	使用时间 （h）	凝结水量 （m³/h）	系数	凝结水量 （m³/d）	凝结水量均值 （m³/h）
南楼	17.4	公寓	125234	0.54	24.0	9.4	0.65	146.8	6.1
		商业裙楼	45816	0.20	12.0	3.4	0.80	33.1	2.8
		地下	60473	0.26	12.0	4.5	0.80	43.6	3.6
		合计	231523			17.3	0.70	223.5	
北楼	23.8	酒店	71937	0.33	24.0	7.7	0.65	120.9	5.0
		办公	43670	0.20	8.0	4.7	0.80	30.1	3.8
		商业裙楼	49317	0.22	12.0	5.3	0.80	51.0	4.3
		地下	56000	0.25	12.0	6.0	0.80	57.9	4.8
		合计	220924			23.7		259.9	
总计						41.0		483.4	30.4

2. 系统竖向分区

1区：地下五层～二层夹层；

2区：三层。

3. 供水方式及给水加压设备

（1）地下室中水由第一避难层中间中水水箱供给。

（2）裙房一层～一层夹层自来水由城市管网直接供给。

4. 水处理工艺流程（见图1）

5. 管材

室内中水管采用钢塑复合（LP）管，丝扣或法兰连接，与供水设备接口处应采用卡套式或法兰连接。

（四）排水系统

1. 排水系统的形式

室内采用污、废水分流，SOHO办公和公寓采用同层排水。

2. 通气管的设置方式

设有专用通气立管；酒店卫生间采用器具通气管；裙房公共卫生间采用环形通气管。

3. 采用的局部污水处理设施

厨房废水经隔油器处理后，排入（室外）生活污水管道。地下室的车库地面冲洗排水设隔油、沉砂装置。

4. 管材

排水管采用柔性接口铸铁管及管件，法兰压盖承插连接；排水泵的接管及排出管采用涂塑钢管，外涂防锈漆两度，色漆一度，丝扣连接或沟槽式机械连接。雨水管采用涂塑钢管，沟槽式机械连接。

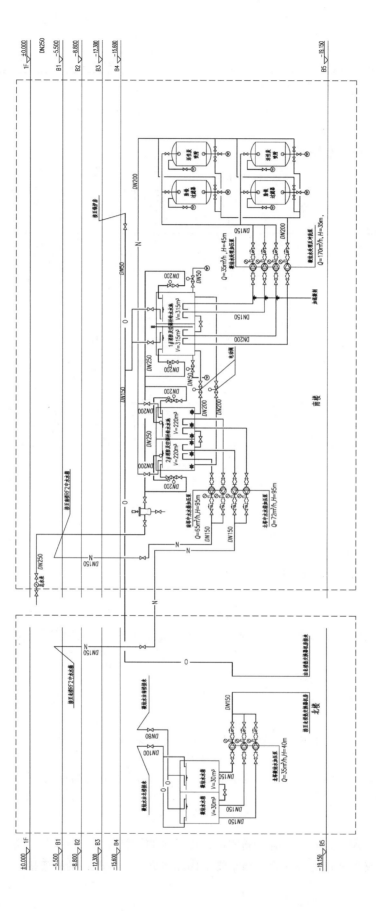

图 1 中水处理工艺流程图

二、消防系统

(一) 消火栓系统

1. 消火栓系统的用水量

室外消火栓：30L/s；室内消火栓：40L/s。

2. 系统分区

北楼：

1区：地下五层～二层；

2区：三层～第一避难层；

3区：十层～二十层；

4区：二十一层～二十八层；

5区：二十九层～三十七层；

6区：第三避难层～五十一层；

7区：第四避难层～五十九层夹层。

南楼：

1区：地下五层～二层；

2区：三层～第一避难层；

3区：十层～二十二层；

4区：二十三层～三十二层；

5区：三十三层～四十三层；

6区：第三避难层～五十七层；

7区：第四避难层～六十五层夹层。

3. 消火栓泵 (稳压设备) 的参数

(1) 低区消火栓泵

$Q=40$L/s，$H=169$m，$N=135$kW，2台，1用1备，自带隔振器，设于南楼地下五层。

(2) 消火栓转输泵

$Q=40$L/s，$H=163$m，$N=135$kW，2台，1用1备，自带隔振器，设于南楼地下五层。

(3) 南楼高区消火栓泵

$Q=40$L/s，$H=212$m，$N=160$kW，2台，1用1备，自带隔振器，设于南楼第二避难层。

(4) 北楼高区消火栓泵

$Q=40$L/s，$H=212$m，$N=160$kW，2台，1用1备，自带隔振器，设于北楼第二避难层。

(5) 消火栓稳压设备

$Q=5$L/s，$H=35$m，$N=7.5$kW，2台，1用1备，自带隔振器及控制柜，气压罐$V=300$L，设于第四避难层。

4. 水池、水箱的容积及位置

(1) 消防及空调补水水池，其中消防有效容积670m³，设于地下五层。

(2) 南楼第二避难层消防转输及空调补水水箱，其中消防有效容积60m³，设于南楼第二避难层。

(3) 北楼第二避难层消防转输及空调补水水箱，其中消防有效容积60m²，设于北楼第二避难层。

(4) 屋顶消防水箱，其中消防有效容积9m²，2套，设于屋顶。

5. 水泵接合器的设置

(1) 低区消火栓水泵接合器，3台。

（2）高区消火栓水泵接合器，3台。

6. 管材

消防给水管管径≥$DN100$采用无缝钢管，内外壁热镀锌，机械沟槽式卡箍连接；管径＜$DN100$采用内外壁热镀锌钢管，丝扣连接。

（二）自动喷水灭火系统

1. 自动喷水灭火系统的用水量

35L/s。

2. 系统分区

北楼：

1区：地下五层～九层；

2区：第一避难层～十九层；

3区：二十层～三十四层；

4区：三十五层～五十一层；

5区：第四避难层～五十九层夹层。

南楼：

1区：地下五层～九层；

2区：第一避难层～二十三层；

3区：二十四层～四十层；

4区：四十一层～五十七层；

5区：第四避难层～六十五层夹层。

3. 自动喷水加压泵（稳压设备）的参数

（1）低区喷淋泵

$Q=35L/s$，$H=181m$，$N=135kW$，2台，1用1备，自带隔振器，设于南楼地下五层。

（2）喷淋转输泵

$Q=35L/s$，$H=157m$，$N=90kW$，2台，1用1备，自带隔振器，设于南楼地下五层。

（3）南楼高区喷淋泵

$Q=35L/s$，$H=220m$，$N=160kW$，2台，1用1备，自带隔振器，设于南楼第二避难层。

（4）北楼高区喷淋泵

$Q=35L/s$，$H=220m$，$N=160kW$，2台，1用1备，自带隔振器，设于北楼第二避难层。

（5）喷淋稳压设备

$Q=1L/s$，$H=43m$，$N=1.5kW$，2台，1用1备，自带隔振器及控制柜，气压罐$V=150L$，设于第四避难层。

4. 喷头选型

自动喷水灭火系统中，有吊顶的室内区域采用带装饰盘的吊顶型喷头，装修要求较高处可采用可调高度的隐蔽式喷头；无吊顶的室内区域除局部地方选用边墙型扩展覆盖喷头外，其余向上安装采用直立型喷头，向下安装采用下垂型喷头，地下五层双层机械停车库采用边墙型覆盖喷头（水平式），上方须设集热板；地下车库车道入口处采用易熔合金喷头，其余部位采用玻璃球喷头；玻璃球喷头动作温度除厨房为93℃外，其余均为68℃；易熔合金喷头动作温度为72℃。地下餐厅均采用快速响应喷头。边墙型扩展覆盖喷头选型，应满足喷头流量系数$K≥115$。

5. 报警阀的数量、位置（见表4）

报警阀的数量位置 表 4

北楼				南楼			
数量	位置	数量	位置	数量	位置	数量	位置
2 套	地下五层	1 套	第一避难层	2 套	地下五层	1 套	十五层
2 套	地下四层	1 套	十三层	2 套	地下四层	1 套	十八层
2 套	地下三层	1 套	十七层	2 套	地下三层	1 套	二十一层
2 套	地下二层	2 套	第二避难层	2 套	地下二层	2 套	第二避难层
2 套	地下一层	1 套	二十六层	2 套	地下一层	1 套	二十九层
2 套	一层	1 套	二十九层	2 套	一层	1 套	三十二层
2 套	二层	1 套	三十二层	2 套	二层	1 套	三十五层
2 套	三层	2 套	第三避难层	2 套	三层	1 套	三十八层
2 套	四层	1 套	四十一层	2 套	四层	2 套	第三避难层
2 套	五层	1 套	四十五层	2 套	五层	1 套	四十六层
2 套	六层	1 套	四十九层	2 套	六层	1 套	四十九层
2 套	七层	3 套	第四避难层	2 套	七层	1 套	五十二层
				1 套	第一避难层	1 套	五十五层
				1 套	十二层	4 套	第四避难层

6. 水泵接合器的设置

（1）低区喷淋水泵接合器，3 台。

（2）高区喷淋水泵接合器，3 台。

7. 管材

消防给水管管径≥DN100 采用无缝钢管，内外壁热镀锌，机械沟槽式卡箍连接；管径<DN100 采用内外壁热镀锌钢管，丝扣连接。

（三）水喷雾灭火系统

1. 水喷雾灭火系统设置的位置

锅炉房及柴油发电机房设水喷雾灭火系统。

2. 系统设计的参数

设计喷雾强度：$20L/(min \cdot m^2)$。

持续喷雾时间：$\geqslant 0.5h$。

最低工作压力：0.35MPa。

按系统开启 1 个雨淋阀设计，设计流量为 27.5L/s。

3. 系统的控制

（1）水喷雾灭火系统应有自动控制、手动控制和应急操作三种控制方式。

（2）保护区应设置火灾探测器。

（3）火灾探测与报警应按现行国家标准《火灾自动报警系统设计规范》GB 50116—2013 的有关规定执行。

4. 加压设备的选用

水喷雾泵：$Q=40L/s$，$H=96m$，$N=90kW$，3 台，2 用 1 备，自带隔振器，设于南楼地下五层。

5. 管材

消防给水管管径≥DN100采用无缝钢管，内外壁热镀锌，机械沟槽式卡箍连接；管径＜DN100采用内外壁热镀锌钢管，丝扣连接。

（四）气体灭火系统

1. 气体灭火系统设置的位置

高低压变配房、大型弱电机房等不宜用水扑救的部位，均设置FM200气体灭火系统。

2. 系统设计的参数（见表5）

气体灭火系统设计的参数　　　　表5

保护区名称	面积（m²）	层高（m）	体积（m³）	设计浓度（%）	设计喷射时间（s）	灭火浸渍时间（min）	贮存压力（MPa）
南楼地下四层SB4a变电所	179.5	4.5	807.8	9	≤10	10	4.2
南楼地下四层SB4b变电所	98.6	4.5	443.7	9	≤10	10	4.2
第一避难层弱电机房	81.6	2.8	228.5	9	≤10	10	4.2
第一避难层SR1变电所	433.5	3.8	1647.3	9	≤10	10	4.2
第二避难层弱电机房	100.8	2.8	282.24	9	≤10	10	4.2
第三避难层弱电机房	79	2.8	221.2	9	≤10	10	4.2
第三避难层SR3变电所	210	3.8	798	9	≤10	10	4.2
地下一层变电所	142	4.5	639	9	≤10	10	4.2
北楼八层变电间	101	4.5	454.5	9	≤10	10	2.5
北楼第一避难层NR1办公变电所	197.5	3.8	750.5	9	≤10	10	2.5
北楼第一避难层弱电机房	46.7	2.8	130.76	9	≤8	5	2.5
北楼第二避难层NR2办公变电所	134.5	3.8	511.1	9	≤10	10	2.5
北楼第二避难层弱电机房	43.3	2.8	121.24	9	≤8	5	2.5
北楼第三避难层NR3酒店变电所	216.4	3.8	822.32	9	≤10	10	2.5
北楼第三避难层弱电机房	56.2	2.8	157.36	9	≤8	5	2.5
北楼第四避难层NR4酒店变电所	134.4	3.8	510.72	9	≤10	10	2.5
北楼第四避难层弱电机房1	66.4	2.8	185.92	9	≤8	5	2.5
北楼第四避难层弱电机房2	68.1	2.8	190.68	9	≤8	5	2.5

3. 系统的控制

本工程的气体灭火系统设计分为管网式和预制式。

其中管网式有自动、手动两种启动方式，预制式有自动、手动、应急手动三种启动方式。

（1）自动工况：即自动探测报警，发出火警信号，自动启动灭火系统进行灭火。

（2）手动工况：即自动探测报警，发出火警信号，经人工手动控制盒启动灭火系统进行灭火。

（3）应急手动工况：

1）只探测报警，发出火警信号，但电气控制部分出现故障，不能执行灭火指令的情况下；由于电源发生故障或自动探测报警系统失灵，不能执行灭火指令的情况下。

2）应急手动必须在储瓶间进行，首先拔去所需灭火区域的启动瓶上的电磁瓶头阀的保险，按下按钮，使灭火系统工作，执行灭火功能，但这务必在提前关闭影响灭火效果的设备，通知并确认人员已经撤离后方可实施。

（五）消防水炮灭火系统

1. 消防水炮灭火系统设置的位置

酒店总统套。

2. 系统设计的参数

消防用水量 10L/s，其中每个射水器的射水流量不小于 5L/s，保护半径为 20m，工作压力 0.6MPa。

3. 系统的控制

该系统有自动、消防控制室手动和现场应急手动三种启动方式。

（1）自动：消防控制室无人值守时或人为使系统处于自动状态下，当报警信号在控制室被主机确认后，控制室主机向消防炮控制器发出灭火指令，灭火装置按设定程序搜索着火点，直至搜到着火点并锁定目标，再启动电磁阀和消防泵进行灭火，消防泵和灭火装置的工作状态在控制室显示。

（2）消防控制室手动：消防控制室控制设备在手动状态下，当系统报警信号被工作人员通过控制室显示器或现场确认后，控制室通过 M3 主机驱动灭火装置瞄准着火点，启动电磁阀和消防泵实施灭火，消防泵和灭火装置的工作状态在控制室显示。

（3）现场应急手动：工作人员发现火灾后，通过设在现场的手动控制盘按键驱动灭火装置瞄准着火点，启动电磁阀和消防泵实施灭火，消防泵和灭火装置的工作状态在控制室显示。

三、设计及施工体会或工程特点介绍

（一）南、北楼机电管线的连接

本工程建筑主体为"门形"结构，顶部自第四避难层起至屋面连通，底部在地下五层连通，中间七层、八层、九层有天桥连接，实为竖向成环的结构。地下室因南北楼中间有地铁穿过的原因，导致南、北楼中间在地下一层至四层被地铁拦开。故而所有需要连接南、北楼的机电管线都必须在地下五层、七层、八层、九层，以及第四避难层以上敷设。这为机电设计工作增加了许多难度。尤其在地下室，很多机电用房都设置在地下一层至四层，并为南、北楼共用。故而这些管线大多须从地下五层的机电通道穿越至另一边。

（二）设计时间跨度大导致的修改

本工程因立项较早，经过十几年的洗礼。在大环境不断变化的同时，还须与时俱进，以适应新形势下的市场。这样就产生了多年来设计不断变更的问题。这些年来，东方之门作为一个成名已久，但久久未能竣工的项目，始终在为了更好地迎合市场的需求做调整。原来五星级酒店加上七星级酒店的功能，改为一个五星级酒店；部分办公功能改为 SOHO 办公；游泳池从顶层改到裙房，又改为设置在五十二层；部分裙房商业改餐饮等。诸如此类的功能调整时时发生，导致原有设计和新的功能需求产生矛盾，以及原来施工完成的部分与新的施工要求之间产生矛盾。为了更好地解决这个问题，设计人员须对之前每一版图纸和说明非常熟悉，并能在最大限度利用原有设计和施工条件的情况下，进行新的调整。

（三）综合体 CBD 各业态间的关系

本工程为综合各类功能的 CBD 总体，集综合性商业、餐饮、观光、办公、娱乐、博物馆、酒店式公寓、住宅和五星级酒店等功能于一身。各业态之间的产权管理、物业管理、计量计费和安全等问题也显得尤为重要。目前，公寓、酒店与酒店式公寓的给水系统皆为独立，设有专用设备为其服务；商业、办公、观光等业态同为一个大系统，并分表计量。各区域的热水系统皆为同程，并专门为该区域服务。

（四）城市热网利用

该工程的热源为城市热网的蒸汽，用量非常大，其凝结水无需回收。为节约日益缺乏的水资源，将该工程的凝结水收集起来，经过冷却→混凝→除铁过滤→消毒等处理后，供给商业裙房的冲厕用水和冷却塔补给水。

四、工程照片及附图

外景（一）

外景（二）

外景（三）

公寓大堂

办公走道

管井

生活水泵房（一）

生活水泵房（二）

屋顶层

消防泵房（二）

消防泵房（四）

消防泵房（五）

消防泵房（一）

消防泵房（三）

消防泵房（六）

电气机房

锅炉房（一）

锅炉房（二）

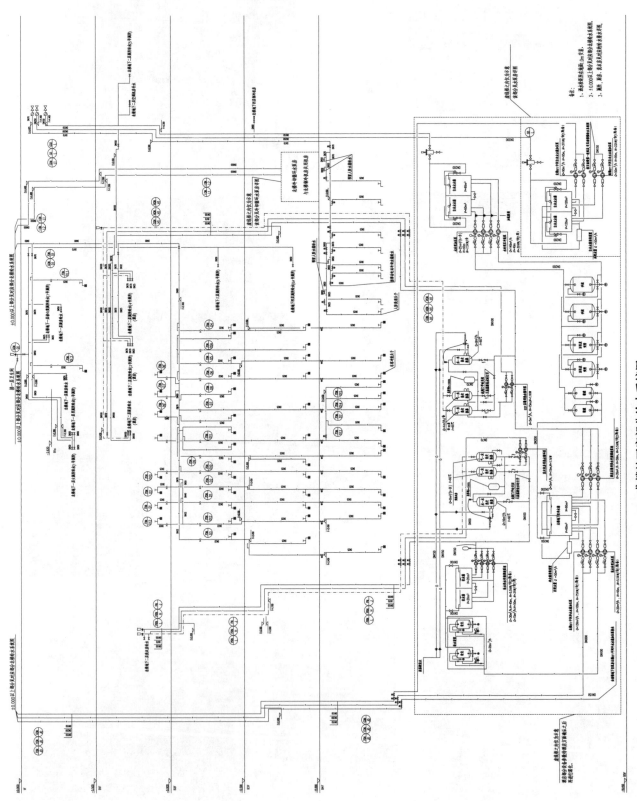

北楼地下室部分给水系统图

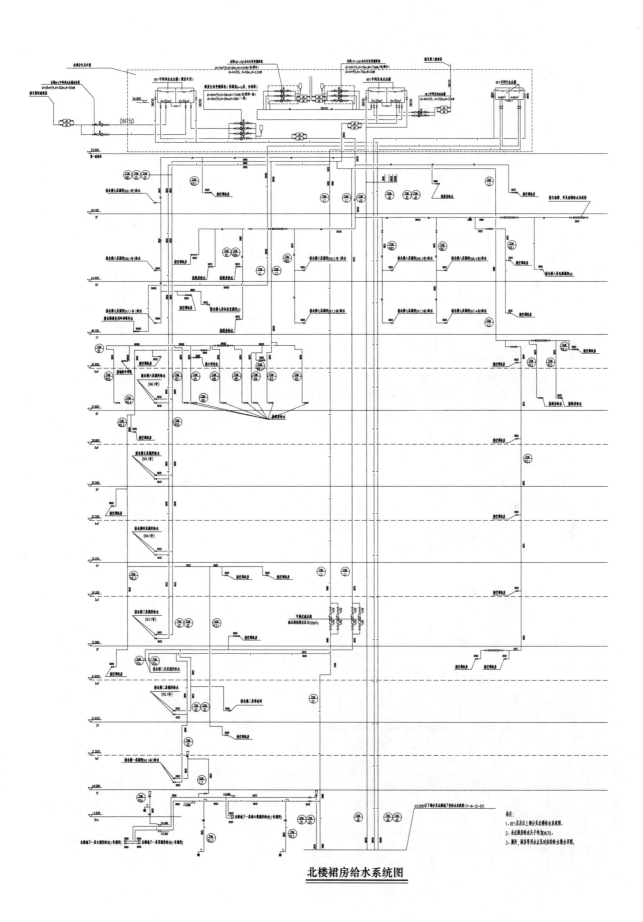

北楼裙房给水系统图

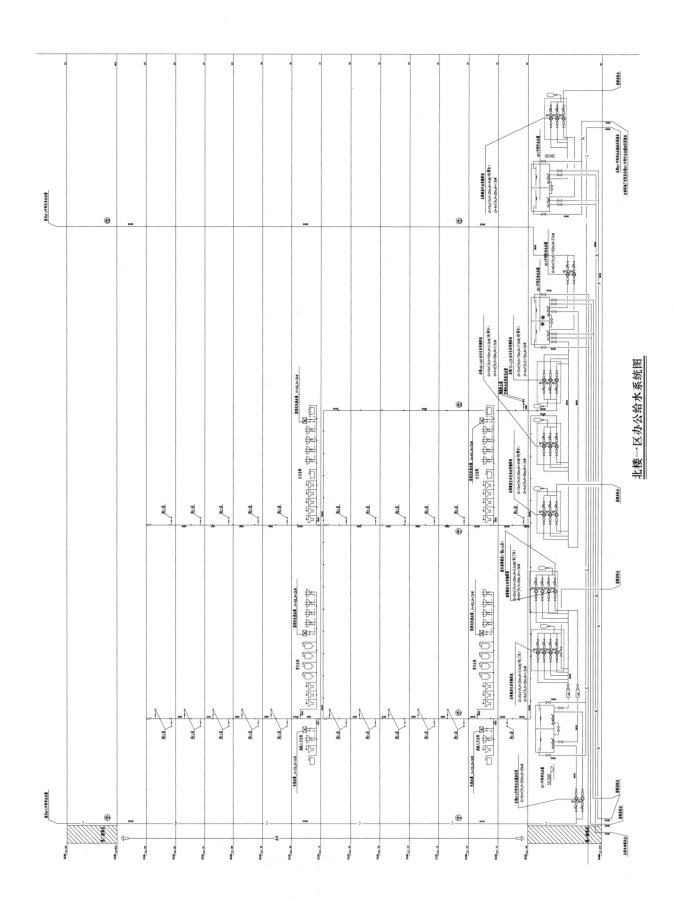

北楼一区办公给水系统图

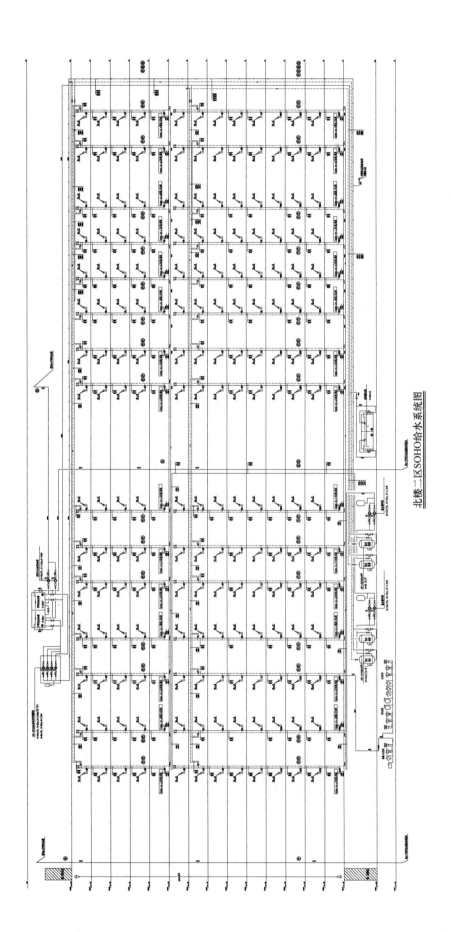

北楼二区SOHO给水系统图

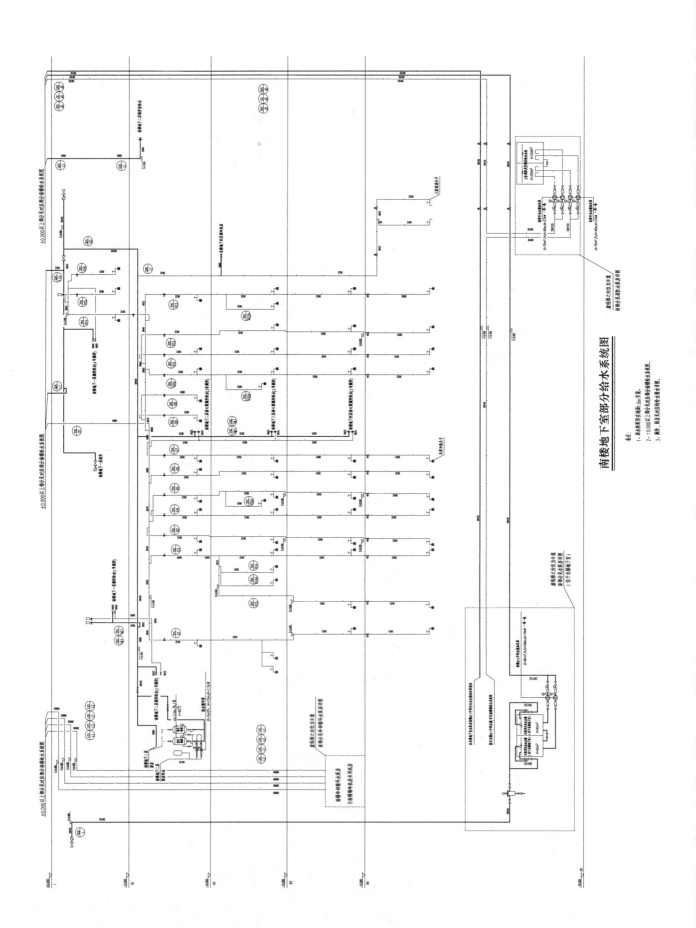

南楼地下室部分给水系统图

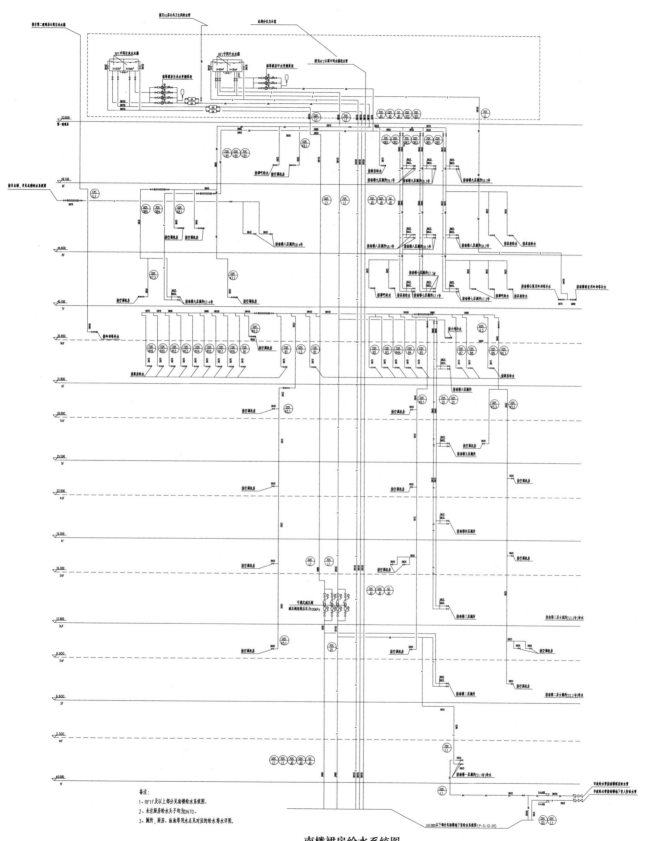

南楼裙房给水系统图

备注：
1、RF1F及以上部分见南楼给水系统图。
2、未注厨房给水头子均为DN70。
3、厕所、厨房、冰池等用水点见对应的给水排水详图。

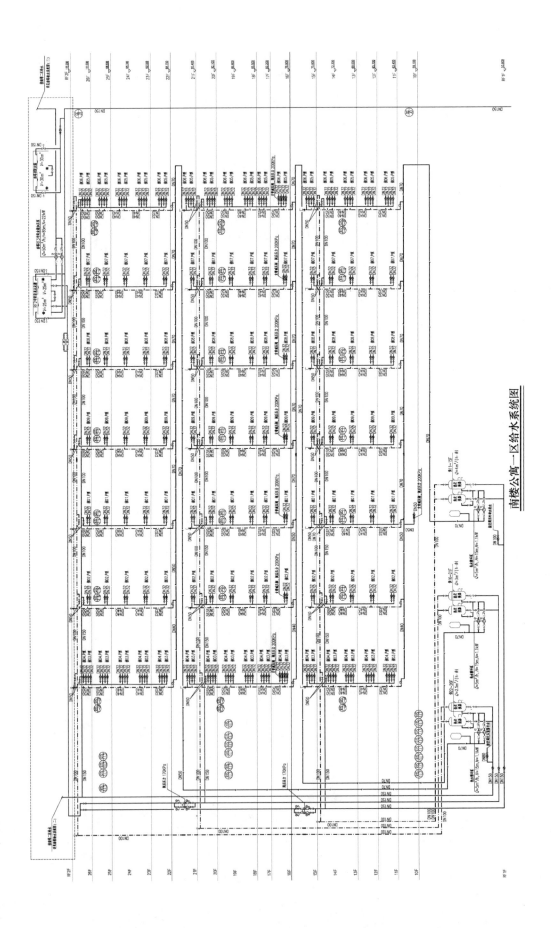

南楼公寓一区给水系统图

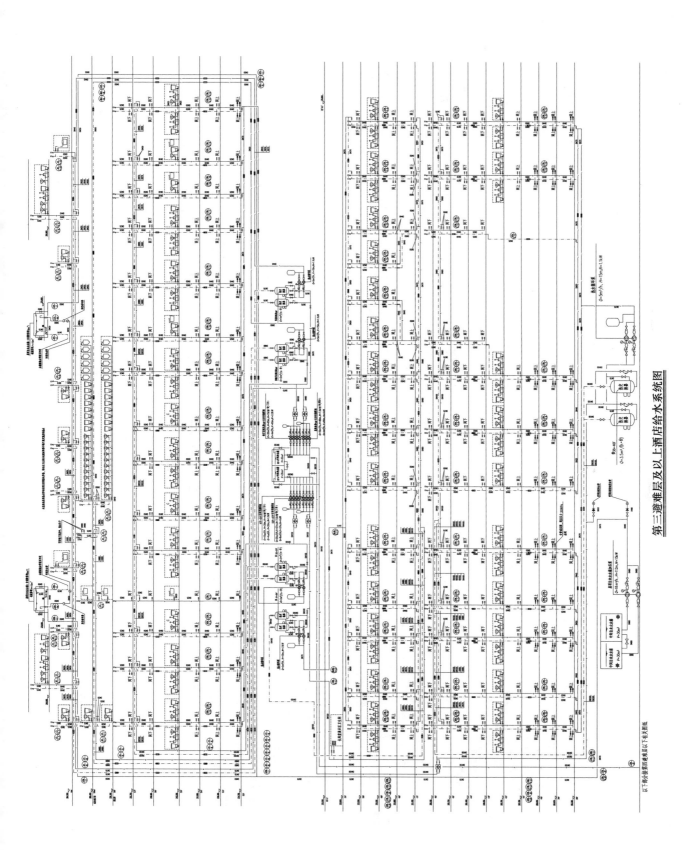

第三避难层及以上酒店给水系统图

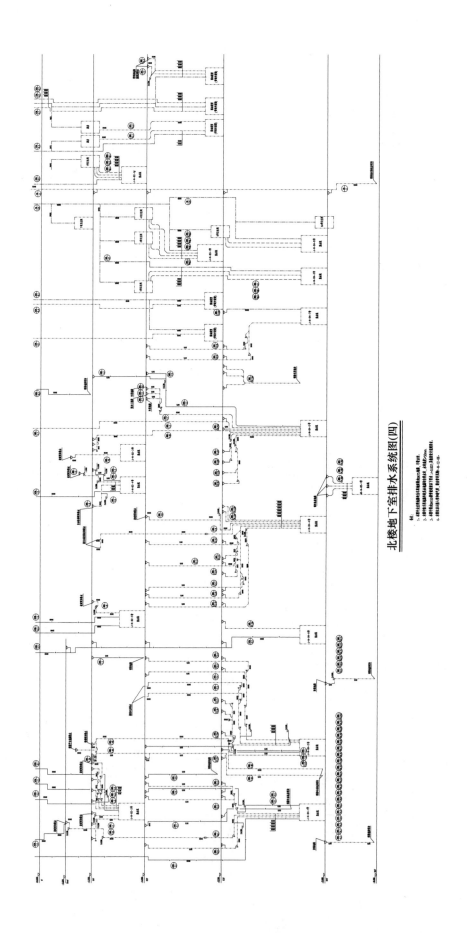

北楼地下室排水系统图(四)

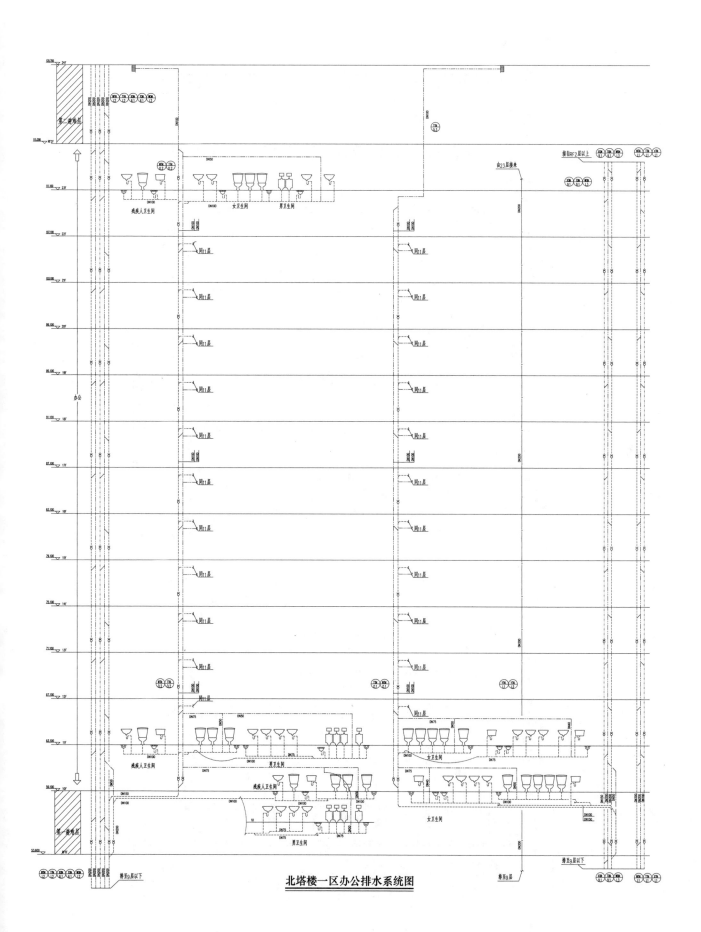

北塔楼一区办公排水系统图

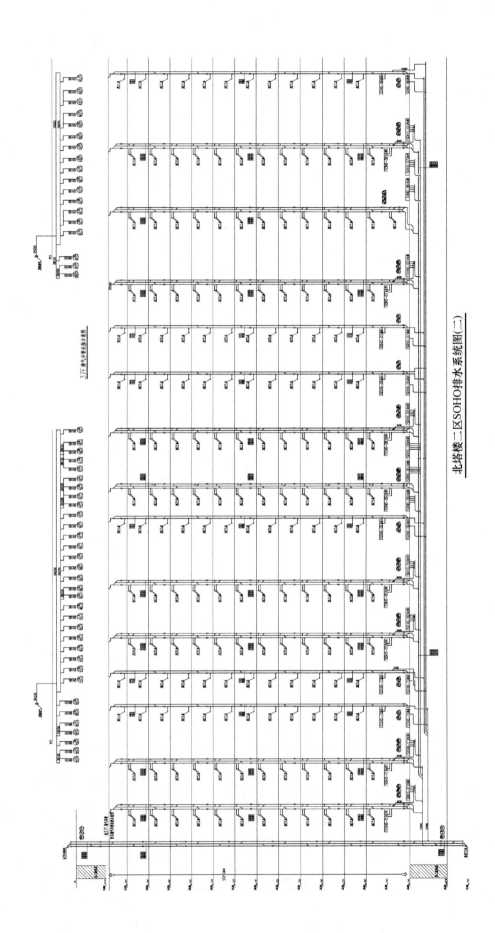

北塔楼二区SOHO排水系统图(二)

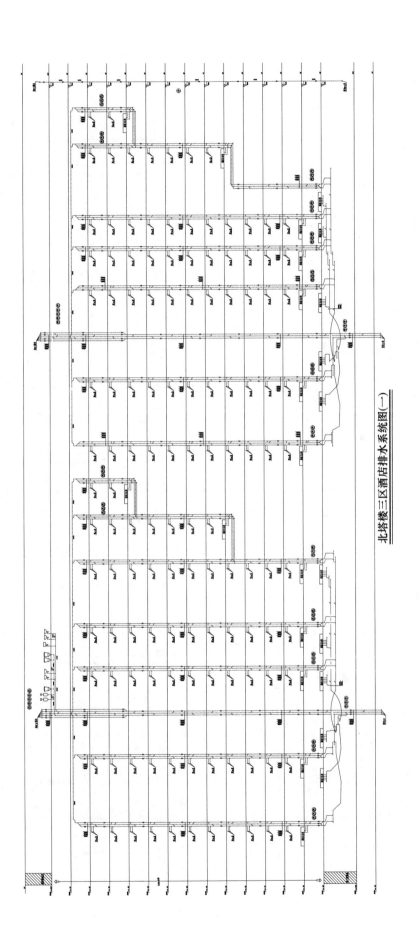

北塔楼三区酒店排水系统图（一）

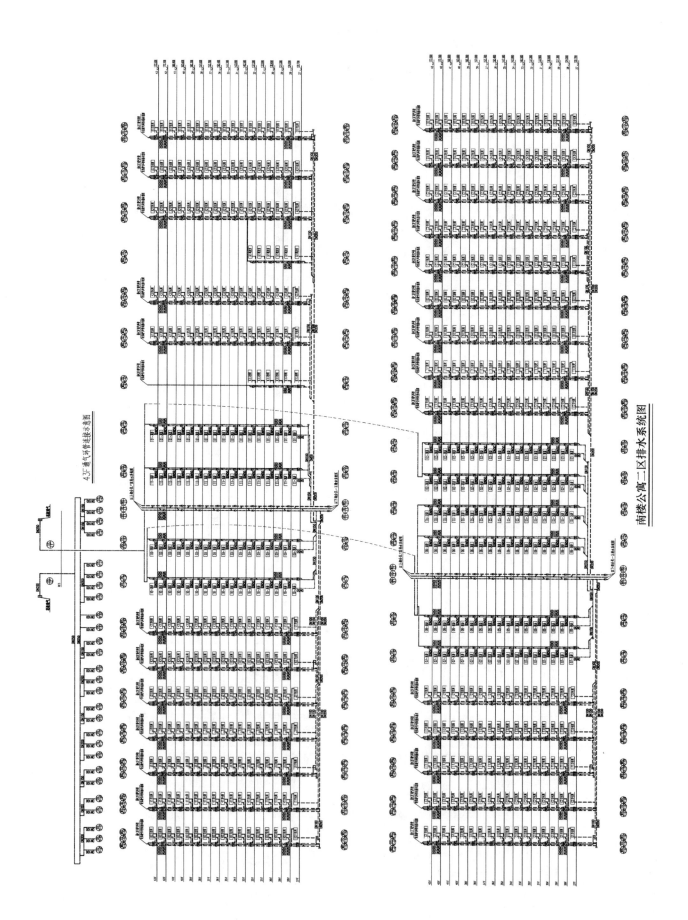

4J通气环管连接示意图

南楼公寓二区排水系统图

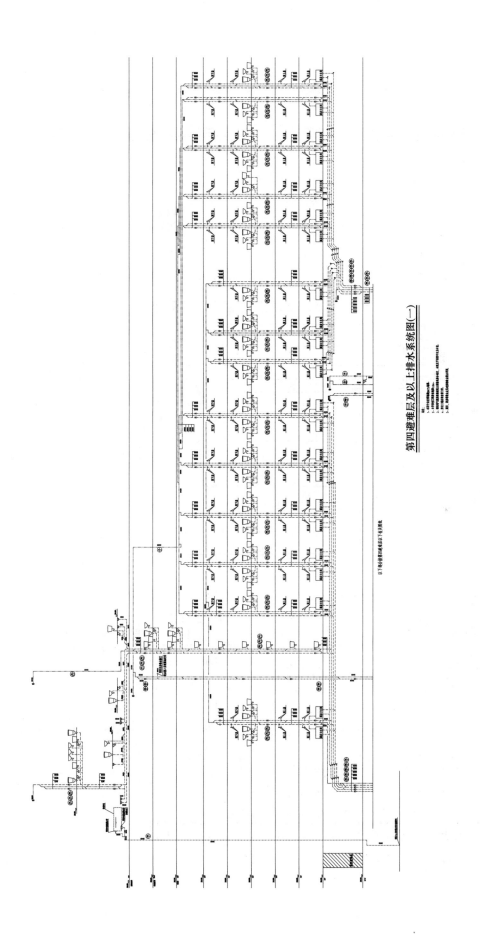

第四避难层及以上排水系统图（一）

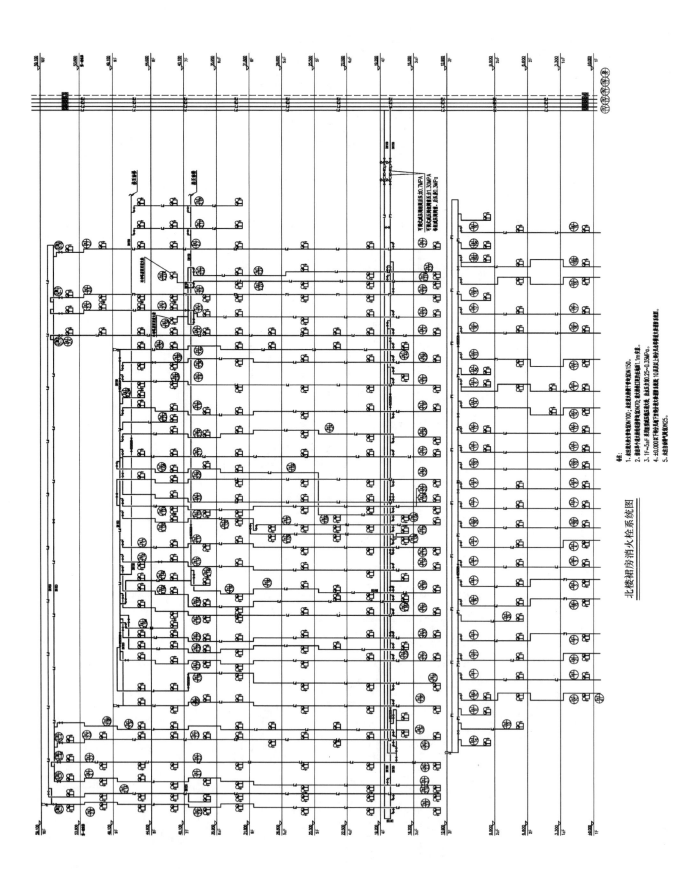

北楼裙房消火栓系统图

注：
1. 枝状给水主管均为DN100；枝状支管均为半环设为DN150。
2. 接给水栓底标高均为DN70；支枝栓口距地面标高1.1m安装。
3. 1F~5aF 无隔层给水消防给水线，最大压力0.25~0.35MPa。
4. ±0.000以下引向为从底下室不给消防给水线，10及以上引向主不给消防给水线引出给水管。
5. 栓出接给水栓为DN25。

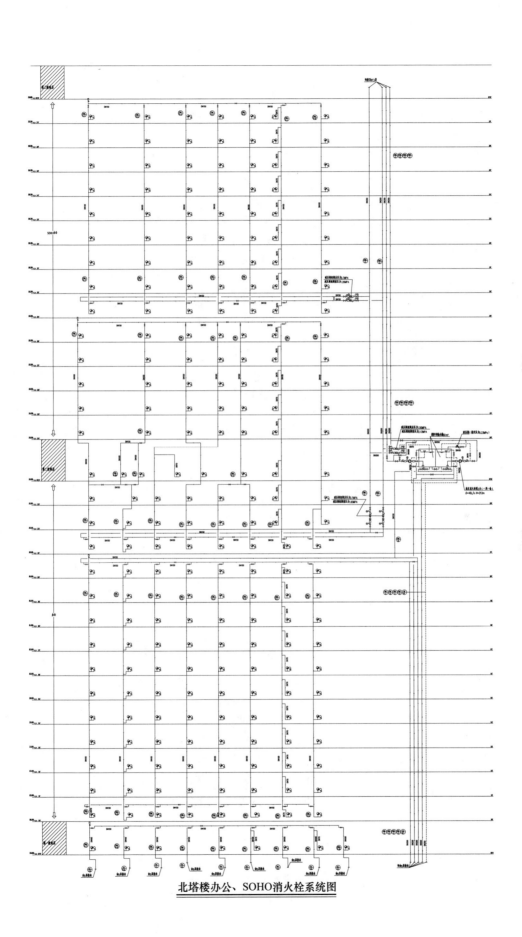

北塔楼办公、SOHO消火栓系统图

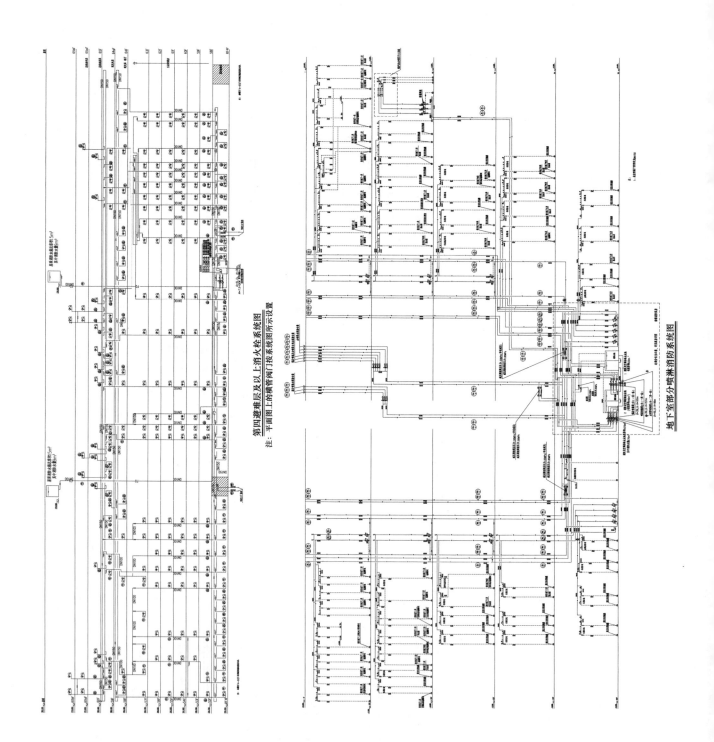

第四避难层及以上消火栓系统图

注：平面图上的横管阀门按系统图所示设置

地下室部分喷淋消防系统图

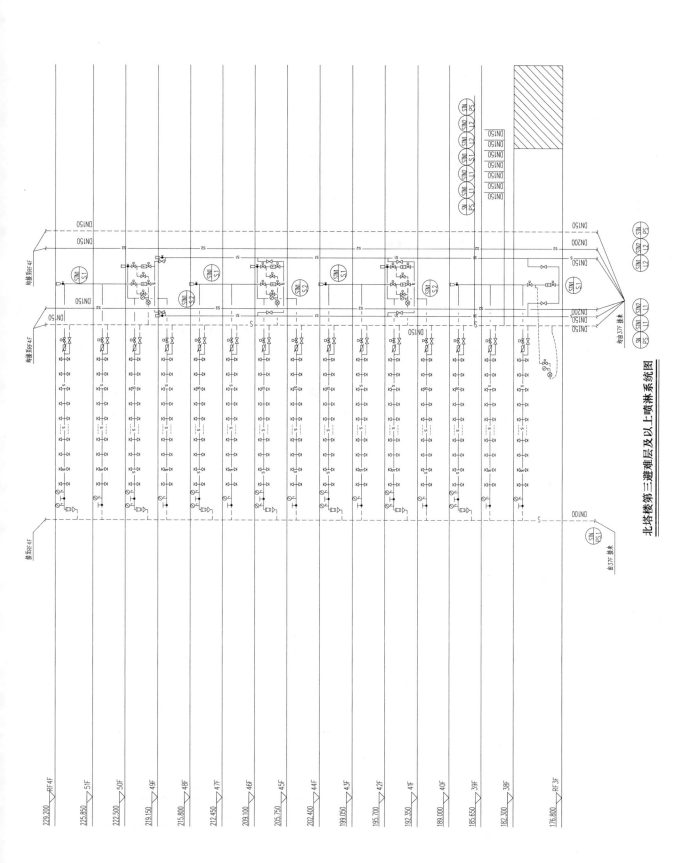

北塔楼第三避难层及以上喷淋系统图

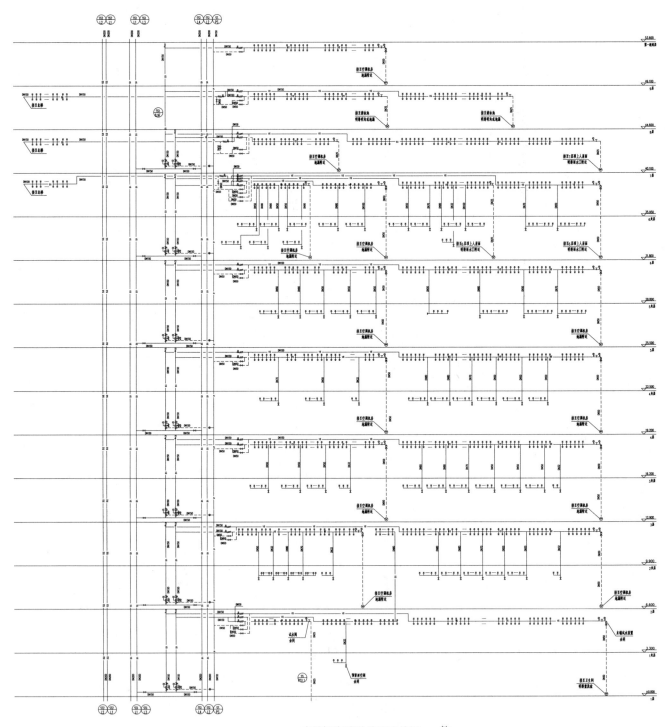

南楼裙房喷淋消防系统图

备注:
1、水流指示器后喷淋管道走向示意,详见各层对应喷淋消防平面图。
2、未注试水阀均为DN25;未注末端试水装置中试水接头K=80。
3、未注自动排气阀均为DN25。
4、±0.000以下部分见地下室部分喷淋消防系统图,第一避难层及以上部分见南塔楼喷淋消防系统图。

信息工程大学综合实验演训楼

设计单位： 哈尔滨工业大学建筑设计研究院
设 计 人： 彭晶　王蕊　周滨　孔德骞　何林　高英志　王新利　皮卫星　金玮涛　张锋
获奖情况： 公共建筑类　一等奖

工程概况：

中国人民解放军信息工程大学是中国人民解放军总参谋部直属的全国理工科高等军事院校，是全军重点建设的五所综合大学之一，是军队"2110工程"重点建设院校之一，正军级编制。

本工程为信息工程大学综合实验演训楼工程，建设单位为信息工程大学，建设地点为河南省郑州市，信息工程大学新校区内。校园西侧为瑞达路，南侧为科学大道。建筑基地北侧为一号实验楼及二号教学楼，东西两侧为校园内环路，南侧为校园主入口。

本工程是由303m长的板式主楼和3层五角星形辅楼组成的综合体，是以"兵书"为设计理念，建筑形象如同一本巨大的兵书，气势磅礴，在整个校园的前端展开，彰显了军事院校深厚的文化底蕴，体现了鲜明的军校特色。

建筑规模：用地面积49400m^2，总建筑面积82347.50m^2，建筑基底面积8817.84m^2，绿地面积15857m^2，容积率1.52。

建筑层数与总高度：主楼：地下1层，地上11层，屋顶机房1层，建筑总高度为48.10m；辅楼：地上3层，建筑高度20.55m；本工程±0.000m相当于绝对标高为109.90m；主楼室内外高差0.75m，辅楼室内外高差0.15m。

本工程主楼中融合了实验用房、教师研究室和学校机关办公功能，功能复合，分区清晰。辅楼中包括校史馆、报告厅、作战指挥中心功能，大空间叠合布置。建筑形式与功能实现了很好的统一。具体建筑功能布局如下：地下一层：车库，设备用房；一层：门厅，实验室，考试中心，学术报告厅，校史展览厅，成果演示厅，综合宣教室，会议室，物业管理等；二层：入口大厅，实验室，研讨室，财务结算中心，学术报告厅等；三层：实验室，研讨室，数据处理中心，信息作战综合模拟演练中心，接待室，办公室等；四层：实验室，研讨室，网络管理办公室，三网主机房等；五层、六层：实验室，研讨室等；七层～九层：办公室，数据处理中心，会议室等；十层：校机关办公室，数据处理中心，会议室等；十一层：校机关办公室，休息室，数据处理中心，会议室，机要室，档案室，保密室，研究室等；机房层：消防水箱间，电梯机房，排烟机房，加压机房，太阳能热水间。

本工程建筑防火设计分类：主楼为一类高层公共建筑，建筑物耐火等级为一级；辅楼为多层民用建筑，建筑物耐火等级为二级；地下车库停车数量149辆，为Ⅲ类汽车库，建筑级别为一级。本工程结构形式为钢筋混凝土框架剪力墙结构，局部屋盖为钢网架结构；基础形式为柱下独立基础；建筑的设计使用年限为50年。本工程抗震设防烈度为7.5度。

工程说明：

一、给水排水系统

（一）给水系统

1. 冷水用水量（见表1）

冷水用水量　　表1

编号	用户名称	最高日用水定额 [L/(人·d)]	用水人数 （人）	日用水时间 （h）	小时变化系数	最高日用水量 (m³/d)	最大时用水量 (m³/h)
1	学生	40	4800	10	1.5	192.00	28.80
2	教职工	40	2000	10	1.5	80.00	12.00
3	淋浴	100	460	6	1.5	46.00	11.50
4	小计					318.00	52.30
5	未预见水量	占小计的10%				31.80	5.23
6	总计					349.80	57.53

2. 水源

本项目的生活给水及设备补水等用水由城市自来水供给，市政压力0.35MPa。校区主供水管网 $DN300$，本项目的东西两侧已各预留一个 $DN150$ 的接口，完全可以满足本工程的水量要求。

3. 系统竖向分区

在给水排水专业的设计中，结合市政水压条件、建筑物用途和高度、使用要求、维护管理等多方面因素，充分考虑市政给水压力，节约能源，避免水箱转输造成的水质二次污染。本工程生活给水系统分直供区和加压区两个区：地下一层～四层（四层地面标高13.80m）为直供区，市政给水管网直接供水；五层～屋顶机房层为加压区，采用从市政给水管网直接吸水的绿色环保新型的无负压供水设备供水。

4. 供水方式及给水加压设备

本项目采用的无负压供水系统为全封闭式运行及真空贮水设备，能有效防止污染物进入系统及系统中微生物的滋生，设备各部件均采用食品级不锈钢材质，不会对水质产生污染，另外由于无需设置水池或水箱，节省了定期的清洗费用，减少了水资源的浪费，还能避免水池或水箱渗水漏水问题产生的维护费用。

本项目空调冷却补水系统与生活给水系统分开，单独设置冷却塔补水箱及变频泵供水，并在水箱进水管前设倒流防止器。

5. 管材

生活给水管干管和立管采用组合式衬塑钢管，丝接或法兰连接；支管采用PP-R管，热熔连接。

（二）热水系统

1. 热水用水量（见表2）

热水用水量计算表（设计温度60℃）　　表2

用户名称	最高日用水定额 [L/(人·d)]	平均日用水定额 [L/(人·d)]	用水人数 （人）	最高日用水量 (m³/d)	平均日用水量 (m³/d)	小时变化系数	日用水时间 (h)	最高日最大时用水量 (m³/d)	平均日平均时用水量 (m³/h)
淋浴间	50	40	460	23.00	18.40	1.5	6	5.75	3.07

2. 热源

本项目位于郑州,处于河南的北部,不论是夏季还是冬季,郑州地区太阳能资源都较好,年总辐射变化比较平缓、稳定,太阳能热利用率也比较高。按照《建筑给水排水设计标准》GB 50015—2019 第 5.2.2A条,宜优先采用太阳能作为热水供应热源。2008 年 6 月郑州市建筑委员会发出《关于在全市民用建筑工程中推广应用太阳能的通知》,郑州当地政府鼓励新建民用建筑应用太阳能技术,建设单位也积极响应,所以本工程选用太阳能作为集中热水供应系统的主热源,全年使用,夏季连续阴雨天和过渡季采用电辅助加热;冬季太阳能利用率低,太阳能作为冷水的预加热能源,市政热网供应的蒸汽(蒸汽压力 0.70MPa)为主要热源,电辅助加热不运行,可以很好地减轻电力系统的供电负荷,节省能源。本工程平均日需热水量为 18.40m³,太阳能集热器平均日产热水量为 18.72m³。在每年 4~8 月(春、夏季)的晴朗天气,太阳辐射的总量很大,太阳能热水集热系统就可以满足使用要求,辅助加热系统基本可以不运行。太阳能热水系统运行原理如图 1 所示。

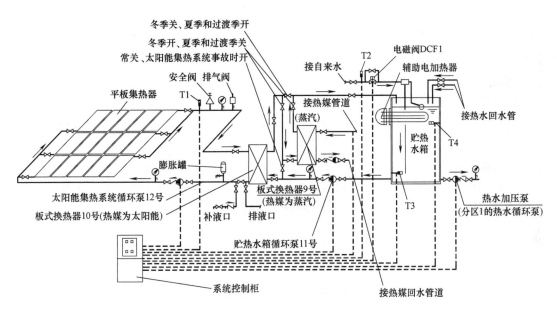

图 1　太阳能热水系统运行原理图

3. 系统竖向分区

建设方要求二层总值班室的卫生间、五层~十一层的公共淋浴间、休息室的独立卫生间设置集中热水供应系统。集中热水供应系统为全日供应热水,系统共分两个区。分区 1:五层~十一层的公共淋浴间、休息室的独立卫生间,24h 供应热水,屋顶热水间内设有效容积为 21.6m³ 的贮热水箱,可以贮存平均日一整天的热水;因贮热水箱的安装高度无法保证十层和十一层热水的工作压力,所以设置热水加压泵加压供给(此泵同时作为分区 1 的热水循环泵);热水供水管道采用上供下给式,设置热水给水立管和回水立管,水泵强制循环至屋顶贮热水箱。分区 2:二层总值班室的卫生间,24h 供应热水,管道从热水加压泵出水管接出,经二层可调式减压阀减压后供给,地下一层设置循环泵强制循环至屋顶贮热水箱。

4. 热交换器

太阳能集热系统采用强制循环、间接加热方式加热。全日自动启动。本工程采用平行太阳能集热器阵列,设置在高层建筑的屋面上。设置一个贮热水箱既作为集热水箱也作为供热水箱,太阳能的辅助电加热装置设置在贮热水箱内上部。采用板式换热器作为间接系统的热交换器加热贮热水箱内的冷水。采用一定配比的乙二醇防冻防腐混合液作为传热工质。集热系统单独设置循环泵强制循环传热工质。太阳能热水系统的板式换热器、集热系统循环泵、贮热水箱均设在屋顶太阳能热水间内。

5. 冷、热水压力平衡措施及热水温度的保证措施

冷水系统为节能直接采用市政给水管网供水或叠压供水，采用下供上给供水方式，而热水因采用太阳能＋辅助热源蒸汽制备热水，太阳能集热器及贮热水箱均设置在建筑物屋顶，自然采用了上供下给方式，太阳能热水系统又都是开式系统，冷热水不同源，用水点分散，冷热水压力平衡是热水系统的难点。采用闭式热水系统是解决冷热水同源的一个方法，但闭式系统安全性较差，且本项目热水系统规模中等又要结合太阳能和蒸汽两种热源，采用间接加热的闭式系统成本要高出很多。本项目热水供水压力稳定，经综合考虑、精确计算，在冷水供水支管上设置减压阀减压，以保持冷热水配水点压力平衡。为避免热损失大导致贮热水箱内水温低，影响使用，设置贮热水箱的热水循环泵，每 2h 循环一次。集热循环管路充满一定配比的乙二醇防冻防腐混合液可有效保证系统防冻。

6. 管材

生活热水管及回水管干管和立管采用组合式衬塑钢管，丝接或法兰连接；支管采用热水型 PP-R 管，热熔连接；蒸汽管道及蒸汽凝结水管道采用无缝钢管，焊接连接；太阳能集热管道采用 304 不锈钢管，除与阀门、附件等连接采用法兰连接外，其他地方采用焊接连接。

（三）排水系统

1. 排水系统的形式

本项目生活排水与雨水为分流制，污水与废水为合流制。地下室废水由潜污泵提升后排入室外排水检查井，一层及以上污、废水重力流排至室外排水检查井。

2. 通气管的设置方式

高层部分设置专用通气立管，其他部分设置伸顶通气立管。连接 4 个及 4 个以上卫生器具且横支管长度大于 12m 的排水横支管，连接 6 个及 6 个以上大便器的污水横支管设置环形通气管。

3. 采用的局部污水处理设施

本工程污、废水汇集后排至校区化粪池，经化粪池处理后排至市政排水管网。

4. 管材

污、废水管及通气管采用聚丙烯超级静音排水管，柔性连接；压力排水管采用 HDPE 排水塑料管，热熔连接。

（四）雨水系统

1. 雨水系统的形式

本项目生活排水与雨水为分流制。采用重力流内排水系统，屋面雨水经室内雨水管排至室外散水坡。屋面雨水设计重现期 5 年，屋面雨水排水溢流口或溢流管系统总排水能力不小于 50 年重现期的雨水量。地下车库出入口处设雨水沟、集水坑将截流的雨水提升排至室外雨水检查井。

2. 管材

雨水管道采用 HDPE 排水塑料管，热熔连接。

二、消防系统

（一）消防水源

本工程消防水源由市政两路给水保证，室外消火栓系统由市政两路供水管道（0.35MPa）保证。

（二）消防系统用水量

本建筑按建筑高度小于 50m 的一类高层综合楼进行消防系统设计，火灾发生次数按一次设计。消防系统用水量见表 3。

消防系统用水量 表3

消防系统	用水量标准 （L/s）	时间 （h）	总用水量 （m³）	备注
室外消火栓系统	30	3	324	市政两路供水保证
室内消火栓系统	30	3	324	消防水池贮水
自动喷水灭火系统	29	1	105	消防水池贮水
总消防用水量			753	

（三）消防贮水及供水设施

1. 消防水池

室外消火栓系统由市政两路供水保证，室内消防系统用水量为429m²，本工程西侧室外设有埋地消防水池，有效容积500m²。

2. 消防泵房

消防泵房位于本建筑地下一层，内设室内消火栓泵和喷淋泵。消防泵参数见表4。

消防泵参数 表4

序号	水泵名称	参数	配置
1	室内消火栓泵	$Q=30L/s, H=0.92MPa, N=45kW$	2台（互为备用）
2	湿式自动喷水灭火泵	$Q=30L/s, H=0.85MPa, N=45kW$	2台（互为备用）

3. 高位消防水箱间

屋顶消防水箱间内设置一座有效容积18m³的消防水箱和两套消防稳压泵（室内消火栓、湿式自动喷水灭火各1套）。消防稳压泵参数见表5。

消防稳压泵参数 表5

序号	稳压泵名称	参数	配置
1	室内消火栓稳压泵	$Q=1.52L/s, H=0.40MPa, N=4kW$	2台（互为备用）
2	湿式自动喷水灭火稳压泵	$Q=0.55L/s, H=0.40MPa, N=1.5kW$	2台（互为备用）

（四）室外消火栓系统

（1）室外消火栓系统由市政两路供水管道（0.35MPa）保证。

（2）设置不少于3个室外消火栓。

（五）室内消火栓系统

1. 系统分区

室内消火栓系统为临时高压给水系统，系统不分区。

2. 系统布置

室内消火栓布置间距不大于30m，可以保证同层任何部位有两个消火栓的水枪充实水柱同时到达。在系统顶端设有供检查及试验用的消火栓，消防电梯前室设有消火栓。消火栓栓口压力超过0.5MPa时，设置减压消火栓。采用带消防卷盘的薄型单栓消火栓箱。

3. 水泵接合器

系统统一设置2个SQB100-A型墙壁式水泵接合器。

4. 管材

室内消火栓管道采用热浸镀锌钢管，管径＜DN100者采用螺纹连接；管径≥DN100者采用沟槽柔性连接。

（六）湿式自动喷水灭火系统

1. 系统设置

主楼除建筑面积小于 $5m^2$ 的卫生间和不宜用水灭火的房间外，均设置湿式自动喷水灭火系统保护。消防泵房内设置 11 组湿式报警阀组。

2. 系统分区

湿式自动喷水灭火系统为临时高压给水系统，系统不分区。

3. 系统参数（见表 6）

系统参数 　　　　　　　　　　　　　　　　　　　　　　　　　　　　　表 6

净空高度（m）	部位	火灾危险等级	设计喷水强度 [L/(min·m²)]	保护面积(m²)	最不利点工作压力 (MPa)
≤8	地下车库	中危险Ⅱ级	8	160	0.05
	其他部位	中危险Ⅰ级	6	160	0.05
>8	中庭	中危险Ⅰ级	6	260	0.05

4. 喷头选型

自动喷头采用玻璃泡闭式洒水喷头，地下车库内自动喷头的作用温度为 79℃，其他部分自动喷头的作用温度为 68℃。在有吊顶的房间采用吊顶型普通反应喷头（$K=80$），在无吊顶或通透性吊顶的场所采用直立型普通喷头（$K=80$）。

5. 水泵接合器

系统统一设置 2 个 SQB100-A 型墙壁式水泵接合器。

6. 管材

湿式自动喷水灭火管道采用内外壁热浸镀锌钢管，管径＜$DN100$ 者采用螺纹连接；管径≥$DN100$ 者采用沟槽柔性连接。

（七）气体灭火系统

1. 系统设置

地下一层的变压器及低压配电室、高压室及控制室、UPS 机房以及一层的弱电机房等不宜用水灭火的房间，设置有管网的气体灭火系统，灭火剂采用 IG-541 混合气体，采用全淹没灭火方式。

2. 系统参数

本设计采用管网全淹没灭火系统。设计浓度为 37.5%，喷放时间为 55s，灭火时的浸渍时间为 10min。

3. 系统控制

气体灭火系统的控制方式有自动控制、手动控制、机械应急操作三种。设置泄压口、声光报警器和释放信号标志。

三、工程特点及设计体会

（1）在给水排水专业的设计中，结合市政水压条件、建筑物用途和高度、使用要求、维护管理等多方面因素，充分考虑市政给水压力，节约能源，避免水箱转输造成的水质二次污染。本项目采用的无负压供水系统为全封闭式运行及真空贮水设备，能有效防止污染物进入系统及系统中微生物的滋生，设备各部件均采用食品级不锈钢材质，不会对水质产生污染，另外由于无需设置水池或水箱，节省了定期的清洗费用，减少了水资源的浪费，还能避免水池或水箱渗水漏水问题产生的维护费用。

（2）本项目空调冷却系统补水量约占生活给水量的 1/3，为保证生活给水系统的稳定，特别将空调冷却补水系统与生活给水系统分开，单独设置冷却塔补水箱及变频泵供水，并在水箱进水管前设倒流防止器，既避免了空调补水对生活水质的影响，又避免了空调补水时对生活给水系统的冲击。

（3）结合建设单位的运行、维护要求，选用高灵敏度计量水表，水表计量采用分级计量的方式，全楼除设置总水表计量外，各出水支管也设置水表计量，在冷却塔补水箱进水管上、制冷机房补水管上、屋顶高位消防水箱进水管上、屋顶太阳能贮热水箱进水管上设置水表计量并设置防倒流止回器阀组，避免影响生活饮用水水质。选用符合《节水型生活用水器具》CJ/T 164—2014标准的节水型卫生洁具；选用密闭性能好的阀门与设备，采用耐腐蚀、耐久性好的管材和管件，管件与管道配套提供；采用内壁光滑、阻力小、承压高的管材，同时控制管道设计流速，在设计中采取避免管道突然缩径或采用变径太大的三通等一系列技术措施。实际运行使用以来未发生跑、冒、滴、漏现象，安全舒适，设备、卫生器具、管道的噪声得到很好的控制。

（4）本工程采用平板太阳能集热器，结构简单，运行可靠，成本低廉，热流密度较低，即工质的温度也较低，安全可靠，与真空管太阳能集热器相比，它具有承压能力强、吸热面积大等特点，是太阳能与建筑一体结合最佳选择的集热器类型之一。与真空管太阳能集热器相比，平板太阳能集热器能较方便地解决系统过热问题。因为平板太阳能集热器温度升高后不可避免地要通过传导、对流和辐射等方式向四周散热，温度越高，其热损就越大，从而达到缓解高温工况的目的。

（5）本工程集热循环路路充满一定配比的乙二醇防冻防腐混合液，可有效防冻。集热系统设置安全泄压阀和膨胀罐，始终能保持系统中传热工质体积的恒定。

（6）本系统采用上供下给上回的双立管系统，运行可靠稳定，自动化程度高，使用舒适性高，系统稳定性强、对环境无污染、综合性价比好，特别适合热水用水点分散的办公楼。

（7）本工程进行了管线综合排布，尽量减少管道敷设中的交叉、抱弯，各系统管道及桥架区域明确、标识清晰，检修方便。

（8）本项目为集教学、实验、办公为一体的综合建筑。设计者精心设计，力求做到"经济合理、安全可靠、节能环保、技术先进"。充分利用太阳能洁净能源是我国积极推广的国家能源战略，本设计结合实际工程，在满足基本使用要求的同时，尽可能降低投资运行成本，为业主提供了低成本、高回报的新能源利用技术，让经济能源与节能设计更好、更多地服务于业主，本项目经过实际的运行使用检验，得到了建设单位及使用单位的充分认可赞许。

四、工程照片及附图

大楼正立面实景图

给水泵房（一）

给水泵房（二）

屋面集热板实景图

消防泵房

湿式报警阀组

管线综合排布

外立面实景图

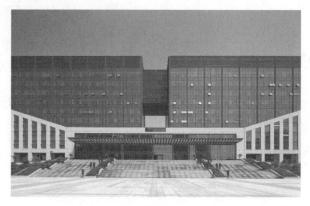

主入口实景图

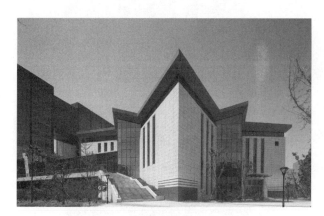

辅楼实景图

中庭喷淋实景图

大厅喷淋实景图

会议室实景图

水力警铃实景图

冷却塔补水箱实景图

集水坑实景图

管线综合排布实景图（一）

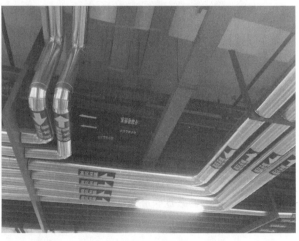

管线综合排布实景图（二）

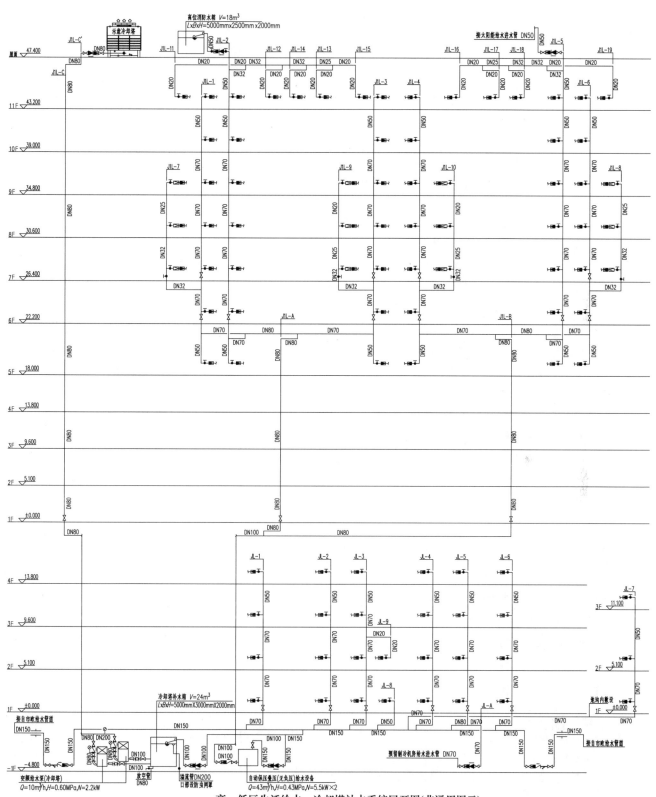

高、低区生活给水，冷却塔补水系统展开图(非通用图示)

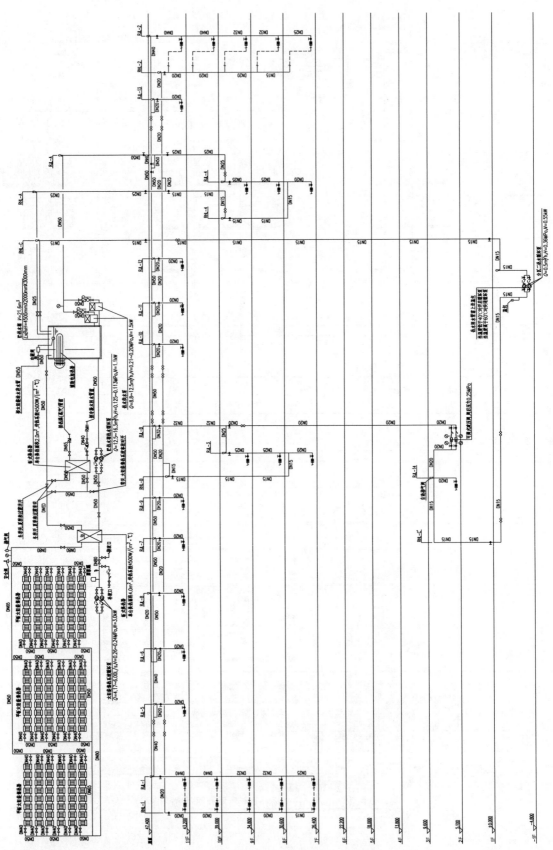

生活热水系统展开图(非通用图示)

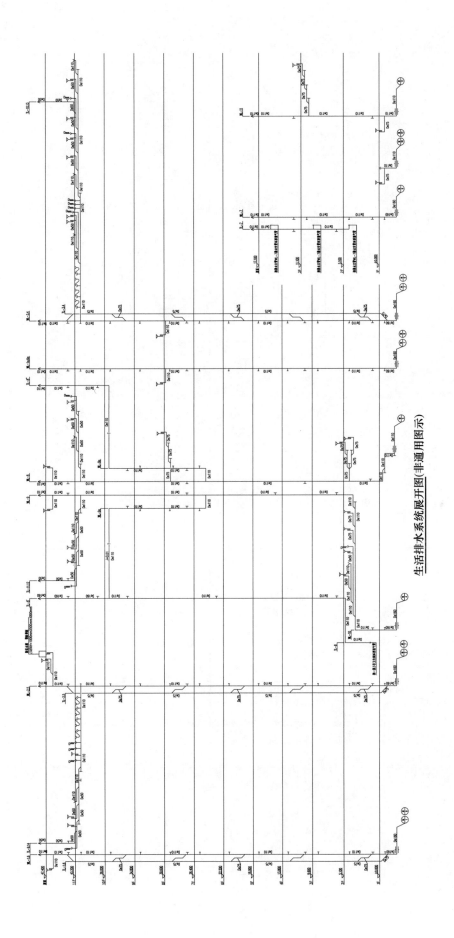

生活排水系统展开图(非通用图示)

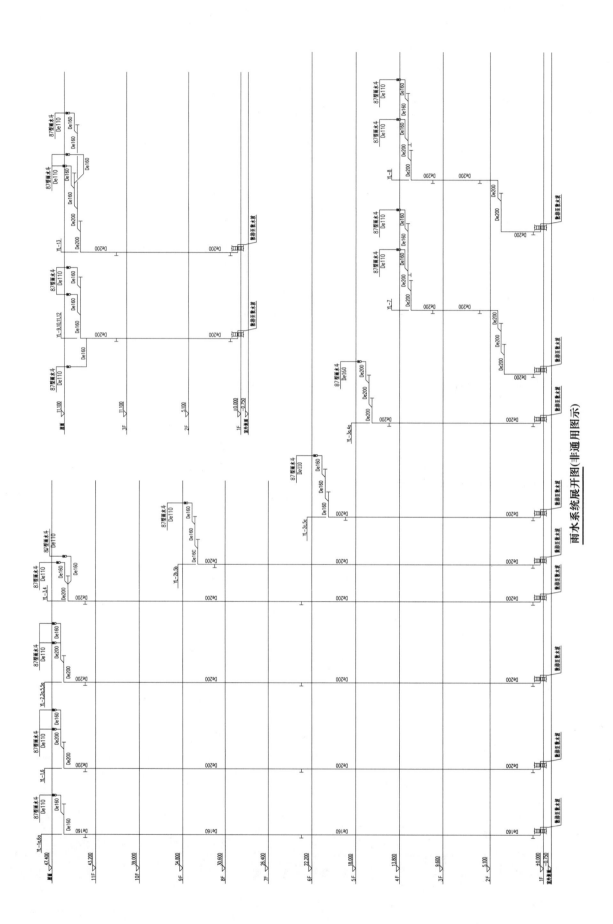

雨水系统展开图(非通用图示)

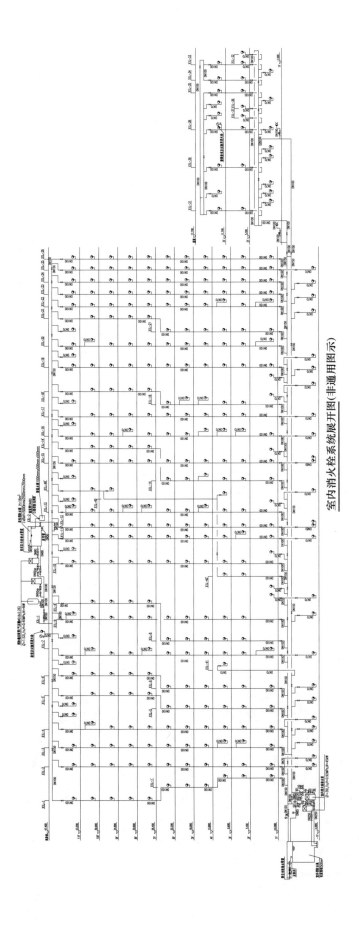

室内消火栓系统展开图(非通用图示)

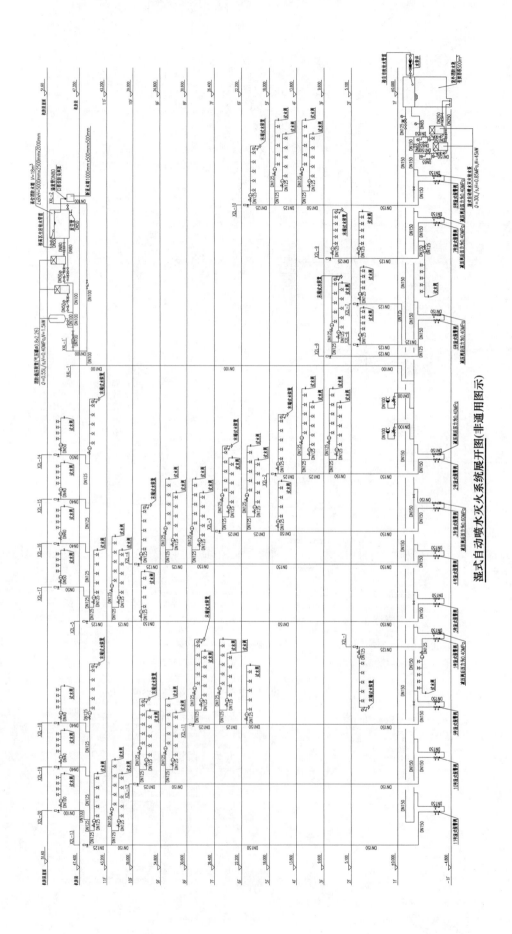

湿式自动喷水灭火系统展开图(非通用图示)

山东鲁能领秀城（A3 地块）商业综合体工程

设计单位： 华东建筑设计研究总院
设 计 人： 江涛　王华星　赵强强
获奖情况： 公共建筑类　一等奖

工程概况：

建设单位：山东鲁能亘富开发有限公司。

建设地点：山东省济南市市中区。

建设用地面积：约 105200m²。

项目四周道路：东至领秀城 2 号路，西至 1 号路，北至 3 号路，南至 9 号路。

区位条件：本规划基地位于济南市南部，距离市中心约 7km。其处于领秀城商业居住综合区板块西端，紧靠省道 103 和二环南路交界口。项目南、北、东三面为领秀城已建成的大量高档住宅楼及幼儿园、学校等相关配套设施。西面省道 103 另一侧为工业及市政用地。

本项目是一座集酒店、办公、商业、服务式公寓为一体的城市综合体。总建筑面积为 407709m²，其中地上建筑面积为 267918m²，地下建筑面积为 139791m²。"领秀城"作为济南市著名的城市标识，体现了现代、时尚的全球化理念，是目前综合体项目比较典型的建筑设计案例。

1 号楼为独立办公楼，建筑面积为 46065m²，建筑物总高度为 144.80m（顶板 137.00m，±0.00m 的绝对高程为 141.00m，以此为基准计算建筑高度）；地上 30 层，地下 4 层，十八层为避难层。

2 号楼为酒店及商务公寓，建筑面积为 78948m²，建筑物总高度为 184.90m（顶板 169.20m，±0.00m 的绝对高程为 141.00m，以此为基准计算建筑高度）；地上 40 层，地下 4 层。其中地上六层～十八层为商务公寓标准层，二十层～三十三层为酒店客房标准层平面，三十五层～四十一层为酒店休闲娱乐服务层，十七层和三十二层为避难层。

工程说明：

一、给水排水系统

（一）给水系统

1. 水源

分别从市政两路供水管上各引出生活盥洗用水及消防水源。从该环管上分别引出酒店、商务公寓、办公及商业生活用水管，各引入（出）管上均设水表计量。市政自来水供水压力按 0.2MPa 考虑。从小区集中中水处理站两路集中供水管上各引入一根 DN150 给水管，在地块中形成 DN150 环管，供地块内商业冲厕、车库地面冲洗、绿化浇洒以及水景补水等，各引入（出）管上均设水表计量。小区中水供水压力暂按 0.2MPa 考虑。

2. 给水用水量（见表 1）

3. 给水系统设置

（1）分质供水

自来水：卫生间、沐浴、厨房、游泳池补充水、冷却水循环系统补充水、锅炉房补充水等冷水采用城市自来水。

给水用水量

表1

功能	自来水最高日用水量 （m³/d）	自来水最大时用水量 （m³/h）	自来水平均时用水量 （m³/h）	中水最高日用水量 （m³/d）	中水最大时用水量 （m³/h）	中水平均时用水量 （m³/h）
酒店	1283.8	113.7	76.3	—	—	—
商务公寓	205.9	21.5	8.6	—	—	—
办公	215.3	26.58	18.4	—	—	—
商业	1726.4	188.4	146.9	367.1	89.1	79.2
超市	22.3	2.8	1.9	22.3	4.2	2.8
总计	3488.1	343.9	252.1	389.4	93.3	82

中水：商业冲厕、水景补充水、车库地面冲洗用水、抹车、道路冲洗和绿化浇洒用水、外墙面清洗用水等采用城市中水。

软水：酒店洗衣房设全自动软水器软化后供给；厨房洗碗机用水、24h用户循环冷却补水用软水按需由就地设置的软水制备装置将自来水软化处理后供给；锅炉房所需软化水由动力专业负责设计。

（2）分区供水

针对不同的服务对象，酒店、商务公寓、办公以及商业分别设置独立的供水系统，配设独立的供水机房。供水机房分别置于地下室、避难（设备）层及各楼屋顶机房层。地下室至一层利用市政自来水的压力直接供水；酒店、商务公寓、商业二层以上采用生活水箱＋变频泵加压分区供水；办公二层以上采用分区设高位水箱上行下给重力供水。

（3）中水系统

小区中水引入管经水表计量后直接供地下一层～二层商业冲厕、车库地面冲洗以及室外绿化浇洒、水景等。另接一根中水管进入地下三层商业中水泵房，经变频泵加压后供三层～五层商业冲厕。

（二）热水系统

（1）酒店（包含后勤、洗衣房）采用集中热水供应系统，给水分区同生活用冷水，各分区分别设有带内循环泵的自动控温贮热节能型半容积式热交换器制备热水，集中供给各用热水点，并设有热水回水泵机械循环，以保证供水温度。

酒店热水用水量最高日约为266m³/d，最大时约为38.65m³/h（见表2）。

热水用水量

表2

分区	最大时用水量(60℃) （m³/h）	设计小时耗热量 （W）
1区	5.53	354132
2区	7.2	461062
3区	6.22	398307
4区	2	128073
5区	11.4	730016
6区	6.3	384219

（2）办公、商业、停车库卫生间洗手盆：热水采用就地设置容积式电热水器供应。

（3）商务公寓：分户设置容积式电热水器供应热水。

（4）餐饮厨房：热水考虑配合厨房工艺由各单位分别采用商用容积式燃气（或电）热水器供应。

（5）酒店三十三层泳池：考虑设置以太阳能为主、水-水板式换热器为辅的蓄热太阳能集中热水系统供应热水。

（三）冷却循环水系统

根据暖通提供的资料，办公、商务公寓及商业等设置冷却循环水系统，酒店单独设一个冷却循环水系统。冷却塔设置在五层裙房屋面，采用超低噪声横流式冷却塔。

办公楼另设有24h用户循环冷却水系统，供应办公租户水冷空调机使用。采用开式冷却塔＋板换断压分区。冷却塔设置在办公塔楼屋面。

（四）排水系统

1. 室内生活排水

（1）酒店及商务公寓：采用污、废分流，酒店设主通气立管和器具通气管，商务公寓设专用通气管。

（2）其余单体公共卫生间排水采用污、废合流，设主通气立管、环形通气管。

（3）在无法重力排水的区域设集水坑收集排水并采用潜污泵提升后排出。

（4）餐饮厨房含油废水需经器具隔油和分区域设置的集中新鲜油脂分离器隔油处理后排出。

生活污废水总排水量最高日约为2272m³/d。

2. 室外排水

基地内室外排水采用雨、污分流。分设酒店及商务公寓（一座，有效容积100m³）、办公（一座，有效容积50m³）及商业化粪池（两座，有效容积75m³），污水经化粪池后分四路DN300排入市政污水管网，送城市污水处理厂集中处理，达标后排放。

（五）雨水系统

（1）裙房屋面按有压流（虹吸式）排水系统设计，其余单体屋面按87型雨水斗排水系统设计。在屋面设置收水天沟收集屋面雨水，然后用管道排至地面雨水排水系统。设计重现期按10年考虑，并按50年校核。

（2）基地雨水收集后就近分三路（一路DN400，两路DN600）排入市政雨水管网，室外雨水设计重现期按3年计，坡道及下沉式广场设计重现期按50年计。

二、消防系统

本项目内的2号楼酒店及商务公寓和1号办公楼均为高度大于100m的一类超高层建筑。根据消防规范规定，设有室内外消火栓系统、自动喷水灭火系统、大空间智能型主动喷水灭火系统、柴油发电机房及电气机房气体灭火系统、灭火器等。

本项目属于民用建筑，按同一时间内发生一次火灾设计。2号楼酒店及商务公寓、1号办公楼及裙房地下室商业车库等合用消防供水系统。

（一）消防用水量（见表3）

消防用水量 表3

系统	流量（L/s）	火灾延续时间（h）	贮水量（m³）
室内消火栓系统	40	3	432
自动喷水灭火系统	35	1	126
钢化玻璃自动喷水冷却灭火系统	20	3	216
大空间智能型主动喷水灭火系统	15	1	54
总计	—	—	828
室外消火栓系统	30	3	接市政两路供水

注：因防火卷帘处建筑已设置背火面温升不低于3h的特级防火卷帘，故卷帘两侧不设加密喷淋系统。

(二) 消防水源及室外消防

室外消火栓系统采用低压制。由市政两路供水管上各引入一根 $DN300$ 进水管，引入管上设 $DN300$ 倒流防止器，并在基地内形成 $DN300$ 供水环网，在总体适当位置和水泵接合器附近接出室外消火栓，供消防车取水。各消火栓间距不超过 $120m$。

(三) 消防水箱和水池

从基地内消防环网上引出两根 $DN150$ 进水管，进水接至车库地下室消防水池，消防贮水量为（$40 \times 3 + 35 + 15 + 20 \times 3$）$\times 3.6 = 828m^3$，总贮水量（含循环冷却水补水）$1000m^3$，水池分成两格，满足在火灾延续时间内室内消火栓系统、自动喷水灭火系统以及窗喷灭火系统用水量总和的要求，并有保证消防贮水不被挪用的措施。

在酒店十七层及办公塔楼十八层设置中间消防转输水箱，贮存 $60m^3$ 的消防用水量。

在办公塔楼十九层设置钢化玻璃自动喷水冷却灭火系统专用高位水箱，贮存 $72m^3$ 的消防用水量（满足 $1h$ 消防用水量）。

在酒店及办公塔楼屋顶层设置屋顶消防水箱，贮存 $45m^3$ 的消防用水量（满足 $10min$ 消防用水量）。

(四) 室内消火栓系统

采用临时高压供水系统。

1. 酒店及商务公寓

高区利用十七层避难层设接力泵站，将系统在竖向分成两个供水段，通过中间水箱及转输接力水泵串联供水至整个系统。除顶区外，各分区按压力由屋顶（中间）消防水箱直接或经减压阀减压供水，且保证室内消火栓栓口处静水压力不大于 $1.0MPa$。具体分区及供水方式见表 4。

室内消火栓系统分区及供水方式（酒店及商务公寓） 表 4

分区	对应楼层	供水方式	平时稳压设施
高 I 区	三十二层～屋顶层	由高区室内消火栓消防供水泵从十七层中间消防水箱吸水加压供水	屋顶消防水箱和局部增压设施
高 II 区	十七层～三十一层	由高区室内消火栓消防供水泵从十七层中间消防水箱吸水加压并经减压阀减压后供水	
低区	五层～十六层	由低区室内消火栓消防供水泵从地下四层消防水池吸水加压供水	十七层中间消防水箱和局部增压设施

2. 办公及商业

高区利用十八层避难层设接力泵站，将系统在竖向分成两个供水段，通过中间水箱及转输接力水泵串联供水至整个系统。除顶区外，各分区按压力由屋顶（中间）消防水箱直接或经减压阀减压供水，且保证室内消火栓栓口处静水压力不大于 $1.0MPa$。具体分区及供水方式见表 5。

室内消火栓系统分区及供水方式（办公及商业） 表 5

分区	对应楼层	供水方式	平时稳压设施
高 I 区	二十五层～屋顶层	由高区室内消火栓消防供水泵从十八层中间消防水箱吸水加压供水	屋顶消防水箱和局部增压设施
高 II 区	十五层～二十四层	由高区室内消火栓消防供水泵从十八层中间消防水箱吸水加压并经减压阀减压后供水	
低 I 区	五层～十四层	由低区室内消火栓消防供水泵从地下四层消防水池吸水加压供水	十八层中间消防水箱
低 II 区	地下四层～四层	由低区室内消火栓消防供水泵从地下四层消防水池吸水加压并经减压阀减压后供水	

3. 水泵接合器

酒店、办公室内消火栓系统分高低区各设 DN150 水泵接合器 3 套，高区水泵接合器直接供水至各自消防中间转输水箱，并在避难层预留一组水泵接合器加压手抬泵进出水快速接口，以满足城市消防供水的要求。

（五）自动喷水灭火系统

1. 设计原则

保护范围：除面积小于 5m² 的卫生间、厕所和不宜用水扑救的部位外，在闭式系统允许最大净空范围内按全保护设置自动喷水灭火系统。因室内防火卷帘处建筑已设置背火面温升不低于 3h 的特级防火卷帘，故卷帘两侧不设加密喷淋系统。

设计参数：地下车库按中危险 II 级考虑，设计喷水强度为 8L/(min·m²)，作用面积为 160m²；其他部分按中危险 I 级考虑，设计喷水强度为 6L/(min·m²)，净空高度 8～12m 的中庭作用面积为 260m²，其余场合作用面积为 160m²，最不利点喷头水压不低于 0.10MPa。系统消防用水量为 35L/s。

系统形式：不供暖的避难间采用干式系统，地下车库坡道入口处采用预作用系统；其余部位均采用湿式系统。地下车库上喷采用易熔合金闭式喷头，其余采用湿式系统的场合分别采用直立型、下垂型或吊顶型快速响应闭式喷头。干式及预作用系统采用直立型标准喷头或下垂型专用干式喷头。喷头动作温度除厨房、热交换器机房、开水间等为 93℃ 及玻璃顶棚下受日光直晒的为 141℃ 外，其余均为 68℃（玻璃球）或 72℃（易熔合金）。

2. 系统及分区

（1）酒店及商务公寓：与室内消火栓系统合用消防水池（箱）与转输水泵。具体分区及供水方式见表 6。

自动喷水灭火系统分区及供水方式（酒店及商务公寓） 表 6

分区	对应楼层	供水方式	平时稳压设施
高 I 区	三十二层～屋顶层	由高区自动喷水灭火供水泵从十七层中间消防水箱吸水加压供水，阀站设于三十二层	屋顶消防水箱和局部增压设施
高 II 区	十七层～三十一层	由高区自动喷水灭火供水泵从十七层中间消防水箱吸水加压并经减压阀减压后供水，阀站设于十七层	
低区	五层～十六层	由低区自动喷水灭火供水泵从地下四层消防水池吸水加压供水，阀站设于五层	十七层中间消防水箱和局部增压设施

系统按配水管压力不超过 1.2MPa 分区。报警阀组前均为环状供水，且每层配水管均成环状。考虑到每个分区各层喷淋配水管压力较大，当各层配水管入口动压＞0.4MPa 时，设置减压孔板进行减压。为防止系统超压，在自动喷水灭火消防加压泵出口处设持压泄压阀。泵组设置低频自动巡检装置。

（2）办公及商业：系统供水形式同室内消火栓系统。具体分区及供水方式见表 7。

自动喷水灭火系统分区及供水方式（办公及商业） 表 7

分区	对应楼层	供水方式	平时稳压设施
高 I 区	二十四层～屋顶层	由高区自动喷水灭火供水泵从十八层中间消防水箱吸水加压供水，阀站设于十八层	屋顶消防水箱和局部增压设施
高 II 区	十四层～二十三层	由高区自动喷水灭火供水泵从十八层中间消防水箱吸水加压并经减压阀减压后供水，阀站设于十八层	
低 I 区	五层～十三层	由低区自动喷水灭火供水泵从地下四层消防水池吸水加压供水，阀站设于五层	十八层中间消防水箱
低 II 区	地下四层～四层	由低区自动喷水灭火供水泵从地下三层消防水池吸水加压并经减压阀减压后供水，阀站区域设于各层	

系统按配水管压力不超过 1.2MPa 分区。报警阀组前均为环状供水，且每层配水管均成环状。考虑到每个分区各层喷淋配水管压力较大，当各层配水管入口动压＞0.4MPa 时，设置减压孔板进行减压。为防止系统超压，在自动喷水灭火消防加压泵出口处设持压泄压阀。泵组设置低频自动巡检装置。

（3）酒店、办公自动喷水灭火系统分高低区各设 DN150 水泵接合器 3 套，高区水泵接合器直接供水至各自消防中间转输水箱，并在避难层预留一组水泵接合器加压手抬泵进出水快速接口，以满足城市消防供水的要求。

（六）钢化玻璃自动喷水冷却灭火系统

（1）本项目引入亚安全区概念：根据消防性能化报告，步行街外走廊一侧是面积不大于 300m² 的店铺，采用钢化玻璃与走廊进行分隔，商铺之间用耐火极限不小于 2h 的实体墙进行分隔，如图 1 所示。为使钢化玻璃在火场中起到防火分隔的作用，采用独立设置的自动喷水灭火系统（简称"窗喷"）对钢化玻璃进行防护冷却。窗喷保护系统设计参数见表 8。

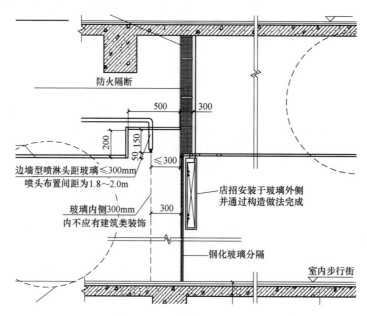

图 1　商场中庭外走廊一侧面积小于 300m²
商铺采用钢化玻璃的防火分隔示意图

窗喷保护系统设计参数　　　　表 8

参数名称	参数取值
流量系数	$K=80$
喷水强度	0.5L/(s·m)
喷头流量	56.8～75.5L/min
工作压力	0.1MPa
最大保护窗橱长度	按每个防火单元的最长保护长度，40m
喷头间安装间距	1.83～2.44m
喷头与玻璃的安装间距	10.2～30.5cm
喷水持续时间	3h

（2）与步行街通道直接连接的商铺内侧采用独立水喷淋系统，采用57℃的快速响应喷头。

（3）未与步行街通道直接连接的店铺采用68℃的快速响应喷头，无需设置独立水喷淋系统，采用湿式系统。

在地下室消防泵房设两台钢化玻璃自动喷水冷却灭火系统加压泵从地下室消防水池吸水加压后供给，利用办公十九层设置的消防中间水箱经减压后稳压。

（七）大空间智能型主动喷水灭火系统

在最大净空高度超过12m的闭式自动喷水灭火系统设置规定的中庭区域，采用大空间智能型主动喷水灭火系统，设置自动扫描射水高空水炮灭火装置。大空间智能型主动喷水灭火系统的管网与自动喷水灭火系统的管网综合设置，合用一套供水系统（系统设计流量、水压及一次灭火用水量可满足合计设计水量、最高水压及一次用水量的要求），并在自动喷水灭火系统报警阀前将管道分开。

三、设计特点

（一）节能、节水措施

（1）尽量利用市政管网供水压力直接供水。

（2）所有加压泵组采用高效节能产品。

（3）选用符合《节水型生活用水器具》CJ/T 164—2014要求的节水、静音型卫生器具及配件，公共卫生间采用感应式水嘴和感应式冲洗装置。

（4）空调冷却水循环使用。空调系统补水设水表计量。选用飘水量小、省电型的冷却塔。

（5）根据水的用途及各单体分别设水表计量，控制用水量。

（6）室内热水管、热水回水管、热水加热设备要求采用保温材料进行保温，防止热量损失。

（7）加强物业管理，对重要设备进行监控。

（二）环境保护和卫生防疫

（1）本项目无有毒有害废水排出。

（2）厨房餐饮污水经隔油处理装置处理后排入室外污水管网。

（3）水泵选用高效率、低噪声产品，水泵设隔振基础，并在水泵进出水管上设软接头以减振防噪。

（4）冷却塔采用超低噪声型产品。

（5）茶水间地漏排水、空调机房排水、空调设备冷凝排水采用间接排水方式。

（6）生活水箱均配设二次供水消毒设备。

（7）中水采用独立供水系统，与其他生活用水管道完全分开，并采取防止误接、误用、误饮的措施。

（三）新材料、新技术

（1）商业中庭和挑空楼梯上空由于空间高度超过12m，采用大空间智能型主动喷水灭火系统，水源由自动喷水灭火系统供给。

（2）裙房屋面面积巨大，采用虹吸雨水系统排水。

（3）酒店游泳池采用了集中太阳能热水系统提供热水。

（4）办公楼考虑银行、金融、证券等电商租赁，设置了用户冷却水系统。

（5）裙房商业引入消防性能化分析。

（四）技术难点的特别说明

（1）裙房商场通过消防性能化分析，在商场内部设置室内步行街，引入"亚安全区"的概念，部分区域利用钢化玻璃把商铺与步行街进行防火分隔，采用自动喷水灭火系统对钢化玻璃进行冷却保护，既满足了防火要求又满足了建筑造型上高大、空阔、舒适的使用要求，整体上更加具有通透性和连续性，给购物的顾客带来更好的购物环境。

（2）由于商业体量过大，用水设备多，用水点布置分散。为了在运行过程中能更加方便调整平面功能性，给水排水根据建筑平面分区，结合结构伸缩缝分别设置左、中、右三个大的区域，每个区域集中设置给水排水主管井，每个大区域内再分小区域设置排水管井，为了便于维护管理，各楼层给水横管的控制阀均设置在管道井内，若以后业态调整，用水点改变，只须调整该区域各系统配水横支管，不影响整个商业的正常运行。

四、设计后评估

本项目自 2011 年启动设计，于 2015 年（商业）、2016 年（办公）、2017 年（酒店）相继竣工并投入使用。目前运营非常成功，尤其是酒店在当地具有较好的口碑和较高的入住率。

应业主方邀请 2018 年在项目整体投入运营一年后对其进行了后评估，旨在发现设计、施工、运营中的各种问题，积累资料总结经验，以提高后续相似类型案例设计的前瞻性和合理性。

本次后评估结果如下：

1. 设备总体运行情况

给水排水专业各项主要设备，如水箱、水泵、热交换器、隔油器、变频器等，基本运行正常，主要大型设备均未出现明显故障。

2. 酒店系统运行情况

（1）供水水压：酒店客房及餐饮厨房冷水水压、水量稳定，热水水压、水温稳定，冷、热水设备运行状况良好。

（2）泳池太阳能热水系统：真空管存在破损情况，需更换。以太阳能为主的热水供水系统目前未使用。

（3）客房卫生洁具使用情况：使用良好，但是部分客房存在异味情况，原因是施工中部分器具通气管未连接，主通气管异味扩散出来，建议器具通气管连接到位或做封堵减少异味。因施工误差原因出屋面通气管管径偏小，通气量不足，出屋面通气管已增加电动排风风机，机械排气，目前效果基本转好。

（4）厨房隔油处理：设备进、出水质均能达到要求，提升设备运行状况良好。

（5）洗衣房供水系统：洗衣房冷水、热水、软水相关设备运行正常，用水压力、水温、水量满足使用需求；洗衣房设备及总体排水顺畅，未出现堵塞情况。

3. 商业各系统运行情况

（1）裙房商业商户给水水压、水量基本满足使用需求，排水量及排水流畅度部分区域因改造后管道过长，排水坡度不足，出现排水慢的情况，主要因招商变化，部分施工图阶段未设置餐饮的区域，后期招商变更成餐饮，出现商户排水距离过长的情况，设计建议物业加强管理，定期检查管道，发现问题及时处理。

（2）裙房屋面虹吸雨水悬吊管出现过被吸瘪的情况，但管道及配件连接处无渗透，建议物业联系厂家更换符合壁厚的管材。

4. 办公各系统运行情况

办公用户冷却水系统未启用，目前租户自行安装风冷机组，设备均集中放置于屋顶。

5. 地下室各系统运行情况

（1）地下车库潜水泵均能正常并及时排水，少量出现故障的设备已及时更换。

（2）汽车坡道有一处暴雨时出现雨水倒灌入车库现场，现场查看发现因车库口室外市政道路标高未按施工图施工，造成市政道路雨水进入车库入口汇水范围内，增大了车库入口雨水排水量，出现水泵无法及时排除现象进入车库内，建议物业在车库入口室外道路上增加一道排水沟，将市政道路雨水阻断并排至室外雨水井。

6. 消防系统

（1）消防系统整体运行正常，水泵、水箱、水池等均安排专人定期检查，未出现明显设备故障。

（2）车库出入口采用的是普通玻璃泡喷头，未按设计采用易熔合金喷头，且喷头橡塑保温遮挡了喷头喷水口，曾发生过极寒天气喷头爆裂情况；需要更换为易熔合金喷头，管道需增设保温。

（3）部分商铺未按设计要求布置钢化玻璃窗喷喷头，建议结合商铺精装按设计要求重新布置，确保系统有效防护。

7. 系统设计中值得提高及改进的地方

（1）裙房商业因业主对公共走道区域的净高要求较为苛刻，设计时将阀门、水表等需要人工操作的配件均设置在店铺内，人工检修及操作有一定的难度，今后设计中建议设置远程水表或在集中在公共区域内设置。

（2）裙房商业建议分层分区域设置检修阀，为物业维修提供便利。

随着市场的变化，项目运营尤其是商业还存在调整和更新的可能。项目团队将以此为研究对象，对其运营情况进行长期的跟踪，通过长期对比分析，获得更多有价值的信息。

五、工程照片及附图

项目实景

地下三层酒店生活水泵房

三十二层泳池机房

酒店泳池

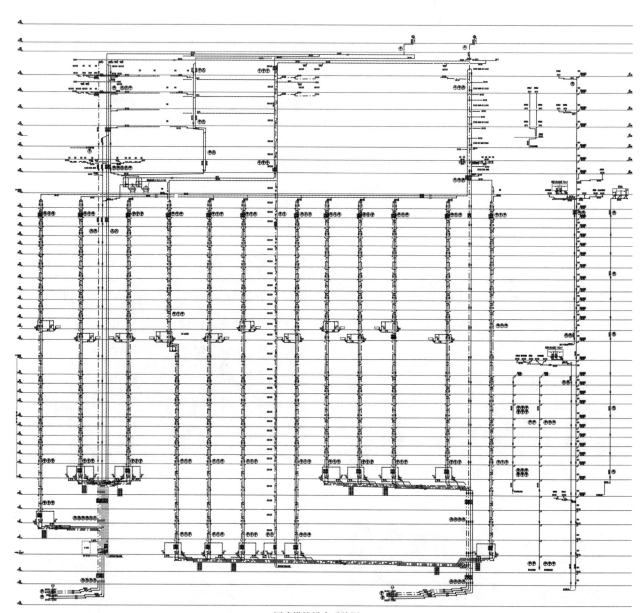

酒店塔楼排水系统图

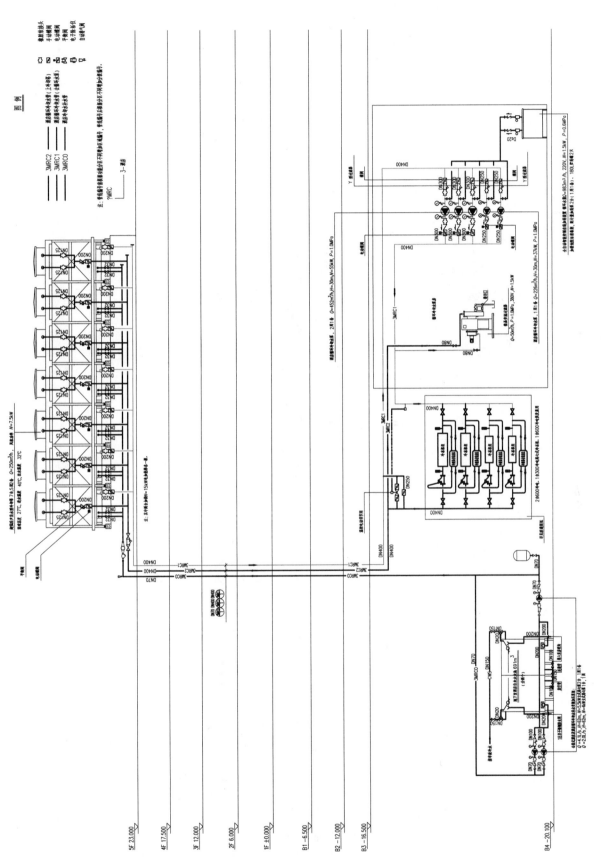

酒店循环冷却水系统图

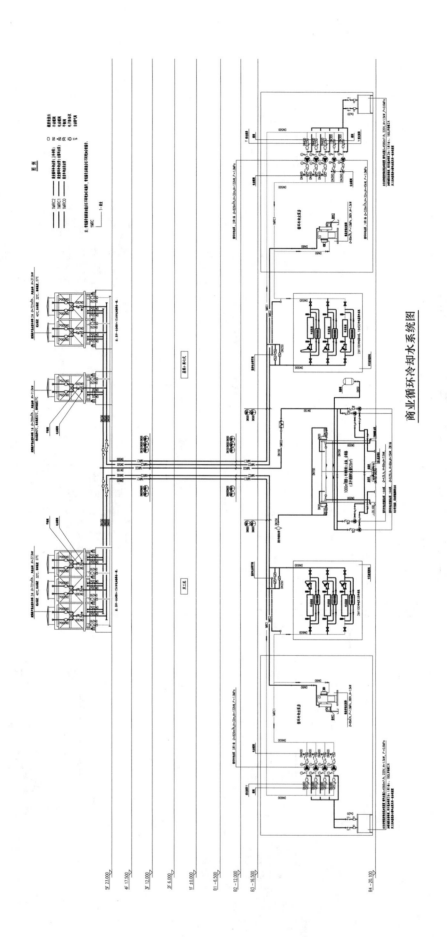

商业循环冷却水系统图

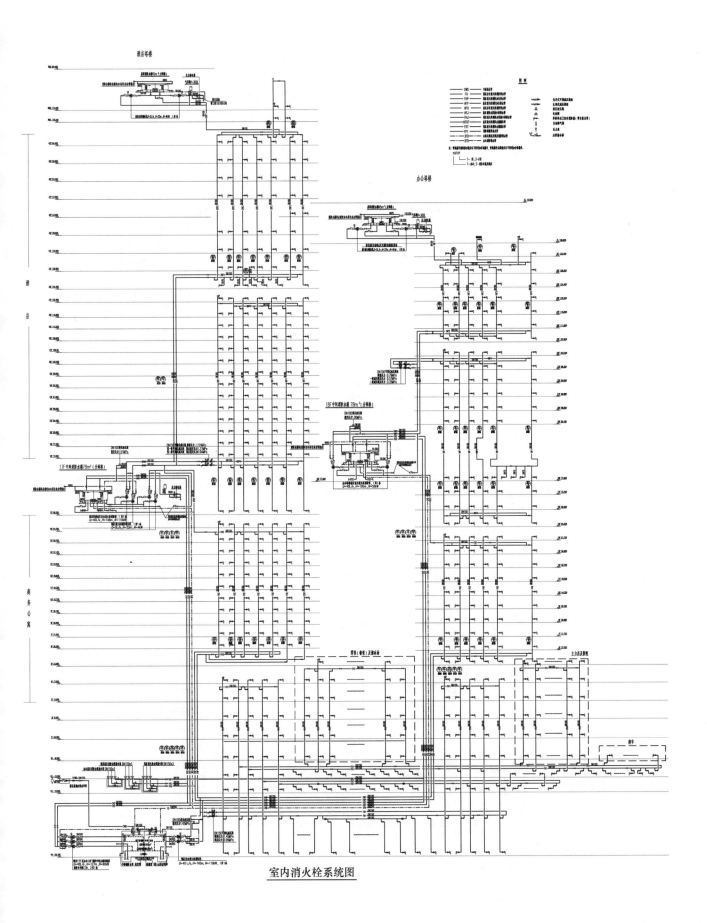

室内消火栓系统图

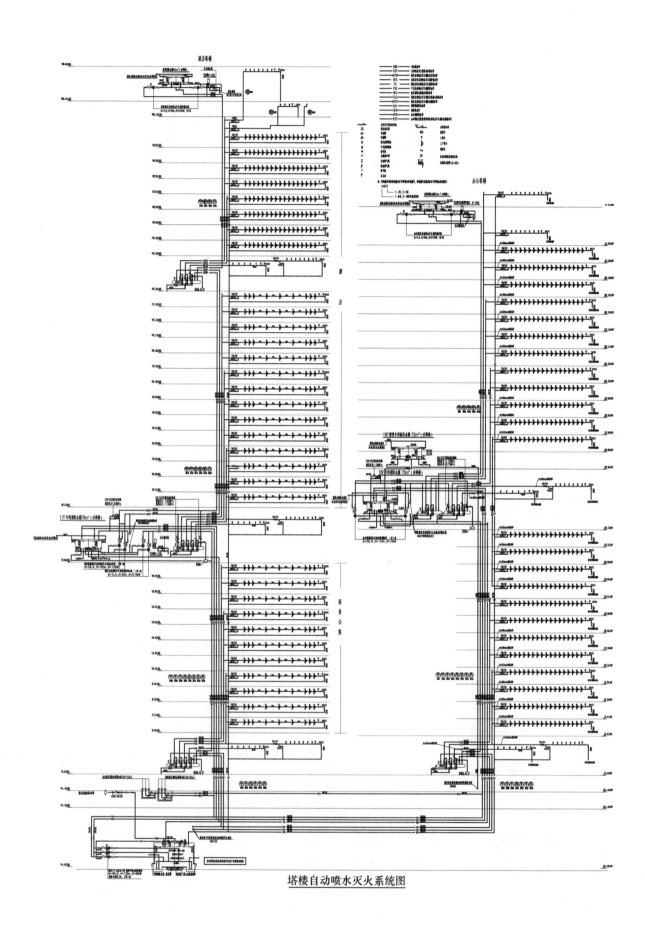

塔楼自动喷水灭火系统图

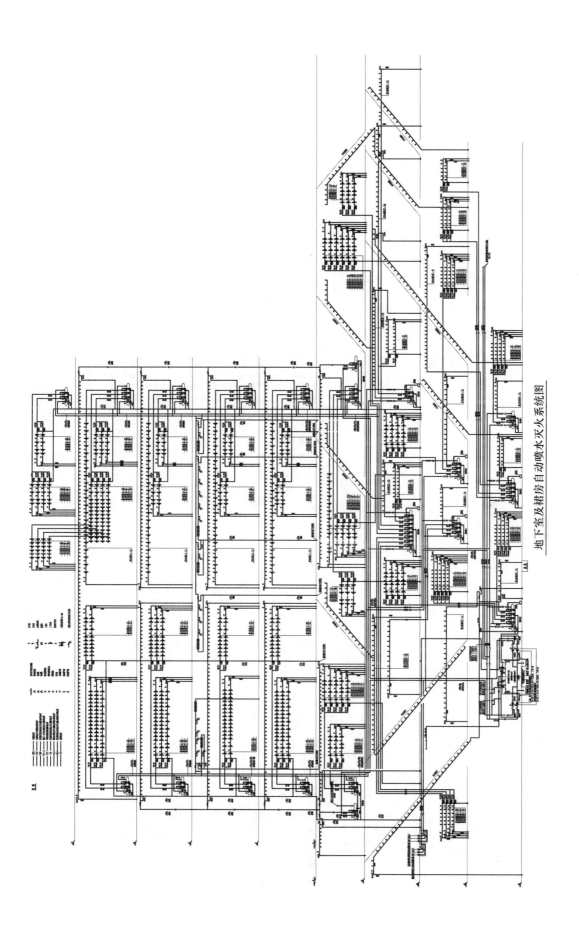

地下室及裙房自动喷水灭火系统图

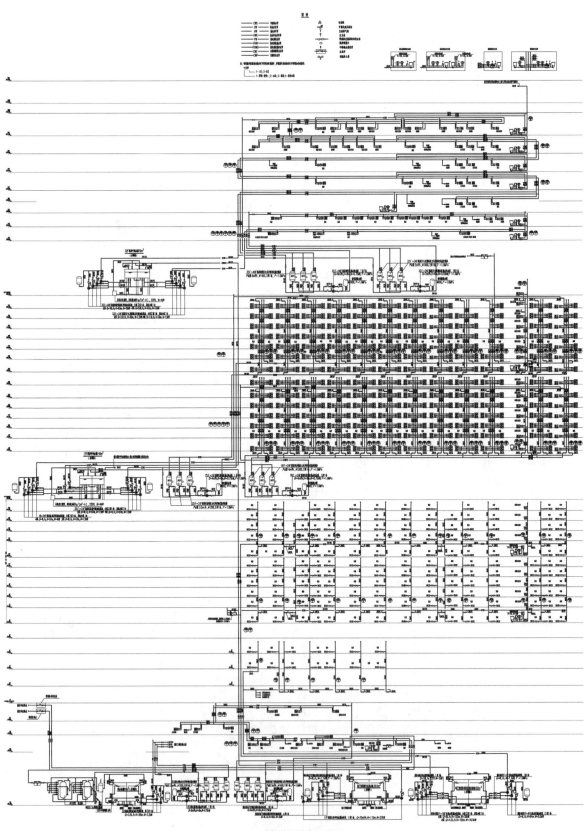

酒店塔楼给水系统图

华 润 大 学

设计单位： 广东省建筑设计研究院
设 计 人： 金钊　徐晓川　付亮　孙国熠　吴燕国　李淼　范建元　姜波
获奖情况： 公共建筑类　一等奖

工程概况：

华润大学位于惠州市大亚湾区霞涌小径湾，滨海山地综合培训建筑，作为华润集团高管培训中心基地。主要功能有花园式教学楼，会议、图书馆、恒温泳池、健身运动及啤酒堡等功能的综合馆，四星级酒店式客房接待所。

在华润大学的规划空间设计中，强调"逐级专属"与"院落组合"的空间概念。以依山就势、层层布局的各种不同标高平台为不同对象交往、交流、学习、休憩提供相应的场所。由高至低，具体来说有培训区之间的学习交往平台空间，综合馆之间的娱乐互动空间，接待所之间的休憩共享空间。在每个平台植以茂林修竹、翠草繁花，形成多种多样的宜人空间，同时注重南北向水平轴线的联系，顺应山势，设计阶梯山道步行系统，将每个平台有机且富有趣味地组织起来，形成一个完整生动的建筑群落。

本项目为坡地建筑，由主体区（教学楼 1、2、3、4、6、7、8 栋及接待所 10 栋）、培训楼 5 栋、综合馆9 栋、接待所 11 栋、接待所 12 栋五大部分组成。主体区（以绝对标高 40.000m 为±0.000m）地上 3 层，地下 1~5 层（仅接待所 10 栋有地下五层），高度 18.57m。培训楼 5 栋（以绝对标高 20.500m 为±0.000m）地上五层，高度 23.65m。综合馆 9 栋（以绝对标高 15.500m 为±0.000m）地上 3 层，高度 14.95m。接待所 11 栋与 12 栋为独立栋，地上 4 层，地下 1 层，高度 15.10m。项目总用地面积 46968m²，总建筑面积53795.5m²，建筑基底面积 25376.5m²，建筑密度 54.03%，容积率 1.051，绿地率 36.96%，停车位 138 个，接待所 10~12 栋共 182 间客房。

工程说明：

一、给水排水系统

(一) 给水系统

1. 冷水用水量（见表 1）

冷水用水量　　　　　　　　　　　　　　　　　　　　　　　　　　表 1

用水项目	用水单位数	用水定额	最高日用水量 （m³/d）	小时变化系数	日用水时间 （h）	最大时用水量 （m³/h）
教学楼	500 人	50L/(人·d)	25.00	1.20	9	3.33
教室办公	60 人	50L/(人·d)	3.00	1.20	10	0.36
宿舍	364 人	300L/(人·d)	109.00	2.00	24	9.08

用水项目	用水单位数	用水定额	最高日用水量 （m³/d）	小时变化系数	日用水时间 （h）	最大时用水量 （m³/h）
宿舍管理	95 人	100L/（人·d）	9.50	2.00	24	0.79
商业	800m²	8L/（m²·d）	6.40	1.20	12	0.64
图书馆	70m²	10L/（m²·d）	0.70	1.20	10	0.08
餐厅	750 人次/d	60L/（人次）	45.00	1.20	12	4.50
餐厅员工	150 人次/d	25L/（人次）	3.75	1.20	16	0.28
咖啡厅	300 人次/d	15L/（人次）	4.50	1.20	18	0.30
体育馆	270 人次/d	40L/（人次）	10.80	2.00	4	5.40
泳池补水			54.00	1.00	8	6.75
绿化浇洒	63808m²	2L/（m²·d）	127.62	1.20	6	25.52
空调补水			138.00	1.41	10	19.50
未预见水量 （10%）			53.73	1.00	24	2.20
总计			591.00			78.73

2. 水源

从项目西南侧市政道路引入一根 $DN400$ 给水管，于室外分别设置 $DN200$ 消防及冷却塔用水总水表、$DN100$ 绿化用水总水表及 $DN200$ 生活用水总水表。市政给水接口处压力为 0.25MPa（以市政道路标高计）。

3. 系统竖向分区

第一区：培训楼、接待处、演讲厅、综合馆（1～9 栋），由地下一层生活水泵房内变频水泵加压供水。

第二区：接待所（10～12 栋），由地下一层生活水泵房内变频水泵加压供水。

4. 供水设备选用

（1）生活水泵选用全不锈钢变频调速给水泵组，每台水泵独立配置变频器，采用恒压变流量供水方式，运行时一台调速，其余恒速。

（2）变频泵组应具有自动调节水泵转速和软启动功能。定压给水时，设定压力与实际压力差不得超过 0.01MPa。

（3）变频泵组应具有对故障的自检报警、自动保护功能。应节能，停电后恢复供电能自动启动等。生活水泵基础下安装橡胶隔振垫及减振器，水泵出水管上安装可曲挠橡胶接头，管道支架采用弹性支吊架。

（4）给水设备表（见表 2）

给水设备表　　　　　　　　　　　　　　　　　　　　　　　　　　　　表 2

名称	设计流量 （m³/h）	最不利点几何高差 （m）	最不利点所需水压 （m）	总水头损失 （m）	所需水泵扬程 （m）	水泵选型
教学区变频供水泵组	30	18.8	15	11	45	主泵 $Q=12m^3/h$，$H=47m$，$N=3kW$（4 台，3用 1 备）； 辅泵 $Q=3m^3/h$，$H=50m$，$N=1.1kW$（1 台）
宿舍区（接待所）变频供水泵组	38	−2	15	17	30	主泵 $Q=20m^3/h$，$H=30m$，$N=3kW$（3 台，2用 1 备）； 辅泵 $Q=5m^3/h$，$H=32m$，$N=1.1kW$（1 台）

5. 生活给水系统水箱设置

本项目位于惠州市大亚湾区小径湾花园，项目生活水泵房地势高，按照业主对项目的规划，本项目后期山地部分住宅区的供水由华润大学转输，故水箱含有后期生活用水 230m³。水箱参数见表 3。

水箱参数   表 3

位置	水箱功能	水箱有效容积	备注
地下一层	校区及三期生活水箱	380m³	含校区最高日用水量的 25％ 和三期调蓄生活用水

6. 管材

室外埋地给水管采用涂塑钢管，卡箍或丝扣连接；生活泵房吸水管采用不锈钢管，钎焊；裙房及地下室内的明装管道采用涂塑钢管，卡箍或丝扣连接；卫生间给水、暗敷给水支管采用薄壁不锈钢管，卡压式连接。

（二）热水系统

1. 热水系统设置参数及热源说明

校区餐饮、宿舍区设集中生活热水系统，采用空气源热泵与立式贮热水罐配套的直接加热系统。综合馆餐饮及淋浴区设置集中生活热水系统，采用综合馆屋面层的太阳能热水系统进行预加热，空气源热泵与立式贮热水罐配套直接加热供水系统，采用太阳能加热的热水系统占生活热水系统供应量的 18％。

2. 集中生活热水系统用水量计算（见表 4）

热水用水量计算表   表 4

用水项目	用水定额	用水单位数	日用水时间（h）	小时变化系数	最大时用水量（m³/h）	最高日用水量（m³/d）
华润大学宿舍 10、11、12 栋客房	150L/（人·d）	364 人	24	2.5	5.69	54.60

3. 系统分区及加热设备选型

（1）第一供水分区

餐饮后勤区，采用 2 台额定制热量为 78kW 的空气源热泵直接加热，设置 2 个 SGL-8-1.0 的立式贮水罐。空气源热泵设置于 7 栋登记接待处地下四层的空气源热泵机房，立式贮水罐设置于地下三层热水机房。热水系统为闭式系统。

（2）第二供水分区

宿舍区，采用 4 台额定制热量为 78kW 的空气源热泵直接加热，设置 4 个 SGL-8-1.0 的立式贮水罐。空气源热泵设置于 7 栋登记接待处地下四层的空气源热泵机房，立式贮水罐设置于地下三层热水机房。热水系统为闭式系统。

（3）第三供水分区

综合馆淋浴餐饮区，采用 2 台额定制热量为 78kW 的空气源热泵直接加热，设置 2 个 SGL-5-0.6 的立式贮水罐。空气源热泵、立式贮水罐设置于 9 栋综合馆首层的泳池机房。综合馆淋浴餐饮区由设置在综合馆屋顶的太阳能系统进行预加热，设置导流型半容积式水加热器 HRV-02-1.2（0.4/0.6）共 2 台进行初步加热。热水系统为闭式系统，当太阳能加热可满足使用要求时，空气源热泵自动停止。

（4）第四供水分区

综合馆恒温泳池区，采用 3 台额定制热量为 78kW 的空气源热泵直接加热，恒温泳池各给水排水设备及管道均由泳池专业厂家深化设计。

4. 管材

裙房、地下室内的明装主干管及卫生间热水管道均采用不锈钢管，裙房、地下室内的明装主干管采用卡压式连接，卫生间热水管道采用钎焊。

（三）污废水排水系统

1. 最高日生活排水量

本建筑内污废水量按生活给水系统用水量的 90% 计（冷却塔补水及绿化用水不计入），即 499m³/d。

2. 排水体制及形式

室内排水采用污、废分流制，室外排水采用雨、污分流制。室内排水均采用重力自流排出，卫生间排水立管设置专用通气管和环形通气管，以保证室内卫生环境及降低排水噪声，生活污水经化粪池处理后排入市政污水管道，厨房排水经隔油池处理后排入小区污水管道。化粪池按清掏期 90d，污水停留时间 2h 设计，校区室外设 G11-50SQF 型化粪池一座，G12-75SQF 型化粪池一座。设置钢筋混凝土隔油池 GG-4SF 一座，GG-1SF 一座。

3. 管材

室外埋地污、废水管采用 PVC-U 双壁波纹管，承插橡胶圈接口。污、废水立管及通气立管，污、废水横干管及横支管采用柔性接口铸铁管（离心铸造），橡胶密封套＋不锈钢卡箍连接。泵送压力排水采用涂塑钢管，卡箍或丝扣连接。埋在建筑垫层内的同层排水管道采用柔性接口铸铁管（离心铸造）。

（四）雨水排水系统、雨水收集处理回用系统

（1）因本项目邻近深圳市，故按深圳市暴雨强度公式计算，即：

$$i=\frac{9.194(1+0.46\lg T)}{(t+6.84)^{0.555}}$$

（2）屋面按 10 年重现期设计，设计降雨历时 5min，设置溢流口，溢流口加雨水管总排水能力按 50 年校核。小区场地按 3 年重现期设计，设计降雨历时 10min。屋面采用 87 型雨水斗排水系统，雨水为内排水系统。首层及以上屋面部分雨水、星光大道场地雨水经弃流后，集中排至培训楼 5 栋二层雨水收集池。其他屋面及场地雨水排至室外雨水井汇集后排至小区室外雨水井。

（3）根据绿色建筑设计要求，按照处理后可用水量占生活用水量 6% 的比例，设置雨水收集利用系统。本工程雨水设计处理规模为 160m³/d。雨水收集池及水处理机房设在培训楼 5 栋的二层，处理后雨水主要用作室外绿化浇灌、地下一层车库地面冲洗等不与人体直接接触的用水。

（4）雨水处理工艺：弃流后雨水→雨水收集池→石英砂过滤器→消毒→中水水箱→绿化、冲洗用水点。

（5）管材

室外埋地雨水管采用 PVC-U 双壁波纹管，承插橡胶圈接口。室内重力雨水管道采用柔性接口铸铁管（离心铸造），橡胶密封套＋不锈钢卡箍连接。

二、消防系统

1. 水源

从市政给水接口引一根 DN400 给水管至室外设 DN200 消防水表。市政给水接口处压力为 0.25MPa（以市政道路标高计）。

2. 室内外消防水量

本工程按同一时间一次火灾考虑，室内外消防用水总量 468m³（见表 5），另有空调补水 52m³，合计 520m³ 贮存于主体地下一层消防水池，分两格。

3. 室外消火栓系统

本项目仅有一个市政接口，根据规范要求采用临时高压系统。室外消防用水量 216m³，贮存于主体地下一层消防水池，设室外消火栓加压泵。沿需保护建筑物设消火栓环网，管径 DN150，环管上设置室外消火栓。

消防用水量计算表 表5

名称	流量(L/s)	火灾延续时间(h)	用水量(m³)
室外消火栓系统	30	2	216
室内消火栓系统	20	2	144
自动喷水灭火系统	30	1	108
合计			468

4. 室内消火栓系统

室内消火栓系统由主体地下一层消防水池经室内消火栓泵加压供水，由培训楼三层稳压水箱保证初期消防水量。

系统不分区，室外设一组消火栓水泵接合器2个，超压楼层设减压稳压型消火栓，减压后压力不超过0.50MPa。

5. 自动喷水灭火系统

本工程最高火灾危险等级为车库区域，按中危险Ⅱ级设计。

室内自动喷水灭火系统由主体地下一层消防水池经室内自喷泵加压供水，由培训楼三层稳压水箱保证初期消防水量。

系统不分区，室外设一组自喷水泵接合器2个，湿式报警阀设于地下一层的湿式报警阀间内，每个报警阀担负的喷头数量不超过800个。每层及每个消防分区均设水流指示器，水流指示器信号在消防中心显示。

6. 七氟丙烷气体灭火系统

变配电室采用管网式七氟丙烷全淹没式气体灭火系统。变配电室设计灭火浓度为9%，设计喷放时间不应大于10s，灭火浸渍时间10min；发电机房采用无管网式柜式七氟丙烷气体灭火系统。系统采用自动、电气手动、机械应急手动三种启动方式。

7. 灭火器系统

工程按对应火灾等级配置灭火器，电气用房按E类中危险级火灾配置手提式和推车式磷酸铵盐干粉灭火器，车库按A/B类严重危险级火灾配置手提式磷酸铵盐干粉灭火器，除特殊情况外，其余均按A类中危险级火灾配置手提式磷酸铵盐干粉灭火器。

三、设计及施工体会或工程特点介绍

华润大学给水排水专业设计内容为红线范围内的以下系统：生活冷水供水系统、生活热水供水及太阳能热水系统、污废水排水系统、雨水排水系统、雨水收集处理回用系统、恒温泳池供水系统、室外消火栓系统、室内消火栓系统、自动喷水灭火系统、水喷雾灭火系统、七氟丙烷气体灭火系统、灭火器系统。酒店最高日生活用水量591.00m³/d，最高日最大时用水量78.73m³/h。供水水源为市政自来水。本工程周围市政水压为0.25MPa（以市政道路标高计），由市政给水管引一根DN400给水管供华润大学用水。总用水管供应至主体地下一层生活水泵房，经过紫外线消毒，变频加压供水至各用水点，按照项目的管理及使用具体需求，教学区、综合馆区用水与客房区分开独立设置。本项目不设置锅炉房，客房区、餐饮及综合馆区的生活热水采用空气源热泵-闭式承压贮热水罐制备，各区冷、热水采用同源供水，各分区冷、热水采用同一组变频水泵供水；配合实现建筑外立面整洁、美观、不设置室外明露设备的设计追求，空气源热泵设置于7栋登记接待处的主体地下三层和地下四层热泵机房内，其中4台额定制热量80kW的热泵为接待所10～12栋客房区供应热水，2台额定制热量80kW的热泵为登记接待处厨房、员工淋浴等制备生活热水。由于项目为山地建筑，该层高于实际地面4m，机房两层通高约7m，两面外墙全开防雨百叶，经过实测机房空气流通性理想，热泵排风均设置导风管引出室外，与机房进风百叶距离按相关规范校核设计，热泵机房设置隔声棉，热泵设置机械隔振措施。由于热泵及贮热水罐机房设于7栋，接待所10栋与7栋相邻，接待所11/12栋与7栋间有园林覆土分隔，热水管道可直接常规保温并悬吊敷设至10栋，在室外覆土区域设置热水管管沟，管沟内热水管设置保温层、保护层、防腐层等，敷设至接待所11栋和12栋。

9栋综合馆屋顶设置太阳能集热板，收集热量用于综合馆淋浴、餐饮等生活热水的预加热（设置水-水换热导流型半容积式加热器实现太阳能集热板与生活热水的热交换）。综合馆独立设置2台额定制热量80kW的空气源热泵作为辅助热源供应综合馆生活热水，综合馆恒温泳池消毒处理采用一体化水力气浮循环精滤机，采用3台额定制热量80kW的泳池专用空气源热泵制备热水。空气源热泵能效比COP值远高于锅炉及电加热器，且无废气排放，本项目热水系统设计体现了环保、节能减排的特点。

本项目是山地建筑，雨水管道坡度大，便于收集。在地势相对较低的教学楼5栋设置有雨水收集池、雨水回用消毒处理机房，回用水用于浇灌本项目的大片园林景观绿化植物。此项是绿色建筑的特点，可为业主后期运营节省大笔用水开支。

选用优质管材、节水型产品、节水龙头；满足降低噪声、美观、卫生、检修方便、布局灵活多变的要求。给水系统采用高效率变频加压泵组并配置气压罐，降低能耗。为了达到视觉美观效果，所有给水排水及雨水立管均敷设于管道井内。种植屋面雨水经暗敷雨水天沟及相关管道汇集后排入雨水斗及雨水立管。室外小区内雨、污水检查井布置密切结合景观设计，或隐藏于木格栅步行小路下，或结合园林地面铺装设置井盖形式，满足视觉美观和检修方便的要求。

四、工程照片及附图

鸟瞰图（从南望北）　　　　　　　　　　　　　　鸟瞰图（从北望南）

星光大道——培训楼长廊　　　　　　　　　　　　中演讲厅

室内接待区

室外场地

华润大学正门

华润大学外立面

9栋热水制热的空气源热泵

9栋热水系统的闭式贮热水罐

正在施工的从10栋至11/12栋的热水管沟

消防水泵房

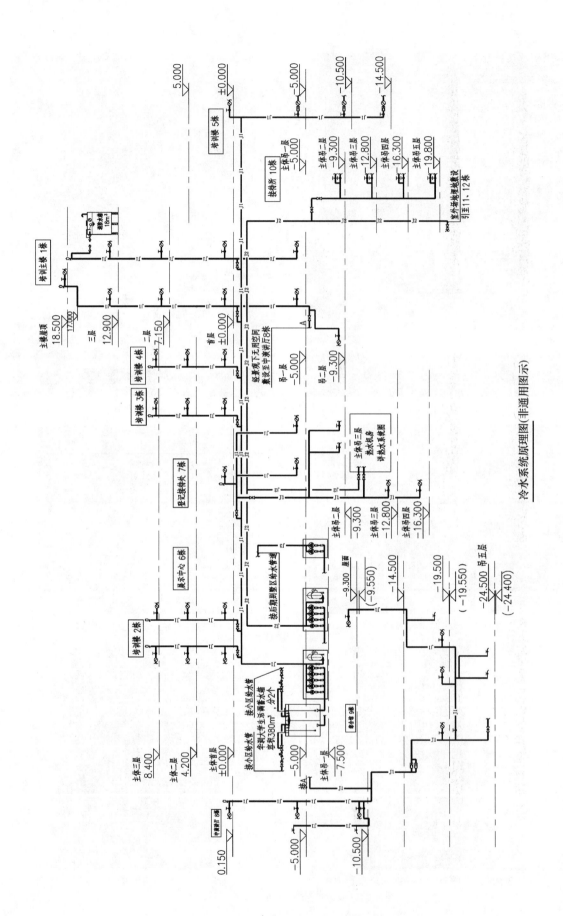

冷水系统原理图(非通用图示)

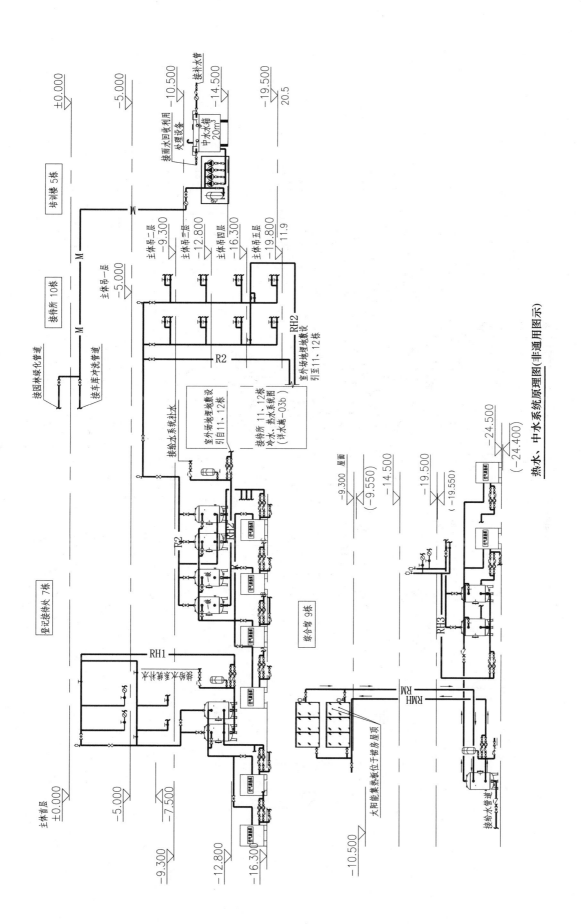

热水、中水系统原理图(非通用图示)

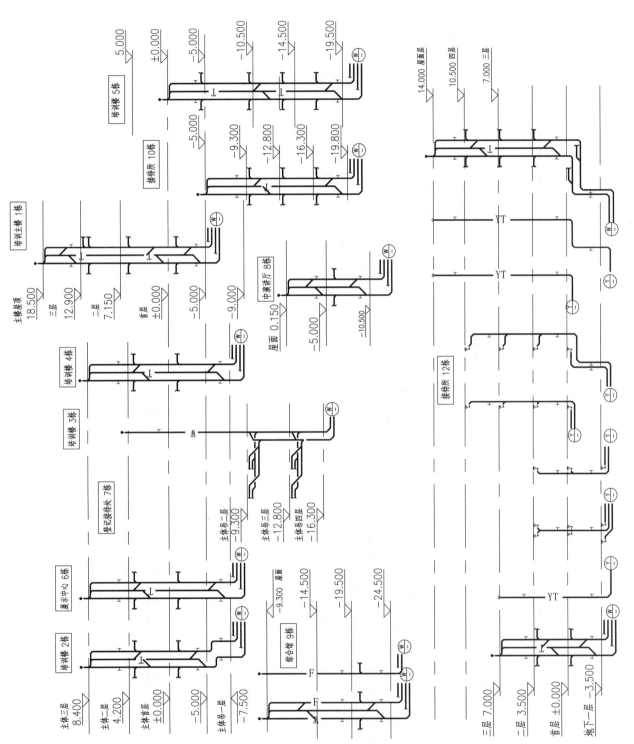

污、废水系统原理图(非通用图示)

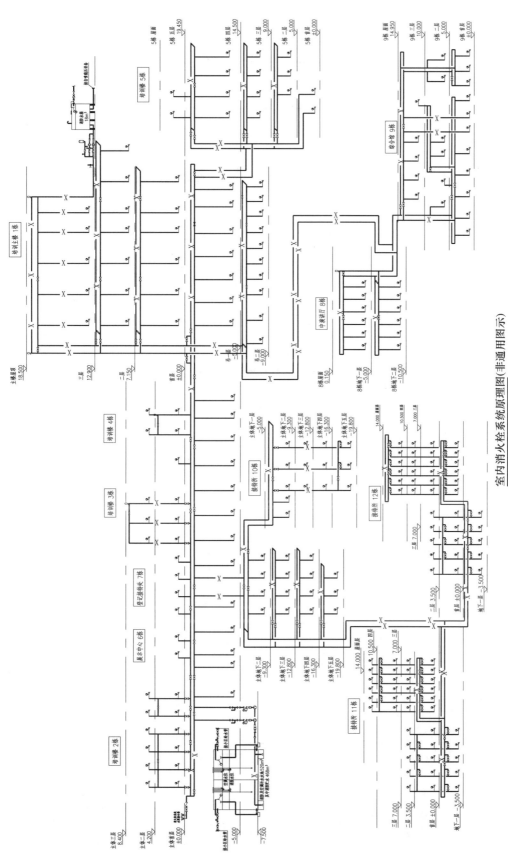

室内消火栓系统原理图(非通用图示)

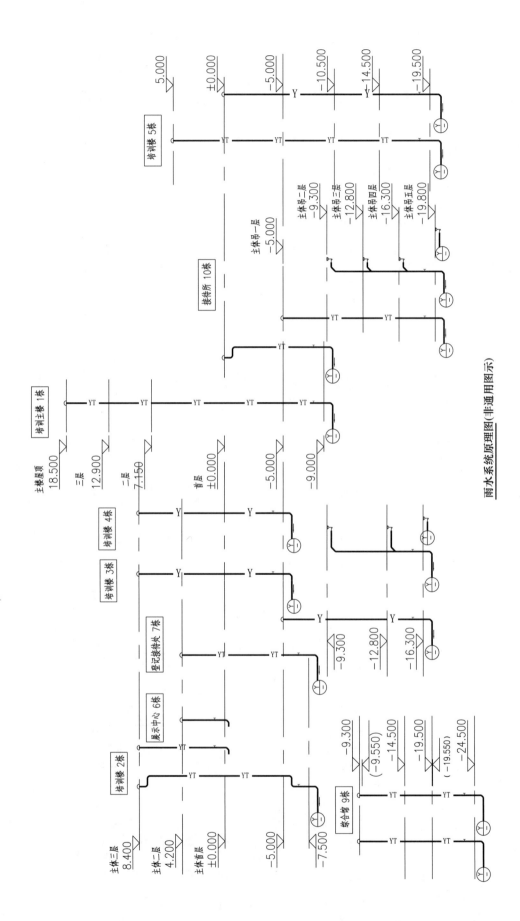

雨水系统原理图(非通用图示)

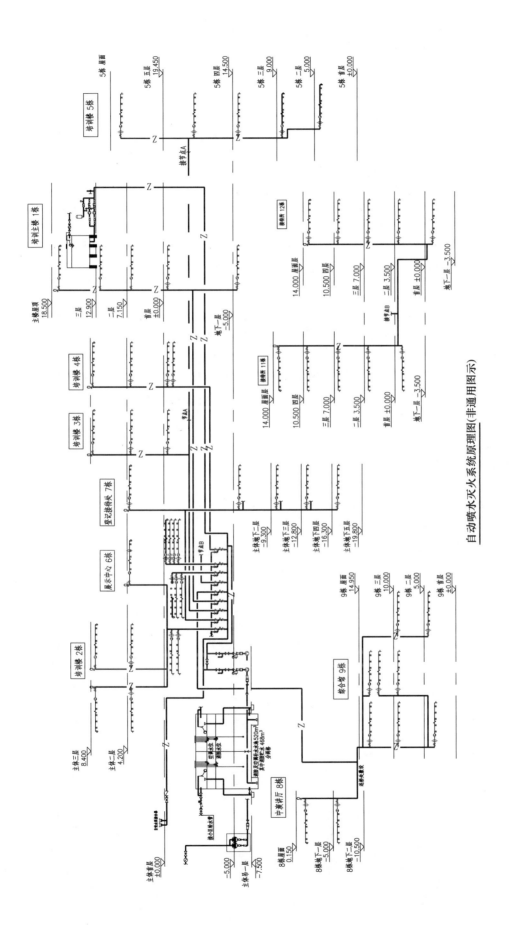

自动喷水灭火系统原理图(非通用图示)

现代传媒广场

设计单位： 中衡设计集团股份有限公司

设 计 人： 薛学斌 程磊 殷吉彦 李铮 陈寒冰 倪流军 严涛 李军 杨俊晨 郁捷

获奖情况： 公共建筑类 一等奖

工程概况：

本项目位于苏州工业园区湖东 CBD 区，为超高层城市综合体。项目占地面积 37749m²，总建筑面积 330778m²，其中地上建筑面积 228536m²，地下建筑面积 102242m²，容积率 5.75。项目分南北两幢塔楼，主塔楼（南楼）高 214.8m，43 层，塔楼为办公楼，裙房为演播楼，建筑面积 139349.64m²；副塔楼（北楼）高 150m，38 层，为五星级酒店（希尔顿）、公寓和商业，建筑面积 84523.4m²，其中酒店标间 390 间，公寓 220 套；商业建筑面积约 24700m²，位于低区和地下一层。主塔楼屋顶设有直升机停机坪。两幢塔楼中间由 M 形屋顶相连。

工程说明：

一、给水排水系统

本工程给水排水系统含如下内容：室内给水系统、热水系统、雨污水系统、融冰电伴热系统、冷却循环水系统；泳池循环水系统；景观水循环系统；室外给水排水系统、室外雨污水系统、雨水收集回用系统。

（一）给水系统

1. 冷水用水量（见表 1～表 3）

用水量定额 表 1

序号	用水名称	单位	用水定额（L）	小时变化系数	日用水时间(h)	备注
1	客房	每床每日	400	2.5	24	
2	员工	每人每日	150	2.5	10	
3	餐厅	每人每餐	30	1.5	6	
4	洗衣房	4kg/（床·d）	60L/kg	1.5	10	
5	公寓式酒店	每床每日	350	2.5	24	
6	办公区	每人每日	50	2.5	24	
7	商业区员工顾客	每 1m² 营业面积每日	8	1.5	12	
8	汽车库地坪冲洗	每 1m² 每日	2			每日一次
9	绿化	每 1m² 每日	2			每日一次

冷水用水量计算表（酒店公寓部分） 表2

用水性质	用水定额	用水单位数	日用水时间 (h)	小时变化系数	最高日用水量 (m^3/d)	最大时用水量 (m^3/h)
酒店客房	400L/(床·d)	390×2 床	24	2.5	312	32.5
酒店员工	150L/(人·d)	780×0.9 人	24	2.5	105	10.9
酒店洗衣	60L/kg	390×2×4kg/d	10	1.5	131	19.6
酒店餐厅	30L/(人·d)	780×2 人	6	1.5	60	15
泳池	15%	330m^3/d	24	2.5	50	5.2
洗浴	0.15L/s	40×70%	5	1.5	13.5	13.5
绿化	4L/(m^2·d)				计入未预见水量	
道路场地	2.0L/(m^2·d)				计入未预见水量	
酒店生活小计					690	93.4
公寓客房	350L/(床·d)	220×2 床	24	2.5	154	16
公寓员工	150L/(人·d)	220×2×0.3 人	24	2.5	19.8	2.1
公寓洗衣	40L/kg	220×2×4kg/d	8	1.5	49	9.2
公寓餐厅	30L/(人·d)	220×2×2 人	4×2	2	26.4	6.6
公寓生活小计					249.4	33.9
酒店公寓生活小计					939	127.3
未预见水量	10%				93.9	12.7
酒店公寓生活合计					1033	140
酒店冷却补水	1.0%	2100m^3/h	24		504	21
酒店总水量合计					1537	161

冷水用水量计算表（办公演播和商业部分） 表3

用水性质	用水定额	用水单位数	日用水时间 (h)	小时变化系数	最高日用水量 (m^3/d)	最大时用水量 (m^3/h)
办公	50L/(人·d)	7200 人	10	1.5	360	54
员工餐厅	20L/(人·d)	3600×2 人	8	1.5	144	27
演播楼	50L/(人·d)	1100 人	8	1.5	55	10.3
商业零售	8L/(m^2·d)	14600×0.6m^2	10	1.5	70	10.5
商业餐饮	20L/(人次)	3600×0.8×6×0.5 人次/d	8	1.5	172.8	32.4
绿化	4L/(m^2·d)				计入未预见水量	
道路场地	2.0L/(m^2·d)				计入未预见水量	
办公演播商业生活小计					801.8	134.2
未预见水量	10%				80.2	13.4
办公演播商业生活小计					883	147.6
办公演播冷却补水	1.0%	4900m^3/h	10		490	49
办公演播商业总水量合计					1373	196.6
项目水量总计					2910	357.6

综上，本工程最高日用水量 2910m³/d，最大时用水量 357.6m³/h。其中办公演播和商业区生活用水最高日为 883m³/d，最大时为 147.6m³/h；办公冷却用水最高日为 490m³/d，最大时为 49m³/h；酒店和公寓区生活用水最高日为 1033m³/d，最大时为 140m³/h；酒店冷却用水最高日为 504m³/d，最大时为 21m³/h。

2. 水源

本项目从市政给水管网引入两路接驳管，管径均为 DN250。水表井内均分别配置 DN200 消防水表各一个；在北侧水表井内设置 DN200 酒店生活水表一个，在西侧水表井内设置 DN200 办公演播生活水表一个，同时在西侧水表后再设置 DN150 酒店生活水表一个。

办公演播、商业和酒店的生活水箱和系统均分开设置。设置雨水收集回用系统，供室外浇灌、景观补水。冷却补水设置独立的水箱和供水系统。

3. 系统竖向分区

项目分区原则控制在 15~55m 水压之间，减压阀为 1 用 1 备，具体分区如下：

主塔楼办公演播和商业区共 43 层，高 214.8m，共设 8 个供水分区。其中 1 区：地下三层~一层，由市政管网直接供水；2 区：二层~七层；3 区：八层~十四层；4 区：十五层~二十一层；5 区：二十二层~二十八层；6 区：二十九层~三十五层；7 区：三十六层~四十一层；8 区：四十二层~屋顶。除 2 区和 8 区由变频供水外，其余各区均采用高位水箱重力供水，4~6 区设置可调式减压阀。

酒店和公寓区共 38 层，高 150m，共设 7 个供水分区。其中 1 区：地下三层，由市政直供；2 区：地下一层~一层；3 区：二层~七层；4 区：八层~十五层；5 区：十六层~二十二层；6 区：二十三层~三十一层；7 区：三十二层~三十八层。除 2、3、7 区由变频供水外，其余各区均采用高位水箱重力供水，5、6 区设置可调式减压阀。

本工程各分区内低层部分设减压设施以保证各用水点压力不大于 0.2MPa；由于酒店管理公司对水压有特别要求，故酒店区域支管不作减压处理。变频恒压供水设备压力调节精度小于 0.01MPa。稳定时间小于 20s。配备水池无水停泵、小流量停泵控制运行功能。

4. 供水方式及给水加压设备

结合超高层项目的特点，本项目供水方式以重力供水为主，最低区采用市政管网直接供水，主塔楼 2、8 区及副塔楼 2、3、7 区采用变频供水。

生活用水箱采用成品不锈钢拼装水箱（S444）。

办公演播楼在地下三层办公演播商业生活水泵房内设置生活水箱 260m³，冷却补水箱 150m³；同时于十七层（避难层）设置生活转输水箱，有效容积为 40m³。于主塔楼屋顶设置生活水箱，有效容积为 30m³。

在酒店公寓生活水泵房内设置生活水箱 730m³，冷却补水箱 150m³；同时于二十三层（避难层）设置生活转输水箱，有效容积为 45m³。于主塔楼屋顶设置生活水箱，有效容积为 25m³。所有水箱均须配置通气管、溢流管、放空管、人孔及电子远传液位计。

为时时保证高品质的供水，酒店生活用水采用微滤处理，基本流程为：砂缸过滤器＋活性炭过滤器＋精密过滤器＋纤维膜微滤。自来水经处理后进入生活水箱。茶水间、厨房、洗衣房的给水通过设于设备房内的软水器和膜过滤器过滤后进行给水。

办公区的生活饮用水系统：饮用水定额按 2L/(人·d) 计算，采用电开水炉供应开水，电开水炉功率 6.0kW，容量 50L，设于每层茶水间内；桶装饮用水由业主自理。

冷却塔补水采用独立的水池和补水泵，水源采用市政自来水，办公楼系统与酒店系统分开设置；空调设备补水（膨胀水箱）、空调加湿等均从生活给水系统接出，设软水器、远传水表和防污染隔断阀。

生活供水加压设备参数见表 4 和表 5。

办公演播商业部分供水加压设备　　　　表 4

序号	供水设备名称	水泵台数及运行方式	单泵参数	隔膜气压罐配置
1	办公楼低区生活变频给水泵	3 台,2 用 1 备	$Q=3.0L/s,H=85m,N=5.5kW$	$\phi600\times1500(H)$
2	低区商业生活变频给水泵	4 台,3 用 1 备	$Q=4.5L/s,H=65m,N=5.5kW$	$\phi600\times1500(H)$
3	办公楼低区生活给水提升泵	2 台,1 用 1 备	$Q=22.5L/s,H=120m,N=45kW$	
4	办公楼高区生活给水提升泵	2 台,1 用 1 备	$Q=12.5L/s,H=145m,N=37kW$	
5	办公楼 7 区生活变频供水泵组	2 台,1 用 1 备	$Q=3L/s,H=15m,N=1.1kW$	$\phi600\times1500(H)$
6	办公楼地下室水箱水处理泵	2 台,1 用 1 备	$Q=5L/s,H=20m,N=3kW$	
7	办公楼中间水箱水处理泵	2 台,1 用 1 备	$Q=5L/s,H=20m,N=3kW$	
8	办公楼冷却补水变频供水泵	3 台,2 用 1 备	$Q=5.5L/s,H=85m,N=11kW$	$\phi600\times1500(H)$

酒店部分供水加压设备　　　　表 5

序号	供水设备名称	水泵台数及运行方式	单泵参数	隔膜气压罐配置
1	酒店一级过滤加压泵	2 台,1 用 1 备	$Q=25.0L/s,H=30m,N=15kW$	
2	酒店低区配套设施变频供水泵	4 台,3 用 1 备	$Q=5.0L/s,H=68m,N=7.5kW$	$\phi600\times1500(H)$
3	酒店低区员工生活变频供水泵	3 台,2 用 1 备	$Q=4.0L/s,H=35m,N=3.0kW$	$\phi600\times1500(H)$
4	酒店公寓低区生活用水提升泵	2 台,1 用 1 备	$Q=15.0L/s,H=126m,N=37kW$	
5	酒店高区生活用水提升泵	2 台,1 用 1 备	$Q=9.0L/s,H=70m,N=15kW$	
6	公寓高区生活变频供水泵	4 台,3 用 1 备	$Q=9.0L/s,H=70m,N=15kW$	$\phi600\times1500(H)$
7	酒店高区生活变频供水泵	4 台,3 用 1 备	$Q=4.0L/s,H=15m,N=1.5kW$	$\phi600\times1500(H)$
8	酒店洗衣房变频供水泵	4 台,3 用 1 备	$Q=4.0L/s,H=30m,N=3.0kW$	$\phi600\times1500(H)$
9	酒店蒸汽凝结水提升泵	2 台,1 用 1 备	$Q=3.0L/s,H=20m,N=2.2kW$	
10	酒店冷却补水变频供水设备	3 台,2 用 1 备	$Q=3.5L/s,H=85m,N=5.5kW$	$\phi600x1500(H)$

5. 管材

本项目给水管材：埋地管（至室内第一个法兰前）$DN100$ 及以上采用球墨铸铁给水管，内搪水泥外浸沥青，橡胶圈接口；$DN100$ 以下采用不锈钢管，焊接法兰连接。地上 $DN100$ 以上采用不锈钢管，焊接法兰连接；$DN100$ 及以下采用薄壁不锈钢管，卡压连接；暗装不锈钢支管采用塑覆不锈钢管。所标管径均为公称内径，压力等级不低于 1.6MPa。图中局部注明管道需采用不锈钢厚壁管（壁厚详见国标）者，压力等级为 2.5MPa，焊接法兰连接。

(二) 热水系统

1. 热水用水量（见表 6）

热水用水量计算表（酒店公寓部分）　　　　表 6

用水性质	用水定额	用水单位数	日用水时间 (h)	小时变化系数	最高日用水量 (m^3/d)	最大时用水量 (m^3/h)	最小时耗热量 (kW)
酒店客房	160L/(床·d)	390×2 床	24	4.35	124.8	22.5	1447
酒店员工	50L/(人·d)	780×0.9 人	24	4.35	35.1	7.1	452
酒店洗衣	50L/(床·d)	390×2 床	8	1.5	36	7.3	465
酒店餐厅	15L/(人·d)	780×2 人	8	1.5	23.4	4.4	280
泳池	1507kJ/(h·m^2)	330m^2	24	1.5	25.5	2.7	174

续表

用水性质	用水定额	用水单位数	日用水时间（h）	小时变化系数	最高日用水量（m³/d）	最大时用水量（m³/h）	最小时耗热量（kW）
洗浴	0.15L/s	40×70%	5	1.5	30.4	7.6	488
酒店生活小计					249.7	48.9	3116
公寓客房	160L/(床·d)	220×2床	24	5.02	70.4	14.7	942
公寓员工	50L/(人·d)	220×2×0.3人	24	6.84	6.6	1.9	120
公寓洗衣	50L/(床·d)	220×2床	8	1.5	20.1	4.1	264
公寓餐厅	30L/(人·d)	220×2×2人	4×2	1.5	13.2	2.5	159
公寓生活小计					110.3	23.2	1485
酒店公寓小计					360	72.1	4601
未预见水量	10%				36	7.2	460
酒店公寓合计					396	79.3	5061

注：经与顾问方协商，本表中的客房小时变化系数较规范有所放大；泳池耗热量未计入总数。由于上述数据中的同时使用率未精确计算，最终选择最大时耗热量取 4601kW。

2. 热源

本工程酒店公寓区采用集中热水供应系统，热源为蒸汽；其中地下室员工洗浴采用太阳能热水系统进行预热。办公及商业区卫生间内热水由独立式电热水器供应。

3. 系统竖向分区

热水系统竖向分区和给水系统一致，供应热水水温不大于 60℃。具体分区详见冷水系统。热水系统管道应按规范在横管或立管管段上适当位置设置伸缩节及固定支架。

酒店裙房顶设置板式太阳能集热器，作为酒店后勤热水的预热。总计设置面积 160m²。设置预热容积式热交换器，采用完全的闭式系统。以保证各系统冷热水的压力平衡。

项目蒸汽冷凝水同时收集，进行废热和废水回收。废热供酒店热水预热，废水收集至雨水收集回用系统。

电热水器采用不锈钢内胆，配备自动恒温装置和安全泄压阀等；容积式热交换器均为不锈钢导流型。

4. 热交换器

热交换器主要服务于酒店部分。均为不锈钢罐体，紫铜盘管。设备参数如下：

（1）客房洗浴：选用导流型容积式热交换器，以贮存 30min 热水计算，每组两个罐，同时保证单罐容积不小于总量的 75%。具体如下：高区选用 $V=4.5m^3$（$\phi 1.6×2.9$）的容积式热交换器两套；低区选用 $V=5m^3$（$\phi 1.8×2.9$）的容积式热交换器两套。

（2）餐饮部分：选用 $V=3.5m^3$（$\phi 1.6×2.5$）的大波节导流型容积式热交换器两套。

（3）洗衣：选用 $V=5m^3$（$\phi 1.8×3.2$）的容积式热交换器两套。

（4）员工集中淋浴及少量员工餐饮：选用 $V=3.5m^3$（$\phi 1.6×2.7$）的容积式热交换器两套。

（5）太阳能预热热交换器：选用 $V=5.0m^3$（$\phi 1.6×3.25$）的容积式热交换器两套。

（6）二层～七层热水及六层 SPA：选用 $V=3.5m^3$（$\phi 1.6×2.7$）的容积式热交换器两套。

（7）公寓客房：选用导流型容积式热交换器，以贮存 30min 热水计算，每组两个罐，同时保证单罐容积不小于总量的 75%。高区选用 $V=3.5m^3$（$\phi 1.6×2.9$）的容积式热交换器两套；低区选用 $V=3.5m^3$（$\phi 1.6×2.9$）的容积式热交换器两套。

5. 冷、热水压力平衡措施及热水温度的保证措施

本项目热水系统与冷水系统分区一致，且各分区冷热水源均为同源，以保证系统冷热水压力平衡，减少

热水水温波动。热水系统采用全日制机械循环,各系统均设两台热水循环泵,互为备用。循环泵的启闭由泵前热水回水管上的电接点温度计自动控制,启泵温度为 50℃,停泵温度为 60℃。为保证冷热水同源和压力平衡,太阳能热水系统采用闭式系统。

6. 管材

$DN100$ 以上管道采用不锈钢管,焊接法兰连接;$DN100$ 及以下管道采用薄壁不锈钢管,卡压连接;暗装不锈钢支管采用塑覆不锈钢管。

(三) 中水系统

1. 中水源水量、中水回用水量、水量平衡

本项目原方案采用杂用水回用,后考虑到当地雨水资源丰富,故仅设雨水收集回用系统,收集池容量为 $350m^3$,简单处理后回用于景观、浇灌和车库冲洗。水量计算表和水量平衡表略。

2. 系统竖向分区

由于仅供景观、浇灌和车库冲洗,故本工程仅设置一套回用水变频加压供水设施,不分区。

3. 供水方式及给水加压设备

采用变频加压供水设施一套,共 3 台,2 用 1 备,$Q=5.0L/s$,$H=45m$,$N=4.0kW$。

4. 水处理工艺流程

其处理流程为:屋面雨水→弃流→沉砂→提升→砂缸过滤→清水箱→变频加压回用。

5. 管材

考虑到本项目景观用水的特殊性,回用管材同生活给水管,采用不锈钢管。室外绿化浇灌部分采用钢丝网骨架 HDPE 复合管。

(四) 冷却循环水系统

1. 系统构成

本建筑酒店公寓区设有 $Q=300m^3/h$ 的方型逆流冷却塔 7 台,配双速电机,镀锌钢板外壳。冷却塔设于演播楼裙房屋顶,冷却循环水泵则设于酒店公寓区冷冻机房内。循环水泵共两组,第一组为 4 台,3 用 1 备,型号为 $Q=600m^3/h$,$H=30m$,供冷冻机;第二组为 2 台,1 用 1 备,型号为 $Q=300m^3/h$,$H=30m$,供冷冻机和免费冷却。

本建筑办公演播商业区设有 $Q=350m^3/h$ 的方型逆流冷却塔 14 台,配双速电机,镀锌钢板外壳。冷却塔设于演播楼裙房屋顶,冷却循环水泵则设于办公演播区冷冻机房内。循环水泵共两组,第一组为 7 台,6 用 1 备,型号为 $Q=700m^3/h$,$H=30m$,供冷冻机;第二组为 3 台,2 用 1 备,型号为 $Q=350m^3/h$,$H=30m$,供冷冻机和免费冷却。

2. 冷却循环水水质

为防止多次循环后的水质恶化影响制冷机冷凝器的传热效果,在冷却水泵出口处设置全自动自清过滤器,并设冷却循环旁流器连续处理部分冷却循环水以保证水质。系统还设有杀菌加药消毒装置。冷却系统在每台冷水主机冷凝器前设置冷凝器胶球自动在线清洗装置。有效降低冷凝器的污垢热阻。冷却水管需作钝化预膜处理。

3. 冷却水补水

冷却水补水设专用变频加压泵分别对办公楼系统和酒店系统进行补水。从冷却补水水箱处抽水经软化后直接供至冷却塔集水盘补水。

4. 冷却循环水系统自动控制

(1) 自控设备:采用 DDC(直接数字控制)方式,以使系统更有效地运行。并与中央监控系统进行实时对话。

（2）冷却塔的群控：冷却塔风机的启停由冷却水供水温度控制；自动控制冷却水水温，采用旁通阀进行调节控制；冬季使用的塔设电加热器以防冻，当水温低于设定温度时，电加热器工作；同时水位也可控制电加热器的启停，以免空烧；根据冷却水的导电率控制冷却水的水质；与冷冻机联动，控制冷却塔和冷却水泵的运行台数。

（3）管材：冷却循环管管径＞DN400采用无缝钢管，焊接法兰连接；管径≤DN400采用无缝钢管（Sch30），卡箍连接。

（五）污废水系统

1. 排水系统的形式

本项目酒店部分采用污、废分流，其他部分采用污、废合流，餐饮废水均独立排放。室内±0.000m以上污废水重力排入室外污水管，地下室污废水采用成品污水提升装置提升排放。

2. 通气管的设置方式

污水立管均设置通气立管；酒店污水系统均设置器具通气管；公共卫生间均设环形通气管。

3. 采用的局部污水处理设施

由于苏州地区均设有完备的城市污水处理厂，故无需设置化粪池，避免了因清掏产生的污染，且不会因此导致堵塞。地块内厨房、餐厅等排水需经隔油处理后排入室外污水管网；采用带外置贮油桶和贮泥桶的成品隔油池，设于地下室隔油间内。

4. 管材

室外采用HDPE双壁缠绕管，弹性密封承插连接。室内（至室外第一个检查井前）采用抗震柔性（A型小法兰）连接离心排水铸铁管；污、废水提升泵出水管采用球墨铸铁管，K型接口连接；酒店所有室内污水管道均需设置MSA-4隔声材料。

（六）雨水系统

1. 雨水系统的形式

本项目雨水排放采用雨污分流；超高层塔楼部分采用重力雨水排放系统；裙房则采用虹吸雨水排放系统。地下室消防排水按防火分区分块设置，采用潜水泵提升至室外雨水管。

2. 雨水量计算

（1）设计重现期

塔楼重力雨水排放系统和裙房虹吸雨水排放系统屋面雨水设计重现期均采用50年；下沉广场及天井雨水重现期为50年，车道雨水重现期采用3年，总体场地雨水重现期采用3年，雨水最终排入市政雨水管道和市政河道。

（2）苏州市暴雨强度公式

$$q = \frac{2887.43(1+0.794\lg P)}{(t+18.8)^{0.81}}$$

（3）雨水量计算

室内按重现期 $P=50$ 年，设计降雨强度为5.22L/s，径流系数为 $\Psi=0.9$；室外雨水综合径流系数 $\Psi=0.71$，取重现期 $P=3$ 年，经计算，区域雨水量为971L/s。

3. 场地雨水排放的特殊处理方式

（1）本项目室外场地雨水排放采用缝隙式成品树脂排水沟，以保证场地的整体效果。

（2）铺地上的检查井盖均采用装饰性井盖，顶面材质同铺地。

4. 雨水收集回用

（1）本项目设雨水收集回用系统，收集池容积为350m³，主要收集屋面雨水。池体设于地下一层，检查口位于室外广场，内设防坠落设施。溢流口亦设置于室外，以防雨水反灌室内。

（2）收集池内雨水经过滤消毒处理后作为绿化、景观和车库冲洗用水。

5. 管材

室外采用 HDPE 双壁缠绕管，弹性密封承插连接。室内（至室外第一个检查井前）：塔楼采用球墨铸铁管，K 型接口连接；裙楼虹吸雨水排放系统采用 HDPE 管。酒店所有室内雨水管道均需设置 MSA-4 隔声材料。

（七）泳池循环水系统

酒店设置恒温游泳池。水处理间设于游泳池侧机房内，系统采用逆流式。游泳池砂滤过滤器处理能力为 $120m^3/h$，循环水泵参数为：$Q=14.2L/s$，$H=22m$，$N=5.5kW$，共 2 台。系统设置板换加热以维持水温，板换规格为 $350kW$。热交换温度为 $55℃→40℃$。流量为 $11.7L/s$。本系统采用臭氧消毒，同时设置氯消毒设施，用于运行指标监测。

（八）景观水循环系统

本项目结合 M 形屋顶的造型，设有一套大型景观水循环系统。景观水泵供水至 M 形屋顶的顶部，系统运行的同时即冲洗屋顶玻璃；回水汇集至地面水池，并溢流回地下景观泵房水池。顶部供水处同时设置阀门，可切换至用于屋顶玻璃冲洗和消除积雪。景观补水水源为雨水回用水，景观泵房内设砂缸过滤设施。管材采用不锈钢给水管。

（九）M 形屋顶融冰电伴热系统

本项目造型比较特别，南北塔楼之间设有一个巨大的 M 形玻璃幕墙顶（简称 M 形屋顶）。由于该区域在下雪天积雪很难清扫，有荷载超标的隐患，故本设计于 M 形屋顶最低处设置融冰电伴热系统，伴热带贴于沟底。

天沟即 M 形屋顶最低处的玻璃，中间高、两端低，故电伴热带从 M 形屋顶中间引入，沿水流方向平行敷设。东西各设 4 个回路，总共 8 个回路，功率按 55W/m 设置。

二、消防系统

本项目消防系统包含如下内容：室内外消火栓系统、自动喷水灭火系统、雨淋系统、预作用系统、消防炮灭火系统、气体灭火系统、厨房油烟罩湿化学灭火系统、直升机停机坪泡沫消防系统、手提式灭火器系统等。

本项目包含一栋 42 层的主塔楼（演播办公楼）和一栋 38 层的副塔楼（五星级酒店），最高高度为 214.8m，为一类超高层综合楼。消防用水量见表 7。

消防用水量　　　　　　　　　　　　　　　　　　　　　　表 7

灭火系统名称	危险等级	设计喷水强度 $[L/(min·m^2)]$	作用面积 (m^2)	消防用水量 (L/s)	作用时间 (h)	水量 (m^3)
室外消火栓系统				30	3.0	—
室内消火栓系统				40	3.0	432
自动喷水灭火系统、预作用系统	办公楼：中危险Ⅰ级	6	160	21	1.0	337
	地下车库：中危险Ⅱ级	8	160	30	1.0	
	其他高度（8～12m）空间	6	260	34	1.0	
	超市，储物高度 3.5m 以上	12	260	68	1.0	
	仓库，危险级Ⅱ级（3.0～3.5m）	12	240	62.4	1.5	
	重要的演播室：中危险Ⅰ级	6	160	21	1.0	

续表

灭火系统名称	危险等级	设计喷水强度 [L/(min·m²)]	作用面积 (m²)	消防用水量 (L/s)	作用时间 (h)	水量 (m³)
雨淋系统	2000m² 演播室；严重危险Ⅱ级 （无葡萄架）	16	234	68.6	1.0	247
水喷雾灭火系统	锅炉房、柴油发电机房	20	200	77	0.5	139
消防炮灭火系统	20L/s 套			40	1.0	144
合计						1052

（一）消火栓系统

1. 消防用水水源

从南施街和翠园路市政供水管上各引入一路 $DN250$ 管道，在水表井内均配置 $DN200$ 消防水表各一个，此两路供水作为项目消防水源。

消防水池位于地下三层，消防水池有效容积为 1052m³，分两池。在主塔楼的十七层、三十一层以及副塔楼的八层设置 30m³ 的中间水箱，并在屋顶分别设置高位消防水箱。

2. 室外消火栓系统

表后管道在基地内呈环状布置，即为基地室外消防管网。室外消火栓引自此环网，在基地内沿主要道路按覆盖半径 150m、间距不大于 120m 的原则设置。

3. 室内消火栓系统

室内消火栓系统采用临时高压制，采用水泵直接串联供水方式。

办公演播和商业区室内消火栓系统以避难层为界，分上、中、下三个区。其中下区又分为 1、2 两个区，地下三层～七层为 1 区，由下区消防供水主管减压后供给；八层～十六层为 2 区，由下区一级消火栓泵供给；中区为十七层～三十层，上区为三十一层～四十二层，由中区和上区消防供水泵供给。室内消防管道呈环状。

酒店公寓区室内消火栓系统以避难层为界，分上、下两个区。其中下区为地下三层～七层，上区又分为 2、3 两个区，2 区为八层～二十二层，3 区为二十三层～三十八层。

办公演播和商业区消防采用水泵直接串联供水方式。下区（1、2 区）一级消火栓泵设于地下三层消防泵房内，$Q=40L/s$，$H=140m$，1 用 1 备，1 区消火栓管道上设可调式减压阀组；中区（3 区）二级消火栓泵设于十七层（避难层）消防泵房内，$Q=40L/s$，$H=105m$；上区（4 区）三级消火栓泵设于三十一层（避难层）消防泵房内，$Q=40L/s$，$H=100m$。

酒店公寓区低区（1 区）一级消火栓泵设于地下三层消防泵房内，$Q=40L/s$，$H=100m$，1 用 1 备；高区（2、3 区）二级消火栓泵设于八层（避难层）消防泵房内，$Q=40L/s$，$H=148m$。

当上区发生火灾时，须先启动下区消防泵，上下区消防泵连锁启动的时间间隔不大于 15s。

主塔楼避难层设置有效容积为 30m³ 的消防水箱，屋顶水箱间设置有效容积为 18m³ 的消防水箱（主塔楼顶为 34m³），水箱间内均设消火栓稳压装置各一套，$Q=5L/s$，$H=30m$。气压罐一个（$\phi1000\times2500$（H））。火灾时，按动任一消火栓处启泵按钮或消防中心、消防泵房处启泵按钮均可启动该泵并报警。启泵后，反馈信号至消防控制中心。

屋顶均设试验消火栓。栓口出水压力超过 0.5MPa 部分的消火栓采用减压孔板消能。楼内消防管道环状布设，消火栓的配置需满足室内任何部位都有两股水柱可以到达。水枪的充实水柱为 13m。箱内配置 $DN65$ 栓口、$DN65\times25m$ 衬胶水龙带、19mm 喷嘴口、自救消防软管卷盘一套以及启动消防泵按扭等，卷盘型号为：栓口 $DN25$，软管 $\phi19\times30m$，喷嘴 $\phi6mm$。

消防电梯前室采用同规格消火栓和水枪，水龙带长度为 20m，每个消火栓箱处设置直接启动消火栓泵的按钮，并带有保护设施。

消防系统低区考虑设置水泵结合器。高区通过低区环状主管向中区直接串联水泵供水；低区直接由消防车供水。消火栓系统低区设置水泵结合器 3 组。

4. 直升机停机坪泡沫消防系统

主塔楼屋顶直升机停机坪消防采用泡沫消火栓灭火系统；在屋顶机房内设消火栓泵 2 台，$Q=16.6L/s$，$H=85m$，$N=22kW$，1 用 1 备。系统配置低倍数泡沫罐和比例混合装置一台，$V=2000L$，混合比为 6%，采用成膜氟蛋白泡沫液（AFFF）。此处屋顶消防水箱结合泡沫消防用量和常规 18m³ 的贮水量，调整为 34m³。

（二）自动喷水灭火系统

地下车库自动喷水灭火系统按中危险 II 级设计，喷水强度为 8L/(min·m²)。地下车库采用湿式系统。车道入口处采用电伴热保温。

自动喷水灭火系统喷头选用原则：厨房采用感温级别 93℃ 玻璃球型喷头，其余均采用感温级别 68℃ 玻璃球型喷头。地下一层车库入口采用感温级别 72℃ 易熔金属喷头。商业仓储区和地下超市设置 $K=160$ 喷头，其余均采用 $K=80$ 喷头。吊顶区域喷头均为隐蔽吊顶型快速响应喷头。

大楼内除建筑面积小于 5m² 的卫生间及无法用水灭火的部分外均设置自动喷水灭火系统，以提高初期灭火效率，确保大楼的安全。

本建筑自动喷水灭火系统采用临时高压制，本项目采用消防水泵直接串联供水方式。

办公演播和商业区喷淋分区如下：1 区为地下三层~七层；2 区为八层~十六层；3 区为十七层~三十层；4 区为三十一层~四十二层。酒店公寓区喷淋分区如下：1 区为地下三层~七层；2 区为八层~二十二层；3 区为二十三层~三十八层。

办公演播和商业区喷淋采用水泵直接串联供水方式。下区（1、2 区）一级喷淋泵（2 用 1 备）设于地下三层消防泵房内，$Q=34L/s$，$H=148m$，1 区喷淋报警阀前管道上设可调式减压阀组；中区（3 区）二级喷淋泵（1 用 1 备）设于十七层（避难层）消防泵房内，$Q=34L/s$，$H=110m$；上区（4 区）三级喷淋泵（1 用 1 备）设于三十一层（避难层）消防泵房内，$Q=34L/s$，$H=105m$；同时避难层设低区高位消防水箱。当上区发生火灾时，须先启动下区一台喷淋泵，上下区喷淋泵连锁启动的时间间隔不大于 15s。当下区发生火灾时，如下区单台泵启动后，压力仍低于 140m 时，第二台喷淋泵启动。

酒店公寓区低区（1 区）一级喷淋泵（1 用 1 备）设于地下三层消防泵房内，$Q=34L/s$，$H=105m$；高区（2、3 区）二级喷淋泵设于八层（避难层）消防泵房内，$Q=34L/s$，$H=155m$；主塔楼避难层及屋顶设置 30m³ 和 18m³ 的消防水箱，水箱间均设喷淋稳压装置一套，$Q=1L/s$，$H=30m$。气压罐 $\phi800\times2500$（H）。当上区发生火灾时，须先启动下区的喷淋泵，上下区喷淋泵连锁启动的时间间隔不大于 15s。

自动喷水灭火系统由喷淋泵、湿式报警阀组、水流指示器、遥控信号蝶阀、水泵接合器、泄水阀、末端试水装置、喷头、管道等组成。每组报警阀控制的喷头数不超过 800 只，且高差不超过 50m。每层每个防火分区均设置带遥控信号蝶阀的水流指标器、泄水阀、末端试水装置。所有控制信号均传至消防控制中心。报警阀分别设置于各楼层避免集中设置。大楼内消防管道环状布设。超高层大于 800mm 净空吊顶内均设置上喷。

消防系统低区设置水泵结合器。高区通过低区环状主管向中区直接串联水泵供水；低区直接由消防车供水。自动喷水灭火系统的低区设置水泵接合器 5 组。

(三) 雨淋系统

$2000m^2$ 演播室以及 $600m^2$ 演播室设置雨淋系统。其简易流程图如图 1 所示。

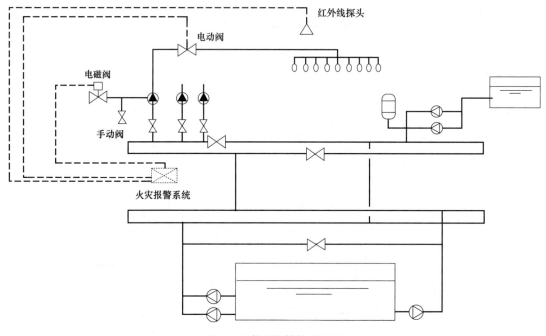

图 1　雨淋系统简易流程图

雨淋系统按《自动喷水灭火系统设计规范》GB 50084—2001 严重危险 II 级设计。喷头采用开式喷头，其开启采用探测器控制。各雨淋系统给水进口处采用雨淋报警阀及手动快开阀。雨淋阀在演播室开放期间为防止误喷设为手动启动，由专门人员值班负责操作。其余时间均设为自动控制。

$2000m^2$ 演播室的雨淋系统说明如下：

$2000m^2$ 演播室的雨淋系统分区情况如图 2 所示。$2000m^2$ 演播室长 48m、宽 36m，面积为 $1728m^2$，为保证系统的安全可靠性以及节约成本，将 $2000m^2$ 演播室横向划分为 5 个区，纵向划分为 4 个区，共计 20 个区。每个区单独设雨淋阀。每个雨淋阀的控制区域考虑和相邻区域的搭接，搭接距离设为 3m。因此，每个雨淋阀控制区域的长和宽分别为 15.6m 和 15m，面积为 $234m^2$，按照《自动喷水灭火系统设计规范》GB 50084—2001 所示喷水强度计算消防水量为 68.6L/s。同时考虑到商业区自选超市内储物高度可能在 3.5m 以上，地下超市的喷水量同样为 68L/s。因此雨淋系统和一般湿式喷淋系统共用一套消防喷淋泵。水泵参数：$Q=35L/s$，$H=145m$，2 用 1 备。

(四) 预作用系统

本项目演播区部分有大量小型演播室，应业主要求，设置预作用系统。

(五) 水喷雾灭火系统

发电机房采用水喷雾灭火系统，设计灭火强度为 $20L/(min \cdot m^2)$。最不利点工作压力 0.35MPa。设置独立消防泵，$Q=77L/s$，$H=75m$，$N=90kW$，1 用 1 备。

(六) 消防炮灭火系统

超过 12m 的中庭或者大空间（除游泳池外）考虑设置固定式消防炮灭火系统。保护半径 40m、喷水流量 20L/s 套、设置单独的水流指示计和电磁阀。水源由大楼的消防炮加压水泵供给。水泵型号：$Q=40L/s$，$H=140m$，$N=110kW$（1 用 1 备）。

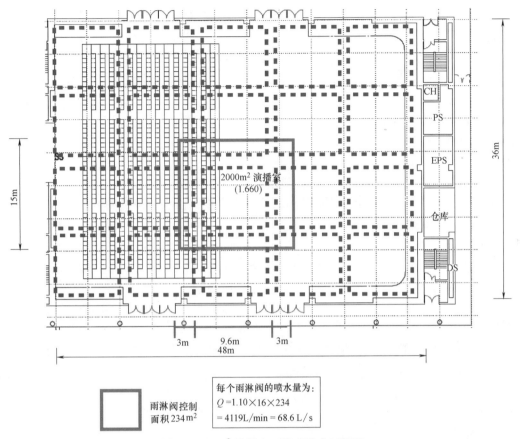

雨淋阀控制
面积234m²

每个雨淋阀的喷水量为：
$Q = 1.10 \times 16 \times 234$
$= 4119 \text{L/min} = 68.6 \text{ L/s}$

图2 2000m² 演播室雨淋系统分区情况

演播厅的消防设计如前所述，正常演出时采用雨淋系统，手动控制；无演出时切换至自动状态；当功能转换为会议状态时，系统切换至手动状态，并启动消防炮辅助系统。

（七）气体灭火系统

（1）贵重设备机房、主要变配电所、发电机房、弱电机房等不能用水灭火的场所设置IG541惰性气体灭火系统，采用自动、手动、机械应急三种启动方式；本项目设计保护对象为机房，共20个防护区，采用3套有管网全淹没组合分配系统予以保护。

（2）演播区局部立柜室体量小，且布置分散，故采用FM200柜式系统；设计保护对象为机房及设备室，共13个防护区，用13套预制七氟丙烷全淹没系统进行保护。

（3）厨房排烟罩灭火系统：厨房排烟罩设安素湿化学（ANSUL）灭火系统，以满足酒店管理方和规范的要求。

（八）手提式灭火器系统

在每个消火栓箱下方和其他需要场所配置MFABC5手提式磷酸铵盐干粉灭火器，或手推式大型干粉灭火器。贵重设备机房、变配电所、发电机房、弱电机房等不宜用水扑救的部位，均加设手提式灭火器。灭火器按严重危险级选用。灭火器最大保护距离为15m；地下车库按B类火灾场所布置，其最大保护距离为9m。当灭火器最大保护距离大于对应等级的保护距离时，另加设两具MF/ABC5灭火器。

（九）消防排水

（1）消防电梯坑底附近设集水坑，坑内设2台潜水泵。集水坑有效容积3.0m³，潜水泵型号：$Q = 36\text{m}^3/\text{h}$，$H = 25\text{m}$，$N = 5.5\text{kW}$（1用1备）。

（2）消火栓和自动喷水灭火系统消防排水，利用地下三层潜水泵进行排水。

（十）消防管材

室内消火栓系统及自动喷水灭火系统给水管：管径≥DN100采用镀锌无缝钢管（Sch30），卡箍连接（Sch30）；管径<DN100采用热浸镀锌无缝钢管，丝扣连接。所选管材必须与压力等级匹配。室外低压消防给水管采用球墨铸铁给水管。

三、设计特点介绍及施工体会

（一）设计特点介绍

1. 高位水箱重力供水在超高层建筑中的应用

本项目给水系统除了底部和顶部分区必须采用变频供水外，大部分分区均采用高位水箱重力供水方式。

在前期方案比选时，曾有人提出采用中间避难层设置多套变频供水泵组供高区生活用水的方案。作为一个超高层项目，虽然中间避难层和设备层放置动力机械设备是不可避免的，而且现有的浮动地台弹簧减震器等技术也已经相对比较成熟，但是笔者认为，毕竟上述措施也只是减少影响而不能完全消除影响，最佳的方式是中间楼层少设或不设加压设施。因此在初期进行方案选择时，减少水泵在中间楼层内的设置数量就作为最基本的设计原则，从而降低振动和噪声对周边楼层用户的影响。

图3 屋顶板式太阳能集热器敷设实景

另一方面，作为五星级酒店，管理方和客户对热水水温的稳定性要求非常高，绝对不能接受所谓的忽冷忽热现象。水温出现异常的主要原因就是冷热水压力不平衡。而采用高位水箱重力供水方式能很好地解决这个问题，能保证系统冷热水压力平衡。项目投入运营后，此方面得到使用方的好评。

2. 板式太阳能集热器的特殊布置方式

项目设有板式太阳能集热器，作为后勤员工洗浴热水系统的预热。本项目太阳能板设置位置，充分考虑到建筑造型特点，摒弃了传统的采用30°～40°倾角的敷设方式，采用顺着屋顶幕墙的弧度敷设的方式，使太阳能板与幕墙完全融合，浑然一体，成为了屋顶幕墙的一分子，最大程度地保证了建筑的总体效果。如图3所示。

此做法从常规观念上看，是略牺牲了部分集热效果。其实，在长三角地区，其日照方向随季节的变化很大，比如冬→春→夏→秋，其太阳入射角逐渐由小变大，由原来的南侧45°角变成了后来的超过110°角。因此结合全年光照效率，此做法集热效果的损失是有限的，而综合效益则是最佳的。最终此做法得到了建筑师的认可，同时解决了项目的太阳能板设置问题。

3. 冷却循环系统的自动排污控制

在冷却循环系统群控中，冷却塔的自动排污问题往往会被忽略。其实这是个关系到节水节能的关键环节。本项目冷却循环系统设置电导度仪和电动排污阀联动，当电导度仪数据超出最大设定值时，信号传送至电动排污阀，自动开启阀门排水。由于系统补水照常进行，则经过一段时间后，电导度小于设定值，则自动排污阀关闭。此做法能最大限度的节水；同时在到底使用自来水补水还是软化水补水的选择中达到一个平衡。也就是说，针对常规规模的项目，如果采用软化水补水，则其冷却塔的废水排放量会大大降低。

4. 冷却塔钢平台设置和系统减振

钢平台的设置方便了冷却塔和管线的安装和检修。当然，其最大功效是能适应不同类型和型号的冷却塔，方便业主自由选择不同产品。实际安装效果如图4所示。

本项目总冷却水量为8100m³/h，冷却塔全部设于演播楼群房顶。为减少冷却塔运行对演播楼的影响，本项目冷却塔全部设于钢平台上，所有冷却塔支撑点均设置弹簧减振器；管道全部吊挂于钢平台上，吊挂点均设置减振器，以最大程度减少振动对演播楼的影响。设置方式和位置如图4所示。

图4　冷却塔钢平台设置及减振

5. 雨水收集回用系统的人孔设置

室内雨水收集回用系统最容易出现的问题是雨水倒灌入户内。本项目收集池位于地下二层。常规设计中，人孔一般同样会设于地下二层。为了保证今后系统运行的安全性，本设计将雨水收集回用系统的人孔升至广场地面，这样，即使雨水反灌至地下收集池，也不会影响到地下室内其他区域，避免了雨水倒灌入室。雨水收集池剖面如图5所示。

6. M形屋顶设置融冰电伴热系统

本项目造型比较特别，南北塔楼之间设有一个巨大的M形玻璃幕墙顶（简称M形屋顶）。由于该区域比较特殊，在下雪天很难清扫积雪，有荷载超标的隐患，故本设计于M形屋顶最低处设置融冰电伴热系统。伴热带贴于沟底。

所谓的天沟，其实就是M形屋顶最低处的玻璃。如果不加处理简单地敷设电伴热带，必然会影响该天沟的景观排水以及平时的积污。考虑到天沟为中间高、两端低，因此电伴热带从M形屋顶中间引入，然后在沟内顺水流方向平行敷设。共设置东西各4个回路，总共8个回路，功率按55W/m设置。融冰电伴热带布置及控制如图6所示。

7. M形屋顶设置景观水循环系统，兼作M形屋顶的玻璃清洗

M形屋顶除了造型别致外，其本身就是一个水景系统。其顶部设有完整的景观布水管道，景观水随造型流至东西两侧的地面收水池，然后池内水溢流回地下景观泵房。M形屋顶顶部同时设置有冲洗阀门和洒水栓，用于平时顶部清洁。M形屋顶景观水循环系统如图7所示。

8. 消防水泵直接串联供水方式的应用

项目总高为214.8m，消防系统比较适合采用一次水泵直接串联供水方式。系统仅需在中间某转换层设

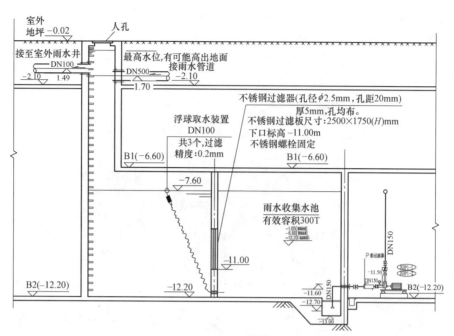

图5 雨水收集池剖面详图

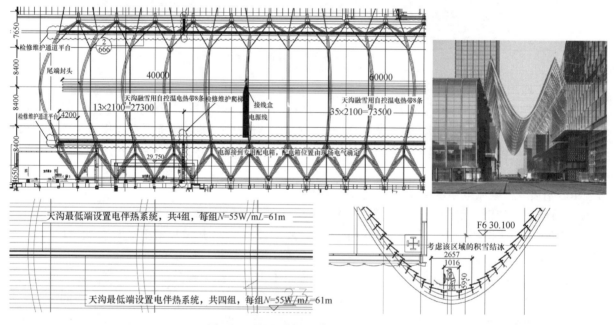

图6 M形屋顶效果及融冰电伴热带布置

置串联水泵和中间水箱，最大限度减少消防水泵数量，简化系统，节约能耗及投资。同时上下区均设置泄压系统，避免超压。实际调试和运营正常。经过多个方案比对，可以得出如下结论：在总体一次串联接力前提下，水泵直接串联的安全性高于中间水箱转输串联方式（详细方案比较和系统选择见笔者的论文《300m以下超高层建筑消防问题讨》）。

9. 直升机停机坪泡沫消防系统

本项目演播楼屋顶设置直升机停机坪。由于停机坪的特殊性，于该区域设置泡沫消防系统。屋顶高位消

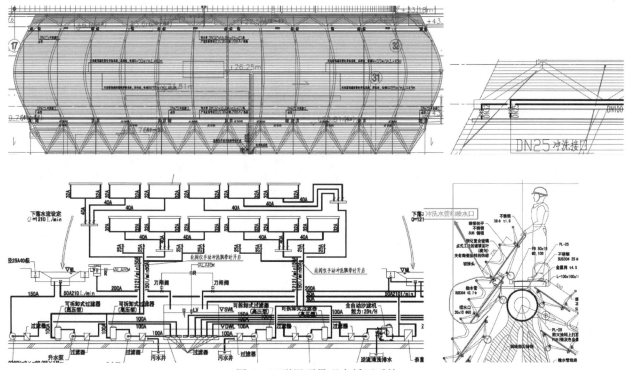

图 7　M形屋顶景观水循环系统

防水箱由当时消防规范的 $18m^3$ 放大至 $34m^3$，可涵盖泡沫消防用水量。同时设有独立的消防水泵和泡沫罐，供停机坪消防灭火。

关于停机坪消防，有人认为，此处仅为消防救援专用设施，因此无需设置泡沫消防对其保护。但是笔者认为，一栋标志性建筑顶的直升机停机坪，其功能不仅仅是消防救援，可以延伸到医疗救援、新闻采访、交通工具等，其属性完全符合《民用直升机场飞行场地技术标准》MH 5013—2008 中的高架机场的定义，因此应该设置泡沫消防系统，而不是简单的消火栓。关于该做法的相关研讨，详见笔者的论文《超高层建筑直升机停机坪消防设计研讨》。同时，该"高层建筑直升机停机坪消防系统"已获得实用新型专利。该设计理念已获得较多业内同行的认可。

10. $2000m^2$ 演播室消防系统的选择和方式切换

本项目 $2000m^2$ 演播室为华东地区最大的演播室，该区域除了演播功能外，可以随不同的要求作出功能调整，消防系统也相应配置完善。总体设置雨淋系统，借助止回阀划分不同的动作区域，并兼顾相邻区域的覆盖重叠。同时该区域配有消防炮灭火系统等。具体控制方式如下：

正常演出：采用雨淋系统，手动控制，派专人值守于报警阀间内；

无演出时：将系统切换至雨淋系统的自动状态；

功能转换为会议状态时：将雨淋系统切换至手动状态，并启动消防炮辅助系统。

由于要考虑雨淋系统的手动控制状态，故报警阀间位置选择非常重要，该区域必须能方便观测演播室实况；一旦发生火灾，值班人员需明确判断火灾发生的区域，以便及时开启相应雨淋系统。同时，在报警阀间和消防控制中心必须张贴实际的报警阀控制区域图。图 8 为演播室雨淋系统平面布置。

（二）项目施工体会

1. 直接串联的级数控制

本项目消防采用的是直接串联供水方式。需要指出的是，当时主塔楼的系统设计有一个遗憾之处。根据

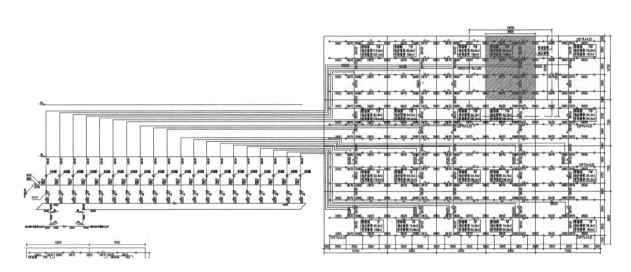

图 8　2000m² 演播室雨淋系统平面布置图

当时的消防规范，每个分区不能超过 120m，考虑到当时的避难层设置位置，正好高区的高差超过了 120m，迫于当时的规范，多加了一级串联，其安全性相对降低。但是即使两次串联，该系统的启泵时间仍能满足规范要求的"火警后 30s 内启动"，为此，设计将上下区消防水泵连锁启动的时间间隔调整为 15s 内。实际验收时，相应的时间间隔仅约 10s，两次叠加也未超过 30s。当然，按现有规范，则一次串联足矣。而新项目中，也建议将直接串联级数控制在一级。

2. 化粪池设置的思考

这个问题的提出，主要是想借此机会与专家探讨。本项目不设化粪池，节约了用地和成本，同时避免了化粪池清掏带来的对周边环境的影响。很多人有思维误区，认为没了化粪池就会发生管道堵塞。其实化粪池的作用不在于此，它是一种简单的预处理方式，主要目的是解决某些地方城市污水处理能力的不足。而现今各地的城市污水处理厂的状况恰恰相反，都是进水浓度偏低。因此完全不需要设置此类设施。国内如苏州、杭州、广州等地均已明确取消化粪池，而这些城市的污水管道都正常运行，没有出现所谓的严重堵塞。故再次呼吁取消这样的多余设施。

3. 消防系统泄压阀的选择

本项目消防系统为水泵直接串联，如果系统出现超压，则对下区有极大的叠加影响。因此泄压阀的设置非常重要。本项目在低区和高区的消防水泵出水管上均设置有持压泄压阀，其设定值均为设计压力值（当时还没有新规范中的"设计压力"和"系统工作压力"之分）的 1.2 倍，基本和新规范的要求类似。同时整个系统的管材配件压力等级均以此标准来选择。在系统调试过程中，曾出现系统已超压而泄压阀不工作的状况。经会同施工方现场查看，发现主要问题在于施工方选择的泄压阀产品质量达不到要求，当压力超过了标明的设定调节值后，阀门就是不工作。因此判断此类阀门的精度和设定值可能没有其标明的那样精确。后来施工方更换了稍高质量的品牌产品，最终能达到泄压要求。因此笔者提醒，消防系统的持压泄压阀品牌选择很重要，此类产品的选型务必慎重，建议提醒业主予以支持，以避免此类问题的出现。

4. 最严苛的消防验收

作为苏州市极具代表性的建筑，本项目经历了苏州市有史以来最严苛、最全面的消防验收。苏州消防支队派出支队下属各区市所有中队，同时邀请了周边兄弟市区相关消防部门一起参加了本次验收，出动的验收人员、检测人员、消防器械车辆均为苏州市历史之最。本项目最终顺利通过了消防验收。

四、工程照片及附图

建筑外立面（一）

建筑外立面（二）

冷却水循环机房（一）

冷却水循环机房（二）

地下消防泵房

避难层消防泵房及气体灭火钢瓶间

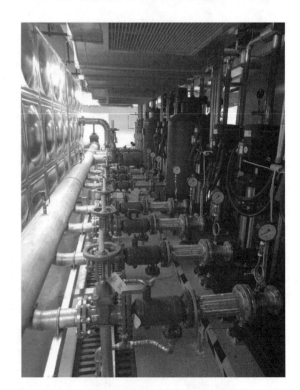

生活水泵房

地下室雨水收集回用和景观水循环机房

屋顶冷却塔

屋顶太阳能板

直升机停机坪及泡沫消防系统

2000m² 演播室雨淋系统——格栅吊顶内管道布置

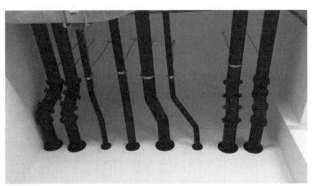
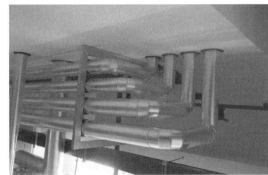

室内管线及水泵接合器布置

消防验收

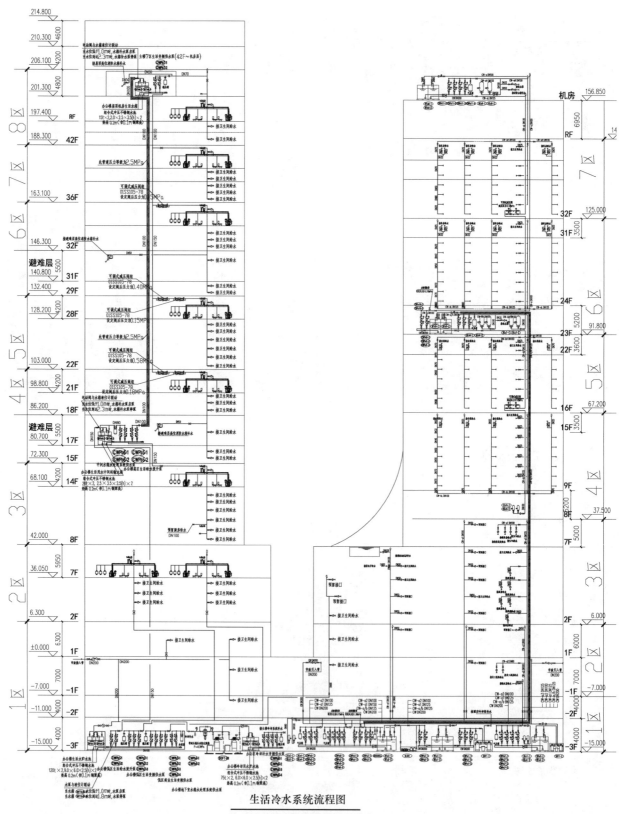

生活冷水系统流程图

注：所有软接头均采用不锈钢软接头。

━━━ 此标记管道压力等级为2.5MPa。

酒店热水流程图

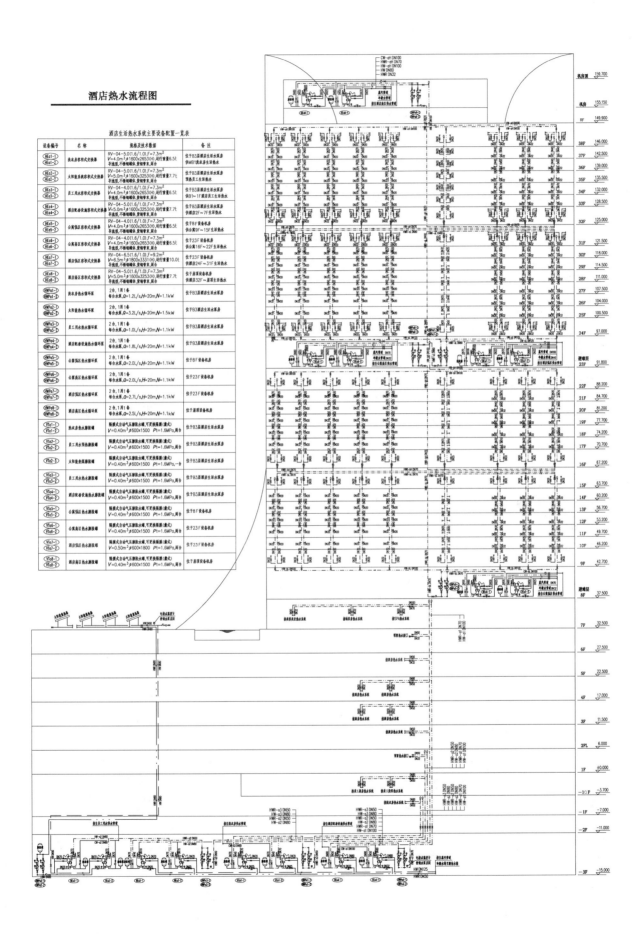

酒店生活热水系统主要设备配置一览表

设备编号	名 称	规格及技术数据	备 注
HEa1-1 HEa1-2	洗衣房容积式交换器	RV-04-5.0(1.6/1.0),F=7.3m² V=4.0m³,φ1600x265300,运行重量6.5t 导流型,不锈钢螺旋,复排管束,两台	位于B3层酒店生活热水泵房 供MB1洗衣房生活热水
HEa2-1 HEa2-2	太阳能系统容积式交换器	RV-04-5.0(1.6/1.0),F=7.3m² V=5.0m³,φ1600x325300,运行重量7.7t 导流型,不锈钢螺旋,复排管束,两台	位于B3层酒店生活热水泵房 预热员工生活热水
HEa3-1 HEa3-2	员工用水容积式交换器	RV-04-4.0(1.6/1.0),F=7.3m² V=4.0m³,φ1600x265300,运行重量6.5t 导流型,不锈钢螺旋,复排管束,两台	位于B3层酒店生活热水泵房 供B1~1F酒店员工生活热水
HEa4-1 HEa4-2	酒店配套设施容积式交换器	RV-04-5.0(1.6/1.0),F=7.3m² V=5.0m³,φ1600x325300,运行重量7.7t 导流型,不锈钢螺旋,复排管束,两台	位于B3层酒店生活热水泵房 供酒店2F~7F生活热水
HEa5-1 HEa5-2	公寓低区容积式交换器	RV-04-4.0(1.6/1.0),F=7.3m² V=4.0m³,φ1600x265300,运行重量6.5t 导流型,不锈钢螺旋,复排管束,两台	位于8F设备机房 供公寓9F~15F生活热水
HEa6-1 HEa6-2	公寓高区容积式交换器	RV-04-4.0(1.6/1.0),F=7.3m² V=4.0m³,φ1600x265300,运行重量6.5t 导流型,不锈钢螺旋,复排管束,两台	位于23F设备机房 供公寓16F~22F生活热水
HEa7-1 HEa7-2	酒店低区容积式交换器	RV-04-6.5(1.6/1.0),F=9.2m² V=6.5m³,φ1800x333100,运行重量10.0t 导流型,不锈钢螺旋,复排管束,两台	位于23F设备机房 供酒店24F~31F生活热水
HEa8-1 HEa8-2	酒店高区容积式交换器	RV-04-5.0(1.6/1.0),F=7.3m² V=5.0m³,φ1600x325300,运行重量7.7t 导流型,不锈钢螺旋,复排管束,两台	供酒店32F~屋顶生活热水
HWPa1-1 HWPa1-2	洗衣房热水循环泵	2台,1用1备 每台水量,Q=1.2L/s,H=20m,N=1.1kW	位于B3层酒店生活热水泵房
HWPa2-1 HWPa2-2	太阳能热水循环泵	2台,1用1备 每台水量,Q=3.2L/s,H=20m,N=1.5kW	位于B3层酒店生活热水泵房
HWPa3-1 HWPa3-2	员工用热水循环泵	2台,1用1备 每台水量,Q=1.0L/s,H=20m,N=1.1kW	位于B3层酒店生活热水泵房
HWPa4-1 HWPa4-2	酒店配套设施热水循环泵	2台,1用1备 每台水量,Q=1.8L/s,H=20m,N=1.1kW	位于B3层酒店生活热水泵房
HWPa5-1 HWPa5-2	公寓低区热水循环泵	2台,1用1备 每台水量,Q=2.0L/s,H=20m,N=1.1kW	位于8F设备机房
HWPa6-1 HWPa6-2	公寓高区热水循环泵	2台,1用1备 每台水量,Q=2.0L/s,H=20m,N=1.1kW	位于23F设备机房
HWPa7-1 HWPa7-2	酒店低区热水循环泵	2台,1用1备 每台水量,Q=2.7L/s,H=20m,N=1.1kW	位于23F设备机房
HWPa8-1 HWPa8-2	酒店高区热水循环泵	2台,1用1备 每台水量,Q=2.5L/s,H=20m,N=1.1kW	位于屋顶设备机房
Va1-1 Va1-2	洗衣房热水膨胀罐	隔膜式自动气压膨胀水罐,可更换膜囊(意大) V=0.40m³,φ600x1500 Pt=1.6MPa,两台	位于B3层酒店生活热水泵房
Va2-1 Va2-2	员工用水预热膨胀罐	隔膜式自动气压膨胀水罐,可更换膜囊(意大) V=0.40m³,φ600x1500 Pt=1.6MPa,两台	位于B3层酒店生活热水泵房
Va2-1	太阳能热膨胀罐	隔膜式自动气压膨胀水罐,可更换膜囊(意大) V=0.40m³,φ600x1500 Pt=1.6MPa,一台	位于B3层酒店生活热水泵房
Va3-1 Va3-2	员工用水热水膨胀罐	隔膜式自动气压膨胀水罐,可更换膜囊(意大) V=0.40m³,φ600x1500 Pt=1.6MPa,两台	位于B3层酒店生活热水泵房
Va4-1 Va4-2	酒店配套设施热水膨胀罐	隔膜式自动气压膨胀水罐,可更换膜囊(意大) V=0.40m³,φ600x1500 Pt=1.6MPa,两台	位于B3层酒店生活热水泵房
Va5-1 Va5-2	公寓低区热水膨胀罐	隔膜式自动气压膨胀水罐,可更换膜囊(意大) V=0.40m³,φ600x1500 Pt=1.6MPa,两台	位于8F设备机房
Va6-1 Va6-2	公寓高区热水膨胀罐	隔膜式自动气压膨胀水罐,可更换膜囊(意大) V=0.40m³,φ600x1500 Pt=1.6MPa,两台	位于23F设备机房
Va7-1 Va7-2	酒店低区热水膨胀罐	隔膜式自动气压膨胀水罐,可更换膜囊(意大) V=0.50m³,φ600x1800 Pt=1.6MPa,两台	位于23F设备机房
Va8-1 Va8-2	酒店高区热水膨胀罐	隔膜式自动气压膨胀水罐,可更换膜囊(意大) V=0.40m³,φ600x1500 Pt=1.6MPa,两台	位于屋顶设备机房

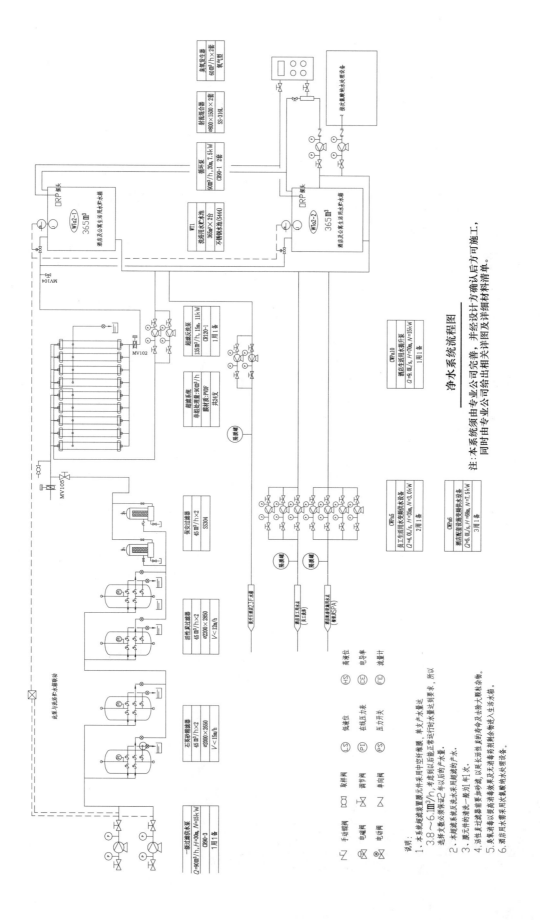

净水系统流程图

注：本系统须由专业公司完善，并经设计方确认后方可施工，同时由专业公司给出相关详图及详细材料清单。

说明：
1. 本系统超滤装置膜元件采用中空纤维膜，单支产水量达3.8～6.1㎥/h，考虑到正常运行时水量达到要求，所以选择支数须保证2年以后的产水量。
2. 本超滤系统反洗water water采用超滤后的产水。
3. 膜元件的清洗一般约1年。
4. 活性炭过滤器需要加药剂，以延长炭活性其使用寿命及去除水中余氯等类杂物。
5. 臭氧消毒以提高消毒效果及灭活余氯等消毒药剂余物。
6. 酒店用water water采用次氯酸钠水处理设备。

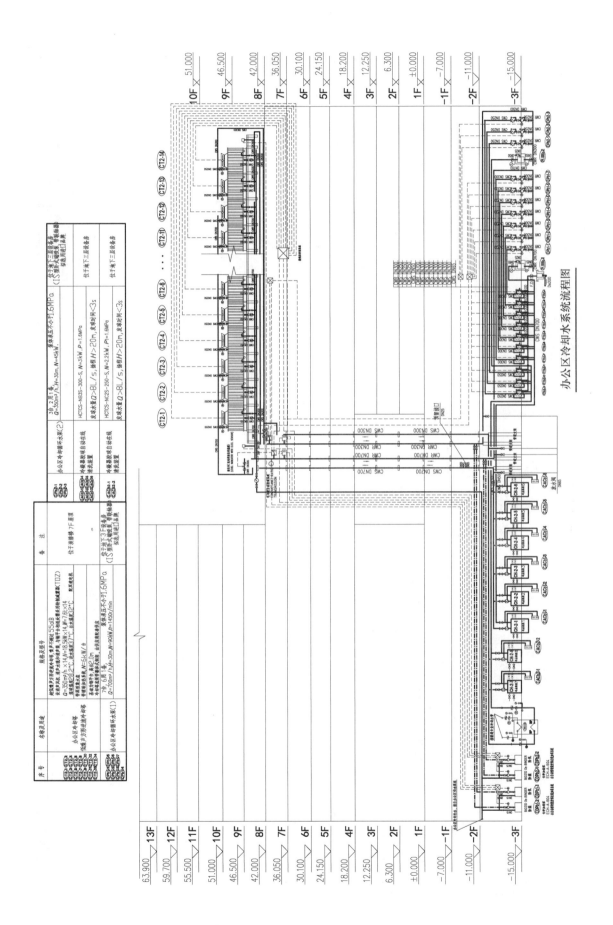

办公区冷却水系统流程图

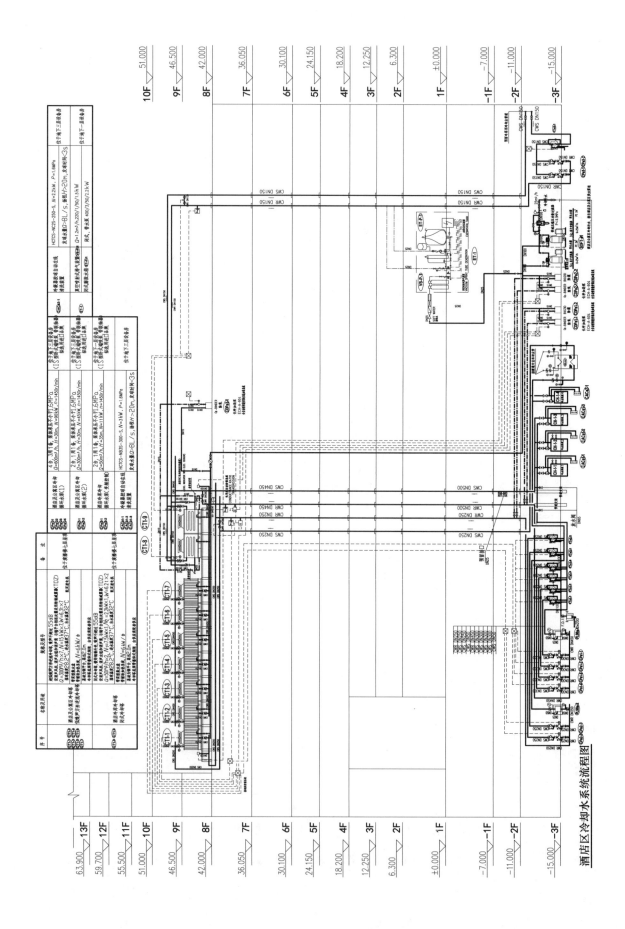

酒店区冷却水系统流程图

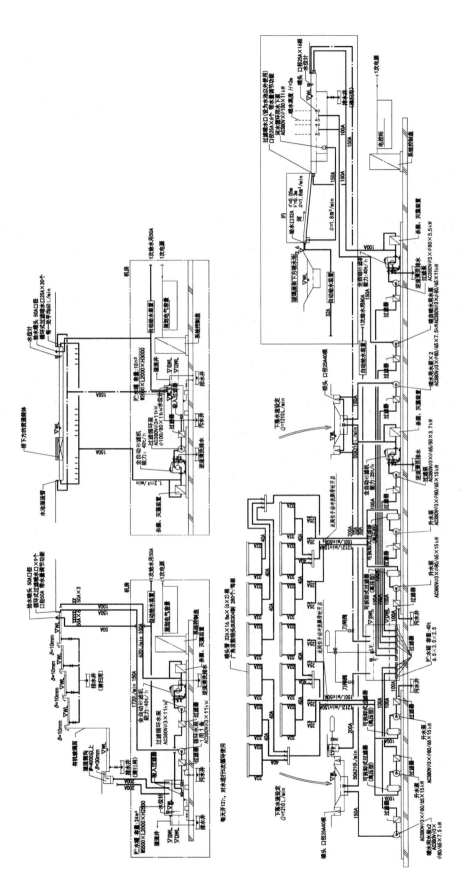

景观水景流程图

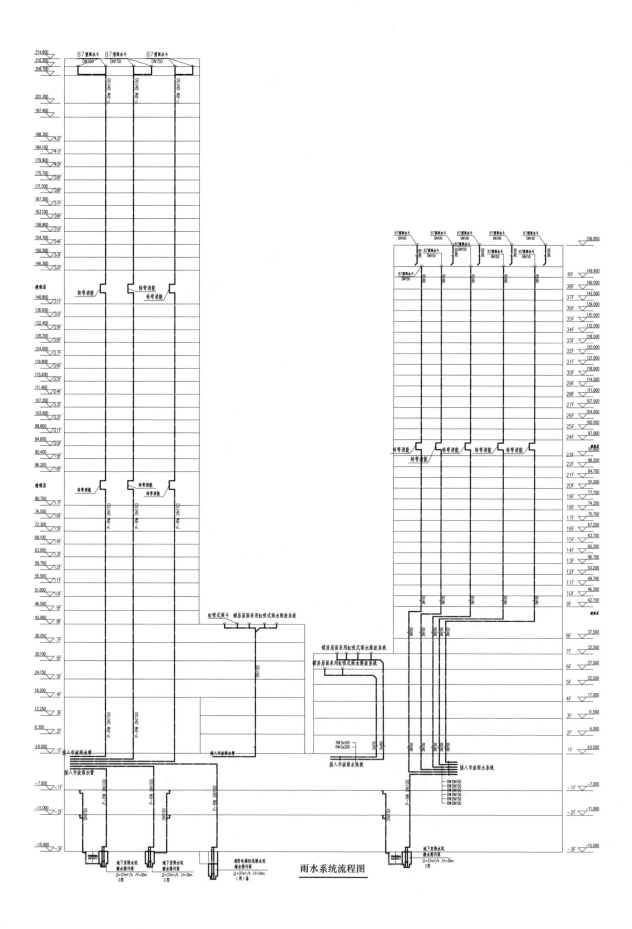

雨水系统流程图

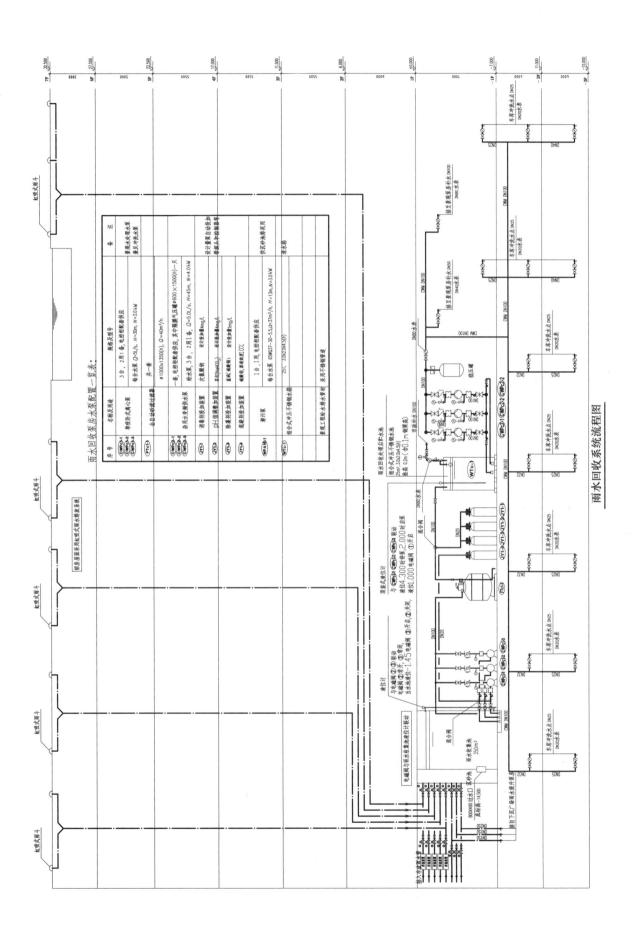

雨水回收系统流程图

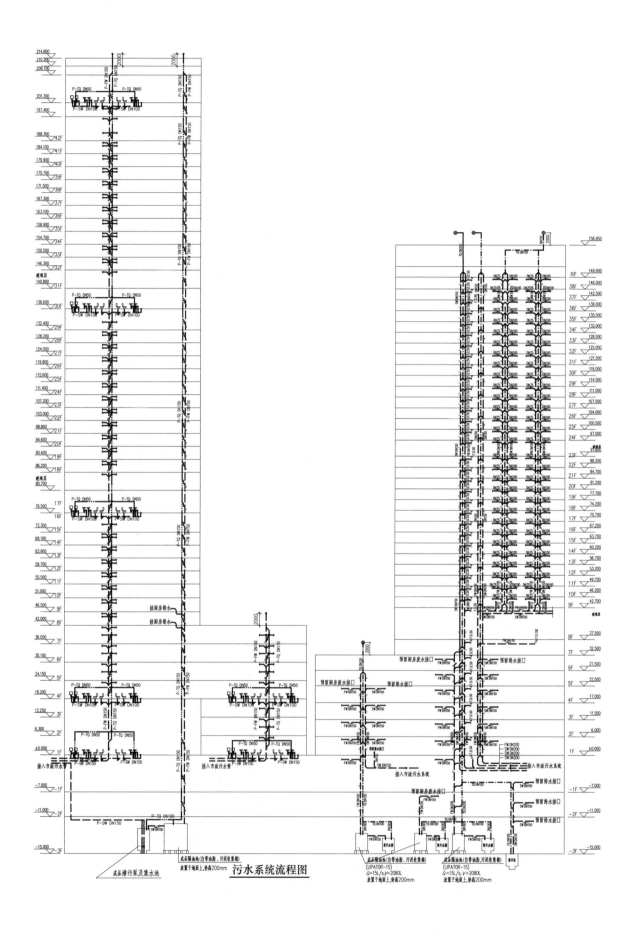

污水系统流程图

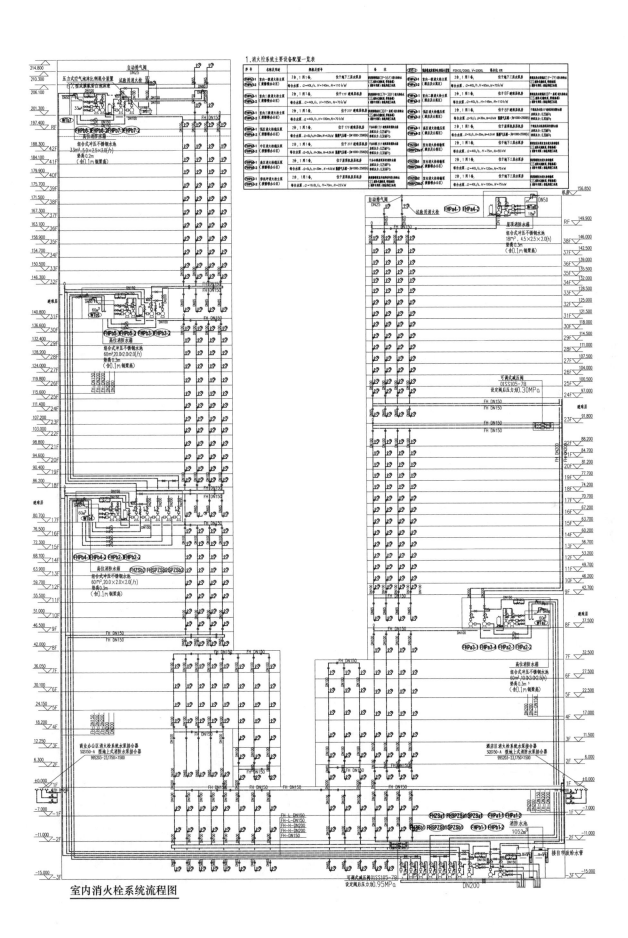

室内消火栓系统流程图

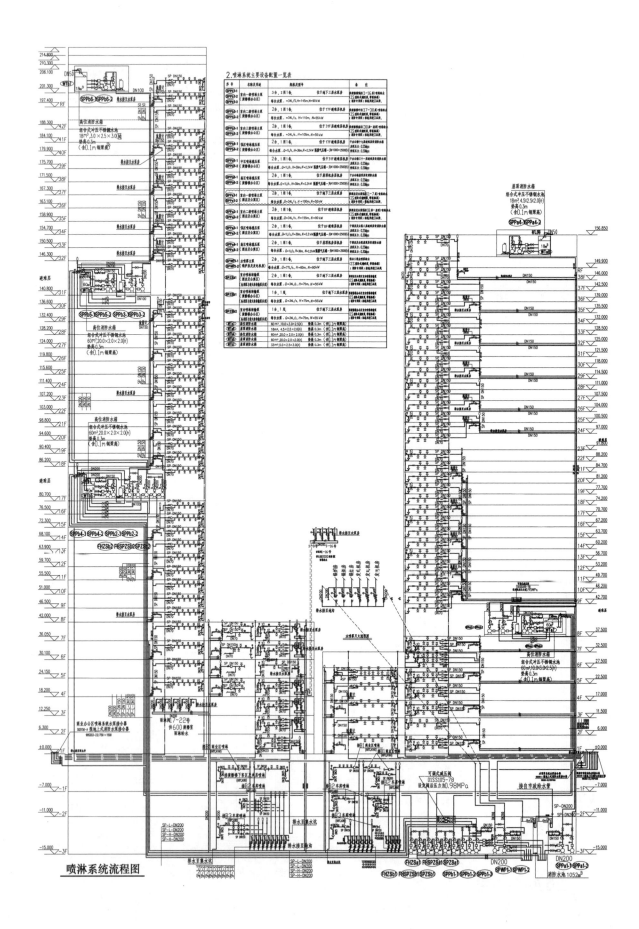

喷淋系统流程图

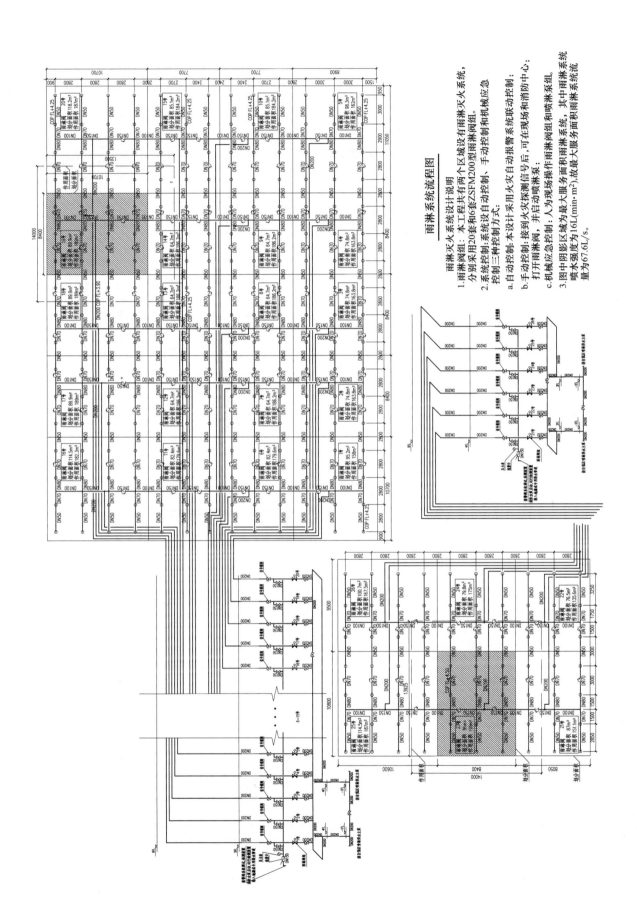

雨淋系统流程图

雨淋灭火系统设计说明

1. 雨淋阀组：本工程共有两个区域设有雨淋灭火系统，分别采用20套和6套ZSFM200型雨淋阀组。

2. 系统控制：系统设自动控制、手动控制和机械应急控制三种控制方式：
   a. 自动控制：本设计采用火灾自动报警系统联动控制；
   b. 手动控制：接到火灾探测信号后，可在现场和消防中心手动控制和机械应急打开雨淋阀，并启动喷淋泵；
   c. 机械应急控制：人为现场操作雨淋阀组和喷淋泵组。

3. 图中阴影区域为最大服务面积和消防泵组，其中雨淋系统流量为67.6L/s。人为最大服务面积雨淋系统喷水强度为16L/(min·m²)，故最大雨淋系统流量为67.6L/s。

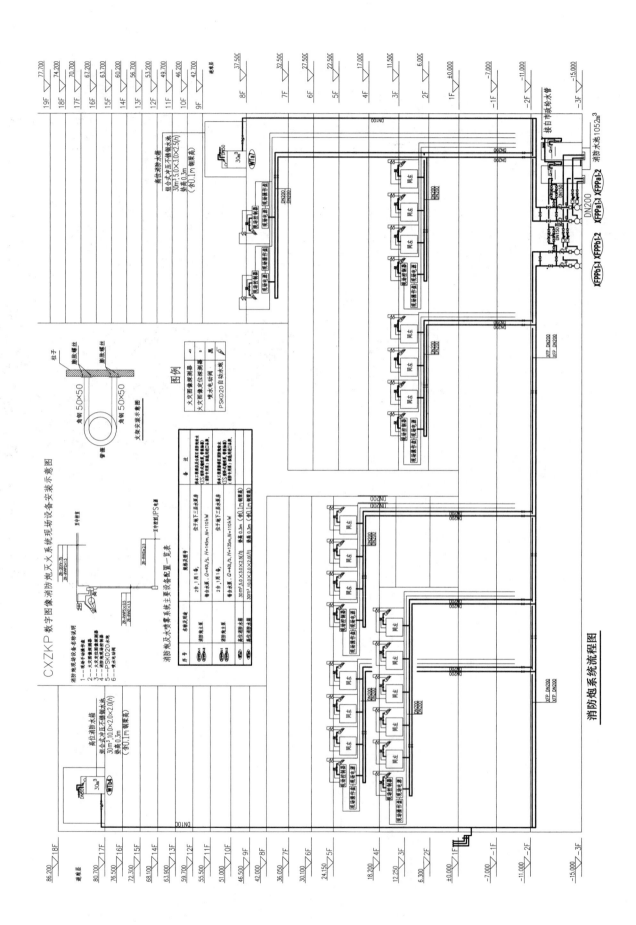

消防炮灭火系统流程图

宝钢大厦（广东）

设计单位： 广东省建筑设计研究院

设 计 人： 符培勇　叶志良　李建俊　唐文广　刘志雄　苟红英

获奖情况： 公共建筑类　一等奖

工程概况：

宝钢大厦（广东）项目是广州琶洲电商地块标志性办公建筑综合体，建筑外观整洁，外观上是一个完美的长方体，利用玻璃幕墙错落布置，呈现出极强的韵律感。该项目是执行绿色建筑二星级和 LEED 金双绿色标准的重点项目。

项目位于广州市海珠区琶洲总部经济区内 A13 地块，北临西二路，东临海洲路，南临琶洲大道，西临规划路。用地北面隔着西二路为珠江啤酒集团公司，西面隔着规划路为南方电网公司办公楼。用地红线范围内地势平坦。

本工程用地总面积 27770m²，总建筑面积 146645.4m²，其中地上建筑面积 87585.7m²，地下建筑面积 59059.7m²；建筑首层面积 5711.4m²，建筑基底面积 5369.6m²，建筑投影面积 7235.8m²，建筑密度 26.06%；计算容积率面积 83313.5m²，容积率 3.00；绿地面积 11406.0m²，绿地率 41.07%。

消防建筑高度 139.90m（室外地面至塔楼屋面完成面）；建筑总高度 149.50m（室外地面至塔楼核心筒女儿墙顶）；地上 29 层，地下 3 层。裙楼消防建筑高度 16.65m（室外地面至裙楼屋面），裙楼总高度 24.150m（室外地面至裙楼幕墙顶），地上 3 层，地下 3 层。

宝钢大厦（广东）项目于 2012 年 11 月开始设计，2016 年 12 月竣工并投入使用。

工程说明：

一、给水排水系统

（一）给水系统

1. 冷水用水量（见表 1）

宝钢大厦冷水用水量　　　　　　　　　　　　　　表 1

序号	用水名称	用水单位数	用水定额	最高日用水量（m³/d）	小时变化系数	日用水时间（h）	最大时用水量（m³/h）
1	办公室	4500 人	50L/（人·d）	225.00	1.2	10	27.00
2	会所餐饮	3600 人	60L/（人·d）	216.00	1.2	12	21.60
3	餐厅员工	720 人	60L/（人·d）	43.20	1.2	12	4.32
4	商业	7820m²	8L/（m²·d）	62.56	1.2	12	6.26
5	绿化浇洒等	18410m²	2L/（m²·d）	36.82	1.2	6	7.36

序号	用水名称	用水单位数	用水定额	最高日用水量（m³/d）	小时变化系数	日用水时间（h）	最大时用水量（m³/h）
6	水景补水			24.80	1	20	1.24
7	空调补水			385.00	1.43	10	55.00
8	合计			993.38			122.78
9	未预见水量	10%		99.34	1	24	4.14
10	总计			1092.72			126.92

2. 水源

宝钢大厦（广东）生活给水水源采用市政生活给水。从市政给水管网上引入一根 $DN200$ 给水管，与本建筑室外红线范围内周边的生活给水管网连接。市政给水管网供水压力为 0.20MPa。

3. 系统竖向分区

宝钢大厦（广东）生活给水系统分为 8 个区：

1 区：地下三层～一层，由市政生活给水管网直接供水，水压及水量不足时由地下一层低区变频调速生活给水机组加压供水；

2 区：二层～六层，由十五层转输水箱减压供水；

3 区：七层～十层，由十五层转输水箱直接供水；

4 区：十一层～十四层，由屋顶高位水箱减压供水；

5 区：十五层～十七层，由屋顶高位水箱减压供水；

6 区：十八层～二十一层，由屋顶高位水箱减压供水；

7 区：二十二层～二十五层，由屋顶高位水箱直接供水；

8 区：二十六层～二十九层，由屋顶变频调速给水机组加压供水。

冷却塔补水：由低区变频调速生活给水机组加压供水。

4. 供水方式及给水加压设备

地下一层设生活调节水池及泵房，调节水池有效容积 136m³，分两格；泵房内设生活转输泵 2 台，向十五层转输水箱供水，1 用 1 备；设低区变频调速生活给水机组一套，供给空调冷却塔补水，当市政给水不满足使用要求时，应急供水至低区使用。

十五层设生活转输水箱及泵房，转输水箱有效容积 20m³，分两格；泵房内设生活转输泵 2 台，向屋顶生活水箱供水，1 用 1 备。

屋顶设生活水箱及泵房，水箱有效容积 20m³，分两格；泵房内设变频调速给水机组一套。

5. 管材

室外生活给水管采用钢丝网骨架塑料复合管；室内生活给水干管采用钢塑复合压力管；给水支管采用 304 不锈钢管。

（二）热水系统

1. 热水用水量（见表 2）

宝钢大厦集中生活热水系统用水量　　　　　　　　　　　　　　　表 2

序号	用水名称	用水单位数	用水定额（60℃）	最高日热水量（m³/d）	小时变化系数	日用水时间（h）	最大时热水量（m³/h）
1	十九层至二十九层办公室	2200 人	5L/（人·d）	11	1.5	8	2.06

2. 热源

宝钢大厦（广东）集中生活热水系统采用太阳能集热器加热和空气源热泵辅助加热的集中热水供应系统；其他部位生活热水采用容积式电热水器就地加热供水。

3. 系统竖向分区

宝钢大厦（广东）集中生活热水系统供给十九层～二十九层公共卫生间，竖向不分区。

4. 热水系统设备

太阳能集热器设在屋顶机电设备房屋面，空气源热泵机组设在屋顶地面，卧式贮水罐、加热循环泵、热水供水泵等设备设在屋顶地面，所采用设备均为防水型并设置防雨、防风遮板。

5. 冷、热水压力平衡措施及热水温度的保证措施

集中生活热水系统采用机械循环，热水立管设置在卫生间内，减少支管长度，缩短热水出水时间，热水支管设置减压阀，阀后压力为 0.2MPa，与冷水管道压力一致。

6. 管材

室内热水管采用 304 不锈钢管。

（三）中水系统

1. 中水源水量（见表 3）、中水回用水量（见表 4）、水量平衡

宝钢大厦中水源水量　　　　　　　　　表 3

序号	用水名称	用水单位数	用水定额	最高日排水量（m³/d）
1	办公室	4500 人	$50 \times 35\%$ L/（人·d）	78.75
2	商业	7820m²	$8 \times 35\%$ L/（m²·d）	21.90
3	合计			100.65
4	原水量			80.52（按 80% 取）

宝钢大厦中水用水量　　　　　　　　　表 4

序号	用水名称	用水单位数	用水定额	最高日用水量（m³/d）	小时变化系数	日用水时间（h）	最大时用水量（m³/h）
1	办公室（三层～十四层）	2000 人	$50 \times 60\%$ L/（人·d）	60.00	1.2	10	7.20
2	绿化浇洒等	18410m²	2L/（m²·d）	36.82	1.2	6	7.36
3	水景补水			24.80	1	20	1.24
4	合计			121.62			15.80
5	未预见水量	10%		12.16	1	24	0.51
6	总计			133.78			16.31

本工程中水水源主要为室内生活废水等优质杂排水。原水量为最高日 80.52m³/d。中水处理系统处理后的中水用于室外绿化及水景补水，最高日中水用水量 61.62m³/d。中水处理系统设计处理规模为 65m³/d。

空调冷凝水水质较好，经收集后直接作为回用中水供冲厕使用。空调冷凝水水量：约 42m³/d，每年约 180d 使用空调，全年冷凝水水量共 7560m³，按 70% 回收率，全年可回收供使用的水量为 5292m³。

2. 系统竖向分区

1 区：二层～六层，由变频调速中水给水机组减压供水；

2 区：七层～十层，由变频调速中水给水机组减压供水；

3 区：十一层～十四层，由变频调速中水给水机组直接供水。

3. 供水方式及给水加压设备

生活废水等优质杂排水经中水处理工艺处理：地下一层设污废水格栅井；地下三层设污废水调节池 $35m^3$、中水处理站、中水清水池 $30m^3$ 及中水泵房。处理后的中水用于室外绿化及水景补水等。

地下三层中水泵房设空调冷凝水池（$30m^3$），在中水泵房内设置变频调速中水给水机组，供三层～十四层冲厕使用。

4. 水处理工艺流程

预处理→废水调节池→接触氧化池→膜生物反应器→消毒→中水池→用水点。

5. 管材

中水系统采用 CPVC 塑料给水管。

（四）生活排水系统

1. 排水系统的形式

宝钢大厦（广东）生活排水系统采用污、废分流排放方式。

2. 通气管的设置方式

卫生间排水设置专用通气立管和环形通气管。

3. 采用的局部污水处理设施

室内餐饮废水经隔油器处理后，排至市政污水管网。卫生间污水经化粪池处理后，通过室外污水管道，排至市政污水管网。室内洗浴废水等优质杂排水，集中排至中水处理站污废水调节池，经中水处理站处理后的中水用于室外绿化及水景补水。

4. 管材

室内污、废水自流管采用机制排水铸铁管，内外壁涂环氧树脂。室外埋地雨、污、废水管采用 HDPE 双壁波纹管。

（五）雨水排水系统

1. 排水系统的形式

宝钢大厦（广东）塔楼屋顶采用重力雨水排放系统；裙楼采用虹吸雨水排放系统。

2. 设计重现期

屋面雨水排水系统降雨设计重现期 $P=10$ 年，降雨历时 5min。雨水斗和溢流口总排水能力按 50 年重现期设计。车库坡道位置雨水排水系统降雨设计重现期 $P=50$ 年，降雨历时 5min。室外降雨设计重现期 $P=3$ 年，降雨历时 10min。

3. 管材

室内重力雨水管采用钢塑复合管，虹吸雨水管采用 HDPE 虹吸排水管。

二、消防系统

（一）消防水源和消防水量

从市政给水管网引入一根 $DN200$ 给水管，与在红线范围内建筑四周的室外生活给水管道连接。由室外生活给水管道引一根 $DN150$ 水管至地下一层，进入消防用水贮水池。消防用水量见表 5。

宝钢大厦消防用水量 表 5

名称	流量(L/s)	火灾延续时间(h)	用水量(m^3)	备注
室外消防用水量	30	3	324	
室内消防用水量	40	3	432	由室内消防水池供给
自动喷洒用水量	30	1	108	
总　计			864	

（二）消防水池、水箱及供水设备

地下二层设消防水池及泵房。消防水池有效容积 864m³。泵房内设室内消火栓给水泵 2 台，1 用 1 备，交替运行；自动喷淋给水泵 2 台，1 用 1 备，交替运行；室外消火栓给水泵 2 台，1 用 1 备，交替运行；室外消火栓给水增压稳压给水机组一套。

屋顶设有效容积 18m³ 高位消防水箱一个及消火栓和自动喷淋增压、稳压设备各一套，用于维持系统压力及向室内消火栓系统和自动喷淋系统高区提供火灾初期 10min 消防用水量。

（三）室外消火栓系统

在红线范围内建筑周边，设室外消火栓给水环状管网，管径为 DN150，沿消防车道均匀布置地上式室外消火栓，间距不超过 120m，并保证设在室外的室内消防系统水泵接合器周围 15～40m 设有室外消火栓。平时由地下二层消防泵房内增压稳压给水机组保持室外消火栓给水管网中给水压力大于等于 0.10MPa；当火灾发生、室外消火栓给水管网给水压力低于 0.10MPa 时，控制系统自动启动地下二层消防泵房内的室外消火栓给水泵，向室外消火栓给水管网加压供水。室外消火栓给水泵也可由消防泵房及消防控制室的启动/停止按钮控制。

（四）室内消火栓系统

（1）室内消火栓给水系统竖向分区

低区：地下三层～十四层，由消火栓给水管网经减压阀减压后供水；

高区：十五层～二十九层，由消火栓给水泵加压供水。

（2）消防水泵接合器设在首层室外便于消防车使用的地点，高、低区各设一组，每组 3 个，每个水泵接合器的流量按 10～15L/s 计算。水泵接合器与室外消火栓距离为 15～40m。

（3）室内消火栓环状管网由阀门分成若干独立段，以保证检修管道时，关闭停用的竖管不超过两根。

（4）室内消火栓设在明显易于取用的地点，如电梯前室、走道及楼梯附近等，其间距不大于 30m，并保证同层任何部位有两支水枪的充实水柱同时到达。消火栓箱内包括栓口口径为 DN65 的消火栓和 25m 长水带，并配有消防卷盘、DN19 口径的水枪喷嘴及消火栓泵启动按钮。屋顶设有试验用的室内消火栓。

（5）管材

室内消火栓给水系统干管采用无缝钢管，加压阀后支管采用内外热镀锌钢管。

（五）自动喷水灭火系统

（1）自动喷水灭火系统设计参数见表 6。

宝钢大厦自动喷水灭火系统设计参数　　　　　　　　　　　　　　　　表 6

火灾危险等级	喷水强度	作用面积	设计流量	自动喷水灭火系统灭火时间按最大流量 1h 计	最不利点处喷头的工作压力
中危险 II 级	8L/(min·m²)	160m²	30L/s	108m³	≥0.05MPa

（2）自动喷水灭火系统竖向分区

低区：地下三层～十四层，由自动喷淋给水管网经减压阀减压后供水；

高区：十五层～二十九层，由自动喷淋给水泵加压供水。

（3）喷淋水泵接合器设在首层室外便于消防车使用的地点，高、低区各设一组，每组 3 个，每个水泵接合器的流量按 10～15L/s 计算。水泵接合器与室外消火栓距离为 15～40m。

（4）本工程除建筑面积小于 5.00m² 的卫生间、不宜用水扑救的部位外，地下室、地上各层均设置自动喷水灭火系统。火灾危险等级采用中危险 II 级。

（5）净空高度超过 12m 的场所采用自动扫描射水高空水炮灭火装置，设计流量为 20L/s，与自动喷水灭

火系统共用给水泵。

(6) 每层、每个防火分区均设水流指示器。每个报警阀组控制的最不利点喷头处设末端试水装置,其他防火分区、楼层最不利点喷头处设试水阀。水流指示器前设带有开关信号的阀门,信号引至消防控制室。当火灾发生时,失火层的水流指示器被触动,有关信号送至消防控制室而发出警报,同时压力开关因压力下降而动作,自动启动自喷给水泵提供喷淋用水。

(7) 每个报警阀控制的喷头数量不超过 800 个,喷头采用玻璃球喷头或装饰型吊顶喷头,厨房喷头动作温度为 93℃,其他场所喷头动作温度一般为 68℃。

(六) 手提灭火器系统

(1) 手提式灭火器设置于各机电室、厨房、楼层消火栓箱内及地下停车库等处,以便保安人员或有关人员于发现火灾时作出即时扑救之用。

(2) 变配电房等处按 E 类火灾,中危险等级,每处灭火器配置点安装 MFT/ABC20 推车式灭火器两具,配置灭火级别 2A,其配置点最大保护距离不大于 24m。

(3) 地下车库按 A/B 类火灾,严重危险等级,每处灭火器配置点安装 MF/ABC5 手提式灭火器两具,配置灭火级别 3A,其配置点最大保护距离不大于 12m。

(4) 餐饮厨房按严重危险级 A 类火灾设计,每处灭火器配置点安装 MF/ABC5 手提式灭火器两具,配置灭火级别 3A,其配置点最大保护距离不大于 15m。

(5) 办公建筑楼层火灾危险等级应为严重危险级,每处电气竖井、配电房内及每层消火栓箱内,均配置安装 MF/ABC4 手提式灭火器两具,配置灭火级别 2A,其配置点最大保护距离不大于 15m。

(七) 气体灭火系统

(1) 高压配电间、低压配电间、发电机房及伺服仪机房等场所设置七氟丙烷气体灭火系统保护,整套系统包括管道、贮气瓶、喷嘴、控制箱、探测器及所有必需的配件等设备须得到消防局认可,并须经过精确计算以适合自动操作。

(2) 保护区内设置火灾探测器直接驱动。并由两路探测器操作,当其中一路探测器收到火灾信号时,警铃会立即报警,并联动闪灯及停止排风机;当第二路探测器亦收到火灾信号时,强力警报器会长鸣以通知人员立即疏散,并于 30s 延时后启动放气阀并向被保护房间喷放气体。系统设手动及自动选择开关,并有明显标识。保护区入口处设紧急停止喷放装置,并有防止误操作措施。防护区内设置火灾声光报警,防护区外设置灭火剂喷放指示信号。

(3) 变配电房灭火设计浓度为 9%,通信机房、电子计算机房等场所灭火设计浓度为 8%,气体将于放气阀启动后 10s 内向房间完全喷放。

(八) 厨房灭火装置

公共厨房灶台上方烟罩处加设化学(ANSUL)灭火系统。该系统属于洁净无毒的湿化学灭火系统,使用的是专门应用于厨房火灾的低 pH 值的水溶性钾盐灭火剂。系统由系统控制组件、药剂贮罐、探测器、手拉启动器、喷放装置、驱动气体及附件等组成。

三、工程特点

(一) 执行绿色建筑二星级和 LEED 金双绿色标准

设计积极响应国家可持续利用和绿色建筑设计理念,执行绿色建筑二星级和 LEED 金双绿色标准。给水排水专业在绿色建筑上的设计亮点主要有:

(1) 生活热水采用太阳能等可再生能源,节能减排,降低大气污染。为了达到建筑整体美观效果,使太阳能热水系统的太阳能板与建筑“第五立面”感官统一,将太阳能板敷设在屋顶东北侧增加的半层上,并将相关设备布置于功能用房内,周边设置绿化遮挡。

（2）低区冲厕、绿化浇洒、水景补水等不与人体直接接触的用水点采用处理后的中水供给。为达到既节水、节能又经济环保、利于运营的效果，曾多次进行方案综合比对，最终舍弃了雨水综合利用系统，选择了合理结合废水处理的中水系统。考虑到中水管网可能存在供水不稳定等问题，中水水箱等均设置了生活给水和中水给水两套进水管道，通过该措施保障了项目的消防安全以及用水安全。

（3）项目的节水、节能特色还包括：地下车库配备节水型高压水枪，供冲洗地面使用；卫生间采用用水效率二级以上洁具，公共浴室采用带恒温控制和温度显示功能的冷热水混水阀；水泵的选择满足相应的能效限定值及能源效率等级国家标准所规定的节能评价值；根据用水区域和用水性质合理配置了带 RS485 通信接口的远程水表，便于能源管理；整个给水系统受中央管理系统监察，能有效防止水池满溢而未及时处理问题，同时确保水泵等设备的持续正常工作。

（二）给水排水系统的先进合理

根据超甲级写字楼的项目定位，给水排水专业从安全、先进以及实用角度对各系统进行选取应用。系统设计的先进合理性主要表现在以下几个方面：

（1）除消防电梯以外的普通电梯和扶梯均设置了排水措施，保障设备安全运行；

（2）人防集水井设置排水泵及排水管道，防止平时井内积水滋生蚊虫细菌对环境的影响；

（3）下沉广场设置两套以上的集水井及排水泵，每个集水井配置两组排水泵相继启动，排水泵供电采用双电源双回路设计，并将规范要求的 5～50 年设计重现期提高至 100 年以上。

（三）给水排水系统的方案比选

在给水排水设计过程中遇到较多技术性难题和工程问题，通过整体的协调管理，结合各个系统的方案比选，最终达到了设计之初定下的效果目标。具体表现在以下几个方面：

（1）合理配置系统布管形式

给水系统为保证冷热水压力平衡，采用与热水系统布置一致的上行下给系统。中水系统采用下行上给系统。

（2）合理选择系统，节约用水

为减少地下室雨水收集池与机房的占地面积，避免雨水收集的水量不稳定问题，非传统水源利用采用中水系统供给。

（3）提高项目要求，保障项目安全

屋顶排水的校核重现期为 100 年，考虑到超设计重现期雨量的排放，雨水系统采用传统安全的重力系统。

（4）从后期运营角度采取合理措施

给水排水专业中生活给水系统、中水给水系统及喷淋给水系统按塔楼、裙楼分别布置，同时也减少了各专业管线交叉对层高的影响。

（四）结合现场实际，确保项目实施落地

为保证现场合理安排工期，所有需深化的系统均在相关图纸内进行加注说明。预留孔洞图纸也由各专业根据 BIM 成果统一格式表达在图纸中，其中各专业在本专业图纸中表达本专业的预留孔洞，并由建筑专业综合汇总表达在综合孔洞图中，保证现场施工的准确性。为减少后期开洞对土建结构的影响，预留孔洞图中的各预留孔洞均与管线图纸反复核对，并增加预留了部分孔洞，方便施工过程中业主对部分区域的功能修改增加管线。

（五）BIM 应用

项目采用 BIM 技术进行项目协同设计，提高各参与方的协作效率，保证了设计和建造质量，主要作用如下：

（1）基于 BIM 的设计控制。建立全专业模型，通过直观的三维设计方式协调复杂的建筑形体、构件、空间及设备管线间的关系。方案设计阶段利用参数化设计的全模型进行建筑和结构专业的深化与推敲。初步设计及施工图阶段应用 BIM 技术实施全专业协同，实现设计的深化实施。

（2）基于 BIM 的设计深化。机电模型构件信息化使项目设计成果参数化，可迅速分析设计和施工可能需要应对的问题，可实现三维校审。

（3）基于 BIM 的专业协同。在 Revit 中搭建了全专业的整体模型，配合进行各专业的设计深化。BIM 模型的多种可视化表达使得项目各参与方能快速有效地沟通，对施工的组织与实施也有显著的辅助作用。

（4）基于 BIM 的管线综合。在设计过程中利用碰撞检查功能尽早地发现各专业设计中的错、漏、碰。同时，通过碰撞检查和模型校验，有效减少专业之间的错、漏、碰现象；通过协同设计，减少和缩短各专业间配合和重复沟通的环节。BIM 协同设计机电部分均由机电设计人完成，既保证了 BIM 与原系统的一致性，也兼顾了现场的可落地性。

四、工程照片及附图

外景

塔楼立面

裙楼立面

夜景

立面

迎宾雨棚

室内实景（一）

室内实景（二）

与外立面条文元素一致的标识

自动扫描射水高空水炮

室外线性排水沟

湿式报警阀

光导管

能源管理系统（一）

能源管理系统（二）

中水处理设备

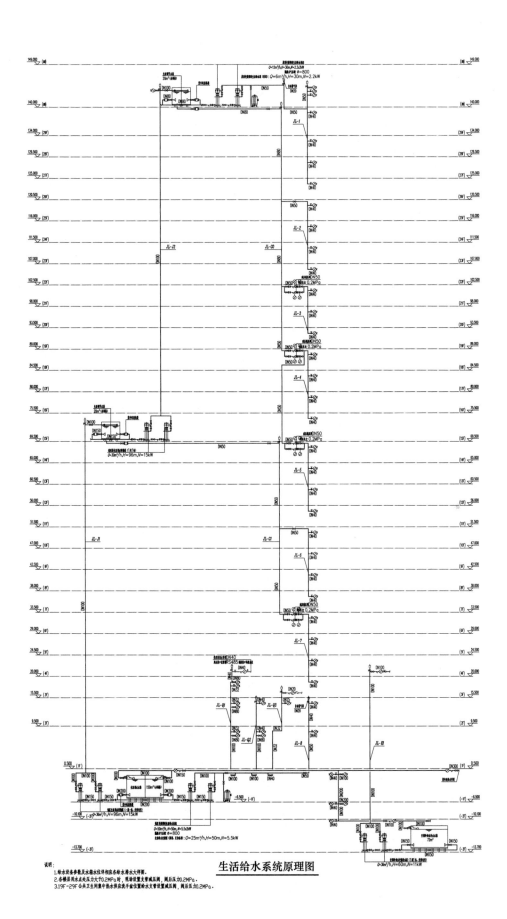

生活给水系统原理图

说明：
1. 给水设备参数及水箱水位详相应各给水排水大样图。
2. 各楼层用水点水压力大于0.2MPa时，现场设置支管减压阀。
3. 19F~29F公共卫生间集中热水供应应洗手盆位置给水支管设置减压阀，网后压力0.2MPa。

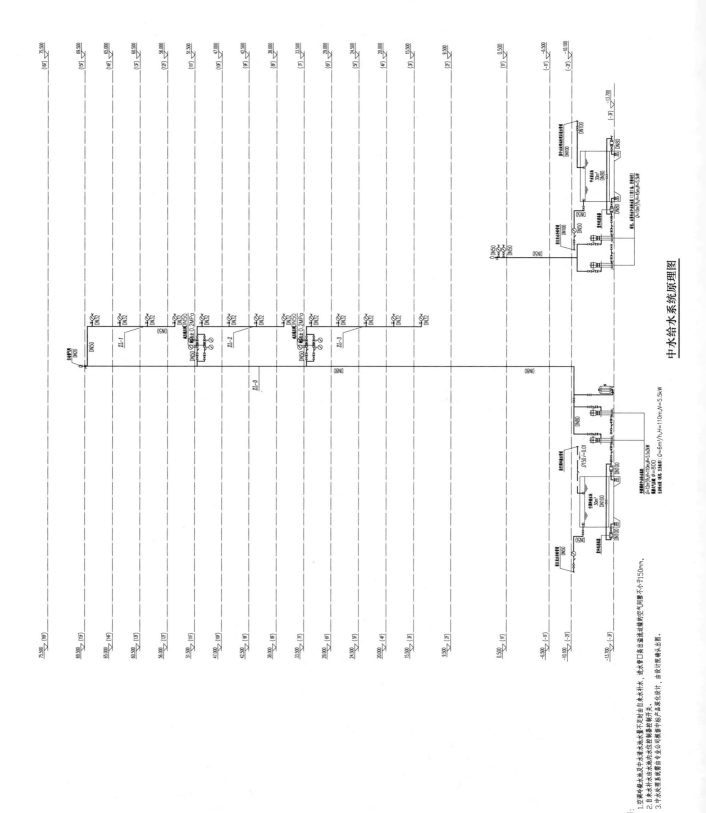

中水给水系统原理图

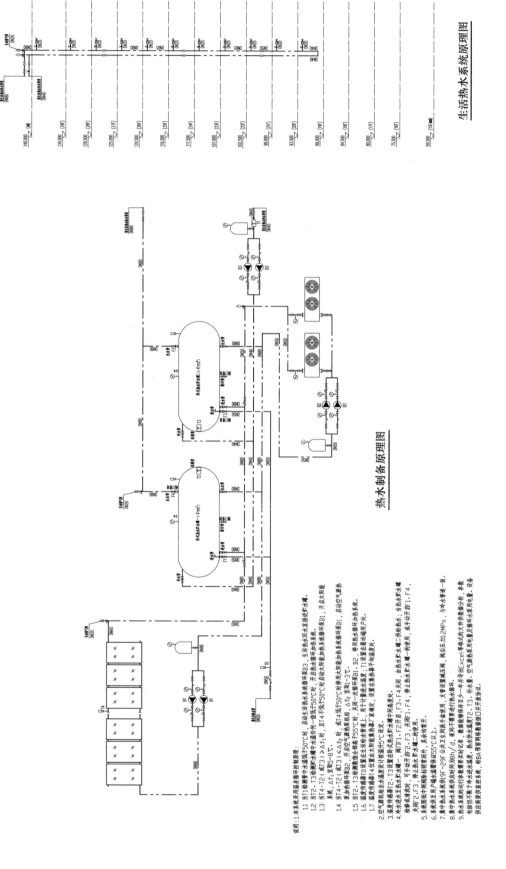

生活热水系统原理图

热水制备原理图

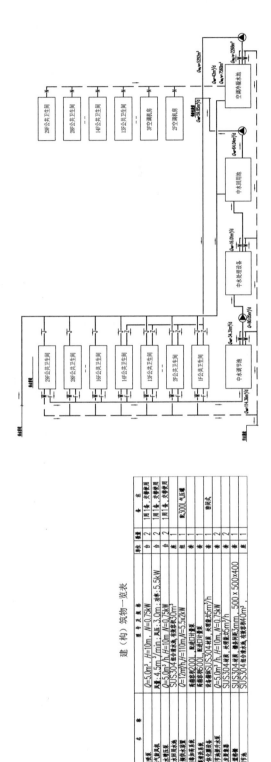

中水处理流程图

水量平衡示意图

建（构）筑物一览表

序号	名称	重要技术参数	单位	数量	备注
12	鼓风机	Q=5.0m³, H=10m, N=0.75kW	台	2	1用1备, 交替使用
11	曝气风机	风量:4.5m³/min, 风压:3.0m, 功率:5.5kW	台	2	1用1备, 交替使用
10	污水提升泵	Q=5.0m³/h, H=10m, N=0.75kW	台	2	1用1备, 交替使用
9	中水回用水箱	SUS304每台有效水箱, 有效容量30m³	个	1	
8	中水给水泵组	Q=12m³/h, H=110m, N=5.5×2kW	套	1	
7	消毒加药装置	有机玻璃200L, 配加药计量泵	套	1	配300L 气压罐
6	气浮分离机	设备材料SUS304不锈钢	套	1	
5	清水池提升泵	污泥量Q=600L, 配加药计量泵	套	2	备用式
4	调节池提升泵	Q=5.0m³/h, H=10m, 水理量25m³/h	台	2	
3	毛发聚集器	设备材料SUS304不锈钢, 水理量≥10m³/h	套	1	
2		500×500×400	套	2	
1	清水池	SUS304每台有效水箱, 有效容量40m³	座	1	

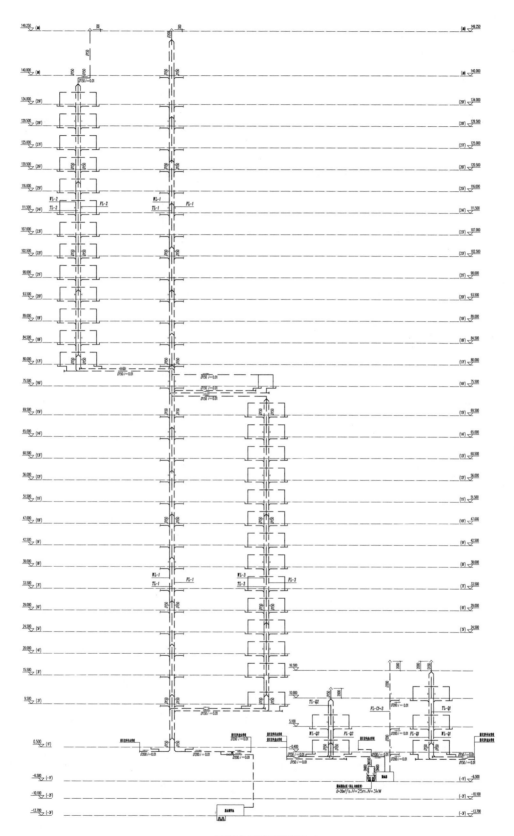

污废水系统原理图(一)

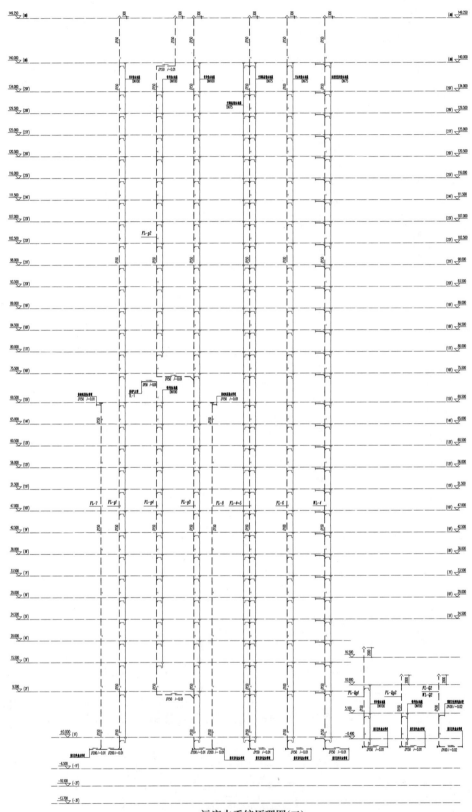

污废水系统原理图(二)

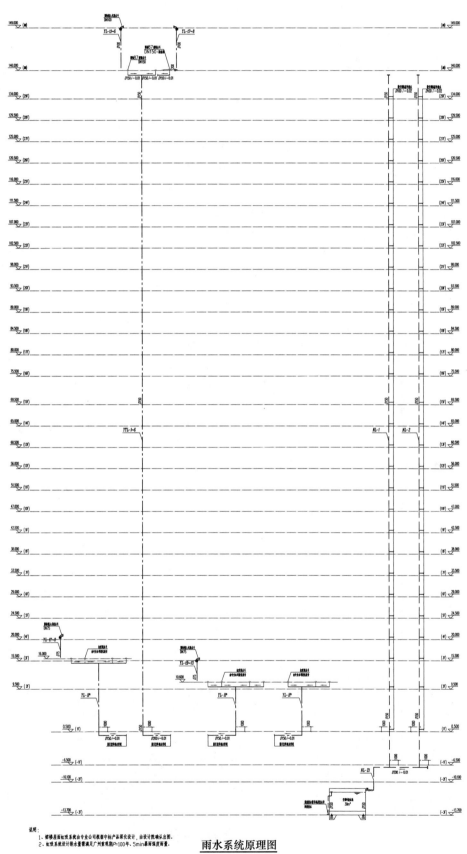

雨水系统原理图

说明：
1、裙楼屋面虹吸系统由专业公司根据中标产品深化设计，由设计院确认出图。
2、虹吸系统设计排水量需满足广州重现期P=100年、5min暴雨强度雨量。

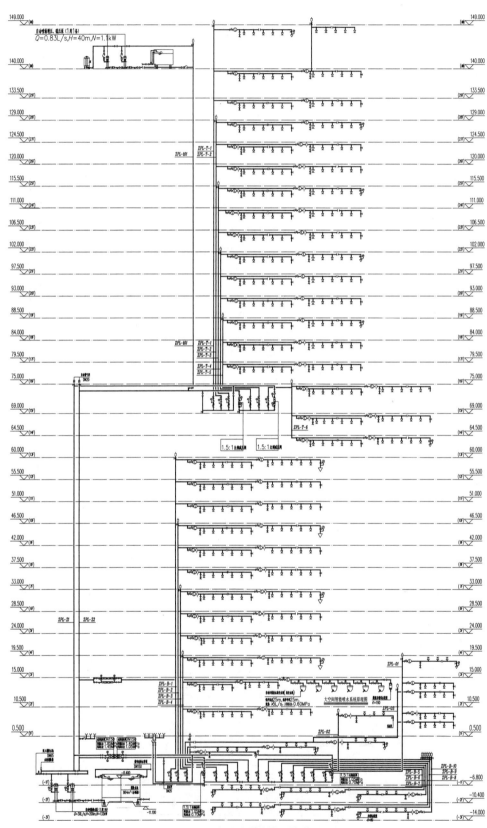

自动喷淋给水系统原理图

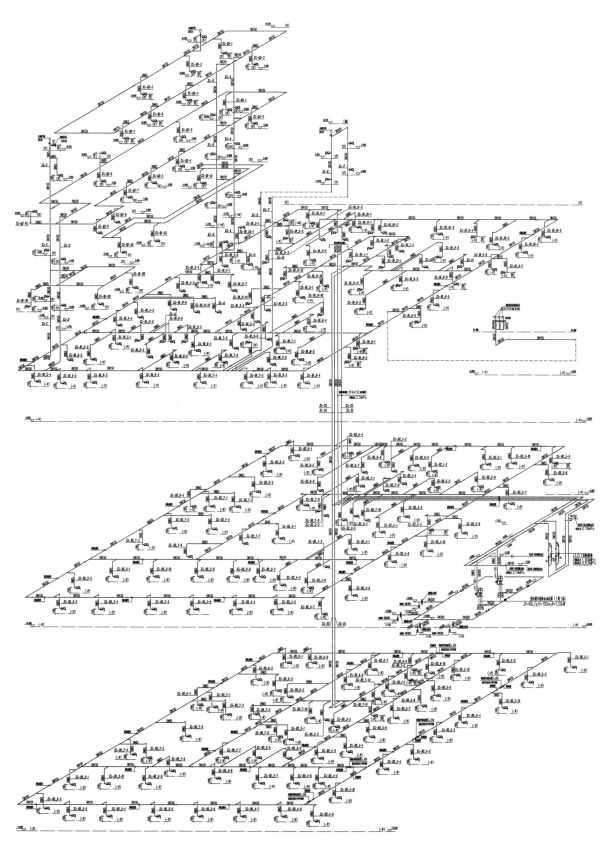

消火栓给水系统图(一)

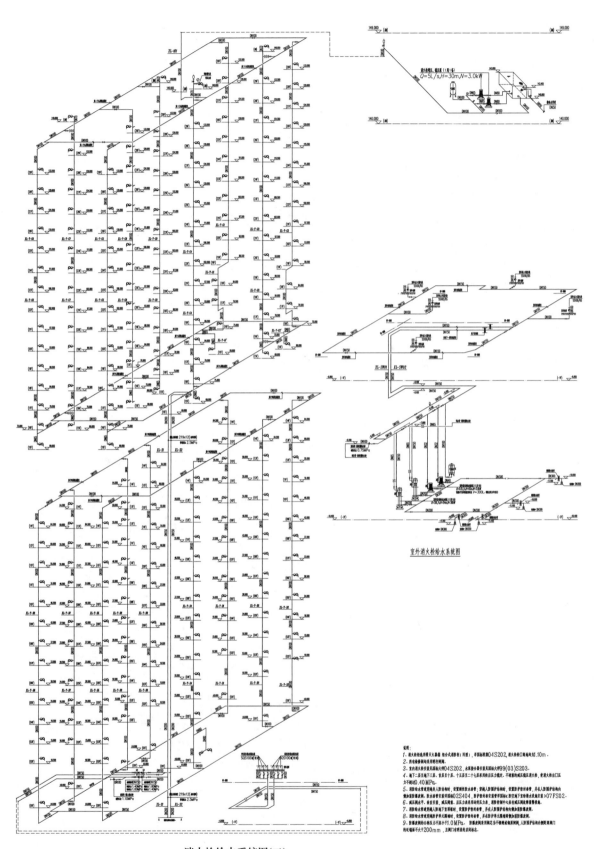

室外消火栓给水系统图

消火栓给水系统图(二)

北京绿地中心

设计单位： 中国建筑设计研究院有限公司
设 计 人： 王耀堂　王世豪　张燕平　陈宁
获奖情况： 公共建筑类　一等奖

工程概况：

本工程位于北京市朝阳区大望京商务区总体规划中的 627 号地块。基地四周市政道路为望京三号路、望京四号路、望京二号路及望京中环。

总建筑面积 173079.35m²，其中地下部分 54230m²，地上部分 118849.35m²。红线内规划建设总用地面积 19882.579m²。建筑高度 260m，地下深 21.8m。

建筑层数：地下 5 层，地上 55 层。机动车泊位数：813 个。自行车停车位数：2862 个。

本工程主要包括 1 幢超高层塔楼、1 幢零售裙房建筑及地下室。地下 5 层，其中地下五层、地下四层为人防、车库及设备用房；地下三层为车库及设备用房（部分为立体车库）；地下二层为商业、餐饮、设备及后勤用房；地下一层为自行车库、后勤用房等。

超高层塔楼地上 55 层，首层为办公及服务式公寓大堂，二层为办公及会议室；裙房为商业、餐饮等用房；三层～四十一层为办公、四十四层～五十五层为公寓。十四层、十五层、二十八层、四十二层、四十三层、五十六层为设备避难层。

容积率 8.1。顶层为直升机停机坪。

建筑类别：超高层公共建筑。耐火等级：一级。设计使用年限：3 类 50 年。抗震设防烈度：8 度。

结构类型：混合结构（桩基础、钢筋混凝土框架结构、钢结构）。

人防工程：抗力等级六级，防化丁级物质库、防化丙级人员掩蔽。

工程说明：

一、给水排水系统

（一）给水系统

1. 冷水用水量（见表 1）

冷水用水量　　　　　　　　　　　　　　　　　　　　　　表 1

序号	用水名称	用水规模	用水量标准	小时变化系数	日用水时间 (h)	用水量		
						最高日 (m³/d)	平均时 (m³/h)	最大时 (m³/h)
一	塔楼							
1	办公面积 38×1500＝57000m²	57000/10＝5700人	50×0.4＝20 L/(人·d)	1.2	10	114.00	11.40	13.68

序号	用水名称	用水规模	用水量标准	小时变化系数	日用水时间 (h)	用水量		
						最高日 (m³/d)	平均时 (m³/h)	最大时 (m³/h)
2	办公工作人员	200人	50×0.40=20 L/(人·d)	1.2	10	4.00	0.40	0.48
3	公寓144×2 =288人	288人	300L/(人·d)	2.0	24	86.40	3.60	7.20
4	公寓工作人员	200人	50L/(人·d)	1.2	10	10.00	1.00	1.20
5	小计					214.40	16.40	22.56
6	未预见水量		10%			21.44	1.64	2.26
7	合计					235.84	18.04	24.82
二	5号楼裙房							
1	职工餐厅	3184m²/2/1.1 =1448人×2 =2896人次/d	25×0.95=23 L/人次	1.2	16	66.61	4.16	4.99
2	中餐厅	2700m²/2/1.1 =1228人×4 =4912人次/d	60×0.95=57 L/人次	1.2	12	279.98	23.33	28.00
3	快餐	2700m²/2/1.1 =1228人×4 =4912人次/d	25×0.95=23 L/人次	1.2	16	112.98	7.06	8.47
4	商业	3000m²	8×0.4= 3L/(m²·d)	1.2	12	9.00	0.75	0.90
5	工作人员	150人	50×0.40=20 L/(人·d)	1.2	10	3.00	0.30	0.36
6	小计					471.57	35.60	42.72
7	未预见水量		10%			47.16	3.56	4.27
8	合计					518.73	39.16	46.99
三	冷却塔补水				10	960.00	96.00	96.00
	总计					1714.57	153.20	167.81

2. 水源

本工程供水水源为城市自来水。依据甲方提供的市政资料，拟从用地两侧路的市政给水管各接出 $DN200$ 的给水管，经总水表后接入用地红线，在红线内以 $DN200$ 的管道呈环状供水管网。管道供水压力为 0.20MPa，水质应符合《生活饮用水卫生标准》GB 5749—2006 的要求。

（1）本建筑最高日用水量为 1714.57m³/d，最大时用水量为 167.81m³/h。

（2）根据建筑高度、水源条件、防二次污染、节能和供水安全原则，供水系统设计如下：

管网系统竖向分区的压力控制参数为：各区最不利点的出水压力不小于 0.10MPa，最低用水点最大静水压力（0 流量状态）不大于 0.45MPa。压力大于 0.2MPa 时采用支管减压。

3. 系统竖向分区、供水方式及给水加压设备

给水管网竖向分为 4 个压力区。

（1）二层及以下为 1 区，生活给水由城市自来水水压直接供水。

（2）三层～十四层为 2 区，由地下四层的给水变频调速泵组供水。地下四层设有供办公用水的转输泵，供水至四十二层办公给水箱。

（3）十五层～四十二层为 3 区。三十九层～四十一层由设在四十二层的给水变频调速泵组供水。三十一层～三十八层由办公给水箱重力供水。十五层～三十层由办公给水箱重力出水管经减压供水。当管道供水压力大于 0.2MPa 时采用支管减压供水。

（4）四十四层～五十五层为 4 区，由地下四层的公寓给水转输泵输水至四十二层公寓给水箱，再由公寓变频调速泵组供水。

（5）在地下三层给水泵房内还设有裙房给水变频调速泵组供裙房三层、四层用水。

（6）设在地下四层的办公、公寓转输泵均为 2 台，1 用 1 备，均为工频泵。

（7）办公给水箱及办公变频调速泵设于地下四层和四十二层，裙房给水箱及裙房变频调速泵设于地下三层。地下三层、地下四层、四十二层裙房、办公给水变频调速泵组均由 2 台主泵（1 用 1 备）、一台气压罐及变频器、控制部分组成。2 台主泵均为变频泵，晚间小流量时，由气压罐供水。变频调速泵组的运行由设在给水干管上的电节点压力开关控制。

（8）地下四层、四十二层公寓给水变频调速泵组由 2 台主泵（1 用 1 备）、一台小泵、一台气压罐及变频器、控制部分组成。2 台主泵均为变频泵。晚间小流量时，由小泵和气压罐供水。

4. 管材

干管采用中壁不锈钢管，支管采用薄壁不锈钢管。管径≤DN65 时采用双卡压连接或焊接，管径≥DN80 时采用焊接。干管公称压力为 2.5MPa，支管公称压力为 1.6MPa。

（二）热水系统

1. 热水用水量（见表 2）

热水用水量 表 2

序号	用水名称	用水规模	用水量标准	小时变化系数	日用水时间（h）	最高日用水量（m³/d）	平均时用水量（m³/h）	最大时用水量（m³/h）
1	公寓 144×2＝288 人	288 人	160L/(人·d)	3.26	24	46.08	1.92	6.26
2	公寓工作人员	200 人	50L/(人·d)	3.26	24	10.00	0.42	1.37
	小计					56.08	2.34	7.63
	未预见水量	10%				5.61	0.23	0.76
	合计					61.69	2.57	8.39

2. 热源

本工程公寓为全日制供应生活热水，最高日生活热水用水量（60℃）为 39.60m³/d，设计小时生活热水用水量（60℃）为 5.70m³/h，小时耗热量为 331.50kW。

热源：市政热力＋空气源热泵。在四十二层热水机房内以市政热力为热媒设 4 台导流型波节管立式容积换热器供应热水。每 2 台为 1 组，供公寓的 2 个区。在市政热力检修期间采用 4 台空气源热泵机组供应生活热水。

采用市政热水由甲方提供《热力供应书面意见书》。市政热力为 130℃（供水）和 70℃（回水）高温热水。热力系统工作压力为 1.6MPa。

3. 系统竖向分区

公寓热水系统分 2 个区：四十四层～四十九层为公寓的 1 区，五十层～五十五层为公寓的 2 区。当供水压力大于 0.20MPa 时采用支管减压。

4. 热交换器

设 4 台导流型波节管立式容积换热器供应热水。

5. 冷、热水压力平衡措施及热水温度的保证措施

热水与冷水管道采用统一压力源。热水管道采用机械循环，保持配水管网内温度在 50℃以上。循环泵启停温度为 50℃及 55℃，由安装在热水回水管道上的温度控制阀自动调节控制。热水、回水管道同程布置。

6. 管材

干管采用中壁不锈钢管，支管采用薄壁不锈钢管。管径≤DN65 时采用双卡压连接或焊接，管径≥DN80 时采用焊接。干管公称压力为 2.5MPa，支管公称压力为 1.6MPa。

（三）中水系统

1. 中水源水量、中水回用水量、水量平衡（见表 3）

中水源水量、中水回用水量 表 3

序号	用水名称	用水规模	用水量标准	小时变化系数	日用水时间 (h)	用水量		
						最高日 (m³/d)	平均时 (m³/h)	最大时 (m³/h)
一	塔楼							
1	办公面积 38×1500=57000m²	57000/10=5700 人	50×0.60=30 L/(人·d)	1.2	10	171.00	17.10	20.52
2	办公工作人员	200 人	50×0.60=30 L/(人·d)	1.2	10	6.00	0.60	0.72
3	小计					177.00	17.70	21.24
4	未预见水量		10%			17.70	1.77	2.12
5	合计					194.70	19.47	23.36
二	公寓							
1	公寓 144×2=288 人	288 人	300×20%=60 L/(人·d)	2.0	24	17.28	0.72	1.44
2	公寓工作人员	200 人	50×0.60=30 L/(人·d)	1.2	10	6.00	0.60	0.72
3	小计					23.28	1.32	2.16
4	未预见水量					2.33	0.13	0.22
5	合计					25.61	1.45	2.38
三	5 号楼裙房							
1	职工餐厅	3184m²/2/1.1=1448 人×2=2896 人次/d	25×0.05=1.25 L/人次	1.2	16	3.62	0.23	0.27

续表

序号	用水名称	用水规模	用水量标准	小时变化系数	日用水时间（h）	用水量		
						最高日（m³/d）	平均时（m³/h）	最大时（m³/h）
2	中餐厅	2700m²/2/1.1=1228人×4=4912人次/d	60×0.05=3 L/人次	1.2	12	14.74	1.23	1.48
3	快餐	2700m²/2/1.1=1228人×4=4912人次/d	25×0.05=1.25 L/人次	1.2	16	6.14	0.38	0.46
4	商业	3000m²	8×0.6=5L/(m²·d)	1.2	12	15.00	1.25	1.50
5	工作人员	150人	50×0.60=30 L/(人·d)	1.2	10	4.50	0.45	0.54
6	小计					44.00	3.54	4.25
7	未预见水量		10%			4.40	0.35	0.43
8	合计					48.40	3.89	4.68
	总计					268.71	24.81	30.42
	冲洗车库	20000m²	2L/(m²·d)	1.0	8	40.00	5.00	5.00
						308.71	29.81	35.42
	室外绿化	19882.579×0.30=5964.77 m²	2L/(m²·d)	1.0	4	11.92	2.98	2.98
						320.63	32.79	38.40

小区的中水水源为市政中水。根据甲方提供的市政资料，拟从望京路上的市政中水给水管上接出 $DN150$ 的中水给水管，经总水表后接入用地红线。管道供水压力取 0.2MPa。

最高日中水用水量约为 320.63m³/d，最大时中水用水量约为 32.79m³/h。

小区使用市政中水，供水部位包括室内冲厕、车库地面冲洗、室外绿化浇灌等，建设单位应与市政中水设施管理部门签订中水使用协议。建设单位须提供市政中水供水证明。

管网系统竖向分区的压力控制参数为：各区最不利点的出水压力不小于 0.10MPa，最低用水点最大静水压力（0 流量状态）不大于 0.45MPa。

2. 系统竖向分区、供水方式及给水加压设备

中水管网竖向分为 4 个压力区。

（1）二层及以下为 1 区，由城市中水直接供水。

（2）三层～十四层为 2 区，由设在地下五层的中水变频调速泵组供水。地下五层设有供十五层～五十五层用中水的转输泵，转输供水至四十二层中水箱。

（3）十五层～三十八层为 3 区、三十九层～五十五层为 4 区。在四十二层设有中水变频调速泵组供给四十四层～五十五层公寓和三十九层～四十一层办公用水。三十一层～三十八层由中水箱重力供水。十五层～

三十层由中水箱重力出水管经减压供水。当管道供水压力大于 0.20MPa 时采用支管减压。

（4）在地下四层中水泵房内还设有裙房中水变频调速泵组供裙房三层、四层用水。

（5）设在地下四层和四十二层的主楼中水变频调速泵组和裙房中水变频调速泵组均由 2 台主泵（1 用 1 备）、一台气压罐及变频器、控制部分组成。2 台主泵均为变频泵，晚间小流量时，由气压罐供水。变频调速泵组的运行由设在给水干管上的电节点压力开关控制。

3. 管材

供水干管采用内外涂塑无缝钢管，支管采用涂塑镀锌钢管，管径≤DN65 时采用丝扣连接，管径≥DN80 时采用沟槽式连接。干管公称压力为 2.5MPa，支管公称压力为 1.6MPa。

（四）循环冷却水系统

（1）空调用水经冷却塔冷却后循环利用。湿球温度取 27℃，冷却塔进水温度为 37℃，出水温度为 32℃。

（2）主楼设有 4 台超低噪声闭式冷却塔。其中 2 台 $Q=400\mathrm{m}^3/\mathrm{h}$ 供主楼空调冷却水用。另外 2 台 $Q=300\mathrm{m}^3/\mathrm{h}$ 为办公二层～四十一层计算机房预留。

（3）四十二层消防、冷却水泵房内设有冷却塔补水变频调速泵供五十六层冷却塔补水。

（4）供主楼空调用的 2 台超低噪声冷却塔的冷却水循环泵由空调专业负责设计。

（5）供办公二层～四十一层计算机房用的 2 台超低噪声冷却塔的冷却水在二十八层设有板式换热器使冷却水系统分成两个区。二十八层以上为 1 区负责二十九层～四十一层的冷却，二十八层～二层为 2 区负责二十八层～二层的冷却，两个区在二十七层均设有冷却水变频循环泵组及定压罐。

（6）裙房顶层设有 4 台超低噪声横流式冷却塔。其中 3 台 $Q=680\mathrm{m}^3/\mathrm{h}$，1 台 $Q=400\mathrm{m}^3/\mathrm{h}$，供办公、裙房空调冷却水补水用。

（7）地下五层消防、冷却水泵房内还设有裙房冷却水变频调速补水泵组，供裙房冷却塔补水用，空调冷却水循环使用，循环泵设在冷冻机房内。

冷却塔的进水管上装设电动阀，与冷冻机连锁控制。冷却塔采用变频风机由冷却水温控制启停。

（8）各冷却塔集水盘间的水位平衡通过加大回水管管径保持。以上冷却塔均需冬季使用，集水盘需要伴热保温。

（9）冷却塔的水质稳定设施设于冷冻机房内，见暖通专业图纸。

（10）冷却循环水采用焊接钢管，焊接。管道工称压力为 2.5MPa。

（五）排水系统

1. 排水系统的形式

本系统污、废水合流，经室外化粪池处理后排入市政污水管网。

2. 通气管的设置方式

办公、公寓卫生间设专用通气立管，每隔两层设结合通气管与污水立管相连，厨房设伸顶通气管。

3. 采用的局部污水处理设施

厨房排水除经厨房设备自带的隔油设备隔油外，还需经过设在地下一、地下三层的油脂分离器隔油后才能排放。

4. 管材

污水管、废水管、通气管管径≥DN50 时采用《建筑排水用柔性接口承插式铸铁管及管件》CJ/T 178—2003 中的（RC 型）铸铁管，法兰连接，采用密封性能好的双 45°橡胶密封。

与污水泵、废水泵、雨水泵连接的管段均采用焊接钢管，法兰连接。地下室外墙以外的埋地管道采用给水铸铁管，水泥捻口（转换接头在室内）。

雨水管采用镀锌钢管，沟槽连接。

二、消防系统

(一) 消防水量

本工程消防水源为市政自来水。依据甲方提供的市政资料，从用地两侧路的市政给水管各接出 $DN200$ 的给水管，经总水表后接入用地红线，在红线内形成 $DN200$ 的环状供水管网。管道供水压力为 0.20MPa。室内消防用水均由内部贮水池供给。室外消火栓由市政直接供给。

消防水量：室外消火栓水量 30L/s，室内消火栓水量 40L/s，火灾延续时间 3h。自动喷水灭火水量 40L/s，火灾延续时间 1h。

消防水池：(1) 地下五层消防、冷却塔补水水池容积 483.06m³，其中消防水量 432m³，有消防水量不被动用措施。(2) 四十二层消防、冷却塔补水水池容积 140m³，其中消防水量 120m³，有消防水量不被动用措施。(3) 五十六层消防水池容积 150m³。

(二) 室内消火栓系统

(1) 四十三层至顶层为临时高压系统，平时压力由屋顶消防水箱间的稳压设备提供。消防时启动四十二屋室内消火栓泵组，提供消防所需的水压。四十二层及其以下为常高压系统，由屋顶 150m³ 消防水箱提供消防水压及水量。

(2) 地下五层消防冷却塔补水泵房内设有 483.06m³ 消防、冷却塔补水水池及 2 台消火栓转输泵（1 用 1 备），消火栓转输泵供水至四十二层消防、冷却塔补水水池。四十二层消防、冷却塔补水泵房内设有 2 台消火栓加压泵（1 用 1 备）供四十三层～五十六层消火栓，并经减压后供二十九层～四十二层消火栓。

(3) 十五层～二十八层、一层～十四层（主楼）均由四十二层消防水池出水管减压供给，以上减压阀后压力为 0.25MPa。地下一层～地下五层由一层～十四层消火栓管道减压供给，减压阀后压力为 0.50MPa。

(4) 消火栓设计出口压力控制在 0.25～0.5MPa，超过 0.5MPa 时采用减压稳压消火栓。地下五层～八层、十五层～二十一层、二十四层～二十九层、四十三层～四十九层采用减压稳压消火栓。

(5) 室内设有专用消火栓管道。消火栓采用单栓消火栓箱，消火栓箱内配 $D65mm$ 消火栓 1 个，$D65mm$、$L=25m$ 麻质衬胶水带 1 条，$D65 \times 19mm$ 直流水枪 1 支，消防水喉 1 套（汽车库、消防电梯前室消火栓不带水喉）。所有消火栓处均配带指示灯和常开触点的启泵按钮一个。

(6) 在五十六层设有有效容积为 150m³ 的高位消防水池和消火栓增压泵组，以保证灭火初期的消防用水。水箱设置高度 240m，消火栓系统竖向分 5 个区。

(7) 消火栓栓口高度为地面上 1.1m。

(8) 室外设有 6 组消火栓水泵接合器，3 组在地下一层与低区消火栓管连接。另外 3 组接入地下五层消防水池。

(9) 消火栓管道采用无缝钢管，焊接接口。机房内的管道及与阀门相接的管段采用法兰连接。干管公称压力为 3.50MPa，支管公称压力为 1.6MPa。

(10) 消火栓主要设备

消火栓转输泵，$Q=40L/s$，$H=220m$，$N=200kW$，$n=2900r/min$，位于地下五层消防泵房。

消火栓加压泵，$Q=40L/s$，$H=100m$，$N=90kW$，$n=2900r/min$，位于四十二层消防泵房。

消火栓增压设备，消防压力 0.38～0.50MPa，25GW3-10×8，位于五十六层消防泵房。

(三) 自动喷水灭火系统

本工程地下车库、商业自动喷水灭火系统按中危险 II 级考虑，设计喷水强度 8L/(min·m²)，作用面积 160m²。

其他部位均按中危险 I 级考虑，设计喷水强度 6L/(min·m²)，作用面积 160m²。灭火用水量为 30L/s，火灾延续时间 1h。

本工程除了地下一层自行车库处采用预作用空管系统外其他部位为湿式系统。

（1）自动喷水系统

四十三层至顶层为临时高压系统，平时压力由屋顶消防水箱间的稳压设备提供。消防时启动四十二层自喷泵组，提供消防所需的水压。四十二层及其以下为常高压系统，由屋顶 $150m^3$ 消防水箱提供消防水压及水量。

四十二层设有 2 台自动喷水加压泵（1 用 1 备），供给四十三层～五十六层自动喷水系统用水。四十三层～五十六层的喷头由设在四十二层的 4 组报警阀组负担。

二十八层设有 4 组湿式报警阀组，负责二十八层～四十一层喷头。由设在五十六层的消防水池出水管供水。

十四层设有 4 组湿式报警阀组，负责十四层～二十七层喷头。由设在五十六层的消防水池出水管减压供水。

地下二层设有 10 组湿式报警阀组，负责地下二层～十三层及裙房喷头。地下三层～地下五层各设有 2 组报警阀组，由设在五十六层的消防水池出水管再次减压供水。

在五十六层设有有效容积为 $150m^3$ 的高位消防水池和自动喷水增压泵组，以保证灭火初期的自动喷水用水。水箱设置高度 240m。

（2）喷头设置范围

除下列部位不设喷头外，其余均设喷头保护：面积小于 $5m^2$ 的卫生间以及变配电室、消防控制中心、电梯机房等。

本工程主楼办公、公寓、裙房均需要进行二次装修设计，喷头布置以二次设计为准。

所有防火卷帘采用耐火时间≥3h（以背火面判定）的复合式防火卷帘，因此在其两侧不设喷头保护。

（3）喷头选用

1）吊顶下及吊顶内喷头为吊顶型喷头，车库、无吊顶的房间喷头为直立型喷头，公寓的卧室采用边墙型扩展覆盖喷头。裙房四层走道无法设支吊架，走道内喷头均采用侧墙喷头。当喷头设置的楼层超过室外水泵结合器扑救灭火的高度时，采用快速响应喷头。其余采用普通玻璃球喷头。

2）喷头动作温度：厨房热交换间等高温区为 93℃，其他为 68℃。

3）喷头的备用量不应少于建筑物喷头总数的 1%，各种类型、各种温级的喷头备用量不得少于 10 个。

4）喷头布置：图中所注喷头间距如与其他工种发生矛盾或装修中需调整喷头位置时，喷头布置必须满足规范要求，且喷头距灯和风口间距不宜小于 0.3m。

（4）每个防火分区的水管上设信号阀与水流指示器，每个报警阀组控制的最不利点喷头处设末端试水装置，其他防火分区、楼层的最不利点喷头处均设 DN25 的试水阀。信号阀与水流指示器之间的距离不宜小于 300mm。

（5）湿式自动喷水系统的控制

1）自动控制：高区平时管网的压力由稳压泵保持；当管网压力下降至 0.26MPa 时稳压泵启动，压力升至 0.31MPa 后稳压泵停泵；当管网压力下降至 0.23MPa 时，自动喷水加压泵启动，稳压泵停泵。灭火后手动停加压泵。自动喷水加压泵均应保证在火警后 30s 内启动。

2）喷头动作后，压力开关直接连锁自动启动自动喷水泵。

3）消防中心和泵房内工作人员亦可就地手动开启自动喷水加压泵。

（6）十四层设有 2 台自动喷水水泵结合器转输泵（1 用 1 备）供水至四十二层消防水池。

（7）预作用自动喷水系统

1）地下一层自行车库对系统和喷头无特殊要求故采用空管系统，水泵与湿式系统共用。

2）地下一层自行车库采用防冻玻璃泡喷头，楼板下采用直立型喷头，风道下采用干式下垂型喷头。

3）预作用自动喷水系统的控制

预作用报警阀的开启由电气自动报警系统控制，当自动报警系统报警后，预作用报警阀的电磁阀打开，阀上压力开关启动自动喷水泵，快速排气阀排气，向管网充水，系统转变为湿式。报警阀为单连锁控制，仅有喷头开启不能使报警阀动作和启动自动喷水泵。

（8）采用加厚内外热镀锌钢管，管径≤DN70者丝扣连接，管径≥DN8者沟槽式连接。机房内管道及与阀门等相接的管段采用法兰连接。喷头与管道采用锥形管螺纹连接。干管公称压力为 3.5MPa，支管公称压力为 1.6MPa。

（9）自喷主要设备

自动喷水加压泵，$Q=40L/s$，$H=100m$，$N=90kW$，$n=2900r/min$，四十二层消防泵房。

自动喷水水泵接合器转输泵，$Q=40L/s$，$H=140m$，$N=90kW$，$n=2900r/min$，十四层消防泵房。

自动喷水增压设备，消防压力 0.50～0.65MPa，25GW3-10×9，$N=2.2kW$，位于五十六层消防泵房。

（四）自动扫描射水智能喷水灭火系统

（1）裙房中庭采用自动扫描射水智能喷水灭火系统。单个喷头的标准喷水流量为 5L/s，在中庭三层顶设 4 组自动扫描射水智能喷头，设计流量为 20L/s。与自动喷水灭火系统共用加压泵。

（2）自动扫描射水智能喷水灭火系统有三种控制方式

自动控制：消防控制室无人值守时或人为使系统处于自动状态下，当报警信号在控制室被主机确认后，控制室主机向控制盘发出灭火指令，灭火装置按设定程序搜索着火点，直至搜到着火点并锁定目标，再启动电磁阀和消防泵进行灭火。

消防控制室手动控制：控制设备在手动状态下，当系统报警信号被工作人员通过控制室显示器或现场确认后，控制室通过灭火装置控制盘按键驱动灭火装置瞄准着火点，启动电磁阀和消防泵进行灭火。消防泵和灭火装置的工作状态在控制室显示。

现场紧急手动控制：工作人员发现火灾后，通过设在现场的手动控制盘按键驱动灭火装置，瞄准灭火点，启动电磁阀和消防泵进行灭火。

（五）取水口和简易水泵结合器

高层建筑内设取水口和简易水泵结合器。

高层建筑内为保证高区的消火栓系统在偶遇停电的特殊情况下仍有供水能力，在四十二层消火栓加压泵的吸水管上设供消防手台泵用的吸水口，在消火栓加压泵的压水管上设简易水泵结合器。

高层建筑内为保证高区的自动喷水灭火系统在偶遇停电的特殊情况下仍有供水能力，在十四层的水泵结合器加压泵的吸水管上设取水口，在十四层报警阀组的供水环管上设简易水泵结合器。并在四十二层自动喷水加压泵的吸水管上设供消防手台泵用的吸水口，在自动喷水加压泵的压水管上设简易水泵结合器。

（六）气体灭火系统

本工程变配电室等电气用房，为降低火灾危险性，在电气用房的电气设备（高压配电柜、低压配电柜、变压器）内设置七氟丙烷固定式全淹没灭火系统。

设计参数：灭火设计浓度 8%，设计喷放时间 8s，灭火浸渍时间 5min。

气体灭火系统待设备招标投标后，由中标人负责深化设计。深化设计严格按照本设计的基本技术条件和《气体灭火系统设计规范》GB 50370—2005 进行。施工安装应符合《气体灭火系统施工及验收规范》GB 50263—2007 的规定，并参见国标图集《气体消防系统选用、安装与建筑灭火器配置》07S207。

三、设计及施工体会或工程特点介绍

北京绿地中心位于机场高速五元桥边上、望京商务区的中心位置。外幕墙以中国锦的概念为出发点，塔楼造型呈现出编织交错的机理，富有地标性。其建筑高度 260m，地上 55 层，以避难层为分界，竖向划分为 4 个分区，地下深 21.8m，地下 5 层，顶层为直升机停机坪。

地下给水机房内设置给水箱及给水泵，避难层四十二层机房内设置公寓、办公给水箱及给水泵组。此模式可减少中间转换水箱数量，有效减少下部避难层内管道，节省机房面积，方便物业管理公司集中管理。四十二层水箱起承上启下作用，满足 2 区、3 区办公及 4 区公寓的供水需求。中水系统设置模式同给水系统。

消防系统中，地下室消防水池贮存消防水量 432m³，四十二层消防水箱贮存消防水量 120m³，屋顶消防水箱容积 150m³，满足本项目全部消防水量要求。屋顶消防水箱高 7.4m，采用焊接折弯钢板水箱，并增设加强筋与固定件，提高水箱的稳定性。屋顶消防水箱贮存了本项目全部自喷用水量，四十二层消防水箱与屋顶消防水箱相互备用，提高消防安全性。在主要设备间及水箱间设置简易消防水泵接合器，便于险情时消防队员紧急取水。

公寓供应生活热水，采暖季采用市政热力供热。非采暖季时，在保证机房有效通风换气的前提下，使用空气源热泵机组制备生活热水，运行成本低廉，节能环保，具有良好的社会效益。

塔楼办公区的计算机房提供 24h 循环冷却水。其系统竖向分为两个区，低区热量通过二十八层板式换热器换到高区，由高区管路置换到屋顶冷却塔。塔楼屋面设置 2 台超低噪声冷却塔，为全楼数据机房提供冷源。

塔楼屋顶作为区域建筑制高点，按消防要求设置直升机停机坪。停机坪直径 25m，可以停靠最大型直升机，为消防和急救提供条件。停机坪采用泡沫消火栓系统。

针对管线复杂部位，采用 SU 三维模型对土建和机电管线进行三维建模，排布管线高度和平面位置，预排布提前发现机电管线综合问题，为下一步深化设计提供依据。

本项目设计体现了绿色建筑理念，满足 LEED 银级认证各项指标。该项目销售入住良好，各项指标均满足设计和施工要求达到的指标，具有明显的经济、社会、环境效益。

四、工程照片及附图

项目实景（望京公园方向）

地下五层消防泵房（一）

地下五层消防泵房（二）

地下五层消防泵房（三）

42F 消防泵房

简易水泵接合器

设备层报警阀间

设备层排水管

4区公寓管井

屋顶消防水箱间

首层入口大堂

裙房施工

裙房冷却塔施工（一）

裙房冷却塔施工（二）

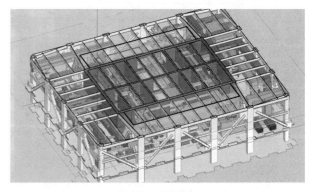

四十二层模型

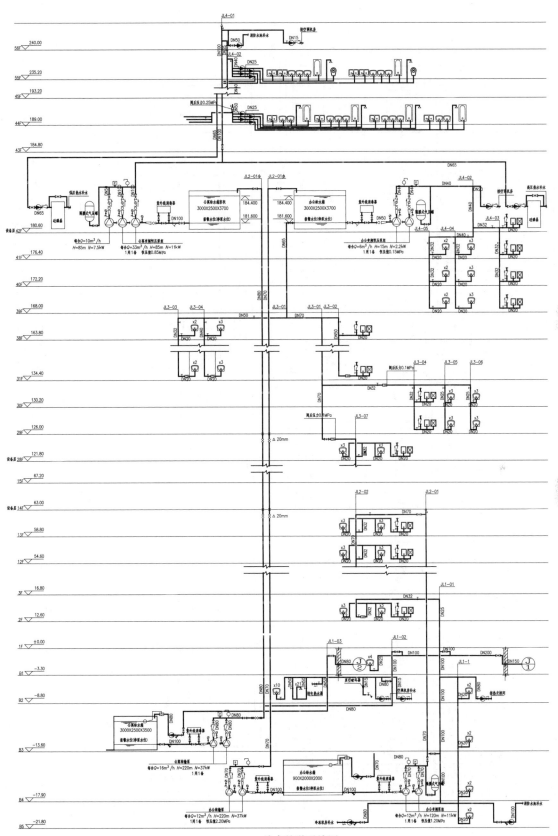

给水管道系统图

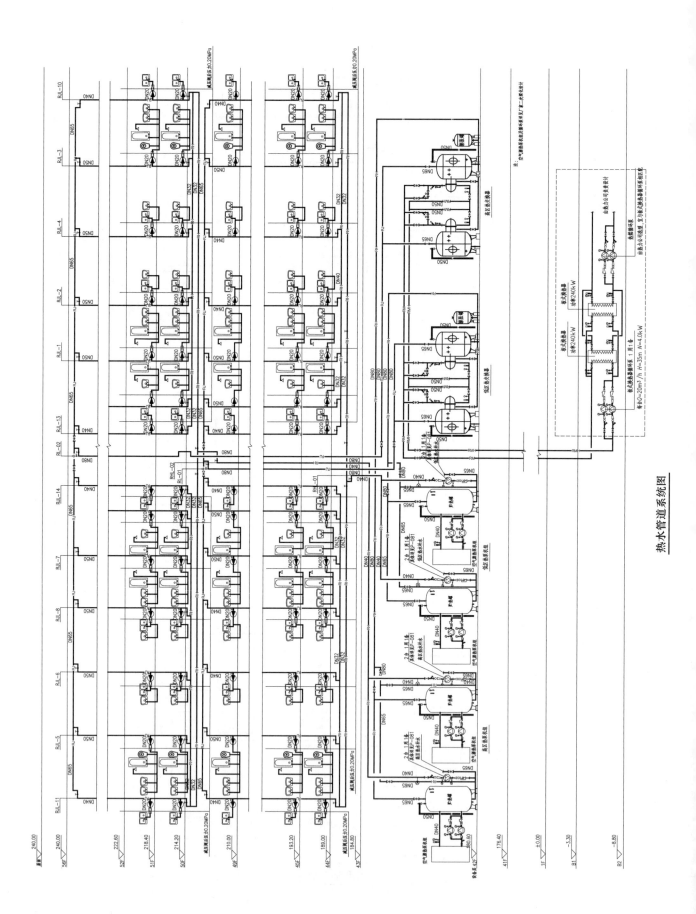

热水管道系统图

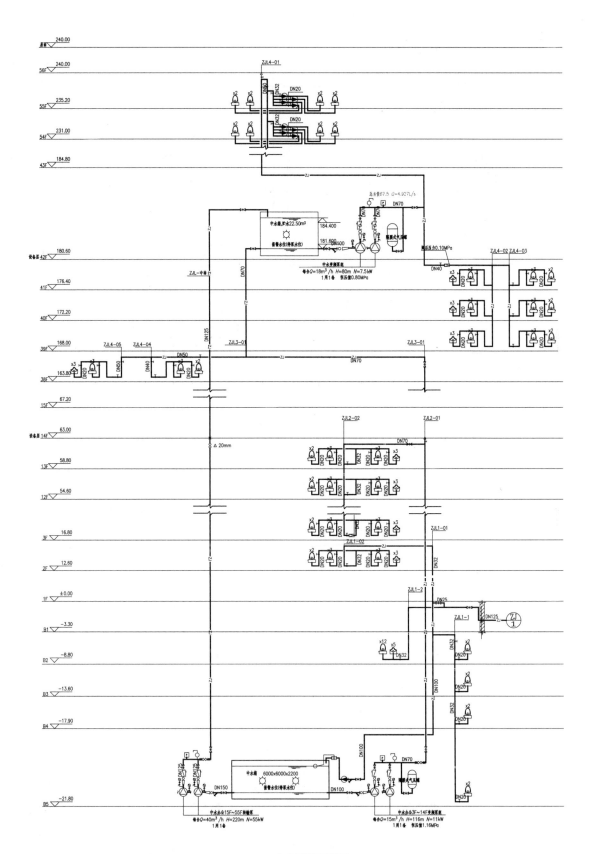

中水管道系统图

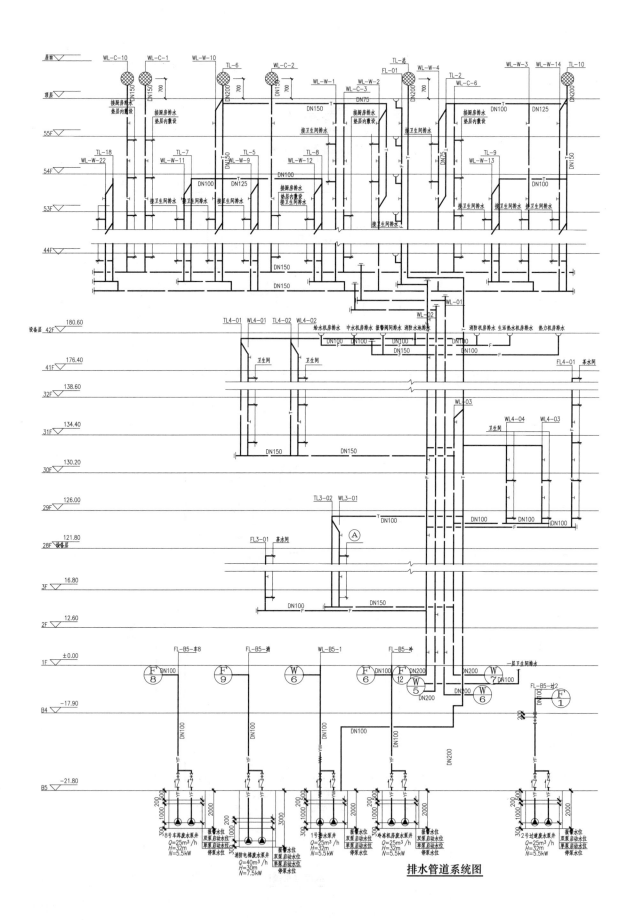

排水管道系统图

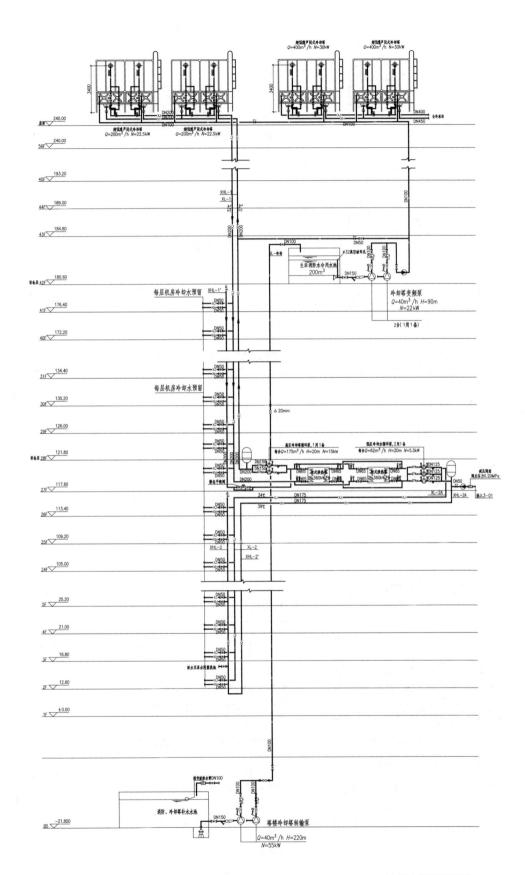

冷却水管道系统图

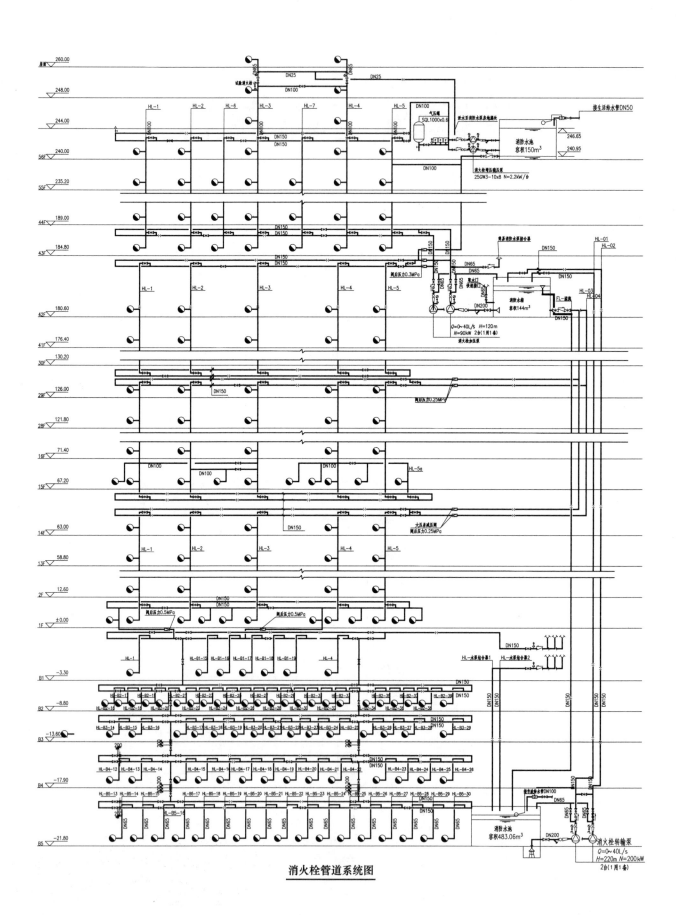

消火栓管道系统图

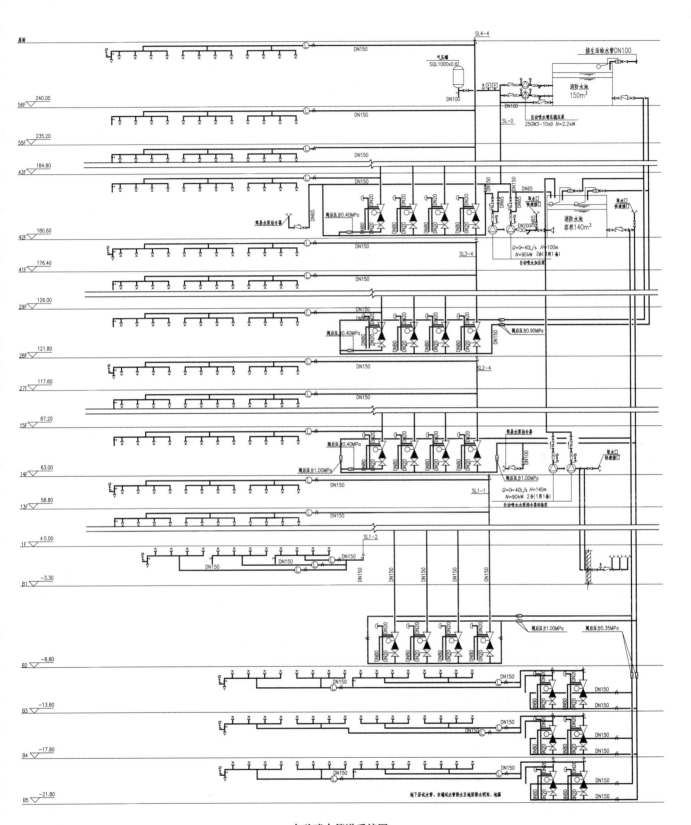

自动喷水管道系统图

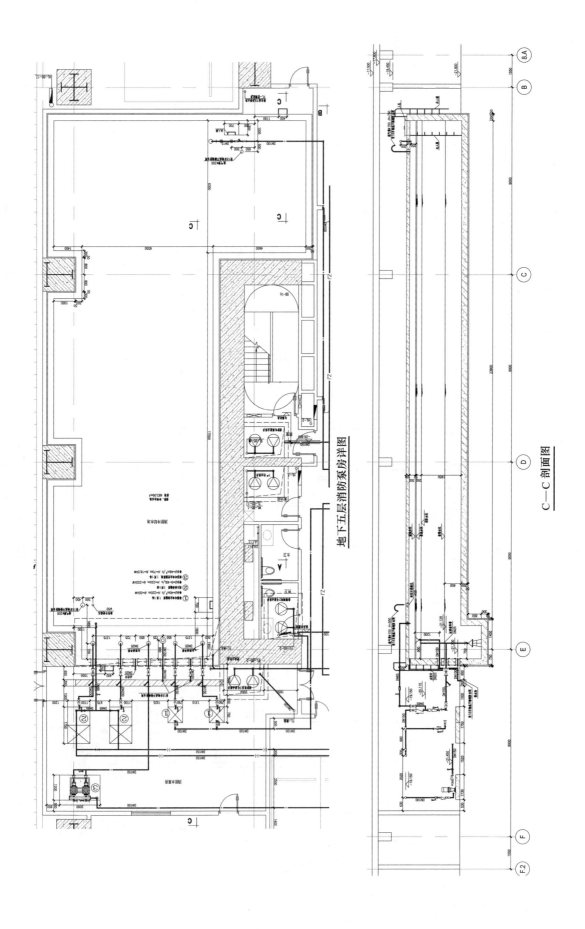

地下五层消防泵房详图

C—C 剖面图

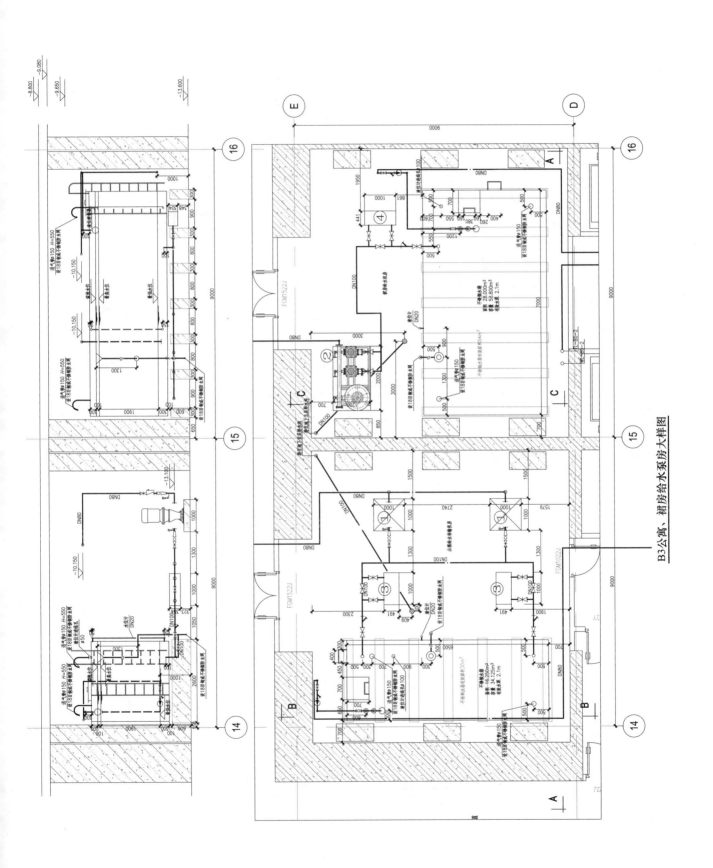

B3公寓、裙房给水泵房大样图

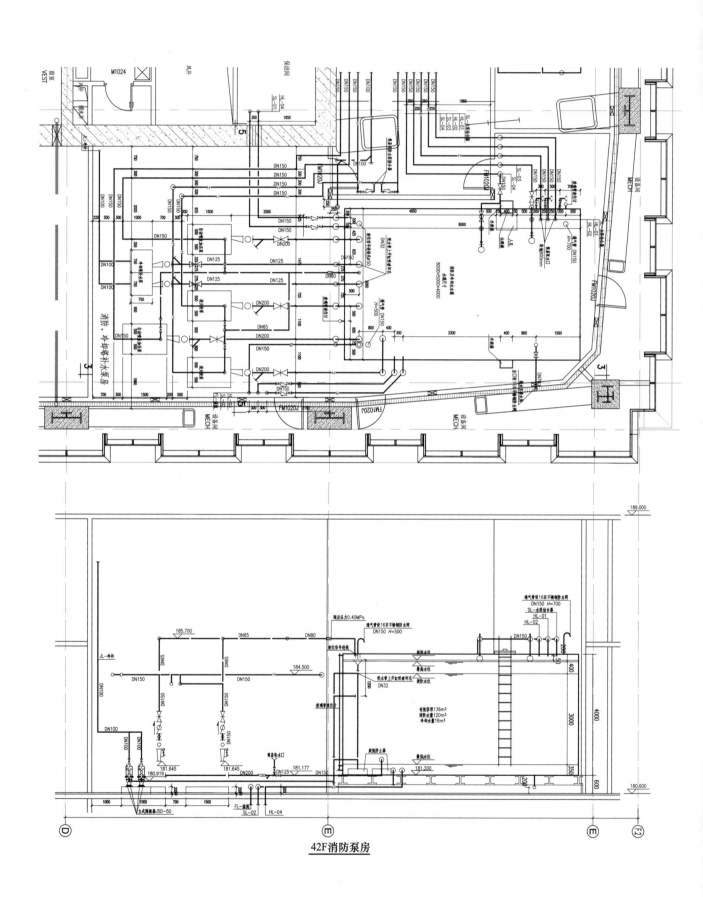

42F消防泵房

新建宝鸡至兰州铁路客运专线兰州西站站房工程

设计单位：同济大学建筑设计研究院（集团）有限公司
设 计 人：张东见　王洪武　唐廷　江帆　田峰
获奖情况：公共建筑类　二等奖

工程概况：

兰州西站位于兰州市七里河区，北侧为城市主干道西津路，南侧为在建城市主干道南山路，交通便利。车站交通以"零换乘"为设计理念，形成集地铁、公交车、出租车、社会车等多种交通方式于一体的综合交通枢纽，同时站房建筑造型以"丝路黄河"为理念，形成集功能性、文化性、时代性于一体的地标建筑。

本工程属特大型交通枢纽建筑，总用地面积22万 m²，总建筑面积26万 m²（其中站房10万 m²），地上建筑面积18万 m²，容积率为0.82。车站站场规模13台26线，由南北站房、高架候车大厅、旅客出站厅及南北城市通廊、无站台柱雨棚等几部分组成。站房建筑高度为39.85m，主体建筑地上2层，地下1层，自上而下分别为高架候车层（含商业夹层）、站台层、出站层。

本工程给水排水专业设计内容包括：

（1）室外工程：站房给水引入管及水表阀组设计，冷水塔补水系统设计；消防水泵接合器设计，站房靠南、北广场侧室外消火栓布置；基本站台综合管廊的排水设计；出站排水检查井至市政排水管道接口处的所有雨水、污水、油污水管道及隔油池、化粪池等污水处理构筑物的设计；与市政排水管道的接口设计；室外临时排水方案设计。

（2）站房室内工程：给水排水及水消防系统（消火栓系统、自动喷水灭火系统及消防炮系统）设计；中水系统设计、气体灭火系统设计、灭火器配置；站房屋面虹吸雨水系统设计；管道防冻保温系统设计。

（3）站台雨棚工程：雨水排水系统设计。

（4）站场工程（物流通道）：排水系统设计、消火栓系统设计、灭火器配置。

（5）桥梁工程（落客平台）：排水系统设计、消火栓系统设计。

工程说明：

一、给水排水系统

（一）给水系统

1. 冷水用水量（见表1）

冷水用水量 表1

序号	用水对象	建筑面积（m²）	用水人数	用水量标准	小时变化系数 K_h	日用水时间（h）	最高日用水量（m³/d）	最大时用水量（m³/h）
1	旅客		最高聚集人数 10000 人	4.0L/（人·d）	2.5	18	80.0	11.1
2	办公		440 人	50L/（人·d）	1.2	12	22.0	2.2
3	商业	1292.8		8.0m²/d	1.2	12	10.3	1.0
4	餐饮		4375 人次/d	40L/人次	1.5	12	175	21.8
5	未预见水量（10%）						28.7	3.6
6	生活用水量总计						316.0	39.7
7	冷却塔补水量						1161	64.5
8	室内消防用水量						526m³/次	
9	饮用水量		最高聚集人数 10000 人	0.4L/（人·d）	1.0	18	8.0	0.9

2. 水源

站房给水由整个兰州西站供水系统供给，由其提供满足本站房生产和生活水量、水质、水压要求的所有用水，同时为本站房室内消防水池补水。

站房生活、消防补水管均由基本站台综合管廊中的列车上水环管上接出。由南、北站房基本站台综合管廊处分东、西侧各设 1 根给水引入管（共 4 根），设室外水表阀组后进站，供给站房生活用水。由北站房基本站台综合管廊处设 1 根给水引入管，设室外水表阀组后进站，供给消防水池补水。冷却塔设置于站房室外，就近由列车上水环管上接管，设室外水表阀组井后为其补水。

3. 系统竖向分区

给水系统竖向不分区。

4. 供水方式及给水加压设备

给水及水消防系统各自独立，给水管道呈枝状布设，管道布置采用上行下给式。站房内不设给水加压设备。

5. 管材

室内给水管道管径≤DN50 的支管选用 S5 系统 PP-R 管，热熔连接。管径≥DN65 的干管选用内衬塑（PE）外镀锌钢管，管径≤DN80 时采用丝扣连接，管径>DN80 时采用沟槽式卡箍连接；电伴热保温给水管选用 304L 型薄壁不锈钢管，氩弧焊接。

（二）热水系统

站房内不设集中热水供应系统。贵宾候车室卫生间、公安办公卫生间、售票厅工作人员用卫生间内设置即热电热水器，分散制备热水供给每个洗手盆。

各候车室均设置饮水间，设过滤加热一体式电加热直饮水设备，供应饮用水。

（三）排水系统

1. 排水系统的形式

站房排水系统采用室外雨、污水分流；室内污、废水合流。

2. 通气管的设置方式

卫生间污水管及厨房油污水管设置环形通气管和专用通气管，伸顶至屋面。

3. 系统

出站层卫生间污、废水采用潜污泵提升排水方式。出站层厨房油污水采用隔油提升一体化装置排至室外油污水井。站台层、高架候车层、商业夹层卫生间污、废水及厨房油污水采用重力流排水方式。

站房屋面采用虹吸排水方式；站台雨棚及落客平台采用重力流排水方式。

4. 采用的局部污水处理设施

污水在站房室外经化粪池处理后排至市政污水管道。出站层厨房油污水采用隔油提升一体化装置排至室外油污水井，再经室外隔油池处理后排入化粪池之后的室外污水管道。商业夹层厨房油污水就地排入本层隔油器分离，再经室外隔油池处理后排入化粪池之后的室外污水管道。

5. 管材

室内重力流（油）污、废水管道及通气管道选用柔性接口的机制排水铸铁管和零件，平口对接，橡胶圈密封，不锈钢带卡箍接口。

室内压力流（油）污、废水管道均选用内壁涂塑外镀锌钢管，管径≤$DN80$者采用丝扣连接，管径＞$DN80$者采用法兰连接。

落客平台、站台雨棚重力流雨水管道选用内壁涂塑外镀锌钢管，管径≤$DN80$者采用丝扣连接，管径＞$DN80$者采用卡箍连接。

站房屋面虹吸雨水管道选用304L薄壁不锈钢管，承插氩弧焊接。管径≤$DN125$，壁厚不小于2mm；管径＞$DN125$，壁厚不小于3mm。

室外埋地排水管道管径≤$DN500$选用PVC-U双壁波纹排水管（环刚度8kN/m），承插式橡胶圈接口；管径＞$DN500$选用离心成型钢筋混凝土排水管，承插式橡胶圈接口。

二、消防系统

（一）消火栓系统

1. 水源

站房内水消防系统由出站层消防泵房（位于北站房东侧）内的消防水池供水，消防水池有效容积605m³。

高位消防水箱设置在北站房东侧商业夹层顶水箱间内，有效容积18m³。

2. 基本设计参数

室内消火栓用水量23L/s，充实水柱13m，灭火持续时间行包房为3h，其余部位为2h。一次灭火用水量为248.4m³。

3. 系统

采用临时高压给水系统，由消防水池、消防水泵、高位消防水箱联合供水。管道呈环状布设。利用减压阀将竖向分为两个压力分区，出站层及出站夹层为低区，站台层及以上为高区。

4. 设备参数

设置消火栓泵2台（1用1备），流量23L/s，扬程90m，功率37kW。

5. 水泵接合器

北站房室外设2套地下式消防水泵接合器，单套流量为15L/s。

6. 管材

选用内外热浸镀锌焊接钢管，管径≤$DN80$ 者采用螺纹连接；管径＞$DN80$ 者采用沟槽式卡箍连接。消防泵房内管道采用法兰连接。管道承压不小于 1.6MPa。

（二）自动喷水灭火系统

1. 水源

水源同消火栓系统。

2. 基本设计参数

行包房（堆垛储物，储物高度 3.0～3.5m）按仓库危险级Ⅱ级设计。设计喷水强度 10L/(min·m²)，作用面积 200m²，消防用水量为 49.4L/s。喷头正方形布置最大间距为 3m，持续喷水时间 2h，最不利喷头处压力为 0.10MPa。

南北站房－10.50m 标高处 8～12m 高大空间按非仓库类高大净空场所设计。设计喷水强度 6L/(min·m²)，作用面积 260m²，消防用水量为 35L/s。喷头正方形布置最大间距为 3.0m，持续喷水时间 1h，最不利喷头处压力为 0.05MPa。

其余部位按中危险Ⅰ级设计。设计喷水强度 6L/(min·m²)，作用面积 160m²，消防用水量为 27L/s（有格栅吊顶）。喷头正方形布置最大间距为 3.6m，持续喷水时间 1h，最不利喷头处压力为 0.05MPa。

3. 系统

采用临时高压给水系统，由消防水池、消防水泵、高位消防水箱联合供水，并在水箱间设局部增压稳压设施一套，以维持最不利点喷头所需压力。管道呈枝环状结合布置。地下出站通道、南北城市通廊、出租车道等非采暖部位设置干式自喷系统，其余部位采用湿式自喷系统。

4. 设备参数

设置喷淋泵 2 台（1 用 1 备），流量 30～50L/s，扬程 110～89m，功率 55kW；喷淋稳压泵 2 台（1 用 1 备），流量 1.0L/s，扬程 26.5m，功率 1.1kW。喷淋气压罐一台，有效容积不小于 150L。

5. 水泵接合器

北站房室外设 3 套地上式消防水泵接合器，单套流量为 15L/s。

6. 报警阀及喷头

依据明显而易于操作、便于检修、尽量靠近保护区域的布置原则，将报警阀组分散设置于北站房消防泵房、地下出站通道报警阀室、南站房报警阀室内。每个报警阀控制喷头数湿式系统不大于 800 个，干式系统不大于 500 个。

不作吊顶的场所采用直立型喷头，非通透性吊顶下采用下垂型喷头，装设网格、栅板类通透性吊顶的场所根据吊顶的孔隙率确定喷头安装方式。贵宾候车室选用隐蔽型喷头。干式自喷系统向下安装的喷头选用干式下垂型喷头，向上安装的喷头选用直立型喷头。

非采暖场所选用易熔合金喷头，其余场所采用玻璃球喷头。除厨房采用动作温度为 93℃的喷头外，其余各处喷头动作温度为 68℃。行包库 K＝115，其余 K＝80。

7. 管材

平时充水的管道选用内外热浸镀锌焊接钢管，干式自喷系统报警阀后管道选用内壁涂塑外镀锌钢管。管径≤$DN80$ 者采用丝扣连接；管径＞$DN80$ 者采用沟槽式卡箍连接。消防泵房内管道采用法兰连接。管道承压不小于 1.6MPa。

（三）水喷雾灭火系统

柴油发电机房设置水喷雾灭火系统；系统设计喷雾强度为 20L/(min·m²)，持续喷雾时间 0.5h；喷头工作压力不小于 0.35MPa。

水喷雾灭火系统与自动喷水灭火系统共用消防水池、消防水泵及消防水箱。在消防泵房内及南站房报警阀间内各设置一套雨淋阀组。

水喷雾灭火系统有自动控制、手动控制和应急操作三种控制方式。自动控制由火灾自动报警系统联动。

系统管材同自动喷水灭火系统管材。

（四）气体灭火系统

1 号 10kV 配电及控制室、2 号 10kV 配电及控制室、票务机房、防灾监控设备机房、旅服机房、通信设备机房（站台夹层）、通信设备机房（站台层）设置全淹没无管网 SDE 气体灭火系统。灭火剂单位用量≥ $140g/m^3$，喷射滞后时间为≥10s。

气体灭火采用自动启动、手动启动和机械启动三种控制方式。自动启动方式为：防护区内的烟感、温感同时报警，经消防控制器确认火情后，声光报警和延时控制系统发出启动电信号，送给对应的无管网装置，喷洒 SDE 气体灭火；手动启动方式为：在防护区外设有紧急启停按钮供紧急时使用；机械启动方式为：当自动启动、手动启动均失效时，可打开柜门实施机械应急操作启动灭火系统。

（五）消防炮灭火系统

1. 设置位置

在站房高架候车厅上方设置消防炮，保护区域为高架候车厅及其上商业夹层。

2. 基本设计参数

消防炮需带雾化装置，单炮流量 20L/s；任何部位须有两门消防炮水射流同时到达；设计流量 40L/s，射程 50m，最不利点出口水压 0.8MPa，灭火用水连续供给时间不小于 1h。

3. 系统

系统采用稳高压制。由消防水池、消防炮主泵、消防炮稳压泵、消防炮气压罐联合供水，管道呈环状布置。

4. 设备参数

设置消防炮主泵 2 台（1 用 1 备），流量 40L/s，扬程 140m，功率 90kW；消防炮稳压泵 2 台（1 用 1 备），流量 5L/s，扬程 195m，功率 22kW；消防炮气压罐一台，有效容积不小于 600L。

5. 消防炮控制

消防炮采用自动控制、消防控制室手动控制、现场手动控制三种控制方式。

自动控制：当智能型红外探测组件采集到火灾信号后，启动消防炮传动装置进行扫描，完成火源定位后，打开电动阀，信号同时传至消防控制中心（显示火灾位置）及水泵房，启动消防炮加压泵，并反馈信号至消防控制中心。

消防控制室手动控制：在消防控制室能够根据屏幕显示，通过摇杆转动消防炮炮口指向火源，手动启动消防泵和电动阀，实施灭火。

现场手动控制：现场工作人员发现火灾，手动操作设置在消防炮附近的现场手动控制盘上的按键，转动消防炮炮口指向火源，启动消防泵和电动阀，实施灭火。

6. 管材

选用内外热浸镀锌无缝钢管，管径≤DN80 者采用丝扣连接；管径>DN80 者采用沟槽式卡箍连接。消防泵房内管道采用法兰连接。管道承压不小于 2.5MPa。

三、工程特点介绍

（1）本工程属特大型铁路站房，规模大、功能多，防火分区分隔较复杂。设计上将站房平面分为三个区：北站房为 N 区，南站房为 S 区，中部高架候车区、南北城市通廊及出站通道为 C 区。

（2）给水排水及消防设计涉及的各类系统众多，除常规的给水排水系统、消火栓系统、自动喷水灭火系统外，还有基本站台综合管廊排水设计、中水系统设计、柴油发电机房水喷雾灭火系统设计、站房屋面虹吸雨水系统设计、室外埋地管道检漏设施设计等。

（3）站房排水点分散且排水种类繁多，包括生活污废水、结构渗漏水、消防废水、餐饮油污水、地下室地面冲洗排水、设备机房排水等。设计中遵循分类、分区域集中的原则确定排水系统设计，使各类排水就近迅速排至室外。

（4）高架候车厅面积近 5 万 m^2，层高超过 20m，中部候车厅柱跨达 66m，且两侧有商业夹层，消防设计具备相当的难度。设计中针对不同净高区域采用自动喷水灭火系统和消防炮系统分别保护。

（5）站房屋面面积大，为减少雨水立管数量，雨水采用虹吸排水方式。由于屋面造型特殊，天沟往往设置变形缝将其分为若干段，这样无法在中间段天沟的两端设置溢流口。两端的天沟也常常因为屋面造型和美观的原因，无法设置溢流口，只能采用管道溢流系统。然而，管道溢流系统的雨水斗高度不好控制，雨水管伸出天沟处，雨水管与钢制天沟的连接处不好施工。我们对 87 型雨水斗进行改造，并就该雨水斗申请并获得一项专利。该溢流系统构造简单，施工便利，可在采用虹吸雨水排水系统的大型屋面推广使用。

（6）站房给水排水设计与装修设计同步进行，设计中消火栓、喷头、消防炮的布置需与装修设计密切配合，在满足功能要求的前提下，尽可能满足车站装饰上的高标准。

（7）车站位于湿陷性黄土地区，室外防护区内埋地管道设置检漏设施。

（8）本工程设置中水回用设施，原水为西侧站房生活污、废水，出水回用于站房西北侧室外绿化浇灌、道路浇洒等。

（9）铁路站房设计涉及专业较多，站房给水排水设计中除与建筑、结构、暖通、电气专业密切配合外，还需与站场、轨道、桥梁、通信、信号等专业配合，接口复杂。

（10）兰州西站与兰州地铁 1 号线、2 号线、南北广场及地下空间、西津西路下立交同步设计或预留，各分项工程相互交错。室外给水排水及消防管线设计需在安全性、经济性、便捷性的比较中确定系统的分设或合用原则，并在综合协调后确定各类管线的走向和定位。

四、工程照片及附图

车站全景

站房远景

车站侧景

高架候车厅

车站站台

南北城市通廊

出站通道

消防泵房

消防设施

消防炮

消火栓

饮水机

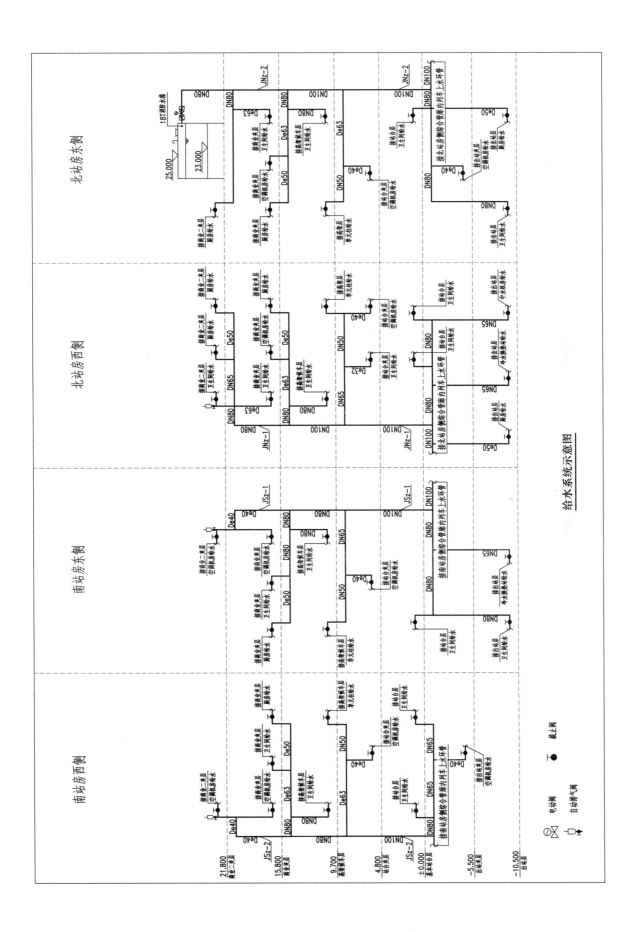

给水系统示意图

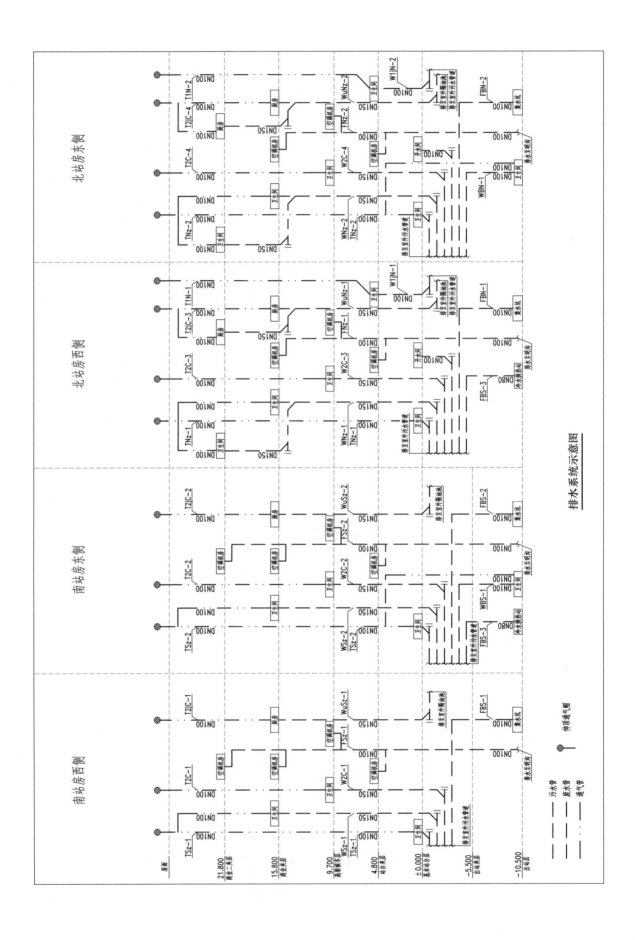

排水系统示意图

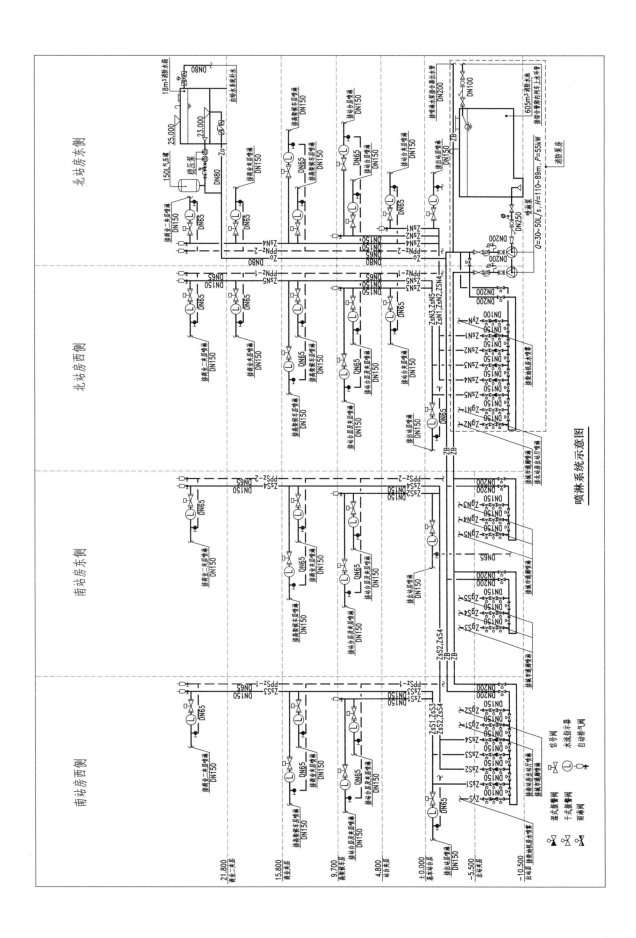

喷淋系统示意图

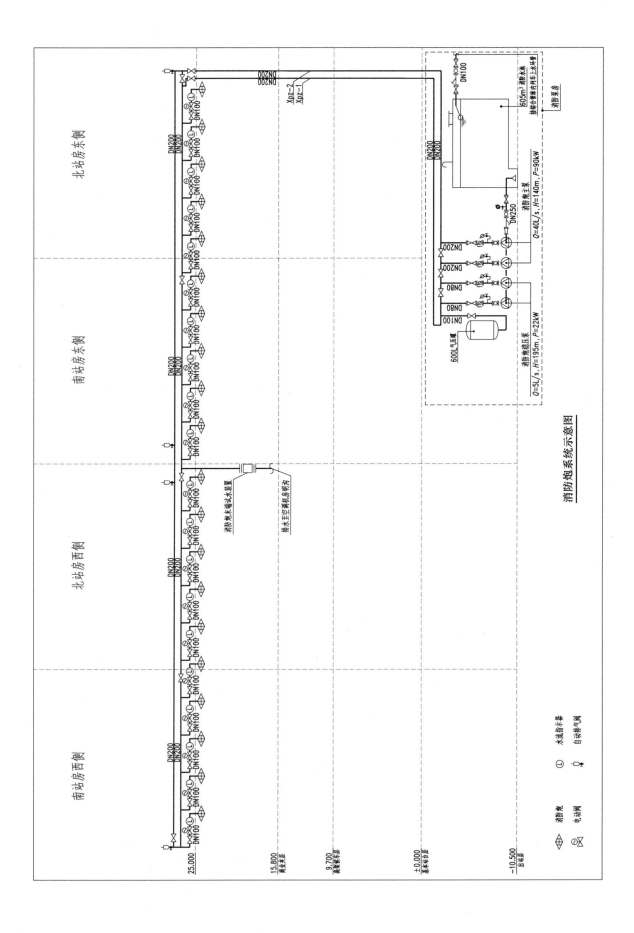

消防炮系统示意图

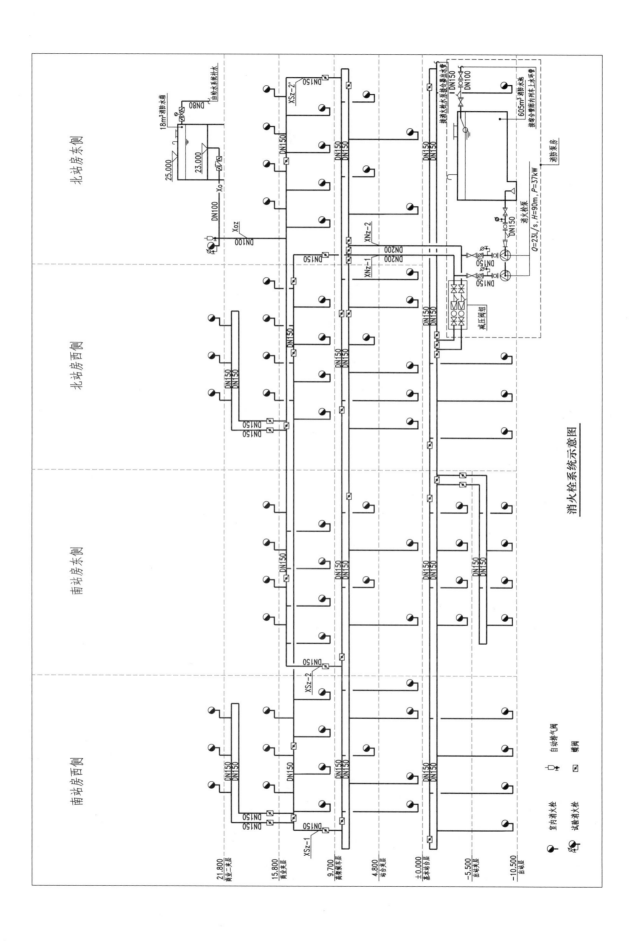

消火栓系统示意图

延安大剧院

设计单位： 中国建筑西北设计研究院有限公司
设 计 人： 张军　秦发强　刘西宝　葛万斌
获奖情况： 公共建筑类　二等奖

工程概况：

延安大剧院位于延安经济新区，地处新城主中轴线上，是延安重点文化场馆建设项目。该项目规划占地面积 101.85 亩，其用地挖方区面积 57.3 亩，填方区面积 44.55 亩，总建筑面积 33134m²，延安大剧院内含一个大剧场、一个音乐厅、一个戏剧厅、排练厅以及接待大厅等功能，其中大剧场为 1250 座，音乐厅为 567 座，戏剧厅为 513 座。该项目地上 3 层（局部 4 层），地下 1 层（台仓部分局部 3 层），其中地下三层为机械舞台动力系统，地下二层为机械设备和机械舞台配电室，地下一层为信息机房、中心配电室、消防水泵房等设备机房，一层为贵宾室和演出用房，二层为办公室和会议室，三层为培训、会议室，地上四层为排练厅。建筑基底面积 10711m²，建筑密度 24.8%，绿地率 39%，建筑使用年限 50 年，建筑总高度 35.8m，埋深 −14.00m。延安大剧院建成后，已作为主会场成功地举办了 2016 年第十一届中国艺术节的开幕式，现在的延安大剧院已成为延安市最先进的文化表演场所和延安新区的标志性建筑。该设计获得建筑学会、勘察设计协会等多项大奖。

工程说明：

一、给水排水系统

（一）给水系统

1. 冷水用水量（见表 1）

冷水用水量　　　　　　　　　　　　　　　　　　表 1

序号	用水名称	用水量标准（L/人次）	日用水时间（h）	小时变化系数 K_h	用水规模	用水量			备注
						最高日（m³/d）	平均时（m³/h）	最大时（m³/h）	
1	剧场观众	5	12	1.2	1250×3 人次/d	18.75	1.56	1.88	3 场次/d
2	剧场演员	40	12	2.0	150×3 人次/d	18.00	1.50	3.00	3 场次/d
3	戏剧厅观众	5	12	1.2	513×3 人次/d	7.70	0.64	0.77	3 场次/d
4	戏剧厅演员	40	12	2.0	50×3 人次/d	6.00	0.50	1.00	3 场次/d
5	音乐厅观众	5	12	1.2	567×3 人次/d	8.51	0.71	0.85	3 场次/d
6	音乐厅演员	40	12	2.0	50×3 人次/d	6.00	0.50	1.00	3 场次/d

续表

序号	用水名称	用水量标准 (L/人次)	日用水时间 (h)	小时变化系数 K_h	用水规模	用水量			备注
						最高日 (m^3/d)	平均时 (m^3/h)	最大时 (m^3/h)	
7	办公、服务员工	50	12	1.5	300 人次/d	15.00	1.30	1.90	
8	空调补充水	按循环水量的1.5%	12		循环水量 850m^3/h	154.00	6.40	12.80	暖通专业提供
9	合计					233.96	13.11	23.20	
10	未预见水量	按最高日用水量的10%				23.40	1.31	2.32	
11	总计					257.36	14.42	25.52	

2. 水源

本工程生活用水、消防用水均由城市自来水管网供给，由市政 11 号路和 20 号路各引一条 DN150 市政自来水总进水管经计量后在室外形成环状管网供给本工程生活用水和消防用水，市政供水压力为 0.30MPa。自来水由城市干管接入，在引入管上设水表及倒流防止器。

3. 系统竖向分区

根据建筑高度、水源条件、节能和供水安全原则，给水系统采用市政两路给水直接供给。为充分利用市政管网压力，以利节能，本项目各层生活用水均由市政自来水直接供给。本工程内部根据使用功能及用水性质不同，采用分级水表计量。

4. 管材

给水管道均采用 SUS304（06Cr19Ni10）薄壁不锈钢管，管径＜DN100 者采用卡压式连接，管径≥DN100 者采用沟槽式管件连接，密封圈采用氯化丁基橡胶圈。室外总体给水管采用 PE 钢丝网骨架复合塑料管，热熔连接。

（二）热水系统

1. 热水供应范围和热源

本工程化妆间、贵宾接待室的小卫生间采用容积式电热水器供应卫生热水。公共卫生间洗手盆热水供应由就近设置的不同容量的小型电加热热水器供给。

2. 饮用热水

一层、二层茶水间内设饮用开水供应。每间茶水间设 1 台分离式电开水炉，每台有效容积 60L，电功率 12kW。

3. 管材

热水管道采用 SUS304（06Cr19Ni10）薄壁不锈钢管，管径＜DN100 者采用卡压式连接，管径≥DN100 者采用沟槽式管件连接，密封圈采用氯化丁基橡胶圈。

（三）排水系统

1. 排水系统的形式

本工程排水系统采用污、废水合流方式，建筑物内的排水在室外收集经化粪池处理后排入市政污水管网。公共卫生间内的大便器、小便器以及洗手盆均采用自动感应冲洗阀。卫生间地漏均选用高水封防返溢型地漏。

2. 通气管的设置方式

室内污废水立管均设置伸顶通气管，连接 4 个及 4 个以上卫生器具且横管长度大于 12m 的排水横管、连接 6 个及 6 个以上大便器的污水横管均设置环形通气管；地下室排水采用压力排水，设置污水集水井、排污泵或污水提升站压力排出，密闭污水集水井、污水提升装置设置专用通气管。

3. 管材

排水管采用机制抗震柔性铸铁排水管，承插法兰接口；压力排水管采用钢塑复合管，无缩径配套管件连接。

（四）雨水系统

1. 雨水系统的形式

室外雨、污水采用分流制。雨水量按延安市暴雨强度公式计算，室外重力流雨水设计重现期取 3 年，建筑屋面雨水设计重现期取 50 年。屋面径流系数 ψ 取 0.9，室外平均径流系数 ψ 取 0.6。

屋面采用虹吸雨水排放系统，虹吸雨水管排至室外混凝土雨水检查井。虹吸排水汇水面积约 13000m^2，总雨水量约 634L/s，屋面共计设 14 套虹吸雨水排放系统，采用虹吸雨水斗 JJ-90 共计 14 套、JJ-75 共计 22 套、JJ-63 共计 24 套。虹吸雨水斗选用下沉式雨水斗，双层格栅装置，底盘材质为 SUS304 不锈钢，空气挡板材质为铸铝。

道路及建筑物雨水采用暗管收集，在道路边每隔一定距离设置相应数量的雨水口，广场雨水采用线性排水沟收集，雨水检查井采用混凝土排水检查井。雨水经收集后排入雨水收集池，处理后的雨水作为中水回用。

2. 雨水处理及回用

在建设场地东北角绿化带下设置一个全地下的雨水处理设备及加压利用机房。处理系统主要采用过滤、杀菌、活化及复氧的方式加以处理，处理方式力求安全可靠、节能环保。处理后的雨水经变频加压后供给剧院室外的绿地浇灌用水、道路冲洗用水以及景观补充用水。对于特大暴雨时多余的雨水通过溢流的方式直接排入市政雨水管网。

3. 管材与管道敷设

虹吸雨水排放系统管材采用 HDPE 材质，原料等级不低于 PE100，管道公称压力不小于 PN6，热熔连接。管道的水平悬吊系统采用 30×30×2 的热镀锌方钢，水平悬吊系统采取防晃动、抗震动、抗伸缩性措施。室外埋地雨水管采用高密度聚乙烯（HDPE）缠绕管，热熔连接。

（五）冷却循环水系统

根据暖通专业提供的资料，在设备机房内设置 3 台制冷机组，单台制冷机要求的冷却循环水量为 277m^3/h，对应制冷机在本建筑的外庭院设置 3 台 304m^3/h 超低噪声玻璃钢冷却塔，制冷机冷却循环水进水温度为 t_1＝32℃，出水温度为 t_2＝37℃，温差为 5℃。冷却塔的补水由给水管网直接供给。在制冷机房设置 4 台冷却循环泵，3 用 1 备。

为保证冷却循环系统的水质不结垢、不生藻，在冷却循环系统的管道上设置有冷却循环水旁滤综合水处理设备。冷却循环系统的控制方式按以下开机顺序：制冷机及冷却塔进出水管上的电动阀—冷却循环泵—冷却塔—制冷机；关机顺序与开机顺序相反。

为保证建筑造型不被影响，冷却塔采用侧进风上出风的特殊形式。

冷却循环管道：采用卷焊钢管，焊接连接。

二、消防系统

本工程为多功能的多层剧院建筑，设有集中空调系统，室内装修标准较高，根据《建筑设计防火规范》GB 50016—2014、《消防给水及消火栓系统技术规范》GB 50974—2014 及《自动喷水灭火系统设计规范》GB 50084—2001，本项目除设有室内外消火栓系统外，同时设有自动喷水灭火系统、雨淋系统、防护冷却水幕系统、微型自动扫描灭火系统，对不能用水扑救的重要功能房间采用气体灭火系统。消防水池以及消防加压设备均集中设置在地下一层设备机房内，屋顶水箱间设置一座 $18m^3$ 的消防专用水箱。消防用水量见表 2。

消防用水量 表 2

序号	系统类别	用水量标准 （L/s）	火灾延续时间 （h）	用水量 （m^3）	备注
1	室外消火栓系统	40	2	288	
2	室内消火栓系统	15	2	108	
3	自动喷水灭火系统	40	1	144	
4	雨淋系统	100	1	360	
5	防护冷却水幕系统	20	3	216	
6	微型自动扫描灭火系统	20	1	72	
7	合　计			1188	贮存于本建筑地下消防专用蓄水池内

（一）消火栓系统

1. 室外消火栓系统

本建筑室外消防用水量为 40L/s，2h 火灾延续时间的室外消火栓用水量为 $288m^3$。

室外设环状给水管网，由市政两路自来水保证所需水量与水压。在室外环状给水管网上设置一定数量的地下式室外消火栓，发生火灾时，消防车可通过室外消火栓或消防水池取水。为安全考虑，在消防水池存有火灾延续时间内的室外消火栓用水 $288m^3$，且消防水池设有消防取水口。

2. 室内消火栓系统

室内消火栓系统设计消防用水量为 15L/s，火灾延续时间 2h。室内消火栓用水量为 $108m^3$，贮存于地下消防专用蓄水池内。

室内消火栓给水系统采用临时高压制，系统不分区，建筑内任一点均为两股消火栓水柱同时到达。消防前期用水 $18m^3$ 贮存于屋顶水箱间内，由于消防水箱设置高度受限制，为保证最不利点的消防压力，在屋顶水箱间设置一套消火栓系统消防增压稳压装置。消火栓加压泵位于地下动力中心内（1 用 1 备）。消火栓加压泵型号为 XBD7.5/20-100G/3，流量 $Q = 15\sim20\sim25L/s$，扬程 $H = 0.81\sim0.75\sim0.70MPa$，电机功率 $N = 22kW$。由屋顶高位消防水箱出水管上的流量开关或水泵出水管上的压力开关及报警信号传至消防中心启动消火栓消防给水泵，由该泵从贮水池直接抽取加压供水。室外设置消火栓水泵接合器一套。

所有消火栓箱均采用立柜式，下置 3 具 4.0kg 手提式磷酸铵盐干粉灭火器。消火栓柜均为钢体铝合金外框，白色玻璃门。

消火栓系统管材：室内消火栓系统管道采用内外壁热浸镀锌钢管，丝接或沟槽式卡箍连接。

（二）自动喷水灭火系统

自动喷水灭火系统设计喷水强度为 8L/（min·m^2），作用面积 $160m^2$，设计水量 40L/s，火灾延续时间 1h，消防用水量 $144m^3$，贮存于地下消防专用蓄水池内。

自动喷水灭火系统采用临时高压制，除地下车库、舞台（除葡萄架）按中危险Ⅱ级设计外，其他部位均按中危险Ⅰ级设计，自喷 1h 消防用水贮存于地下消防专用蓄水池内。消防前期用水存于屋顶消防专用水箱内，并设一套自喷消防增压稳压设备。自喷加压泵位于地下动力中心内（1 用 1 备）。自喷加压泵型号为 XBD9/40-150G/3，流量 $Q = 40L/s$，扬程 $H = 90m$，电机功率 $N = 55kW$。室外设置自喷水泵接合器 3 组，并设置明显的标记。自动喷水灭火系统按照每 800 个喷头为一个报警阀组最大容纳量分别设置报警阀，湿式报警阀位于地下一层，每个防火分区设信号监控阀和水流指示器。

自喷喷头及管材：自喷喷头选用玻璃球闭式喷头，喷头温级采用 68℃，厨房喷头采用温级为 93℃。自动喷水灭火系统管道采用内外热镀锌钢管，管径≤DN80 者采用丝扣连接，管径＞DN80 者采用卡箍连接。

(三) 雨淋系统

在大剧院的舞台葡萄架下部设雨淋系统，按严重危险 II 级设计，喷水强度 16L/(min·m²)，作用面积 260m²，设计消防用水量 100L/s，火灾延续时间 1h，消防用水量 360m³，贮存于地下消防专用蓄水池内。

雨淋系统采用开式喷头，开启采用探测器控制。由于剧场舞台面积较大，为了减少消防水池容积，人为将舞台划分成几个火灾作用区域，每个作用区域设置一组相应的雨淋系统。按同时开启两个作用区域的雨淋系统进行水量计算，消防用水贮存于地下消防专用蓄水池内。雨淋加压泵设置于本建筑内的消防加压泵房内，雨淋系统采用临时高压给水系统。火灾前，雨淋阀后管网为空管，火灾初期消防用水由屋顶消防水箱和增压稳压设备供给，火灾期间消防用水由地下消防专用蓄水池及雨淋加压泵加压后供给。设置雨淋加压泵 3 台（2用1备）。雨淋加压泵型号为 XBD9/50-150D-3，流量 $Q=50L/s$，扬程 $H=90m$，电机功率 $N=75kW$。在舞台雨淋阀间共设 8 组雨淋阀。单个雨淋阀负担的面积最小为 166m²，最大为 175m²。雨淋阀平时在阀前水压的作用下维持关闭状态。各雨淋阀控制的管网充水时间不大于 2min。演出期间，当发生火灾时，由消防人员根据舞台起火的部位，同时开启着火点附近相邻两个区域的雨淋阀组，压力开关动作自动启动雨淋加压泵。非演出状态，雨淋阀组设置在自动控制状态。在室外设置 7 套 DN100 雨淋系统水泵接合器。

雨淋喷头选用开式下垂型喷头，系统管道采用内外热镀锌钢管，管径≤DN80 者采用丝扣连接，管径＞DN80 者采用卡箍连接。

(四) 防护冷却水幕系统

在本工程舞台口与观众厅的分隔金属防火幕处增设防护冷却水幕系统。本工程舞台口高度为 11m，宽度为 20m，按规范要求，防护冷却水幕设计喷水强度按最大 1.0L/(s·m) 计，设计消防用水量 20L/s，火灾延续时间 3h，消防存水量 216m³，贮存在地下消防专用蓄水池内。

舞台口的防护冷却水幕的开启与防火幕联动，当发生火灾时，开启防火幕，当防火幕降至底时自动开启防护冷却水幕加压泵，直接向防火幕喷水降温保护。火灾初期消防用水由屋顶消防水箱和增压稳压设备供给，火灾期间消防用水由地下消防专用蓄水池及水幕加压泵提升后供给。防护冷却水幕加压泵采用 2 台（1用1备），加压泵设置于消防加压泵房内。加压泵型号为 XBD6/20-100D/3，流量 $Q=20L/s$，扬程 $H=65m$，电机功率 $N=22kW$。在舞台雨淋阀间设置一组防护冷却水幕雨淋阀组。

防护冷却水幕系统喷头采用 ZSTM-B 型水幕喷头。系统管材采用内外热镀锌钢管，管径≤DN80 者采用丝扣连接，管径＞DN80 者采用卡箍连接。

(五) 微型自动扫描灭火系统

在本工程的中庭、剧院内的观众厅、戏剧厅、音乐厅及净高大于 8m 且小于 20m 的其他部位增设微型自动扫描灭火系统。以弥补自动喷水灭火系统及消火栓系统不能满足部位的灭火。

系统设计流量 20L/s，火灾延续时间 1h，消防用水量 72m³，贮存于地下消防专用蓄水池内。

微型自动扫描灭火装置选用 ZDMS0.8/10S-LA233 型，水平旋转角 0°～360°，垂直旋转角－90°～0°，电压 24VDC，驱动功率 75W，入口额定压力 0.8MPa，射程 35m，流量 10L/s。着火时两台微型自动扫描灭火装置同时动作对准着火点自动灭火。微型自动扫描灭火装置采用红外探测，水平及垂直旋转扫射。微型自动扫描灭火系统选用 2 台加压泵（1用1备），加压泵型号为 XBD12.5/20-100G/5′，流量 $Q=20L/s$，扬程 $H=$

125m，电机功率 $N=37\text{kW}$。火灾初期水量及平时水压由稳压装置提供。当任一点失火时，微型自动扫描灭火装置上的自动红外对射扫描仪探测到信号后立即报警，并打开电磁阀，启动加压泵，进行灭火。稳压装置上的低压信号亦可自动启动加压泵。

管材采用内外壁热浸镀锌钢管，管径≤$DN80$ 者采用丝扣连接，管径>$DN80$ 者采用卡箍连接。

(六) 气体灭火系统

本工程高低压配电室、灯光音响控制室、功放室、调光柜室、总控室等需设气体消防，气体灭火选用七氟丙烷灭火系统，全淹没无管网柜式灭火方式，设计灭火浓度9%，设计喷放时间不大于10s。

(七) 灭火器配置

按《建筑灭火器配置设计规范》GB 50140—2005 的有关规定，根据建筑不同位置性质的不同，在适当的位置配置一定数量的磷酸铵盐干粉手提式灭火器，灭火器配置数量、位置按规范要求设置。剧场的舞台及后台部位，按严重危险级配置；剧场的观众厅、办公室、会议室、展览室、化妆间等部位，按中危险级配置。

(八) 消防水池容积

本建筑的消防用水贮存在地下一层的消防专用蓄水池内。消防专用蓄水池总容积为 1140m^3。

三、设计体会

(1) 剧院大型演出开始前和结束后，往往会由于观众的入场和离场而出现一个明显的用水高峰，这就要求给水排水系统必须能够满足供水的瞬时峰值，以符合剧院用水闲忙不均的特点，合理的设计有助于避免在这种情况下由于水压、水量过大而导致的浪费。

(2) 剧院设计考虑到进场和散场观众瞬时流量大的问题，设置的卫生器具均要满足瞬时峰值的要求，因此剧院内卫生间数量多，设置位置因为剧院功能的复杂，造成卫生间不可能相对集中，位置较为复杂，给设计排水管道造成一定的复杂性。

(3) 剧院屋面设计中考虑到建筑造型的原因，通常选取的是大屋面结构形式，由于屋面面积很大，屋面雨水排水量也远比其他类别的建筑大得多，利用这个特点实现雨水的收集，就能起到节约水资源的作用。采用虹吸雨水排放系统设计，加之屋面造型具有一定坡度，为满足美观及整体效果，合理选择雨水天沟位置、宽度、深度在设计中尤为重要。

(4) 在剧院给水排水系统中进行雨水回收利用设计，充分利用非传统水源节能。

(5) 在剧院热水系统设计中，要根据运行实际采用合理的热水系统，满足舒适要求下尽量避免能耗浪费。

(6) 冷却循环水系统设计中，要考虑冷却塔噪声对建筑的影响，选用低噪声设备，降噪减振。

(7) 剧院内部空间变化非常复杂，消防系统更是复杂，尤其在舞台区域，对于不同的保护区域采用不同的消防系统进行保护，如舞台区域葡萄架下的雨淋系统、台口的防护冷却水幕系统、观众厅的微型自动扫描灭火系统以及在强电设备间及声光、音响硅控室设计的气体灭火系统。

(8) 在设计时要充分考虑台仓部分排水设施的可靠性，在舞台乐池和台仓下部设置集水坑并配置潜污泵，以确保消防时积水可以迅速排出，减少二次灾难的损失。尤其舞台地下室有大量的机械设备，一旦被水淹，损失很大。

(9) 本项目位于延安新区，该区域为削山造地区域，加之延安地区多为自重湿陷性黄土地区，给本项目的室外管网设计带来一定的影响。设计中充分考虑挖方区、填方区地质特点，对于如何解决跨越填方区和挖方区的给水排水管道，设计中考虑一定的抗沉降及可靠性措施。

四、工程照片及附图

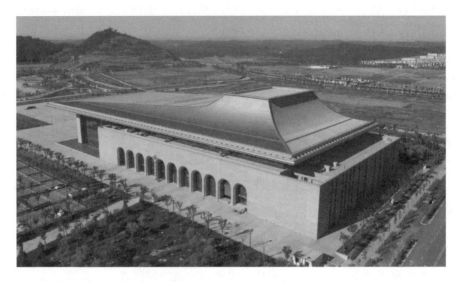

剧院鸟瞰实景图（近景）

剧院鸟瞰实景图（远景）

剧院主入口一侧实景图

剧院正立面实景图

剧院主入口实景图

剧院观众厅实景图　　　　　　　　　　　音乐厅实景图

舞台雨淋阀间实景图

台仓雨淋排水设施　　　　　　　　　　　泵房外警铃

消防泵房规范安装

室外地埋式雨水收集及回用

一体化直燃机及冷却循环系统

水泵减震及潜污泵安装

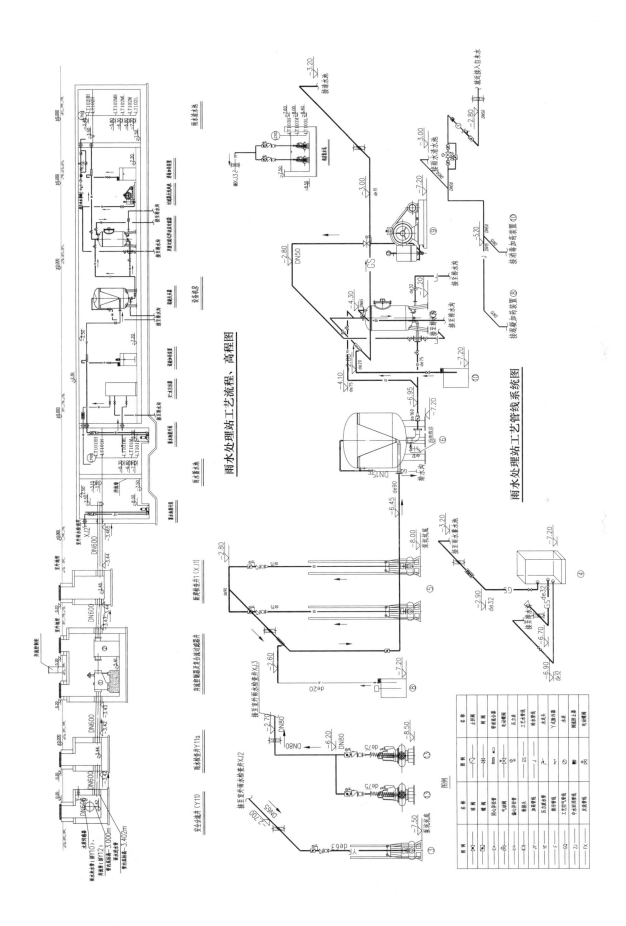

雨水处理站工艺流程、高程图

雨水处理站工艺管线系统图

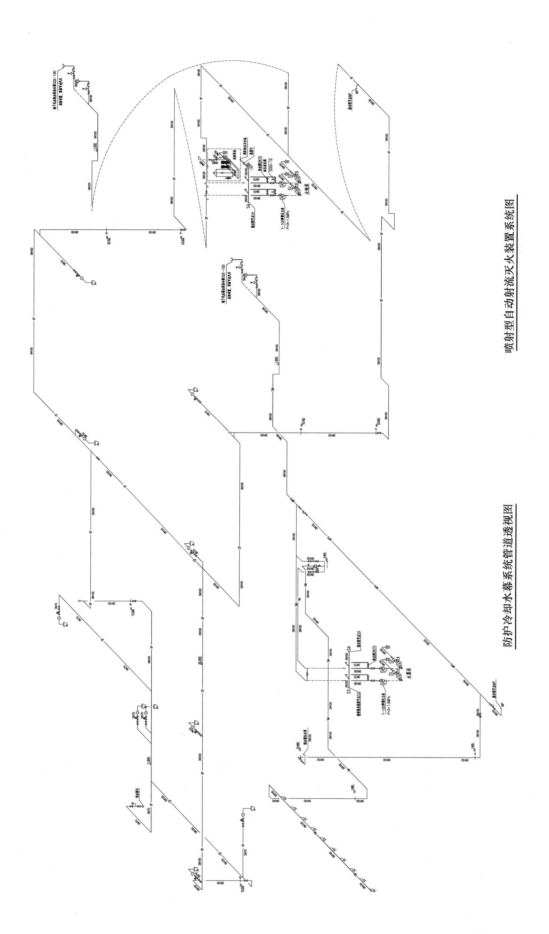

喷射型自动射流灭火装置系统图

防护冷却水幕系统管道透视图

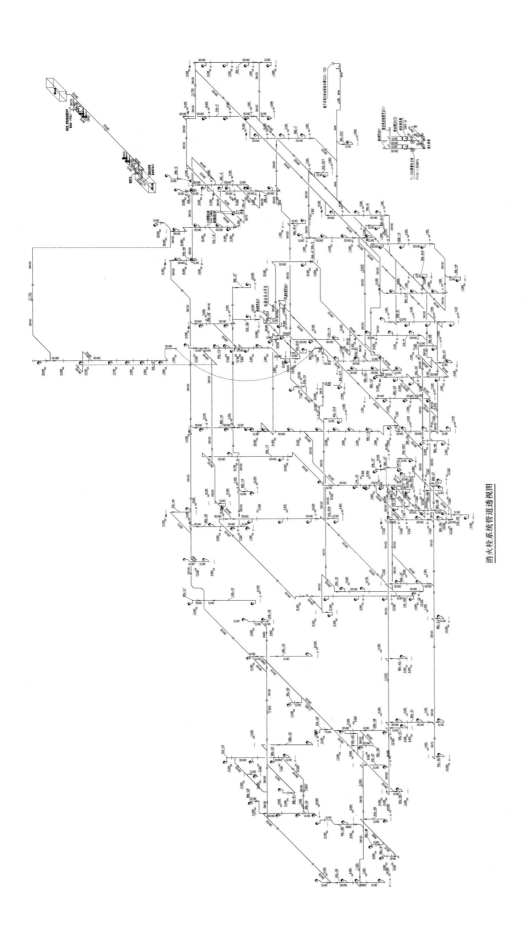

消火栓系统管道透视图

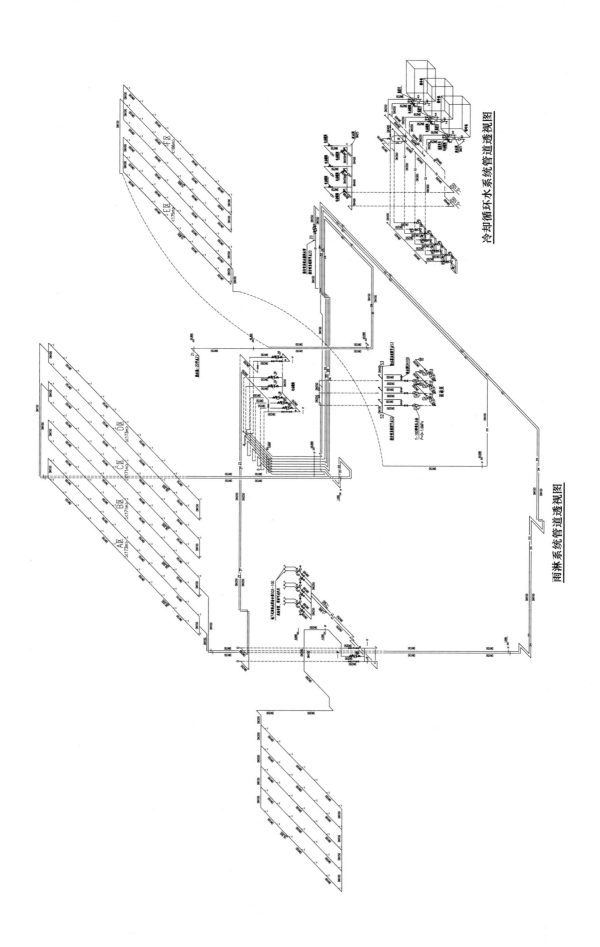

冷却循环水系统管道透视图

雨淋系统管道透视图

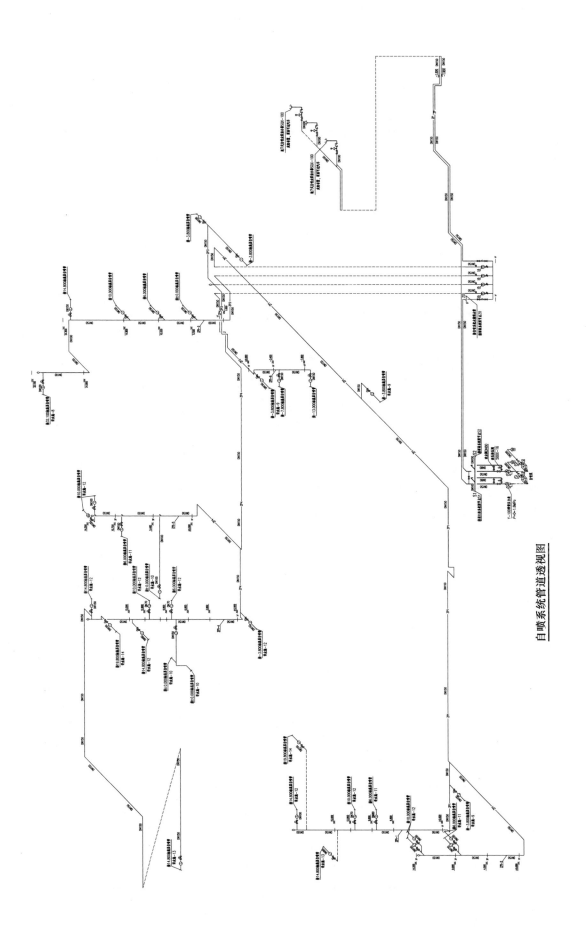

自喷系统管道透视图

李兆基科技大楼工程

设计单位： 清华大学建筑设计研究院有限公司
设 计 人： 刘玖玲　张磊
获奖情况： 公共建筑类　二等奖

工程概况：

李兆基科技大楼为清华大学新建的科研楼建筑。建设地点位于北京市海淀区清华大学院内。北临日新路，西侧为学堂路，东侧为 FIT 大楼。总用地面积 1.9979hm²。总建筑面积 113574m²，其中地上建筑面积 64884m²，地下建筑面积 48690m²。容积率 3.25、绿地率 45%（按校园整体核算）、建筑密度 25%（按校园整体核算）。地下 4 层，地上局部 10 层，建筑高度 42.00m，至女儿墙建筑高度 44.45m。本工程地下四层和地下三层为机动车停车库、实验室和设备用房；地下二层为实验室和设备机房；地下一层为实验室、大型网络机房及配套办公室。首层为入口门厅、实验室、科技成果交流厅、客服、办公业务用房；二层东南角设多功能厅；二层以上均为实验室及配套研究室会议室；屋顶层为水箱间和楼梯间。

考虑到基地面积与建筑规模的总量，在布局方面结合清华大学的院落布局方式，左右两个地块各形成围合方式，在用地紧张情况下尽可能多地提供室内外交流空间，为师生们创造优美、宜人、舒适的学术交流环境。大楼建成后成为清华大学发展的第二个百年中新的标志性建筑之一。

工程说明：

一、给水排水系统

（一）给水系统

1. 冷水用水量（见表 1～表 3）

生活用水量　　　　　　表 1

序号	分类	用水量标准	用水单位数	最高日用水量（m³/d）	小时变化系数	日用水时间（h）	最大时用水量（m³/h）
1	学生及教师盥洗用水	20L/(人·d)	7800 人	156	1.5	10	23.40
2	工艺用水			100	2.5	10	25.00
3	未预见水量（1～2 项×0.1）			25.6			4.84
4	合计			281.6			53.24

采暖、空调水系统补水量（闭式系统） 表 2

序号	分类	系统水容量（m³）	小时补水量（m³/h）	使用时间（h）	日补水量（m³/d）
1	采暖系统	760	7.6	2	15.2
2	空调系统	275	2.75	10	27.5
3	合计		10.35		42.7

生活给水用水总量（不含中水） 表 3

序号	分类	最大时用水量（m³/h）		最高日用水量（m³/d）		年用水量（万 m³）	
		冬季	夏季	冬季	夏季	冬季	夏季
1	生活给水	53.24		281.6		4.62	
2	采暖系统补水	7.6		15.2		0.19	
3	空调系统补水		2.75		27.5		0.25
4	合计	60.8	56.0	296.8	309.1	4.81	4.87

2. 水源

在本工程的周围均有校园给水环网，校园给水环网作为本工程室内给水和室外消防用水水源，校园给水环网管径 DN250，供水压力 0.25MPa。由校园给水环网引入 2 根 DN100 的给水管供室内生活用水。引入管上设总水表及倒流防止器。

3. 系统竖向分区

校园给水管网压力 0.25MPa，本工程给水系统为高低区供水。地下四层～三层由校园给水管网直接供给；四层～十层由设于地下三层的变频供水设备加压供给。

4. 供水方式及给水加压设备

给水供水采用市政直接供水和变频供水设备加压供水两种方式，变频加压供水系统在地下三层给水机房设水箱和变频泵，变频泵参数：扬程 80m，流量 36m³/h，功率 15kW。生活水箱容积 48m³。

5. 管材

室内给水管采用钢塑复合管，沟槽或丝扣连接。室外给水管采用钢丝网骨架聚乙烯给水管，热熔连接。

（二）中水系统

1. 中水用水量（见表 4、表 5）

最高日中水用水量 表 4

序号	分类	用水量标准	用水单位数	最高日用水量（m³/d）	小时变化系数	日用水时间（h）	最大时用水量（m³/h）
1	学生及教师冲厕用水	30L/(人·d)	7800 人	234.00	1.5	10	35.10
2	车库地面冲洗	2L/(m²·d)	14254m²	28.50	1	2	14.25
3	浇洒绿地	3L/(m²·d)	5215m²	15.65	1	2	7.83
4	浇洒道路及广场	1L/(m²·d)	5096m²	5.10	1	2	2.55
5	未预见水量（1～4 项×10%）			28.33			6.00
6	合计			311.58			65.73

平均日中水用水量 表 5

序号	分类	用水量标准	用水单位数	年用水天数 (d)	用水量		备注
					平均日 (m³/d)	全年 (万 m³)	
1	学生及教师冲厕用水	24L/(人·d)	7800 人	240	187.20	4.50	
2	车库地面冲洗	2L/(m²·d)	14254m²	240	28.50	0.68	
3	浇洒绿地	0.5m³/(m²·年)	5215m²	365	7.12	0.26	一级养护
4	浇洒道路及广场	1L/(m²·d)	5096m²	365	5.10	0.18	
5	未预见水量 (1~4 项×10%)				22.79	0.56	
6	合计				250.71	6.18	

2. 系统竖向分区

根据甲方提供的条件，在本工程的北侧有校园中水管网，供水压力 0.10MPa。由校园中水管网引入 1 根 $DN100$ 及 1 根 $DN50$ 的中水供水管供室内卫生间冲厕。中水系统在引入管上设总水表计量。系统分区：校园中水管网压力 0.10MPa，本工程中水系统为高低区供水。地下各层由校园中水管网直接供给；首层至十层由设于地下三层的变频供水设备加压供给。

3. 供水方式及中水加压设备

中水供水采用市政直接供水和变频供水设备加压供水两种方式，变频加压供水系统在地下三层中水机房设水箱和变频泵，变频泵参数：扬程 85m，流量 26m³/h，功率 11kW。中水水箱容积 60m³。

4. 管材

室内中水管采用钢塑复合管，沟槽或丝扣连接。室外中水管采用钢丝网骨架聚乙烯给水管，热熔连接。

（三）排水系统

1. 排水系统的形式

排水量按生活给水量及中水量之和的 90% 计，生活排水量为 432m³/d。室内卫生间污水和实验室废水分别排出。地上各层污水排出室外至化粪池后，进入校园污水管网，各实验室废水直接排至校园污水管网。地下层卫生间污水，经污水泵提升后排至化粪池后，排入校园污水管网。地下各机房及实验室废水经潜水泵提升后直接排入校园污水管网。首层污废水单独排出室外。

2. 通气管的设置方式

公共卫生间设环形通气管，环形通气管按 0.01 上升坡度坡向通气立管。废水立管设伸顶通气管。

3. 管材

生活污水管及通气管采用聚丙烯静音排水管，压力排水管采用内外热镀锌钢管，雨水管采用内外热镀锌钢管，室外排水管采用双壁波纹管。

二、消防系统

（一）消火栓系统

消火栓系统火灾延续时间为 2h，室外消火栓系统用水量为 30L/s，室内消火栓系统用水量为 30L/s。室外消防用水由室外校园给水管网供应，校园给水管网满足水量、水压要求。室内采用临时高压制消火栓系统。消火栓加压给水泵与消防水池设在地下四层消防泵房内，共设 2 台消火栓加压给水泵，1 用 1 备，互为备用。本建筑物内各层均设消火栓进行保护。其布置保证室内任何一处均有两股水柱同时到达。灭火水枪的充实水柱为 13m。消防系统竖向分区：本工程消火栓系统从地下四层至十层为一个系统。地下四层至六层均采用减压稳压消火栓，减压稳压装置为内活塞型，材质为黄铜或不锈钢。消火栓系统设有 2 套消防水泵接合器。消火栓系统管材采用内外热镀锌钢管。

(二) 自动喷水灭火系统

自动喷水灭火系统火灾延续时间为 1h，系统用水量为 30L/s。本工程除变配电室等不宜用水扑救的部位和小于 $5m^2$ 的卫生间外，其他部分均设置自动喷水灭火设备。全楼均采用湿式自动喷水灭火系统。地下车库按中危险 II 级设计，教学实验室及办公部分按中危险 I 级设计。本工程自动喷水灭火系统在竖向分为两个分区，地下部分为一个分区，地上部分为一个分区。低区在消防泵房内设比例式减压阀，阀后压力 0.5MPa。自动喷水灭火系统共设 2 套消防水泵接合器，供消防车从室外消火栓取水向室内自动喷水灭火系统补水。自动喷水灭火系统管材采用内外热镀锌钢管。

(三) 高压细水雾灭火系统

(1) 本项目主要保护的区域为地下一层的电话综合布线机房和地下二层的 1～4 号变电站及上部夹层、柴油发电机房、一层的 SMT 实验室、开闭站。其中地下一层的电话综合布线机房和地下二层的变电站房间内的可燃物均为电线电缆等，属于 E 类火灾。而柴油发电机房内的可燃物均为可燃油类液体，属于 B 类火灾。开闭站内的可燃物为高压仪器及电线电缆，同样也属于 E 类火灾。

(2) 高压细水雾灭火系统由高压细水雾泵组、细水雾喷头、区域控制阀组、不锈钢管道以及火灾报警控制系统等组成。

(3) 设计参数

1) 系统持续喷雾时间：开式系统 30min。

2) 开式系统的响应时间不大于 30s。

3) 最不利点喷头工作压力不低于 10MPa。

4) 预作用系统作用面积按 $140m^2$ 计算。

(4) 高压细水雾灭火系统采用不锈钢管道。

(四) 气体灭火系统

(1) 本工程地下一层～地下四层的信息系统网络机房设气体灭火系统。

(2) 系统地下一层、地下三层、地下四层设置钢瓶间，为组合分配系统。保护区内喷头单层布置，保护区应设泄压口。保护区均设置通风设备。

(3) 本设计采用全淹没灭火系统的灭火方式，即在规定的时间内，喷射一定浓度的七氟丙烷（HFC-227ea）气体并使其均匀地充满整个保护区，此时能将在其区域里任一部位发生的火灾扑灭。保护区灭火浓度为 8%～10%，喷射时间为 8～10s。

(4) 气体灭火系统的控制方式为自动控制、手动控制、机械应急控制。即在有人工作或值班时，采用电气手动控制，在无人的情况下，采用自动控制，自动、手动控制方式的转换可在灭火控制盘上实现，在保护区的门外设置手动控制盘，手动控制盘内设有紧急停止与紧急启动按钮。

三、李兆基科技大楼给水排水专业设计难点

(一) 设计阶段各实验室功能尚未确定带来的设计难度

本工程为清华大学综合实验楼，建成后包括燃烧中心、热能系、汽车系、机械系等各院系实验室将入驻本大楼。各实验室的具体功能在施工图设计阶段和施工现场设备安装阶段尚未完全确定，各实验室需待责任教师确定后，才能按责任教师的要求进行深化布置。因此在设计阶段均按通用实验室设计，为满足今后各实验室从通用实验室转为湿式实验室的需求，在没有准确的用水点位的情况下，综合考虑建筑布局后为各个区域内实验室在适当的位置预留上下水条件、给水计量条件等。在后期的深化过程中，根据各实验室责任教师提供的具体点位，给水排水管道就近同层集中，实现了每个实验室上下水的连接和计量，因前期预留合理，未增加新的给水排水立管及出户管道，各实验室给水排水系统改造对已竣工大楼的影响很小。

（二）双层人防带来的设计问题

因本工程建筑面积较大，配建人防面积约 1.4 万 m²，为满足人防面积要求，本工程地下四层和地下三层均为人防工程，且地下二层即为各个院系的复杂湿式实验室。为满足实验室排水，在地下二层设置 500mm 高排水垫层，以满足所有与人防无关的上层排水不进入人防区。双层人防带来的重叠口部排水问题经与人防部门沟通，采用上层人防口部各排水点悬吊集水坑，下层人防口部采用防爆地漏收集排至集水坑的方式解决。

（三）局部先行施工完毕给系统设计的前瞻性带来严峻考验

因本建筑基地占用了清华大学锅炉房位置，而学校不能停止供暖，因此要求在本楼方案未定的情况下先行完成热力中心的设计和施工。因用地紧张，热力中心不能独立设置，属于大楼的一部分，因此必须确保这部分设计的精确性和前瞻性。我们从热力中心选址、室内管道进出户位置、热力中心与主体大楼之间预留消防管道接口的位置、采用常高压的临时消防措施、施工阶段的临时管线措施、施工完毕后的保护措施、大楼其他部分设计及施工与之衔接等各方面考虑，圆满地完成了这项艰巨的任务。

（四）采用高压细水雾灭火系统解决人机共存实验室的消防问题

本工程为综合实验楼，部分实验室有贵重设备，不能用普通的自动喷水灭火系统保护，且实验期间，实验室内有人员停留。为解决该类实验室的消防问题，本工程设置了高压细水雾灭火系统，该系统水渍损失小，在火灾初期能进行有效的控制和扑灭，有效保护房间内的贵重设备，且对房间内的人员无毒害和窒息危险。利用该系统保护半径较大的特点，还同时保护地下一层弱电机房、地下二层柴油发电机房、地下二层变配电室和开闭站，最大限度地开发了一套高压细水雾灭火系统的经济价值。

（五）室外管线工程的复杂性带来的设计难点及解决方案

本工程的室外管线工程，主要矛盾集中在院系协调，周边现状管线管沟错综复杂，现状资料不详，以及施工区域狭窄受限，甚至道路两旁的大树也不能移位伤害；而且，建筑北侧道路为学校几大雨水积水路段，急需同期改造；同时施工本楼周边管线的过程中，不得影响周边用户的正常使用。针对这些情况，经过多次调研，划分合理的汇水面积，采取了先期管线设计到位，后期施工阶段密切配合，现场随时调整位置标高的方案，充分利用暖沟的布置，将有压管道尽量入沟，结合直埋，为夹缝中生存的雨污水管道留多一些的调整余地。不足敷土管道局部采用混凝土包封的措施加固保护。敷设新管线的同时，保留原管线使用不变，等到新管线就位再拆除老管线。

李兆基科技大楼作为清华大学最复杂的综合实验楼，本工程的给水排水系统完全满足了各院系湿式实验室的需求，消防系统满足消防设计及施工验收的要求。2015 年 10 月 15 日，李兆基科技大楼落成典礼举行。

四、工程照片及附图

大楼外观　　　　　　　　　　　　　　　　　　　　大楼内庭院

高压细水雾机房

消防泵房

人防水箱

气瓶间

实验室（一）

实验室（二）

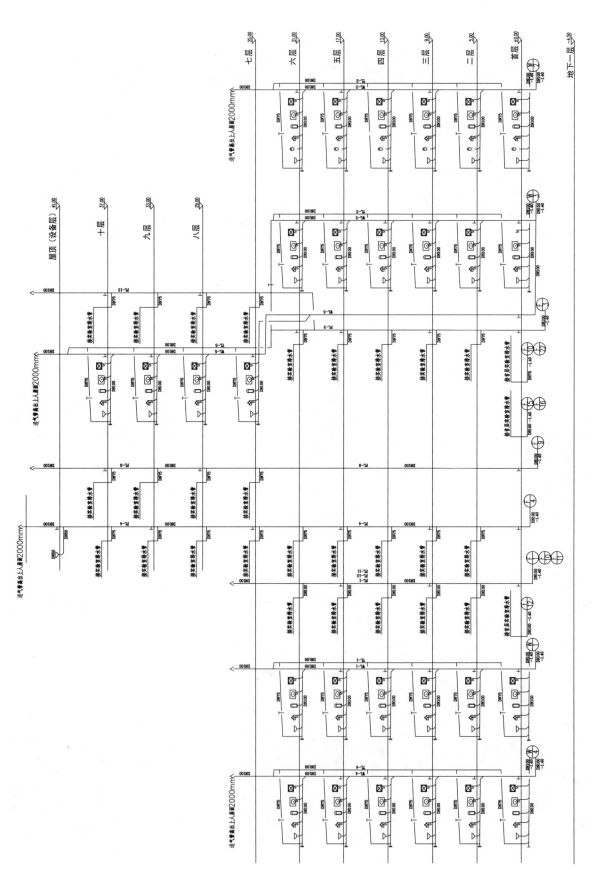

重力排水系统原理图

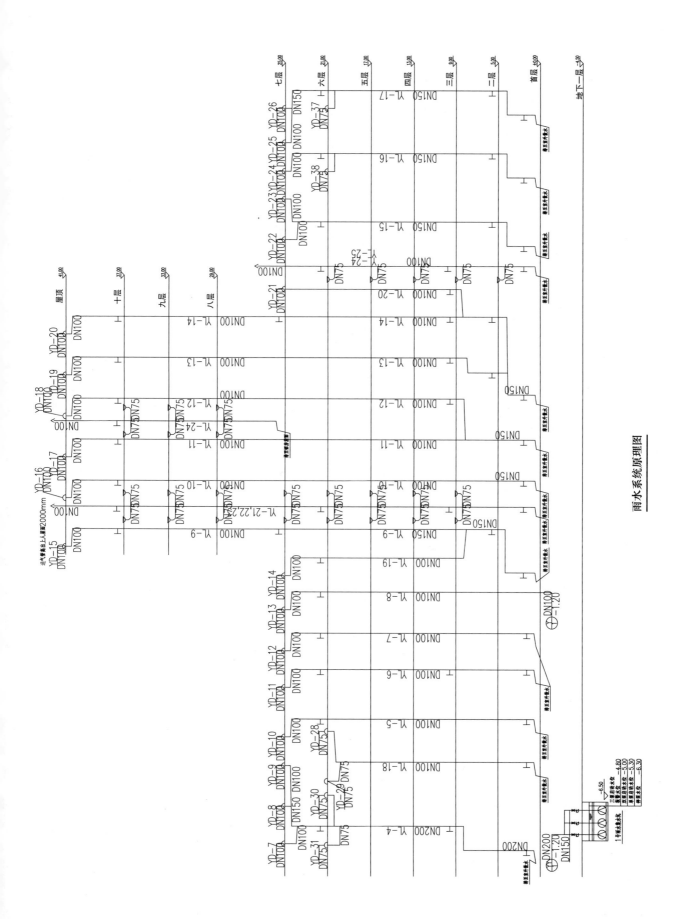

雨水系统原理图

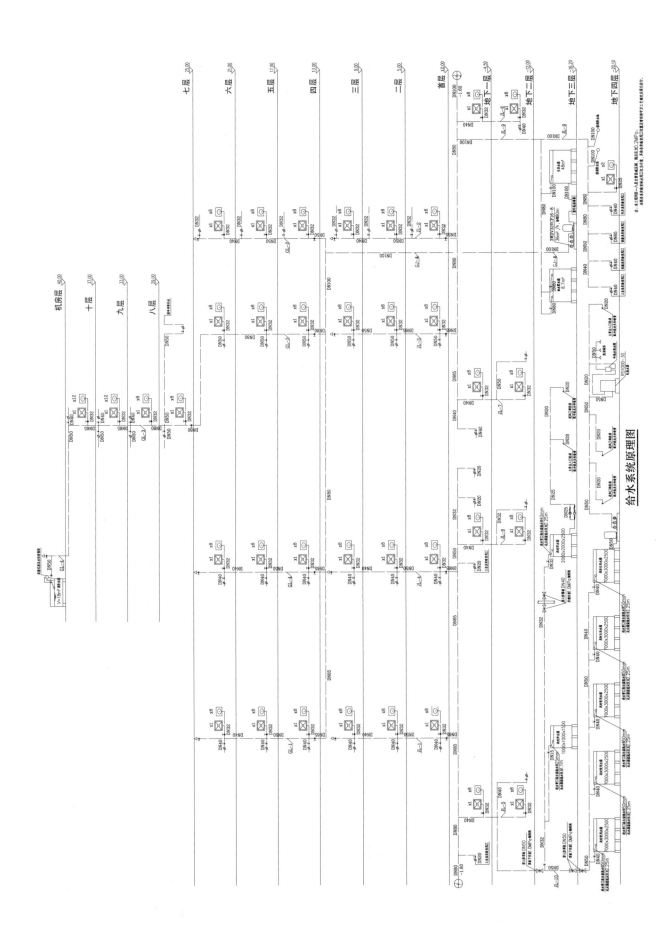

给水系统原理图

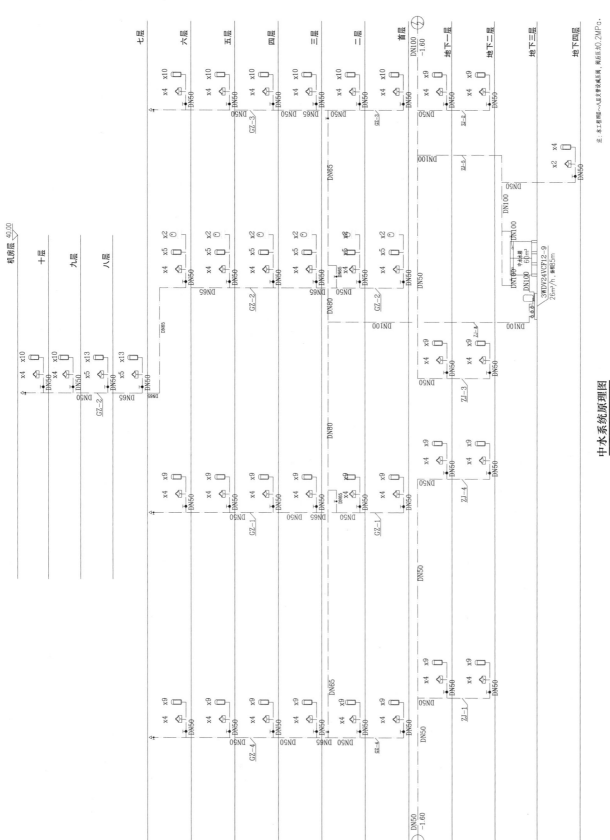

中水系统原理图

消火栓系统原理图

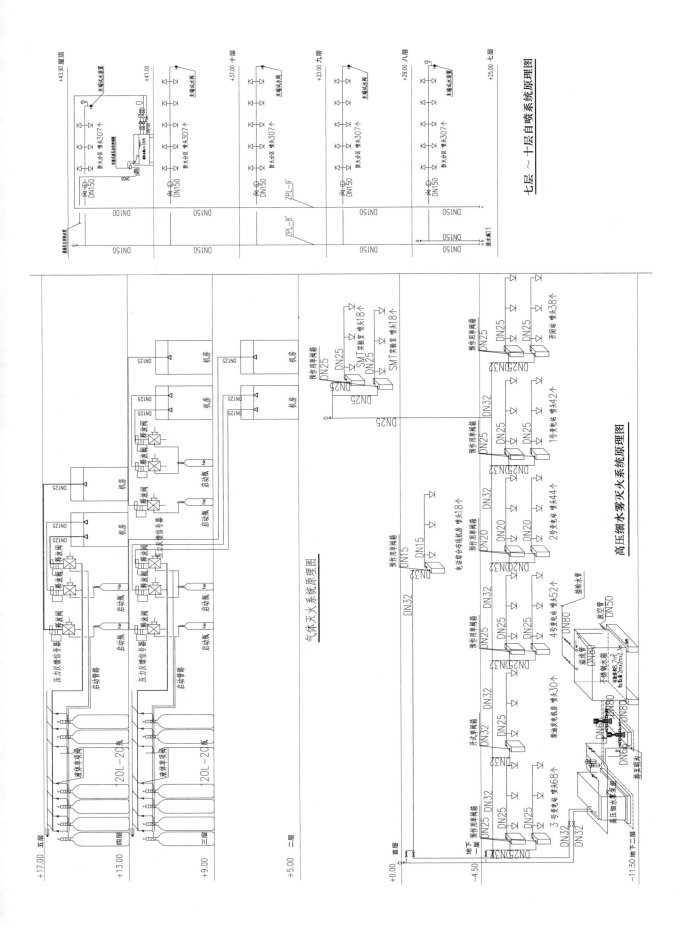

七层～十层自喷系统原理图

气体灭火系统原理图

高压细水雾灭火系统原理图

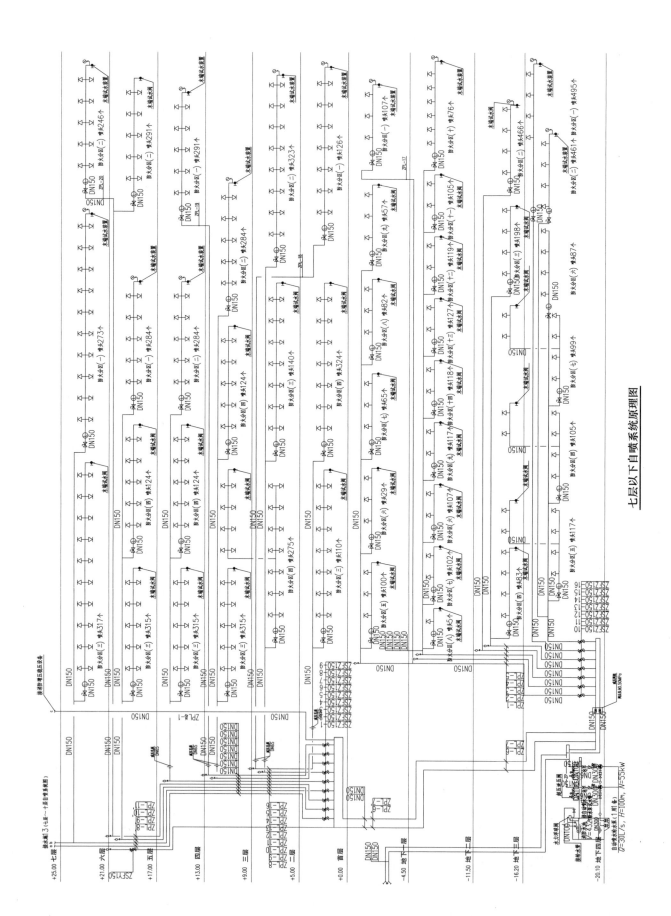

七层以下自喷系统原理图

哈尔滨大剧院

设计单位： 北京市建筑设计研究院有限公司
设 计 人： 徐竑雷　刘宇宁　高琛
获奖情况： 公共建筑类　二等奖

工程概况：

哈尔滨大剧院位于哈尔滨市松北区文化中心岛内，其中包括大剧院（1527 座）、小剧场（400 座）、地下车库及附属配套用房等。该项目是哈尔滨标志性建筑，依水而建，其建筑与哈尔滨文化岛的设计风格和定位相一致，体现出北国风光大地景观的设计理念。

用地性质：文化建设用地。

建筑主要功能：大剧院、小剧场、地下车库及附属配套用房等。

建筑类别：高层民用公共建筑。

建筑面积：5.77 万 m²（不含地下停车场 1.85 万 m²），其中地上建筑面积 3.94 万 m²，地下建筑面积 1.83 万 m²。

建筑层数（主层数）：地上 8 层，地下 1 层（局部地下 2 层）。

建筑高度：主体高 55.15m，小剧场部分高 24.0m。

结构形式：钢筋混凝土框架-剪力墙，部分屋面、地上主体外围结构为钢结构。

建筑使用年限：根据《民用建筑设计通则》和《建筑结构可靠度设计统一标准》GB 50068—2001。

本项目按设计使用年限应为 3 类，设计使用年限为 50 年（包括建筑性质、规模、层数、高度、用地面积、总建筑面积、容积率等）。

工程说明：

一、给水排水系统

（一）给水系统

1. 冷水用水量（见表 1、表 2）

生活给水用水量统计　　　　　　　　　　　　　　　　　表 1

序号	用水项目名称	用水单位数	用水量标准	小时变化系数	日用水时间 (h)	平均时用水量 (m³/h)	最大时用水量 (m³/h)	最高日用水量 (m³/h)
1	生活用水量							
低区	大剧院观众	909 座次/d	8L/座次	1.5	4	1.8	2.7	7.3
	小剧场观众	388 座次/d	8L/座次	1.5	4	0.8	1.2	3.1
	剧院演职人员	350 人	50L/(人·d)	2.0	10	1.8	3.5	17.5
	剧院工作人员	200 人	40L/(人·d)	1.5	10	0.8	1.2	8.0
	生活用水小计					5.2	8.6	35.9

续表

序号	用水项目名称	用水单位数	用水量标准	小时变化系数	日用水时间 (h)	平均时用水量 (m³/h)	最大时用水量 (m³/h)	最高日用水量 (m³/h)
高区	大剧院观众	618 座次/d	8L/座次	1.5	4	1.2	1.9	4.9
	屋顶花园观众	200 人	3L/(人·d)	1.5	10	0.1	0.1	0.6
	剧院工作人员	200 人	40L/(人·d)	1.5	10	0.8	1.2	8.0
	生活用水小计					2.1	3.2	13.5
2	车库用水量	6045m²	2L/(m²·d)	1.0	10	1.2	1.2	12.1
	合计					8.5	13.0	61.5

总用水量统计　　　　　　　　　　　　　　　　　　　　　　　　　　表 2

项目	最大时用水量(m³/h)		平均日用水量(m³/d)		备注
	冬季	夏季	冬季	夏季	
生活给水用水量	13.0		61.5		全年使用
采暖空调系统补水量	0.38		9.1		全年使用
空调冷却水补水量	0	16.3	0	98	夏季使用
市政给水总计	13.4	29.7	70.6	168.6	

2. 水源

（1）本工程生活用水由市政室外环网给水干管提供，大剧院与小剧场共用、室外冷却塔分别设引入管。市政水压为 0.3MPa。

（2）变频调速泵组供水装置设在大剧院地下一层给水机房。

（3）自来水最大时用水量（含冷却水补水）约 29.7m³/h，平均日用水量（含冷却水补水）约 168.6m³/d。

（4）给水按大剧院、小剧场、室外冷却塔房分设水表计量。

3. 系统竖向分区（见表 3）

给水系统竖向分区　　　　　　　　　　　　　　　　　　　　　　　　表 3

供水范围	分区	备注
低区用水：二层及以下	低区	J
高区用水：三层及以上(10m)	高区	J1

4. 供水方式与给水加压设备（见表 4）

给水供水方式　　　　　　　　　　　　　　　　　　　　　　　　　　表 4

供水范围	供水方式	备注
低区用水：二层及以下	市政管网直接供水	J
高区用水：三层及以上(10m)	水箱加变频调速泵供水	J1

高区用水：泵组流量 12m³/h，扬程 50m。

5. 管材（见表 5）

给水系统管材   表 5

系统类别	安装位置	管材	连接方式	
给水	室内	衬塑复合钢管	≤DN80	螺纹
			>DN80	沟槽
	卫生间墙内暗装支管	PPR	≤DN25	电熔

（二）热水系统

1. 热水用水量（见表 6、表 7）

大剧院化妆间、淋浴设计小时耗热量 Q_h   表 6

卫生器具名称	使用热水温度 t_m（℃）	小时用水量 q_h（L/h）	数量 n	同时使用百分数 b
洗手盆	35	25	23	50%
洗脸盆	35	65	26	70%
沐浴器	38	300	22	100%
厨房洗涤盆（池）	50	250	0	50%
冷水温度 t_1（℃）	5	水的比热 C[kJ/(kg·℃)]	4.19	
$Q_h = \sum q_h nb(t_m - t_1)C/3600$ 304.8 (kW)				

小剧场化妆间、淋浴设计小时耗热量 Q_h   表 7

卫生器具名称	使用热水温度 t_m（℃）	小时用水量 q_h（L/h）	数量 n	同时使用百分数 b
洗手盆	35	25	0	50%
洗脸盆	35	65	46	70%
沐浴器	38	300	18	100%
厨房洗涤盆（池）	50	250	0	50%
冷水温度 t_1（℃）	5	水的比热 C[kJ/(kg·℃)]	4.19	
$Q_h = \sum q_h nb(t_m - t_1)C/3600$ 280.5 (kW)				
总耗热量		585	kW	
小时出水量				
$Q = \dfrac{Q_h}{163(t_r - t_1)}$	11.18	m³/h		

2. 热源

为大剧院化妆间、排练厅浴室及小剧场化妆间、浴室设置局部集中热水供应系统。热源冬季采用市政热水，其他季节采用空气源热泵系统。冬季市政热源水温为 100℃/60℃，其他季节采用空气源热泵系统水温为 55℃/50℃。卫生间洗手盆（剧院的公共卫生间）设置分散式容积式电热水器供应热水。

3. 系统竖向分区

热水分区与冷水一致。

4. 热交换器

通过两台半容积式换热器交换出 50℃生活热水。其中冬季只一台半容积式换热器工作。

5. 冷、热水压力平衡措施及热水温度的保证措施

热水分区与冷水一致，根据回水温度控制循环泵启停。

6. 管材（见表8）

热水系统管材 表8

系统类别	安装位置	管材	连接方式	
热水	室内	衬塑复合钢管	≤DN80	螺纹
			>DN80	沟槽
	卫生间墙内暗装支管	PPR	≤DN25	电熔

（三）中水系统

本项目未设置中水系统。

（四）排水系统

1. 排水系统的形式

（1）本工程室内采用污、废水合流的排水系统。平均日污废水排放总量约73m³/d。本工程污水经化粪池、厨房污水经隔油处理后排向市政污水管网。

（2）地下层排水排至集水池，经污水泵提升后排向室外。

2. 消防电梯排水

消防电梯井的最底层设积水坑，消防积水由潜水泵排至室外。不下至底层的消防电梯井底部设排水洞排水。

3. 管材（见表9）

排水系统管材 表9

系统类别	安装位置	管材	连接方式	
污废水管、通气管	地上	机制柔性排水铸铁管	柔性橡胶活接头、不锈钢管箍、内衬橡胶密封圈、配件材料同管材	
	室内埋地、地下	PVC-U	粘接	
	室外埋地	PVC-U 双壁波纹管	粘接	
雨水管	重力流	内外热镀锌无缝钢管	粘接、沟槽或法兰连接	
	室内埋地	钢丝网骨架塑料（HDPE）复合管	电熔	
压力污废水管	明设或暗设	内外热镀锌钢管	<DN100	螺纹，加强防腐
	埋地		≥DN100	沟槽，材料同管材

二、消防系统

（一）消火栓系统

1. 消防用水量（见表10）

消防用水量 表10

系统名称	用水流量（L/s）	火灾延续时间（h）	用水总量（m³）	供水方式
室外消火栓系统	30	2	216	由室外景观设计方提供
室内消火栓系统	40	3	432	消防水池贮水

续表

系统名称	用水流量 （L/s）	火灾延续时间 （h）	用水总量 （m³）	供水方式
闭式自动喷水灭火系统	40	1	144	消防水池贮水
大空间自动扫描定位喷水灭火系统	30	1	108	消防水池贮水
雨淋系统	82	1	295	消防水池贮水
防护冷却水幕系统	38	1	137	消防水池贮水
需贮存总水量	$(40\times3+40\times1+82\times1+38\times1)\times3.6=1008m^3$			消防水池贮水

注：需贮存总水量按大剧院主舞台内发生火灾，室内消火栓系统、闭式自动喷水灭火系统、雨淋系统、防护冷却水幕系统同时使用的用水量之和计算。

2. 消防水池

本工程一次火灾最大消防用水量为1008m³。大剧院地下一层设专用消防水池（分为两个），从室外给水管网引入一路DN100的供水管，每个消防水池分别设进水管。消防水池总有效容积大于1008m³。为节省投资，室外消火栓水源整岛统一考虑。

3. 室外消火栓系统

整岛统一考虑室外消火栓系统与贮水，由室外管网设计与景观单位设计。采用地下式。消火栓设DN100接口一个和DN65消火栓接口两个。

4. 室内消火栓系统

（1）系统竖向不分区。

（2）本工程室内消火栓加压泵（1用1备）流量采用40L/s，设于大剧院地下一层消防泵房内，经两条吸水管从两个独立的消防水池吸水并由两条供水管供入消火栓环状管网。管网系统为环状布置，设分段及立管检修阀门。消防主水泵可由设于屋顶的增压稳压装置的压力信号自动启动，也可由每组消火栓旁的按钮控制启动，另有泵房就地及控制室启泵功能。

（3）系统在室外设地下式消防水泵接合器3台，每台流量为15L/s。

（4）大剧院屋顶层水箱间内设18m³消防水箱及一套独立的增压稳压装置。

（5）每层设置消火栓，消火栓安装于消防电梯前室、楼梯间、各走道的明显地点以及大面积的设备用房内。保证同层相邻两个消火栓的水枪充实水柱同时到达室内任何部位。屋顶层设置一个装有显示装置检查用的消火栓。

（6）室内消火栓的间距为30m，消火栓的栓口直径为65mm，水带长度为25m，水枪喷嘴口径为19mm，水枪充实水柱不小于10m，每支水枪流量为5L/s。所有消火栓均为单出口（带消防卷盘及灭火器箱的组合式消火栓箱，消防卷盘的栓口直径为25mm，配备的胶带内径为19mm，消防卷盘喷嘴口径为6.0mm）。

（7）除注明外，消火栓箱下部配手提式磷酸铵盐干粉灭火器。栓口出水压力超过0.5MPa的消火栓（2层含及以下楼层）采用减压稳压型。消火栓箱内设消防按钮及指示灯各一个。

（二）闭式自动喷水灭火系统

（1）本工程所有吊顶低于12m的部位，除了不宜用水扑灭火灾的房间外，均设置湿式自动喷水灭火系统，竖向不分区。

系统按中危险级设计，地下车库、舞台（葡萄架上）为中危险Ⅱ级，喷水强度8L/(min·m²)，作用面积160m²，喷头间距：正方形布置的边长为3.4m，矩形或平行四边形布置的长边边长为3.6m，喷头与端墙的最大距离为1.7m，一只喷头的最大保护面积为11.5m²；其余均为中危险Ⅰ级，喷水强度6L/(min·m²)，作用面积160m²（小剧场观众厅、排练厅吊顶净高为8～12m，作用面积260m²），喷头间距：正方形布置的边长为 3.6m，矩形或平行四边形布置的长边边长为 4.0m，喷头与端墙的最大距离为 1.8m，一只喷头的最大保护面积为 12.5m²。

（2）地下车库因为防冻需要采用不设空压机的预作用系统。系统末端设置快速排气阀。

（3）系统加压泵流量采用 40L/s，1 用 1 备。加压泵设于大剧院地下一层消防泵房内，经两条吸水管从消防水池吸水并由两条供水管供入自动喷水灭火系统所有报警阀前的 DN150 环状管网。湿式报警阀分设于各保护区域。

（4）喷头作用温度按不同建筑设计用途而定。厨房与大剧院舞台上空（因灯光高温）选用 93℃玻璃球闭式喷头，其他地方选用 68℃玻璃球闭式喷头。喷头流量系数为 K＝80。车库为防冻需要采用 74℃易熔合金喷头。

（5）无吊顶的场所采用直立型喷头，有吊顶时采用吊顶型或下垂型喷头，精装修区域吊顶下喷头均采用隐蔽式喷头，喷头颜色同吊顶，顶板为水平面的中危险 I 级房间可采用边墙型喷头。净空高度超过 800mm 的闷顶和技术夹层内有可燃物时，吊顶内增设直立型喷头。装设通透性吊顶的场所，喷头布置在顶板下。当梁、风道、成排布置的管道、桥架等障碍物的宽度大于 1.2m 时，其下方增设喷头。所有增设的喷头均不计入总水量。

（6）系统设地下式消防水泵接合器 3 台，每台流量为 15L/s。

（7）系统高位水箱与消火栓系统合用，单独设置一套增压稳压装置，设于大剧院屋顶层机房内。

（三）雨淋系统

（1）大剧院的主舞台、侧舞台、后舞台葡萄架下部设置雨淋系统。

（2）系统按严重危险 II 级设计，喷水强度为 16L/(min·m²)，作用面积 260m²，喷头最大间距为 3m。

（3）系统设计流量为 82L/s，与防护冷却水幕系统合用加压泵，2 用 1 备，每台加压泵流量为 60L/s，设于大剧院地下一层消防泵房内，经两条吸水管从消防水池吸水并由两条供水管供入 DN200 的环状管网。利用屋顶水箱进行增压稳压。

（4）主舞台设 4 套雨淋阀组、侧舞台设 2 套雨淋阀组、后舞台设 2 套雨淋阀组，采用 K＝115 开式雨淋喷头。

（5）系统由火灾探测系统自动控制和消防控制室（盘）手动远程控制启动供水泵和开启雨淋阀，并可在水泵房现场机械应急操作。

（6）系统共设地下式消防水泵接合器 8 台，每台流量为 15L/s。

（四）防护冷却水幕系统

（1）大剧院主舞台与观众厅之间、主舞台与后舞台之间设防火幕，为防火幕设置防护冷却水幕系统。

（2）系统设计喷水强度为 1L/(m·s)，防火幕总长度为 38m，喷头间距为 1.9m。

（3）系统设计流量为 38L/s，与雨淋系统合用加压泵及管网。

（4）设 1 套雨淋阀组，采用 K＝115 开式水幕喷头。

（5）系统由火灾探测系统自动控制和消防控制室（盘）手动远程控制启动供水泵和开启雨淋阀，并可在水泵房现场机械应急操作。

（6）系统与雨淋系统共用地下式消防水泵接合器 8 台，每台流量为 15L/s。

（五）气体灭火系统

（1）本项目的地下一层变电室、电话机房设置气体灭火系统，灭火剂采用 IG541，设计灭火浓度为 37%。其共有 2 个防护区，设 1 个组合分配系统，最大一个防护区的体积约 2200m³。

（2）气体灭火系统需与中标灭火设备制造厂家和消防公司配合后根据具体设备修改设计。

（六）大空间自动扫描定位喷水灭火系统

（1）大剧院、小剧场的公共大堂的共享空间、大剧院的屋顶花园、大剧院的观众厅，超过12m区域设固定消防炮喷水灭火系统。

（2）系统设计流量为30L/s，加压泵1用1备。设于大剧院地下一层消防泵房内，经两条吸水管从消防水池吸水并由两条供水管供入DN150的环状管网。

（3）消防炮装置为吊顶或侧墙安装，采用遥控、自控和手动三种方式喷水灭火，其布置能保证两门水炮的水射流同时到达被保护区域的任一部位，水炮工作压力0.6MPa，流量5L/s，射程30m。

（4）系统采用远程控制消防炮与加压泵的联动，各联动控制单元应设操作指示信号。

（5）系统不设高位增压稳压设备，屋顶的消防水箱仅作为本系统平时充满水之用；室外设地下式消防水泵接合器3台，每台流量为15L/s。

（七）管材（见表11）

消防系统管材　　　　　　　　　　　　　　　　　表11

系统类别	安装位置	管材	连接方式	
消火栓管道	室内	焊接钢管	焊接	
喷洒、雨淋、水幕、水炮管道	室内	内外热镀锌钢管	<DN100	螺纹
			≥DN100	沟槽，材料同管材

三、工程特点介绍

（1）工程位于严寒地区，充分考虑了建筑的复杂体型的特点，合理设置了幕墙雨水系统与融雪系统，避免雨雪冻融对幕墙和雨水管的危害。

（2）结合室内装修复杂形状与剧院的特点，合理设置雨淋、水幕、大空间智能灭火系统，既保证消防安全也保证装修效果。

（3）热源冬季采用市政热水，其他季节采用空气源热泵系统。考虑两种热源的一次热媒温度相差较大，通过综合计算，不同季节利用的换热罐数量不同，便于水温调节。

四、工程照片及附图

大剧院公共大厅——水炮

楼座水晶吊顶与喷头配合

排练厅喷洒与精装配合

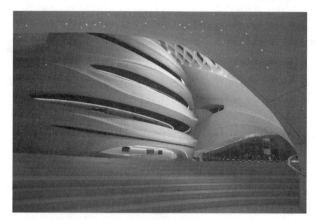

大剧院环廊

大剧院观众厅——水炮

行政办公——喷淋头

排水沟

室外排水——小剧场外

雨淋与葡萄架配合

室外景观

登录厅——水炮

设置在跑场道的主舞台雨淋阀

积雪

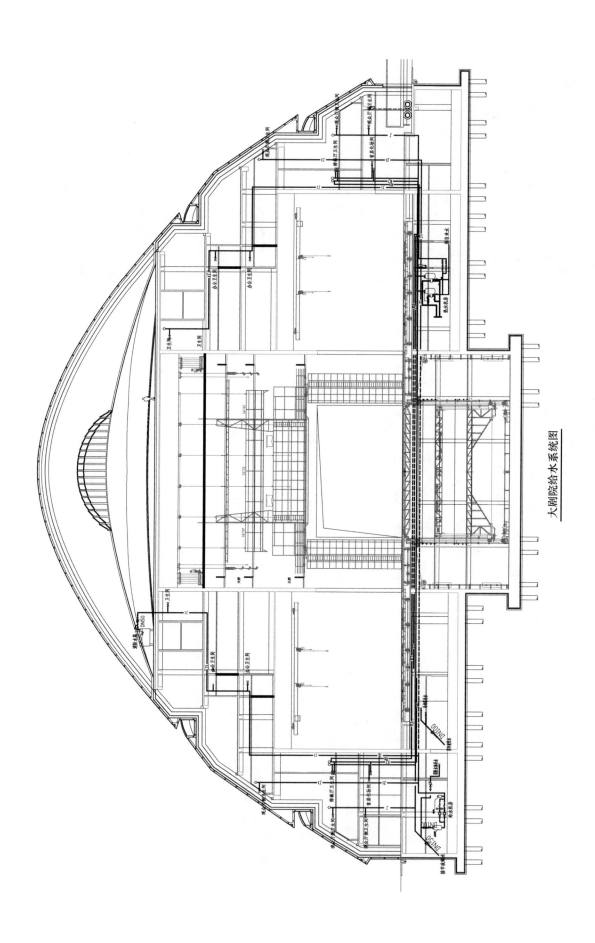

大剧院给水系统图

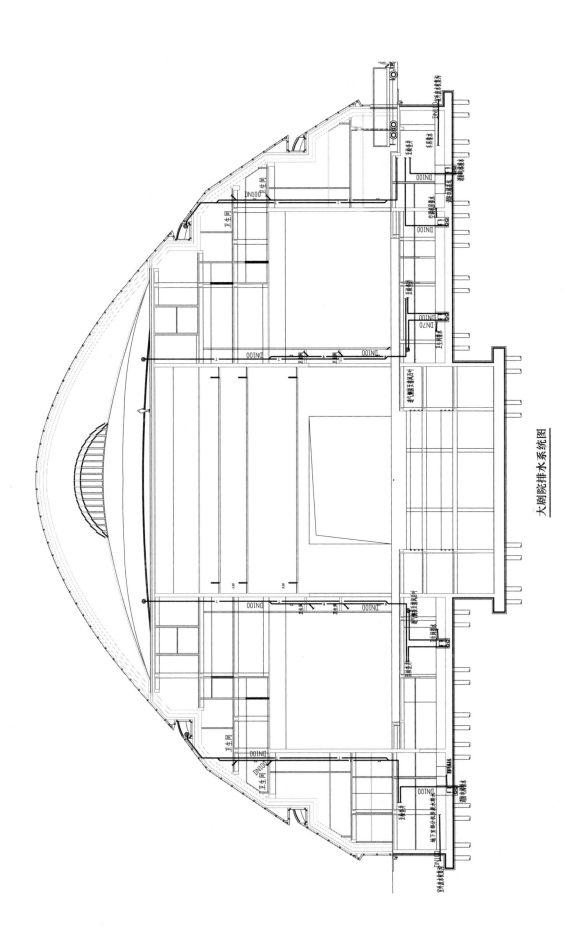

大剧院排水系统图

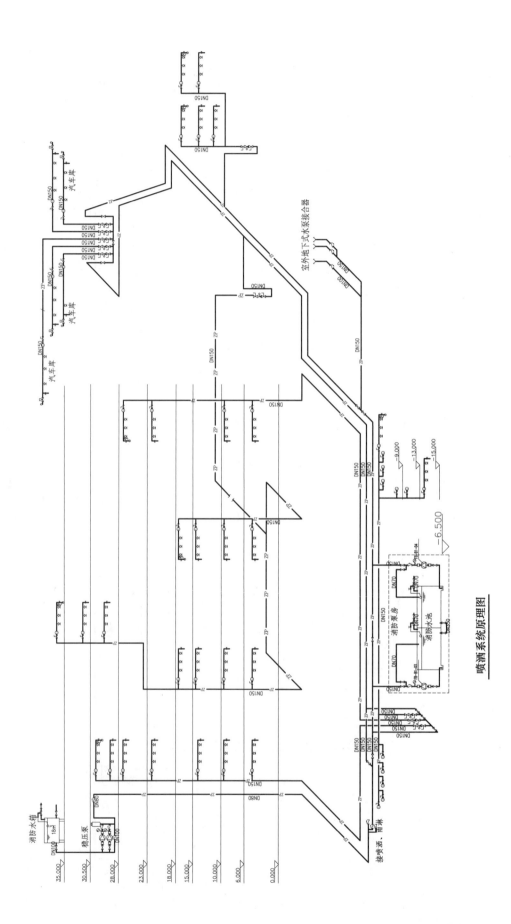

喷洒系统原理图

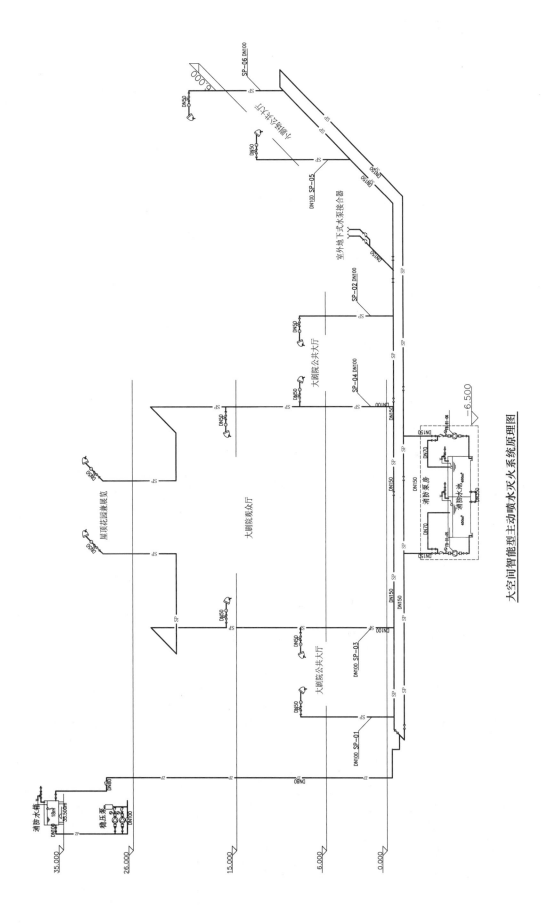

大空间智能型主动喷水灭火系统原理图

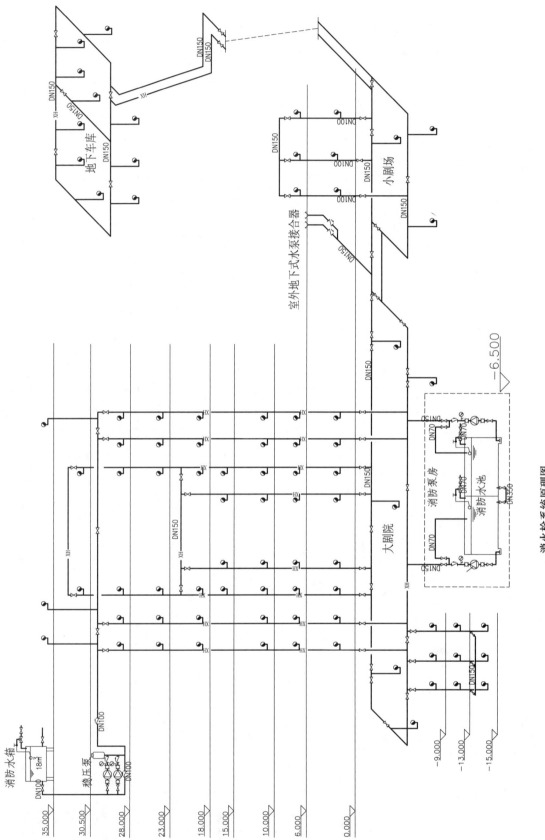

消火栓系统原理图

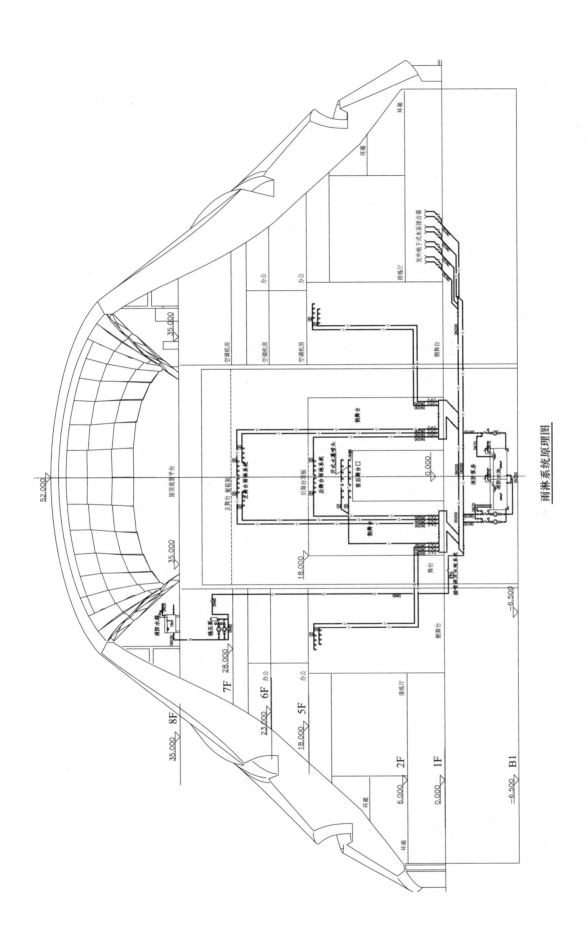

雨淋系统原理图

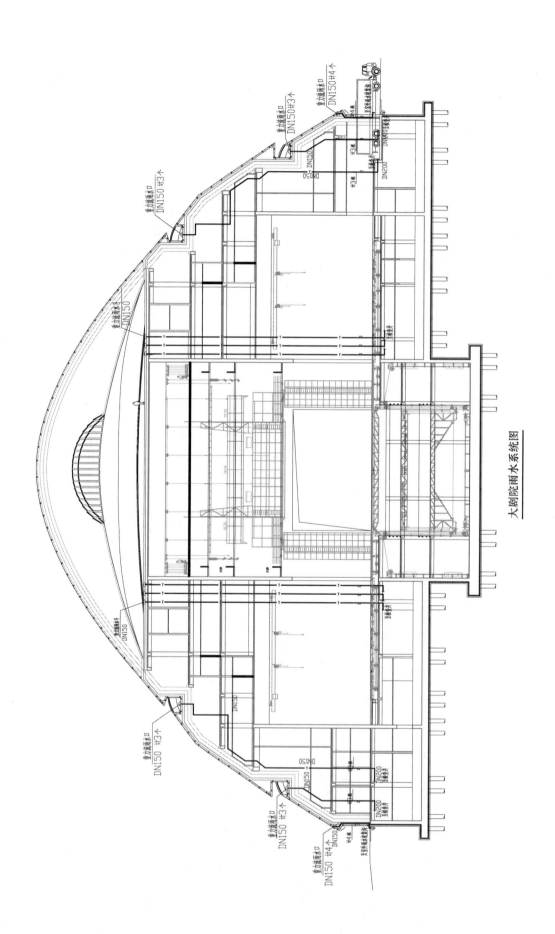

大剧院雨水系统图

中国南方电网有限责任公司生产科研综合基地（南区）

设计单位： 广州市设计院
设 计 人： 丰汉军　郭进军　甘起东　鲍振国　易尚栋　赵力军　陈杳朋　陈健聪
获奖情况： 公共建筑类　二等奖

工程概况：

本项目位于广州市黄埔区，地块南临科翔路、西临香山路、东临美国人学校、北靠自然山体——珠山。总用地面积 180964m²，占地 55959m²，总建筑面积 358652m²，其中计容面积 234642m²，容积率 1.3。

项目南区由 8 栋塔楼组成，其中公司总部生产办公区（J-1）7 层，高 34.3m；电力调度通信中心（J-2）5 层，高 23.7m；生产科研中心（J-3）7 层，高 32.7m；展示会议中心区（J-4）4 层，高 23.5m；档案中心（J-5）4 层，高 17.1m；后勤服务中心（J-6）4 层，高 21m；值班休息区（J-7）10 层，高 38.2m；职工文体活动中心（J-8）1 层，高 16.51m；总部生产办公区、电力调度通信中心、生产科研中心、展示会议中心区及后勤服务中心在三层设连廊相连；值班休息区和职工文体活动中心设 1 层裙房相连；设 2 层地下车库和设备用房。

工程说明：

一、给水排水系统

（一）给水系统

1. 生活给水系统

（1）冷水用水量

1）J-1、J-4、J-5、J-6 栋最高日用水量（见表 1）和水箱有效容积

J-1、J-4、J-5、J-6 栋最高日用水量　　　　　　　　　　　　　　表 1

序号	用水类别	用水定额	用水规模	日用水时间（h）	最高日用水量（m³/d）	最大时用水量（m³/h）	平均时用水量（m³/h）	小时变化系数 K_h
1	办公人员用水	50L/(人·d)	1500 人	10	75	11.25	7.5	1.5
2	会议厅用水	8L/(座位·次)	800 座位，一日 2 次	4	12.8	4.8	3.2	1.5
3	展示用水	6L/(m²·d)	5000m²	12	30	3.75	2.5	1.5
4	餐饮用水	20L/人次	2200 人，一日 3 次	12	132	16.5	11	1.5
5	档案中心用水	50L/(人·d)	500 人	10	25	3.75	2.5	1.5
6	合计				274.8	40.05	26.7	
7	未预见水量	按用水量的 15% 计			41.22	6.01	4.01	
8	总计				316.02	46.06	30.71	

最高日用水量 316.02m³/d，最大时用水量 46.06m³/h。因后勤服务区用水量较密集，适当放大水箱调节容积比例，取 28%，则生活水箱有效调节容积为：316.02×0.28＝88.49m³，取 90m³。

2）J-2、J-3、J-8 栋最高日用水量（见表 2）和水箱有效容积

J-2、J-3、J-8 栋最高日用水量　　　　表 2

序号	用水类别	用水定额	用水规模	日用水时间 (h)	最高日用水量 (m³/d)	最大时用水量 (m³/h)	平均时用水量 (m³/h)	小时变化系数 K_h
1	办公人员用水	50L/(人·d)	1500 人	10	75	11.25	7.5	1.5
2	文体活动淋浴用水	40L/人次	2000 人次/d	12	80	10	6.67	1.5
3	泳池初次充水	泳池容积1575m³		36		43.75	43.75	1.0
	泳池运行每日补水	泳池容积的10%		24	157.5	6.56	6.56	1.0
4	合计				312.5	27.81	20.73	
5	未预见水量	按用水量的15%计			46.88	4.17	3.11	
6	总计				359.38	31.98	23.84	

最高日用水量 359.38m³/d，最大时用水量 31.98m³/h。生活水箱有效调节容积为：359.38×0.20＝71.88m³，取 80m³。

3）J-7 栋最高日用水量（见表 3）和水箱有效容积

J-7 栋最高日用水量　　　　表 3

序号	用水类别	用水定额	用水规模	日用水时间 (h)	最高日用水量 (m³/d)	最大时用水量 (m³/h)	平均时用水量 (m³/h)	小时变化系数 K_h
1	公寓用水	300L/(人·d)	350 人	24	105	8.75	4.38	2.0
2	洗衣用水	80L/(kg·d)	2400kg	8	192	36	24	1.5
3	合计				297	44.75	28.38	
4	未预见及管网漏失水量	按用水量的15%计			44.55	6.71	4.26	
5	总计				341.55	51.46	32.64	

最高日用水量 341.55m³/d，最大时用水量 51.46m³/h。因值班公寓用水量较密集，适当放大水箱调节容积比例，取 30%，则生活水箱有效调节容积为：341.55×0.30＝102.47m³，取 100m³。

4）其余部分用水量（见表 4）

其余部分用水量　　　　表 4

序号	用水类别	用水定额	用水规模	日用水时间 (h)	最高日用水量 (m³/d)	最大时用水量 (m³/h)	平均时用水量 (m³/h)	小时变化系数 K_h
1	地下车库用水	3L/(m²·d)	115000m²	8	345	43.2	43.2	1.0
2	绿化和浇洒道路用水	3L/(m²·d)	72000m²	4	216	54	54	1.0
3	空调补水			10	800	100	80	1.25
4	合计				1361	197.2	177.2	
5	未预见水量	按用水量的15%计			204.15	29.58	26.58	
6	总计				1565.15	226.78	203.78	

以上用水单元除空调补水采用变频泵组加压外，其余均采用市政管网直供。空调冷却补水有效容积 $V=100/1.25 \times 10 \times 25\% = 200m^3$。

综上，南区最高日总生活用水量为 $2579.75m^3/d$。

（2）水源

水源为市政自来水，在科翔路上设有市政给水干管，并由该市政给水干管上接入两条 $DN200$ 引入管供本项目综合用水，水表组（包括闸阀、过滤器、水表、倒流防止器等组件）设置在首层绿化带内。从两条引入管上分别设管引至地下一层生活水箱、雨水清水池、消防水池、中水清水池（雨水清水池变频泵供水管上同时设管引至消防水池、中水清水池）。

（3）系统竖向分区

给水系统竖向共分 2 个区：

地下二层到地下一层为 1 区，市政水压约 0.20MPa（27.0m 标高处），由市政自来水管网直接供水，供地下室洗地、地下室发电机房硝烟池、地下室锅炉房、游泳池补水等。

首层（±0.00m＝33.0m）及以上为 2 区，2 区由市政水经水箱贮水过滤处理贮存到净水水箱，然后由变频供水设备供水，供地下室厨房、地下室洗衣房及塔楼用水，横支管上设减压稳压阀保证阀后压力不超过 0.20MPa。

（4）供水方式及给水加压设备

本项目采用市政直供与变频泵组加压供水方式相结合。

1 区采用市政直供；2 区采用变频泵组加压供水，其生活水箱（均采用 SUS444 不锈钢材质）、水泵性能参数如下：

J-1、J-4、J-5、J-6 生活原水箱贮水有效容积 $90m^3$，过滤水泵 2 台，1 用 1 备，每台 $Q=50m^3/h$，$H=40m$，$N=15kW$；净水水箱有效容积 $150m^3$，生活给水变频设备：$Q=0\sim16L/s$，$H=60m$，$N=26kW$（2 台大泵，1 用 1 备，1 台小泵）。

J-2、J-3、J-8 生活原水箱贮水有效容积 $80m^3$，过滤水泵 2 台，1 用 1 备，每台 $Q=35m^3/h$，$H=40m$，$N=15kW$；净水水箱有效容积 $120m^3$，生活给水变频设备：$Q=0\sim14L/s$，$H=60m$，$N=26kW$（2 台大泵，1 用 1 备，1 台小泵）。

J-7 生活原水箱贮水有效容积 $100m^3$，过滤水泵 2 台，1 用 1 备，每台 $Q=55m^3/h$，$H=40m$，$N=15kW$；净水水箱有效容积 $150m^3$，生活给水变频设备：$Q=0\sim18L/s$，$H=65m$，$N=26kW$（2 台大泵，1 用 1 备，1 台小泵）；在供洗衣房供水管上设压力软化器后供洗衣房冷热水，软化器 2 台，每台处理能力 $30m^3/h$。

整个项目集中设置空调系统冷却塔，冷却塔补水水池和消防水池合用，并采取保证消防水池水量不被挪用的措施，冷却塔变频补水泵参数：$Q=0\sim30L/s$，$H=60m$，$N=34kW$（2 台大泵，1 用 1 备，1 台小泵），并在冷却塔补水管上设置水表。

2. 游泳池循环水处理等系统

在文体活动中心设置有一个标准室内恒温泳池（$1575m^3$），循环水处理机房设在地下一层游泳池附近，采用逆流式循环给水系统。恒温泳池热源采用空气源热泵，与文体活动中心淋浴用热水热泵合用热泵机房，设置在文体活动中心首层。

室内恒温泳池循环水量：$270m^3/h$；初次加热耗热量：1200kW；平时运行耗热量：500kW。首层热泵参数：12 台制热量 90kW/耗电 16.4kW 钛合金热泵，地下一层水处理机房电辅热功率 300kW。

3. 空调冷却补水系统

（1）系统设置位置

整个项目集中设置空调系统冷却塔，冷却塔补水水池（预留 $V=245m^3$）和消防水池合用，并采取保证消防水池水量不被挪用的措施。

（2）系统设计参数

按表 4 设计指标，最高日最大时空调冷却水量 100m³/h，时变化系数 1.25。则空调冷却补水有效容积为 $V=100/1.25\times10\times25\%=200m^3$。

冷却塔变频补水泵参数：$Q=0\sim30L/s$，$H=60m$，$N=34kW$（2 台大泵，1 用 1 备，1 台小泵），并在冷却塔补水管上设置水表计量。

4. 管材

室内生活给水管及管件均采用奥氏体 S30408（06Cr19Ni10a）薄壁不锈钢，管径≤DN100 时采用环压式或双卡压式连接，管径＞DN100 时采用沟槽式（卡箍）连接。不锈钢管材和管件的规格均应符合《建筑给水薄壁不锈钢管道安装》10S407-2 的要求。沟槽管件必须符合《沟槽式管接头》CJ/T 156—2001 的要求。

空调冷却塔补水管、雨水回收利用给水管均采用给水用内外涂塑钢管，须满足《给水涂塑复合钢管》CJ/T 120—2008 的要求。所有生活给水阀门采用不锈钢阀门。

室外给水干管选用质量优良的孔网钢带聚乙烯复合管，电热熔连接。

（二）热水系统

1. 生活热水系统

（1）热水用水量

设计小时耗热量计算公式：

$$Q_h=K_h m q_r C(t_r-t_1)\rho/T$$

式中　Q_h——设计小时耗热量，kJ/h；

　　　K_h——时变化系数；

　　　q_r——热水用水定额，L/（人·d）或 L/（人·床）；

　　　C——水的比热，4.187kJ/（kg·℃）；

　　　t_r——热水温度，60℃；

　　　t_1——冷水温度，℃；

　　　T——每日使用时间，h。

1）值班公寓（见表 5）

值班公寓设计小时耗热量　　　　表 5

q_r [L/（人·d）]	m （人）	t_r （℃）	t_1 （℃）	T （h）	K_h	ρ （kg/L）	C [kJ/（kg·℃）]	K_1	T_1 （h）	Q_h （kJ/h）	Q_g （kJ/h）	T_2	k_2	η	V_r （L）
100	40000	60	10	12	1.5	1	4.187	1.1	16	1395667 （388kW）	767616.7 （214kW）	4	1.2	0.8	6750

电辅热 $Q=30\%Q_g=64kW$。

设计小时耗热量：1395667kJ/h（388kW）；供热量：767616.7kJ/h（214kW）。

屋顶设置 3 台制热量 75kW/耗电 17.9kW 热泵，屋顶热水机房不锈钢承压水罐容积 10m³（按贮热水箱温度 55℃计算，分两个并联），电辅热功率 30kW，管网循环泵 1 用 1 备，$Q=0\sim2L/s$，$H=15m$，每台 2.2kW，热泵循环泵 1 用 1 备，$Q=36m^3/h$，$H=15m$，每台 4kW。

2）洗衣房

参照表 5，设计小时耗热量：2826225kJ/h（785.06kW）；供热量：381680kJ/h（383.8kW）。

屋顶设置 6 台制热量 75kW/耗电 17.9kW 热泵，地下一层热水机房不锈钢承压水罐容积 30m³（按贮热水箱温度 55℃计算，分两个并联），电辅热功率 70kW，热泵循环泵 1 用 1 备，$Q=72m^3/h$，$H=15m$，每台 11kW。

3）后勤服务区

参照表 5，设计小时耗热量：1727137.5kJ/h（479.76kW）；供热量：1266540kJ/h（351.82kW）。

屋顶设置 5 台制热量 75kW/耗电 17.9kW 热泵，地下一层热水机房不锈钢承压水罐容积 12m³（按贮热水箱温度 55℃计算，分两个并联），电辅热功率 70kW，管网循环泵 1 用 1 备，$Q=0\sim2L/s$，$H=15m$，每台 2.2kW，热泵循环泵 1 用 1 备，$Q=60m^3/h$，$H=15m$，每台 8kW。

4）文体活动中心（见表 6）

文体活动中心设计小时耗热量　　　　表 6

q_r [L/(人·d)]	m (人)	t_r (℃)	t_1 (℃)	T (h)	K_h	ρ (kg/L)	C [kJ/(kg·℃)]	K_1	T_1 (h)	Q_h (kJ/h)	Q_g (kJ/h)	T_2	k_2	η	V_r (L)
20	1000	60	10	12	1.5	1	4.187	1.1	16	523375 (146kW)	287856.3 (80kW)	4	1.2	0.8	6750

电辅热 $Q=30\%Q_g=24kW$。

设计小时耗热量：523375kJ/h（146kW）；供热量：287856.3kJ/h（80kW）。

首层设置 3 台制热量 38.5kW/耗电 15kW 热泵，地下一层热水机房不锈钢承压水罐容积 10m³（按贮热水箱温度 55℃计算，分两个并联），电辅热功率 60kW，管网循环泵 1 用 1 备，$Q=0\sim2L/s$，$H=15m$，每台 2.2kW，热泵循环泵 1 用 1 备，$Q=48m^3/h$，$H=15m$，每台 5.5kW。

（2）热源

值班公寓、洗衣房、文体活动中心、后勤服务区均有热水需求，热源采用空调余热回收与空气源热泵。热水均由生活变频给水泵供应，相应建筑冷水管上引一条管至空调余热回收换热器，热泵顺序加热后进入承压热水贮热罐后供相应建筑热水。

（3）系统竖向分区

值班公寓、洗衣房、文体活动中心、后勤服务区等建筑单体热水系统竖向均为一个区。

（4）热交换器

空气源热泵加热采用直接换热形式，设闭式承压热水贮罐；空调热回收采用半容积式换热器进行加热。

（5）冷、热水压力平衡措施及热水温度的保证措施

1）冷、热水同源，系统形式及分区一致；

2）热水供回水循环管道同程布置；

3）热水回水干、立管设导流三通连接，保证水压平衡；

4）采用电辅热装置以保证用水末端出水温度。

2. 饮用水供应

除值班公寓外，其余各栋建筑每层茶水间设置终端饮水机（带过滤、消毒、加热功能），给水经终端饮水机处理达到《饮用净水水质标准》CJ 94—2005 后供应饮水。

3. 自控电伴热系统

（1）系统设置位置

J-7 栋值班休息区由于为员工公寓，为尽量节能设计采用集中热水供应系统，由空调水-水回收热泵和空气源热泵提供热源并设置电辅助加热。热水系统为闭式直接加热系统，干管、立管循环。为尽量减少热水放

水时间达到节水要求，在各卫生间热水支管设电伴热保温，同时设保温层。所用热水管为薄壁不锈钢管，电伴热电缆敷设在保温层和薄壁不锈钢管之间。

按节水规范设计要求，在每个给水支管后均设置减压阀保证用水点压力不超过 0.20MPa，不便于设置支管循环。故在每套公寓卫生间内支管均设置电伴热保温，总卫生间个数为 283 个，每个卫生间均在洗脸盆、淋浴热水支管设电伴热保温。

（2）系统设计参数

每户卫生间热水支管设电伴热保温，卫生间基本为标准配置，洗脸盆、淋浴供应热水。设置电伴热保持支管内设计热水温度为 55～60℃，根据温度范围选用 HWAT-M 型电伴热电缆，输出功率 8.2W/m。项目客房总数 283 套，每套内设有洗脸盆、淋浴用热水。根据卫生间平面布置，每户卫生间内支管电伴热保温从支管减压阀开始，到最末端热水支管处止，每户长度约 5m，项目电伴热电缆总长度为 5×283＝1415m。每户卫生间需要功率 8.2×5＝41W，每户内预留电伴热电源 50W。

4. 管材

生活热水给水管及管件均采用奥氏体 S30408（06Cr19Ni10a）薄壁不锈钢，管径≤DN100 时采用环压式或双卡压式连接，管径＞DN100 时采用沟槽式（卡箍）连接。不锈钢管材和管件的规格均应符合《建筑给水薄壁不锈钢管道安装》10S407-2 的要求。沟槽管件必须符合《沟槽式管接头》CJ/T 156—2001 的要求。热水保温材料采用满足防火要求的闭泡橡塑保温。

（三）雨水回收利用系统

1. 水量计算、水量平衡

（1）可收集雨水量

为满足绿色建筑及 LEED 认证要求，本项目设置雨水回收利用系统。收集 8 栋楼屋面雨水经弃流、格栅过滤后进入室外雨水贮存池，总收集面积约为 47306m²。在首层绿化带设 500m³ 雨水蓄水池 1 个。收集雨水经过滤、消毒等工艺净化处理后，进入 30m³ 清水池。清水池回用水通过变频水泵加压回用于首层室外景观补水、绿化及道路浇洒、小塔楼屋面绿化浇灌等。

雨水收集量根据《建筑与小区雨水利用工程技术规范》GB 50400—2006 中规定的雨水设计径流总量公式计算：

$$W = \psi q F \times t / 1000$$

式中　W——雨水设计径流总量，m³；

　　　ψ——雨水综合径流系数，经计算为 0.65；

　　　F——屋面汇水面积，hm²，47306m²＝4.7306hm²；

　　　t——（设计工况为最不利）设计降雨历时，s，取 5min＝600s。

暴雨强度公式见"屋面雨水排水系统"详述。计算屋面雨水径流总量为：1299.90m³。

《雨水集蓄利用工程技术规范》GB/T 50596—2010 中可收集雨水总量计算公式为：

$$W_{收} = \alpha \beta W$$

式中　$W_{收}$——可收集雨水量，m³；

　　　α——季节折减系数，取 0.85；

　　　β——初期雨水弃流系数，取 0.87（即为 $W_{弃} = 10\delta F$，δ 为 2～3mm 弃流径流厚度）。

因此，本项目雨水系统设计可收集雨水总量为 961.28m³。

（2）回用雨水需求量

根据《民用建筑节水设计标准》GB 50555—2010，本项目道路浇洒及绿化用水量见表 7。

道路浇洒及绿化用水量　　　　　　　表7

序号	用水类别	用水定额	用水规模	最高日用水量 （m³/d）	备注
1	道路浇洒用水	2L/(m²·d)	4899.86m²	9.80	按5d贮水量,回用雨水需求量为 $V=490m^3$,取雨水收集池有效容积 $V=500m^3$
2	绿化用水	2L/(m²·d)	39655m²	79.31	
3	未预见及管网漏失水量	按用水量的10%计		8.91	
4	总计			98.02	

（3）系统水量评估

综上所述，回用雨水收集量基本满足回用雨水需求量，考虑雨水回用系统供需平衡，差额回用水量需由市政自来水补给。车库冲洗及卫生间冲厕用水采用市政自来水供给。

2. 系统设置位置

雨水收集池设于首层室外。在地下二层雨水机房设置取水泵抽取雨水贮水池水经高效过滤后进入雨水清水池，由生活变频泵（出水管上设紫外线消毒器）供应室外绿化、景观等用水。所有雨水回用供水管均做明显标识，取水口处设专门开启工具并设"雨水"标识。

室外雨水贮水池根据广州地区一年重现期最大24h径流量扣除初期弃流量和用水量要求综合考虑，为满足LEED及绿色建筑要求，绿化灌溉用水必须全部采用回用雨水。根据广州地区气象条件，室外雨水贮水池须贮存5d绿化用水量 $V=500m^3$（同时，在雨量丰厚时，可以作为水景、消防及空调冷却塔补水）。地下室周边设截留地下水的廊道排水，在优先使用回用雨水的前提下，采用加压廊道排水、市政自来水补给雨水回用清水池。

3. 系统设计参数

过滤取水泵1用1备，每台 $Q=54m^3/h$，$H=40m$，$N=11kW$。

高效过滤器2台，每台处理能力40m³/h。

雨水清水池按用水量30%确定，有效容积为150m³，分两格。

雨水回用水变频供水设备：$Q=0\sim20L/s$，$H=60m$，$N=40kW$（2台大泵，1用1备，1台小泵）。

（四）排水系统

1. 生活排水系统

（1）排水系统的形式

地上部分重力流排水，地下部分提升设备压力排水。

室外雨、污分流，室内污、废分流。室内雨水和污废水分别排至市政雨水管网和污水管网，在室外污水管网、雨水管网末端设置水质检测井。

（2）通气管的设置方式

污废水立管设专用通气立管，专用通气立管与污水立管、废水立管在每层均连通，污废水立管在最高层卫生器具以上和最低点横支管以下与通气管连通。

（3）采用的局部污水处理设施

地下室卫生间排水至一体化污水提升装置抽排至室外化粪池，两台一体化提升装置，每台均为双泵双贮罐，单泵 $Q=41m^3/h$，$H=18m$，$N=12kW$，单罐 $V=500L$。

厨房含油废水经带气浮加热功能的油脂分离器处理达标后经隔油间集水井潜污泵（设置在地下二层）抽排至室外污水管网最终排入市政污水管网，两台隔油器，每台流量20m³/h，$L\times B\times H=3500\times1600\times2300$，$N=5kW$。

（4）管材

室内重力流污废水系统干管选用质量优良的 W 型离心铸铁排水管及管件，柔性无承口卡箍件连接（加强型卡箍），离心铸铁排水管及管件内外壁均须涂覆环氧树脂漆。卫生间内横支管采用 HDPE 高强度聚乙烯塑料管及管件。室内潜污泵出水管、底板预埋排水管采用内外涂塑钢管，卡箍连接。室外污水系统采用 HDPE 高密度聚乙烯双壁波纹排水管，所有接口均采用弹性橡胶密封圈连接。室外污废水检查井采用成品塑料检查井，化粪池采用免清掏波纹板玻璃钢化粪池。

室内满管压力流雨水系统采用排水用不锈钢管及管件，氩弧焊接。室内重力流雨水系统采用质量优良的内外涂塑钢管及管件，沟槽（卡箍）连接。室外雨水管选用 HDPE 高密度聚乙烯双壁波纹排水管，所有接口均采用弹性橡胶密封圈连接。室外雨水检查井采用成品塑料检查井。

2. 屋面雨水排水系统

建筑顶层屋面部分采用满管压力流排水方式，部分采用重力流排水方式。

屋面雨水排水设计按重现期 $P=50$ 年考虑，单一重现期暴雨强度公式如下：

$$q=2091.174/(t+4.167)^{0.491}$$

并按溢流排水 $P=100$ 年校核，排入市政雨水管网，单一重现期暴雨强度公式如下：

$$q=2068.295/(t+3.239)^{0.470}$$

室外雨水设计重现期按 $P=10$ 年考虑，单一重现期暴雨强度公式如下：

$$q=2133.091/(t+5.942)^{0.551}$$

式中　q——暴雨强度，$L/(s \cdot hm^2)$；

　　　t——降雨历时，min。

屋面雨水立管布置在塔楼核心筒周圈，北面区域直接从三层穿侧墙至室外雨水检查井，南面区域从地下一层穿侧墙至室外雨水检查井。首层广场在道路排水沟中设虹吸雨水斗，雨水横管在地下室分别由北面综合管廊和南面排至室外雨水检查井，为形成虹吸，雨水横管在接至室外雨水检查井前先竖直向下敷设。屋面设置盖板式线性排水沟以增大排水能力，中庭、首层广场、道路设缝隙式线性排水沟以增大排水能力及满足美观要求。

3. 虹吸排水系统

J-1～J-8 栋屋面、J-1 总部生产办公区四层及首层广场道路采用满管压力流排水方式，其排水沟中均设虹吸雨水斗。其中首层排水沟虹吸雨水系统雨水横管在地下室分别由北面综合管廊和南面排至室外雨水检查井，为利于形成虹吸，雨水横管在接至室外雨水检查井前先竖直向下敷设。

4. 景观水体循环水处理系统

为保证室外景观水体水质，在地下二层南面雨水机房内预留室外景观水循环过滤处理设备。水体容积按 $20000m^3$，循环周期 5d，循环泵 1 用 1 备，每台 $Q=200m^3/h$，$H=40m$，$N=37kW$。过滤处理设备 6 台，每台处理能力 $37m^3/h$。水景由雨水回用系统进行补水。

5. 雨洪调蓄控制系统

本项目利用南侧天然景观水体对雨洪进行综合调蓄，调蓄容积约 2 万 m^3。地块内雨水排水经室外雨水管网收集后，除超重现期雨水量排至市政管网外，其余分别由东、西两侧排入景观水体进行调蓄。

6. 截洪沟排水系统

由于本建筑北面为山体，为保证建筑不受山洪危害，在山体与建筑用地红线结合处根据山体护坡设置一道截洪沟（编号 G、H、I、J）用于排暴雨时山体洪水，该截洪沟按总汇水面积 100 年一遇洪水考虑。同时，在用地红线内道路下方增设一道截洪沟（编号 E、F、F1），该截洪沟按总汇水面积 200 年一遇洪水考虑。

7. 地下降水系统

为减少底板抗浮、降低地下水位，南区沿地下室周圈设置排水廊道进行降水，地下水通过排水廊道最终汇集在西南角集水池，平时补充至室外雨水回收池前检查井，作为绿化、景观等补水。在洪水时，地下水量很大远超过绿化等回用水量须溢流排放，由集水池内水泵直接抽排至西侧河涌。

二、消防系统

（一）消火栓系统

1. 设计用水量（见表 8）

消火栓系统设计用水量 表 8

名称	用水量（L/s）	延续供水时间（h）	一次火灾用水量（m³）
室内消火栓系统	30	3	324
室外消火栓系统	30	3	324
同时作用室内、外消火栓用水量合计			648

2. 系统分区

室内消火栓系统竖向不分区，即 1 个分区。

室外消火栓由地下一层消防泵房内的室外消火栓泵加压给水。室内消火栓由地下一层消防泵房内的室内消火栓泵加压给水；地下一层～四层采用减压稳压消火栓，四层以上采用普通消火栓。

3. 消火栓泵设计参数

室内、外消火栓泵设置于地下一层消防泵房，消火栓泵设计参数见表 9。

消火栓泵设计参数 表 9

序号	名称	规格	数量	单位	设置位置	备注
1	室外消火栓主泵	$Q=30L/s, H=25m,$ $N=15kW$	2	台	消防泵房	1用1备
2	室外消火栓稳压泵（含气压罐）	$Q=5L/s, H=25m,$ $N=3kW$	2	台	消防泵房	1用1备
3	室内消火栓主泵	$Q=30L/s, H=80m,$ $N=37kW$	2	台	消防泵房	1用1备
4	室内消火栓稳压泵（含气压罐）	$Q=5L/s, H=80m,$ $N=7.5kW$	2	台	消防泵房	1用1备

4. 消防水池、高位消防水箱

按同时启动室外消火栓、室内消火栓、自动喷水灭火系统、大空间主动灭火系统计，消防水池贮水有效容积918m³，加上空调冷却塔补水量有效容积1200m³（分两格）。

于最高栋值班公寓楼屋面设一个18m³消防水箱，贮存启动消防水泵前10min的消防用水，由生活给水管补水。

5. 水泵接合器

首层设置消火栓水泵接合器，邻近几栋建筑共用。共设3组，每组2个，每个消火栓水泵接合器给水流量按15L/s计。

6. 管材

室内、外消火栓系统管材均采用内外壁热镀锌钢管，管径＜DN100时采用丝扣连接，管径≥DN100时采用沟槽式（卡箍）连接。所用沟槽管件为球墨铸铁，应满足《沟槽式管接头》CJ/T 156—2001 的相关要求。沟槽式（卡箍）连接件须经国家固定灭火系统质量鉴定检测测试中心检测合格，管道及配件公称压力均不小于 1.6MPa。喷淋管道系统所设闸阀均采用弹性座封闸阀，带明显开关标志，公称压力均不小于 1.6MPa，阀体材料为铸铁，阀芯、阀座、阀瓣、轴材料为铜合金。

（二）自动喷水灭火系统

1. 湿式自动喷水灭火系统

（1）设计用水量（见表 10）

自动喷水灭火系统设计用水量 表 10

名称	用水量（L/s）	延续供水时间（h）	一次火灾用水量（m³）	备注
湿式自动喷水灭火系统	45	1	162	展示会议加密喷淋
大空间智能型主动喷水灭火系统	30	1	108	大空间水炮
泡沫消防炮灭火系统	90.24	0.5	162.4	泡沫消防流量 96L/s，混合液比例 6%
同时作用自喷灭火用水量合计			270	

（2）系统分区

自动喷水灭火系统竖向不分区，即 1 个分区。

（3）喷淋泵设计参数

喷淋泵设置于地下一层消防泵房，喷淋泵设计参数见表 11。

喷淋泵设计参数 表 11

序号	名称	规格	数量	单位	设置位置	备注
1	喷淋主泵	$Q=45L/s, H=80m, N=55kW$	2	台	消防泵房	1用1备
2	喷淋稳压泵(含气压罐)	$Q=1L/s, H=80m, N=3kW$	2	台	消防泵房	1用1备

（4）喷头选型

吊顶部位采用吊顶型喷头，未吊顶部位设置直立型喷头。厨房采用动作温度为 93℃的喷头，厨房炉灶采用动作温度为 141℃的喷头，其余均采用动作温度为 68℃的喷头。

（5）报警阀组

地下二层湿式报警阀间设置湿式报警阀 50 个，每个防火分区每层均设有水流指示器及带开关显示的阀门（开关信号反馈至消防中心），并在管网末端设一条排水及试验用的排水管及控制阀门与压力表，在压力超过 40m 处水流指示器与信号阀间设减压孔板。

（6）水泵接合器

首层设置消火栓水泵接合器，邻近几栋建筑共用。共设 3 组，每组 3 个，每个消火栓水泵接合器给水流量按 15L/s 计。

2. 大空间智能型主动喷水灭火系统

（1）系统设置位置

在文体活动中心、总部大楼空间高度超过 12m 的部位配置标准型自动扫描高空水炮灭火装置。

（2）系统设计参数

标准型自动扫描高空水炮灭火装置由水炮、智能型红外线探测组件及电磁阀组成。标准射水流量5L/s，保护半径20m，安装高度6～20m，进水口径50mm。最多处水炮数量为6个，设计流量为30L/s，大空间水泵组设置于地下一层消防泵房。在文体活动中心、总部大楼首层设置大空间智能型主动喷水灭火系统水泵接合器。

大空间消防泵设置参数见表12。

大空间消防泵设置参数 　　　　　　　　　　　　　　　　　　　　　　　　　表 12

序号	名称	规格	数量	单位	设置位置	备注
1	大空间主泵	$Q=30L/s, H=80m$, $N=55kW$	2	台	消防泵房	1用1备
2	大空间稳压泵（含气压罐）	$Q=1L/s, H=80m$, $N=3kW$	2	台	消防泵房	1用1备

（3）系统控制

发生火灾时由智能型红外线探测组件对现场火灾信号进行采集，分析、确认火灾发生则打开电磁阀，启动喷淋主泵及报警装置连续喷水。火灾熄灭后停止喷淋主泵，关闭电磁阀及报警装置。

3. 管材

自动喷水灭火系统管材均采用内外壁热镀锌钢管，管径<$DN100$时采用丝扣连接，管径≥$DN100$时采用沟槽式（卡箍）连接。所用沟槽管件为球墨铸铁，应满足《沟槽式管接头》CJ/T 156—2001的相关要求。沟槽式（卡箍）连接件须经国家固定灭火系统质量鉴定检测测试中心检测合格，管道及配件公称压力均不小于1.6MPa。喷淋管道系统所设闸阀均采用弹性座封闸阀，带明显开关标志，公称压力均不小于1.6MPa，阀体材料为铸铁，阀芯、阀座、阀瓣、轴材料为铜合金。

（三）泡沫消防炮灭火系统

1. 系统设置位置

展示会议中心屋顶（标高28.60m）设置有直升机停机坪，设置普通消火栓，同时采用泡沫消防炮保护，泡沫罐及泡沫泵设置在地下一层消防泵房内。

2. 系统设计参数

泡沫消防炮选用：PPKD48（48L/s），2台；泡沫罐容积：5.5m³；混合比：6%；流量范围：20～80L/s；工作压力范围：0.6～1.2MPa。泡沫消防泵设置参数见表13。

泡沫消防泵设置参数 　　　　　　　　　　　　　　　　　　　　　　　　　表 13

序号	名称	规格	数量	单位	设置位置	备注
1	泡沫消防主泵	$Q=95L/s, H=125m$, $N=150kW$	2	台	消防泵房	1用1备

3. 系统控制

每个消防炮设置对应电控阀，可以现场一对一控制消防炮喷射方向，并控制消防炮水泵的启停。泡沫消防泵同时可以在消防控制中心、消防泵房内手动控制启停。

4. 管材

泡沫消防炮灭火系统供水管采用内外涂塑钢管，泡沫液供给管道采用不锈钢管。

(四）气体灭火系统

1. 系统设置位置

本项目气体灭火系统采用七氟丙烷灭火系统和 S 型热气溶胶灭火系统。J-1 总部生产办公区计算机中心各机房、J-2 电力调度通信中心各机房、J-5 档案中心档案室等采用管网式组合分配七氟丙烷灭火系统（一套系统保护不超过 8 个防护区）；地下室变配电房、发电机房控制室、新能源电力机房等采用 S 型热气溶胶灭火系统。

2. 系统设计参数

七氟丙烷灭火系统：变配电房灭火设计浓度 9%，专业机房灭火设计浓度 9%，设计喷放时间不大于 8s，灭火浸渍时间 5min。

S 型热气溶胶灭火系统：设计密度不小于 $140g/m^3$，灭火浸渍时间 10min。

3. 系统控制

管网式七氟丙烷灭火系统：有感温探测器自动控制、现场及消防控制中心遥控手动控制和机械应急操作三种启动方式。

预制 S 型热气溶胶灭火系统：设自动控制和手动控制两种启动方式。

(五）建筑灭火器配置

1. 火灾种类

A 类火灾位置：办公楼、高级会所、会议厅、酒楼餐厅、食堂餐厅。

B 类火灾位置：酒楼厨房、食堂厨房、车库。

C 类火灾位置：酒楼厨房、食堂厨房。

E 类火灾位置：电气设备各用房。

2. 危险等级

车库、办公室属于中危险级；专业机房、档案馆、体育馆属于严重危险级。

3. 配置级别

根据《建筑灭火器配置设计规范》GB 50140—2005 表 6.2.1 单具灭火器最小配置灭火级别 2A。每处设置 2 具 MF/ABC4 型灭火器（灭火级别：2A/具），共设置 7 处；同时，设置 MFT/ABC20 推车型灭火器（灭火级别：6A），共设置 2 处。

三、设计及施工体会或工程特点介绍

本项目位于广州市科学城科翔路以北，香山路以东，背靠珠山，西临水道，由公司总部生产办公区（33.2m）、电力调度通信中心（23.9m）、生产科研中心（30.8m）、展示会议中心区（35.4m）、档案中心（17m）、后勤服务中心（20.9m）、值班休息区（23.9m）、职工文体活动中心（23.9m）8 栋塔楼组成，地下 2 层。总建筑面积 $332780m^2$。

其建筑给水排水系统设置类型多样、排水标高复杂、消防系统类别齐全，共设置了 20 多个子系统，在全国民用建筑设计实例中尚属罕见。

(一）给水系统

（1）冷水系统：本项目横向跨度大、占地面积广、标高复杂，采用变频供水并根据建筑类型和使用需求分为三个生活供水片区，另设有雨水回收利用、景观水体循环水处理、游泳池循环水处理等系统。

（2）生活饮水系统：除值班公寓外，其余各栋建筑每层茶水间设置终端饮水机（带过滤、消毒、加热功能）。

（3）生活热水系统：值班公寓、洗衣房、文体活动中心、后勤服务区均有热水需求，热源均采用空气源热泵。

（二）排水系统

（1）生活排水系统：由于地下室横向跨度长，北侧为山坡，北侧建筑首层、二层外墙为剪力墙，生活排水往北侧无法直接重力排出，创造性提出在北侧外墙沿建筑长度方向设置地下综合管廊空间，北侧的生活排水管沿此管廊往东、西两个方向敷设至室外地面低于地上室内地面处重力排出。

（2）雨水排水系统：由于各栋建筑屋面面积较大，且下层有很多领导办公室，地下室面积大敷设大量重力雨水横管对净高影响非常大，故考虑屋面采用满管压力流排水方式，也创造性提出地下室上方首层广场同时采用满管压力流排水方式。北面区域直接从三层穿侧墙至室外雨水检查井，南面区域从地下一层穿侧墙至室外雨水检查井。首层广场在道路排水沟中设虹吸雨水斗，雨水横管在地下室分别由北面综合管廊和南面排至室外雨水检查井，为形成虹吸，雨水横管在接至室外雨水检查井前先竖直向下敷设。

（3）雨水回收利用系统：收集部分屋面雨水经过滤井、沉淀井预处理后贮存至室外西南角雨水池，再经地下二层雨水机房深度处理后贮存至机房内清水池，由变频供水设备供水至绿化、景观等补水。所有雨水排至市政雨水管网前，均经过景观水体调蓄后排放，以错开降雨高峰。景观水体溢流水位以上空间为调蓄容积。

（4）地下降水系统：为减少底板抗浮、降低地下水位，南区沿地下室周圈设置排水廊道进行降水，地下水通过排水廊道最终汇集在西南角集水池，平时补充至室外雨水回收池前检查井，作为绿化、景观等补水。在洪水时，地下水量很大远超过绿化等回用水量须溢流排放，由集水池内水泵直接抽排至西侧河涌。

（5）截洪沟排水系统：由于本建筑北面为山体，为保证建筑不受山洪危害，在山体护坡顶设置一道截洪沟用于保护护坡，采用 100 年重现期。同时，在护坡底和建筑周围车道间增设一道截洪沟保护建筑，采用 200 年重现期。

（三）消防系统

水源为市政自来水，按同时启动室外消火栓、室内消火栓、自动喷水灭火系统、大空间智能型主动喷水灭火系统贮存消防用水量。

（1）消火栓系统：由于本项目所在位置地势较高，市政给水在本项目室外地面处水压无法满足 0.1MPa 要求，故建筑内消防水池同时贮存火灾延续时间内室内、外消火栓水量并由室内、外消火栓泵分别供给室内、外消防环管供水，以保证消火栓处水压。

（2）湿式自动喷水灭火系统：地下层（车库）按中危险 II 级设计，地上层（办公楼）按中危险 I 级设计，展示中心会议室按中危险 I 级设计。

（3）大空间智能型主动喷水灭火系统：在高度超过 12m 的部位配置标准型自动扫描高空水炮灭火装置，标准射水流量 5L/s，保护半径 20m，安装高度 6~20m，进水口径 50mm。

（4）泡沫消防炮灭火系统：展示会议中心屋顶设置有直升机停机坪，设置普通消火栓，同时采用泡沫消防炮保护。

（5）气体灭火系统：在各 A 级标准建造机房、变配电房等不宜用水灭火的地方设置七氟丙烷气体灭火系统。档案中心各保护房间面积较小、离气瓶间距离近，故采用普通七氟丙烷气体灭火系统。其余机房由于保护房间面积较大、气瓶间至房间最远处距离超过 40m，故采用备压式七氟丙烷气体灭火系统。

（6）S 型热气溶胶灭火装置：在各楼层强、弱电间设置 S 形热气溶胶灭火装置。

（7）灭火器配置：本工程车库、办公室属于中危险级，专业机房、档案馆、体育馆属于严重危险级，变配电房为带电类，车库为 B 类，其余部分为 A 类。

四、工程照片及附图

空气源热泵

换热机房

雨水回用机房

空调冷却补水泵组

生活水泵房

潜污泵

组合式消火栓箱

消防泵房

七氟丙烷气瓶间

室内恒温泳池

景观调蓄水体

数据机房

景观镜面水池

景观绿地浇洒

管线综合

截洪沟

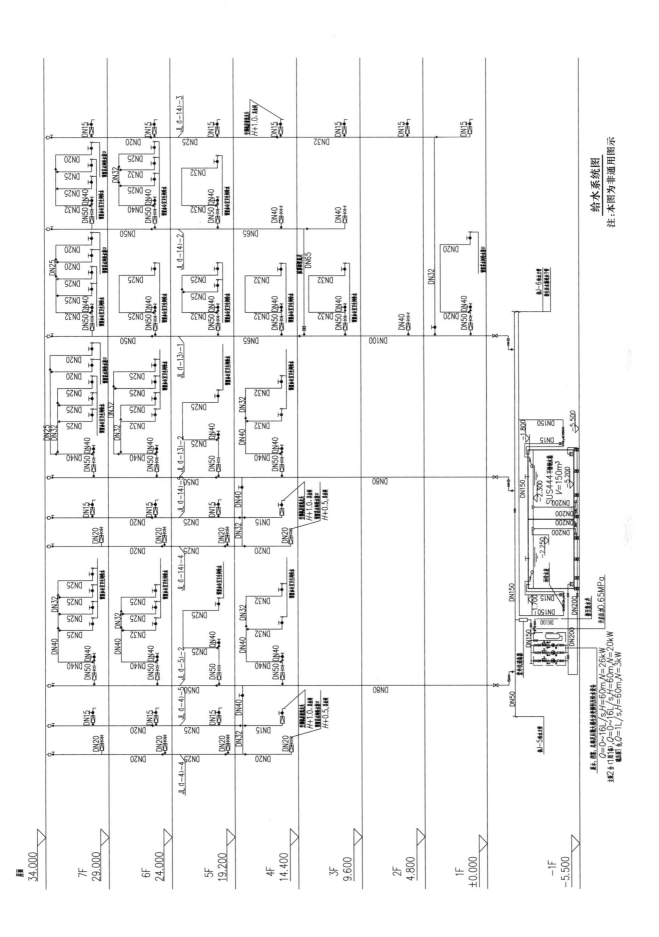

给水系统图

注：本图为非通用通用图示

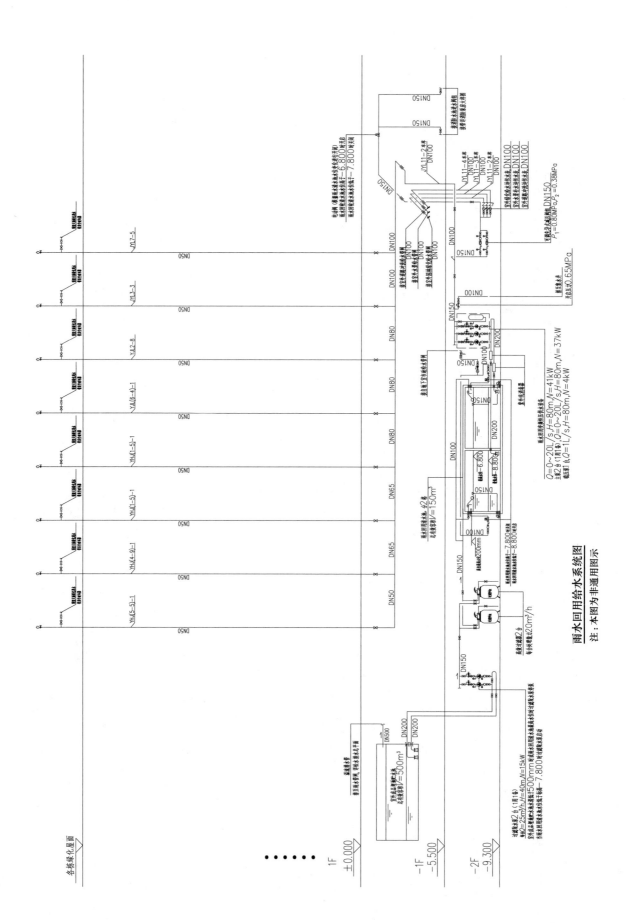

雨水回用给水系统图
注：本图为非通用图示

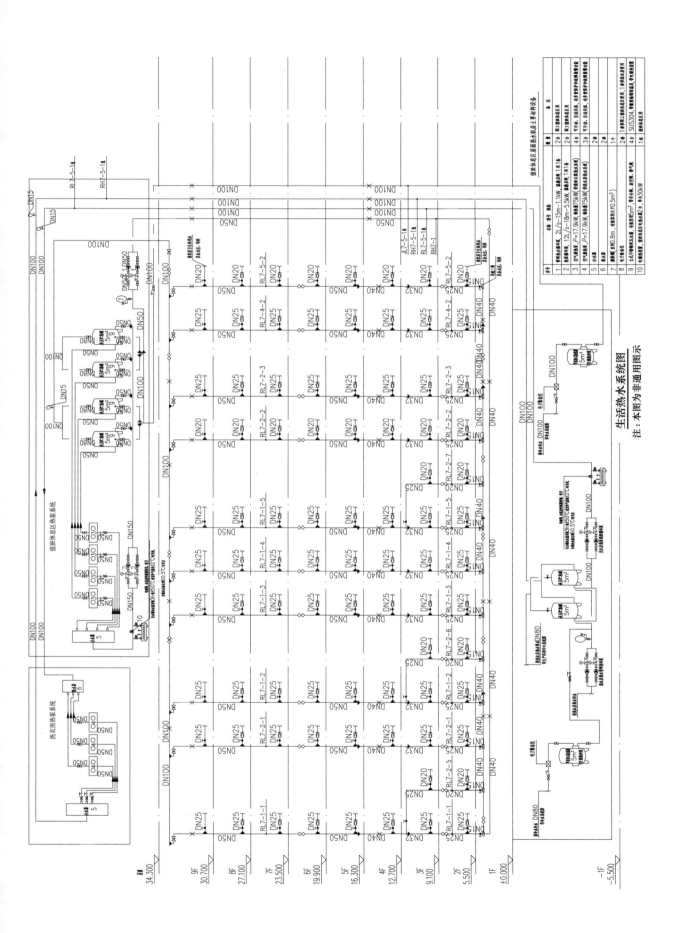

生活热水系统图

注：本图为非通用图示

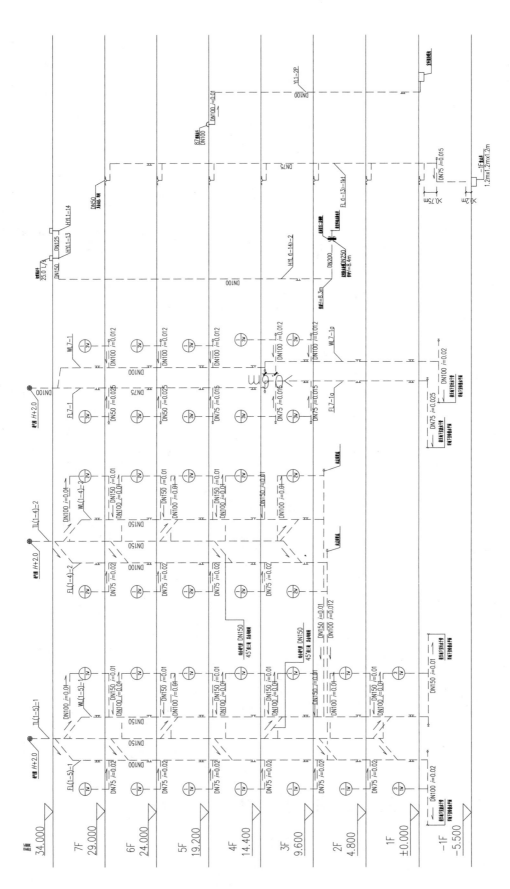

排水系统图

注：本图为非通用图示

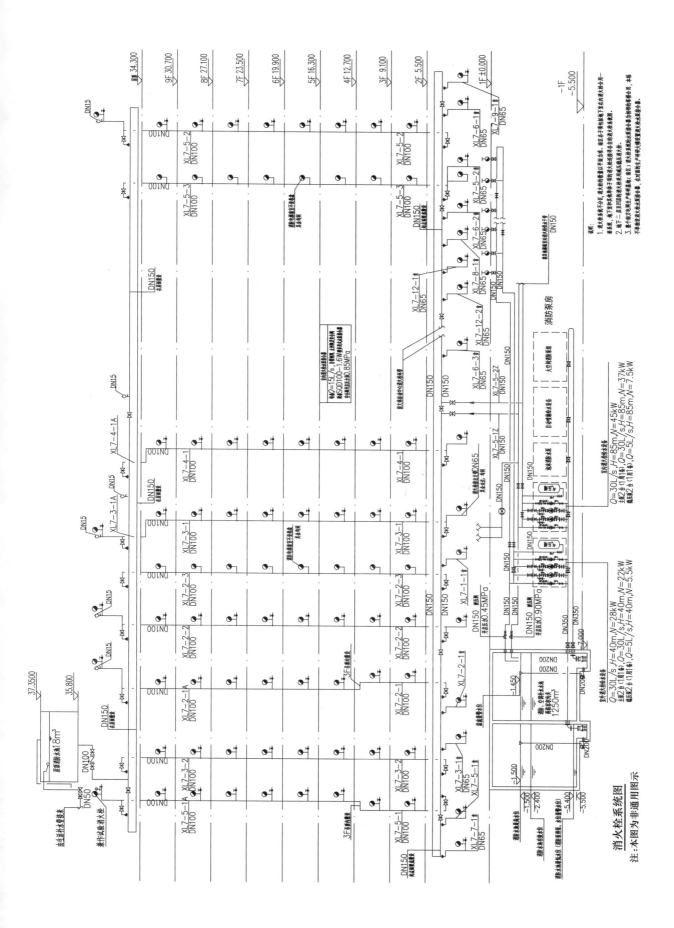

消火栓系统图

注：本图为非通用图示

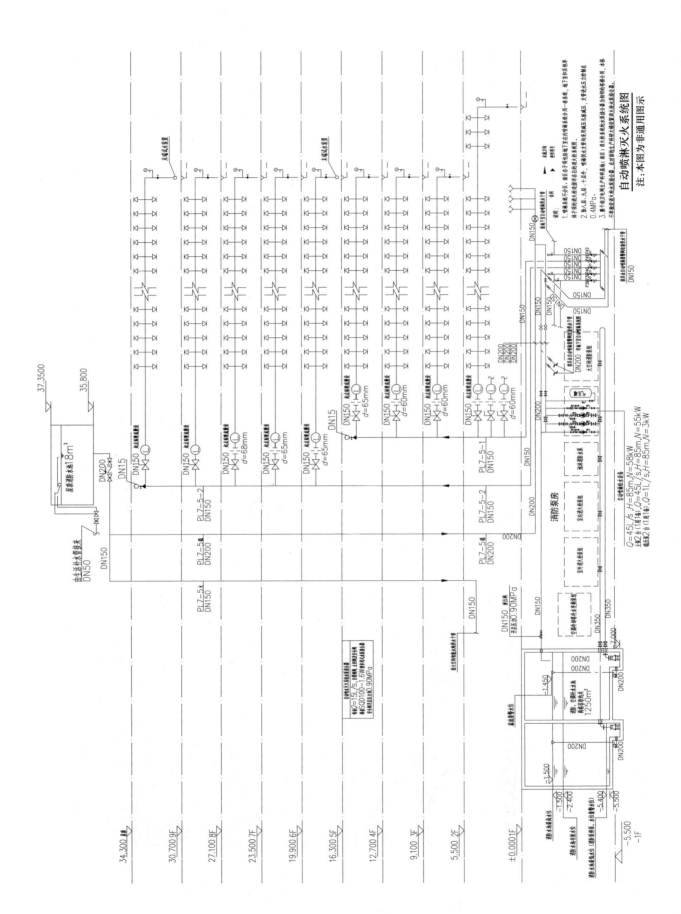

自动喷淋灭火系统图

注:本图为非通用图示

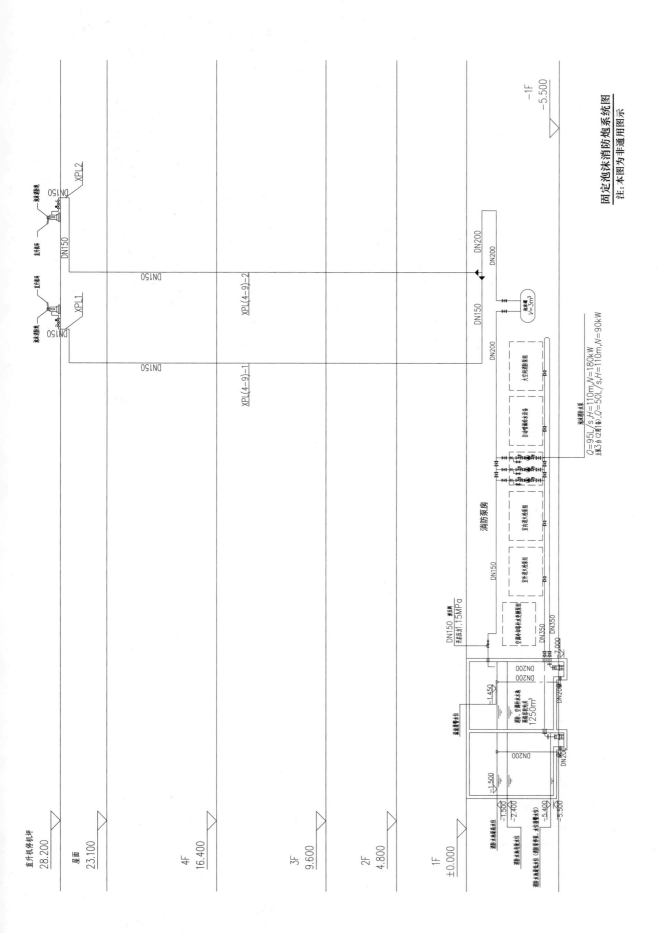

固定泡沫消防炮系统图
注：本图为非通用图示

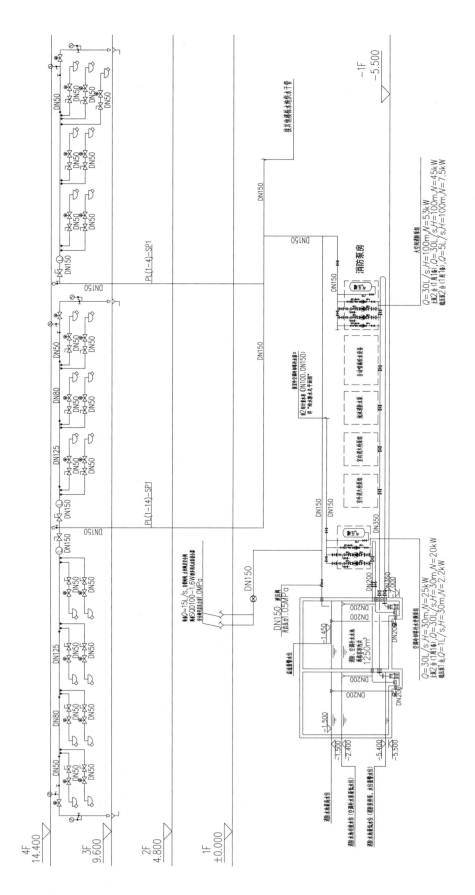

大空间水炮&空调冷却塔补水系统图

注：本图为非通用图示

上海市虹口区海南路 10 号地块工程项目

设计单位： 同济大学建筑设计研究院（集团）有限公司
设 计 人： 黄倍蓉　李伟　陈夏彬　冯玮　赵晖
获奖情况： 公共建筑类　二等奖

工程概况：

上海市虹口区海南路 10 号地块工程项目位于上海市虹口区，东临吴淞路，南临武进路，西靠乍浦路，北枕原海南路，总用地面积 16426.6m²，地块容积率 4.0，建筑密度 25%，绿地率 25%。西侧地块为中信泰富，紧邻著名商业街四川北路，具有较高的商业价值。北侧靠近四川北路公园，景观条件优越。地块南侧紧邻武进路有一排历史保护建筑，运行中的地铁 10 号线自西向东穿越本地块。

该项目总建筑面积 95076.51m²，其中地上建筑面积 68522.51m²，地下建筑面积 26554m²。塔楼功能为办公，裙房功能为商业，地下室设置机动车、非机动车库和设备用房，机动车 388 辆，非机动车 1160 辆。地下三层设置甲类核 6 级、常 6 级二等人员掩蔽部的人防工程，人防建筑面积为 3598m²。

该项目建筑高度 133.5m，属于超高层建筑，塔楼地上 29 层，避难层设置在第十六层，裙房地上 2 层，地下 3 层。办公标准层层高为 4.25m，净高为 3.20m，裙房层高为 5.60m 和 5.10m。

塔楼为钢筋混凝土框架-核心筒结构，裙房为钢筋混凝土框架结构。建筑分类为 3 类，设计使用年限 50 年；建筑耐火等级为一级。

单位建筑面积耗热量指标：50W/m²。

单位建筑面积耗冷量指标：78W/m²。

单位建筑面积变压器装机容量：103VA/m²。

日供水量：710.9m³/d。

工程说明：

一、给水排水系统

（一）给水系统

1. 冷水用水量（见表 1）

冷水用水量　　　　　　　　　　　　　　　　　　　　　　　　　　　　表 1

序号	用水类别	最高日用水定额	用水单位数	日用水时间 (h)	小时变化系数	用水量		
						最高日 (m³/d)	最大时 (m³/h)	平均时 (m³/h)
1	办公	40L/(人·d)	5000 人	10	1.5	200	30	20
2	餐饮	50L/人次	2700 人次/d	12	1.5	135	16.9	11.3

续表

序号	用水类别	最高日用水定额	用水单位数	日用水时间 (h)	小时变化系数	用水量		
						最高日 (m³/d)	最大时 (m³/h)	平均时 (m³/h)
3	餐饮员工	40L/(人·d)	80人	12	1.5	3.2	0.4	0.3
4	淋浴	300L/h	15个	3	1	13.5	4.5	4.5
	生活用水合计	10%未预见水量				386.9	57	39.7
	空调补给水					324	32.4	32.4
	总计					710.9	89.4	72.1

Q（最高日）$=710.9\text{m}^3/\text{d}$，$Q$（最大时）$=89.4\text{m}^3/\text{h}$，其中地下车库冲洗、绿化浇洒及裙房冲厕采用中水系统变频供给。

2. 水源

水源采用市政自来水。根据本项目的要求，从武进路、吴淞路各引一根给水管，根据消防要求，进水管管径为 $DN300$，在基地内形成 $DN300$ 环网。生活用水管接自其中的一根，管径为 $DN150$，总体上设 $DN150$ 生活水表一只，设 $DN300$ 消防水表 2 只。

给水压力：按上海市政供水压力 0.16MPa 计。

给水水质：满足《生活饮用水卫生标准》GB 5749—2006 的要求。

3. 系统竖向分区

地下三层～一层——市政压力直接供水；

二层～七层——中间水箱减压后供水；

八层～十三层——中间水箱直接供水；

十四层～十七层——屋顶水箱减压后供水；

十八层～二十二层——屋顶水箱减压后供水；

二十三层～二十七层——屋顶水箱直接供水；

二十八层～二十九层——屋顶变频供水设备供水。

4. 供水方式及给水加压设备

(1) 充分利用市政压力供水。一层及以下的生活用水采用市政管网直接供水。根据建筑高度、节能和供水安全原则，并结合楼内各个功能进行竖向分区，采用串联供水系统。在地下三层设置泵房，内设 230m³ 不锈钢生活水箱（分两格）及一级串联给水泵 80DL36-25（Ⅰ）×4（3 台，2 用 1 备，每台 $Q=43.2\text{m}^3/\text{h}$，$H=99.6\text{m}$，$N=22\text{kW}$），一级串联给水泵供至避难层中间水箱。在避难层设置 40m³ 不锈钢生活水箱及二级串联给水泵 65DL25-20（Ⅰ）×4（2 台，1 用 1 备，每台 $Q=25\text{m}^3/\text{h}$，$H=80\text{m}$，$N=15\text{kW}$），二级串联给水泵供至屋顶生活水箱。屋顶设置有效容积为 24m³ 的不锈钢生活水箱和高区变频供水设备，以保证上面两层卫生器具最低工作压力不小于 0.10MPa，变频供水设备供水流量为 16m³/h，配 2 用 1 备给水泵 ISG40-100（每台 $Q=8\text{m}^3/\text{h}$，$H=10\text{m}$，$N=0.75\text{kW}$），并配有 50L 隔膜罐一个。避难层泵房内另设置冷却塔专用变频泵一套，变频供水设备供水流量为 36m³/h，配 2 用 1 备给水泵 50DL15-12×8（每台 $Q=18\text{m}^3/\text{h}$，$H=90\text{m}$，$N=11\text{kW}$），并配有 300L 隔膜罐一个。

(2) 二次供水水质：为保证水质，生活水池和水箱均设置水处理机，定期对池水进行循环，防止水质变坏，水箱出口设置紫外线消毒。

(3) 计量：根据用途不同除了在引入管上设置水表外，在生活水箱补水管、员工淋浴、消防水箱补水管、空调补水管、锅炉房补水管、冷却塔补水管、办公每个供水分区的供水总管、商业每个分区供水总管等处分设水表计量，水表需采用远传水表。

5. 管材

室内生活给水管采用钢塑复合管（内衬 PE）及配件，管径≤DN100 者丝扣连接，管径＞DN100 者沟槽式连接；接入卫生间给水支管（检修阀后）采用 S5 系列 PP-R 给水管，热熔连接。室外埋地市政压力给水管采用球墨铸铁管，内覆 PE 管，胶圈接口连接。

（二）热水系统

1. 热水用水量（37℃）（见表 2）

热水用水量   表 2

名称	用水量标准	日用水时间(h)	最高日用水量(m³/d)
淋浴器(15 个)	300L/h	3	13.5

折合成 60℃热水 8m³/d。

2. 热源

采用太阳能热水系统，燃气辅助加热。在裙房屋顶设置太阳能集热板。在地下三层泵房内设置太阳能系统循环泵和热水循环泵及容积式热交换器和燃气热水炉（设于锅炉房）等。

3. 系统竖向分区

因热水供应点为地下一层集中浴室，故不分区。

4. 热交换器

设一台导流型容积式热交换器 RV-03-5H（1.6/0.6），有效容积 4.9m³，换热面积 $F=20.1m^2$，及一台导流型容积式热交换器 RV-03-3H（1.6/0.6），有效容积 2.92m³，换热面积 $F=15.2m^2$。太阳能机组在天气恶劣工况时制热效率会下降，利用燃气热水炉辅助加热。

5. 冷、热水压力平衡措施及热水温度的保证措施

为保证热水管网内的热水温度，采用回水管道设压力平衡阀。采用机械循环的方式。以保证打开龙头后 10s 内能够得到热水，供回水温度为 60℃/55℃。

6. 管材

热水管采用钢塑复合管（内衬 PEX）及配件，管径≤DN100 者丝扣连接，管径＞DN100 者沟槽连接。接入卫生间热水支管（检修阀后）采用 S3.2 系列 PP-R 给水管，热熔连接。

（三）中水系统

1. 中水源水量、中水回用水量、水量平衡

（1）中水源水量（见表 3、表 4）

中水源水量计算表（使用空调季节）   表 3

序号	排水部位	使用数量	原水排水量标准	排水量系数	年用水天数(d)	用水量 平均日(m³/d)	用水量 全年(m³/年)	备注
1	办公废水	5000 人	13.5L/(人·d)	0.9	250	60.8	15200	
2	淋浴	15 个,3h	300L/h	0.9	365	12.2	4453	
3	空调凝结水	10	3000L/h	0.9	150	27	4050	
	合计					100	23703	

中水源水量计算表（不使用空调季节）　　　　　　　　表4

序号	排水部位	使用数量	原水排水量标准	排水量系数	年用水天数 (d)	用水量 平均日 (m³/d)	用水量 全年 (m³/年)	备注
1	办公废水	5000人	13.5L/(人·d)	0.9	250	60.8	15200	
2	淋浴	15个,3h	300L/h	0.9	365	12.2	4453	
	合计					73	19653	

（2）中水回用水量（见表5）

中水回用系统用水量计算表　　　　　　　　表5

序号	用水部位	使用数量	中水用水定额	年用水天数 (d)	用水量 平均日 (m³/d)	用水量 全年 (m³/年)	备注
1	地下车库冲洗	15000m²	2L/(m²·d)	200	30	6000	
2	绿化浇洒	8000m²	2L/(m²·d)	365	16	5840	
3	裙房冲厕	2700人次/d	50L/人次×5%	365	6.75	2464	
	中水用水合计		考虑10%未预见水量		58	15734	

（3）水量平衡

1）不使用空调季节（见图1）

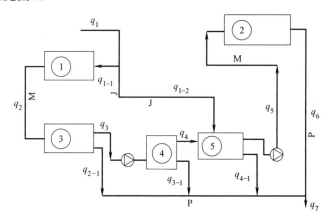

图1　水量平衡示意图（不使用空调季节）

J—自来水；W—中水原水；M—中水供水；P—排污水

①提供中水原水的用水设备；②中水用水设备；③原水调节池；

④水处理设备；⑤中水贮水池

q_1—自来水总用水量　81　m³/d；q_{1-1}—自来水供水的用水设备　81　m³/d；

q_{1-2}—中水贮水池的自来水补水量　0　m³/d；q_2—中水原水水量　73　m³/d；

q_3—处理设备日处理量　70　m³/d；q_{2-1}—调节池溢水排污量　3　m³/d；

q_{3-1}—处理设备启用水量　3.5　m³/d；q_4—中水产水量　66.5　m³/d；

q_{4-1}—中水贮水池溢水、排污量　8.5　m³/d；q_5—中水用水设备用水量　58　m³/d；

q_6—中水供水设备排污水量　6.75　m³/d；q_7—总排污水量　21.75　m³/d

2）使用空调季节（见图 2）

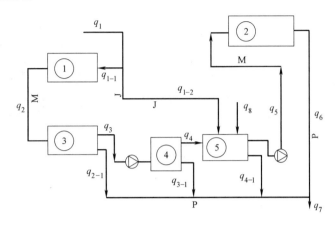

图 2　水量平衡示意图（使用空调季节）

J—自来水；W—中水原水；M—中水供水；P—排污水

①提供中水原水的用水设备；②中水用水设备；

③原水调节池；④水处理设备；⑤中水贮水池

q_1—自来水总用水量 __81__ m³/d；q_{1-1}—自来水供水的用水设备 __81__ m³/d；

q_{1-2}—中水贮水池的自来水补水量 __0__ m³/d；q_2—中水原水水量 __73__ m³/d；

q_3—处理设备日处理量 __70__ m³/d；q_{2-1}—调节池溢水排污量 __3__ m³/d；

q_{3-1}—处理设备启用水量 __3.5__ m³/d；q_4—中水产水量 __66.5__ m³/d；

q_{4-1}—中水贮水池溢水、排污量 __8.5__ m³/d；q_8—空调凝结水补水量 __27__ m³/d；

q_5—中水用水设备用水量 __58__ m³/d；q_6—中水供水设备排污水量 __6.75__ m³/d；

q_7—总排污水量 __48.75__ m³/d

2. 系统竖向分区

地下三层～三层——变频供水。

3. 供水方式及供水加压设备

地下三层设置一个处理量为 5m³/h 的中水处理站，调节水池的容积为 30m³，处理后的水进入 25m³ 中水池，采用变频恒压给水设备从水池中抽水加压的方式，提升供十七层以下办公、裙房商业卫生间冲厕用水及车辆冲洗用水和本工程的绿化浇洒用水。变频供水设备分高、低区，均为 2 用 1 备，并均配有 50L 隔膜罐一个。

4. 水处理工艺流程（见图 3）

5. 管材

室内中水管采用钢塑复合管（内衬 PE）及配件，管径≤$DN100$ 者丝扣连接，管径＞$DN100$ 者沟槽式连接；接入卫生间中水支管（检修阀后）采用 S5 系列 PP-R 给水管，热熔连接。

（四）排水系统

1. 排水系统的形式

办公室内污、废水采用分流制，裙房商业卫生间污、废水采用合流制，最高日生活污废水量为 386.9m³/d。

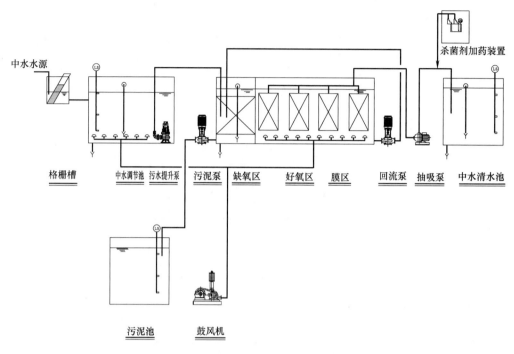

图 3　中水处理工艺流程图

2. 通气管的设置方式

办公部分室内污、废水立管采用三立管系统，设专用通气管；裙房部分设置环形通气管；地下室排水采用压力排水，设置污水集水井、排污泵或污水提升站压力排出，密闭污水集水井、污水提升装置设置专用通气管。

3. 采用的局部污水处理设施

（1）裙楼餐饮商铺的厨房含油废水经租户器具隔油和地下室油脂分离器二次隔油处理后，排入生活污水管道。

（2）车库内设置汽车隔油沉砂池，车库排水进行隔油沉砂处理。

4. 管材

室内污废水管采用柔性接口排水铸铁管材及配件；地下室排水泵管道采用钢塑复合管，管径＜DN100者丝扣连接，管径≥DN100者沟槽式连接；埋于地下室底板内的排水管采用机制铸铁排水管；室外总体埋地排水管采用增强型聚丙烯排水管。

（五）雨水系统

（1）室外雨、污水分流。

（2）根据上海地区暴雨强度经验公式，屋面雨水系统按满足 $P＝10$ 年重现期的雨水量设计，按 $P＝50$ 年重现期设置溢流口；车道按 $P＝100$ 年重现期设计。

（3）屋面雨水采用内排水系统、重力排放，屋面雨水经雨水斗和室内雨水管排至室外雨水井。

（4）室外地面雨水经雨水口，由室外雨水管汇集，排至市政雨水管。

（5）管材：屋面雨水管采用涂塑钢管，沟槽式连接；室外总体埋地雨水管采用增强型聚丙烯排水管。

二、消防系统

（一）消防用水量、水源

1. 水源

利用城市自来水，从武进路、吴淞路市政给水环网上各引一根给水管，进水管管径为 $DN300$（其间有分隔阀门），在地块内连成环状，以满足生活、消防要求。每根引入管上设消防水表，引入前设置低阻力防污隔断阀。在基地干道内以 $DN300$ 消防管环通，供消防用水，消防泵直接从该环管内取水。

2. 消防用水量（见表 6）

消防用水量　　　　　　　　　　　　　　　　　　　　　　表 6

序号	系统形式	用水量标准(L/s)	火灾延续时间(h)
1	室内消火栓系统	40	3
2	室外消火栓系统	30	3
3	自动喷水灭火系统	35	1
	室内外消防同时作用最大用水量	105	

(二) 消火栓系统

（1）室内消火栓系统为二级串联的临时高压制系统，按静水压力不大于 1.0MPa 要求，低区系统为地下三层至十二层。高区系统竖向分为 2 个分区，十三层至二十层为 1 区；二十一层至二十九层为 2 区。各分区管网均为环状，以保证供水的可靠性。

（2）在地下三层集中泵房内设置 2 台一级串联室内消火栓泵（每台 $Q=40L/s$，$H=80m$，$N=75kW$，1 用 1 备）；一级串联室内消火栓泵从室外消防环管中抽水。在避难层设置 2 台二级串联室内消火栓泵（每台 $Q=40L/s$，$H=90m$，$N=75kW$，1 用 1 备）；二级串联室内消火栓泵从一级串联室内消火栓泵后压力管上抽水。避难层（十六层）和屋顶均设置有效容积为 $18m^3$ 的消防水箱。屋顶设置消火栓的增压稳压设施。消防泵带定时自检装置。

（3）建筑内各层的出入口、楼梯、公共走道（消防电梯前室）等公共部位均设有消火栓箱，保证同层相邻两个消火栓的充实水柱同时到达被保护范围内的任何部位。消火栓箱内设有 $DN65$ 栓口一个，$DN19$ 水枪一支，25m 长衬胶水龙带一根，$DN25$ 消防卷盘一个，还设有可直接启动消火栓泵的消防按钮及手提贮压式磷酸铵干粉灭火器若干。

（4）消火栓的充实水柱为 13m，各分区内局部消火栓栓口处动压超过 0.50MPa 处，设减压稳压消火栓（具体设置楼层见消火栓系统原理图）。建筑最上部屋顶层设带压力表的试验消火栓。

（5）为防止系统超压，在每级室内消火栓泵出水管上设持压泄压阀。

（6）室外设 $DN150$ 地上式消防水泵接合器 3 套，并在 15～40m 内有室外消火栓。

（7）系统控制

1）消火栓泵由设在各个消火栓箱内的消防泵启泵按钮和消防控制中心直接开启。消火栓泵开启后，水泵运转信号反馈至消防控制中心和消火栓处。

2）消火栓泵在泵房内和消防控制中心均设手动开启和停泵控制装置。

3）消火栓备用泵在工作泵发生故障时自动投入工作。

4）在启动二级串联室内消火栓泵前需先启动一级串联室内消火栓泵，上下级消防泵连锁启动的时间间隔不大于 20s。

（8）管材：采用内外壁热镀锌钢管，管径＜$DN100$ 者丝扣连接；管径≥$DN100$ 者沟槽式连接；需法兰连接的特殊部分须镀锌，二次安装。

(三) 自动喷水灭火系统

（1）除不适合用水灭火的地方和使用面积小于 $3m^2$ 的管道井外均设置自动喷水灭火系统。

（2）系统用水量见表 7。

自动喷水灭火系统用水量 表7

设置场所	火灾危险等级	净空高度（m）	喷水强度[L/(min·m²)]	作用面积(m²)	最不利点喷头工作压力(MPa)
车库	中危险Ⅱ级	≤8	8	160	0.10
其余	中危险Ⅰ级	≤8	6	160	0.10
不吊顶挑空场所	非仓库类高大净空场所	8～12	6	260	0.10

系统设计流量满足最不利点处作用面积内喷头同时喷水总流量，经计算为 35L/s。

（3）系统分区：地下三层至二层由一级串联喷淋泵减压后供水；三层至十一层由一级串联喷淋泵直接供水；十二层至二十层由二级串联喷淋泵减压后供水；二十一层至二十九层由二级串联喷淋泵直接供水。

（4）自动喷水灭火系统采用二级串联的临时高压制系统。在地下三层集中泵房内设置2台一级串联喷淋泵（每台 $Q=40L/s$，$H=90m$，$N=75kW$，1用1备）；一级串联喷淋泵从室外消防环管中抽水。在避难层设置2台二级串联喷淋泵（每台 $Q=30L/s$，$H=100m$，$N=55kW$，1用1备）；二级串联喷淋泵从一级串联喷淋泵后压力管上抽水。避难层（十六层）和屋顶均设置有效容积为 $18m^3$ 的消防水箱。屋顶设置喷淋系统的增压稳压设施。消防泵带定时自检装置。

（5）结合分区，在地下三层、地下二层和避难层设置湿式报警阀，每套担负的喷头不超过800个。

（6）除吊顶下使用吊顶型喷头外，其余场所使用直立型喷头。闭式喷头公称动作温度，除厨房、锅炉房选用93℃外，其余场所选用68℃玻璃球喷头。净空高度大于800mm的吊顶内设喷头。锅炉房需有自动切断报警措施。

（7）各层、各防火分区分别设水流指示器及信号阀各一只。每组报警阀最不利处设置末端试水装置，其他防火分区、楼层最不利处均设置 $DN25$ 试水阀。

（8）为防止系统超压，在每级喷淋泵出水管上设持压泄压阀。

（9）室外设 $DN150$ 地上式消防水泵接合器3套。

（10）自动喷水灭火系统采用临时高压系统，在地下二层消防泵房内设置2台喷淋泵，参数为 $Q=40L/s$，$H=140m$，1用1备，从室外消防管直接吸水。屋顶水箱贮存 $18m^3$ 消防用水，保证自动喷水灭火系统初期用水，屋顶设置喷淋增压设备，并保证本单体最不利喷头所需要压力。

（11）系统控制

1）火灾发生后喷头玻璃球爆碎，向外喷水，水流指示器动作，向消防控制中心报警，显示火灾发生位置并发出声光等信号。

2）系统压力下降，报警阀组的压力开关动作，并自动开启自动喷水灭火系统给水加压泵。与此同时向消防控制中心报警。并敲响水力警铃向人们报警。自动喷水灭火系统给水加压泵应在泵房的控制盘上和消防控制中心的屏幕上均设有运行状况显示装置。

3）喷淋备用泵在工作泵发生故障时自动投入工作。

4）在启动二级串联喷淋泵前需先启动一级串联喷淋泵。

（12）管材：采用内外壁热镀锌钢管，管径＜$DN100$ 者丝扣连接；管径≥$DN100$ 者沟槽式连接；需法兰连接的特殊部分须镀锌，二次安装。

（四）水喷雾系统

在地下室柴油发电机房内对设备设置水喷雾系统，以保护柴油发电机组、日用油箱，设计喷雾强度为 $20L/(min·m^2)$，持续喷雾时间0.5h，系统最大计算流量为30L/s；系统接自动喷水灭火系统。雨淋阀设于柴油发电机房边的报警阀间内。系统控制方式为自动、手动和应急操作。管材同自动喷水灭火系统。

（五）气体灭火系统

（1）本工程电气房间设置七氟丙烷自动灭火系统，除主体建筑技术层的电气房间设置预制式气体灭火系统外，其余为管道式。在本工程地下二层和地下一层分别设置一个钢瓶间。保护对象为配电室、开闭所、通信机房等。

（2）灭火设计浓度 8%，系统喷放时间不大于 8s，灭火浸渍时间 5min。

（3）设计原理

系统具有自动、手动及应急操作三种控制方式。保护区均设两路独立探测回路，当第一路探测器发出火灾信号时，发出警报，指示火灾发生的部位，提醒工作人员注意；当第二路探测器亦发出火灾信号后，自动灭火控制器开始进入延时阶段（0～30s 可调），此阶段用于疏散人员（声光报警器等动作）和联动设备的动作（关闭通风空调、防火卷帘门等）；延时过后，向保护区的电磁驱动器发出灭火指令，打开驱动瓶容器阀，然后由瓶内氮气打开防护区相应的选择阀和七氟丙烷贮存气瓶，向失火区进行灭火作业。同时报警控制器接收压力信号发生器的反馈信号，控制面板喷放指示灯亮，当报警控制器处于手动状态时报警控制器只发出报警信号，不输出动作信号，由值班人员确认火警后，按下报警控制面板上的应急启动按钮或保护区门口处的紧急启停按钮，即可启动系统喷放七氟丙烷灭火剂。

（4）管材：气体灭火系统采用无缝钢管。

三、设计施工体会及工程特点介绍

本项目通过太阳能热水系统和中水利用等给水排水技术措施，有效解决了甲级写字楼的节能与节水问题。

（一）节能与能源利用

可再生能源利用：采用太阳能热水系统，燃气辅助加热。在裙房屋顶设置太阳能集热板。在地下室设置太阳能系统循环泵和热水循环泵及容积式热交换器和燃气热水炉。为保证热水管网内的热水温度，采用回水管道设压力平衡阀。采用机械循环的方式。以保证打开龙头后 10s 内能够得到热水，供回水温度为 60℃/55℃。

（二）节水与水资源利用

（1）水系统规划设计：上海属于水质型缺水城市，项目自建中水处理系统，回用于室外杂用水等水质要求较低的用途，以减少项目对市政自来水的消耗。项目根据《民用建筑节水设计标准》GB 50555—2010 进行用水定额的选取和计算，合理设计中水、雨水回收范围。

（2）节水措施：项目室内采用末端控压节水和器具节水的方式进行节水，末端用水压力控制在 0.20MPa 以内，用水洁具采用节水型卫生器具；同时，项目采用分质供水，对于水质要求不高的用水对象采用经回收处理的中水进行供水，具体包括十七层以下办公及裙房商业卫生间冲厕用水和室外杂用水等区域。

（3）非传统水源利用：项目按照"低质低用"的原则，在水质要求不高的用途中尽可能使用回用水，减少对市政自来水的消耗；中水原水为办公洗涤废水、集中浴室废水及空调机房排水等优质杂排水，经处理后贮存于地下室中水机房清水池中。

本项目中水系统回用水量占其原水比例的 50.86%（不使用空调季节），占其原水来源（办公楼生活污水和裙房集中浴室淋浴污水）总量的 18.12%，节约项目所需取水量为 5.01%。

（4）绿化节水灌溉：项目地面绿化采用微喷灌和滴灌相结合的方式，同时对灌溉用水单独计量，以便分析其用水情况，制定行为节水的策略。

四、工程照片及附图

建筑外观

室内效果

室外水景

车库喷淋

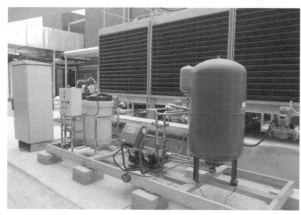

屋顶设备

消防泵房

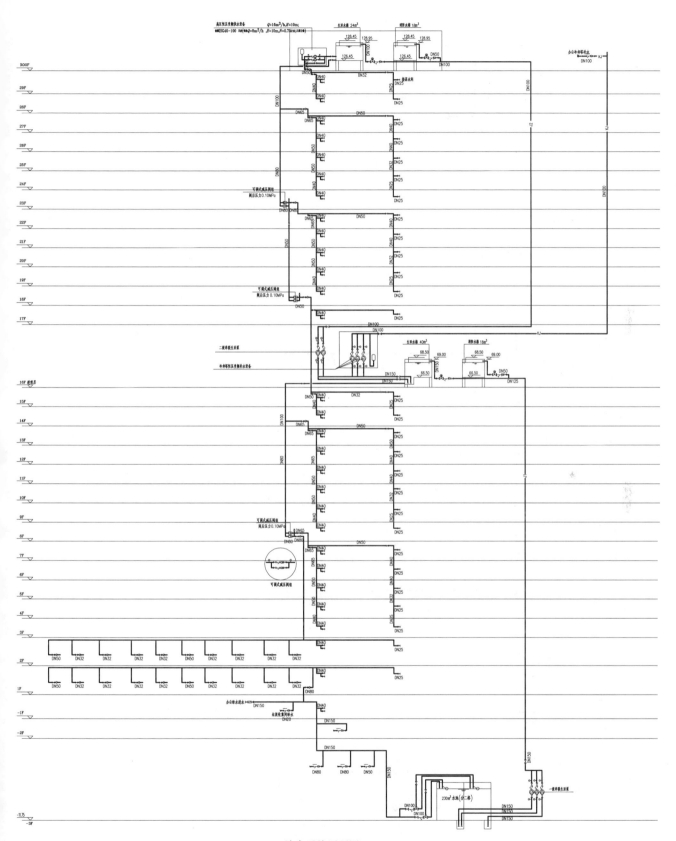

给水系统原理图

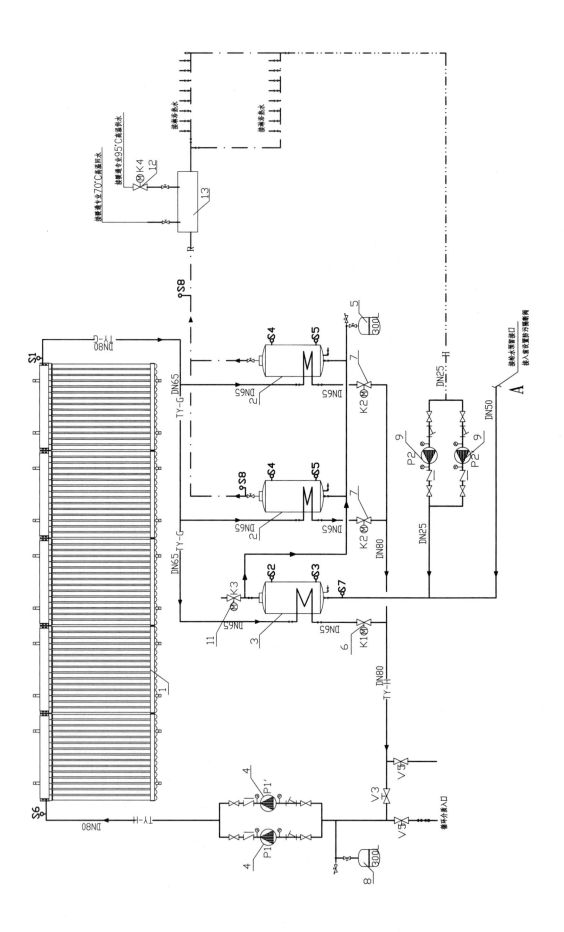

太阳能热水系统原理图

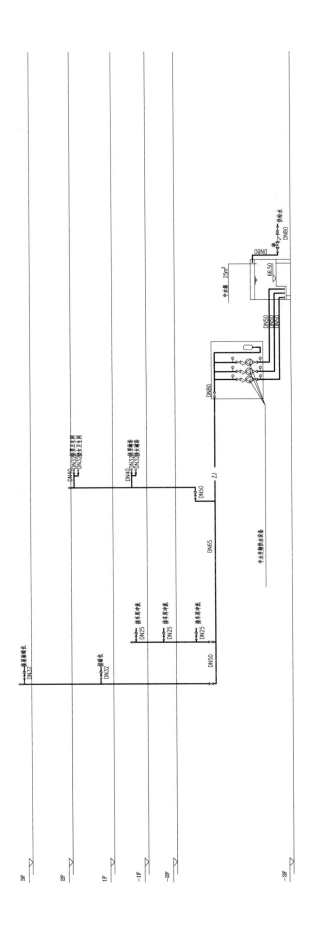

中水系统原理图

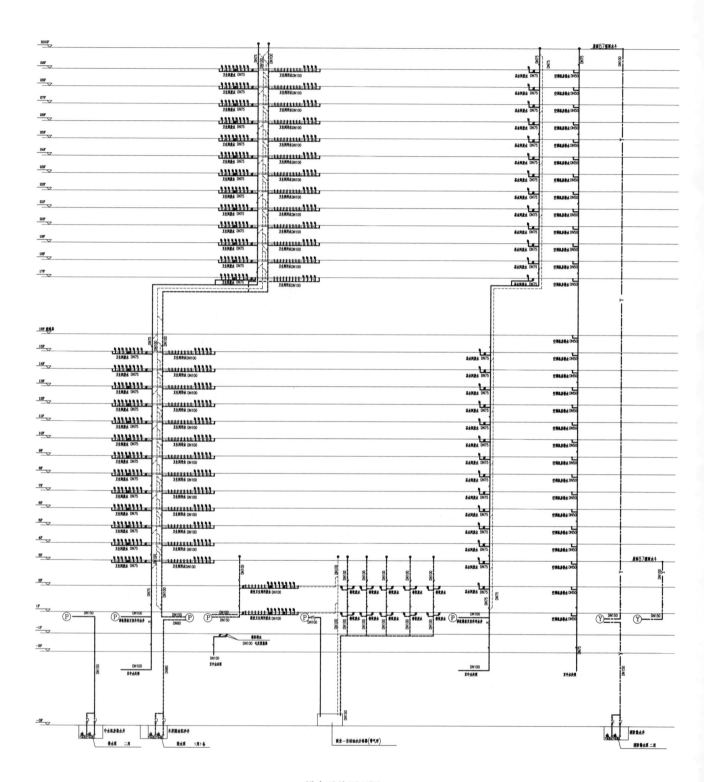

排水系统原理图

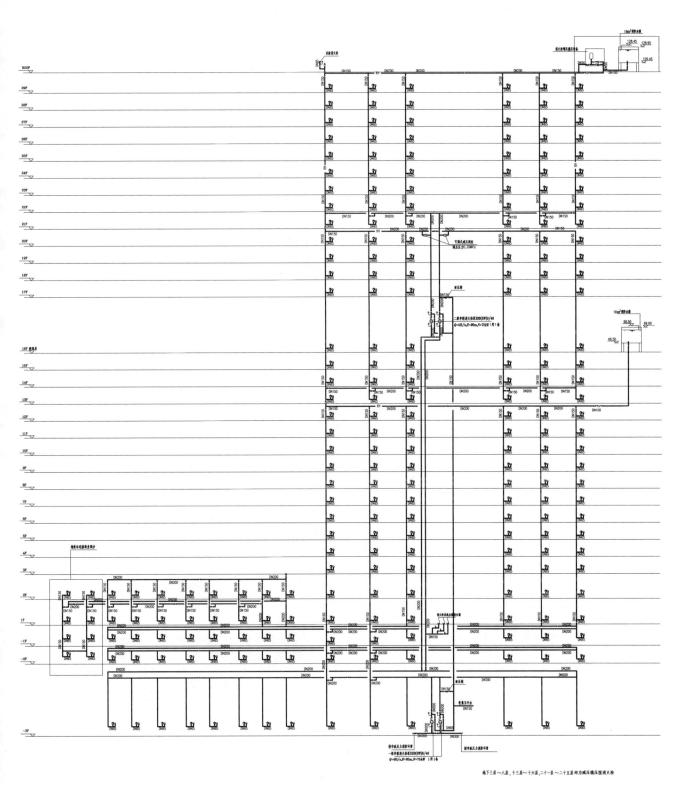

消火栓系统原理图

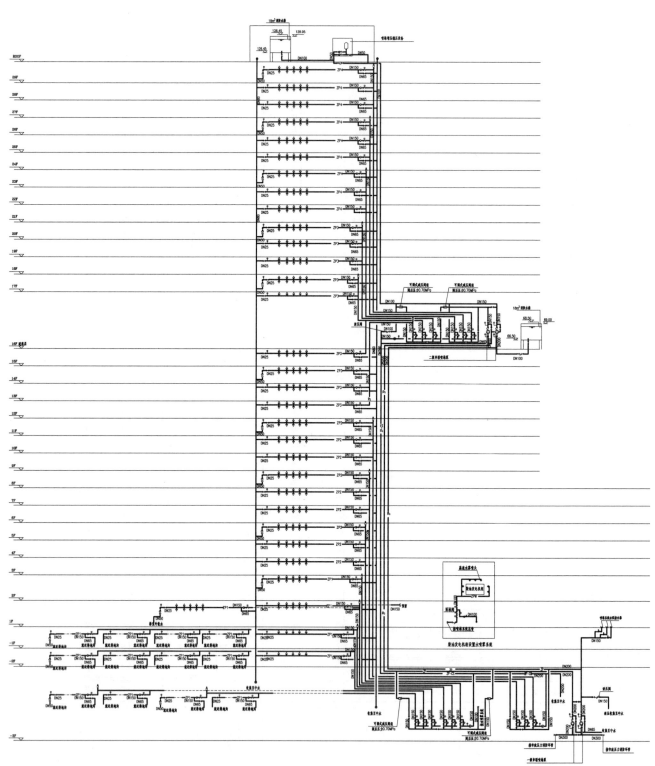

喷淋系统原理图

诚品书店文化商业综合体

设计单位： 上海建筑设计研究院有限公司
设 计 人： 包虹　张晓波　岑薇
获奖情况： 公共建筑类　二等奖

工程概况：

苏州工业园区具有十分优越的区位优势，它地处长江三角洲中心腹地，位于中国沿海经济开放区与长江经济发展带的交汇处，距上海仅 80km。本工程位于苏州工业园区金鸡湖畔，用地面积 26902.93m²，建筑占地面积 13916m²，总建筑面积约 134150m²，建筑高度约 97.3m，容积率 3.2，绿地率 25.1%。地下 2 层，地上双子楼，一栋 24 层，一栋 26 层，其中一层～四层为裙房。地下二层为车库以及设备用房，地下一层为商业用房；裙房为精品百货及诚品书店用房；两栋塔楼分别为酒店式公寓和公寓式办公。

工程说明：

一、给水排水系统

（一）给水系统

1. 冷水用水量（见表 1）

冷水用水量　　　　　　　　　　　　　　　　　　　　　　　　　　　表 1

序号	用水名称	用水定额	最高日用水量(m³/d)	最大时用水量(m³/h)
1	商业	5L/(m²·d)	205.8	20.6
2	酒店式公寓	200L/(人·d)	76.0	6.3
3	公寓式办公	50L/(人·d)	138.4	16.6
4	餐饮	40L/(人次·d)	182.9	18.3
5	绿化浇灌	2L/(m²·d)	16.14	2.02
6	地面冲洗	2L/(m²·d)	34.2	4.3
7	冷却水补水	19m³/d	190	19
8	未预见水量 （按 1～4 项最高日用水量的 10% 计）		60.31	
9	总用水量		903.75	87.12

2. 水源

生活用水、空调补给用水和游泳池补给用水由市政给水管网供水，当地市政水压由业主提供为 0.15MPa；绿化浇灌和场地浇洒等用水由塔楼屋面雨水收集回用系统的调节水池供水（水量不足部分由市政给水管网补充供水）。给水进户管管径为 DN150，给水管道进户后枝状敷设。

3. 系统竖向分区

给水系统设 3 个压力分区：地下室利用市政给水管网水压直接供水；裙房一层～四层为一个区；五层及以上为一个区。

4. 供水方式及给水加压设备

地下室利用市政给水管网水压直接供水；裙房一层～四层采用生活水箱-恒压变频供水方式；五层及以上采用生活水箱-生活水泵-屋顶生活水箱-减压阀减压供水方式。在地下二层生活给水泵房设置裙房生活水箱，有效容积为 120m³；公寓式办公生活水箱有效容积为 40m³；酒店式公寓生活水箱有效容积为 30m³。

5. 管材

室内给水管（冷、热水管）采用公称压力不小于 1.0MPa 的给水薄壁不锈钢管，管径小于或等于 $DN100$ 时采用环压式连接；管径大于 $DN100$ 时采用沟槽式连接。给水管接入分户水表、阀门后的给水管段采用具有保温性能的给水 PP-R 塑料管，热熔连接。

（二）热水系统

1. 热水用水量（热水温度按 60℃计）（见表 2）

热水用水量　　　　　　　　　　　　　　　　　　　　　　　　　　　表 2

序号	用水名称	用水定额	最高日用水量(m³/d)	最大时用水量(m³/h)
1	商业	2.5L/(m²·d)	102.9	10.3
2	酒店式公寓	90L/(人·d)	34.2	2.9
3	公寓式办公	10L/(人·d)	27.67	3.32
4	餐饮	20L/(m²·d)	91.5	9.2

2. 热源

（1）裙房厨房区域及公共卫生间集中热水供应采用太阳能热水加热系统。

（2）酒店式公寓各户设置 VRV 三合一系统，冬季由 VRV 生产生活热水，夏季则回收空调散热来制备生活热水。

3. 系统竖向分区

裙房餐饮厨房、公共卫生间热水系统压力分区与其冷水给水系统相同。

4. 热交换器设备

裙房热水制备：采用 2 台空气源热泵，设备型号为 RS-600-1，制热量 585kW/台。

泳池区域热水制备：采用 1 台空气源热泵，设备型号为 KFXRS-202II，制热量 180kW。

5. 冷、热水压力平衡措施及热水温度的保证措施

冷、热水由市政管网压力直接供水；热水管、回水管及其热水加热设备采用保温材料保温。热水供水系统采用机械循环方式，以保证热水管网末端的水温。

6. 管材

室内给水管（冷、热水管）采用公称压力不小于 1.0MPa 的给水薄壁不锈钢管，管径小于或等于 $DN100$ 时采用环压式连接；管径大于 $DN100$ 时采用沟槽式连接。给水管接入分户水表、阀门后的给水管段采用具有保温性能的给水 PP-R 塑料管，热熔连接。

（三）排水系统

1. 排水系统的形式

室内污、废水分流，室外污、废水合流，雨水、污水分流。基地雨水、污水分别排至市政雨水管、污水管。

2. 通气管的设置方式

排水系统立管设伸顶通气。

3. 采用的局部污水处理设施

餐饮厨房含油废水经器具隔油器后汇入位于地下二层的自动排渣隔油机，经处理后的废水由污水泵提升至室外污水检查井，最终排至市政污水管网。

4. 管材

室内排水立管采用柔性接口机制排水铸铁管，承插法兰连接。支管采用建筑排水硬聚氯乙烯排水管及配件，承插粘接。

(四) 雨水系统

(1) 室外排水系统采用雨水、污（废）水分流体制，地面雨水通过路旁雨水口有组织地收集后纳入翠园路 $D600$ 市政雨水管。

(2) 总体场地降雨重现期采用 3 年设计，雨水总排放量约为 697L/s。

(3) 屋面雨水采用重力流排水系统，屋面雨水降雨重现期按 10 年设计，屋面雨水排水与溢流设施的总排水能力按 50 年重现期的雨水量设计，雨水排放量约为 1568L/s。塔楼屋面雨水通过重力流雨水斗和雨水管收集后，排入雨水蓄水池；多余的雨水通过溢流设施排入基地室外雨水管道。裙房屋面雨水及基地地面雨水汇流至室外雨水管道后，最终排至市政雨水管网。

(4) 管材：室内重力流雨水管采用内壁涂塑的钢塑复合管及配件，卡箍连接。室外玻璃雨棚的重力流雨水管采用不锈钢管，焊接连接。室外明露的重力流雨水管采用符合紫外光老化性能标准的建筑排水塑料管及配件，R-R 承口橡胶密封圈连接。室外埋地雨水管道采用 HDPE 承插式双壁缠绕管，双峰式弹性密封橡胶圈单向承插连接。

二、消防系统

消火栓系统、喷淋系统用水量见表 3。

消火栓系统、喷淋系统用水量　　　　　　　　　　　　　　　　　表 3

消防设施	设计标准(L/s)	火灾延续时间(h)	火灾延续时间内用水量(m³)
室外消火栓系统	30	3	324
室内消火栓系统	40	3	432
自动喷水灭火系统	40	1	144
消防水炮灭火系统	40	1	144
水喷雾灭火系统(柴油发电机)	30	1	108
商业仓储	95	1	342
消防总用水量	30＋40＋95＝165L/s		

备注：中庭挑空区域采用固定消防水炮(带雾化功能)用来代替自动喷淋系统

(一) 消火栓系统

1. 水源

室内外消防用水由两路市政给水管网各引一根 $DN200$ 给水管在基地内布设成环管供给。基地设消防水池贮存室内消防用水量。室外消火栓用水由 $DN200$ 给水环管供给。地下室消防水泵房一间，贮存有 830m³ 消防用水（水池分为两格，其中 50m³ 为空调补充水），供室内消火栓系统及喷淋系统用水。公寓式办公楼顶设有 18m³ 高位消防水箱一个。平时由屋顶消防水箱及屋顶稳压设备保持管网水压，消防用水时，由地下室消防泵从消防水池中抽水供消防灭火。

2. 系统分区

（1）地下室、裙房、公寓式办公、酒店式公寓等为 1 套室内消火栓系统，采用临时高压消防给水系统，室内消火栓系统分区压力不大于 1.00MPa。

（2）室内消火栓系统竖向分为低区、高区两个区，消防水泵房内设置可调式减压阀，供低区消火栓系统管网；地下二层～十层为低区，十一层～二十六层为高区。室内消火栓系统管道布设成环。当室内消火栓栓口处出水压力大于 0.50MPa 时，设置减压措施。

3. 水泵接合器

室外设 $DN150$ 地上式水泵接合器 3 组。

4. 管材

管道管径≤$DN100$ 时采用内外壁热镀锌钢管及其配件；管径＞$DN100$ 时采用无缝钢管及其配件。

（二）自动喷水灭火系统

1. 系统分区

供地下室、裙房自动喷水灭火系统的湿式报警阀组前设置减压阀减压后供水，保证最不利点喷头的工作压力不超过 1.20MPa。湿式报警阀组前设置成环状供水管，喷淋支管压力大于 0.40MPa 时设减压措施。每个报警阀所控制的上、下喷头高差不得大于 0.50MPa。

2. 喷淋设备

设置喷淋水泵 2 台，每台水泵流量 50L/s、扬程 150m、功率 110kW；喷淋增压设备 1 套（2 台水泵），每台水泵流量 1L/s、扬程 20m、功率 1.5kW，配 150L 气压罐、电接点压力表及电控柜。

3. 喷头

（1）商业、书店、公寓、走道等区域选用公称动作温度 68℃、直径 3mm 玻璃泡喷头，$K=80$，$RTI \leqslant 50$（m·s）$^{0.5}$，采用下垂型喷头、直立型喷头；

（2）餐饮厨房区选用公称动作温度 93℃、直径 3mm 玻璃泡喷头，$K=80$，$RTI \leqslant 50$（m·s）$^{0.5}$，采用下垂型喷头、直立型喷头。

4. 湿式报警阀组

地下室、裙房等区域的湿式报警阀组集中设置于地下二层消防水泵房内。塔楼湿式报警阀组分楼层设置。项目共设有 $DN150$、PN1.6MPa 湿式报警阀组 19 组。

5. 水泵接合器

室外设 $DN150$ 地上式水泵接合器 7 组。

6. 管材

管道管径≤$DN100$ 时采用内外壁热镀锌钢管及其配件；管径＞$DN100$ 时采用无缝钢管及其配件。

（三）水喷雾灭火系统

（1）设置位置：设于地下室柴油发电机房。火灾时，由喷淋水泵抽消防水池贮水供水。喷淋水泵出水管上接出两根管道，在雨淋阀前设置成环状供水管，控制阀前压力≤1.20MPa。

（2）系统用水量：水喷雾灭火系统设计喷雾强度为 20L/(min·m^2)，持续喷雾时间 0.5h，水雾喷头的工作压力＞0.35MPa，系统响应时间不大于 45s。系统设置自动控制、手动控制和机械应急操作三种控制方式。

（3）雨淋阀设置于柴油发电机房附近，设 $DN150$、PN2.5MPa 雨淋阀组 1 组。

（4）喷头选用 ZSTWB-80-120、$K=80$、工作压力范围 0.2～0.8MPa 水雾喷头。

（5）管材：管道管径≤$DN100$ 时采用内外壁热镀锌钢管及其配件；管径＞$DN100$ 时采用无缝钢管及其配件。

（四）气体灭火系统

（1）设置位置：采用1套七氟丙烷有管网全淹没组合分配系统，保护区为地下一层配电站（商业）、配电站（公寓）两个防护区。消防控制中心和MIS机房等采用无管网柜式气体灭火系统。

（2）配电站气体灭火设计浓度为9%，消防控制中心和MIS机房气体灭火设计浓度为8%。设计计算环境温度20℃，灭火剂贮压4.2MPa，灭火剂喷射时间不大于8s。

（3）系统具有自动、手动和应急操作三种启动方式。设置火灾自动报警及联动系统。

1）保护区和消防控制中心均无人时采用自动控制，有两种火灾探测器同时探出火灾信号，通过灭火控制器自动启动灭火系统进行灭火。

2）当有人值班或防护区内有人工作时，应采用手动控制，人员发现火灾后，按动防护区外的启动按钮，通过灭火控制器自动启动灭火系统进行灭火。

这两种启动方式在喷射药剂前均有一段延时，并发出警报。在延时阶段中，由控制器切断非消防电源、停止防护区内通风系统及关闭有关部位的防火阀。

（五）消防水炮灭火系统

（1）设置位置：裙房二层、三层中庭挑空区域采用固定消防水炮（数控消防水炮或自动消防水炮）保护。

（2）消防水炮采用临时高压消防给水系统，其加压泵与喷淋水泵合用。消防水炮布置保证有两门水炮同时到达室内被保护区域的任一部位，设置单台流量20L/s、额定射程50m的消防水炮11套，配置自动控制、红外扫描装置。

三、设计特点

1. 雨水收集回用处理系统

诚品书店文化商业综合体为绿色、环保型建筑，雨水回用处理设备设置于地下一层机房内，雨水管路系统收集来自塔楼屋顶的雨水并经溢流装置流入雨水贮水槽，再经过水处理系统（包括雨水蓄水池、雨水提升泵、多介质过滤器、精密过滤器、杀菌系统、清水池、浇灌泵、排污泵和反洗泵），最后由浇灌泵通过地下管道系统将水输送到各个绿化浇洒、地面冲洗用水点。雨水收集回用处理系统处理量10m³/h。

2. 太阳能热水系统及VRV三合一系统

（1）裙房厨房区域及公共卫生间冬季由太阳能热水器及风源热泵提供生活热水，夏季则由太阳能热水器及回收地源及风源热泵的散热来制备生活热水。

（2）酒店式公寓各户设置VRV三合一系统，冬季由VRV生产生活热水，夏季则回收空调散热来制备生活热水。

（3）公寓式办公每户设独立的热水系统。采用生活热水-地暖合用燃气炉-生活热水独立热水水箱-热水循环泵系统。

3. 消防系统多样

（1）消防系统：包括消火栓系统、自动喷水灭火系统、水喷雾灭火系统、气体灭火系统、消防水炮灭火系统。

（2）消防水炮：裙房二层、三层中庭挑空区域采用自动消防水炮进行保护。消防水炮灭火系统采用临时高压消防给水系统，其加压泵与喷淋水泵合用。消防水炮布置保证有两门水炮同时到达室内被保护区域的任一部位。

（3）水喷雾灭火系统：柴油发电机房采用水喷雾灭火系统。

（4）气体灭火系统：1套七氟丙烷有管网全淹没组合分配系统，保护区为地下一层配电站（商业）、配电站（公寓）两个防护区。消防控制中心和 MIS 机房等采用无管网柜式气体灭火系统。系统具有自动、手动和应急操作三种启动方式，并设置火灾自动报警及联动系统。

四、工程照片及附图

外立面图

基地周边景观河

诚品书店入口

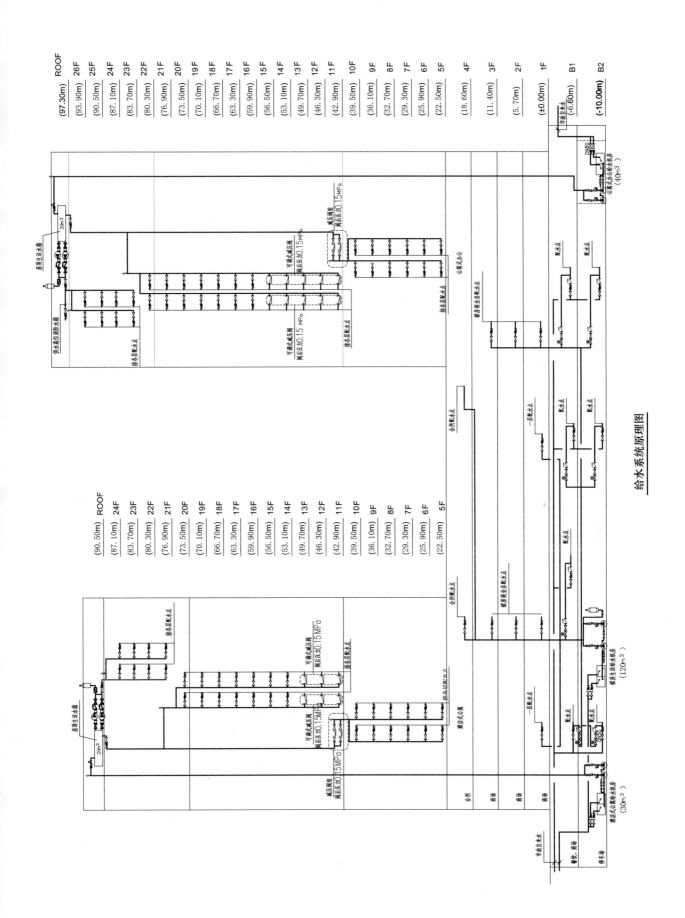

给水系统原理图

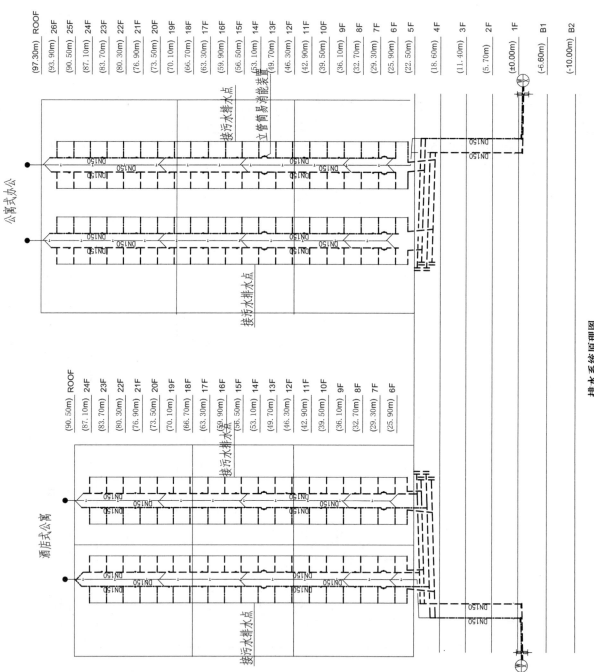

排水系统原理图

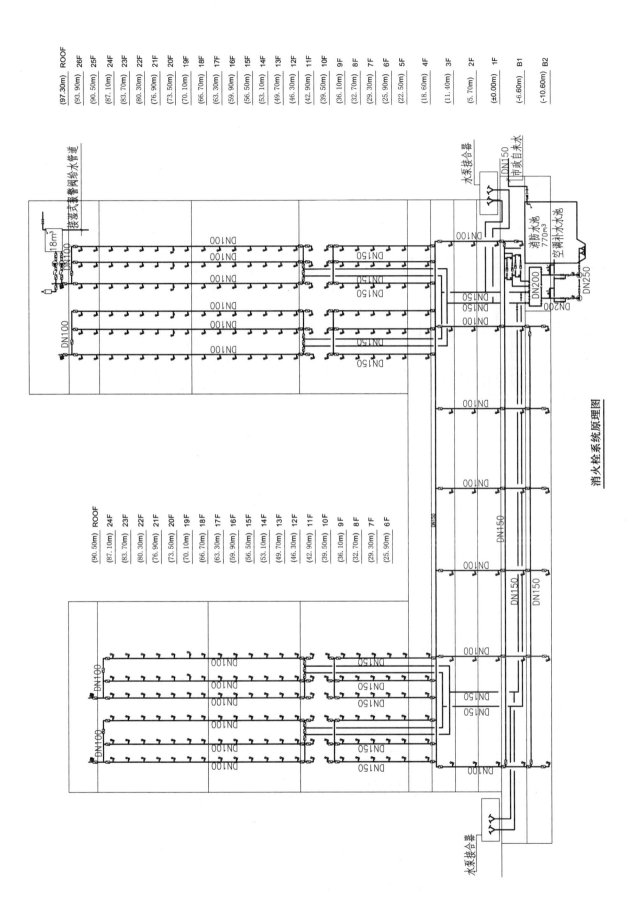

消火栓系统原理图

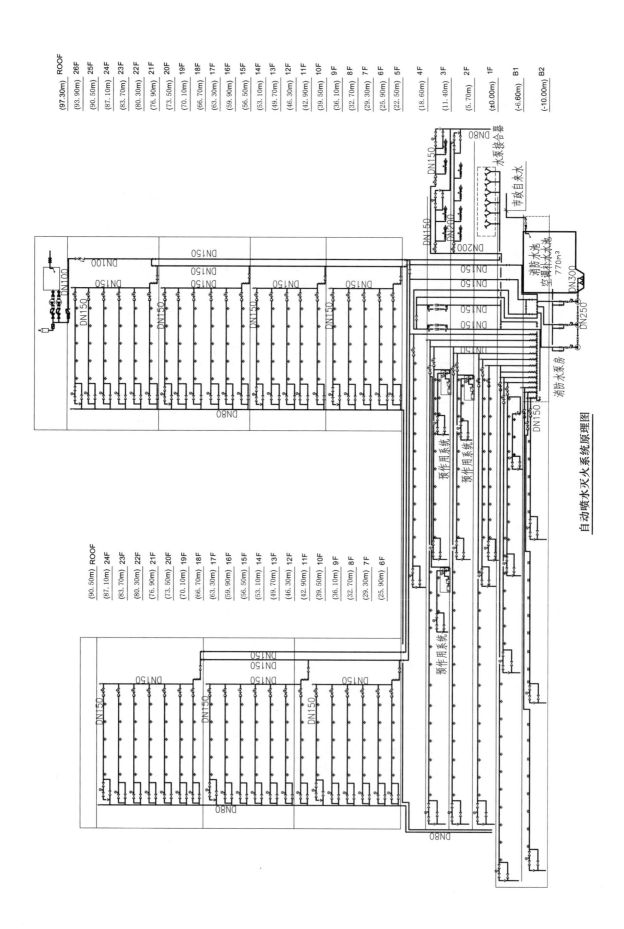

自动喷水灭火系统原理图

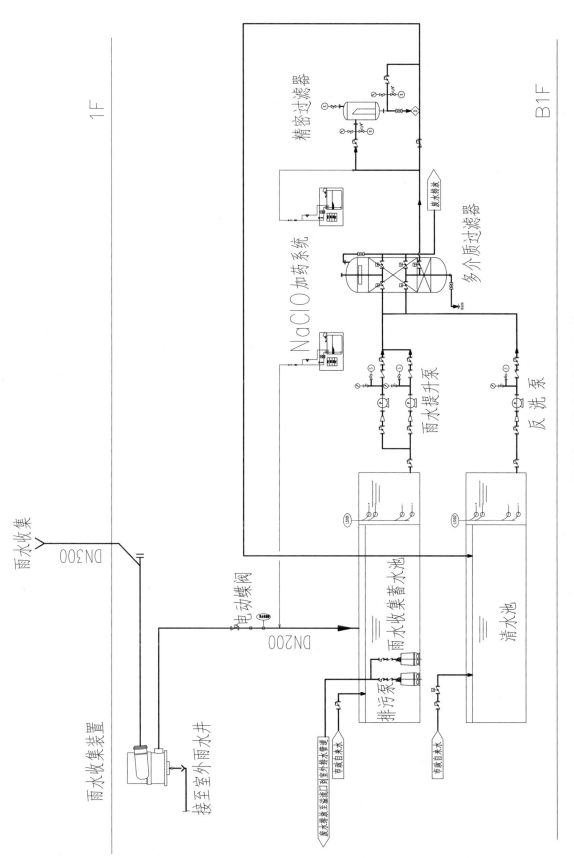

雨水收集回用处理系统流程

四行仓库修缮工程

设计单位： 上海建筑设计研究院有限公司
设 计 人： 周海山　赵旻
获奖情况： 公共建筑类　二等奖

工程概况：

四行仓库位于上海闸北区的苏州河北岸，是 1937 年淞沪会战中著名的"四行仓库保卫战"发生地，现为上海市级文物保护单位。2014 年，上海市委市政府决定对其实施保护修缮，设立抗战纪念馆与纪念广场，成为爱国主义教育基地。本次工程拆除加建的第七层，修缮后建筑高度为 27.7m，总建筑面积为 25570m²。其西侧一层～三层设置"四行仓库抗战纪念馆"，其余部位改造为创意办公等功能使用。上海市委宣传部要求"四行仓库抗战纪念地"的设计需"尊重历史，全面、完整、准确地再现当时战争情景"；确定了西墙、南北墙、中央通廊（中庭空间）等为重点保护部位，其中西墙为战争遗址。

工程说明：

一、给水排水系统

（一）给水系统

（1）冷水用水量见表1。

冷水用水量　　表 1

序号	用水名称	用水规模	最高日用水定额	日用水时间（h）	小时变化系数	最高日用水量（m³/d）	最大时用水量（m³/h）
1	办公(三层～六层)	1625 人	45L/(人·d)	8	1.5	73.13	13.71
2	抗战纪念馆						
2.1	展厅(一层～二层)	1710m²	6L/(m²·d)	8	1.5	10.26	1.92
2.2	办公(三层)	75 人	45L/(人·d)	8	1.5	3.38	0.63
2.3	会议室(三层)	510 人次/d	8L/人次	8	1.5	4.08	0.77
2.4	合计					17.72	3.32
3	餐饮	3000 人次/d	40L/人次	12	1.5	120.00	15.00
4	餐饮工作人员	200 人	60L/(人·d)	12	1.5	12.00	1.50
5	商业	1724m²	8L/(m²·d)	12	1.5	13.79	1.72
6	停车库地面冲洗	934m²	2L/(m²·d)	2	1	1.87	0.93
7	未预见水量		10%			23.85	3.62
8	总水量					262.35	39.79

（2）水源：本工程生活用水等均来自市政给水管网。

（3）系统竖向分区：1区：一层～一夹层；2区：二层～屋顶。

（4）供水方式及给水加压设备：1区采用市政直接供水，2区采用生活水池-生活变频恒压供水设备供水。

（5）生活水池有效容积为 $50m^3$，变频恒压供水设备配泵 3 台，每台 $Q=20m^3/h$，$H=54m$，$N=7.5kW$，2用1备。

（6）管材：总管采用公称压力不低于 1.0MPa 的钢塑复合管及配件，卫生间支管采用 S5 系列给水聚丙烯管及配件。

（二）热水系统

（1）热水用水量见表2。

热水用水量　　　　　　　　　　　表 2

序号	用水名称	用水规模	最高日用水定额	日用水时间（h）	小时变化系数	最高日用水量（m^3/d）	最大时用水量（m^3/h）
1	餐饮	1144 人次/d	15L/人次	12	1.5	17.16	2.15
2	总水量					17.16	2.15

（2）热源：优先选用屋顶设置太阳能集热器提供的太阳能热水作为餐厅厨房生活热水的预加水。辅助热源由设置在该厨房内的燃气热水炉提供的热水供应。

（3）系统竖向分区：同冷水。

（4）集中热水系统供回水管采用同程布置的方式，全日制机械循环。

（5）太阳能热水系统在屋顶设置 12 组集热板，全年平均日产 60℃热水 $2.0m^3$，辅助热源设备由小业主自理。

（6）管材：总管采用公称压力不低于 1.0MPa 的钢塑复合管及配件，卫生间支管采用 S3.2 系列给水聚丙烯管及配件。

（三）排水系统

（1）生活排水室内采用污、废水分流制，室外采用污、废水合流制。屋面采用重力流雨水排水系统，雨水设计重现期为 50 年，并设溢流设施，总排水设施满足大于 50 年重现期的雨水量。

（2）卫生间排水管采用设置伸顶通气管和环形通气管。

（3）厨房废水经隔油器处理后，排至室外污水检查井。

（4）室内污废水管采用高密度聚乙烯超静音排水塑料管，雨水根据历史保护建筑要求采用柔性接口的机制铸铁管。

二、消防系统

消防用水由市政西藏北路和光复路各自引入一根 DN200 的给水管经室外埋地水表计量后在室内连成 DN300 环网，供室内消防用水。消防初期火灾 $36m^3$ 的消防贮水量设置在屋顶消防水箱间内。室外消防用水由市政消火栓提供。共有 3 处市政消火栓，满足本工程 40L/s 的室外消防用水量。

本工程设置下列消防设施：

（1）室外消火栓系统：消防用水量为 40L/s。

（2）室内消火栓系统：消防用水量为 30L/s。

（3）自动喷水灭火系统：系统设计水量 50L/s。

（4）大空间智能型主动喷水灭火系统：消防用水量为 20L/s。与自动喷水灭火系统合用一套供水系统。

（5）气体灭火系统。

(6) 手提式灭火器和手推式灭火器。

(一) 消火栓系统

(1) 消防用水量：室外消火栓系统消防用水量为 40L/s；室内消火栓系统消防用水量为 30L/s。

(2) 室外消火栓系统：由市政消火栓提供。本工程基地周边共有 3 个市政消火栓可以保护本楼。

(3) 室内消火栓系统为一个区，供水管网呈环状布置。消火栓水枪的充实水柱除净空高度超过 8.0m 的场所和商业为 13m 外，其余为 10m。

(4) 室内消火栓系统采用临时高压消防给水系统。在地下室消防泵房内设置 2 台 $Q=30L/s$、$H=80m$、$N=45kW$ 的室内消火栓系统供水泵，供水泵 1 用 1 备从由市政西藏北路和光复路各自引入一根 $DN200$ 的给水管经室外埋地水表计量后在室内连成的 $DN300$ 环网抽吸。

(5) 屋顶消防水箱间内设置有效容积 $36m^3$ 消防水箱和消火栓稳压设备一套，含稳压泵 2 台（每台 $Q=1L/s$，$H=24m$，$N=1.1kW$），1 用 1 备。有效容积 150L 稳压罐一个。

(6) 室内消火栓系统设置 2 个 $DN150$ 的水泵接合器。

(7) 室内消火栓管道管径小于或等于 $DN100$ 时采用热镀锌钢管及配件，管径大于 $DN100$ 时采用无缝钢管（内外壁热镀锌）及配件，公称压力不小于 1.6MPa。

(二) 自动喷水灭火系统

(1) 消防用水量：50L/s（考虑机械停车）。

(2) 室内自动喷水灭火系统为一个区。

(3) 自动喷水灭火系统采用临时高压消防给水系统。在地下室消防泵房内设置 2 台 $Q=50L/s$、$H=90m$、$N=75kW$ 的自动喷水灭火系统供水泵，供水泵 1 用 1 备从由市政西藏北路和光复路各自引入一根 $DN200$ 的给水管经室外埋地水表计量后在室内连成的 $DN300$ 环网抽吸。

(4) 屋顶消防水箱间内设置有效容积 $36m^3$ 消防水箱和自动喷水灭火系统稳压设备一套，含稳压泵 2 台（每台 $Q=1L/s$，$H=24m$，$N=1.1kW$），1 用 1 备。有效容积 150L 稳压罐一个。

(5) 自动喷水灭火系统设置 4 个 $DN150$ 的水泵接合器。

(6) 自动喷水灭火系统用于除卫生间、设备机房和不宜用水扑救的地方以外的所有场所。在消防泵房内共设置 4 个报警阀。

(7) 喷头的动作温度如下：厨房为 93℃，汽车库为 72℃，其余为 68℃，汽车库采用易熔金属喷头，公共娱乐场所、中庭回廊采用快速响应喷头，其余采用标准玻璃球喷头。

(8) 喷淋管道管径小于或等于 $DN100$ 时采用热镀锌钢管及配件，管径大于 $DN100$ 时采用无缝钢管（内外壁热镀锌）及配件，公称压力不小于 1.6MPa。

(三) 气体灭火系统

(1) 设置范围为：一层各变电所，二层弱电机房。

(2) 灭火剂选择：七氟丙烷。

(3) 设计参数：变电所设计灭火浓度 9%，设计压力 4.2MPa，喷放时间不大于 10s；网络中心机房设计灭火浓度 8%，设计压力 4.2MPa，喷放时间不大于 8s。

(4) 灭火方式：防护区内采用全淹没式。

(5) 气体灭火系统应有自动、手动、机械应急三种启动方式。

(四) 大空间智能型主动喷水灭火系统

(1) 大空间智能型主动喷水灭火系统和自动喷水灭火系统共用一套供水系统。系统设计流量 20L/s。

(2) 大空间智能型主动喷水灭火系统用于中庭，设置 4 套自动扫描射水高空水炮灭火装置，射水流量 5L/s，工作压力 0.60MPa，标准圆形保护半径 20m，保证两股射水同时到达。

三、工程特点介绍

（1）本工程屋面雨水由于保护建筑原样恢复要求，采用外排雨水管系统，雨水管采用定制的铸铁方形雨水管和方形雨水斗，雨水管样式和雨水斗样式均按照历史原样进行定制加工。

（2）西墙处需保留战争遗迹，在墙面上恢复战时的弹孔遗迹，通过内砌衬墙，并设置雨水排水管道，将弹孔处的雨水排走，由于弹孔为不规则形状，雨水管道无法统一设置，通过现场实地踏勘，对不同弹孔位置设置的雨水管采用不同的走向，既避免了在弹孔处显示出雨水管，又能将弹孔处的雨水及时排走。

（3）本工程为保护建筑改造工程，现场的梁柱均不能改变，并增加多处阻尼墙，仓库建筑为无梁楼盖系统，给水排水管均不能沿柱敷设，通过与建筑专业协调，合理布置给水排水管线位置，满足建筑显示原有的柱帽拖板等结构形式。

（4）屋顶设置太阳能集热器，作为二层厨房餐厅热水系统的预加热水用。充分利用绿色能源——太阳能，节能、环保。

（5）在新增的中庭区域采用大空间智能型主动喷水灭火系统，来确保中庭区域防火安全。

（6）本工程室内按照各种功能和用途设置具备数据统计功能的远传水表，通过该水表的统计和远传功能，利用集成水表网络技术，可以及时排除管道渗漏，分析用水量。

四、工程照片及附图

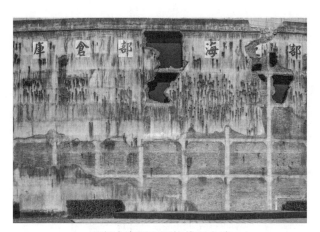

四行仓库西立面抗战纪念墙

四行仓库南立面

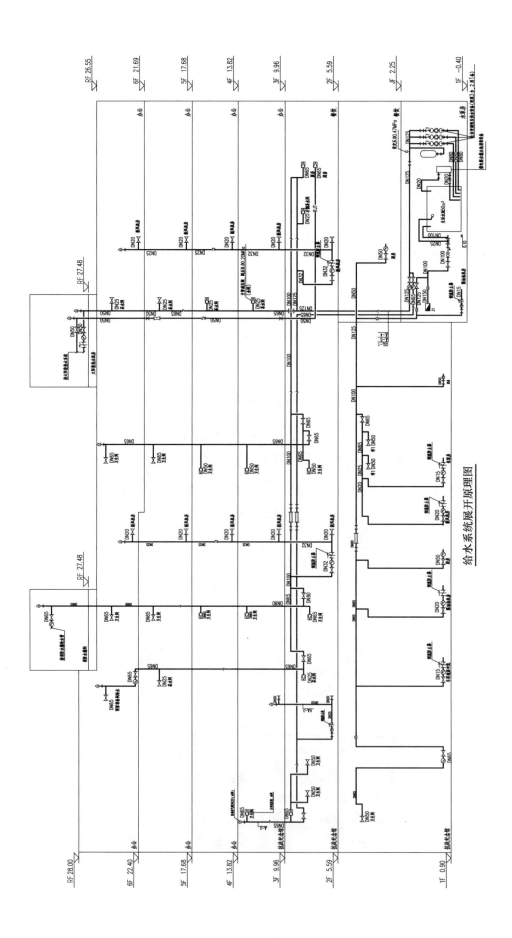

给水系统展开原理图

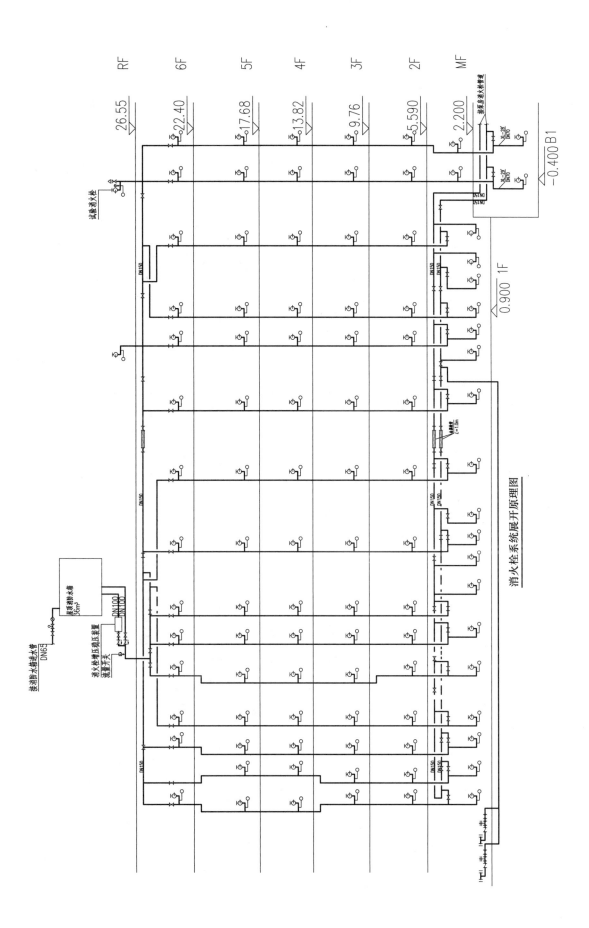

消火栓系统展开原理图

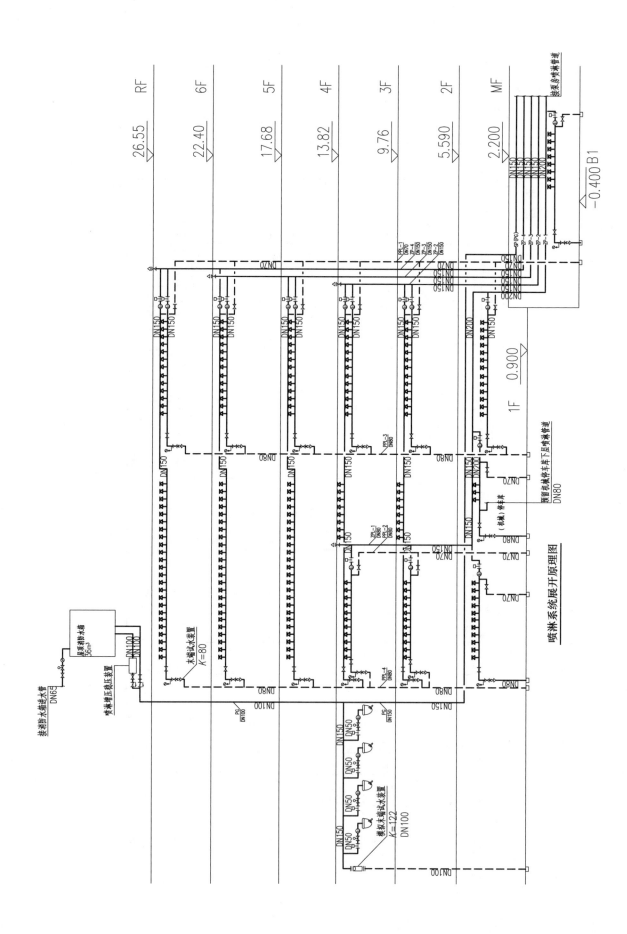

喷淋系统展开原理图

浙江商会大厦

设计单位： 浙江大学建筑设计研究院有限公司
设 计 人： 陈激　方火明　王靖华　王小红
获奖情况： 公共建筑类　二等奖

工程概况：

　　浙江商会大厦位于杭州钱江世纪新城核心区域，是一座集商务办公和集团总部为一体的智能化高档办公双子塔楼。建筑为带有配楼的双子塔式超高层建筑，由 2 栋高度均为 180m 的超高层建筑组成，总建筑面积 18.8 万 m² （地上建筑面积 13.1 万 m²，地下建筑面积 5.7 万 m²），主体地上 36 层，地下 3 层，在十三层和二十五层设有避难层。

　　大楼建筑按先进科学的自动化、智能型大空间办公设计理念进行设计，即采用商务办公空间的模块化设计，既可分割使用也可若干间组合，具有很好的适应性和灵活性，充分体现了传化集团和浙商企业的综合实力和整体形象。

工程说明：

一、给水排水系统

（一）给水系统

1. 生活用水量（见表 1）

生活用水量　　　　　　　　　　　　　　　　　　　　　表 1

序号	用水名称	用水规模	最高日用水定额	平均日用水定额	小时变化数	日用水时间 (h)	年用水天数 (d)	用水量				备注
								最高日 (m³/d)	最大时 (m³/h)	平均日 (m³/d)	全年 (m³/年)	
1	办公	15480 人	50 L/(人·d)	25 L/(人·d)	1.2	8	251	774.0	116.10	774.0	194274.0	
2	会议	500 人次/d	6 L/人次	6 L/人次	1.5	8	251	3.0	0.56	6.0	1506.0	按 2 场/d 计
3	商业	1350 m²	5L/(m²·d)	4L/(m²·d)	1.5	12	251	6.8	0.84	10.8	2710.8	
4	餐饮	3250 人次/d	40 L/人次	35 L/人次	1.5	10	251	130.0	19.50	113.8	28551.3	按每天 3 次/座计
5	健身	500 人次/d	40 L/人次	25 L/人次	1.5	8	251	20.0	3.75	12.5	3137.5	

续表

序号	用水名称	用水规模	最高日用水定额	平均日用水定额	小时变化数	日用水时间 (h)	年用水天数 (d)	用水量 最高日 (m³/d)	用水量 最大时 (m³/h)	用水量 平均日 (m³/d)	用水量 全年 (m³/年)	备注
6	冷却补水量	2700 m³/h	2%	1%	1	10	180	540.0	54.00	27.0	4860.0	按循环冷却水量的2%计
7	地下车库冲洗	26000 m²	2 L/(m²·d)	2 L/(m²·d)	1	6	30	52.0	8.67	52.0	1560.0	
8	道路广场浇洒	9000 m²	2 L/(m²·d)	2 L/(m²·d)	1	6	30	18.0	3.00	18.0	540.0	
9	绿化	9070 m²	2 L/(m²·d)	0.28m³/ (m²·年)	1	6	365	18.1	3.02		2539.6	
10	小计							1561.9	209.45	1014.1	239679.2	
11	未预见水量							156.2	20.94	101.4	23967.9	按总用水量的10%计
12	合计							1718.1	230.39	1115.5	263647.1	

2. 水源

水源选用城市自来水，从市政给水环状管网接管。市政给水管网供水压力为0.16MPa。

3. 系统竖向分区

给水系统在竖向分为6个区。

一层及地下室为市政管网直供区，由市政给水管网直供（J1）。

二层～十三层为给水加压低区，由低区给水加压系统供水（JD），其中七层～十三层为低2区，由低区生活变频给水加压泵直接供水（J3）；二层～六层为低1区，由低区生活变频给水加压泵经减压供水（J2）。

十四层～三十六层为给水加压高区，由高区生活给水转输水箱及相应的高2区、高3区变频给水加压泵加压供水，其中十四层～二十二层为高1区，由高区生活给水转输水箱供水（J4）；二十三层～二十九层为高2区，由高2区生活变频给水泵加压供水（J5）；三十层～屋顶层为高3区，由高3区生活变频给水泵加压供水（J6）。

各给水分区底部静水压力超过0.35MPa时均设局部减压。

4. 供水方式及给水加压设备

采用市政直供、变频加压供水、转输变频加压供水和高位水箱重力供水等多种供水方式组合供水。

在地下室水泵房设105m³不锈钢生活水箱2个；设A、B塔楼合用低区生活变频给水泵4台，3用1备，单台$Q=7.5$L/s、$H=97$m、$N=18.5$kW；另设A、B塔楼中、高区生活给水转输泵各1组2台，均为1用1备，单台$Q=15$L/s、$H=151$m、$N=45$kW。

在二十五层第2避难层设25m³不锈钢高区生活转输水箱2个和高2区、高3区生活变频给水加压泵组。高区生活转输水箱重力流供高1区生活给水；设高2区生活变频给水泵4台，3用1备，单台$Q=2.5$L/s、

$H = 45\text{m}$、$N = 4.0\text{kW}$，供高 2 区生活给水；另设高 3 区生活变频给水泵 4 台，3 用 1 备，单台 $Q = 3.0\text{L/s}$、$H = 72\text{m}$、$N = 5.5\text{kW}$，供高 3 区生活给水。

5. 管材

给水管、热水管均采用 Ⅰ 系列薄壁不锈钢管，其中埋墙暗设管道采用覆塑薄壁不锈钢管；泵房内生活给水管采用法兰连接，其他均采用卡压式连接。

（二）空调循环冷却水系统

根据暖通专业提供的资料，在地下三层冷冻机房内设 3516kW 冷水机组 3 台、1934kW 冷水机组 1 台。空调湿球温度按 28.5℃ 计选用 500m³/h 标准超低噪声横流冷却塔 7 台；设循环冷却水泵 2 组，分别为 3 用 1 备（单台 $Q = 1000\text{m}^3/\text{h}$，$H = 28\text{m}$，$N = 110\text{kW}$）和 1 用 1 备（单台 $Q = 360\text{m}^3/\text{h}$，$H = 28\text{m}$，$N = 55\text{kW}$），循环冷却水泵采用卧式双吸泵；冷却塔、冷却水泵与冷水机组对应并联工作。冷却塔设置在 B 塔楼配楼屋顶，冷却水泵布置在冷冻机房内。冷却塔进水温度 37℃，出水温度 32℃；冷却塔补给水由设于消防水泵房内的冷却塔补水变频加压泵组供水。冷水机组每日运行时间为 10h。

空调循环冷却水管采用焊接钢管，法兰连接，镀锌、二次安装。

（三）租户循环冷却水系统

根据业主要求，本工程设租户循环冷却水系统，系统容量按大楼空调容量的 15% 计，A、B 塔楼租户冷却水均为 940kW。空调湿球温度按 28.5℃ 计在 A、B 塔楼屋顶分别设置 90m³/h 标准超低噪声冷却塔 3 台，冷却塔进水温度 37℃，出水温度 32℃；相应在二十五层第 2 避难层设一次循环冷却水泵 4 台，3 用 1 备，单台 $Q = 375\text{m}^3/\text{h}$，$H = 28\text{m}$，$N = 45\text{kW}$；一次冷却水经板式热交换器换热后由另设于第 2 避难层的高区和低区二次循环冷却水泵各 1 组供租户自备精密空调用冷却水；设低区租户冷却水二次泵共 3 台，2 用 1 备，单台 $Q = 90\text{m}^3/\text{h}$，$H = 25.8\text{m}$，$N = 11\text{kW}$，供二层～二十五层租户冷却水；另设高区租户冷却水二次泵共 2 台，1 用 1 备，单台 $Q = 375\text{m}^3/\text{h}$、$H = 28\text{m}$，$N = 45\text{kW}$，供二十六层～三十六层租户冷却水；供给租户自备精密空调的冷却水供回水温度分别为 33℃ 和 38℃，租户冷却水系统 24h 运行。

租户循环冷却水管采用无缝钢管，法兰连接，镀锌、二次安装。

（四）雨水收集回用系统

本工程室外绿化浇洒和景观水体补充水用水量为 36m³/d，设雨水收集回用系统用于绿化景观用水，处理工艺流程为：雨水原水—雨水初期弃流沉淀池—雨水收集池—加药（絮凝剂）—毛发过滤器—过滤水泵—压力过滤器—加药（除藻剂、消毒剂）—雨水处理清水池—雨水回用变频加压泵—室外绿化用水。

在地下一层设雨水处理机房，内设 150m³ 雨水收集池和 22m³ 雨水处理清水池，设 15m³/h 压力过滤器及过滤泵组 1 套，另设雨水回用变频加压泵 1 套。

（五）排水系统

1. 排水系统的形式

室内排水采用雨、污、废水分流制；±0.00m 以上污废水直接排出室外，地下室卫生间排水采用一体化污水提升装置提升排水，地下室地面排水经集水井收集后用潜污泵排出室外。

主楼屋面雨水采取有组织重力流排水，主楼与配楼连接雨棚采用压力流（虹吸）排水。

室外排水采用雨、污分流，生活污废水合流经局部处理后排放。

2. 通气管的设置方式

主楼室内污、废水管均设专用通气立管，裙房室内污、废水管设伸顶通气立管，以保证污、废水管均能形成良好的水流状况。

3. 采用的局部污水处理设施

生活污水经化粪池处理后、厨房含油废水在室内经器具隔油器隔油（要求厨房设备带器具隔油）汇至地下室新鲜油脂分离器处理后与废水合并排入市政污水管道。

4. 管材

生活污废水管均采用离心浇铸铸铁排水管，A型柔性接口，承插法兰连接。室内重力流雨水管采用厚壁不锈钢管，法兰连接，工作压力2.0MPa；虹吸雨水管采用HDPE塑料排水管。

二、消防系统

（一）消火栓系统

1. 消防用水量

根据《高层民用建筑设计防火规范》GB 50045—1995（2005年版），消防水量按大于50m一类高层综合楼（A区11号、12号楼）设计，其消防水量为：

（1）室外消火栓用水量30L/s，火灾延续时间3h；

（2）室内消火栓用水量40L/s，火灾延续时间3h。

2. 系统设计

（1）室外消火栓系统

室外消防采用生活消防合一的低压制，地块内以不超过120m的间距布置室外消火栓，其水量、水压由市政管网保证。

（2）室内消火栓系统

室内消火栓系统竖向分为4个给水分区。

低1区为地下三层～塔楼一层及配楼，由集中设于A塔楼地下三层的低区室内消火栓泵经减压后供水（X1）；低二区为塔楼二层～十二层，由低区室内消火栓泵直接供水（X2）。

高1区为十三层～二十五层，A、B塔楼分别由设于各自塔楼十三层第1避难层的高区室内消火栓泵经减压后供水（X3）；高2区为二十六层～屋顶层，A、B塔楼分别由设于各自塔楼十三层第1避难层的高区室内消火栓泵直接加压供水（X4）。

室内消火栓采用临时高压给水系统，本工程在A塔楼地下三层设置区域集中的消防和空调冷却水补水合用水池2座共790m^3，其中消防蓄水量540m^3；A、B塔楼高区火灾初期10min消防水量（18m^3）分别贮存于A、B塔楼的屋顶消防水箱并设消防稳压装置，低区火灾初期10min消防水量贮存在十三层第1避难层消防转输水箱（72m^3）并设消防稳压装置。在地下消防水泵房设低区室内消火栓泵（$Q=40L/s$，$H=120m$）和消防转输泵（$Q=40L/s$，$H=100m$，2用1备）；在A、B塔楼十三层第1避难层消防水泵房分别设各自塔楼的高区室内消火栓泵（$Q=40L/s$，$H=160m$）。

A、B塔楼在室外统一共设3组低区室内消火栓水泵接合器；A、B塔楼在室外分别设3组高1区室内消火栓水泵接合器。

3. 管材

消防给水管管径≥$DN100$采用无缝钢管镀锌，管径<$DN100$采用热镀锌钢管；水泵房、水箱间内的管道采用法兰连接，镀锌、二次安装，其余管径<$DN100$者丝扣连接，管径≥$DN100$者沟槽式管件连接。

（二）自动喷水灭火系统

1. 系统概况

本工程除不宜用水扑救的部位外均设自动喷水灭火系统，自动喷水灭火系统除地下汽车库、商业营业厅按中危险Ⅱ级设计外，其余场所均按中危险Ⅰ级设计，系统设计流量为30L/s。

2. 系统分区

自动喷水灭火系统采用湿式系统，给水分高、低2个分区。

低区为地下室～十二层，由集中设于A塔楼地下三层的低区自动喷淋泵供水，其中地下室及配楼自动喷水灭火系统由低区自动喷淋泵经减压后供水。

高区为十三层~屋顶层，A、B塔楼分别由设于各自塔楼十三层第 1 避难层的高区自动喷淋泵加压供水，其中十三层~二十五层自动喷水灭火系统由高区自动喷淋泵经减压后供水。

3. 供水设施

自动喷水灭火系统采用临时高压给水系统。在地下消防水泵房设低区自动喷淋泵（$Q=30L/s$，$H=120m$）供大楼地下三层~十二层自动喷水灭火系统用水；另外，在十三层避难层设高区自动喷淋泵（$Q=30L/s$，$H=160m$）供大楼十三层~屋顶层自动喷水灭火系统用水。

地下室等不设吊顶的场所均采用直立式喷头，喷头溅水盘均距楼板 150mm；设有吊顶的公共场所均采用吊顶隐蔽型喷头，装设网格和栅板类等通透性吊顶的场所采用直立式喷头，其余普通吊顶场所采用普通吊顶型喷头；除厨房喷头的动作温度为 93℃外，其余部位的喷头动作温度均为 68℃；除侧墙式喷头采用流量系数 $K=115$ 的扩展型大覆盖面水平侧墙式喷头外，高度不超过 12m 的中庭和所有中庭环廊喷头采用快速响应型喷头，其余场所均采用标准型喷头，喷头流量系数 $K=80$。

本工程自动喷水灭火系统共设 38 组湿式报警阀，湿式报警阀相对集中设置，低区自动喷水灭火系统共设 22 组湿式报警阀，集中设于地下三层消防水泵房和 B 塔楼地下三层湿式报警阀间内；A 塔楼和 B 塔楼高区自动喷水灭火系统各设 8 组湿式报警阀，集中设于十三层和二十五层避难层水泵房内。

低区自动喷水灭火系统在室外设 2 组消火栓水泵接合器；高区自动喷水灭火系统由消防转输水泵接合器供水至十三层第 1 避难层消防转输水箱，由高区自动喷淋泵接力加压供水。

塔楼底部办公大厅高度超过 12m，设 ZSS-25 大空间智能型主动喷水灭火装置；大空间智能型主动喷水灭火装置作为局部场所替代自动喷水灭火系统由自动喷水灭火系统供水，水量不叠加。

喷淋泵控制：（1）火灾时喷头动作，喷头所在区水流指示器动作，向消防中心发出报警信号并指示火灾位置，同时报警阀水力警铃动作，经延时器后报警阀上的压力开关动作直接连锁自动启动喷淋泵。（2）消防控制中心可遥控手动启动喷淋泵。（3）消防水泵房可就地手动启动喷淋泵。（4）喷淋泵运行 1h 或消防结束后，自动或手动停喷淋泵。

4. 管材

喷淋给水管管径≥$DN100$ 采用无缝钢管镀锌，管径＜$DN100$ 采用热镀锌钢管；水泵房、水箱间内的管道采用法兰连接，镀锌、二次安装，其余管径＜$DN100$ 者丝扣连接，管径≥$DN100$ 者沟槽式管件连接。

（三）高压细水雾灭火系统

本建筑不宜用水扑救的部位均设高压细水雾灭火系统，高压细水雾灭火系统的给水加压泵组设于地下三层消防水泵房内，该系统实施阶段改为热气溶胶。

（四）建筑灭火器配置

本建筑按严重危险级配置灭火器，属 A 类火灾。

三、工程特点及设计体会

大楼给水排水设计力求通过采用先进可靠的技术措施，并对各个系统进行优化设计，以期营造一个智能科技、绿色节能、安全舒适的建筑环境。

（一）生活给水系统简单安全、高效节能

生活给水系统力求在确保给水安全的条件下，通过各种给水方式的优化组合，以达到系统经常性能耗尽量降低到最小限度，营造一个高效节能、简单安全、易于维护的建筑机电环境。

本大楼除了底层、地下一层配套商业以及设于配楼的空调冷却塔补水量比较大外，其他塔楼功能及其配套用房生活用水量相对较小，根据对以上建筑物特点的分析，地下室和底层用水采用由市政给水管网直接供给，配楼屋顶的空调冷却塔补水采用专用变频加压方式供水，塔楼生活给水系统采用并联和串联、高位水箱重力供水和变频调速水泵加压供水多种供水方式组合系统。

配楼屋顶的空调冷却塔补水为季节性用水，用水量较大，但各用水时段用水量变化不大，用水点位于整个大楼给水加压区的最低段，采用单独的变频加压给水系统，可确保水泵运行基本处于高效运行工况区，节约给水提升能耗；另外，空调冷却塔补水泵的调节蓄水量贮存在消防水池避免与生活给水合用造成生活蓄水箱过大、贮水时间过长，并可以根据冷却塔的季节性使用定期更换消防水池贮水、较好地维持消防水池水质。办公塔楼给水采用高位水箱重力供水和变频调速水泵加压供水 2 种供水方式组合系统；塔楼部分的办公楼层用水量相对较小，各时段用水量很不均匀，塔楼部分的给水加压低区采用 A、B 塔楼集中变频加压的给水系统，尽量扩大供水范围并减少给水加压泵组，以尽量减小低区给水加压系统用水量的不均匀变化，以使变频给水泵组尽量保持在高效工况段工作，同时减少设备投资。第 1 避难层（十三层）～屋顶层的给水高区是 A、B 塔楼供水楼层和几何高差最大的给水分区，采用由设于第 2 避难层（二十五层）的高区生活给水转输水箱为核心的水箱重力供水和变频水泵并联加压供水，其中十四层～二十二层由高区生活给水转输水箱重力供水，其安全性好、供水水压稳定舒适、管网承压波动很小、有利于管网安全运行；而二十三层～二十九层和三十层～屋顶层为整个给水加压系统的最高区，采用各自分区的变频调速泵组加压并联供水，避免共用一组变频给水泵供给的上下楼层高差过大，确保供水安全性，同时可以提高给水能效，并为业主今后加建屋顶花园和增加屋顶生活给水点提供便捷，避免屋顶水箱供水可能引起顶层供水水压不足的现象。为确保塔楼高区供水安全，A、B 塔楼的高区转输水箱的补水泵分别设置，集中设于地下室水泵房。

综上所述，给水系统设计原则为安全可靠、节能高效、经济合理且环境友好。首先，不采用多级转输而仅在第 2 避难层设置一处转输水箱水泵房，减少转输环节提高供水可靠性，避免多级转输环节的无效能耗损失，同时也尽量减小多处设置转输水箱水泵房产生的对上下楼层的影响；其次，给水系统合理分区，每个给水分区最底部管网压力不大于 0.45MPa，供水范围最大的低区变频给水泵组供给的最高楼层和最底部楼层高差不大于 50m，确保减压供水分区的减压阀即使穿透破坏最底部配水点的压力也不会大于 0.6MPa，给水提升高效节能，给水管网安全可靠；再次，给水系统设置尽量使给水加压泵房和设施减少到最少，以节省系统投资。

另外，营造环境友好、绿色节能型的建筑环境，本工程设雨水收集回用系统，收集并处理部分区域雨水用于绿化景观用水，充分利用天然资源，节约用水，节省日常运营成本。

（二）消防给水系统分区合理，安全可靠

对于双塔楼超高层建筑，消防给水系统的合理组合分区是整个消防系统的关键。本工程为建筑高度 180m、建筑面积 18.8 万 m^2 的双塔楼超高层建筑，整个项目按一次火灾设计，大楼竖向分 2 个消防供水分区和 4 个压力分区：（1）地下室～十二层（第 1 避难层下一层）为低区，A、B 塔楼由集中设置的合用低区消防泵供水，其中低区根据建筑功能又分为地下室～三层（大楼公共区域，低 1 区）和四层～十二层（塔楼办公区域，低 2 区）两个压力分区；（2）A、B 塔楼分别在各自第 1 避难层（十三层）设置消防转输水箱，各设一个 70m^3 的消防水箱并分别设高区消防给水加压泵供十三层～三十六层高区消防给水，同样高区根据第 2 避难层又分为十三层～二十四层（高 1 区）和二十五层～三十六层（高 2 区）两个压力分区。综上所述，本工程 A、B 塔楼低区消防给水采用集中消防水泵加压供水，高区由各自的高区消防水泵从消防转输水箱加压供水；同时消防系统竖向分成 2 个消防供水分区和 4 个压力分区，消防供水系统低区垂直高度 80m、高区垂直高度 110m，分区均匀，各个压力分区管网最底部的静水压力均控制在不大于 0.80MPa、动水压力均控制在不大于 1.0MPa，消防给水管网日常持压和消防工作压力均处于合理安全的区域，避免了管网超压对管网造成的不良影响，管网和供水系统安全可靠。

（三）以人为本的设计理念

给水排水系统设计以给水和消防安全为首要出发点，兼顾系统设计与建筑环境相协调，并采用合理的系统、先进可靠的技术和产品，以达到系统安全、使用舒适、科技智能、便于管理的以人为本的设计理念。

生活给水系统采用并联和串联、塔楼低区集中加压和高区分别加压、水箱重力供水和水泵变频加压给水方式相结合的多方式分区组合系统，系统供水安全可靠，仅在第2避难层设置一处转输水箱水泵房，避免在每个避难楼层均设转输水箱水泵，控制在塔楼内设置转输水箱和水泵设施的数量到最少，将给水加压设备对相邻楼层的影响降低到最小，有效提高了低区避难层相邻楼层的物业品质；另外，将给水转输水箱和加压泵房减少到最少，也便于大楼运营的日常设备维护和管理。

消防系统按全保护设计，底层大堂超高大空间采用自动扫描射水高空水炮，其余场所采用闭式自动喷水灭火系统，电气用房、弱电机房等不适合水消防的场所采用高压细水雾灭火系统，并按规范设置室内外消火栓系统，确保大楼消防安全。

空调冷却塔设置在配楼屋顶，距离塔楼较近，设置了视线遮挡百叶和导风罩，力图尽量维护美观的建筑造型，营造安静的办公环境；空调冷却循环水系统的冷却塔进水管设置电动阀，便于系统集控和远程控制，便于系统日常管理。

地下室卫生间排水采用一体化污水提升装置，避免产生异味；厨房含油废水采用油脂分离器，油脂和渣料清除方便，有效提高了卫生条件和物业品质。

综上所述，给水排水专业从设计的角度着力于尽量避免给水排水设施对建筑环境造成不良影响，为建筑提供安全可靠的给水排水系统，为项目提供可靠的消防设施，为大型超高层项目设备日常管理和维护提供最大的便利，体现以人为本的设计理念。

（四）给水排水管道布置力求精细化设计

给水排水管道以高效利用空间、整齐美观的原则布置设计，所有管道均对管道标高和平面尺寸进行准确的定位，以指导施工安装和控制工程质量，力求设计一座高品质的建筑作品。

四、工程照片及附图

浙江商会大厦实景图　　A塔楼和B塔楼合用的地下室低区变频生活给　A塔楼和B塔楼合用的地下室生活水泵房
　　　　　　　　　　　水泵（供A、B塔楼二层～十三层生活给水）

异形不锈钢水箱

设于二十五层第2避难层的生活转输泵房（A、B塔楼分别设置供第2
避难层以下十四层～二十四层和以上二十五层～三十六层生活给水）

A塔楼和B塔楼合用的地下室消防水
泵房（供A、B塔楼十三层以下消防
给水和A、B塔楼消防转输水箱给水）

设于第1避难层的消防转输水泵房（A、B塔
楼分别设置供十三层～三十六层消防给水）

报警阀间

设于第1避难层的消防转输水箱（所有生活消防
水箱均设吸水槽充分利用水箱容积）

空调循环冷却水泵

配楼屋顶的冷却塔（进水设电动
阀便于远传控制）

配楼屋顶的冷却塔及导风罩
（冷却塔距塔楼 15m，塔楼办公
基本不受冷却塔噪声影响）

地下一层商业餐饮

设于地下室的油水分离器

生活转输泵给水管及水锤消除器

大楼门厅及自动扫描射水高空水炮灭火装置

高度 180m 双子塔楼

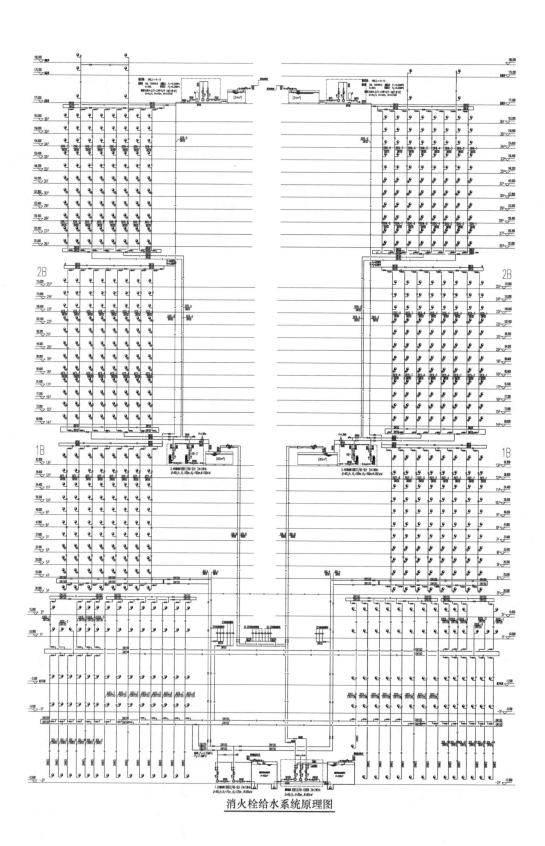

消火栓给水系统原理图

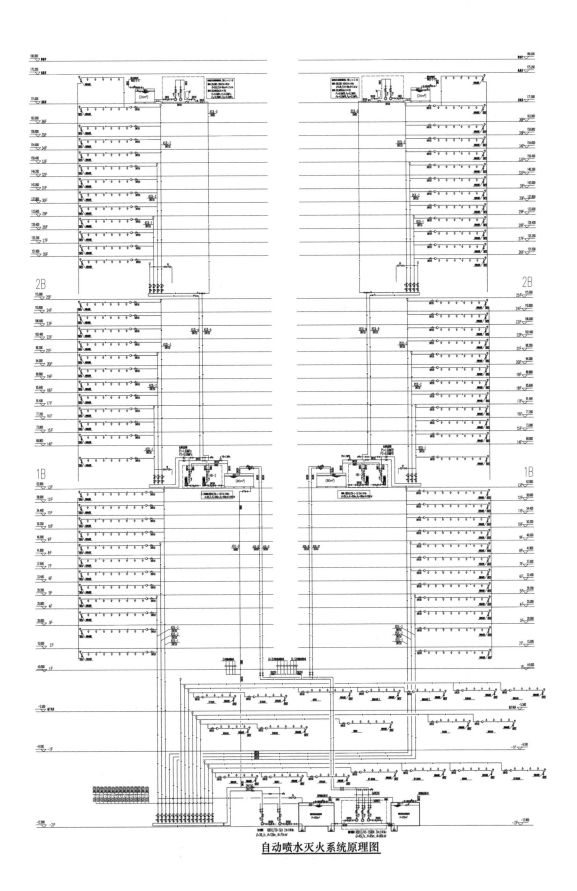

自动喷水灭火系统原理图

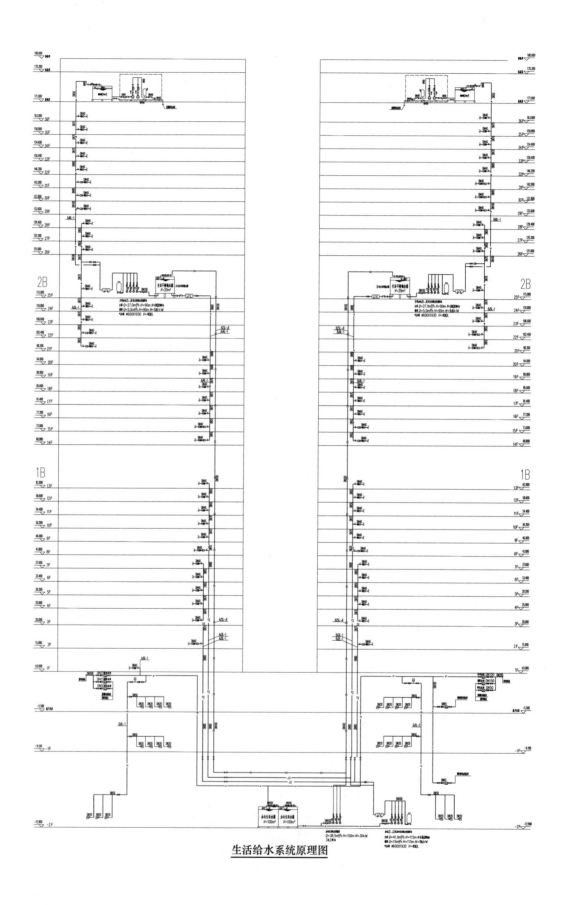

生活给水系统原理图

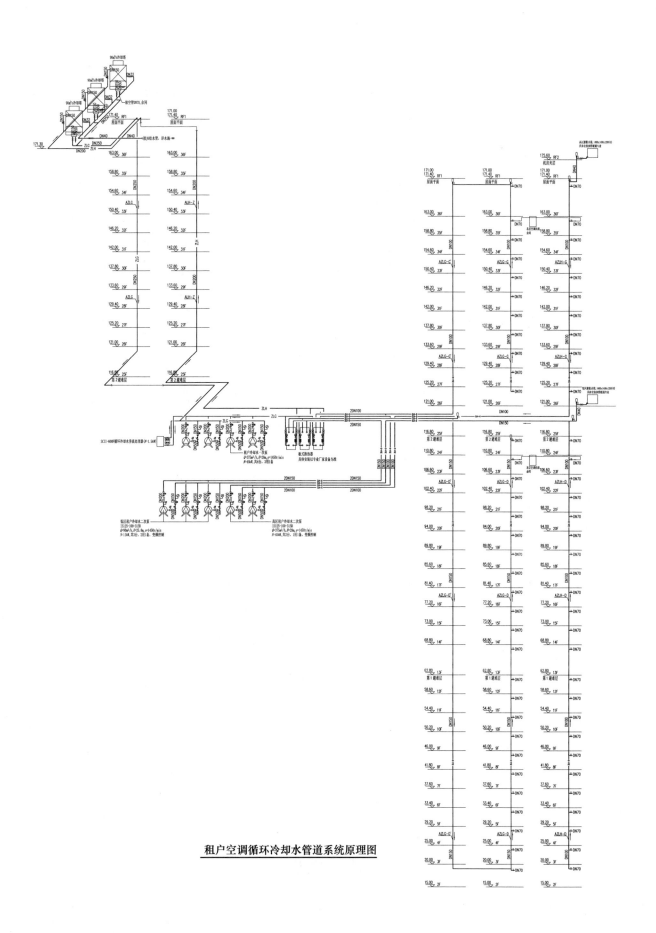

租户空调循环冷却水管道系统原理图

排水系统原理图

寰城海航广场（天誉四期）

设计单位： 广州市城市规划勘测设计研究院
设　计　人： 蔡昌明　刘东燕　刘碧娟　巫林涛　汤建玲　曹秋霞　刘筠　杨琪　陈新狄　王思臻
获奖情况： 公共建筑类　二等奖

工程概况：

寰城海航广场（天誉四期）位于广东省广州市天河区天河北路与林和东路交界处，是一栋由南、北两个塔楼组成的、高标准的、集商业、酒店和办公为一体的超高层综合楼。项目总用地面积 7214m²；总建筑面积 112463m²，其中地下建筑面积 23764m²，地上建筑面积 88699m²。地下 6 层，以车库及设备用房为主；裙楼 5 层，以餐饮及酒店配套为主；南塔楼为办公楼，50 层（其中十三层、二十八层、四十四层为避难层），建筑高度 186.60m，北塔楼为酒店，43 层（其中十三层、二十八层为避难层），建筑高度 162.10m。一类高层，建筑耐火等级一级。

工程说明：

一、给水排水系统

（一）给水系统

1. 冷水用水量（见表 1、表 2）

北塔楼酒店、公寓、裙楼用水量计算表　　　　　　表 1

项目	用水量标准	用水单位数	最高日用水量 (m³/d)	日用水时间 (h)	小时变化系数	最大时用水量 (m³/h)	平均时用水量 (m³/h)
酒店客房	400L/(人·d)	587 人	234.6	24	2	19.6	9.8
酒店服务人员	100L/(人·d)	391 人	39.1	24	2	3.3	1.7
公寓	400L/(人·d)	216 人	86.4	24	2	7.2	3.6
餐厅	40L/餐	3102 餐/d	124.1	12	1.5	15.5	10.3
健身中心	50L/人次	413 人次/d	20.7	12	1.5	2.6	1.7
车库地面冲洗	2L/(m²·d)	16000m²	32.0	6	1	5.3	5.3
绿化	2.5L/(m²·d)	2300m²	5.75	6	1	1.0	1.0
空调补给水	按循环水量的 1.5%	576m³/h	207.4	24	1.6	13.8	8.6
小计			750.1			68.3	42.0
未预见水量（10%）			75.0			6.8	4.2
合计			825.1			75.1	46.2

南塔楼办公用水量计算表 表2

项目	用水量标准	用水单位数	最高日用水量 (m³/d)	日用水时间 (h)	小时变化系数	最大时用水量 (m³/h)	平均时用水量 (m³/h)
办公	50L/(人·d)	2276人	113.8	10	1.5	17.1	11.4
小计			113.8			17.1	11.4
未预见水量(10%)			11.4			1.7	1.1
合计			125.2			18.8	12.5
备注			取130			取20	

2. 水源

本工程水源为城市自来水，供水压力≥0.25MPa。由天河北路及林和东路各引入一根DN200给水管，并在项目四周连成环状管网，供室内外消防、生活用水。

3. 系统竖向分区

（1）地下六层至一层由市政给水管网直接供水。

（2）二层至五层（裙楼）由变频调速给水设备供给。

（3）南塔楼分区见表3。

南塔楼给水系统竖向分区 表3

办公	加压1区	加压2区	加压3区	加压4区	加压5区	加压6区
六层~十一层	十二层~十八层	十九层~二十五层	二十六层~三十二层	三十三层~三十九层	四十层~四十六层	四十七层~五十层

（4）北塔楼分区见表4。

北塔楼给水系统竖向分区 表4

酒店1区	酒店2区	酒店3区	公寓1区	公寓2区
六层~十二层	十四层~二十层	二十一层~二十七层	二十九层~三十六层	三十七层~四十三层

4. 供水方式及给水加压设备

（1）地下六层至一层由市政给水管网直接供水。

（2）裙楼（二层~五层）由变频恒压供水设备加压下行供水。

（3）南塔楼六层~四十六层、北塔楼六层~三十六层由地下生活水箱经生活水泵提升至中途水箱及屋顶水箱，再下行供各层用水。

（4）南塔楼四十七层~五十层、北塔楼三十七层~四十三层采用屋顶水箱经变频水泵气压罐加压供水。

（5）地下室设专用冷却塔补水箱，由水泵组提升至南塔楼三十层中途水箱，再经中途加压泵提升至屋顶冷却塔水箱补水。

5. 管材

（1）室内生活给水管道除水泵压水管外均采用薄壁不锈钢给水管（304材质），工作压力为1.0MPa；部分水泵压水管及水箱出水管采用厚壁不锈钢焊接钢管，工作压力为2.0MPa。公称直径＞DN100的管线可以采用沟槽式、卡凸压缩式、法兰等连接方式；公称直径≤DN100的管线可以采用卡压式、环压式、压缩式等连接方式。

（2）室外埋地给水管道采用铸铁给水管，承插连接。管道公称压力为1.0MPa。

（二）热水系统

1. 热水用水量（见表5）

热水用水量计算表 表5

项目	用水量标准	用水单位	最高日用水量 （m³/d）	日用水时间 （h）	小时变化系数	最大时用水量 （m³/h）
酒店	150L/(人·d)	587人	88.1	24	4.3	15.8
酒店服务人员	40L/(人·d)	391人	15.6	24	2	1.3
公寓	150L/(人·d)	216人	32.4	24	4.3	5.8
中餐厅	15L/餐	3102餐/d	46.5	12	1.5	5.8
健身中心	25L/人次	413人次/d	10.3	12	1.5	1.3
小计			192.9			30.0
未预见水量(10%)			19.3			3.0
合计			212.2			33.0
备注			取220			取35

2. 热源

本工程采用设置在地下一层的燃气热水锅炉作为主要热源（90℃供/70℃回），再经各区半容积式换热器间接加热供水（60℃供/55℃回），半容积式换热器水源由同区的冷水供给，每区贮热量≥45min设计小时耗热量。

3. 系统竖向分区

热水系统分区同冷水系统完全相同，热水与冷水压力保持一致，达到冷热水供水压力平衡。为保证压力平衡，冷、热水管同程布置。热水系统采用全日制机械循环，循环水泵启泵温度为55℃，停泵温度为60℃。

4. 热交换器（见表6）

主要热交换设备 表6

区域	服务范围	热交换器型号	换热量	数量	板式换热器
裙楼	二层～五层	AHT5500/320kW-TV	320kW	2套	2090kW
酒店1区	六层～十二层	AHT5000/275kW-TV	275kW	2套	
酒店2区	十四层～二十层	AHT5000/275kW-TV	275kW	2套	
酒店3区	二十一层～二十七层	AHT5000/275kW-TV	275kW	2套	
公寓1区	二十九层～三十六层	AHT4000/190kW-TV	190kW	2套	1310kW
公寓2区	三十七层～四十三层	AHT4000/190kW-TV	190kW	2套	

5. 冷、热水压力平衡措施及热水温度的保证措施

本工程为保证压力平衡，热水系统分区同冷水系统完全相同，且冷、热水管采用同程布置。热水系统为全日制集中供应系统，为保证供水温度，故热水系统采用机械循环管道系统。各区生活热水回水管道各设2台热水循环泵（1用1备）。

6. 管材

热水管道及热水回水管道采用薄壁不锈钢给水管（304材质），工作压力为1.0MPa；部分水泵压水管及水箱出水管采用厚壁不锈钢焊接钢管，工作压力为2.0MPa。公称直径>DN100的管线可以采用沟槽式、卡凸压缩式、法兰等连接方式；公称直径≤DN100的管线可以采用卡压式、环压式、压缩式等连接方式。

热水管道和设备保温均采用硬聚氨酯泡沫橡塑。

（三）排水系统

1. 排水系统的形式

采用污、废分流排水体制。±0.000m以上排水采用重力排水，±0.000m以下的地下车库、设备用房等

排水，通过集水井经潜污泵提升接入室外排水管网。

2. 通气管的设置方式

为保证较好的室内环境，公共卫生间按规范设环形通气管，客房卫生间设专用通气立管。

3. 采用的局部污水处理设施

生活污水经化粪池处理、餐饮废水经隔油池除渣处理、锅炉房高温废水经降温池处理后集中排至市政污水管，最终进入城市污水处理厂处理达标后排放。

4. 管材

污废水排水管采用柔性机制离心铸铁排水管，卡箍连接，地下室集水坑潜污泵排水管采用内外涂塑镀锌钢管。

（四）雨水系统

1. 排水系统的形式

采用雨、污分流排水体制，屋面雨水由虹吸雨水斗收集经雨水管道排至室外雨水检查井，并设消能装置。

2. 管材

屋面虹吸雨水管采用虹吸专用 HDPE 排水管。

二、消防系统

（一）消防用水量（见表7）

消防用水量标准、一次灭火用水量、水池容积 表7

序号	消防系统名称	消防用水量标准（L/s）	火灾延续时间（h）	一次灭火用水量（m³）	备注
1	室内消火栓系统	40	3	432	由消防水池供水
2	自动喷水灭火系统	30	1	108	按中危险Ⅱ级设计，由消防水池供水
3	室外消火栓系统	30	3	324	由城市管网供水
4	地下消防水池容积			540	室内消防水合计
5	十三层南塔楼转输水箱容积			66	15min 室内消防用水量
6	十三层北塔楼转输水箱容积			66	15min 室内消防用水量
7	北塔楼屋顶消防水池容积			18	消防专用水箱
8	南塔楼屋顶消防水池容积			18	消防专用水箱

（二）消火栓系统

1. 室外消火栓系统

室外消防用水采用市政自来水作为消防水源，市政自来水引入管处水压为 0.25MPa，可满足室外消火栓水压要求。从天河北路及林和东路的市政给水干管接驳口各引入一根 DN200 给水管，给水管在区内形成环状供水，共设置 4 组室外消火栓，沿消防车道布置，间距不大于 120m，在水泵接合器 15～40m 范围内设有室外消火栓。

2. 室内消火栓系统

（1）室内消火栓系统形式：采用临时高压系统，地下六层消防泵房设 1 用 1 备中央室内消火栓泵直接抽吸 540m³ 消防水池供水给低区。在地下消防泵房设转输水泵，南、北塔楼第十三层机电层设置中途水箱 66m³ 和接力泵向高区供水。

（2）系统分区（见表8）：分区内消火栓口压力超过 0.50MPa 时采用减压稳压消火栓。

室内消火栓系统竖向分区 表8

分区名称		分区区域范围	压力源
裙楼	低区（Ⅰ）	地下六层～五层	地下六层消防泵减压
北塔楼	低区（Ⅱ）	六层～十三层	地下六层消防泵
	高区（Ⅰ）	十四层～二十八层	十三层接力泵减压
	高区（Ⅱ）	二十九层～四十三层	十三层接力泵
南塔楼	低区（Ⅱ）	六层～十三层	地下六层消防泵
	高区（Ⅰ）	十四层～二十八层	十三层接力泵减压
	高区（Ⅱ）	二十九层～四十四层	十三层接力泵减压
	高区（Ⅲ）	四十五层～五十层	十三层接力泵

（3）稳压设备：南、北塔楼屋顶各设 $18m^3$ 消防水箱及稳压泵、气压罐提供火灾初期用水。

（4）水泵接合器：在首层合适位置设水泵接合器6个（低区：3个；高区：3个），以供消防车向室内消火栓系统水泵供水作灭火之用。高区水泵接合器处设有接力泵启动按钮。

（5）管材：水泵压水管采用无缝钢管，各区管网采用加厚镀锌钢管，管径＜$DN100$ 时采用螺纹连接；管径≥$DN100$ 时采用卡箍式连接。

（三）自动喷水灭火系统

（1）用水量：系统用水量为30L/s。

（2）保护范围：本建筑除游泳池、小于 $5m^2$ 的卫生间及不宜用水扑救的场所外，均设置自动喷水灭火系统。

（3）设计参数：地下车库、裙楼公共部分按中危险Ⅱ级设计，喷水强度 $8L/(min \cdot m^2)$，同时作用面积 $160m^2$；$8 \sim 12m$ 的中庭按非仓库类高大净空场所设计，喷水强度 $6L/(min \cdot m^2)$，同时作用面积 $260m^2$；其余按中危险Ⅰ级设计，喷水强度 $6L/(min \cdot m^2)$，同时作用面积 $160m^2$。设计用水量为30L/s，作用时间1h。

（4）系统分区见表9。

自动喷水灭火系统竖向分区 表9

分区名称		分区区域范围	压力源
裙楼	低区（Ⅰ）	地下六层～五层	地下六层喷淋泵减压
北塔楼	低区（Ⅱ）	六层～十二层	地下六层喷淋泵
	高区（Ⅰ）	十三层～二十七层	十三层接力泵减压
	高区（Ⅱ）	二十八层～四十三层	十三层接力泵
南塔楼	低区（Ⅱ）	六层～十二层	地下六层喷淋泵
	高区（Ⅰ）	十三层～二十七层	十三层接力泵减压
	高区（Ⅱ）	二十八层～五十层	十三层接力泵

（5）每个湿式报警阀控制的喷头数量不超过800个，低区湿式报警阀设置在消防泵房内，高区湿式报警阀设置在十三层和二十八层机电层内，每个防火分区设带监控阀的水流指示器及末端试水装置。

（6）喷头选型：大堂、会议厅及其他对美观要求较高的场所采用隐蔽式喷头，塔楼客房采用边墙扩展覆盖喷头（$K=115$），厨房采用93℃的玻璃球喷头，吊顶内采用公称动作温度79℃的快速响应喷头，其余地方采用68℃的快速响应喷头。

（7）稳压设备：南、北塔楼屋顶各设 $18m^3$ 消防水箱及稳压泵、气压罐供应火灾初期用水。

（8）水泵接合器：首层设置2个低区水泵接合器以供消防车向其低区自动喷水灭火系统管网加压供水，设置2个高区水泵接合器以供消防车向十三层之喷淋接水泵吸水管供水。高区水泵接合器处设有接力泵启泵按钮。

（9）管材：水泵压水管采用无缝钢管，各区管网采用加厚镀锌钢管，管径＜DN100 时采用螺纹连接；管径≥DN100 时采用卡箍式连接。

（四）水喷雾灭火系统

锅炉房设水喷雾灭火系统保护，设计喷雾强度 $10L/(min \cdot m^2)$，火灾延续时间 30min。水喷雾灭火系统与自动喷水灭火系统共用同一组水池、水泵系统。

（五）七氟丙烷气体灭火系统

（1）保护范围：高低压配电房及发电机房等。

（2）系统设计：气体灭火系统采用全淹没形式，组合分配灭火方式，对各防护区进行保护。采用组合分配灭火系统，设专用的气瓶贮瓶间。

（3）系统控制：七氟丙烷气体灭火系统同时具有自动控制、手动控制和机械应急操作三种控制方式。

（4）管材：所有管道均采用无缝钢管，无缝钢管应进行热镀锌防腐处理。管接件采用内外镀锌管接件；气动管路采用紫铜管及管接件。

（六）灭火器配置

1. 灭火器选用

根据《建筑灭火器配置设计规范》GB 50140—2005 的规定，超高层建筑和一类高层建筑的写字楼、套间式办公楼为严重危险级。按严重危险级配置建筑灭火器。

2. 消防排水

（1）消防电梯坑底的侧面设有集水坑，坑内设 2 台消防潜水泵排除消防排水。集水坑有效容积 $2m^3$，潜水泵抽水量 10L/s，均满足规范要求。

（2）自动喷水灭火系统消防排水，利用地下三层其余废水潜水泵坑进行排水。

三、工程特点介绍

（1）本项目包含酒店、公寓、办公、餐饮等多种功能，两栋塔楼高度不同，使用功能不同，且均为超高层公共建筑，项目地理位置优越，是一座高档的城市综合体，但占地狭小，设备用房紧张，功能复杂，系统多，酒店管理公司要求高，管线错综复杂，各专业管线平衡难度大，与室内净高的矛盾多，这为给水排水专业设计增添了不少的难度。现建筑建成并投入使用，得到了业主和外界的一致好评，成为了广州中心城区一道靓丽的风景线。

（2）给水系统：地下室及首层利用市政水压直接供水，裙楼由变频恒压供水设备加压下行供水，塔楼由地下生活水箱经生活水泵提升至中途水箱及屋顶水箱，下行供各层用水。顶上 4 层采用屋顶水箱经水泵气压罐加压供水。超高层建筑采用这种市政直接供水、变频加压供水、水箱恒压供水相结合的供水方式，可以合理控制各分区压力，各区静水压均控制在 10～40m 范围内，减少了中间加压设备，降低了设备故障率，供水压力稳定，并达到了节能的效果。

（3）热水系统：本工程采用全日制、全方位的集中供应全循环热水系统，为保证酒店用水的舒适及安全，采用燃气热水锅炉作为主要热源，热媒采用定压水箱热媒循环系统的供水方式至分区热交换机房，再由半容积式换热器间接加热供水，保证了水质安全；半容积式换热器水源由同区的冷水供给，热水系统分区同冷水系统完全相同，使热水与冷水压力保持一致，达到冷热水供水压力平衡，使用舒适；采用冷、热水管道同程布置，机械循环，整个热水系统保证了水质、水量、水压安全可靠。

（4）雨水系统：根据甲方要求，雨水管必须设置在电梯筒附近的管井内，故采用屋面虹吸雨水排水系统，减少立管数量，降低横管坡度，把已是捉襟见肘的室内管线空间造成的压力降到最低。排水的出户管数量也降到最低，相应的出户管及检查井设置有效的消能措施，保证系统安全。

（5）水喷雾灭火系统：用于常压燃气热水锅炉。

（6）卫生防疫及安全措施：生活不锈钢水箱设有自洁灭菌仪，可杀灭水体中的病菌、病毒，有效清除水体中的微生物，净化水体、改善水质；吸水管设紫外线消毒器保证供应的生活用水安全无菌，且具有无需添加化学药剂、无二次污染、能耗低等特点；锅炉进水前进行软化处理，保证了生产安全，减少维修费用，延长设备使用寿命。

（7）申请减震专利技术，保证酒店安静环境：作为一栋超高层的酒店、办公楼，对安静的环境有很高的要求，我们对十三层、二十八层及屋面水泵设置了复合型机械减震器，即弹簧减震器＋橡胶减震器＋惰性块。此减震器既可减高频震动，亦可减低频震动，从而消除了 97% 的震动。此设计已申请专利技术，专利号：ZL201020596312.0。

四、工程照片及附图

全景图

立面图

热交换机房

锅炉房

生活水泵房

消防泵房

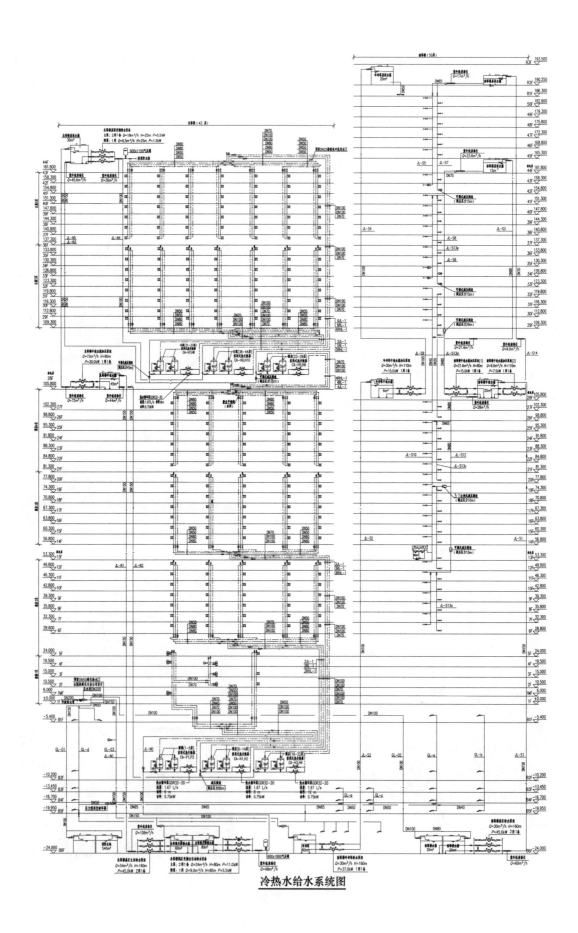

冷热水给水系统图

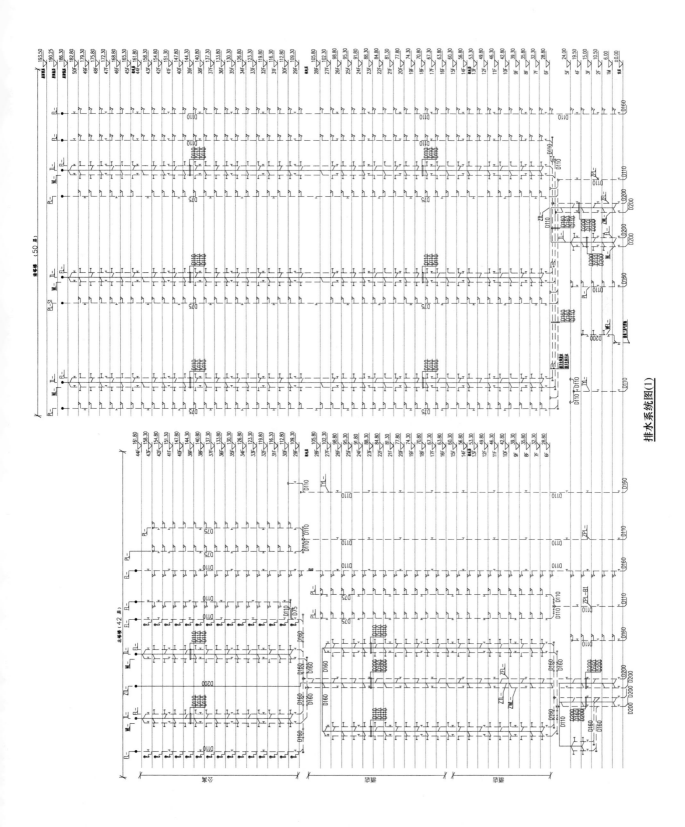

排水系统图(1)

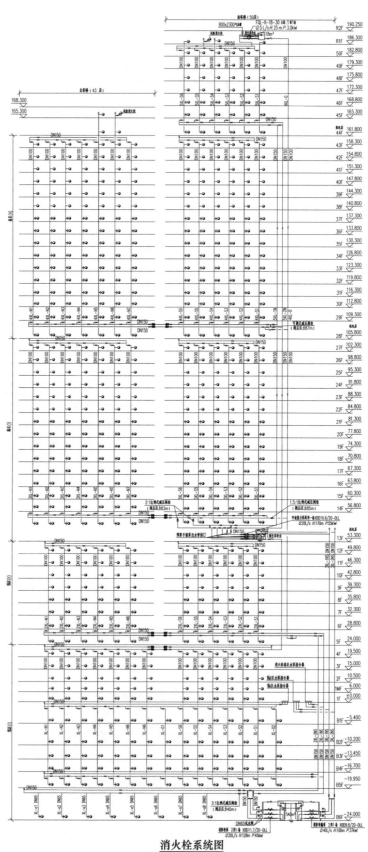

消火栓系统图

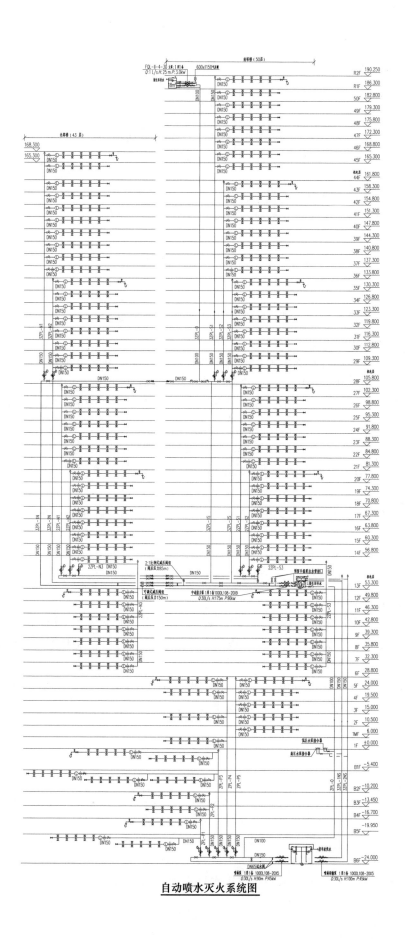

自动喷水灭火系统图

海峡青年交流营地

设计单位： 福建省建筑设计研究院有限公司
设 计 人： 魏心梅　程宏伟　黄文忠　王晓丹　傅星帏　沈静铭　李海滨
获奖情况： 公共建筑类　二等奖

工程概况：

海峡青年交流营地位于福州市区东部，闽江中的琅岐岛。靠近岛的西部入口处，与琅岐闽江大桥咫尺之隔，总建筑面积约 117928.3m²。

该项目立足于打造海峡两岸青年交流和创业的平台，规划建设海峡青年会展中心、海峡青年文化街、海峡青年活动中心、海峡青年文化交流中心一（青年公寓）、海峡青年文化交流中心二（青年旅社）：

（1）海峡青年会展中心：营地的主体建筑，建筑层数为地下 1 层（半地下层），地上 4 层，总建筑面积 52601.7m²，建筑高度 34.4m，按一类高层公共建筑设计。一层为大堂、展厅、剧场、画廊、消防控制室、高低压变电所及配套用房等；二层为画廊、厨房、剧场及配套用房；三层为小影院、会议室、咖啡厅、宴会厅、贵宾室、厨房及配套用房；四层为会议室、库房、机房及配套用房；地下室主要为停车库（Ⅱ类汽车库）及设备用房。

（2）海峡青年文化街：建筑层数为 2 层，总建筑面积 12175.4m²，建筑高度 10m，按多层公共建筑设计。一层、二层均为商业。

（3）海峡青年活动中心：建筑层数为地下 1 层，地上 2 层，总建筑面积 7636.5m²，建筑高度 24.0m，按多层公共建筑设计。一层主要为门厅、游泳池、篮球场、健身房；二层主要为健身房、休息厅；地下室主要为非机动车停车库及设备用房。

（4）海峡青年文化交流中心一（青年公寓）：建筑层数为 7 层，总建筑面积 18066.6m²，建筑高度 31.9m，属重要公共建筑，按一类高层公共建筑设计。一层主要为门厅、配套商店、洗衣房、设备房等；二层～七层主要为客房及公寓。

（5）海峡青年文化交流中心二（青年旅社）：建筑层数为地下 1 层，地上 7 层，总建筑面积 27448.1m²，建筑高度 29.5m，属重要公共建筑，按一类高层公共建筑设计。一层主要为商业、活动中心等；二层～七层主要为客房；地下室为停车库及设备用房。

工程说明：

一、给水排水系统

（一）给水系统

1. 冷水用水量（见表1）

本工程最高日用水量为 924.5m³/d，最大时用水量为 128.52m³/h。

冷水用水量　　　　　　表1

	用户名称	用水量标准	用水单位数	小时变化系数	日用水时间（h）	最高日用水量（m³/d）	最大时用水量（m³/h）
海峡青年会展中心	会议厅	8L/（人·d）	646人×2	1.2	8	10.4	1.56
	多功能厅用餐	50L/人次	84桌×10=840×2	1.5	10	84	12.6
	多功能厅员工	25L/人次	840人×0.20=168人×2	1.5	10	8.4	1.3
	宴会厅	50L/人次	84桌×10=840人,考虑两餐	1.5	10	84	12.6
	宴会厅员工	25L/人次	840人×0.20=168人×2	1.5	10	8.4	1.3
	电影院观众	5L/（人·场）	362人×6场	1.5	16	10.9	1.02
	空调冷却水	757m³/h×0.015			16×0.6	109.1	11.4
	地下车库	2L/（m²·d）	17876m²	1	2	35.8	17.9
	总计					351	59.7
海峡青年活动中心	游泳池补水	按池容积的5%	637.5	1	24	31.9	1.3
	运动员淋浴	40L/（人·d）	264人	1.5	10	10.56	1.6
	空调冷却水	150m³/h×0.011			10	16.5	1.7
	总计					60	4.6
海峡青年文化街	商业餐饮	20L/人次	8600m²×0.8/1.3×2.5	1.5	12	265	33.2
海峡青年公寓及旅社	宿舍	150L/（床·d）	1098床	3.0	24	165	20.6
	餐厅	25L/（人·d）	3240人	1.5	12	81	10.12
	餐厅员工	25L/（人·d）	100人	1.5	12	2.5	0.3
	总计					248.5	31.02
	合计					924.5	128.52

2. 水源

琅岐青年营地整个地块生活用水由八一七路市政给水管引一路DN250市政给水管，上设生活水表及消防水表（消防水表前设置倒流防止器）。消防水表后室外消防给水管在地块内成环设置，上设室外消火栓。市政供水压力至本楼为0.14MPa（相对本楼±0.00m标高）。

3. 系统竖向分区

本工程地下室～一层由市政管网直接供水，二层及以上采用加压供水方式。

4. 供水方式及给水加压设备

会展中心地下室～一层由市政管网直接供水；二层及以上采用地下室生活水池-生活水泵-屋面生活水箱-用水点上行下给供水方式，不锈钢生活水池及生活水泵均位于本楼地下室泵房内，生活水箱设置水箱消毒仪。公寓及旅社一层由市政管网直接供水；二层及以上采用变频加压供水装置供水，不锈钢生活水池及变频供水装置均位于海峡青年交流中心二地下室泵房内。文化街及活动中心一层由市政管网直接供水，二层及以上由会展中心生活水箱供水。

5. 管材

市政供水管、生活给水加压管及冷却塔补水管均采用衬塑复合钢管及配件（P=1.0MPa，给水管内衬PE），管径≤DN80采用螺纹连接，管径>DN80采用沟槽式连接件连接。

(二) 热水系统

1. 热水系统概况

(1) 会议中心、创意中心、文化街不考虑设置集中热水，部分需要热水区域就地分散设置电热水器供应热水，厨房热源由厨具公司自行考虑。

(2) 青年公寓、青年旅社设置全日制集中热水供应，强制循环系统。考虑热媒端侧统一设置，后端容积式换热器按分区设置，容积式换热器按 $70\%\sim70\%$ 控制，低区采用市政压力，高区采用变频，均通过容积式换热器同源。

2. 热水用水量（见表 2）

热水用水量　　　　　　　　　　　　　　　　　　　　表 2

青年公寓						
热水量计算	（以 55℃热水计，冬季水温 10℃计）					
用户名称	用水量标准	用水单位数	小时变化系数	日用水时间 (h)	最高日用水量 (m^3/d)	最大时用水量 (m^3/h)
宿舍	100L/(床·d)	402 床	4.8	24	40.2	8.04
旅馆	89L/(床·d)	192 床	3.9	24	17.1	2.77
合计					57.3	10.81
青年旅社						
热水量计算	（以 55℃热水计，冬季水温 10℃计）					
用户名称	用水量标准	数量	小时变化系数	工作时间 (h)	最高日用水量 (m^3/d)	最大时用水量 (m^3/h)
旅馆	89L/(床·d)	504 床	3.9	24	44.9	7.29

3. 热源

青年公寓、青年旅社区域统一设置集中热水供应系统。采用太阳能和导流型容积式换热器（热媒采用高温水，由电热水器制备）相结合的集中供热系统。太阳能板敷设于各楼屋面（本工程共设置 408 块平板式太阳能集热器，单个集热板面积 $1.83m^2$，总集热面积 $746.64m^2$），导流型容积式换热器及电热水器（本工程共设置 7 台额定热功率 90kW、贮水容积 300L 的电热水器，制备热媒高温水）均设置于青年旅社地下室设备房内。太阳能集热系统采用强制循环方式，太阳能作为预热系统，若不能满足热水温度需要，再通过导流型容积式换热器加热，保证出水温度。

4. 系统竖向分区

本工程二层及以上热水设置一个分区，冷热水系统分区相同。

5. 热交换器及贮水设备

青年旅社地下室设置 4 台卧式承压太阳能集热贮水罐，每个罐体 $12m^3$；另设置 4 台导流型容积式水加热器，换热面积 $22.3m^2$，传热系数 $K=600W/(m^2 \cdot ℃)$。

6. 管材

热水干管采用薄壁不锈钢管（$P=1.6MPa$）及卡压连接，支管减压阀（若无减压阀则为支管阀）后热水管采用 S2.5 系列 PPR 塑料热水管及热熔连接。热水管道未埋墙部分（含管道井内部分明装支管）外包橡塑保温材料（外），管径 $\leqslant DN20$ 采用 25mm 厚的橡塑保温材料，$DN25\leqslant$ 管径 $\leqslant DN50$ 采用 30mm 厚的橡塑保温材料，$DN65\leqslant$ 管径 $\leqslant DN100$ 采用 40mm 厚的橡塑保温材料，管径 $>DN100$ 采用 50mm 厚的橡塑保温材料，屋面明露部分保温层外包 0.5mm 铝板保护。承压式不锈钢贮水罐、换热器及膨胀罐采用 35mm 厚的橡塑保温材料。热水系统的管件（密封材料）、阀门、仪表等均采用热水型，并应满足耐高温（80℃）的要求。太阳能热水循环管道阀门、仪表等均采用热水型，并应满足耐高温（管路上安全阀开启温度）的要求。电热水器至导流型容积式换热器的循环管道保温采用外包玻璃布防潮层（内）及玻璃棉保温管套（外），玻璃棉保温管套导热系数小于 $0.033W/(m \cdot ℃)$，使用密度 $48kg/m^3$，保温层外包 $0.5mm$ 铝板保护。

（三）冷却循环水系统

1. 设置位置

会展中心循环冷却水系统配置循环水泵及冷却塔，冷却塔位于会展中心大屋面上，基础设置隔震器，循环冷却水系统设置水质处理设备。

2. 配置及技术参数

会展中心地下室冷冻机房内设有 2 台冷水机组，对应的循环冷却水加压泵共 3 台，2 用 1 备。冷却塔采用高效横流式超低噪声冷却塔，SC-108HA-G 两台，$N = 11 \times 2kW$。湿球温度 28℃，冷却塔进水温度 37℃，出水温度 32℃，冷却塔循环冷却水量约为 $874m^3/h$，单台循环水量 $437m^3/h$。

3. 流程

循环冷却水流程为：冷却塔→冷却塔集水底盘→电子水处理仪→旁滤器→循环加压泵→冷水机组→冷却塔。

4. 管材

循环冷却水管采用无缝钢管，法兰连接。

（四）泳池循环水系统

（1）活动中心一层室内游泳池为恒温泳池。循环水系统包括过滤和消毒处理等装置。系统采用逆流式循环，分流式臭氧消毒。设计水温 27℃，循环周期 6h。

（2）泳池循环水系统流程示意图见图 1。

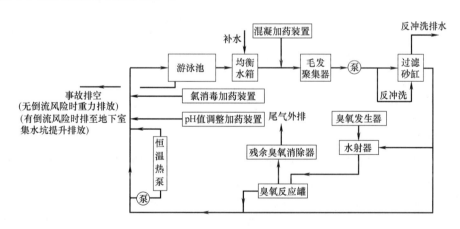

图 1　泳池循环水系统流程示意图

（3）管材

游泳池布水管、化学药剂加药管、池底回水泄空管、吸污管等均采用 PVC-U 给水塑料管，承插粘接。泳池循环泵吸水管采用外镀锌内衬塑管，反冲洗排水管采用铸铁排水管。臭氧投加管及其配套管件、附件采用 S21603 不锈钢管。

（五）排水系统

1. 排水系统的形式

室内卫生间采用污、废水合流的排水方式，餐饮废水经隔油池、生活污水经化粪池处理后排至市政污水管网。地下室排水汇集至地下集水坑，经潜污泵提升至室外污废水检查井或雨水检查井。

2. 通气管的设置方式

污废水管均采用伸顶通气管。

3. 采用的局部污水处理设施

地下室餐饮含油废水经地下室餐饮废水隔油提升一体化智能设备处理后提升排入市政排水管网，地面餐饮废水经隔油池、生活污水经化粪池处理后排至市政污水管网。

4. 管材

会展中心排水管均采用抗震柔性铸铁排水管，卡箍式连接，埋地敷设铸铁管采用法兰承插式柔性接口。其余楼栋一层排水支管、出户管及立管一层检查口以下排水管均采用抗震柔性铸铁排水管，加强型卡箍式连接；室内污废水排水横支管（非一层区域）、室内污废水立管采用PVC-U排水塑料管及配件，承插胶接。加压排水管及地下室埋地排水管采用公称压力为1.0MPa内外热镀锌钢管及配件，管径≤DN80采用螺纹连接，管径≥DN100采用沟槽式连接。商业餐饮厨房排水采用柔性接口排水铸铁管。

（六）雨水系统

（1）室外雨水与生活污水分流，雨水经雨水管网收集后排至周边市政雨水管。

（2）活动中心金属屋面采用虹吸雨水系统，雨水重现期采用50年设计，其余屋面均采用重力雨水系统，50年重现期，暴雨强度$q=7.73L/(s \cdot 100m^2)$。

（3）管材

金属屋面虹吸雨水管采用HDPE塑料管（PE80），电熔连接。重力雨水管均采用抗震柔性铸铁排水管，加强型卡箍式连接。

二、消防系统

（一）消火栓系统

1. 概况

整个地块消防设施统一考虑，按一类高层公共建筑进行设计。消防用水量最大建筑为会展中心：室内消火栓用水量30L/s，室外消火栓用水量40L/s，火灾持续时间3h；自动喷水灭火系统用水量展厅为100L/s，侧舞台为40L/s，火灾持续时间1h；雨淋系统用水量为80L/s，火灾持续时间1h；水幕系统用水量为25L/s，火灾持续时间3h。消防用水量最大为室内消火栓用水量、室外消火栓用水量、侧舞台自动喷水灭火系统用水量、雨淋系统用水量及水幕系统用水量叠加之和共计1458m³。

2. 室内消火栓系统

（1）消防系统最大静水压力不大于100m，系统竖向不分区。海峡青年会展中心地下室设置一个消防水池（两座），共贮存有效消防水量1476m³，满足本楼最大室内外消防用水量要求。会展中心最高层屋面设置一座36m³消防专用水箱，室内消火栓系统设置稳压设备，消火栓稳压泵1用1备，型号为XBD13.8/1.3-LDW（I）4.8/17（$Q=1.33L/s$，$H=127m$，$N=5.5kW$）。满足本工程消火栓最不利点静水压力要求。

（2）消火栓加压泵采用消防专用泵。室外设消火栓水泵接合器。

（3）室内消火栓采用成套产品，箱内配有启动室内消火栓加压泵的按钮。栓口压力大于0.5MPa时采用减压稳压消火栓。

（4）消火栓系统减压阀后消防管采用内外热镀锌钢管及配件，管径≤DN50采用螺纹连接，管径＞DN50采用沟槽式卡箍连接。减压阀前采用$P=2.0MPa$内外热镀锌无缝钢管及配件。

3. 室外消火栓系统

（1）市政进水管围绕本工程用地敷设成环状消防供水管网，管网上设室外消火栓提供室外消防用水。环网上设置SS100室外消火栓。

（2）室外消火栓管、雨淋系统及水幕系统均采用 $P=1.0$MPa 内外热镀锌钢管及配件，管径≤$DN50$ 采用螺纹连接，管径＞$DN50$ 采用沟槽式卡箍连接。

（二）自动喷水灭火系统

1. 概况

本工程按照规范要求设置的部位和建筑设置自动喷水灭火系统：其中会展中心自动喷水灭火系统设置较为复杂，具体设置见表3。除会展中心外地下车库、文化街按闭式自动喷水灭火系统中危险Ⅱ级设计，作用面积 $160m^2$，喷水强度 $8L/(min \cdot m^2)$，其余楼栋的其他部分均按中危险Ⅰ级设计，作用面积 $160m^2$，喷水强度 $6.0L/(min \cdot m^2)$，系统最不利工作压力为 0.10MPa。

会展中心自动喷水灭火系统设置情况　　　　　　　表3

舞台葡萄架（高度大于12m）	雨淋系统	严重危险Ⅰ级喷水强度 $12L/(min \cdot m^2)$，作用面积 $260m^2$，$K=80$	喷水时间 1.0h最不利点工作压力 0.07MPa	系统流量 80L/s
防火幕	水幕系统	防火冷却水幕，喷水高度 8m，喷水强度 $1.1L/(s \cdot m)$，$K=80$	喷水时间 3.0h最不利点工作压力 0.10MPa	系统流量 25L/s
一层中庭	湿式自动喷水灭火系统	按非仓库类高大净空场所喷水强度 $6L/(min \cdot m^2)$，作用面积 $260m^2$，$K=80$	喷水时间 1.0h最不利点工作压力 0.05MPa	系统流量 50L/s
侧舞台	湿式自动喷水灭火系统	中危险Ⅱ级喷水强度 $8L/(min \cdot m^2)$，作用面积 $160m^2$，$K=80$	喷水时间 1.0h最不利点工作压力 0.10MPa	系统流量 40L/s
观众厅（高度 8～12m）（645座）	湿式自动喷水灭火系统	按非仓库类高大净空场所喷水强度 $6L/(min \cdot m^2)$，作用面积 $260m^2$，$K=80$	喷水时间 1.0h最不利点工作压力 0.07MPa	系统流量 70L/s
一层展厅（高度 8～12m）	湿式自动喷水灭火系统	按会展中心设置喷淋喷水强度 $12L/(min \cdot m^2)$，作用面积 $300m^2$，$K=115$	喷水时间 1.0h最不利点工作压力 0.09MPa	系统流量 100L/s
四层库房（丙类）	湿式自动喷水灭火系统	仓库危险等级Ⅱ级，堆垛高度 4.5m 以下	喷水时间 2.0h最不利点工作压力 0.09MPa	系统流量 70L/s
其他（高度小于8m）	湿式自动喷水灭火系统	喷水强度 $6L/(min \cdot m^2)$，作用面积 $160m^2$，$K=80$	喷水时间 1.0h最不利点工作压力 0.10MPa	系统流量 40L/s
左侧旋转梯右侧旋转梯自动扶梯	自动跟踪定位射流灭火系统		最不利点工作压力 0.60MPa	系统流量 5L/s

2. 自动喷水灭火系统设计

（1）海峡青年会展中心地下室设置一个消防水池（两座），共贮存有效消防水量 $1476m^3$，满足本楼最大室内外消防用水量要求。会展中心最高层屋面设置一座 $36m^3$ 消防专用水箱，自动喷水灭火系统设置稳压设备，喷淋稳压泵1用1备，型号为 XBD11.2/1.1-LDW（I）4/14（$Q=1.20L/s$，$H=105m$，$N=4kW$），满足本工程最不利点静水压力要求。

（2）会展中心地下室消防泵房喷淋加压泵采用 3 台消防专用泵（部分工况 2 用 1 备），型号为 XBD14/40-150D/7（单泵工况 $Q=50L/s$，$H=124m$，$N=90kW$；双泵工况 $Q=100L/s$，$H=124m$），动作后启动其中一台或两台喷淋。消防泵房内设置 2 台雨淋泵及 2 台水幕泵，均采用消防专用泵（1用1备），雨淋泵型号为 XBD8/80-200D/2（$Q=80L/s$，$H=80m$，$N=110kW$），水幕泵型号为 XBD7.5/30-125D/3（$Q=$

$25L/s$，$H=75.9m$，$N=37kW$）。

（3）报警阀设于各栋楼一层报警阀间，水力警铃位于消防控制中心附近，报警阀前供水压力小于 1.2MPa，每个报警阀供给喷头数小于 800 个。各楼栋分层分区分设水流指示器。每区喷淋干管顶设有自动排气阀，底部设有排渣及泄水阀。配水管前端设有泄水阀，每个报警阀组控制的最不利点喷头处设末端试水装置，其他防火分区设试水阀，试水装置的试水接头可采用流量系数等同于同防火分区内的最小流量系数的标准试水喷头或可采用标准开式喷头加工制作。

（4）喷头选型：吊顶下采用吊顶型喷头，无吊顶处楼板下采用直立型喷头，无吊顶部分＞1200mm 风管下另设下垂型喷头，具体详见平面图。所有吊顶内净距大于 800mm 内均设置直立型喷头加以保护，连接喷头的短立管管径不应小于 DN25。厨房区喷头动作温度为 93℃，其余喷头动作温度为 68℃。直立型和下垂型喷头溅水盘离顶板底 75～150mm。防护冷却水幕采用水幕喷头。雨淋系统采用开式洒水喷头。自动喷水灭火系统应有备用喷头，其数量不得小于总数的 1%，且每种喷头不少于 10 只。自动扫描射水高空水炮灭火装置（与智能探测组件一体式）水平旋转角度为 180°，垂直旋转角度为 110°（吊顶型安装为 360°旋转）。标准工作压力为 0.6MPa，单个装置保护半径为 20m，系统流量为 5L/s。配水管设置水流指示器，末端设置模拟末端试水装置。

（三）水喷雾灭火系统

（1）地下室柴油发电机房及贮油间采用水喷雾灭火系统，设计灭火强度 20L/(min·m²)，响应时间小于 60s，最不利处水雾喷头工作压力 0.35MPa，水喷雾灭火系统流量为 40.7L/s。

（2）喷雾管网与闭式自动喷水灭火系统合用供水管网。

（3）水雾喷头采用离心雾化型水雾喷头。水雾喷头与保护对象之间的距离不得大于水雾喷头的有效射程。

（4）管材：水喷雾灭火系统管材与自动喷水灭火系统管材相同。

（四）气体灭火系统

（1）变电所及高压配电室采用七氟丙烷无管网全淹没系统。

（2）防护区灭火设计浓度采用 9%，灭火浸渍时间采用 10min，设计喷放时间不应大于 10s。

（3）系统控制：本系统具有自动、手动两种控制方式。保护区均设两路独立探测回路，当第一路探测器发出火灾信号时，发出警报（警铃报警），指示火灾发生的部位，提醒工作人员注意；当第二路探测器亦发出火灾信号后，自动灭火控制器开始进入延时阶段（0～30s 可调），声光报警器报警和联动设备动作（关闭通风空调、防火卷帘门等），此阶段用于疏散人员。延时过后，0～30s 向驱动装置发出灭火指令，电磁阀打开七氟丙烷贮气瓶瓶头阀，贮气瓶内的七氟丙烷气体经过管道从喷头喷出向失火区进行灭火作业。同时报警控制器接收压力信号发生器的反馈信号，控制面板喷放指示灯亮。当报警控制器处于手动状态时，报警控制器只发出报警信号，不输出动作信号，由值班人员确认火警后，按下报警控制面板上的应急启动按钮或保护区门口处的紧急启停按钮，即可启动系统喷放七氟丙烷灭火剂。同一防护区内的预制灭火系统装置多于 1 台时，必须能同时启动，其动作响应时差不得大于 2s。

三、设计特点

（1）海峡青年文化交流中心一、二统一设置集中热水供应系统。采用太阳能和导流型容积式换热器（热媒采用高温水，由燃气式热水器制备）相结合的集中供热系统。太阳能板敷设于海峡青年文化交流中心一、二楼屋面，导流型容积式换热器及燃气式热水器均设置于交流中心二地下室设备房内，太阳能集热系统采用强制循环方式。交流中心一、二由于屋盖造型为"白鸥展翅"，不能设置常规的冷热水箱热源，改为结合屋面造型设置平板式太阳能集热板，辅助燃气容积式热水器作为热源。由于太阳能集热板分散在两栋楼屋面，设计重点在于考虑热水管道的同层布置及压力平衡。

（2）活动中心室内游泳池为恒温泳池。系统采用逆流式循环，分流式臭氧消毒。设计水温 27℃，循环周期 6h。热源采用太阳能辅助泳池专用空气源热泵制热。

（3）会展中心大屋面部分雨水收集后经雨水处理机房过滤、杀毒处理作为绿化浇灌及室外景观水景的水源，优先保证室外水景补水。

四、工程照片及附图

整体鸟瞰图

会展中心剧院

会展中心过厅

屋面太阳能板

地下室生活水箱

会展中心屋面冷却塔

活动中心泳池

冷却水循环泵房

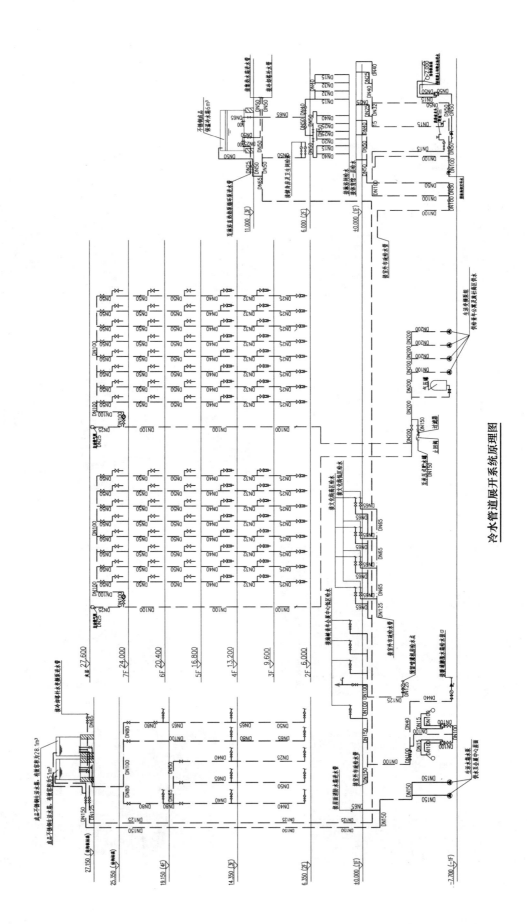

冷水管道展开系统原理图

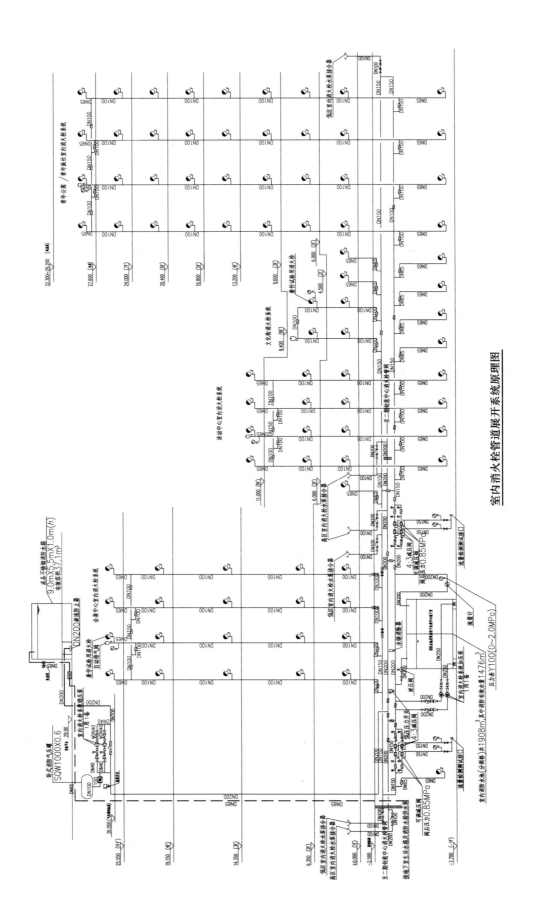

室内消火栓管道展开系统原理图

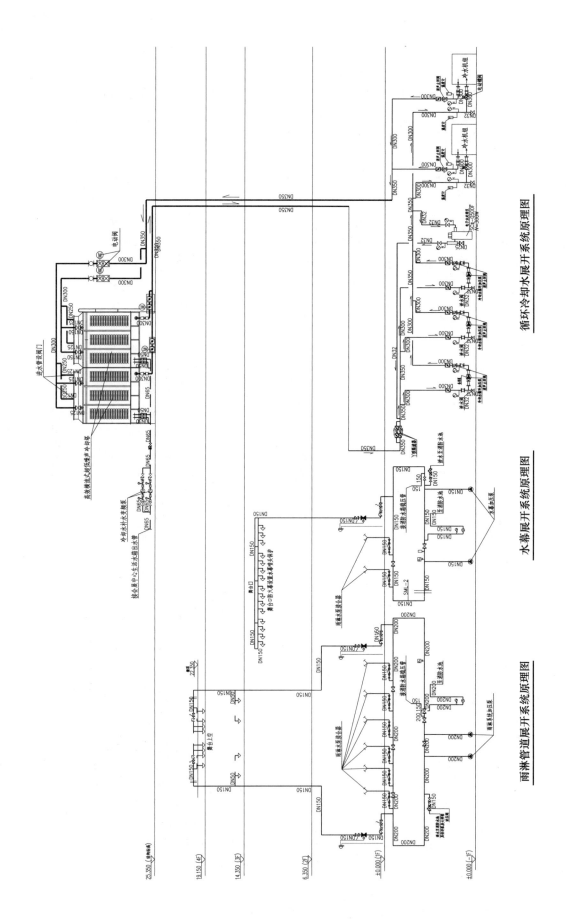

雨淋管道展开系统原理图

水幕展开系统原理图

循环冷却水展开系统原理图

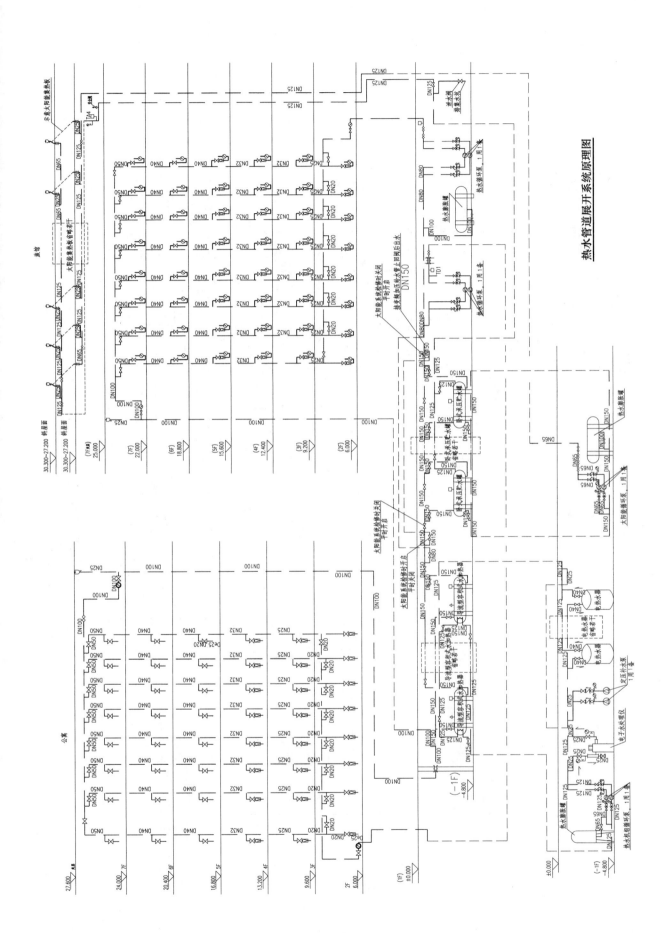

热水管道展开系统原理图

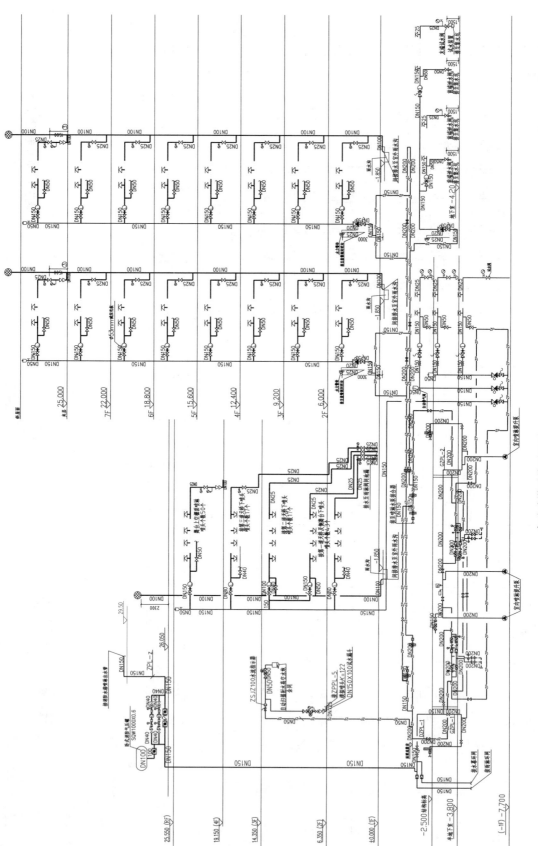

自动喷淋系统原理图

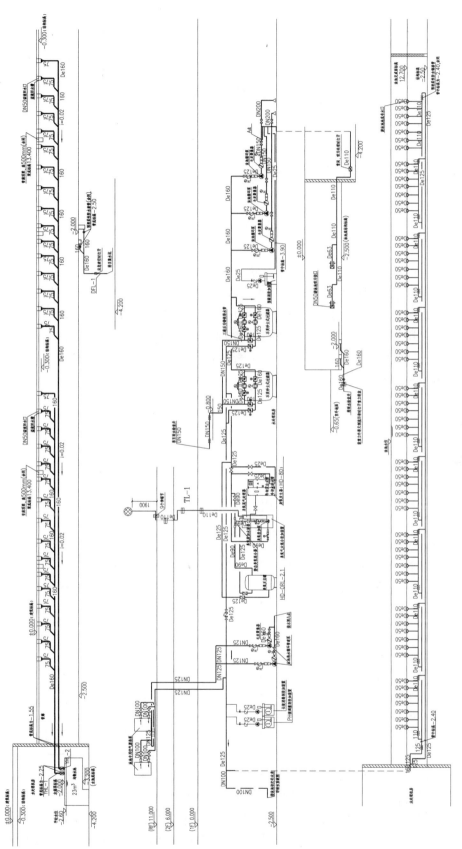

游泳池循环水管道展开系统原理图

福晟·钱隆广场

设计单位： 上海建筑设计研究院有限公司

设 计 人： 陆文慊　倪轶炯　倪志钦　朱建荣　王湧

获奖情况： 公共建筑类　二等奖

工程概况：

建设地点：福州市滨江北岸中央商务中心区 B9 地块。

本工程地下 3 层，局部地下一层设有夹层，地上 2 层和 50 层，总建筑面积 152510m²。工程包括 1 栋 50 层甲级办公楼（一层～三层为集中商业，四层～五十层为办公），1 栋 2 层商业裙房；3 层地下室主要布置地下停车库、设备用房和管理用房。地下三层设平战结合，战时为常六级、核六级二等人员掩蔽工程。

主楼：50 层，建筑高度为 228.35m（至女儿墙顶），屋顶构架高度为 250m（至屋顶构架）；附楼：2 层，建筑高度为 19.5m（至女儿墙顶）。

工程说明：

一、给水排水系统

（一）给水系统

（1）本项目最高日用水量 794.54m³/d，最大时用水量 92.48m³/h，具体见表 1。

项目最大日用水量计算表　　　　　　　　　　　　表 1

用水名称	用水单位数	用水量标准	日用水时间 (h)	小时变化系数	最高日用水量 (m³/d)	最大时用水量 (m³/h)
办公	10000 人	50L/(人·d)	10	1.20	500.00	60.00
商场	5300m²	8L/(m²·d)	12	1.20	42.40	4.24
空调补水量			12		144.00	12.00
车库冲洗	20000m²	2L/(m²·d)	6	1.00	40.00	6.67
绿化浇灌	3000m²	3L/(m²·d)	4	1.00	9.00	2.25
未预见水量	按日用水量的 10%				59.14	7.32
总用水量					794.54	92.48

（2）水源为市政自来水，由道路市政管网引一根 DN200 给水管，供本项目使用。

（3）地下室至三层由市政管网直接供水。三层以上采用水池-水泵-水箱供水。

（4）地下室泵房内设 150m³ 不锈钢水箱一个、十三层水箱供水泵 2 台（1 用 1 备）、二十六层水箱供水泵 2 台（1 用 1 备）；十三层水箱间设 20m³ 不锈钢水箱一个；二十六层泵房内设 90m³ 不锈钢水箱一个、三十八层水箱供水泵 2 台（1 用 1 备）、屋顶水箱供水泵 2 台（1 用 1 备）；三十八层水箱间设 30m³ 不锈钢水箱一个；屋顶水箱间设 35m³ 不锈钢水箱一个和补压泵 2 台（1 用 1 备）并配气压罐。所有生活水箱设微电解消毒。

（5）给水系统竖向分区保证每个分区最低卫生器具配水点处的静水压力不大于 0.45MPa。当压力超过 0.45MPa 时，采用减压阀分区供水。分区低层部分给水压力超过 0.20MPa 时，采用支管减压。

（6）管材：给水管采用薄壁不锈钢管，环压连接，但水泵房内管道采用法兰连接。

（二）排水系统

（1）室内污、废分流，室外雨、污分流。污水经化粪池处理后排入市政污水管网。

（2）排水设专用通气立管。

（3）屋面雨水设计重现期为 10 年，雨水立管和溢流设施总排水能力设计重现期为 50 年。屋面采用 87 型重力流雨水系统。下沉式广场的雨水设计重现期为 50 年，设雨水集水井—潜水泵加压排出。

（4）室外场地雨水设计重现期为 3 年，雨水排入市政雨水管网。

（5）管材：室内排水管采用柔性抗震承插式排水铸铁管，RC 型接口连接。室内雨水管采用钢塑复合管，沟槽连接。压力排水管采用钢塑复合管。

（三）雨水收集回用系统

（1）项目部分雨水收集于雨水收集池，经处理达标后供绿化浇灌和路面浇洒等杂用水。出水水质满足《城市污水再生利用 城市杂用水水质》GB/T 18920—2002。

（2）地下室设雨水处理设施，工艺为全自动雨水膜处理装置＋消毒。雨水初期径流弃流采用 4mm 厚度。

（3）处理后的雨水贮于清水池，采用变频泵供至用水点。

（4）雨水供水管与生活饮用水管严格分开，供水管上不装取水龙头，并采取下列防止误接、误用、误饮措施：1）供水管外壁涂特别的颜色；2）取水口设锁具和专门开启工具；3）水池、阀门、水表、给水栓、取水口均有明显的"雨水"标识。

（5）管材：雨水回用水管采用钢塑复合管。

二、消防系统

（一）消防系统概述

（1）本工程设有室外消火栓系统、室内消火栓系统、喷淋系统、水喷雾灭火系统、气体灭火系统和移动式灭火器。本工程同一时间内的火灾次数为 1 次。

（2）消防水量：

室外消火栓用水量为 30L/s；火灾延续时间 3h。

室内消火栓用水量为 40L/s；火灾延续时间 3h。

喷淋用水量为 40L/s；火灾延续时间 1h。

（3）消防水池和屋顶消防水箱设计

室外消防水池设置在地下一层，贮水量见表 2。

室外消防水池贮水量　　　　　　　　　　　　　　　　　　　　　　表 2

系统	用水量（L/s）	火灾延续时间（h）	贮水量（m³）
室外消火栓系统	30	3	324

室内消防水池设置在地下二层，贮水量见表 3。

室内消防水池贮水量 表3

系统	用水量(L/s)	火灾延续时间(h)	贮水量(m³)
室内消火栓系统	40	3	432
喷淋系统	40	1	144
合计			576

屋顶设 18m³ 高位消防水箱，二十六层避难层设 60m³ 消防转输水箱。

(二) 消火栓系统

(1) 室内消火栓系统采用临时高压系统，在消防泵房内设低区消火栓加压泵 2 台（1 用 1 备）、消火栓转输泵 2 台（1 用 1 备），从消防水池吸水。在二十六层避难层设高区消火栓加压泵 2 台（1 用 1 备），从消防转输水箱吸水。为保证室内消火栓系统静压不超过 1.0MPa，采用减压阀对消火栓系统进行竖向分区。

(2) 每层均设室内消火栓保护，消火栓设置间距保证同一平面有 2 支消防水枪的 2 股充实水柱同时到达任何部位且不超过 30m，消火栓水枪的充实水柱为 13m。

(3) 消火栓箱采用带灭火器薄型单栓带消防卷盘组合式消防柜，室内消火栓栓口中心离地 1.10m，消火栓箱内设 DN65 消火栓一只、DN19 消防卷盘一套、DN65×25m 衬胶水龙带一根。箱内设消防软管卷盘，并设启动消防泵按钮一只（双触点）。

(4) 在屋顶和二十六层避难层分别设置消火栓系统补压装置。

(5) 在室外设 6 套 DN100 地上式水泵接合器。

(三) 喷淋系统

(1) 本工程所有非电气房间均设喷淋系统，喷淋系统参数见表4。

喷淋系统参数 表4

部位	危险等级	喷水强度[L/(min·m²)]	作用面积(m²)
地上部分	中危险Ⅰ级	6	160
地下车库	中危险Ⅱ级	8	160

(2) 喷淋系统采用临时高压系统，在消防泵房内设低区喷淋加压泵 2 台（1 用 1 备）、喷淋转输泵 2 台（1 用 1 备），从消防水池吸水。在二十六层避难层设高区喷淋加压泵 2 台（1 用 1 备），从消防转输水箱吸水。

(3) 一般喷头采用 68℃ 玻璃球喷头。闷顶的净距大于 0.8m，且内有可燃物或敷设有普通电线、电缆时，闷顶内设置喷头。全楼商业（含营业厅）、门厅、大堂、中庭（含中庭回廊）等部位的喷头均采用快速响应喷头。二十六层及二十六层以上所有使用喷淋部位的喷头也采用快速响应喷头。

(4) 每组湿式报警阀控制的喷头数不大于 800 个。管道最高部位设自动排气阀。湿式报警阀组前喷淋供水管设成环状管道。

(5) 每层或每个防火分区均设水流指示器，其前设置信号阀，信号均在消防控制中心显示。

(6) 每个报警阀组的最不利点处设末端试水装置，每层或每个防火分区最不利点喷头处均设试水阀。水流指示器后的最低处设泄水阀。

(7) 在屋顶和二十六层避难层分别设置喷淋系统补压装置。

(8) 在室外设 5 套 DN100 地上式水泵接合器。

(9) 柴油发动机房采用水喷雾灭火系统，其加压泵与喷淋系统加压泵合用。

(四) 气体灭火系统

(1) 在变配电间（变电所）内设七氟丙烷自动灭火系统。变配电间（变电所）灭火设计浓度 9%，设计喷放时间不大于 10s。根据保护区体积采用管网式和预制无管网式。

（2）同一防护区内的预制灭火系统装置多于 1 台时，必须同时启动，其动作响应时间差不得大于 2s。

（3）七氟丙烷灭火防护区均设置泄压口，并位于防护区净高的 2/3 以上。防护区均设机械排风装置，换气次数不少于 5 次/h。

三、工程特点介绍

（1）给水在避难层设中间生活水箱和生活水泵，分区供水，节约能源。

本工程供水以重力水箱供水为主，为减少减压阀分区数量，借助避难区分布 4 个供水水箱分区供水，一方面控制了压力稳定，另一方面也节约了能源消耗。

（2）消防系统在避难层设转输消防水箱和消防水泵，确保消防供水安全和控制管网承压。

本工程在 2011 年开展设计时，《消防给水及消火栓系统技术规范》GB 50974—2014 尚未实施，但在设计时已注意控制管网压力，除了设置常规的转输水箱串联供水外，系统还通过水锤消除器、泄压阀、局部放大管径等措施，控制水泵扬程及工作压力，尽可能减小管网的最大工作压力，确保超高层消防管网安全。

（3）设雨水收集回用系统，供绿化浇灌等使用，节约水资源。

四、工程照片及附图

工程实景（夜景）

工程实景（日间）

工程实景（鸟瞰）

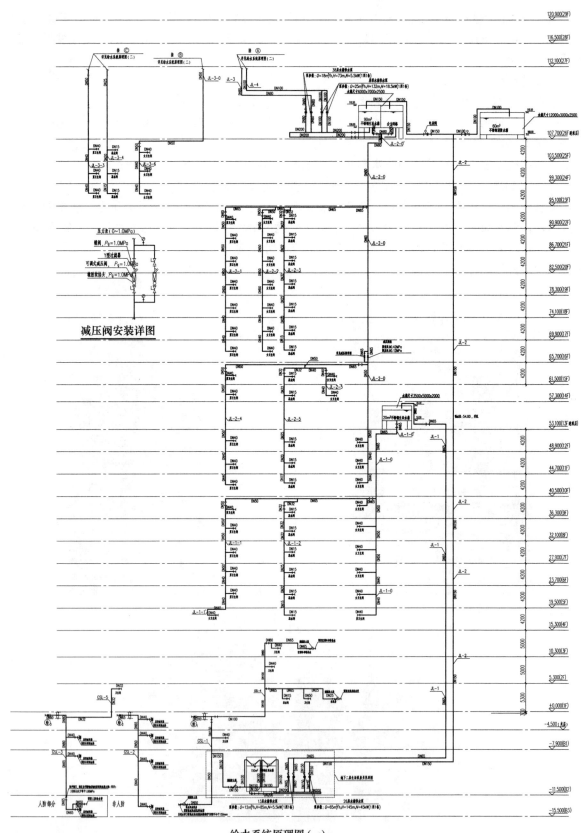

减压阀安装详图

给水系统原理图 (一)

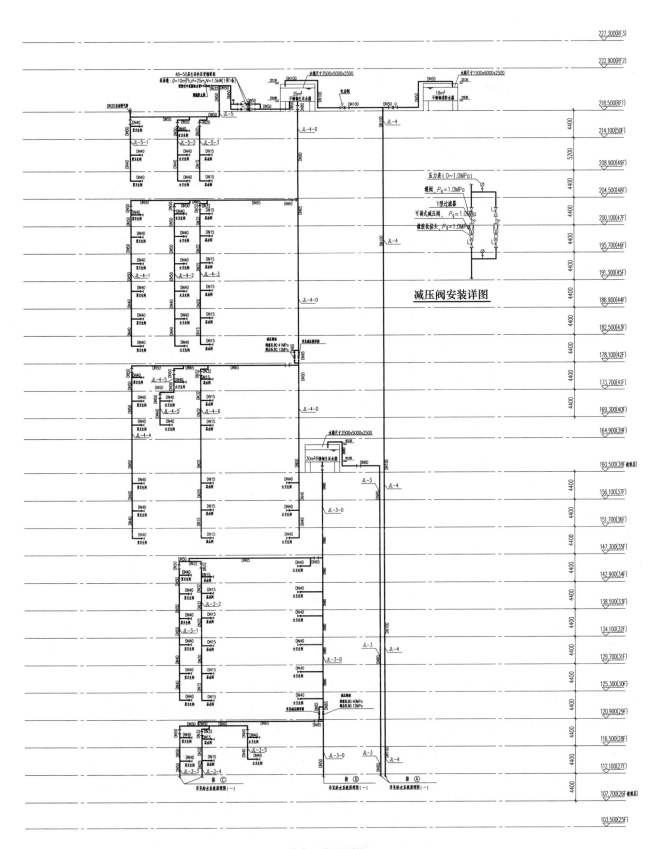

给水系统原理图(二)

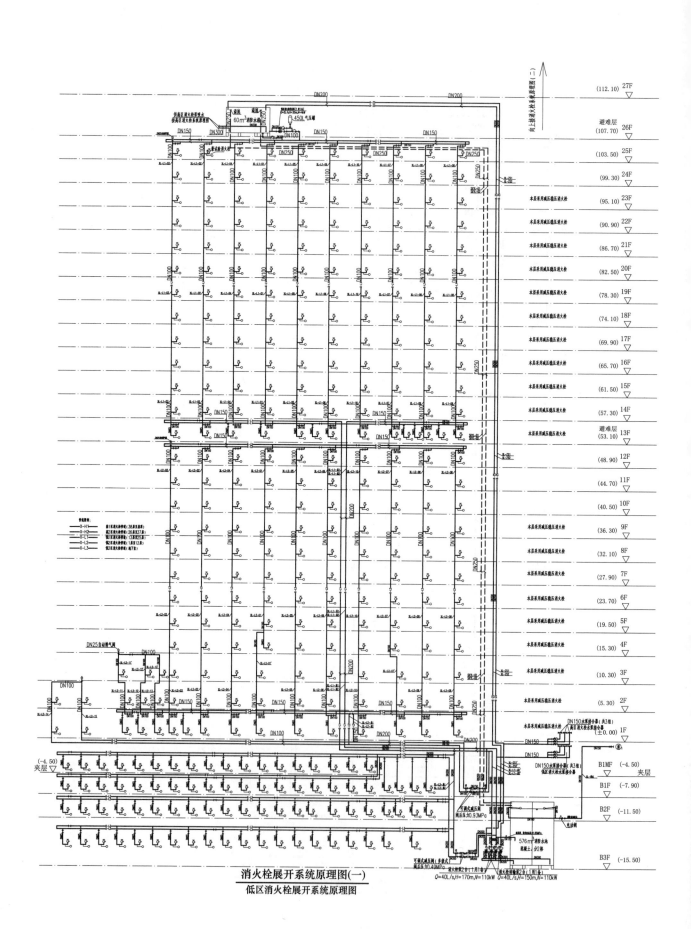

消火栓展开系统原理图(一)

低区消火栓展开系统原理图

屋面构架

DN25自动排气阀

试验消火栓

450L 气压罐

高区消火栓转压泵(1用1备)
$Q=5L/s,H=30m,N=4kW$

18m³消防水箱

DN150   DN150

(218.50) 屋面层

(214.10) 50F

本层采用减压稳压消火栓   (208.90) 49F

本层采用减压稳压消火栓   (204.50) 48F

本层采用减压稳压消火栓   (200.10) 47F

本层采用减压稳压消火栓   (195.70) 46F

本层采用减压稳压消火栓   (191.30) 45F

本层采用减压稳压消火栓   (186.90) 44F

本层采用减压稳压消火栓   (182.50) 43F

本层采用减压稳压消火栓   (178.10) 42F

本层采用减压稳压消火栓   (173.70) 41F

本层采用减压稳压消火栓   (169.30) 40F

本层采用减压稳压消火栓   (164.90) 39F

DN150   DN150   DN150

本层采用减压稳压消火栓   避难层
(160.50) 38F

DN150

(156.10) 37F

(151.70) 36F

(147.30) 35F

(142.90) 34F

(138.50) 33F

本层采用减压稳压消火栓   (134.10) 32F

本层采用减压稳压消火栓   (129.70) 31F

本层采用减压稳压消火栓   (125.30) 30F

本层采用减压稳压消火栓   (120.90) 29F

本层采用减压稳压消火栓   (116.50) 28F

DN150   DN150   DN100   DN100

本层采用减压稳压消火栓   (112.10) 27F

图例说明:
X-H1   高1区消火栓管道(38层泵房层)
X-H2   配2区消火栓管道(26层至37层)
X-L1   低1区消火栓管道(13层至25层)
X-L2   低2区消火栓管道(1层至12层)
X-L3   低压区消火栓管道(地下室)

DN150   DN150   DN200

DN150

可调式减压阀
阀后压力0.8MPa

高区消火栓加压泵2台(1用1备)
$Q=40L/s,H=165m,N=110kW$

从26层消防水箱供水
接低区消火栓系统展开图
过滤阀,设定进水压力1.80MPa

南下接消火栓系统展开图(一)

消火栓展开系统原理图(二)
高区消火栓展开系统原理图

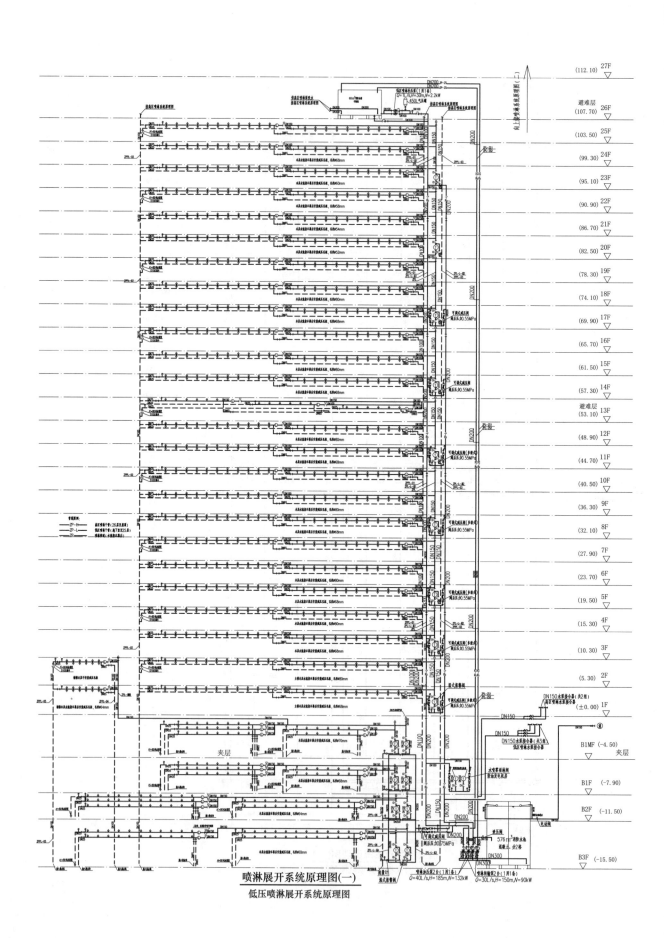

喷淋展开系统原理图(一)
低压喷淋展开系统原理图

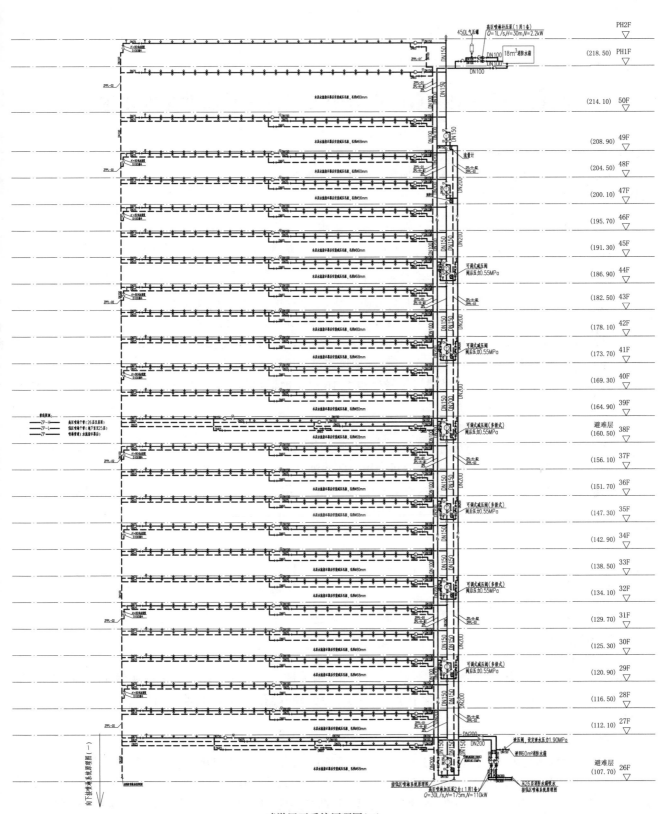

喷淋展开系统原理图(二)
高区喷淋展开系统原理图

北京市石景山区京西商务中心（西区）商业金融用地

设计单位：中国建筑设计研究院有限公司
设 计 人：张源远 李俊磊 赵伟薇 安明阳 苏兆征 匡杰
获奖情况：公共建筑类 二等奖

工程概况：

位置：本工程位于石景山区西长安街延长线上。

建筑功能或用途：5号楼地下二层～十层为酒店；1～4号楼、6～9号楼地下为车库，地上为商业、办公。其中1～4号楼属于1611-602地块（一期），5～9号楼属于1611-008地块（二期）。

总建筑面积36.8万 m^2，其中1611-602地块13.8万 m^2，1611-008地块23万 m^2。

1611-602地块建筑高度：77.05m；1611-008地块建筑高度：99.5m。

1号楼与3号楼地上13层，2号楼与4号楼地上16层，地下均为3层；5号楼地上24层，6号楼地上16层，7～9号楼地上31层，地下3层。

防火类别：一类高层建筑，耐火等级一级。

1611-008地块（二期）办公及商业与1611-602地块（一期）合用消防加压系统；1611-008地块（二期）5号楼酒店区域设置独立消防系统，与本项目合用消防水池。

5号楼酒店区域设置独立的生活给水系统及中水系统，生活水泵房及中水泵房设置于酒店区域地下二层。本地块除酒店区域外其他区域合用给水系统及中水系统。酒店区域设置热水系统、冷却循环水系统及泳池循环水系统。

工程说明：

一、给水排水系统

（一）给水系统

1. 生活用水量

1611-602地块最高日用水量1129.2 m^3/d，最大时用水量215 m^3/h。1611-008地块酒店最高日用水量440 m^3/d，最大时用水量51 m^3/h（不含中水）；1611-008地块除酒店以外的其他区域最高日用水量1023 m^3/d，最大时用水量108 m^3/h（不含中水）。

2. 水源

供水水源为城市自来水。其中1611-602地块从用地西侧古城二号路 $DN500$ 给水管和南侧古城南一路 $DN300$ 给水管各接出一根 $DN200$ 引入管进入用地红线，经总水表和倒流防止器后在红线内形成室外给水环状管网，环管管径 $DN200$。1611-008地块从用地西侧古城二号路 $DN500$ 给水管分别接出两根 $DN250$ 引入管进入用地红线，经总水表和倒流防止器后在红线内形成室外给水环状管网，环管管径 $DN250$。各单体建筑的引入管从室外给水环管上接出。市政供水压力为0.20MPa。

3. 系统竖向分区

采用竖向分区供水，二次加压采用水箱＋变频加压设备供水方式。

1611-602 地块设置二次加压供水设备 2 套，分别为中区部位和高区部位供水。

1 区：室外用水和地下室～二层，由市政给水管直接供水；

2 区：三层～十层，由水箱＋2 区变频泵组直接供水；

3 区：十一层～十七层，由水箱＋3 区变频泵组直接供水。

1611-008 地块 5 号楼酒店区域设置二次加压供水设备 1 套，为酒店高区部位供水。

1 区：室外用水和地下室～二层，由市政给水管直接供水；

2 区：三层～十层，由水箱＋2 区变频泵组直接供水。

除酒店区域外，1611-008 地块其他办公楼设置二次加压供水设备 3 套，分别为 2 区部位、3 区部位和 4 区部位供水。

1 区：室外用水和地下室～二层，由市政给水管直接供水；

2 区：三层～十一层，由水箱＋2 区变频泵组供水；

3 区：十二层～二十一层，由水箱＋3 区变频泵组供水；

4 区：二十二层～三十一层，由水箱＋4 区变频泵组供水。

4. 给水加压设备

1611-602 地块：2 区由 3 台主泵（2 用 1 备）、一台小泵和隔膜气压罐组成，3 区由 2 台主泵（1 用 1 备）和隔膜气压罐组成。设置水箱两座，位于地下一层水泵房内，材质为 S30408 食品级不锈钢，水箱总有效容积为 100m³，占二次加压供水部分设计日用水量的 25%。

1611-008 地块：酒店区域高区由 3 台主泵（2 用 1 备）和隔膜气压罐组成。除酒店区域外，1611-008 地块其他区域 1 区由 3 台主泵（2 用 1 备）和隔膜气压罐组成，2 区由 3 台主泵（2 用 1 备）和隔膜气压罐组成，3 区由 3 台主泵（2 用 1 备）和隔膜气压罐组成，4 区由 3 台主泵（2 用 1 备）和隔膜气压罐组成。5 号楼办公区域、6～9 号楼办公区域共设置水箱两个，位于地下一层水泵房内，材质为 S30408 食品级不锈钢，总有效容积为 120m³，占二次加压供水部分设计日用水量的 25%。5 号楼酒店设置水箱两个，位于地下一层水泵房内，材质为 S30408 食品级不锈钢，总有效容积为 120m³，占二次加压供水部分设计日用水量的 25%（水箱容积无酒管公司要求。）

泵组的运行由水泵出口处的压力控制，设定工作压力值（恒压值）详见给水系统图。泵组全套设备及控制部分均由厂商配套提供。水箱设紫外线消毒器等消毒设备，进行二次供水消毒，保证水质。

5. 管材

干管和立管采用衬塑钢管，可锻铸铁衬塑管件，管径≤DN65 者螺纹连接，管径≥DN80 者沟槽连接。支管采用无规共聚聚丙烯（PP-R）塑料管，热熔连接。

（二）热水系统

1. 热水用水量

最高日热水用水量（60℃）163m³/d，设计小时热水量（60℃）18m³/h，冷水计算温度 10℃。设计小时耗热量 1800kW（不含泳池耗热量）。泳池初次加热耗热量为 310kW，循环耗热量为 110kW。各分区设计耗热量见表 1。

2. 热源

热源由热电厂余热提供，全年供热。热网检修时，由自备燃气锅炉提供热源。

3. 系统竖向分区及冷、热水压力平衡措施

热水系统供水分区和供水方式同给水系统，各区压力源来自于给水系统压力。

各分区设计耗热量   表1

热交换所处位置	分区	服务区域	最大时用水量（m³/h）	设计小时耗热量（kW）	循环流量（m³/h）	冷水水源压力（MPa）	备注
地下二层	低区	地下二层～二层	13	1100	15	0.18	
地下二层	高区	三层～十层	10	700	10	0.84	
游泳池机房		地下一层泳池		310（初次）	110（平时）		

4. 热交换器

热水换热机房设置在地下二层换热站，由热力公司设计，要求各分区均设2台半容积式换热器，出水温度60℃。由安装在水加热器热媒管道上的自力温度控制阀自动调节控制。

5. 生活热水循环

本系统全日供应热水，采用机械循环，循环泵由回水管道上的温度传感器自动控制启停，温度传感器设于循环泵附近吸水管上，启、停温度为50℃和55℃。

6. 水质处理

水加热器的给水经软化处理，处理水量为20m³/h，具体处理方式由热力公司设计。

7. 安全措施

（1）各系统均设膨胀罐，吸纳部分热水膨胀超压。

（2）热水系统的膨胀超压，通过设置在加热器罐体上的安全阀排除。

8. 管材

（1）干管和立管采用衬塑钢管，可锻铸铁衬塑管件，管径≤DN65者螺纹连接，管径≥DN80者沟槽连接。热水管内衬塑材料应为热水型。

（2）支管采用无规共聚聚丙烯（PP-R）塑料管，热熔连接。冷水PP-R管道的管系列为S4。热水PP-R管道的管系列为S2.5。

（三）中水系统

（1）中水用途为室内冲厕、室外绿化灌溉、道路浇洒、洗车用水、景观用水等。1611-602地块最高日中水用水量255m³/d，最大时中水用水量30m³/h（不含冷却塔补水量）。1611-008地块酒店最高日中水用水量50m³/d，最大时中水用水量5m³/h；1611-008地块除酒店以外的其他区域最高日中水用水量455m³/d，最大时中水用水量55m³/h。

水源为市政中水。1611-602地块拟从用地西侧古城南一路DN200中水管接出一根DN100引入管进入用地红线；1611-008地块拟从用地西侧古城南一路DN200中水管接出一根DN150引入管进入用地红线；经总水表后在红线内形成室外中水供水管道，各单体建筑的引入管从室外中水管上接出。市政供水压力为0.2MPa。

（2）系统分区：采用竖向分区供水，二次加压采用水箱＋变频加压设备供水方式。

1611-602地块：设置二次加压供水设备2套，分别为中区部位和高区部位供水。

1区：室外用水和地下室～二层，由市政给水管直接供水；

2区：三层～十层，由水箱＋变频泵组直接供水；

3区：十一层～十七层，由水箱＋变频泵组直接供水。

1611-008地块：5号楼酒店区域设置二次加压供水设备1套，为酒店高区部位供水。

1区：室外用水和地下室～二层，由市政给水管直接供水；

2区：三层～十层，由水箱＋变频泵组直接供水。

除酒店区域外，1611-008 地块其他办公楼设置二次加压供水设备 3 套，分别为 2 区部位、3 区部位和 4 区部位供水。

1 区：室外用水和地下室～二层，由市政给水管直接供水；

2 区：三层～十一层，由水箱＋变频泵组供水；

3 区：十二层～二十一层，由水箱＋变频泵组供水；

4 区：二十二层～三十一层，由水箱＋变频泵组供水。

（3）中水管道与饮用水管道用水设备要严格隔离，并符合下列要求：

1）管道表面应涂成浅绿色，塑料管道颜色应为浅绿色。管道上写永久性标识"中水"。

2）水池（箱）、阀门、水表及给水栓应设明显的"中水"标识。

3）地面冲洗给水栓口、绿化取水口应设带锁装置。

4）工程验收时应逐段检查、防止误接。

（4）管材：中水全部管道均采用衬塑钢管，可锻铸铁衬塑管件，管径≤DN65 者螺纹连接，管径≥DN80 者沟槽连接。支管采用无规共聚聚丙烯（PP-R）塑料管，热熔连接。

（四）排水系统

（1）排水系统的形式

1）室内污、废水合流排到室外污水管道。经化粪池简单处理后排入城市污水管网。

2）厨房洗肉池、炒锅灶台、洗碗机（池）等排水均应设器具隔油器，厨房污水采用明沟收集，明沟设在楼板上的垫层内，厨房设施排水管均敷设在垫层内接入排水沟，排水管道排至地下二层隔油池，经处理后排至室外污水管道。

（2）室内污、废水系统：地面层（±0.00m）以上为重力自流排水，地面层（±0.00m）以下排入地下室底层污、废水集水坑，经潜水排水泵提升排水。

（3）通气系统：根据排水流量，卫生间排水管设置专用通气立管，辅以环形通气管。卫生间污水集水泵坑设通气管与通气系统相连。厨房油水分离器和集水泵坑通气管单独接出屋面。

（4）污水集水泵坑中设带自动耦合装置的潜水泵 2 台，1 用 1 备，互为备用。潜水泵由集水泵坑水位自动控制，当坑内水位上升至高水位时，一台潜水泵工作；当水位下降至低水位时，此台潜水泵停止工作，当达到报警水位时，两台潜水泵同时启动，并向中控室发出声光报警。承接卫生间污水和厨房污水的潜水泵采用带切割无堵塞自动搅匀污水潜污泵；其他废水泵坑内的潜水泵采用自动搅匀无堵塞大通道潜水泵。泵体均配冲洗阀。

（5）管材：污废水管、通气管采用柔性接口机制排水铸铁管，平口对接、橡胶圈密封，不锈钢卡箍卡紧。潜水泵排出管采用热镀锌钢管，沟槽式连接。与潜水泵连接的管段均采用法兰连接。

二、消防系统

（一）消火栓系统

1. 设计用水量

本工程按同一时间 1 次火灾考虑，消防用水量标准和一次灭火用水量见表 2。

消防用水量标准和一次灭火用水量　　　　　　　　　　　　　　表 2

消防系统	用水量标准（L/s）	火灾延续时间（h）	一次灭火用水量（m³）	水源
室外消火栓系统	40	3	432	
室内消火栓系统	40	3	432	消防水池贮水
自动喷水灭火系统	40	1	144	

续表

消防系统	用水量标准(L/s)	火灾延续时间(h)	一次灭火用水量(m³)	水源
一次灭火总用水量	120		1008[①]	
消防贮水量			576[②]	

① 一次灭火总用水量为设计同时作用的室内外消火栓系统、自动喷水灭火系统用水量之和。

② 消防贮水量为室内消火栓系统、自动喷水灭火系统用水量之和。

2. 水源

(1) 消防水源为城市自来水。1611-602 地块从古城二号路和古城南路的市政给水管道上各接入一根 $DN200$ 给水引入管，在红线内构成环状供水管网。1611-008 地块从古城二号路的市政给水管道上各接入两根 $DN250$ 给水引入管，在红线内构成环状供水管网。市政供水压力为 0.20MPa。

(2) 室内消防用水总量 576m³，全部贮存于地下一层消防水池，消防水池有效容积大于 576m³。

3. 室外消火栓系统

(1) 室外消火栓给水管网围绕建筑形成环状。

(2) 室外消火栓系统为低压给水系统。

(3) 室外消火栓用水由城市自来水直接供给，与生活给水共用室外供水环管。

4. 室内消火栓系统

(1) 室内消火栓系统为临时高压给水系统，5 号楼酒店区域系统平时系统压力由 5 号楼酒店屋顶消防水箱和增压稳压装置维持。1611-602 地块与 1611-008 地块办公及商业系统平时系统压力由 7 号楼屋顶消防水箱和增压稳压装置维持。

(2) 5 号楼酒店区域设置独立消防加压系统，与整个项目合用消防水池。酒店室内消火栓系统竖向为一个区，用 1 组消防泵供水；1611-008 地块其他建筑与 1611-602 地块合用室内消火栓加压系统，竖向分为两个区，用 1 组消防泵供水。供水压力及分区详见消火栓系统图。

(3) 消火栓：地下车库采用挂式消火栓箱，其他部位均采用带灭火器箱组合式消防柜，箱体材料和箱内配置见设备器材表。

(4) 水泵接合器：室内消火栓用水量 40L/s，两个地块的高区与低区均设 4 套 $DN150$ 水泵接合器，分设在各楼附近。水泵接合器与地下一层的 1 区消火栓干管连接，均位于室外消火栓 15～40m 范围内，供消防车向室内消火栓系统补水用。

(5) 系统控制和信号

1) 5 号楼酒店区域及办公商业区域消火栓加压泵各设置 2 台（设置于 1611-602 地块地下一层消防泵房内），均为 1 用 1 备，备用泵能自动切换投入工作；消防水泵控制柜在平时应使消防水泵处于自动启泵状态；消防水泵不应设置自动停泵的控制功能，停泵应由具有管理权限的工作人员根据火灾扑救情况确定；消防水泵应能手动启停和自动启动。

2) 消防水泵应由消防水泵出水干管上设置的压力开关信号直接自动启动（P_2 值详见消火栓系统图），消防泵房内的压力开关宜引入消防水泵控制柜内。

3) 稳压泵应由气压罐上设置的稳压泵自动启停压力开关控制。稳压泵启、停压力 P_{S1}、P_{S2} 详见消火栓系统图。

4) 消火栓箱内的消防按钮作为发出报警信号的开关。

5) 消防控制柜或控制盘应设置专用线路连接的手动直接启泵按钮；消防控制柜或控制盘应能显示消防水泵和稳压泵的运行状态；消防控制柜或控制盘应能显示消防水池、高位消防水箱等水源的高水位、低水位报警信号，以及正常水位；消防水泵启动后，在消火栓处用红色信号灯显示。

6）消防水泵控制柜设置在专用消防水泵控制室时，其防护等级不应低于 IP30；与消防水泵设置在同一空间时，其防护等级不应低于 IP55。

7）消防水泵控制柜应设置机械应急启泵功能，并应保证在控制柜内的控制线路发生故障时由有管理权限的人员在紧急时启动消防水泵。机械应急启动时，应确保消防水泵在报警后 5min 内正常工作。

8）屋顶消防水箱、消防水池应设置就地水位显示装置，并应在消防控制中心或值班室等地点设置显示消防水池水位的装置，同时应有最高和最低报警水位。

9）消防水池、消防水箱水位达到超低和溢流水位时，应向消防中心发出声光警报。

10）消防加压泵启动后，便不能自动停止，消防结束后，手动停泵。

5. 管材

（1）低区消火栓系统采用内外壁热镀锌钢管，高区消火栓系统采用内外壁热镀锌无缝钢管，采用无缝钢管管件。

（2）管径≤DN65 者螺纹连接，管径≥DN80 者沟槽连接。机房内管道采用法兰连接。

（二）自动喷水灭火系统

（1）各部位的危险等级、自动喷水强度和设计流量见表 3。

各部位的危险等级、自动喷水强度和设计流量   表 3

部位	危险等级	喷水强度[L/(min·m²)]/作用面积(m²)	设计流量(L/s)
地下车库、商业	中危险Ⅱ级	8/160	约 28
大于 8m 且小于 12m 高的空间	中危险Ⅰ级	6/260	约 38
其他部位	中危险Ⅰ级	6/160	约 21

火灾延续时间为 1h。系统最不利点喷头工作压力取 0.1MPa。

（2）设计流量为 40L/s，设计用水量 144m³。

（3）设置范围：除游泳池及不能用水扑救的场所外，其余均设有自动喷水灭火系统。

1）所有防火卷帘采用耐火极限≥3h（以背火面温升为判定条件）的复合式防火卷帘，因此在其两侧不设喷头保护。

2）设有吊顶的部位，吊顶上净空高度超过 800mm 者，考虑到其内的电线采取了防火措施（如金属管外套），并且未有其他可燃物（管道保温材料为氧指数≥32 的 B1 级橡塑泡棉），故吊顶内不设喷头。

（4）自动喷水灭火系统分类

1）湿式系统：1611-602 地块用于除地下二层车库以外的各层区域；1611-008 地块用于除地下夹层、地下一层车库及地下二层以外的其他区域。

2）预作用系统：1611-602 地块用于地下二层车库区域；1611-008 地块用于地下夹层、地下一层车库及地下二层区域。

（5）5 号楼酒店区域设置独立消防加压系统，与整个项目合用消防水池。酒店室内自动喷水灭火系统竖向为一个区，用 1 组消防泵供水；其他建筑系统竖向分两个区，用 1 组加压泵供水。供水压力及分区详见自动喷水灭火系统图。

（6）报警阀：1611-602 地块共设 31 个报警阀，设置在地下一层与十四层。1611-008 地块共设 35 个报警阀，设置在地下一层、十八层与二十五层。各报警阀处的最大工作压力均不超过 1.6MPa，负担喷头数不超过 800 个。水力警铃设于报警阀处的通道墙上。报警阀前的管道布置成环状。每个报警阀所负担的最不利喷头处设末端试水装置。

（7）水流指示器：每层每个防火分区均设水流指示器和电触点信号阀，并在靠近管网末端设 DN25 的试水阀。供水动压>0.4MPa的配水管上水流指示器前加减压孔板,设置楼层和孔口直径见自动喷水灭火系统图,孔板前后管段长度不宜小于5倍管段直径。

(8) 自动喷水灭火系统用水量40L/s,两个地块的高区和低区各设4个DN150地下式水泵接合器,分设在建筑两侧,水泵接合器位于室外消火栓15~40m范围内。

(9) 喷头选用

1) 地下车库、库房、机房、夹层及其他无吊顶区域采用直立型喷头。无吊顶部位宽度大于1.2m的风管和排管下采用下垂型喷头。预作用的直立型喷头采用防冻型喷头。

2) 喷头温级:厨房内灶台上部等高温作业区为93℃,厨房内其他地方为79℃,其余均为68℃。

3) 喷头的备用量不应少于建筑物喷头总数的1%。各种类型、各种温级的喷头备用量不得少于10个。

(10) 喷头布置:设计图中所注喷头间距如与其他工种发生矛盾或装修中须改变喷头位置时,必须满足以下要求:

1) 喷头间距按表4控制,且不宜小于2.4m。

喷头间距要求

表4

喷头安装部位	正方形布置的边长(m)	矩形或平行四边形布置的长边边长(m)	喷头与端墙的最大距离(m)	喷头与端墙的最小距离(m)
地下车库、商业	3.4	3.6	1.7	0.1
8~12m高的空间	3.0	3.6	1.5	0.1
其他部位	3.6	4.0	1.8	0.1

2) 喷头距灯具和风口的距离不得小于0.4m。

3) 直立上喷喷头溅水盘与楼板底面的距离不应小于75mm,不得大于150mm。靠近梁边的喷头溅水盘与楼板底面的距离不应大于550mm。

4) 无吊顶区域,在≥1.2m的风管、管束、线槽下增设喷头,管束下的喷头增加面积不小于0.12m²的集热罩。

(11) 湿式自动喷水灭火系统的控制和信号

1) 加压泵2台,1用1备,备用泵能自动切换投入工作;稳压泵2台,1用1备,轮流工作,自动切换,交替运行。消防水泵控制柜在平时应使消防水泵处于自动启泵状态;消防水泵不应设置自动停泵的控制功能,停泵应由具有管理权限的工作人员根据火灾扑救情况确定;消防水泵应能手动启停和自动启动。

2) 稳压泵应由气压罐上设置的稳压泵自动启停压力开关控制。稳压泵启、停压力P_{S1}、P_{S2}详见自动喷水灭火系统图。自动喷水灭火系统加压泵启动后稳压泵停泵,之后由手动恢复控制功能。

3) 报警阀组压力开关直接连锁启动相对应的自动喷水灭火系统加压泵。

4) 消防控制柜或控制盘应设置专用线路连接的手动直接启泵按钮;消防控制柜或控制盘应能显示消防水泵和稳压泵的运行状态;消防控制柜或控制盘应能显示消防水池、高位消防水箱等水源的高水位、低水位报警信号,以及正常水位。

5) 消防水泵控制柜设置在专用消防水泵控制室时,其防护等级不应低于IP30;与消防水泵设置在同一空间时,其防护等级不应低于IP55。

6) 消防水泵控制柜应设置机械应急启泵功能,并应保证在控制柜内的控制线路发生故障时由有管理权限的人员在紧急时启动消防水泵。机械应急启动时,应确保消防水泵在报警后5min内正常工作。

7) 报警阀组、信号阀和各层水流指示器动作信号将显示于消防控制中心。

8) 加压泵启动后,便不能自动停止,消防结束后,手动停泵。

（12）预作用自动喷水灭火系统

1）设计参数见表 3。报警阀后充水时间不大于 2min。

2）系统形式：采用空管预作用系统，与湿式系统共用消防泵组，报警阀后分开。9 套预作用报警阀设于地下一层报警阀室，每套报警阀负担喷头数不大于 800 个。

3）系统控制和信号

① 两路火灾探测器都发出信号后自动开启预作用报警阀上的电磁阀，阀上的压力开关动作自动启动喷淋加压泵。系统转为湿式系统。在喷头动作之前，如消防控制中心确认是误报警，手动停止加压泵，恢复预作用状态。

② 消防控制中心远程手动开启预作用报警阀上的电磁阀。

③ 现场手动打开放水阀使预作用报警阀开启。

（13）管材

低区自动喷水灭火系统采用加厚内外壁热镀锌钢管，高区自动喷水灭火系统采用内外壁热镀锌无缝钢管。管径≤$DN65$ 者丝扣连接；管径≥$DN80$ 者沟槽连接；管径≥$DN50$ 的管道与阀门相接采用法兰连接，沟槽式管接头的工作压力应与管道工作压力相匹配。

（三）气体灭火系统

（1）设置部位：1611-602 地块设置在地下一层总变配电室、3 号变配电室、4 号变配电室。1611-008 地块设置在地下一层总变配电室、酒店变配电室、办公商业变配电室、5 号办公楼变配电室。

（2）系统形式：1611-602 地块总变配电室为独立分配系统，一个防护区；3 号楼、4 号楼变配电室采用预制式装置。1611-008 地块酒店变配电室为组合分配系统；总变配电室、办公商业变配电室、5 号办公楼变配电室采用预制式装置。每个房间为独立的防护区。拟采用七氟丙烷灭火剂。

（3）设计参数：灭火设计浓度 8%，设计喷放时间 8s，灭火浸渍时间 5min。

（4）气体灭火系统待设备招标投标后，由中标人负责深化设计。深化设计严格按照本设计的基本技术条件和《气体灭火系统设计规范》GB 50370—2005 进行。施工安装应符合《气体灭火系统施工及验收规范》GB 50263—2007 的规定，并参见国家标准图集《气体消防系统选用、安装与建筑灭火器配置》07S207。

（5）控制要求：设有自动控制、手动控制、应急操作三种控制方式。有人工作或值班时，设为手动控制方式；无人值班时，设为自动控制方式。自动控制方式、手动控制方式的转换，在防护区内、外的灭火控制器上实现。

1）防护区设两路火灾探测器进行火灾探测；只有在两路火灾探测器同时报警时，系统才能自动动作。

2）自动控制具有灭火时自动关闭门窗、关断空调管道等联动功能。

（6）安全措施：防护区围护结构（含门、窗）强度不小于 1200kPa，防护区直通安全通道的门向外开启。每个防护区均设泄压口，泄压口位于外墙上防护区净高的 2/3 以上。防护区入口应设声光报警器和指示灯。火灾扑灭后，应开窗或打开排风机将残余有害气体排出。穿过有爆炸危险和变配电间的气体灭火管道以及预制式气体灭火装置的金属箱体，应设防静电接地。

三、设计及施工体会或工程特点介绍

该项目为大型综合体项目。

（1）消防是共用消防水池，由于地块面积较大，且分两期施工，当 1611-008 地块（二期）验收使用后，应使用二期地块 7 号楼屋顶消防水箱及稳压设备，并且停止 1611-602 地块 2 号楼临时屋顶消防水箱及稳压设备的使用。5 号楼酒店区域设置独立消防系统。在这种分期施工的情况下，设计人员在设计过程中要更多地考虑一、二期设计的衔接。例如：室内消防用水量为 40L/s，在长距离管道中 $DN150$ 同 $DN200$ 管道的沿程损失相差较大。因此在一期地块消防设计中要考虑到输送到二期的消防干管的管径大小对沿程损失及消防水泵扬程的影响。

（2）项目建筑用地面积较大，且分期建设，本着经济合理及便于管理的原则，两个地块分别在各自地块地下一层设置给水及中水泵房，5号楼酒店区域单独在酒店地下二层设置给水、中水、换热泵房。给水、中水分别采用分级计量，办公、商业、餐饮等分别计量，酒店单独计量。

（3）1611-602地块首层到三层均为单元式商业，对于给水排水的点位预留，由于后期有二次装修的问题，要和建筑专业尽可能详尽沟通，尽量保证预留位置的准确，以免后期过多改动，同时也给施工尽可能准确的指导。

（4）冷却塔均设置在各个楼的屋顶，给水排水专业为结构专业提供荷载及准确的基础位置。由于建筑有外装及造型的要求，而屋顶有造型，那么要考虑冷却塔位置是否受到造型影响，若进风不好会造成冷却效果差。

四、工程照片及附图

5号楼侧立面

6号地沿长安街

7号楼

8号地下沉庭院

地库

消防验收

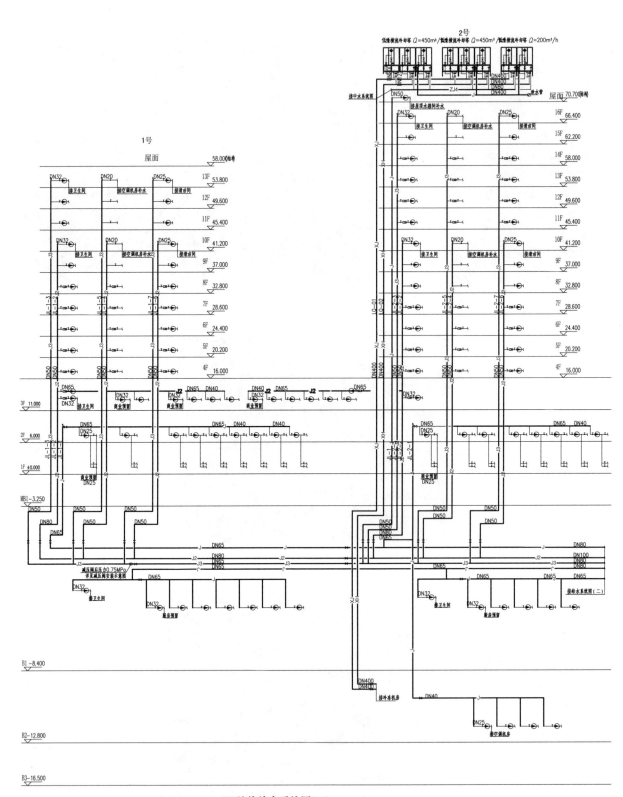

602地块给水系统图(一)

注:支管减压阀后压力小于0.2MPa。

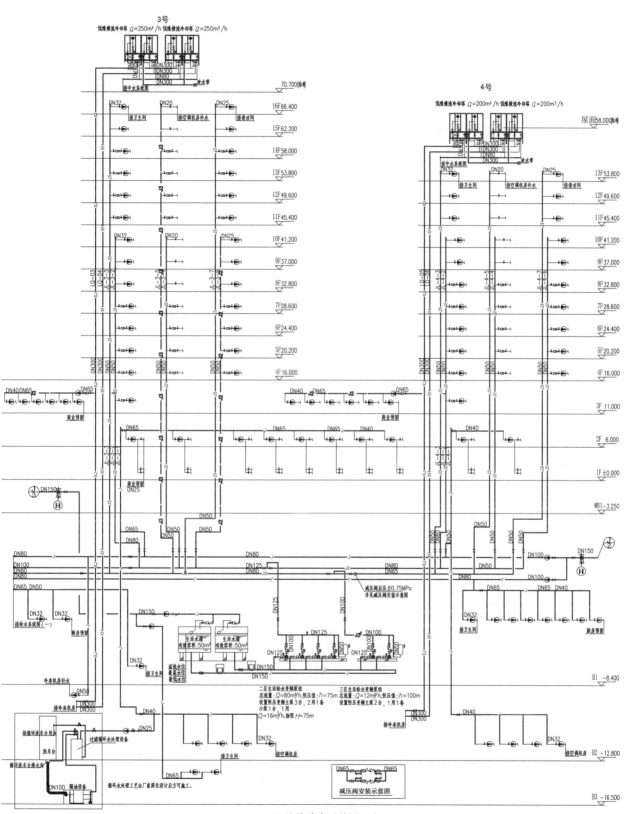

602地块给水系统图(二)

注：支管减压阀后压力小于0.2MPa。

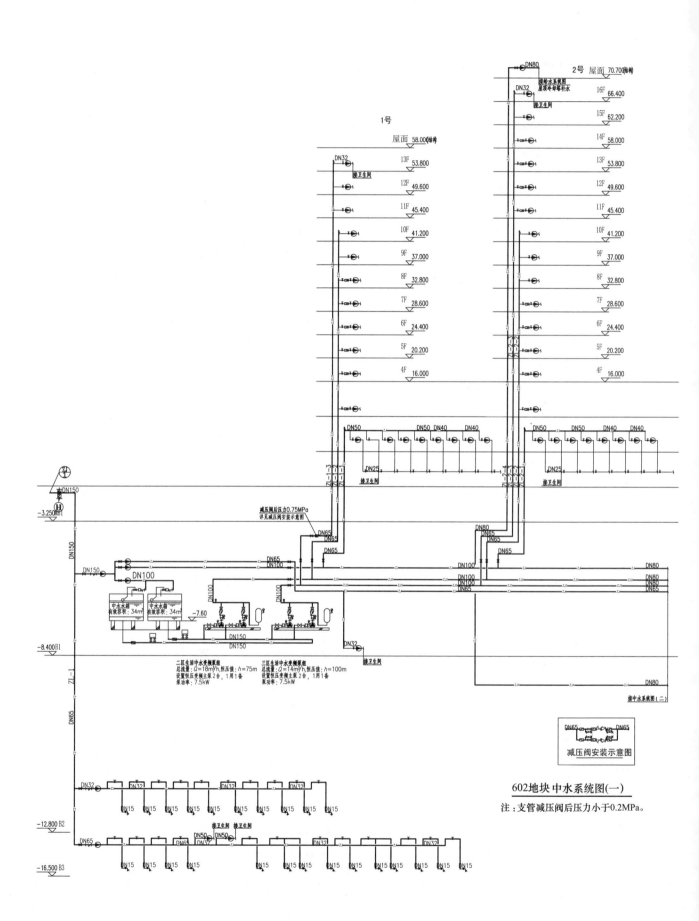

602地块 中水系统图(一)

注：支管减压阀后压力小于0.2MPa。

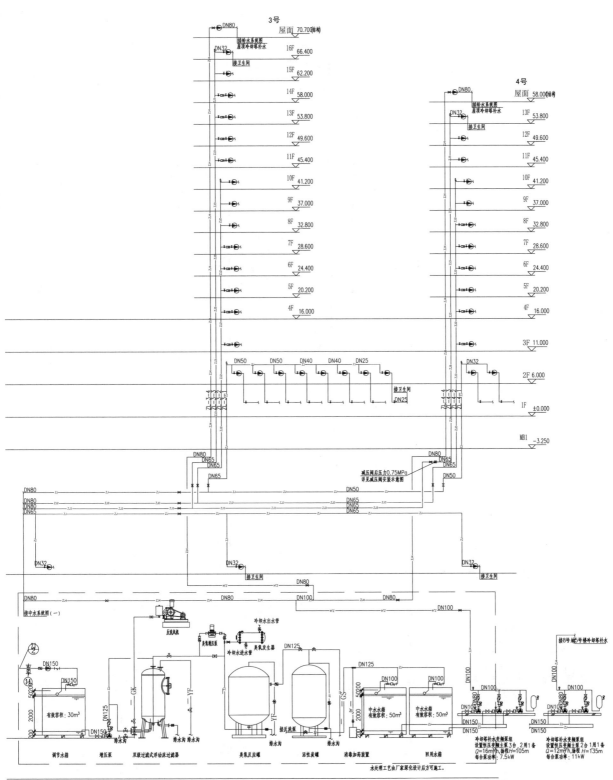

602地块中水系统图(二)

注：支管减压阀后压力小于0.2MPa。

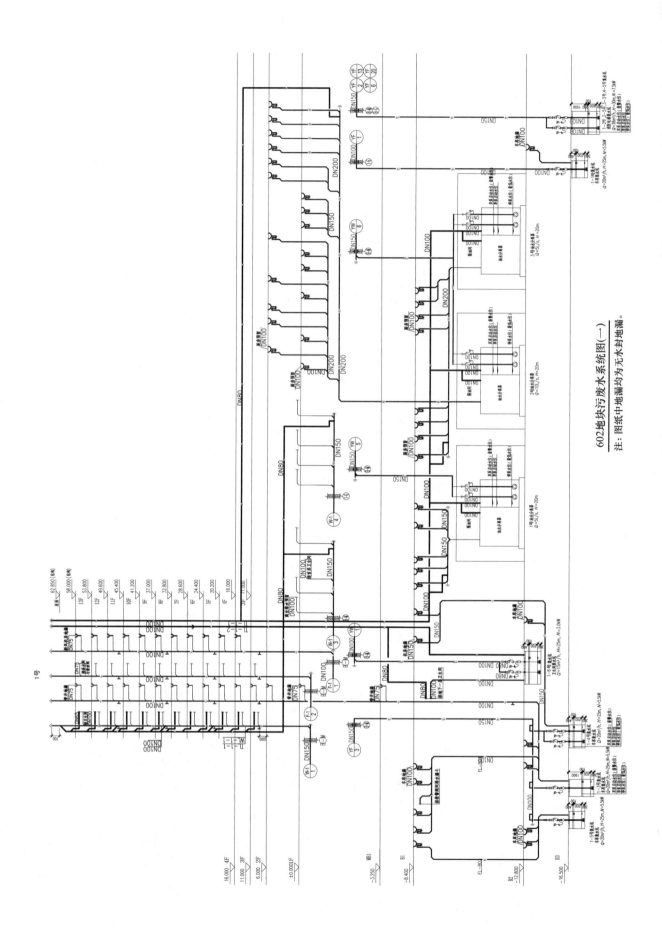

602地块污废水系统图(一)

注:图纸中地漏均为无水封地漏。

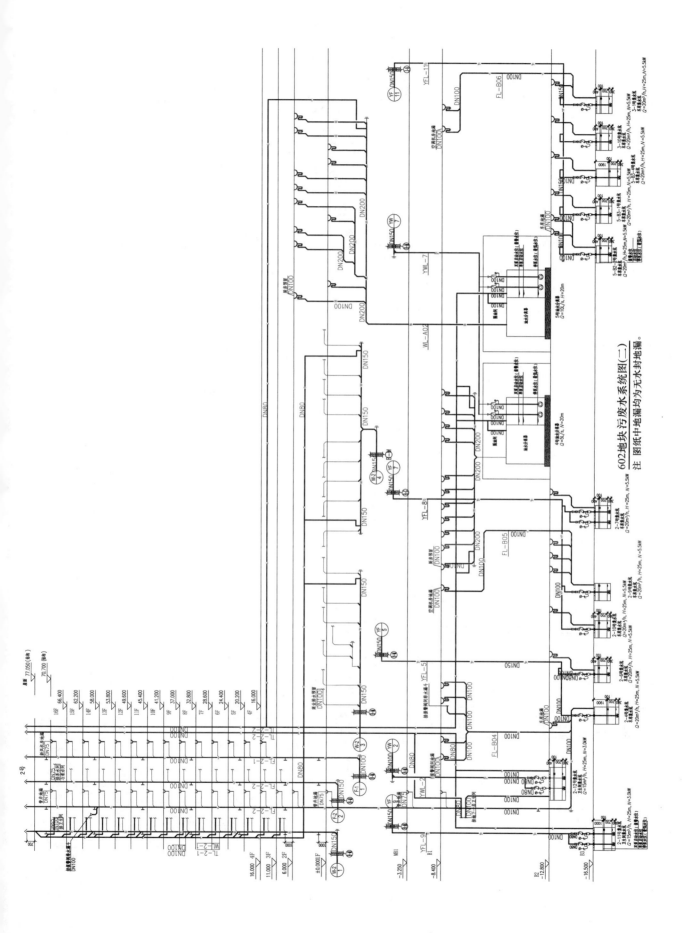

602地块污废水系统图(二)

注 图纸中地漏均为无水封地漏。

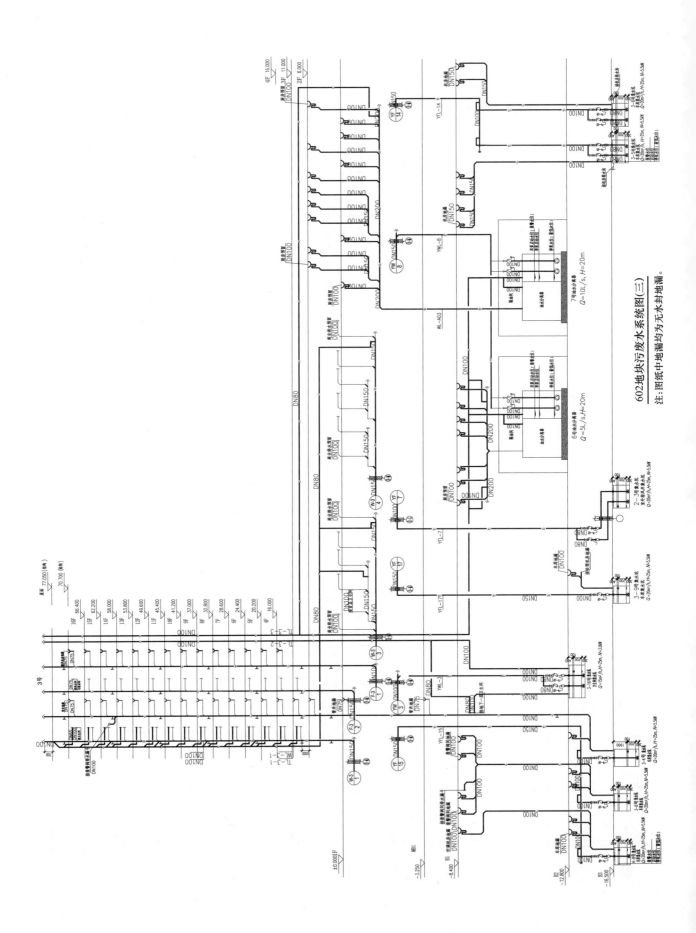

602地块污废水系统图（三）

注：图纸中地漏均为无水封地漏。

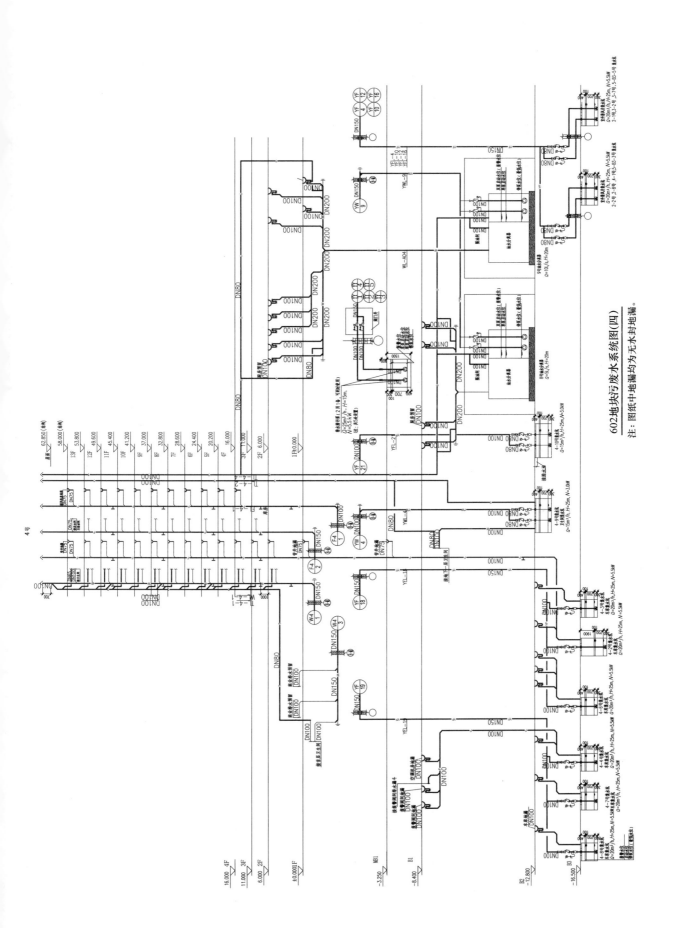

602地块污废水系统图（四）

注：图纸中地漏均为无水封地漏。

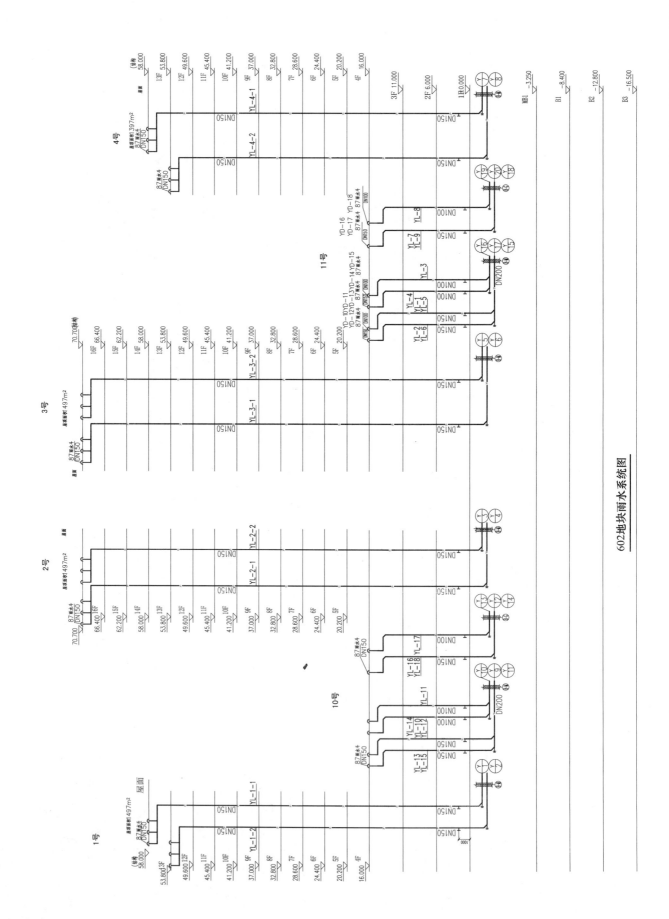

602地块雨水系统图

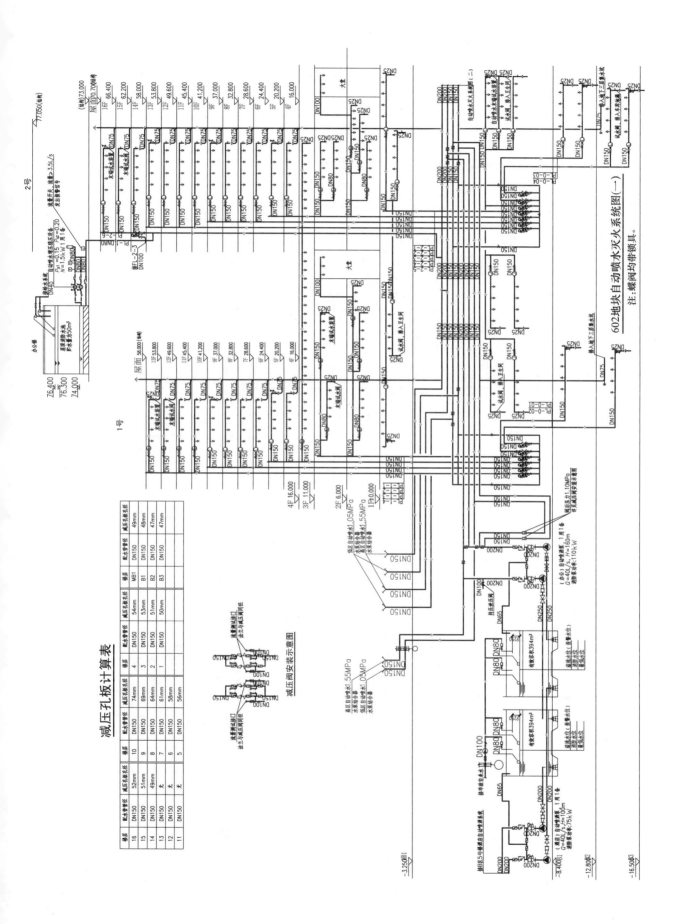

减压孔板计算表

楼层	配水管管径	减压孔板孔径	楼层	配水管管径	减压孔板孔径	楼层	配水管管径	减压孔板孔径
16	DN150	52mm	10	DN150	74mm	4	DN150	49mm
15	DN150	51mm	9	DN150	69mm	3	DN150	48mm
14	DN150	49mm	8	DN150	64mm	2	DN150	47mm
13	DN150	无	7	DN150	51mm	1	DN150	47mm
12	DN150	无	6	DN150	58mm			
11	DN150	无	5	DN150	56mm			

楼层	配水管管径	减压孔板孔径
MB1	DN150	54mm
B1	DN150	53mm
B2	DN150	51mm
B3	DN150	50mm

减压阀安装示意图

602地块自动喷水灭火系统图（一）

注：蝶阀均带锁具。

减压孔板计算表

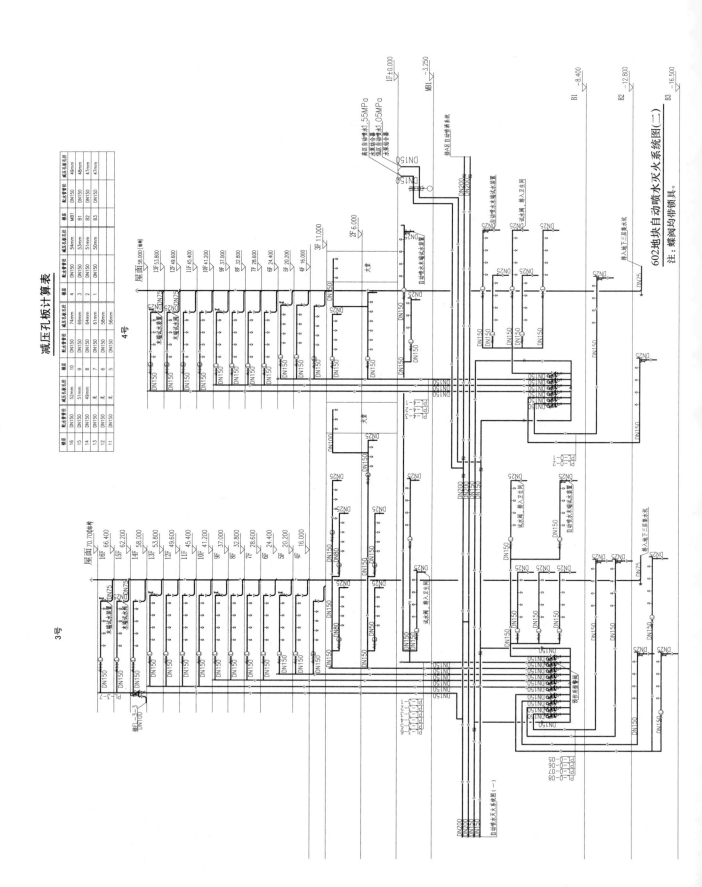

602地块自动喷水灭火系统图(二)

注：蝶阀均为带锁具。

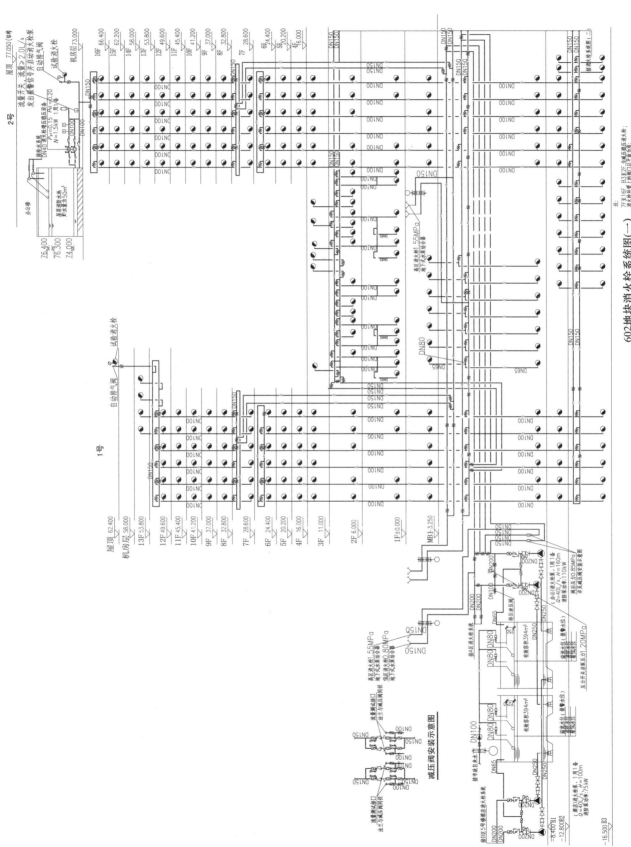

602地块消火栓系统图（一）

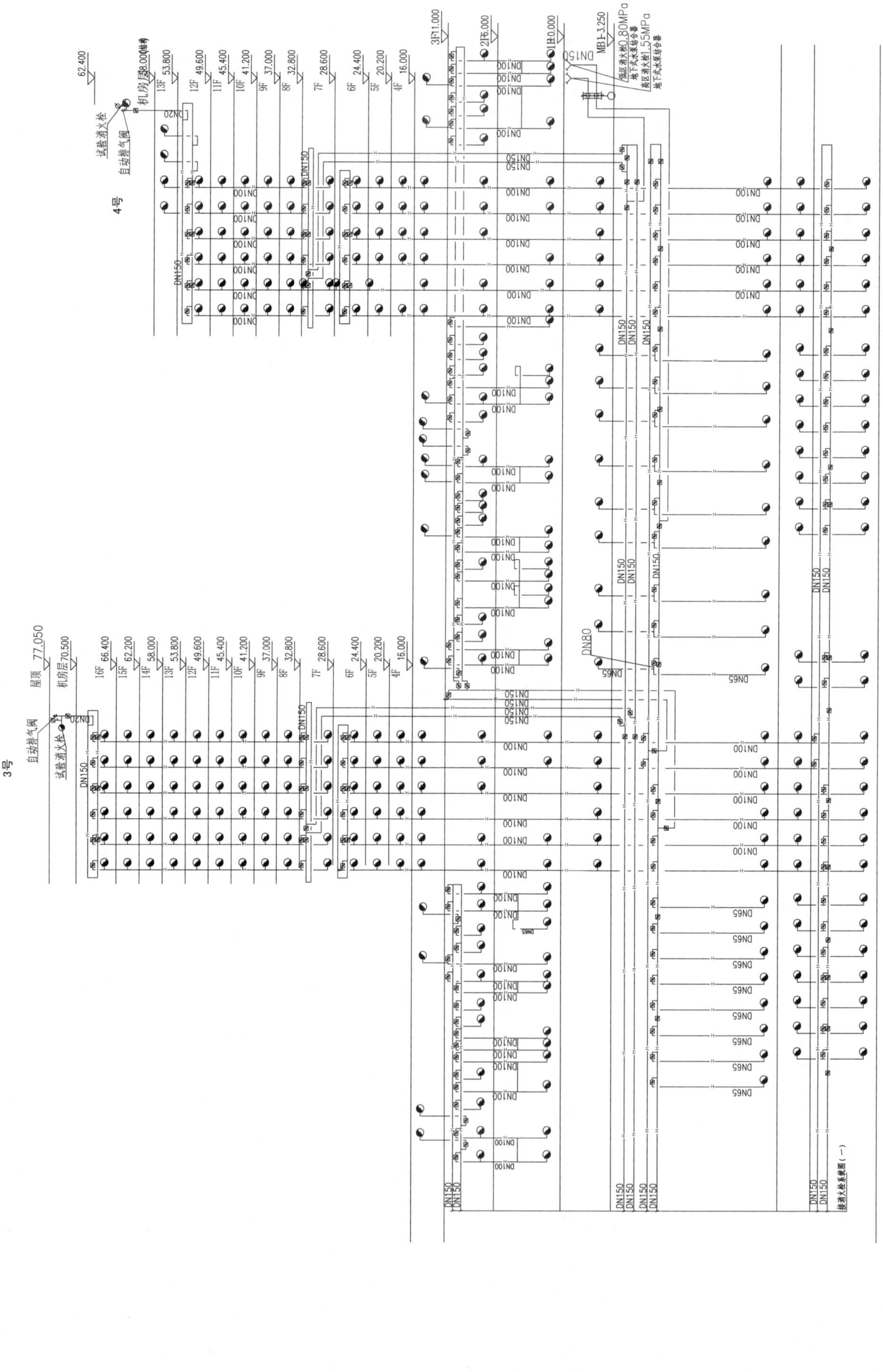

602地块消火栓系统图(二)

注：
7F至16F，B3至2F,为减压稳压消火栓；
消火栓环管上的阀门以平面为准；
未标注管径参考，接一个消火栓支管管径为DN65，接两个消火栓支管管径为DN80。

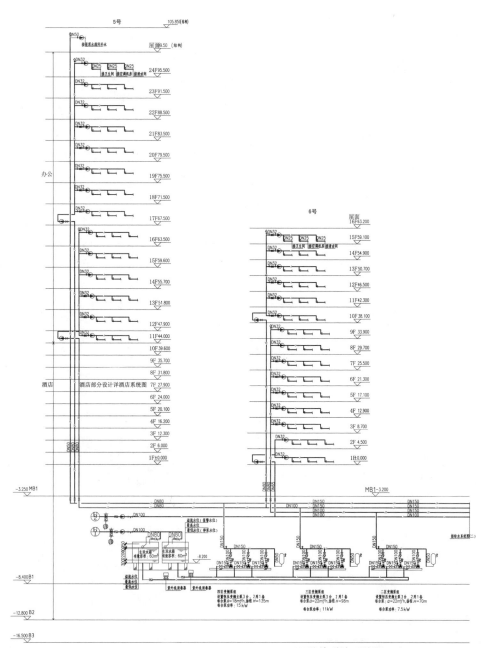

008地块给水系统图(一)

注：支管减压阀后供水压力均不超过0.2MPa。

008地块给水系统图(二)

注:支管减压阀后供水压力均不超过0.2MPa。

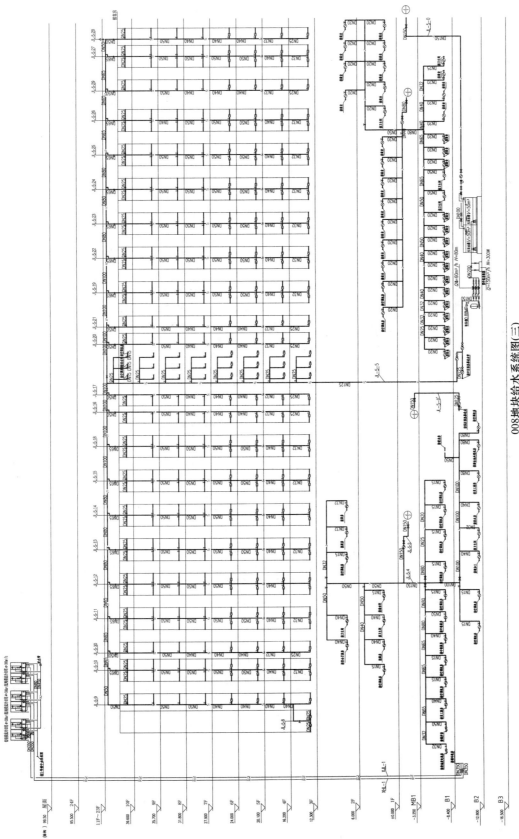

008地块给水系统图(三)

注：系统各用水点压力均不大于0.2MPa。

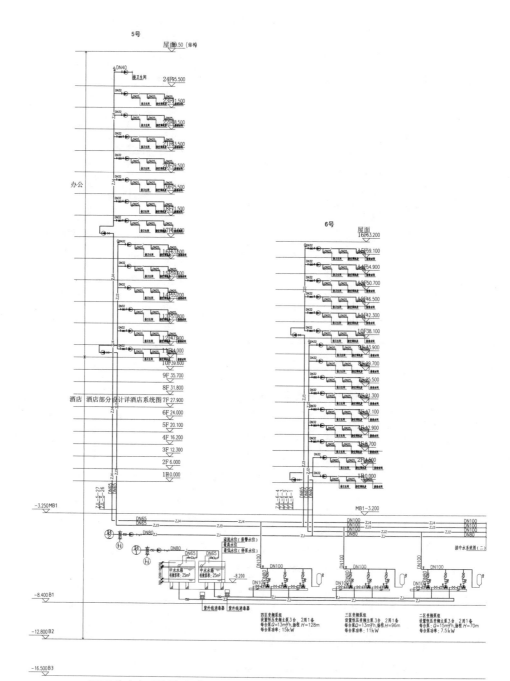

008地块中水系统图（一）　　注:支管减压阀后供水压力均不超过0.2MPa。

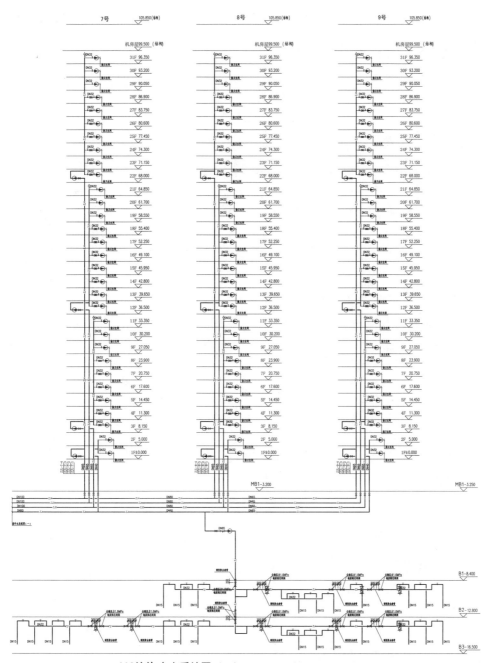

008地块 中水系统图（二）　注：支管减压阀后供水压力均不超过0.2MPa。

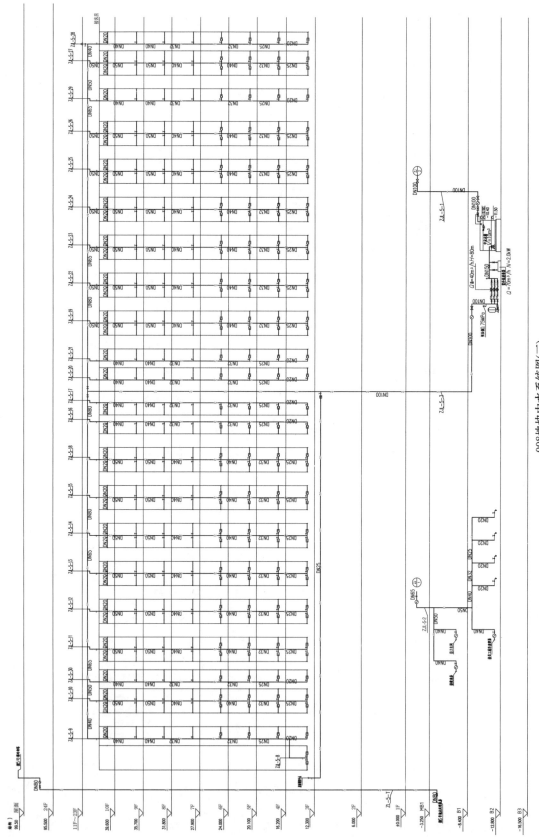

008地块中水系统图(三)

注：系统各用水点压力均不大于0.2MPa。

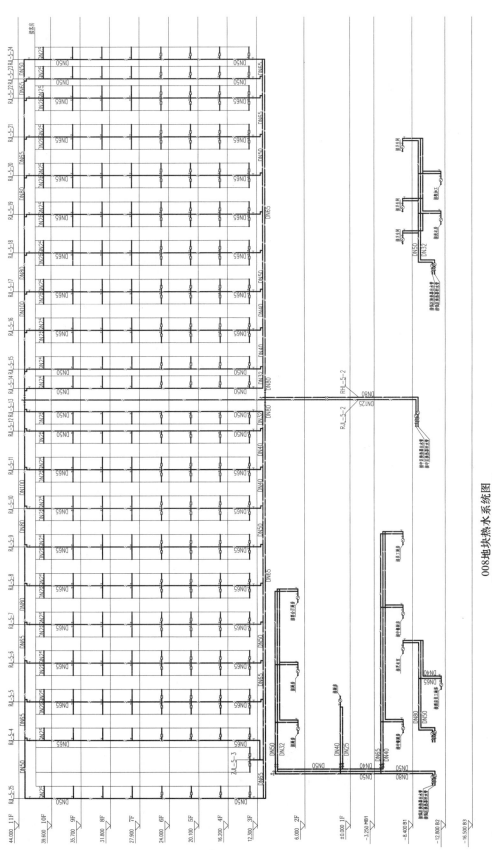

008地块热水系统图

注：系统各用水点压力均不大于0.2MPa。

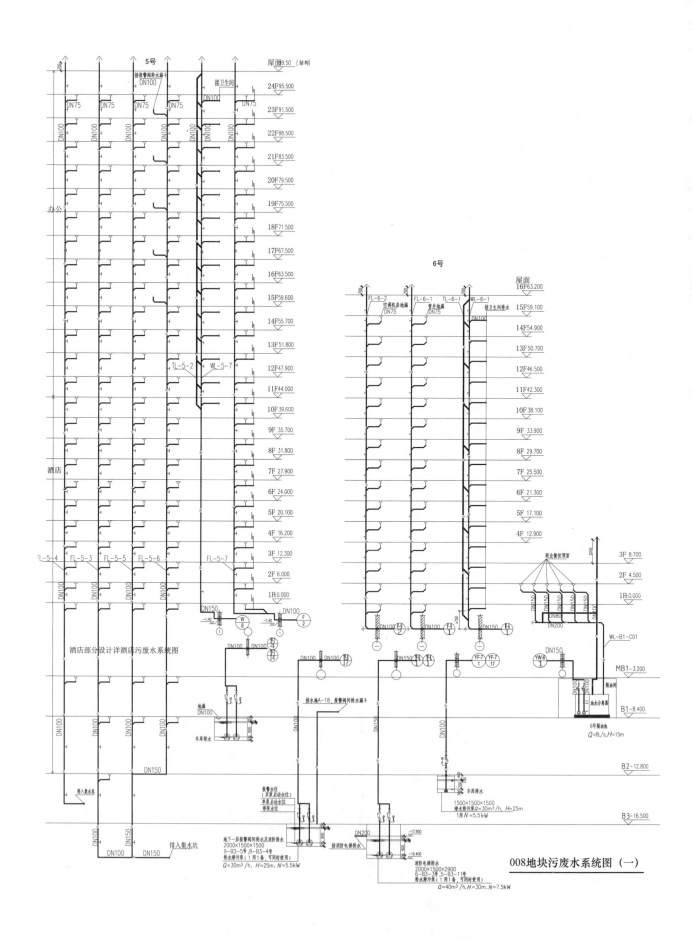

酒店部分设计详酒店污废水系统图

008地块污废水系统图（一）

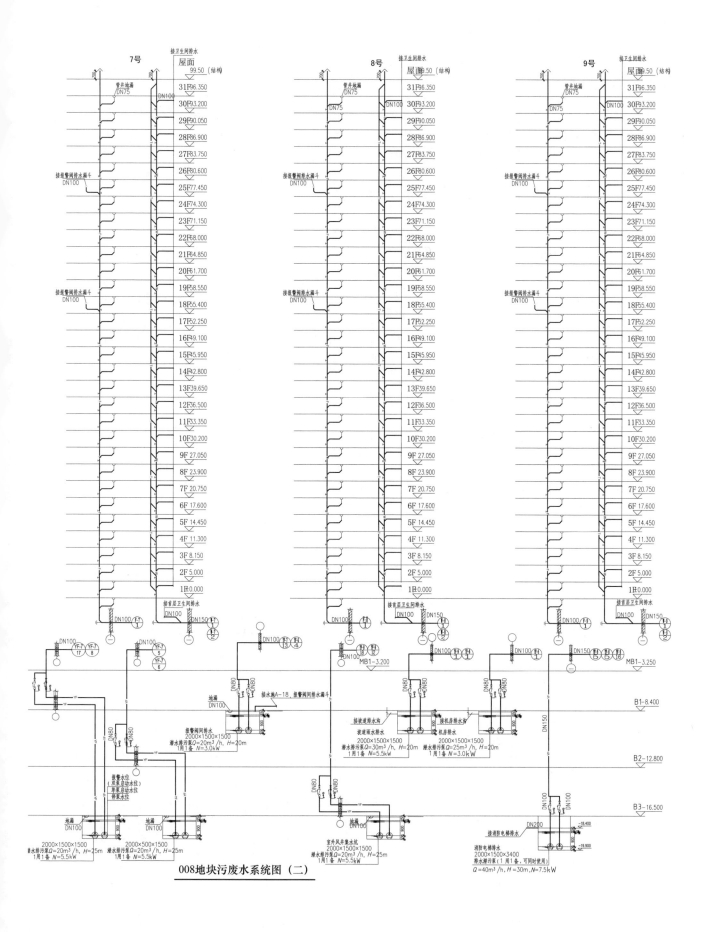

008地块污废水系统图（二）

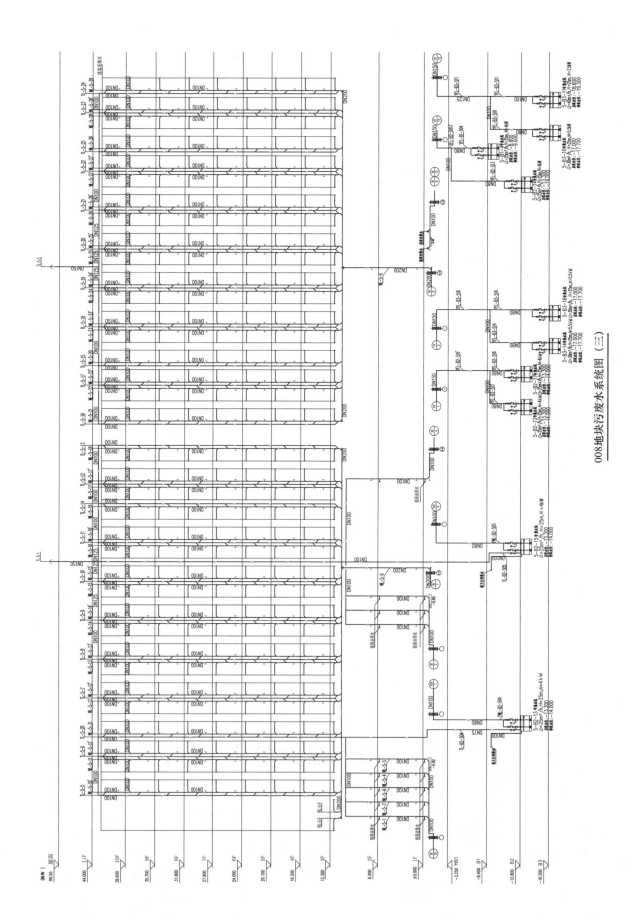

008地块污废水系统图 (三)

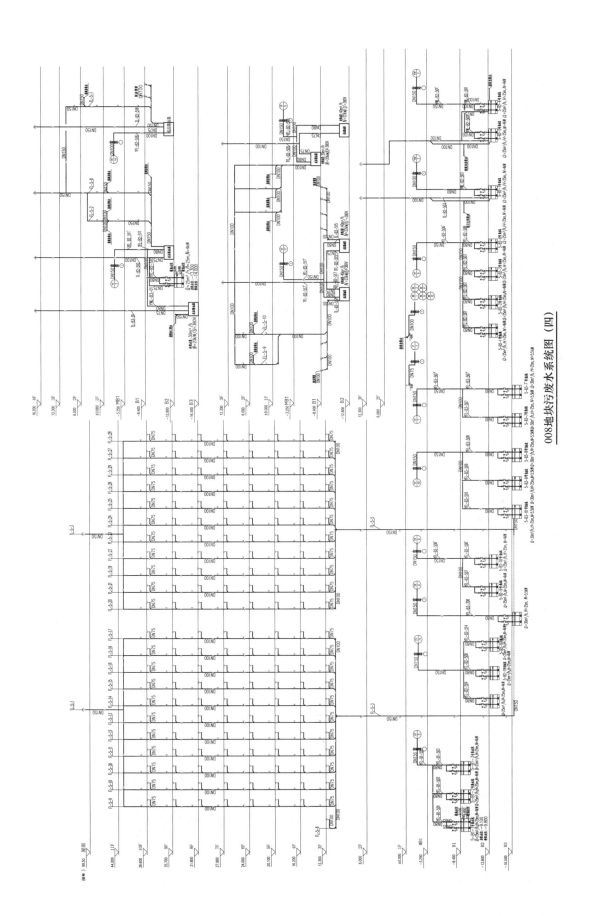

008地块污废水系统图（四）

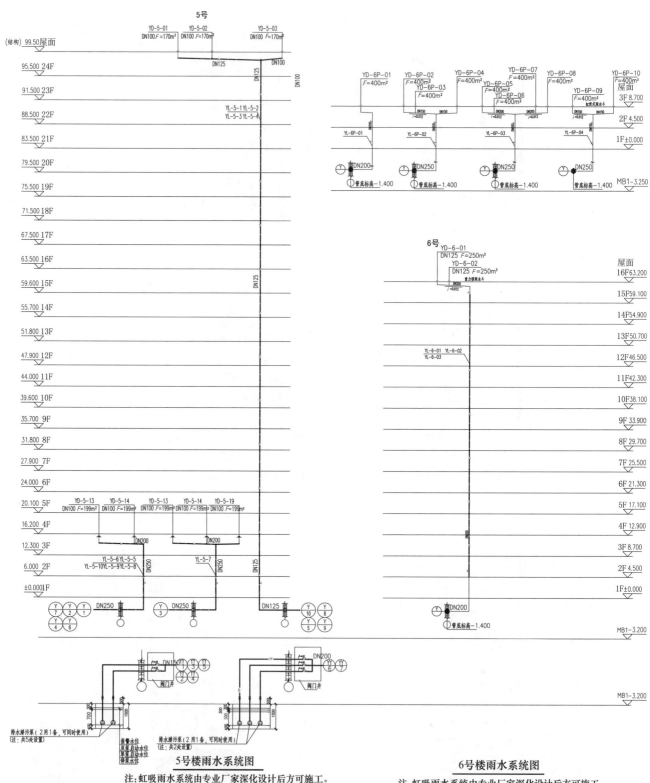

5号楼雨水系统图

注:虹吸雨水系统由专业厂家深化设计后方可施工。

6号楼雨水系统图

注:虹吸雨水系统由专业厂家深化设计后方可施工。

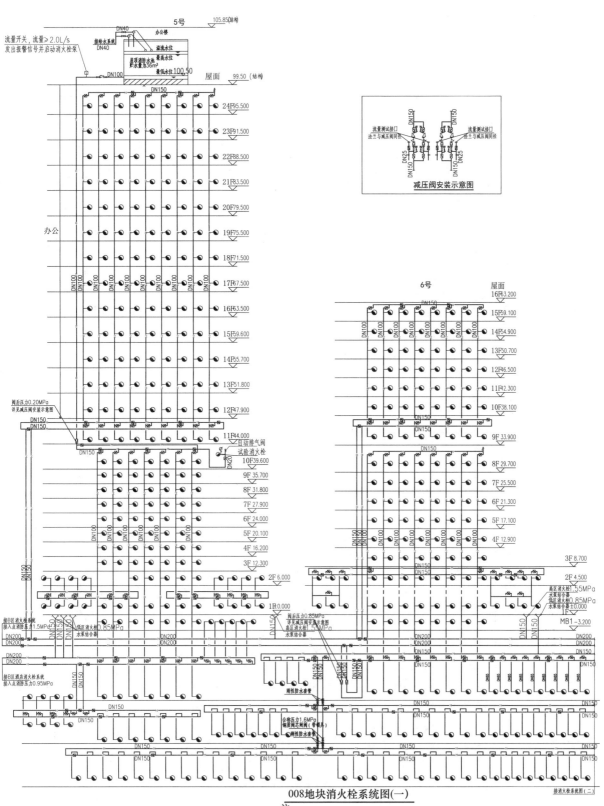

减压阀安装示意图

008地块消火栓系统图(一)

接消火栓系统图（二）

注：
5号楼11F至21F、B3至7F 为减压稳压消火栓；
6号楼9F至16F、B3至5F，为减压稳压消火栓；
7号、8号、9号楼11F至26F、B3至4F,为减压稳压消火栓。

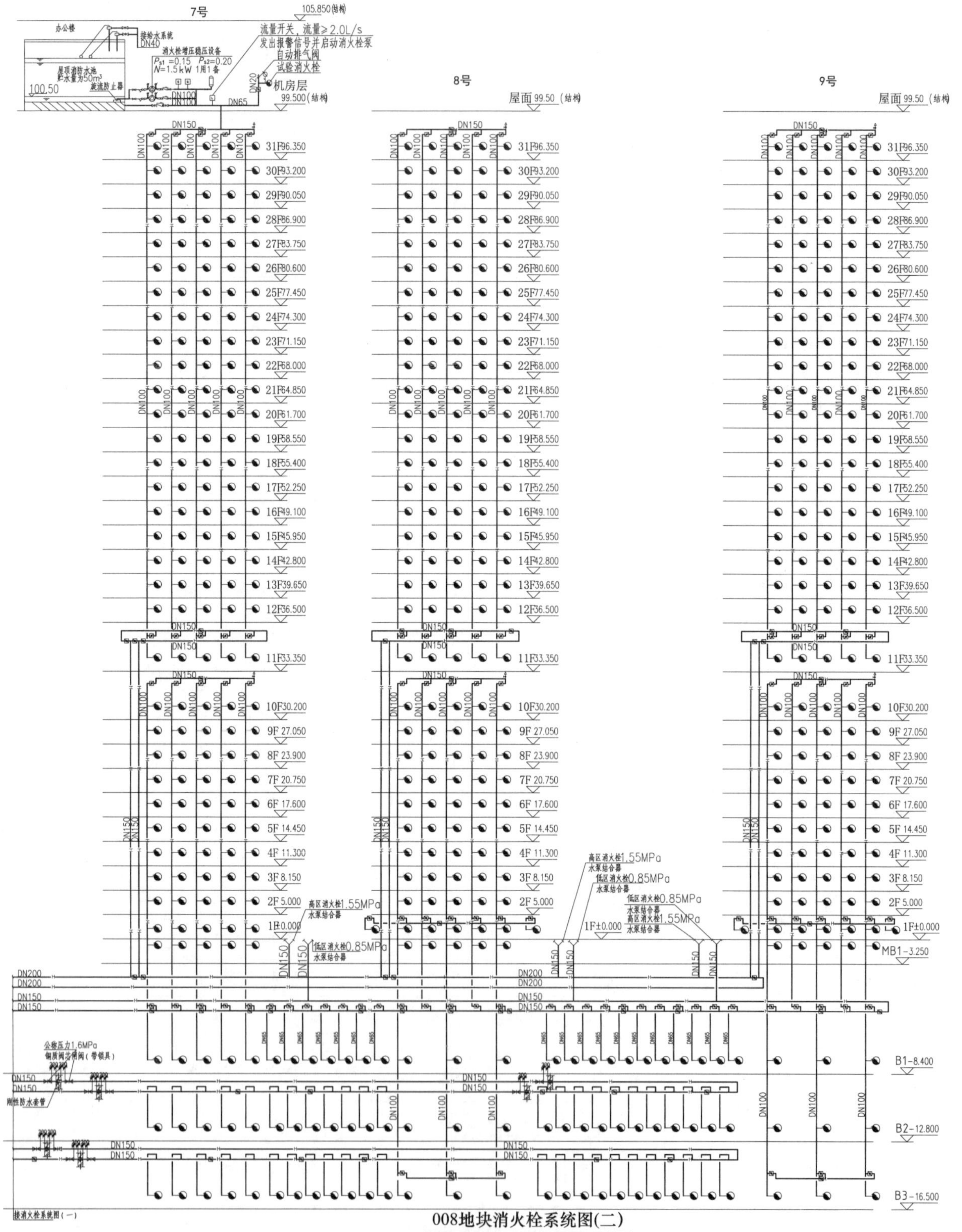

008地块消火栓系统图(二)

注:
5号楼11F至21F、B3至7F 为减压稳压消火栓;
6号楼9F至16F、B3至5F,为减压稳压消火栓;
7、8、9号楼11F至26F、B3至4F,为减压稳压消火栓。

5号楼减压孔板计算表

楼层	配水管管径	减压孔板孔径	楼层	配水管管径	减压孔板孔径	楼层	配水管管径	减压孔板孔径	楼层	配水管管径	减压孔板孔径
24	DN150	无	17	DN150	57mm	10	DN150	57mm	3	DN150	57mm
23	DN150	无	16	DN150	55mm	9	DN150	无	2	DN150	55mm
22	DN150	70mm	15	DN150	55mm	8	DN150	70mm	1	DN150	54mm
21	DN150	65mm	14	DN150	54mm	7	DN150	65mm	MB1	DN150	53mm
20	DN150	64mm	13	DN150	54mm	6	DN150	64mm	B1	DN150	52mm
19	DN150	60mm	12	DN150	53mm	5	DN150	60mm	B2	DN150	50mm
18	DN150	58mm	11	DN150	53mm	4	DN150	58mm			

6号楼减压孔板计算表

楼层	配水管管径	减压孔板孔径	楼层	配水管管径	减压孔板孔径	楼层	配水管管径	减压孔板孔径	楼层	配水管管径	减压孔板孔径
15	DN150	无	10	DN150	63mm	5	DN150	53mm	MB1	DN150	49mm
14	DN150	无	9	DN150	60mm	4	DN150	52mm	B1	DN150	49mm
13	DN150	70mm	8	DN150	59mm	3	DN150	50mm	B2	DN150	48mm
12	DN150	65mm	7	DN150	55mm	2	DN150	50mm	B3	DN150	47mm
11	DN150	65mm	6	DN150	54mm	1	DN150	49mm			

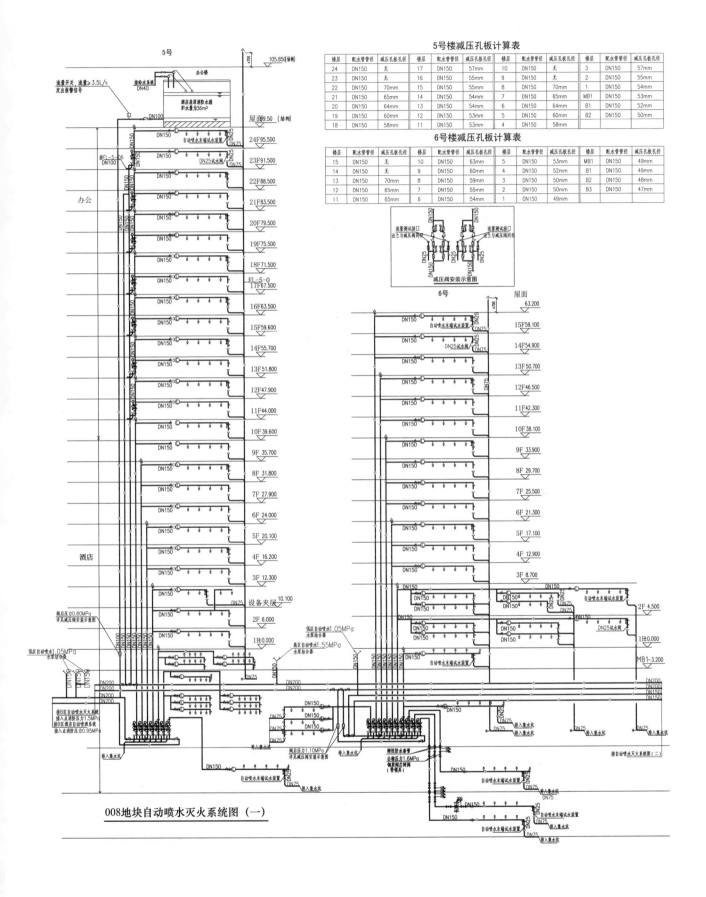

008地块自动喷水灭火系统图（一）

楼层	配水管管径	减压孔板孔径	楼层	配水管管径	减压孔板孔径	楼层	配水管管径	减压孔板孔径	楼层	配水管管径	减压孔板孔径	楼层	配水管管径	减压孔板孔径
31	DN150	无	24	DN150	58mm	17	DN150	55mm	10	DN150	55mm	3	DN150	50mm
30	DN150	无	23	DN150	55mm	16	DN150	70mm	9	DN150	54mm	2	DN150	50mm
29	DN150	70mm	22	DN150	54mm	15	DN150	65mm	8	DN150	1	DN150	49mm
28	DN150	65mm	21	DN150	53mm	14	DN150	65mm	7	DN150	52mm	MB1	DN150	49mm
27	DN150	63mm	20	DN150	52mm	13	DN150	63mm	6	DN150	51mm	B1	DN150	49mm
26	DN150	62mm	19	DN150	52mm	12	DN150	60mm	5	DN150	51mm	B2	DN150	48mm
25	DN150	60mm	18	DN150	51mm	11	DN150	59mm	4	DN150	50mm	B3	DN150	47mm

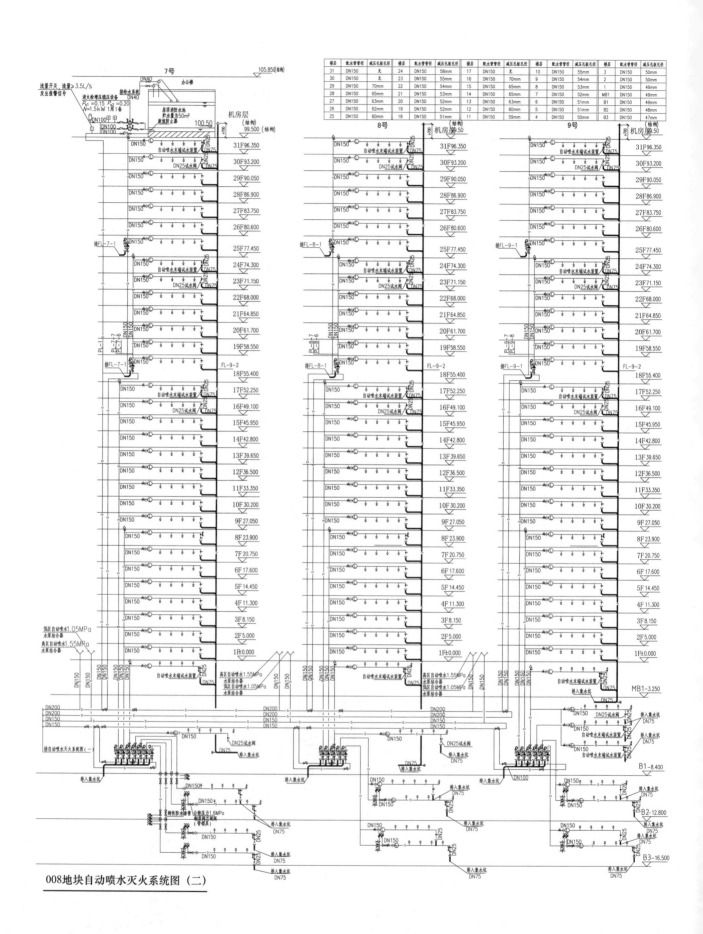

008地块自动喷水灭火系统图（二）

昆钢科技大厦

设计单位： 华东建筑设计研究总院
设 计 人： 李云贺　唐国丞　王珏　王华星
获奖情况： 公共建筑类　二等奖

工程概况：

昆钢科技大厦位于昆明市中轴线南端、西昌路 33 号地块，项目用地面积 29.99 亩。基地南侧为城市主干道——滇池路，北侧为中央丽城二期住宅拟建用地，东西两侧为多层民用建筑。基地内地势平坦，西北侧有规划道路与城市干道相连。昆钢科技大厦是一幢集高档写字楼和现代化的五星级酒店为一体的超高层综合性建筑。本工程总建筑面积 148629m²，建筑高度 220.0m（室外地坪至主楼檐口），地上 50 层，地下 3 层。

工程说明：

一、给水排水系统

(一) 给水系统

1. 冷水用水量（见表 1）

冷水用水量　　　　　　　　　　　　　　　　　　　　　　　表 1

用户名称	用水量标准	用水单位数	最高日用水量 (m³/d)	最大时用水量 (m³/h)	日用水时间 (h)	小时变化系数	平均时用水量 (m³/h)
酒店客房	400L/(床·d)	852 床	340.8	28.4	24	2	14.2
办公	50L/(人·d)	2166 人	108.3	16.2	10	1.5	10.8
酒店员工	100L/(人·d)	1000 人	100.0	8.3	24	2	4.2
职工餐厅厨房	25L/人次	1000 人次/d	25.0	3.1	12	1.5	2.1
二层宴会厅及厨房	40L/人次	1152 人次/d	46.1	6.9	10	1.5	4.6
二层中餐厅及厨房	40L/人次	650 人次/d	26.0	3.3	12	1.5	2.2
三层会议	8L/人次	1260 人次/d	10.1	3.0	4	1.2	2.5
四层 KTV 包房	10L/人次	1000 人次/d	10.0	0.8	18	1.5	0.6
泳池	10%	253m³/d	25.3	1.1	24	1	1.1
五层健身桑拿 SPA	200L/人次	500 人次/d	100.0	12.5	12	1.5	8.3
四十八层咖啡厅	15L/人次	720 人次/d	10.8	1.6	10	1.5	1.1
四十九层西餐厅	40L/人次	1040 人次/d	41.6	5.2	12	1.5	3.5
五十层会所	15L/人次	560 人次/d	8.4	1.3	10	1.5	0.8
洗衣房	60L/kg	4601kg/d	276.1	41.4	8	1.2	34.5

续表

用户名称	用水量标准	用水单位数	最高日用水量 (m³/d)	最大时用水量 (m³/h)	日用水时间 (h)	小时变化系数	平均时用水量 (m³/h)
酒店冷却系统补水	1.5%		267.2	16.7	16	1	
办公冷却系统补水	1.5%		89.0	8.9	10	1	
锅炉房补水			48.0	3.0	16	1	
小计			1532.7	161.7			
未预见水量	10%		153.3	16.2			
总计			1686.0	177.9			

2. 水源

从大厦基地南侧环城北路市政道路上引入一条 DN200 市政给水管作为生活和消防水源,在进水总管上设置总水表计量。因只有一路供水,不能满足消防要求,故在基地地下室设消防水池,确保火灾延续时间内基地室内、外消防用水。生活给水管从基地内给水总管上接出,设置生活水表计量。根据当地自来水公司提供的数据,供水水压不低于 0.20MPa。

3. 系统竖向分区(见表 2)

给水系统竖向分区　　　　表 2

功能	分区	楼层
地库及裙房	I—1	地下三层~地下一层
	I—2	一层~五层
办公	II—4	六层~十二层
	II—3	十三层~二十层
	II—2	二十一层~二十三层
	II—1	二十四层~二十五层
酒店	III—3	二十六层~三十三层
	III—2	三十四层~四十层
	III—1	四十一层~屋顶层

4. 供水方式及给水加压设备(见表 3)

供水方式及给水加压设备　　　　表 3

功能	分区	供水方式	加压设备
地库及裙房	I—1	市政直接供水	无
	I—2	由地下三层变频泵加压供水	大泵 Q=35m³/h,H=60m,N=15kW(2用1备) 小泵 Q=3.6m³/h,H=60m,N=3.0kW 三大一小,共 4 台,一频一泵控制
办公	II—4	由地下三层变频泵加压后经减压阀减压供水	大泵 Q=33m³/h,H=150m,N=37kW(1用1备) 小泵 Q=3.6m³/h,H=150m,N=7.5kW 两大一小,共 3 台,一频一泵控制
	II—3	由地下三层变频泵加压后经减压阀减压供水	大泵 Q=33m³/h,H=150m,N=37kW(1用1备) 小泵 Q=3.6m³/h,H=150m,N=7.5kW 两大一小,共 3 台,一频一泵控制

续表

功能	分区	供水方式	加压设备
办公	Ⅱ—2	由地下三层变频泵加压供水	大泵 $Q=33m^3/h$, $H=150m$, $N=37kW$（1用1备） 小泵 $Q=3.6m^3/h$, $H=150m$, $N=7.5kW$ 两大一小，共3台，一频一泵控制
	Ⅱ—1	由地下三层变频泵加压供水	大泵 $Q=33m^3/h$, $H=150m$, $N=37kW$（1用1备） 小泵 $Q=3.6m^3/h$, $H=150m$, $N=7.5kW$ 两大一小，共3台，一频一泵控制
酒店	Ⅲ—3	由二十六层Ⅲ—3区变频泵加压供水	大泵 $Q=45m^3/h$, $H=60m$, $N=15kW$（1用1备） 小泵 $Q=3.6m^3/h$, $H=60m$, $N=3kW$ 两大一小，共3台，一频一泵控制
	Ⅲ—2	由二十六层Ⅲ—2区变频泵加压供水	大泵 $Q=45m^3/h$, $H=83m$, $N=18.5kW$（1用1备） 小泵 $Q=3.6m^3/h$, $H=83m$, $N=4kW$ 两大一小，共3台，一频一泵控制
	Ⅲ—1	由二十六层Ⅲ—1区变频泵加压供水	大泵 $Q=30m^3/h$, $H=118m$, $N=22kW$（1用1备） 小泵 $Q=3.6m^3/h$, $H=118m$, $N=5.5kW$ 两大一小，共3台，一频一泵控制

5. 管材

室内生活给水管、热水管、回水管均采用优质薄壁硬态或半硬态紫铜管及配件，承插接口硬钎焊接。除丝扣件外不得用黄铜制品。在无合适紫铜配件时，用 S316L 不锈钢管及相应配件代替，与铜管连接处注意绝缘以防电化学腐蚀。水泵进出水管可用 S316L 不锈钢管。嵌墙铜管采用覆塑铜管。铜管与阀门、水表、水嘴等的连接应采用卡套或法兰连接，严禁在铜管上套丝。

（二）热水系统

办公、商场、餐饮区域的卫生间、茶水间就地设置容积式电热水器供应热水，热水管线较短，可减少热损失，节水、节能、省材，便于物业调控和管理，电热水器选用高效节能型，须带有保证使用安全的装置。

酒店客房等区域设集中热水供应系统，热水系统分区同给水系统。各区热交换器进水均由同区给水管提供。热交换器采用汽-水半容积式，出水温度 60℃。为保证供水温度，各区热水分别设回水管和回水泵机械循环。

根据绿色建筑要求，可再生能源产生的热水量不低于建筑生活热水耗量的 10%，本项目要达到该要求，太阳能产生的热水量应不低于 35m³/d。因塔楼有停机坪且面积不够，太阳能集热板的摆放位置只能位于裙房屋顶，在裙房有大量餐饮、SPA 及泳池洗浴功能的房间，适合太阳能热水的应用。因裙房区域热水用量为 85m³/d，大于太阳能可以提供的 35m³/d，为保证既达到绿色 2 星要求，又不另外增加热水系统的目的，在裙房屋顶设太阳能水箱 50m³，其出水用于热交换器的预热冷水进口。

1. 热水用水量（见表 4）

热水用水量 表 4

用户名称	用水量标准	用水单位数	最高日用水量（m³/d）	最大时用水量（m³/h）	日用水时间（h）	小时变化系数	耗热量（kW）	耗热量（万 kcal）
酒店客房	160L/（床·d）	770 床	123.2	14.9	24	2.9	902.2	77.6
领导办公培训	150L/（床·d）	36 床	5.4	0.7	25	3.33	43.6	3.7
职工餐厅厨房	10L/人次	1000 人次/d	10.0	1.3	12	1.5	75.8	6.5

续表

用户名称	用水量标准	用水单位数	最高日用水量 (m^3/d)	最大时用水量 (m^3/h)	日用水时间 (h)	小时变化系数	耗热量 (kW)	耗热量 （万 kcal）
员工后勤淋浴	170L/(h·只淋浴)	30 只淋浴	20.4	5.1	4	1	309.1	26.6
二层宴会厅及厨房	20L/人次	1152 人次/d	23.0	3.5	10	1.5	209.5	18.0
二层中餐厅及厨房	20L/人次	650 人次/d	13.0	1.6	12	1.5	98.5	8.5
三层会议	2L/人次	1260 人次/d	2.5	0.8	4	1.2	45.8	3.9
五层健身桑拿 SPA	100L/人次	500 人次/d	50.0	6.3	12	1.5	378.8	32.6
四十八层咖啡厅	5L/人次	540 人次/d	2.7	0.3	16	1.5	0.2	0.0
四十九层西餐厅	20L/人次	780 人次/d	15.6	2.3	17	2.5	0.9	0.1
五十层会所	5L/人次	420 人次/d	2.1	0.4	18	3.5	0.1	0.0
洗衣房(70℃热水)	20L/kg	4601kg/d	92.0	8.6	16	1.5	618.0	53.1
泳池							115.0	9.9
小计				45.8			2797.5	240.5
未预见水量	10%						279.7	24.1
总计							3077.2	264.6

2. 热源

热媒为 0.4MPa 的蒸汽，由设置在地下室的自备蒸汽锅炉提供。

3. 系统竖向分区

酒店集中热水供应系统竖向分区与酒店生活给水系统一致。

4. 热交换器

酒店集中热水供应系统选用汽-水导流型半容积式热交换器。

5. 冷、热水压力平衡措施及热水温度的保证措施

淋浴器、洗脸盆等采用集中热水供应系统的卫生器具采用冷热水单把混调龙头。为保证冷、热水压力平衡，集中热水供应系统分区方式与冷水分区方式一致，采用同一套泵组加压供水。为保证供水温度，各区热水分别设回水管和回水泵机械循环。

6. 管材

与冷水给水系统一致。

(三) 中水系统

根据昆明市政污水排放要求，本项目生活污废水需经化粪池处理达标后方可排至市政污水管网，且本项目需设置中水回用系统。利用建筑生活污废水作为中水水源，采用生物接触氧化工艺进行处理，处理后出水作为中水供应室外绿化浇洒、道路冲洗、地下车库冲洗及室外不与人体直接接触的水景补充水。此工艺不仅降低了本项目对市政自来水用水量的需求，同时降低了污废水排放量，起到了节水、节能的作用。

中水应用范围：地下车库冲洗水，室外绿化浇洒用水，道路冲洗用水，室外水景补充水。

中水水源：取自本大楼污水二级生化处理站排放水。取水量为 $Q_d=130m^3/d$。

中水处理站供水规模：$Q_d=116.7m^3/d$，$Q_h=16.7m^3/h$

1. 中水回用水量（见表5）

中水回用水量   表5

用途	用水量标准	用水单位数	最高日用水量（m³/d）	最大时用水量（m³/h）	日用水时间（h）	小时变化系数
地下车库冲洗(中水回用)	2L/(m²·d)	20000m²	40.0	5.0	8	1
室外绿化浇洒及道路冲洗(中水回用)	2L/(m²·d)	28000m²	56.0	9.3	6	1
水景补充水			10	0.83	12	1
中水小计			106.0	15.2		
未预见水量	10%		10.6	1.5		
中水总计			116.6	16.7		

中水水量平衡示意图见图1。

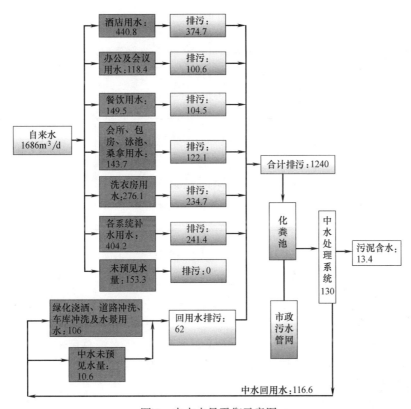

图1 中水水量平衡示意图

2. 供水方式及加压设备

中水用于地下车库冲洗水、室外绿化浇洒用水、道路冲洗用水、室外水景补充水，采用中水变频泵组直接供至室外用水点。

3. 水处理工艺流程（见图2）

4. 管材

中水处理工艺管道采用钢管。中水处理站污水进水管及排水管采用高密度硬聚氯乙烯排水管。

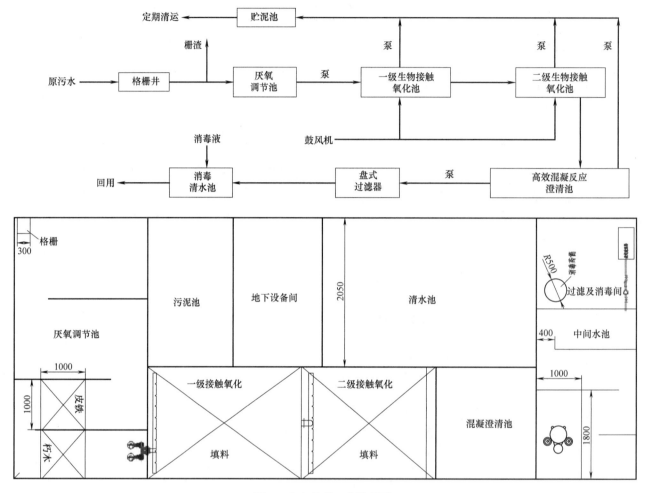

图2 中水处理工艺流程图

(四) 排水系统

1. 排水系统的形式

室内排水：采用污、废合流。

室外排水：采用雨、污分流。雨水汇总后排入市政雨水管网。污水汇总后进入室外埋地式污水二级生化处理设备，处理达标后排至城市污水管网送城市污水处理厂处理后排放。

2. 通气管的设置方式

室内排水系统设有主通气立管和器具通气管，以保证良好的排水条件。

3. 采用的局部污水处理设施

地下室设集水井，采用潜污泵提升排出。厨房含油废水均需经过两级隔油处理后方可排入室外污水管网。所有厨房设备均配置自带隔油的装置。

4. 管材

排水泵出水管及消防排水管采用内外壁热浸镀锌钢管及配件。污水管、废水管以及管径≥DN50的通气管采用离心浇铸灰口铸铁管及配件，穿越楼板的立管和技术层排水汇总管、地下室排水横干管采用柔性抗震承插式接口，法兰连接；厨房、卫生间内支管采用不锈钢卡箍式接头。管径＜DN50的通气管采用热浸镀锌衬塑（PE）钢管及配件，丝扣连接。敷设在建筑垫层、结构底板中的排水管采用机制排水铸铁管。雨水管采用无缝钢管及配件，热浸镀锌，沟槽机械接头接口。

二、消防系统

本工程按照超过100m的一类高层建筑设计。设有消火栓系统、自动喷水灭火系统、消防水炮系统、气体灭火系统、手提式灭火器。

（一）消火栓系统

1. 消防用水量

室内消火栓系统消防用水量：40L/s；

室外消火栓系统消防用水量：30L/s；

自动喷水灭火系统消防用水量：35L/s；

消防水炮系统消防用水量：40L/s。

火灾延续时间：室外消火栓系统3h，室内消火栓系统3h，自动喷水灭火系统1h，消防水炮系统1h。

消防水池容积：

$$V = 30\times3\times3600/1000 + 40\times3\times3600/1000 + 35\times1\times3600/1000 + 40\times1\times3600/1000$$
$$= 1026m^3$$

2. 室内消火栓系统

采用临时高压消防给水系统。地下三层设有消防水池及消防水泵房。消防水泵房内设有低区室内消火栓消防泵（$Q=40L/s$，$H=180m$，$N=110kW$，1用1备）、高区室内消火栓转输消防泵（$Q=40L/s$，$H=180m$，$N=110kW$，1用1备）。二十六层设备层设有60m³消防水箱（消防局要求）、消火栓稳压设施和高区室内消火栓消防泵（$Q=40L/s$，$H=160m$，$N=110kW$，1用1备）。屋顶层水箱间设有60m³消防水箱（消防局要求）、消火栓稳压设施。低区室内消火栓消防泵从消防水池抽水，加压后供建筑物室内低区的（地下三层~二十五层）消火栓用水。高区（二十六层~屋顶层）的消火栓用水由高区室内消火栓转输消防泵、中间转输水箱及高区室内消火栓消防泵接力加压供给。

室内消火栓系统按照静压不大于1.0MPa进行分区，栓口动压大于0.5MPa的楼层消火栓采用减压稳压消火栓。高、低区分别设水泵接合器。

3. 管材

消防给水管管径≥DN100时采用无缝钢管，内外壁热镀锌，法兰（工作压力大于1.6MPa时）或机械沟槽式卡箍连接；管径＜DN100时采用内外壁热镀锌钢管，丝扣连接。

（二）自动喷水灭火系统

地下三层设有消防水池及消防水泵房。消防水泵房内设有低区喷淋消防泵（$Q=35L/s$，$H=195m$，$N=110kW$，1用1备）、高区喷淋转输消防泵（$Q=30L/s$，$H=159m$，$N=90kW$，1用1备）。二十六层设备层设有60m³消防水箱（消防局要求）、喷淋稳压设施和高区喷淋消防泵（$Q=35L/s$，$H=168m$，$N=110kW$，1用1备）。屋顶层水箱间设有60m³消防水箱（消防局要求）、喷淋稳压设施。低区喷淋消防泵从消防水池抽水，加压后供建筑物室内低区的（地下三层~二十五层）消火栓用水。高区（二十六层~屋顶层）的喷淋用水由高区喷淋转输消防泵、中间转输水箱及高区喷淋消防泵接力加压供给。高、低区分别设水泵接合器。

自动喷淋泵选型：根据规范要求，地下车库按照中危险Ⅱ级考虑，其他部位按照中危险Ⅰ级考虑。设计喷水强度：8L/(min·m²)（中危险Ⅱ级），6L/(min·m²)（中危险Ⅰ级）；作用面积：160m²，260m²（办公中庭，9.5m高）；喷头工作压力：0.1MPa。地下室中危险Ⅱ级系统设计流量$Q_1=1.3\times8\times160/60=27.7L/s$，取30L/s；办公中庭系统设计流量$Q_2=1.3\times6\times260/60=33.8L/s$，取35L/s；系统最大设计流量

$Q＝35\text{L/s}$。

消防给水管管径≥$DN100$时采用无缝钢管，内外壁热镀锌，法兰（工作压力大于 1.6MPa 时）或机械沟槽式卡箍连接；管径<$DN100$时采用内外壁热镀锌钢管丝扣连接。

(三) 气体灭火系统

自备发电机房及油箱间、高低压变压器室、开关室、计算机主机房、通信机房等设 IG541 气体灭火系统，全淹没防护。具体设计参数见表 6。

气体灭火系统设计参数　　　　　　　　　　　　　　　表 6

系统	楼层	防护区编号	气体防护区的名称	层高(m)	底面积(m²)	净容积(m³)	设计浓度(21℃时)	灭火剂设计用量(m³)	钢瓶贮存量(瓶)
系统一	地下一层	1	发电机房 1	5.90	115.56	681.81	39.7%	272.8	22
		2	发电机房 2	5.90	92.88	547.98	40.3%	223.2	18
		3	低压室	7.20	236.35	1701.72	40.1%	682.0	55
		4	高压室	7.20	115.31	830.23	39.1%	322.4	26
	地下二层	5	变电所电缆夹层	2.00	360.00	720.00	38.5%	272.8	22
系统二	地下二层	6	UPS 机房	4.20	47.83	200.89	42.5%	86.8	7
		7	办公信息中心	4.20	68.50	287.68	39.1%	111.6	9
		8	酒店信息中心	4.20	116.71	490.17	38.5%	186.0	15
系统三	地下一层	9	电信运营商用房 1	5.00	33.48	167.38	42.5%	74.4	6
		10	电信运营商用房 2	5.00	31.20	156.00	39.8%	62.0	5
		11	电信运营商用房 3	5.00	33.48	167.38	42.5%	186.0	6
		12	无线覆盖机房	5.00	82.93	414.63	39.2%	161.2	13
系统四	地下一层	13	办公消防安保控制室	5.00	74.80	374.00	40.0%	148.8	12

(四) 大空间智能型主动喷水灭火系统

大楼内酒店大堂净空高度超过 12m，根据消防主管部门的建议采用大空间智能型主动喷水灭火系统，地下三层设有消防水池及消防水泵房。消防水泵房内设有智能自动扫描灭火消防泵（$Q＝10\text{L/s}$，$H＝105\text{m}$，$N＝22\text{kW}$，1 用 1 备），采用二十六层中间转输消防水箱专用稳压管进行稳压，设有水泵接合器。

(五) 脉冲干粉自动灭火装置

本工程为超高层建筑，大楼内的强、弱电间设置符合当地消防主管部门认可的悬挂式脉冲干粉自动灭火装置。

三、设计及施工体会或工程特点介绍

(一) 解决的技术难题、工程问题的成效与深度

(1) 本项目酒店管理公司对酒店的装修有较高要求。与装修设计公司、酒店管理公司及施工单位密切协调配合，装修效果得到了业主及酒店管理公司的认可，管道、管件便于施工单位安装，消火栓、喷淋等布置点位满足设计规范要求。

(2) 施工过程中因市政道路改造，使室外雨污水管道覆土深度不能满足原设计要求。经过调整管道走向、精确计算管线标高等措施尽量使室外管线覆土深度达到规范要求值。确实无法优化至规范要求值的部分，与结构专业协调，经过计算分析给出坞塝配筋图，使管线敷设路由满足荷载需求。

(3) 设置独立的中水回用系统。经水量平衡计算，利用化粪池出水作为中水原水，处理大楼内所需的中水水量，多余化粪池出水直接排至市政污水管道。不仅降低了本项目对市政自来水用水量的需求，同时降低

了污废水排放量，起到了节能减排的作用。

（4）根据绿色建筑要求，可再生能源产生的热水量不低于建筑生活热水耗量的10％，本项目要达到该要求，太阳能产生的热水量应不低于35m³/d。因塔楼有停机坪且面积不够，太阳能集热板的摆放位置只能位于裙房屋顶，在裙房有大量餐饮、SPA及泳池洗浴功能的房间，适合太阳能热水的应用。利用有限的面积，通过优化排布，满足了绿色建筑的要求。

（二）项目产生的经济、社会、环境效益

（1）在裙房有餐饮、SPA及泳池洗浴功能的房间设置太阳能集中热水供应系统，太阳能集热板结合屋面条件因地制宜设置，因地制宜进行可再生能源利用。

（2）设置独立的中水回用系统。利用化粪池出水作为中水原水，处理后的中水用于地下车库冲洗、室外绿化浇洒、道路冲洗、水景补充水。不仅降低了本项目对市政自来水用水量的需求，同时降低了污废水排放量，起到了节能减排的作用。

（3）分区域设置集中隔油处理站，配置专用油脂处理装置对餐饮排水进行处置，以符合环保要求，并尽可能合理地布置排水管线走向来满足层高需求。

（4）大楼大堂净高超过12m，根据消防主管部门的建议，设置大空间智能型主动喷水灭火系统。结合装修要求，调整大空间智能型主动喷水灭火系统布置位置，使大空间智能型主动喷水灭火系统无死角，既满足消防要求，又满足装修美观要求。

（5）业主认为本项目设计机电系统经济合理，节能环保措施效果明显，达到了业主对项目的预期效果。

四、工程照片及附图

正视图

侧视图

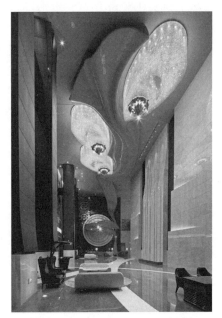

酒店大堂实景

裙房 SPA 实景

客房卫生间实景（一）

客房卫生间实景（二）

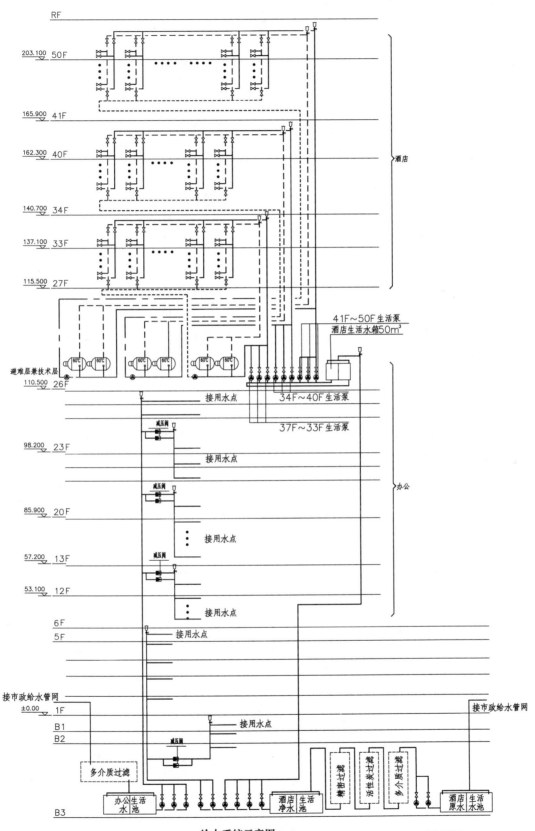

给水系统示意图

非通用图示

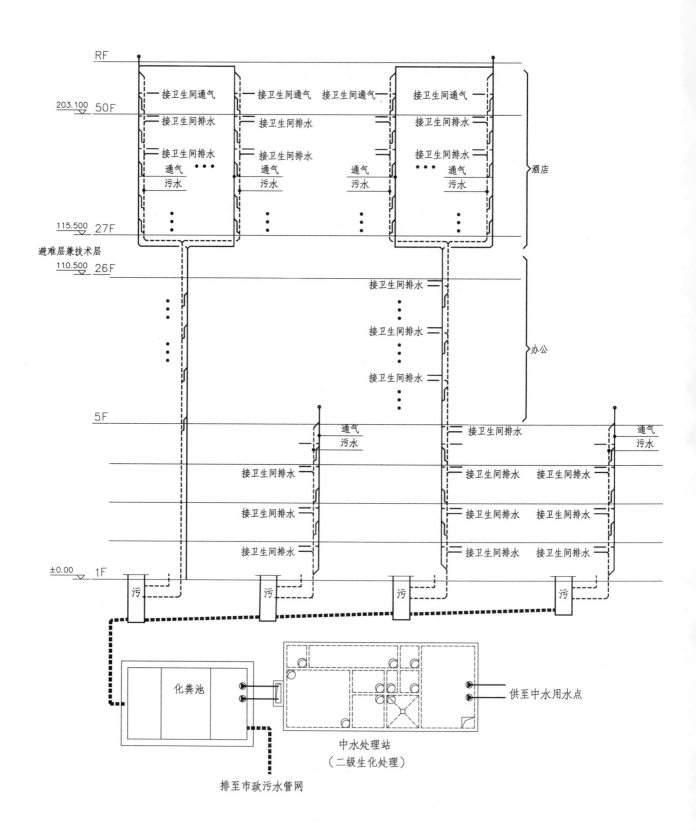

排水系统、中水系统示意图

非通用图示

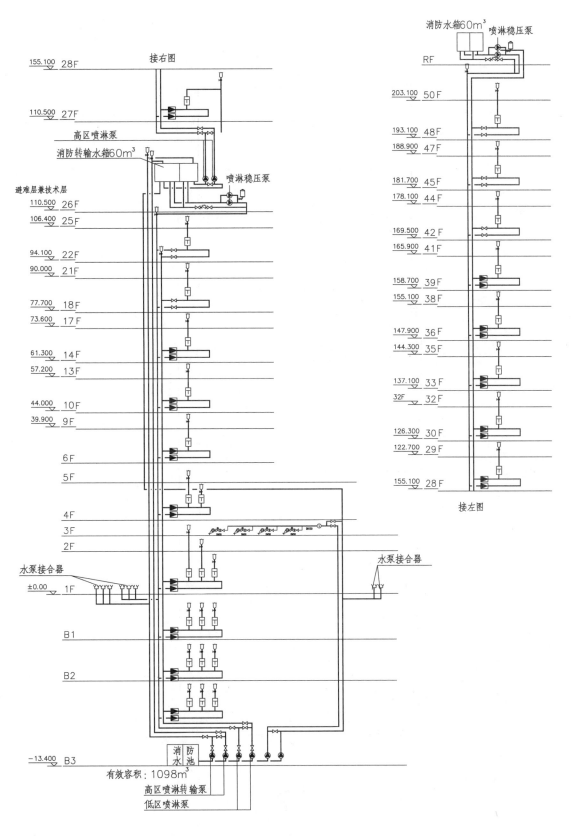

消防水箱60m³　喷淋稳压泵

接右图

155.100　28F

110.500　27F

高区喷淋泵

消防转输水箱60m³

避难层兼技术层

喷淋稳压泵

110.500　26F

106.400　25F

94.100　22F

90.000　21F

77.700　18F

73.600　17F

61.300　14F

57.200　13F

44.000　10F

39.900　9F

6F

5F

4F

3F

2F

水泵接合器

±0.00　1F

B1

B2

-13.400　B3

有效容积：1098m³

高区喷淋转输泵

低区喷淋泵

RF

203.100　50F

193.100　48F

188.900　47F

181.700　45F

178.100　44F

169.500　42F

165.900　41F

158.700　39F

155.100　38F

147.900　36F

144.300　35F

137.100　33F

32F　32F

126.300　30F

122.700　29F

155.100　28F

接左图

水泵接合器

喷淋系统示意图　　　　非通用图示

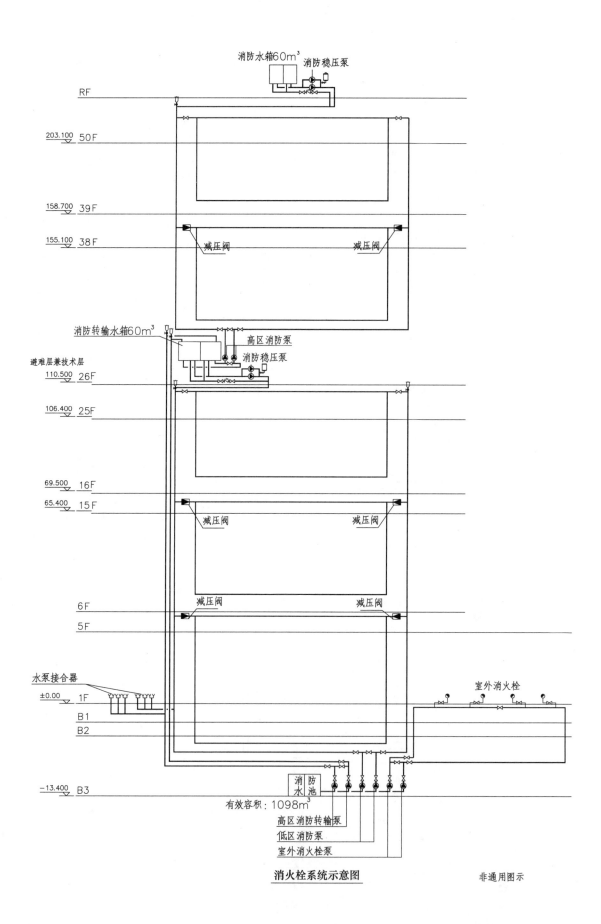

消防水箱60m³　消防稳压泵

RF

203.100　50F

158.700　39F

155.100　38F

减压阀　　　　　减压阀

消防转输水箱60m³　高区消防泵

消防稳压泵

避难层兼技术层

110.500　26F

106.400　25F

69.500　16F

65.400　15F

减压阀　　　　　减压阀

6F

减压阀　　　　　减压阀

5F

水泵接合器　　　　　　　　　　　　　室外消火栓

±0.00　1F

B1

B2

-13.400　B3

消防水池

有效容积: 1098m³

高区消防转输泵

低区消防泵

室外消火栓泵

消火栓系统示意图　　　　　非通用图示

同济大学新建嘉定校区体育建设项目

设计单位： 同济大学建筑设计研究院（集团）有限公司
设 计 人： 冯玮　黄倍蓉　赵晖　沈嘉钰　刘霞
获奖情况： 公共建筑类　二等奖

工程概况：

同济大学嘉定校区体育中心位于同济大学嘉定校区北侧，总用地面积 47284m²，总建筑面积 13410m²。本项目属体育建筑，包括：体育馆（1345 座）、标准游泳馆（包括 50m 比赛池及 25m 训练池）、羽毛球馆、室外标准运动场及室外看台（1498 座）等。地下 1 层，地上 2 层，建筑高度 19.70m，属多层建筑。体积规模大于 50000m³。

工程说明：

一、给水排水系统

（一）给水系统

1. 冷水用水量（见表 1）

冷水用水量 表 1

用水项目	面积(m²)	用水单位数	用水量标准	最高日用水量(m³/d)	日用水时间(h)	小时变化系数	平均时用水量(m³/h)	最大时用水量(m³/h)
标准池补水	1300	2210m³	5%V	110.50	14	1.0	7.89	7.89
练习池补水	400	680m³	5%V	34.00	14	1.0	2.43	2.43
观众		3000 人次/d	3L/人次	9.00	4	1.5	2.25	3.38
健身人员		400 人次/d	30L/人次	12.00	14	1.5	0.86	1.29
游泳馆使用人员		2500 人次/d	40L/人次	100.00	14	3.0	7.14	21.43
管理员		30 人	50L/(人·d)	1.50	14	1.5	0.11	0.16
空调系统补水				56.00	14	1.0	4.00	4.00
未预见水量			10%Q	26.70			2.07	3.66
总计				349.70			26.75	44.24

最高日用水量为 349.70m³/d，最大时用水量为 44.24m³/h。

2. 水源

校区西侧曹安公路提供 1 个 DN250 市政生活给水管接口，沿校园主干道布置，满足校园生活给水要求。本单体从校园生活给水管各接出 DN150 给水管作为单体生活给水水源。

3. 系统竖向分区

本单体最高用水点仅二层洗手盆及空调机房补水，因此充分利用市政压力，本单体均采用市政压力直接供水系统。

4. 供水方式及给水加压设备

市政可提供最低供水压力为 0.16MPa，本着节能原则，生活给水系统充分利用市政压力，各楼层均由市政压力直接供水。

5. 管材

室内生活给水干管采用钢塑复合管，内覆 PE，压力等级为 1.0MPa，管径＜$DN100$ 者丝扣连接，管径≥$DN100$ 者沟槽连接；室内生活给水支管采用 PP-R 给水管，压力等级为 1.0MPa，热熔连接。室外埋地给水管采用球墨铸铁给水管，胶圈接口连接。

（二）热水系统

1. 热水用水量（见表 2）

热水用水量（热水温度按 60℃ 计） 表 2

用水项目	淋浴数（个）	小时用水量(L/h)	最大时用水量(m³/h)	最大小时耗热量(kW)
游泳馆	49	164	8.02	504.31
体育馆	12	164	1.96	123.50
合计 （冬季按游泳馆 80％淋浴＋体育馆）	51	164	8.38	526.95

2. 热源

采用太阳能及容积式燃气热水器（常压）联合供给方式。因体育馆屋面可设置太阳能集热器的面积有限，设置太阳能集热板约 156m²；其余热水均由容积式燃气热水器（常压）加热后供给。

3. 系统竖向分区

本单体热水无需分区。

4. 热交换器

（1）太阳能热水系统为集中、闭式、间接换热、强制循环系统，利用太阳能温差进行强制循环加热，以达到供热温度要求。体育馆屋面设 78 组平板式太阳能集热器，每组 2m²，集热总面积为 156m²，每日可产热水 7.8m³；在一层热水器间内设置太阳能系统循环泵、板式热交换器、闭式贮水罐、膨胀罐等。

（2）设置 6 台制热量 99kW 的容积式燃气热水器（常压），与太阳能热水系统共同制取热水，当太阳能热水量不满足生活淋浴热水量时，启动热水器供给。热水器须满足最大时耗热量。

5. 冷、热水压力平衡措施及热水温度的保证措施

热水系统采用干管机械循环的同程供水方式。

6. 管材

室内热水管采用薄壁不锈钢管，压力等级为 1.0MPa，卡压连接。

（三）中水系统

根据环评批文要求，"泳池水不得外排"；因此收集泳池反冲洗水、地面边沟排水，经处理后，供给本单体卫生间冲厕用水及室外校园绿化浇灌用水。

1. 中水原水量、中水回用水量、水量平衡

（1）中水原水量（见表 3）

中水原水量 表 3

单台过滤面积(m²)	数量(个)	反冲洗强度 [m³/(m²·h)]	单台反冲洗流量 (m³/h)	持续时间(min)	总反冲洗需水量(m³)
4.5	4	54	220.00	10	36.67
2.5	2	54	120.00	10	20.00
合计					56.67

（2）中水回用水量（见表 4）

中水回用水量 表 4

用水项目	用水单位数	用水量标准	最高日用水量 (m³/d)	日用水时间(h)	小时变化系数	平均时用水量(m³/h)	最大时用水量(m³/h)
观众	3000 人次/d	1.8L/人次	5.40	4	1.5	1.35	2.03
健身人员	400 人次/d	1.5L/人次	0.60	14	1.5	0.04	0.06
游泳馆使用人员	2500 人次/d	2L/人次	5.00	14	3.0	0.36	1.07
管理员	30 人	30L/(人·d)	0.90	14	1.5	0.06	0.10
绿化浇灌	20000m²	2L/(m²·d)	40.00	14	3.0	2.86	8.57
未预见水量		10%Q	5.19			0.47	1.18
总计			57.09			5.14	13.01

（3）水量平衡

可收集反冲洗水原水量 56m³/d，按机房损耗 10% 计，可提供中水 50m³/d。水量基本平衡。

2. 系统竖向分区

本单体中水无需分区。

3. 供水方式及给水加压设备

本单体中水全部由恒压变频中水供水设备供给，选用 3 台 $Q=30$m³/h、$H=30$m、$N=5.5$kW 的不锈钢立式多级离心泵，2 用 1 备。

4. 水处理工艺流程

原水→格栅→调节池（60m³）→提升泵→中水处理成套设备（$Q=10$m³/h）→中水清水池（25m³）→中水变频泵（$Q=60$m³/h，$H=30$m）→体育馆卫生间冲厕及校园绿化浇洒。

5. 管材

室内生活中水干管采用钢塑复合管，内覆 PE，压力等级为 1.0MPa，管径＜$DN100$ 者丝扣连接，管径≥$DN100$ 者沟槽连接；室内生活中水支管采用 PP-R 给水管，压力等级为 1.0MPa，热熔连接。室外埋地浇洒中水管采用外涂塑钢管，丝扣连接。

（四）排水系统

1. 排水系统的形式

本单体室内污、废水合流，室外雨、污水分流。

2. 通气管的设置方式

室内污废水立管采用伸顶通气，排水横管超过 12m 及连接大于 6 个大便器时设置环形通气管。

3. 采用的局部污水处理设施

（1）比赛池：52m×25m×1.7m（平均水深）；训练池：25m×16m×1.7m（平均水深）。

（2）水质：游泳池水质参照《游泳池给水排水工程技术规程》CJJ 122—2008 的规定执行，并应符合现行国家标准《生活饮用水卫生标准》GB 5749—2006 的规定。

（3）循环方式：采用逆流式循环方式，底部进水，周边溢流回水。

（4）处理工艺：游泳池采用专用净化系统，通过过滤、臭氧消毒等处理对池水进行循环处理。

4. 管材

室内排水管采用 PVC-U 排水管，粘接；室内虹吸雨水管采用 HDPE 排水管，热熔连接。地下室排水泵管道采用钢塑复合管，管径＜$DN100$ 者丝扣连接，管径≥$DN100$ 者沟槽连接。室外埋地排水管、雨水管采用双壁缠绕 HDPE 排水管。

二、消防系统

（一）消火栓系统

（1）消火栓系统用水量：本单体室外消火栓系统用水量为 20L/s，室内消火栓系统用水量为 15L/s。

（2）消火栓泵（稳压设备）参数

主泵参数：$Q=15L/s$，$H=40m$，$N=11kW$，1 用 1 备。

稳压泵参数：$Q=5L/s$，$H=44m$，$N=5.5kW$，1 用 1 备。

稳压设备包含：稳压泵和隔膜罐（容积 50L）。

（3）本单体根据当时上海水灭火规范，采用稳高压系统，消防水源接自保证校园市政两路水源的校园消防专用给水环管，加压后供给单体室内消火栓系统。

（4）水泵接合器设置：本单体室外设置 1 套消火栓系统水泵接合器，并在 15～40m 内有室外消火栓。

（5）管材：室内消火栓管采用热镀锌钢管，压力等级为 1.6MPa，管径＜$DN100$ 者丝扣连接，管径≥$DN100$ 者沟槽连接。室外压力消防管管材同室内消火栓管管材，但须做防腐处理。

（二）自动喷水灭火系统

（1）自动喷水灭火系统用水量：中庭等 8～12m 大空间自动喷水灭火系统用水量为 35L/s，其余场所自动喷水灭火系统用水量为 21L/s。

（2）喷淋泵（稳压设备）参数

主泵参数：$Q=40L/s$，$H=50m$，$N=45kW$，1 用 1 备。

稳压泵参数：$Q=1L/s$，$H=56m$，$N=1.5kW$，1 用 1 备。

稳压设备包含：稳压泵和隔膜罐（容积 50L）。

（3）本单体根据当时上海水灭火规范，采用稳高压系统，消防水源接自保证校园市政两路水源的校园消防专用给水环管，加压后供给单体自动喷水灭火系统。

（4）喷头选择

1）喷头类型：普通场所设玻璃球喷头。

2）温度级别：普通场所喷头动作温度均为 68℃，燃气热水机组房内喷头动作温度均为 93℃。

3）响应级别：二层乒乓球室、观众疏散大厅设置快速响应喷头，响应指数 $RTI\leqslant50$（m·s）$^{0.5}$；其余普通场所设置标准响应喷头，$RTI\geqslant80$（m·s）$^{0.5}$。

4）结构形式：所有不吊顶区域，如贮藏室、空调机房、地下室均采用直立型喷头；所有设吊顶区域均设置吊顶隐蔽式喷头；宽度大于 1200mm 的风管下设置下垂型喷头。

5）喷头的流量系数：$K=80$。

（5）报警阀数量与位置：于地下消防泵房内设置 1 套湿式报警阀。

（6）水泵接合器设置：本单体室外设置 3 套喷淋系统水泵接合器，在 15～40m 内有室外消火栓。

（7）管材：室内喷淋管采用热镀锌钢管，压力等级为 1.6MPa，管径＜$DN100$ 者丝扣连接，管径≥$DN100$ 者沟槽连接。室外压力消防管管材同室内喷淋管管材，但须做防腐处理。

（三）消防水炮灭火系统

（1）消防水炮灭火系统用水量：本单体消防水炮灭火系统用水量为 60L/s。

（2）喷淋泵（稳压设备）参数

主泵参数：$Q=60\text{L/s}$，$H=110\text{m}$，$N=90\text{kW}$，1用1备。

稳压泵参数：$Q=5\text{L/s}$，$H=121\text{m}$，$N=11\text{kW}$，1用1备。

稳压设备包含：稳压泵和隔膜罐（容积600L）。

（3）本单体根据当时上海水灭火规范，采用稳高压系统，消防水源接自保证校园市政两路水源的校园消防专用给水环管，加压后供给单体消防水炮灭火系统。

（4）设置位置及系统参数：体育馆比赛场馆内为大空间，无法设置传统喷淋系统，因此采用自动消防水炮灭火系统。观众场馆内大空间设置带雾化自动消防水炮2台，每台流量30L/s，保护半径65m，工作压力0.9MPa，垂直旋转角度$-85°\sim+60°$，水平旋转角度$-90°\sim+90°$，满足保护区域内任一部位2门水炮水射流同时到达。安装时将消防水炮固定于观众厅看台层柱子上。

（5）系统控制

1）消防炮主泵由消防炮稳压泵的压力联动装置联动，主泵开启后，水泵运转信号反馈至消防控制中心。

2）消防炮泵在泵房内和消防控制中心均设手动开启和停泵控制装置。

3）备用泵在工作泵发生故障时自动投入工作。

（6）水泵接合器设置：本单体室外设置自动消防水炮水泵接合器4套，并在15～40m内有室外消火栓。

（7）管材：自动消防水炮管采用无缝钢管，压力等级为2.5MPa，沟槽连接。

三、工程特点介绍

（一）合理规划基地雨水系统，控制年径流总量，体现海绵城市理念

本项目收集地块内除建筑屋面及田径场外的道路、绿化雨水，经弃流后排至西侧雨水花园，实现雨水的局部自循环功能。田径场东侧生态滞留池、植草沟及绿化草坡下设置盲管，雨水渗透后由盲管收集；体育馆南北广场均设透水铺装，雨水充分下渗，部分径流雨水由缝隙式排水沟收集；收集后的雨水重力自流或经南侧雨水蓄水提升装置排至西侧雨水花园。此外，基地北侧设置生态植草砖停车场，外圈设置可渗透性慢跑道，均可实现雨水的自然下渗，控制基地径流量。

（二）泳池水处理系统

本项目泳池分为一座比赛泳池和一座训练泳池。泳池采用逆流式循环方式，底部进水，周边溢流回水。采用专用净化系统，通过石英砂过滤、分流量全程式臭氧消毒辅以氯法消毒等对池水进行循环处理。泳池配置水质监测系统，投药系统、恒温加热均采用全自动化控制，并与循环水泵连锁。

（三）充分利用泳池反冲洗水，以利节水

本项目以节水为原则，充分收集泳池反冲洗水，经地下室中水回收处理站处理后供给室外道路浇洒、绿化浇洒及卫生间冲厕用水，实现泳池反冲洗水的零排放。可收集中水原水量$56\text{m}^3/\text{d}$，中水处理设备处理能力为$10\text{m}^3/\text{h}$。泳池反冲洗水采用混凝、高效多级过滤器过滤、紫外线消毒工艺进行深度处理，蓄水池和清水池设SC微电解杀菌器进行水质保持，通过定压补水装置进行回用。采用多点信号串联监测PLC控制系统，实现集成智能一体化运行，保证出水水质。

（四）充分利用可再生能源，积极采用各项建筑节能节水措施

本项目淋浴热水采用太阳能热水系统辅助容积式燃气热水器（常压）联合供给，屋面设置平板式太阳能集热器156m^2，每日可产热水7.8m^3。热水系统采用干管机械循环的同程供水方式，淋浴供水处均为环状供水，冷热水供水点压差不大于0.02MPa，且配水点出热水时间不大于10s。泳池设计水温27℃，选用专用空气源热泵机组，由暖通专业制取45℃热媒水，经板式换热器加热后供给泳池池水加热。

（五）充分考虑体育馆的空间变化，选择合适的灭火系统

体育馆二层净空高度在8～12m之间的乒乓球室等，按照非仓库类高大净空设计自动喷水灭火系统。比

赛场馆内为净空高度大于12m的大空间，无法设置传统喷淋系统，因此采用自动消防水炮灭火系统，设置带雾化自动消防水炮2台，满足保护区域内任一部位2门水炮水射流同时到达。

（六）BIM技术的应用

本项目采用BIM技术，用REVIT软件对建筑结构、机电管线设施等进行三维建模，从模型上检测碰撞，实现对二维设计的优化，减少施工困难。

四、工程照片及附图

嘉定体育馆全景

嘉定体育馆俯瞰（屋顶太阳能板及空气源热泵设置区域）

嘉定体育馆泳池处理机房

嘉定体育馆消防泵房

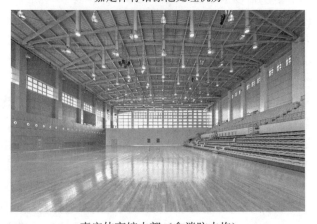

嘉定体育馆内部（含消防水炮）

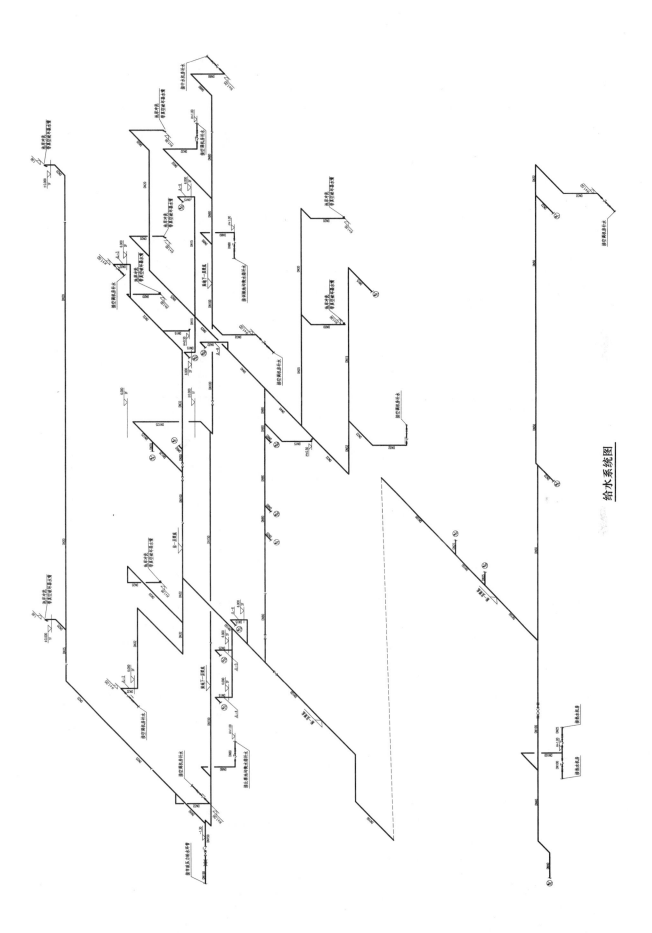

给水系统图

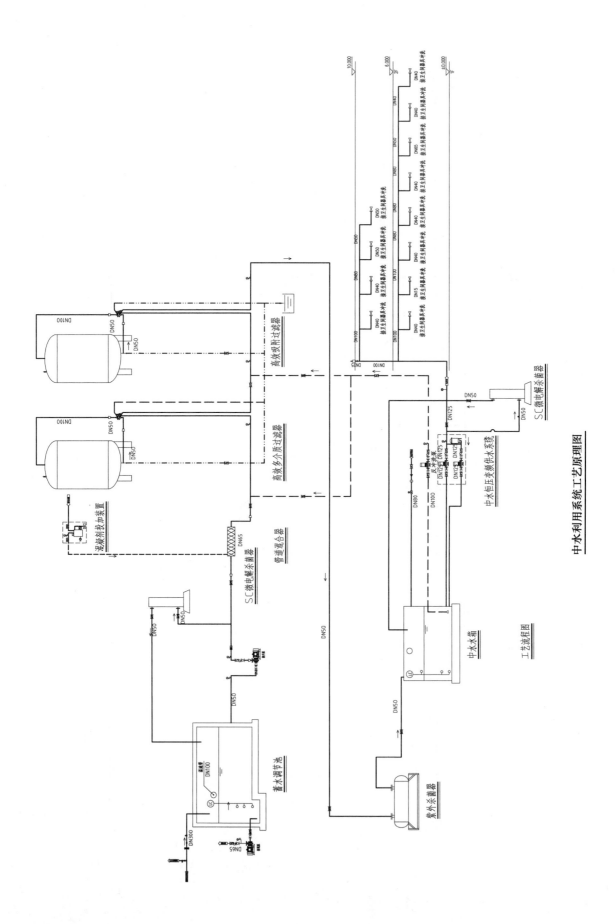

中水利用系统工艺原理图

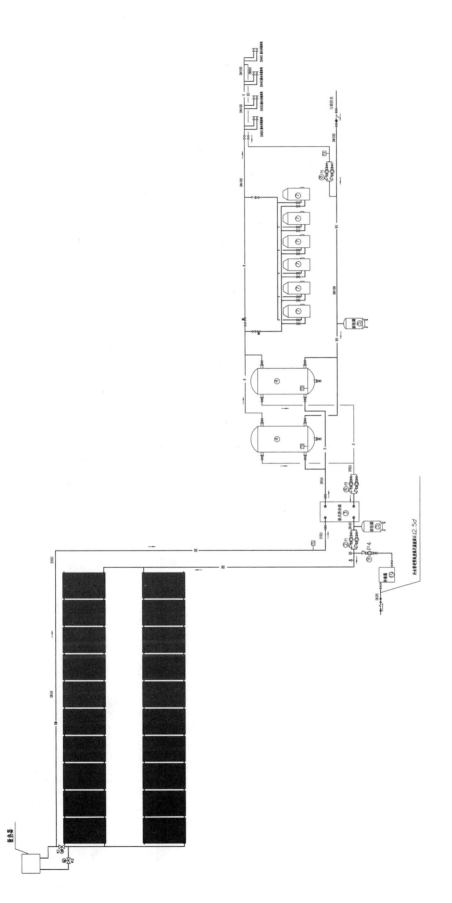

太阳能热水系统工艺原理图

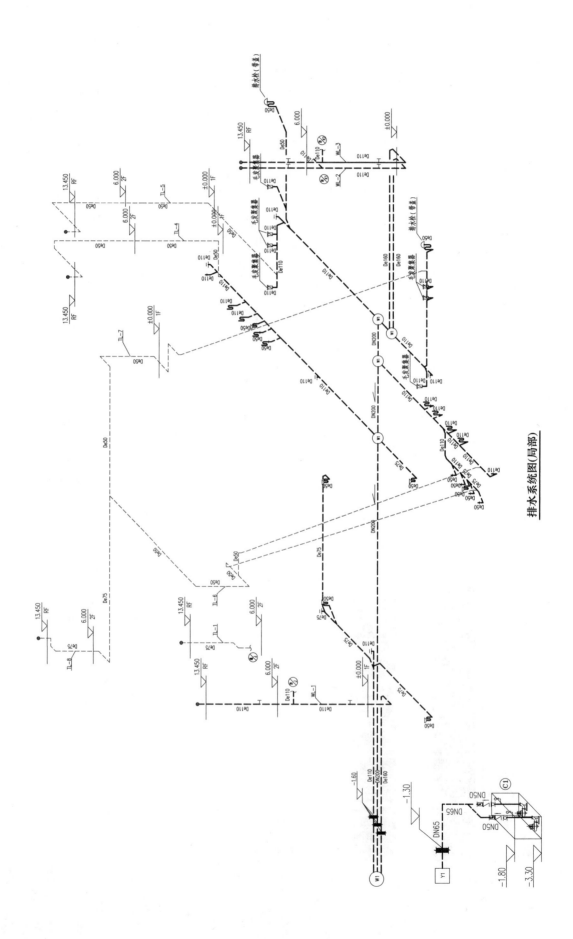

排水系统图(局部)

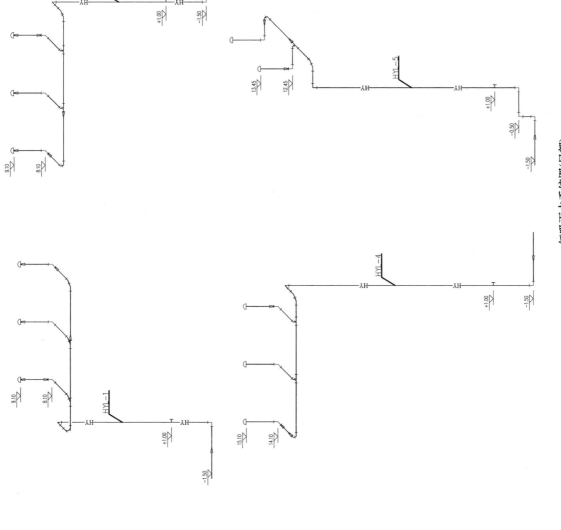

虹吸雨水系统图（局部）

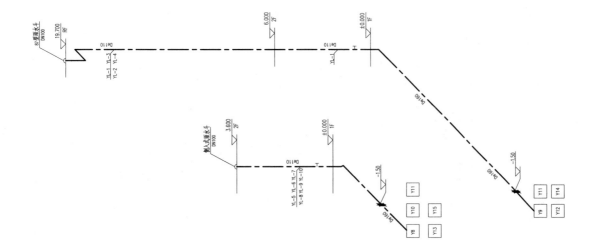

重力雨水系统图（局部）

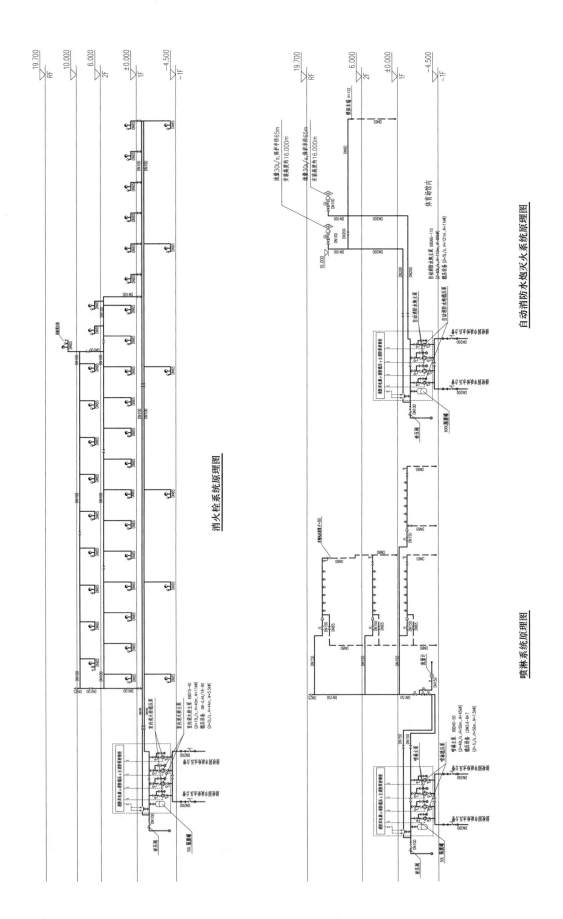

消火栓系统原理图

喷淋系统原理图

自动消防水炮灭火系统原理图

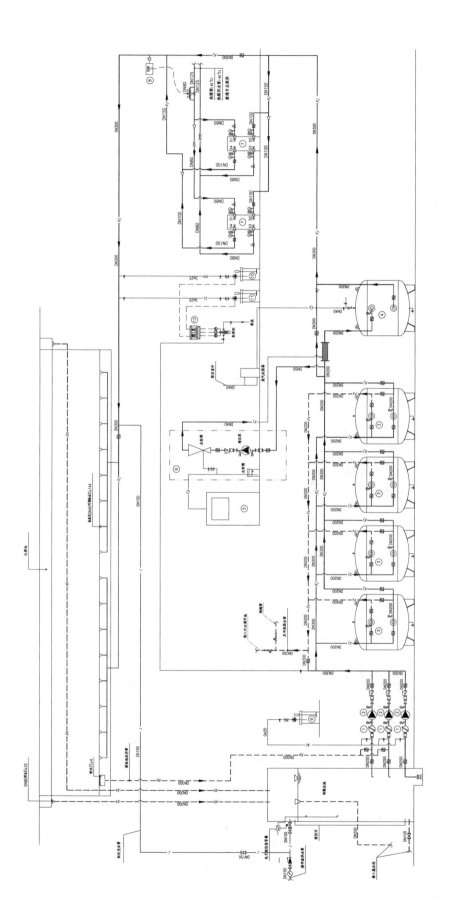

比赛池水处理系统工艺流程图

杭州高级中学钱江新城校区

设计单位：浙江大学建筑设计研究院有限公司
设 计 人：陈激　林璐佳　王靖华　王小红
获奖情况：公共建筑类　二等奖

工程概况：

杭州高级中学钱江新城校区位于杭州市江干区，为 36 班寄宿制高级中学，项目总用地面积为 $88691m^2$，地上总建筑面积为 $103336m^2$、地下总建筑面积为 $16017m^2$。整个学校除位于东南侧的行政楼建筑高度为 65.60m 共 16 层和位于北侧的外籍教师公寓建筑高度为 49.80m 共 14 层，为高层建筑外，其他建筑均为不高于 6 层 24m 的多层建筑，校区内所有建筑由南北两条主轴线在二层设置的约 1 万 m^2 的步行架空平台连接起来。校区室外总平面布置如图 1 所示。

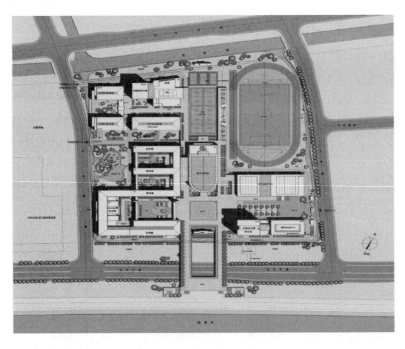

图 1　校区室外总平面布置图

杭州高级中学是浙江省最早的公立中学，是江浙地区"四大名中"之一，在浙江省和杭州市具有很高的知名度和影响力，给水排水设计着力于根据项目的具体特点，克服整个校区主干道上部设置的架空活动交通平台对校区室外给水排水管网布置造成的困难，并确定针对本项目特点的给水排水系统的形式和方案，以建成一个技术先进、系统安全、造价经济、绿色节能的示范性学校。

工程说明：

一、给水排水系统

（一）给水系统

1. 冷水用水量

最高日用水量为 1069.9m³/d，最大时用水量为 147.6m³/h。主要用水项目及其用水量见表 1。

冷水用水量 表 1

序号	用水名称	用水单位数	用水定额	小时变化系数	日用水时间（h）	用水量		备注
						最高日（m³/d）	最大时（m³/h）	
1	学生教学实验用水量	2180 人	40L/（人·d）	1.2	9	87.2	11.6	
2	教工生活用水量	200 人	50L/（人·d）	1.2	10	10	1.2	
3	食堂用水量	2380 人	20L/（人·餐）	1.5	12	142.8	17.9	每日 3 餐
4	公共淋浴	500 人次/d	100L/人次	1	1.5	50	33.3	
5	学生宿舍	2180 人	160L/（人·d）	2.75	24	348.8	40	
6	教师公寓	200 人	200L/（人·d）	2.5	24	40	4.2	
7	游泳池补充水	1500m³	10%		24	150	6.3	
8	循环冷却水补充水	320m³/h	2%		10	64	6.4	
9	绿化用水量	26600m²	3L/（m²·d）		6	79.8	13.3	
10	小计					972.6	134.2	
11	未预见水量					97.3	13.4	按总用水量的 10% 计
12	合计					1069.9	147.6	

2. 水源

本工程生活给水取自城市自来水。从学校南面沿江大道、西北面五号港路分别引 DN200 和 DN250 给水总管各 1 根，并在校区内连成供水环网，校区室外给水采用生活消防合一的低压制管网。市政给水到达本地块给水水压按 0.14MPa 设计。

3. 系统竖向分区

本工程生活给水采用分区给水。地下室及地上一层为市政管网直供区；教学、生活多层建筑的二层及二层以上楼层以及外籍教师公寓的二层～四层和行政办公楼的二层～六层均采用学校集中给水加压泵房加压供水；外籍教师公寓的五层～十四层和行政办公楼的七层～十六层由各自建筑的给水增压系统加压供水。

4. 供水方式及给水加压设备

整个校区多层建筑给水加压系统采用集中加压，高层建筑采用分别独自加压供水。给水加压泵房设于校区用水量最大的生活区外籍教师公寓地下室和南端高层行政办公楼地下室。生活给水加压系统采用变频加压。

各建筑各分区无负压变频供水设备设计参数为：

校区集中给水加压泵，共 5 台，4 用 1 备，变频控制，单台水泵：$Q=72\text{m}^3/\text{h}$、$H=53\text{m}$、$N=15\text{kW}$；

外籍教师公寓生活给水加压泵，共 4 台，3 用 1 备，变频控制，单台水泵：$Q=10\text{m}^3/\text{h}$、$H=75\text{m}$、$N=4.0\text{kW}$；

行政办公楼生活给水加压泵，共 4 台，3 用 1 备，变频控制，单台水泵：$Q=11m^3/h$、$H=85m$、$N=5.5kW$。

校区集中加压泵房设 2 个 $90m^3$ 不锈钢生活水箱，行政办公楼设 1 个 $20m^3$ 不锈钢生活水箱。

5. 管材

采用给水内衬不锈钢复合钢管，其中泵房内生活给水管及管径≥$DN80$ 的生活给水管采用沟槽式连接；管径≤$DN70$ 的生活给水管采用丝扣连接；室外埋地给水管采用球墨铸铁给水管，柔性接口，橡胶圈连接。

（二）热水系统

热水系统的供水范围为食堂厨房、公共淋浴、外籍教师公寓、学生宿舍卫生间、游泳馆淋浴。热水用水量见表 2。

热水用水量 表 2

序号	用水名称	用水单位数	最高日用水定额	平均日用水定额	小时变化系数	日用水时间(h)	年用水天数(d)	用水量			
								最高日(m^3/d)	最大时(m^3/h)	平均日(m^3/d)	全年($m^3/年$)
1	食堂	6540人	7L/(人·餐)	7L/(人·餐)	1.5	11	191	45.8	6.24	45.8	8744.0
2	外籍教师公寓	208人	100L/(人·d)	55L/(人·d)	6.43	24	365	20.8	5.57	11.4	4175.6
3	学生宿舍1	972人	60L/(人·d)	40L/(人·d)	4.19	24	191	58.3	10.18	38.9	7426.1
4	学生宿舍2、3	684人	60L/(人·d)	40L/(人·d)	4.58	24	191	41.0	7.83	27.4	5225.8
5	公共淋浴	600人次/d	60L/人次	35L/人次	1	1	191	36.0	36.00	21.0	4011.0
6	游泳馆淋浴	60龙头	300L/(龙头·h)	200L/(龙头·h)	1	1	191	18.0	18.00	12.0	2292.0
7	合计用水量							219.9	83.82	156.5	31874.5

食堂厨房热水采用热交换器加热制备，热媒为蒸汽。热交换器设于外籍教师公寓地下室热交换间内，共设 RV-04-2.0（0.4/1.0）D 导流型容积式热交换器 2 台，热水供应采用定温定时干管循环系统，为便于管理每层食堂分别设置循环管道，热水经分水器分配供各层食堂，各层食堂热水回水经集水器汇集后回流至制热设备。

公共浴室热水采用半即热式热交换器制备，热媒为蒸汽；采用组装式不锈钢热水箱贮存热水。热交换器设于外籍教师公寓地下室热交换间内，共设 SW1B 半即热式热交换器 2 台，盘管数为 9 组，热水采用预先加热贮存于热水箱，热水加热时间按 4h 计；在食堂三楼冷热水箱间设 $45m^3$ 热水箱和 $27m^3$ 冷水箱各 1 座。

外籍教师公寓热水采用热交换器加热制备，热媒为蒸汽。热交换器设于地下室热交换间内，共设 RV-04-1.5（0.4/1.6）D 导流型容积式热交换器 2 台，热水供应采用全日制机械循环系统，上行下给。

学生宿舍热水采用承压式太阳能辅助燃气加热系统制备，太阳能集热器、燃气热水器及贮热罐均设于宿舍屋顶。根据建筑屋面造型 1 号楼（900 人）宿舍设 $180m^2$ 太阳能集热器，另设 RV-03-8H（1.6/1.0）D 贮热交换器 2 台及 HW-300T 室外型燃气热水器 8 台，单台额定输入热负荷 87.9kW；2、3 号楼（600 人）宿舍设 $100m^2$ 太阳能集热器，另设 RV-03-5H（1.6/1.0）D 贮热交换器 2 台及 HW-300T 室外型燃气热水器 6 台，单台额定输入热负荷 87.9kW。热水供应采用上行下给定时定温循环。

泳池热水采用恒温恒湿热水加热一体化空气源热泵机组，热泵机组通过游泳馆除湿回收泳池水面表面蒸发热量用于泳池水加热，泳池水初次加热另设 WW3E 半即热式热交换器进行辅助加热，辅助加热量为

480kW。游泳馆浴室热水采用热交换器加热制备,热媒为95℃高温热水;热交换器设于泳池机房间内,共设RV-04-3.0 (1.6/1.0) B导流型容积式热交换器2台,热水供应采用定温定时干管循环系统。

(三) 排水系统

1. 排水系统的形式

室内排水采用雨、污、废水分流制;±0.00m以上污废水直接排出室外,地下室地面排水经集水井收集后用潜污泵排出室外。屋面雨水排水采用重力流雨水系统。

室外排水采用雨、污水分流,生活污废水合流,生活污废水经集中处理系统(生化处理池)处理后就近排入市政污水管。

2. 通气管的设置方式

高层行政办公楼和高层外籍教师公寓污废水排水设专用通气立管,其他多层教学、生活建筑污废水管设伸顶通气,以保证污废水管均能形成良好的水流状况。

3. 采用的局部污水处理设施

室外雨、污水分流,生活粪便污水经化粪池处理、实验室酸碱废水经中和池处理、食堂厨房含油废水经隔油池处理后与生活污水汇合就近排入市政污水管。

4. 管材

高层行政办公楼、外籍教师公寓生活污废水管及厨房排水管均采用离心浇铸铸铁排水管,A型柔性接口,承插法兰连接。学生宿舍生活排水管采用聚丙烯超静音排水管,承插橡胶密封圈连接。外籍教师公寓雨水管采用钢塑复合给水管(热镀锌钢管内衬PE聚乙烯,工作压力1.6MPa),管径≤DN100者丝扣连接,管径>DN100者沟槽式连接,其余雨水管采用PVC-U塑料排水管,粘接。

二、消防系统

(一) 消火栓系统

1. 消防用水量

根据《高层民用建筑设计防火规范》GB 50045—1995 (2005年版),本工程消防用水量按校区内最不利建筑——行政办公楼为大于50m一类高层建筑综合楼设计,其消防用水量为:

室外消火栓用水量30L/s,火灾延续时间3h;

室内消火栓用水量40L/s,火灾延续时间3h。

2. 系统设计

室外消防给水采用低压制,校区内以不超过120m的间距布置室外消火栓,其水量、水压由市政管网保证。

本工程各建筑均设室内消火栓系统。室内消火栓给水不分区,由室内消火栓泵供水。室内消火栓均设消防启泵按钮可直接启动消火栓泵,室内消火栓布置保证任何一处发生火灾时都有两股水柱同时到达。

整个校区集中在行政楼地下室设消防水池、水泵房,地下消防水池贮存消防水量576m³ (包括室内消火栓3h用水量及自动喷水灭火系统1h用水量);消火栓泵选用XBD40-100-HY水泵,单台性能$Q=40L/s$,$H=100m$,$N=75kW$,共2台,1用1备。整个校区在行政办公楼屋顶设18m³屋顶消防水箱,另设一套气压消防增压稳压设备(室内消火栓和自动喷水灭火系统合用)。

3. 管材

消防给水管管径>DN100采用无缝钢管内外壁热镀锌,管径≤DN100采用热镀锌钢管,管径≥DN80沟槽式连接,管径≤DN70丝扣连接。

(二) 自动喷水灭火系统

1. 保护范围

自动喷水灭火系统设置范围为行政办公楼、图书信息楼、食堂、外籍教师公寓的公共走道、体育场馆中设有集中空调的游泳馆部分、地下汽车库、面积超过 500m² 地下室和半地下室、设有集中空调的其他建筑。

2. 设计参数

自动喷水灭火系统采用湿式系统，喷头的动作温度除食堂厨房为 93℃外，其余部位均为 68℃。地下汽车库按中危险 Ⅱ 级设计，其余按中危险 Ⅰ 级设计，自动喷水灭火系统设计用水量为 30L/s，火灾延续时间 1h；另外，图书信息楼内音乐厅舞台葡萄架下按严重危险级设计，采用大空间智能灭火系统，按 2 行多列布置，设计流量为 40L/s，大空间智能灭火系统作为超高场所替代自动喷水灭火系统，其水量与自动喷水灭火系统不叠加计算，由自动喷淋泵供水，自动喷淋泵按设计消防流量较大的系统选型为 40L/s。

3. 系统设计

自动喷水灭火系统采用临时高压给水系统，由校区集中设置的自动喷淋泵供水，校区消防水泵房设 XBD40-110-HY 喷淋泵 2 台，1 用 1 备，单台性能 $Q=40L/s$，$H=110m$，$N=90kW$。自动喷水灭火系统火灾初期 10min 消防用水由设在行政办公楼屋顶的 18m³ 消防水箱供给，其后由喷淋泵加压供给。

本工程各个喷淋设置场所由校区喷淋给水干管供水，喷淋给水干管为双路环状供水，湿式报警阀组分散设置在消防区域的报警阀间，整个学校共设有湿式报警阀组 7 组，分 3 处报警阀间相对集中设置。

整个校区自动喷水灭火系统在适当部位集中设 3 组消防水泵接合器。

4. 管材

喷淋给水管管径＞DN100 采用无缝钢管内外壁热镀锌，管径≤DN100 采用热镀锌钢管，管径≥DN80 沟槽式连接，管径≤DN70 丝扣连接。

(三) 建筑灭火器配置

本建筑按照《建筑灭火器配置设计规范》GB 50140—2005 的要求设置手提式灭火器，地下汽车库按 A 类火灾严重危险级设计，地下自行车库按 A 类火灾中危险级设计，变配电室按 E 类火灾中危险级设计，住宅地上部分按 A 类火灾轻危险级设计。

三、工程特点及设计体会

(一) 给水系统

生活给水根据各区域用水特点采用分区域分区加压供水，并根据各类建筑不同的特点采用不同的给水方式，力求通过采用合理的给水系统，以达到给水系统安全节水、高效节能。

学校所在地块市政给水管网的供水压力为 0.14MPa，供水条件欠佳，考虑到寄宿制高中集中用水量很大，整个校区采用分区供水，仅地下室及地上一层采用市政给水管网压力直接供水，二层及二层以上均采用学校自备给水加压泵房加压供水。校区给水加压系统采用分区域加压供给，校区内最高的 2 栋建筑分别设于学校的最南侧和最北端，多层建筑用水量最大的食堂和宿舍设于校区的北面，用水量相对较小的教学区位于生活区的南面，根据对建筑规划布局的分析，位于最南侧的行政办公楼和最北面的外籍教师公寓 2 栋高层建筑分别设置独立的生活给水加压泵以避免长距离输水造成的水头损失和不必要的能耗；校区多层建筑集中加压泵房与外籍教师公寓水泵房集中设于外籍教师公寓的地下室，尽量靠近用水量大的生活区以避免大流量给水远距离输送，尽量降低能耗。

各个建筑物根据其不同的用水特点采用不同的供水形式，根据高中寄宿制学校的用水特点，学生宿舍用水时段特别集中，集中流量特别大，给水管道设计不合理容易造成各楼层供水不均衡，甚至出现顶部和管网末端供水不足的情况，因此学生宿舍给水管道采用上行下给，并适当加大顶部楼层的给水管道管径，同时控制底部楼层的给水管道管径，以避免底部用水点出流量过大，确保整栋大楼用水基本平衡，顶部楼层用水点用水舒适；其他建筑均采用下行上给，以节省管材，降低工程造价。

(二) 热水系统

生活热水系统根据各个建筑的特点和具体使用要求，以及各个建筑提供热源的具体条件，采用多种不同的热水加热系统和供水形式，为各个建筑提供安全节能、经济合理的生活热水。

学校生活热水供应的主要场所为学生宿舍、外籍教师公寓、食堂、集中浴室和舞蹈教室淋浴间等，设计根据各个建筑物不同的使用特点采用不同的热水系统。（1）学生宿舍是整个学校生活热水用量最大的建筑，采用承压式太阳能结合燃气热水器辅助加热系统制备热水，首先尽量采用太阳能作为系统预热，可以最充分地利用太阳能能源，而采用燃气热水器作为系统辅助加热其加热快速、供水可靠，相比采用电辅助加热经测算运营成本至少节省30%，相比采用学校锅炉房供应的热媒热交换器加热省却了二次热交换的不必要热损失，而且系统简单、造价低廉，供水可靠、节能、经济、合理；根据实际使用情况，整个学生宿舍住宿学生约2200人，每月宿舍生活热水加热用燃气费约2.1万元，折合每个学生每月9.5元、每日0.4元，按学生每日热水用量30L估算加热每吨热水成本约14.4元，热水加热成本相当经济；另外，太阳能热水集热器采用建筑一体化设计，集热器选型和安装与建筑屋面非常协调，很好地保护了美观大气的建筑造型。（2）食堂上部塔楼的外籍教师公寓和食堂、集中浴室采用食堂配设的锅炉房蒸汽为热媒，热交换加热制备热水。（3）舞蹈教室淋浴间等局部热水用水点采用即热式电热水器制备热水，避免热水贮存和输送造成的热量损失。

另外，根据不同的使用场所采用不同的热水管道系统。学生宿舍、外籍教师公寓、食堂采用闭式系统，由热交换器或贮热罐制备贮存热水，冷热水压力平衡确保热水使用安全舒适；集中浴室作为新生入学、军训、运动会等淋浴特别集中期间使用，使用频率低，但使用时段流量非常大，因此采用锅炉供应蒸汽为热媒，设开式冷热水箱重力流供水，以满足特别集中的大流量热水需求。

(三) 泳池水处理及加热系统

根据学校泳池运行要求的特点，设计着重考虑在确保泳池使用标准的前提下，尽量采用节能型加热设备，降低系统运营成本。

学校设50m×21m室内游泳池，按比赛池设计，采用逆流式循环水处理、臭氧结合长效消毒剂消毒，泳池水采用空调除湿热泵结合高温热水热媒热交换加热。

泳池加热采用空调除湿热水加热一体化的空气源热泵机组，热泵机组通过游泳馆除湿回收泳池水面表面蒸发热量用于泳池水加热，经计算泳池恒温耗热量为672kW，设2台Q105P型鹦鹉螺除湿热泵，其除湿热回收废热量基本满足泳池春夏秋季恒温耗热量的要求，充分利用了空调除湿废热，降低了泳池运行成本。泳池水初次加热和冬季加热另设板式热交换器进行辅助加热，辅助加热热媒为95℃高温热水。

(四) 校区室外给水排水管网设计

校区室外给水排水管网设计是本项目的一个难点，由于整个校园所有建筑由架空平台连廊联系在一起，因此整个校区的主要干道都在架空平台的下方，且架空平台底下在校区主干道上设有基础梁，给管道埋设带来极大的困难。建筑物与二层架空平台关系轴测图如图2所示。

根据以上特点，设计将生活给水加压管、室内消火栓管道、自动喷淋管道等所有有压管道均采用沿着架空平台连廊架空的方式安装，管道顺着连接校区每一栋楼的架空平台，从校区的集中水泵房出发延伸连接到校区每一栋建筑内，供整个校区生活、消防给水，由此大大减少了埋地管道的数量，进而大大减少了土方开挖量，施工方便，经济合理，便于维护检修；排水管道设计根据校区架空平台下方的道路设有大量架空平台基础梁的情况，雨水排水采用排水暗沟与埋地雨水管相结合的方式排水，在架空平台下方道路设置排水暗沟，既起到收集架空平台和周围建筑屋面雨水的作用，又兼顾道路雨水收集，有效避免了大管径雨水管与其他污水管等管道交叉，避免了雨水管道深埋对结构专业基础的影响，从各个方面有效地降低了工程造价。

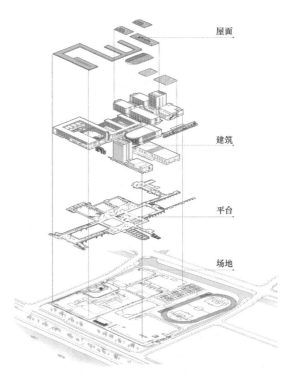

图 2　建筑物与二层架空平台关系轴测图

四、工程照片及附图

杭州高级中学钱江新城校区实景照片

连接整个学校所有建筑的二层大平台（局部）

设于架空平台的生活、消防、喷淋给水管

设在架空平台下校区道路的排水暗沟

消防水泵房

行政办公楼生活水泵房

学校多层建筑集中加压泵房

学生宿舍的太阳能热水系统

学生宿舍的太阳能集热器

学生宿舍的太阳能贮热罐及太阳能集热循环泵组

太阳能热水系统的辅助加热——燃气热水器

设在食堂一层的集中浴室

设在食堂三层的冷热水箱

天然草坪运动场

设于看台下方的喷灌泵组

标准比赛泳池

泳池循环处理过滤器

泳池除湿热泵加热泵和辅助加热板式换热器

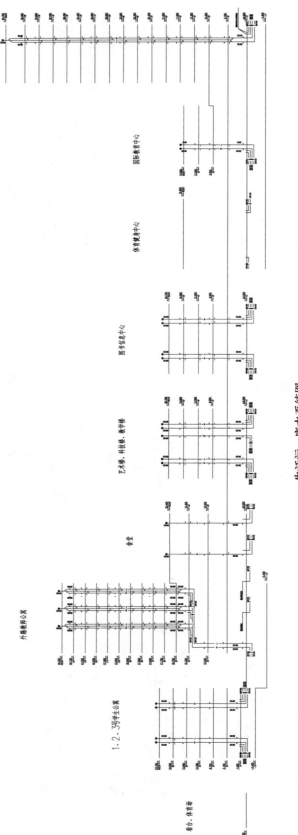

生活污、废水系统图

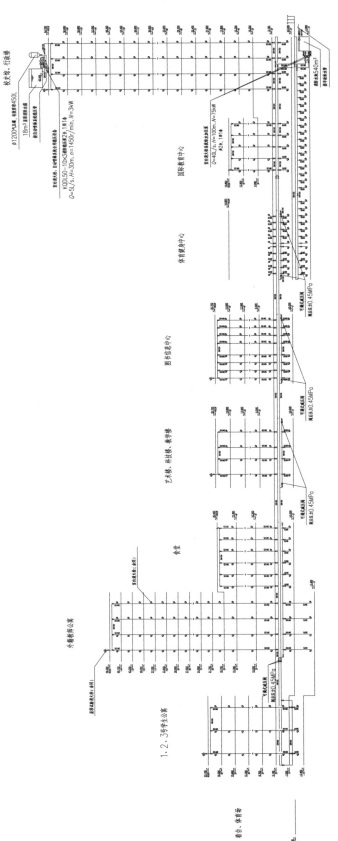

室内消火栓给水系统图

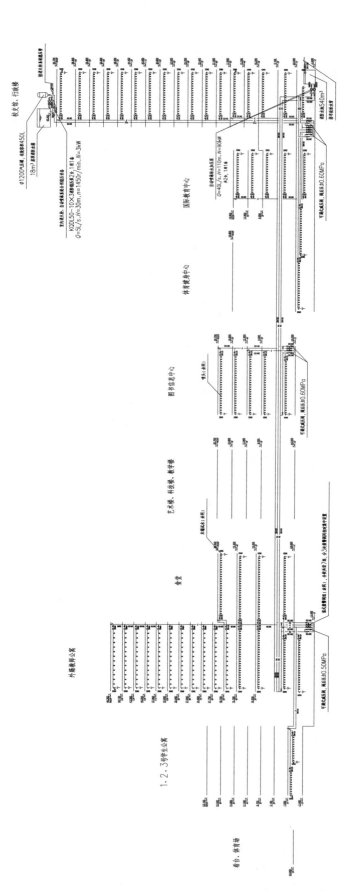

自动喷淋给水系统图

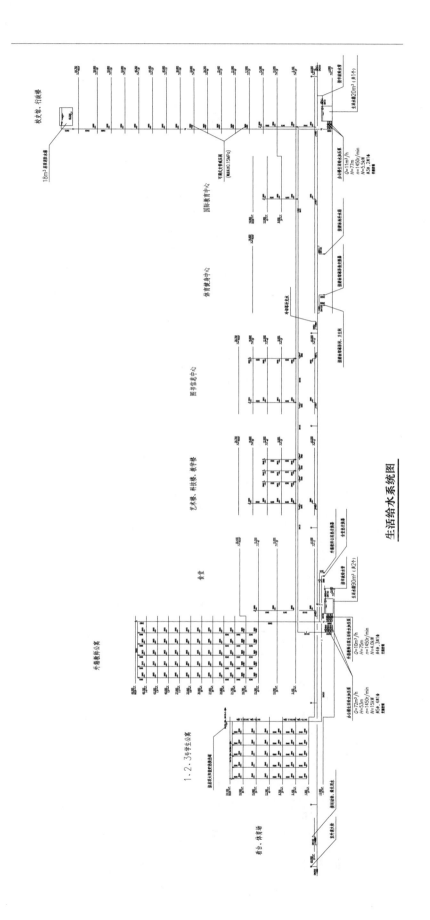

生活给水系统图

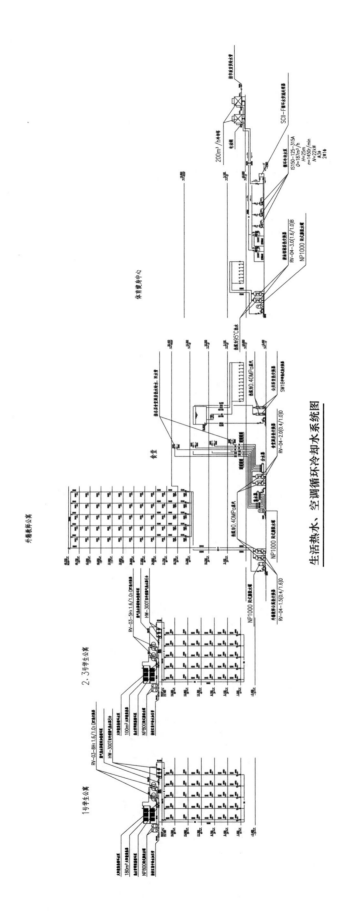

生活热水、空调循环冷却水系统图

西安印钞有限公司印钞工房及科技信息中心工程

设计单位： 中国建筑西北设计研究院有限公司
设 计 人： 常军锋　靳娜　王研
获奖情况： 公共建筑类　二等奖

工程概况：

"西安印钞有限公司印钞工房及科技信息中心工程"项目位于西安市，在西安印钞有限公司厂区内，本项目用地面积34579.9m²，建筑总面积54226.5m²。本项目由丙类多层工业厂房和高层民用建筑及室外水泵房构成，含印钞工房、科技信息中心和水泵房（改扩建工程）。其中：

印钞工房：为丙类多层工业厂房及多层综合办公服务用房，建筑面积24200m²，建筑高度23.35m，地下1层，地上3层（局部有夹层）。含胶印和凹印车间、白纸加工和准备间、立体库、职工餐厅及职工淋浴间等。

科技信息中心：为高层民用建筑（综合楼），建筑面积29500m²，建筑高度87.70m，地下1层，地上18层。含地下车库、设备用房、配送中心、信息中心、展厅、研发中心、技术中心、质量管理中心、职工厨房餐厅、职工淋浴间、业务办公等。

水泵房（改扩建工程）：为单层地下设备用房，地下1层，建筑面积526.5m²，建筑高度6.5m。

本项目自2010年4月开始施工图设计，2014年4月通过竣工验收后投入使用。

工程说明：

一、印钞工房给水排水系统

（一）给水系统

1. 水源

本工程水源为城市自来水。自来水引入管连接厂区内生产、生活及消防合用供水环管，环状管网供水压力为0.30MPa。

2. 用水量标准及用水量

最高日用水量455.7m³/d，平均时用水量47.47m³/h，最大时用水量69.33m³/h。具体数据见表1。

用水量标准及用水量

表1

序号	用水名称	用水规模	用水量标准	用水时间	小时变化系数	用水量		
						最高日 (m³/d)	平均时 (m³/h)	最大时 (m³/h)
1	办公人员	62人	50L/（人·d）	10h	1.5	3.1	0.31	0.47
2	生产人员	235人/班 2班/d	50L/（人·班）	8h/班	2.5	23.5	1.47	3.67

续表

序号	用水名称	用水规模	用水量标准	用水时间	小时变化系数	用水量		
						最高日 (m³/d)	平均时 (m³/h)	最大时 (m³/h)
3	职工淋浴	235 人/次 2 次/d	60L/人次	1h/次	2.0	28.2	14.10	28.20
4	职工餐厅	470 人/餐 3 餐/d	20L/(人·餐)	10h	1.5	28.2	2.82	4.23
5	空调冷却循环补水	冷却循环水量 1500m³/h	取冷却循环水量的 1.5%	16h	1.0	360.0	22.50	22.50
6	绿化用水	2000m² 1 次/d	2L/(m²·次)	1h/次	1.5	4.0	4.00	6.00
7	未预见水量（不含空调冷却循环补水）		取日用水量的 10%			8.7	2.27	4.26
8	总用水量					455.7	47.47	69.33

3. 供水分区及系统

根据建筑高度和用水性质，生活给水系统分为高、低两个区，其中地下一层～二层为低区，生活用水由厂区给水管网直接供给；三层及三层以上为高区，生活用水由箱式无负压变频供水设备供给。供水设备设于地下一层制冷机房内，从厂区给水管网直接吸水。

（二）热水系统

1. 水源

接自生活给水系统。

2. 热源

（1）市政集中供热管网提供的蒸汽热源：温度 $T=200℃$，压力 $P=0.60MPa$。

（2）厂区预热源：重复利用厂区凝结水，凝结水水质经化验符合饮用水水质标准。凝结水供水量 90m³/d，温度 $T=60℃$。

（3）制冷机冷凝热热源：夏季制冷机冷凝热热回收可预热热水量 21m³/h，温度 $T=43℃$。

3. 热水用水量标准及耗热量

总设计小时耗热量为 738035.3W。具体数据见表 2。

热水用水量标准及耗热量　　　　　　　　　　　　　　　　表 2

序号	用水名称	用水器具	用水量标准 [L/(只·h)]	数量 (只)	同时使用百分数 (%)	温度(℃)	小时耗热量 (W)
1	职工淋浴房	淋浴器	300	82	70	37	629995
2	厨房餐厅	洗涤盆	250	12	70	50	108040.3
3	总设计小时耗热量						738035.3

4. 供水形式及系统

（1）厨房餐厅热水采用容积式电热水器供应，电热水器设在厨房洗碗间内。

（2）职工淋浴生活热水采用定时集中热水供应系统供应，机械循环。热交换站设在本楼一层。供水形式为三路热水供应系统，即汽-水换热热水系统、凝结水重复利用热水系统、制冷机冷凝热热回收热水系统，三个系统互为补充。

1）汽-水换热热水系统：采用定时集中热水供应系统，机械循环。采用板式换热器和贮热水罐联合供应生活热水。

2）凝结水重复利用热水系统：重复利用厂区富余凝结水，凝结水水质经化验符合自来水水质标准。厂区凝结水站提供与给水压力匹配的 60℃凝结水，通过电磁阀接入汽-水换热热水系统，将二者错开运行。厂区凝结水站供水量 $Q＝90m^3/d$，供水温度 60℃。

3）制冷机冷凝热热回收热水系统：制冷机辅助凝结器夏季产生的冷凝热热回收可预热热水量 $30m^3/d$，使冷水升温至 45℃，贮存于贮热水罐，再进入汽-水换热器二次换热至 60℃，供给热水管网系统。贮热水罐水位变化控制冷凝器热回收工况变化。

（三）冷却循环水系统

1. 空调工艺资料

空压机房及真空泵房内空压机、真空泵冷却水采用冷却循环系统，冷却循环水量 $200m^3/h$，冷却塔进水温度 35℃，出水温度 30℃，环境湿球温度 26.8℃。

2. 系统

设冷却循环水泵 2 台，1 台工作，1 台备用。每台水泵循环水量为 $200m^3/h$。冷却循环水泵设在地下一层制冷机房内。

3. 冷却塔

设冷却塔一台，采用方形横流超低噪声冷却塔，冷却水量为 $200m^3/h$。冷却塔设在屋面，做隔振基础。

印钞工房工艺冷却塔全年运行，冷却塔选型考虑全年工况，对冷却塔的冬季或过渡季工况进行复核。工艺冷却塔集水盘及敷设在屋面的工艺冷却循环水管冬季采用电伴热保温措施。另外，还在冷却塔的进风口增设挡水板，使进风口一侧塔壁流水跳入集水盘，避免结冰，综合解决冬季运行的防冻问题。

4. 工艺流程

补水→冷却塔→循环水泵→全程水处理器→空压机、真空泵→冷却塔。

冷却塔补水由生活给水系统供给，补水经水表计量。

（四）污、废水排水系统

1. 排水体制

雨、污水分流制。

2. 排水系统

本工程雨水和污水经雨、污水管收集后，分别排至厂区雨水管网和污水管网。地下室部分排水采用潜污泵提升排至室外雨水管网，厨房含油污水经隔油器处理后，排入厂区污水管网；生活污水就近排入厂区污水管网，最终进入厂内污水处理站处理后排入市政污水管网。

3. 排水量

生活污水量 $410.4m^3/d$，生产废水量 $17.3m^3/d$。

4. 污、废水的处理

（1）本项目所产生的污、废水包括凹印废水、生产废水及生活污水。其中凹印废水排入凹印废水处理站进行处理，生产废水、生活污水就近排入厂区污水管网，最终进入厂内污水处理总站进行处理。

（2）经二级处理后的中水在满足回收利用后对富余部分可达标排放。凹印废水进入凹印废水处理站，经处理后 90%的清液回用，10%的浓缩液由专业公司定期外运处理。

(五) 雨水排水系统

1. 设计参数

采用西安地区暴雨强度公式，设计重现期 $P=50$ 年，径流系数 $\psi=0.85$，$t=5min$，$q=3.051L/(s \cdot 100m^2)$。

雨水排水量 $Q=200.31L/s$。

2. 系统

屋面雨水排放采用虹吸式雨水系统，设计重现期 50 年。在寒冷气候条件下，为避免冰雪融水冻结而阻止排放，以及为防止冰雪融水在落水管中冻结而使管道冻爆，在屋面天沟、雨水斗敷设和安装发热电缆融雪系统。

屋面雨水经收集后，就近排入厂区雨水管网，最终排入市政雨水管网。

二、印钞工房消防系统

(一) 消防水源

本建筑消防水源为城市自来水，$DN150$ 的自来水引入管连接厂区环状供水管网，管网供水压力不低于 0.30MPa。

(二) 室外消火栓系统

室外消火栓系统用水量 40L/s，火灾延续时间 3h。厂区给水环网为生产、生活及消防合用系统，给水环网上接有 8 套室外地上式消火栓。平时管网压力不低于 0.3MPa，给水环管管径为 $DN300$。室外给水环网供水系统采用低压制，管网供水压力和水量能满足本楼室外消防用水的要求。

(三) 室内消火栓系统

(1) 本楼室内消火栓系统采用临时高压给水系统，竖向为一个区，设计为独立系统。室内消火栓水量 15L/s，火灾延续时间 3h。科技信息中心屋顶消防水箱内存 $18m^3$ 消防专用水量。由室外小区水泵房内消火栓泵、消防水池和屋顶消防水箱及消防水泵接合器向管网供水。室外消防水池贮水容积 $1355m^3$。

(2) 室内消火栓布置保证室内任何一处均有 2 支水枪同时到达。室内消火栓箱内设消防卷盘及启泵按钮，平时消火栓管网压力由科技信息中心屋顶消防水箱维持，发生火灾时启动室外消防泵房内的消火栓泵向系统加压灭火。另外，设室外地上式水泵接器一套，本楼所有消火栓均采用减稳压消火栓箱。

(四) 自动喷水灭火系统

(1) 根据印钞企业的特点和重要性，本项目自动喷水灭火系统采用预作用自动喷水灭火系统，采用临时高压制，竖向为一个区，设计为独立系统。地下室、成品库及办公综合服务用房的走道、房间按中危险 Ⅱ 级设计，系统设计流量 30L/s，设计喷水强度 $8L/(min \cdot m^2)$，作用面积 $160m^2$，消防历时 1h。立体库按仓库危险 Ⅱ 级设计，系统设计流量 95L/s。设计喷水强度 $15L/(min \cdot m^2)$，作用面积 $280m^2$，消防历时 2h。

(2) 本印钞工房内立体库为高架仓库，最大贮物高度 18.0m，在立体库顶板下及货架内设置喷头，货架内置喷头自地面起每 4m 设置一层，共设 4 层。顶板下的喷头采用 $DN20$ 直立型快速响应玻璃球喷头，流量系数 $K=115$。立体库货架内置喷头采用边墙型快速响应玻璃球喷头，货架内开放喷头数量为 14 个，最低工作压力 0.1MPa。货架内置喷头上方的层间隔板为实层板。

(3) 科技信息中心屋顶水箱间设专用消防水箱一台，贮存 $18.0m^3$ 消防初期用水量。平时自喷管网的压力由科技信息中心屋顶消防水箱维持，发生火灾时启动室外消防泵内的自喷消防泵。另外，设室外地上水泵接合器 7 套。

(4) 预作用自动喷水灭火系统管网的气压值在 0.03~0.05MPa 之间。当管网气压值为 0.03MPa 时，空压机向系统补气；当管网气压值达到 0.05MPa 时，空压机停止工作；当管网气压值低于 0.03MPa 时，系统低压力开关报警，报警阀开启。

（五）气体灭火系统

低压变配电室、信息机房、弱电机房设 FM200 七氟丙烷无管网灭火系统。设计浓度 8%～9%，设计温度 20℃，喷放时间≤10s，充装量 1kg/L。

（六）建筑灭火器配置

本建筑按中危险级设计，火灾种类为 A 类，局部为 E 类（带电火灾），变配电间采用 MFT/ABC20 型推车式磷酸铵盐干粉灭火器灭火，其余部位采用 MF/ABC4 型手提式磷酸铵盐干粉灭火器灭火。

三、科技信息中心给水排水系统

（一）给水系统

1. 水源

本工程水源为城市自来水。厂区内给水环网为生产、生活及消防合用系统，管网供水压力为 0.30MPa。管网供水压力和水量能满足新建科技信息中心生产及生活的要求。

2. 用水量标准及用水量

最高日用水量 274.1m³/d，平均时用水量 47.99m³/h，最大时用水量 83.94m³/h。具体数据见表 3。

用水量标准及用水量　　　　　　　　　　　表 3

序号	用水名称	用水规模	用水量标准	用水时间	小时变化系数	用水量 最高日 (m³/d)	用水量 平均时 (m³/h)	用水量 最大时 (m³/h)
1	办公人员	600 人	50L/(人·d)	10h	1.5	30.0	3.00	4.50
2	生产人员	350 人/班 2 班/d	50L/(人·班)	8h/班	2.5	35.0	2.19	5.47
3	职工淋浴	350 人/次 2 次/d	60L/人次	1h/次	2.0	42.0	21.00	42.00
4	职工餐厅	1300 人/餐 3 餐/d	20L/(人·餐)	10h	1.5	78.0	7.80	11.70
5	空调冷却循环补水	冷却循环水量 200m³/h	取冷却循环水量的 2%	16h	1.0	64.0	4.00	4.00
6	绿化用水	3000m² 1 次/d	2L/(m²·次)	1h/次	1.5	6.0	6.00	9.00
7	未预见水量（不含空调冷却循环补水）		取日用水量的 10%			19.1	4.00	7.27
8	总用水量					274.1	47.99	83.94

3. 供水分区及系统

根据建筑高度和用水性质，生活给水系统分为高、中、低三个区。其中地下一层～三层为低区，生活用水由厂区给水管网直接供给；四层～十一层为中区，生活用水由箱式无负压恒压变频供水设备供给；十二层～十八层为高区，生活用水由箱式无负压恒压变频供水设备供给。水泵房设在地下一层，从厂区给水管网直接吸水。

（二）热水系统

1. 热水供应区域

二层、三层职工淋浴间。

2. 水源

接低区生活给水系统。

3. 热源

(1) 太阳自然光源。

(2) 市政集中供热管网提供的高温蒸汽：温度 $T=200℃$，压力 $P=0.60MPa$。

4. 热水用水量标准及耗热量

总设计小时耗热量为845595W。具体数据见表4。

热水用水量标准及耗热量

表4

序号	用水名称	用水器具	用水量标准 [L/(只·h)]	数量 (只)	同时使用百分数(%)	温度 (℃)	小时耗热量 (W)
1	职工淋浴房	淋浴器	300	96	70	37	737555
2	厨房餐厅	洗涤盆	250	12	70	50	108040
3	总设计小时耗热量						845595

5. 供水系统

(1) 本工程采用定时承压式太阳能集中热水供应系统，温差循环。辅助加热系统采用汽-水换热供水系统，机械循环，采用板式换热器与贮热水罐制备热水。

(2) 热水系统设计为双管制，日供水量40m³，热水供水温度为45℃。根据楼顶实际情况，系统安装144台 HRJ4-32/18 型真空热管型集热器，总集热面积为774.72m²。在阴雨天气和冬季辐照量不好的情况下由汽-水换热供水系统辅助供水。

(三) 中水系统

(1) 厂区内现有污水处理站中水产水量约150～200m³/d。科技信息中心中水给水引入管接自厂区中水给水管网，经水表计量后供室内冲厕用水。

(2) 科技信息中心的中水给水系统采用分区供水，系统分区及增压供水设备与生活给水系统分区及增压供水设备相同。室内冲厕、地下车库地面冲洗、绿化浇灌及道路浇洒采用中水。

(3) 本楼竖向分为高、中、低三个区，低区为地下一层～三层，中区为四层～十一层，高区为十二层～十八层。中、高区采用恒压变频设备供水，低区从厂区中水管网直接吸水。中水泵房及水箱设于地下一层，高、低区水箱贮水容积均为10.8m³。最高日用水量40m³/d，最大时用水量6.50m³/h。

(四) 冷却循环水系统

1. 空调工艺资料

设制冷机2台，冷却循环水量1300m³/h，冷却塔进水温度37℃，出水温度32℃，环境湿球温度26.8℃。

2. 系统

设冷却循环水泵3台，2台工作，1台备用。每台水泵循环水量为650m³/h。冷却循环水泵设在地下一层制冷机房内。

3. 冷却塔

设冷却塔2台，采用方形横流超低噪声冷却塔，每台冷却水量为700m³/h。冷却塔设于印钞工房屋面，做隔振基础。

4. 工艺流程

补水→冷却塔→循环水泵→全程水处理器→制冷机组→冷却塔。

冷却塔补水由生活给水系统供给，补水经水表计量。

(五) 污、废水排水系统

1. 排水体制

采取雨、污分流，污、废合流制。

2. 排水系统

生活污水采用双立管排水系统，设专用通气立管。裙楼污水单独排出，其余楼层为一个排水系统。所有污水经管道收集后排入厂区污水处理站，最终排入城市污水管网。

3. 排水量

生活污水排水量 $246.7m^3/d$，废水排水量 $11.2m^3/d$。

(六) 雨水排水系统

1. 设计参数

采用西安地区暴雨强度公式，设计重现期 $P=10$ 年，径流系数 $\psi=0.85$，$t=5min$，$q=3.051L/(s \cdot 100m^2)$。

雨水排水量 $Q=119.08L/s$。

2. 系统

(1) 主楼屋面雨水采用重力流排水系统，雨水斗采用 87 型雨水斗，裙楼屋面雨水采用虹吸式压力流排水系统，雨水斗采用虹吸式雨水斗，设计重现期均取 50 年。雨水排水量 $119.08L/s$。

(2) 设排水天沟、雨水斗融雪保温系统。在寒冷气候条件下，为避免冰雪融水冻结而阻止排放，以及为防止冰雪融水在落水管中冻结而使管道冻爆，在屋面天沟、雨水斗敷设和安装发热电缆融雪系统。屋面雨水经雨水管道有组织收集后排至室外雨水管网。

(3) 屋面雨水经收集后，就近排入厂区雨水管网，最终排入市政雨水管网。

四、科技信息中心消防系统

(一) 消防水源

本建筑消防水源为城市自来水，厂区内现有给水管道齐全，供水压力不小于 0.30MPa。管网供水压力和水量能满足本楼生产、生活及消防要求。

(二) 消防用水量 (见表5)

消防用水量标准及用水量 表 5

消防系统	用水量标准(L/s)	火灾延续时间(h)	一次灭火用水量(m³)
室外消火栓系统	30	3	324
室内消火栓系统	40	3	432
自动喷水灭火系统	30	1	108
大空间智能水炮自动灭火系统	10	1	36

(三) 室外消火栓系统

厂区给水环网为生产、生活及消防合用系统，给水环网上接有 6 套室外地上式消火栓。平时管网压力不小于 0.30MPa，给水环管管径为 DN300。室外给水环网供水系统采用低压制，管网供水压力和水量能满足本楼室外消防用水的要求。

(四) 室内消火栓系统

(1) 本楼室内消火栓系统采用临时高压给水系统，竖向为一个区，设计为独立系统。室内消火栓布置保证室内任何一处均有 2 支水枪同时到达。消防给水引入管从厂区室内消火栓给水管网就近接入。室内设单出口消火栓箱，室内消火栓给水系统水平干管及竖向干管构成环状管网。

(2) 屋顶水箱间设消防专用水箱一台，贮存水量 18m³，并设消火栓稳压装置一套。室内消火栓箱内设消防卷盘及启泵按钮，平时消火栓管网压力由屋顶消防水箱及稳压装置维持，发生火灾时启动室外消防泵房内的消火栓泵。另外，设室外地上式水泵接合器 3 套。

（五）自动喷水灭火系统

(1) 根据印钞企业的特点及其建筑重要性，本楼自动喷水灭火系统采用预作用系统。采用临时高压制，竖向为一个区，设计为独立系统。自动喷水灭火系统的危险等级按中危险Ⅱ级设防，喷水强度 8L/(min·m²)，作用面积 160m²，消防历时 1h。

(2) 本楼除电气用房和不宜用水扑救的房间以外，其他场所均设置自动喷水喷头保护。自喷系统每个防火分区均设信号阀和水流指示器。系统预作用报警阀设于地下一层。

(3) 屋顶水箱间设消防专用水箱一台，贮存水量 18m³，并设自喷稳压装置一套。平时自喷管网的压力由屋顶消防水箱及稳压装置维持，发生火灾时启动室外消防泵房内的自喷消防泵。另外，设室外地上式水泵接合器 2 套。

(4) 预作用自动喷水灭火系统管网的气压值在 0.03～0.05MPa 之间。当管网气压值为 0.03MPa 时，空压机向系统补气；当管网气压值达到 0.05MPa 时，空压机停止工作；当管网气压值低于 0.03MPa 时，系统低压压力开关报警。

（六）大空间智能水炮自动灭火系统

裙楼中庭区域设置大空间智能水炮自动灭火系统，按中危险Ⅰ级设防，设计流量 10L/s，作用时间 1h。本工程采用 ZDMS0.6/5S-SFQ-A 型自动跟踪定位射流灭火装置。水炮加压消防泵与自动喷水灭火系统合用。

（七）气体灭火系统

高低压变配电室、科技信息中心主机房、网络硬盘室、安防消防监控室设 FM200 七氟丙烷无管网灭火系统。设计浓度 8%～9%，设计温度 20℃，喷放时间≤10s，充装量 1kg/L。

（八）建筑灭火器配置

本建筑地下车库按严重危险级设计，火灾种类为 B 类，局部为 C 类及带电火灾。配电室为带电火灾，采用推车式 MFT/ABC50 型磷酸铵盐干粉灭火器灭火。其余部位按严重危险级设计，火灾种类为 A 类，采用 MF/ABC5 型磷酸铵盐手提式干粉灭火器灭火。

五、水泵房（改扩建工程）设计

（一）水泵房概况

水泵房中生活水池贮水容积为 254m³，消防、冷却塔补水水池贮水容积为 1355m³，设差量补偿箱式无负压生活供水装置 1 套，设冷却塔补水变频恒压供水装置 1 套，设消火栓泵 2 台，设自喷消防泵 3 台。

（二）生活饮用水水质稳定

生活水池设外置消毒装置，对贮存用水进行二次消毒处理，保证生活饮用水水质稳定。

（三）生活供水设备节能、环保

厂区生活给水系统采用差量补偿箱式无负压供水装置供水，充分利用自来水水压，实现节水、节能，避免二次污染，保护环境。

（四）更新消防水池贮水水质

厂区冷却塔补水水池与消防水池合用，使消防水池贮水经常流动，可持续更新消防水池存水，稳定消防水池贮水水质。

（五）水池进水安全保障措施

生活、消防水池进水设自动电动强制关断阀门和溢流报警信号，确保泵房、水池不出现淹水事故，保障水池进水安全。

六、工程设计特点

（1）水泵房（改扩建工程）生活给水设备采用无负压供水装置，充分利用自来水水压，实现节能，避免二次污染。

（2）印钞工房生活热水采用汽-水换热热水系统，辅助制冷机冷凝热热回收系统和厂区凝结水重复利用系统，节约能源。

（3）科技信息中心生活热水采用太阳能热水系统，辅助汽-水换热热水系统。充分利用和节约能源。

（4）接厂区中水管网，设中水回用系统，中水用于室内冲厕、车库地面冲洗、绿化浇灌及道路浇洒，节约水资源。

（5）工艺冷却塔选型考虑全年工况，冷却塔集水盘及屋面冷却水管采用电伴热保温，且冷却塔的进风口增设挡水板，解决冬季运行的防冻问题。

（6）印钞工房屋面和科技信息中心裙楼屋面设虹吸式雨水系统，且在屋面天沟、雨水斗敷设和安装发热电缆融雪系统。

（7）根据项目的特点和重要性，采用预作用自动喷水灭火系统，印钞工房立体库按仓库危险Ⅱ级设计，顶板下和货架内均设快速响应喷头。

（8）生活、消防水池进水管道上设电动关断阀门，水池设水位溢流报警信号，确保泵房、水池不出现淹水事故。

七、工程照片及附图

冷却塔

热回收机房

屋顶消防水箱间

屋面太阳能集热器

预作用报警阀

制冷机房

中水泵房

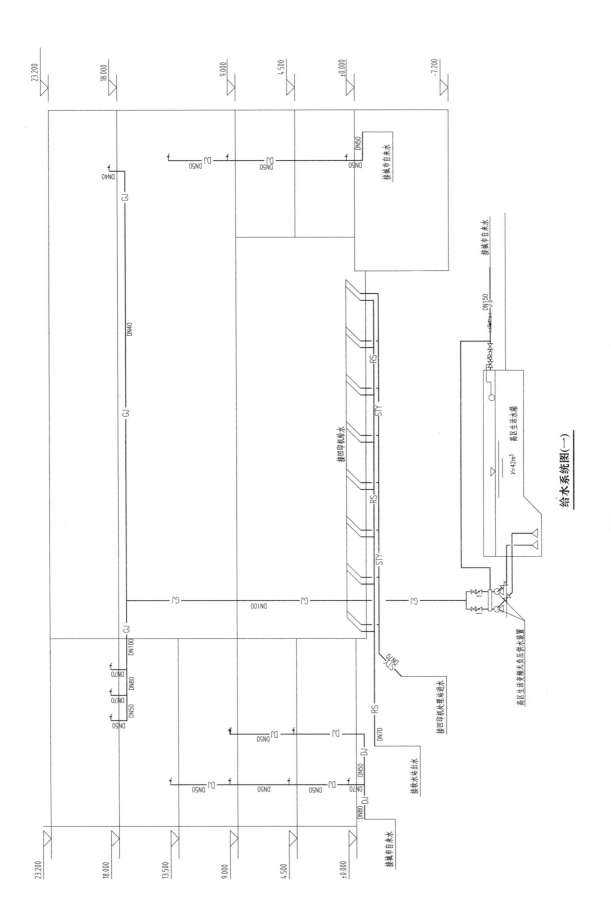

给水系统图(一)

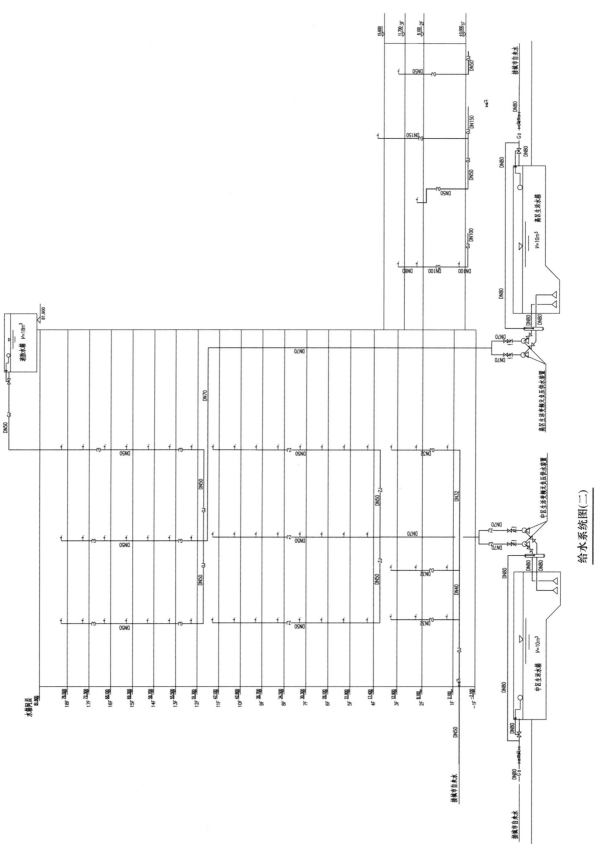

给水系统图(二)

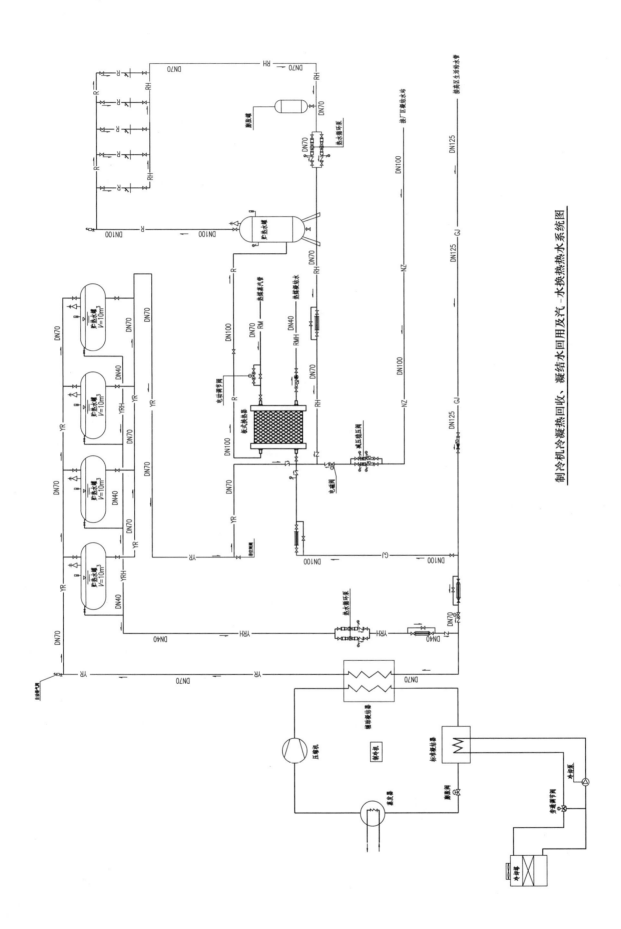

制冷机冷凝热回收、凝结水回用及汽 - 水换热热水系统图

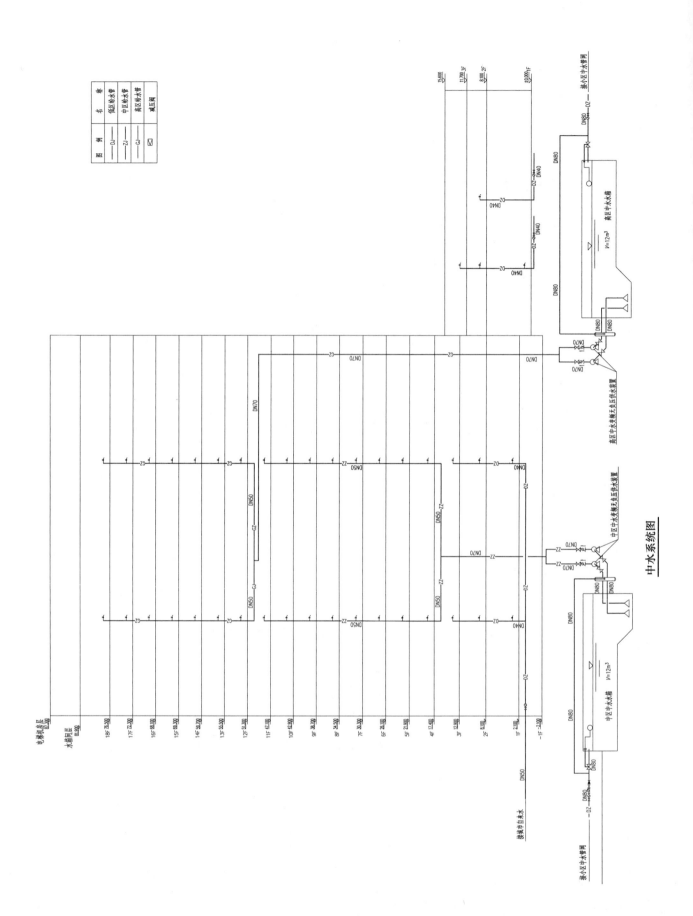

中水系统图

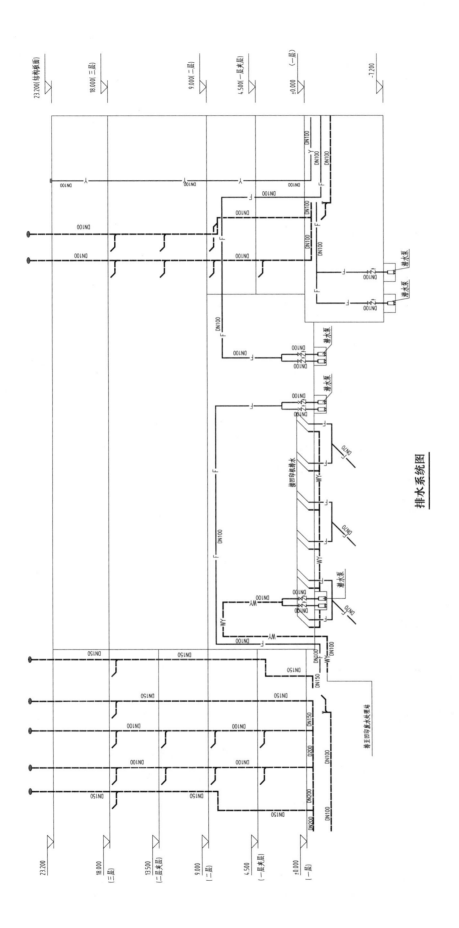

排水系统图

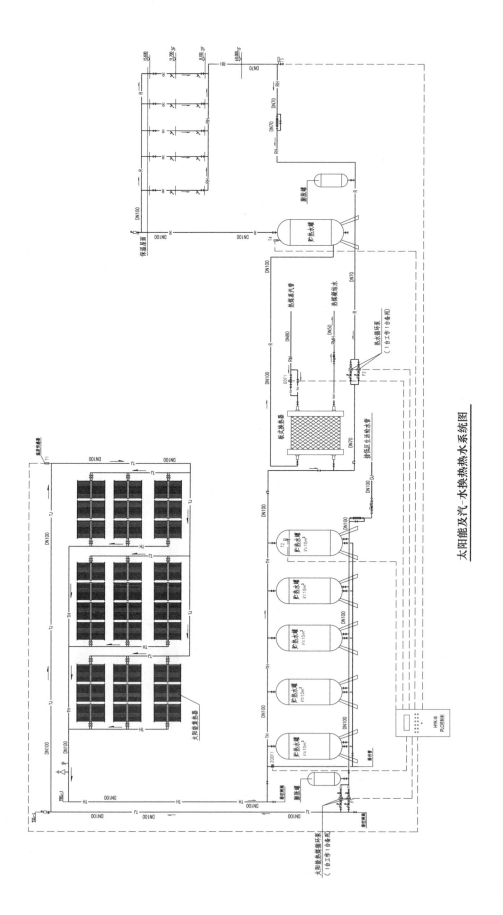

太阳能及汽-水换热热水系统图

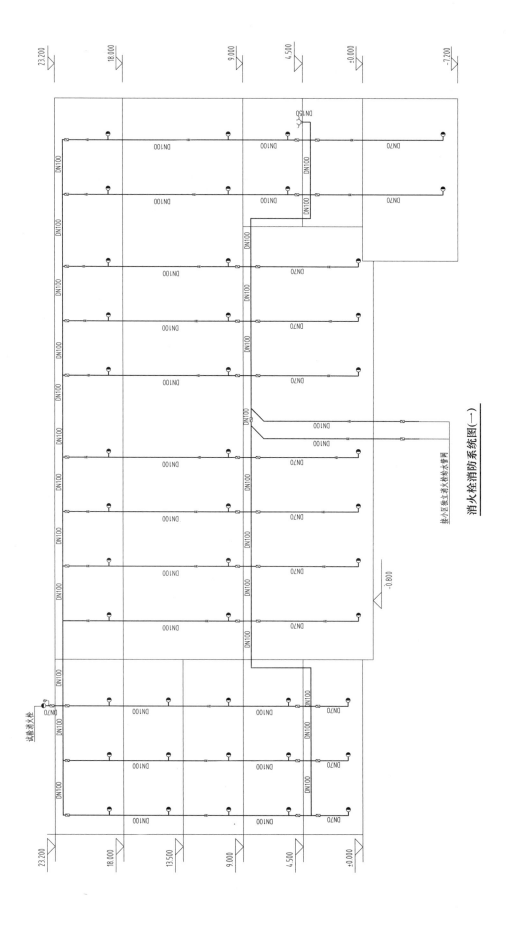

消火栓消防系统图(一)

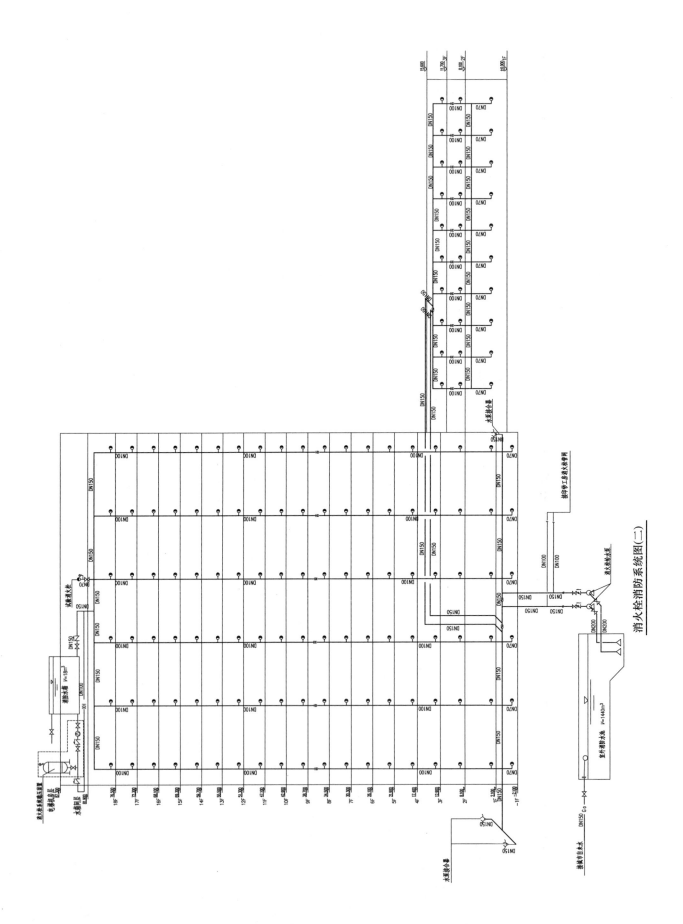

消火栓消防系统图(二)

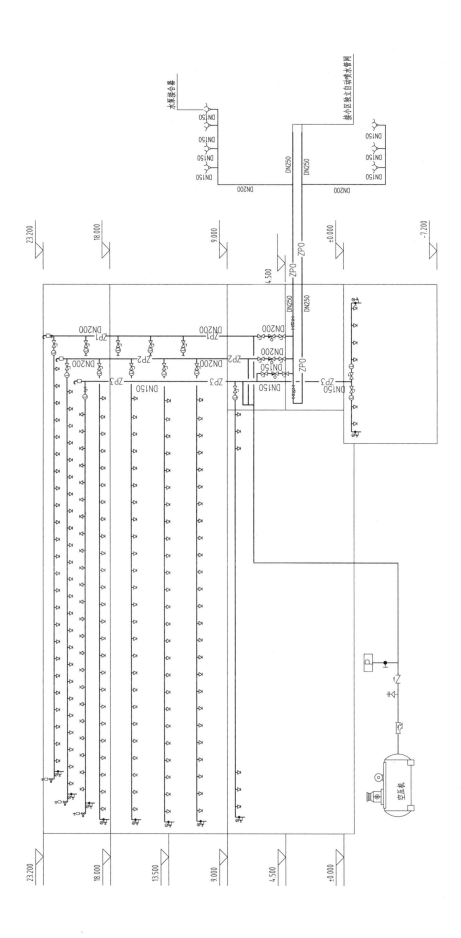

自动喷水灭火系统图(一)

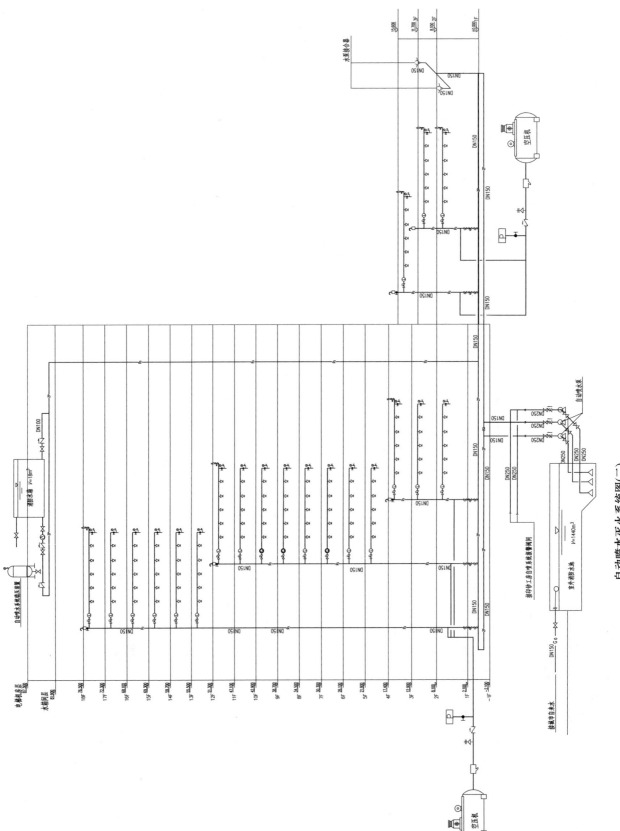

自动喷水灭火系统图(二)

融侨江滨广场

设计单位： 福建省建筑设计研究院有限公司
设 计 人： 彭丹青　黄文忠　程宏伟　傅星帏　陈超生　李逸钦　卢景贵
获奖情况： 公共建筑类　二等奖

工程概况：

融侨江滨广场位于福州市闽江北岸中央商务区，南邻闽江，坐拥一线江景，是由一幢 35 层（163m）的甲级写字楼、一幢 23 层（110m）的五星级酒店、4 层的商业中心及 2 层地下室组成的城市综合体，总建筑面积约 16.6 万 m^2，其中地上建筑面积 122422m^2，地下建筑面积 43134m^2，容积率 4.6，建筑密度 33%，绿地率 30%；地上部分中写字楼 59262m^2，酒店（360 间自然间）50000m^2，商场 11715m^2。

工程说明：

一、给水排水系统

（一）给水系统

1. 冷水用水量（见表 1）

冷水用水量　　　　　　　　　　　　　　　　　　　　　　　　　表 1

序号	用水名称	用水量标准	用水单位数	小时变化系数	日用水时间（h）	最高日用水量（m^3/d）	最大时用水量（m^3/h）
1	客　房	400L/（床·d）	720 床	2.5	24	288	30
2	餐厅	50L/人次	3500 人次/d	1.2	10	175	21
3	酒店员工	100L/（人·d）	400 人	2.5	24	40	4.2
4	会议	8L/人次	500 人次/d	1.5	4	4	1.5
5	健身中心	50L/人次	400 人次/d	1.5	12	20	2.5
6	洗衣房	60L/kg	2430kg/d	1.5	8	145.8	27.3
7	游泳池	补水按 10%	260m^3	1.0	24	26	1.08
8	冷却塔	按循环水量的 2%计	1500m^3/h	1.0	12	360	30
9	未预见水量	按 1～8 项之和的 10%计				105.9	11.8
10	总　计					1164.7	129.38

2. 水源

本项目水源采用自来水，用水由东北面及东南面市政规划道路各引入一路 DN200 市政进水管。市政引入管上分设生活及消防水表，其中两路进水管上分别设置一个消防水表（表后设低阻力倒流防止器），东北面生活进水管上设酒店用水表，东南面生活进水管上设商业用水表、写字楼及公共区域用水表，同时另设一个酒店用水表，表后管线与东北面酒店用水表后管线成环供给酒店使用，其余水表后生活给水管枝状供水。市政供水压力 0.20MPa。

3. 系统竖向分区

(1) 商场生活给水系统分为 2 个区，地下室～二层为 1 区，三层～五层为 2 区。

(2) 写字楼生活给水系统分为 8 个区，六层～九层为 1 区，十一层～十四层为 2 区，十五层～十八层为 3 区，十九层～二十一层为 4 区，二十二层～二十五层为 5 区，二十六层～二十九层为 6 区，三十层～三十三层为 7 区，三十四层～三十五层为 8 区。

(3) 酒店生活给水系统分为 4 个区，地下室～五层为 1 区，六层～十一层为 2 区，十二层～十七层为 3 区，十八层～二十三层为 4 区。

4. 供水方式

生活给水充分利用市政压力供水，市政压力不足的楼层，商业部分采用变频加压供水，写字楼六层～二十一层由二十四层避难层生活转输水箱分区供水、二十二层～三十五层由避难层变频给水泵二次加压分区供水，酒店客房部分采用屋面水箱分区供水，酒店裙房部分采用变频加压供水。生活供水加压设备见表2。

生活供水加压设备　　　　　　　　　　　　表 2

名称	设备参数	数量	备注
商场生活变频给水泵 1	$Q=18m^3/h, H=51m, N=5.5kW, n=1450r/min$	3	2 用 1 备
商场生活变频给水泵 2	$Q=8m^3/h, H=50m, N=3kW, n=1450r/min$	1	1 用
写字楼转输水箱提升泵	$Q=42m^3/h, H=120m, N=30kW, n=1450r/min$	2	1 用 1 备
写字楼高区变频给水泵 1	$Q=7.3m^3/h, H=70m, N=4.0kW, n=2900r/min$	3	2 用 1 备
写字楼高区变频给水泵 2	$Q=3m^3/h, H=70m, N=2.2kW, n=2900r/min$	1	1 用
酒店裙房生活变频给水泵 1	$Q=37.5m^3/h, H=55m, N=11kW, n=2950r/min$	3	2 用 1 备
酒店裙房生活变频给水泵 2	$Q=15m^3/h, H=55m, N=4.0kW, n=2950r/min$	1	1 用
酒店屋面生活水箱提升泵	$Q=33m^3/h, H=125m, N=18.5kW, n=2950r/min$	2	1 用 1 备
酒店客房屋面生活变频给水泵 1	$Q=17.6m^3/h, H=15m, N=1.5kW, n=2950r/min$	3	2 用 1 备
酒店客房屋面生活变频给水泵 2	$Q=7m^3/h, H=15m, N=0.55kW, n=2950r/min$	1	1 用

5. 管材

商场及写字楼生活给水管阀门前主干管采用钢塑复合管（外镀锌内衬塑，衬塑材料 PE），阀门后支管采用 PP-R 管（冷水型，S4 系列）。酒店生活给水管采用 316 薄壁不锈钢管。室外给水管采用球墨铸铁管。

(二) 热水系统

1. 热水用水量（见表3）

热水用水量　　　　　　　　　　　　表 3

序号	用水名称	用水量标准	用水单位数	小时变化系数	日用水时间 (h)	最高日用水量 (m^3/d)	最大时用水量 (m^3/h)
1	客房	160L/(床·d)	720 床	2.8	24	115.2	13.4
2	餐厅	20L/人次	3500 人次/d	1.2	10	70	8.4
3	酒店员工	50L/(人·d)	400 人	2.8	24	20	2.33
4	健身中心	25L/人次	400 人次/d	1.5	12	10	1.25

续表

序号	用水名称	用水量标准	用水单位数	小时变化系数	日用水时间 (h)	最高日用水量 (m³/d)	最大时用水量 (m³/h)
5	洗衣房	20L/kg	2430kg/d	1.5	8	48.6	9.1
6	未预见水量	按1～5项之和的10％计				26.4	3.4
7	总计					290.2	37.88

2. 热源

本项目仅酒店设置集中热水供应系统。酒店采用暖通热水锅炉热水为热媒，通过水-水容积式换热器制备热水，同时利用太阳能对裙房部分热水进行预热。

3. 系统竖向分区

酒店生活热水系统分为4个区，地下室～五层为1区，六层～十一层为2区，十二层～十七层为3区，十八层～二十三层为4区。

4. 热交换器

酒店客房、裙房、洗衣房热水系统均采用导流型立式容积式水-水换热器，游泳池池水加热采用板式换热器。热交换器设备见表4。

热交换器设备   表4

名称	设备参数	数量	备注
客房1区容积式热交换器	导流型立式容积式水-水换热器，单台总容积2.5m³，传热面积7.2m²，外壳采用316不锈钢制品	2	2用
客房2区容积式热交换器	导流型立式容积式水-水换热器，单台总容积2.5m³，传热面积7.2m²，外壳采用316不锈钢制品	2	2用
客房3区容积式热交换器	导流型立式容积式水-水换热器，单台总容积2.5m³，传热面积7.2m²，外壳采用316不锈钢制品	2	2用
酒店裙房容积式热交换器	导流型立式容积式水-水换热器，单台总容积5.5m³，传热面积19.7m²，外壳采用316不锈钢制品	3	3用
裙房太阳能预热容积式热交换器	导流型立式容积式水-水换热器，单台总容积2.5m³，传热面积10.7m²，外壳采用316不锈钢制品	1	1用
洗衣房容积式热交换器	导流型立式容积式水-水换热器，单台总容积2.0m³，传热面积8.9m²，外壳采用316不锈钢制品	2	2用
泳池太阳能预热容积式热交换器	导流型立式容积式水-水换热器，单台总容积2.5m³，传热面积10.7m²，外壳采用316不锈钢制品	1	1用
泳池板式换热器	初次加热151kW，日耗热量48.08kW。冷水侧进水温度27℃，冷水侧出水温度29℃；热水侧进水温度90℃，热水侧出水温度70℃	1	1用

5. 热水供应

酒店采用全日制集中热水供应系统，客房部分设置支管循环，其余部分设置干管循环。热水系统的贮水温度为60℃，供水温度为55℃，回水温度为45℃。客房及裙房（除厨房外）热水总出水管上设置数字控制式水温控制阀组，控制热水出水温度为55℃。酒店裙房部分设置太阳能热水预热系统，游泳池采用恒温恒湿热泵及太阳能预热系统。当夏季太阳能充足时，将游泳池太阳能保温系统切换至裙房预热系统使用。

6. 管材

酒店生活热水管采用 316 薄壁不锈钢管。

(三) 循环冷却水系统

(1) 写字楼与商场循环冷却水系统统一设置,采用超低噪声开式横流冷却塔,冷却塔底部集水盘均互相连通。冷却塔补水与消防用水合用水池。

(2) 酒店循环冷却水系统单独设置,采用低噪声横流式双速风机开式冷却塔,其中一台冷却塔过渡季节采用板式换热器直接供冷。同时,回收空调冷凝水至冷却塔集水盘补水。循环冷却水系统纳入大楼空调 BA 控制系统,根据系统负荷的变化,控制冷却塔、冷却循环泵运行台数,实行节能运行。

(3) 主要设备见表 5。

循环冷却水系统主要设备　　　　表 5

名称	设备参数	数量	备注
商场及写字楼冷却塔	低噪声开式横流冷却塔,循环水量 900m³/h	3	3 用
商场及写字楼循环冷却水加压泵	$Q=900\text{m}^3/\text{h}, H=33\text{m}, N=110\text{kW}, n=1490\text{r/min}$	4	3 用 1 备
酒店冷却塔 1	低噪声横流式双速风机开式冷却塔,循环水量 300m³/h	4	3 用 1 备
酒店冷却塔 2	低噪声横流式双速风机开式冷却塔,循环水量 350m³/h(供冬季免费供冷时使用)	1	1 用
酒店循环冷却水加压泵 1	$Q=520\text{m}^3/\text{h}, H=35\text{m}, N=75\text{kW}, n=1480\text{r/min}$	3	2 用 1 备
酒店循环冷却水加压泵 2	$Q=320\text{m}^3/\text{h}, H=35\text{m}, N=45\text{kW}, n=1480\text{r/min}$(供冬季免费供冷时使用)	2	1 用 1 备

(4) 管材:当管径<DN200 时,采用镀锌钢管;当管径≥DN200 时,采用双面埋弧螺旋钢管。

(四) 排水系统

(1) 酒店客房室内排水采用污、废分流系统,其余部分室内排水采用污、废合流系统。

(2) 写字楼及商场公共卫生间、酒店客房区设置专用通气管,酒店客房坐便器设置器具通气管,其余区域设置环形通气管。

(3) 写字楼生活污废水经化粪池处理后排放。商场及酒店餐饮含油废水经地下室油脂分离器处理后排放,地下室卫生间设置一体化污水提升器提升排放,酒店锅炉房、洗衣房高温排水经降温池降温后排放,生活污水经化粪池处理后排放。酒店化粪池单独设置,商场与写字楼化粪池统一设置。化粪池按停留时间 12h,清掏周期半年标准设置。

(4) 管材:室内排水管采用柔性接口机制排水铸铁管,加压排水管采用内外热镀锌钢管。室外污、废水管均采用 PVC-U 双壁波纹塑料排水管。

(五) 雨水系统

(1) 室外污水与雨水分流,雨水分别就近排至市政雨水管网。

(2) 写字楼及酒店屋面雨水重现期采用 50 年设计。裙房屋面雨水重现期采用 10 年设计。室外雨水重现期采用 2 年设计。

(3) 写字楼及酒店塔楼屋面雨水采用重力排水系统,裙房屋面雨水采用虹吸雨水系统,并设有溢流雨水系统。

(4) 管材:室内虹吸雨水管采用 HDPE 雨水塑料管,重力雨水管采用内外热镀锌无缝钢管。室外雨水管采用 PVC-U 双壁波纹塑料排水管。

（六）游泳池循环水系统

（1）酒店设置室内恒温游泳池，采用混流式循环方式，全流量半程式臭氧消毒，氯长效消毒。设计水温 28℃，循环周期 3h。

（2）游泳池水处理工艺流程见图 1。

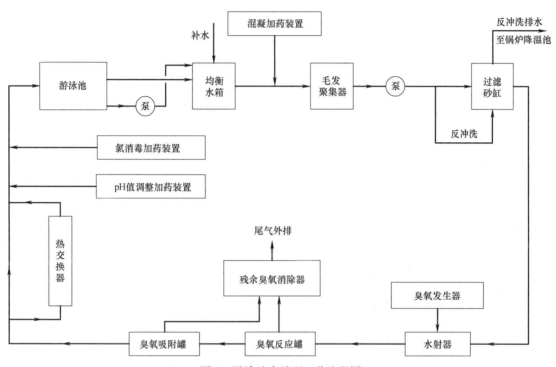

图 1　游泳池水处理工艺流程图

（3）管材：游泳池循环管采用 PVC-U 塑料管，加药管采用 ABS 工程塑料管。

二、消防系统

（一）消防系统概述

本工程按一类高层公共建筑进行防火设计。商场与写字楼消防系统统一设置，酒店消防系统单独设置，两部分的消防系统合用一个消防水池，分别设置独立的消防加压设备。地下二层设置一个冷却塔补水与消防用水合用水池（分两格），共贮存有效水 1349m³，其中贮存消防用水 970m³。写字楼二十四层避难层设置 63m³ 转输水箱，屋面设置 18m³ 消防水箱。酒店屋面设置 18m³ 消防水箱。

（二）消火栓系统

（1）商场及写字楼室内消火栓用水量 40L/s，室外消火栓用水量 30L/s，火灾持续时间 3h。酒店室内消火栓用水量 40L/s，室外消火栓用水量 30L/s，火灾持续时间 3h。

（2）商场及写字楼消防系统分为 3 个区，地下室～四层为低区，五层～二十层为中区，二十一层及以上为高区。地下室消防泵房内设中、低区室内消火栓加压泵、室内消火栓转输泵，二十四层避难层设高区室内消火栓加压泵，与地下室室内消火栓转输泵联动。高区消火栓系统由写字楼屋面 18m³ 消防水箱及消火栓稳压装置维持平时压力，中、低区消火栓系统由二十四层避难层 63m³ 转输水箱维持平时压力。室外设置 4 套低区消火栓水泵接合器，4 套中区消火栓水泵接合器，4 套高区消火栓水泵接合器。商场及写字楼消火栓设备见表 6。

商场及写字楼消火栓设备　　　　　　　　　　　　　　　　表6

名称	设备参数	数量	备注
中、低区室内消火栓加压泵	XBD15.6/40-150×20×8($Q=144m^3/h$, $H=156m$, $N=90kW$)	2	1用1备
高区室内消火栓转输泵	XBD13.6/40-150×20×7($Q=144m^3/h$, $H=136m$, $N=90kW$)	2	1用1备
高区室内消火栓加压泵	XBD9.1/40-150×20×5/1($Q=144m^3/h$, $H=91m$, $N=55kW$)	2	1用1备
室内消火栓稳压泵	XBD3/5-LDW(I)18/3($Q=18m^3/h$, $H=40m$, $N=3kW$)	2	1用1备

（3）酒店消防系统分为2个区，低区为地下室～五层，高区为六层～二十三层。地下室消防泵房内设高区消火栓加压泵，低区通过高区减压供给。高、低区消火栓系统均由酒店屋面18m³消防水箱及消火栓稳压装置维持平时压力。室外设置4套低区消火栓水泵接合器，4套高区消火栓水泵接合器。酒店消火栓设备见表7。

酒店消火栓设备　　　　　　　　　　　　　　　　表7

名称	设备参数	数量	备注
室内消火栓加压泵	XBD15.6/40-W150($Q=144m^3/h$, $H=156m$, $N=90kW$)	2	1用1备
室外消火栓加压泵	XBD4.1/30-W100($Q=108 m^3/h$, $H=41m$, $N=22kW$)	2	1用1备
室内消火栓稳压泵	XBD3/5-LDW(I)18/3($Q=18m^3/h$, $H=40m$, $N=3kW$)	2	1用1备

（4）市政两路进水管围绕小区内部敷设成环，上设5套室外消火栓。地下二层消防泵房设有室外消防提升泵，提升室外消防用水至室外消防取水口，取水口（采用SS-150-1.0）作为消防车取水使用，室外设有5套消防取水口。

（5）管材：商场及写字楼中、高区采用加厚热镀锌钢管及配件，低区采用普通热镀锌钢管及配件。酒店高区采用加厚热镀锌钢管及配件，低区采用普通热镀锌钢管及配件。

（三）自动喷水灭火系统

（1）商场及写字楼自动喷水灭火系统用水量55L/s，火灾持续时间1h。酒店自动喷水灭火系统用水量50L/s，火灾持续时间1h。

（2）本项目除商场中庭上空、商场自动扶梯上空、写字楼大堂上空、酒店自动扶梯上空等高度大于12m部位及商场玻璃顶部位设置大空间智能灭火装置进行保护外，其余部位均设置闭式自动喷水灭火系统进行保护。大空间智能灭火装置型号采用ZSD-40A，保护半径为6m，标准工作压力为0.25MPa，一个智能型红外探测组件控制一个喷头。

（3）商场及写字楼自动喷水灭水系统分为高、低2个区，低区为十一层及以下，高区为十二层及以上。低区喷淋泵及高区喷淋转输泵位于商场及写字楼地下室消防泵房内，高区喷淋泵及63m³消防转输水箱位于二十四层避难层。高区喷淋系统由写字楼屋面18m³消防水箱及喷淋稳压装置维持平时压力，低区喷淋系统由二十四层避难层63m³转输水箱维持平时压力。写字楼一层及二十四层避难层分设湿式报警阀间。室外设置6套低区自动喷淋水泵接合器，4套高区自动喷淋水泵接合器。商场及写字楼喷淋设备见表8。

（4）酒店自动喷水灭火系统设置2个区，低区为五层及以下，高区为六层及以上。自动喷淋加压泵位于酒店地下二层消防泵房内，低区通过高区减压供给。高、低区喷淋系统均由酒店屋面18m³消防水箱及喷淋稳压装置维持平时压力。酒店一层及设备转换层分设湿式报警阀间。室外设置4套低区自动喷淋水泵接合器，3套高区自动喷淋水泵接合器。酒店喷淋设备见表9。

商场及写字楼喷淋设备 表 8

名称	设备参数	数量	备注
低区自动喷淋加压泵	XBD9.9/50-150×25×5/2($Q=126\text{m}^3/\text{h}, H=116\text{m}, N=90\text{kW}$)	2	1用1备
高区自动喷淋转输泵	XBD13/40-150×20×7/1($Q=126\text{m}^3/\text{h}, H=136\text{m}, N=75\text{kW}$)	2	1用1备
高区自动喷淋加压泵	XBD9.7/40-150×20×5($Q=126\text{m}^3/\text{h}, H=110\text{m}, N=55\text{kW}$)	2	1用1备
自动喷淋稳压泵	XBD3.1/1-LDW3.6/4($Q=3.6\text{m}^3/\text{h}, H=31.4\text{m}, N=1.1\text{kW}$)	2	1用1备

酒店喷淋设备 表 9

名称	设备参数	数量	备注
自动喷淋加压泵	XBD15.6/40-W150($Q=126\text{m}^3/\text{h}, H=168\text{m}, N=90\text{kW}$)	2	1用1备
自动喷淋稳压泵	XBD3.1/1-LDW3.6/4($Q=3.6\text{m}^3/\text{h}, H=31.4\text{m}, N=1.1\text{kW}$)	2	1用1备

（5）地下车库设置泡沫—喷淋联用系统，泡沫灭火剂采用抗溶性水成膜泡沫灭火剂，酒店及商场车库各自采用 1 个 3m^3 的泡沫罐。泡沫比例混合器比例采用 6%，流量采用 4~32L/s，工作压力不小于 0.60MPa，持续喷泡沫的时间采用 10min。

（6）管材：商场及写字楼高区采用加厚热镀锌钢管及配件，低区采用普通热镀锌钢管及配件。酒店高区采用加厚热镀锌钢管及配件，低区采用普通热镀锌钢管及配件。

（四）水喷雾灭火系统

（1）地下室燃气/油锅炉房、发电机房及油罐间采用水喷雾灭火系统。燃气/油锅炉房采用局部系统保护，发电机房及油罐间采用全淹没系统保护。设计灭火强度 20.0L/(min·m²)，响应时间小于 45s，工作压力 0.35MPa，水雾喷头采用高速射流器，$K=42.8$，雾化角 120°。

（2）商场及写字楼水喷雾用水量 50L/s，火灾持续时间 0.5h。酒店水喷雾用水量 50L/s，火灾持续时间 0.5h。水喷雾灭火系统与闭式自动喷水灭火系统合用供水管网。水喷雾灭火系统雨淋阀位于发电机房或锅炉房附近的雨淋阀间内。水喷雾灭火系统供水管采用内外热镀锌钢管及配件。

（五）气体灭火系统

（1）商场、写字楼变电所及酒店变电所、酒店一层开闭所设置有管网七氟丙烷气体灭火系统保护，设计灭火浓度 9%，喷射时间 10s，灭火浸渍时间 10min。写字楼十层网络机房及综合布线间设置无管网七氟丙烷气体灭火系统保护，设计灭火浓度 8%，喷射时间 8s，灭火浸渍时间 5min。

（2）气体灭火系统控制方式包括自动控制、手动控制和远程操作三种。各机房内设置两种不同类型的火灾探测器，一种探测器动作，报警；两种探测器同时动作，确认火灾，启动系统。

（六）厨房湿式灭火剂系统

（1）根据厨房油脂火灾特点，在厨房烟罩下及风管接口处设置厨房湿式灭火剂系统，系统采用机械控制或应急手动控制，当火灾发生时，控制箱切断燃气阀门，喷灭火剂灭火，10s 后喷水进行防护冷却。系统喷出灭火剂后，释放信号传至消防控制室。

（2）厨房排烟罩内设超高温喷头保护，动作温度 260℃。

三、工程特点

（1）生活给水系统根据建筑高度、用水性质等采用不同供水方式，合理设置给水分区，实现系统节能运行。本项目共有三种类型建筑，分别为商场、写字楼及酒店。市政压力不足的楼层，商业部分采用变频加压供水，写字楼六层～二十一层由二十四层避难层生活转输水箱供水、二十二层～三十五层由避难层变频给水泵二次加压供水，酒店客房部分采用屋面水箱供水，酒店裙房部分采用变频加压供水。

（2）热水系统充分利用太阳能及可回收热源，采用多种措施保证热水供水温度。酒店设置太阳能热水预热系统，对裙房热水进行预热，游泳池采用恒温恒湿热泵及太阳能预热系统。当夏季太阳能充足时，游泳池太阳能保温系统热量有富余，将游泳池保温系统切换至裙房预热系统使用。酒店热水系统换热器总出水管上设置数字控制式水温控制阀组，控制热水出水温度，酒店客房部分设置支管循环，其余部分设置干管循环，保证酒店热水出水温度满足使用要求。

（3）空调循环冷却水系统采用节能、节水措施。冷却塔补水与消防用水合用水池，使消防水池池水得到有效循环。酒店循环冷却水系统设置4台低噪声横流式双速风机开式冷却塔及1台供冬季免费供冷时使用的冷却塔。免费供冷冷却塔过渡季节采用板式换热器直接供冷。回收空调冷凝排水至酒店冷却塔集水盘，作为空调循环冷却水的补水。

（4）排水系统充分考虑节水、环保的要求。生活污水经化粪池处理后排放，厨房含油废水经地下室一体式油脂分离器处理后排放。酒店锅炉房设置降温池，洗衣房设置降温池及中和池。酒店部分收集生活用水水处理设备反冲洗水、游泳池水处理设备反冲洗水及水管井排水至酒店锅炉降温池，作为降温池冷却水使用。

（5）根据不同建筑高度，采用不同消防供水方式，使消防水泵及输水管网配置经济合理。酒店消防系统单独设置，商场与写字楼消防系统统一设置，两部分的消防系统合用一个消防水池。酒店消防采用设置分区减压阀组方式分区供水，商场及写字楼消防采用地下室消防水池结合避难层消防转输水箱分区转输供水。

四、工程照片及附图

生活水泵房

消防泵房

冬季免费供冷板式换热器

酒店容积式热水换热器

酒店客房热水数字控制式水温控制阀组

酒店生活给水处理设备

酒店生活给水紫外线消毒器

酒店裙房太阳能预热贮热系统

酒店太阳能系统集热板

北向夜景

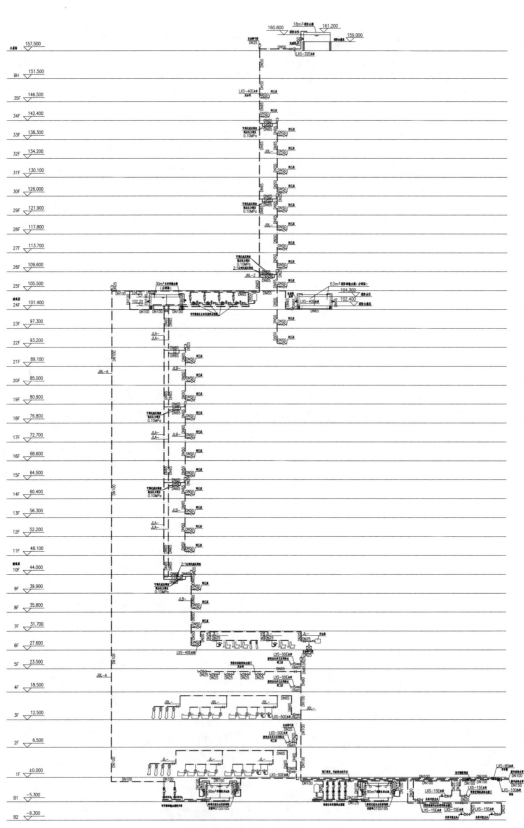

商场及写字楼给水系统图

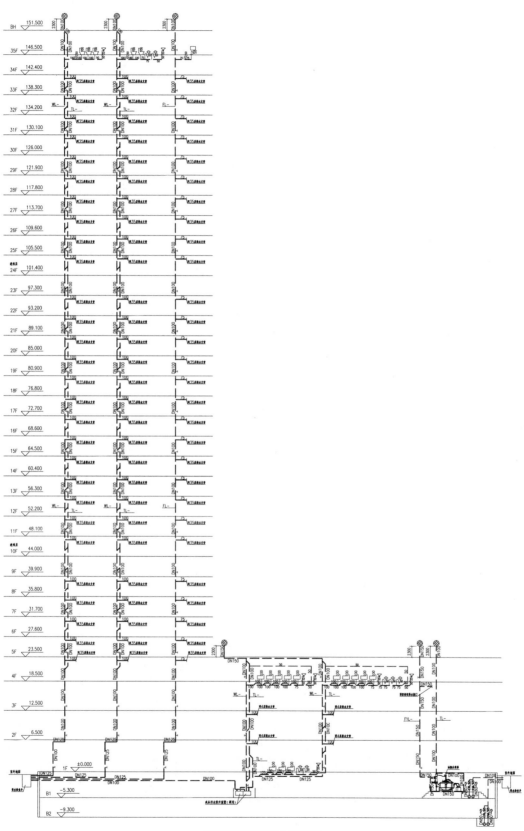

商场及写字楼排水系统图

商场及写字楼室内消火栓系统图

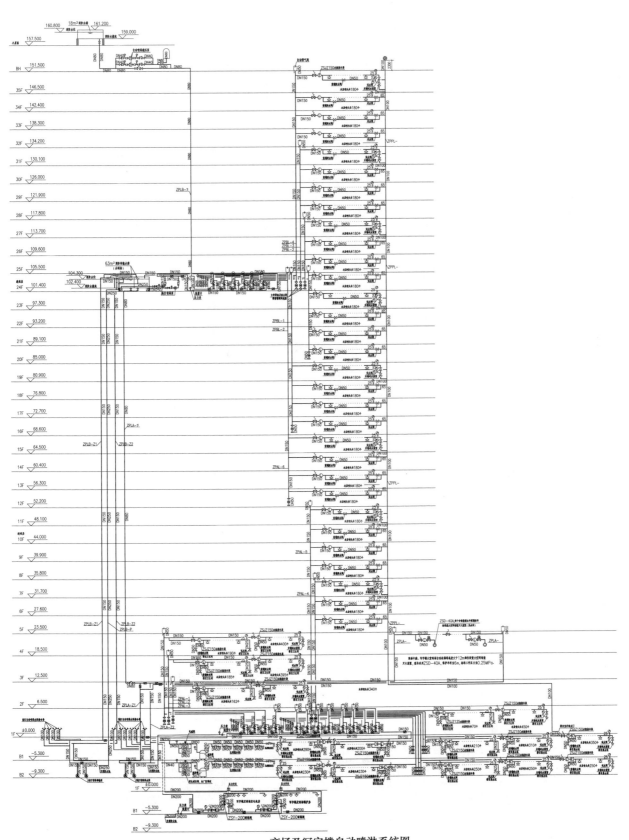

商场及写字楼自动喷淋系统图

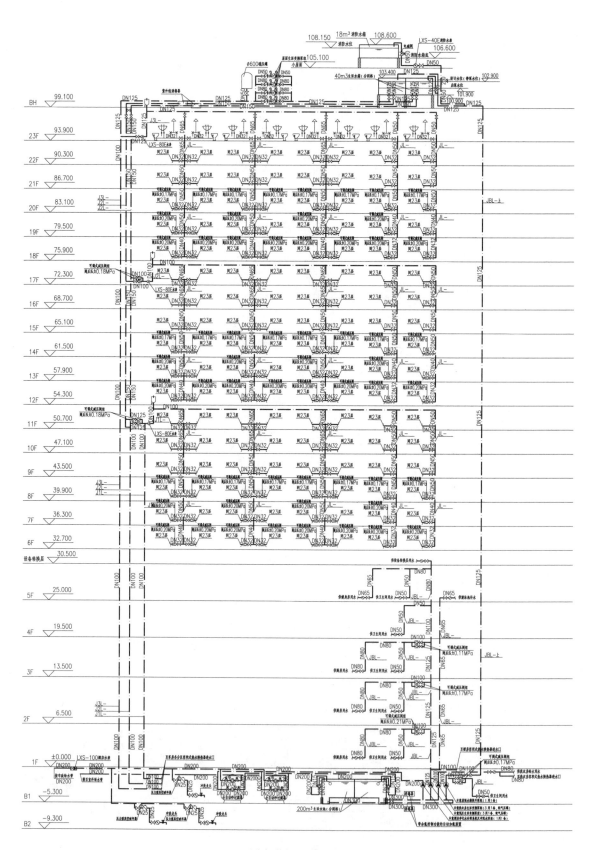

酒店给水系统图

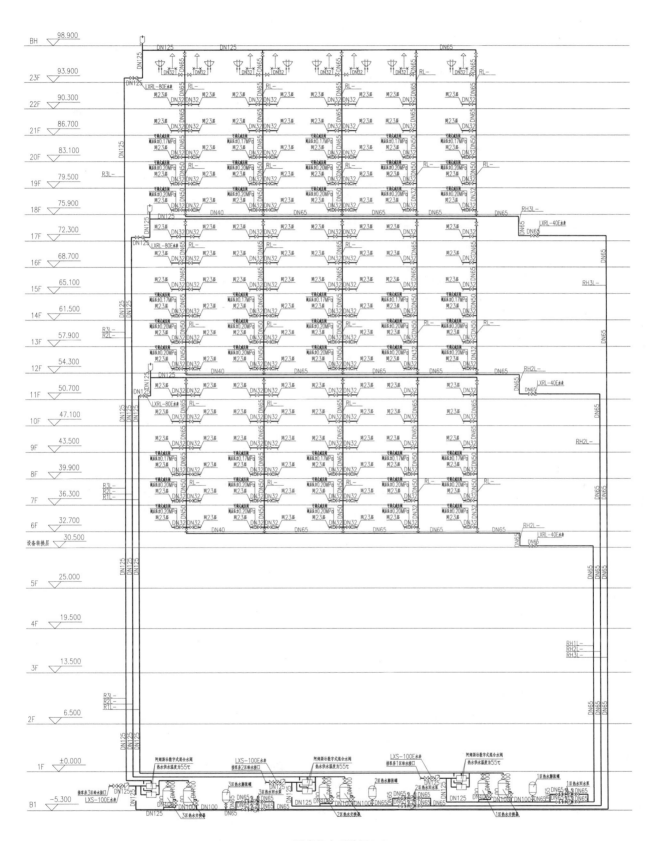

酒店热水系统图(一)

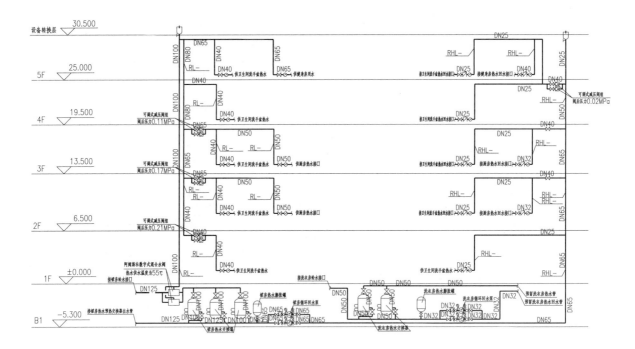

酒店热水系统图(二)

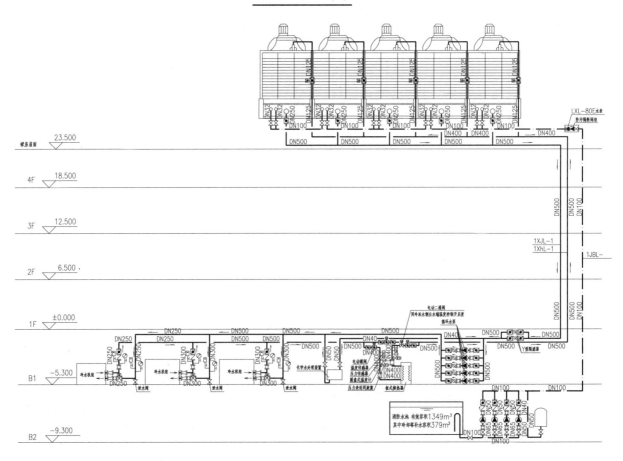

酒店循环冷却水系统图

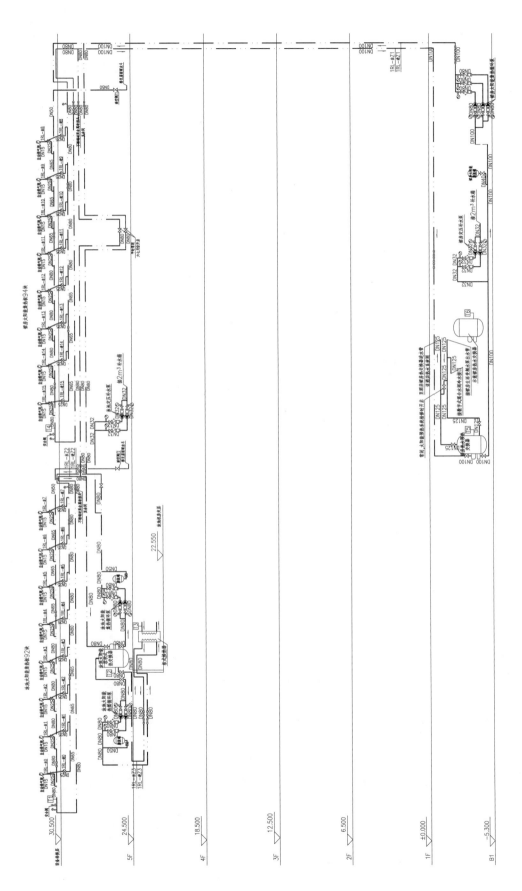

酒店太阳能利用热水系统图

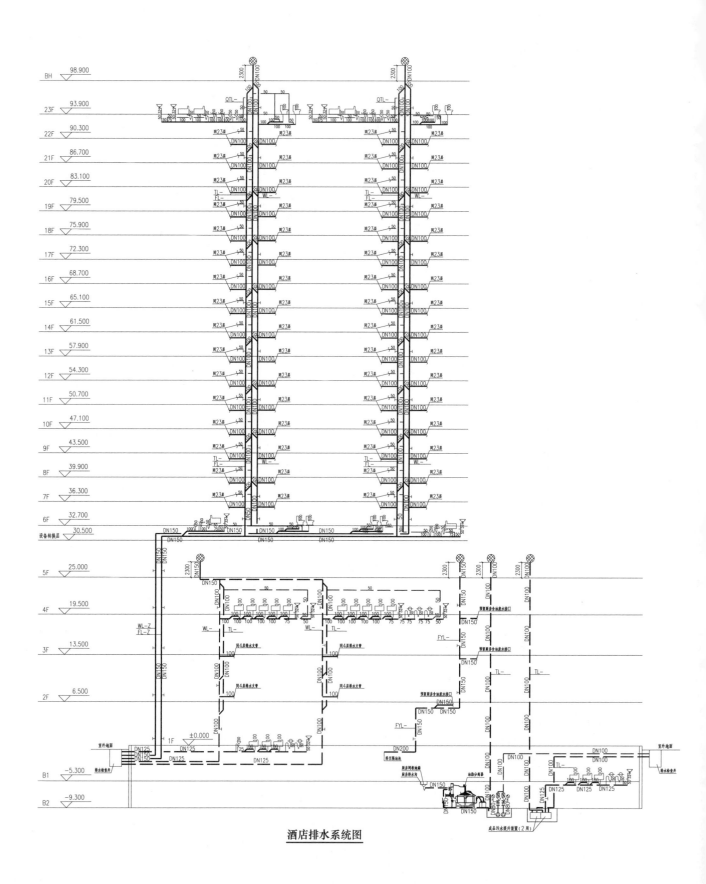

酒店排水系统图

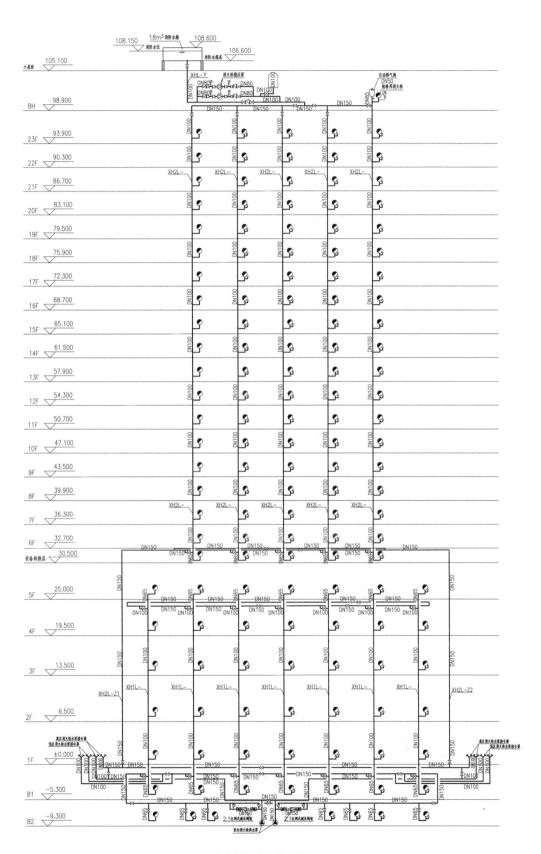

酒店室内消火栓系统图

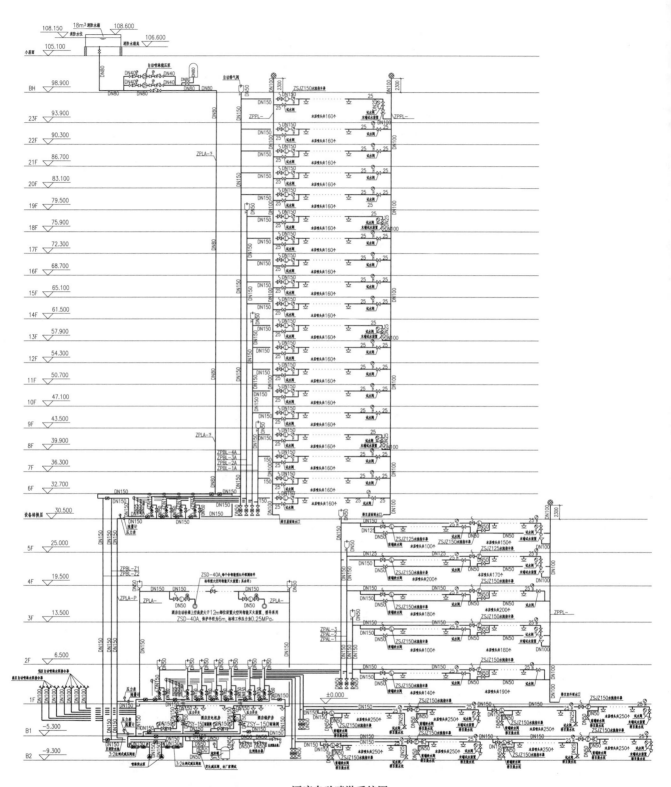

酒店自动喷淋系统图

杨浦区五角场 311 街坊北区综合项目一期（C2-03、C2-05b）

设计单位： 上海天华建筑设计有限公司
设 计 人： 王榕梅　钟佛华　包涵　王晓宁
获奖情况： 公共建筑类　三等奖

工程概况：

本工程建设用地东至淞沪路，南至规划路，西至规划路，北至政立路。用地性质为商业金融与商办综合用地，总用地面积 15837m²，总建筑面积约 90230m²，为三幢高层办公楼及小型商业、配套设施，裙房 2 层商业，地下 2 层车库及设备用房。建筑高度：1、2 号办公楼（11 层）50m，3 号办公楼（9 层）46.6m。C2-03 地块容积率 4.0，C2-05b 地块容积率 3.5。

工程说明：

一、给水排水系统

（一）给水系统

1. 冷水用水量（见表 1）

冷水用水量　　　　　　　　　　　　　　　　　　　　　表 1

序号	用水名称	面积(m²)	人数(人)	用水量标准	小时变化系数	日用水时间(h)	最高日用水量 Q_d(m³/d)	最大时用水量 Q_h(m³/h)
1	办公	60000	5250	40L/(人·d)	1.5	9	210.00	35.00
2	餐饮	2000	2800	30L/(人·d)	1.5	12	84.00	10.50
3	商业	1000		5L/(m²·d)	1.5	12	5.00	0.63
4	配套淋浴		54	100L/(人·d)	1.5	2	5.40	4.05
5	车库冲洗	20000		2L/(m²·d)	1.0	8	40.00	5.00
6	绿化及道路浇洒	4500		0.25 L/(min·m²)	1.0	20min	22.50	7.50
7	冷却塔补水量			按循环水量的 1.0%计	1.0	12	180.00	15.00
8	小计						546.9	77.68
9	未预见水量			按 1～7 项用水量总和的 10.0%计			54.69	7.77
10	总计						601.59	85.45

2. 水源

本工程生活给水水源来自市政生活给水管网（市政水压 0.16MPa），由政立路及基地南侧规划路市政给水管网引入本基地两路 $DN200$ 供水管道，设总水表计量后在基地内形成 $DN300$ 的环状管网供本基地室内外消防用水。另在其中一路引入管上接驳一根 $DN200$ 供水管，经水表计量后供整个基地生活用水。消防引入管起端设置带倒流防止器的水表阀门井。

3. 系统竖向分区

生活给水系统竖向分为两个区，二层及以下为低区，三层及以上为高区。

4. 供水方式及给水加压设备

（1）各单体及地库卫生间冲厕用水、室外总体及裙房屋面绿化灌溉、地下车库地面冲洗、自行车库地面冲洗、隔油池间地面冲洗、垃圾房和卸货间地面冲洗及部分设备间地面冲洗用水由地下一层雨水回收处理站供水，不足部分由市政给水补足。

（2）除上述范围外的生活用水：

1）地下二层～二层：各层配水点用水（除地下室配套淋浴之外）利用市政管网压力直接供给。

2）三层～屋顶：各楼地下室设置独立生活泵房，给水系统采用低位生活水箱（一套，按供水范围日用水量的 25% 计）→ 工频生活泵组（设泵 2 台，1 用 1 备）→ 高位水箱（1 号楼位于十一层水箱间，2、3 号楼位于屋顶水箱间，各楼一套，按供水范围日用水量的 15% 计）→ 用户的联合供水方式。各用水点压力最高不超过 0.20MPa，最低不小于 0.10MPa。顶部两层用水由屋顶水箱间设置一套高区恒压变流量供水成套设备提升高位水箱贮水供给，其余楼层由屋顶生活水箱直接或经支管减压阀减压后供水。

（3）生活给水系统设备机房配置见表 2。

生活给水系统设备机房配置 表 2

设备机房		1 号楼	2 号楼	3 号楼	备注
生活泵房	低位水箱	12m³	12m³	12m³	分别位于 1、2、3 号楼地下一层
	工频泵组（每组设泵 2 台，1 用 1 备）	$Q=12m^3/h$ $H=75m$ $N=5.5kW$	$Q=12m^3/h$ $H=75m$ $N=5.5kW$	$Q=12m^3/h$ $H=75m$ $N=5.5kW$	
屋顶水箱间	高位水箱	8m³	26m³	8m³	2 号楼屋顶水箱含消防贮水 18m³
	恒压变流量供水成套设备（每组设泵 2 台，1 用 1 备带隔膜罐）	$Q=12m^3/h$ $H=15m$ $N=1.5kW$	$Q=12m^3/h$ $H=15m$ $N=1.5kW$	$Q=12m^3/h$ $H=15m$ $N=1.5kW$	

（4）屋面冷却塔补水：3 号楼地下二层空调冷却塔补水泵房设置冷却塔补水贮水箱一套（有效贮水容积 65m³，按贮水容积≥供水范围 35% 用水量计）及冷却塔补水变频泵组一套（含泵 3 台，2 用 1 备，配套隔膜罐一套），泵组规格：$Q_总=24m^3/h$，$H=75m$；$Q_单=12m^3/h$，$H=75m$，$N=5.5kW$。该组泵提升冷却塔补水贮水箱贮水供至 3 号楼屋顶冷却塔补水。

5. 管材

（1）室内冷水给水干管：采用钢塑复合管材及管件，管径 $<DN80$ 时螺纹连接，管径 $\geq DN80$ 时法兰或沟槽式连接。管材及管件公称压力 1.0MPa。

（2）室内冷水给水支管：采用建筑给水聚丙烯管道（PPR）的 S5 系列管材和管件，热熔连接。

（二）热水系统

1. 热水用水量（见表 3）

热水用水量（按 60℃ 计） 表 3

序号	用水名称	面积(m²)	人数(人)	用水量标准	小时变化系数	日用水时间(h)	最高用水量 Q_d(m³/d)	最大时用水量 Q_h(m³/h)
1	办公	60000	5250	5L/(人·d)	1.5	9	26.3	4.4
2	配套淋浴		54	60L/(人·d)	1.5	2	3.3	2.5
3	未预见水量	按 1～2 项用水量总和的 10.0% 计					2.96	0.69
4	总计						32.56	7.59

2. 热源

热水系统热源采用太阳能（辅助电加热）。

3. 系统竖向分区

生活热水均由屋顶生活热水箱集中供给，热水系统分区与生活给水系统相同。

4. 热水箱

各办公楼屋面独立设置集热水箱和供热水箱（辅助电加热），设备参数见表 4。

集热水箱和供热水箱参数 表 4

设备	1 号楼	2 号楼	3 号楼
集热水箱(m³)	2.5	2.5	2.5
供热水箱(m³)	10	10	14

5. 冷、热水压力平衡措施及热水温度的保证措施

（1）为保证冷热水压力平衡，本项目热水分区与冷水分区完全一致，各系统管道同程敷设。

（2）热水温度保证措施：系统设置热水回水循环泵，启停方式为低于 50℃ 启泵，高于 60℃ 停泵；系统设有集热水箱和供热水箱，以保证热水供水水温恒定。

6. 管材

（1）热媒管：采用薄壁不锈钢管，管径≤DN50 采用承插氩弧焊连接，管径＞DN50 采用法兰连接，热水设备机房管道采用法兰连接。

（2）热水给水干管：热水给水干管及回水干管采用钢塑复合管，管径＜DN80 时螺纹连接，管径≥DN80 时法兰或沟槽连接件连接。

（3）热水给水支管：采用 S3.2 系列的 PP-R 热水管管材，热熔连接。

（三）雨水回用系统

1. 雨水回收面积及水池容积

雨水回收屋面面积按三幢主楼屋顶 6000m² 计，清水池按贮存一天绿化灌溉用水及三幢主楼最高日冲厕用水量之和的 20% 计（室外总体及裙房屋面绿化灌溉按 $S=4200$m² 计），雨水收集池约 180m³，清水池约 60m³。

2. 系统竖向分区

雨水回用系统分为两个区，五层及以下楼层为低区，六层及以上楼层为高区。

3. 供水方式及给水加压设备

（1）室外总体绿化浇灌用水、地下车库及地下室设备机房等地面冲洗用水、垃圾房和卸货间地面冲洗及部分设备间地面冲洗用水、地下一层～五层卫生间冲厕用水、主楼裙房屋面绿化浇灌用水由地下一层低区雨水回用变频泵组供给；六层～十一层卫生间冲厕用水、主楼屋面绿化浇灌用水由地下一层高区雨水回用变频

泵组供给。

（2）雨水处理装置处理量 $q=28\mathrm{m^3/h}$（按每日运行 8h 计）。雨水处理装置供水变频泵组：高区雨水回用变频泵组 $Q=30\mathrm{m^3/h}$，$H=75\mathrm{m}$，$N=11\mathrm{kW}$（配泵 2 台，1 用 1 备，配套稳压罐一套）；低区雨水回用变频泵组 $Q=36\mathrm{m^3/h}$，$H=54\mathrm{m}$，$N=7.5\mathrm{kW}$（配泵 2 台，1 用 1 备，配套稳压罐一套）。

4. 水处理工艺流程

雨水→初期径流弃流→雨水收集池→提升泵组（工频）→过滤→消毒→雨水清水池→变频供水泵组→绿化浇灌、道路洒水、地库及机房地面冲洗、冲厕。

5. 管材

高区雨水回用供水管（六层～屋顶层）采用给水用聚乙烯管（PE100，SDR11），低区雨水回用供水管（地下二层～五层）采用给水用聚乙烯管（PE80，SDR13.6），采用热熔连接或法兰连接。

（四）排水系统

1. 排水系统的形式

室内污、废水分流（地下室卫生间污、废水合流）。室外污、废水合流，雨、污水分流。最高日污废水排放量为 $34.9\mathrm{m^3/d}$，雨水排放量为 255L/s。整个基地雨水最终汇总为一路 DN600 雨水管，并与基地污水 DN300 汇总管合并为一路 DN600 排出管，纳入基地南侧规划路市政合流污水管道。

2. 通气管的设置方式

排水主立管设置专用通气立管，公共卫生间设置环形通气管。

3. 采用的局部污水处理设施

餐厅厨房洗涤盆自带器具隔油器，厨房含油废水经设于地下室的新鲜油脂分离器处理后纳入总体污水管网。地下车库废水经沉砂隔油池处理后纳入总体污水管网。

4. 管材

（1）厨房废水排水管、茶水间排水管采用机制排水铸铁管；穿越人防围护结构，由非人防区排至人防区的排水管采用钢塑复合管；地下室结构底板内预埋排水管采用钢塑复合管；室外明露雨水管采用防紫外线的建筑排水塑料管；主楼污废水排水主立管最底部弯头及排出横管采用机制排水铸铁管；其余管道采用硬聚氯乙烯排水塑料管及管件，承插粘接。

（2）屋面压力流雨水管采用建筑排水高密度聚乙烯管（HDPE），对焊焊接、电熔连接或法兰连接。潜水泵排水管采用镀锌钢管，螺纹或法兰连接。

二、消防系统

（一）消火栓系统

1. 室外消火栓系统

室外消火栓系统采用低压给水系统，由总体 DN300 消防供水环网直接供给，最低压力按 0.10MPa 计。

2. 室内消火栓系统

（1）基地共用一套室内消火栓系统（采用临时高压给水系统），系统用水量 30L/s。地下一层消防泵房设置室内消火栓加压泵 2 台（1 用 1 备），单泵参数：$Q=30\mathrm{L/s}$，$H=70\mathrm{m}$，$N=37\mathrm{kW}$。该套设备直接从总体 DN300 消防环管吸水供给室内消火栓用水，系统不分区。

（2）2 号楼屋顶设置高位生活消防合用水箱一套（有效贮水容积 $34\mathrm{m^3}$，双格，含消防贮水 $18\mathrm{m^3}$），用以保证火灾初期室内消火栓系统的水量及水压，并设消防用水不被挪用措施。

（3）室外总体设置 2 组地上式室内消火栓水泵接合器，单组流量 15L/s。

（4）管径≤DN80 采用内外壁热镀锌钢管及配件，螺纹连接；管径>DN80 采用内外壁热镀锌无缝钢管，采用沟槽连接件连接或法兰连接（二次安装）。

（二）自动喷水灭火系统

（1）系统设计参数

1）办公：中危险Ⅰ级，喷水强度 6L/(min·m²)，作用面积 160m²，设计用水量 30L/s。

2）中庭（按高大净空场所 8m<H<12m 设计）：喷水强度 6L/(min·m²)，作用面积 260m²，设计用水量 40L/s。

3）其余部位：中危险Ⅱ级，喷水强度 8L/(min·m²)，作用面积 160m²，设计用水量 35L/s。

（2）系统供水方式

1~3 号楼、裙房及地下车库共用一套喷淋泵。地下一层消防泵房设置喷淋加压泵 2 台（1 用 1 备），单泵参数：$Q=40L/s$，$H=87m$，$N=55kW$。该套设备直接从总体 $DN300$ 消防环管吸水供给整个自动喷水灭火系统用水，自动喷水灭火系统不分区。

（3）湿式报警阀：消防泵房设置 7 套湿式报警阀，2、3 号楼地下一层报警阀室各设置 3 套湿式报警阀，报警阀前设环状供水管道。每套湿式报警阀控制喷头数不大于 800 只。系统最不利点工作压力大于 0.1MPa。各楼层及各防火分区分别设置信号蝶阀及水流指示器，信号传至消防控制中心。

（4）2 号楼屋面设置生活消防合用水箱一座（总有效贮水容积 34m³，双格，含消防贮水 18m³）、喷淋稳压泵 2 台（1 用 1 备），单泵参数：$Q=1L/s$、$H=25m$、$N=1.5kW$，带隔膜罐 $V=150L$，用于保证火灾初期室内自动喷水灭火系统的水量及水压。

（5）喷头：除车库坡道入口 15m 范围内区域采用易熔合金喷头外，其余均采用玻璃球式洒水喷头。易熔合金喷头动作温度选用 72℃，玻璃球式洒水喷头动作温度除了厨房烟罩边选用 141℃ 及餐饮厨房内选用 93℃以外，其余均选用 68℃。净空高度大于 8m 的大堂采用快速响应喷头，其他区域喷头采用 $K=80$ 标准喷头。

（6）室外设置 3 组地上式喷淋水泵接合器，单组流量 15L/s。

（7）管径≤$DN80$ 采用内外壁热镀锌钢管及配件，螺纹连接；管径>$DN80$ 采用内外壁热镀锌无缝钢管，采用沟槽连接件连接或法兰连接（二次安装）。

（三）水喷雾灭火系统

（1）柴油发电机房采用水喷雾灭火系统，设计喷雾强度 20L/(min·m²)，持续喷雾时间 0.5h，系统用水量 27L/s，水雾喷头最不利点处压力不小于 0.35MPa，$K=33.7$。

（2）水喷雾灭火系统与自动喷水灭火系统共用一套喷淋泵组，雨淋阀组设置在消防泵房内。

（3）管径≤$DN80$ 采用内外壁热镀锌钢管及配件，螺纹连接；管径>$DN80$ 采用内外壁热镀锌无缝钢管，采用沟槽式连接件连接或法兰连接（二次安装）。

（四）气体灭火系统

10kV 开关柜室采用预制式七氟丙烷气体灭火系统，灭火设计浓度 9.0%；最大灭火浓度 10.5%；贮存压力 2.5MPa。

三、工程特点介绍

（一）项目特色

（1）荣获美国环境证书 LEED（Leadership in Energy and Environmental Design）最高级别铂金级（PLATINUM）认证。

（2）采用了机电顾问、设计一体化形式，全程承担机电设计（方案、总体设计及施工图设计）、机电技术标书制作、业主招标配合、设备材料审批、施工巡场反馈、后期施工配合等工作。采用此种工作模式，由于设计团队对项目有足够深入的了解，避免了设计与顾问由不同团队参与而易于出现的工作界面模糊、机电系统设备技术参数及要求与原设计不统一的状况。使机电系统的落地性更强，整个项目施工推进更为顺利。

（3）机电设计团队采用 BIM 技术，利用 Revit 软件针对管线最复杂区域地库进行了管线综合验证，具有以下优势：功能强大，界面直观，协同设计；三维模型可以关联所有的平、立、剖图纸，有效避免传统设计中修改不同步的现象，提高出图效率；三维建模随时自动检测及解决管线综合初级碰撞，相当于将校审部分工作提前进行，提高成图质量；Revit 可视技术还可以动态观察三维模型，模拟现实创建三维漫游动画，使工程师可以身临其境地体验建筑空间，减少各专业设计师之间的协调错误。

（二）系统优点

（1）热水系统

与 LEED 顾问反复协调太阳能热水系统供水量占比，在保证该项获得 LEED 铂金级得分的前提下，经过多轮系统合理性及经济性的方案比选后，以最经济合理的太阳能热水系统替代了原 LEED 顾问提出的太阳能蓄电池＋太阳能热水系统的推荐系统，并得到 LEED 顾问采纳。

（2）雨水回用系统

为满足得分要求，LEED 顾问提出采用雨水回用系统＋中水回用系统。其中雨水回收主楼屋顶雨水，用于绿化浇灌和地库冲洗，中水回收各楼洗手盆、洗涤排水，用于 3 号楼及裙房冲厕。经复核，中水回用系统不仅系统复杂，收水量也无法满足用水量要求。而经雨水水量平衡计算、确定合理的雨水回收系统装置规模后发现，仅设置雨水回用系统即可满足 LEED 本项得分要求，雨水回用于绿化浇灌、地库冲洗、水景补水及冲厕。在满足建筑节能与 LEED 铂金级评定要求的同时，合理控制了整个项目的造价及运维成本。

（3）与方案的高配合度

公建项目燃气系统设计属于当地燃气设计公司负责范畴，但考虑到燃气管道的设置对建筑方案立面效果影响极大，因此给水排水专业在方案阶段开始介入燃气路由设计，与方案充分沟通协调，不仅在总体预留了合理的燃气调压站用地，也将可能暴露在外立面影响视觉效果的管线尽量隐蔽设置，使建筑方案的立面效果在后期施工图中有很高的落地性。

（4）满足业主个性化要求

为保证办公楼品质，且同时满足业主对机电配置的个性化要求，将所有排水管设于办公以外的区域，如走道等公共区域或暖通机房等可进水管的设备用房。各楼主屋面采用了虹吸雨水系统，且屋面雨水沟采用分支分段设置，将所有雨水斗设置于公共走道上方。同时虹吸雨水系统横干管坡度较小，增加了室内净高，提升了项目品质。

四、工程照片及附图

总体景观

办公楼外立面

办公楼入口大堂

大堂侧景

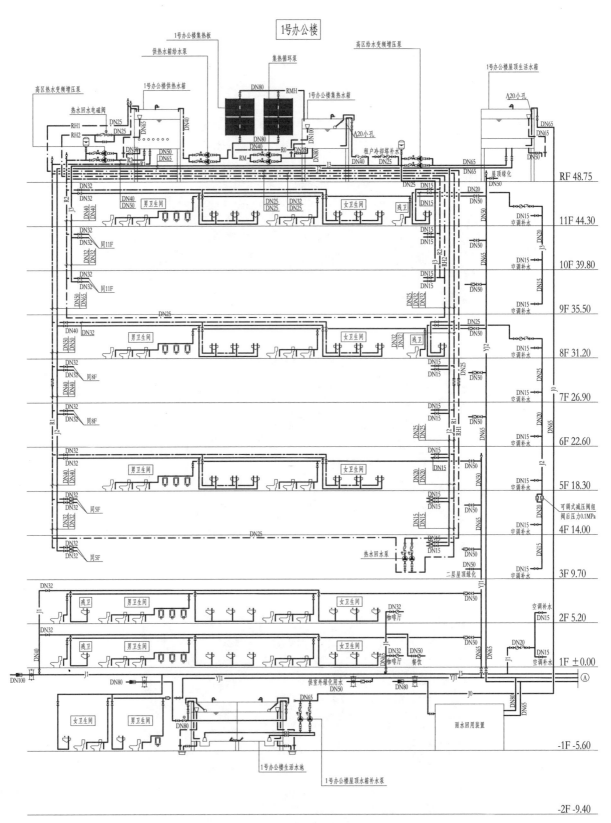

生活给水、雨水回用系统原理图(一)

注:非通用图示

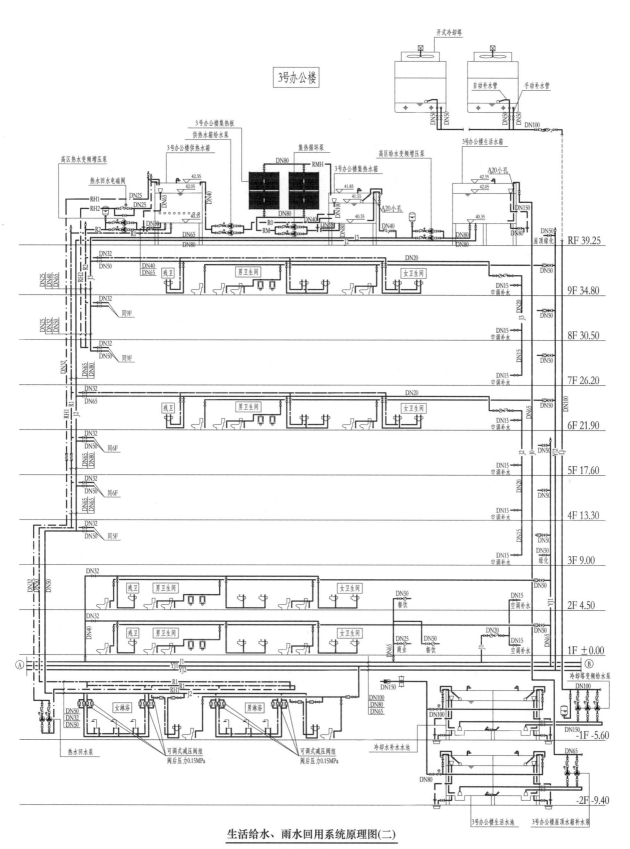

生活给水、雨水回用系统原理图(二)

注：非通用图示

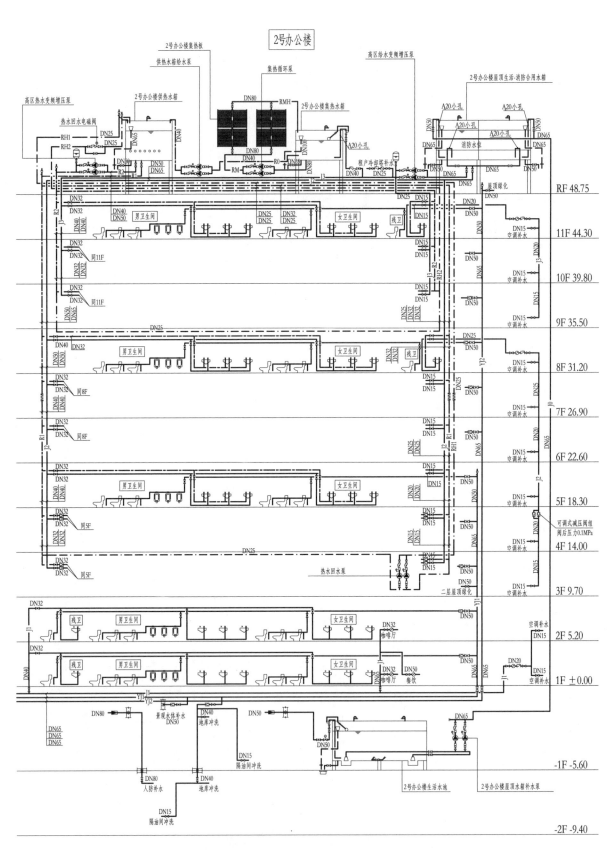

生活给水、雨水回用系统原理图(三)

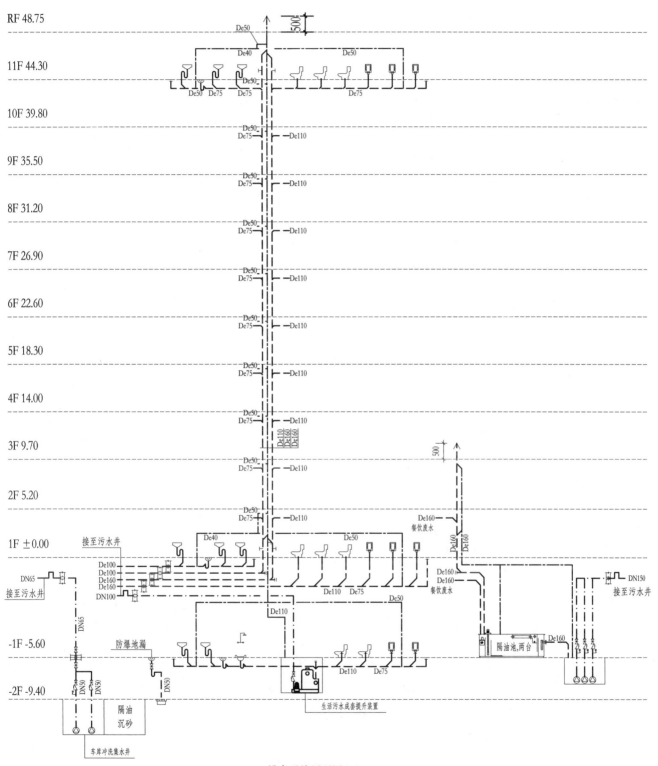

1、2号办公楼

排水系统原理图(一)
注：非通用图示

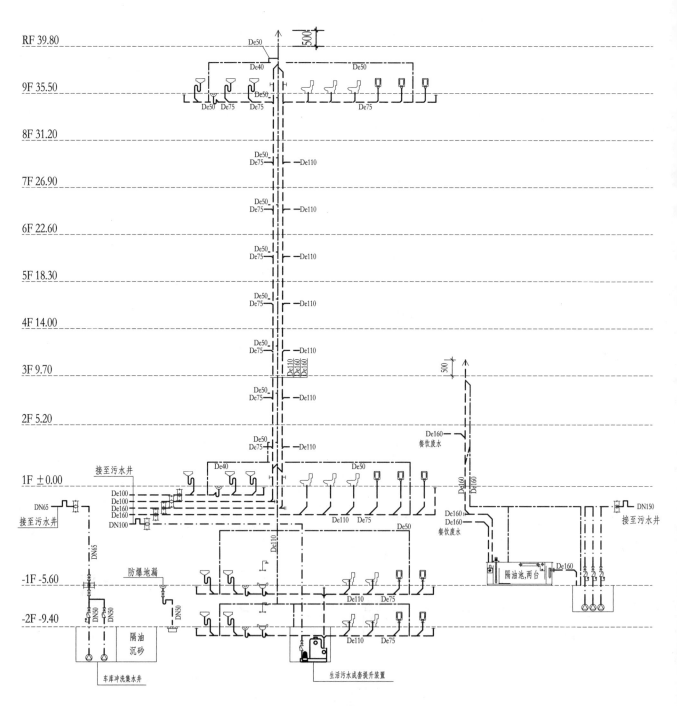

3号办公楼

排水系统原理图(二)
注:非通用图示

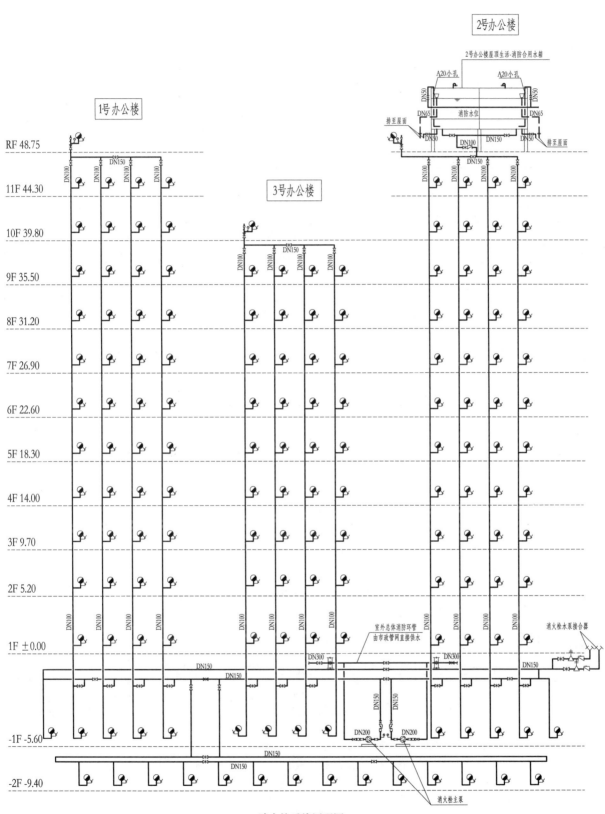

消火栓系统原理图
注：非通用图示

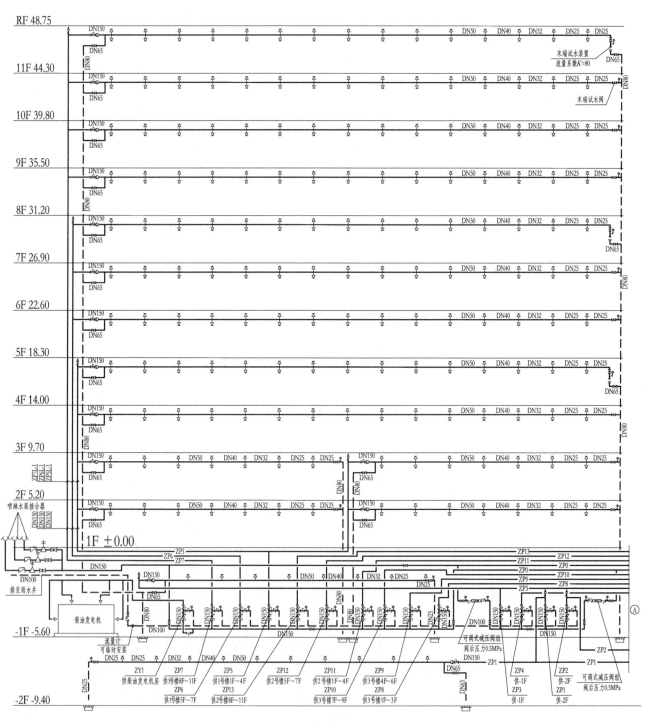

喷淋系统原理图(一)
注:非通用图示

3号办公楼

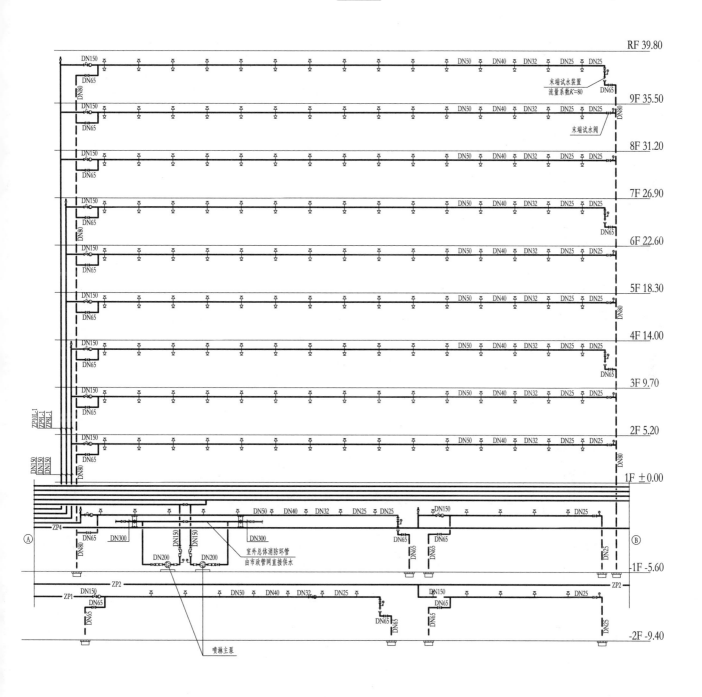

喷淋系统原理图(二)
注：非通用图示

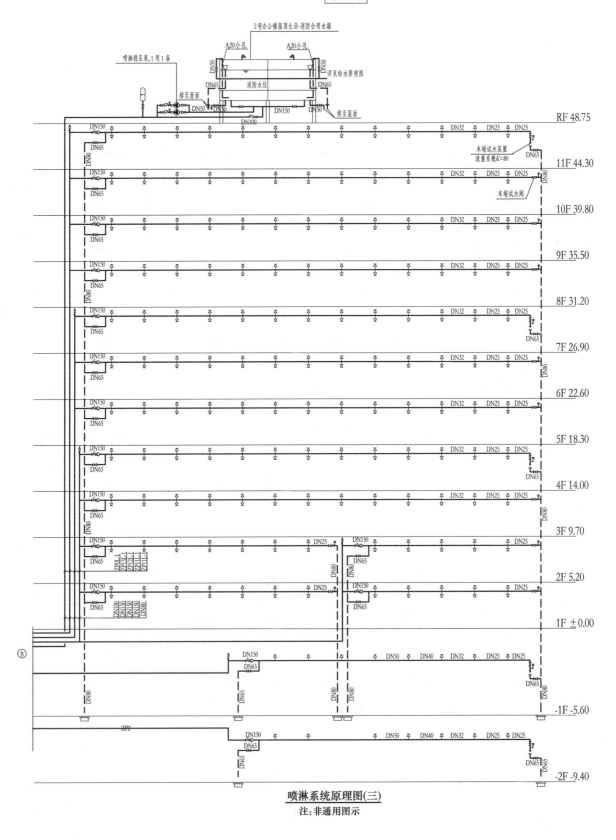

喷淋系统原理图(三)

注:非通用图示

广深港客运专线福田站

设计单位： 中铁第四勘察设计院集团有限公司

设 计 人： 付维纲　邱少辉　李香凡　沈学军　胡清华　篮杰　李威　李小坤　曹艳锋　刘起

获奖情况： 公共建筑类　三等类

工程概况：

广深港客运专线福田站及相关工程位于深圳市福田中心区，北起深圳北站，南至深圳与香港分界的深圳河中心线，线路全长 11.419km，是京港高铁线的重要组成部分，它"首次将香港连入高铁网"，是我国第一条位于发达城市中心并在中心区设站的高铁线路，设计行车速度 200km/h。

福田站是京港高铁内地的"最南端一站"，位于深圳市福田区市民中心广场西侧，益田路和深南大道交口的正下方。福田站设计新颖、技术标准高，是中国首座、亚洲最大、全世界列车通过速度最快的地下高铁火车站。它首次采用"城站结合、场站层叠"的空间布局模式，将高铁线路以地下线的形式引入城市中心并在城市中心设全地下站，解决了既有的城郊高铁车站无法深入客源中心的难题，在中国高铁建设史上具有里程碑式的意义。

车站全长 1022.7m，最宽处宽 78.86m，有效站台中心底板埋深 31.107m，总建筑面积 151138.9m²。车站共包括 3 层，地下一层为人行交通转换层，主要用于乘客在车站和相邻建筑、交通系统之间的转换。地下二层为站厅层，主要用于旅客进出站。地下三层为站台层，共设有 4 座岛式站台，8 条到发线。

工程说明：

一、给水排水系统

（一）给水系统

1. 给水系统用水量

（1）车站工作人员的生活用水为每班每人 50L，小时变化系数 2.5；车站旅客生活用水最高日用水量标准为 3L/(人·d)，小时变化系数 3；车站远期日发送人数 66849 人，高峰小时发送人数 6065 人。

（2）冷却水系统补充水量为循环水量的 2%。

（3）车站冲洗用水量为 3L/(m²·次)，每次按 1h 计，每天最多冲洗一次。

（4）未预见水量按最高日用水量的 15% 计算。

（5）生产设备用水量按照所选设备、生产工艺的要求确定。

2. 水源

（1）本站水源采用城市自来水，车站内采用生产生活和消防分开的给水系统。根据水务部门相关资料，市政自来水管网可为车站提供两路水源，水压为 0.3MPa。

（2）车站从 3 号及 13 号风亭市政给水管网上各引入一根 DN150 进水管，分别经新风井进入车站内，然后各分出一根 DN100 的给水管，成环组成生产生活给水系统，供车站生产生活用水。

3. 供水方式

(1) 车站分 2 根 $DN100$ 市政给水引入管经室外水表井后引入车站作为生产生活给水总管，两总管在地下一层连通，其他用水点同样由总管上接出支管供水。

(2) 车站公共区域的适当位置设有 $DN25$ 冲洗栓箱，共计 45 处，冲洗栓箱均采用暗装。

(3) 冷却塔补水由站内生产生活给水管网接出一根 $DN80$ 给水管提供。

(4) 热水系统：车站淋浴间处供应生活热水，采用即热式变频恒温电热水器提供；车站开水间处采用全自动净化电开水器提供冷热水。电热水器优先选用不锈钢内胆，强度高，耐高温、抗腐蚀，性能稳定。电热水器应有接地保护、防干烧、防超温、防超压装置。还应有漏电保护和无水自动断开以及附加断电指示功能。

4. 管材

车站外埋地给水管采用双面衬塑钢管，法兰连接；车站内生产生活给水管均采用内筋嵌入式衬塑钢管，管件采用内搪瓷、无缩径管件，管径≤$DN100$ 采用卡环式连接，管径＞$DN100$ 采用法兰连接。

(二) 排水系统

1. 排水种类和排水方式

排水系统采用雨、污分流制，其主要由废水系统、污水系统和雨水系统组成。其中废水包括车站冲洗水、环控机房排水、消防废水、结构渗漏水等；污水主要为卫生间生活污水；雨水主要来自露天出入口和敞口风亭。车站出入口雨水排入市政雨水管道；厕所冲洗水及生活污水经化粪池处理后排入市政污水管道；车站结构渗漏水、结构排水、车站冲洗水、消防废水均排入市政污水管道。

2. 污水系统

设计标准：生活排水量按用水量的 95% 计算。生产用水排水量按工艺要求确定。

车站内共设置 3 处工作人员卫生间，11 处公共卫生间和 1 处 VIP 卫生间，每处卫生间处对应设置污水泵房。污水泵房内设置密闭污水提升装置，车站污水经泵提升至地面压力排水井，再经化粪池后排入市政污水管道。

3. 废水系统

设计标准：消防和清扫废水量同用水量，消防时不计清扫废水。地下车站及地下区间结构渗漏水排水量以 $1L/(m^2 \cdot d)$ 计。

车站消防废水、结构渗漏水、车站冲洗水由该层的地漏收集，经排水系统收集后汇入车站各个废水泵房。地下一、二层排水地漏设在站厅两侧离壁墙内的排水沟内，站台层公共区域地漏沿地面均匀间隔布置。

在车站短站台及长站台两端各设置废水泵房一处，全站共 8 处。各废水泵房内设置潜污泵 2 台，平时 1 用 1 备，消防时 2 台全开。废水泵房设计流量考虑消防废水量、结构渗漏水量、地面冲洗水量及车库冲洗水量等。各废水泵单台性能参数为：$Q=80m^3/h$，$H=40m$，$P=15kW$。废水泵房集水井有效容积为 $34.2m^3$。池底设 5% 的坡度坡向吸水坑。废水泵自带反冲洗装置。废水经泵提升至地面压力排水井后就近排入市政污水管道。

4. 雨水系统

设计标准：地下车站敞开部分的雨水量按暴雨重现期 50 年一遇计，集流时间采用 5min。

车站各出入口通道，在其自动扶梯处设横截沟的同时，亦在电梯坑下设置集水池，每个集水池内设置 2 台潜污泵，互为备用，雨水经泵提升至地面压力排水井后就近接入市政雨水管道。集水池有效容积约为 $3m^3$。

在本站各敞口风亭下设集水池，每个集水池内设置 2 台潜污泵，互为备用，雨水经泵提升至地面压力排水井后就近接入市政雨水管道。集水池有效容积约为 $3.6m^3$。

5. 管材

站内重力排水管采用阻燃型 PVC-U 排水管（熔胶连接），站内承压排水管采用内涂塑钢管，管径＜$DN100$ 时采用卡环式管件连接，管径≥$DN100$ 时采用法兰连接。

凡是通过变形缝的给水排水管道均设金属管道补偿器；所有站台层地漏排水管穿轨底排风道时加钢套管。

6. 控制方式与要求

（1）废水

车站各废水泵房内均设潜污泵 2 台，依次轮换工作，平时互为备用，消防或必要时 2 台泵同时工作。废水池内设超低报警水位、停泵水位、一泵启动水位、二泵启动水位、超高报警水位共五个水位。其控制要求如下：

1）超低水位报警，同时控制回路应保证 2 台泵均处于停泵状态。

2）当水位达到停泵水位时，2 台泵均能停止工作。

3）当水位继续上升达到一泵水位时，第一台泵开启。

4）当水位继续上升达到二泵水位时，控制回路保证 2 台泵都处于运行状态。

5）当水位继续上升达到超高报警水位时，控制回路发出报警信号。

（2）雨水

车站各雨水泵站内均设潜污泵 2 台，平时互为备用，依次轮换工作，必要时 2 台泵同时工作。集水井内设超低报警水位、停泵水位、一泵启动水位、二泵启动水位、超高报警水位共五个水位。其控制要求如下：

1）超低水位报警，同时控制回路应保证 2 台泵均处于停泵状态。

2）当水位达到停泵水位时，2 台泵均能停止工作。

3）当水位继续上升达到一泵水位时，第一台泵开启。

4）当水位继续上升达到二泵水位时，控制回路保证 2 台泵都处于运行状态。

5）当水位继续上升达到超高报警水位时，控制回路发出报警信号。

（3）污水

污水提升装置的控制方式为：水位自动控制、就地控制、车站控制室控制并显示其工作状态。

二、消防系统

车站内生产生活给水系统和消防给水系统分开设置。给水系统采用两路进水，水消防系统从市政给水管网上引入一根进水管进入站内消防水池，车站消火栓系统及自动喷水灭火系统分别从消防水池吸水经消火栓泵组及喷淋泵组为车站消火栓系统及自动喷水灭火系统加压。车站消防按同一时间发生一次火灾考虑。

（一）消火栓系统

（1）消火栓系统用水量及供水方式

地下车站的消火栓用水量按 20L/s 计；地下人行通道的消火栓用水量按 10L/s 计；消防按同一时间发生一次火灾计，火灾延续时间为 2h。

（2）车站消火栓系统水泵采用自灌式吸水，设有与自动喷水灭火系统合用的室内消防水池，消防水池有效容积为 258m³，车站从 12 号风亭处市政给水管网上引入一根 $DN100$ 进水管，经新风井进入车站内消防水池。在车站 12 号风亭处设有有效容积 18m³ 的装配式高位消防水箱。

（3）从消防水池接两根 $DN150$ 消防给水管至消防泵房内形成供消火栓泵组进水的管网，消防泵房内设有消火栓泵组一套。消火栓泵组包括：消火栓主泵 2 台，水泵性能参数：$Q＝20L/s$，$H＝40m$，$P＝15kW$，互为备用；稳压泵 2 台，水泵性能参数：$Q＝3L/s$，$H＝0.45MPa$，$P＝3.7kW$，互为备用；有效容积为 300L 的立式隔膜气压罐 1 只。

（4）消火栓管网

车站内消防系统呈环状管网布置。

（5）消火栓以及水泵接合器的设置

车站地下一、二层各公共区域及设备区设置单头单阀消火栓箱（A型消防箱），内设 $DN65$ 消火栓1只，25m水龙带1盘，Φ19水枪1把，自救式水喉装置1套，下设5kg装磷酸铵盐干粉灭火器4具，另增设防毒面具2套；站台层设置双出口双阀消火栓箱（采用2个单出口单阀消火栓代替，B型消防箱），内设 $DN65$ 消火栓2只，25m水龙带1盘，自救式水喉装置1套，Φ19水枪1把，下设5kg装磷酸铵盐干粉灭火器4具，另增设防毒面具2套。

消火栓的设置满足两支水枪的充实水柱同时到达车站内任何部位，每一股水柱流量不小于5L/s，充实水柱长度不小于10m。车站公共区域和出入口通道消火栓箱均暗装于离壁墙内；设备区消火栓箱尽可能暗装，若无条件可明装或半暗装，但不得影响疏散。车站站台层尽端各设2具消防器材箱，共12具。

在12号风亭附近设2个地上式消火栓水泵接合器供车站消火栓系统使用。在水泵接合器15～40m范围内应有室外消火栓。室外消火栓选用SS100/65型，水泵接合器选用SQ150型。

（6）管材

车站内的消防管采用内外热镀锌钢管，管径≥$DN100$ 时采用沟槽式连接，管径＜$DN100$ 时采用螺纹连接。

（二）自动喷水灭火系统

（1）自动喷水灭火系统用水量

车站地下一、二层设置自动喷水灭火系统，按中危险Ⅱ级设计，用水量按33L/s计；火灾延续时间按1h计；最不利点喷头工作压力为0.09MPa。同一时间车站内发生火灾次数按一次计。

（2）消防水池容积及供水方式

车站自动喷水灭火系统水泵采用自灌式吸水，设有与消火栓系统合用的室内消防水池，消防水池有效容积为258m³。从消防水池接两根 $DN200$ 消防给水管至消防泵房内形成供自动喷淋泵组进水的管网，消防泵房内设有自动喷淋泵组一套。

（3）消防泵房设置在本站地下一层22轴处，消防泵房内设自动喷淋泵组1组，包括：喷淋主泵2台，水泵性能参数：$Q=33L/s$，$H=52m$，$P=75kW$，互为备用；稳压泵2台，水泵性能参数：$Q=1L/s$，$H=16m$，$P=0.55kW$，互为备用；有效容积为3000L的卧式隔膜气压罐1只。喷淋泵的控制方式为：稳压泵的压力联动装置自动控制、就地控制、车站消防控制室控制并显示其工作状态。

（4）在12号风亭附近设3个地上式消火栓水泵接合器供车站自动喷水灭火系统使用，并在15～40m范围内配置相应的地上式室外消火栓。

（5）车站共设置了9个保护区，相应设置了9套湿式报警阀组；其中地下一层设置保护区5个，地下二层设置保护区4个。连接报警阀进出口的控制阀应采用信号阀；每个防火分区设水流指示器，每个报警阀控制喷头数不超过800个。

（6）每个报警阀组控制的最不利喷头处应设末端试水装置，其他防火分区、楼层均应设直径为25mm的试水阀。各层自喷配水管设2‰坡度坡向放水阀或末端试水装置，支管设5‰坡度；末端试水装置或试水阀接管就近引至排水地漏。

（7）喷头选用

各层喷头布置满足系统喷水强度要求，对于建筑采用网格或板类等通透性吊顶的场所，系统的喷水强度应是规范规定值的1.3倍；其喷头的布置采用吊顶上和吊顶下均设置喷头的方式，吊顶上的喷头采用直立型标准喷头，吊顶下的喷头采用下垂型快速响应喷头，且在其上面加设面积不小于0.15m² 的集热挡水板。集热挡水板应采用正方形或圆形金属板。

（8）配水支管控制的标准喷头数不应超过 8 个，上下侧均安装喷头的配水支管，其上下侧均不应超过 8 个。自动喷水灭火系统管道的顶端应设自动排气装置。

（三）七氟丙烷气体灭火系统

对车站需要进行气体保护的电气设备用房等房间设置七氟丙烷气体灭火系统。

1. 防护区设置

车站共分为 33 个防护区。其中 13 个防护区设计为全淹没组合分配式七氟丙烷自动灭火系统，分成两套系统；另外 20 个防护区设计为全淹没无管网预制（柜式）七氟丙烷自动灭火系统。

2. 防护区要求

（1）防护区必须为独立的封闭空间，电缆及管道出入口应用防火材料封堵。

（2）防护区的围护结构及门窗的耐火极限不应低于 0.5h，吊顶的耐火极限不应低于 0.25h；围护结构及门窗的允许压力不宜小于 1200Pa。

（3）防护区应设置泄压口，并宜设在外墙上，防护区不存在外墙的，可设在与走廊相隔的内墙上，泄压口应位于防护区净高的 2/3 以上。

（4）防护区的门应向疏散方向开启，并能自行关闭；用于疏散的门必须能从防护区内打开。

（5）防护区应有保证人员在 30s 内疏散完毕的通道和出口；在疏散通道及出口处，应设应急照明与疏散指示标志。

（6）喷放灭火剂前，防护区内除泄压口以外的开口应全部关闭。

（7）防护区内、外应设火灾声光报警器，入口处应设灭火剂喷放指示灯，以及与防护区采用的气体灭火系统相对应的永久性标志牌。

（8）设置七氟丙烷气体灭火系统的场所，宜配置空气呼吸器。

（9）灭火系统的手动控制与应急操作应有防止误操作的警示显示与措施。

（10）灭火后的防护区应通风换气，地下防护区和无窗或设固定窗扇的地上防护区，应设置机械排风装置，排风口宜设在防护区的下部并应直通室外。通信机房、电子计算机房等场所的通风换气次数应不少于每小时 5 次。

3. 贮存容器间要求

七氟丙烷（HFC-227ea）钢瓶间的耐火等级不得低于二级，且应有直接通向室外或疏散走道的出口。环境温度 $-10 \sim 50 ℃$。气瓶操作面距墙面或两操作面之间的距离，不宜小于 1.0m，且不应小于贮存容器外径的 1.5 倍。贮瓶间的门应向外开启，贮瓶间内应设应急照明；贮瓶间应有良好的通风条件，地下贮瓶间（无窗或设固定窗扇的地上贮瓶间）应设置机械排风装置，排风口宜设置在下部，可通过排风管排出室外。

（四）灭火器设置

车站公共区域及设备区设置灭火器箱，配置和数量按《建筑灭火器配置设计规范》GB 50140—2005 的要求计算确定。地下车站按照严重危险级 A 类火灾计算，设备区电气房间按 B 类火灾核算。手提式灭火器最大保护距离 A 类严重危险级为 15m，推车式灭火器最大保护距离 B 类严重危险级为 18m。

除电气用房设 MTT30 型二氧化碳灭火器外，其余选用 MF/ABC5 磷酸铵盐灭火器，灭火器放置在消火栓箱和建筑灭火器箱内。

（五）推车式（高能电池）高压细水雾灭火装置设置

1. 主要设计参数

车站地下三层（站台层）公共区域设置推车式（高能电池）高压细水雾灭火装置，保护半径 100m。每条短站台设置 2 处，每条长站台设置 4 处，总计 12 处。高压细水雾灭火装置动力类型为直流电动机，功率为 5kW，供电方式采用高能电池，工作压力为 10MPa，流量为 20L/min，每台装置自带 150L 水箱。并在每处细水雾设置点配备防护用品 1 套（防护衣、鞋、帽及手套）。

2. 水源

推车式（高能电池）高压细水雾灭火装置水源利用地下三层站台层消火栓系统，通过 DN65 消防水龙带给推车进行补水，推车补水口设 DN65 快速接头及过滤装置。

3. 组成

推车式（高能电池）高压细水雾灭火装置主要由细水雾组合喷枪、喷头、50m 高压胶管、高压水泵组、直流电动机、高能电池、贮水装置、过滤器、绞盘、DN65 快速补水接头及过滤装置、卸荷-溢流组合阀等组成。

三、设计体会

广深港客运专线福田站及相关工程是我国高铁建设取得的重大突破，通过地下线引入城市中心，并在城市中心区设置地下车站，克服了高铁车站远离城市中心的难题，对今后开展高铁建设具有良好的示范意义。

福田站作为国内首座全地下国铁客运专线高铁车站，目前我国没有完全适用于该类型车站的设计规范，考虑到车站埋深较大，人员密集，疏散相对困难，消防扑救难度大，因此，根据车站的特点和使用要求，采用消防性能化设计方法为车站"量身定做"消防设计方案，制定适合车站的消防安全策略，选择适合车站的消防系统，尤其是自动灭火系统。为补强站台屏蔽门内侧的消防灭火能力，提高整个车站的消防安全水平，在站台层增设推车式高压细水雾灭火装置。

为了保证旅客的乘降便利性，在车站配套设置了相应的商业设施。根据商铺面积的不同，采用不同的消防措施对商铺进行防护。车站的候车区域、贵宾厅等处设置有开水间，开水间内采用全自动净化电开水器提供冷、热水。车站员工办公区域的淋浴间处采用即热式变频恒温电热水器供应生活热水。

卫生间除臭装置的运用，全面提升了车站内卫生间的空气品质；结合工程需求设计的实用新型专利"用于通透性吊顶处的自动喷水灭火末端装置"的运用，成功解决了自动喷水灭火系统末端对装修吊顶效果的影响；通过灵活调节喷头溅水盘与集热挡水板之间的距离，既能满足规范要求，又能不影响装修美观的效果，结构简单、成本低、实施方便，值得推广。

四、工程照片及附图

建设完成的福田站地面情况

地下一层交通转换层

地下二层站厅层候车区域

地下二层站厅层进站区域

地下三层站台公共区域

用于通透性吊顶处的自动喷水灭火末端装置

消防泵房

气体灭火系统气瓶间

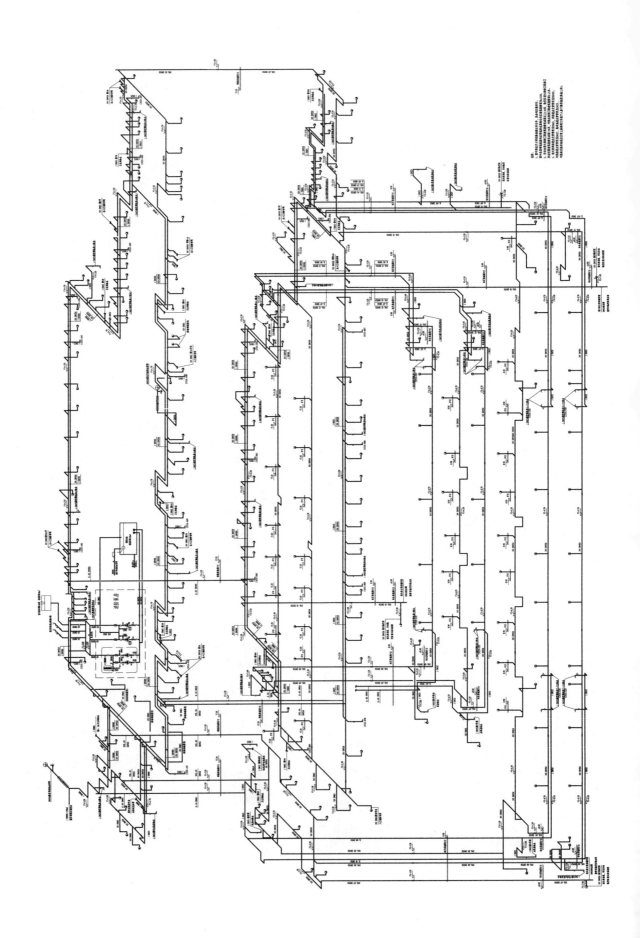

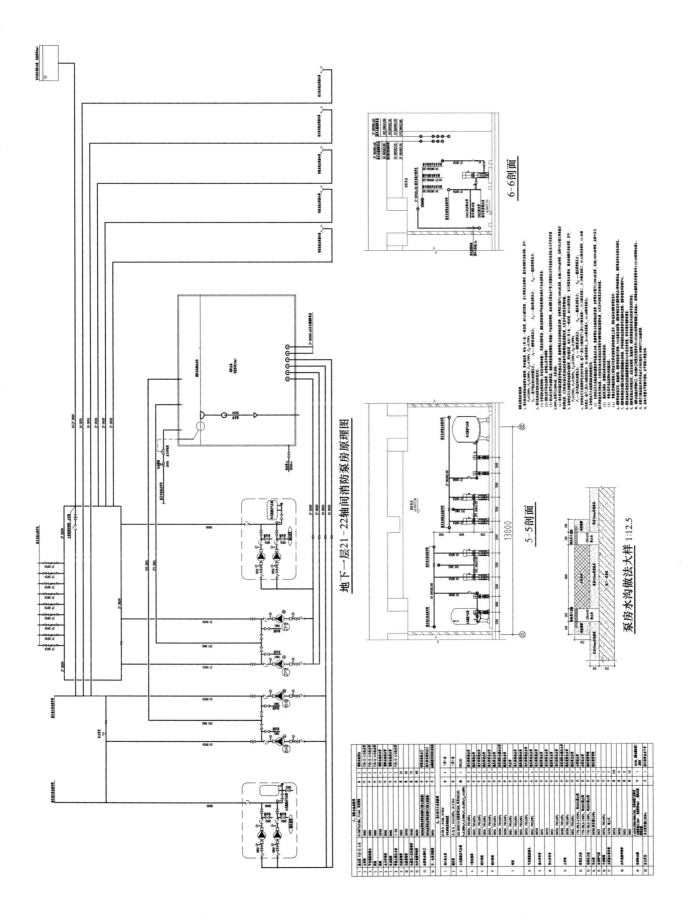

地下一层21-22轴间消防泵房原理图

6-6剖面

5-5剖面

泵房水沟做法大样 1:12.5

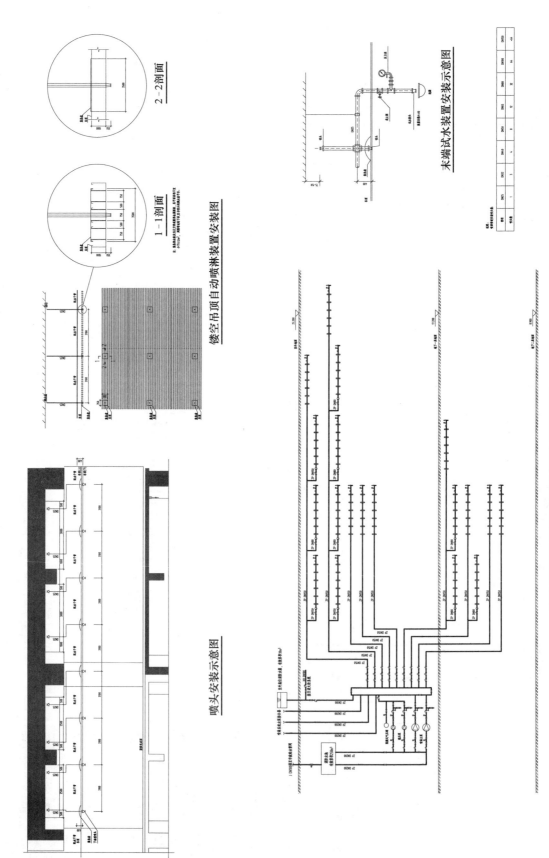

2－2剖面

1－1剖面

镂空吊顶自动喷淋装置安装图

末端试水装置安装示意图

喷头安装示意图

车站公共区及设备区自动喷水灭火系统原理图

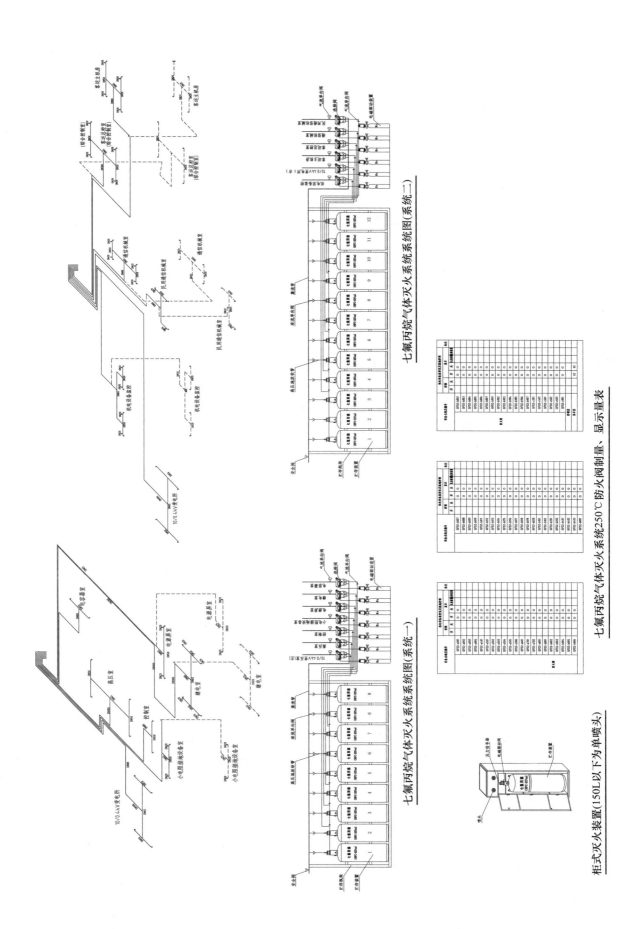

大连市公共资源交易市场

设计单位：哈尔滨工业大学建筑设计研究院
设 计 人：米长虹　刘杨　孔德骞　刘守勇　刘彦忠　陈港
获奖情况：公共建筑类　三等奖

工程概况：

大连市公共资源交易市场工程位于大连市，是集工程交易、政府采购、国有土地使用权交易、产权交易于一体的一站式政府服务高层综合办公楼，建设用地位于甘井子区规划路 22 号路的南侧、东北路东侧，四周由规划路 22 号路引入区内规划路，东侧遥望大连湾，地理条件优越。基地南侧为城市污水处理厂，基地东侧有一条 40m 宽的河道。本工程总建筑面积 135997m²。主体建筑地上 15 层，地下 2 层，裙房部分地上 6 层，建筑高度 68.6m，总用地面积 29597m²。功能设置为：一层~三层为政府行政服务大厅；四层整层为建委档案馆；五层为公共资源交易市场开标区和拍卖大厅及可容纳 400 人的大会议室；六层为政府中心数据机房；六层屋面为绿化休闲区；七层~八层为政府采购及评标区；九层~十五层为办公区，其中十二层~十五层局部为公共资源交易市场评标专家留宿用房和休息室。各专业设备用房主要布置在地下室。地下一层为厨房、餐厅、活动室、淋浴区、物业管理用房、生活水泵房、高低压配电室、柴油发电机房、污水源热泵机房及暖通专业风机房。地下二层平时为车库、消防水泵房和泡沫罐间、生活热水泵房、人防配电间及暖通机房，战时为核 6 常 6 级甲类二等人员掩蔽部工程（防化等级丙类）及甲类物资库（防化等级丁类）。地下车库总建筑面积 21896m²，其中人防工程区域建筑面积 9000m²，地下停车 480 辆，地面停车 990 辆，共 1470 辆。地下一、二层层高 5.0m，一、二层层高 5.4m，三层~六层层高 4.5m，七层~十五层层高 4.2m，屋顶机房层高 4.5m。本工程室内外高差 1.0~2.0m。结构形式为钢筋混凝土框架剪力墙结构。

建设单位的外网规划和现状，以及项目外网供排水方案：

（1）生活给水：生活给水系统的水源来自市政生活给水环状管网。项目北侧为 22 号路。其中 22 号路与 2 号路相交处有一规划 DN1200 给水管线从北往南敷设，且沿着项目西侧用地红线一直向南至东港。该给水管线在经过 22 号路时预留 DN500 配水干线向东供整个梭鱼湾区域用水。市政水压为 0.30~0.34MPa。本项目用水直接从这根 DN500 给水管上引 2 处 DN200 给水管提供。在区域内形成环状管网保证室外消防用水需求，另分出一根 DN150 管道保证项目生活用水需求。

（2）中水：本项目中水管线包括两部分。第一部分为市政中水管线，其水源来自大石化中水专用管线，主要用于地块内道路、绿化浇洒及室内冲厕等；第二部分为水源热泵专用中水管线，其水源来自规划甘井子污水处理厂处理后的废水，废水通过 DN800 引入管进入废水调节池，经提升后引入建筑内污水换热系统，换热后的废水通过管线排回市政废水渠道内。

1）从 22 号路现状中水专用管线引出 1 根 DN100 中水管道，在建筑北侧接入到室内，用于公共卫生间冲洗及屋顶绿化浇洒。

2）沿 H 号路引入 DN800 污水源热泵换热废水管到废水调节池，废水提升后在建筑东侧接入热泵机房进行换热，泄水分近远期考虑，近期从东侧墙引出至现状渠道内，远期排放至规划金家街干渠内。

3）排水：生活污水排水方向为西侧市政排水管网。本项目污水管网分两个系统。一个是生活污水排水管网系统；另一个是污水源热泵自流管网系统，两个系统均需要考虑近期污水排放和远期市政干线改造路由，设计及施工均一次到位，远期改造时只需衔接预留井道。生活污水管网中主要是从建筑物一层及地下室接出的污水，分别沿东西两侧道路向北排入到化粪池内，本项目采用 2 座 13 号钢筋混凝土化粪池。

4）雨水：雨水排水方向为西侧市政排水管网，排洪暗渠从北往南穿越建筑物西侧停车场，在渠道两侧划分汇水区域后，共有 4 处雨水排出口，分别为：①渠道东北向雨水排出口，主要收集建筑物北区停车场雨水、一号停车场雨水及建筑物 D 号路、E 号路和 H 号路的雨水；②渠道东南向雨水排出口，主要收集 13 号路及南区停车场雨水；③渠道西侧向雨水排出口，主要收集 22 号路市政雨水；④二号停车场雨水位于排洪暗渠上方，直接利用排洪暗渠的检查井就近收集，通过 DN300 雨水管收集后排入其中。

给水排水系统包括：建筑内的生活给水系统、生活热水系统、开水供应系统、中水系统、排水系统、压力排水系统、内排雨水排水系统、室外消火栓系统、室内消火栓系统、自动喷水灭火系统、闭式泡沫-水喷淋联用灭火系统、高压细水雾灭火系统、大空间智能型主动喷水灭火系统、气体灭火系统、厨房专用自动灭火系统、生活水泵房、消防水泵房、高压细水雾泵房等；室外管网包括给水、消防管网及排水、雨水管网；人防战时给水排水及消防设计。

工程说明：

一、给水排水系统

（一）给水系统

1. 水源

生活给水系统的水源来自市政生活给水环状管网。市政水压为 0.30～0.34MPa。

2. 系统竖向分区

地下二层～三层为直接利用市政压力供水区；四层～十五层为加压供水区。加压供水区分为 J1（四层～九层）、J2（十层～十五层）两个区，采用变频水泵加水箱联合供水。生活给水系统采用枝状管道，采用下行上给供水方式。逐级设置计量水表。

3. 生活用水量

生活用水由设置在地下一层的新建生活水泵房保证。由于本项目有市政中水，根据《民用建筑节水设计标准》GB 50555—2010 中表 3.1.8，冲厕用水比例选取 60%，盥洗用水比例选取 40%。同时考虑大连为缺水地区，用水取中低值。生活用水量见表 1。

生活用水量 表 1

建筑功能	人数（人）	单位最高用水定额 [L/(人·d)]	用水使用率（%）	日用水时间（h）	小时变化系数 K_h	最高日用水量（m³/d）
办公	1000	40	40	8	1.50	16.00
食堂	800	20	100	12	1.50	16.00
淋浴	400	90	100	12	2.00	36.00
健身	300	40	100	8	1.50	12.00
评标专家留宿用房	128	150	100	24	3.00	19.20
物业	70	40	40	24	1.50	1.12
会议及外来办公	1000	6	40	10	1.50	2.40
未预见水量	0.10					10.27
总计						112.99

暖通所需供水量见表2。

暖通所需供水量 表2

建筑功能	机房个数（个）	单位最高用水定额（m³/h）	日用水时间（h）	小时变化系数 K_h	最高日用水量（m³/d）
污水源机房补水	1.00	0.65	8	1.00	5.20
未预见水量	0.10				0.52
总计					5.72

4. 供水方式及给水加压设备

在地下车库设置生活水箱及变频供水设备，生活水箱有效容积35m³。供水设备采用3台水泵。J区生活给水入口所需压力为0.291MPa，J1区生活给水入口所需压力为0.56MPa，J2区生活给水入口所需压力为0.81MPa。

5. 管材

室内生活给水管采用薄壁不锈钢管304（0Cr18Ni9），卡压连接，埋墙时焊接，水泵房内管道均采用法兰连接。生活给水支管采用PP-R给水塑料管，热熔连接。

（二）热水系统

本建筑地下室员工淋浴间及厨房区热水采用集中生活热水供应系统供应。十二层～十五层评标专家留宿用房有热水需求，由于房间使用时间不连续，且距离地下室热水机房距离较远，热水输送距离长，考虑节约能源与管理综合因素，评标专家留宿用房分设电热水器供给。

1. 热水用水量（见表3）

热水用水量（60℃） 表3

建筑功能	人数（人）	单位最高用水定额[L/(人·d)]	日用水时间（h）	小时变化系数 K_h	最高日用水量（m³/d）
淋浴	400	60	12	1.50	24.00
健身	300	20	12	1.50	6.00
食堂	800	10	12	1.50	8.00
未预见水量	0.10				3.80
总计					41.80

热水机房设置50m³贮热水箱。多余部分热水量可以供给厨房热水系统使用及提高使用标准。

2. 热源

本项目采用污水源热泵作为集中热水供应热源，废水进口温度冬季11℃/夏季23.5℃，废水排放温度冬季6.7℃/夏季30.2℃，由两台污水源热泵机组保证项目热水使用。热回收工况单台制热量1304.8kW（年均COP＝3.58），除满足暖通专业要求外，也满足本工程设计小时耗热量319kW的要求，热水供水温度为55℃。污水源热泵发生故障或因污水温度过低导致污水源热泵供热能力不足时，洗浴及厨房热水热源采用市政热网热水作为备用热源。

3. 热水系统换热及温度保证措施

冷水计算温度取5℃，热水温度为55℃。由污水源热泵换热达标后贮存到加热水箱（贮热量大于1h耗热量），再由加热水箱送至恒温水箱（50m³），恒温水箱在使用中不进行冷水补充，以保证使用温度恒定。热水系统采用微机变频供水设备供水，机械全循环供水方式，恒温水箱（304不锈钢）与热回收机组之间设置循环水泵,对恒温水箱内的水做加热循环。恒温水箱设置电加热器,贮水可以定期加热至 70℃进行热力消毒,消除军团菌。地下室员工淋浴间及厨房集中生活热水供应系统设置热水回水管网及循环水泵强制循环。

4. 系统竖向分区

地下室员工淋浴间及厨房设集中生活热水供应系统,热水系统不分区。

5. 管材

室内生活给水管采用薄壁不锈钢管 304(0Cr18Ni9),卡压连接,埋墙时焊接,水泵房内管道均采用法兰连接。生活给水支管采用 PP-R 热水塑料管,热熔连接。热水管道保温材料采用阻燃橡塑海绵管壳,氧指数>32,热水管道保温层厚度 30mm,储热水箱保温层厚度 40mm。

(三)中水系统

公共卫生间冲厕用水采用中水,评标专家留宿用房坐便器不采用中水冲洗;场区绿地、道路及停车场、屋面绿地浇洒、车库地面冲洗采用中水。中水管道上不装设取水龙头。当装有取水接口时,应采取防止误饮、误用措施。绿化浇洒采用有防护功能的灌溉系统和喷洒栓。

根据《民用建筑节水设计标准》GB 50555—2010 中表 3.1.8,冲厕用水比例选取 60%,盥洗用水比例选取 40%。

1. 中水源、中水量

中水源来自城市中水管网。市政供水压力为 0.736MPa。市政中水直供水量见表 4。

市政中水直供水量　　　　　　　　表 4

建筑功能	用水规模	最高日用水定额	用水使用率 (%)	日用水时间 (h)	小时变化系数	最高日用水量 (m³/d)
绿地灌溉	1887.07m²	2L/(m²·d)	100	3	1.00	3.77
道路及停车场冲洗	36403.15m²	2L/(m²·d)	100	3	1.00	72.81
车库地面冲洗	16594.00m²	2L/(m²·d)	100	3	1.00	33.19
办公冲厕	1000 人	40L/(人·d)	60	8	1.50	24.00
物业冲厕	70 人	40L/(人·d)	60	24	1.50	1.68
会议及外来办公	1000 人	6L/(人·d)	60	10	1.50	3.60
未预见水量	0.10					13.91
总计						153

2. 系统竖向分区

直接利用市政压力给应,分为高、低两个区,高区为八层~十五层,低区为地下室~七层。低区由高区减压供给。

3. 中水供水方式及加压设备

本工程的供水水源来自城市中水管网,供水系统采用枝状管道。地上部分采用下行上给供水方式,地下室部分采用上行下给供水方式。建筑内中水系统给水设计秒流量为 6.5L/s,中水入口所需压力为 0.73MPa。

4. 管材、接口及阀门

室内中水给水采用内外镀锌内衬塑钢管,卡箍或法兰连接。

(四)排水系统

1. 排水系统的形式

室内排水系统采用污、废合流制。生活污水经室外化粪池处理后排入市政排水管道。

2. 通气管的设置方式

公共卫生间采用专用通气立管排水系统评标，专家留宿用房卫生间采用伸顶通气立管排水系统。

3. 采用的局部污水处理设施

地下室不能自流出户的污废水汇集至集水坑，用潜水泵提升排出。每个集水坑设 2 台潜水泵，平时 1 用 1 备，交替运行，潜水泵由集水坑水位自动控制，当一台泵来不及排水使水位达到报警水位时，两台泵同时工作并报警。潜水泵采用自动搅匀无堵塞大通道潜水泵。消防电梯井设有压力排水设施。厨房、淋浴区、制冷机房、生活及消防水泵房等区域采用降板设置 300mm 垫层做排水沟排水；厨房内的含油废水经地下室成套隔油提升设备处理后排入场区污水管道。

4. 屋面雨水排水

本建筑屋面雨水采用内排重力雨水系统，排入场区雨水管网。设计重现期 $P=10$ 年，溢流重现期 $P=50$ 年。

5. 管材、接口方式

室内重力排水管采用离心铸铁排水管，不锈钢卡箍连接；压力排水管采用热镀锌钢管，法兰连接。雨水管采用内外热浸镀锌钢管，法兰连接。

二、消防系统

(一) 消防用水量及水源

室外消火栓系统用水量 30L/s（市政保证），室内消火栓系统用水量 40L/s，火灾延续时间 3.0h；自动喷水灭火系统用水量 30L/s，大空间智能型主动喷水灭火系统用水量 10L/s（不与湿式自动喷水灭火系统同时作用），火灾延续时间 1.0h；闭式泡沫-水喷淋联用灭火系统用水量 30L/s（不与湿式自动喷水灭火系统同时作用），火灾延续时间 1.0h；档案库房开式高压细水雾灭火系统用水量 0.75L/(min·m²)，火灾延续时间 30min（独立设置水箱供水）；以上消防用水量合计 540m³。

在本建筑地下设置总有效容积 540m³ 的消防水池（水池分两格）和消防水泵房；高压细水雾灭火系统水箱及泵组也设置在消防水泵房内，高压细水雾灭火系统用水需经过净化处理，采用不锈钢水箱单独贮存，系统所需有效贮水量为 9m³；在屋顶设置有效容积 18m³ 的消防水箱和两套消防稳压装置（一套室内消火栓系统用，一套湿式自动喷水灭火系统用）可保证本建筑火灾初期和火灾延续时间消防系统所需的水量及水压要求。

(二) 室外消火栓系统

市政自来水引入管的水压可满足室外消火栓水压要求。由市政给水环状管网上引入两条 $DN200$ 进水管，经止回装置后在室外布置成环状管网，在环状管网上结合水泵接合器的位置布置 $DN100$ 室外消火栓，其间距不超过 120m。

(三) 室内消火栓系统

室内消火栓系统采用临时高压给水系统，系统竖向分为两个区。低区为地下二层～六层，高区为七层～顶层。低区由高区经过减压阀减压供给。地下二层～二层、七层～十一层的消火栓采用减压消火栓。每个区消火栓栓口的静水压力均不大于 1.0MPa。在建筑底部及顶层设置成环状管网，立管管径为 $DN100$。各楼层均设置室内消火栓，消火栓设置间距不大于 30m。消火栓布置在明显、易于取用处。水泵房处供水压力：室内消火栓给水压力 1.14MPa，低区所需压力为 0.63MPa。消防水泵房设有室内消火栓系统消防水泵 2 台，1 用 1 备，单台参数：$Q=0\sim40$L/s，$H=120$m，$N=90$kW。系统在地下车库的环状管网上设有地下式水泵接合器。消火栓管道采用消防热浸镀锌钢管，法兰或沟槽连接。阀门及需拆卸部位采用法兰连接。

(四) 自动喷水灭火系统

除建筑面积小于 5m² 的卫生间和不宜用水扑救的场所外均设有自动喷水灭火系统保护。地下车库设有闭式泡沫-水喷淋联用灭火系统保护。自动喷水灭火系统用水量为 30L/s。除地下车库火灾危险等级为中危险Ⅱ

级，设计喷水强度为 8L/（min·m²）以外，其他部位火灾危险等级为中危险 I 级，设计喷水强度为 6L/（min·m²），保护面积 160m²，最不利点处喷头设计最低工作压力不小于 0.05MPa。

自动喷水灭火系统采用临时高压给水系统，由于每层喷头数较多，按每个报警阀保护喷头数不超过 800 个设置。报警阀集中设置，报警阀处设置减压阀组，控制每个报警阀组供水的最高与最低位置喷头的高程差不超过 50m；各配水管入口压力大于 0.40MPa 时，采用减压孔板减压。自动喷水灭火系统报警阀前为环状管网，报警阀后为枝状管网，每个防火分区均设有水流指示器和放水阀。

除了厨房烘烤间、熟食操作间等部位采用 93℃玻璃泡喷头以外，办公室、地下车库、走廊公共区域采用 68℃（喷头 $K=80$）玻璃泡喷头。不吊顶的部位采用直立喷头，吊顶的部位采用吊顶喷头，屋顶机房采用防冻合金喷头，中厅环廊采用快速响应喷头。评标专家留宿用房内的喷头采用侧墙喷头，选用 ZSTB-20 型快速响应玻璃泡喷头，技术参数：$K=115$，工作压力 0.20MPa，保护面积为 5.9m×4.7m。由于本项目占地面积较大，沿建筑均匀设置多套地下式水泵接合器，每套流量 $Q=15L/s$。系统所需压力为 1.08MPa。

地下车库按照当地消防审查意见采用闭式泡沫-水喷淋联用灭火系统保护，系统采用 6‰水成膜泡沫液，系统持续喷泡沫时间为 10min，系统自动喷水至喷泡沫的转换时间按照 4L/s 流量计算，转换时间不大于 3min。系统主要由水源、泡沫原液贮罐、比例混合装置、中央控制柜、火灾探测器、管道及附件组成。根据管道容积及转换时间分别设置有 6 个泡沫贮罐及比例混合器。每个分区内贮罐容积为 1500L。

高大中庭设置自动跟踪定位射流灭火装置，保证两股水柱同时到达中庭的任何位置。系统设计流量为 10L/s。本系统采用 PSSZ5-HT111 型自动扫描水炮（设置现场控制箱），其每台技术参数如下：喷水流量 5L/s；额定工作压力 0.6MPa；保护半径 20m；安装高度 20m。末端试水装置安装在就近公共卫生间等易于排水的位置。每个灭火装置前设有电磁阀。

自动喷水灭火系统、闭式泡沫-水喷淋联用灭火系统、自动跟踪定位射流灭火装置共用消防泵，共设消防泵 2 台，1 用 1 备，单台参数：$Q=0\sim40L/s$；$H=110m$；$N=75kW$。自动喷水灭火系统管道采用消防热浸镀锌钢管，法兰或沟槽连接。阀门及需拆卸部位采用法兰连接。沟槽式管接头的工作压力应与管道工作压力相匹配。沟槽式管接头的密封圈应采用耐久性材质。泡沫罐及泡沫液管均采用不锈钢材质。阀件均采用不锈钢材质。

（五）厨房专用自动灭火系统

地下室厨房设置有厨房专用自动灭火系统，根据厨房灶台、操作台工艺布置设计。厨房烹饪灶台、集油烟罩等部位均设置有独立的厨房专用自动灭火系统，对热加工设备实施保护和监控。烹饪部位每个灶具上端及其排烟道内距端口 1m 范围内设置火灾感应器和喷头。保护排烟罩的喷头设置在滤油网板的上部，并采用水平喷放方式。排烟道进口端设置向烟道内喷放灭火剂的喷头。

厨房设备灭火装置的灭火剂设计喷放时间不大于 60s。灭火剂喷放时，喷头的工作压力不小于 0.1MPa，其中最不利点喷头的工作压力不低于 0.05MPa。在喷放完灭火剂后需继续喷放冷却水时，冷却水的设计喷水工作压力为 0.2～0.7MPa，冷却水的喷放时间不小于 1min。驱动气体选用氮气；驱动气体容器充装压力不小于 6.0MPa，且不大于 12.0MPa。本项目共设计 5 组厨房灭火系统主控箱，其药剂用量见表 5。

厨房灭火系统主控箱药剂用量　　　　　　　　　　　　　　　　　　表 5

主控箱编号	药剂罐容量（L）	药剂罐数量（个）	药剂量（L）	氮气瓶容量（L）	氮气瓶数量（个）
NO1	5.7	1	5.7	800	1
NO2	8.5	1	8.5	1000	1
NO3	5.7	1	14.2	800	1
	8.5	1		1000	1

主控箱编号	药剂罐容量(L)	药剂罐数量(个)	药剂量(L)	氮气瓶容量(L)	氮气瓶数量(个)
NO4	8.5	1	8.5	1000	1
NO5	11.4	4	5.7	1000	4

(六)高压细水雾灭火系统

档案库房设置高压细水雾灭火系统。高压细水雾灭火系统设置细水雾消防泵房，内设高压细水雾泵组及增压稳压泵。系统共分为 13 个防护区，最大防护区的保护面积为 $400m^2$，设计喷雾强度为 $0.75L/(min \cdot m^2)$，持续喷雾时间 30min。开式系统每个防护区设一套控制阀，最大防护区的保护面积为 $400m^2$；对于大于 $400m^2$ 的档案库房，采用分区应用系统。细水雾喷头在房间顶部均匀布置。项目实施时是在 2013 年，《细水雾灭火系统技术规范》GB 50898—2013 还没有印刷成册发行，所以本项目没有执行开式系统分区限制 3 个、闭式喷头不大于 100 个的相关条文要求。

高压细水雾灭火系统设计消防用水量为 $9m^3$。在细水雾灭火设备机房内设有效容积为 $9m^3$ 的不锈钢贮水箱。进水经过过滤器处理后供给水箱。系统所需压力为 11.715MPa，选用 6 台细水雾消防泵，5 用 1 备，单台参数：$Q=70L/min$；$H=16MPa$；$N=18.5kW$。系统同时具有自动控制、手动控制和机械控制三种启动方式。系统采用 304 不锈钢管及管件，管材符合《流体输送用不锈钢无缝钢管》GB/T 14976—2002 的规定。管道采用氩弧焊焊接或卡套连接。

(七)气体灭火系统

除了地下一层集中布置的高低压变配电室和六层集中布置的通信机房设置有组合分配式 IG-541 气体灭火系统外，本建筑内其他电气机房由于布置分散、相互距离远、单个机房药剂用量小，采用单元独立式柜式装置 FM200 混合气体灭火系统。

1. 七氟丙烷灭火系统

分散的变配电室、光伏发电控制室、电信机房等采用七氟丙烷无管网灭火系统。变配电室的灭火设计浓度为 8%，设计喷放时间不大于 10s，灭火浸渍时间 10min。防护区应设置泄压口，泄压口位于防护区净高的 2/3 以上，气体灭火后需要排风时开启。

2. IG541 气体灭火系统

本建筑地下室基地占地 240m×102m，标准层为工字形布置，六层平面尺寸为 168m×63m，考虑 IG541 气体灭火系统管网长度限制，六层 12 个中心数据机房设置 2 套组合分配式 IG541 气体灭火系统，地下一层集中高低压变配电室设置 1 套组合分配式 IG541 气体灭火系统，共计设 3 套 15 个组合分配式 IG541 气体灭火系统。贮存钢瓶数分别为 48 瓶、60 瓶、69 瓶（90L）。由于机房设置有吊顶和地板，在管道设计中吊顶和地板夹层中也都布置了气体喷头，具体每个分区的药剂用量见表 6～表 8。

IG541 气体灭火系统一设计计算结果 表 6

序号	保护区名称	面积 (m²)	高度 (m)	体积 (m³)	贮存用量 (kg)	钢瓶数 (90L)(套)	主管径 (mm)	泄压口面积 (m²)	备注
1	主机配置室、网络配置室	133.76	4.5	601.92	395.62	22	DN80	0.205	钢瓶间贮存钢瓶数量为 48 套(90L)；吊顶上高度 1m；吊顶下高度 3.1m；架空地板高度 0.4m
2	1 号机房	305.50	4.5	1374.80	903.56	48	DN125	0.470	
3	2 号机房	305.50	4.5	1374.80	903.56	48	DN125	0.470	
4	3 号机房	305.50	4.5	1374.80	903.56	48	DN125	0.470	

续表

序号	保护区名称	面积 (m²)	高度 (m)	体积 (m³)	贮存用量 (kg)	钢瓶数 (90L)(套)	主管径 (mm)	泄压口面积 (m²)	备注
5	4 号机房	305.50	4.5	1374.80	903.56	48	DN125	0.470	钢瓶间贮存钢瓶
6	UPS 配电室	99.98	4.5	449.91	295.71	16	DN65	0.151	数量为 48 套(90L);吊顶上高度 1m;吊
7	电池室	141.24	4.5	635.58	417.74	23	DN80	0.217	顶下高度 3.1m;架空地板高度 0.4m
8	备件一室	55.76	4.5	250.92	164.92	9	DN50	0.086	

IG541 气体灭火系统二设计计算结果 表 7

序号	保护区名称	面积 (m²)	高度 (m)	体积 (m³)	贮存用量 (kg)	钢瓶数(90L) (套)	主管径 (mm)	泄压口面积 (m²)	备注
1	5 号机房	376.05	4.5	1692.20	1112.23	60	DN125	0.583	钢瓶间贮存钢瓶数量
2	6 号机房	379.83	4.5	1709.20	1123.41	60	DN125	0.583	为 60 套(90L);吊顶上高
3	7 号机房	379.83	4.5	1709.20	1123.41	60	DN125	0.583	度 1m;吊顶下高度 3.1m;架空地板高度 0.4m
4	8 号机房	88.15	4.5	396.68	260.72	14	DN65	0.132	

IG541 气体灭火系统三设计计算结果 表 8

序号	保护区名称	面积 (m²)	高度 (m)	体积 (m³)	贮存用量 (kg)	钢瓶数(90L) (套)	主管径 (mm)	泄压口面积 (m²)	备注
1	低压配电室	392.7	5.0	1963.5	1290.52	69	DN150	0.670	钢瓶间贮存钢瓶数量
2	高压配电间	116.6	5.0	583.0	383.18	21	DN80	0.199	为 69 套(90L)
3	配电室	27.2	5.0	136.0	98.39	5	DN40	0.046	

IG541 混合气体设计浓度为 37%，灭火浸渍时间为 10min，为全淹灭式。防护区围护结构及门窗的允许压强大于 1.2kPa，灭火剂喷射时间在 60～48s 内达到最小设计浓度的 95%。气体喷放时间小于 60s；防护区的门向疏散方向开启并能自行关闭。气体灭火系统设置 3 处（六层 2 处，地下一层 1 处）钢瓶间，靠近保护的防护区。泄压口位于防护区净高的 2/3 以上。气体灭火系统管材采用无缝焊接热镀锌钢管，螺纹连接或法兰连接，输送启动气体的管道采用铜管。系统管件、阀门采用高压管件、阀门。

三、工程设计体会和设计特点

建筑节能越来越引起业界注意，现在业界一致认可的常规节能措施有充分利用市政管网压力，合理划分给水分区；给水系统二次加压设备选用高效率、低能耗设备；绿化浇洒、水景补水、车库地面冲洗用水采用中水等。但往往忽略有些项目还可以适当回收余热，例如收集集中淋浴区排水余热和利用市政余热等。本工程在设计初期就一直在思考如何收集回用建筑内余热，最初方案阶段曾考虑收集利用六层集中机房空调余热，在机房装机容量达到设计值时可以稳定地提供本项目的生活热水系统用热。与建设方沟通中发现六层机房是长期规划装机容量，在建设中分三期建设，在未达到装机容量的初期和中期无法稳定提供生活热水热源，于是讨论其他节能措施。由于该项目是政府投资且政府主导后期使用方也为政府部门，项目旁有大连市一污水处理厂，市政污水总干管就在项目所在地北侧道路，政府协调相关部门，可回收污水干管中稳定污水余热，设置污水源热泵系统，经计算回收的热量除了能满足暖通专业相关需求外，富余的热量亦可保证生活热水系统所需。该项目的档案库房采用了高压细水雾灭火系统，高压细水雾灭火系统节水节能，是另一高效节能的灭火形式，值得推广。电气专业在屋顶设置光伏发电板，建筑采用节能墙体和其他绿色节能技术，本项目于 2015 年 3 月获得中华人民共和国住房和城乡建设部三星级绿色建筑设计标识。

四、工程照片及附图

厨房自动灭火设备

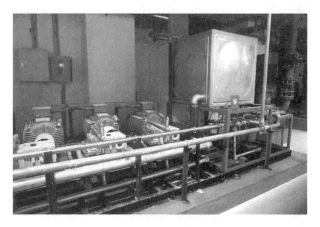

高压细水雾泵房

建筑效果

六层屋顶花园滴灌系统

气体钢瓶间

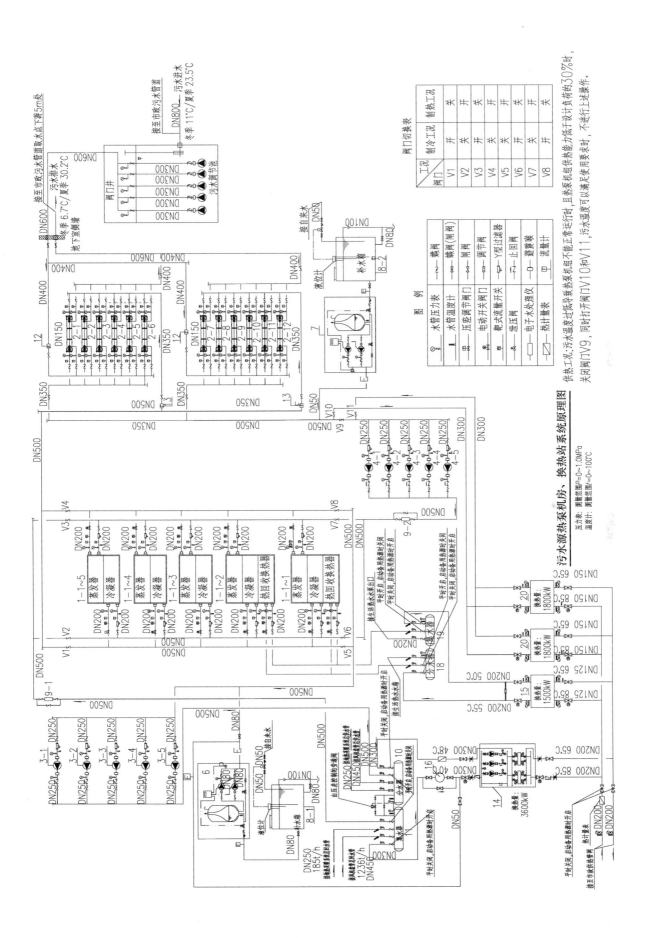

污水源热泵机房、换热站系统原理图

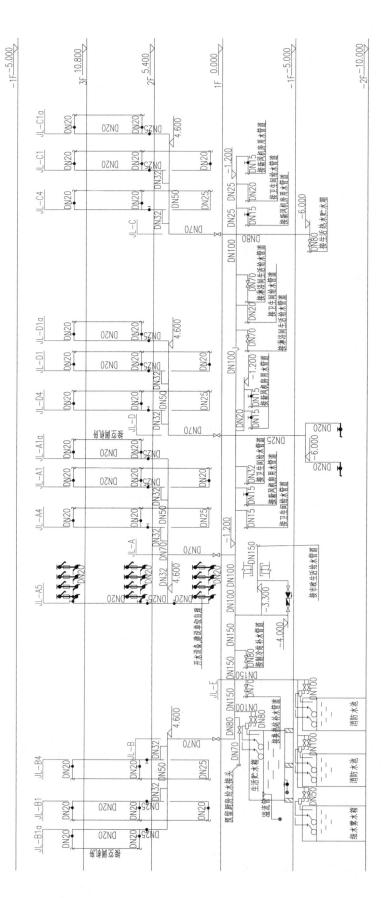

J区生活给水系统展开图

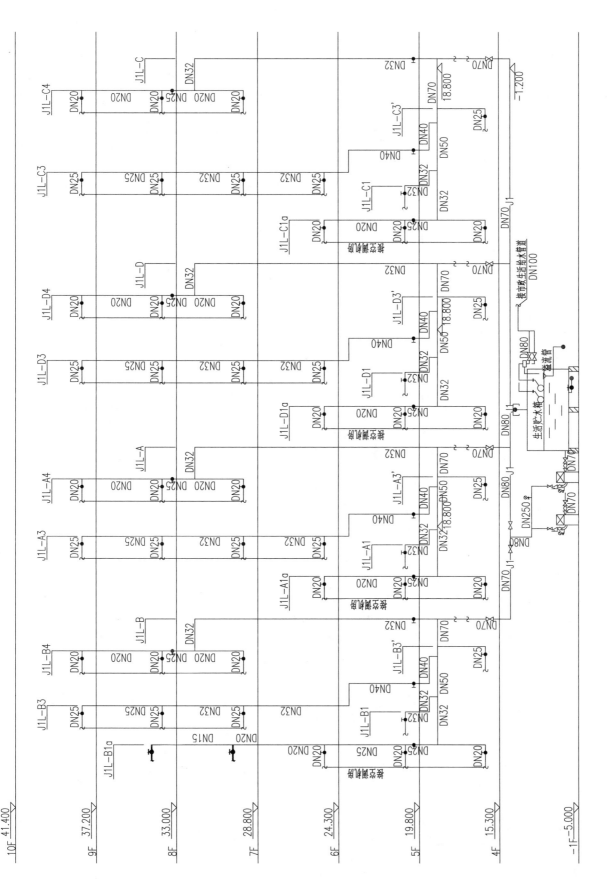

J1区生活给水系统展开图

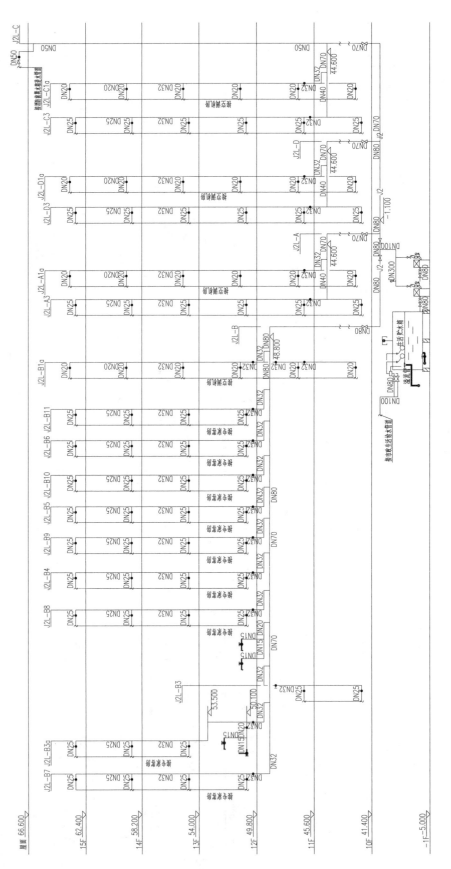

J2区生活给水系统展开图

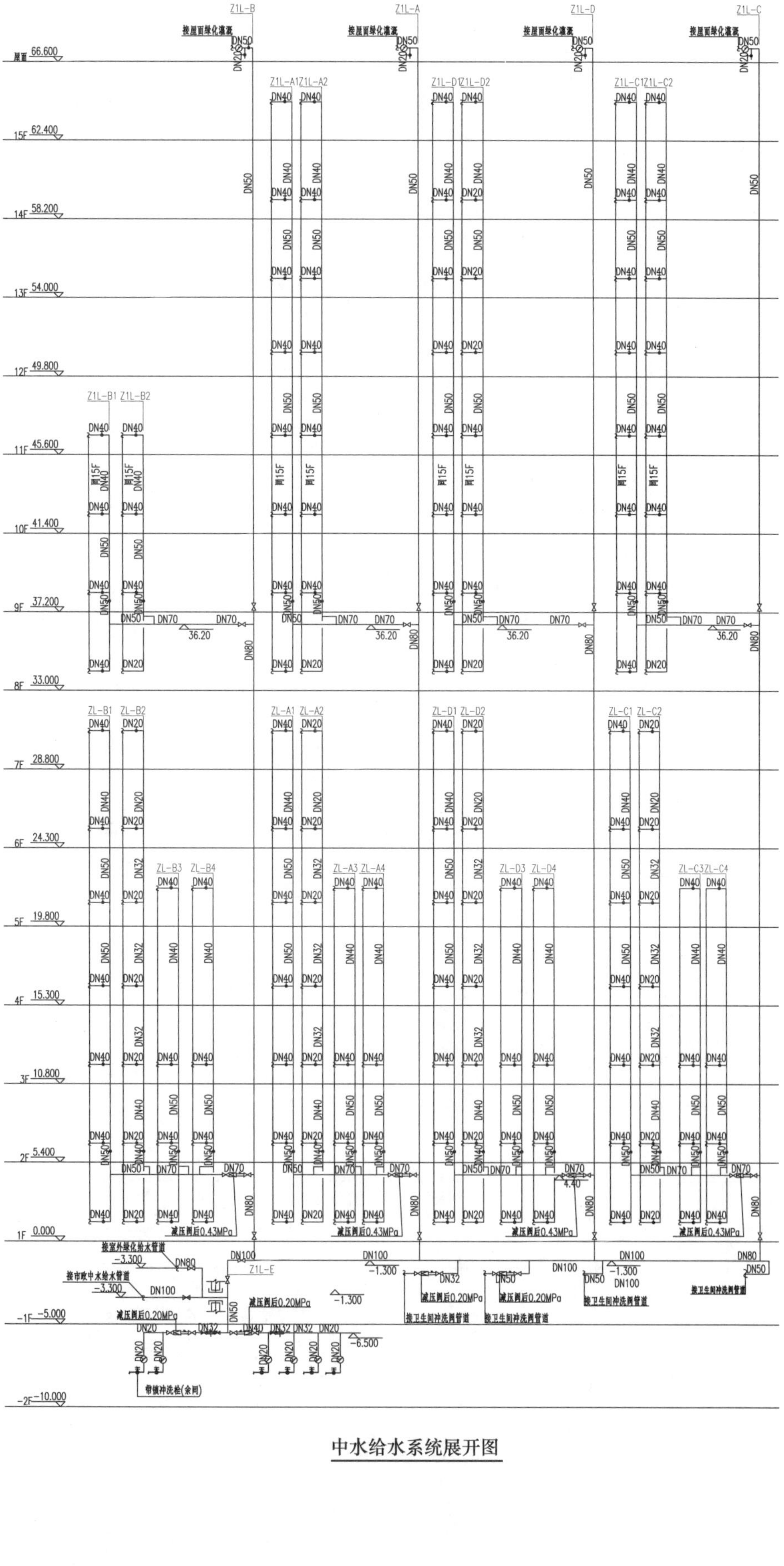
Z1L-B
Z1L-A
Z1L-D
Z1L-C
接屋面绿化灌溉
屋面 66.600
15F 62.400
14F 58.200
13F 54.000
12F 49.800
11F 45.600
10F 41.400
9F 37.200
8F 33.000
7F 28.800
6F 24.300
5F 19.800
4F 15.300
3F 10.800
2F 5.400
1F 0.000
-1F -5.000
-2F -10.000
Z1L-A1 Z1L-A2
Z1L-D1 Z1L-D2
Z1L-C1 Z1L-C2
Z1L-B1 Z1L-B2
ZL-B1 ZL-B2
ZL-A1 ZL-A2
ZL-D1 ZL-D2
ZL-C1 ZL-C2
ZL-B3 ZL-B4
ZL-A3 ZL-A4
ZL-D3 ZL-D4
ZL-C3 ZL-C4
36.20
4.40
减压阀后0.43MPa
接室外绿化给水管道
-3.300
接市政中水给水管道
-3.300
减压阀后0.20MPa
Z1L-E
-1.300
接卫生间冲洗阀管道
-6.500
带锁冲洗栓(余同)

中水给水系统展开图

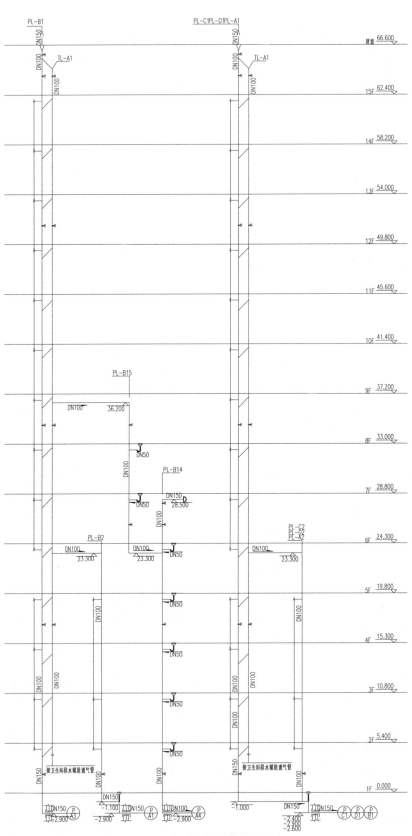

生活排水系统展开图(一)

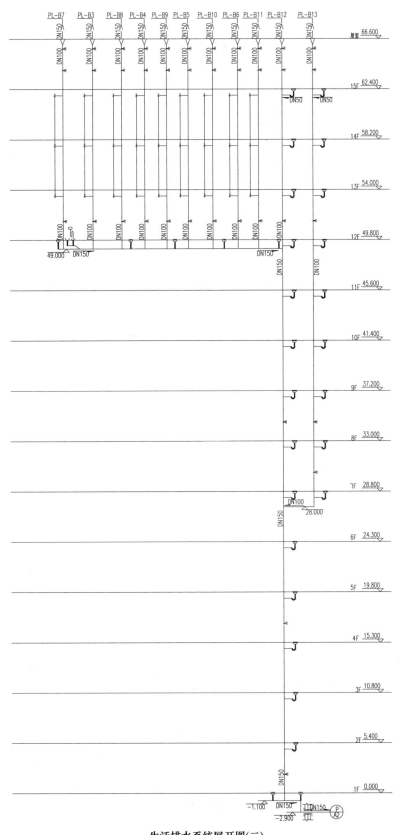

生活排水系统展开图(二)

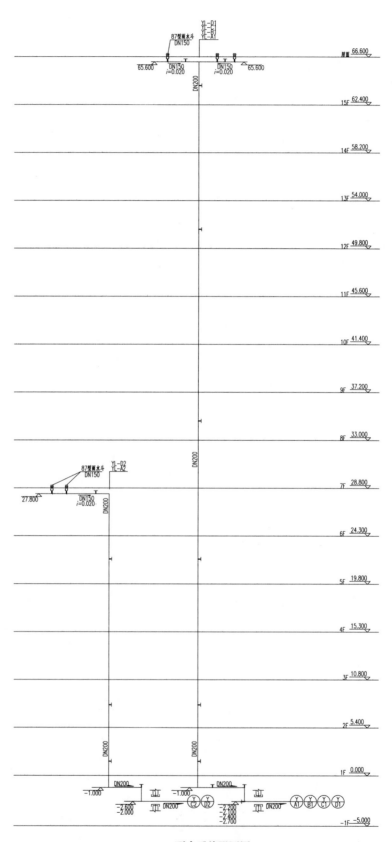

雨水系统展开图

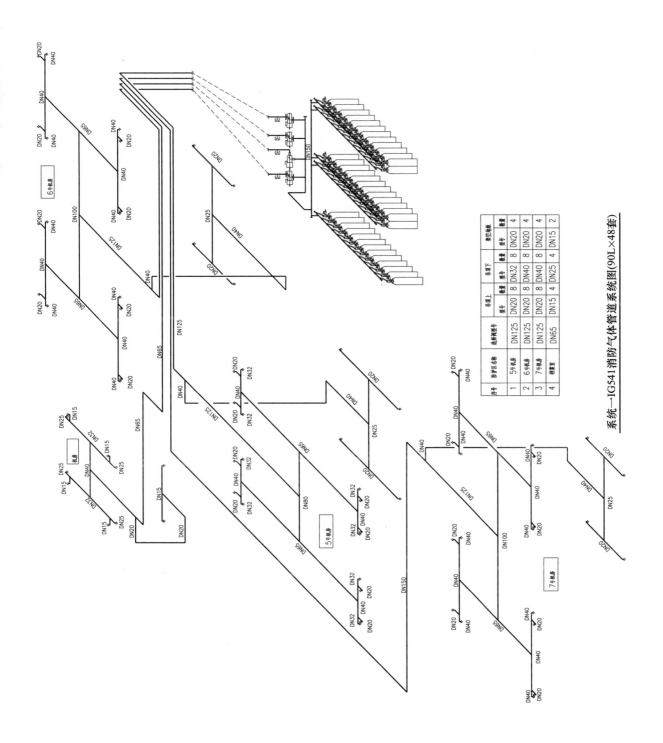

序号	防护区名称	选择阀型号	吊顶上			吊顶下			架空地板		
			型号	数量		型号	数量		型号	数量	
1	5号机房	DN125	DN20	8		DN32	8		DN20	4	
2	6号机房	DN125	DN20	8		DN40	8		DN20	4	
3	7号机房	DN125	DN20	8		DN40	8		DN20	4	
4	档案室	DN65	DN15	4		DN25	4		DN15	2	

系统一IG541消防气体管道系统图(90L×48套)

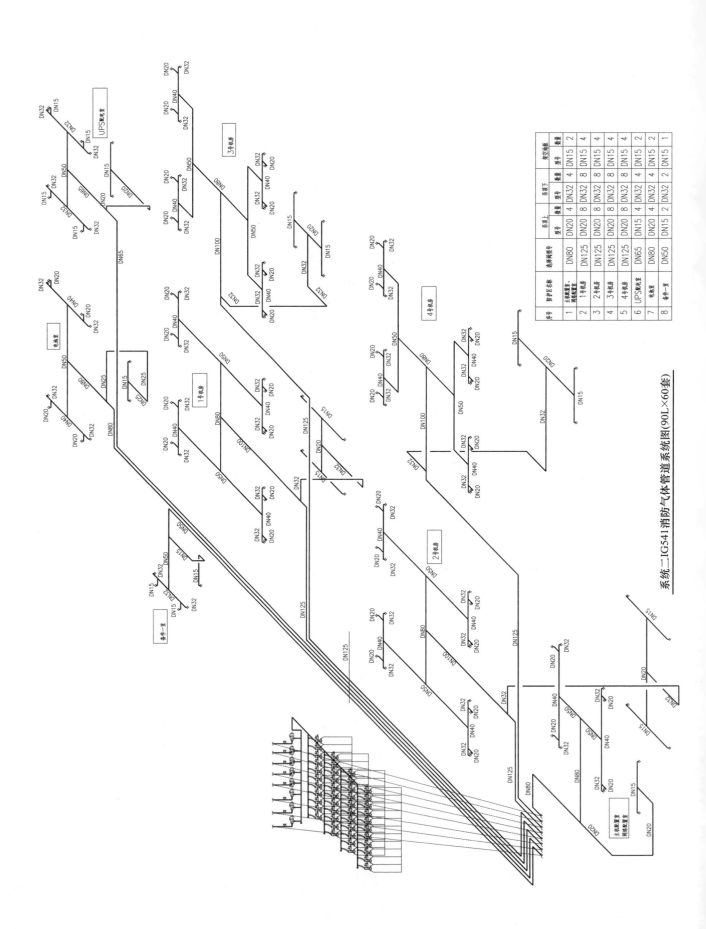

系统二IG541消防气体管道系统图(90L×60套)

序号	防护区名称	选择阀型号	导管上		导管下		架空软管	
			型号	数量	型号	数量	型号	数量
1	主机配置室、调试整置室	DN80	DN20	4	DN32	4	DN15	2
2	1号机房	DN125	DN20	8	DN32	8	DN15	4
3	2号机房	DN125	DN20	8	DN32	8	DN15	4
4	3号机房	DN125	DN20	8	DN32	8	DN15	4
5	4号机房	DN125	DN20	8	DN32	8	DN15	4
6	UPS配电室	DN65	DN15	4	DN32	4	DN15	2
7	电池室	DN80	DN20	4	DN32	4	DN15	2
8	备件一室	DN50	DN15	2	DN32	2	DN15	1

建发·大阅城（一期）

设计单位：中国建筑设计研究院有限公司
设 计 人：陈静　张晋童　曹为壮　王松　安明阳　范改娜　匡杰
获奖情况：公共建筑类　三等奖

工程概况：

本项目用地位于银川市北部阅海新区，西邻正源北街，南侧为自治区人民医院，东侧为银丰村小区，北侧为阅海万家三期住宅，用地面积约合 222 亩（147971.33m²）。基地处于银川市重点发展的阅海 CBD 辐射区域，周边紧邻大型住宅区和医院，交通条件和商业氛围得天独厚。

该建筑是集购物、娱乐、餐饮、办公、酒店及公寓于一体的大型城市综合体项目，由下至上分为设备机房及地下车库、购物中心、办公楼、酒店及公寓共四个部分。

建筑面积 313476.4m²；建筑高度：办公楼 99.45m（25 层），酒店及公寓 84.25m（19 层），裙房 32.85m（7 层）。

防火类别为一类高层建筑，耐火等级一级。

工程说明：

一、给水排水系统

（一）给水系统

1. 冷水用水量
生活用水量：最高日 1775.93m³/d，最大时 228.69m³/h。

2. 水源
市政自来水，市政压力 0.14MPa。

3. 系统竖向分区
给水系统竖向分为 4 个区：

1 区：室外用水和地下室～一层；

2 区：商业二层～七层，酒店地下一层～七层；

3 区：办公楼八层～十六层，酒店、公寓八层～十三层；

4 区：办公楼十七层～二十五层，酒店、公寓十四层～十九层。

4. 供水方式及给水加压设备
（1）供水方式

1 区：市政给水管直接供水；

2 区："水箱＋变频泵组"加压供水；

3 区："水箱＋变频泵组"加压供水；

4 区："水箱＋变频泵组"加压供水。

（2）水箱设置情况

1）商业设置水箱 2 个，2 个水箱的容积均为 115.5m³；办公楼、公寓分别设置水箱 1 个，办公楼水箱有效容积 92.4m³，公寓水箱有效容积 35.2m³，均占二次加压供水部分设计最高日用水量的 20％。

2）酒店设置水箱 3 个，2 区水箱容积 100.8m³，3 区、4 区水箱总容积 226.8m³，为二次加压供水部分设计最高日用水量。

5. 管材

（1）酒店部分干管、立管和支管均采用薄壁不锈钢管，牌号 S30408，管径≤DN50 者双卡压式连接；DN65、DN80 承插氩弧焊连接；管径≥DN100 者法兰连接。

（2）其余部位干管和立管采用钢塑复合管，管径＜DN80 者螺纹连接，管径≥DN80 者沟槽连接。管材和接口公称压力为 1.6MPa。管径≤DN50 的支管采用无规共聚聚丙烯（PP-R）塑料管，热熔连接。与金属管和用水器具连接采用专用过渡接头，管道采用 S3.2 系列。

（3）埋在垫层或嵌在墙槽内的支管采用 PP-R 管。

（4）≥DN50 的阀门与管道连接、机房内管道连接采用法兰连接。

管材和接口公称压力：给水 3 区、4 区加压泵输水干管、立管为 1.6MPa；其他部位为 1.0MPa。

（二）热水系统

1. 热水用水量

酒店最高日热水用量（60℃）131.96m³/d，设计小时热水量（60℃）20.48m³/h，冷水计算温度 10℃。公寓最高日热水用量（60℃）35.9m³/d，设计小时热水量（60℃）5.98m³/h。

2. 热源

热源由燃气锅炉提供，热媒水供水温度为 95℃，回水温度为 70℃。

3. 系统竖向分区

热水系统竖向分区和供水方式同给水系统，各区压力源来自于给水系统压力。

4. 热交换器

各分区均设 2 台浮动盘管半容积式换热器，出水温度 55℃。由安装在水加热器热媒管道上的自力温度控制阀自动调节控制。

5. 冷、热水压力平衡措施及热水温度的保证措施

（1）冷、热水压力平衡措施：冷热水系统同源，采用半容积式换热器加热；冷热水供水分区一致。

（2）保证循环效果措施：集中热水供应系统设循环系统，循环管道同程布置，尽量缩短不循环配水支管的长度。

6. 水质处理

（1）酒店水加热器给水经软化处理，采用离子交换树脂除盐法处理，处理水量为 30m³/h，原水总硬度（以 $CaCO_3$ 计）为 450mg/L，软化后水的总硬度为 80mg/L。

（2）公寓水加热器进水与回水汇合管上装电子水处理仪，处理水量为 18m³/h。

7. 安全措施

各系统均设膨胀罐，吸纳部分热水膨胀超压。

8. 管材

干管、立管和支管均采用薄壁不锈钢管，牌号 S30408，管径≤DN50 者双卡压式连接；DN65、DN80 承插氩弧焊连接；管径≥DN100 者法兰连接。支管 PP-R 管道采用 S2.5 系列。

（三）污、废水系统

1. 排水系统的形式

室内污废水合流排到室外污水管道，经化粪池（或隔油池）简单处理后排入城市污水管网。

2. 通气管的设置方式

根据排水流量，卫生间排水管设置专用通气立管，辅以环形通气管。卫生间污水集水泵坑设通气管与通气系统相连。厨房油水分离器和集水泵坑通气管单独接出屋面。

3. 采用的局部污水处理设施

厨房洗肉池、炒锅灶台、洗碗机（池）等排水均应设器具隔油器，厨房排水经专用排水管道排至室外隔油池，处理后排至市政污水管道。

4. 管材

（1）污废水管、通气管采用聚丙烯（PP）塑料管，专用管件承插连接，橡胶圈密封。

（2）埋地管采用 HDPE 塑料排水管，热熔连接。

（3）污废水地下室出户横管采用 A 型机制排水铸铁管及其配件，法兰连接。

（4）潜水泵排出管采用热镀锌钢管，沟槽式连接。

（四）雨水系统

1. 设计参数

屋面雨水的设计重现期为 10 年，设计降雨历时 5min。雨水溢流和排水设施的总排水能力不小于 50 年重现期降雨流量。车库坡道压力提升排水系统的设计重现期为 50 年，设计降雨历时 5min。室外雨水设计重现期 3 年。

2. 排水系统的形式

（1）办公楼、酒店屋面及商业裙房小屋面雨水采用 87 型雨水斗收集，雨水斗设于屋面内。管道系统设置在室内，排至室外雨水管道。

（2）商业裙房屋面雨水采用虹吸式雨水斗收集，雨水斗设于屋面内。管道系统设置在室内，排至室外雨水管道。

（3）室外地面雨水经雨水口和雨水管汇集后排入城市雨水管道。

（4）各车库入口均有雨棚，在入口附近设置截流沟，飘入车库的少量雨水排入车库集水坑（兼作雨水集水坑）经提升后排入市政排水管道。

3. 管材

87 型雨水斗系统管道和虹吸式屋面雨水系统管道均采用 HDPE 塑料排水管，热熔连接。

二、消防系统

消防水源来自市政给水管网。本工程从西侧正源北街和北侧六号路市政给水管上分别接出一根 $DN200$ 的引入管。市政给水管网设计供水压力为 0.14MPa。

（一）消火栓系统

1. 室外消火栓系统

（1）系统用水量

系统流量 40L/s，火灾延续时间 3h，系统灭火用水量 432m³。

（2）系统形式

采用低压给水系统，由室外环状管网提供系统水量及水压。

2. 室内消火栓系统

（1）系统用水量

系统流量 40L/s，火灾延续时间 3h，系统灭火用水量 432m³。

（2）系统形式

采用临时高压给水系统，水量及水压由消防水池及两组加压泵组提供（酒店部分单独设加压泵组）。

（3）消防水池及加压泵组

消防水池（共用）位于地下二层消防泵房，有效容积 1105.2m³。

酒店部分加压泵组参数：$Q=40$L/s，$H=200$PSI，$N=200$HP，1 用 1 备

其余部分加压泵组参数：$Q=40$L/s，$H=150$m，$N=110$kW，1 用 1 备。

（4）系统竖向分区

酒店部分竖向分两个区，由一组消防泵供水，减压阀分区。高区：八层～十九层；低区：设备夹层及以下。

其余部分竖向分两个区，高区：办公楼十三层～二十五层；低区：办公楼十二层及以下以及裙房商业。

（5）屋顶消防水箱及稳压系统

酒店 89.00m 标高处设高位消防水箱，有效贮水容积为 36m³，水箱间设稳压装置。酒店消火栓系统与自动喷水灭火系统共用高位消防水箱。

办公楼 99.80m 标高处设高位消防水箱，有效贮水容积为 77.5m³，水箱间设稳压装置。消火栓系统与自动喷水灭火系统及防护冷却系统共用高位消防水箱。

酒店部分平时系统压力由消防水箱维持；其余部分高区平时系统压力由消防水箱和增压稳压装置维持，低区由消防水箱维持。

（6）水泵接合器

酒店及其他部分加压系统高低区各设置 3 个地下式 $DN150$ 水泵接合器。

（7）管材

酒店及高区配水管及主干管采用热浸镀锌加厚钢管及无缝钢管件。

（二）自动喷水灭火系统

1. 系统用水量

系统流量 40L/s，火灾延续时间 3h，系统灭火用水量 432m³。

2. 系统形式

采用临时高压给水系统，水量及水压由消防水池及两组加压泵组提供（酒店部分单独设加压泵组）。

3. 加压泵组参数

$Q=40$L/s，$H=160$m，$N=110$kW，1 用 1 备（$Q=40$L/s，$H=220$PSI，$N=250$HP，1 用 1 备）。

4. 系统竖向分区

酒店竖向分两个区，高区：十层～十九层；低区：九层及以下。

其他部分竖向分两个区，高区：办公楼十一层～二十五层、公寓十层～十九层；

低区：办公楼十层及以下各层、公寓九层及以下各层、裙房商业。

5. 稳压系统

高区平时系统压力由消防水箱和增压稳压装置维持，低区由消防水箱维持。

6. 报警阀

共设 61 套报警阀（其中湿式报警阀 51 套，预作用报警阀 10 套），分别设置在地下二层消防泵房、报警阀间、酒店及公寓一层报警阀间、办公楼十一层报警阀间。

7. 喷头选用

（1）地下车库、库房、机房采用直立型喷头，办公室采用吊顶型标准喷头。预作用系统的直立型喷头采

用防冻型。有吊顶部位采用吊顶型喷头。

（2）其余裙房商业及地下部位、酒店及公寓的客房和公共区域均采用$K=80$的快速响应喷头。

（3）喷头温级：中庭玻璃天窗下、洗衣房、厨房内灶台上部等高温作业区为93℃，厨房内其他地方为79℃，其余均为68℃。

8. 水泵接合器

酒店及其他部分加压系统高低区各设置3个地下式$DN150$水泵接合器。

9. 管材

自动喷水灭火系统加压泵输水管至报警阀上游的管道均采用内外壁热镀锌加厚钢管及无缝钢管件。高区报警阀下游的管道采用内外壁热浸镀锌加厚钢管及无缝钢管件；低区报警阀下游的管道采用内外壁热浸镀锌钢管及可锻铸铁管件。

（三）玻璃幕墙冷却防护系统

1. 设置部位

地下一层～六层室内商业街幕墙内侧。

2. 设计参数

设计流量49L/s，火灾延续时间3h，系统灭火用水量529.2m³。

3. 系统形式

采用临时高压给水系统。7套湿式报警阀设于地下二层报警阀间，消防泵房设2台冷却防护系统专用加压泵，1用1备，互备自投。平时由屋顶消防水箱维持报警阀前的水压。

4. 喷头

采用闭式窗式喷头，喷头流量系数$K=80$。

5. 消防水泵接合器

报警阀前管道上设4个$DN150$地下式消防水泵接合器。

6. 管材

内外壁热浸镀锌钢管及可锻铸铁管件。

（四）气体灭火系统

1. 设置部位

地下一层5个变配电室。

2. 系统形式

采用七氟丙烷预制式灭火系统。每个房间为独立的防护区。拟采用七氟丙烷灭火剂。

3. 设计参数

灭火设计浓度9%，设计喷放时间10s，灭火浸渍时间10min。

（五）大空间智能型主动喷水灭火系统

1. 设置部位

地下一层～六层室内商业街上空（地下一层～六层通高空间）及A区阳光大厅入口处净空高度大于12m的空间。

2. 设计参数

按中危险Ⅰ级设计，采用一个智能型红外探测组件控制标准型大空间自动灭火装置，系统设计流量20L/s，作用时间1h。标准射水流量5L/s，标准工作压力0.60MPa，最大安装高度20m，接管管径$DN50$，最大保护半径20m。

3. 系统形式

与自动喷水灭火系统合用一套供水系统，在报警阀前管道分开，单独设置水流指示器和模拟末端试水装置。管道系统平时由二十五层的消防水箱稳压。

4. 系统动作和信号

（1）大空间智能型主动喷水灭火系统与火灾自动报警系统及联动控制系统综合配置，红外探测组件探测到火灾后，启动相关灭火装置自动扫描，对准起火部位，打开相应装置上的电磁阀，同时自动启动相应加压泵。

（2）装置上的电磁阀同时具有消防控制室手动强制控制和现场手动控制的功能。

（3）消防控制中心能显示红外探测组件的报警信号以及信号阀、水流指示器、电磁阀的状态和信号。

三、设计及施工体会

（一）项目设计的综合难度

建发·大阅城项目作为宁夏回族自治区首府银川市的地标工程之一，是一个大体量的城市综合体项目，总建筑面积达 80 万 m^2，除 4 万 m^2 的剧院外，均由中国建筑设计研究院有限公司完成全阶段设计及施工配合工作。其中一期工程 33 万 m^2，涵盖商业、酒店、公寓、影院、冰场等娱乐及办公等主要功能，是整体项目的核心部分。完成一期工程设计工作时，要准确估算二期工程的需求，综合考虑各种功能、业态，在满足现有国家规范、国家标准、行业标准及地方政府文件、特殊要求的基础上尽可能地满足业主的使用需求，最大程度地与设计任务书吻合，并且需要对后期商业部分的不同商铺类型招商改造等做好条件预留。

（二）在满足各方需求的基础上进行设计

建发·大阅城（一期）主体分为三个部分：商业综合体内涵盖了超市、影院、KTV、冰场、商业、餐饮等多种功能；办公楼由业主方自持使用；酒店由国际品牌凯悦运营，分为酒店和酒店式公寓两个部分。因为涉及多方后期的运营使用，在系统设计中应充分考虑各方的需求，包括给水系统的分区及计量，热水系统的分区控制与循环保障，给水、热水、消防等系统的分区分块设计等，做到既方便统一招标、施工、管理又能满足各部分独立使用互不干扰。

在设计过程中，主要是酒店管理公司方面，在系统设置上有很多与国内设计规范要求不同的地方，原则上需要在满足国内设计规范的基础上，再去符合酒管管理公司的相关要求，最终通过双方充分沟通、探讨达成一致意见，体现在设计成果中。

（三）三边工程中的调整与修改

因项目投资巨大，导致整体项目进度很快，为了保证现场施工，采用"三边"工程的设计模式，这也对前期与建筑、结构等专业的配合提出了更高的要求。需要充分考虑业主需求，在降低成本的前提下，满足后期使用或拆改的空间。

因为投资和招商的原因，对于商业类建筑，设计初期业态不明确，很难确认哪些部位会有餐饮，哪些商铺需要预留独立卫生间，因此本工程在设计中采用了与业主方商定，提前预留不同业态的商业，对给水排水条件进行了预留，并考虑了一定的修改条件。后期业态确认以后，根据最终的招商结果和运营需求，对商业、酒店部分图纸进行了设计修改和变更，满足业主的实际需求。

（四）多方配合中的沟通与协调

在目前的设计工作中，很多业主单位会邀请多家顾问公司来听取不同意见，甚至将初步设计与施工图设计分开，由不同设计方来完成，这样做确实可以听取多家之言，在一定程度上形成制衡，然而对于项目整体的完成情况未必有好处，反而可能造成一些问题得不到及时解决。每个设计师都希望像对待自己的孩子一样对待自己的项目，把每一个项目按照自己的设计思路塑造的尽善尽美，但是当这个项目有不同立场、不同理念甚至不同设计思路的多方人员参与其中时，除了各取千秋之外，也会给项目顺利推进带来一些不必要的麻烦，耗费一部分精力，使得主体设计单位异常疲惫，很难完美地执行自身的设计初衷和呈现设计作品。

比较幸运的是，中国建筑设计研究院有限公司作为该项目的主体设计方，得到了业主充分的信任，使得项目进展顺利，沟通协调效率较高，设计成果得到了业内的认可和肯定，商业综合体及酒店、办公等各个部分均得到了到业主及银川市民的一致好评。

四、工程照片及附图

外观日景

外观夜景

裙房商业阳光顶及中庭

裙房商业落地窗

裙房商业飞天梯

裙房商业冰场

凯悦酒店客房

一期二期室外连廊

地下车库

地库及水力警铃

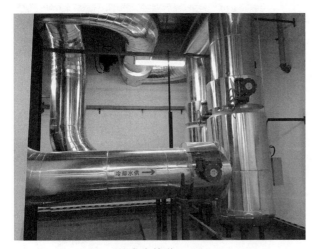

机房内管道（一）

机房内管道（二）

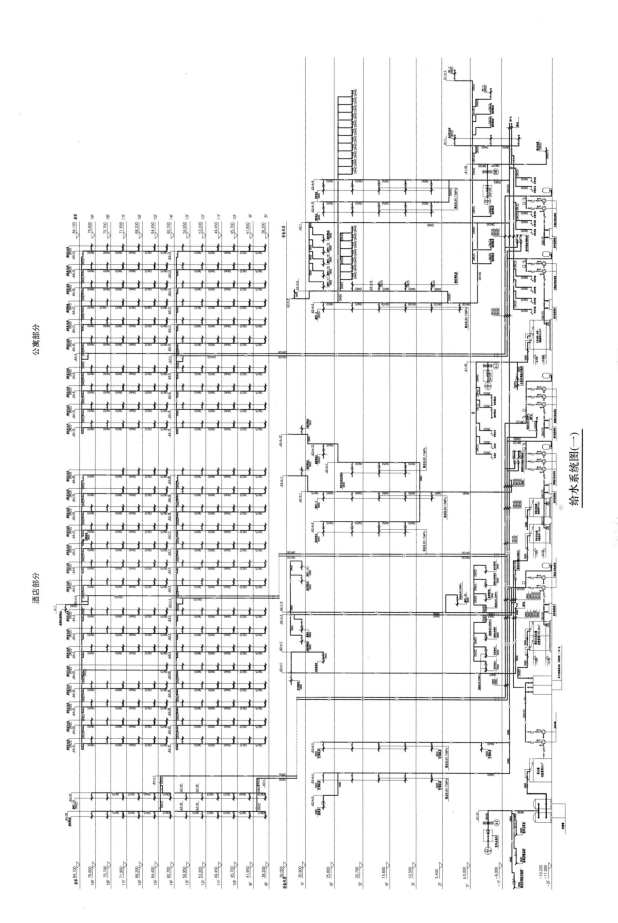

给水系统图（一）

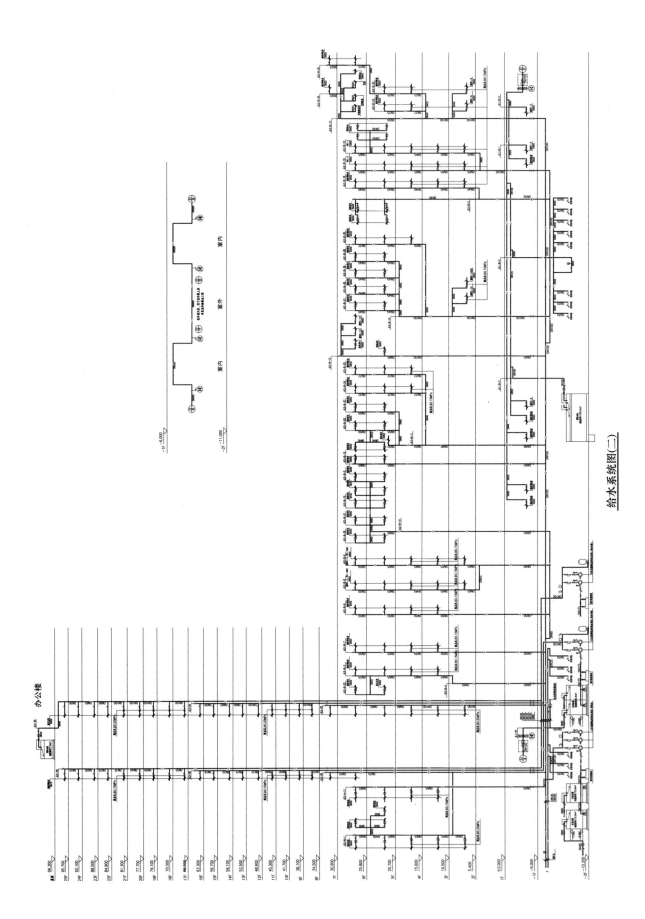

给水系统图(二)

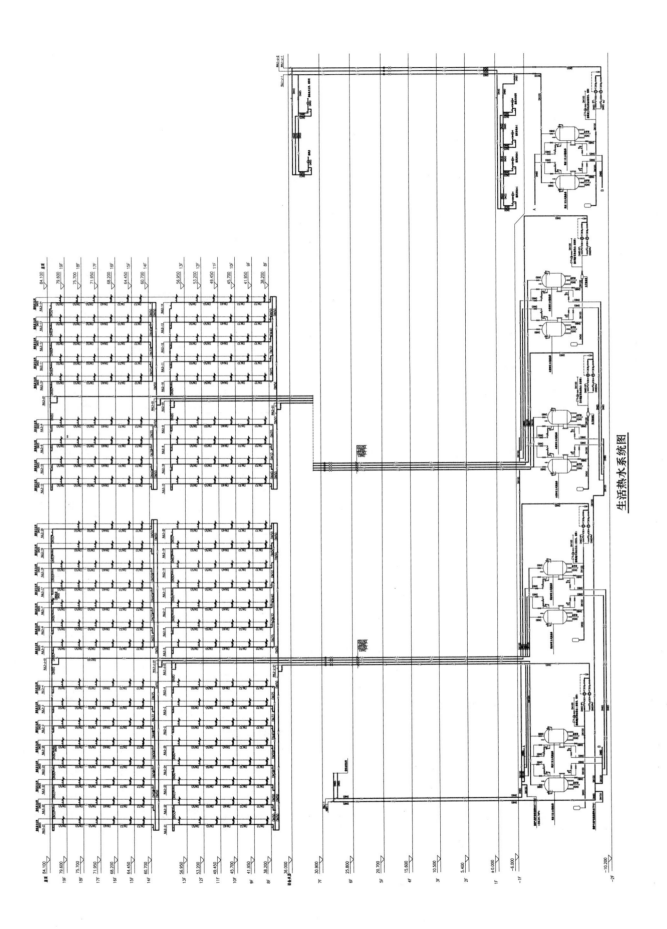

生活热水系统图

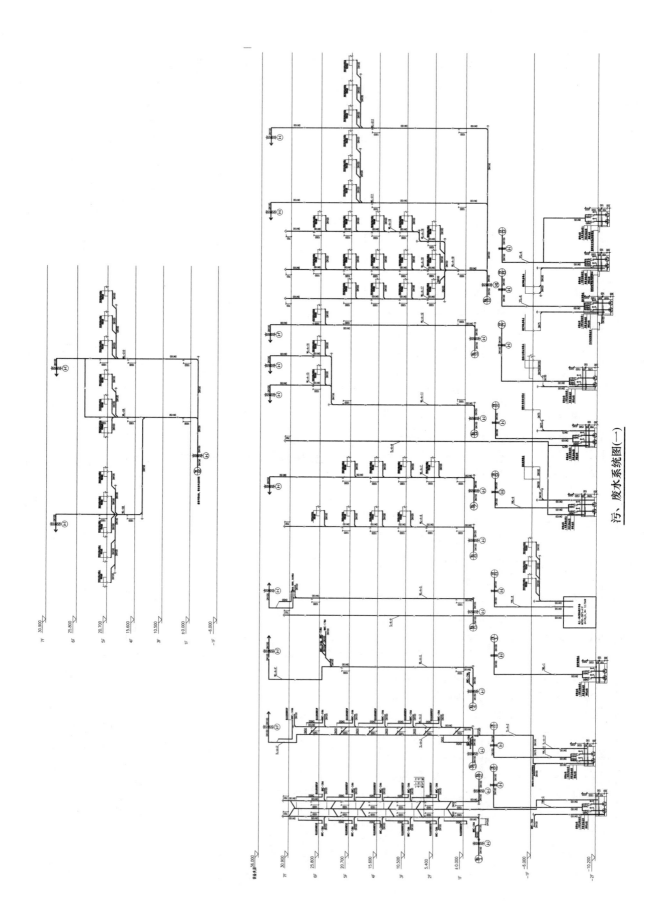

污、废水系统图(一)

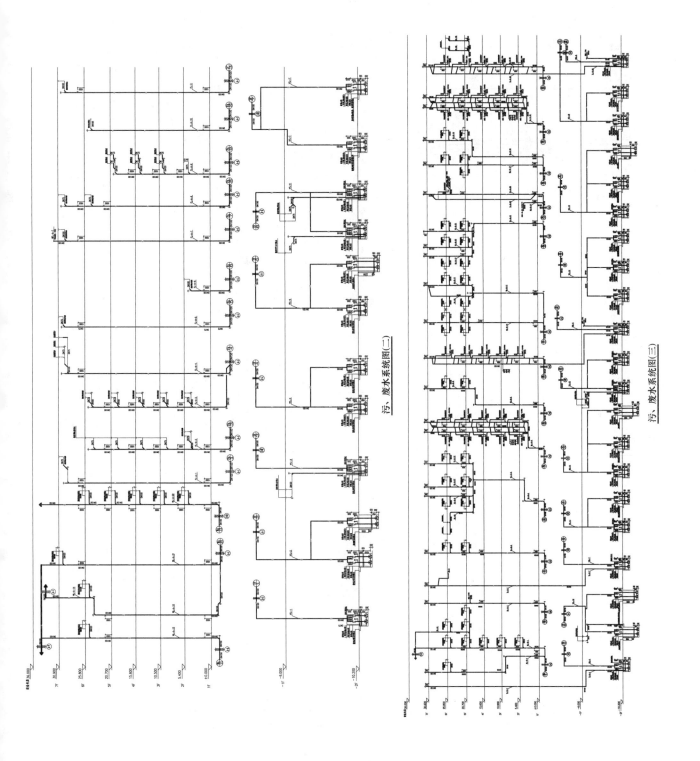

污、废水系统图（二）

污、废水系统图（三）

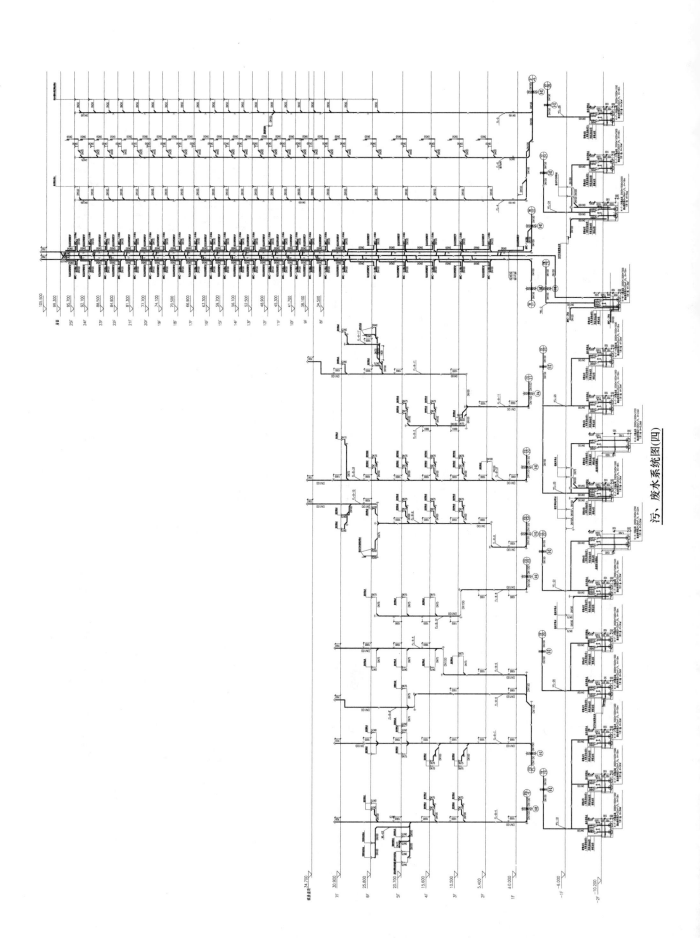

污、废水系统图(四)

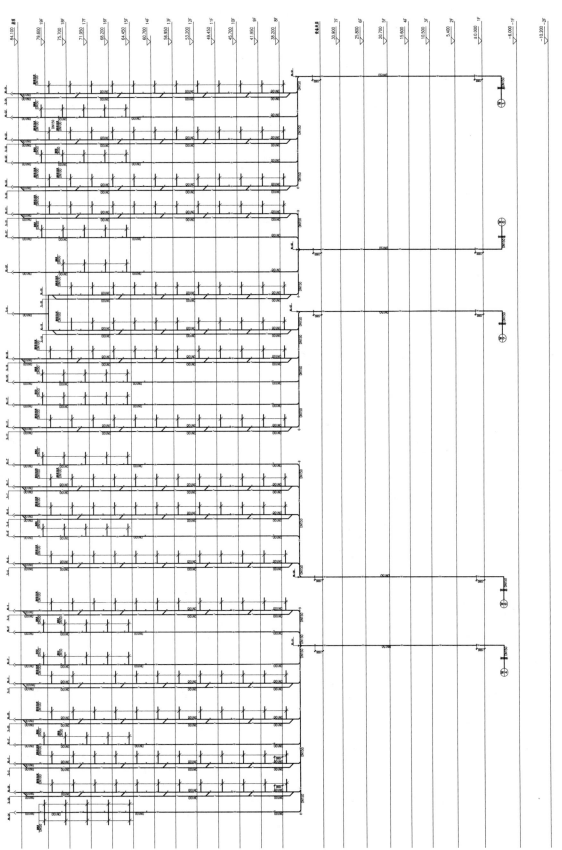

污、废水系统图(五)

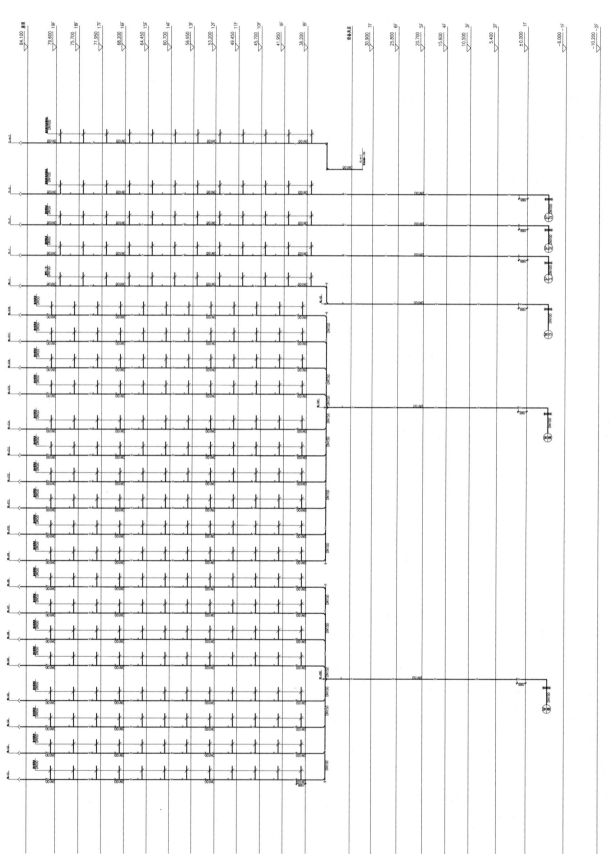

污、废水系统图(六)

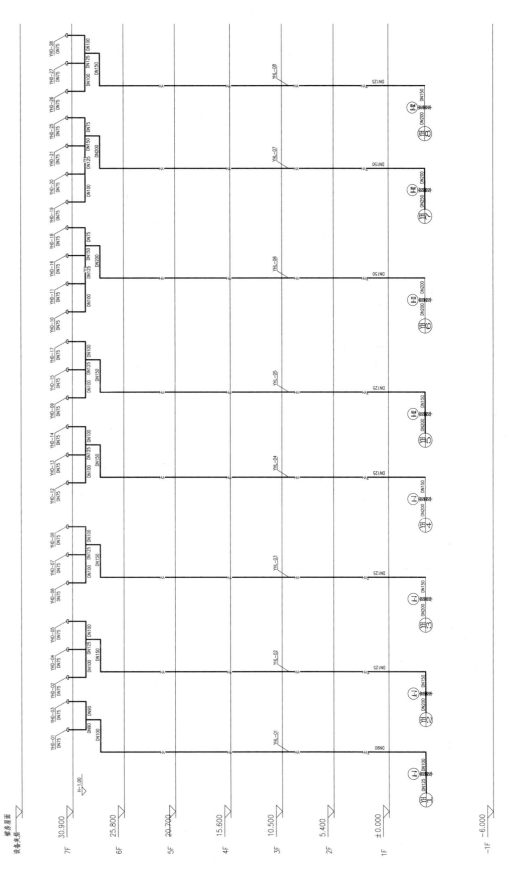

雨水系统图（一）

雨水系统图(二)

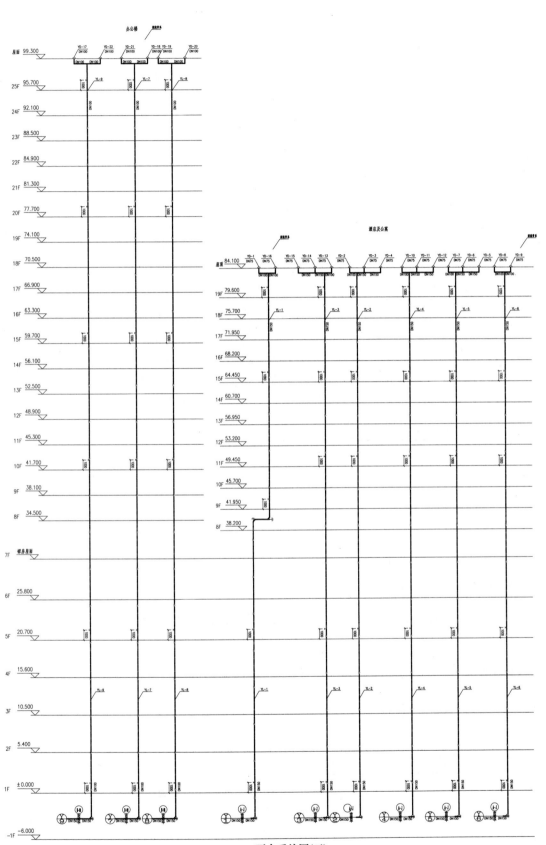

雨水系统图(三)

雨水系统图(四)

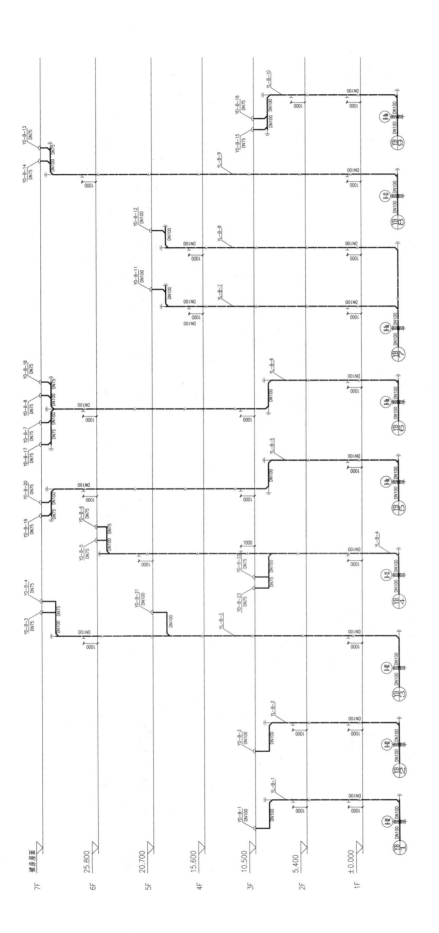

雨水系统图(五)

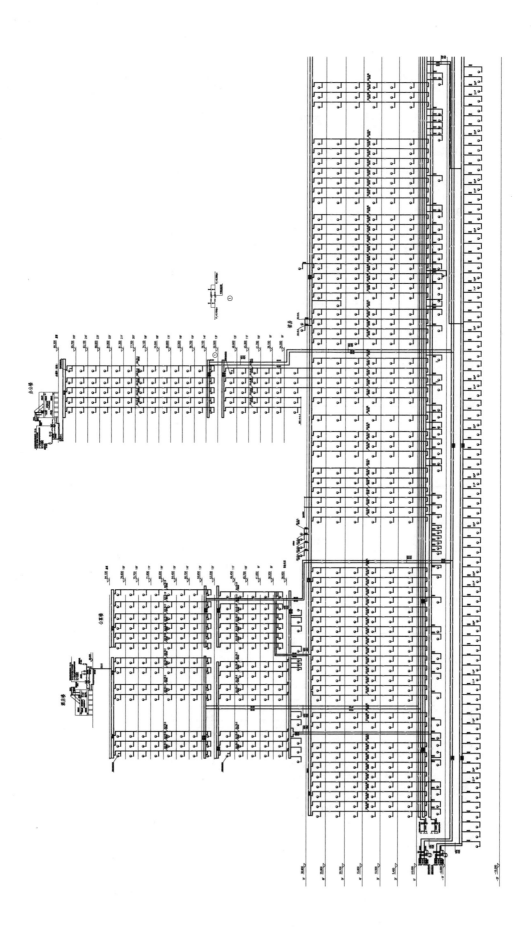

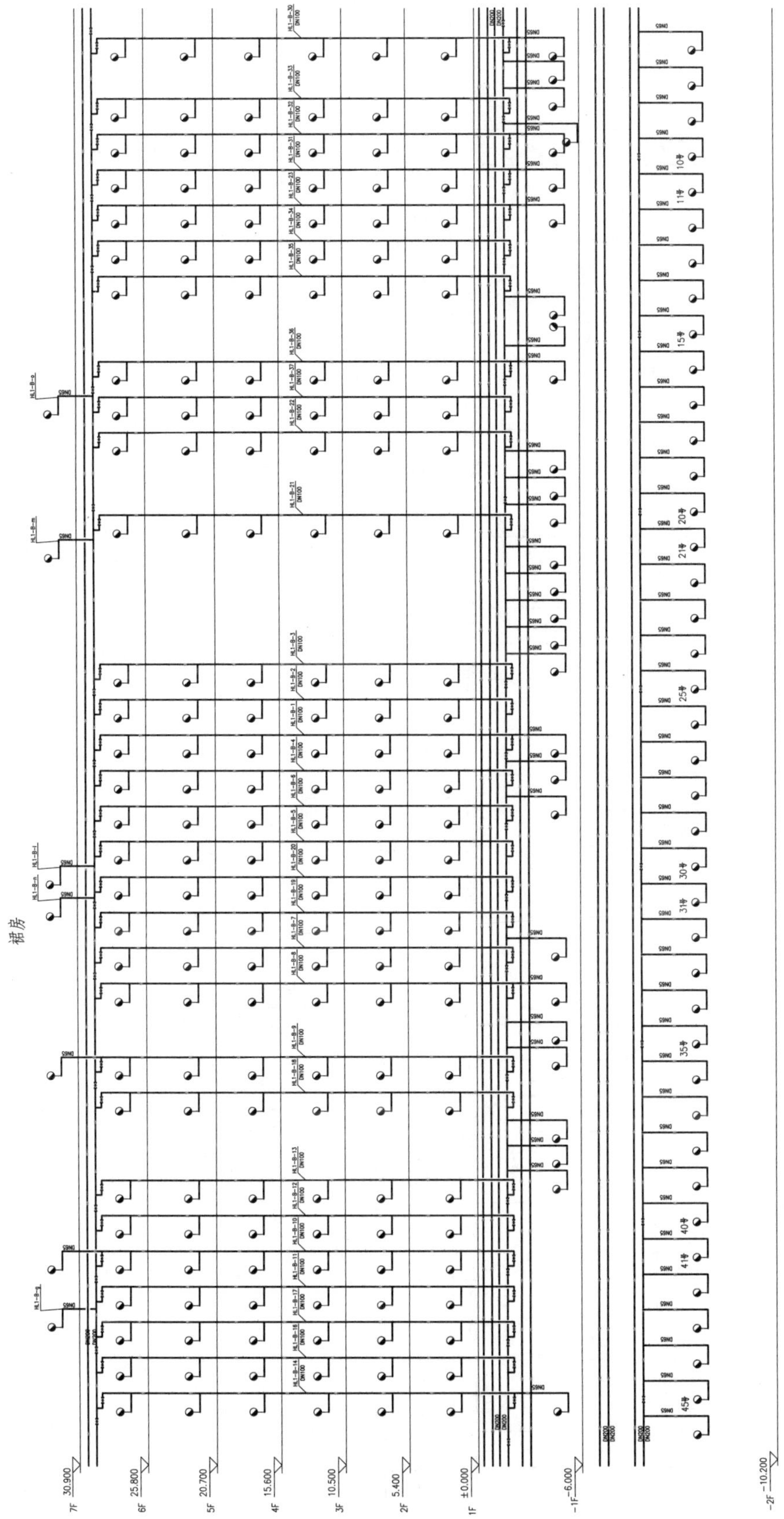
7F 30.900
6F 25.800
5F 20.700
4F 15.600
3F 10.500
2F 5.400
1F ±0.000
-1F -6.000
-2F -10.200

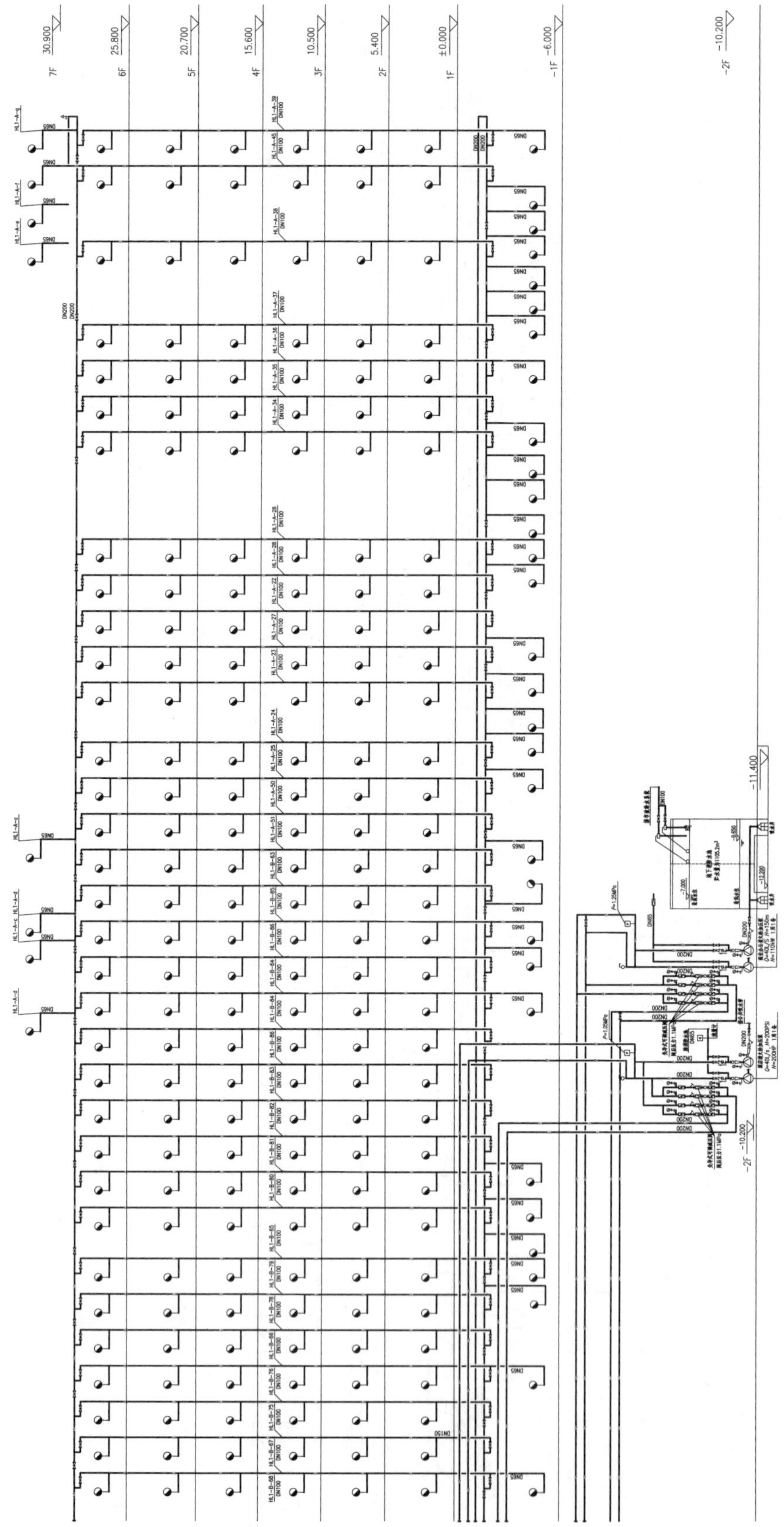
7F 30.900
6F 25.800
5F 20.700
4F 15.600
3F 10.500
2F 5.400
1F ±0.000
−1F −6.000
−2F −10.200
−11.400

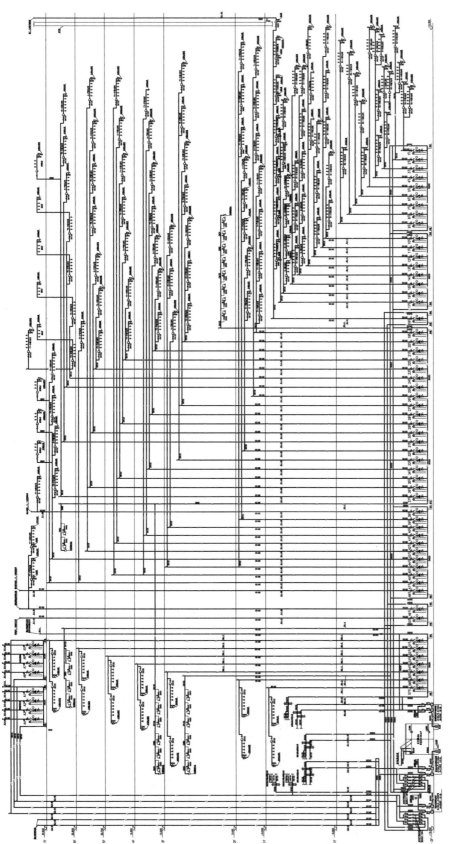

自动喷水灭火系统图（一）

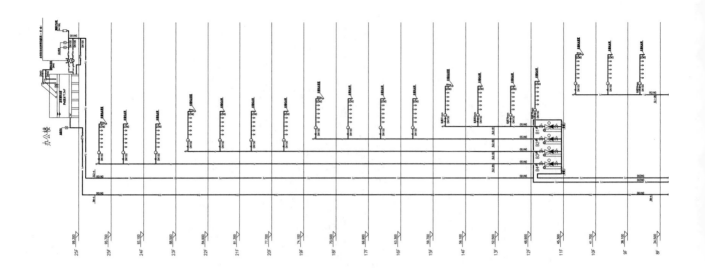

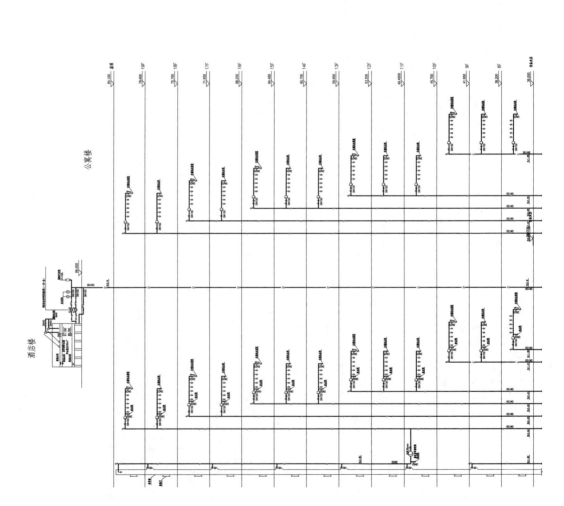

自动喷水灭火系统图(二)

中国西部国际博览城　南区　国际展览展示中心

设计单位： 中国建筑西南设计研究院有限公司
设 计 人： 李波　刘光胜　周利　李静　郭伟锋　靳雨欣　权维　王成功　张玉静　程磊落
获奖情况： 公共建筑类　三等奖

工程概况：

中国西部国际博览城（以下简称西博城）位于四川省成都天府新区成都片区，建成后已作为中国西部国际博览会永久会址，是大型会展主办场地和高端商务活动的平台。西博城项目建筑面积约 56.9 万 m²，地上建筑面积 38.9 万 m²，地下建筑面积 18 万 m²。地上主要为交通大厅、室内展馆、会议、办公等用房，地下主要为车库、餐饮及配套设施、设备用房。室内展厅由"四区十六厅"即 15 个标准展厅和 1 个多功能厅组成，分为 A、B、C、D、E、F 馆，其中 C、E 馆为双层展馆，其余为单层展馆，展馆布置如图 1 所示，整个西博城可布置约 10000 个室内国际标准展位。西博城展厅层高较高，单层展馆结构最低点处高度不低于 11m（仅为局部点，大部分高于 12m），D 馆净高为 14m。连接各馆的交通大厅流线长、空间高，屋面结构下沿最高点处高度为 58.3m，最低点处高度为 11.2m。双层展馆底层层高为 18m，二层结构最低点处高度不低于 11m（仅为局部点，大部分高于 12m）。

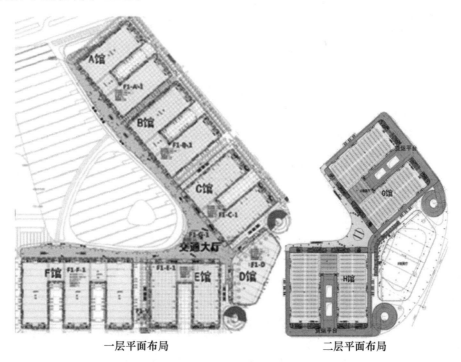

一层平面布局　　　　　　　　二层平面布局

图 1　西博城展馆布置图

工程说明：

一、给水排水系统

(一) 给水系统

1. 冷水用水量

用水量标准的选取和用水量计算见表1。

冷水用水量计算表   表1

序号	用水名称	用水规模	用水定额	日用水时间 (h)	小时变化系数	最高日用水量 (m³/d)	最大时用水量 (m³/h)
1	会展中心	29 万 m²	5L/(m²·d)	12	1.5	1450	181.25
2	办公	500 人	50L/(人·d)	10	1.2	25	3
3	餐饮(快餐店、职工食堂)	10 万人次/d	20L/人次	12	1.5	2000	250
4	车库地面冲洗	16.6 万 m²	2L/(m²·d)	6	1.0	332	55.4
5	绿化浇洒	10 万 m²	1.5L/(m²·d)	2	1.0	150	75
6	未预见水量	以上各项之和的 10%				395.7	56.5
7	冷却水补水量	18900m³/h	按循环量的 1.5%计	24	1.0	283.5	12
8	总计					4636.2	633.15

注：以上用水量计算不包括消防用水量及消防水池补水量。

2. 水源

本项目水源为市政自来水，分别从南京路和蜀蓉大街引入 1 根 $DN250$ 给水管，从江苏路引入 2 根 $DN250$ 给水管，共计 4 根 $DN250$ 给水引入管，并在地块内形成 2 套 $DN250$ 的生活给水环网。

3. 系统竖向分区

地下室～双层展馆二层为低区；双层展馆二层夹层及以上为高区，如图2所示。

4. 供水方式及给水加压设备

低区用水由市政给水管道直接供给，高区设置二次供水系统，由 E 馆地下室的高区变频设备加压供给。变频加压水泵 3 用 1 备，单台水泵主要参数为：$Q=80\text{m}^3/\text{h}$，$H=55\text{m}$，$N=18.5\text{kW}$。屋面冲洗预留水管设置无负压设备增压后供给，分别在 A、B、C、E、F 馆设置无负压设备，单层展馆无负压设备的主要参数为：$Q=36\text{m}^3/\text{h}$，$H=16\text{m}$，$N=4\text{kW}$；双层展馆无负压设备的主要参数为：$Q=32\text{m}^3/\text{h}$，$H=38\text{m}$，$N=5.5\text{kW}$。

5. 管材

生活给水管采用薄壁不锈钢管，其连接为卡压和承插氩弧焊连接。公称压力为 1.6MPa。

(二) 污、废水排水系统

1. 排水系统的形式

采用雨、污分流的排水体制，对生活污水和雨水分系统进行组织排放，采用生活污、废水合流的形式。

2. 通气管的设置方式

排水系统采用设有专用通气立管的排水系统，部分卫生间设置环形通气管。

3. 采用的局部污水处理设施

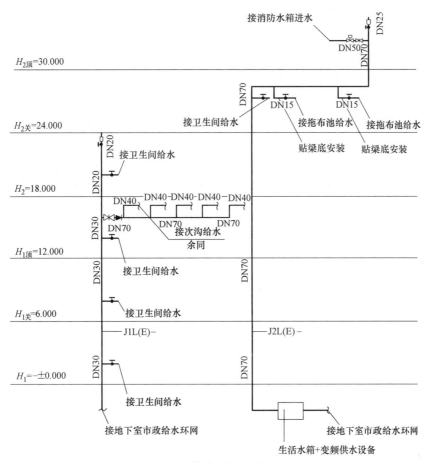

图 2　给水系统示意图

对经营性厨房含油污水设置成品隔油装置进行隔油处理后排入城市污水管网。F 馆为重型展馆，其排水有可能含有油污，在室外设置隔油池处理后再排入污水系统。

4. 管材

污废水立管及支管、通气管采用实壁硬聚氯乙烯（PVC-U）塑料排水管，颜色为白色，承插粘接。其排出水平干管采用柔性排水铸铁管，不锈钢卡箍式 W 型连接。公共厨房排水管采用柔性排水铸铁管，不锈钢卡箍式 W 型连接。提升污水管采用高密度聚乙烯 HDPE 管，电热熔连接。地下室各集水坑的压力废水管采用焊接钢管，焊接和法兰连接。压力排水系统的工作压力为 0.30MPa。

（三）雨水排水系统

西博城项目屋面雨水汇水面积约为 37 万 m²，各馆大屋面、大屋面穿孔板下方的夹层屋面和双层展馆室外雨水沟均采用虹吸雨水排水系统，各馆夹层屋面可能有飘雨区域，其雨水排水采用重力流排水系统，雨水斗为 87 型。各馆屋面雨水排水系统按 50 年重现期设计。根据金属屋面高程设计和直立锁边板的排布，在屋面低点或雨水汇流区域设置雨水排水沟，排水沟宽 800mm、深 400mm。在排水沟内设置虹吸雨水斗。当屋面等高线变化较大，坡度较陡时，排水沟内设置沉坑，沉坑的长度可根据设置的雨水斗数量确定，沉坑深度为 600mm，以保证斗前水深，从而使得雨水系统能快速形成虹吸，达到设计排水能力。室内雨水管采用高密度聚乙烯 HDPE 管，电热熔连接。

（四）雨水回收利用系统

本项目设置雨水回收利用系统，收集 A、B 馆屋面部分雨水。雨水经室外雨水弃流井初期弃流后到雨水原水池，处理后进入雨水清水池，再供至室外绿化浇洒管网供绿化浇洒使用。雨水原水池及雨水处理机房设置于 A 馆地下室。

二、消防系统

本项目消防系统设计的依据除现行国家标准规范外，还有《中国西部国际博览城南区国际展览展示中心消防安全评估报告》（以下简称安全评估报告）和《四川省特大规模民用建筑（群）消防给水设计导则》（川建发〔2010〕41 号）（以下简称导则）等。西博城建筑面积超过 50 万 m^2，根据《消防给水及消火栓系统技术规范》GB50974—2014（以下简称消水规）第 3.1.1 条规定，本项目同一时间内的火灾起数确定为一起。但"导则"第 1.0.1 条规定：建筑面积超过 50 万 m^2 的民用建筑为"特大规模民用建筑"；第 1.0.2 条规定："特大规模民用建筑"在同一时间内的火灾起数为两起及两起以上；第 3.1.2 条规定："特大规模民用建筑（群）的室内消防给水系统分组供水不应少于 2 组，其中任意一组的消防给水系统保护的建筑面积总和不应超过 50 万 m^2"。因此本项目同一时间内的火灾起数确定为两起，并设置了两组消防给水系统，即Ⅰ组消防给水系统和Ⅱ组消防给水系统。每组消防给水系统的系统类型、流量、火灾延续时间以及用水量如表 2 所示。

两组消防给水系统的主要参数 表 2

消防给水系统	Ⅰ组消防给水系统			Ⅱ组消防给水系统		
	流量 （L/s）	火灾延续时间 （h）	用水量 （m^3）	流量 （L/s）	火灾延续时间 （h）	用水量 （m^3）
室外消火栓系统	40	3	432	40	3	432
室内消火栓系统	30	3	324	30	3	324
自动喷水灭火系统	40	1	144	40	1	144
大空间固定消防炮 喷水灭火系统	40	1	144	40	1	144
大空间自动射流灭火系统				45	1	162

两组消防给水系统的消防水池、消防水泵房以及高位消防水箱分别设置于 B、E 馆。Ⅰ组消防给水系统的消防水池有效容积为 900m^3，保护区域为 A、B 馆，如图 3 中阴影所示，其余室内区域由Ⅱ组消防给水系统保护，Ⅱ组消防给水系统的消防水池容积为 918m^3。"消水规"第 3.3.2 条规定：当单座建筑的总建筑面积大于 50 万 m^2 时，建筑物室外消火栓设计流量应按表 3.3.2 规定的最大值增加一倍。因此西博城室外消火栓设计流量取为 80L/s，两组系统的消防水池各贮存了 324m^3 室外消火栓系统用水量。虽然这两组消防水池已满足了"消水规"的要求，但当地消防部门鉴于本项目的重要性，提出了增设专供消防车取水的室外消防水池的要求，以及时扑灭火灾，因此另增设 2 座室外消防水池。每座消防水池的有效容积为 500m^3，位置见图 3；高位消防水箱由"消水规"规定的有效容积 36m^3 增大为 50m^3，位置见图 3。

（一）消火栓系统

消火栓系统的用水量见表 2，消防水池、高位消防水箱的位置见图 3，室内消火栓系统竖向不分区。Ⅰ组消火栓泵主要参数为：$Q=30$L/s，$H=72$m，$N=45$kW；Ⅱ组消火栓泵主要参数为：$Q=30$L/s，$H=90$m，$N=55$kW。因两组消防分区屋顶消防水箱的设置高度都不能满足最不利点消火栓静水压力不小于 0.15MPa 的要求，所以对两组消防分区的系统均设置稳压设施，稳压设施设置在其消防水箱旁边。稳压设施气压水罐的调节容量按 450L 计，增压稳压泵按水枪充实水柱 13m 增压，增压稳压泵出水量按不大于 5.0L/s 计。在每个展馆的消防车道附近，均设置了消火栓系统水泵接合器。消火栓系统水管采用 H-SP 内外涂塑消防专用复合钢管。当管径≤DN50 时，采用螺纹连接；当管径＞DN50 时，采用沟槽式卡箍连接。

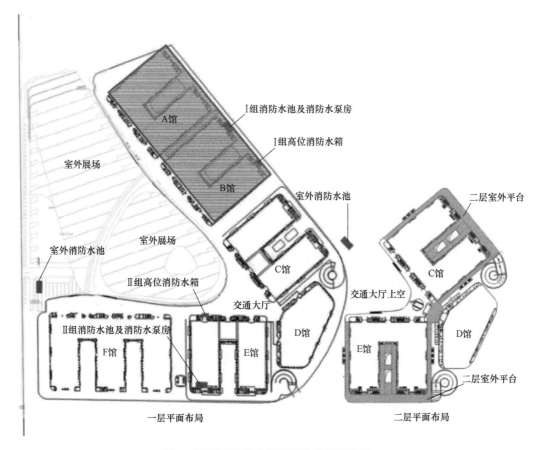

图 3　西博城展馆布局和消防分组示意图

（二）自动喷水灭火系统

自动喷水灭火系统的用水量见表 2，系统竖向不分区。Ⅰ组自喷加压泵主要参数为：$Q=45\text{L/s}$，$H=80\text{m}$，$N=55\text{kW}$；Ⅱ组自喷加压泵主要参数为：$Q=45\text{L/s}$，$H=98\text{m}$，$N=75\text{kW}$。普通喷头采用 ZST15 系列玻璃球闭式喷头（吊顶型），流量系数 $K=80$，公称动作温度为 68℃，工作压力为 1.20MPa。厨房操作间、热水机房、柴油发电机房喷头公称动作温度为 93℃。地下车库等无吊顶或装设网格、栅板类通透性吊顶的部位均采用直立型喷头，喷头溅水盘与顶板的距离不应小于 75mm 且不应大于 150mm。本项目共设置了51 个报警阀，除 D 馆设置在一层外，其余均设置在地下室报警阀间或消防水泵房内。在每个展馆的消防车道附近，均设置了自动喷水灭火系统水泵接合器。自动喷水灭火系统水管采用 H-SP 内外涂塑消防专用复合钢管。当管径≤DN50 时，采用丝接；当管径>DN50 时，采用沟槽式卡箍连接。

（三）大空间固定消防炮喷水灭火系统

本工程在展厅和多功能厅内净空高度超过 8m 的部位设置大空间固定消防炮喷水灭火系统，为独立的消防供水系统。大空间固定消防炮喷水灭火系统用水量见表 2，系统竖向不分区。Ⅰ组大空间固定消防炮喷水灭火系统加压泵主要参数为：$Q=40\text{L/s}$，$H=140\text{m}$，$N=90\text{kW}$；Ⅱ组大空间固定消防炮喷水灭火系统加压泵主要参数为：$Q=40\text{L/s}$，$H=160\text{m}$，$N=110\text{kW}$。固定消防炮安装在展厅侧面结构柱的高处，其布置能保证两门水炮的水射流同时到达被保护区域的任一部位。采用光截面结合双波段图像捕捉定位自动控制系统。每个固定消防炮装置的设计流量为 20L/s，入口工作压力为 0.8MPa 时喷射距离 50m，固定消防炮装置须具有直流—喷雾的自动无级转换功能。大空间固定消防炮喷水灭火系统水管采用 H-SP 内外涂塑消防专用复合钢管。当管径≤DN50时，采用丝接；当管径>DN50时，采用沟槽式卡箍连接。

（四）大空间自动射流灭火系统

本工程在交通大厅内净空高度超过8m的部位设置大空间自动射流灭火系统，为独立的消防供水系统。大空间自动射流灭火系统用水量见表2，系统竖向不分区。大空间自动射流灭火系统只由设置在Ⅱ组的消防水池及消防加压泵供水，其消防加压泵的主要参数为：$Q=50L/s$，$H=150m$，$N=110kW$。采用喷射型自动射流灭火装置，设置在交通大厅格栅吊顶下方。探测器全天候探测保护范围内的一切火情，一旦发生火灾，探测器立即探测火源，在确定火源后探测器打开电磁阀并输出信号给联动柜，同时启动水泵使自动射流灭火装置喷水进行灭火，扑灭火源后，探测器再发出信号关闭电磁阀，停止喷水。每个喷射型自动射流灭火装置的喷水流量为5L/s，标准工作压力为0.6MPa，最大保护半径为30m。大空间自动射流灭火系统水管采用H-SP内外涂塑消防专用复合钢管。当管径≤DN50时，采用丝接；当管径>DN50时，采用沟槽式卡箍连接。

（五）气体灭火系统

在各馆地下室高低压变配电房设置管网式七氟丙烷气体灭火系统。采用七氟丙烷全淹没组合分配系统，并设有自动控制、手动控制和机械应急操作三种启动方式。在F馆独立地下室低压变配电房和D馆弱电中心机房设置无管网式七氟丙烷气体灭火柜。同一防护区内的预制灭火系统装置，必须能同时启动，其动作响应时差不得大于2s。灭火剂采用七氟丙烷，设计灭火浓度不小于灭火浓度的1.3倍，设计惰化浓度不小于惰化浓度的1.1倍。设计灭火浓度为9%，设计喷放时间不大于10s。在设有气体灭火装置的房间均设有自动泄压装置，自动泄压装置的耐火极限不应小于2h（泄压口位于防护区净高的2/3以上）。防护区围护结构的承受内压允许压强不低于1200Pa。

（六）其他消防设施

F馆为重型展馆，无地下室，设置了地下管廊来安装相关机电专业管道。考虑到地下管廊功能单一，无可燃物，且设备检修人员不可能长期滞留，因此地下管廊的消防设计采用灭火器、黄沙以及消防卷盘，即在地下管廊的人员出入口处设置灭火器以及黄沙箱等灭火器材，在地下管廊内每隔25m设置消防卷盘。消防卷盘接自管径为DN150的室内生活给水环网，并设有倒流防止器以防回流污染。对于其他消防设施，如建筑灭火器以及气体灭火系统等均按照现行规范进行相关的设计，此处不再详细描述。

三、工程特点介绍

本项目为规模较大的高大空间建筑，其给水排水和消防设计根据建筑本身的特点，在满足规范及功能性要求的前提下，尽量做到美观和便利，并具有以下几个特点。

（一）根据不同展馆需求灵活实用设计展沟

根据各个展馆不同的布局条件（下方有无地下室或展馆），合理布置展沟的主沟次沟断面及其内部管线，同时尽量简化断面形式，灵活实用地满足展馆的预留给水、排水及消防需求。重型馆F馆还根据不同位置的管线需求，综合设计了不同断面的地下管廊，既满足功能需求又尽量节省面积。

1. 展位箱

西博城各个展馆的展位箱按网格进行布局，按照标准展位3m×3m一个，考虑展位箱的服务半径只能辐射到相邻展位，因此展位箱采用的是9m×9m的网格式布局。每一个点位的展位箱包含一个电气展位箱和一个水、气综合展位箱。每个水、气综合展位箱内有DN25和DN15的给水快接龙头各一个，DN50排水口一个，压缩空气快速接头一个，如图4所示。西博城采用的水、气综合展位箱尺寸为400mm×800（600）mm，厚度为250mm。

2. 展沟

（1）支展沟和主展沟

给水排水、压缩空气等管线需要通过展沟进入各个展位箱。连接同一直线上各展位箱的展沟为支展沟，各支展沟的间距为9m；各支展沟通过主展沟相连，主展沟为设备间与各支展沟的通路，展沟的布置如图5所示。

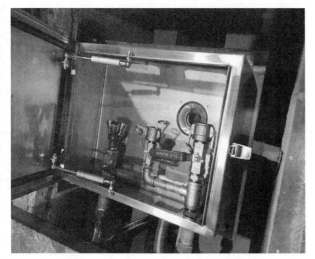

图4　水、气综合展位箱布置图

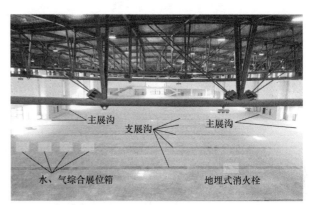

图5　展沟布置图

（2）展沟剖面

根据各个支展沟和主展沟内配置的管线不同以及展沟所处位置的不同，展沟的断面尺寸也不同。

1）有地下室时的单层展馆和双层展馆底层展沟，主展沟内没有给水排水管道，支展沟内有DN40给水管，尺寸均为600mm（宽）×800mm（深），如图6所示。

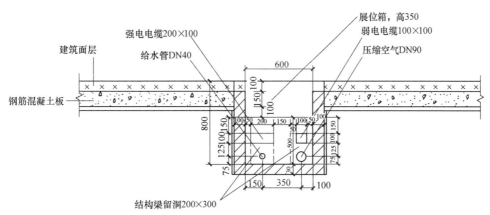

图6　有地下室的展馆（A、B、C、E馆）一层支展沟剖面图

2）双层展馆的二层展沟，主展沟和支展沟的尺寸均为800mm（宽）×800mm（深），主展沟内有DN70给水管、DN100排水管和DN90压缩空气管，支展沟内有DN40给水管和DN100排水管，并需考虑150mm的坡降，支展沟、主展沟的布置如图7、图8所示。

3）因为F馆管沟内敷设有大量的管道，所以设计时采用了通行管廊，其典型断面如图9所示。其主管廊为3000mm（宽）×6300mm（高），局部缩小到3000mm（宽）×4000mm（高）。连接支展沟的竖向管廊为2500mm（宽）×4000mm（高），个别竖向管廊为2500mm（宽）×3400mm（高）。管廊底设置400mm（宽）×300mm（高）的排水地沟，并按间距不超过80m设置一个集水坑。

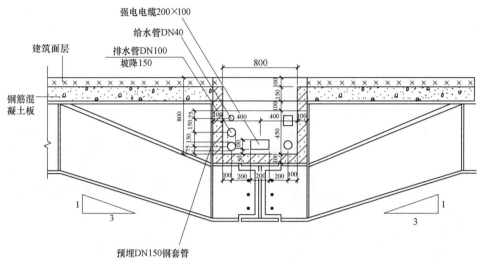

图 7　C、E 馆二层支展沟剖面图

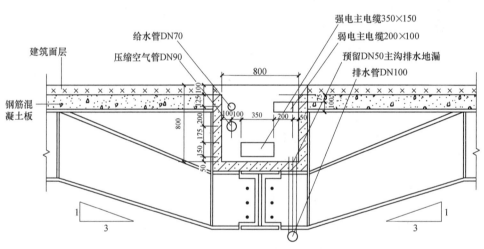

图 8　C、E 馆二层主展沟剖面图

F 馆中还有专为冷却循环水管道、冷冻水管道和电力电缆设置的通行管廊，此处不再赘述。F 馆管廊施工完成后的效果如图 10 所示。

（3）展沟的给水排水

展沟给水单独计量，在各展馆引入管上设置远传水表，并设置倒流防止器。展沟排水排入各展馆地下室或通行管廊的集水坑，最后排入污水系统。同时，因为 F 馆为重型展馆，可能举办一些大型机械类的展览，其展沟的排水会含有油污，所以将 F 馆管廊集水坑的排水集中收集，经总坪上设置的隔油池处理后，再排入污水系统。

（二）高大空间采用多种超常规手段保障消防安全

高大空间中间几十米无立柱，普通消火栓无法立足，本设计在标准展厅采用在疏散通道设置地埋式消火栓的方式，在交通大厅采用无后坐力多功能消防水枪提高充实水柱的保护半径，既能保证每个区域在消火栓两股水柱的保护下，又最大限度地不影响建筑空间的完整性和美观性。西博城标准展厅除了局部区域外，大部分展厅的净高均在 12m 以上，而交通大厅的净高最高可达 58m，普通自动喷水灭火系统无法保护，因此在标准展厅和多功能厅内净空高度超过 8m 的部位设置大空间固定消防炮喷水灭火系统，在交通大厅内净空高

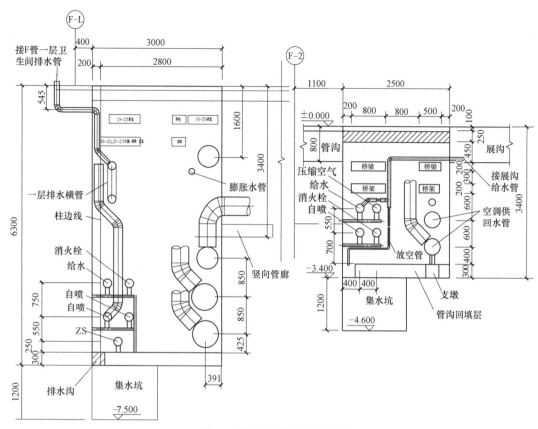

图9 F馆主管廊典型剖面图

图10 F馆管廊施工完成效果图

度超过8m的部位设置大空间自动射流灭火系统。同时，高大空间内有盖板、楼板，因此在水炮无法覆盖的部位采用快速响应喷头，多系统、全方位、全覆盖、快反应地进行自动灭火系统消防保障。各个空间采用的消防设施如图11所示。

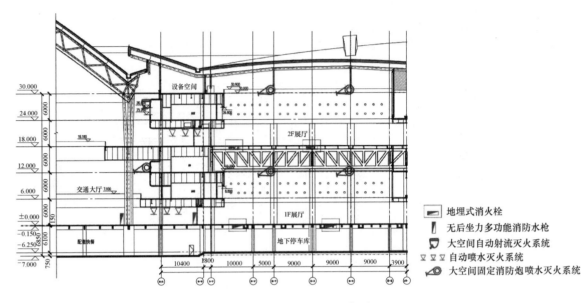

图 11 消防设施设置示意图

1. 消火栓布置

（1）地埋式消火栓

因展厅为高大空间，柱跨可达 63m，且展厅内部非常空旷，消火栓的布置是消防设计的一个难点。仅在展厅两边靠墙设置消火栓会导致展厅中间区域在消火栓保护范围外，因此本设计在疏散走道上设置地埋式消火栓，保证展厅内任一部位有两支消火栓同时保护，并设置明显标志确保消火栓易识别且不被展位占用。在本项目的设计阶段（2014 年）《室内消火栓安装》15S202 尚未颁布，地埋式消火栓暂无国标图集可依，又无定型产品，经过与当地消防部门商讨，并与建筑等专业配合后，设计了地埋式消火栓。消火栓箱设置在沉坑内，内设 DN65 旋转式消火栓一支、19mm 口径水枪一支、DN65 及 25m 长水龙带一条以及自救式消防软管卷盘一个（口径 DN25，长度 30m）。该地埋式消火栓栓口向上安装，在地面 1 人可打开盖板（2～3 块）、驳接水龙带、开启消火栓，操作方便、快捷，如图 12 所示。本地埋式消火栓设置了沉坑排水，这是因为在进行展厅地面冲洗时，水会不可避免地流入沉坑内，因此设置地埋式消火栓的排水是十分必要的。

（2）无后坐力多功能消防水枪

交通大厅进深大，且入馆一侧均为玻璃幕墙，不便于安装普通室内消火栓箱，同时为了保证交通大厅的地面铺装效果，建筑专业也不同意采用地埋式消火栓，故在靠展馆一侧墙面设置的消火栓内配备了可调式无后坐力多功能消防水枪，其有效射程 28m，保护半径 48m。

2. 固定消防炮设置

本工程在展厅和多功能厅内净空高度超过 8m 的部位设置大空间固定消防炮喷水灭火系统。该系统设计中一个比较困难的问题是消防炮如何固定。消防炮的布置既需满足建筑美观要求，又需保证保护区域至少有两股水柱同时到达。西博城展厅内比较空旷，将消防炮固定在钢桁架和网架上对美观有一定的影响，经过反复研讨后决定将消防炮固定于圆钢柱上，为了保证美观效果，将供水管道做成圆弧形，与圆柱外形融为一体，如图 13 所示。同时，纵向柱跨为 18m，将消防炮布置在圆柱上能保证被保护区域至少有两股水柱同时到达。

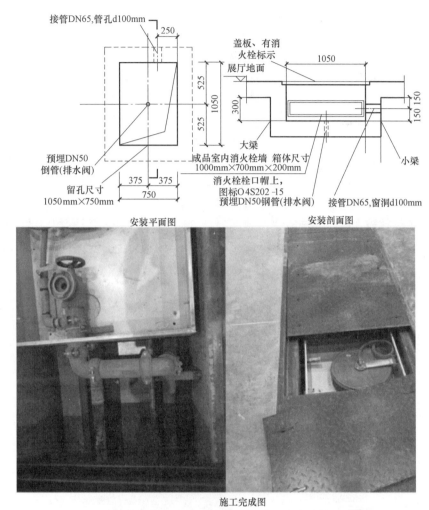

接管DN65,管孔d100mm

盖板、有消火栓标示

展厅地面

大梁

预埋DN50倒管(排水阀)

成品室内消火栓墙　箱体尺寸1000mm×700mm×200mm

留孔尺寸1050mm×750mm

消火栓栓口帽上,图标O 4S202 -15预埋DN50钢管(排水阀)

小梁

接管DN65,窗洞d100mm

安装平面图　　　　安装剖面图

施工完成图

图 12　地埋式消火栓安装及施工完成图

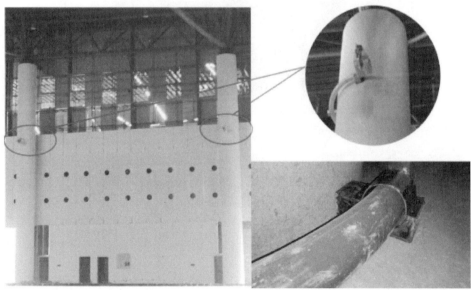

图 13　固定消防炮安装完成效果图

（三）从设计简化施工难度

（1）本工程金属屋面为钢桁架和网架相结合的形式，桁架、网架均为工厂预制，现场装配，因此虹吸管道固定在桁架和网架之上时，只能采用抱箍，当固定点位于球节点时，才可采用焊接。同时，虹吸管道支吊架间距小于相邻桁架之间的距离，还需另设可供支吊架固定的虹吸钢梁，增加工程造价，而且高空作业施工配合难度大。因此，设计时结合展馆特点，在展馆周边检修走道或混凝土屋面上设置门字架，将大量虹吸雨水转输横干管从屋顶钢结构位置降下来悬吊于门字架上，减少了高空作业量，极大地简化了施工的难度，也节省了造价。因受到 B、C 馆之间市政下穿道路的影响，C、E、F 馆靠近交通大厅侧的雨水管道需穿过展厅，排至对侧，这部分虹吸雨水管管径较大（$De200 \sim De315$），敷设距离长，水平横管长达 160m。管道的水平推力不容忽视，因此对门字架和虹吸管道分别设置防晃支架，如图 14 所示。虽然已将大部分管道悬吊于平台门字架上，但仍有较大数量的管道悬吊于屋面钢结构上，由于屋面为曲面，不可避免地造成部分支吊架过长，当这部分管道管径较大时，同样需要对这部分管道进行防晃处理，设置相应的防晃措施。

图 14　虹吸管道及门字架防晃处理完成效果图

（2）F 馆下方设置了通行管廊，管廊中管线众多。在设计时，就考虑到施工时管线、管材的运输问题，结合电气、通信、暖通、给水排水等各专业的管线尺寸及规格，在设计时与结构专业配合预留进料口，在每个管廊直线段均设置了进料口，以保证施工时管道的运输便捷。

昆 明 南 站

设计单位： 中铁第四勘察设计院集团有限公司
设 计 人： 郭旭晖　郭辉　邓玉瑾　刘超　王宏峰　方进　张志斌　毕庆焕　王松林　李鸿晨
获奖情况： 公共建筑类　三等奖

工程概况：

新建昆明南站是集捷运铁路、地铁、公交、出租车等交通方式为一体的特大型综合交通枢纽站，候车室最高聚集人数为 1.2 万人，远期日均旅客发送量 12.8 万人，高峰小时旅客发送量 1.2 万人。

站房位于昆明市呈贡新城东面的龙潭山下，属昆明市新建区域。本工程总建筑面积 31.3 万 m²，其中站房建筑面积 12.0 万 m²，南北向长 462m，东西向宽 438m；建筑高度 52.15m。共有 3 层，包括出站层（−10.50m）、站台层（±0.00m）和高架候车层（9.50m），局部设置夹层，即站台夹层（5.00m）和高架夹层（16.70m）。

昆明南站站房主体于 2016 年 12 月建成通车，消防系统于 2016 年 10 月顺利通过竣工验收。本工程的给水排水设计内容包括站房建筑的生活给水系统、局部生活热水系统、生活饮用水系统、污废水排水系统、屋面雨水排水系统；消火栓系统、自动喷水灭火系统、大空间智能型主动喷水灭火系统等，站房总用水量为 668m³/h，由旅客站房、旅客服务、办公、冷却塔补水、停车场地面冲洗、中水回用、未预见水量等用水量构成。车站自建加压供水系统，并进行二次消毒，加压供水水压为 0.52MPa，水量为 740m³/h，满足客车上水、车站生产生活用水要求。

工程说明：

一、给水排水系统

（一）给水系统

1. 冷水用水量（见表 1）

冷水用水量　　　　　　　　　　　　　　　　　　　　　　　　表 1

用水名称	用水量标准 q_d	用水规模	日用水时间（h）	小时变化系数 K_h	用水量		
					最高日（m³/d）	最大时（m³/h）	平均时（m³/h）
旅客站房	3L/(人·d)	128000 人	24	3.0	384.0	48.0	16.0
旅客服务	6L/(人·d)	13000 人	18	1.5	78.0	6.5	4.3
办公	40L/(人·d)	700 人	10	1.5	28.0	4.2	2.8
小计					490.0	58.7	23.1
冷却塔补水	循环水量 400m³/h	1.50%	18	1.0	108.0	6.0	6.0
停车场地面冲洗	2L/(m²·d)	37695m²	8	1.0	75.4	9.4	9.4
小计					183.4	15.4	15.4

续表

用水名称	用水量标准 q_d	用水规模	日用水时间 (h)	小时变化系数 K_h	用水量		
					最高日（m³/d）	最大时（m³/h）	平均时（m³/h）
中水回用			18		—66.0	—3.7	—3.7
合计					607.4	70.4	34.8
未预见水量	10%				60.7	7.0	3.5
总计					668.1	77.4	38.3

2. 水源

站房采用分质供水。高架候车层（标高9.50m层）以下各层卫生间（不含贵宾卫生间）的冲厕用水和换乘空间停车场地面冲洗用水采用中水，其余用水均采用市政自来水，其供水水压相对于—10.50m（黄海高程1932.9m）为0.52MPa。

3. 系统竖向分区

生活给水管分别从东广场、西广场室外给水管网引入，并在室内形成枝状供水管网，供应站房生活用水、空调冷冻水、冷却塔补水和站房建筑屋面、雨棚的清洗用水。各个引入管处分别设置水表并进行计量。

4. 供水方式及给水加压设备

除站房建筑屋面清洗用水外，外网给水水压已满足各用水点水压要求，直接引至各用水点，并按用途设置用水计量水表。由于外网给水水压较高，高架候车层（标高9.50m层）以下各用水点均设置减压阀组减压限流，控制旅客公共卫生间入户管表前供水压力不大于0.3MPa，其他用水点不大于0.2MPa。

5. 管材

生活给水干管采用内衬塑钢管及配件，管径≤DN80时采用螺纹连接，管径＞DN80时采用卡箍连接，管道的工作压力均为1.0MPa。中水管道与生活给水管相同。

（二）热水系统

在贵宾厅候车室的卫生间，采用小型电热水器提供生活热水。其他区域均不设置生活热水系统。电热水器选用不锈钢内胆，强度高、耐高温、抗腐蚀，性能稳定。电热水器具有接地保护、防干烧、防超温、防超压装置，具有漏电保护和无水自动断开以及附加断电指示功能。

在各候车大厅、办公开水间，设置电开水器，供应饮用开水。

饮用水系统采用纯净水管网系统独立设置，机房设置在站房外。饮用水系统取水点设置于按照建筑功能设计的饮用水供应点。可以提供（常温）直饮净化水。

（三）中水系统

1. 中水源水量、中水回用水量、水量平衡

中水处理站位于昆明南站站场区域的东南侧，站房内的中水原水为站房排至东广场的盥洗排水、厕所排水、电扶梯基坑废水、厨房经隔油处理后的排水，中水原水量近期86m³/d，远期117m³/d。站房中水原水及回用水量见表2。

2. 系统竖向分区

站房中水供水量100m³/d，中水系统独立设置，中水管道严禁与生活饮用水给水管道连接。中水主要用于高架候车层（标高9.50m层）以下出站层（—10.50m）、站台层（±0.00m）及站台夹层（5.00m）的卫生间（不含贵宾卫生间）冲厕和出站层换乘空间停车场地面冲洗。

3. 供水方式及给水加压设备

由中水泵房内变频供水设备提升后进入站房回用水管网系统，各用水点由回用水管网直接供水，并按用途设置用水计量水表。

中水原水及回用水量 表2

	内容	近期	远期	备注
中水原水	日均小时客流量(人)	85000	128000	
	最高日生活给水量(m³/d)	361	490	
	平均日生活给水量(m³/d)	181	245	折减系数取0.50
	平均日生活排水量(m³/d)	162	221	折减系数取0.90
	中水原水量(m³/d)	86	117	排至东广场的平均日生活排水量
中水回用	中水冲厕的日平均用水量(m³/d)	49	66	
	出站层停车场冲洗日平均用水量(m³/d)	38	38	隔日冲洗
	中水回用水量(m³/d)	87	104	

4. 水处理工艺流程

站房东侧生活污水量为 $100m^3/d$，其中厨房含油污水经隔油处理、粪便污水经化粪池处理后，汇同其他生活污水排入中水处理站污水调节井，经抽升进入一体化 MBR 膜处理设备，处理后的污水经消毒汇入中水回用水池，处理后的中水水质符合《城市污水再生利用 城市杂用水水质》GB/T 18920—2002 的规定，主要用于站房冲厕用水及广场绿化、道路冲洗用水，中水管管径为 DN150，多余污水就近排入污水管网。处理系统产生的污泥进入脱水机房处理，处理后的泥饼外运。中水处理工艺流程如图1所示。

图1　中水处理工艺流程图

5. 管材

干管采用内衬塑钢管及配件，管径≤DN80时采用丝接，管径＞DN80时采用卡箍连接，管道的工作压力均为 1.0MPa。

（四）排水系统

1. 排水系统的形式

排至西广场的污水和废水由室外排水管网统一排至市政排水管网，排至东广场的污水和废水统一收集后为中水处理站提供中水原水。

建筑特点造成排水系统的竖向管道在穿过轨道层的位置受到很大限制，造成水平排水距离大、排水管道横跨轨道方向敷设等问题。高架候车层的排水系统采用重力排水系统，不设置压力排水系统，旅客卫生间内给水排水主干管均设置在检修管廊内，给水排水干管垂直轨道方向穿主梁敷设约200m至基本站台管道竖井排至东、西广场室外污水管网。为确保安全且满足排水要求，在轨行区上方避开接触网设置设备管线检修平台，给后期的运营维护带来了极大的方便。

出站层（−10.50m）的生活污水及东交通换乘厅上方的站台层（±0.00m）和站台夹层（5.00m）的生活污水采用"重力流与加压排水结合"的排水系统，每个卫生间就近布置污水间，从卫生洁具到就近的提升泵之间为重力排水，利用自然坡度排水至水泵间。再经过污水提升装置有压排水，污水提升装置包括贮水箱、污水泵、电控系统、报警系统。设置污水泵2台，1备1用，均带有自动控制系统。

其他站台层与站台夹层的卫生间，均采用重力排水。地下层的排水及室外电扶梯基坑的排水，均就近设置集水坑，经污水泵提升排出室外。

2. 通气管的设置方式

设置环形通气管、专用通气管高空排放。

3. 采用的局部污水处理设施

站房内商业操作间均预留设置隔油器条件，厨房含油污水处理达标后独自排入室外排水系统。

4. 管材

重力排水管及通气管采用 HDPE 管材及配件，热熔连接；压力排水管采用热镀锌钢管，管径≤DN80 时采用丝接，管径＞DN80 时采用卡箍连接，管道的工作压力均为 0.6MPa。

二、消防系统

消防设计原则：昆明南站为特殊功能的超大型建筑物，人员密度大，人员种类复杂，人员流动性高，而且大部分人员携带行李，造成可燃物多，人员疏散较慢。该建筑物属于一类高层建筑，在设计施工期间，作为国内较大的交通换乘枢纽，按照交通建筑的特点，站房需要开阔的、开放性的大空间，并且为加强视觉引导需要尽可能减少隔断。由于该项目建筑类型及使用性质特殊，建筑设计有些内容已超出了当时的《建筑设计防火规范》GB 50016—2006 的条文要求，因此昆明南站项目进行了消防性能化设计研究。借助消防安全工程学的方法和手段，对站房的火灾风险、火灾发展状况及主动和被动防火措施的实际效果进行研究评估，针对性地确定所适用的消防措施。

消防系统设计原则：在站房建筑满足国家现行规范的区域，按照消防规范设计；在站房建筑超出国家现行规范的区域，按照《昆明南站站房工程消防性能化分析报告》（2012 年 7 月）及《昆明南站站房消防性能化设计评估专家评审意见》进行设计。

整个站房建筑消防用水系统包括消火栓系统、自动喷水灭火系统、固定式消防水炮灭火系统、微型自动扫描灭火系统。各系统消防用水量标准见表 3。

各系统消防用水量标准　　　　　　　　　　　　　表 3

系统名称	用水量（L/s）	火灾延续时间（h）	一次灭火用水量（m³）	供水方式
消火栓系统	30	2	216	从−10.50m 层消防水池抽水，各系统消防泵加压供水
自动喷水灭火系统	30	1	108	
固定式消防水炮灭火系统	60	1	216	
大空间智能型主动喷水灭火系统	45	1	162	

本工程按《建筑设计防火规范》GB 50016—2006，室内消火栓用水量 30L/s，消防用水量由消防泵房内的消防水泵提供，消防泵房引入两路供水，并在室内布置成环状。

室内消火栓系统，每根竖管最小流量 15L/s，每支水枪最小流量 5.7L/s。自动喷水灭火系统，按中危险Ⅰ级设计，喷水强度 6L/(min·m²)，作用面积 160m²，设计流量 30L/s。固定式消防水炮灭火系统，设计流量 60L/s，每个高空水炮设计流量 30L/s。大空间智能型主动喷水灭火系统，设计流量 45L/s，每个自动扫描射水高空水炮设计流量 5L/s。

出站层设置消防泵房及室内消防水池，各类消防水泵直接从消防水池抽水。消防泵房内设室内消火栓泵 2 台（1 用 1 备）、自动喷淋泵 2 台（1 用 1 备）、消防水炮泵 2 台（1 用 1 备）、自动喷水灭火系统与固定式消防水炮灭火系统合用增压稳压装置一套、自动扫描射水高空水炮泵 2 台（1 用 1 备）。

由于建筑壳式大屋面的特点，无法在建筑最高的屋面上设置高位消防水箱。根据建筑布局，在室内最高的一个楼层即高架夹层通风除湿机房屋面（标高 20.90m）设置有效容积为 9m³ 的消防水箱 2 个。

（一）消火栓系统

室内消火栓给水管道布置成环状。根据消防性能化标高，高架层大空间消火栓布置仅按保护地面设置，通过提高消火栓供水压力和流量，增加充实水柱长度至 17m，保护半径为 37m，其余各层水枪的充实水柱按不小于 13m 设计。消火栓的设置位置，应能保证同层相邻两个消火栓的充实水柱同时到达被保护范围的任何部位。消火栓栓口直径为 65mm，水带长度为 25m，水枪口径为 19mm。每个消火栓箱内均设置消防水喉，消防卷盘栓口直径为 25mm，长度为 20m，配备的胶带内径为 19mm，消防卷盘喷嘴口径为 6mm。

（二）自动喷水灭火系统

按照《自动喷水灭火系统设计规范》GB 50084—2001 的要求，除停车场、电气设备用房、高架候车层（标高 9.50m 层）室内净高超过 12m 的场所、高架夹层（标高 16.70m 层）开敞布置的顾客消费区外，均设置自动喷水灭火系统。自动喷水灭火系统的报警阀间分区域设置，共设置湿式报警阀 15 套。报警阀前设置为环状供水管道。整个站房内的喷头选用快速反应标准喷头。闭式玻璃喷头的公称动作温度为 68℃。喷头流量系数 $K=80$。喷头的响应时间指数 $RTI \leqslant 50$ (m.s)$^{0.5}$。喷头玻璃球直径为 3mm。

（三）固定式消防水炮灭火系统

全楼仅高架候车层（标高 9.50m 层）室内净高超过 12m 的场所设固定式消防水炮灭火系统。固定式消防水炮灭火系统干管布置成环状，消防水炮选用红外线自动寻的消防水炮（入口工作压力为 0.9MPa，单炮流量 30L/s，最大射程 65m，水平旋转角度 360°）。防护区内任何部位都有两门消防水炮的水射流可同时到达。高空水炮自带摄像头，可在消防控制中心视频显示火灾现场情况，也可在消防控制中心手动调整水炮的射水位置。

（四）大空间智能型主动喷水灭火系统

出站层停车场区域按照消防性能化报告要求设置大空间智能型主动喷水灭火系统，系统干管布置成环状，采用标准型自动扫描射水高空水炮灭火装置，入口工作压力 0.6MPa，单体流量 5L/s，最大射程 32m，水平旋转角度 360°，垂直旋转角度 -90°～15°。

三、设计及施工体会或工程特点介绍

针对整个站房单层面积大，高架候车层横跨站台轨道层之上，南北走向 462m、东西走向 438m，集旅客候车、车站办公、配套商业为一体，功能复杂、能耗大、技术要求高等特点，设计过程采用了多种节能、环保措施，充分体现了"绿色环保"、"可持续发展"的概念。

四、工程照片及附图

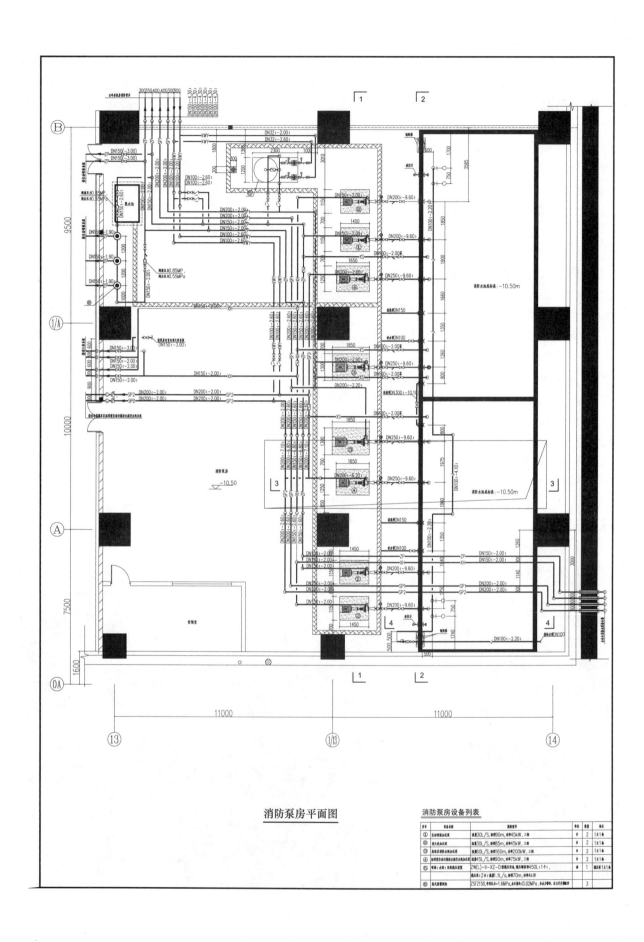

消防泵房平面图

消防泵房设备列表

序号	设备名称	规格型号	单位	数量	备注
①	自动喷淋加压泵	流量30L/S，扬程90m，功率45kW，三相	台	2	1用1备
②	消火栓加压泵	流量30L/S，扬程85m，功率45kW，三相	台	2	1用1备
③	高位消防水池加压泵	流量60L/S，扬程60m，功率200kW，三相	台	2	1用1备
④	室内消防自动喷淋及高位水池加压泵	流量45L/S，扬程90m，功率75kW，三相	台	2	1用1备
⑤	恒压（水泵）系统稳压装置	ZW(L)-II-XZ-D型增压泵组，稳压罐容积450L（1个），流量1.1L/s，扬程70m，功率4kW	套	1	稳压泵1用1备
⑥	湿式报警阀组	ZSFZ150,供水压力1.6MPa,水头损失≤0.02MPa,含水力警铃、压力开关等附件	台	3	

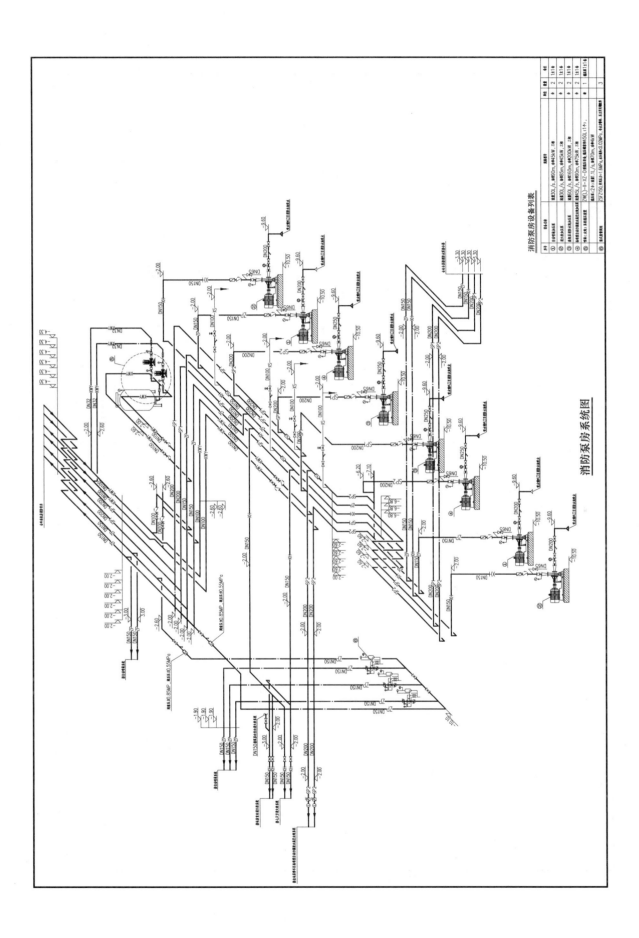

消防泵房系统图

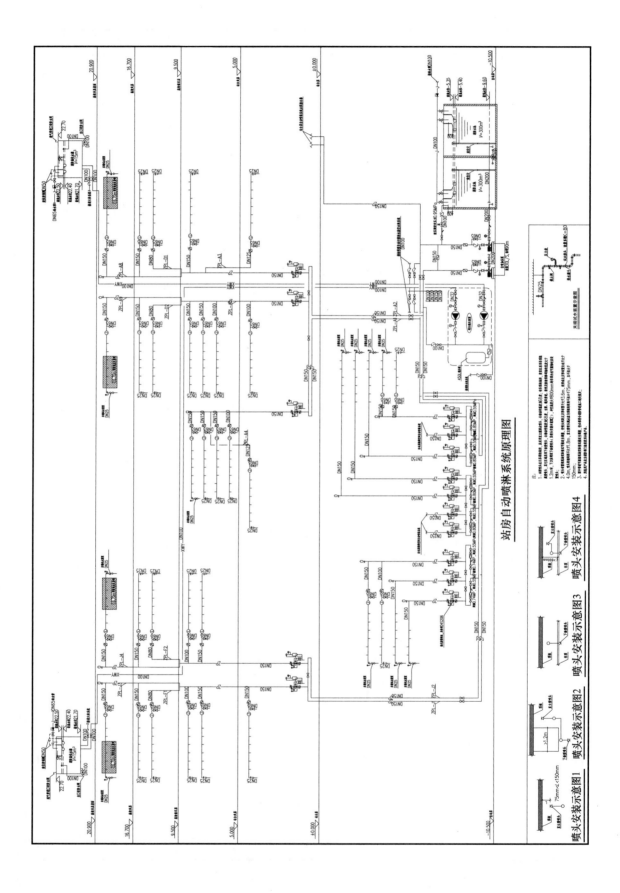

站房自动喷淋系统原理图

喷头安装示意图1　喷头安装示意图2　喷头安装示意图3　喷头安装示意图4

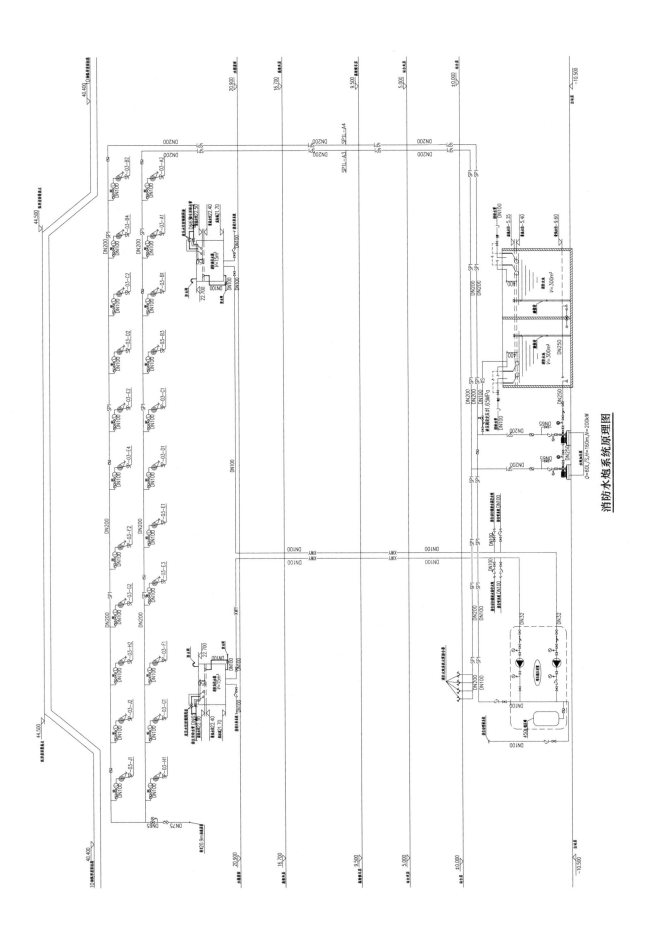

消防水炮系统原理图

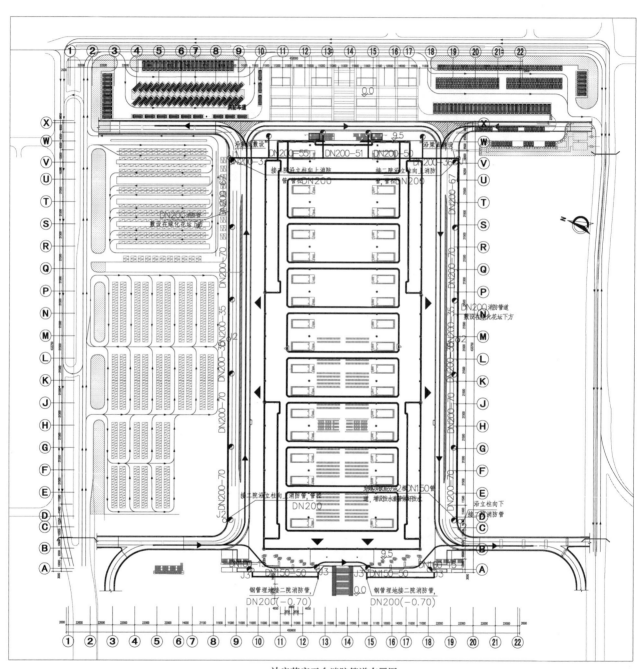

站房落客平台消防管道布置图

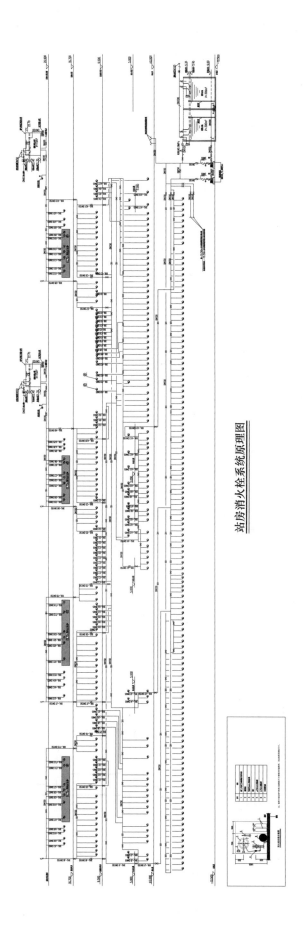

站房消火栓系统原理图

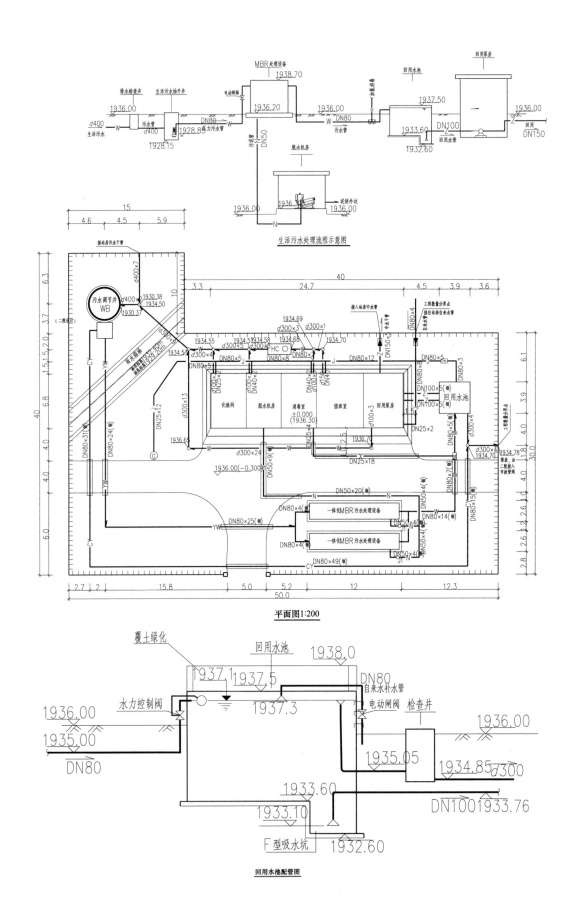

生活污水处理流程示意图

平面图1:200

回用水池配管图

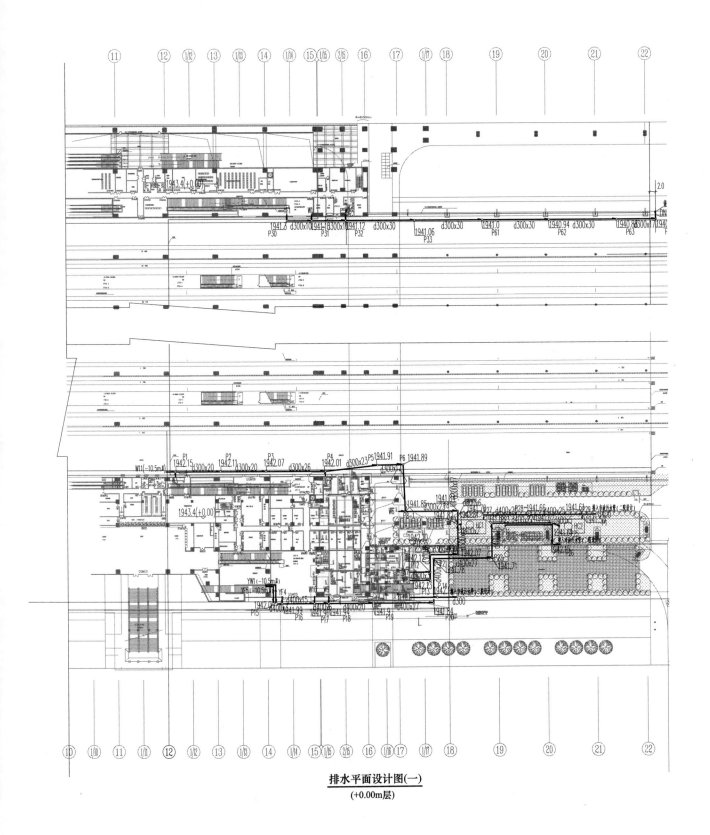

排水平面设计图(一)
(+0.00m层)

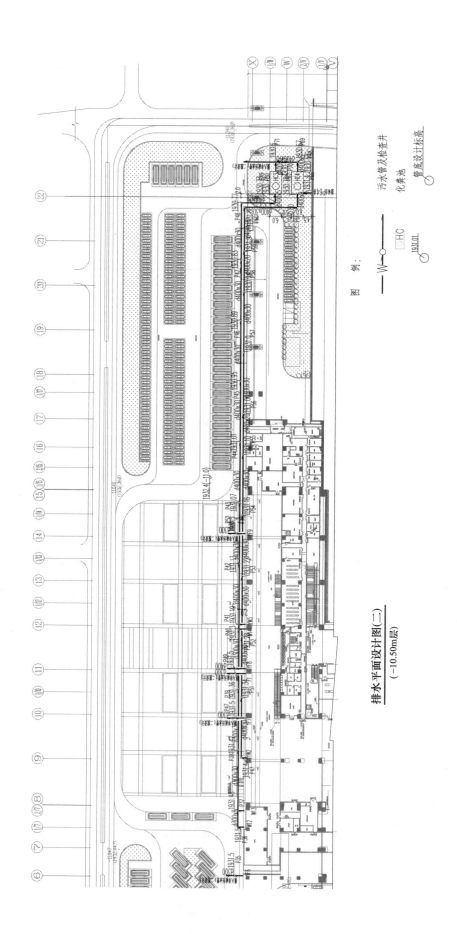

排水平面设计图(二)

(−10.50m层)

图 例：

————W————○ 污水管及检查井

□HC 化粪池

$\underset{1931.01}{\bigcirc}$ 管底设计标高

湖北能源调度大楼

设计单位： 中南建筑设计院股份有限公司
设 计 人： 杜金娣 刘晶 涂正纯 吴平
获奖情况： 公共建筑类 三等奖

工程概况：

湖北能源调度大楼是一座集商务用房出租、食堂餐饮、普通办公及能源调度办公为一体的综合性建筑，位于武汉市武昌区徐东大街北侧，总用地面积 9750m²，总建筑面积约 10 万 m²，建筑总高度 167.8m。

该建筑地面以上由 39 层塔楼及 4 层裙房组成，其中一层为商务出租用房及办公门厅，二层为食堂、餐厅等，三层为会议室，四层为档案室，五层为职工活动室及后勤办公室，六层~三十七层为普通办公层（其中十五层及二十八层为避难层兼设备机房层），三十八层及三十九层为能源调度中心及机房层，且三十九层局部设有冷餐厅及冷餐准备间。地面以下有 3 层，地下一层为车库及空调、电气专业设备用房，地下二层及地下三层为机械立体停车库及后勤用房等，给水及消防加压泵房位于地下三层，另外，地下三层局部战时为人防工程。

该建筑自 2010 年 10 月开始设计，于 2015 年 12 月竣工验收。

工程说明：

一、给水排水系统

（一）给水系统

1. 冷水用水量（见表 1）

冷水用水量

表 1

用水名称	用水量标准	用水单位数	日用水时间（h）	小时变化系数	最大时用水量（m³/h）	最高日用水量（m³/d）
办公	50L/(人·d)	5500 人	10	1.2	33.0	275.0
食堂	25L/人次	2800 人次/d	10	1.2	8.4	70.0
冷餐	15L/人次	400 人次/d	10	1.2	0.7	6.0
健身	30L/人次	468 人次/d	6	1.2	2.8	14.0
会议	8L/(座·d)	530 座×2 次	8	1.2	1.3	8.5
车库冲洗	2L/(m²·d)	19500m²	8	1.0	4.9	39.0
洗车	40L/辆	782 辆×15%	8	1.0	0.6	4.7
冷却塔补水	取空调冷却水量(750m³/h)的 1.5%		17(8+7)	1.2	13.5	191.3
未预见水量	按以上各项用水量之和的 10% 计				6.5	60.9
合计					71.7	669.4

注：未预见水量包括管道泄漏水量和浇洒绿地水量等。

2. 水源

市政给水管网。从徐东大街市政供水干管上接入两条 $DN200$ 引入管至基地内，经水表后在本大楼室外形成环网供水，市政管网最不利供水压力为 0.28MPa。

3. 系统竖向分区

生活给水系统竖向分为 4 个大区供水，地下室～二层为 1 区，三层～十五层为 2 区，十六层～二十八层为 3 区，二十九层及以上层为 4 区。

4. 供水方式及给水加压设备

1 区利用城市给水管网压力直接供水，2、3、4 区各设置一套变频泵组垂直串联供水，当各区压力超过 0.35MPa 时采用减压阀减压。生活水泵房分别设于地下三层、十五层及二十八层避难层，仅地下三层设置低位生活贮水箱，十五层及二十八层均不设中间转输水箱，上区泵组直接从下区供水干管上吸水，在上区水泵吸水管上设置倒流防止器，以阻断上区水倒流入下区对下区供水系统造成破坏。

地下三层水泵房内变频泵组配套水泵 3 台，2 用 1 备，单台水泵参数为 $Q=25\mathrm{m}^3/\mathrm{h}$、$H=100\mathrm{m}$、$N=11\mathrm{kW}$，配套气压罐容积 500L。

十五层水泵房内变频泵组配套水泵 3 台，2 用 1 备，单台水泵参数为 $Q=20\mathrm{m}^3/\mathrm{h}$、$H=67\mathrm{m}$、$N=5.5\mathrm{kW}$，配套气压罐容积 500L。

二十八层水泵房内变频泵组配套水泵 3 台，2 用 1 备，单台水泵参数为 $Q=12.5\mathrm{m}^3/\mathrm{h}$、$H=74.5\mathrm{m}$、$N=4\mathrm{kW}$，配套气压罐容积 500L。

5. 管材

室内生活给水干管采用建筑给水用钢塑复合管，管径≤$DN80$ 时采用螺纹连接，管径＞$DN80$ 时采用沟槽式卡箍连接。卫生间内给水支管采用无规共聚聚丙烯 PP-R 管，热熔连接。室外给水管采用聚乙烯给水塑料管，法兰连接或电热熔连接。

（二）排水系统

1. 排水系统的形式

室内采用污、废水合流制管道系统，室外采用雨、污水分流制管道系统。

地面以上各层生活污废水采用重力排水，地下室生活污废水采用压力排水。

地上厨房含油污水经成品不锈钢隔油器处理后重力排至室外污水管网；地下室职工餐厅厨房含油污水经隔油池处理后排至集水坑，再由潜污泵压力排入室外污水管网。

2. 通气管的设置方式

本工程设置有专用通气立管、副通气立管及环形通气立管，地下室污水集水坑、隔油池均设置伸至屋面的通气管。

3. 采用的局部污水处理设施

二层厨房含油污水经立管收集后排至一层隔油间，经成品不锈钢隔油器处理后排至室外污水管网；三十九层冷餐准备间含油污水排至本层悬挂式小型隔油器，经隔油处理后排至室外污水管网；地下二层职工餐厅厨房含油污水排至本层隔油池，经处理后排至密闭集水坑，再由潜污泵抽升排入室外污水管网；其他生活污水排至室外，经三格化粪池处理后排至市政排水管网。

4. 管材

室内重力生活污水排水管采用柔性接口机制排水铸铁管及管件，承插式法兰连接；地下室压力排水管采用内涂塑钢管，法兰或卡箍连接。室外排水管采用 PVC-U 双壁波纹管，橡胶圈接口。

(三) 雨水系统

1. 设计重现期

屋面雨水设计重现期取 10 年,基地范围内雨水设计重现期取 2 年。

屋面按总排水能力不小于 50 年重现期的雨水量设置溢流口。

2. 排水系统的形式

主楼屋面雨水采用重力流系统排放,裙房屋面雨水采用压力流系统排放。大楼北侧紧贴建筑外墙的地下车库出入口无顶棚,侧墙汇水面积很大,在二层楼面标高处设置悬挑截水沟截留该部位侧墙面积雨水,采用重力排至室外雨水管网。

结构缝以西的裙房屋面雨水单独收集,初期雨水弃流后进入雨水贮存池,经过滤、消毒等处理后用于洗车,多余雨水则溢流排放。

3. 管材

裙房压力流雨水管采用专用 HDPE 管,电热熔连接;主楼重力流雨水管采用内涂塑钢管,法兰或卡箍连接。室外雨水管道管材及接口同室外污水管道。

二、消防系统

(一) 消火栓系统

1. 系统用水量

按建筑高度超过 100m 的一类高层建筑综合楼消防要求配置消防设施。

室内消火栓系统用水量为 40L/s,室外消火栓系统用水量为 30L/s,火灾延续时间为 3h,一次灭火用水量室内消火栓系统为 432m³、室外消火栓系统为 324m³。

2. 室内消火栓系统分区及供水方式

(1) 室内消火栓系统为临时高压给水系统,分为上、下两个大区加压供水。下区为地下三层~十四层,由地下三层水泵房内的消防与冷却塔补水合用贮水池及消火栓给水加压泵、二十八层高位消防水箱供水;上区为十五层~主楼屋面层,由地下三层水泵房内的消防与冷却塔补水合用贮水池及消火栓给水加压泵、十五层水泵房内的消火栓给水加压泵、主楼屋面水箱间内的高位消防水箱及消火栓增压稳压设备垂直串联供水,并在室外分上、下两个大区分别设置消防水泵接合器在紧急情况下为系统供水。在上区消火栓泵的吸水管上设置倒流防止器,以阻断上区水倒流入下区对下区供水系统造成破坏。当上区发生火灾时,消防水泵的启动顺序为先启动下区水泵,再启动上区水泵。

(2) 每个大区在竖向上均采用减压阀分为两个分区供水,每个分区静水压力不超过 1.0MPa。分区内管网各自构成环状,并用阀门分成若干独立段,以利检修。消火栓栓口出水压力超过 0.50MPa 时设减压稳压消火栓。

3. 室内消火栓泵及增压稳压设备参数

地下三层水泵房内设消火栓泵 2 台,1 用 1 备,水泵参数为 $Q=40L/s$、$H=120m$、$N=90kW$。

十五层水泵房内设消火栓泵 2 台,1 用 1 备,水泵参数为 $Q=40L/s$、$H=120m$、$N=90kW$。

主楼屋面设消火栓增压稳压设备 ZW(W)-I-X-13 一套,配套气压罐有效容积 300L。

4. 消防水池、消防水箱有效容积

地下三层水泵房内设消防与冷却塔补水合用贮水池一座(分为两格),有效容积 630m³,内贮存室内消防用水 580m³ (室外消防用水由市政给水管网供给)。

二十八层高位消防水箱有效容积为 20.4m³。

主楼屋面高位消防水箱有效容积为 19.3m³。

5. 室外消火栓系统

室外采用生活与消防合用管道系统。从徐东大街市政供水干管上接入两条 DN200 管道至基地内，采用 DN200 给水管在本大楼地下一层顶部形成环网（引入管上设置倒流防止器）。在环状管网上沿道路布置室外消火栓，其间距不大于 120m，离消防水泵接合器的距离为 15~40m，距路边不大于 2m。本项目共设 4 套地上式室外消火栓。

6. 管材

室内消火栓系统给水管采用热浸镀锌钢管及热浸镀锌无缝钢管，管径≤DN80 时采用螺纹连接，其余采用卡箍或法兰连接。室外消火栓系统给水管同生活给水管。

（二）自动喷水灭火系统

1. 系统用水量

车库属中危险Ⅱ级，室内净高大于 8m 且小于 12m 的集团企业文化大厅属非仓库类高大净空场所，其他部位按中危险Ⅰ级设计。自动喷水灭火系统用水量 40L/s，火灾延续时间 1h，一次火灾灭火用水量 144m³。

地下车库含油火灾采用自动喷水-泡沫联用系统。采用水成膜泡沫灭火剂，泡沫液浓度取 6%，持续喷泡沫时间为 10min，泡沫浓缩液总贮存量为 2m³。

2. 系统分区及供水方式

（1）自动喷水灭火系统为临时高压给水系统，分为上、下两个大区加压供水。下区为地下三层~十五层，由地下三层水泵房内的消防与冷却塔补水合用贮水池及自动喷水加压泵、二十八层高位消防水箱供水；上区为十六层~主楼屋面层，由地下三层水泵房内的消防与冷却塔补水合用贮水池及自动喷水加压泵、十五层水泵房内的自动喷水加压泵、主楼屋面水箱间内的高位消防水箱及自动喷水增压稳压设备垂直串联供水，并在室外分上、下两个大区分别设置消防水泵接合器在紧急情况下为系统供水。在上区自动喷水加压泵的吸水管上设置倒流防止器，以阻断上区水倒流入下区对下区供水系统造成破坏。当上区发生火灾时，消防水泵的启动顺序为先启动下区水泵，再启动上区水泵。

（2）每个大区在竖向上均采用减压阀分为多个分区供水，报警阀前的管网构成环状，并用阀门分成若干独立段，以利检修。自动喷水灭火系统为湿式系统，报警阀按每个控制喷头数量不超过 800 个设置，本项目共设置 16 套报警阀组。每层每个防火分区均设置一个水流指示器。

（3）对于地下车库采用的自动喷水-泡沫联用系统，由喷水转至喷泡沫的转换时间按 4L/s 计不大于 3min，将大保护区分成最大化的小保护区，采取泡沫比例混合器分散多点布置的方式，泡沫液贮罐设置一套，泡沫比例混合器共设置 9 套。

3. 自动喷水加压泵及增压稳压设备参数（与水喷雾灭火系统共用）

地下三层水泵房内设自动喷水加压泵 2 台，1 用 1 备，水泵参数为 Q=40L/s、H=120m、N=90kW。

十五层水泵房内设自动喷水加压泵 2 台，1 用 1 备，水泵参数为 Q=30L/s、H=130m、N=75kW。

主楼屋面设自动喷水灭火系统增压稳压设备 ZW（W)-Ⅱ-XZ-C 一套，配套气压罐有效容积 700L（按屋面燃气锅炉房水喷雾灭火系统要求设置）。

4. 管材

自动喷水灭火系统给水管采用内外壁热浸镀锌钢管及热浸镀锌无缝钢管，管径≤DN80 时采用螺纹连接，其余采用卡箍或法兰连接。自动喷水-泡沫联用系统泡沫液供给管采用不锈钢管，插焊接口。

(三) 水喷雾灭火系统

1. 系统设置的位置

主楼屋面燃气锅炉房、地下一层柴油发电机房及其油箱间设置水喷雾灭火系统。

2. 系统的设计参数

柴油发电机房内设有柴油发电机组及油箱各一台，其喷雾强度为 20L/(min·m^2)，保护面积 65m^2，水喷雾灭火系统设计流量为 26L/s，灭火时间为 0.5h，一次火灾灭火用水量为 46.8m^3。

燃气锅炉房内共设燃气锅炉两台，其喷雾强度为 10L/(min·m^2)，另外燃气锅炉的爆膜片和燃烧器每个点的局部喷雾强度取 150L/min，两台燃气锅炉总保护面积为 51m^2，水喷雾灭火系统设计流量为 23L/s，灭火时间为 0.5h，一次火灾灭火用水量为 37.8m^3。

3. 加压设备选用

水喷雾灭火系统为临时高压给水系统，其用水就近从自动喷水灭火系统报警阀前给水干管接入。柴油发电机房水喷雾用水由二十八层高位消防水箱、地下三层水泵房自动喷水加压泵及下区室外自动喷水消防接合器供给；主楼屋面燃气锅炉房水喷雾用水由主楼屋面高位消防水箱及自动喷水增压稳压设备、地下三层水泵房自动喷水加压泵、十五层水泵房自动喷水加压泵及上区室外自动喷水消防接合器垂直串联供给。

4. 系统的控制

火灾发生时，火灾探测器动作，其信号同时传至消防控制中心及水泵房内自动喷水加压泵控制箱，同时启动雨淋阀的先导电磁阀和自动喷水加压泵（当燃气锅炉房内火灾探测器动作时，应启动两组自动喷水加压泵且必须待下区自动喷水加压泵动作后上区自动喷水加压泵才可启动），并反馈信号至消防控制中心。水喷雾灭火系统除了设置自动控制方式外，还设有手动控制和应急操作控制方式。雨淋阀前后所设置的阀门采用信号阀，其阀门开启状态传递至消防控制中心。

5. 管材

水喷雾灭火系统给水管采用内外壁热浸镀锌钢管，管径≤DN80 时采用螺纹连接，其余采用卡箍或法兰连接。

(四) 气体灭火系统

1. 系统设置的位置

变配电房、弱电机房、灾难备份中心、档案室、能源调度室、UPS 电源室等部位设置 IG541 气体灭火系统。

2. 系统的设计参数

灭火设计浓度为 37.5%，灭火剂喷放时间 60s，灭火浸渍时间档案室 20min、其余 10min。

3. 系统设置

共设置 5 套有管网气体灭火系统，具体为：

系统一（组合分配系统）：包括地下一层及四层的 6 个防护区，气瓶间设在四层。

系统二（组合分配系统）：包括四层的 8 个防护区，气瓶间设在四层。

系统三（单元独立系统）：十五层变配电房，气瓶间设在十五层。

系统四（组合分配系统）：包括二十八层的 6 个防护区，气瓶间设在二十八层。

系统五（组合分配系统）：包括三十八层及三十九层的 8 个防护区，气瓶间设在屋面层。

设计将管网布置成均衡系统，每个防护区均设置泄压装置。

4. 系统的控制

设有自动控制、手动控制及机械应急操作三种控制方式。

三、工程特点介绍

（一）生活给水系统节能、节地及安全供水设计

由于设备用房面积有限，上区生活给水采用变频泵组垂直串联供水，不设中间转输水箱，节约了能耗，减少了设备用房面积，并减少了生活转输水箱清洗工作量。但由于变频泵组垂直串联供水系统无中间水箱作为缓冲，供水管网中的流量及压力连续传递，为保证安全供水，需要准确计算各级泵组的设计流量及剩余压力，并采取有效措施防止上区水倒流至下区造成下区管网超压。为达到安全供水的目的，本设计变频泵组出水管在竖向上形成环网，并在每台水泵吸水管上设置倒流防止器以防止停泵后水流反转使下区管网超压受损。在计算变频泵组设计流量时，下一级泵组的当量总数为其上部所有卫生洁具的当量数之和（蹲便器当量数取 0.5），二十八层泵组设计流量附加 1 个蹲便器流量（1.2L/s），十五层泵组设计流量附加 2 个蹲便器流量（2.4L/s），地下三层泵组设计流量附加 3 个蹲便器流量（3.6L/s）。变频泵组配备隔膜式气压罐，系统最高点设置自动排气阀，设计采取多种措施以使垂直串联变频泵组运行稳定。

（二）室内消火栓系统及自动喷水灭火系统节地及安全供水设计

由于设备用房面积有限，上区消防给水也采用水泵垂直串联的供水方式。同生活变频泵组垂直串联供水相同，消防水泵垂直串联供水也需要采取有效措施防止上区水倒流至下区造成下区消防系统管网受到高压而破坏，故在上区消防水泵的吸水管上设置倒流防止器以防止事故的发生。另外，在消防泵的启动上，必须先启动下区消防泵才能开启上区消防泵，确保运行安全。

（三）无顶棚车道出入口的较大面积侧墙雨水排放优化设计

本大楼北侧地下室的车道紧贴建筑主楼外墙，因为美观需要不能设置顶棚。由于主楼高约 170m，车道开敞部位尺寸约 22m×7m，若不采取措施，将有约 2000m² 汇水面积的雨水顺车道流入地下室内，按 50 年重现期计算雨水流量约 430m³/h，将需要在地下室设置一个较大规模的雨水泵站排除该部分雨水。为了节约能耗，减少设备用房面积，保证地下室设施设备安全，给水排水专业与建筑、结构专业紧密配合，在二层楼板处设置一条悬挂截水沟，用管道将截留的侧墙雨水重力排至室外雨水管网，由建筑专业对截水沟及沿外墙而下的雨水立管进行装饰处理，取得了良好的综合效果。

四、工程照片及附图

湖北能源调度大楼正立面

茶水间

会议室

二十八层生活转输泵组

地下三层水泵房

地下室循环冷却水泵组

北侧地下车道入口上部悬挂截水沟

十五层消防转输泵组

屋面消防水箱间

屋面燃气锅炉水喷雾灭火系统

室外排水沟

地下室消火栓箱

屋面雨水斗

消防水泵接合器

地下室集水坑排水设施

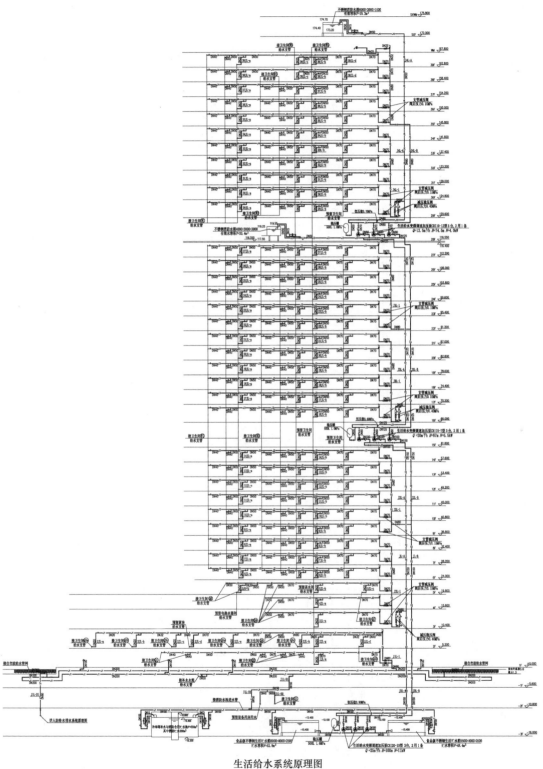

生活给水系统原理图

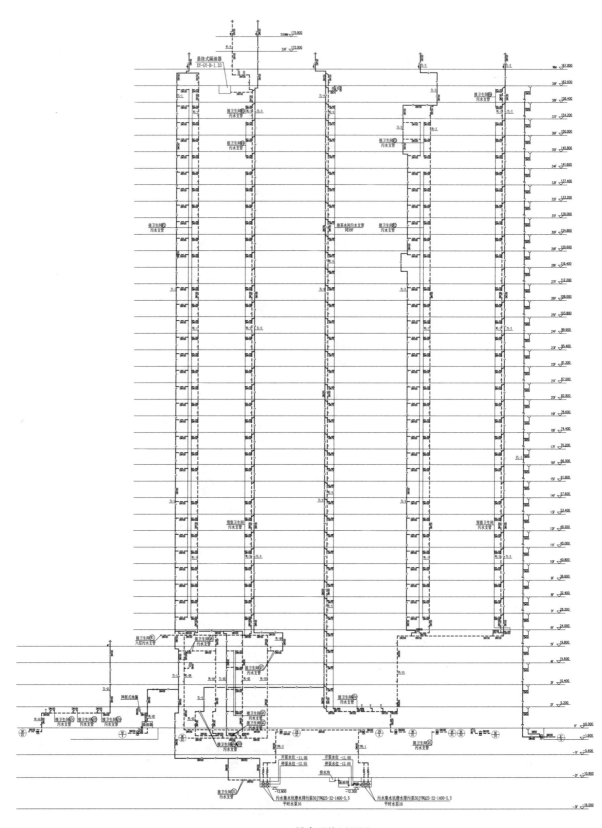

排水系统原理图

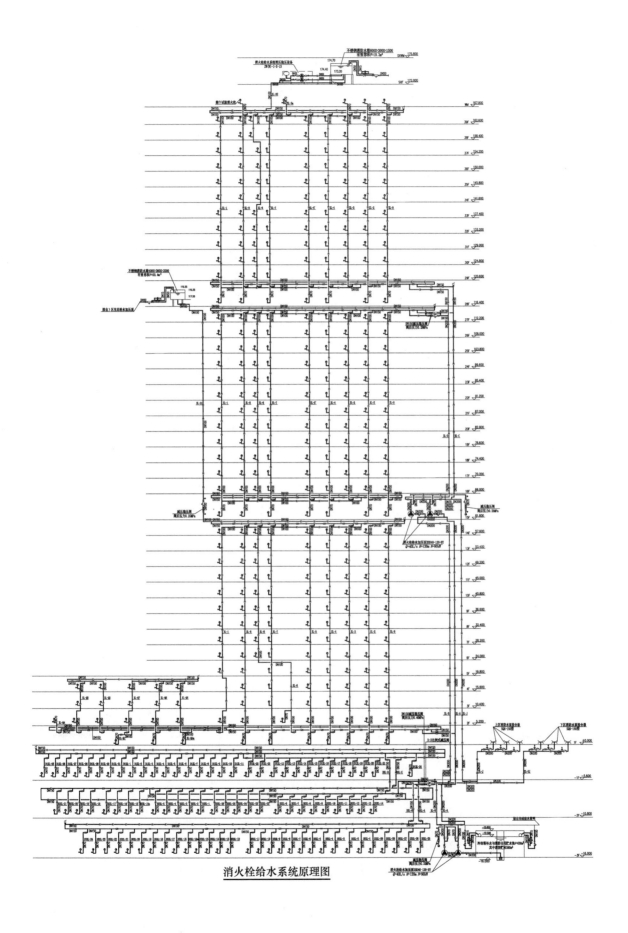

消火栓给水系统原理图

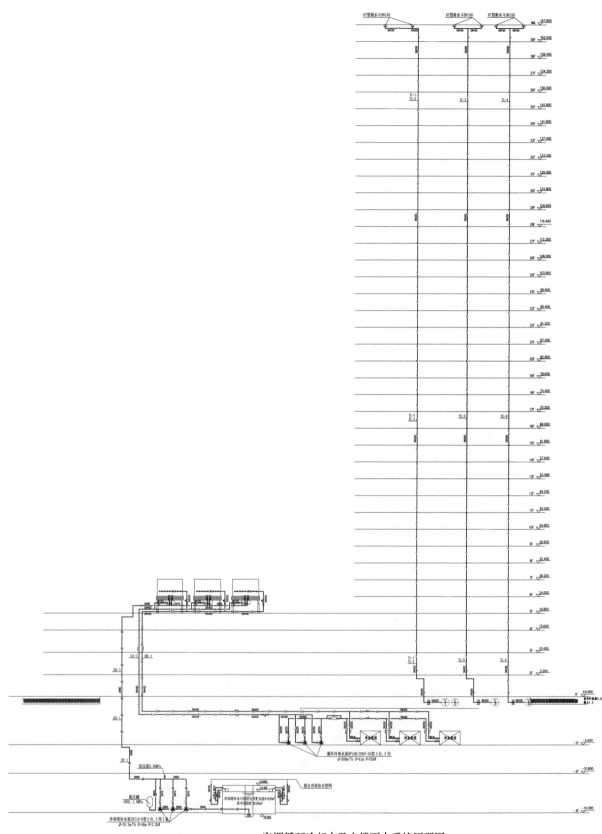

空调循环冷却水及主楼雨水系统原理图

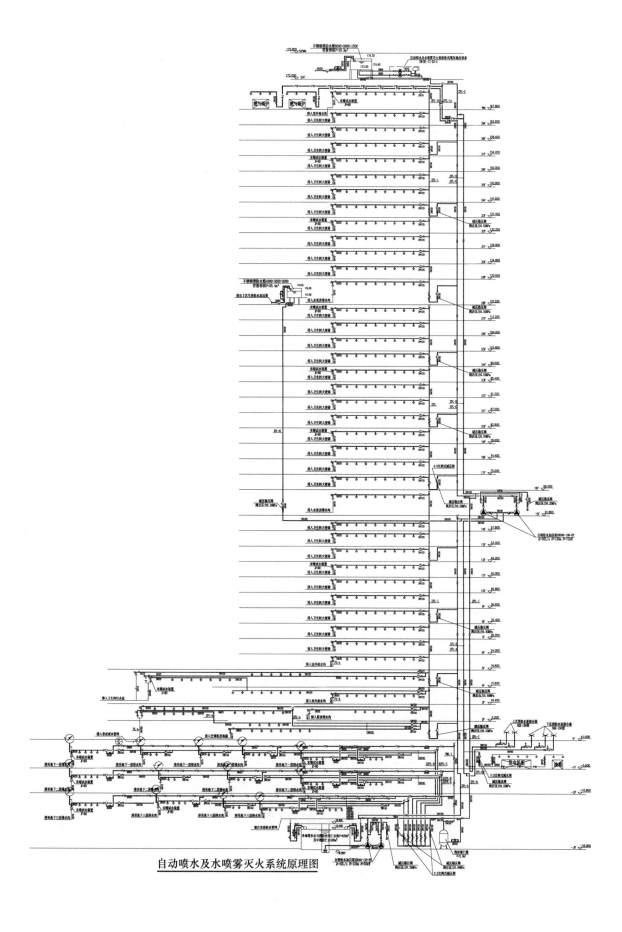

自动喷水及水喷雾灭火系统原理图

昆明西山万达广场——双塔

设计单位： 广东省建筑设计研究院有限公司
设 计 人： 金钊　徐晓川　付亮　李淼　吴燕国　霍韶波　姜波　李聪　王彩艳
获奖情况： 公共建筑类　三等奖

工程概况：

昆明西山万达广场项目位于昆明市西山区前兴路东侧，西山区规划一路以南、规划二路以北、前兴路以东和佳湖路以西。本工程为一大型建筑综合体，集室外商业街、办公、酒店于一体；建筑群体分为五部分，分别为：5幢写字楼和室外街商铺，地上23层，屋面标高79.14m；6幢室外街商铺，地上2层，屋面标高11m；7幢五星级酒店，地上20层，屋面标高96.38m；8幢甲级写字楼，地上66层，屋面标高297.3m；9幢甲级写字楼，地上67层，屋面标高296.6m。本工程地下室共3层，地下室埋深15.85m，地下室停车1339辆。项目总用地面积30970m²，总建筑面积460094m²，其中地上建筑面积375570m²，地下建筑面积84524m²。

昆明西山万达广场——双塔指上述8幢、9幢约300m超高层甲级写字楼。

工程说明：

一、给水排水系统

(一) 给水系统

1. 冷水用水量（见表1）

冷水用水量　　　　　　　　　　　　　　　表1

用水名称	用水定额	用水单位数	日用水时间(h)	小时变化系数	最大时用水量 (m³/h)	最高日用水量 (m³/d)	备注
8、9幢办公	50L/(人·d)	3万人	10	1.5	225	1500	
KTV	15L/人次	938人次/d	16	1.5	1.32	14.1	
SPA	200L/(人·d)	38人	16	1.5	0.71	7.6	
餐厅	50L/人次	1281人次/d	10	1.5	9.61	64.1	
云中吧	10L/人次	408人次/d	8	1.5	0.77	4.1	
未预见水量					23.7	159.0	按最高日用水量的10%计
合计					261.1	1748.9	

2. 水源

本工程供水水源为市政自来水，周围市政水压为0.15～0.25MPa，由市政给水管分别引一根DN150给水管供8幢、9幢双塔用水。

3. 系统竖向分区

8幢、9幢甲级写字楼生活给水各自独立设置，系统分区基本一致，分区如下：

1区：地下三层～裙房一层，为合理利用市政水压，由市政管网直接供水。

2区：二层～十二层，由地下室第1套变频泵组供水。

3区：十三层～二十一层，由地下室第2套变频泵组供水。

4区：二十二层～三十三层，由二十二层泵房内第1套变频泵组供水。

5区：三十四层～四十五层，由二十二层泵房内第2套变频泵组供水。

6区：四十六层～五十五层，由四十六层泵房内第1套变频泵组供水。

7区：五十六层～屋顶，由四十六层泵房内第2套变频泵组供水（其中8幢办公六十五层、六十六层会所用水由8幢办公屋顶会所水箱供水）。

4. 供水方式及给水加压设备

8幢、9幢办公采用生活水箱-变频泵组联合加压供水形式，变频泵组大小泵搭配，并配置气压罐。

8幢办公各分区加压设备参数如下：

2区：主泵　$Q=17m^3/h$，$H=95m$，$N=11kW$（1用1备）
　　　辅泵　$Q=6m^3/h$，$H=97m$，$N=4kW$（1台）

3区：主泵　$Q=40m^3/h$，$H=137m$，$N=30kW$（1用1备）
　　　辅泵　$Q=12m^3/h$，$H=140m$，$N=11kW$（1台）

4区：主泵　$Q=20m^3/h$，$H=77m$，$N=7.5kW$（1用1备）
　　　辅泵　$Q=6m^3/h$，$H=80m$，$N=3kW$（1台）

5区：主泵　$Q=35m^3/h$，$H=137m$，$N=22kW$（1用1备）
　　　辅泵　$Q=8m^3/h$，$H=140m$，$N=5.5kW$（1台）

6区：主泵　$Q=17m^3/h$，$H=70m$，$N=7.5kW$（1用1备）
　　　辅泵　$Q=6m^3/h$，$H=72m$，$N=2.2kW$（1台）

7区：主泵　$Q=25m^3/h$，$H=125m$，$N=15kW$（1用1备）
　　　辅泵　$Q=8m^3/h$，$H=128m$，$N=4kW$（1台）

9幢办公各分区加压设备参数如下：

2区：主泵　$Q=17m^3/h$，$H=95m$，$N=11kW$（1用1备）
　　　辅泵　$Q=6m^3/h$，$H=97m$，$N=4kW$（1台）

3区：主泵　$Q=35m^3/h$，$H=137m$，$N=30kW$（1用1备）
　　　辅泵　$Q=12m^3/h$，$H=140m$，$N=11kW$（1台）

4区：主泵　$Q=20m^3/h$，$H=77m$，$N=7.5kW$（1用1备）
　　　辅泵　$Q=6m^3/h$，$H=80m$，$N=3kW$（1台）

5区：主泵　$Q=30m^3/h$，$H=137m$，$N=22kW$（1用1备）
　　　辅泵　$Q=8m^3/h$，$H=140m$，$N=5.5kW$（1台）

6区：主泵　$Q=17m^3/h$，$H=70m$，$N=7.5kW$（1用1备）
　　　辅泵　$Q=6m^3/h$，$H=72m$，$N=2.2kW$（1台）

7区：主泵　$Q=19m^3/h$，$H=125m$，$N=15kW$（1用1备）
　　　辅泵　$Q=6m^3/h$，$H=128m$，$N=4kW$（1台）

5. 管材

冷水系统水泵吸水管采用中壁不锈钢管，环压连接；供水干管、立管均采用衬塑无缝钢管，卡箍或丝扣连接；各层给水支管采用衬塑镀锌钢管，卡箍或丝扣连接。

(二) 热水系统

1. 设置位置

除 8 幢办公六十五层、六十六层会所采用空气能热水机组＋辅助电加热的集中热水供应系统外，办公楼不设生活热水系统；如将来局部楼层需设置热水系统，由二次装修时自行设计。

2. 设计参数

会所生活热水设计小时耗热量为 144kW，设计最高日热水用量 $15.1m^3/d$ （按 60℃热水计），最大时热水用量 $2.6m^3/h$。

3. 冷、热水压力平衡措施及热水温度的保证措施

会所冷、热水采用同源供水，均由设置于屋顶水泵房内的变频泵组加压供水，确保冷、热水压力平衡。屋顶水泵房内设置两个容积为 $5m^3$ 的承压保温热水箱，室外设置 3 台制热功率为 75kW 的空气能热水机组，热水机组出水温度设定为 60℃。

热水机组产生的热水贮存于热水箱内供会所使用，同时在每个承压保温热水箱内配置 35kW 辅助电加热器，当热水机组产生的热水温度无法满足设定要求时，由电加热器进行二次加热，以满足用水温度要求，提高热水系统的安全可靠性。热水管道同程布置，设置热水回水泵，机械强制循环。

4. 管材

埋墙、埋地热水支管采用外壁覆塑铜管，钎焊连接，连接处做防腐包扎和保温处理。其他热水管采用磷脱氧无缝铜管（TP2），钎焊连接。

(三) 排水系统

1. 排水系统的形式

本工程室外采用雨水、污水分流排水系统。室内采用污水、废水合流排水系统。

2. 通气管的设置方式

为保证室内卫生环境及降低排水噪声，卫生间排水立管设置专用通气立管和环形通气管。

3. 采用的局部污水处理设施

生活污水经化粪池处理后排入市政污水管道，厨房排水经隔油池处理后排入小区污水管道。

4. 管材

室外埋地污水、废水、雨水管采用 PVC-U 双壁波纹管，承插橡胶圈接口；污废水立管、横干管、横支管及通气立管均采用柔性接口铸铁管（离心铸造），橡胶密封套＋不锈钢卡箍连接。

二、消防系统

本工程所在地市政给水管网为枝状，不能满足本工程室外消防用水量的供应，因此室外消防用水贮存在地下室的室外消防水池内，由室外消防泵供水至室外消防环网；室内消防用水分别由设置于 8 幢、9 幢甲级写字楼屋顶的各 1 座 $600m^3$ 的室内消防水池提供。

室内共设置三套消防系统：

(1) 5 幢写字楼、9 幢甲级写字楼共用一套消防供水系统。

(2) 5 幢/6 幢商铺、8 幢甲级写字楼、地下室共用一套消防供水系统。

(3) 7 幢酒店地下室及酒店塔楼设置一套独立的消防供水系统。

室内外消防用水量见表 2。

消防水池、水箱有效容积见表 3。

(一) 消火栓系统

室内消火栓设计流量为 40L/s，火灾延续时间为 3h。水枪口径 $\phi19$，射流量≥5L/s；充实水柱≥13m，管网水平呈环状，各立管顶部连通，立管管径为 DN100，水泵至水平环管有 2 条输水管；建筑内任何一点

均有 2 股消防水柱同时到达，各消火栓箱配置水枪 1 支，水龙带 25m，并设警铃、指示灯及消防软卷盘，屋顶设试水用消火栓。

室内外消防用水量 表2

名称	流量(L/s)	供水时间(h)	水量(m³)	贮存位置
室外消防用水量	30	3	324	地下一层室外消防水池
室内消火栓系统用水量	40	3	432	
自动喷水灭火系统用水量	40	1	144	屋顶消防水池(8幢、9幢各1个)
泡沫消火栓系统用水量	10		8	
一次灭火总用水量	908m³			

表3

名称	水池、水箱功能	有效容积(m³)
地下室	消防转输水箱	150
8幢	三十四层消防转输水箱	70
	三十四层消防减压水箱	70
	屋顶消防水池	600
9幢	三十四层消防转输水箱	70
	三十四层消防减压水箱	70
	屋顶消防水池	600

室内消火栓系统按静水压不超过 1.0MPa 的原则进行竖向分区。

(1) 5 幢/6 幢商铺、8 幢办公、地下室合用一套消火栓系统，分区如下：

1 区：地下三层～十一层，由 8 幢办公三十四层的消防减压水箱供水。

2 区：十二层～二十五层，由 8 幢办公三十四层的消防减压水箱供水。

3 区：二十六层～三十九层，由 8 幢办公屋顶消防水池供水。

4 区：四十层～五十四层，由 8 幢办公屋顶消防水池供水。

5 区：五十五层～屋顶，由 8 幢办公屋顶消防水池和消火栓泵、消火栓稳压泵供水（此区为临时高压系统）。

(2) 5 幢办公、9 幢办公合用一套消火栓系统，分区如下：

1 区：一层～十一层，由 9 幢办公三十四层的消防减压水箱供水。

2 区：十二层～二十五层，由 9 幢办公三十四层的消防减压水箱供水。

3 区：二十六层～三十九层，由 9 幢办公屋顶消防水池供水。

4 区：四十层～五十四层，由 9 幢办公屋顶消防水池供水。

5 区：五十五层～屋顶，由 9 幢办公屋顶消防水池和消火栓泵、消火栓稳压泵供水（此区为临时高压系统）。

(3) 消火栓系统采用内外壁热镀锌焊接钢管，管径≤DN65 时采用螺纹连接，管径≥DN80 时采用卡箍或法兰连接。

(4) 消火栓泵参数见表 4。

消火栓泵参数 表4

名称		水泵参数
地下室	消防转输泵	$Q=40L/s, H=200m, N=132kW$（3台,2用1备）
8幢	三十四层消防转输泵	$Q=40L/s, H=195m, N=132kW$（3台,2用1备）
	屋顶消火栓加压泵	$Q=40L/s, H=30m, N=30kW$（2台,1用1备）
	屋顶消火栓稳压泵	$Q=5L/s, H=40m, N=4kW$（2台,1用1备）
	停机坪泡沫消火栓系统	$Q=10L/s, H=40m, N=7.5kW$（2台,1用1备）

续表

名称		水泵参数
9幢	三十四层消防转输泵	$Q=40L/s, H=195m, N=132kW(3台,2用1备)$
	屋顶消火栓加压泵	$Q=40L/s, H=30m, N=30kW(2台,1用1备)$
	屋顶消火栓稳压泵	$Q=5L/s, H=40m, N=4kW(2台,1用1备)$

(二)自动喷水灭火系统

除地下室按中危险Ⅱ级设计外,其余部位均按中危险Ⅰ级设计;除不宜用水保护或灭火者外,均设置了自动喷水灭火系统;其中8幢办公、9幢办公全部选用快速响应喷头。

(1)5幢/6幢商铺、8幢办公、地下室合用一套自动喷水灭火系统,分区如下:

1区:地下三层~九层,由8幢办公三十四层的消防减压水箱供水。

2区:十层~二十七层,由8幢办公三十四层的消防减压水箱供水。

3区:二十八层~四十二层,由8幢办公屋顶消防水池供水。

4区:四十三层~五十四层,由8幢办公屋顶消防水池供水。

5区:五十五层~屋顶,由8幢办公屋顶消防水池和自喷泵、自喷稳压泵供水(此区为临时高压系统)。

(2)5幢办公、9幢办公合用一套自动喷水灭火系统,分区如下:

1区:一层~九层,由9幢办公三十四层的消防减压水箱供水。

2区:十层~二十七层,由9幢办公三十四层的消防减压水箱供水。

3区:二十八层~四十二层,由9幢办公屋顶消防水池供水。

4区:四十三层~五十四层,由9幢办公屋顶消防水池供水。

5区:五十五层~屋顶,由9幢办公屋顶消防水池和自喷泵、自喷稳压泵供水(此区为临时高压系统)。

(3)自动喷水灭火系统采用内外壁热镀锌焊接钢管,管径≤DN65时采用螺纹连接,管径≥DN80时采用卡箍或法兰连接。

(4)自喷泵参数见表5。

自喷泵参数 表5

名称		水泵参数
8幢	屋顶自喷加压泵	$Q=40L/s, H=30m, N=30kW(2台,1用1备)$
	屋顶自喷稳压泵	$Q=1L/s, H=40m, N=1.5kW(2台,1用1备)$
9幢	屋顶自喷加压泵	$Q=40L/s, H=30m, N=30kW(2台,1用1备)$
	屋顶自喷稳压泵	$Q=1L/s, H=40m, N=1.5kW(2台,1用1备)$

(三)气体灭火系统

变配电室、IT机房采用无管网柜式七氟丙烷全淹没式气体灭火系统。变配电室设计灭火浓度为9%,设计喷放时间不应大于10s,灭火浸渍时间10min;IT机房设计灭火浓度为8%,设计喷放时间不应大于8s,灭火浸渍时间5min。系统的控制方式包括自动、电气手动、机械应急手动三种。

(四)泡沫消火栓系统

屋顶消防泵房另外设置一个8m³的消防水箱以及消防加压泵组和泡沫罐,泡沫溶液喷射率为800L/min,用于屋顶直升机停机坪的泡沫消火栓系统,辅助剂为化学干粉45kg或卤化碳45kg或二氧化碳90kg,屋顶提供两支泡沫消防枪来保护。

(五)灭火器配置

建筑物内各层均设置手提式磷酸铵盐干粉灭火器,5幢写字楼、8幢/9幢甲级写字楼按A类严重危险级配置手提式磷酸铵盐干粉灭火器，灭火器最大保护距离为 15m；5 幢/6 幢商铺按 A 类轻危险级配置手提式磷酸铵盐干粉灭火器，灭火器最大保护距离为 25m；地下车库按 B 类中危险级配置手提式磷酸铵盐干粉灭火器，灭火器最大保护距离为 12m；变配电室按 E 类中危险级配置推车式磷酸铵盐干粉灭火器，灭火器最大保护距离为 24m。

三、工程特点介绍

8 幢、9 幢双塔给水排水专业设计内容为红线范围内的以下系统：生活给水系统、污废水排水系统、雨水排水系统、室内消火栓系统、自动喷水灭火系统、屋顶直升机停机坪泡沫消火栓系统、七氟丙烷气体灭火系统、灭火器配置。8 幢、9 幢双塔最高日用水量 1677m³/d，最大时用水量 251m³/h。供水水源为市政自来水。本工程周围市政水压为 0.15～0.25MPa，由市政给水管分别引一根 DN150 给水管供 8 幢、9 幢双塔用水。(1) 8 幢、9 幢双塔给水排水、消防系统均独立设置（两者各系统分区、系统形式等基本相同）。(2) 8 幢、9 幢双塔给水系统均采用水箱＋变频泵组的接力供水系统，8 幢、9 幢分别在地下一层、二十二层、四十六层、屋顶层设置生活水箱及变频泵组。(3) 8 幢、9 幢双塔生活污废水系统均采用分区重力排水系统（分为高、中、低三个区）；8 幢、9 幢双塔屋面雨水采用重力排水系统（分段减压）。(4) 8 幢顶部会所采用空气能热泵热水系统。(5) 8 幢、9 幢双塔消防系统均采用常高压系统，8 幢、9 幢屋顶分别设置一座 600m³ 高位消防水池，8 幢、9 幢三十四层分别设置一座 70m³ 消防转输水箱，8 幢、9 幢地下室核心筒旁分别设置一座 150m³ 低位消防转输水箱。消火栓系统、自动喷水灭火系统分别分为 5 个区，除顶部 5 区为采用消防泵加压供水的临时高压系统外，其余 4 个区由屋顶消防水池重力供水。消火栓系统、自动喷水灭火系统共用消防水池重力出水管，报警阀前分开。

四、工程照片及附图

双塔外立面（一）

双塔外立面（二）

双塔鸟瞰图

双塔夜景图

8 幢主入口

双塔大堂（一）

双塔大堂（二）

8 幢消防泵房

9 幢生活泵房

9 幢消防转输水箱

9 幢地下室核心筒旁综合管线

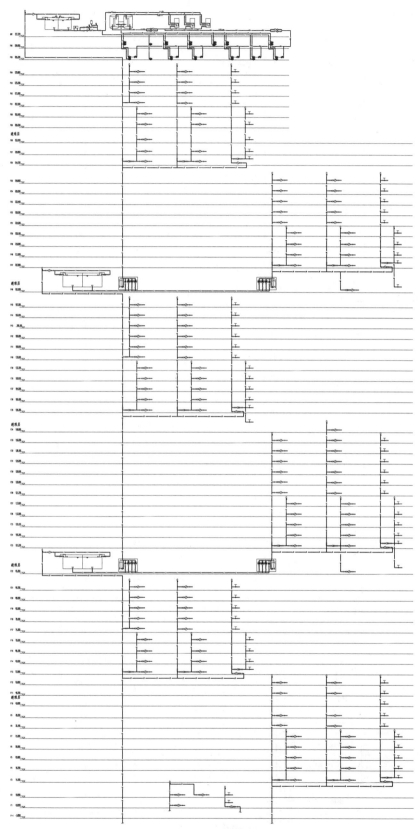

双塔给水系统图

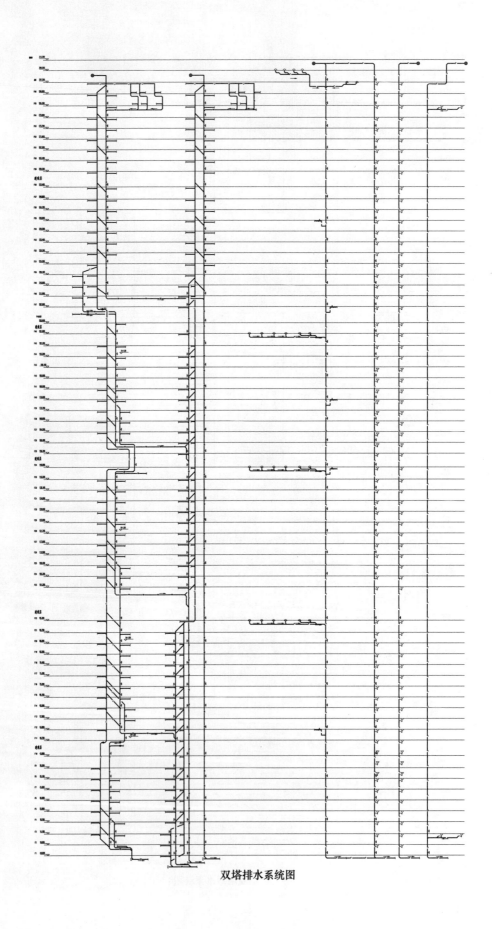

双塔排水系统图

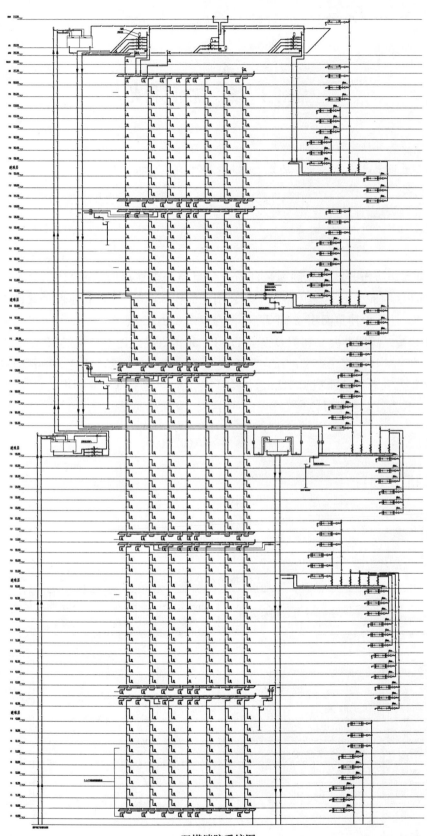

双塔消防系统图

融汇广场、融汇北苑

设计单位： 上海天华建筑设计有限公司
设 计 人： 王榕梅　王晓宁　钟佛华　朱文俊　刘超
获奖情况： 公共建筑类　三等奖

工程概况：

本工程项目地处天津市南开区，北侧为长江道及南京路，规划总用地面积9.35hm²，规划可用地面积7.97hm²，总建筑面积约45万m²。其中融汇广场总用地面积3.35m²（属商业性公共设施用地），地上总建筑面积约20.9万m²，地下总建筑面积8.53万m²；容积率6.2，绿地率20％；由地下2层设备机房及车库、超高层办公A楼及C楼、高层办公B楼以及商业D、E、F楼组成，地下二层局部为人防；建筑高度和楼层数：A楼44层177.85m，B楼23层93.80m，C楼29层116.60m，D楼4层18.50m，E楼4层18.50m，F楼3层14.00m。融汇北苑总用地面积4.61hm²（属居住用地），地上总建筑面积约8.60万m²，地下总建筑面积约6.09万m²，建有13栋多层住宅（1～13号楼）、两栋超高层住宅（14号楼、15号楼）及一栋托老所。

工程说明（融汇广场）：

一、给水排水系统

（一）给水系统

1. 自来水用水量（见表1）

自来水用水量 　　　　　　　　　　　　　　　　　　　　　表1

序号	用水名称	用水规模	用水定额	小时变化系数	日用水时间(h)	自来水供水比例	最高日用水量(m³/d)	最大时用水量(m³/h)
1. 办公								
1.1	A楼(办公)	6500人		1.5	9		113.75	18.96
1.2	B楼(办公)	2667人	50L/(人·d)	1.5	9	35％	46.67	7.78
1.3	C楼(办公)	3667人		1.5	9		64.17	10.70
2. 商业(餐饮类)								
2.1	A楼餐饮(屋顶)	400人次/d	50L/人次	1.5	8		18.80	3.52
2.2	D楼餐饮(三层～四层)	10250人次/d		1.5	12		289.05	36.13
2.3	E楼餐饮(一层～四层)	5000人次/d	30L/人次	1.5	12	94％	141.00	17.62
2.4	F楼餐饮(一层～三层)	9625人次/d		1.5	12		271.42	33.92
2.5	地下餐饮(地下一层)	3750人次/d		1.5	12		105.75	13.22

续表

序号	用水名称	用水规模	用水定额	小时变化系数	日用水时间 (h)	自来水供水比例	最高日用水量 (m³/d)	最大时用水量 (m³/h)
3. 商业(零售类等)								
3.1	D楼商业(一层～二层)	8200m²		1.5	12		14.35	1.79
3.2	F楼商业(一层～三层)	10200m²	5L/(m²·d)	1.5	12	35%	17.85	2.23
3.3	地下商业(地下一层)	500m²		1.5	12		0.88	0.11
4	会所(地下一层)	50人次/d	15L/人次	1.5	12	35%	0.26	0.03
5	冷却塔循环补水	按循环水量的1.0%计		1.5	10	100%	450.00	67.50
6	未预见水量						153.40	21.35
7	总计						1687.35	234.86

2. 水源

本工程生活给水水源为城市自来水，管网供水压力≥0.20MPa。由基地北侧长江道、南京路市政给水管分别引入一路DN200给水管，在基地内形成DN200供水环管，供本项目生活、消防用水(不含中水供水范围)。各市政给水引入管起端设置水表及阀门井，并加装倒流防止器。

3. 系统竖向分区及供水方式

(1) A楼生活给水系统竖向分区及供水方式见表2(注：A楼二层及以下楼层归属于商业F楼)。

A楼生活给水系统竖向分区及供水方式 表2

楼层	供水分区	主要设备机房及供水系统形式
三层～六层	J1a区	由A楼三层～六层生活给水泵组(变频)提升办公地下二层A/B/C楼合用生活水箱贮水供水
七层～十二层	J2a区	由A楼十五层生活贮水箱重力流供水
十三层～十九层	J3a区	由A楼十三层～十九层生活给水泵组(变频)提升A楼十五层生活贮水箱贮水供水
二十层～二十七层	J4a区	由A楼三十层生活贮水箱重力流供水
二十八层～三十五层	J5a区	由A楼二十八层～三十五层生活给水泵组(变频)提升A楼三十层生活贮水箱贮水供水
三十六层～四十二层	J6a区	由A楼屋顶生活贮水箱重力流供水
四十三层～四十四层	J7a区	由A楼四十三层～四十四层生活给水泵组(变频)提升A楼屋顶生活贮水箱贮水供水

(2) B楼生活给水系统竖向分区及供水方式见表3(注：B楼四层及以下楼层归属于商业D楼)。

B楼生活给水系统竖向分区及供水方式 表3

楼层	供水分区	主要设备机房及供水系统形式
五层～十三层	J1b区	由B楼五层～十三层生活给水泵组(变频)提升办公地下二层A/B/C楼合用生活水箱贮水供水
十四层～二十一层	J2b区	由B楼屋顶生活贮水箱重力流供水
二十二层～二十三层	J3b区	由B楼二十二层～二十三层生活给水泵组(变频)提升B楼屋顶生活贮水箱贮水供水

(3) C楼生活给水系统竖向分区及供水方式见表4(注：C楼三层及以下楼层归属于商业F楼)。

(4) D楼生活给水系统竖向分区及供水方式见表5(注：包含B楼四层及以下楼层)。

(5) E、F楼生活给水系统竖向分区及供水方式见表6(注：包含A楼二层及以下楼层、C楼三层及以下楼层)。

C楼生活给水系统竖向分区及供水方式 表4

楼层	供水分区	主要设备机房及供水系统形式
四层～十二层	J1c区	由C楼十五层生活贮水箱重力流供水
十三层～十九层	J2c区	由C楼十三层～十九层生活给水泵组(变频)提升C楼十五层生活贮水箱贮水供水
二十层～二十七层	J3c区	由C楼屋顶生活贮水箱重力流供水
二十八层～二十九层	J4c区	由C楼二十八层～二十九层生活给水泵组(变频)提升C楼屋顶生活贮水箱贮水供水

D楼生活给水系统竖向分区及供水方式 表5

楼层	供水分区	主要设备机房及供水系统形式
一层～二层	Jd区	由市政水压直接供水
三层～四层	J1d区	由D楼三层～四层生活给水泵组(变频)提升低位生活贮水箱贮水供水

E、F楼生活给水系统竖向分区及供水方式 表6

楼层	供水分区	主要设备机房及供水系统形式
一层～二层	Jd区	由市政水压直接供水
三层～四层	J1d区	由D楼三层～四层生活给水泵组(变频)提升低位生活贮水箱贮水供水

(6)屋顶冷却塔补水：商业E楼屋顶冷却塔采用地下二层设置冷却塔补水及消防共用贮水池＋变频泵组联合供水方式。地下二层设置融汇广场集中消防泵房一座，设备配置如下：冷却塔补水及消防共用贮水池一座(钢筋混凝土结构，双格，总有效容积845m^3，含125m^3冷却塔补水贮水)；办公A、B、C楼屋顶及避难层租户冷却塔补水由相应供水分区给水变频泵组供水。

4. 给水加压设备

(1)A楼生活给水系统加压设备配置见表7。

A楼生活给水系统加压设备配置 表7

设置楼层	机房名称	主要设备配置
地下二层	A/B/C楼生活泵房	1. 办公A/B/C楼合用生活水箱两套(总有效贮水容积95m^3)； 2. A楼三层～六层生活给水泵组一套(变频),设泵2台,1用1备,带配套气压罐； 3. A楼地下二层转输生活给水泵(工频,1用1备)
十五层	A楼十五层生活泵房	1. 办公A楼十五层生活水箱一套(总有效贮水容积11m^3,双格)； 2. A楼十三层～十九层生活给水泵组一套(变频),设泵2台,1用1备,带配套气压罐； 3. A楼十五层转输生活给水泵(工频,1用1备)
三十层	A楼三十层生活泵房	1. 办公A楼三十层生活水箱一套(总有效贮水容积11m^3,双格)； 2. A楼二十八层～三十五层生活给水泵组一套(变频),设泵2台,1用1备,带配套气压罐； 3. A楼屋顶生活水箱给水泵(工频,1用1备)
屋顶机房层	A楼屋顶生活泵房	1. 办公A楼屋顶生活水箱一套(总有效贮水容积15m^3,双格)； 2. A楼四十三层～四十四层生活给水泵组一套(变频),设泵3台,2用1备,带配套气压罐

(2)B楼生活给水系统加压设备配置见表8。

B楼生活给水系统加压设备配置 表8

设置楼层	机房名称	主要设备配置
地下二层	A/B/C楼生活泵房	1. 办公A/B/C楼合用生活水箱两套(总有效贮水容积95m^3)； 2. B楼五层～十三层生活给水泵组一套(变频),设泵2台,1用1备,带配套气压罐； 3. B楼屋顶生活水箱供水泵(工频,1用1备)

续表

设置楼层	机房名称	主要设备配置
屋顶层	B楼屋顶 生活泵房	1. 办公B楼屋顶生活水箱一套(总有效贮水容积8m³); 2. B楼二十二层~二十三层生活给水泵组一套(变频),设泵2台,1用1备,带配套气压罐

（3）C楼生活给水系统加压设备配置见表9。

C楼生活给水系统加压设备配置 表9

设置楼层	机房名称	主要设备配置
地下二层	A/B/C楼 生活泵房	1. 办公A/B/C楼合用生活水箱两套(总有效贮水容积95m³); 2. C楼地下二层转输生活给水泵(工频,1用1备)
十五层	C楼十五层 生活泵房	1. 办公C楼十五层生活水箱一套(总有效贮水容积10m³,双格); 2. C楼十三层~十九层生活给水泵组一套(变频),设泵2台,1用1备,带配套气压罐; 3. C楼屋顶生活水箱给水泵(工频,1用1备)
屋顶层	C楼屋顶 生活泵房	1. 办公C楼屋顶生活水箱一套(总有效贮水容积8m³,双格); 2. C楼二十八层~二十九层生活给水泵组一套(变频),设泵2台,1用1备,带配套气压罐

（4）D楼生活给水系统加压设备配置见表10。

D楼生活给水系统加压设备配置 表10

设置楼层	机房名称	主要设备配置
地下二层	商业D楼 生活泵房	1. 商业D楼生活水箱一套(总有效贮水容积80m³,双格); 2. 商业D楼三层~四层生活给水泵组一套(变频),设泵4台,3用1备,带配套气压罐

（5）E、F楼生活给水系统加压设备配置见表11。

E、F楼生活给水系统加压设备配置 表11

设置楼层	机房名称	主要设备配置
地下二层	商业E、F楼 生活泵房	1. 商业E、F楼生活水箱一套(总有效贮水容积90m³,双格); 2. 商业E、F楼三层~四层生活给水泵组一套(变频),设泵4台,3用1备,带配套气压罐

5. 管材

（1）室内生活给水干管（各卫生间、商业、厨房等用水区域检修总阀上游管段）采用给水钢塑复合管，管道及配件公称压力除A/C楼地下二层转输水泵、B楼屋顶生活水箱给水泵及B楼五层~十三层生活给水泵出水管及配件采用1.6MPa外，其余管道及配件均采用1.0MPa。管径≤$DN100$采用螺纹连接，管径>$DN100$采用法兰或沟槽式连接，水泵房内采用法兰连接。钢塑复合管与阀门或其他材质管材、附件连接时，应采用专用过渡管接头。

（2）室内生活给水支管（各卫生间、商业、厨房等用水区域检修总阀下游管段）采用建筑给水聚丙烯管道（PP-R），冷水管道应采用同一厂家、同一配方原料的S4系列冷水管管材和管件；相同管材及管件之间应采用热熔连接，与金属管件或其他管材连接时应采用螺纹或法兰连接，与热水设备连接时应采用不小于40cm长度的耐腐蚀金属管道。

（3）冷却塔补水管采用给水钢塑复合管，法兰或丝扣连接，管道、管件及阀门的工作压力为0.6MPa。

（二）热水系统

裙房各餐厅厨房用热水考虑由各餐厅厨房设置商用燃气（或电）容积式热水炉供给。厨房仅预留冷水总接口，热水由各餐厅租户自理。办公及商业饮用水采用桶装水或在公共部位设集中开水间供给，各开水间预留9kW开水器用电量。

(三) 中水系统

1. 中水用水量（见表 12）

中水用水量 　　　　　　表 12

序号	用水名称	用水规模	用水定额	小时变化系数	日用水时间（h）	中水供水比例	最高日中水用水量（m³/d）	最大时中水用水量（m³/h）
1. 办公								
1.1	A 楼(办公)	6500 人		1.5	9		211.25	35.21
1.2	B 楼(办公)	2667 人	50L/(人·d)	1.5	9	65%	86.67	14.45
1.3	C 楼(办公)	3667 人		1.5	9		119.17	19.87
2. 商业(餐饮类)								
2.1	A 楼餐饮(屋顶)	400 人次/d	50L/人次	1.5	8		1.20	0.22
2.2	D 楼餐饮(三层~四层)	10250 人次/d		1.5	12		18.45	2.31
2.3	E 楼餐饮(一层~四层)	5000 人次/d	30L/人次	1.5	12	6%	9.00	1.12
2.4	F 楼餐饮(一层~三层)	9625 人次/d		1.5	12		17.32	2.16
2.5	地下餐饮(地下一层)	3750 人次/d		1.5	12		6.75	0.84
3. 商业(零售类等)								
3.1	D 楼商业(一层~二层)	8200m²		1.5	12		26.65	3.33
3.2	F 楼商业(一层~三层)	10200m²	5L/(m²·d)	1.5	12	65%	33.15	4.14
3.3	地下商业(地下一层)	500m²		1.5	12		1.63	0.20
4	会所(地下一层)	50 人次/d	15L/人次	1.5	12	65%	0.49	0.06
5	车库地面冲洗	10000m²	2L/(m²·d)	1.0	8	100%	20.00	2.50
6	绿化浇洒	7000m²	2L/(m²·d)	1.0	4	100%	14.00	3.50
7	未预见水量						56.60	8.99
8	总计						622.33	98.90

2. 水源

本工程中水水源为市政中水，管网供水压力≥0.20MPa。由于市政中水管尚未敷设，现暂由市政给水管接管供给。由长江道引入一路 DN200 供水管供给本项目中水用水。引入管起端设置带倒流防止器的水表及阀门井。

3. 系统竖向分区及供水方式

（1）A 楼中水给水系统竖向分区及供水方式见表 13（注：A 楼二层及以下楼层归属于商业 F 楼）。

A 楼中水给水系统竖向分区及供水方式 　　　　　　表 13

楼层	供水分区	主要设备机房及供水系统形式
三层~六层	ZJ1a 区	由 A 楼三层~六层中水给水泵组(变频)提升办公地下二层 A/B/C 楼合用中水贮水箱贮水供水
七层~十二层	ZJ2a 区	由 A 楼十五层中水贮水箱重力流供水
十三层~十九层	ZJ3a 区	由 A 楼十三层~十九层中水给水泵组(变频)提升 A 楼十五层中水贮水箱贮水供水
二十层~二十七层	ZJ4a 区	由 A 楼三十层中水贮水箱重力流供水
二十八层~三十五层	ZJ5a 区	由 A 楼二十八层~三十五层中水给水泵组(变频)提升 A 楼三十层中水贮水箱贮水供水
三十六层~四十二层	ZJ6a 区	由 A 楼屋顶中水贮水箱重力流供水
四十三层~四十四层	ZJ7a 区	由 A 楼四十三层~四十四层中水给水泵组(变频)提升 A 楼屋顶中水贮水箱贮水供水

（2）B楼中水给水系统竖向分区及供水方式见表14（注：B楼四层及以下楼层归属于商业D楼）。

B楼中水给水系统竖向分区及供水方式 表14

楼层	供水分区	主要设备机房及供水系统形式
五层～十三层	ZJ1b区	由B楼五层～十三层中水给水泵组（变频）提升办公地下二层A/B/C楼合用中水贮水箱贮水供水
十四层～二十一层	ZJ2b区	由B楼屋顶中水贮水箱重力流供水
二十二层～二十三层	ZJ3b区	由B楼二十二层～二十三层中水给水泵组（变频）提升B楼屋顶中水贮水箱贮水供水

（3）C楼中水给水系统竖向分区及供水方式见表15（注：C楼三层及以下楼层归属于商业F楼）。

C楼中水给水系统竖向分区及供水方式 表15

楼层	供水分区	主要设备机房及供水系统形式
四层～十二层	ZJ1c区	由C楼十五层中水贮水箱重力流供水
十三层～十九层	ZJ2c区	由C楼十三层～十九层中水给水泵组（变频）提升C楼十五层中水贮水箱贮水供水
二十层～二十七层	ZJ3c区	由C楼屋顶中水贮水箱重力流供水
二十八层～二十九层	ZJ4c区	由C楼二十八层～二十九层中水给水泵组（变频）提升C楼屋顶中水贮水箱贮水供水

（4）D楼中水给水系统竖向分区及供水方式见表16（注：包含B楼四层及以下楼层）。

D楼中水给水系统竖向分区及供水方式 表16

楼层	供水分区	主要设备机房及供水系统形式
一层～二层	ZJd区	由市政水压直接供水
三层～四层	ZJ1d区	由D楼三层～四层中水给水泵组（变频）提升低位中水贮水箱贮水供水

（5）E、F楼中水给水系统竖向分区及供水方式见表17（注：包含A楼二层及以下楼层、C楼三层及以下楼层）。

E、F楼中水给水系统竖向分区及供水方式 表17

楼层	供水分区	主要设备机房及供水系统形式
一层～二层	ZJd区	由市政水压直接供水
三层～四层	ZJ1d区	由D楼三层～四层中水给水泵组（变频）提升低位中水贮水箱贮水供水

4. 中水给水加压设备

（1）A楼中水给水系统加压设备配置见表18。

A楼中水给水系统加压设备配置 表18

设置楼层	机房名称	主要设备配置
地下二层	A/B/C楼 中水泵房	1. 办公A/B/C楼合用中水箱两套（总有效贮水容积115m³）； 2. A楼三层～六层中水给水泵组一套（变频），设泵2台，1用1备，带配套气压罐； 3. A楼地下二层转输中水给水泵（工频，1用1备）
十五层	A楼十五层 中水泵房	1. 办公A楼十五层中水箱一套（总有效贮水容积17m³）； 2. A楼十三层～十九层中水给水泵组一套（变频），设泵2台，1用1备，带配套气压罐； 3. A楼十五层转输中水给水泵（工频，1用1备）
三十层	A楼三十层 中水泵房	1. 办公A楼三十层中水箱一套（总有效贮水容积17m³）； 2. A楼二十八层～三十五层中水给水泵组一套（变频），设泵2台，1用1备，带配套气压罐； 3. A楼屋顶中水箱给水泵（工频，1用1备）
屋顶机房层	A楼屋顶 中水泵房	1. 办公A楼屋顶中水箱一套（总有效贮水容积10m³）； 2. A楼四十三层～四十四层中水给水泵组一套（变频），设泵2台，1用1备，带配套气压罐

（2）B楼中水给水系统加压设备配置见表19。

B楼中水给水系统加压设备配置　　　　　　　　　　　　　　表19

设置楼层	机房名称	主要设备配置
地下二层	A/B/C楼中水泵房	1. 办公A/B/C楼合用中水箱两套（总有效贮水容积115m³）； 2. B楼五层～十三层中水给水泵组一套（变频），设泵2台，1用1备，带配套气压罐； 3. B楼屋顶中水箱给水泵（工频，1用1备）
屋顶层	B楼屋顶中水泵房	1. 办公B楼屋顶中水箱一套（总有效贮水容积10m³）； 2. B楼二十二层～二十三层中水给水泵组一套（变频），设泵2台，1用1备，带配套气压罐

（3）C楼中水给水系统加压设备配置见表20。

C楼中水给水系统加压设备配置　　　　　　　　　　　　　　表20

设置楼层	机房名称	主要设备配置
地下二层	A/B/C楼中水泵房	1. 办公A/B/C楼合用中水箱两套（总有效贮水容积115m³）； 2. C楼地下二层转输中水给水泵（工频，1用1备）
十五层	C楼十五层中水泵房	1. 办公C楼十五层中水箱一套（总有效贮水容积15m³）； 2. C楼十三层～十九层中水给水泵组一套（变频），设泵2台，1用1备，带配套气压罐； 3. C楼屋顶中水箱给水泵（工频，1用1备）
屋顶层	C楼屋顶中水泵房	1. 办公C楼屋顶中水箱一套（总有效贮水容积10m³）； 2. C楼二十八层～二十九层中水给水泵组一套（变频），设泵2台，1用1备，带配套气压罐

（4）D楼中水给水系统加压设备配置见表21。

D楼中水给水系统加压设备配置　　　　　　　　　　　　　　表21

设置楼层	机房名称	主要设备配置
地下二层	商业D楼中水泵房	1. 商业D楼中水箱一套（总有效贮水容积6m³）； 2. 商业D楼三层～四层中水给水泵组一套（变频），设泵3台，2用1备，带配套气压罐

（5）E、F楼中水给水系统加压设备配置见表22。

E、F楼中水给水系统加压设备配置　　　　　　　　　　　　表22

设置楼层	机房名称	主要设备配置
地下二层	商业E、F楼中水泵房	1. 商业E、F楼中水箱一套（总有效贮水容积10m³）； 2. 商业E、F楼三层～四层中水给水泵组一套（变频），设泵3台，2用1备，带配套气压罐

（四）排水系统

1. 排水量

（1）本基地污废水最高日排水量为1619m³/d，最大时排水量为230m³/h。排水量按给水量的90%计（不计绿化、道路浇洒及空调冷却塔补水）。

（2）本基地雨水排放量为590L/s，总体雨水设计重现期按1年计。

2. 排水方式

（1）室内污、废水合流，餐饮厨房单独设排水管，均设专用通气管；室外污、废水合流，雨、污水分流。

（2）餐厅厨房洗涤盆自带器具隔油器，厨房含油废水经设于地下室的油脂分离器处理后，由潜水泵提升纳入总体就近污水井；地下室卫生间污废水采用带密闭贮罐双泵成套污水提升装置排至室外污水井；垃圾房及卸货平台集水坑排水由潜水泵提升纳入总体就近污水井；其余地下室集水井排水由潜水泵提升纳入总体就近雨水井。

（3）屋面雨水设计重现期为10年，主楼屋面采用重力流雨水系统，裙房屋面采用压力流虹吸雨水系统。屋面雨水排水工程与溢流设施的总排水能力按50年重现期的雨水量设计。地下车库敞开式楼梯间及坡道出入口雨水设计重现期为50年，由雨水集水坑设置的雨水提升泵排至室外雨水井。

（4）室外总体共设置4套13号及2套12号钢筋混凝土化粪池（含融汇北苑一套12号钢筋混凝土化粪池），本基地室外总体共设置三路污水排出管，其中两路$DN300$污水排出管纳入基地北侧长江道市政污水管道；一路$DN300$污水排出管纳入基地北侧南京路市政污水管道。

（5）室外总体共设置三路雨水排出管，其中一路$DN600$雨水排出管纳入基地北侧南京路市政雨水管道；一路$DN600$和一路$DN500$雨水排出管纳入基地北侧长江道市政雨水管道。

3. 排水管道

（1）办公A、B、C楼

1）污废水管：污废水主立管、转位横干管及地下室排出横干管采用建筑排水用柔性接口承插式铸铁管及管件（RC型系列），橡胶圈密封，承插接口，法兰压盖连接；各层污废水支管采用PVC-U硬聚氯乙烯排水塑料管及配件，专用胶水粘接。

2）厨房排水管：主立管、转位横干管采用建筑排水用柔性接口承插式铸铁管及管件（RC型系列），橡胶圈密封，承插接口，法兰压盖连接；横支管采用建筑排水用铸铁管及管件（W型系列），不锈钢抱箍连接。

3）雨水管：采用无缝钢管及配件，内外热镀锌，沟槽机械接头接口。

（2）商业D、E、F楼

1）污废水管：同办公A、B、C楼污废水管管材。

2）雨水管：重力流采用无缝钢管及配件，内外热镀锌，沟槽机械接头接口；虹吸流采用高密度聚乙烯（HDPE）管及配件，对焊、电熔或法兰连接。

（3）地下室集水坑潜水泵排出管、污水提升器排出管及消防排水管：管径≥$DN100$采用焊接钢管及配件，焊接及法兰连接；管径<$DN100$采用热镀锌钢管及配件，丝扣或法兰连接。管道公称压力：消防排水管采用1.6MPa，其余排水管采用1.0MPa。

（4）地下室结构底板内预埋排水管采用钢塑复合管。

（5）建筑排水高密度聚乙烯（HDPE）管连接用管道、管件和连接用附件、配件均应为统一生产厂家提供的产品。管道公称压力应不低于设计公称压力值。

二、消防系统

（一）消火栓系统

1. 系统用水量

室外消火栓系统：30L/s；室内消火栓系统：40L/s。

2. 室外消火栓系统

采用低压制，由室外消防供水环管直接供给。沿基地设置$DN150$的室外消火栓8套，室外消火栓按间距不大于120m、保护半径150m设置。室外消火栓距建筑物外墙应大于5m且小于40m，距路边小于2m。水泵接合器周围15～40m范围内应设有室外消火栓。

3. 室内消火栓系统

（1）系统供水方式见表23（采用临时高压给水系统）。

（2）系统主要设备参数见表24。

室内消火栓系统供水方式　　　　　　　　　　表 23

消防泵房	供水分区	供水方式
地下二层消防泵房	X2a 区：A 楼三层～十五层	由低区消火栓泵组提升地下二层消防贮水经减压后供给；减压阀组阀后压力 0.85MPa
	X3a 区：A 楼十六层～三十层	由低区消火栓泵组提升地下二层消防贮水直接供给
	X1a 区：B 楼五层	由低区消火栓泵组提升地下二层消防贮水经减压后供给；减压阀组阀后压力 0.65MPa
	X2b 区：B 楼六层～二十三层	由低区消火栓泵组提升地下二层消防贮水经减压后供给；减压阀组阀后压力 1.30MPa
	X2c 区：C 楼四层～十五层	由低区消火栓泵组提升地下二层消防贮水经减压后供给；减压阀组阀后压力 0.80MPa
	X3c 区：C 楼十六层～二十九层	由低区消火栓泵组提升地下二层消防贮水直接供给
	X1 区：D、E、F 楼及地下室各层	由低区消火栓泵组提升地下二层消防贮水经减压后供给；减压阀组阀后压力 0.65MPa
三十层消防泵房	X4a 区：A 楼三十一层～四十四层	由高区消火栓泵组提升三十层消防水箱贮水供给
A 楼屋顶消防水箱间		用以保证各室内分区火灾初期消火栓系统用水的水压及水量

室内消火栓系统主要设备参数　　　　　　　　　　表 24

消防机房	主要设备参数
地下二层消防泵房	1. 低区消火栓泵 2 台（1 用 1 备），水泵规格：$Q=40L/s$，$H=180m$，$N=110kW$； 2. 消火栓转输泵 2 台（1 用 1 备），水泵规格：$Q=40L/s$，$H=160m$，$N=110kW$； 3. 消防及冷却塔补水共用水池一座（双格），总贮水容积 845m³（含室内消防贮水 720m³）
A 楼三十层消防泵房	1. 高区消火栓泵 2 台（1 用 1 备），水泵规格：$Q=40L/s$，$H=100m$，$N=75kW$； 2. A 楼三十层消防水箱（双格），60m³
A 楼屋顶消防水箱间	1. 屋顶消火栓稳压成套设备，设泵 2 台（1 用 1 备），水泵规格：$Q=5L/s$，$H=25m$，$N=4kW$；带气压罐（有效调节容积 $V=300L$）； 2. A 楼屋顶消防水箱（双格），54m³

4. 管材

管径≤$DN80$ 采用内外壁热镀锌钢管及配件，螺纹连接；管径＞$DN80$ 采用内外壁热镀锌无缝钢管，室内管采用沟槽式连接或法兰连接（二次安装），室外埋地管采用法兰连接。低区消火栓泵供水管减压阀组上游（含减压阀组）及办公 A/C 楼十五层以下部分的管路及配件、消火栓转输泵供水管及配件公称压力不小于 2.5MPa，消火栓系统其余供水管及配件公称压力不小于 1.6MPa。

（二）自动喷水灭火系统

1. 系统用水量

湿式自动喷水灭火系统：50L/s；自动扫描射水高空水炮系统：30L/s。

2. 系统设计参数

(1) 中庭（按非仓库类高大净空场所 8m<H≤12m 设计）

设计喷水强度 6L/(min·m²)，作用面积 260m²，系统流量按 50L/s 计。

(2) 办公（按中危险Ⅰ级设计）

设计喷水强度 6L/(min·m²)，作用面积 160m²，系统流量按 27L/s 计。

(3) 商业及车库（按中危险Ⅱ级设计）

设计喷水强度 8L/(min·m²)，作用面积 160m²，系统流量按 35L/s 计。

其中双层车架由于其下层车架需设置侧喷，故车架区域系统流量按 50L/s 计。

3. 系统供水方式（见表 25）（采用临时高压给水系统）

自动喷水灭火系统供水方式 表 25

消防泵房	供水分区	供水方式
地下二层消防泵房	ZP1a 区：A 楼三层～十层	由低区喷淋泵组提升地下二层消防贮水经减压后供给；减压阀组阀后压力 1.05MPa
	ZP2a 区：A 楼十一层～二十九层	由低区喷淋泵组提升地下二层消防贮水直接供给
	ZP1b 区：B 楼五层～十二层	由低区喷淋泵组提升地下二层消防贮水经减压后供给；减压阀组阀后压力 1.05MPa
	ZP2b 区：B 楼十三层～二十三层	由低区喷淋泵组提升地下二层消防贮水经减压后供给
	ZP1c 区：C 楼四层～十二层	由低区喷淋泵组提升地下二层消防贮水经减压后供给；减压阀组阀后压力 1.05MPa
	ZP2c 区：C 楼十三层～二十九层	由低区喷淋泵组提升地下二层消防贮水直接供给
	ZP1 区：D、E、F 楼及地下室各层	由低区喷淋泵组提升地下二层消防贮水经减压后供给；减压阀组阀后压力 1.05MPa
三十层消防泵房	ZP3a 区：A 楼三十层～四十四层	由 A 楼三十层消防泵房所设高区喷淋泵组提升三十层消防贮水供给
A 楼屋顶消防水箱间		用以保证各室内分区火灾初期自动喷水灭火系统用水的水压及水量

4. 系统主要设备参数（见表 26）

自动喷水灭火系统主要设备参数 表 26

消防机房	主要设备参数
地下二层消防泵房	1. 低区喷淋泵 2 台(1 用 1 备)，水泵规格：$Q=50L/s$,$H=180m$,$N=160kW$； 2. 喷淋转输泵 2 台(1 用 1 备)，水泵规格：$Q=30L/s$,$H=150m$,$N=75kW$； 3. 消防及冷却塔补水共用水池一座(双格)，总贮水容积 845m³，含室内消防贮水 720m³
A 楼三十层消防泵房	1. 高区喷淋泵 2 台(1 用 1 备)，水泵规格：$Q=30L/s$,$H=110m$,$N=55kW$； 2. A 楼三十层消防水箱(双格)，60m³
A 楼屋顶消防水箱间	1. 屋顶喷淋稳压成套设备，设泵 2 台(1 用 1 备)，水泵规格：$Q=1L/s$,$H=25m$,$N=1.5kW$；带气压罐(有效调节容积 $V=150L$)； 2. A 楼屋顶消防水箱(双格)，54m³

5. 报警阀组

地下二层消防泵房、地下二层报警阀室（5 间）、地下一层报警阀室（1 间）、A 楼十五层报警阀室、A 楼三十层避难层报警阀室、B 楼屋顶报警阀室及 C 楼部分楼层消防主管井（十三层、十五层、十八层、二十二层、二十六层）分别设置报警阀组若干套，报警阀前设环状供水管道。每组报警阀控制喷头数不大于 800 只。地下车库及避难层在邻近供水区域的报警阀室设置预作用报警阀组，以保证自动喷水灭火系统的充水时间不大于 2min，预作用报警阀组每组控制喷头数不大于 800 只。

6. 喷头

（1）无吊顶区域：采用直立型向上喷闭式喷头；预装吊顶区域（吊顶日后由小业主或承租户装修完成）：采用直立型向上喷闭式喷头，并预留向下喷喷头的接管；预装吊顶区域（吊顶在交房时需完成）：吊顶内采用直立型向上喷闭式喷头，吊顶下采用吊顶隐蔽型喷头或普通下喷喷头。

（2）中庭吊顶及回廊、地下室商业及会所、A 楼三十层及 C 楼三十层以上楼层采用快速响应喷头。

（3）中庭回廊采用加密喷头，喷头间距不应小于 2.0m 且不应大于 2.8m。

（4）自动喷头均采用玻璃球式洒水喷头，喷头动作温度除了厨房内烟罩边选用 141℃ 及厨房内选用 93℃ 以外，其余均选用 68℃。

（5）机械车位采用 $K=115$ 侧墙式喷头，且应在喷头上方设置集热挡水板（正方形或圆形金属板，面积不小于 $0.12m^2$），最不利点喷头压力保证 0.20MPa；其他喷头采用 $K=80$ 标准喷头，最不利点喷头压力保证 0.10MPa。

7. 管材

管径≤DN80 采用内外壁热镀锌钢管及配件，螺纹连接；管径＞DN80 采用内外壁热镀锌无缝钢管，室内管采用沟槽式连接或法兰连接（二次安装），室外埋地管采用法兰连接。低区喷淋泵供水管减压阀组上游（含减压阀组）及办公 A、B、C 楼十三层以下部分的管路及配件公称压力≥2.5MPa，其余管路及配件公称压力≥1.6MPa。

（三）气体灭火系统

1. 设置范围

地下车库的红号站、柴油发电机房及 35kV 用户站内均设置七氟丙烷气体灭火系统，地下二层共设置 4 个气瓶间，分别保护就近区域。

2. 系统形式及设计参数

系统采用组合分配灭火系统。其设计参数为：设计灭火浓度 9%；最大灭火浓度 10.5%；贮存压力 4.2MPa。

3. 系统控制

管网灭火系统设自动控制、手动控制和机械应急操作三种启动方式。当人员进入防护区时，应能将灭火系统转换为手动控制方式，当人员离开时，应能恢复为自动控制方式，防护区内外应设手动、自动控制状态的显示装置。

（四）自动扫描射水高空水炮系统

1. 设置范围

商业 F 楼花厅净空高度大于 12m 的区域设置自动扫描射水高空水炮系统。

2. 系统形式及设计参数

系统采用临时高压系统，地下二层设置公建消防泵房一座，内设消防及冷却塔补水合用水池一座（双格）、自动扫描射水高空水炮加压泵 2 台（1 用 1 备），水泵规格：$Q=30L/s$，$H=100m$，$N=45kW$。系统共设置自动扫描射水高空水炮 6 套，单套 5L/s，单套保护半径 20m；本系统消防初期用水的水量及水压由 A 楼三十层消防水箱供水保障。

3. 系统控制

由建筑物火灾自动报警及联动控制器统一控制，消防水泵应同时具备自动控制、消防控制室手动强制控制和水泵房现场控制三种控制方式；开启一个高空水炮的同时自动启动并报警。

（五）消防水泵接合器

（1）室内消火栓系统：A 楼高区及低区室内消火栓供水范围、B 楼、C 楼各设置 3 套消防水泵接合器，每套流量为 15L/s。

（2）自动喷水灭火系统：A 楼高区及低区喷淋泵供水范围、B 楼、C 楼各设置 2 套消防水泵接合器，每套流量为 15L/s。

（3）自动扫描射水高空水炮系统：设置水泵接合器 2 套，每套流量为 15L/s。

三、工程特点介绍

（一）供水系统多方案比选

超高层供水系统通过多方案比较，在满足当地二次供水管理部门对给水系统减压阀设置等地方要求的前提下，合理划分供水分区，从控制机房面积、设备造价及供水安全性等多方面进行经济性比较，最终确定采用重力、变频联合供水的系统优选方案。

（二）室外排水路由优化

基地总体内远离市政道路排水接口一侧的重力雨污水管，若采用不在地库顶板上设置而绕出地库范围敷设的方式，则排水收集管道势必过长且埋深较深，同时基地排出管标高受限于市政接驳口的标高，故采用在基地满堂地库相对居中区域顶板局部降板，用以敷设给水排水管线，以管线埋深要求控制不同区域的降板深度，采用分阶段降板，避免按最大降板高度控制整个地下室层高而造成项目土建投资加大，有效地节省了造价。同时将降板范围尽量落在停车位等净高要求较小的区域，避免对其他重要区域净高的影响，使得总体排水管道长度得到有效控制，确保总体排出管与市政管线埋深相匹配，同时降低了管线施工安装成本。

（三）配合项目分期交付要求优化系统设计

由于项目施工期间提出分期验收交付的要求，B 楼及其裙房商业需先于另两栋超高层建筑交付使用，融汇广场各单体原设计共用一套消防系统，整个系统的屋顶消防水箱设置于最高建筑 A 楼屋顶。考虑到 B 楼先行交付使用时，根据项目推进进度，此时 A 楼屋顶消防水箱未能投入使用，为了配合分期验收交付使用的要求，在 B 楼屋顶增设了消防水箱，并合理调整了相应消防系统，使整个项目由两套屋顶消防水箱提供日后平时的消防初期用水，不仅满足了分期交付使用的要求，同时也提高了整个项目的安全系数。

（四）燃气管道设计与方案立面密切结合

公建项目燃气系统设计属于当地燃气设计公司负责范畴，但考虑到燃气管道的设置对建筑方案立面效果影响极大，给水排水专业在方案阶段开始介入燃气路由设计，与方案充分沟通协调，不仅在总体预留了合理的燃气调压站用地，也将可能暴露在外立面影响视觉效果的管线尽量隐蔽设置，使建筑方案的立面效果能够在后期施工图中有很高的落地性。

四、工程照片及附图

正北立面

西北立面

东北立面

花厅外立面

主入口花厅

办公楼一层电梯厅

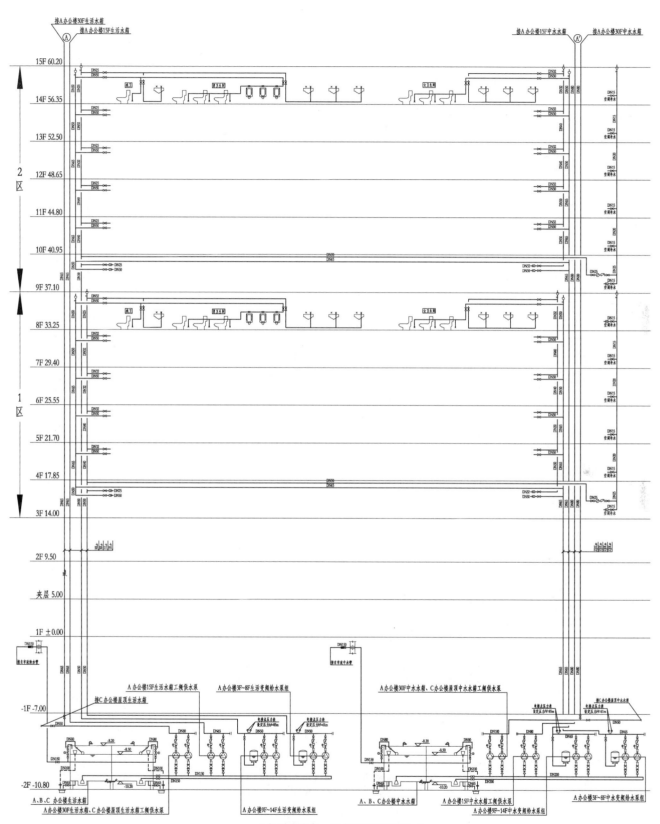

A办公楼给水、中水系统原理图(一)

注：非通用图示

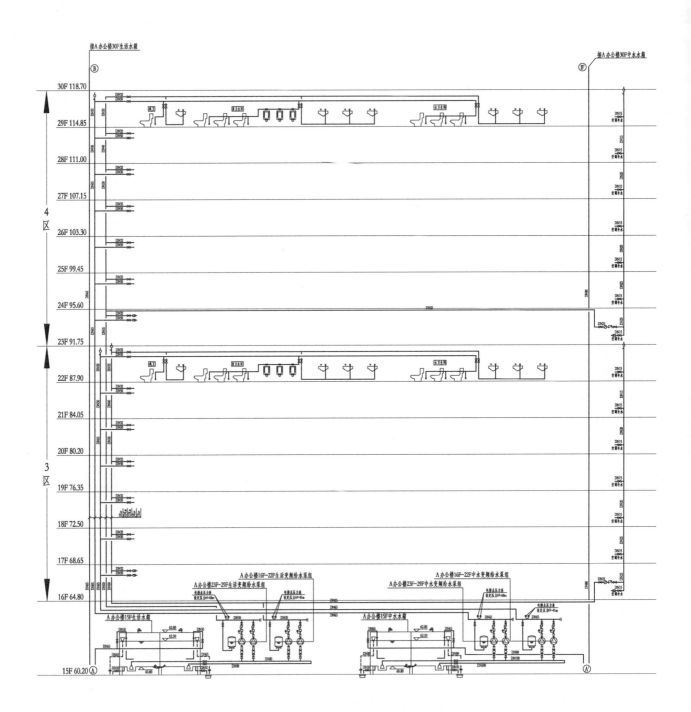

A办公楼给水、中水系统原理图(二)

注: 非通用图示

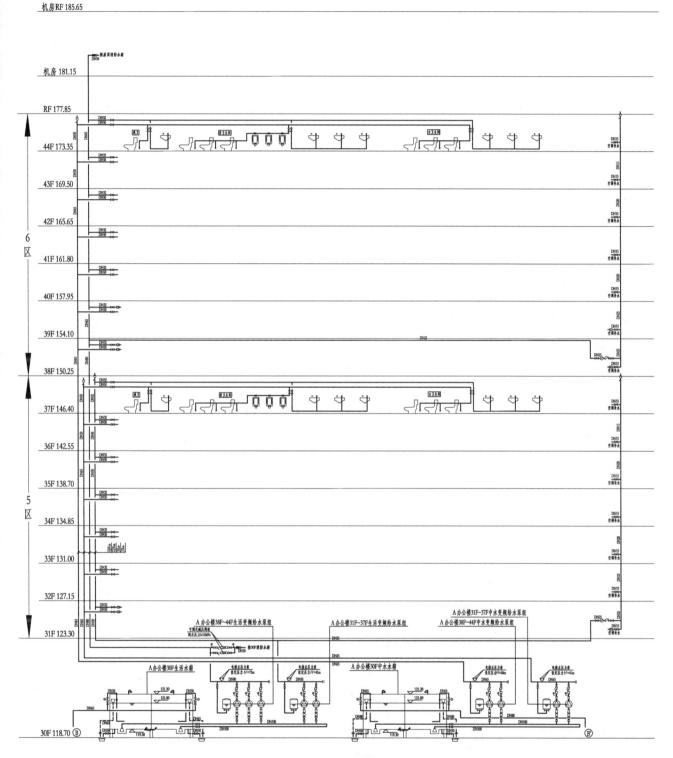

A办公楼给水、中水系统原理图(三)

注:非通用图示

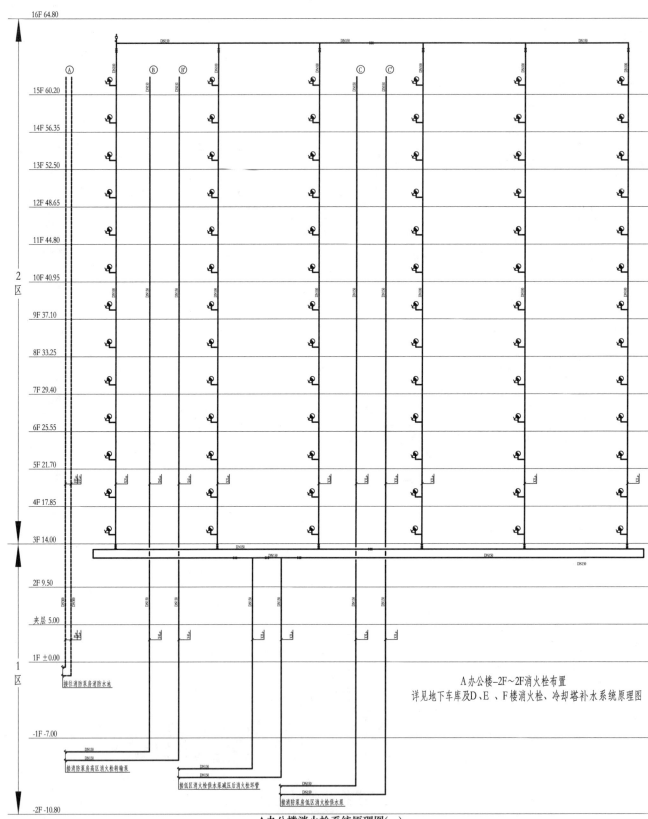

A办公楼–2F～2F消火栓布置
详见地下车库及D、E、F楼消火栓、冷却塔补水系统原理图

A办公楼消火栓系统原理图(一)
注:非通用图示

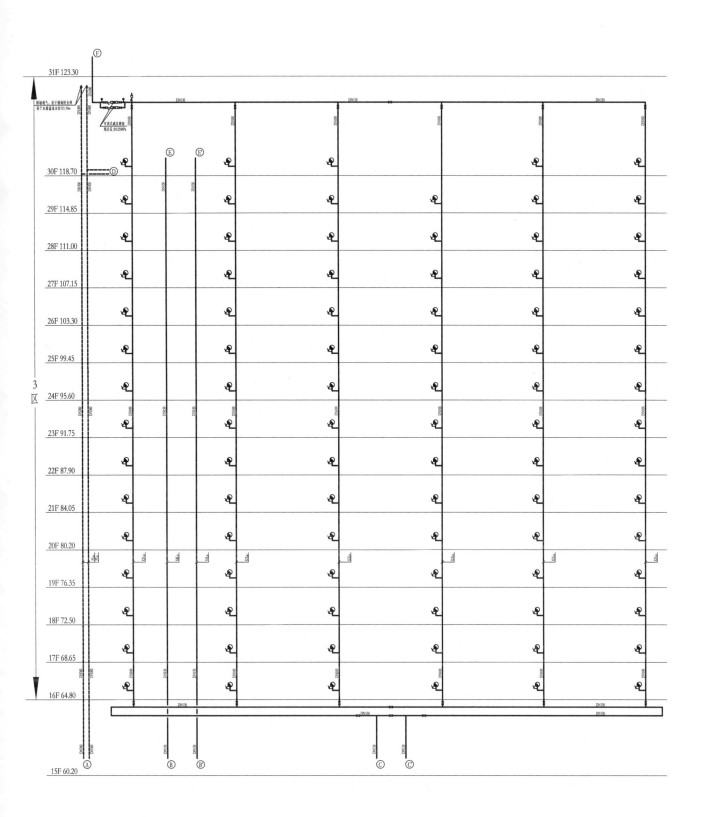

A办公楼消火栓系统原理图(二)

注:非通用图示

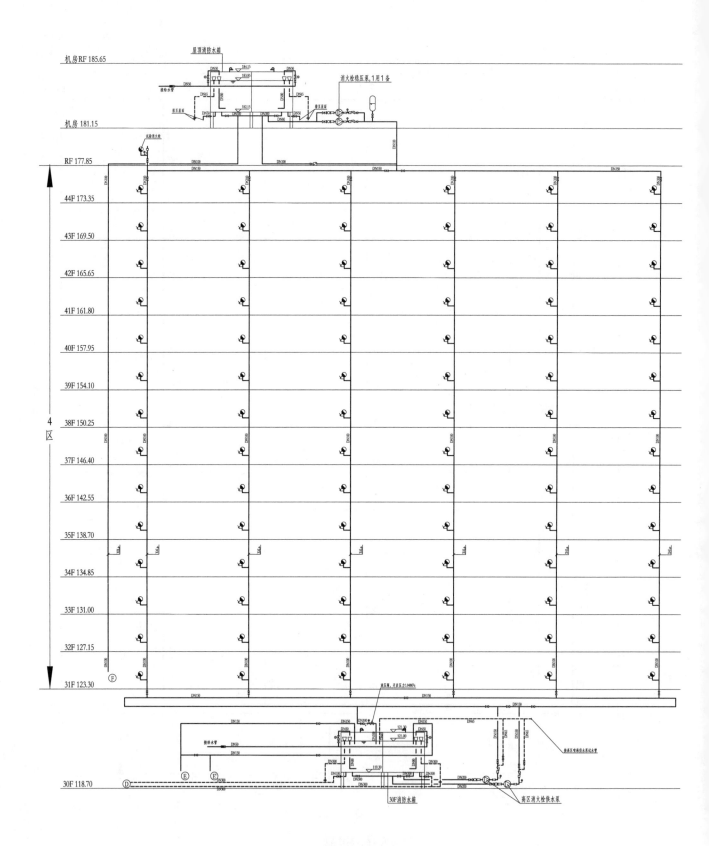

A办公楼消火栓系统原理图(三)

注:非通用图示

A办公楼自喷系统原理图(一)

注:非通用图示

A办公楼自喷系统原理图(二)

注:非通用图示

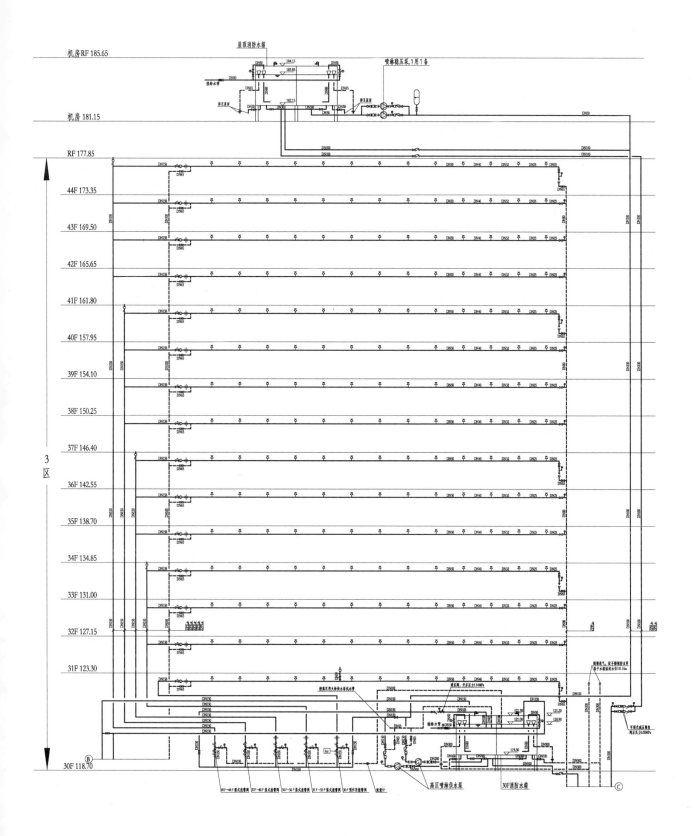

A办公楼自喷系统原理图(三)

注：非通用图示

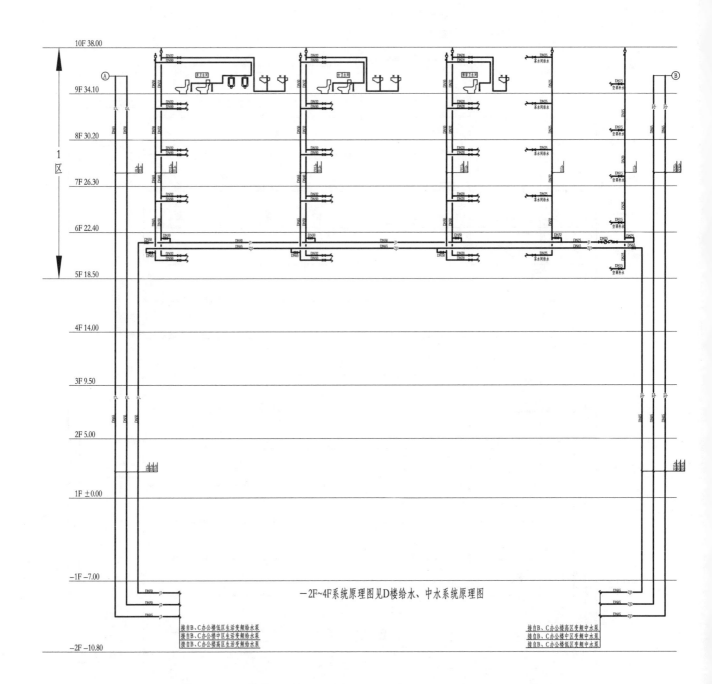

B办公楼给水、中水系统原理图(一)
注: 非通用图示

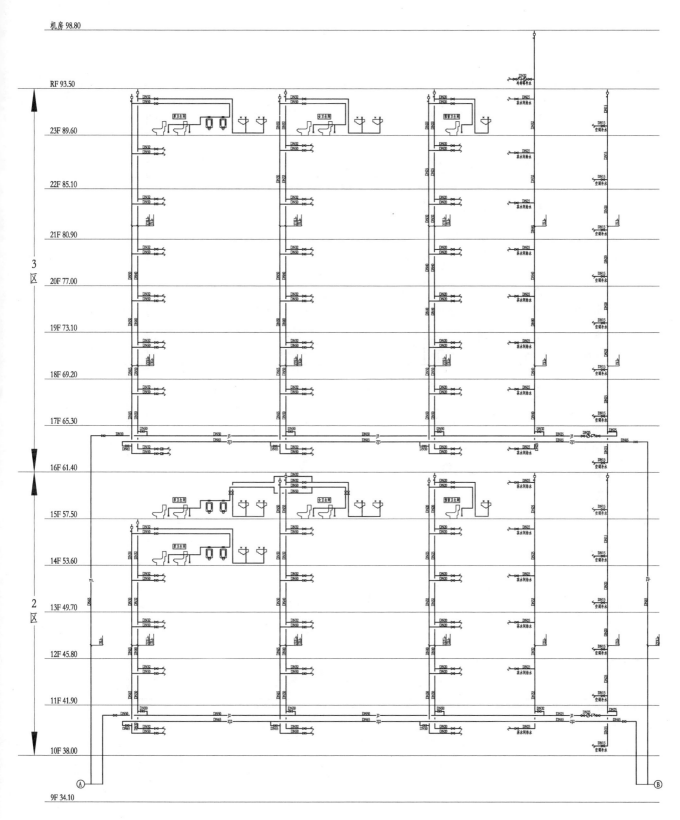

B办公楼给水、中水系统原理图(二)

注:非通用图示

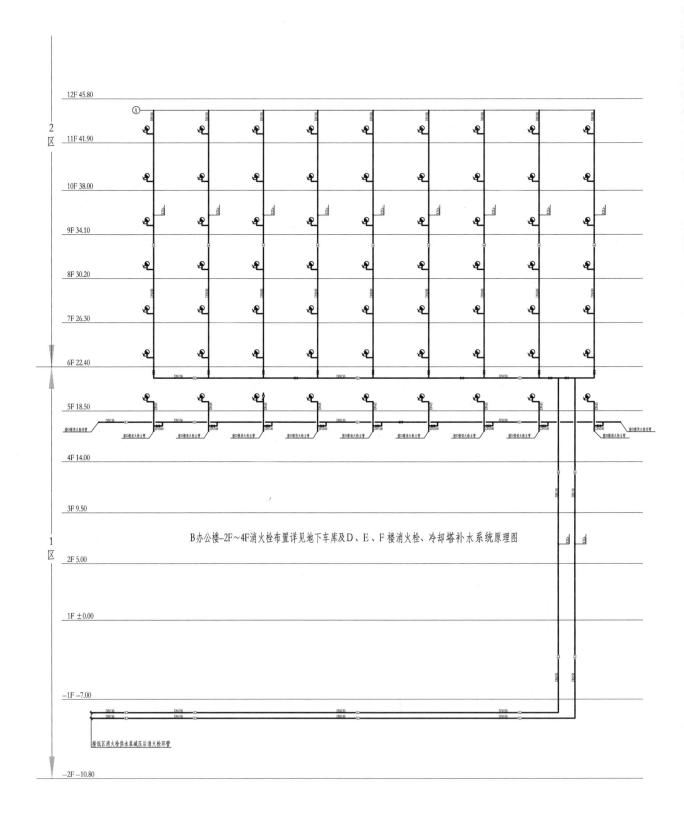

B办公楼消火栓系统原理图(一)

注:非通用图示

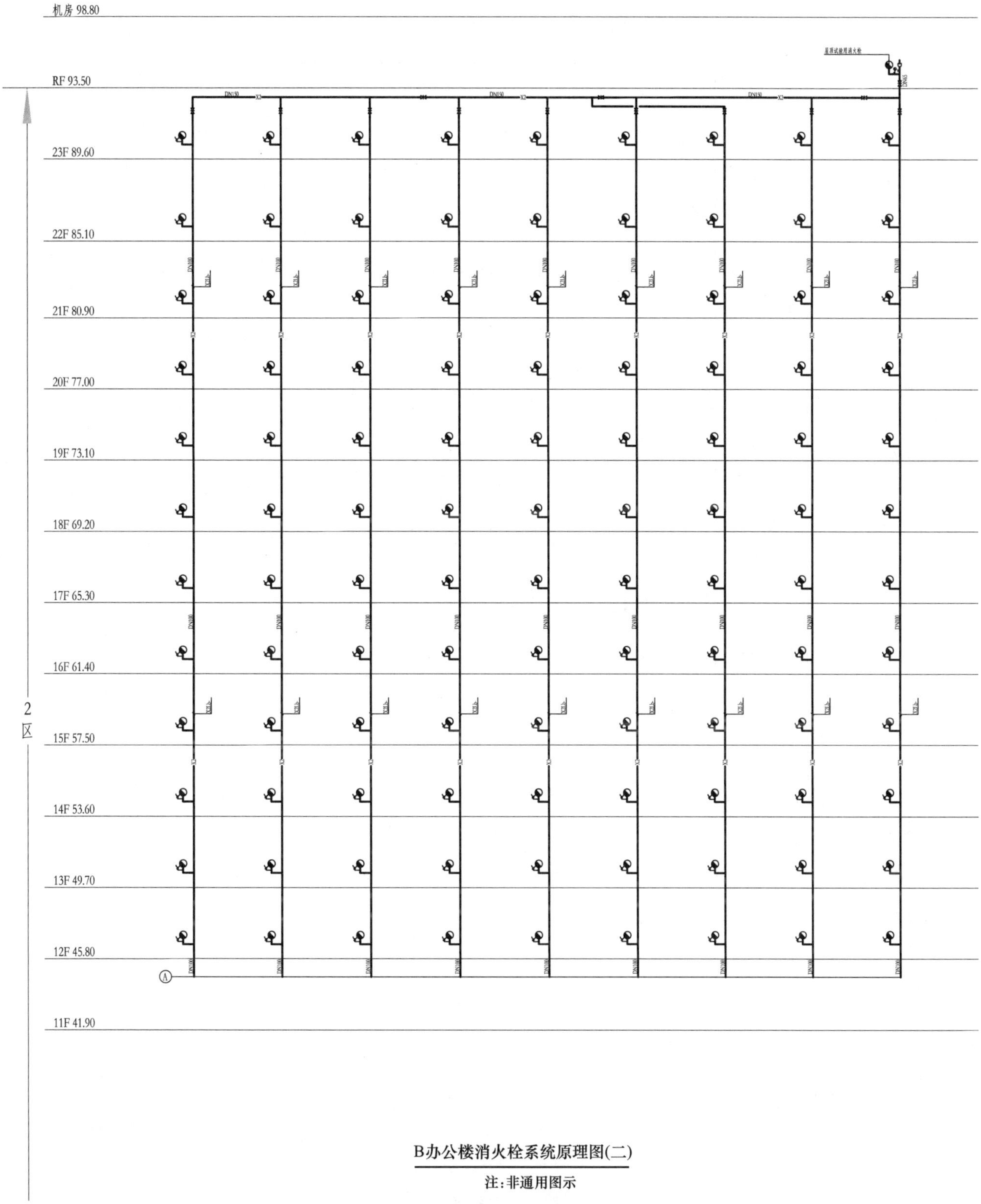

机房 98.80

RF 93.50

屋顶试验用消火栓

DN65

DN150

DN150

DN150

23F 89.60

22F 85.10

21F 80.90

20F 77.00

19F 73.10

18F 69.20

17F 65.30

16F 61.40

15F 57.50

14F 53.60

13F 49.70

12F 45.80

11F 41.90

2区

B办公楼消火栓系统原理图(二)

注:非通用图示

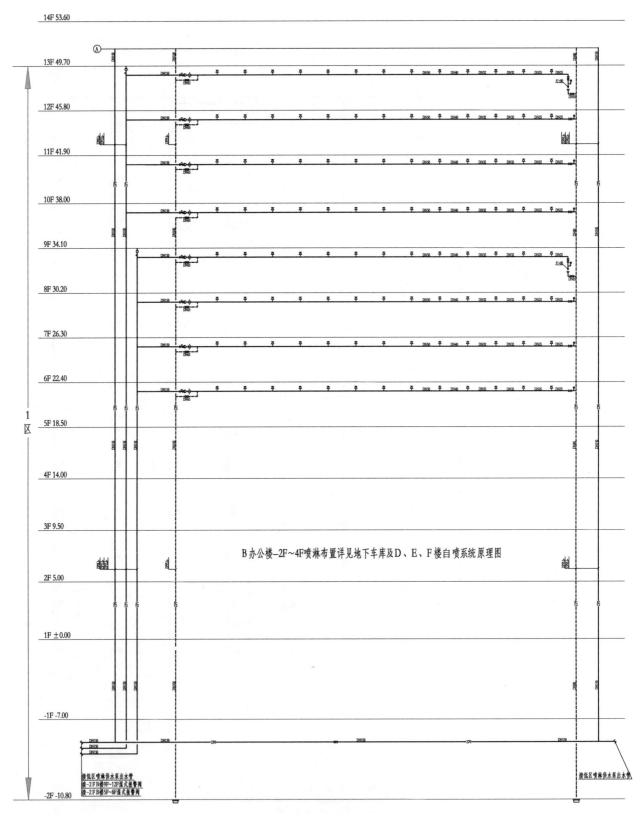

B办公楼–2F~4F喷淋布置详见地下车库及D、E、F楼自喷系统原理图

接低区喷淋供水泵出水管
接一2 F B楼9F~12F湿式报警阀
接一2 F B楼5F~8F湿式报警阀

接低区喷淋供水泵出水管

B办公楼自喷系统原理图(一)
注:非通用图示

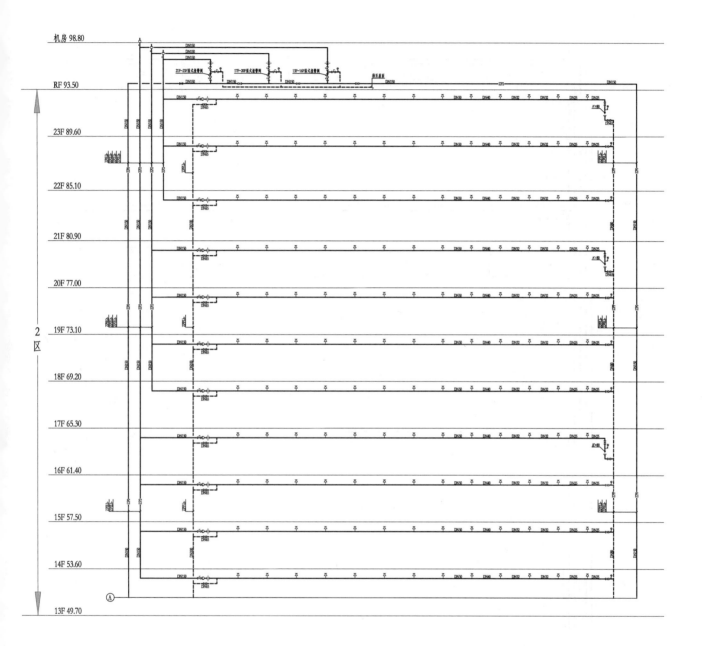

B办公楼自喷系统原理图(二)

注:非通用图示

C办公楼给水、中水系统原理图(一)

注:非通用图示

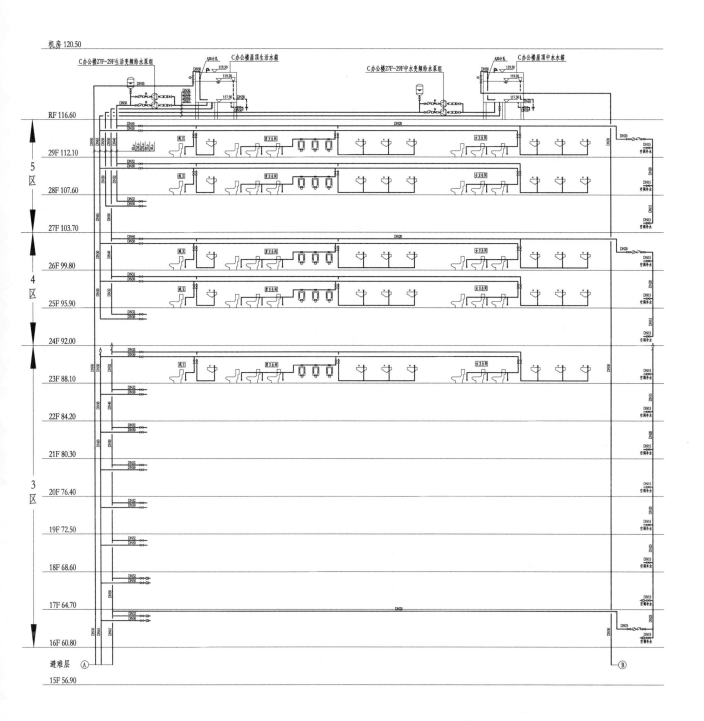

C办公楼给水、中水系统原理图(二)

注:非通用图示

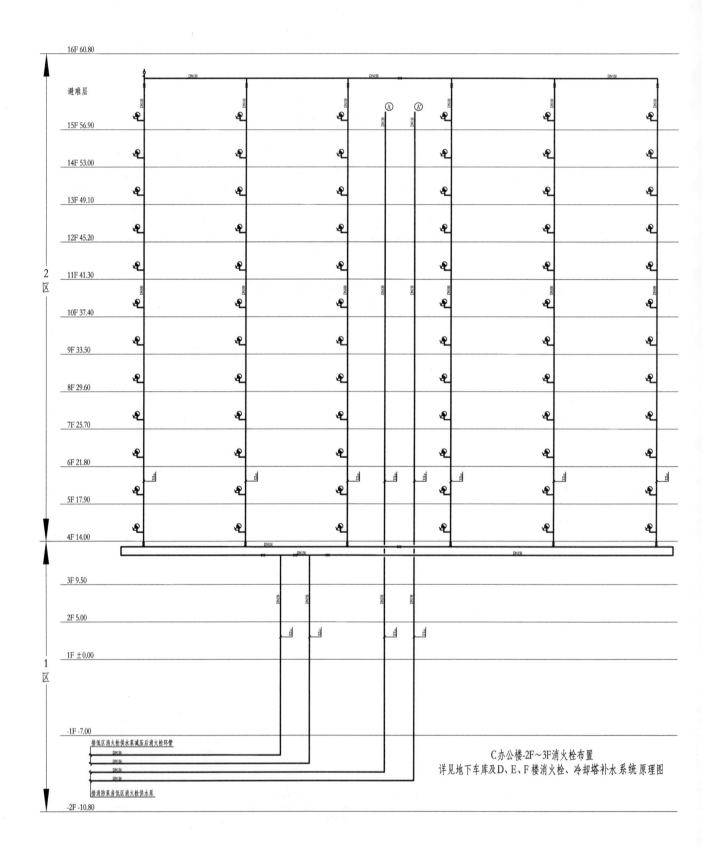

16F 60.80

避难层

15F 56.90

14F 53.00

13F 49.10

12F 45.20

11F 41.30

10F 37.40

9F 33.50

8F 29.60

7F 25.70

6F 21.80

5F 17.90

4F 14.00

3F 9.50

2F 5.00

1F ±0.00

-1F -7.00

-2F -10.80

2区

1区

接低区消火栓供水泵减压后消火栓环管

接消防泵房低区消火栓供水泵

C办公楼-2F~3F消火栓布置
详见地下车库及D、E、F楼消火栓、冷却塔补水系统原理图

C办公楼消火栓系统原理图(一)
注:非通用图示

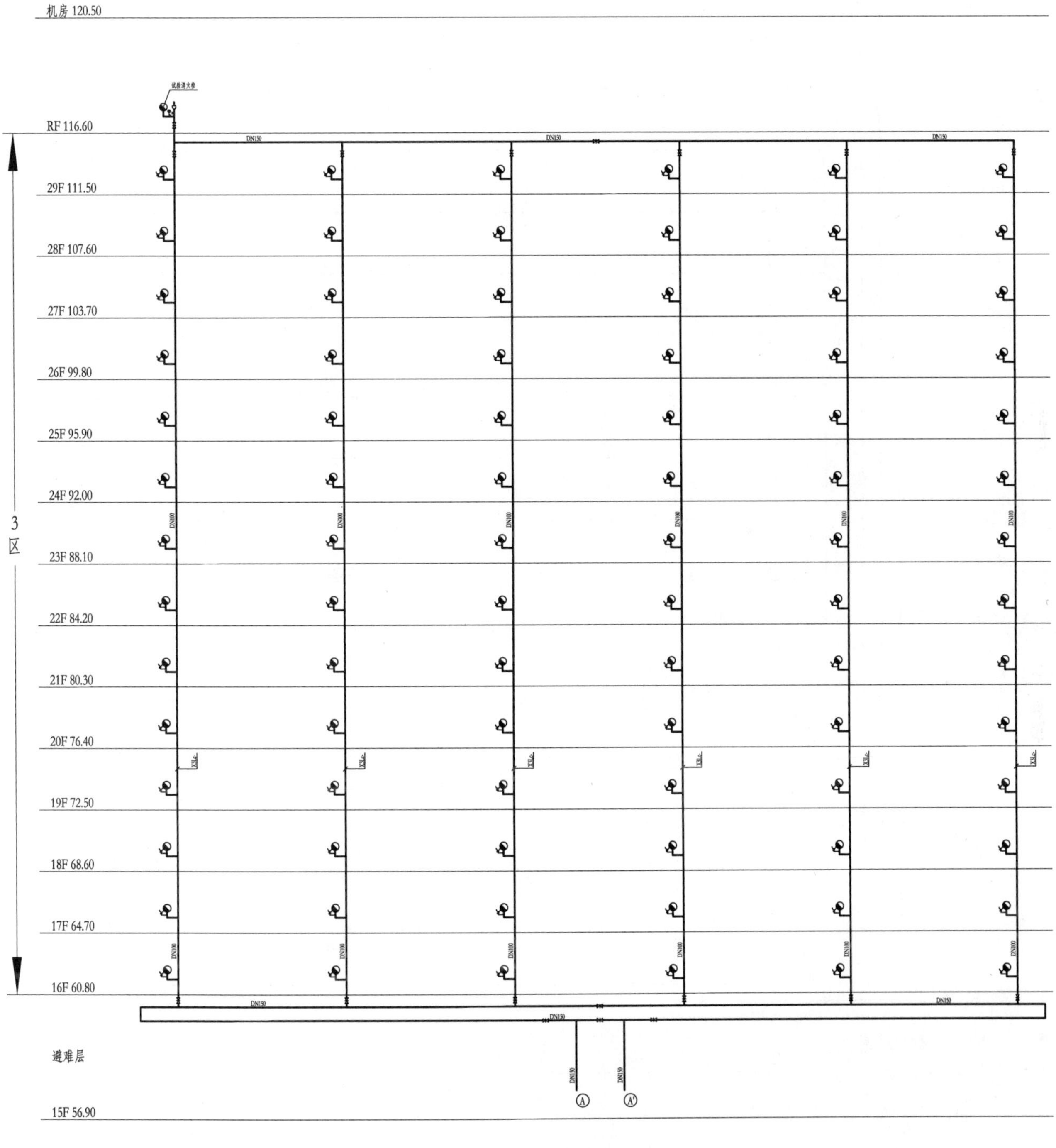

机房 120.50

试验消火栓

RF 116.60

29F 111.50

28F 107.60

27F 103.70

26F 99.80

25F 95.90

24F 92.00

23F 88.10

22F 84.20

21F 80.30

20F 76.40

19F 72.50

18F 68.60

17F 64.70

16F 60.80

避难层

15F 56.90

3区

DN150

DN100

DN100

DN150

C办公楼消火栓系统原理图(二)
注：非通用图示

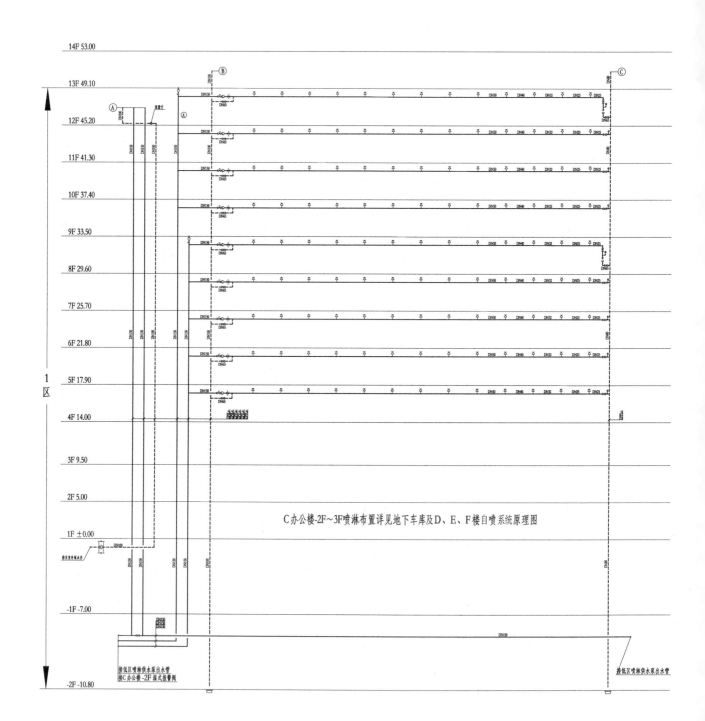

C办公楼-2F～3F喷淋布置详见地下车库及D、E、F楼自喷系统原理图

C办公楼自喷系统原理图(一)
注:非通用图示

机房 120.50

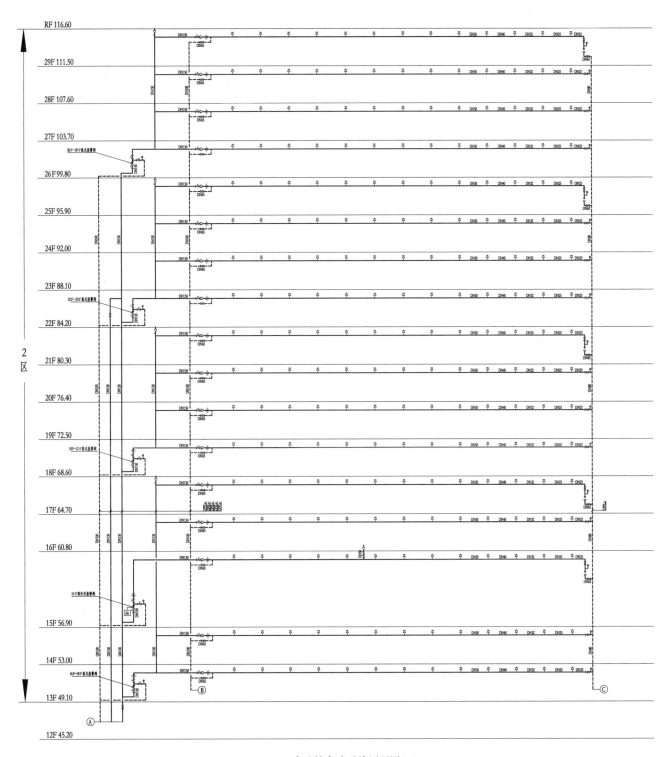

C办公楼自喷系统原理图(二)
注: 非通用图示

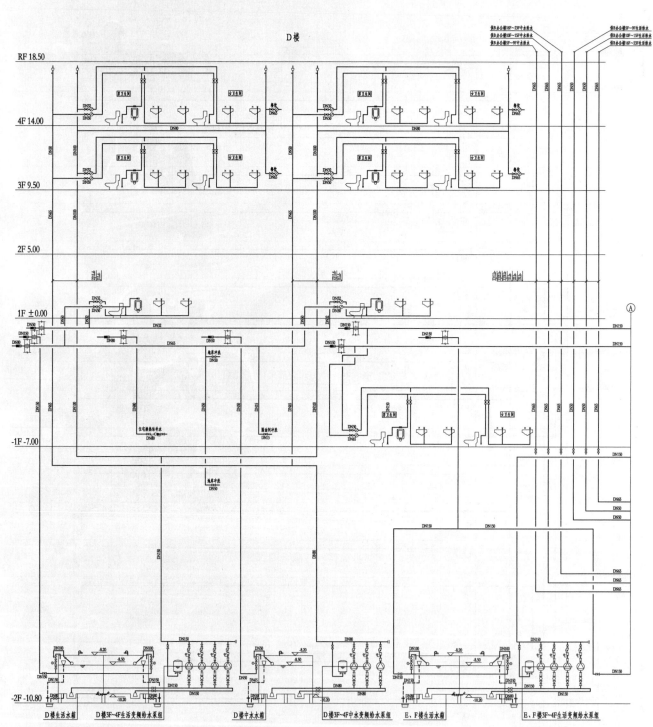

地下车库及D、E、F楼给水、中水系统原理图(一)

注 非通用图示

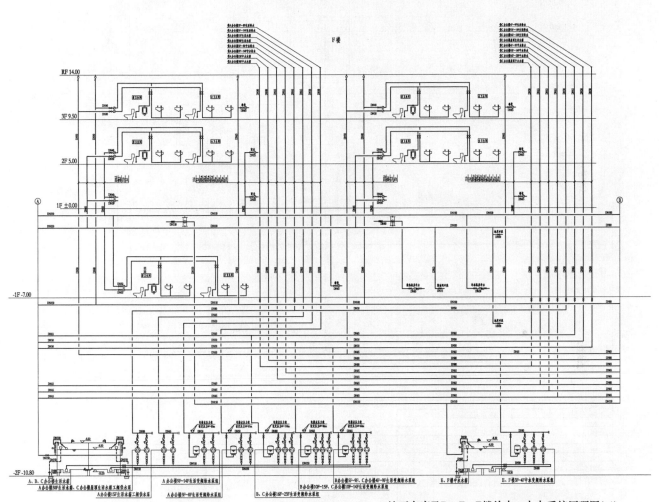

地下车库及D、E、F楼给水、中水系统原理图(二)

注:非通用图示

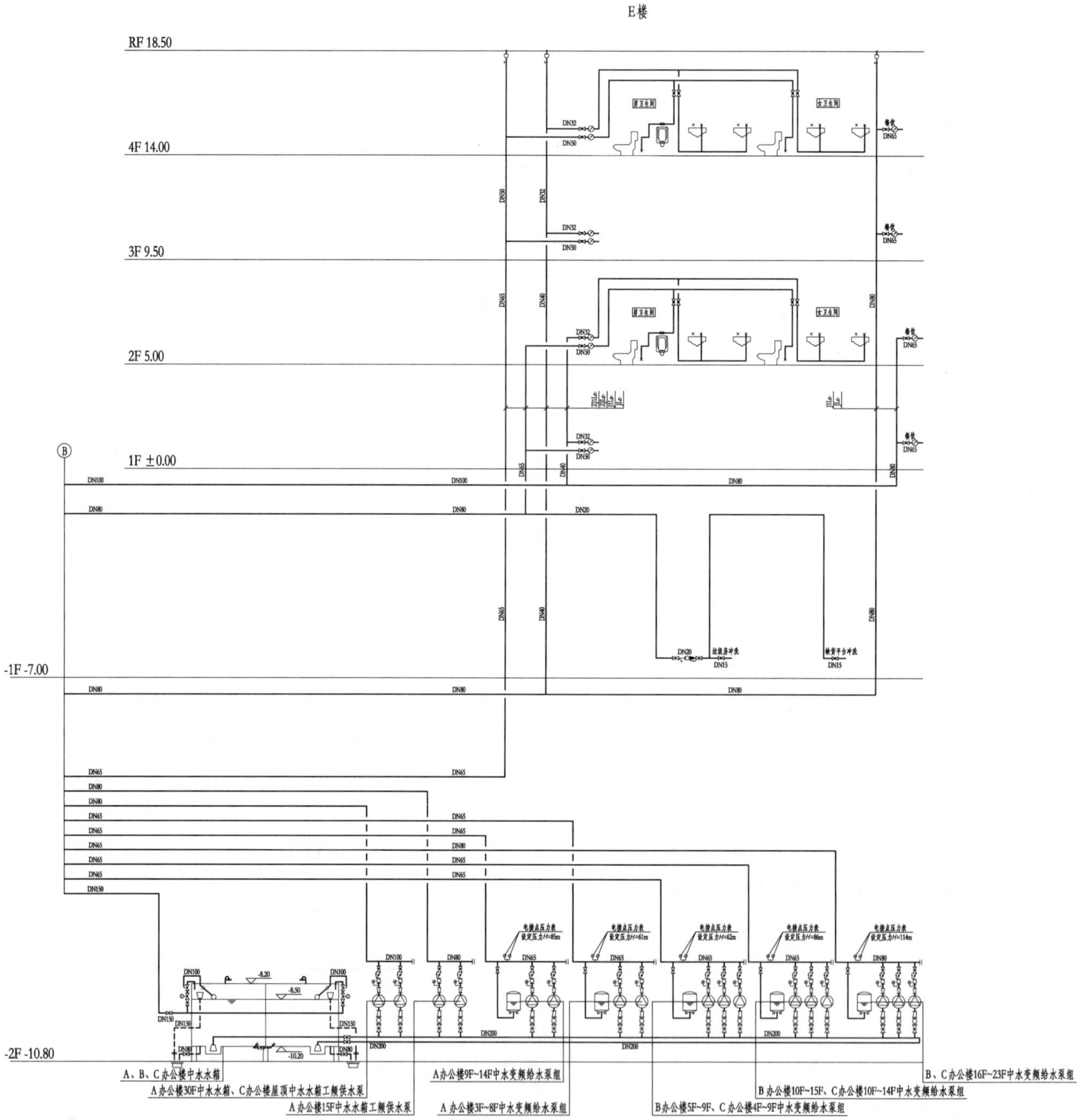

E楼

RF 18.50

4F 14.00

3F 9.50

2F 5.00

1F ±0.00

-1F -7.00

-2F -10.80

地下车库及D、E、F楼给水、中水系统原理图(三)

注:非通用图示

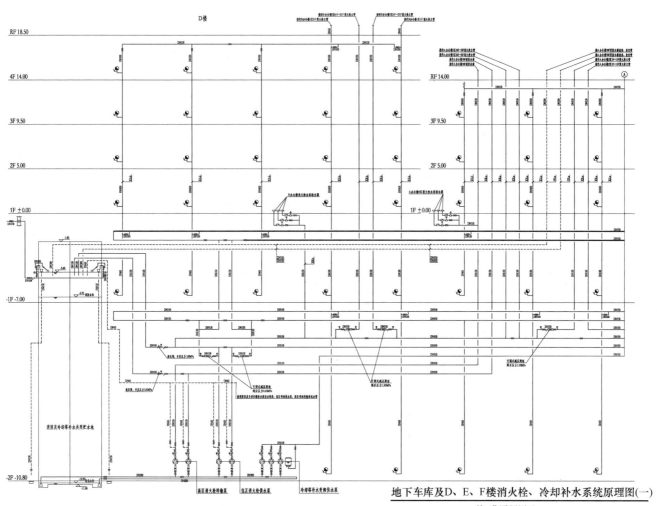

地下车库及D、E、F楼消火栓、冷却补水系统原理图(一)

注:非通用图示

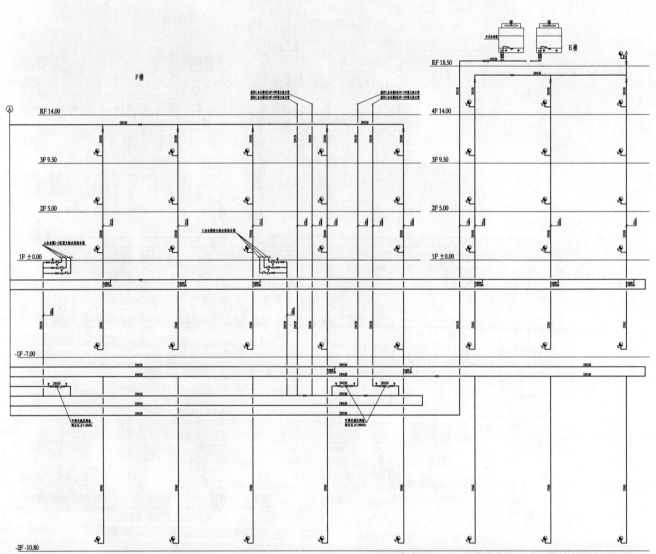

地下车库及D、E、F楼消火栓、冷却塔补水系统原理图(二)

注:非通用图示

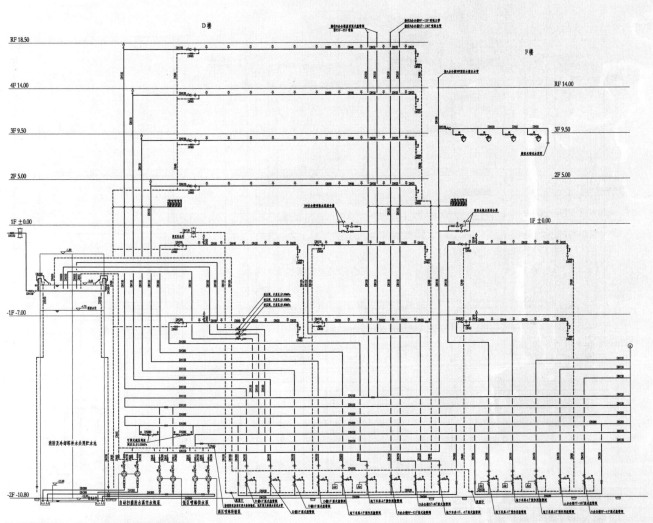

地下车库及D、E、F楼自喷系统原理图(一)

注:非通用图示

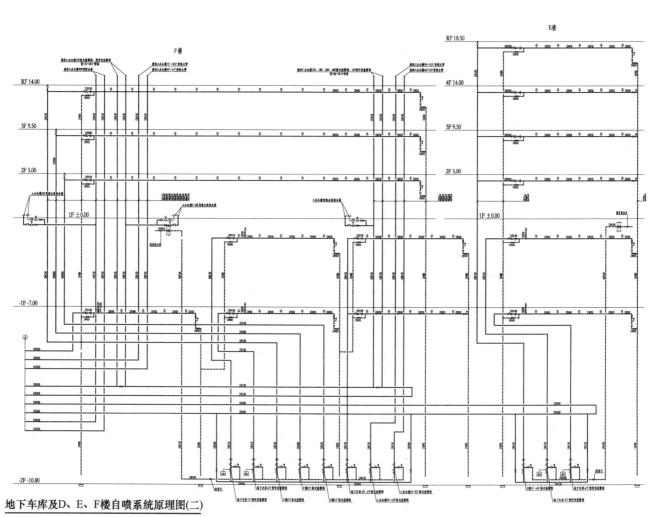

地下车库及D、E、F楼自喷系统原理图(二)

注：非通用图示

新光三越百货苏州项目

设计单位： 中衡设计集团股份有限公司
设 计 人： 薛学斌　杨俊晨　郁捷　陈绍军　王文学　程磊　殷吉彦　严涛
获奖情况： 公共建筑类　三等奖

工程概况：

本项目位于苏州工业园区时代广场北侧，紧邻苏州大道（南）、华池街（东）和月廊街（西），为商业、餐饮、办公结合的综合性建筑。项目基地面积为 27528.94m²，总建筑面积为 161035m²。地下建筑面积为 65139m²，共 4 层。地下二层～地下四层为停车库和后勤、服务、设备用房，地下一层为商业、后勤区、自行车库和设备用房。地上建筑面积为 95896m²，共 22 层，建筑高度 98.15m。其中一层～七层裙房为商业及餐饮，八层～二十二层塔楼为办公。

工程说明：

一、给水排水系统

（一）给水系统

1. 冷水用水量（见表 1）

2. 水源

本工程由市政自来水供水，水压不小于 0.15MPa，水质、水量可满足本工程使用要求。由苏州工业园区翠园路和华池街两个方向的市政道路分别接一条 DN200 的进户管，每个进户管分成生活给水和室外消火栓给水 2 路管道，分别设置水表。室外消火栓管道为 DN200，在红线内连成环状，每隔 100～120m 设置室外消火栓供火灾时消防取水。给水管道管径为 DN250，在红线内连成环状，接至地下室水泵房供本工程生活用水。

3. 系统竖向分区

本工程生活给水分为 4 个区。

地下四层～地下二层为市政直供区；由于本工程业主要求商业区水压不低于 0.25MPa，故地下一层商业给水加压，但预留市政给水接口，地下一层～七层商业区为加压供水低区；八层～十五层为加压供水中区；十六层～屋顶层为加压供水高区。

主要用水项目及其用水量　　　　　　　　　　　　　　　　　　　　表 1

序号	用水名称	用水单位数	用水定额	最高日用水量 （m³/d）	最大时用水量 （m³/h）	小时变化系数	日用水时间 （h）
一	塔楼区域						
1	办公	1600 人	50L/（人·d）	80	15	1.5	8
2	餐饮	1305 座	15L/次	117.5	29.4	1.5	12

续表

序号	用水名称	用水单位数	用水定额	最高日用水量 (m³/d)	最大时用水量 (m³/h)	小时变化系数	日用水时间 (h)
		注：每座使用次数1次/(座·h)，同时使用系数0.5					
二	裙房区域						
1	商业						
	顾客	7600人	2L/(人·d)	15.2	2.9	1.5	8
	员工	4100人	50L/(人·d)	205	38.4	1.5	8
2	餐饮	4412座	15L/次	397.1	49.6	1.5	12
		注：每座使用次数1次/(座·h)，同时使用系数0.5					
三	地下室区域						
	餐饮	3816	15	343.5	42.9	1.5	12
		注：每座使用次数1次/(座·h)，同时使用系数0.5					
四	冷却水系统	循环水量 (m³/h)	补水比例	最高日用水量 (m³/d)	最大时用水量 (m³/h)	小时变化系数	日用水时间 (h)
1	商场区域	4000	1.1%	528	44	1.0	12
2	办公	1000	1.1%	88	11	1.0	8
3	超市冷柜	400	1.1%	105.6	4.4	1.0	24
4	24h空调区域	400	1.1%	105.6	4.4	1.0	24
5	发电机区域	400	1.1%	105.6	4.4	1.0	24
五	小计			2091.1	246.4		
	未预见水量		15%	313.7	39.7		
	合计			2404.8	286.1		

4. 供水方式及加压设备（见表2）

生活用水分区供水表　　　　　　　　　　　　　　表2

分区名称	区域范围	供水设备	设计表流量(L/s)
1区	地下四层~地下二层	市政供水	23.8
2区	地下一层~七层	生活水箱+给水变频泵组	52.1
3区	八层~十五层	生活水箱+给水变频泵组	5.13
4区	十六层~屋顶层	生活水箱+给水变频泵组	13

5. 管材

室外部分：埋地管（至室内第一个法兰前）采用球墨给水铸铁管（PE100，PN1.6），内搪水泥外浸沥青，橡胶圈接口；

室内部分：DN100及以上采用厚壁不锈钢管，焊接法兰连接；DN80及以下采用薄壁不锈钢管，卡压连接；暗装不锈钢支管采用塑覆不锈钢管。

（二）热水系统

1. 热水用水量（见表3）

集中热水用水量　表3

序号	用水名称	用水单位数	用水定额	最高日用水量 (m³/d)	最大时用水量 (m³/h)	小时变化系数	日用水时间 (h)
1	小吃街	1800 座	4L/次	30.24	3.78	1.5	12
	注:每座使用次数 0.7 次/(座·h) 同时使用系数 0.5,计算温度按 60℃计						
2	地下室和裙房洗手盆	130	3L/次	23.2	2.9	1.5	12
	注:每小时使用次数按 15 次计,同时使用率 50%,计算温度为 30℃						
3	塔楼餐饮	1000 座	4L/次	16	3	1.5	8
	注:每座使用次数 1 次/(座·h),同时使用系数 0.5,计算温度按 60℃计						

注:冷水最低温度为 5℃,设计耗热量为 638kW。

2. 热源

（1）地下室裙房和裙房区域

以冷凝水热回收和燃气热水器为热源。本工程冬季蒸汽冷凝水（90℃）回收量为 17.5m³/h,热交换温差取 20℃,回收热量为 407kW;夏季蒸汽冷凝水（90℃）回收量为 6m³/h,热交换温差取 20℃,回收热量为 140kW。辅助热源为 2 台 90kW 燃气热水器。

（2）塔楼屋顶餐饮区域

以太阳能和燃气热水器为热源。设置太阳能板 100 块,日产热水量（60℃）13m³。辅助热源为 2 台 90kW 燃气热水器。

（3）塔楼办公区域

办公区卫生间设置小型电热水器（1.5kW）为洗手盆提供热水。

3. 系统竖向分区

同冷水分区。

4. 热交换器

热交换器服务范围及参数见表 4。

热交换器服务范围及参数　表4

分区名称	区域范围	使用功能	设计小时耗热量 (kW)	压力范围 (MPa)	贮热罐型号	供热罐型号	辅助热源
地下室区域	地下一层~七层	地下小吃街和裙房吸收盆	306	0.2~1.0	2 台 RV-03-10(1.0/1.0) 有效容积:10m³ 加热面积:34.8m²	1 台 RV-03-8(1.0/1.0) 有效容积:8m³ 加热面积:27.7m²	2 台 90kW 燃气热水器
塔楼屋顶区域	二十一层~二十二层	餐饮热水		0.2~1.0	2 台 RV-03-8(1.0/1.0) 有效容积:8m³ 加热面积:27.7m²	1 台 RV-03-6(1.0/1.0) 有效容积:6m³ 加热面积:20.1m²	2 台 90kW 燃气热水器

5. 冷、热水压力平衡措施及热水温度的保证措施

热水供水分区同生活用水分区,并适当加大热水供水管管径,采用低阻力损失的导流型容积式热交换器,使得在用水点的冷热水出水水压基本相同。

本工程在热回收管道设置循环泵,设置低温启泵、高温停泵控制模式。即使夜间没有热水消耗,其支管

中的水仍保持循环，也保证了用水点的水温。该循环方式也最大限度地达到了节水目的，减少了冷水浪费。同时在设计中根据用水点在建筑平面上的位置，合理布置供水干管、立管和循环回水干管的位置，做到供回水管路基本同程，保证循环水的均匀分配和各点的热水温度。

6. 管材

管径≥DN100 采用厚壁不锈钢管，焊接法兰连接；管径≤DN80 采用薄壁不锈钢管，卡压连接。

（三）雨水系统和雨水收集回用系统

1. 雨水系统

塔楼及商业裙房屋面雨水采用虹吸雨水系统，设计重现期 $P=50$ 年；溢流＋虹吸雨水系统设计重现期 $P=100$ 年；下沉广场雨水重现期为 50 年，车道和天井雨水重现期采用 3 年，总体场地雨水重现期采用 3 年。雨水在总体汇总后，由雨水管分别排入市政雨水管和市政河道。

2. 雨水收集回用系统

（1）非传统水源可利用量分析

苏州地区年降雨量为 1018.6mm，本工程部分屋面和地面雨水通过收集管道接至室内雨水池收集，综合径流系数为 0.667，收集面积约 5624m²。

本工程年雨水收集量为：$Q=3820\text{m}^3/$年。

（2）杂用水需水量分析

1）道路及广场浇洒

用水指标以 2L/(m²·次) 计，浇洒次数以 1 次/3d 计。道路及广场面积约 9642m²，则所需浇洒水量为：$Q_1=2\times9642\times365/(3\times1000)=2346\text{m}^3/$年 $=6.43\text{m}^3/$d。

2）地下车库冲洗

用水指标以 2L/(m²·次) 计，冲洗次数以 1 次/10d 计，总面积 24642m²，80％面积考虑冲洗，则所需冲洗水量为：$Q_2=2\times24642\times80\%\times365/(10\times1000)=1439\text{m}^3/$年 $=3.94\text{m}^3/$d。

3）室外绿化浇洒

用水指标以 1L/(m²·次) 计，浇洒次数以 1 次/d 计，室外绿化面积为 27529m²，则所需浇洒水量为 $Q_3=1\times27529\times(365/1000)\times10\%=1005\text{m}^3/$年 $=2.75\text{m}^3/$d。

4）杂用水需水量总计

$Q=Q_1+Q_2+Q_3=2346+1439+1005=4790\text{m}^3/$年

$q=q_1+q_2+q_3=6.43+3.94+2.75=13.12\text{m}^3/$d

（3）蓄水池容积确定

1）根据雨水汇水面积确定蓄水池容积

本项目雨水收集面积约 5624m²，考虑 20％雨水收集量的损耗（含初期弃流等），按 1 年一遇 24h 降雨量 50mm，确定蓄水池容积。

$5625\times0.667\times50\times(1-20\%)/1000=150\text{m}^3$

根据计算结果，初步确定雨水蓄水池容积为 200m³。

2）根据杂用水量确定蓄水池容积

根据杂用水需水量分析，本项目杂用水量为 13.12m³/d，根据初步确定的雨水蓄水池容积 200m³，该蓄水池可满足 15d 的浇洒冲洗水使用。

（4）雨水收集回用系统管材

室内埋地管采用 PE 给水管；室内给水管采用不锈钢管，焊接法兰连接。

(四) 排水系统

1. 排水系统的形式

本工程排水为污、废水合流。

2. 通气管的设置方式

本工程设置专用通气立管、环形通气管和器具通气管。

3. 采用的局部污水处理设施

苏州园区污水处理厂处理能力完备，红线内不设化粪池，生活污水收集后排至市政污水管道。

餐饮废水排至地下室隔油间，经二级隔油处理后，采用潜水泵提升排至室外污水管道。为防止低温条件下油脂凝固而造成管道堵塞，餐饮排水立管设置自调控带伴热，根据环境温度调整发热功率，保证含油废水正常排入隔油器。

4. 管材

室外部分：雨污水管采用 HDPE 双壁缠绕管，弹性密封承插连接；环刚度不小于 8。

室内部分：重力雨水、污水、废水管采用离心排水铸铁管，抗震柔性法兰连接；污废水提升泵出水管采用内涂塑镀锌钢管；虹吸雨水系统采用 HDPE 给水管。

(五) 冷却循环水系统

1. 冷却循环水系统用水量

本工程业态丰富，分为商业区、办公区、超市区、冷库区、发电机房、24h 空调区域等业态。这些区域冷量需求大，且区域的运行时间以及运行规律都各不相同，故设计的冷却塔的类型也各不相同。比如商业区设置开式横流冷却塔，而办公区 IT 机房设置闭式逆流冷却塔。经给水排水设计团队和暖通设计团队同时反复核算后，本工程一共设置 $250m^3/h$ 冷却塔 20 台；$200m^3/h$ 冷却塔 6 台；$50m^3/h$ 冷却塔 1 台。冷却循环水系统用水量见表 5。

冷却循环水系统用水量 表 5

序号	用水项目	冷却塔	冷却塔数量和位置	循环水泵	循环水泵位置
1	商业区	$Q=250m^3/h$ 方形横流冷却塔	16 台，位于裙房屋顶	$Q=500m^3/h$ $H=30m$	8 台，位于地下四层冷却水机房
2	办公区	$Q=250m^3/h$ 方形横流冷却塔	4 台，位于裙房屋顶	$Q=500m^3/h$ $H=30m$	3 台，位于地下四层冷却水机房
3	24h 空调冷却系统	$Q=200m^3/h$ 方形横流冷却塔	2 台，位于裙房屋顶	$Q=200m^3/h$ $H=30m$	2 台，位于地下四层冷却水机房
4	超市冷柜冷却系统	$Q=200m^3/h$ 方形横流冷却塔	2 台，位于裙房屋顶	$Q=400m^3/h$ $H=30m$	2 台，位于地下一层超市后场
5	发电机冷却系统	$Q=200m^3/h$ 方形横流冷却塔	2 台，位于裙房屋顶	循环水泵、交换器等附件由发电机附带，由供应商配套供应	
6	办公区 IT 机房冷却系统	$Q=50m^3/h$ 方形闭式冷却塔	1 台，位于裙房屋顶	$Q=50m^3/h$ $H=30m$	2 台，位于裙房屋面

2. 冷却循环水系统附件

冷却循环水系统设全自动自清过滤器，连续处理循环水以去除冷却过程中带入的灰尘及除垢仪产生的软垢。并定期根据水质变化投加化学药剂，以保证水质稳定和符合要求。

冷却循环水系统在每台冷水主机冷凝器前设置冷凝器胶球自动在线清洗装置。有效降低冷凝器的污垢热阻。

3. 管材

管径小于或等于 $DN200$ 的管道采用直缝焊接钢管，管径大于 $DN200$ 的管道采用螺旋焊接钢管，焊接法兰连接，压力等级不低于 1.6MPa。水管须采用 ECH-200 高分子镀膜剂做钝化处理。

二、消防系统

(一) 消火栓系统

1. 消火栓系统用水量

本工程为超高层建筑，室外消火栓用水量为 30L/s，室内消火栓用水量为 40L/s，火灾延续时间 3h。室内外一次灭火用水量为 $756m^3$。

2. 系统竖向分区

室内消火栓系统为临时高压系统。消防水池位于地下四层局部下沉区域，消火栓主泵加压供水。

本工程消防主泵一泵到顶，利用减压阀将竖向分为 2 个区：地下室和裙房为低区（地下四层～七层）；塔楼区域为高区（八层～屋顶层）。每个竖向分区静水压力不超过 1.0MPa，分区内消火栓栓口压力超过 0.5MPa 时采用减压稳压消火栓。

3. 消火栓泵（稳压设备）的参数

消火栓主泵：$Q=40L/s$，$H=153m$，$N=110kW$；2 台电泵，1 用 1 备；

稳压泵：$Q=5L/s$，$H=30m$，$N=3kW$；2 台电泵，1 用 1 备，配 $\phi1000 \times 2000$（H）隔膜气压罐一个。

4. 水池、水箱的容积及位置

地下四层局部下沉区域消防水池有效容积为 $944m^3$，包括 $432m^3$ 的室内消火栓用水量、$368m^3$ 的喷淋用水量和 $144m^3$ 的消防炮用水量，消防水池分为两格。

塔楼屋顶设置高位消防水箱，有效容积 $18m^3$，由室内消火栓系统和自动喷水灭火系统合用。

5. 水泵接合器的设置

室内消火栓系统设置水泵接合器 3 套，每套流量为 15L/s，直接供水到室内消火栓环状管网。

6. 管材

室外部分：采用球墨铸铁给水管，内搪水泥外浸沥青，橡胶圈接口。

室内部分：管径小于 $DN100$ 的管道采用镀锌钢管，丝扣连接；管径大于或等于 $DN100$ 的管道采用内外壁热镀锌钢管（Sch30），卡箍连接。

(二) 自动喷水灭火系统

1. 自动喷水灭火系统用水量

本工程除不宜用水扑救的场所外，均设置自动喷水灭火装置。

地下车库、商场按中危险 II 级设计，作用面积 $160m^2$，设计喷水强度 8L/(min·m²)；酒店及办公入口大堂的建筑吊顶高度将控制在 12m 以下，自动喷水灭火系统按非仓库类高大净空场所单一功能区的喷淋设计，作用面积 $260m^2$，设计喷水强度 6L/(min·m²)；超市区域按仓库危险级 II 级（堆垛仓库，储物高度不大于 3m）设计，作用面积 $200m^2$，设计喷水强度 16L/(min·m²)，火灾持续时间 1.5h；其余场所均按中危险 I 级设计，作用面积 $160m^2$，设计喷水强度 6L/(min·m²)。

系统用水量取 68L/s，火灾延续时间 1.5h。

2. 系统竖向分区

消防水池设于地下四层局部下沉区域，竖向各分区静水压力不超过 1.2MPa，配水管道静水压力不超过 0.4MPa。地下四层～七层为低区，八层～二十二层为高区，减压阀设置于水泵出水管后。

3. 自动喷水加压（稳压）设备的参数

自动喷水灭火系统和室内消火栓系统共用水源，从地下消防水池吸水，由喷淋泵加压向各竖向分区供水。

自动喷水灭火系统设加压泵 3 台，2 用 1 备，均为电动泵，互为备用，流量为 34L/s，扬程为 1.58MPa。该泵运行情况应显示于消防控制中心和泵房控制盘上。

屋顶设置有效容积为 18m³ 的消防水箱，设喷淋稳压装置一套，流量为 1L/s，扬程为 0.25MPa。配 $\phi 800 \times 1500$（H）隔膜气压罐一个。

自动喷水灭火系统设消防水泵接合器 5 套。

4. 喷头选型

有吊顶区域采用隐蔽式装饰型喷头；无吊顶区域采用直立型喷头；下列区域采用快速响应喷头：中庭环廊、公共娱乐场所、地下商业及仓储用房；有吊顶区域均设置上下喷，宽度大于 1000mm 的管架、宽度大于 800mm 的矩形风管和直径大于 1000mm 的圆形风管下增设喷头。吊顶区域下喷头连接管均采用喷淋专用不锈钢软管（FM 认证）。

5. 报警阀

根据每个湿式报警阀控制 800 个喷头的原则设置报警阀，每个防火分区设 1 个信号阀及水流指示器，湿式报警阀前的阀门采用信号蝶阀。在消防水池出水管后至自喷湿式报警阀的分支管上设置信号闸阀系统控制。

各水流指示器的信号接至消防控制中心，湿式报警阀的压力开关信号亦接至消防控制中心。

6. 大空间智能型主动喷水灭火系统

在中庭区域采用大空间智能型主动喷水灭火系统，系统选用智能型高空水炮灭火装置。系统利用设置在地下四层局部下沉区域的消防水池提供水量，利用水泵提供水压，常高压供水。

本系统由消防水源、消防水泵、智能型高空水炮灭火装置、电磁阀、水流指示器、信号阀、模拟末端试水装置和红外线探测组件等组成，24h 全天候自动监视保护范围内的一切火情。一旦发生火灾，红外线探测组件向消防控制中心的火灾自动报警控制器发出火警信号，启动声光报警装置进行报警，报告发生火灾的准确位置，并将灭火装置对准火源，打开电磁阀，喷水扑灭火灾；火灾被扑灭后，系统可以自动关闭电磁阀停止喷水。系统同时具备手动控制、自动控制和应急操作功能。

系统设计最不利情况有 2 只水炮同时启动，每只水炮的流量为 20L/s，灭火持续时间为 1h，设计流量为 10L/s；最不利点水炮的工作压力不小于 0.6MPa，保护半径为 25m。每个分区内的主管道设置信号阀及水流指示器，每只水炮前均设置水平安装的电磁阀。

7. 管材

室外部分：采用热镀锌无缝钢管（Sch30），柔性卡箍连接。

室内部分（含位于室外部分）：地下四层～七层：管径小于 $DN100$ 的管道采用镀锌加厚钢管，丝扣连接；管径大于或等于 $DN100$ 的管道采用内外壁热镀锌无缝钢管（Sch30），卡箍连接。八层及以上：管径小于 $DN100$ 的管道采用镀锌钢管，丝扣连接；管径大于或等于 $DN100$ 的管道采用内外壁热镀锌钢管（Sch30），卡箍连接。

（三）气体灭火系统

1. 气体灭火系统设置的位置

本工程开闭所设置预制式 FM200 气体灭火系统。

2. 系统设计

本系统设计保护对象为开闭所，共 1 个防护区，用 2 套预制七氟丙烷全淹没系统进行保护。

本系统设计充装压力为 2.5MPa（表压），系统设计温度为 20℃，设计灭火浓度为 8%，系统喷射时间 8s，浸渍时间大于 5min。气体灭火系统由中标专业公司根据本设计提供的参数进行深化设计，并经本设计校审后施工。

3. 系统的控制

系统具有自动、手动两种控制方式，保护区均设两路独立探测回路，当第一路探测器发出火灾信号时，发出警报，指示火灾发生的部位，提醒工作人员注意；当第二路探测器也发出火灾信号后，自动灭火控制器开始进入延时阶段（0～30s 可调），此阶段用于疏散人员（声光报警器等动作）并联动控制设备（关闭通风空调、防火卷帘门等）。延时过后，向保护区的电磁驱动器发出灭火指令，打开七氟丙烷气瓶，向着火区进行灭火作业。同时报警控制器接收压力信号发生器的反馈信号，控制面板喷放指示灯亮。当报警控制器处于手动状态时，报警控制器只发出报警信号，不输出动作信号，由值班人员确认火警后，按下报警控制面板上的应急启动按钮或保护区门口处的紧急启停按钮，即可启动系统喷放七氟丙烷灭火剂。

（四）高压细水雾灭火系统

1. 高压细水雾灭火系统设置的位置

本项目对地下三层的变电所及电缆夹层、地下二层的变电所及电缆夹层、柴油发电机房及贮油间、地下一层的广播室、电信机房、一层的消防控制中心等采用高压细水雾灭火系统进行保护，其中变电所和电信机房采用预作用系统保护，其他场所采用开式系统保护，保护区域划分为 13 个保护分区，总保护面积 1583m²，详细分区见表 6。

分区划分及详细参数 　　　　　　　　　　　　　　　表 6

楼层	分区编号	保护场所	面积 (m²)	喷头数量 (个)	响应温度 (℃)	流量系数	喷雾强度 [L/(min·m²)]	分区阀口径	应用方式
地下三层 层高 4m	第 1 分区	2 号变电所	202	29	68	$K_1=1.5$	2.15	DN32	预作用系统
	第 2 分区	电缆夹层	202	29		$K_3=0.7$	1.00	DN32	全淹没
地下二层 层高 4m	第 3 分区	柴油发电机房	120	22		$K_2=1.5$	2.75	DN32	全淹没
	第 4 分区	1 号变电所	402	67	68	$K_1=1.5$	2.50	DN32	预作用系统
	第 5 分区	电缆夹层	120	16		$K_3=0.7$	0.93	DN25	分区应用
	第 6 分区		75	10			0.93	DN20	分区应用
	第 7 分区		122	18			1.03	DN25	分区应用
	第 8 分区		85	12			0.99	DN20	分区应用
地下一层 层高 4m	第 9 分区	交电所	62	10	68	$K_1=1.5$	2.42	DN25	预作用系统
	第 10 分区	广播室	59	9		$K_3=0.7$	1.13	DN20	全淹没
	第 11 分区	电信机房	50	8	68	$K_1=1.5$	2.40	DN25	预作用系统
一层层高 6m	第 12 分区	消防控制中心	25	5		$K_3=0.7$	1.40	DN20	全淹没
地下一层夹层 层高 2.67m	第 13 分区	主控室	59	9		$K_3=0.7$	1.13	DN20	全淹没
共计	共 13 个分区		1583	244					

2. 系统设计

1）设计参数及标准

预作用系统保护区持续喷雾时间 30min，其他场所持续喷雾时间 15min；

柴油发电机房及贮油间喷雾强度不小于 1.5L/(min·m²)，其他场所喷雾强度不小于 0.8L/(min·m²)；

最不利点喷头工作压力为 10MPa；闭式系统作用面积按 140m² 计算，系统设计流量按最大防护区内同时动作喷头的总流量乘以安全系数 1.05 计算。

2）主要设备选型

变电所和电信机房选用 $K_1=1.5$ 的闭式喷头，柴油发电机房及贮油间选用 $K_2=1.5$ 的开式喷头，其他场所选用 $K_3=0.7$ 的开式喷头。喷头安装间距不大于 3.0m 且不小于 2.0m，距墙不大于 1.5m。

开式系统最大流量防护区为第 3 分区，22 个喷头，$K_2=1.5$；系统工作压力按最不利点喷头工作压力 10MPa 计算；系统的设计流量 $Q_1=347L/min$。闭式系统作用面积 140m² 内设 16 个闭式喷头，$K_1=1.5$，设计流量 $Q_2=252L/min$。本系统中开式系统和闭式系统共用一套泵组，故设计流量为 347L/min，选用高压泵 4 台（3 用 1 备），单台水泵参数为：$Q=130L/min$，$P=16MPa$，$N=37kW$，AC380V，3PH。稳压装置 2 套（1 用 1 备）：$Q=10L/min$，$P=1.60MPa$，$N=0.75kW$。高压泵组的进水压力不低于 0.2MPa 且不高于 0.6MPa。为满足高压泵组正常工作，在其进水口设置补水增压装置 2 套（1 用 1 备）：$Q\geq520L/min$，$H\geq20m$，$N=4.0kW$。

系统设 8m³ 不锈钢水箱一套，含有高低位报警、自动补水、放空装置，水箱直接连接市政管网或消防管网，由液位变送器控制补水电磁阀的启闭实现对水箱自动补水。

3. 系统组成、控制方式

1）系统组成

高压细水雾开式灭火系统由高压泵组、补水增压装置、不锈钢水箱、开式分区控制阀、细水雾开式喷头、供水系统、不锈钢管道和阀门等组成。高压泵组由主泵、安全溢流阀、阀件、机架等组成。高压细水雾闭式预作用灭火系统由高压泵组、稳压装置、泵组控制柜、补水增压装置、不锈钢水箱、闭式分区控制阀、细水雾闭式喷头、供水系统、不锈钢管道和阀门等组成。

泵组控制柜具有自动、手动两种控制方式，同自动报警系统联动控制，收到报警信号后控制泵组的启动，并向消防控制中心反馈泵组运行信息。

开式分区控制阀由一个同轴阀和一个压力开关组成，安装于每个防护分区的进水管处。具有手动和自动两种控制方式，受消防控制中心控制，向消防控制中心反馈信息。

2）控制方式

高压细水雾灭火系统的控制方式如图 1 和图 2 所示。

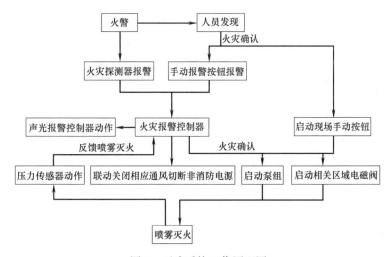

图 1　开式系统工作原理图

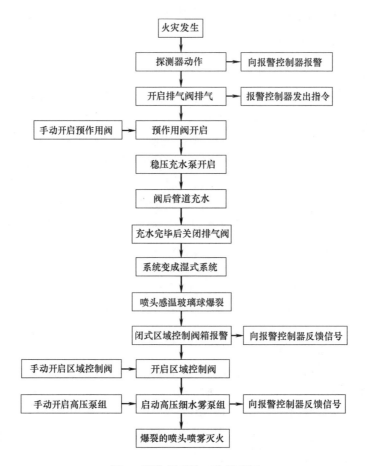

图 2　预作用系统工作原理图

(五) 厨房专用灭火系统

厨房火灾的起因，主要是烹饪设备（即炊具）因高温而造成烹调油脂或食物燃烧引发的火灾，如油锅火灾、烘烤箱火灾等。烹饪过程的明火，若不慎窜入积聚了大量油脂的排油烟罩和烟道，同样也会引起火灾，而且火灾很容易通过相互连通的烟道和排风管道迅速扩散蔓延。排油烟罩和烟道内发生的火灾因位置特殊，一般很难采用人工的方式直接扑救，但如果不及时处置又极易造成火势迅速蔓延，因此，需要采用针对厨房火灾的专用灭火系统。

本项目采用 ANSUL 厨房专用灭火系统。ANSUL 厨房专用灭火系统的原理：当灶台发生火灾是，安装在灶台上方的喷嘴将 ANSULEX 药剂喷放到发生火灾的炉具中，药剂与炉具中的油脂发生反应生成一层皂化泡沫膜，皂化泡沫膜将炉具彻底覆盖，使得油脂与空气隔绝，从而达到灭火的目的。灭火系统配有自动燃气阀，灭火的同时自动切断燃气供应。

该系统有一套完整的探测、报警、释放、灭火剂容器等专用系统组件，除了与消防报警系统的连接外，此系统基本没有其他与外界联系的管线。

三、工程特点

本工程为台企独资的一类高层公共建筑，在苏州地区第一次引入"现代园林式百货公司"这个新概念。本工程设计标准很高，给水排水专业设计特点如下。

(一) 消防系统

本工程为一类高层综合体，业态种类十分丰富，相应的服务用房种类也十分多样。为贯彻"消防全覆盖"的理念,本工程为不同区域设置了不同类型的消防系统。多种消防措施的集成应用,充分提高了大楼的消防安全性,降低了火灾风险。本工程除不宜用水扑救的部位外均设自动喷水灭火系统和消火栓系统。为便于今后吊顶喷头的安装,吊顶喷头连接管采用有FM认证的金属软管,如图3所示。

图3 FM认证的金属软管

(二) 可再生能源利用系统

1. 太阳能热水系统

本工程顶楼为高档餐厅业态,厨房热水采用太阳能热水预热和电热水器辅助加热系统。同时,在高位设置餐厅热水机房。太阳能板和热水机房距离短,减少了热媒管道的能量损耗。可再生能源得到了充分利用。

2. 蒸汽冷凝水废水废热全回收系统

本工程设计了蒸汽冷凝水废水废热全回收系统,将蒸汽冷凝水回用,作为热媒用于小吃街及洗手热水预热。同时,凝结水经过换热温度降至40℃以下后排至冷却水箱用于冷却塔补水。热媒出水管上设置电动阀,池内水温超过40℃时降温后的凝结水通过旁通管直接排入降温池降温后排放。

(三) 冷却循环水系统

本工程业态丰富,区域冷量需求大,且运行时间以及运行规律都各不相同,本工程经给水排水设计团队和暖通设计团队同时核算后,本工程一共设置250m³/h冷却塔20台;200m³/h冷却塔6台;50m³/h冷却塔1台。为了同时满足冷却塔安装位置以及减少对景观的影响,通过反复优化塔型以及与其他专业多次沟通,将所有类型冷却塔高度集成在一起,共同放置于设计的钢平台上。以最小的占地面积,达到了技术要求。由于建筑专业需要将冷却塔隐蔽处理,其四周设置百叶。给水排水设计团队通过反复计算,对百叶的位置和开孔率提出了精确的要求。如图4和图5所示。

(四) 景观给水排水系统

本工程为诠释"现代园林式百货公司"这个新概念,利用层层绿化退台,延续了苏州大道和月廊街的绿化,使得退台成为道路的端景。这些露台从二层一直延伸至六层,按空间特色,设置了儿童游乐区、无边水池、休闲区等。在此之中,水景成了非常重要的元素。给水排水设计团队为镜面水池、瀑布水池、落客区喷泉水池等水景设置了合理的给水排水系统,且水景系统部分用水由处理后的雨水补充,既提升了购物体验,又减少了资源消耗。本工程大规模应用绿化植栽墙面,由多种植物分层次配置形成,可以拼接出不同图案,由外立面一直延续到内装部分。墙体设置景墙的区域很多,相应配置微灌和滴灌等多种浇灌方式,节水效果显著,如图6所示。

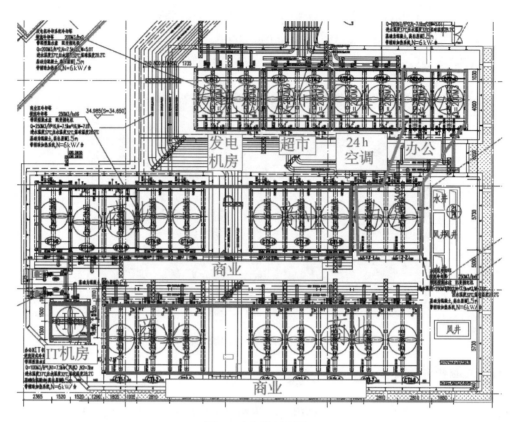

图 4　冷却塔平面图

图 5　冷却塔照片

图 6　景观实景图

四、附图

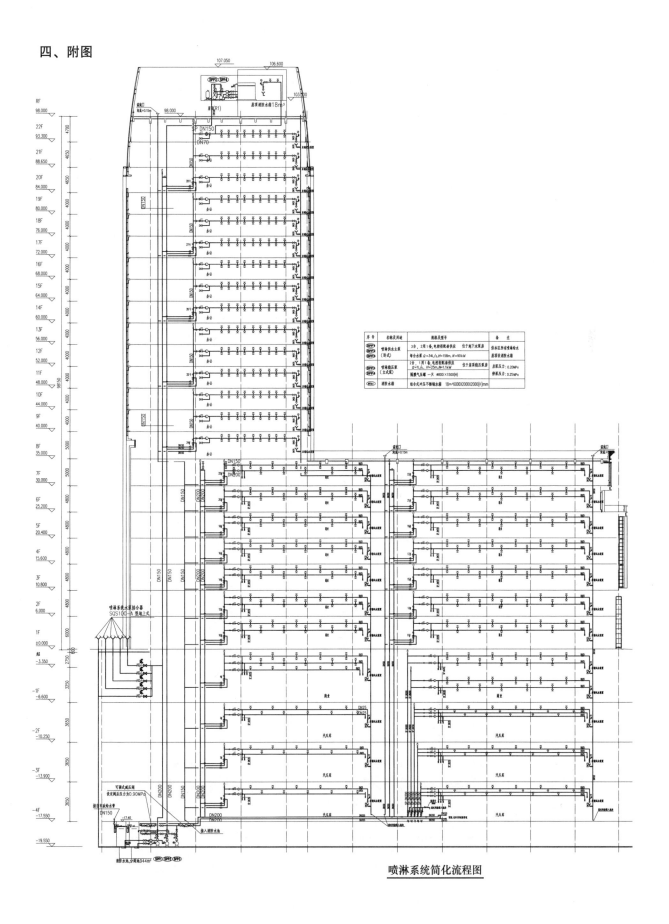

喷淋系统简化流程图

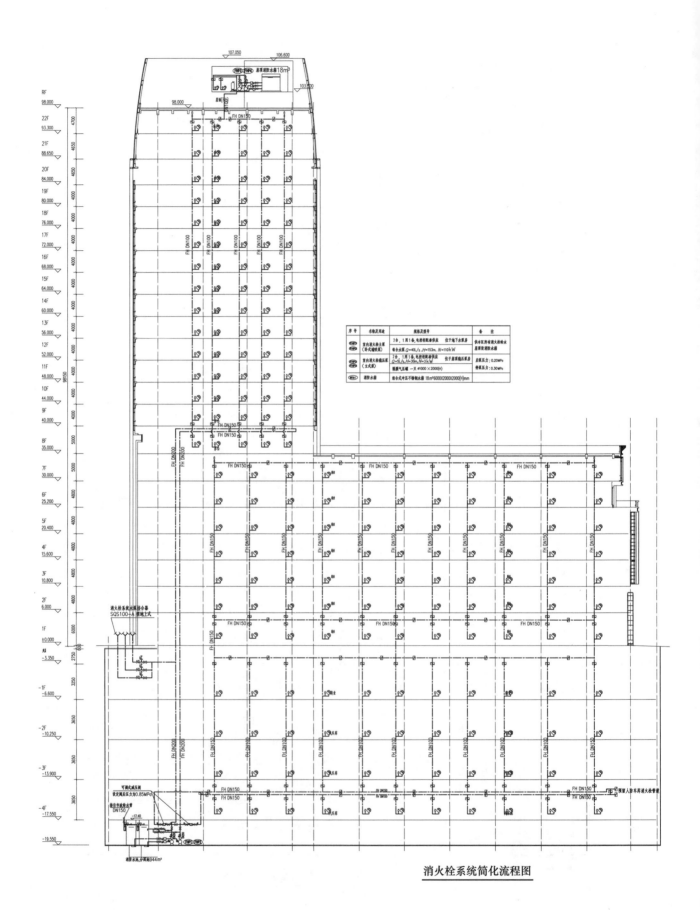

消火栓系统简化流程图

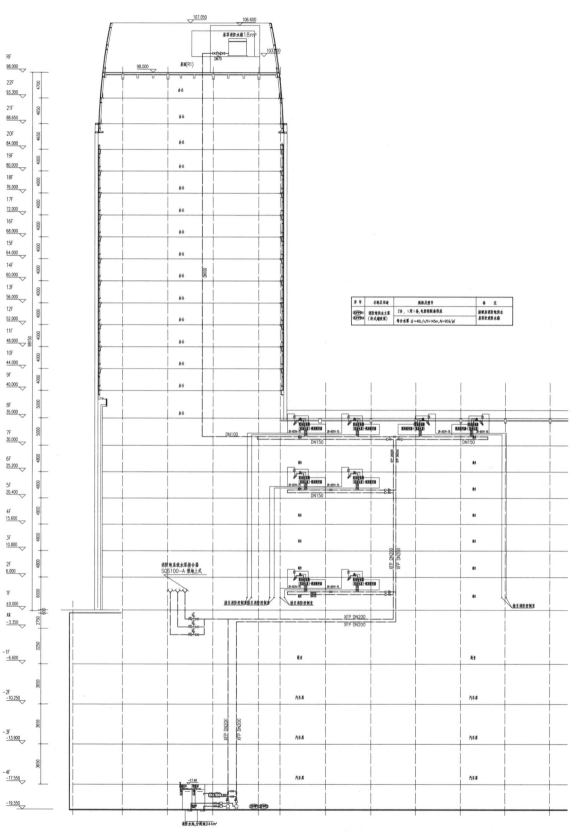

消防炮系统简化流程图

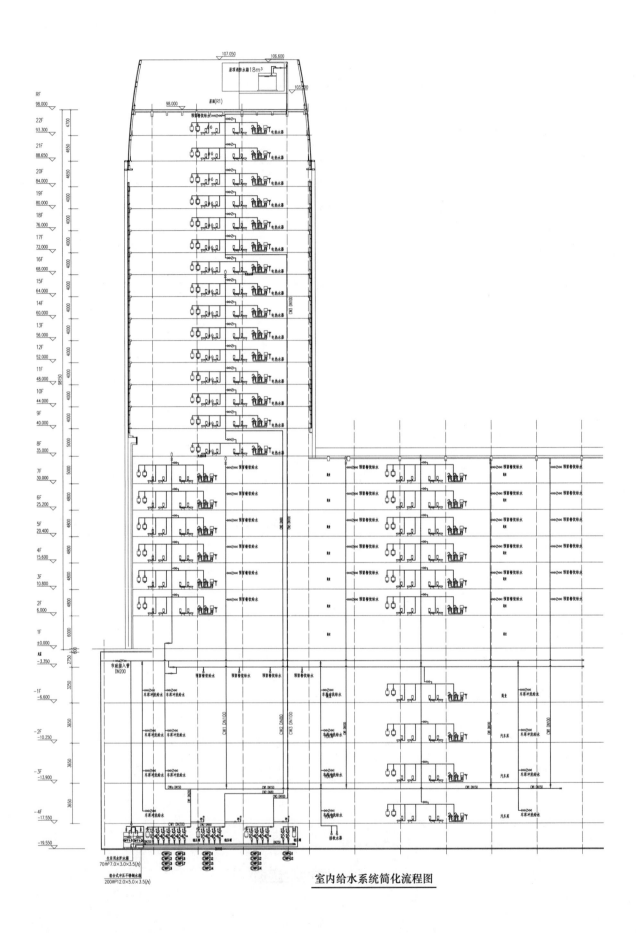

室内给水系统简化流程图

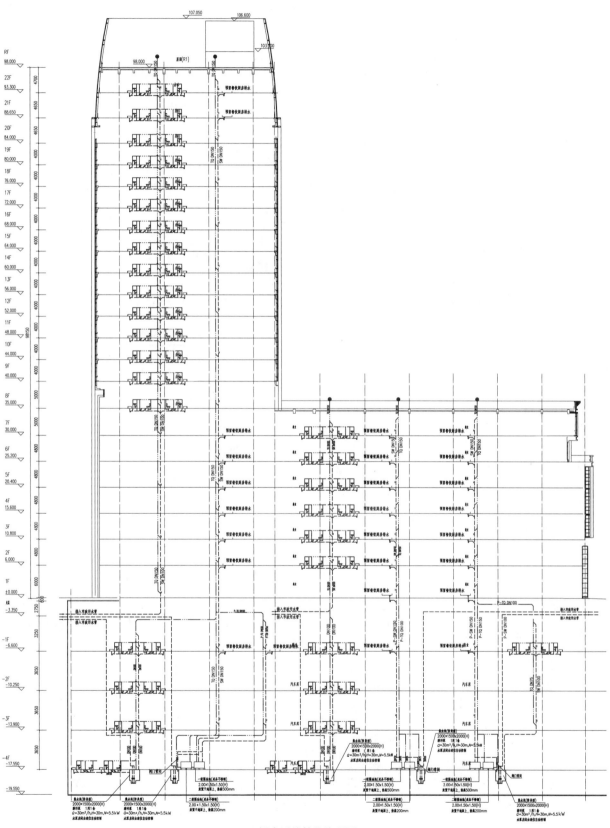

污水系统简化流程图

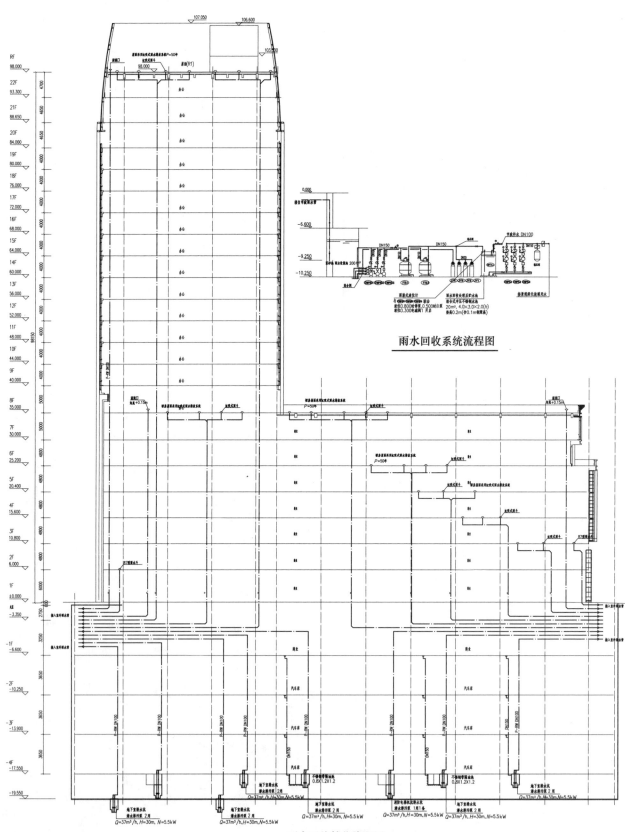

雨水回收系统流程图

雨水系统简化流程图

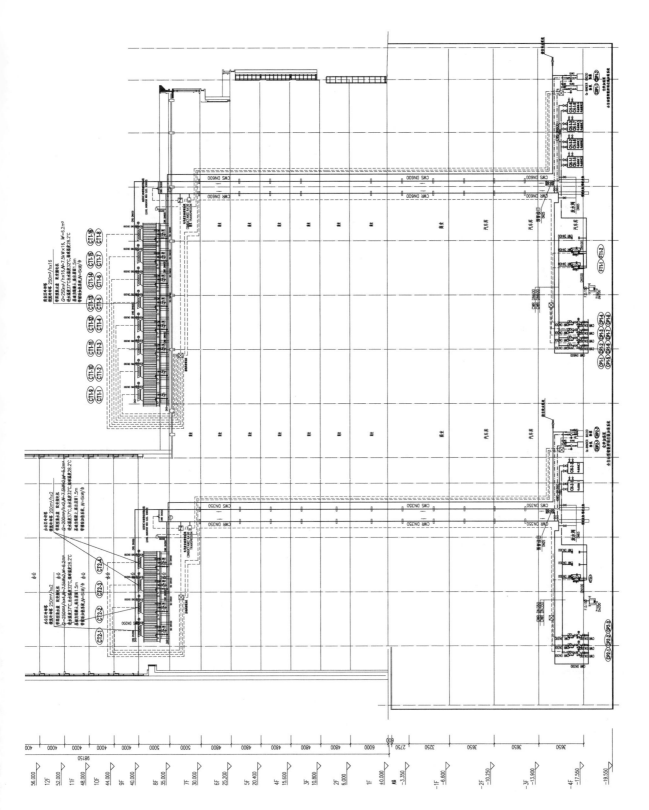

冷却循环水系统简化流程图(一)

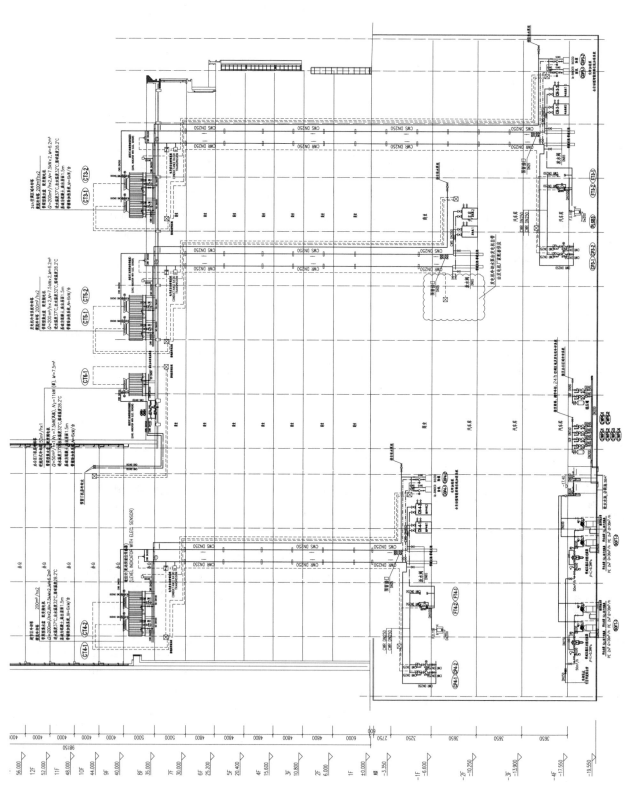

冷却循环水系统简化流程图（二）

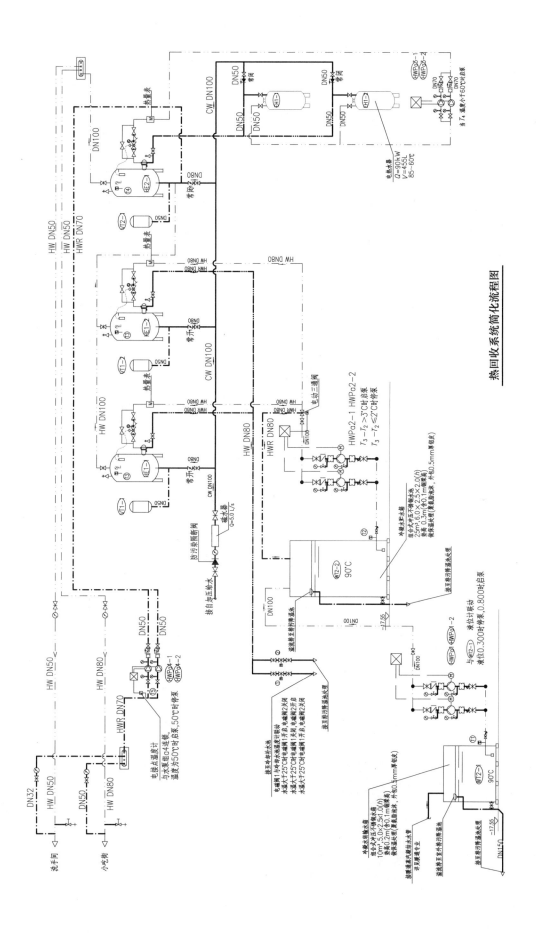

热回收系统简化流程图

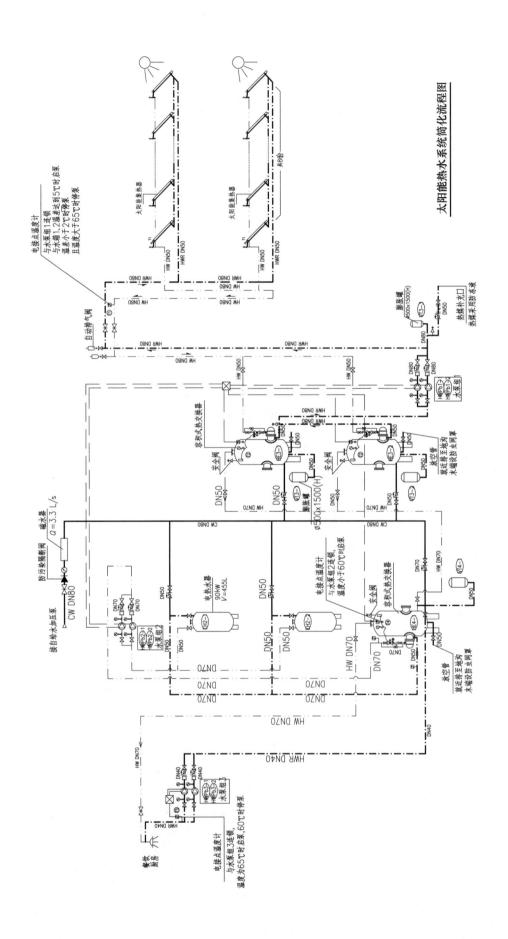

太阳能热水系统简化流程图

义乌市文化广场

设计单位： 浙江大学建筑设计研究院有限公司
设 计 人： 陈激　方火明　王靖华　朱永凯
获奖情况： 公共建筑类　三等奖

工程概况：

义乌市文化广场是义乌市最重要的文化窗口，是市民观演参演、体育锻炼、文化培训的集中场所，建筑包含文化馆（群众艺术活动中心剧院）、青少年活动中心、全民健身中心三大功能区块。项目位于义乌市经济技术开发区，总用地面积 29362.86m²，建筑面积 82360.2m²，建筑占地面积 11264.9m²，为多层建筑，地上 5 层、地下 3 层，建筑高度 22.95m。

本项目具有建筑面积大、涉及单位众多、使用功能繁多、内部交通流线复杂、外来人员密集等特点，对给水排水和消防设计的安全性有较高的要求，特别是三个不同功能单位设于一栋多层建筑内，建筑物单层面积相对较大，且设有多个下沉庭院，对给水和排水的组织带来很大的挑战。

工程说明：

一、给水排水系统

（一）给水系统

1. 冷水用水量

最高日用水量 612.8m³/d，最大时用水量 92.3m³/h。主要用水项目及其用水量见表 1。

冷水用水量　　　　　　　　　　　　　　　　表 1

序号	用水名称	用水单位数	用水定额	小时变化系数	日用水时间(h)	用水量		备注
						最高日(m³/d)	最大时(m³/h)	
1	剧场	800 座	5L/(人·场)	1.5	9	12	2	3 场/d
2	影视城	960 人	5L/(人·场)	1.5	12	24	3	5 场/d
3	文化馆	9900m²	8L/(m²·d)	1.2	9	79.2	10.6	
4	健身中心	500 人/场	50L/(人·场)	1.2	8	125	18.8	5 场/d
5	健身中心茶座	80 座	15L/人次	1.2	8	6	0.9	每日每座 5 人次
6	少年宫	14080m²	8L/(m²·d)	1.2	8	113	16.9	
7	少年宫食堂	80 座	20L/(人·餐)	1.5	4	5.6	2.1	每日 1 餐，每座 3.5 人次
8	物业	1400m²	8L/(m²·d)	1.2	12	11.2	1.1	
9	空调冷却塔补充水	440m³/h		1	9	79.2	8.8	按循环冷却水量的 2%计

续表

序号	用水名称	用水单位数	用水定额	小时变化系数	日用水时间(h)	用水量 最高日 (m³/d)	用水量 最大时 (m³/h)	备注
10	地下车库冲洗用水	29350m²	2L/(m²·d)	1	6	58.7	9.8	
11	景观绿化冲洗用水	9510m²	2L/(m²·d)	1	3	19	6.3	
12	小计					532.9	80.3	
13	未预见水量					79.9	12	按总用水量的15%计
14	合计					612.8	92.3	

2. 水源

本工程给水采用分质给水。生活、消防给水取自城市自来水，景观绿化浇洒用水采用自备雨水收集处理回用水。本工程从周围的市政给水管引2路DN200进水管连成环管作为市政给水管供室外消火栓用水和本项目各使用单位生活用水，本工程各使用单位生活给水分别从环管接管并设总表计量。市政给水管网供至本地块的给水压力为0.35MPa。

3. 系统竖向分区

给水采用市政给水管网直接给水，各使用单位给水系统分别设置并设水表计量。

4. 供水方式及给水加压设备

生活给水采用市政给水管网直供，下行上给。另外每个使用单位预留管网叠压（无负压）供水设备机房、用电量以及设备进出水管接口，以备未来水压不足时备用增设加压设备。

5. 管材

生活给水管采用Ⅰ系列薄壁不锈钢管，其中埋墙暗设管道采用覆塑薄壁不锈钢管；泵房内生活给水管采用法兰连接，其他均采用卡压式连接。

（二）热水系统

1. 热水用水量

生活热水的供应范围为少年宫的淋浴间和食堂、健身中心淋浴间、剧院后台化妆间洗脸盆，热水用水量见表2。

热水用水量   表2

序号	用水名称	用水单位数	最高日用水定额	平均日用水定额	小时变化系数	日用水时间(h)	年用水天数(d)	用水量 最高日 (m³/d)	用水量 最大时 (m³/h)	用水量 平均日 (m³/d)	用水量 全年 (m³/年)
1	健身中心	1350人次/d	15L/人次	10L/人次	1.5	12	365	20.3	2.53	13.5	4927.5
2	少年宫淋浴	480人次/d	15L/人次	10L/人次	1.5	8	365	7.2	1.35	4.8	1752.0
3	少年宫食堂	280人餐/d	7L/人餐	7L/人餐	1.5	4	365	2.0	0.74	2.0	715.4
4	合计							29.5	4.62	20.3	7394.9

2. 热水供应方式

各使用单位生活热水分别设置，剧院后台化妆间洗脸盆采用即热式电热水器制备供应热水，少年宫和健身中心采用集中热水系统，各自分别设空气源热泵电辅助加热系统制备供应热水，集中热水系统采用定时定温机械循环。

3. 少年宫生活热水系统

选用空气源热泵热水机组 2 台，单台额定功率 10.5×2kW；另设 DRE-120/30 型容积式商用热水器 4 台，单台贮水容积 $V=455L$、功率 $N=30kW$，作为极端天气辅助加热。

4. 健身中心热水系统

选用空气源热泵热水机组 2 台，单台额定功率 10.5×2kW；另设 DRE-120/18 型容积式商用热水器 6 台，单台贮水容积 $V=455L$、功率 $N=18kW$，作为极端天气辅助加热。

(三) 排水系统

1. 排水系统的形式

排水采用雨、污水完全分流制。

室内采用雨、污、废分流，食堂厨房含油废水与其他污废水分流；室外雨、污分流，有污染的污废水均经局部处理后排放。地上部分污废水采用重力排水，地下室卫生间设一体化污水提升装置提升排水，地下室厨房含油废水经一体化新鲜油脂分离器隔油处理后由一体化污水提升装置提升排水，地下室地面排水经集水井收集后用潜污泵排出室外。

大屋面雨水采用虹吸排水，小屋面雨水采用重力排水，下沉广场雨水采用潜污泵提升排水。

2. 通气管的设置方式

室内污、废水管均设专用通气管，以保证污、废水管均能形成良好的水流状况。

3. 采用的局部污水处理设施

排水采用分流制，室内雨、污、废分流，厨房含油废水经新鲜油脂分离器进行隔油除渣处理、生活污废水经化粪池处理后排放。

4. 管材

生活污废水管采用离心浇铸铸铁排水管，A 型柔性接口，承插法兰连接。室内雨水管采用钢塑复合给水钢管，沟槽式连接，工作压力 1.0MPa，雨水管应有灌水到雨水口的承压能力。阳台排水管采用抗紫外线 PVC-U 塑料排水管。地下室潜污泵压力流排水管和地下室人防顶板地下二层排水管采用钢塑复合给水钢管，管径 $\leqslant DN100$ 采用丝扣连接、管径 $>DN100$ 采用沟槽式管件连接。压力流（虹吸）雨水管采用 HDPE 塑料管。

二、消防系统

本工程采用设置消防水池及消防水泵房确保建筑物室内消防给水，整个建筑物按同一时间的火灾次数为 1 次设计，消防用水量为：

室外消火栓系统用水量 30L/s，火灾延续时间 2h；

室内消火栓系统用水量 20L/s，火灾延续时间 2h；

自动喷水灭火系统用水量 30L/s，火灾延续时间 1h；

雨淋系统用水量 70L/s，火灾延续时间 1h；

防护冷却水幕系统用水量 15L/s，火灾延续时间 3h。

(一) 室外消火栓系统

室外消防采用低压制，从南面新科路、东面江滨南路各引 $DN150$ 给水总管 1 根，并在整个区域内连成给水环网供整个地块消防用水。区域内以不超过 120m 的间距布置室外消火栓，且保证距消防水泵接合器 15～40m 范围内设有室外消火栓，其水量、水压由市政管网保证。

(二) 室内消火栓系统

本工程设室内消火栓系统。室内消火栓给水不分区，由室内消火栓泵供水，其中室内消火栓栓口压力大于 0.50MPa 的楼层（地下室和一层）采用减压稳压型消火栓。室内消火栓给水管网呈环状布置，各层分别水平成环；室内消火栓充实水柱为 13m，室内消火栓布置保证任何一处发生火灾时都有两股水柱同时到达。室内消火栓箱采用带消防按钮、灭火器箱及消防卷盘的组合式消防柜，室内消火栓消防启泵按钮可直接启动消火栓泵。

（三）自动喷水灭火系统

本工程设自动喷水灭火系统，舞台葡萄架下部为严重危险Ⅱ级（采用雨淋系统），地下车库、舞台按中危险Ⅱ级设计，其余均按中危险Ⅰ级设计，自动喷水灭火系统设计用水量为 30L/s。自动喷水灭火系统采用湿式系统。除不适宜采用水消防的场所外，其他场所均设置自动喷水灭火系统，喷头的动作温度除厨房为 93℃外，其余均为 68℃。地下室等不设吊顶的场所采用直立式喷头，设有吊顶的场所采用掩蔽型喷头。每组湿式报警阀控制的喷头数不超过 800 只，本工程共设 14 组湿式报警阀组，集中设于消防水泵房内；每个报警阀组的最不利点喷头处设末端试水装置；其他防火分区、楼层均应设直径为 25mm 的试水阀。

剧场观众厅、门厅中庭等层高超过 12m 的场所，设 ZSS-25 大空间智能型主动喷水灭火装置替代自动喷水灭火系统，其给水由自动喷淋泵供给，大空间智能型主动喷水灭火装置与自动喷水灭火系统消防用水量不叠加计算。

自动喷水灭火系统由自动喷淋给水加压泵经减压后供水，其中系统底部楼层（地下室至二层）喷淋配水管入口压力超过 0.40MPa 的均设不锈钢减压孔板减压。

（四）雨淋系统

剧场舞台葡萄架下部为严重危险Ⅱ级，且建筑高度大于 12m，采用雨淋系统，设计喷水强度为 16L/(s·m²)，作用面积 260m²，其消防用水量为 70L/s。本工程舞台葡萄架下部雨淋系统分 3 个分区，每个分区设 1 组雨淋阀，共设 3 组雨淋阀。

雨淋系统由雨淋泵加压供水。

（五）防护冷却水幕系统

建筑在舞台口设置长 15.6m、高 8.5m 的防火幕，防火幕设防护冷却水幕系统，喷水强度为 0.95L/(s·m)，其消防用水量为 15L/s，火灾延续时间 3h。防护冷却水幕系统设 1 组雨淋阀。

防护冷却水幕系统由水幕泵加压供水。

（六）消防设施

在地下室设消防水池、消防水泵房，地下消防水池贮存消防水量 666m³（包括室内消火栓系统 2h 用水量、自动喷水灭火系统 1h 用水量、雨淋系统 1h 用水量和防护冷却水幕系统 3h 用水量）；设 XBD20-70-HY 消火栓泵 2 台，1 用 1 备，单台性能 $Q=20L/s$、$H=70m$、$N=22kW$；设 XBD30-110-HY 喷淋给水泵 2 台，1 用 1 备，单台性能 $Q=30L/s$、$H=110m$、$N=55kW$ 设 XBD70-80-HY 雨淋给水泵 2 台，1 用 1 备，单台性能 $Q=70L/s$、$H=80m$、$N=90kW$；设 XBD15-80-HY 水幕给水泵 2 台，1 用 1 备，单台性能 $Q=15L/s$、$H=80m$、$N=22kW$；每台消防给水泵均设试验放水阀。在整个建筑物最高楼屋顶设 18m³ 屋顶消防水箱，另在屋顶设 ZW（L）-Ⅰ-X-13 室内消火栓系统气压消防增压稳压设备 1 套，气压罐有效容积 $V=300L$，增压泵 2 台，1 用 1 备，单台 $Q=5L/s$、$H=38m$、$n=1450r/min$、$N=4kW$；设 ZW（L）-Ⅰ-Z-10 自动喷水灭火系统、雨淋系统、防护冷却水幕系统气压消防增压稳压设备各 1 套，气压罐有效容积 $V=150L$，增压泵 2 台，1 用 1 备，单台 $Q=1L/s$、$H=38m$、$n=1450r/min$、$N=1.5kW$。

（七）建筑灭火器设置

建筑物内按规范配备建筑灭火器，消防控制中心、剧场舞台和后台为 A 类严重危险级，地下车库为 B 类中危险级，变配电间为 E 类中危险级，其余部位均为 A 类中危险级。

消防控制中心、变配电室、弱电机房等场所单独配置建筑灭火器，每个配置点均设置 2 具手提式 MF/ABC5 型磷酸铵盐干粉灭火器；其余场所灭火器结合室内消火栓布置设于组合式室内消火栓箱内，地下车库、剧场舞台和后台区每个室内消火栓箱附设 3 具 MF/ABC5 型磷酸铵盐干粉灭火器，其余场所消火栓箱均附设 3 具 MF/ABC3 型磷酸铵盐干粉灭火器。严重危险级场所每个灭火器配置点最大保护距离 15m，中危险级场所每个灭火器配置点最大保护距离 20m；消火栓的布置不能满足灭火器设置要求处，在两个消火栓中间的适当部位增设一组消火栓箱。

三、工程特点及设计体会

本建筑作为具有公益特质的地方大型文化综合体，设计针对本项目具体特点确定给水排水系统的形式和方案，以建成一个技术先进、系统安全、绿色节能、以人为本的建筑，以期除了能够满足建筑的给水排水功能性要求外还可以带来良好的社会示范性效应。

（一）生活给水

本工程为地上 5 层，建筑高度 22.95m，市政给水管网供水压力为 0.35MPa，生活给水采用市政给水管网直供的分区域给水，充分利用市政给水管网压力；同时由于市政给水管网压力富余量不多，各使用单位进户总管处预留了管网叠压（无负压）供水设备及机房，管道和电源均设计到位，预留设备位置暂不安装，以确保今后城市发展造成市政供水水压降低时可以改造确保供水安全。整个项目分为文化馆、少年宫、健身中心、物业管理，各使用单位分设进户管，每家单位仅设 1 处进户管和进户总表，分别以各个不同的单位分区域设置给水管网并预留管网叠压（无负压）供水设备及机房，便于各使用单位分别管理。

根据本工程由多家社会公益性单位组成的特点，经与当地水务部门多次沟通协商，室外给水管道采用生活消防合一的给水管网，设置 2 路 DN200 进水总管并以 DN200 的管径在整个地块连成环状，供整个项目消防用水和各使用单位生活用水；考虑到本项目给水系统采用市政给水管网直供，室外采用生活消防合一管网，以加大室外给水水表和管道的管径，减小室外给水管道的水头损失，确保各使用单位生活给水的水量和水压；根据一年多的使用市政给水管网供水压力满足本项目给水要求。

（二）热水系统

根据本项目的具体特点，各使用单位热水系统分别设置并采用不同类型的热水系统。

文化馆热水用水点为剧院后台化妆间，根据其使用频率低、使用时间不规律的特点，化妆间热水采用即热式电热水器制备的局部热水系统，每个化妆间每处洗脸盆设 4kW 即热式电热水器 1 台，避免热水贮存和输送造成热量损失；健身中心的集中浴室及少年宫的集中浴室和食堂热水，均采用空气源热泵制备的集中热水系统，采用高效加热设备，充分利用自然能源，空气源热泵结合建筑物的外形特点设于设备平台。经实际运行使用，热水系统能耗较低，运行经济性好。

（三）生活排水

排水采用分流制，室内雨、污、废分流，食堂厨房含油废水与其他污废水分流，厨房含油废水经隔油处理、生活污废水经化粪池处理后排放。

根据项目人员密集、排水时段集中的特点，生活污废水均采用专用通气管系统，以确保排水安全；地下室卫生间排水采用一体化污水提升装置，每套污水提升装置均设双泵并设于地下二层专用污水泵房内，提高排水安全性，便于管理并可以较长距离提升至合适部位排至室外；食堂厨房含油废水采用新鲜油脂分离器进行处理，油脂和渣料清除方便，有效提高了卫生条件和物业品质，油脂分离器设于专用隔油间内便于日常管理。

（四）雨水排水

本工程除由于单层面积大而形成大面积屋面难以组织排水外，还有多个大面积下沉广场和相对封闭的地下开敞庭院与室内人员密集使用空间相连，若雨水排水不畅甚至进入地下室空间及相连的室内人员密集使用空间将可能带来灾难性后果，因此雨水的合理组织和安全排放也是本项目设计的重点。

本工程采取以下措施保证雨水排放安全：（1）本工程在南面和东面设有大面积下沉广场，在中央设有大面积下沉庭院，尽量避免大流量雨水排入下沉广场和庭院。大面积屋顶采用虹吸排水，长距离单面排水引至北面和西面排出室外。（2）本工程设有多个大面积下沉广场和庭院，每个下沉广场和庭院均设 2 处以上雨水泵站（雨水池），其中设于南面的 3600m² 的大型下沉广场，采用多点排水的方式，设置 3 处雨水泵站（雨水池），各处雨水泵站（雨水池）之间采用排水沟相连互为连通备用，雨水泵站（雨水池）的容积须能贮存最大雨水提升泵 10min 的水量，加大雨水池的蓄水量以调蓄极端气候下的瞬时大流量雨水，有效组织和排除下沉广场和庭院的雨水。（3）采用安全合理的雨水设计重现期。由于屋面与中央下沉庭院相连的大台阶之间没有挡水设施，大屋面雨水设计重现期采用 50 年，地下室出入口、下沉广场和庭院雨水设计重现期采用 100 年，确保雨水设计安全。（4）屋面雨水采用重力流排水和压力流（虹吸）排水相结合，小面积屋面采用重力流排水，裙房大面积屋面采用压力流排水。

本项目经过一年多的运行，屋面、平台、场地和下沉广场雨水排水顺畅，无积水现象。

（五）雨水收集处理回用系统和绿化浇洒系统

为营造绿色环保节能型建筑，本工程设雨水收集处理回用系统，处理后的雨水用于景观绿化和广场道路浇洒。本工程景观绿化和广场道路浇洒用水量为 19m³/d，雨水回收处理系统雨水收集区域为地块内西南区域，汇水面积约 7500m²，径流系数为 0.70，雨水重现期按 1 年计设计日降雨量为 57.5mm/d，初期弃流量按 4mm 径流厚度计，设计收集处理雨水量按 60m³ 相当于 3d 的绿化用水量，收集雨水经简单过滤处理后回用于绿化浇洒。

本工程设有大量屋顶和内庭院绿化，室外场地绿化、屋顶绿化和内庭院绿化浇洒用水均采用雨水收集处理回用水，室内绿化浇洒设置专用绿化浇洒给水管，绿化浇洒采用微灌、滴灌等节水型设施。

（六）以人为本的设计理念

生活给水采用分区域给水，便于不同使用单位分别计量和维护管理；地下室卫生间排水采用一体化污水提升装置，避免产生异味；食堂厨房含油废水采用油脂分离器进行处理，油脂和渣料清除方便，有效提高了卫生条件和物业品质；从设计的角度为大型文化综合体项目设备日常管理和维护提供最大的便利，体现以人为本的设计理念。

四、工程照片及附图

义乌市文化广场实景图

主入口下沉广场

观众厅

屋顶绿化及中央下沉庭院

屋顶绿化滴灌系统

设于停车位下的地埋式雨水收集处理回用设施

设于绿树丛中的雨水收集处理回用设施控制柜

健身中心浴室

设于设备平台的空气源热泵热水机组

带辅助电加热的空气源热泵热水系统贮热罐和热水循环泵

设于化妆间洗脸台下的电热水器

消防水泵房

消防水泵房报警阀布置及泵房控制室

少年宫食堂新鲜油脂分离器

室外墙壁式消防水泵接合器

义乌市文化广场鸟瞰全景

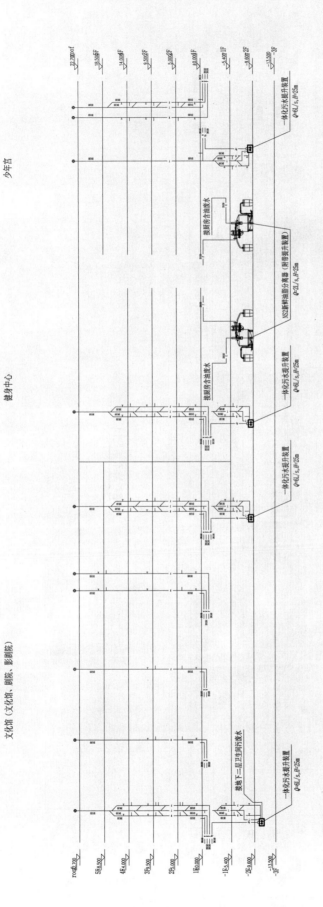

污水、废水排水系统图

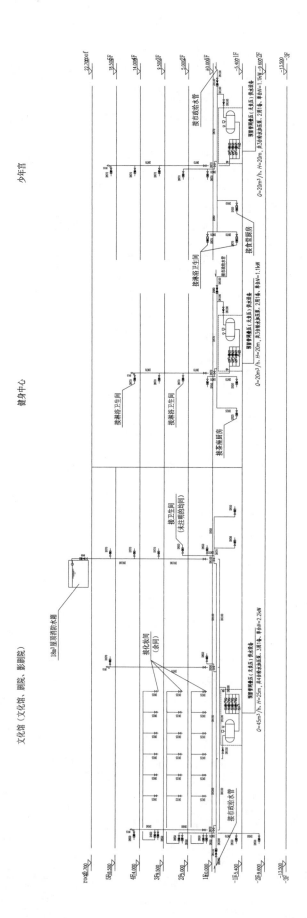

生活给水系统图

义乌市文化广场 | 745

室内消火栓系统图

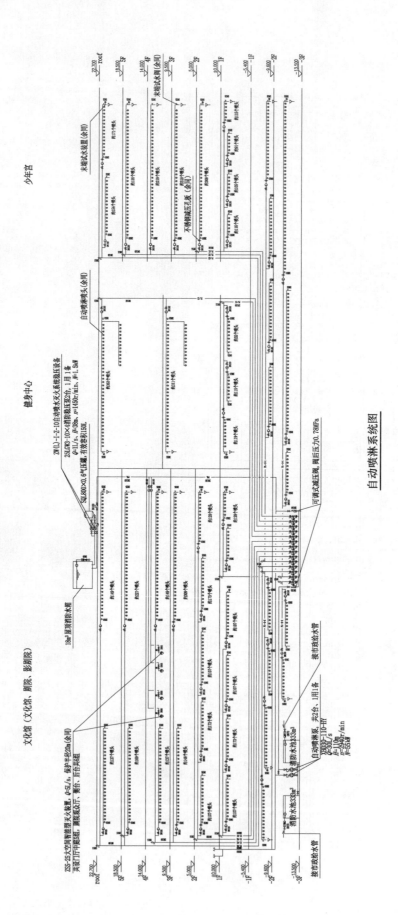

自动喷淋系统图

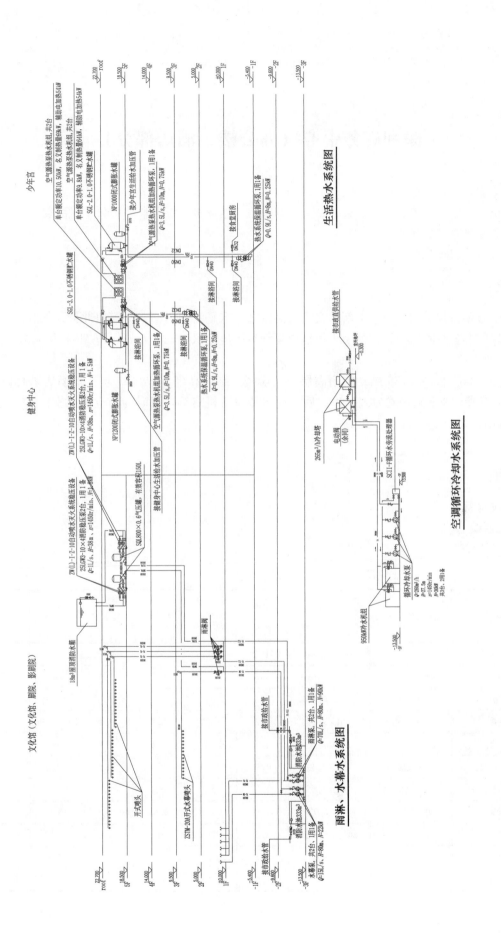

保利商务中心（办公楼、酒店部分）

设计单位： 广东省建筑设计研究院
设 计 人： 罗谨　胡耿惠　黄建达　甘云　彭康　林灿雄　李胜男　王晓楠　张伟　刘成斌
获奖情况： 公共建筑类　三等奖

工程概况：

保利商务中心项目位于佛山市东平新城文华南路以东，东平河西南面，裕河路北侧。保利商务中心是佛山新城 1 号地块的办公及酒店项目，整个 1 号地块规划净用地面积为 5.3 万 m²，容积率为 5.0，总建筑面积为 20.7 万 m²。

本项目由结构高度 250m（55 层）的超高层办公塔楼、结构高度 97m（27 层）的酒店塔楼以及 6 层裙楼、3 层地下室组成。地下室平时为汽车库、后勤用房和设备机房等，战时为防空地下室；6 层裙楼为办公大堂及酒店餐厅。

工程说明：

一、给水排水系统

（一）给水系统

1. 冷水用水量（见表 1）

冷水用水量

表 1

序号	用水名称	用水单位数	用水量标准	小时变化系数	日用水时间 (h)	用水量			备注
						平均时 (m³/h)	最大时 (m³/h)	最高日 (m³/d)	
1	办公	9000 人	50L/(人·d)	1.5	10	45	67.5	450	
2	物业管理	(50×3) 人	40L/(人·d)	1.5	8×3	0.8	1.1	6	每日分成 3 班
3	客房	602 床	400L/(床·d)	2.5	24	10	25.1	240.8	
4	中餐厅	1500 人次/d	50L/人次	1.5	12	6.3	9.4	75	
5	宴会厅	1080 人次/d	50L/人次	1.5	10	5.4	8.1	54	
6	西餐、酒吧	750 人次/d	15L/人次	1.5	16	0.7	1.1	11.3	
7	职工餐厅	1200 人次/d	20L/人次	1.5	12	2	3	24	
8	商场	200 人次/d	3L/人次	1.5	12	0.05	0.08	0.6	
9	宾馆员工	300 人	80L/(人·d)	2.5	24	1	2.5	24	
10	会议厅	450 人次/d	8L/人次	1.5	4	0.9	1.4	3.6	
11	游泳池			1.0	12	3.3	3.3	40	按池容的 8%计

续表

序号	用水名称	用水单位数	用水量标准	小时变化系数	日用水时间(h)	用水量			备注
						平均时(m³/h)	最大时(m³/h)	最高日(m³/d)	
12	桑拿	200 人次/d	200L/人次	2.0	12	3.3	6.6	40	
13	美容美发	50 人次/d	20L/人次	2.0	10	0.1	0.2	1	
14	健身	200 人次/d	20L/人次	2.0	10	0.4	0.8	4	
15	车库地面冲洗	30000m²	2L/(m²·d)	1.0	8	7.5	7.5	60	
16	绿化用水	15000m²	2L/(m²·d)	1.0	8	3.8	3.8	30	
17	冷却塔补水			2.0	24	30	60	720	
18	小计					120.55	201.48	1784.3	
19	未预见水量	按本表 1~17 项之和的 10%计				12.06	20.15	178.4	
20	合计					132.6	221.6	1962.7	

本项目最高日用水量 1962.7m³/d，最大时用水量 221.6m³/h。

2. 水源

本项目水源来自城市自来水管网，供水压力为 0.2MPa。本项目二层以下由城市自来水水压直接供水，三层及以上设二次加压供水设备供水。

3. 系统竖向分区、供水方式及给水加压设备

（1）供水单元一（办公楼）：地下二层生活水泵房内设低位生活水箱（2 个不锈钢水箱，共 120m³）和 2 台中区生活转输泵；十九层避难层生活水泵房内设中间生活水箱（2 个不锈钢水箱，共 72m³）和 2 台高区生活转输泵；四十五层避难层水泵房内设高位生活水箱（2 个不锈钢水箱，共 120m³）和一套变频调速供水设备。

1）1 区：地下三层～二层，由城市自来水水压直接供水，供水图式为下行上给。

2）2 区：三层～六层，由十九层避难层中间生活水箱重力供水（减压阀减压），供水图式为上行下给。

3）3 区：七层～十四层，由十九层避难层中间生活水箱重力供水，供水图式为上行下给。

4）4 区：十五层～二十二层，由四十五层避难层高位生活水箱重力供水（减压阀减压），供水图式为上行下给。

5）5 区：二十三层～三十一层，由四十五层避难层高位生活水箱重力供水（减压阀减压），供水图式为上行下给。

6）6 区：三十二层～四十层，由四十五层避难层高位生活水箱重力供水，供水图式为上行下给。

7）7 区：四十一层～四十七层，由四十五层避难层变频调速供水设备加压供水（减压阀减压），供水图式为上行下给。

8）8 区：四十八层～五十四层，由四十五层避难层变频调速供水设备加压供水，供水图式为上行下给。

（2）供水单元二（酒店）：地下二层生活水泵房内设低位生活水箱（2 个不锈钢水箱，共 440m³）和 3 套变频调速供水设备，分别加压供水至各区。

1）1 区：地下三层～二层，由城市自来水水压直接供水，供水图式为下行上给。

2）2 区：三层～六层，由酒店裙房高区变频调速供水设备加压供水，供水图式为下行上给。

3）3 区：七层～十四层。

4）4 区：十五层～二十层，由酒店客房高区变频调速供水设备加压供水，供水图式为上行下给。

（3）办公楼空调补水由城市自来水水压直接供给；酒店空调补水由设在酒店地下消防泵房内的空调补水

泵从酒店地下消防水池抽水供给。

4. 管材

（1）供水单元一（办公楼）：生活给水管道采用奥氏体 S30408（06Cr19Ni10）薄壁不锈钢管及薄壁不锈钢管件，$DN65$ 以下环压式或氩弧承插焊接连接，$DN65$ 及以上氩弧承插焊接连接。不锈钢管材和管件的连接均应符合《建筑给水排水薄壁不锈钢管连接技术规程》CECS 277—2010 的要求，其安装应满足《建筑给水金属管道安装（薄壁不锈钢管）》04S407-2 的要求。

（2）供水单元二（酒店）：生活给水管道采用薄壁铜管，承插焊接连接。铜管应符合《无缝铜水管和铜气管》GB/T 18033—2000 的 B 级标准要求，暗埋在墙槽内的铜管采用外覆保护壳的铜管。管径≤$DN25$ 的管道采用无铅锡铜合金焊接连接；管径＞$DN25$ 的管道采用无铅低银（2％银）磷铜焊接连接。铜管和管件应使用同一生产厂的管道和配套管件，材质应为 TP2 型，其黄铜管件的含锌量不应超过 10％，且不得含铅。

（二）热水系统

1. 热水用水量

（1）冷水计算温度为 12℃，热水出水温度为 60℃。

（2）热水用水量见表 2。

热水用水量 表 2

序号	用水名称	用水单位数	用水量标准	小时变化系数	日用水时间 (h)	用水量			备注
						平均时 (m^3/h)	最大时 (m^3/h)	最高日 (m^3/d)	
1	客房	602 床	150L/(床·d)	3.0	24	3.8	11.3	90.3	
2	中餐厅	1500 人次/d	18L/人次	1.5	12	2.25	3.38	27	
3	宴会厅	1080 人次/d	18L/人次	1.5	10	1.94	2.92	19.44	
4	西餐、酒吧	750 人次/d	5L/人次	1.5	16	0.23	0.35	3.75	
5	职工餐厅	1200 人次/d	8L/人次	1.5	12	0.8	1.2	9.6	
6	宾馆员工	300 人	40L/(人·d)	2.5	24	0.5	1.25	12	
7	会议厅	450 人次/d	2L/人次	1.5	4	0.23	0.34	0.9	
8	游泳池			1.0	12	3.3	3.3	40	热水温度 28℃
9	桑拿	200 人次/d	60L/人次	2.0	12	1.0	2.0	12	
10	美容美发	50 人次/d	12L/人次	2.0	10	0.06	0.12	0.6	
11	健身	200 人次/d	20L/人次	2.0	10	0.4	0.8	4	
12	合计					14.51	26.96	219.59	

本项目最高日热水用水量 219.59m^3/d，最大时热水用水量 26.96m^3/h。

2. 热源

（1）采用空气源热泵机组作为热水供应热源。

（2）空气源热泵热水供应系统不设置辅助热源。

（3）空气源热泵热水供应系统采用闭式循环直接换热系统。

3. 系统竖向分区

热水系统竖向分区与给水系统竖向分区一致。

4. 冷、热水压力平衡措施及热水温度的保证措施

（1）水压平衡措施

1）本项目热水系统采用干、立管循环热水供应系统。保证配水干管、立管中水温的热水供应。

2）热水系统与冷水系统分区一致，且本项目为闭式热水供应系统，系统内各区水加热器、贮热罐的进水管均由同区给水系统专管供应。本项目冷热水系统同程同源。

3）局部支管无法满足同程，设置流量平衡阀，以确保水压平衡。

（2）保温措施

除暗敷支管外，所有热水管及水加热器均采取保温措施。保温材料：室内管道采用橡塑隔热保温材料（B1级），外覆铝箔；室外管道采用聚氨酯硬质泡沫塑料，外做PVC-U管壳；水加热器及热水箱采用玻璃纤维隔热材料，外覆镀锌软钢板。保温层厚度见表3。

保温层厚度　　表3

管径 DN (mm)	热水供、回水管				热媒管、蒸汽凝结水管		水加热器
	15、20	25～50	65～100	＞100	15～50	＞50	
保温层厚度(mm)	20	30	40	50	40	50	50

5. 管材

生活热水管道采用薄壁铜管，承插焊接连接。

（三）排水系统

1. 排水系统的形式及通气管的设置方式

本工程室外排水采用分流制，即雨水、污水分流；室内排水采用粪便污水与洗浴废水分流，设专用通气管通气。

2. 采用的局部污水处理设施

（1）生活污水由建筑室外管网收集后，经化粪池处理后与生活废水一起排至市政污水管网。

（2）酒店各餐厅厨房的含油废水，经各厨房单独配置的隔油器（全封闭气浮隔油器，需满足《餐饮废水隔油器》CJ/T 295—2008的要求）进行处理达标后排至室外废水井。

3. 管材

（1）室内生活污、废水立管采用柔性接口铸铁排水管（离心铸造）及管件，排水管材及管件内外壁均须涂覆环氧树脂涂层，所有卡箍采用加强型卡箍，存水弯采用防虹吸存水弯。

（2）管井内地漏采用密闭地漏。地下室埋地重力排水管采用柔性接口排水铸铁管，承插连接。

（3）地下室潜污泵压力排水管采用内外喷塑复合钢管，沟槽式连接；管道配件公称压力不得小于1.0MPa。

（4）室内雨水管采用内外喷塑复合钢管及管件，沟槽式（卡箍）连接；办公楼部分管道及配件公称压力均不得小于2.5MPa，酒店部分管道及配件公称压力均不得小于1.6MPa；虹吸雨水系统采用防负压卡箍。

二、消防系统

（一）消火栓系统

1. 消火栓系统用水量

（1）办公楼按综合楼超高层建筑（一类建筑），室内消火栓用水量为40L/s，火灾持续时间为3h；

（2）酒店按综合楼超高层建筑（一类建筑），室内消火栓用水量为40L/s，火灾持续时间为3h。

2. 系统分区

（1）办公楼部分消火栓系统分区

按最低层消火栓处的静水压力不大于1.0MPa的原则进行分区（采用减压阀减压分区），消火栓系统竖向分为8个区：

1) 加压供水区：四十九层～五十五层（由五十五层消防泵房内消火栓泵加压供水）；

2) 重力供水一区：四十三层～四十八层（由天面消防水池重力供水）；

3) 重力供水二区：三十三层～四十二层（由天面消防水池经减压阀减压后重力供水）；

4) 重力供水三区：二十四层～三十二层（由天面消防水池经减压阀减压后重力供水）；

5) 重力供水四区：十九层～二十三层（由三十二层消防减压水箱重力供水）；

6) 重力供水五区：十二层～十八层（由三十二层消防减压水箱经减压阀减压后重力供水）；

7) 重力供水六区：地下一层～十一层（由三十二层消防减压水箱经减压阀减压后重力供水）；

8) 重力供水七区：地下三层～地下二层（由三十二层消防减压水箱经减压阀减压后重力供水）。

（2）酒店部分消火栓系统分区

按最低层消火栓处的静水压力不大于 1.0MPa 的原则进行分区（采用减压阀减压分区），消火栓系统竖向分为两个区。

1) 低区：地下二层～六层（由地下二层消防泵房内消火栓泵加压后经减压阀减压后供水）；

2) 高区：七层～二十二层（由地下二层消防泵房内消火栓泵加压后直接供水）。

3. 消火栓泵（稳压设备）的参数

（1）办公楼部分消火栓泵的选择

1) 办公楼地下二层消防泵房设置高区消防水泵接合器一级接力泵（2 用 1 备），设计参数如下：$Q=40L/s$，$H=185m$，$N=132kW$。

2) 三十二层避难层消防泵房设置高区消防水泵接合器二级接力泵（2 用 1 备），设计参数如下：$Q=40L/s$，$H=140m$，$N=90kW$。

3) 五十五层避难层消防泵房设置消火栓泵（2 用 1 备），设计参数如下：$Q=40L/s$，$H=40m$，$N=30kW$。

消火栓稳压泵（1 用 1 备），设计参数如下：$Q=5L/s$，$H=40m$，$N=5.5kW$。

（2）酒店部分消火栓泵的选择

酒店地下二层消防泵房设置消火栓泵，设计参数如下：$Q=40L/s$，$H=150m$，$N=110kW$。酒店天面消防泵房设置消火栓稳压泵（1 用 1 备），设计参数如下：$Q=5L/s$，$H=36m$，$N=5.5kW$。

4. 水池、水箱容积及位置

（1）办公楼部分水池、水箱容积及位置

四十八层～五十四层室内采用临时高压制消火栓灭火给水系统，消防泵房设在五十五层，在消防泵房设消火栓加压泵及稳压泵设备；地下三层～四十七层室内采用常高压制消火栓灭火给水系统。消防水池（$V=660m^3$，分为两格）设在天面，在三十二层避难层设置两个消防减压水箱（每个容积为 20m³）。在办公楼地下消防泵房设置一个地下消防水池（容积为 120m³）及高区消防水泵接合器一级接力泵，在三十二层避难层消防泵房设置一个消防水泵接合器转输水箱（容积为 90m³）及消防水泵接合器二级接力泵。

（2）酒店部分水池、水箱容积及位置

酒店部分室内采用临时高压制消火栓灭火给水系统。消防水池（$V=600m^3$，分为两格）设在地下二层消防泵房。在酒店塔楼天面设有高位消防水箱（有效容积为 18m³），安装高度不满足最不利点消火栓处静水压力 15m 水柱的要求，故在酒店塔楼天面消防泵房设置消火栓稳压泵设备。

5. 水泵接合器设置

（1）办公楼部分水泵接合器设置

1) 办公楼低区设置有一组水泵接合器，每组设 3 套水泵接合器。

2) 办公楼高区设置有两组水泵接合器，每组设 3 套水泵接合器。

3）地下室人防区设置有一组水泵接合器，每组设 3 套水泵接合器。

（2）酒店部分水泵接合器设置

1）酒店低区设置有一组水泵接合器，每组设 3 套水泵接合器。

2）酒店高区设置有一组水泵接合器，每组设 3 套水泵接合器。

6. 系统控制

（1）办公楼部分消火栓系统控制

1）五十五层消防泵房内的消火栓泵由设在四十八层以上各个消火栓箱内的消防泵启泵按钮和消防控制中心直接开启。消火栓泵开启后，水泵运转信号反馈至消防控制中心和消火栓处。该消火栓和该层或防火分区内的消火栓的指示灯亮。

2）当高区消防水泵接合器向地下二层消防水池供水时，开启地下二层消防泵房内低区消防水泵接合器转输泵，同时开启三十二层消防泵房内高区消防水泵接合器转输泵，将消防水转输至天面消防水池。

3）消火栓泵及消防水泵接合器转输泵在消防泵房内和消防控制中心均设手动开启和停泵控制装置。消防备用泵在工作泵发生故障时自动投入工作。灭火后，消火栓泵手动关闭。

（2）酒店部分消火栓系统控制

消火栓泵由设在各个消火栓箱内的消防泵启泵按钮和消防控制中心直接开启。消火栓泵开启后，水泵运转信号反馈至消防控制中心和消火栓处。该消火栓和该层或防火分区内的消火栓的指示灯亮。灭火后，消火栓泵手动关闭。消火栓泵在消防泵房内和消防控制中心均设手动开启和停泵控制装置。消防备用泵在工作泵发生故障时自动投入工作。

7. 管材

（1）水泵前管道：外热镀锌内涂塑钢管，普通型，沟槽式连接。管道试验压力：1.0MPa。

（2）水泵后管道及高区输水干管（减压阀前管道）：外热镀锌内涂塑钢管，加厚型，沟槽式连接。管道试验压力：2.4MPa。

（3）高区水平环形管及低区输水干管（减压阀后水平环形管）：外热镀锌内涂塑钢管，加厚型，沟槽式连接。管道试验压力：1.6MPa。

（4）消火栓立管及立管连通管：管径 $>DN100$ 采用外热镀锌内涂塑钢管，普通型，沟槽式连接；管径 $<DN100$ 采用外热镀锌内涂塑钢管，普通型，螺纹连接。管道试验压力：1.6MPa。

（二）自动喷水灭火系统

1. 自动喷水灭火系统用水量

（1）办公楼部分自动喷水灭火系统用水量：停车库按中危险Ⅱ级设计；办公室、走道按中危险Ⅰ级设计。中危险Ⅱ级喷水强度 8L/(min·m²)，作用面积 160m²，持续喷水时间 1h；最不利点喷工作压力 0.1MPa。系统设计用水量按停车库（中危险Ⅱ级）计，设计取 30L/s，灭火延续时间 1h。

（2）酒店部分自动喷水灭火系统用水量：停车库按中危险Ⅱ级设计；客房、办公室、走道等按中危险Ⅰ级设计；宴会厅按非仓库类高大净空场所设计。非仓库类高大净空场所喷水强度 6L/(min·m²)，作用面积 260m²，持续喷水时间 1h；最不利点喷头工作压力 0.1MPa（酒店客房最不利点边墙型快速反应扩展覆盖喷头工作压力 0.16MPa）。系统设计用水量按宴会厅（非仓库类高大净空场所）计，设计取 35L/s，灭火延续时间 1h。

2. 系统分区

（1）办公楼部分系统分区

本工程自动喷水灭火系统在竖向分为 5 个区：

1）加压供水区：四十九层～五十五层（由五十五层消防泵房内喷淋泵加压供水）；

2）重力供水一区：三十三层～四十八层（由天面消防水池重力供水）；

3）重力供水二区：二十一层～三十二层（由天面消防水池经减压阀减压后重力供水）；

4）重力供水三区：八层～二十层（由三十二层消防减压水箱重力供水）；

5）重力供水四区：地下三层～七层（由三十二层消防减压水箱经减压阀减压后重力供水）。

（2）酒店部分系统分区

本工程自动喷水灭火系统在竖向分为两个区：

1）低区：地下二层～六层（由地下二层消防泵房内喷淋泵加压后经减压阀减压后供水）；

2）高区：七层～二十二层（由地下二层消防泵房内喷淋泵加压后直接供水）。

3. 自动喷水灭火系统泵（稳压设备）的参数

（1）办公楼部分自动喷水灭火系统加压泵的选择

1）办公楼地下二层消防泵房设置高区消防水泵接合器一级接力泵（2用1备），设计参数如下：$Q=40L/s$，$H=185m$，$N=132kW$。

2）三十二层避难层消防泵房设置高区消防水泵接合器二级接力泵（2用1备），设计参数如下：$Q=40L/s$，$H=140m$，$N=90kW$。

3）五十五层避难层消防泵房设置自动喷水灭火系统加压泵（2用1备），设计参数如下：$Q=30L/s$，$H=40m$，$N=30kW$。喷淋稳压泵（1用1备），设计参数如下：$Q=1L/s$，$H=31m$，$N=1.5kW$。

（2）酒店部分自动喷水灭火系统加压泵的选择

酒店地下二层消防泵房设置自动喷水灭火系统加压泵，设计参数如下：$Q=30L/s$，$H=158m$，$N=75kW$。酒店天面消防泵房设置喷淋稳压泵（1用1备），设计参数如下：$Q=1L/s$，$H=39m$，$N=2.2kW$。

4. 喷头选型

（1）办公楼部分喷头选择

系统采用玻璃球喷头，闷顶喷头温级为79℃，其他部位的喷头温级为68℃。当净空高度大于800mm的闷顶和技术夹层内有可燃物时，在其内部设置直立型喷头，下部设置下垂型喷头；地下车库等不吊顶处采用直立型喷头；本建筑所有喷头均采用快速响应喷头；精装修区域有吊顶的部位采用隐蔽型喷头。

（2）酒店部分喷头选择

系统采用玻璃球喷头，厨房、洗衣房喷头温级为93℃；闷顶喷头温级为79℃；厨房排烟管道内设置喷淋，喷头温级为260℃；厨房冷库内采用下垂型干式喷头，额定温度为57℃；桑拿房采用高温型喷头，额定温度为141℃；其他部位的喷头温级为68℃。其余环境温度较高处，喷头动作温度高于最高环境温度30℃。当净空高度大于800mm的闷顶和技术夹层内有可燃物时，在其内部设置直立型喷头，下部设置下垂型喷头；地下车库等不吊顶处采用直立型喷头；酒店客房采用边墙型快速反应扩展覆盖喷头，$K=115$；布置在室内游泳池的喷头需要采用防腐涂层（镀铬）进行保护。本建筑所有喷头均采用快速响应喷头；精装修区域有吊顶的部位采用隐蔽型喷头。

5. 报警阀的设置

办公楼部分自动喷水灭火系统共设有18组湿式报警阀，酒店部分自动喷水灭火系统共设有12组湿式报警阀；报警阀进出口的控制阀采用信号阀；每个报警阀组的最不利喷头处设末端试水装置，其他防火分区和各楼层均设DN25试水阀。每个防火分区设一个水流指示器；控制阀均带启闭指示信号，该信号在消防控制室显示。系统按分区各自设置消防水泵接合器。

6. 水泵接合器设置

（1）办公楼部分水泵接合器设置

1）办公楼低区设置有一组水泵接合器，每组设3套水泵接合器。

2）办公楼高区设置有两组水泵接合器，每组设3套水泵接合器。

3）地下室设置有一组水泵接合器，每组设 3 套水泵接合器。

（2）酒店部分水泵接合器设置

1）酒店低区设置有一组水泵接合器，每组设 3 套水泵接合器。

2）酒店高区设置有一组水泵接合器，每组设 3 套水泵接合器

7. 系统控制

办公楼部分自动喷水灭火系统控制如下：

（1）当四十五层及以上楼层失火时，五十五层消防泵房内的自动喷水灭火给水加压泵可由湿式报警阀阀后压力开关启动，也可由各层水流指示器将信号传至消防控制中心，由消防控制中心启动，并应在泵房内能手动停泵。喷淋泵工作 1h 后由人工停泵，其启、停及故障信号在消防控制中心均有显示。自动喷水灭火系统喷淋加压泵及稳压设备的运行状况，应在泵房的控制盘上和消防控制中心的屏幕上均设有显示装置。

（2）当四十四层及以下楼层失火时，水流指示器动作，向消防控制中心报警，显示火灾发生位置并发出声光等信号。系统压力下降，报警阀组的压力开关动作，与此同时向消防控制中心报警，并敲响水利警铃向人们报警。

（3）当高区消防水泵接合器向地下二层消防水池供水时，开启地下二层消防泵房内低区消防水泵接合器转输泵，同时开启三十二层消防泵房内高区消防水泵接合器转输泵，将消防水转输至天面消防水池。

8. 管材

（1）水泵前管道：外热镀锌内涂塑钢管，普通型，沟槽式连接。管道试验压力：1.0MPa。

（2）水泵后管道及高区输水干管（减压阀前管道）：外热镀锌内涂塑钢管，加厚型，沟槽式连接。管道试验压力：2.0MPa。

（3）低区输水干管（管径＞DN80，减压阀后管道）：内外喷塑复合钢管，加厚型，沟槽式连接。管道试验压力：1.6MPa。

（4）高区输水干管（管径＞DN80，减压阀前管道）：内外喷塑复合钢管，加厚型，沟槽式连接。管道试验压力：2.0MPa。

（5）支管（管径＜DN80）：内外喷塑复合钢管，普通型，丝扣连接。管道试验压力：1.2MPa。

（三）大空间智能型主动喷水灭火系统

1. 系统保护范围

（1）办公楼部分：首层办公大堂、五十层观景台。

（2）酒店部分：首层门厅、首层自动扶梯。

2. 设计参数

（1）办公楼部分：按中危险 II 级设计。以首层办公大堂为标准采用标准型自动扫描射水高空水炮灭火装置进行设计。单个标准型自动扫描射水高空水炮灭火装置射水流量为 5L/s，保护半径 25m，工作压力 0.6MPa。设计流量为 40L/s，火灾持续时间为 1h。

（2）酒店部分：按中危险 II 级设计。以首层门厅为标准采用标准型自动扫描射水高空水炮灭火装置进行设计。单个标准型自动扫描射水高空水炮灭火装置射水流量为 5L/s，保护半径 25m，工作压力 0.6MPa。设计流量为 10L/s，火灾持续时间为 1h。

3. 系统设计

（1）办公楼部分系统设计

1）首层办公大堂大空间智能型主动喷水灭火系统为常高压制消防灭火给水系统，由天面的消防水池经三十二层消防减压水箱的减压阀减压后重力供水，设计流量为 40L/s。

2）五十层观景台大空间智能型主动喷水灭火系统为临时高压制消防灭火给水系统，由天面的消防水池

经五十五层消防泵房内水炮消防给水加压泵加压供水，设计流量为 20L/s。

3）大空间智能型主动喷水灭火系统的管网单独设置，按区域各自设置消防水泵接合器。

4）大空间智能型主动喷水灭火系统每个防火分区或每层均设信号阀和水流指示器，在每个压力分区的水平管网末端最不利点处设模拟末端试水装置。

（2）酒店部分系统设计

1）首层门厅、首层自动扶梯大空间智能型主动喷水灭火系统为临时高压制消防灭火给水系统，由地下二层消防泵房内消防水池经水炮消防给水加压泵加压供水。

2）大空间智能型主动喷水灭火系统的管网单独设置，设 1 套 DN100 消防水泵接合器。

3）大空间智能型主动喷水灭火系统每个防火分区或每层均设信号阀和水流指示器，在每个压力分区的水平管网末端最不利点处设模拟末端试水装置。

4．大空间智能型主动喷水灭火系统加压设备的参数

（1）办公楼地下二层消防泵房设置高区消防水泵接合器一级接力泵（2 用 1 备），设计参数如下：$Q=40L/s$，$H=185m$，$N=132kW$。

（2）三十二层避难层消防泵房设置高区消防水泵接合器二级接力泵（2 用 1 备），设计参数如下：$Q=40L/s$，$H=140m$，$N=90kW$。

（3）五十五层避难层消防泵房设置大空间智能型主动喷水灭火系统加压泵（2 用 1 备），设计参数如下：$Q=40L/s$，$H=60m$，$N=45kW$。

（四）气体灭火系统

1．系统保护范围及设计参数

（1）本工程在发电机房、日用油箱间、高低压配电房及变压器房设 S 型热气溶胶预制灭火系统。S 型热气溶胶最小灭火设计浓度 140g/m³，浸渍时间不小于 10min，喷射时间不大于 120s，喷口温度不大于 180℃。

（2）本工程在电梯机房、电话及网络机房和消防控制中心设 S 型热气溶胶预制灭火系统。S 型热气溶胶的灭火设计浓度为 130g/m³，浸渍时间不小于 10min，喷射时间不大于 90s，喷口温度不大于 150℃。

2．系统控制

（1）S 型热气溶胶预制灭火系统设自动控制和手动控制两种启动方式，并设手动控制与自动控制的转换装置。当人员进入防护区时，应将灭火系统转换到手动控制位；当人员离开时，应恢复到自动控制位。防护区内外应设手动、自动控制状态的显示装置。自动控制装置应在接到两个独立的火灾信号后才能启动。同一防护区内的预制灭火装置多于一台时，必须能同时启动，其动作响应时差不得大于 2s。

（2）每台 S 型热气溶胶预制灭火装置均应具备启动反馈功能，多台 S 型热气溶胶预制灭火装置之间的电启动线路应采用串联连接，其相互间的距离不得大于 10m。

（3）各灭火区的各种报警信号和灭火状态等有关信息必须显示在消防控制板上，并反馈到消防控制中心。

（4）系统喷射 S 型热气溶胶时，防护区用的通风机和通风管道中的防火阀应自动关闭，并关闭门窗。灭火后应通风排气。

三、工程特点

（1）本工程办公楼和酒店给水系统，地下三层～二层均使用市政直供，充分利用市政水压，满足节能要求。

（2）本工程从绿色节能方面考虑，酒店热水系统的热源采用热泵，并对空调余热进行回收和利用，设置了热回收系统。

（3）本工程办公楼为超高层，建筑高度达 250m，因考虑到超高层排水的正压影响，办公楼卫生间排水设计竖向分为两个分区排放，五层～五十五层作为一个排水分区，一层～四层作为一个排水分区。

（4）由于酒店裙房屋面相对较大，采用重力流排水较为困难，故酒店裙房采用虹吸雨水排水系统。

（5）本工程按使用功能和管理不同，办公楼和酒店消防给水系统分开独立设置。酒店的室内消火栓系统和自动喷水灭火系统采用临时高压给水系统。超高层办公楼在天面设置了有效容积为660m³的消防水池，室内消火栓系统和自动喷水灭火系统采用常高压给水系统和临时高压给水系统相合的系统。自动喷水灭火系统地下三层～四十七层室内采用高压制消防灭火给水系统，室内消火栓系统地下三层～四十八层亦采用高压制消防灭火给水系统，充分利用重力供水，即使办公楼整个消防给水系统既节能又稳定可靠。

（6）在给水系统设计中，办公楼结合避难层的设置位置进行分区，将重力供水方式与加压供水方式相结合，在保障供水安全可靠的基础上，达到节水节能的效果；酒店采用变频加压供水设备进行供水，便于配合冷热水供水压力，泵房集中设置便于管理维护。

（7）办公楼、酒店塔楼屋面雨水采用重力流排水，慎重选取屋面雨水设计重现期，雨水管材采用内外喷塑复合钢管及管件，能很好地承受因建筑高度引起的静压力，排水安全性高；裙楼屋面雨水采用压力流排水，屋面开孔少，更能使用建筑的艺术造型，排水高效且噪声小。

（8）办公楼部分除四十八层～五十四层采用临时高压消防给水系统外，其余楼层均采用高压消防给水系统，系统安全稳定运行，更大程度保障了人身财产安全。

（9）在办公楼部分的首层办公大堂、五十层观景台及酒店部分的首层门厅、首层自动扶梯设置大空间智能型主动喷水灭火系统，既满足消防安全要求，又不影响装修效果，做到消防设计也能给人赏心悦目的感觉。

（10）在本项目设计中，办公楼超高层设置避难层，避难层水箱的设置改变了结构质量的分布，改变了结构的自振频率，更好地起到抗风抗震的作用。

（11）生活热水系统采用空气源热泵作为热水供应热源，节约了电能。节能和环保是相辅相成的，产热不排放废气和有毒气体，间接保护了环境。

四、工程照片及附图

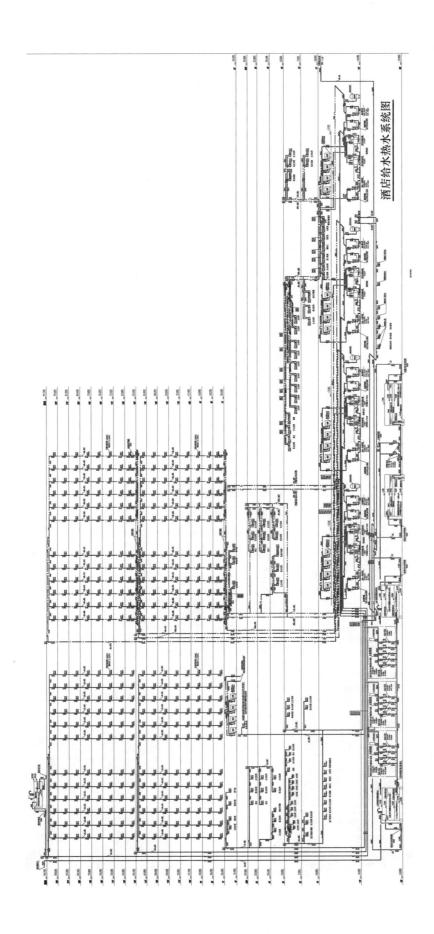

酒店给水热水系统图

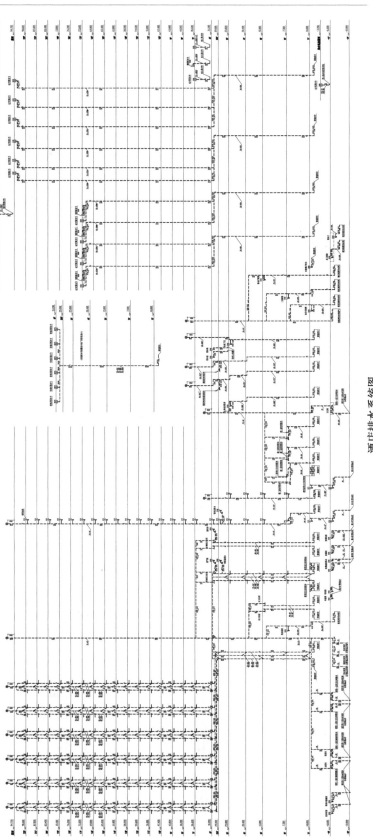

酒店排水系统图

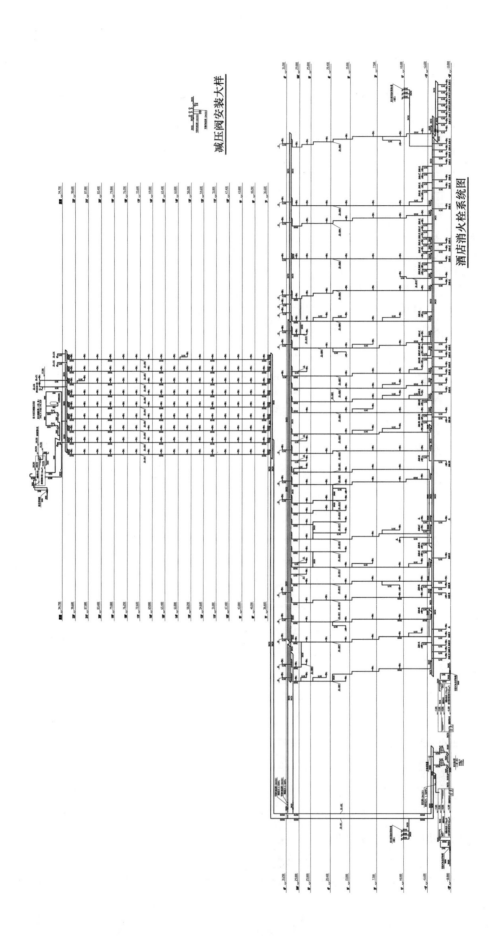

减压阀安装大样

酒店消火栓系统图

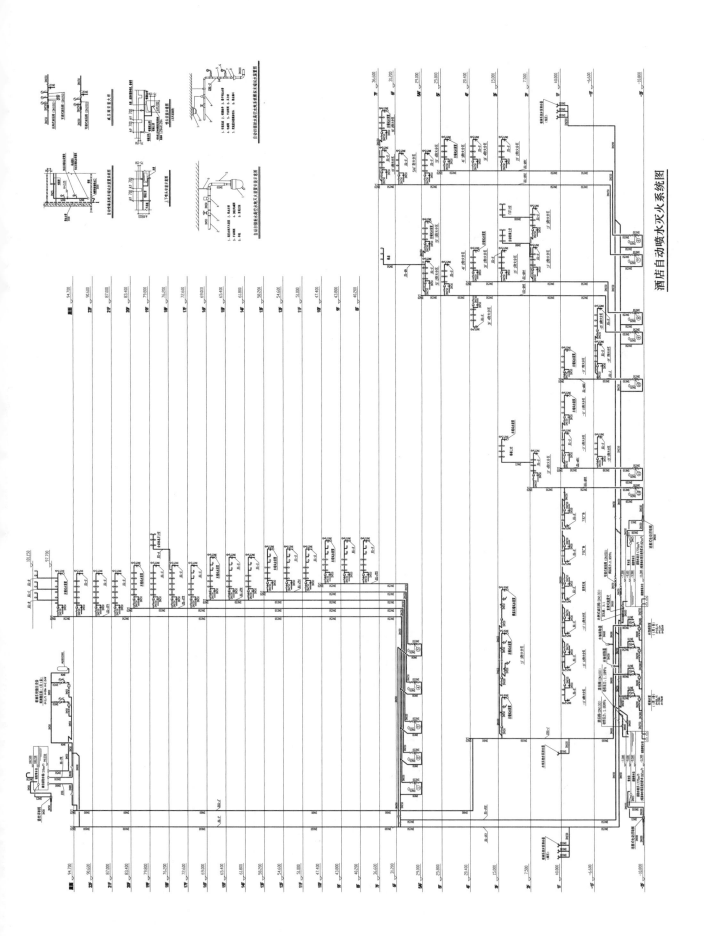

酒店自动喷水灭火系统图

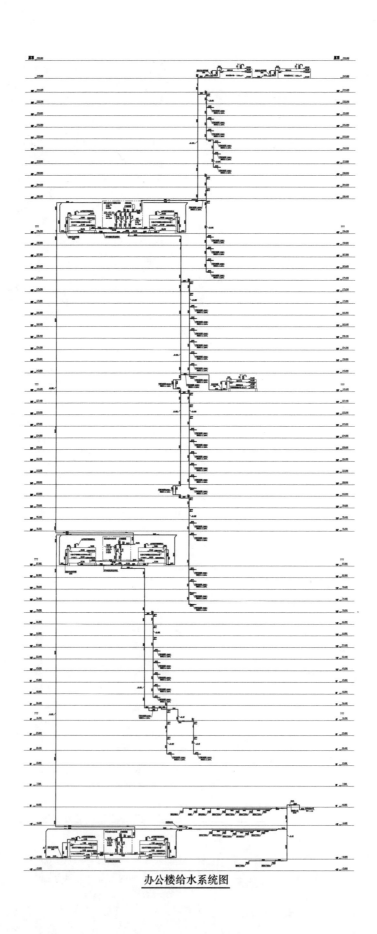

办公楼给水系统图

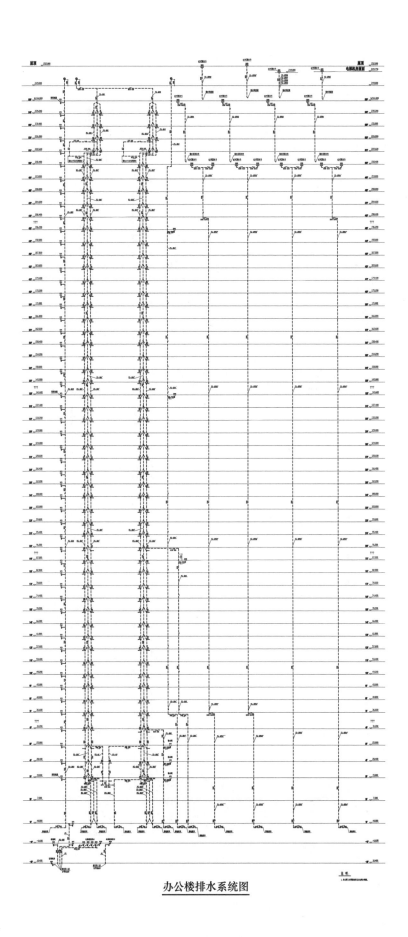

办公楼排水系统图

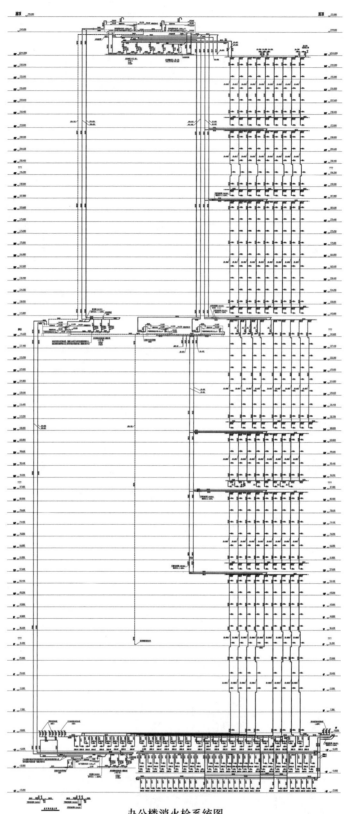

办公楼消火栓系统图

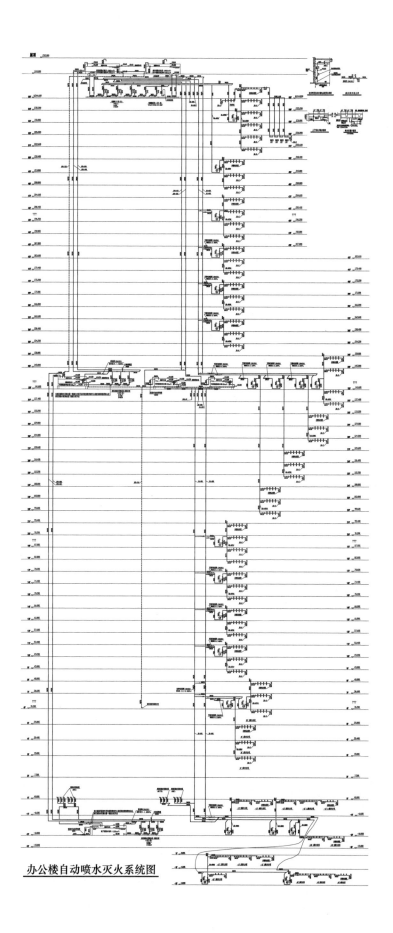

办公楼自动喷水灭火系统图

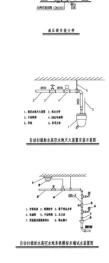

办公楼大空间高空水炮灭火系统图

宝时得中国总部项目（一期）

设计单位：启迪设计集团股份有限公司
设 计 人：刘仁猛　皇甫学斌　陈苏　孙彬　马帅
获奖情况：公共建筑类　三等奖

工程概况：

宝时得中国总部项目（一期）位于苏州新加坡工业园区。总用地面积 10.425 万 m²，总建筑面积 78121.1m²，容积率 0.82，绿化率 35％；主要含综合性办公、研发中心、文体中心、后勤楼、员工宿舍楼、门卫房等单体。其中本次申报奖项的为综合研发办公楼，地上 5 层、地下 1 层，总建筑面积约 1.9 万 m²，为办公及研发用途。

工程说明：

一、给水排水系统

（一）给水系统

1. 冷水用水量

本工程（一期所有单体）最高日用水量 241.19m³/d，最大时用水量 59.05m³/h，具体见表 1。

冷水用水量 表1

序号	用水名称	最高日生活用水定额	用水单位数	最高日用水量 （m³/d）	平均日用水量 （m³/d）	最大时用水量 （m³/h）
1	公寓	300L/（人·d）	300人	90.00	45.00	20.25
2	科研人数	50L/（人·d）	850人	42.50	34.00	7.97
3	餐厅	60L/（人·d）	100人	6.00	2.00	0.75
4	冷却塔补水	110m³/h	2％循环水量	22.00	22.00	2.20
5	水景池补水	5L/（m²·d）	1600m²	8.00	8.00	0.80
6	会议	8L/（人·d）	500人	4.00	4.00	1.50
7	绿化	1.5L/（m²·d）	23700m²	35.55	11.85	17.78
8	车辆冲洗	30L/（辆·次）	30辆	0.90	4.62	0.12
9	健身中心	50L/（人·d）	100人	5.00	5.00	0.75
10	道路冲洗	2L/（m²·d）	700m²	1.40	1.50	0.60
11	小计			215.35	137.97	52.72
12	未预见水量	12％		25.84	16.56	6.33
13	总计			241.19	154.53	59.05

2. 水源

（1）本工程给水按用途分为：厨房用水、盥洗用水、冷却塔补水、消防用水、冲厕用水、车库冲洗用水、绿化灌溉及水景补水等。冲厕用水、车库冲洗用水、绿化灌溉、冷却塔补水及水景补水等用水采用雨水回收处理后的中水；其余生活用水采用城市自来水。

（2）市政引入管为 1 路，管径为 DN150，水表井 2 座，共设 1 只 DN100 生活水表和 1 只 DN150 消防水表；市政给水管网压力按 0.20MPa 考虑。

3. 系统分区

室内生活用水（冲厕除外）二层及以下采用市政直供，三层及以上采用恒压变频加压供水；泵房内设 1 个组装式不锈钢生活水箱，贮存生活用水 40m³，水质净化设备设置在水箱旁，共设 1 套生活变频给水设备。

4. 管材

生活给水管和生活热水管均采用薄壁不锈钢管（SUS304），其管材、管件应符合现行国家标准的规定；卡压或环压连接；密封圈采用硅橡胶。

（二）热水系统

1. 热源及水量

由于本综合研发办公楼空调系统采用了地源热泵系统，为了更大限度地使用其免费热水，在本单体内设置热水机房，制备的热水供应西侧公寓、食堂和健身中心使用（热水用水量见表 2）；夏季使用空调时，由地源热泵机组 WHP-1、WHP-2 提供免费热水，其他季节由地源热泵热水机组 WHP-W-1 提供热水，地源热泵在空调最高效时提供的免费热水水温在 50℃左右，无法达到灭菌消毒的温度，故采用辅助燃气热水机组（99kW，2 台），将出水温度提高到 60℃，以保证热水水质要求。

热水用水量 表 2

区域	用水名称	最高日用水定额	日用水时间 (h)	用水单位数	平均小时耗热量 (W)	夏季均日热量（按进水 10℃）(kW/h)	小时变化系数	耗热量 (W/h)	最大时用水量 (L/h)	最高日用水量 (L/d)
公寓	人数	70L/(床·d)	24	300 床	55972	1221	3.2	179110.56	2800.13	21000
食堂	餐饮	20L/人次	10	100 人次/d	12794	116	1.5	19190.42	300.01	2000
健身中心	淋浴	25L/人次	2	100 人次/d	79960	291	3.0	239880.21	3750.18	2500
小计								438181.19	6850.32	25500
未预见水量	12%							52581.74	822.04	3060
合计										28560
小时耗热量(W/h)								490762.93		
小时热水量(L/h)									7672.36	

2. 供水方式

食堂、健身中心和公寓热水管网采用上行下给，由各自独立的热水供水泵从综合研发办公楼热水机房内的开式热水箱中取水，通过各自独立的管网泵送至食堂、健身中心和公寓；回水管末端设置温度计，当管道末端温度低于设定值时，热水管网末端电磁阀开启，管网内热水开始循环，保证管网水温在设定值。

为了保证压力平衡，冷热水均采用恒压变频供水，热水系统竖向不分区；热水出水总管上设置压力平衡阀进一步保障了冷热水的压力平衡。

（三）中水系统

1. 水源

厂区内设有人工湖一座，湖体作为整个厂区的雨水调蓄设施，其一：提供综合研发办公楼内的冲厕用水和厂区的绿化用水、车库冲洗用水、景观补水及道路冲洗用水等；其二：通过湖体水面的液位高度设定实现水量平衡，基本达到厂区内雨水零排放零补给（人工湖年补水量－0.6m³），见表3。

人工湖水量平衡表　　　　　　　　　　　表3

月份	月平均降雨量 (2006—2013) (mm)	人工湖面积 (m²)	综合径流系数	每月湖面降雨量 (m³)	每月厂区可补进湖体水量 (m³)	每月湖体用水量(蒸发、渗透、损耗等) (m³)	每月厂区中水用水量 (m³)	每月湖体需河水补充的水量 (m³)	湖面水位高度 (m)
1	61.40	13632	1.000	837.5	858.9	1669	210	182.7	2.7366
2	77.35	13632	1.000	1054.4	1081.6	1637	210	－289.5	2.7578
3	85.46	13632	1.000	1165.0	906.1	1942	210	80.6	2.7519
4	95.30	13632	1.000	1299.1	970.6	2200	210	140.1	2.7416
5	104.06	13632	1.000	1418.6	913.3	2627	210	505.5	2.7046
6	207.74	13632	1.000	2831.9	2364.7	2478	210	－2508.6	2.8886
7	149.17	13632	1.000	2033.5	1363.6	2876	210	－311.6	2.9114
8	120.86	13632	1.000	1647.6	967.3	2890	210	485.6	2.8758
9	103.92	13632	1.000	1416.6	911.3	2445	210	327.4	2.8518
10	91.59	13632	1.000	1248.6	918.7	2221	210	263.9	2.8325
11	73.10	13632	1.000	996.5	733.0	1897	210	377.7	2.8047
12	45.45	13632	1.000	619.6	635.2	1790	210	745.6	2.7500
总计	1215.40			16568.9	12624.3	26672	2520	－0.6	

2. 水量

根据表1，综合研发办公楼平均日用水量为$Q=34.00\text{m}^3/\text{d}$，冲厕用水量占日用水量的21%，则冲厕用水量$q_1=7.14\text{m}^3/\text{d}$，绿化和道路冲洗用水量占日用水量的10%，则绿化和道路冲洗用水量$q_2=3.40\text{m}^3/\text{d}$，中水用水量$Q=q_1+q_2=10.54\text{m}^3/\text{d}$。

3. 供水方式

人工湖岸边设置一座地埋式雨水处理系统，含活性炭过滤器2座（$Q=20\text{m}^3/\text{h}$）、成品清水箱1座（10m^3，本单体使用3m^3）、恒压变频供水设备1套（$Q=20\text{m}^3/\text{h}$，$H=35\text{m}$，$N=7.5\text{kW}$，2台，1用1备）；为综合研发办公楼和厂区绿化提供中水。室内中水管网采用下行上给供水方式，系统不分区，由中水恒压变频泵组供给。

4. 水处理工艺流程（见图1）

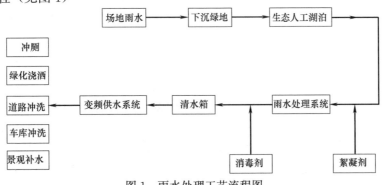

图1　雨水处理工艺流程图

5. 管材

中水给水管采用内外涂塑环氧（EP）复合钢管，丝扣或法兰连接；管道及配件的工作压力≥1.0MPa。

（四）排水系统

（1）本工程污、废水采用合流制。室内 ±0.000m 以上污废水重力自流排入室外污水管，地下室污废水采用潜水排污泵提升至室外污水管。楼内公共卫生间采用副通气立管＋环形通气管。

（2）雨水采用重力排水系统，87 型雨水斗，按 10 年一遇暴雨强度设计。

（3）污水排水管采用 PP 聚丙烯超级静音排水管，橡胶圈柔性承插连接。与潜水排污泵连接的管道、重力雨水管采用内外涂塑环氧（EP）复合钢管，丝扣或法兰连接。

二、消防系统

（一）消火栓系统及自动喷水灭火系统

消火栓系统及自动喷水灭火系统用水量见表 4。

消火栓系统及自动喷水灭火系统用水量　　　　表 4

序号	类别	消防用水量 （L/s）	火灾延续 时间(h)	贮水量 （m³）	备注
1	室外消火栓系统用水量	30	2	216	室外1路进水，消防水池 设置消防车取水口
2	室内消火栓系统用水量	15	2	108	
3	自动喷水灭火系统用水量	40	1	144	
4	消防水池总贮水量			468	实际贮存水量470m³
5	屋顶消防水箱贮水量			18	设置在屋顶最高处，并设置稳压设备

自动喷水灭火系统参数见表 5。

自动喷水灭火系统参数　　　　表 5

设置场所	净空高度 （m）	喷水强度 [L/(min·m²)]	作用面积 （m²）	火灾延续时间 （h）	设计流量 （L/s）	系统设计流量 （L/s）
地下车库	<8	8	160	1	40	40(最不利点工 作压力 0.1MPa)
办公	<8	4	160	1	22	
其他	<8	6	160	1	28	

（1）消火栓系统、自动喷水灭火系统竖向不分区，消火栓系统及自动喷水灭火系统分别设置消防泵及稳压装置。

（2）消火栓稳压设施：水泵 2 台，$Q=5$L/s，$H=30$m，$P=3.0$kW，1 用 1 备，气压罐 $V=300$L；喷淋稳压设施：水泵 2 台，$Q=1$L/s，$H=30$m，$P=1.5$kW，1 用 1 备，气压罐 $V=150$L；消火栓主泵：$Q=15$L/s，$H=65$m，$P=22$kW；喷淋主泵：$Q=40$L/s，$H=65$m，$P=45$kW。

（3）消火栓管、喷淋管等消防给水管采用热浸镀锌钢管，加压泵出口管及立管采用厚壁热浸镀锌钢管；管径≤DN70采用丝扣连接，管径≥DN80采用卡箍式机械接口。泵房内管道采用热镀锌无缝钢管，法兰连接。

（4）本工程自动喷水灭火系统，一层无围护结构区域采用预作用自动喷水灭火系统，其他区域采用湿式自动喷水灭火系统。本工程DN150湿式报警阀共3组，预作用雨淋报警阀1组，每只湿式报警阀控制的喷头数不超过800个。报警阀设置于消防泵房内。

（5）本建筑物每层各防火分区喷淋干管上设有一组水流指示器，除厨房热操作间采用93℃喷头外，其余喷头动作温度均为68℃。车库及无吊顶区域采用直立型喷头，吊顶区域采用隐蔽式喷头，无吊顶区域内＞1.2m的风管、排管及桥架下应加设一排下垂型喷头。

（二）气体灭火系统

（1）IT机房设置七氟丙烷气体灭火系统保护，采用组合分配式。七氟丙烷气体用量见表6。

七氟丙烷气体用量　　　　　　　　　　表6

防护区编号	防护区名称	面积（m²）	层高（m）	灭火剂设计浓度（%）	设计喷射时间（s）	灭火剂设计计算量（kg）	灭火剂实际用量（kg）	贮瓶数量（只）	贮瓶容积（L）	浸渍时间（min）	泄压口面积（m²）
1	IT机房	105	4.5	8	8	299.6	312	4	90	5	0.162
2	IT操作间	22.4	4.5	8	8	63.9	78	1	90	5	0.035

（2）七氟丙烷气体灭火系统具有自动启动、手动启动及机械应急启动三种控制方式。

1）自动启动

在防护区无人时，将灭火系统设置在自动控制状态。当防护区发生火情时，报警及灭火控制器接收到感温和感烟探测器同时报警，发出火警声光报警信号，同时，安装于防护区内的警铃、防护区门口的声光音响器发出声光报警信号，以提醒人员迅速撤离现场，继而联动相关设备（如防排烟阀，防火门、窗，风机，防火阀等），同时联动控制切断非消防电源，关闭空调。延时30s后，灭火控制器发出灭火指令，触发与防护区相应的电磁先导阀使气瓶阀开启，释放气体，通过气控管路打开相应的选择阀和灭火剂贮瓶瓶头阀，释放七氟丙烷气体灭火剂，实施灭火。在灭火剂开始喷放时，点亮防护区门口的气体释放门灯，直到手动消除。

2）手动启动

在防护区有人工作或值班时，灭火系统应设置在手动控制状态。当防护区发生火情时，可按下灭火控制器上的直接输出按钮，或击碎设在防护区外的手动控制盒的玻璃，按下"紧急启动"按钮，即可按上述程序启动灭火系统，实施灭火。在自动控制状态下，仍可实现手动控制。手动控制实施前，防护区内人员必须全部撤离。当发生火灾警报，在系统释放前的延时阶段，如发现有异常情况或判断火情不大，无需启动灭火系统时，可按下气体手动控制盒上的"急停"按钮，终止灭火指令的发出，阻止选择阀和瓶头阀的打开，禁止灭火剂的喷放。

3）机械应急启动

当某一防护区发生火情，但由于电源发生故障或自动探测系统、控制系统失灵不能执行灭火指令时，应立即通知所有人员撤离现场，关闭联动设备。

三、本工程创新点及心得体会

本工程虽然是多层民用建筑，但厂区建设用地内有一座体量巨大的人工湖和大面积的绿化，为项目从节水、节能角度开展各项绿色建筑设计提供了有利条件。

节能、节水与水资源利用最大化始终是给水排水设计不断追求的目标，其手段多种多样，在选择手段时应因地制宜，应了解现状自然禀赋的利用、措施方案的适用条件和布局等，不能盲目地把给水排水设计的各种措施全盘托出，或者一味地迎合规范，最后得不偿失。

这个项目高度不高、体量不大，但一样可以根据具体的项目特点做出很好的效果，不论是经济效益还是社会效益都取得了很大的收获。在科研创新方面也总结了很多的创新点。

1. 雨水零排放

通过湖体水面液位高度的设定实现水量平衡，基本达到厂区内雨水零排放零补给（人工湖年补水量$-0.6m^3$），虽然此设计较早，但和现在的海绵城市设计理念不谋而合。

2. 雨水作为中水原水

本项目为科研办公建筑，冲厕用水占办公建筑用水量的60%，故冲厕用水量的减少是办公建筑节水的重要环节，在选择中水原水上进行了比较，室内的优质杂排水水量虽然稳定，但水量不足；利用传统的雨水收集池无法满足供需时间差的矛盾，最终选择利用生态人工湖水作为中水原水，其水质好，水量供给稳定，在进行了水量平衡设计后完全能满足绿化浇灌、道路广场冲洗、景观补水、冷却塔补水及入室冲厕的全部水量需求；经多年的运行数据检测非传统水源利用率达到54.84%；和计算结果基本吻合。

3. 地源热泵免费热水的利用

空调系统采用带热回收的螺杆式地源热泵热水机组，在提供空调冷热源的同时，免费制备生活热水，实现冷空调季节全免费热水的供应。

4. 采用节水微喷灌

我国规范中规定为了更大效率的节水，要求采用滴灌的形式，这个项目绿化面积大灌木相对较少，如果严格按规范来设置滴灌将无法利用后期的割草机，而宝时得作为全球的电动工具知名生产商，不能采用自动机器人进行割草是绝对不能容忍的。

经过调研，发现市场上有一种微喷灌完全能满足滴灌的水量，还能利用水力自动隐藏喷头，有效解决了规范和业主需求的矛盾。

5. 采用雨水入渗措施

室外透水地面占比为61.62%，大面积透水地面的采用，一方面增强了雨水入渗能力，减少了雨水径流量；另一方面可有效降低场地热岛效应，改善场地微气候。

6. 经济效益

项目采用雨水回用、节水器具等节水措施后，年节约自来水$9229.904m^3$。按苏州工业园区3.1元/t的自来水费及1.6元/t的市政污水处理费计算，项目每年直接可节约水费43240元。若考虑节水增加的国家财政收入、消除污染而减少的社会损失和节省城市排水设施的运行费用等间接效益，每年可收益约3万～5万元。

7. 社会、环境效益

项目在设计之初进行了合理的水资源规划，使得节水设计做到有的放矢；同时，非传统水源的大量应用、高节水率洁具的使用，使得项目最大限度地实现节水，减少自来水应用，节约国家水资源。

四、工程照片及附图

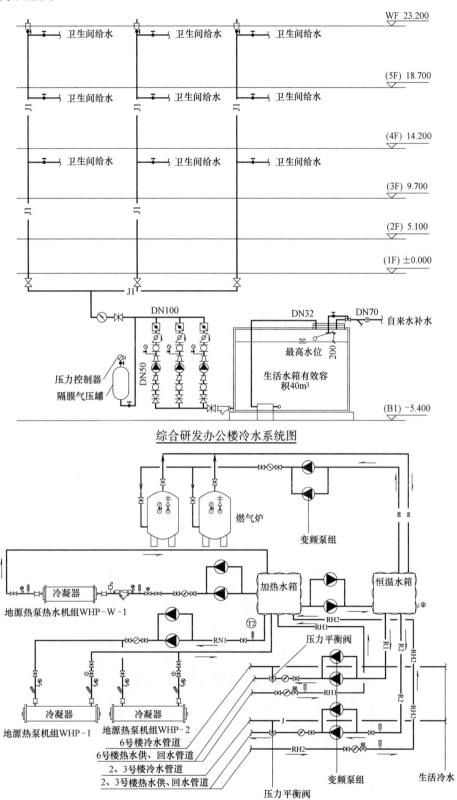

综合研发办公楼冷水系统图

热水机房系统原理图

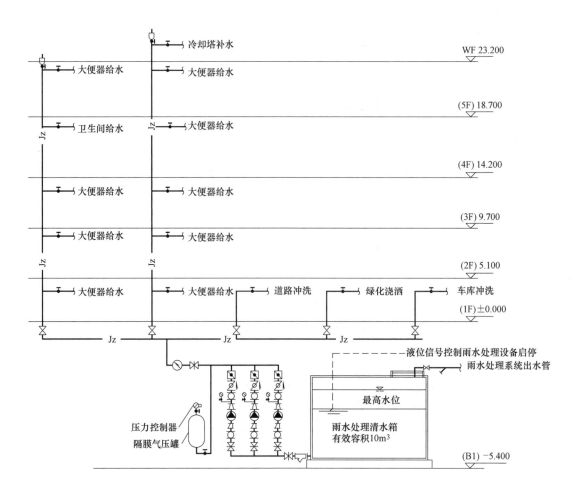

冷却塔补水

WF 23.200

大便器给水　　大便器给水

(5F) 18.700

卫生间给水　　大便器给水

(4F) 14.200

大便器给水　　大便器给水

(3F) 9.700

大便器给水　　大便器给水

(2F) 5.100

大便器给水　大便器给水　道路冲洗　绿化浇洒　车库冲洗

(1F) ±0.000

液位信号控制雨水处理设备启停
雨水处理系统出水管

压力控制器
隔膜气压罐

最高水位

雨水处理清水箱
有效容积10m³

(B1) −5.400

中水系统图

项目外立面（一）

项目外立面（二）

项目外立面（三）

下凹绿地及水景

微喷灌

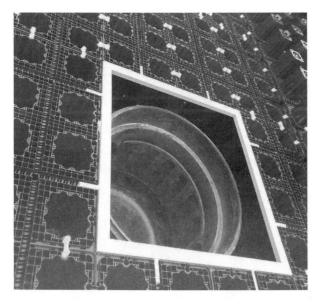

雨水处理系统——组合模块（一）

雨水处理系统——组合模块（二）

地源热泵热水机组

报警阀组

渭南市文化艺术中心

设计单位： 清华大学建筑设计研究院有限公司
设 计 人： 罗新宇
获奖情况： 公共建筑类　三等奖

工程概况：

渭南市文化艺术中心位于陕西省渭南市，包括大剧场（1200 座）、多功能厅（含非遗展示传习中心）、电影院和艺术培训办公用房等内容，建筑高度 23m，地上 4 层，地下 1 层，总建筑面积约 3.4 万 m² （地上 28417m²，地下 5525m²）。2009 年开始建设，2014 年投入运营。该项目大剧场是我国第一个秦腔剧团驻场剧场，同时能兼顾其他类别演出需要。非遗展示传习中心以 15 项国家级、102 项省级、253 项市级非物质文化遗产代表性项目名录为重点。多功能厅和艺术培训办公用房报告厅向社会开放，承办了全球第六次秦商大会，秦晋豫黄河金三角项目对接会、东秦大讲堂、渭水讲坛，市委、市政府工作会议等各种会议，艺术培训办公用房 21 个培训教室承担大量社会文艺培训任务，创收持续增加为场馆运营提供了保障，是目前国内三线城市中少有能"自我造血"的文化艺术设施。

工程说明：

一、给水排水系统

（一）给水系统

（1）冷水用水量见表 1。

冷水用水量 表 1

用水名称	用水规模(人)	用水量标准 [L/(人·d)]	小时变化系数	日用水时间 (h)	最高日用水量 (m³/d)	最大时用水量 (m³/h)
大剧场	1200	5	1.2	3	6	2.4
多功能厅及电影院	1500	3	1.5	8	4.5	0.8
艺术培训办公用房	200	30	1.5	8	6	1.1

（2）水源：市政自来水。

（3）系统竖向分区：竖向分为一个区。

（4）供水方式及给水加压设备：市政自来水直接供给。

（5）管材：衬塑钢管。

（二）热水系统

本项目未设置热水系统。

（三）中水系统

本项目未设置中水系统。

（四）排水系统

（1）排水系统的形式：污、废水合流系统。

（2）通气管的设置方式：单立管伸顶通气管。

（3）管材：柔性接口机制排水铸铁管。

二、消防系统

（一）消火栓系统

系统流量 15L/s，分为一个区。在大剧场地下设置 860m³ 的消防水池及消防泵房，在其屋顶设专用高位消防水箱，有效容积 18m³。在大剧场的地下层设置消防泵，消火栓泵的参数为 $Q=15$L/s、$H=60$m，系统设置了 2 套水泵接合器。管材为内外壁热浸镀锌钢管。

（二）自动喷水灭火系统

观众厅、休息厅、多功能厅、教室、展厅、办公、公共走廊等按中危险 I 级设计，喷水强度 6L/(min·m²)，作用面积 160m²，自动喷水用水量 16L/s，火灾延续时间 1h；舞台侧台按中危险 II 级设计，喷水强度 8L/(min·m²)，作用面积 160m²，自动喷水用水量 30L/s，火灾延续时间 1h。泵的参数为 $Q=35$L/s、$H=80$m。舞台侧台采用快速反应喷头；走道的局部采用边墙型喷头；吊顶内采用直立型喷头；其他地方采用下垂玻璃球喷头。地下层设置了 5 套湿式报警阀，系统设置了 2 套水泵接合器。管材为内外壁热浸镀锌钢管。

（三）防护冷却水幕系统

舞台主台口设置防护冷却水幕系统，喷水强度 1L/(s·m)，作用长度 16m，水幕用水量 16L/s，火灾延续时间 1h。系统设自喷水幕水泵 2 台，1 用 1 备，泵的参数为 $Q=20$L/s、$H=80$m。在舞台侧台上设 1 组雨淋阀，舞台口防火卷帘处采用水幕喷头，系统设置了 2 套消防水泵接合器，管材为内外壁热浸镀锌钢管。

（四）雨淋系统

舞台主台葡萄架下按严重危险 II 级设置雨淋系统。喷水强度 16L/(min·m²)，作用面积 600m²，雨淋用水量 160L/s，火灾延续时间 1h。在舞台侧台并联设置 2 套雨淋阀。系统设自喷雨淋水泵 3 台，2 用 1 备，泵的参数为 $Q=80$L/s、$H=80$m。舞台主台葡萄架下部采用雨淋喷头，管材为内外壁热浸镀锌钢管。

三、设计体会

（一）舞台雨淋系统作用面积

根据《自动喷水灭火系统设计规范》GB 50084—2001，舞台雨淋系统设计作用面积为 260m²，计算水量为 69.3L/s。本工程舞台主台面积为 600m²，超过了规范要求的保护面积。设计中综合比较分区喷洒和整个舞台同时喷洒的水量，确定把安全因素放在首位后，故按舞台同时喷洒设计，系统水量为 160L/s。

（二）天桥处消火栓设置

本设计在舞台上方 8.5m、14.5m 及 21m 处的天桥处没有设置消火栓。施工图设计时考虑到天桥处在没有火灾的情况下，在里面行走通过尚且困难，如果发生火情，即使消防人员也很难使用消火栓和把水龙带敷设开来，所以没有设置消火栓。但是消防验收时根据规范和消防局意见，此处增设了消火栓。

四、工程照片及附图

大剧场观众厅

总图

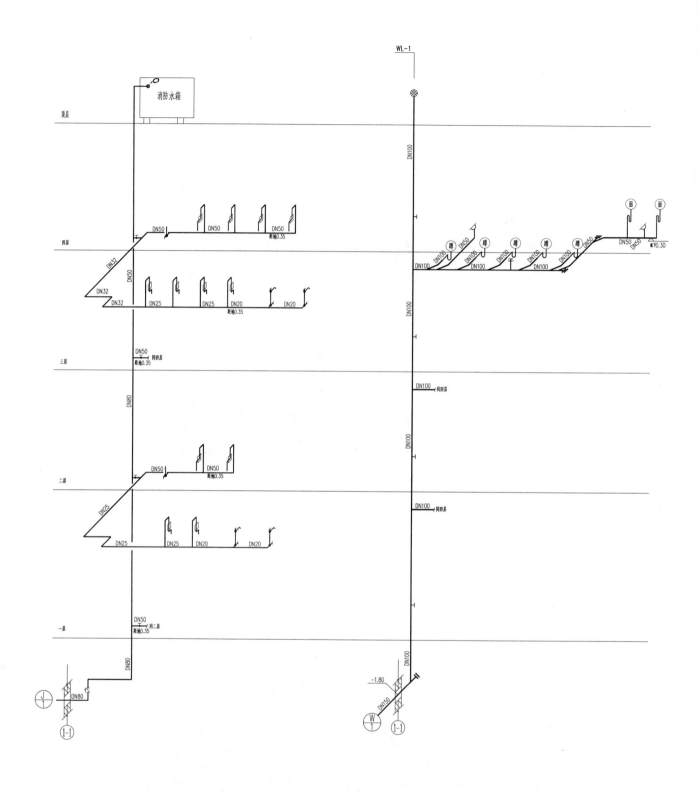

给水系统原理图　　　　　　　　　　　　排水系统原理图

备注：此图非通用图示

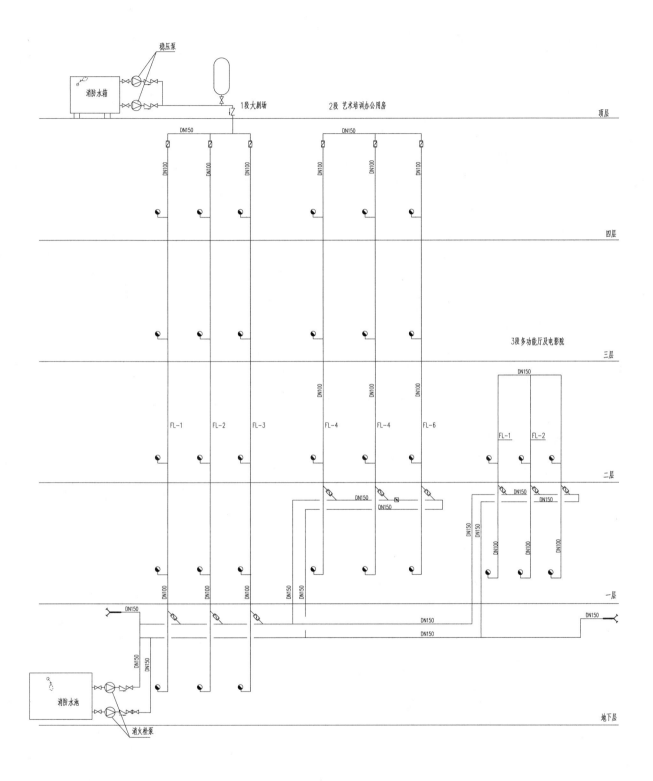

消火栓系统原理图

备注：此图非通用图示

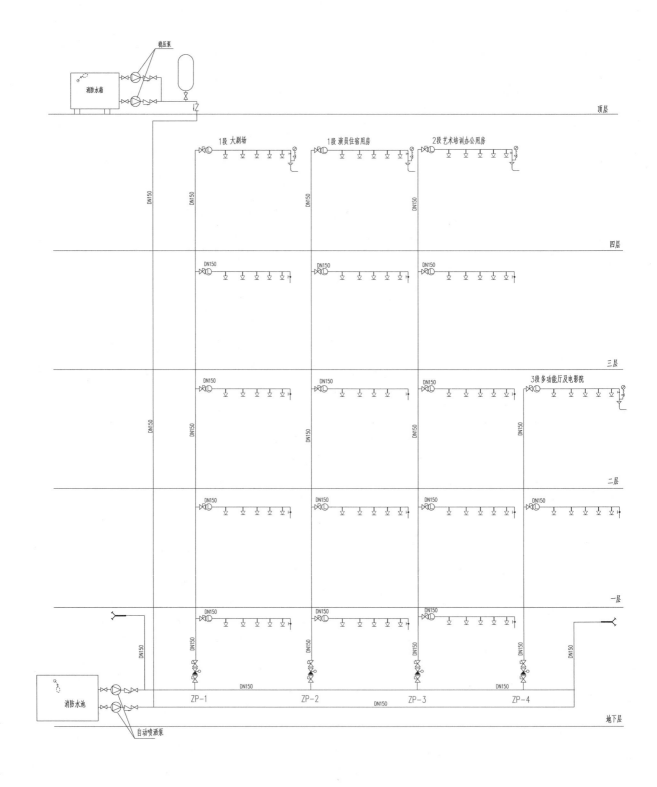

自动喷水灭火系统原理图

备注：此图非通用图示

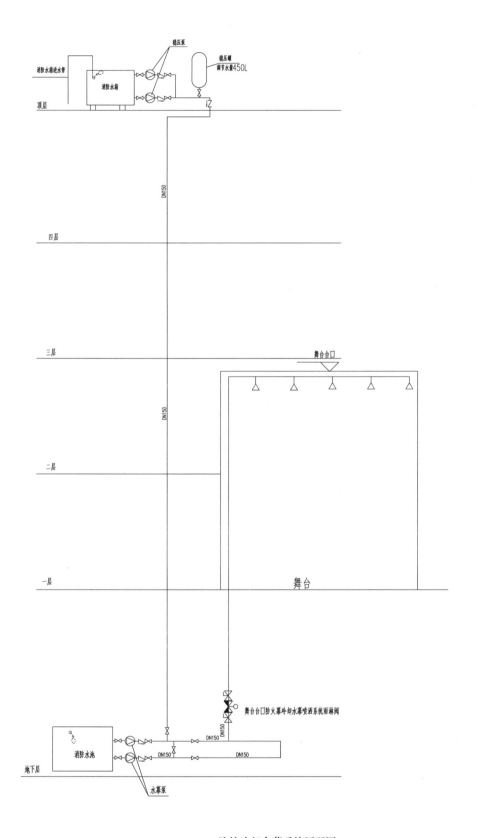

防护冷却水幕系统原理图

备注：此图非通用图示

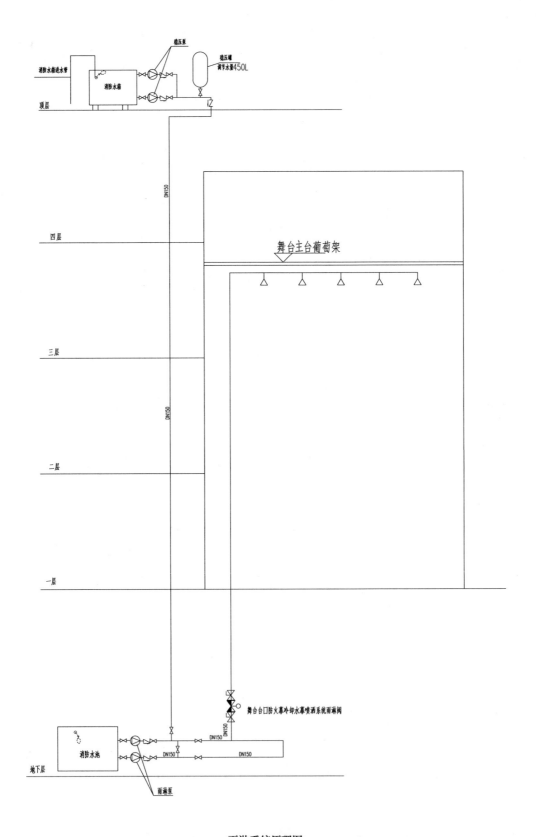

雨淋系统原理图

备注：此图非通用图示

崇左国际大酒店

设计单位： 南宁市建筑设计院

设 计 人： 韦峰　张建治　李彩霞　吴恒　覃宁　刘建文　韦宁　杜宁

获奖情况： 公共建筑类　三等奖

工程概况：

本项目位于崇左市友谊大道与丽川路交叉路口的南面，北面为市财政局办公用地及房地产用地，东面及南面为市国税局办公用地，西面是友谊大道。酒店主楼建筑面积 45069.34m²，地上 23 层，地下 1 层，建筑高度约为 93.3m。酒店有客房 300 间，行政套间 20 间，配套的包厢 19 间，另外还有总统套房 1 套；4 层裙房作为酒店的公共服务设施及酒店餐饮、休闲及会议等配套设施；地下一层一部分作为酒店后勤用房，其中一部分作为机电设备用房，一部分则作为地下车库。本项目是按当地最高级的五星级酒店标准要求设计的。

工程说明：

一、给水排水系统

（一）给水系统

（1）冷水用水量见表 1。

冷水用水量 表 1

序号	用水名称	用水单位数	最高日用水定额	日用水时间（h）	小时变化系数	最高日用水量（m³/d）	最大时用水量（m³/d）
1	客房	714 床	400L/(床·d)	24	2.5	285.6	29.75
2	酒店员工	30 人	90L/(人·d)	8	2	2.7	0.68
3	办公	150 人	50L/(人·d)	8	1.5	7.5	1.41
4	餐饮	200m²	50L/(m²·d)	12	1.5	10	1.25
5	绿化及道路浇洒用水	22000m²	2L/(m²·d)	8	1	44	5.5
6	未预见水量（按最高日用水量的15%计）			24	1	52.47	2.19
7	总计					402.27	40.78

（2）从市政给水管网引入两根 de250 供水管在本小区室外形成环状管网，供本工程生活及消防用水，市政给水管网最低供水压力 0.25MPa。

（3）市政给水管网最低供水压力 0.25MPa，据此，本小区生活给水系统分为 6 个区供水。其中，1 区为二层及二层以下，2 区为三层～八层，3 区为九层～十二层，4 区为十三层～十七层，5 区为十八层～二十二层，6 区为二十三层（总统套房层）。

（4）供水方式及给水加压设备：1区用水由室外市政给水管网直接供给；2～6区用水由天面生活水箱供给。其中2～4区用水由天面生活水箱经减压阀减压后供给，5区用水由天面生活水箱（无需减压）直接供给，6区仅为二十三层总统套房，设变频恒压给水设备供水。二次加压给水系统由地下室生活水池＋生活工频泵＋天面生活水箱联合供给。

（5）生活给水管采用钢丝网骨架塑料（聚乙烯）复合管、薄壁不锈钢管。

（二）热水系统

（1）热水用水量见表2。

热水用水量

表 2

序号	用水名称	用水单位数	用水定额	日用水时间(h)	小时变化系数	最高日用水量 (m³/d)	最大时用水量 (m³/h)
1	客房	714床	160L/(床·d)	24	2.94	114.24	13.99
2	员工	30人	40L(人·d)	24	2	1.2	0.1

（2）本工程天面层设置太阳能加空气能辅助全日供应热水系统，当空气温度小于10℃时，启动电辅助加热。热水箱（有效容积120m³）位于天面，设在天面冷水箱旁边。根据甲方要求，太阳能＋空气源热泵热水机组（含热水箱、加压设备等）的设计、安装由甲方自行解决，不在本设计范围。

（3）热水系统的竖向分区同冷水系统竖向分区一致，在2～6区采用集中供应热水系统。

（4）为了保证冷热水系统压力平衡，使用稳定、舒适，采取了如下技术措施：1）冷、热水箱设在天面水箱间，保证冷、热水供水系统同分区、同水源。2）各分区的回水管采用同程布置的循环系统，使配水及循环流量分配更加均匀。3）合理设计供、回水管管径，控制管内流量、流速。4）2～5区的生活用水利用天面热水箱直接供给，保证供水压力稳定；6区的生活用水采用变频供水设备供给，保证独立性和特殊性效果。

（5）热水系统的管道采用薄壁不锈钢给水管。

（三）生活排水系统

（1）生活排水系统采用污、废水合流，重力流方式通过隔油池或化粪池后排入市政污水管网。

（2）主楼卫生间排水管采用专用通气立管的双立管排水系统，裙房卫生间排水管采用伸顶通气管的单立管排水系统。

（3）三层的厨房设3套悬挂式隔油器，室外设置一个GG-201Ⅰ型钢筋混凝土隔油池，对厨房排水进行有效隔油处理；室外设置两个13-100GSQF化粪池，对生活污水进行初步处理。

（4）主楼生活排水系统采用柔性接口机制排水铸铁管，裙房和地下室重力流排水系统采用PVC-U排水管，室外埋地≥DN200的排水管采用环刚度为S8的增强复合聚丙烯（FRPP）双壁加筋排水管。

（四）雨水排水系统

（1）雨水排水系统与生活排水系统分流，建筑屋面雨水通过雨水斗收集后，经雨水立管排入雨水管网。

（2）屋面雨水排水工程与溢流管的总排水能力不小于50年重现期的雨水量。暴雨强度公式为 $q=10500(1+0.707\lg P)/(t+21.1P^{0.119})$。屋面雨水排水管道的排水设计重现期按 $P=3$ 年设计。天面及露台均设置溢流管，溢流管设置在雨水斗上方，管径为 $de160$，管伸出外墙50mm，溢流管底部高于隔热层面50mm。任何情况下雨水不能流入楼梯间和房间。

（3）主楼的天面雨水排水系统采用柔性接口机制排水铸铁管，裙房雨水排水系统采用PVC-U排水管，室外埋地≥DN200的排水管采用环刚度为S8的增强复合聚丙烯（FRPP）双壁加筋排水管。

二、消防系统

(一) 消火栓系统

(1) 水消防用水量见表3。

水消防用水量　　　　　　　　　　　表3

序号	消防系统名称	消防用水量(L/s)	火灾延续时间(h)	一次灭火用水量(m³)	备注
1	室内消火栓系统	40	3	432	由消防水池提供
2	自动喷水灭火系统	30	1	108	由消防水池提供
3	室外消火栓系统	30	3	324	由城市管网提供
4	合计			864	

(2) 室外消火栓系统用水由城市自来水直接供给,室外布置6个室外消火栓,保证建筑物扑救面一侧的室外消火栓数量不少于2个。

(3) 室内消火栓系统分为2个区:十三层及十三层以下为低区,由设于十三层的减压阀组减压后供水;十四层～二十三层为高区,由设于地下室的消火栓加压泵直接供水。各分区管网均成独立的环状布置,火灾发生时可通过设置于消火栓箱内的启动按钮直接启动消火栓加压泵,也可在泵房或通过消防控制中心指令启动消火栓加压泵。

(4) 室内消火栓系统采用临时高压给水系统,按一类高层公共建筑进行防火设计,火灾延续时间为3h,每根立管最小流量为15L/s。灭火水枪的充实水柱按13m设计,最不利点消火栓的栓口压力不小于0.24MPa。灭火时栓口出水水压大于0.5MPa时采取减压措施,消火栓间距保证任何着火点同层有两股水柱同时到达。系统设泄压阀防止超压。

(5) 消防水池、加压泵房设置在地下室。地下室消防水池有效容积为540m³,分为两格,室内消火栓水泵参数:$Q=40\text{L/s}$,$H=1.40\text{MPa}$,$N=90\text{kW}$,1用1备,共2台。

(6) 在屋顶层上设置天面消防水箱,其有效容积为18m³,最低有效水位高度保证最不利点消火栓的栓口静水压力大于0.07MPa。

(7) 室外按高、低区各设置3组水泵接合器。

(8) 室内消火栓管道采用加厚热镀锌钢管,公称压力为1.6MPa。

(二) 自动喷水灭火系统

(1) 自动喷水灭火系统的总用水量为108m³,详见表3。自动喷水量按30L/s设计,喷淋时间为1h。

(2) 自动喷水灭火系统采用临时高压给水系统,分为2个区:十四层及十四层以下为低区,由设于地下室的喷淋加压泵减压后供水;十五层～二十三层为高区,由设于地下室的喷淋加压泵直接供水。

(3) 自动喷水灭火系统与室内消火栓系统共用消防水池、加压泵房。自动喷水灭火系统的水泵参数:$Q=30\text{L/s}$,$H=1.40\text{MPa}$,$N=75\text{kW}$,1用1备,共2台。

(4) 在天面消防水箱旁设喷淋系统稳压设备ZW(L)-Ⅰ-Z-10(乙型)。

(5) 地下车库的火灾危险等级按中危险Ⅱ级考虑,设计喷水强度8.0L/(min·m²),作用面积160m²。其他部位按中危险Ⅰ级布置喷头。本建筑除游泳池、建筑面积小于5.00m²的卫生间和不宜用水扑救的部位外,均设自动喷水灭火系统。喷头公称动作温度为68℃(厨房为93℃)。地下车库设直立型、下垂型闭式玻璃球喷头;客房卧室采用吊顶型闭式玻璃球喷头;地上各层其他部位按有吊顶设置采用吊顶型闭式玻璃球喷头。

（6）自动喷水灭火系统共设 7 组湿式报警阀组，其中 2 组为高区报警阀组设在天面，5 组为低区报警阀组设在地下一层。

（7）高、低区系统在室外各设置 2 组水泵接合器。

（8）自动喷水灭火系统管道采用加厚热镀锌钢管，公称压力为 1.6MPa。

（三）气体灭火系统

（1）地下室柴油发电机房和变配电房采用 S 型热气溶胶预制灭火系统。

（2）S 型热气溶胶灭火剂设计浓度为 140g/m³。同一防护区内灭火装置同时启动，且其动作相应时差不大于 2s。

（3）S 型热气溶胶预制灭火系统具有自动、手动两种操作方式，当气体灭火控制器接收到防护区内两种独立报警信号时，控制器输出高压 100V 左右的直流电，使灭火剂贮瓶动作，S 型热气溶胶经短管、喷嘴施放到防护区内，防护区内的门灯点亮，避免人员误入。同时控制器接收到压力信号器反馈信号，控制器面板喷放指示灯亮。手动控制状态下，当防护区发生火警时，控制器只发出报警信号，不输出动作信号，由值班人员确认火警后，按下防护区外的手动启动按钮，即可启动该装置，喷放 S 型热气溶胶。防护区内应配备专用的空气呼吸器或氧气呼吸器。

（四）灭火器配置

本工程按严重危险级别配置灭火器，其中地下室变配电房及发动机房设置若干 MFT/ABC20 手推车灭火器，每个室内消火栓柜内设置 3 个 MF/ABC5 干粉磷酸铵盐灭火器，其他灭火器箱内设置 3 个 MF/ABC5 干粉磷酸铵盐灭火器。

三、设计特点介绍

（一）给水系统

（1）本项目最低水压为 0.25MPa，针对高级酒店的用水水压标准、用水时间和用水规律，二次加压给水方式采用上行下给的地下室生活水池＋生活工频泵＋天面生活水箱联合供水方式，并通过适当抬高天面生活水箱的措施，直接满足 2～5 区用水点的压力，仅 6 区总统套房用水需要在屋顶设增压泵。其中 2～4 区用水由天面生活水箱经减压阀减压后供给，5 区用水由天面生活水箱直接供给，6 区仅为二十三层总统套房，设变频恒压给水设备供水。与目前流行的全变频恒压给水系统相比，本给水方式用水点压力更加稳定、总投资更节约、运行更加节省能耗。

（2）二次加压给水系统中，生活水池、水箱、水泵均采用不锈钢材质，环保卫生。生活水池有效容积按最高日用水量的 20% 左右设计，生活水箱的调节容积按稍大于最大时用水量的 50% 设计，使水池、水箱水停留时间不超过 48h，保证生活用水水质要求。通过合理的给水系统分区，保证各用水点压力不大于 0.3MPa，在保证使用效果的前提下有效节水。各用水点设水表计量，方便节水管理。

（二）热水系统

崇左市为夏热冬暖地区，天面设置太阳能加空气能辅助全日制供应热水系统，充分利用可再生能源。

（1）本工程最高日热水（60℃）用水量为 114m³/d，最大时热水用水量为 14m³/h，设计小时耗热量为 814kW。天面水箱间贮存热水 120m³，热水箱出水温度为 60℃。

（2）生活热水系统的给水分区与冷水系统相同。除二十三层分区外，其他分区设循环泵（1 用 1 备），循环泵的启、闭由循环泵前的热水回水管上的电接点温度计自动控制：开泵温度为 50℃，停泵温度为 60℃。二十三层分区的回水管在水箱间内设置电动阀，该电动阀的启、闭由该阀前的热水回水管上的电接点温度计自动控制：开阀温度为 50℃，关阀温度为 60℃。

（3）为了保证冷热水系统压力平衡，使用稳定、舒适，采取了如下技术措施：1）冷、热水箱设在天面水箱间，保证冷、热水供水系统同分区、同水源。2）各分区的回水管采用同程布置的循环系统，使配水及循环流量分配更加均匀。3) 合理设计供、回水管管径，控制管内流量、流速。4) 2~5 区的生活用水利用天面热水箱直接供给，保证供水压力稳定；6 区的生活用水采用变频供水设备供给，保证独立性和特殊性效果。

（三）生活排水系统

（1）采用室内污、废水合流排水方式，而且雨、污水分流排水方式，并设计化粪池、隔油池等初级处理设施，生活污水经化粪池处理后排往室外的污水管网，酒店厨房废水经隔油设施处理后重力流排往室外的污水管网。

（2）室内生活排水系统采用双立管排水系统等措施，设置专用通气立管，每层与排水立管相接，加大排水能力，彻底消除水封破坏的问题；采用机制排水铸铁管和设置专用管道井方式，达到有良好的消声效果。地下部分废水采用集水坑＋潜水泵提升排放。

（四）雨水系统

（1）本项目于 2010 年 8 月开始设计，没有按绿色建筑进行设计，而且崇左市水资源较为丰富，人均拥有可利用水量 3800m^3，气候湿润，雨量充沛，河系发达，河流众多，流域集水面积在 200km^2 以上的河流有左江、明江、黑水河、驮卢河等 31 条，属于不缺水的城市，而且雨水回收利用技术在实际效果上仍存在若干问题，因此根据业主要求，本项目没有设雨水回收利用措施。

（2）本项目的场地基本平整，西低东高，南北地面标高基本一致，因此本项目的雨水是从东往西排，用重力流方式最终排入西边的市政道路雨水接纳点。屋面雨水按 3 年重现期设计，结合溢流系统有不小于 50 年重现期的雨水排水能力；室外场地雨水按 3 年重现期设计，通过道路雨水口、各单体沉砂井收集雨水排入室外雨水管网。地下室入口的汽车坡道设雨水排水设施，通过潜水泵的压力流排放到室外雨水管网，按 50 年重现期设计。

（五）消防部分

（1）由市政给水管提供两路 de250 引入管，在小区内连成环管。其中室内消火栓系统用水量为 40L/s，室外消火栓系统用水量为 30L/s，自动喷水灭火系统用水量为 30L/s。室外设置室外消火栓以及消火栓系统和自动喷水灭火系统的水泵接合器。室内消火栓系统和自动喷水灭火系统采用临时高压消防给水设计，满足 3h 室内消火栓系统用水量、1h 自动喷水灭火系统用水量和水压要求。

（2）在地下室设置有效容积 540m^3（分两格）的消防水池和加压泵房，在天面设置有效容积 18m^3 的高位消防水箱，通过适当抬高天面消防水箱最低有效水位满足最不利点消火栓栓口静水压力 0.07MPa。由于天面消防水箱满水水面标高超过 100m，因此，室内消火栓系统通过减压阀减压分两个区布置管路，分区部位在十三层。十四层及其以上为高区，其余为低区。自动喷水灭火系统也分两个区，十五层及其以上为高区，十四层及其以下为低区，通过减压阀减压分区。室内消火栓系统和自动喷水灭火系统的水泵接合器均按分区分别设置并有显著标识。

（3）本工程按严重危险级别配置灭火器，其中地下室柴油发电机房和变配电房设置若干 MFT/ABC20 手推车灭火器，每个室内消火栓柜内设置 3 个 MF/ABC5 干粉磷酸铵盐灭火器，其他灭火器箱内设置 3 个 MF/ABC5 干粉磷酸铵盐灭火器。地下室柴油发电机房和变配电房采用 S 型热气溶胶预制灭火系统。

（六）其他绿色、节能、环保措施

（1）采用优质阀门，有效防止阀门渗漏。

（2）公共卫生间采用红外感应冲洗设备及脚踏开关，对于节约水量和防止交叉卫生污染起到很大作用；所有水龙头均要求采用陶瓷芯片水龙头，并且大便器配套冲洗水箱采用冲水量不大于 6L/次，起到良好节水效果。

（3）采用倒流防止器和带防污器的自闭式冲洗阀，有效防止回流污染。

四、工程照片及附图

崇左国际大酒店正立面实景图

崇左国际大酒店大堂

地下室管道

湿式报警阀组

天面水箱间及稳压设备

屋面空气源设备

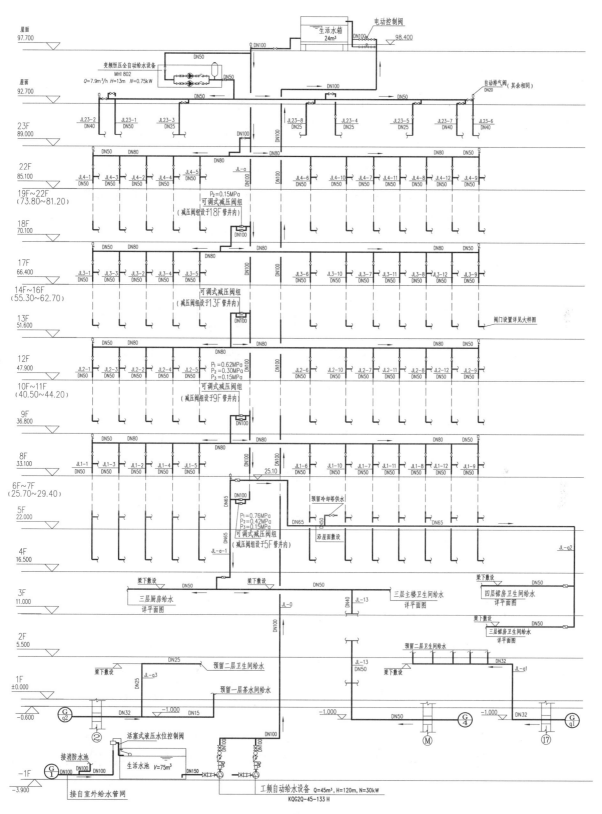

冷水给水系统图

1、所有给水横干管均在梁下敷设。
2、阀门设置详见大样图。

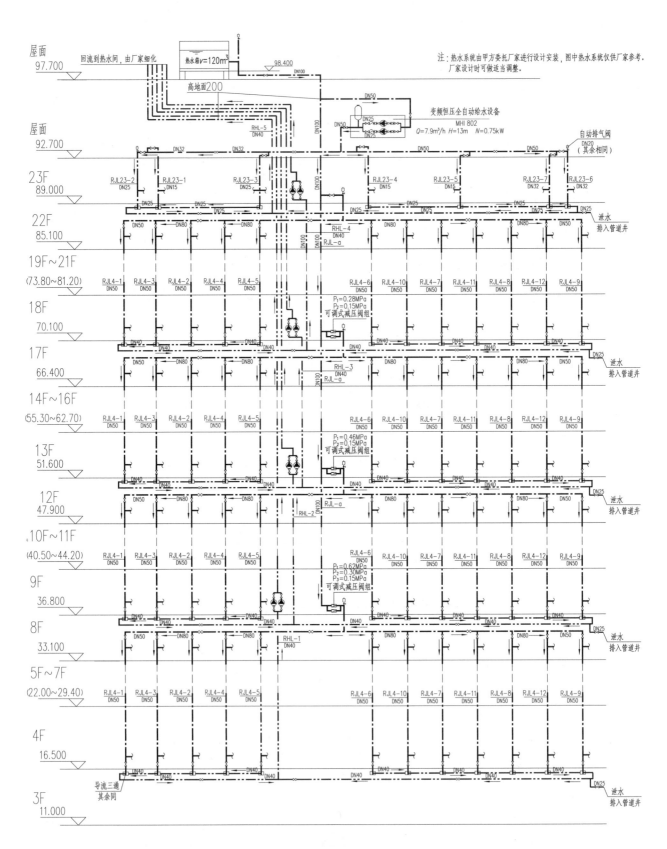

热水系统图

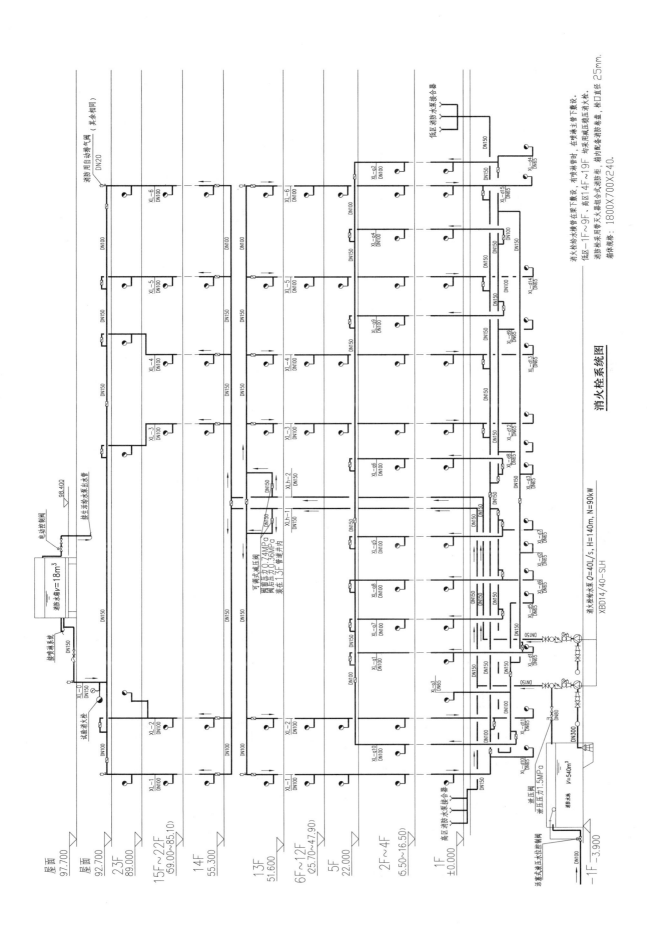

消火栓系统图

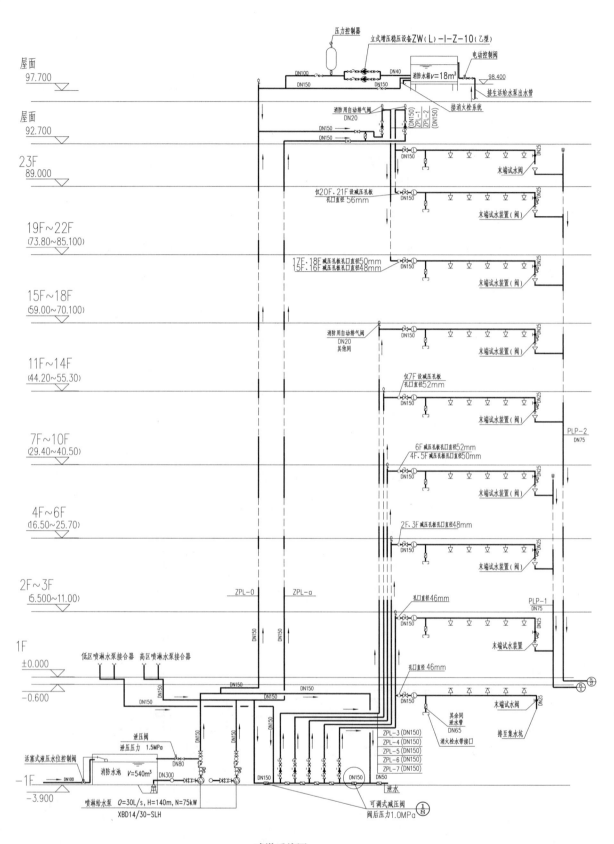

喷淋系统图

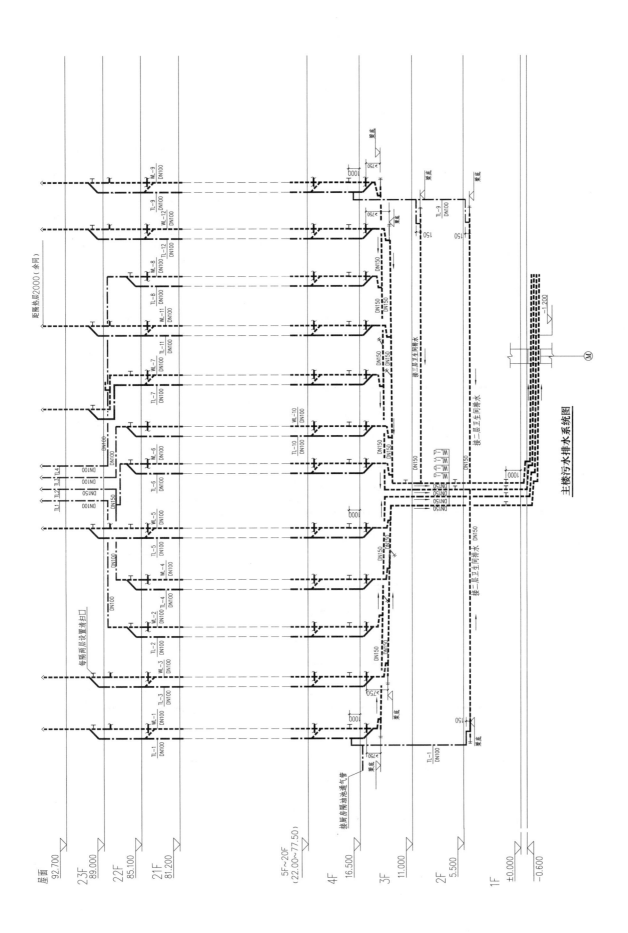

主楼污水排水系统图

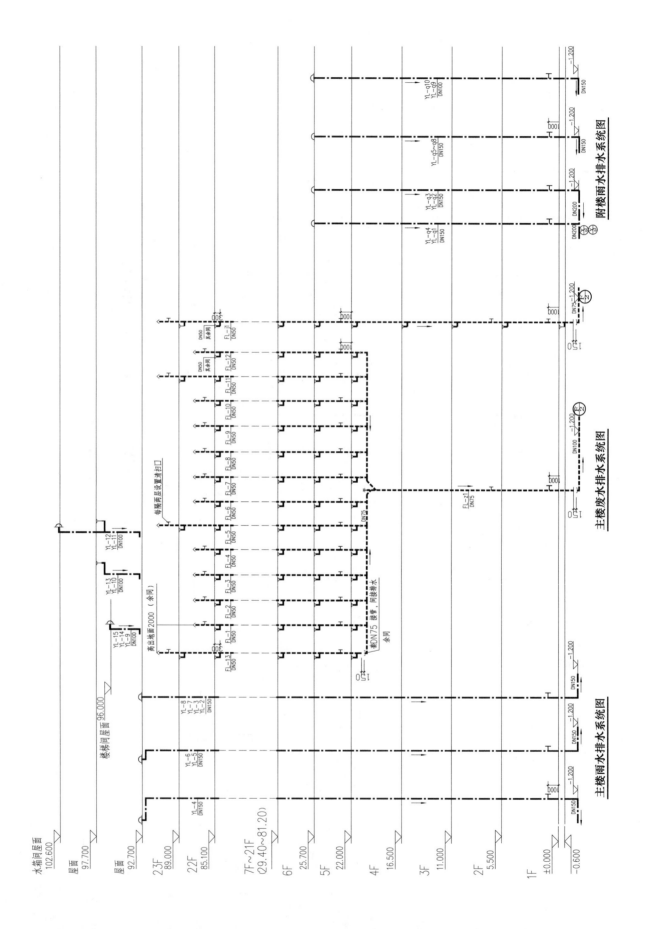

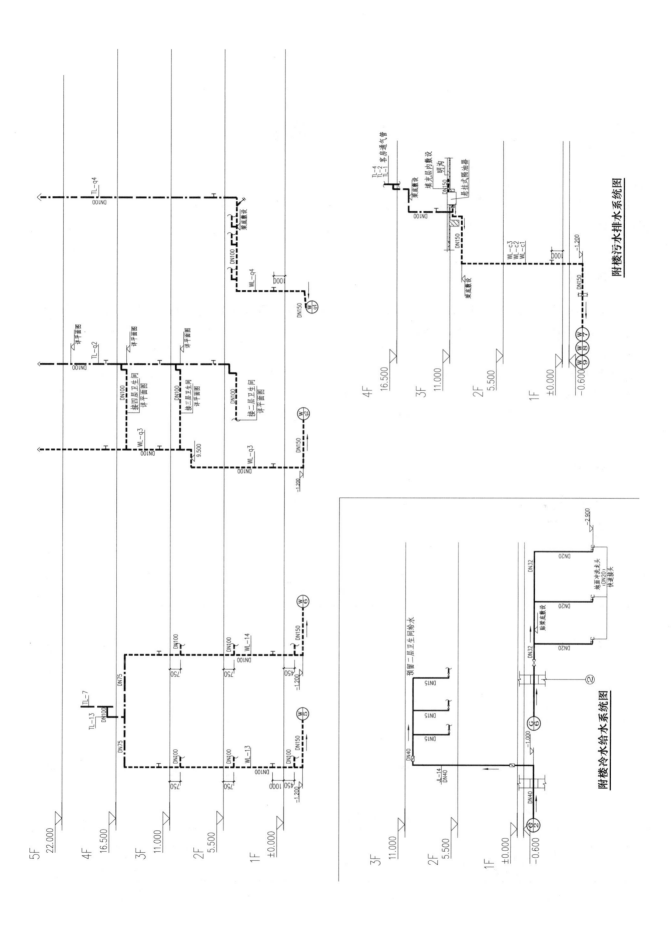

附楼污水排水系统图

附楼冷水给水系统图

正佳广场西塔

设计单位： 广东省建筑设计研究院
设 计 人： 秦晓芳　周小川　刘少由　刘福光　苟红英　王军慧　林兆铭　钟可华　李东海　郭淑文
获奖情况： 公共建筑类　三等奖

工程概况：

正佳广场西塔是由万豪五星级酒店、高级公寓、名店城及总部办公等不同商业功能组成的一幢综合超高层建筑。其用地位于广州市天河路与体育东路交界。本工程地上 38 层，地下 3 层，面积 92845.9m²，建筑高度 185.80m。地下三层为人防、洗衣房及酒店辅助用房，地下二层为水泵房及其他设备用房，地下一层为污水处理设备房及其他设备用房，地下夹层为消防控制中心及其他设备用房。地面首层至八层夹层为商场、办公、餐饮、娱乐游泳；九层夹层～二十一层夹层为高级超五星酒店客房，二十二层为酒店办公；二十三层夹层～三十八层为高级公寓（商务楼）；九层、二十三层为避难层。

工程说明：

一、给水排水系统

（一）给水系统

1. 冷水用水量（见表 1）

冷水用水量　　　　　　　　　　　　　　　　　　　表 1

用水名称		用水规模	用水定额	日用水时间（h）	小时变化系数	最高日用水量（m³/d）	最大时用水量（m³/h）
公寓		891人	300L/(h·d)	24	2.0	267.3	22.3
酒店	客房	800床	400L/(床·d)	24	2.0	320.0	26.7
	员工	140人	80L/(人·d)	24	2.0	11.2	0.9
	SPA	150人次/d	100L/(人次)	12	1.3	15.0	1.6
	商业	6395m²	8L/(m²·d)	12	1.3	51.2	5.5
	酒吧、咖啡厅	150人次/d	15L/人次	12	1.3	2.3	0.2
	酒店餐饮	3400人次/d	60L/人次	12	1.3	204.0	22.1
	会议	1300人次/d	8L/人次	12	1.5	10.4	1.3
	洗衣房	2122kg/d	80L/kg	12	1.5	169.8	21.2
	游泳池补水＝水容积×10%	300m³		12	1.0	30.0	2.5
	小计						104.3
空调补水		按暖通专业提供的资料		18	1.0	432.0	24.0
合计						1513.2	
未预见水量＝合计×15%						227.0	
总计＝合计＋未预见水量						1740.2	

在地下室设 2 座水箱，总容积为 $335m^3$，采用组装式不锈钢水箱。

2. 水源

从天河路市政给水管接出 1 路 $DN200$ 的市政给水管，供水压力不小于 0.25MPa。因本工程为高级超五星酒店，全部生活用水经过净水设备处理，即自来水→微滤装置→二氧化氯发生器→净水箱。

3. 系统竖向分区

（1）公寓区分为：下区（二十三层夹层～三十层）和上区（三十一层～三十八夹层），最低点卫生器具处静水压力不超过 0.45MPa。供水压力超过 0.35MPa 时在给水支管上设减压阀。由地下室水泵抽升到二十三层设备层生活接力水箱，生活接力水箱容积为公寓区用水量的 20%，即 $70m^3$，再由设备层变频调速泵分别供水至下区、上区。变频调速泵直接供给上区，经减压供给下区。供水方式为上行下给。

（2）酒店区分为：下区（九层夹层～十五层）和上区（十六层～二十一层夹层），由地下室变频调速泵分别供水至下区、上区。变频调速泵直接供给上区，经减压供给下区。供水方式为上行下给。

（3）裙房分为：下区（地下三层～六层）和上区（七层～九层），由地下室变频调速泵直接供给上区，经减压供给下区。

4. 供水方式及给水加压设备

（1）公寓变频泵组选型：选用成套供水设备 1 套，$Q=68.4m^3/h$，$H=112m$，$N=52.5kW$；主泵（3 用）每台 $Q=23m^3/h$，$H=112m$，$N=15kW$；辅泵（1 台）$Q=12.6m^3/h$，$H=112m$，$N=7.5kW$；配套 $\phi600$ 隔膜气压罐 1 个。

（2）酒店变频泵组选型：选用成套供水设备 1 套，$Q=80m^3/h$，$H=145m$，$N=66.5kW$；主泵（3 用）每台 $Q=27m^3/h$，$H=145m$，$N=18.5kW$；辅泵（1 台）$Q=12.6m^3/h$，$H=145m$，$N=11kW$；配套 $\phi600$ 隔膜气压罐 1 个。

（3）裙房变频泵组选型：选用成套供水设备 1 套，$Q=104m^3/h$，$H=80m$，$N=50.5kW$；主泵（3 用）每台 $Q=35m^3/h$，$H=80m$，$N=15kW$；辅泵（1 台）$Q=13.0m^3/h$，$H=180m$，$N=5.5kW$；配套 $\phi600$ 隔膜气压罐 1 个。

5. 管材

（1）室外埋地管道：钢塑复合管，连接方式按产品要求。

（2）室内明装管道（含管井内和吊顶内的架空管道及泵房管道）：$DN15\sim DN80$ 采用薄壁铜管，承插焊接；$\geqslant DN100$ 采用薄壁铜管，承插焊接。

（二）热水系统

1. 热水用水量（见表 2）

热水用水量

表 2

用水名称	用水规模 m	热水用水定额 q_r	水的比热 C [kJ/(kg·℃)]	热水温度 t_r(℃)	冷水温度 t_l(℃)	热水密度 ρ_r(kg/L)	小时变化系数 K_h	设计小时耗热量 Q_h(kW)	设计小时热水量 q_{rh}(m³/h)
低区客房	400 床	200L/(床·d)	4.2	60.0	10.0	0.98	3.00	571.76	10.00
采暖	由暖通专业提供							580.00	10.00
小计 1								1151.76	20.00
高区客房	400 床	200L/(床·d)	4.2	60.0	10.0	0.98	3.00	571.76	10.00
采暖	由暖通专业提供							580.00	10.00
厨房	3400 人次/d	10L/人次	4.2	60.0	10.0	0.98	1.30	210.60	3.68
SPA	150 人次/d	100L/人次	4.2	60.0	10.0	0.98	1.30	92.91	1.63

续表

用水名称	用水规模 m	热水用水定额 q_r	水的比热 C [kJ/(kg·℃)]	热水温度 t_r(℃)	冷水温度 t_1(℃)	热水密度 ρ_r(kg/L)	小时变化系数 K_h	设计小时耗热量 Q_h(kW)	设计小时热水量 q_{rh}(m³/h)
健身中心	150 人次/d	25L/人次	4.2	60.0	10.0	0.98	1.50	26.80	0.47
小计 2								1482.07	25.78
洗衣房	2122kg/d	30L/kg	4.2	60.0	10.0	0.98	1.50	682.46	3.98
小计 3								682.46	3.98

注：$Q_h = k_h \cdot m \cdot q_r \cdot C \cdot (t_r - t_1) \cdot \rho_r / (T \times 3600)$；$q_{rh} = Q_h(t_r - T_1)/(C \cdot \rho_r)$。

2. 热源

本工程采用真空燃气热水炉供应热水。

3. 系统竖向分区

酒店区分为：低区（九层夹层～十五层）和高区（十六层～二十一层夹层），供水方式为上行下给。

4. 冷、热水压力平衡措施及热水温度的保证措施

（1）热水系统分区与给水系统分区一致；

（2）采用上行下给式供水，设循环回水泵循环；

（3）承压热水箱出水管和真空热水锅炉冷水进水管通过各自囊式气压罐内的气囊相互连接，使得热水系统冷热水压力更加稳定。

5. 管材

（1）室外架空管道或地沟内管道：采用铜管，承插焊接。

（2）室内热水管道：采用薄壁铜管，承插焊接；保温层做法：闭泡弹性绝热材料。

（三）排水系统

1. 排水系统的形式

（1）室外采用雨、污水分流。

（2）室内采用污、废水分流，本工程因室外无地方设化粪池，经与市政园林局协商后，同意粪便污水经室外格栅沉渣井处理后排入市政污水系统。±0.00m 以下污废水汇集至集水坑，用潜污泵提升排出室外，各集水坑中设带自动耦合装置的潜污泵 2 台，1 用 1 备。潜污泵由集水坑水位自动控制。

（3）屋面雨水采用重力流排水，屋面雨水设计重现期为 50 年，降水历时 5min，暴雨强度 $q = 8.51$ L/(s·100m²)；超过设计重现期的雨水通过溢流口排除，总排水能力不小于 100 年重现期的雨水量。

2. 通气管的设置方式

地上部分二十三层夹层～三十八层夹层设计采用 $DN100$ 的排水铸铁管＋专用通气管（$DN100$），结合通气管 $DN100$，隔层连接；地上部分汇合排水立管设计采用 $DN150$ 的排水铸铁管＋专用通气管（$DN100$），结合通气管 $DN100$，隔层连接。

3. 采用的局部污水处理设施

餐饮废水经气浮隔油池处理后排出，选用 2 台处理量为 12.7L/s 的密闭一体式厨房油脂分离器。

4. 管材

（1）室外生活排水管道：管径≥$DN200$ 采用承插式混凝土管，钢丝网抹带接口，135°混凝土条形基础；管径≤$DN150$ 采用承插排水铸铁管，石棉水泥接口，砂垫层基础。

（2）室内生活排水管道：采用卡箍式排水铸铁管，卡箍连接。

（3）室外雨水管道：采用 PVC-U 双壁波纹管，橡胶密封圈承插连接。

（4）室内雨水管道：采用涂塑镀锌钢管，法兰或卡箍连接。

二、消防系统

(一) 消火栓系统

(1) 消防用水量（见表 3）

消防用水量 表 3

序号	消防系统名称	消防用水量标准 (L/s)	火灾延续时间 (h)	一次灭火用水量 (m³)	备注
1	室外消火栓系统	30	3	324	由城市管网供给
2	室内消火栓系统	40	3	432	由消防水池供给
3	中庭钢质防火卷帘冷却用水	3	3	32.4	由消防水池供给
4	自动喷水灭火系统	22	1	79.2	由消防水池供给
5	自动扫描射水高空水炮	3.5	1	12.6	由消防水池供给
6	合计			556.2	不含室外消防水量
7	屋顶消防水池	18m³			

注：室内最大灭火时消防用水量为 $432+32.4+79.2+12.6=556.2m^3$，在地下二层设消防水池，设计贮存室内消防水量 $560m^3$，分为 2 格。在二十三层避难层设接力水箱，有效容积 $90m^3$。

(2) 室外消火栓系统由天河路市政给水管直接供水，压力为 0.25MPa，满足室外消防给水的要求。同时着火次数按 1 次考虑，有 1 条市政供水管引入小区，本工程附近原有 2 个室外消火栓，设计 1 个室外消火栓，共 3 个室外消火栓，市政给水管网能满足室外消防用水量 30L/s，无需贮存室外消防用水。

(3) 室内消火栓系统采用临时高压制系统。室内消火栓系统设 3 个竖向分区，地下三层～九层（避难层）为低区，九层（夹层）～二十三层（避难层）为中区，二十三层（夹层）～三十八层（夹层）为高区，静水压力不超过 1.00MPa。

(4) 中区消火栓系统加压泵设 2 台（1 用 1 备）（采用立式双出口消防泵，与低区合用消防泵），$Q=43L/s$、$H_1=95m$、$H_2=160m$、$N=90kW$；在天面层设 1 座 $V=18m^3$ 的消防水箱，消防水箱接出中区稳压出水管减压后接入中区消火栓系统环管。高区消火栓系统加压泵设 2 台（1 用 1 备），$Q=43L/s$、$H=120m$、$N=75kW$；在天面层设 1 座 $V=18m^3$ 的消防水箱，再设 1 套消火栓稳压装置，$Q=5.0L/s$、$H=30m$、$N=3.0kW$，接入高区消火栓系统环管。

(5) 室外埋地消防管道采用钢塑复合管，卡箍连接。室内消火栓系统管道采用内外壁热镀锌钢管，丝扣、卡箍连接。

(二) 自动喷水灭火系统

(1) 自动喷水灭火系统采用临时高压制系统。自动喷水灭火系统设 3 个竖向分区，地下三～九层（避难层）为低区，九层（夹层）～二十二层为中区，二十三层（避难层）～三十八层（夹层）为高区。

(2) 净空高度小于或等于 8m 的区域均采用自动喷水灭火系统，根据《自动喷水灭火系统设计规范》GB 50084—2001（2005 年版）的要求，火灾危险等级按中危险 II 级设置，设计喷水强度 $q=8L/(min \cdot m^2)$，作用面积 $160m^2$，设计流量 $Q_S=8 \times 160/60=22L/s$。本工程中庭层高超过 12m，拟设置大空间微型自动扫描灭火装置（即小水炮）进行灭火扑救。每个装置的流量为 3.5L/s，标准工作压力 0.3～0.5MPa，保护半径 15m，安装高度 4～15m。由于本系统与自动喷水灭火系统设置于同一防火分区，考虑到两个系统扬程接近，故本设计中两个系统合用一套系统，系统流量 $Q=22+3.5=25.5L/s$，设计流量取 26L/s。

(3) 低区自动喷淋加压泵选型：设自动喷淋加压泵 2 台（1 用 1 备）（采用立式双出口消防泵，与中区合用消防泵），$Q=26L/s$、$H_1=100m$、$H_2=160m$、$N=75kW$；在二十三层（避难层）设 1 座 $V=18m^3$ 的消防水箱，消防水箱接出低区稳压出水管减压后接入低区自动喷淋系统环管，由压力开关自动控制启停。高区自动喷淋加压泵选型：设自动喷淋加压泵 2 台（1 用 1 备），$Q=26L/s$、$H=120m$、$N=55kW$；天面设 1 座 $V=18m^3$ 的消防水箱，再设 1 套消火栓稳压装置，$Q=1.0L/s$、$H=30m$、$N=3.0kW$，接入高区自动喷淋系统环管。

（4）办公室、商场、客房、会议室、餐厅、文体用房、走道、大厅、车库等环境温度不大于 35℃ 的场合，吊顶（顶棚）下的喷头动作温度为 68℃，吊顶内的喷头动作温度为 79℃；厨房、洗衣房、锅炉房内的喷头动作温度为 93℃。本工程酒店客房及公寓采用 $K=115$ 的快速响应扩展覆盖面水平边墙型喷头，其余地方均采用 $K=80$ 的快速响应喷头。

（5）室外埋地消防管道采用钢塑复合管，卡箍连接。室内自动喷水灭火系统管道采用内外壁热镀锌钢管，丝扣、卡箍连接。

（三）气体灭火系统

采用七氟丙烷气体灭火系统。发电机房、高低压配电室及变压器室灭火设计浓度为 9%，设计喷放时间不大于 10s；电子机房灭火设计浓度为 8%，设计喷放时间不大于 8s。气体灭火区域均考虑超压泄压口。

三、设计及施工体会

（1）项目为超高层建筑，功能复杂，本工程涉及五星级酒店、高级公寓、名店城及总部办公、游泳池、洗衣房等功能。

（2）热水系统承压热水箱出水管和真空热水锅炉冷水进水管通过各自囊式气压罐内的气囊相互连接，使得热水系统冷热水压力更加稳定，使得用水更加舒适。

（3）受当地消防车供水压力限制，在避难层或设备夹层设置消防接力水箱，供高区消防用水。

（4）室内污、废水采用分流制排水系统，本工程因室外无地方设化粪池，经与市政园林局协商后，同意粪便污水经室外格栅沉渣井处理后排入市政污水系统。不设置化粪池节省用地。

四、工程照片及附图

正佳广场西塔外立面（一）

正佳广场西塔外立面（二）

宴会厅

酒店客房

酒店室内游泳池

电梯厅

客房（一）

客房（二）

生活热水泵房（一）　　　　　　　　　　　生活热水泵房（二）

正佳广场西塔

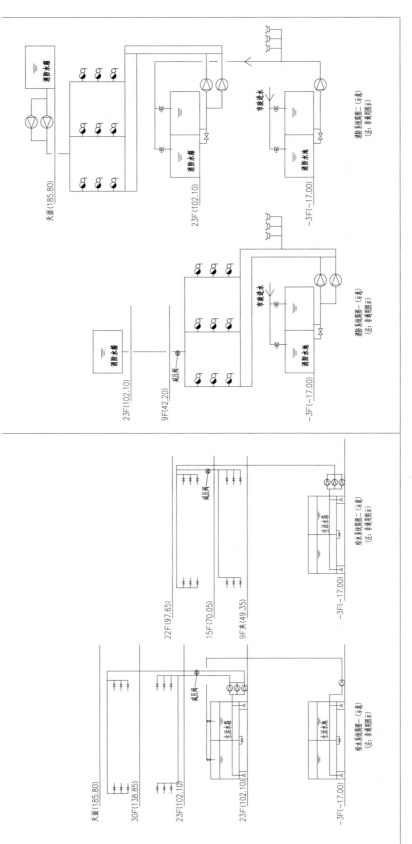

消防系统示意图

生活给水系统示意图

中航紫金广场

设计单位： 奥意建筑工程设计有限公司
设 计 人： 周林森　周晓夏　吴宗俊　张迎军　李龙波　李素清
获奖情况： 公共建筑类　三等奖

工程概况：

本项目位于厦门市环岛路与吕岭路交叉口西南侧，是集超高层办公、五星级酒店、高端商业为一体的综合体。含东侧两栋超高层甲级办公塔楼，共41层，结构屋面高度181.20m；东侧中部为1栋万豪酒店，共20层，屋面高度为78.90m，4层酒店配套高20.8m；北面为5层大型商业裙楼（天虹君尚百货），高26.4m，局部31.5m；西南侧为可售商业街，为岛式商业街模式，3层13.5m，局部2层，地下室为地下车库、设备房、商业超市。总用地面积41518.999m²，总建筑面积324927.00m²，容积率5.18。

给水排水设计包括了给水系统、中水系统、热水系统、污废水系统、雨水系统、消火栓系统、自动喷水灭火系统、气体灭火系统、大空间智能型主动喷水灭火系统、灭火器配置等。

工程说明：

一、给水排水系统

（一）给水系统

1. 冷水用水量（见表1）

冷水用水量　　　　　　　　　　　　　　　　　　　　　　　　　　　　　　表1

一、A/B栋（各自）办公低区六层～二十五层冷水用水量统计

用水类别	用水量标准	生活用水百分率	用水规模	日用水时间(h)	小时变化系数	最高日用水量(m³/d)	平均时用水量(m³/h)	最大时用水量(m³/h)	备注
办公	50.0L/(人·d)	37.0%	2660人	10	1.5	49.2	4.92	7.4	按10m²/人
小计						49.2	4.92	7.4	
未预见水量						4.9	0.49	0.7	按10%
合计						54.1	5.41	8.1	

二、A/B栋（各自）办公高区二十六层～四十一层冷水用水量统计

用水类别	用水量标准	生活用水百分率	用水规模	日用水时间(h)	小时变化系数	最高日用水量(m³/d)	平均时用水量(m³/h)	最大时用水量(m³/h)	备注
办公	50.0L/(人·d)	37.0%	2100人	10	1.5	38.9	3.89	5.8	按10m²/人
小计						38.9	3.89	5.8	
未预见水量						3.9	0.39	0.6	按10%
合计						42.8	4.28	6.4	

续表

三、A/B栋(各自)办公冷却水用水量统计

用水类别	用水量标准	生活用水百分率	用水规模	日用水时间(h)	小时变化系数	最高日用水量(m³/d)	平均时用水量(m³/h)	最大时用水量(m³/h)	备注
冷却水补水	1.2%	100.0%	1447m³/h	10	1.0	174	17.4	17.4	

四、天虹商业及地下车库冷水用水量统计

用水类别	用水量标准	生活用水百分率	用水规模	日用水时间(h)	小时变化系数	最高日用水量(m³/d)	平均时用水量(m³/h)	最大时用水量(m³/h)	备注
商场	8.0L/人次	100.0%	35000人次/d	12	1.5	280	23.33	35.0	
地下车库冲洗	2.0L/(m²·d)	0.0%	70000m²	8	1.0	0	0.00	0.0	
小计						280	23.33	35.0	
未预见水量						28	2.33	3.5	按10%
合计						308	25.66	38.5	
冷却水补水	1.2%	100.0%	2016m³/h	12	1.0	290	24.2	24.2	
总计						598	49.86	62.7	

五、酒店冷水用水量统计

(一)酒店客房区(六层~二十一层)冷水用水量统计(因室外工程不在设计范围,绿化用水不在下表)

用水类别	用水量标准	生活用水百分率	用水规模	日用水时间(h)	小时变化系数	最高日用水量(m³/d)	平均时用水量(m³/h)	最大时用水量(m³/h)	备注
酒店酒廊及餐厅-5区(十九层)(顾客)	15L/人次	100.0%	150人次/d	18	1.2	2.3	0.13	0.15	按营业面积
酒店酒廊及餐厅-5区(十九层)(员工)	50L/(人·d)	100.0%	10人	18	1.2	0.5	0.03	0.03	
酒店客房-5区(十八层~二十层)	450L/(人·d)	100.0%	102人	24	2.5	46	1.91	4.78	按68间,1.5人/间计
酒店客房-5区(十四层~十七层)	450L/(人·d)	100.0%	138人	24	2.5	62	2.59	6.47	按23×4间,1.5人/间计
酒店客房-4区(十层~十三层)	450L/(人·d)	100.0%	138人	24	2.5	62	2.59	6.47	按23×4间,1.5人/间计
酒店客房-3区(五层~九层)	450L/(人·d)	100.0%	138人	24	2.5	62	2.59	6.47	按23×4间,1.5人/间计
小计						234.8	9.84	24.4	
未预见水量						23.5	0.98	2.4	按10%
合计						258.3	10.82	26.8	

(二)酒店配套区(地下一层~五层)冷水用水量统计

用水类别	用水量标准	生活用水百分率	用水规模	日用水时间(h)	小时变化系数	最高日用水量(m³/d)	平均时用水量(m³/h)	最大时用水量(m³/h)	备注
SPA(顾客)	200L/人次	100.0%	150人次/d	12	2.0	30	2.50	5.00	
SPA(员工)	150L/(人·d)	100.0%	40人	12	1.2	6	0.50	0.60	
健体中心(顾客)	60L/人次	100.0%	75人次/d	12	1.2	4.5	0.38	0.45	按20%客房数
健体中心(员工)	150L/(人·d)	100.0%	6人	12	1.2	0.9	0.08	0.09	
客房员工	80L/(人·d)	100.0%	327人	24	2.5	26.2	1.09	2.73	按350间,1人/间计
行政人员	50L/(人·d)	100.0%	75人	16	1.5	3.8	0.23	0.35	按20%客房数
洗衣房	180L/kg	100.0%	327kg/d	8	1.2	58.9	7.36	8.83	按350间,1kg/间计
宴会厅及多功能厅(顾客)	40L/人次	100.0%	4000人次/d	12	1.2	160	13.33	16.00	按2000席,每天2次就餐
宴会厅及多功能厅(员工)	160L/(人·d)	100.0%	300人	12	1.2	48	4.00	4.80	
大堂(顾客)	15L/人次	100.0%	160人次/d	18	1.2	2.4	0.13	0.16	
大堂(员工)	50L/(人·d)	100.0%	20人	18	1.2	1	0.06	0.07	
精品店	8L/人次	100.0%	2000人次/d	12	1.5	16	1.33	2.00	按营业面积
会议室(顾客)	8L/人次	100.0%	1000人次/d	4	1.2	8	2.00	2.40	
会议室(员工)	50L/(人·d)	100.0%	40人	4	1.2	2	0.50	0.60	
游泳池区(泳池补水)				24	1.0	0	0.00	0.00	
冷却塔补水	1.2%	100.0%	1447m³/h	24	1.00	0	0.00	0.00	
小计						367.7	33.49	44.08	
未预见水量						36.8	3.35	4.41	按10%
小计						404.5	36.84	48.49	
总计						662.8	47.66	75.3	

六、可销售商业冷水用水量统计

用水类别	用水量标准	生活用水百分率	用水规模	日用水时间(h)	小时变化系数	最高日用水量(m³/d)	平均时用水量(m³/h)	最大时用水量(m³/h)	备注
商场	8.0L/人次	100.0%	10000人次/d	12	1.5	80	6.67	10.0	
小计						80	6.67	10.0	
未预见水量						8	0.67	1.0	按10%
合计						88	7.34	11.0	
冷却水补水	1.5%	100.0%	0	12	1.0	0	0.0	0.0	不设集中空调
总计						88	7.34	11.0	

七、建筑冷水总用水量统计

用水类别	用水量标准	生活用水百分率	用水规模	日用水时间(h)	小时变化系数	最高日用水量(m³/d)	平均时用水量(m³/h)	最大时用水量(m³/h)	备注
总用水合计						1620	132	181	

2. 水源

生活用水供应从地块东面环岛路和北侧吕岭路的市政给水管道分别引入两路 DN200 给水管，酒店、集中商业、其余物业（含 A、B 栋办公及可售商业）单独设水表计量，其中酒店水表 DN150，集中商业水表 DN150，其余物业两路 DN150 水表接成环路供水。市政给水压力 0.25MPa。

3. 给水特点

（1）酒店、集中商业、其余物业前期的基础投资资金来源于不同业主对象，需要分开计量收费，分别单独立户，另外 A、B 栋办公因建成后为不同业主，故 5 个生活给水系统分别设水箱和加压系统。

（2）A、B 栋办公塔楼为超高层甲级写字楼，地上建筑高度近 200m，为保证供水可靠、压力稳定，主要采用重力给水系统，顶层压力不足楼层局部采用变频加压给水系统。

（3）集中商业及可售商业分别采用无负压给水系统，节能且节约站房面积。

（4）酒店为五星级的万豪酒店，对供水的水质安全、客房水压稳定要求高，根据酒店管理公司的要求，客房的最低供水压力为 0.2MPa，高于规范要求，为了保证水压的相对稳定，每间隔 5~6 层后需要进行分区。为保证供水可靠、压力稳定，主要酒店塔楼采用重力给水系统，顶层压力不足楼层局部采用变频加压给水系统，酒店裙楼因用水量较大但对压力要求不是特别高，故采用变频给水系统。甲方提供的厦门自来水硬度为 44mg/L，满足酒店管理公司对洗衣房用水的要求，故不设洗衣房软化水系统。

（5）水质消毒：二次供水水质污染问题是普遍存在的。本设计中，首先在地下贮水池中设置了外置式水箱自洁消毒器，进行第一次消毒处理；在高位生活水箱的出水处设置紫外线消毒器，进行第二次消毒处理，使得供水的水质得到了双重保证，同时也满足了《二次供水工程技术规程》CJJ 140—2010 的要求。

4. A、B 栋办公给水系统

A、B 栋生活加压泵房和分区完全相同，故只介绍 A 栋办公给水系统。

A 栋部分共分为 8 个分区。J1 区：地下三层~地下一层，由市政供水；J2~J4 区：分别为五层~十层、十一层~十四层、十六层~二十层，由二十八层生活水箱减压后供水；J5 区：二十一层~二十四层，由二十八层生活水箱直接供水；J6、J7 区：分别为二十五层~三十层、三十一层~三十五层，由屋顶层生活水箱减压后供水；J8 区：三十六层~四十一层，由屋顶层生活水箱变频加压供水。

在地下二层设置 24m³ 的生活水箱，容积按服务区域最高日用水量的 25% 左右计；在高度 120m 左右设置 12m³ 的转输兼低区生活水箱，容积按服务区域最大时用水量 1h（规范要求≥最大小时的 50%，放大为取 1h）及屋顶转输 30min 水量（规范要求≥5~10min 最大时用水量）计；屋顶设置 8m³ 的生活水箱，容积按服务区域最大时用水量 1h（规范要求≥最大小时的 50%，放大为取 1h）计。

5. 集中商业和可售商业给水系统

集中商业部分共分为 2 个区，可售商业部分为 1 个区。集中商业一层及地下室由市政直接供水，集中商业二层及以上部分采用无负压变频给水设备供水；可售商业一层~三层采用无负压变频给水设备供水。

本项目无负压变频给水设备采用稳流罐与市政管网直接连接，在市政管网剩余压力的基础上串联叠压供水。稳流罐无负压变频给水设备的特点是节约站房面积，且干净无水源二次污染，可以利用市政管网剩余压力从而节能等。采用无负压变频给水设备的两个先决技术条件一是管网有足够的供水能力，二是管网压力足够。

6. 酒店部分给水系统

酒店部分共分为 4 个分区。J2 区：地下三层~五层夹层，由酒店裙楼变频给水设备供水；J3 区：五层~九层，由酒店屋顶生活水箱减压后供水；J4 区：十层~十三层，由酒店屋顶生活水箱直接供水；J5 区：十四层~二十层，由酒店屋顶生活水箱＋变频给水设备供水。

在地下三层设置 200m³ 的生活水箱，容积按服务区域最高日用水量的 30% 左右计，屋顶设置 30m³ 的生活水箱，容积按服务区域生活最大时用水量 1h（规范要求≥最大小时的 50%，放大为取 1h）计。

7. 管材

酒店部分采用 316 不锈钢管，承插焊接，耐压不小于 1.6MPa；其他部分主管采用衬塑复合钢管，快装连接件或法兰连接，支管采用 PP-R 管，热熔连接。

（二）热水系统

1. 热水用水量（见表 2）

热水用水量　　　　　　　　　　　　　　　　　　　　　表 2

用水类别	用水量标准	用水规模	日用水时间（h）	小时变化系数	最高日用水量（m³/d）	最高日耗热量（kW）	最大时耗热量（kW）	最大时用水量（m³/h）	备注
酒店客房-3 区	160L/（人·d）	230 人	24	3.07	36.8	2140.0	273.7	4.71	2 人/间
酒店客房-4 区	160L/（人·d）	184 人	24	3.07	29.4	1712.0	219.0	3.77	2 人/间
酒店客房-5 区	160L/（人·d）	304 人	24	3.07	48.6	2828.6	361.8	6.22	2 人/间
员工	50L/（人·d）	300 人	24	3.07	15.0	872.3	111.6	1.92	2 人/间
中餐、全日、西餐	15L/（人·d）	3200 人	12	1.5	48.0	2791.3	348.9	6.00	800 席，2 人/席
宴会厅、多功能厅	15L/（人·d）	1900 人	12	1.5	28.5	1657.4	207.2	3.56	950 席，2 人/席
办公、大堂、精品店（顾客）	5L/人次	500 人次/d	12	1.5	2.5	145.4	18.2	0.31	
餐饮、行政、酒店、大堂、会议工作人员	10L/（人·d）	450 人	12	1.5	4.5	261.7	32.7	0.56	
健身房等	20L/人次	240 人次/d	12	1.5	4.8	279.1	34.9	0.60	
桑拿	100L/人次	100 人次/d	12	1.5	10.0	581.5	72.7	1.25	
酒店地下洗衣房	60L/kg	700kg/d	8	1.5	42.0	2442.4	458.0	7.88	
小计					270.1	15711.7	2138.7	36.8	
未预见水量					27.0	1571.2	213.9	3.7	按小计的 10%
合计					297.1	17282.9	2352.6	40.5	

2. 热源

本项目所需热水热源由锅炉房提供，空调热回收机组及蒸汽冷凝水热回收作为补充热源。

3. 系统竖向分区

热水系统竖向分区同给水系统竖向分区，每个分区单独设置容积式换热器进行换热，换热器贮存 30min 设计小时耗热量。本项目体量大，生活热水用水量大，为降低热水系统之间的影响，将换热设备进行了详细的区域划分。

热水供水温度：酒店区的集中热水系统换热器的出水温度和最不利配水点处的温差小于 10℃，换热器出水温度为 60℃；客房层热水供应点不低于 50℃；厨房、洗衣房供应水温为 60℃，如厨房有更高水温要求时，由厨房工艺、洗衣房工艺设计进行二次加热。

4. 换热器

在地下室换热机房分区设置容积式换热器供各区热水，万豪酒店对容积式换热器的换热能力和贮存容积都提出了要求，即满足每间客房 15L/h 的产水能力和每间客房贮存 38L 热水的要求，故换热器的换热能力和贮存容积需同时满足国家规范和万豪酒店的要求。

5. 冷、热水压力平衡措施

热水系统的竖向分区同冷水系统的竖向分区，冷热水同源供水，保证了冷热水供水压力的匹配、稳定。各分区采用单独的换热设备进行热水制备，防止不同分区的影响。对于裙楼热水均设置了单独的换热设备，保证客房热水系统的稳定性，防止大用水点用水时对其他区域造成不平衡的影响。

6. 保证循环效果措施

热水系统设置了回水管道和循环水泵，同时管道同程布置，除大的集中用水点（洗衣、厨房等）外，其他部分的热水用水均作了支管循环，保证了循环效果。

7. 节能节水措施

热水系统采用重力供水系统，有效地节约了电耗。热水系统均采用满足节水规范的节水型器具。同时，利用空调热回收机组及蒸汽冷凝水热回收预热，充分利用了热量，避免了热量的浪费。

8. 管材

水泵出水管及干管采用覆塑 316 不锈钢管，耐压不小于 1.6MPa。

(三) 中水系统

1. 中水用水量（见表 3）

中水用水量 表3

用水类别	用水量标准	建筑物分项给水百分率（冲厕部分）	用水规模	日用水时间(h)	小时变化系数	最高日用水量(m³/d)	平均时用水量(m³/h)	最大时用水量(m³/h)	备注
A办公低区（六层～二十四层）	50.0L/(人·d)	63%	2527人	10	1.5	79.6	7.96	11.9	按10m²/人
A办公高区（二十五层～四十一层）	50.0L/(人·d)	63%	2128人	10	1.5	67.0	6.70	10.1	按10m²/人
B办公低区（六层～二十四层）	50.0L/(人·d)	63%	2527人	10	1.5	79.6	7.96	11.9	按10m²/人
B办公高区（二十五层～四十一层）	50.0L/(人·d)	63%	2128人	10	1.5	67.0	6.70	10.1	按10m²/人
地面绿化浇洒	2.0L/(m²·d)	100%	9300m²	6	1.0	18.6	3.10	3.1	
小计						311.8	32.42	47.1	
未预见水量						31.2	3.24	4.7	按10%
合计						343.0	35.7	51.8	

2. 水源

回收后的雨水经泥沙沉淀及过滤消毒处理后用于 A、B 栋塔楼冲厕及室外绿化浇洒，同时环岛路市政中水作为中水补充水源。

3. 系统竖向分区及加压方式

中水系统竖向分区和加压方式同给水系统。

4. 中水水池（箱）设置

在地下二层设置 35m³ 的中水水箱，容积按服务区域最高日用水量的 25% 左右计；在高度 120m 左右设置 20m³ 的转输兼低区中水水箱，容积按服务区域最大时用水量 1h（规范要求≥最大小时的 50%，放大为取 1h）及屋顶转输 30min 水量（规范要求≥5～10min 最大时用水量）计；屋顶设置 14m³ 的中水水箱，容积按服务区域最大时用水量 1h（规范要求≥最大小时的 50%，放大为取 1h）计。

5. 水处理工艺流程

屋面雨水→弃流装置→雨水调蓄池→过滤→（消毒）中水池→冲厕、绿化。

↑市政中水

6. 管材

室内中水给水管：主干管采用衬塑钢管，支管采用 PP-R 给水管，热熔连接。

（四）排水系统

1. 污废水系统

本建筑采用污、废水合流制排水系统。在公共管井、存在排水的机房内均设置了废水立管，保证这些区域的积水及时排放。

2. 通气系统

酒店的客房及公共卫生间均设置了专用通气立管，保证卫生间的排水顺畅。所有的地下污水坑均设置专用通气立管排出室外，保证了泵坑内聚集污气的排放。

3. 厨房隔油

所有厨房的排水均在室外设置了隔油池进行集中隔油处理，同时对厨房内的排水器具做了器具隔油的要求，做到双重处理，保证了厨房排水的处理效果。

4. 雨水系统

A、B 栋塔楼和可售商业屋面雨水采用重力排水系统，集中商业裙楼屋面雨水采用压力排水系统。雨水设计重现期塔楼采用 50 年；裙楼采用 10 年并按 50 年设溢流设施；室外雨水采用 3 年，道路设雨水口；屋面和室外雨水收集后经室外雨水管网排至市政雨水管网。

5. 管材

室内污废水管道除集中商业和可售商业采用 PVC-U 塑料排水管外均采用铸铁排水管，橡胶圈密封，法兰连接；卫生间内排水管道敷设在吊顶内，埋设在垫层及土壤内时，采用承插式连接；室外埋地排水管采用 HDPE 双壁波纹管。室内雨水管可售商业采用 PVC-U 塑料排水管，粘接，集中商业采用 HDPE 塑料管，热熔连接；室外埋地雨水管采用 HDPE 双壁波纹管，承插接口。

二、消防系统

本项目设置酒店、集中商业、其余物业（含 A、B 栋办公及可售商业）三套消防给水系统，分别设消防泵，共用消防水池。消防用水量：室外消火栓系统为 30L/s，火灾延续时间 3h；室内消火栓系统为 40L/s，火灾延续时间 3h；自动喷水灭火系统为 60L/s，火灾延续时间 2h；大空间智能型主动喷水灭火系统为 10L/s，火灾延续时间 1h。本工程一次火灾设计总用水量（含室内消火栓系统、自动喷水灭火系统）为 864m³，贮存在地下二层消防及冷却水补水水池内，水池分为 2 座，其总有效贮水容积不小于 964m³（含消防容积 864m³，水池设有消防水不被动用的措施）。

（一）消火栓系统

室外消防用水由城市自来水直接供给，从东面环岛路和北侧吕岭路分别接入两根 DN150 引入管。至建筑红线后经过水表井后接成环管，形成双向供水。

其余物业室内消火栓系统：地下三层～十五层为 X1 区，十六层～二十七层为 X2 区，二十八层及以上层为 X3 区，其中 X1 区由设在地下二层消防水泵房内的 A、B 栋塔楼合用低区消火栓泵直接供水，X3 区由设在二十八层避难层的高区消火栓泵直接供水，X2 区经干管减压阀减压后供水，屋顶设有室内消火栓给水系统稳压设备和消防水箱，低区设有 3 套消防水泵接合器，高区设有 11 套消防水泵接合器（其中 A、B 栋塔楼 X2 区各 3 套，转输泵 5 套），供消防车分别往低、高区室内消火栓系统补水，同时在 A、B 栋塔楼二十八层避难层泵房预留移动式接力泵接口供高区直接供水。

酒店室内消火栓系统：地下三层～五层夹层为 X1 区，五层～屋顶层为 X2 区，其中 X1 区由设在地下二层消防水泵房内的酒店消火栓泵减压供水，X2 区由酒店消火栓泵直接供水，屋顶设有室内消火栓给水系统稳压设备和消防水箱。

集中商业室内消火栓系统：不分区，由设在地下二层消防水泵房内的集中商业消火栓泵供水，屋顶设有室内消火栓给水系统稳压设备和消防水箱。

（二）自动喷水灭火系统

自动喷水灭火系统的机房及加压设备设置与室内消火栓系统设置类似。

其余物业自动喷水灭火系统：地下三层～十三层为 ZP1 区，十四层～二十八层为 ZP2 区，二十九层及以上层为 ZP3 区，其中 ZP1 区由设在地下二层消防水泵房内的 A、B 栋塔楼合用低区自动喷淋泵直接供水，ZP3 区由设在二十八层避难层的高区自动喷淋泵直接供水，ZP2 区经干管减压阀减压后供水，屋顶设有自动喷淋给水系统稳压设备和消防水箱，低区设有 3 套消防水泵接合器，高区设有 11 套消防水泵接合器（其中 A、B 栋塔楼 ZP2 区各 3 套，转输泵 5 套），供消防车分别往低、高区自动喷水灭火系统补水，同时在 A、B 栋塔楼二十八层避难层泵房预留移动式接力泵接口供高区直接供水。

酒店自动喷水灭火系统：地下三层～五层夹层为 ZP1 区，五层～屋顶层为 ZP2 区，其中 ZP1 区由设在地下二层消防水泵房内的酒店自动喷淋泵减压供水，ZP2 区由酒店自动喷淋泵直接供水，屋顶设有自动喷淋给水系统稳压设备和消防水箱。

集中商业自动喷水灭火系统：不分区，由设在地下二层消防水泵房内的集中商业自动喷淋泵供水，屋顶设有自动喷淋给水系统稳压设备和消防水箱。

（三）其他消防措施

1. 大空间智能型主动喷水灭火系统

区域净高大于 12m 的场所，如酒店和集中商业中庭，按《大空间智能型主动喷水灭火系统技术规程》CECS 263—2009，设置自动扫描射水高空水炮灭火装置（标准型）。设计灭火用水量 10L/s，工作压力 0.6MPa。由于高空水炮设置位置与最大喷淋灭火水量的超市仓储区处于不同防火分区，与最大喷淋灭火水量不发生叠加，故与自动喷水灭火系统共享系统设备及管网，并在湿式报警阀前分开管道。

2. 建筑灭火器

（1）办公楼层、酒店的公共活动用房、多功能厅及厨房、裙楼商业按 A 类火灾严重危险级确定。

（2）柴油发电机房、地下车库按 B 类火灾中危险级确定。

（3）其他地方按 A 类火灾中危险级确定。

（4）所有机电、设备用房均设有手提式干粉灭火器，每个室内消火栓内均设有两具干粉灭火器；厨房设有干粉灭火器及防火毯；其他地方则按规范布置。

3. 气体灭火系统

柴油发电机房、高低压配电房、通信机房设置管网式七氟丙烷（FM200）全淹没气体灭火系统。

三、设计体会

（1）综合体的给水排水站房需根据业态和甲方将来物业管理要求设置，本工程生活给水系统设置 5 套系统，消防共设置 3 套系统。针对不同业态对供水安全性、水压稳定性等的不同要求设置不同的生活给水系统，兼顾了系统合理和节能的要求。

（2）按 LEED 铂金要求设置有太阳能加热泵热水系统供办公楼自行车族淋浴。同时酒店热水设置空调热回收系统及蒸汽冷凝水热回收系统作为辅热，节约能源且环保。

（3）由于靠近环岛路有市政中水，故本项目设置中水系统供 A、B 栋办公冲厕及室外绿化浇洒，节约传统水源，倡导了绿色可持续发展理念。

（4）本项目实现了万豪酒店给水排水及消防设计标准与国内规范的有机统一。

1）给水系统及热水系统需同时满足万豪酒店标准及国内规范，即按高标准设计。

2）消防方面因万豪酒店标准与国内规范冲突，以满足国内规范为主，不冲突的情况下兼顾万豪酒店标准，具体见表 4。

万豪酒店标准及国内规范要求

表 4

万豪酒店标准要求	国内规范要求 《高层民用建筑设计防火规范》GB 50045—1995(2005 年版) 《自动喷水灭火系统设计规范》GB 50084—2001(2005 年版)
全部喷头皆须为快速反应型	除中庭环廊、地下商业及仓储用房外均采用标准型喷头
消防控制中心需要采用喷淋保护	禁止采用水消防，采用灭火器具保护
水泵控制室、冷冻机房控制室需要采用喷淋保护	采用灭火器具保护即可
日用油间、发电机房、变压器室需要采用喷淋保护，不适合采用气体灭火系统	高层建筑的此类电气房间应采用气体灭火系统
计算机房、交换机房、通信机房需要采用喷淋保护	禁止采用水消防，采用灭火器具或气体灭火系统保护
强电与弱电室(竖井、柜)需要采用喷淋保护	禁止采用水消防，采用灭火器具保护
电梯竖井与电梯机房需要采用喷淋保护	禁止采用水消防，采用灭火器具保护

四、工程照片及附图

整体效果图

生活水泵房布置图

消防水泵房布置图

雨水回收站房

太阳能板布置图

无负压设备站房

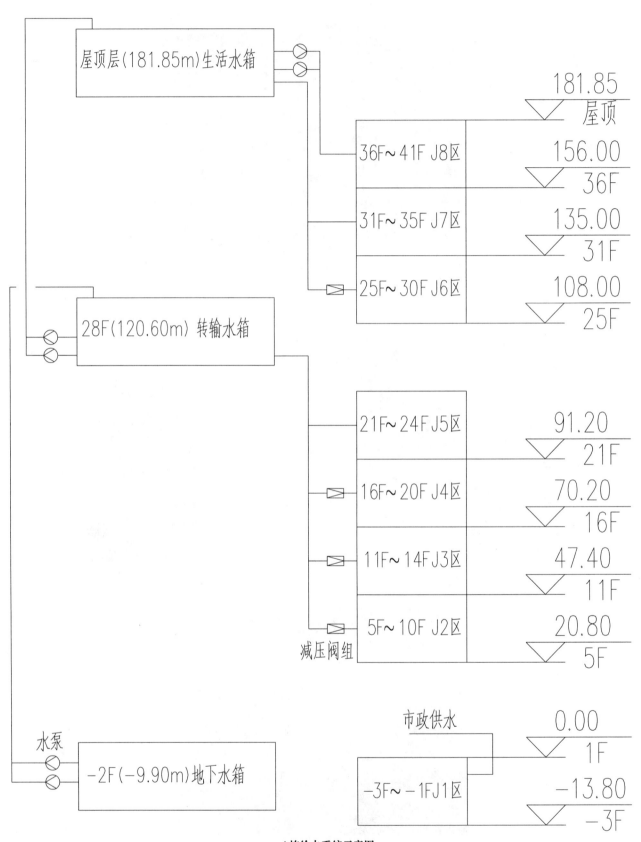

A栋给水系统示意图

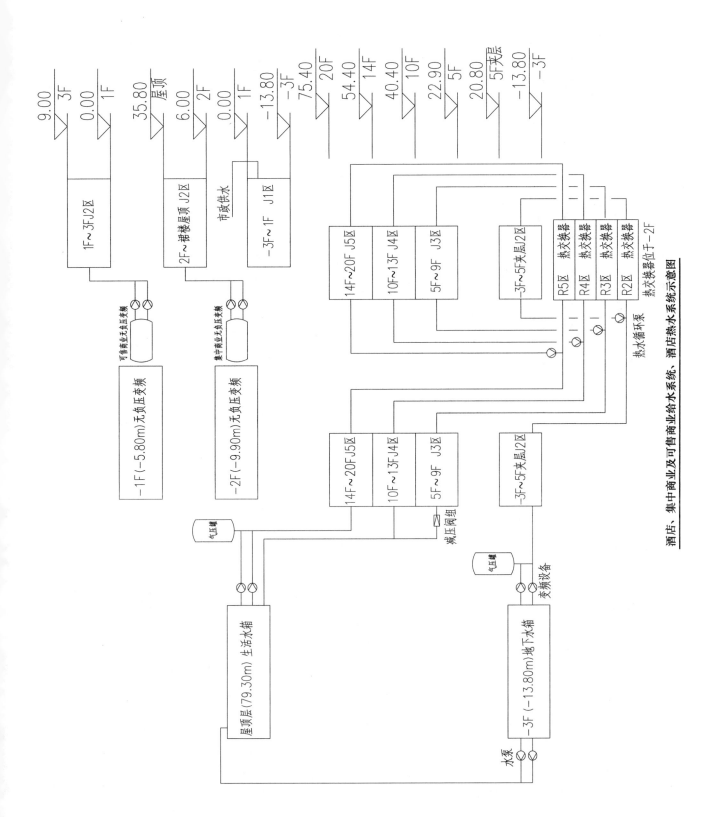

酒店、集中商业及可售商业给水系统、酒店热水系统图

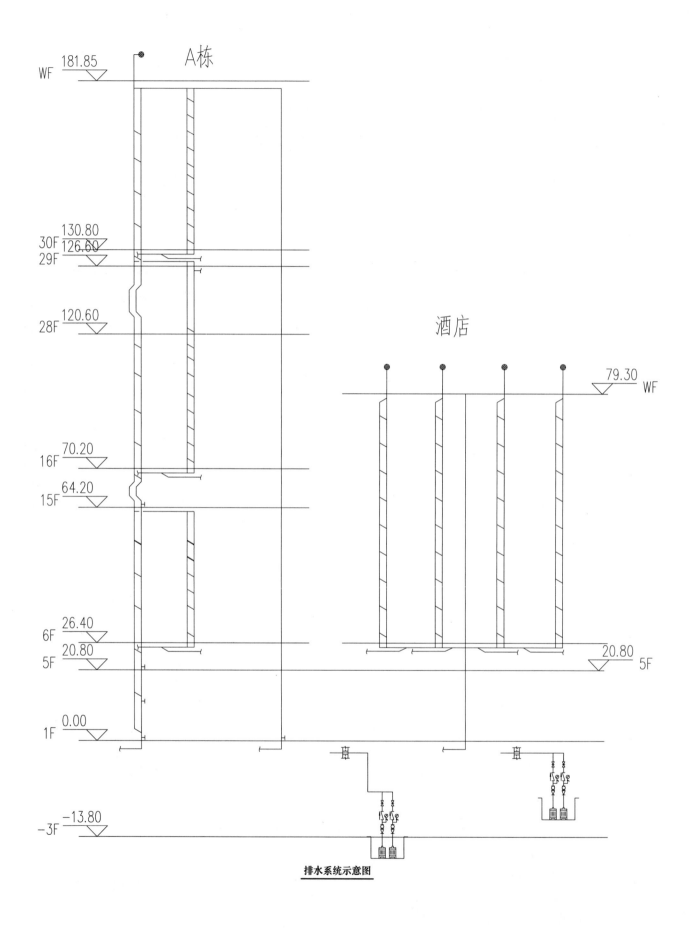

排水系统示意图

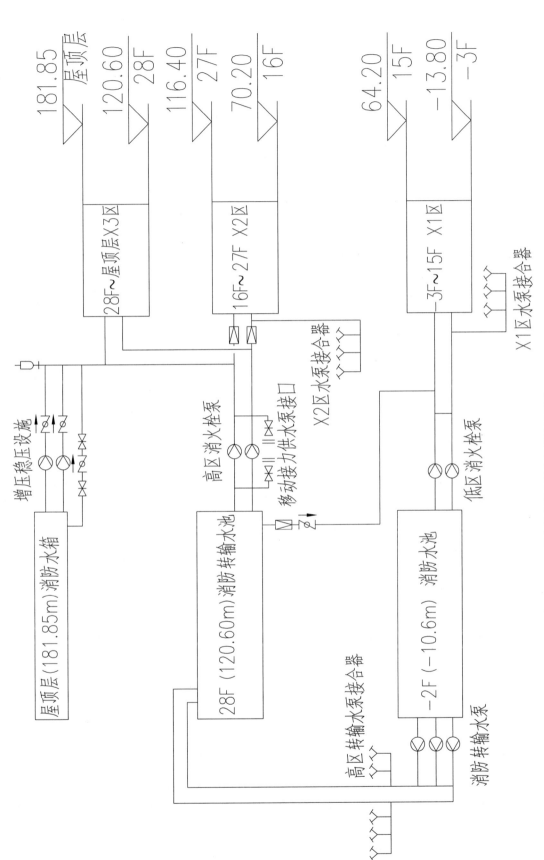

其余物业室内消火栓系统示意图

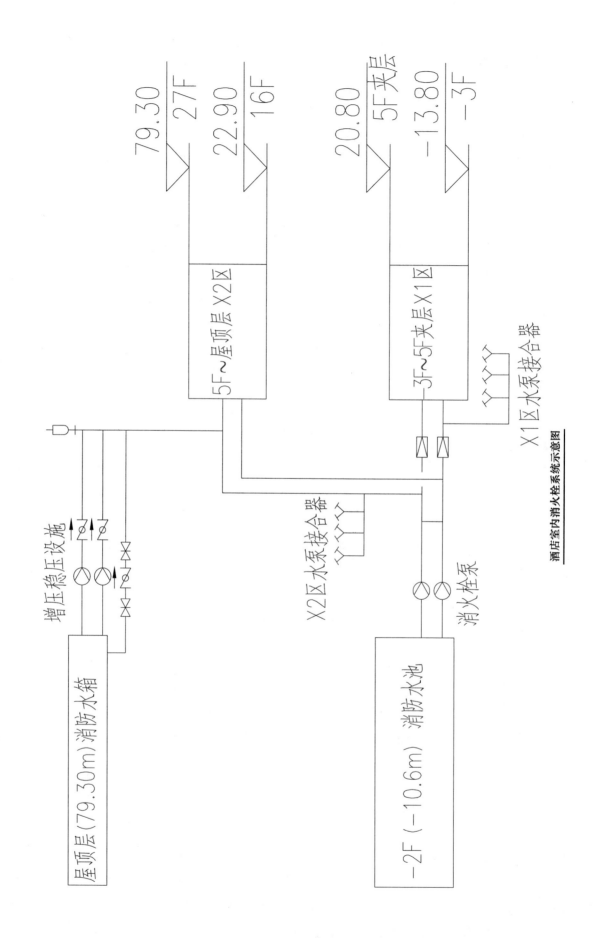

酒店室内消火栓系统示意图

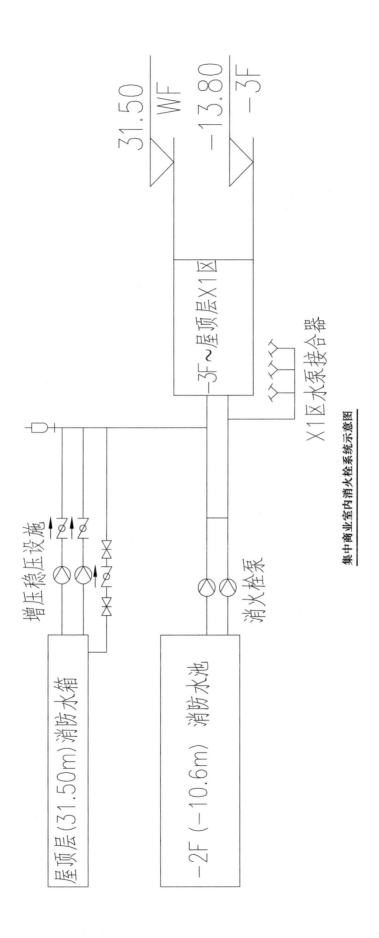

集中商业室内消火栓系统示意图

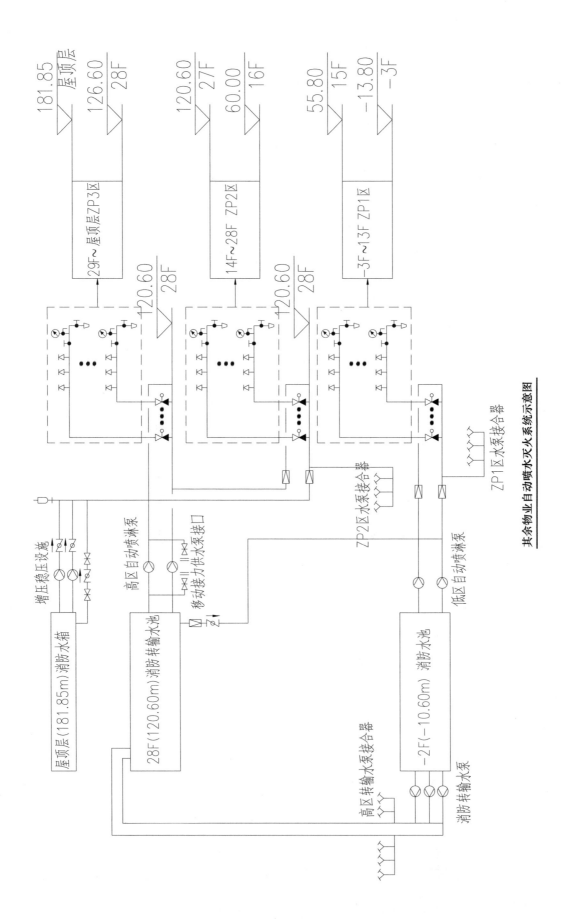

其余物业自动喷水灭火系统示意图

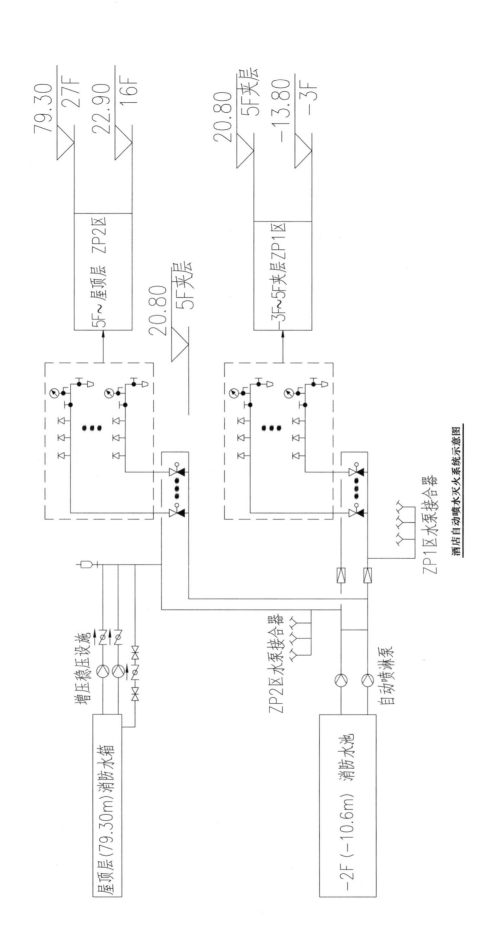

酒店自动喷水灭火系统示意图

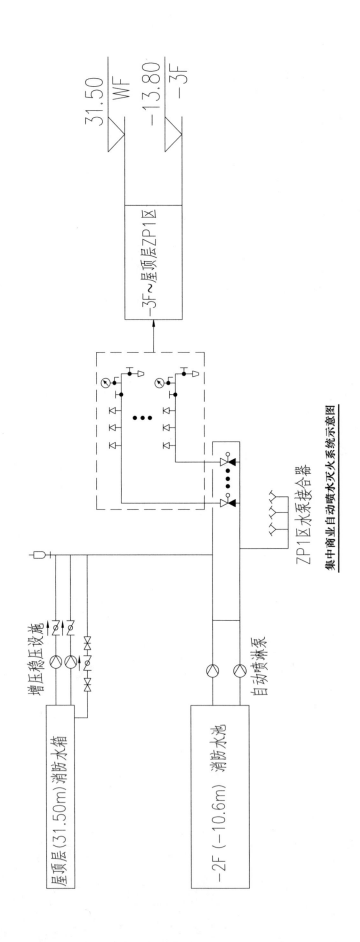

集中商业自动喷水灭火系统示意图

居住建筑篇

苏河湾一街坊（住宅部分）

设计单位： 华建集团华东都市建筑设计研究总院
设 计 人： 陈新宇 仇伟
获奖情况： 居住建筑类 二等奖

工程概况：

苏河湾一街坊位于上海市都市复兴新典范—苏州河老仓库街"苏河湾"的最东端，南拥苏州河约 200m 的河岸线，至外滩约 700m；其南北侧分别为北苏州路、天潼路，东西侧分别为河南北路、山西北路，东北角为七浦路商业区。

苏河湾一街坊占地面积 41984.5m²，街坊内包括 1 栋 40 层、建筑高度为 150m 的酒店与公寓相结合的超高层综合楼（T1 楼），2 栋 46 层（顶层为跃层）、建筑高度为 150m 的超高层住宅楼（T2、T3 楼）和 3 栋 4 层滨水的联排别墅，以及沿部分市政道路及街坊内部道路设置的 1～6 层的商业裙房，基地东北角原为上海总商会的优秀历史保护建筑及西北角沿天潼路的公交枢纽与公共服务设施，是一个集商业、酒店、公寓式办公、住宅、历史保护建筑于一体的大型综合性开发项目。地上建筑面积 14.4 万 m²，地下建筑面积 9 万 m²，总建筑面积达 23.4 万 m²，综合容积率为 3.17。

住宅部分的 T2、T3 楼为 2 幢地下 3 层、地上 46 层的高标准单元式大户型住宅，地上建筑面积分别为 2.79 万 m² 及 2.95 万 m²，建筑高度均为 150m，标准层层高为 3.3m；低区每层 3 户，高区每层 2 户，顶层为跃层和大平层，共有住户 189 户；每户的建筑面积以 250～350m² 为主，少量为 400～600m²；滨水的联排别墅共 3 栋，均为地下 2 层、地上 4 层，建筑高度 18.56m，地上总建筑面积 0.91 万 m²。

住宅的各房型均南北通风、动静分流，处处体现独创性的提升生活品质的设计理念。户内均配备户式中央空调、新风、吸尘、热水和地暖系统，卫生间采用同层排水。此外，每户同时配备智能光控、垃圾粉碎、纯净水制备等先进设施。

街坊内人车分流，机动车直接进入地下车库；超高层住宅和滨水的联排别墅围合起一个面积约 2000m² 的花园及一个便于地下健身会所有充足采光与新风面积约 1000m² 的下沉式庭院；局部设置主要由水池与跌水构成的水景。

工程说明：

一、给水排水系统

（一）给水系统

1. 生活用水量

最高日用水量为 334.5m³/d，最大时用水量为 36.3m³/h；主要用水项目及其用水量见表 1。

生活用水量计算表   表1

名称	分项	户数	每户人数	用水单位数	用水定额	日用水时间（h）	小时变化系数	用水量	
								最高日（m³/d）	最大时（m³/h）
T2、T3楼	2卧房型	74	3.2	237人	280L/(人·d)	24	2.5	66.4	6.9
	3卧房型	111	4.5	500人	280L/(人·d)	24	2.5	140.0	14.6
	5卧房型	4	8	32人	280L/(人·d)	24	2.5	9.0	0.9
住宅配套	会所	泳池补水（由市政补水）	450000L/d	10%	12	1.0	45.0	3.8	
		泳池沐浴	300人次/d	100L/人次	12	2.0	30.0	5.0	
		商业	2000m²	5L/(m²·d)	12	1.5	10.0	1.3	
总生活用水量（含10%未预见水量）								330.4	35.8

2. 水源

水源选用城市自来水，从两根不同的市政给水管上各引入一路 DN300 给水总管在苏河湾一街坊住宅区域内形成 DN300 的供水环网，供住宅部分的生活、室外消防用水，市政给水的水压为 0.16MPa。

3. 系统竖向分区

地下车库的地面冲洗、地下一层会所、一层服务用房等均由市政给水管网直接供水，室外设置单独水表计量。住宅部分的给水系统按入户供水压力不大于 0.35MPa 的要求进行串联分区，共设置 10 个相互并联的分区供水系统。

4. 供水方式及给水加压设备

采用市政给水管网直接供水、变频增压泵组分区供水、屋顶水箱重力分区供水相结合的供水方式。联排别墅及超高层住宅的低区供水部分，即地下一层～十一层均由各自独立设置的变频增压泵组供水，十二层～四十六层高区部分由屋顶水箱供水，其中四十三层～四十六层采用变频增压泵组供水，其他楼层采用重力供水，T2、T3楼分别设置独立的屋顶水箱供水泵。地下一层设置合用的生活供水泵房。

联排别墅变频增压供水设备的设计流量 $Q=12\text{m}^3/\text{h}$，扬程 $H=45\text{m}$，配 2 台水泵，1 用 1 备，单台水泵功率 $N=4.0\text{kW}$。

超高层住宅低区变频增压供水设备的设计流量 $Q=22\text{m}^3/\text{h}$，扬程 $H=75\text{m}$，配 3 台水泵，2 用 1 备，单台水泵功率 $N=5.5\text{kW}$。

T2、T3楼屋顶水箱供水泵均为 2 台，1 用 1 备，单台水泵流量 $Q=22\text{m}^3/\text{h}$，扬程 $H=188\text{m}$，功率 $N=15\text{kW}$。

5. 管材

变频增压供水设备与屋顶水箱供水泵出水管、室内给水主干管及主立管均采用薄壁铜管，钎焊连接；室内给水支管均采用塑覆铜管，卡箍连接。室外埋地给水管道采用球墨铸铁给水管，柔性接口，橡胶圈连接。

（二）排水系统

1. 排水系统的形式

室内排水采用雨水、污水、废水分流的排水方式，±0.00m 以上污废水直接排出室外，联排别墅地下卫生间采用污水提升器压力排水，地下室排水经集水井收集后采用潜水泵排出室外。T2、T3楼屋面雨水采用虹吸式雨水排水系统，联排别墅屋面雨水采用重力流雨水排水系统。

室外排水采用雨、污水分流，生活污、废水合流的排水方式，生活污废水经市政监测井后直接排入市政污水管道。

2. 通气管的设置方式

T2、T3 楼及联排别墅室内污废水排水系统均设置专用通气立管，以保证污废水管内均能形成良好的水流状态。

3. 管材

T2、T3 楼污废水排水立管、通气管及用于排水立管位置变动的水平转换横干管均采用柔性接口机制排水铸铁管及管件，法兰连接；联排别墅的排水立管、通气管及户内的污废水排水横支管均采用硬聚氯乙烯排水塑料管，承插粘接。

超高层住宅屋面雨水排水管采用工作压力 2.0MPa 的热浸镀锌钢管及管件，联排别墅采用方形防紫外线塑料雨水排水管，室外埋地雨水排水管采用聚乙烯双壁波纹管，弹性密封圈承插连接。

二、消防系统

T2、T3 楼按一类高层建筑设计，联排别墅的地下部分按地下建筑设计，两类建筑合用消防系统，系统由位于地下三层的消防水池联合市政给水管网连续供水。具体做法为：设置有效容积为 150m³ 的室内消防水池及接自室外供水环网的两根 $DN200$ 的消防水池进水管，以满足火灾延续时间内消防用水的要求。

室内消防系统采用多台消防泵直接串联分区的临时高压给水系统，消防给水泵分别设置于地下三层及三十一层的避难层，T2、T3 楼的避难层设置有效容积为 12m³ 的分区消防水箱及用作低区消防系统初期火灾用水的有效容积为 10m³ 的高位消防水箱；屋面均设置有效容积为 18m³ 的消防水箱以及与消防稳压泵相结合的消防稳压泵房，用作高区消防系统的初期火灾用水。T2、T3 楼与联排别墅合用消防泵房，并单独设置。

消防给水管道的公称压力不小于 2.0MPa，管径大于或等于 $DN100$ 的管道采用热镀锌无缝钢管，其他采用热镀锌钢管；管径大于等于 $DN80$ 的管道采用管箍连接，其他采用丝扣连接。

(一) 室内消火栓系统

1. 消防用水量

室内消火栓系统用水量 30L/s，火灾延续时间 3h。

2. 系统设计

除联排别墅的地上部分外，其地下部分、超高层住宅及地下车库均设置室内消火栓系统，布置在户外公共部位的消火栓满足同一平面的任何部位有 2 支消防水枪的 2 股充实水柱同时到达的要求，且间距不大于 30m。消火栓的充实水柱不小于 13m，栓口出水压力不大于 0.5MPa，各消火栓箱均内置自救式消防卷盘及报警按钮。

室内消火栓系统按栓口静压不超过 1.0MPa 的要求分为 3 个区，即地下三层～地下一层、一层～二十六层、二十七层～四十六层，各区最不利点消火栓栓口的静压均不小于 0.15MPa，高低区均设置直接向各自系统供水的 2 组消火栓水泵接合器。

地下三层消防泵房内设有室内消火栓系统给水泵 2 台，1 用 1 备，技术参数为 $Q=30L/s$、$H=150m$、$N=75kW$；三十一层避难层设置串联加压的 2 台消火栓泵，技术参数为 $Q=30L/s$、$H=80m$、$N=37kW$；屋面设置一套消防稳压设备，设计参数为 $Q=5L/s$、$H=30m$、$N=4kW$，立式隔膜式气压罐有效容积为 300L。

(二) 自动喷水灭火系统

1. 保护范围

T2、T3 楼及联排别墅的地下部分以及地下车库均设置自动喷水灭火系统。

2. 设计参数

自动喷水灭火系统采用湿式系统，喷头的动作温度为 68℃。T2、T3 楼及联排别墅的地下部分按中危险

Ⅰ级进行设计，其设计喷水强度为 6L/(min·m²)，作用面积为 160m²，设计用水量 25L/s；地下车库、地下一层会所、地下一层丙类库房按中危险Ⅱ级进行设计，其设计喷水强度为 8L/(min·m²)，作用面积为 160m²，设计用水量 30L/s；整个系统的设计用水量为 30L/s，火灾延续时间 1h。

3. 系统设计

自动喷水灭火系统按湿式报警阀阀后配水干管的工作压力不超过 1.2MPa 的要求分为 4 个区，即地下三层～地下一层、一层～二十六层、二十七层～三十一层、三十二层～四十六层，各区最不利点喷头的工作压力均不小于 0.1MPa。地下三层～二十六层的自动喷水灭火系统由设于地下三层的喷淋泵直接供水，湿式报警阀分别设置于地下三层、地下二层、地下一层及十六层避难层；二十七层～四十六层的自动喷水灭火系统由设于三十一层避难层的喷淋泵串联转输供水，相应的湿式报警阀设置于三十一层避难层。消防高低区均设置直接向各自系统供水的 2 组消火栓水泵接合器。

地下三层消防泵房内设有自动喷水灭火系统给水泵 2 台，三十一层避难层设置串联加压的 2 台自动喷水灭火系统给水泵，地下与地上给水泵的技术参数与相应的消火栓系统给水泵的技术参数相同；屋面设置一套消防稳压设备，设计参数为 $Q=1$L/s、$H=15$m、$N=1.1$kW，立式隔膜式气压罐有效容积为 300L。

（三）气体灭火系统

地下一层变电所及 T2、T3 楼低压配电间、弱电间等重要设备间内均设置七氟丙烷气体灭火系统，系统采用全淹没灭火方式，设计灭火浓度为 9%，喷射时间不大于 10s，采用自动控制、手动控制和应急操作三种启动方式。

三、工程特点介绍

（一）给水系统

采用市政给水管网直接供水与变频增压泵组＋屋顶水箱重力分区供水相结合的给水系统，系统不设置中间转输水箱、转输水泵。整个给水系统具有以下特点：

（1）避免设置于避难层的中间转输水泵运转时的噪声对其所在位置上下层住户的影响。

（2）底部区域设置变频增压泵组，减小屋顶用于重力供水的水箱容积，增加节能效果；同时屋顶水箱加压供水持续时间短，避免管内压力长时间处于高压状态；管道漏水、爆裂的几率小，系统的安全性高。

（3）水泵出水管设置缓闭式止回阀、出水总管的末端设置活塞式水锤消除器，避免屋顶水箱供水系统水锤现象的发生。

（4）根据在系统中的实际承压情况，逐段选用工作压力为 2.5MPa、1.6MPa、1.0MPa、0.6MPa 的给水管道及阀门，节约工程费用。

（二）排水系统

采用设置专用通气立管的污、废水分流的重力排水系统，卫生间采用同层排水系统，整个排水系统设计的难点及先进性有以下几点：

（1）对于不能做到上下贯通的高、低区的排水管道，在避难层通过水平转换管实现高、低区排水管道的合并，合并后各管道井内的排水立管在一层大堂上空进行二次转换，集中通过公共管道井排至地下室，最终排至室外。同时整个排水系统通过排水立管位置的多次转换，达到消能的目的。

（2）采用浴缸及洗脸盆的排水支管安装于降板空间内与后排式坐便器排水管隐蔽于假墙内两种敷设方式相结合的同层排水系统，有利于减小卫生间的降板深度。

（3）在充分考虑同层排水卫生间排水支管的安装高度及全装修房地板供暖厚度的基础上，确定卫生间的降板深度，增加下层卫生间的可利用高度，降低工程费用。

（4）采用内排水、虹吸式雨水排水系统及室外消能雨水检查井，克服雨水立管平面布置受到限制的设计条件，充分满足建筑立面的要求。

（三）消防系统

消防系统采用设置分区消防水箱的消防泵直接串联分区的供水系统，设置中间串联消防泵的三十一层避难层的平面布置见图1，室内消火栓系统示意图见图2，系统具有如下特点：

（1）消防泵房位于避难层的西北侧，避免消防巡检时高区消防给水泵的运行对其下层住户主卧及客厅的直接影响；同时消防泵房与避难区均设置独立的安全出口。

（2）综合考虑消防泵的扬程、消防管道的承压能力、避难层高区消防泵房层高、平面面积受限、无条件设置有效容积为 $60m^3$ 的中间转输水箱及建筑得房率等技术、经济方面的因素，采用消防给水泵直接串联的分区给水系统。

（3）设置满足高区消防泵 5min 用水量的分区消防水箱。高区消防泵的吸水管除与低区消防泵的出水管串联外，同时在串联接口处另设置一根吸水管从分区消防水箱取水，以弥补高区消防泵吸水可能发生的间断性，解决低区消防泵切换等短时间特殊情况的供水。

（4）在 T2、T3 楼避难层的下一层公共区域所对应的位置，以不影响避难层安全出口的宽度为前提，分别设置有效容积为 $10m^3$ 的消防水箱作为两幢楼在地下车库相互连通的低区消防给水系统的高位消防水箱，联合对低区的消火栓系统产生共同的稳压与供水作用，达到超高层居住建筑的高位消防水箱有效容积不应小于 $18m^3$ 的要求。

（5）在避难层的下层为公共区域的位置设置独立的高位消防水箱，替代常规的用设置在避难层的分区消防水箱作为低区高位水箱的做法，避免从分区消防水箱接出的供水管须从下一层的居住用房内接至公共区域的低区消火栓系统而违反"住宅设计中公共管道不能设置在住宅套内"的规定。

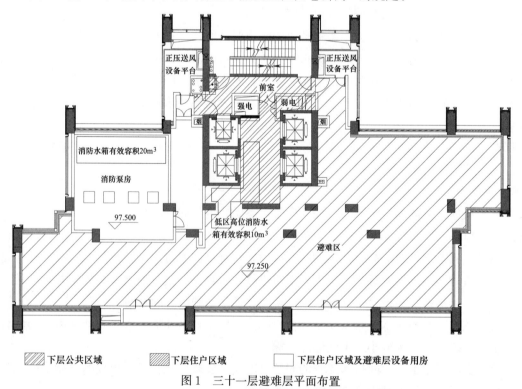

图1 三十一层避难层平面布置

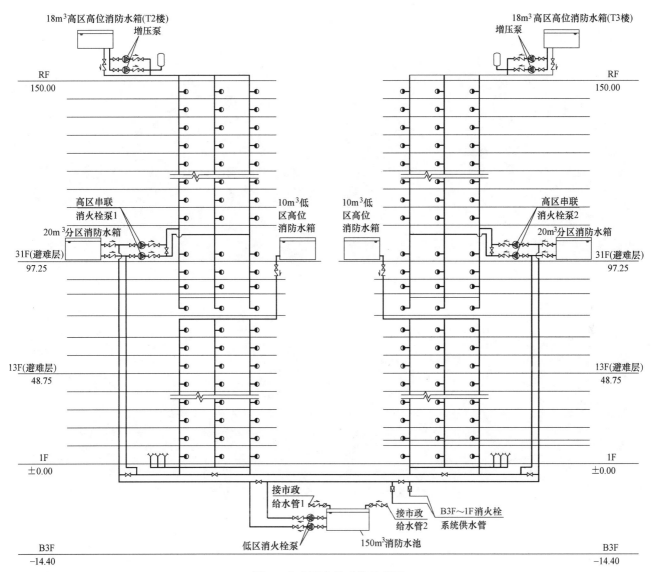

图2 室内消火栓系统示意图

（四）中水系统

苏河湾一街坊住宅区域的局部采用中水系统供水，系统在水源的选取及使用方面具有如下特点：

（1）以地下一层会所的淋浴废水为中水系统的水源，采用废水调节池→污泥池→气浮反应分离器→高效多介质过滤器→生物炭过滤器→清水贮存池的水处理工艺。

（2）处理后的清水按两种用途使用，一是经水幕供水加压泵加压后作为游泳池玻璃屋面水幕的用水，同时此供水再回流至废水调节池循环使用；二是经变频增压泵组加压后作为绿化浇灌及道路冲洗用水。

（五）游泳池水处理系统

与传统的设计相比，地下一层会所内游泳池水处理系统设计的特点体现在以下两个方面：

（1）结合地下一层层高高、可设置高度较高的处理设备的建筑条件，游泳池的水处理系统采用以重力式无阀滤池为基础的处理工艺，与传统的以压力式滤池为基础的处理工艺相比，此工艺不需要较大的阀门、管道及相应的启闭控制设备，设备的运行完全依靠水力条件自动控制，自动冲洗，管理维护较简单。

（2）池水的加热采用热泵与高温热水相结合的加热系统。热泵的热能取自泳池区的暖湿空气，高温热水在前期由置于室外下沉式广场的燃气热水器提供，后期由 T1 综合楼的热水锅炉提供。

四、工程照片及附图

苏河湾一街坊鸟瞰图

联排别墅外观（一）

联排别墅外观（二）

联排别墅客厅

联排别墅卧室

T2、T3 超高层住宅

T2、T3 超高层塔尖住宅大堂

T2、T3 超高层塔尖住宅客厅

地下会所游泳池

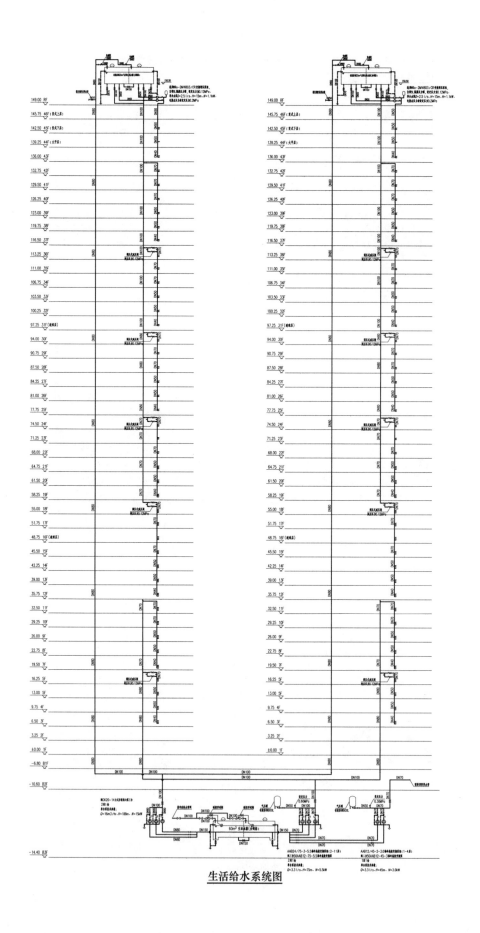

生活给水系统图

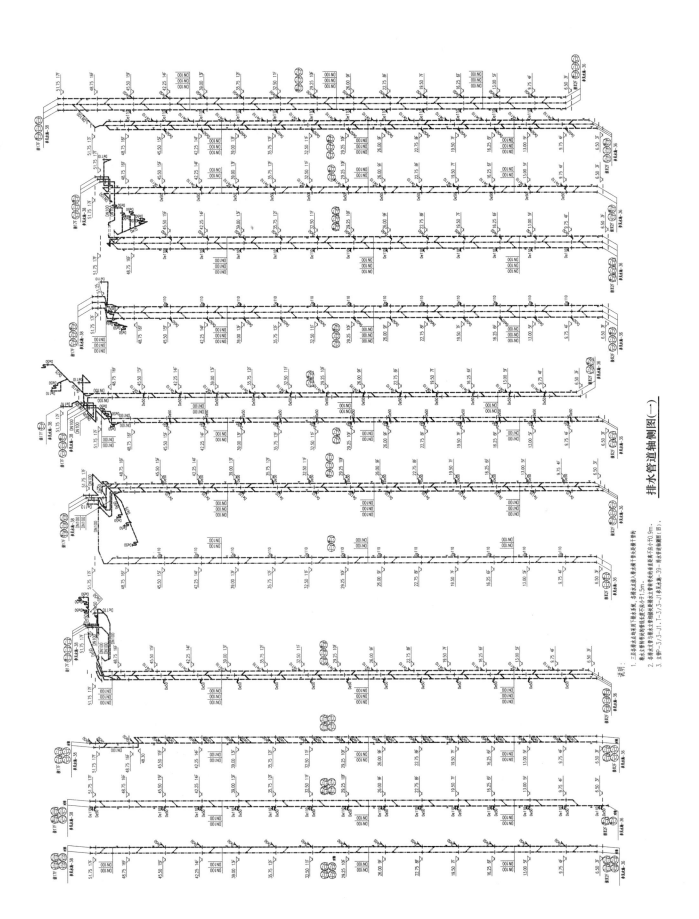

排水管道轴侧图（一）

说明：
1. 工及非排水立管及地下排水系统，各排水点接入排水横干管处采用存水弯。
排水立管转换处的排水横管坡度不应小于1.5m。
2. 各排水点管道水平横管接排水立管位置与各管段水平段直线段距离不应小于0.9m。
3. 本图中P-3/3-J1, T-3/3-J1参见本卷J1-排水管道图（四）。

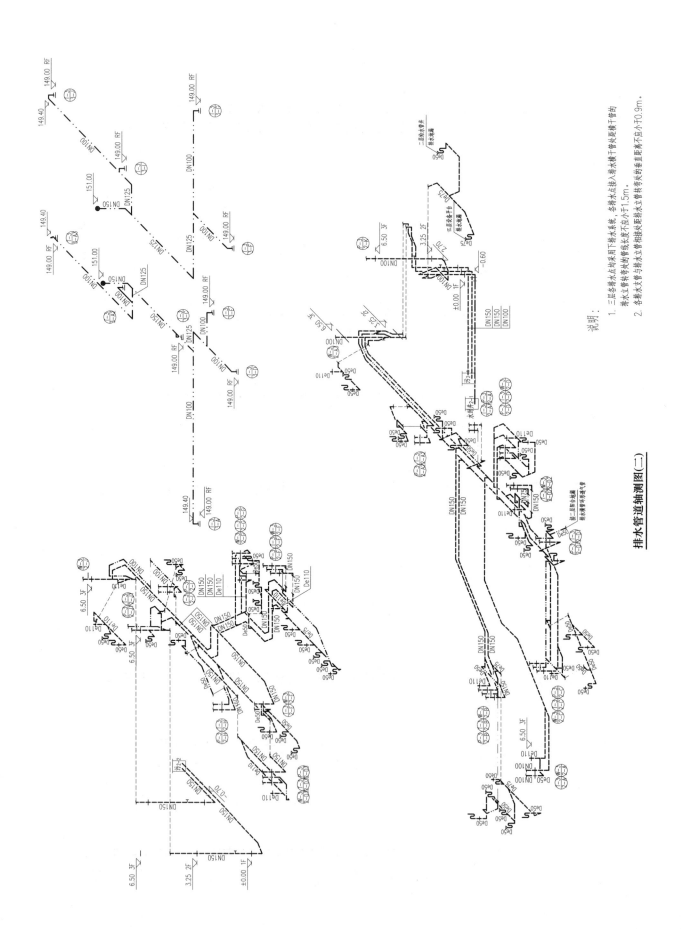

排水管道轴测图(二)

说明：
1. 三层各排水点均采用下排水系统，各排水点接入排大横干管横处距横干管的排水立管转弯处的管线长度不应小于1.5m。
2. 各排水支管与排水立管相接处排水立管转弯处的垂直离商不应小于0.9m。

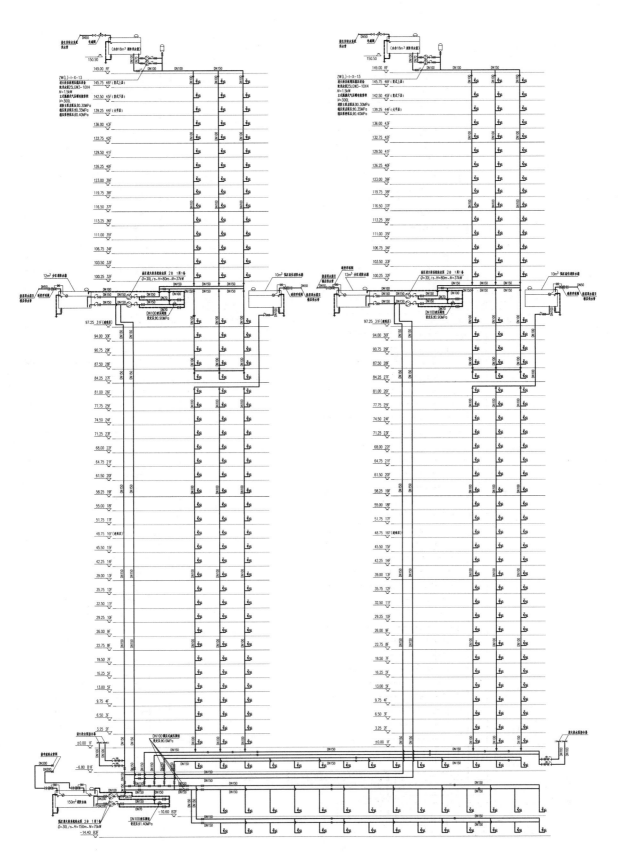

消火栓系统图

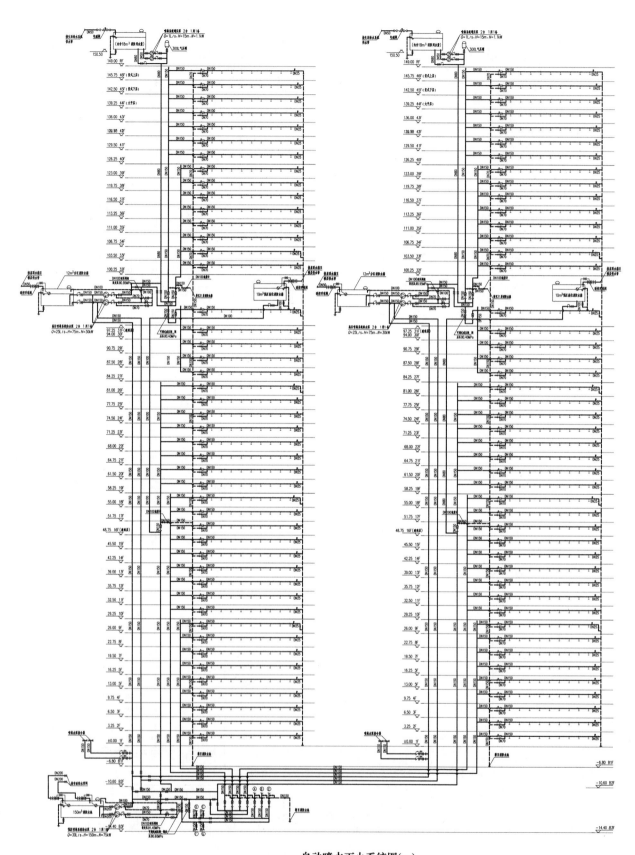

自动喷水灭火系统图(一)

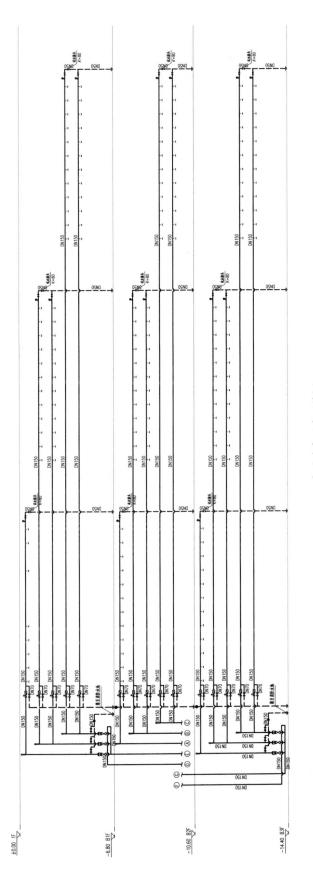

自动喷水灭火系统图(二)

北京经济技术开发区河西区 X88R1 地块二类居住项目（亦庄金茂悦）

设计单位： 中国建筑设计研究院有限公司
设 计 人： 关维　李仁杰　郭汝艳　陈超　许鑫
获奖情况： 居住建筑类　三等奖

工程概况：

X88 地块（金茂悦）位于北京市亦庄新城 5.8km² 居住区内，地块北临兴海路，东临博兴十路，南临城市绿地，西南一角临幼儿园地块。地上建筑面积为 145337m²，地下建筑面积为 57000m²，总建筑面积为 202337m²。建筑限高 60m。地块内单体共 14 栋，其中商品房 11 栋，公租房 3 栋。商品房地上总面积为 99989m²，公租房地上总面积为 45148m²。容积率 2.5。

本工程生活给水系统最高日用水量 934.02m³/d，最大时用水量 120.50m³/h；其中饮用水最高日用水量 631.50m³/d，最大时用水量 56.23m³/h。本工程中水系统最高日用水量 218.56m³/d，最大时用水量 44.21m³/h。本工程最高日热水用量（60℃）500.64m³/d，设计小时热水量（60℃）20.86m³/h，冷水计算温度 4℃，设计小时耗热量 4809195.47kJ/h（1335.89kW）。本工程最高日排水量 840.62m³/d，最大时排水量 108.45m³/h。

工程说明：

一、给水排水系统

（一）给水系统

1. 冷水用水量表

（1）生活用水量（见表1）

生活用水量　　　　　　　　　　　　　　　　　　　表1

序号	用水部位	用水量标准	用水单位数		小时变化系数	日用水时间(h)	用水量 最高日 (m³/d)	平均时 (m³/h)	最大时 (m³/h)	备注
1	住宅	200L/(人·d)	470 户	1316 人	2.43	24	263.20	10.97	26.63	市政
			780 户	2184 人			436.80	18.20	44.20	贮存
2	配套	8.00L/(m²·d)	2720.00m²		1.20	12	13.06	1.09	1.31	市政
3	地下车库	1.00L/(m²·d)	17704.00m²		1.00	2	17.70	8.85	8.85	市政

续表

| 序号 | 用水部位 | 用水量标准 | 用水单位数 | 小时变化系数 | 日用水时间(h) | 用水量 | | | 备注 |
						最高日 (m³/d)	平均时 (m³/h)	最大时 (m³/h)	
4	绿化用水	1.00	17440.50m²	1.00	2	17.44	8.72	8.72	市政
5	冷却塔补水	13000.00m³/d			13	15.00	1.15	1.15	市政
6	道路浇洒	1.00	8720.25m²		2	8.72	8.72	8.72	市政
7	管网漏损					84.91	6.35	10.96	
8	未预见水量	按1~6项之和的10%计				77.19	5.77	9.96	市政
9	总计					934.02	69.82	120.50	

（2）饮用水用水量（见表2）

饮用水用水量 表2

| 序号 | 用水部位 | 用水量标准 | 用水单位数 | | 小时变化系数 | 日用水时间(h) | 用水量 | | | 备注 |
							最高日 (m³/d)	平均时 (m³/h)	最大时 (m³/h)	
1	住宅	158L/(人·d)	172 户	482 人	2.14	24	76.09	3.17	6.79	市政
			962 户	2694 人			425.59	17.73	38.00	贮存
2	配套	3.20L/(m²·d)	2720.00m²		1.20	12	5.22	0.44	0.52	市政
3	冷却塔补水	13000.00m³/d				13	15.00	1.15	1.15	市政
4	管网漏损						57.41	2.48	5.12	
5	未预见水量	按1~3项之和的10%计					52.19	2.25	4.65	市政
6	总计						631.50	27.22	56.23	

2. 水源

本工程从博兴十路 DN400 和兴海路 DN400 市政给水管上分别接出两路 DN150 引入管进入用地红线（引入管上设置低阻力倒流防止器），在地块内形成环状管网，以保证供水安全。市政给水管网供水压力为 0.30MPa（甲方提供）。供水水质应符合《生活饮用水卫生标准》GB 5749—2006 的规定。

3. 系统竖向分区

生活给水系统采用竖向分区供水。

（1）商品房

低区：地下室~五层，由市政给水管网直接供水；高区：六层~顶层，由"管网叠压"加压供水设备加压供水。

（2）公租房

低区：地下室~五层，由市政给水管网直接供水；高区：六层~顶层，由"管网叠压"加压供水设备加压供水。

4. 供水方式及给水加压设备

供水方式为下供上给。二次加压采用"管网叠压"设备供水方式。设置二次加压供水设备 2 套。供水设备必须有省级以上卫生行政部门颁发的卫生许可证批件，详见京卫疾控字（2003）87 号。

供水设备运行及控制：控制系统时刻监测市政管网和用户管网的压力，使设备运行充分利用市政管网压力。当用户管网压力低于用户所需压力时，控制系统自动控制变频器启动，变气泵软启动运行，直到用户管网压力上升到实际所需压力。反之则降低变频器频率。其中，保证入户管表前压力不大于 0.20MPa。

5. 管材

干管和立管采用衬塑复合钢管（冷水专用管：内衬 PE）。管径 $<DN65$ 者螺纹连接，管径 $\geqslant DN65$ 者沟槽连接，并安装管端保护环，防止内衬 PE 脱落。支管采用无规共聚聚丙烯（PP-R）塑料管，热熔连接。与金属管和用水器具连接采用螺纹。冷水 PP-R 管道的管系列为 S4。

（二）热水系统

1. 热水用水量（见表 3）

热水用水量

表 3

序号	用水部位	用水量标准	用水单位数		小时变化系数	日用水时间 (h)	热水比热 4.187kJ/(kg·℃)		热水密度 ρ_r	0.983191g/mL
							设计小时耗热量		热水量 q_{rh} (L/h)	备注
							Q_h(kJ/h)	Q_g(kW)		
1	低区	73L/(人·d)	230 户	644 人	3.41	24	1540550.08	427.93	6682.62	
	高区		488 户	1366 人	3.41	24	3268645.39	907.96	14178.78	
	合计		718 户	2010 人	3.41	24	4809195.47	1335.89	20861.40	
2	设备选型									
	热媒初温 $t_{mc}=$	100	℃			传热系数 $K=$	1750	kcal/ (m²·℃·h)	热传效损失 $\varepsilon=$	0.7
	热媒终温 $t_{mz}=$	85	℃						热损失系数 $C_r=$	1.15
	热水初温 $t_c=$	4	℃				7350	kJ/ (m²·℃·h)	60℃热水密度 $\rho_r=$	0.983191g/mL
	热水终温 $t_z=$	60	℃						50℃热水密度 $\rho_f=$	0.98804g/mL
	计算温度差 $\Delta t_j=$	60.50	℃							
	低区	工作压力 $P_1=$	0.17	MPa			选择"波节管立式半容积式"换热器 2 台，型号为 BHRV-02-1.2(1.6/0.6)，每台 $F_{rj}=4.7$m²，$V_s=1.2$m³。 设备尺寸：$\Phi_1=900$mm，$H=1016$mm，$L=1640$mm			
		换热面积 $F_{rj}=$	5.86	m²						
		贮热容积 $V_r=$	2331.28	L	2.33	m³				
		膨胀罐 $V_e=$	0.50	m³						
		循环泵 $q_x=$	1871.13	L/h	1.87	m³/h				
		循环泵 $H_b=$	7.20	m						

续表

序号	用水部位	用水量标准	用水单位数		小时变化系数	日用水时间 (h)	热水比热 4.187kJ/(kg·℃)		热水密度 ρ_r 0.983191g/mL	
							设计小时耗热量		热水量 q_{rh} (L/h)	备注
							Q_h(kJ/h)	Q_g(kW)		
2	高区	工作压力 $P_1=$	0.65	MPa						选择"波节管立式半容积式"换热器 2 台，型号为 BHRV-02-1.2(1.6/0.6)，每台 $F_{rj}=4.7m^2$，$V_s=1.2m^3$。设备尺寸：$\Phi_1=900mm$，$H=1016mm$，$L=1640mm$
		换热面积 $F_{rj}=$	12.44	m^2						
		储热容积 $V_r=$	4946.36	L	4.95	m^3				
		膨胀罐 $V_e=$	0.74	m^3						
		循环泵 $q_x=$	3970.06	L/h	3.97	m^3/h				
		循环泵 $H_b=$	7.95	m						

2. 热源

本工程（商品房部分）热源采用太阳能板进行集热，辅助热源分季节选用：春、夏、秋三季采用地源热泵冷凝热经换热制备生活热水；冬季采用 1 台燃气锅炉制备生活热水。

3. 系统竖向分区

热水系统竖向分区和供水方式同给水系统。

4. 热交换器

高、低区各选用 2 台波节管立式半容积式换热器。

5. 冷、热水压力平衡措施及热水温度的保证措施

(1) 热水系统竖向分区和供水方式同给水系统，各区压力源来自于生活给水系统压力。

(2) 太阳能集热器设于 3、6、8、10、11、13 号楼屋面。采用全玻璃真空管集热器。太阳能热水保证率为 50%。

(3) 辅助加热：采用锅炉辅助加热。系统温控器自动检测贮热水箱温度：当贮热水箱温度达到设定加热控制温度下限预设值 40℃时，系统开始锅炉辅助加热；当贮热水箱温度达到设定加热控制温度上限预设值 50℃时，系统自动停止锅炉辅助加热（上下限温度可调），用户根据自己的要求设定辅助加热的温度或者启停时间。

(4) 控制：本工程生活热水系统全日供应热水，采用机械循环，循环泵由回水管道上的温度传感器自动控制启停。温度传感器设于总循环泵附近吸水管上，启、停温度分别为 45℃和 55℃。同时，楼栋循环泵与小区总循环泵采用联动启动，当楼栋循环泵启动时，同时启动小区总循环泵。各循环泵均为 2 台，1 用 1 备，交替运行。

6. 管材

干管和立管采用衬塑复合钢管（热水专用管：内衬 PEX）。管径<DN65 者螺纹连接，管径≥DN65 者沟槽连接，并安装管端保护环，防止内衬 PEX 脱落。支管采用无规共聚聚丙烯（PP-R）塑料管，热熔连接。与金属管和用水器具连接采用螺纹。热水 PP-R 管道的管系列为 S2.5。

(三) 中水系统

1. 中水水源

中水由城市再生水管网供应，从兴海路上接入，引入管 $DN100$，供水水压 0.18MPa（由甲方提供）。业主需与市政中水供应管理部门签署相关的协议和合同。

2. 中水用水量（见表 4）

中水用水量　　　　　　表 4

序号	用水部位	用水量标准	用水单位数		小时变化系数	日用水时间(h)	用水量			备注
							最高日 (m^3/d)	平均时 (m^3/h)	最大时 (m^3/h)	
1	住宅	42L/(人·d)	688 户	1926 人	2.14	24	80.91	3.37	7.22	贮存
			562 户	1574 人			66.09	2.75	5.90	贮存
2	配套	4.80L/(m^2·d)	2720.00m^2		1.20	12	7.83	0.65	0.78	市政
3	地下车库	1.00L/(m^2·d)	17704.00m^2		1.00	2	17.70	8.85	8.85	市政
4	绿化用水	1.00L/(m^2·d)	17440.50m^2		1.00	2	17.44	8.72	8.72	市政
5	道路浇洒	1.00L/(m^2·d)	8720.25m^2			2	8.72	8.72	8.72	市政
6	未预见水量	按 1～5 项之和的 10％计					19.87	3.31	4.02	市政
7	总计						218.56	36.37	44.21	

3. 系统竖向分区

中水系统采用竖向分区供水。

（1）商品房

低区：室外部分、地下室～四层，由城市再生水管网直接供水；高区：五层～顶层，由二次加压供水设备加压供水。

（2）公租房

低区：室外部分、地下室～五层，由城市再生水管网直接供水；高区：六层～顶层，由二次加压供水设备加压供水。

4. 供水方式及给水加压设备

供水方式为下供上给。二次加压采用低位水箱联合变频设备加压供水方式。设置二次加压供水设备 2 套，分别为商品房高区部位和公租房高区部位供水。变频调速泵组的组成与控制：变频调速泵组设置在地下二层中水泵房，由 2 台主泵（1 用 1 备）和气压罐组成。小流量时由气压罐运行。变频泵组的运行由水泵出口处的压力控制。泵组全套设备及控制部分均由厂商配套提供，厂商还应负责设备调试、试运行及合同年限内的维修事宜。

5. 管材

（1）干管和立管采用衬塑复合钢管（冷水专用管：内衬 PE）。管径＜$DN65$ 者螺纹连接，管径≥$DN65$ 者沟槽连接，并安装管端保护环，防止内衬 PE 脱落。支管采用无规共聚聚丙烯（PP-R）塑料管，热熔连接。与金属管和用水器具连接采用螺纹。冷水 PP-R 管道的管系列为 S4。

（2）中水管道与饮用水管道用水设备要严格隔离，并符合下列要求：

1）管道表面应涂成浅绿色，塑料管道颜色应为浅绿色。管道上写永久性标志"中水"。

2）水箱、阀门、水表及给水栓应设明显的"中水"标志。

3）地面冲洗给水栓口、绿化取水口应设带锁装置。

4）工程验收时应逐段检查、防止误接。

（四）污废水系统

1. 排水形式及概述

本工程室内污、废水合流排到室外污水管道，经化粪池简单处理后排入城市污水管网。室外场地采用雨、污水分流制。室内污废水系统：地面层（±0.000m）以上为重力自流排水，地面层（±0.000m）以下排入地下室底层污废水集水坑，经潜污泵提升排水。

住宅部分卫生间采用降板式同层排水。大便器采用后排式带隐蔽水箱壁挂式排水坐便器，将排水管敷设于夹壁墙内。卫生间内其余卫生器具排水管均敷设于降板区域内。排水地漏采用同层排水专用地漏即旁通式地漏，其水封不得小于 50mm。

2. 通气系统

根据排水流量，卫生间排水管采用单立管伸顶通气排水系统。排水立管采用 T 型三通或双出口球通与水平横支管连接。厨房、生活阳台采用普通单立管伸顶通气系统，每层横支管与立管连接处采用 45°斜三通，横干管与立管管径相同。

3. 采用的局部污水处理设施

污水、雨水集水坑中设带自动耦合装置的潜污泵 2 台，1 用 1 备，互为备用。潜污泵由集水坑水位自动控制，当坑内水位上升至高水位时，一台潜污泵工作；当水位下降至低水位时，此台潜污泵停止工作；当达到报警水位时，两台潜污泵同时启动，并向中控室发出声光报警。承接卫生间污水的潜污泵采用带切割无堵塞自动搅匀污水潜污泵；其他废水集水坑内的潜污泵采用自动搅匀无堵塞大通道潜污泵。泵体均配冲洗阀。

4. 管材

污废水排水立管、支管及干管均采用高密度聚乙烯（HDPE）排水管材及管件，热熔或电熔连接。

（五）雨水系统

1. 设计参数

屋面雨水的设计重现期为 5 年，设计降雨历时 5min。雨水溢流设施和排水设施的总排水能力不小于 10 年重现期降雨流量。车库坡道、窗井、下沉庭院需压力提升排水系统的设计重现期为 50 年，设计降雨历时 5min。

2. 排水形式

（1）屋面雨水采用钢制侧入式雨水斗收集，雨水斗设于屋面侧墙。

（2）屋面雨水排水采用开式内排水系统，屋面雨水经收集后由雨水管道排至室外散水。

（3）室外地面雨水经雨水口和雨水管汇集后部分排入室外雨水管道。

（4）车库坡道、窗井（无盖板）、下沉庭院部位的雨水由潜水泵提升排除。下沉庭院雨水坑有效容积为一台潜水泵 30s 的水量。车库坡道、窗井等雨水坑有效容积为一台潜水泵 5min 的水量。雨水坑内设潜水泵 2 台，潜水泵的运行受雨水坑内水位控制，根据雨水量的大小，依次运行 1 台、2 台泵。

3. 雨水利用及水土保持措施

（1）以工程建设后不增加建设区域内雨水径流量和外排水总量为标准。2 年重现期设计日降雨厚度 145mm。

（2）雨水利用方式为土壤入渗。

（3）雨水入渗设施为下凹绿地、地面透水砖、入渗浅沟等。

（4）雨水利用和控制设施设置溢流排水，排入市政雨水管道。

4. 管材

（1）雨水斗系统管道和潜水泵排出管采用热镀锌钢管，沟槽式连接。与潜水泵连接的管段均采用法兰连接。

（2）室外雨水管道管径＜DN500者采用聚乙烯双壁波纹管，承插接口，橡胶圈密封；管径≥DN500者采用聚乙烯缠绕增强管，双承插连接，橡胶圈密封。

二、消防系统

（一）消火栓系统

1. 消火栓系统用水量

室外消火栓系统用水量为15L/s，室内消火栓系统用水量为20L/s。

2. 系统分区

室内消火栓系统为临时高压给水系统，平时系统压力由屋顶消防水箱和增压稳压装置维持。系统竖向不分区，在低层部分设置减压稳压消火栓，保证消火栓栓口压力不超过0.50MPa。

3. 消火栓泵及稳压泵参数

室内消火栓加压泵设2台，1用1备，备用泵能自动切换投入工作。加压泵参数为：$Q=20L/s$，$H=100m$，$N=37kW$。

消防水箱间设室内消火栓增压稳压泵和气压罐，气压罐有效容积为150L。稳压泵2台，1用1备，自动切换，交替运行。稳压泵型号为25GL3-10x4，$N=1.5kW$。

4. 消防水池及水箱

室内消防用水总量为252m³，全部贮存于地下二层消防水池，消防水池有效容积为260m³。4号楼（21层）屋顶设高位消防水箱，有效贮水容积为18m³。室内消火栓系统和自动喷水灭火系统共用高位消防水箱。

5. 水泵接合器

设2组DN150地下式水泵接合器，分设2处，均位于室外消火栓15～40m范围内，供消防车向室内消火栓系统补水用。

6. 管材

水泵出水管采用热浸镀锌无缝钢管，各竖向分区配水管采用加厚热浸镀锌钢管，可锻铸铁管件。

（二）自动喷水灭火系统

1. 自动喷水灭火系统用水量

自动喷水灭火系统用水量为30L/s。

2. 系统分区

系统竖向不分区，用1组加压泵供水。供水压力0.5MPa。平时压力由4号楼屋顶的高位消防水箱提供。自动喷水灭火系统分类为：地下二层为预作用系统，地下三层为湿式系统。

3. 自动喷水加压泵参数

自动喷水灭火系统加压泵设2台，1用1备，备用泵能自动切换投入工作。加压泵参数为：$Q=30L/s$，$H=60m$，$N=37kW$。

4. 喷头选型

（1）地下车库、库房、机房采用直立型喷头。无吊顶部位宽度大于1.2m的风管和排管下采用下垂型喷头，下垂型喷头采用湿式下垂型喷头。有吊顶部位采用吊顶型喷头。

（2）喷头温级：均为68℃。

（3）喷头的备用量为不应少于建筑物喷头总数的1%。各种类型、各种温级的喷头备用量不得少于10个。

5. 报警阀

共设7个报警阀，设置在地下车库内的消防泵房内。各报警阀处的最大工作压力均不超过1.2MPa，负担喷头数不超过 800 个（不计吊顶内喷头）。水力警铃设于报警阀处的通道墙上。报警阀前的管道布置成环状。每个报警阀所负担的最不利喷头处设末端试水装置。

6. 水泵接合器

设 4 组 DN150 地下式水泵接合器，分设 2 处，均位于室外消火栓 15～40m 范围内，供消防车向室内自动喷水灭火系统补水用。

7. 管材

水泵出水管采用热浸镀锌无缝钢管，各竖向分区配水管采用加厚热浸镀锌钢管，可锻铸铁管件。

（三）水喷雾灭火系统

1. 设置部位

地下二层锅炉房。

2. 设计参数

喷雾强度为 $9L/(min \cdot m^2)$，持续时间为 6h，最不利点喷头工作压力取 0.20MPa。

3. 系统形式

本系统与自动喷水灭火系统共用消防给水泵。雨淋阀前管道内的水压由高位消防水箱维持。

4. 控制和信号

采用自动控制、手动远控与现场应急操作三种控制方式。

（1）自动控制：设在防护区内的温感、烟感探测头均动作后自动开启雨淋阀上的电磁阀，雨淋阀上的压力开关动作后自动开启水喷雾灭火系统加压泵。

（2）手动远控：在消防控制中心手动开启加压泵和雨淋阀。

（3）现场应急操作：人工打开雨淋阀上的放水阀，使雨淋阀打开；泵房内手动开启加压泵。

（四）气体灭火系统

1. 设置部位

地下车库、变配电室设置七氟丙烷洁净气体自动灭火系统。

2. 设计参数

固体表面火灾的灭火浓度为 9%，喷射时间为 10s，浸渍时间为 10min。

3. 灭火方式

本工程采用全淹没灭火系统的灭火方式，即在规定时间内向防护区喷射一定浓度的七氟丙烷灭火剂，并使其均匀地充满整个保护区，此时能将在其区域里任一部位发生的火灾扑灭。

4. 控制方式

气体灭火系统的控制方式包括自动控制、手动控制、机械应急操作三种。

（1）自动控制：将火灾自动报警控制器上的控制方式选择键拨到"自动"位置时，灭火系统处于自动控制状态，当保护区发生火情时，火灾控制器发出火灾信号，报警控制器发出声光报警器信号，同时发生联动指令，关闭连锁设备，经过 30s 的延时，向装置控制系统发出灭火指令，启动气体发生器，打开相应的选择阀和钢瓶容器阀，实施灭火。

（2）手动控制：将火灾自动报警控制器上的控制方式选择键拨到"手动"位置时，灭火系统处于手动控制状态，当保护区发生火情时，按下手动控制盒或控制系统上的启动按钮，即可按规定程序启动灭火系统，释放灭火剂，实施灭火（控制盒内还设有紧急停止按钮，用它可停止执行"自动控制"灭火指令，即可按规定的程序释放灭火剂，实施灭火）。

（3）机械应急操作：当自动启动、手动启动均失效时，应通知有关人员撤离现场并关闭联动设备，然后进入钢瓶间，首先拔去所需灭火区域的启动装置上的保险装置，按下应急手柄，释放灭火剂，实施灭火。

三、设计体会及工程特点

（一）同层排水系统

在本次设计中，通过卫生间局部降板式同层排水与夹墙式排水的使用，不仅可以解决住宅排水系统设计中采用传统方法不易处理的问题，如排水管道易渗漏和噪声传递等；还能体现以人为本的设计宗旨，达到节能、节材、节地的综合性能指标。而管道夹墙的使用，巧妙地通过隐蔽式安装，带来了更多的收纳空间。把曾经被忽视、无法利用的空间有效地转换为可摆放不同物品的储物空间。

（二）太阳能热水系统

本项目生活热水系统的热源采用太阳能板进行集热，辅助热源分季节选用：春、夏、秋三季采用地源热泵冷凝热经换热制备生活热水，冬季采用1台燃气锅炉制备生活热水，其优势在于能源综合利用率高，符合国家的能源战略和节能目标，最大程度利用绿色能源，实现"分配得当、各得所需、温度对口、梯级利用"，充分利用了能源，突出了绿色环保的理念，成为本工程一大亮点，热水系统供应住户生活热水，达到节能目的。

（三）雨水资源利用

本项目雨水综合利用系统是将雨水收集贮蓄利用、渗透以及园艺景观设计等结合起来的一个综合系统。合理地采用渗井、下凹绿地、雨水花园等设计不同类型的雨水综合利用系统，从而实现建筑小区内雨水的回收利用，为小区提供优质的非饮用水，降低城市排水系统的排水量，缓解城市供水紧张的局势，给城市创造较好的经济和社会价值。

（四）BIM系统化设计

本项目在设计过程中采用了BIM数字化建模。采用Revit MEP软件对水暖电专业进行了建模，并用Navisworks进行了管线综合，采用综合结果指导施工图的标高设计。保证了车库及管道复杂部位的净高，避免了因图纸问题造成的施工返工整改问题。

四、工程照片及附图

正门

人视图（一）

人视图（二）

人视图（三）

人视图（四）

景观小品

景观轴

近景图

鸟瞰图

中景鸟瞰

4号楼生活给水系统管道原理图

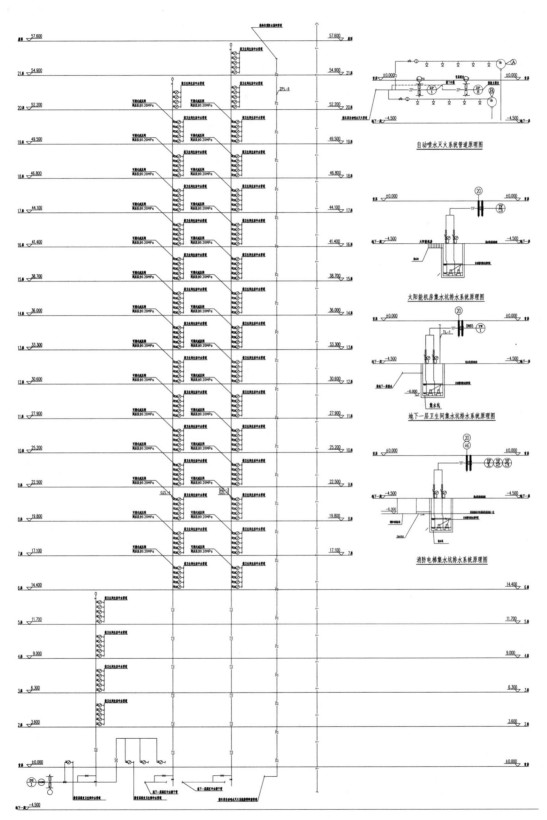

自动喷水灭火系统管道原理图

太阳能机房集水坑排水系统原理图

地下一层卫生间集水坑排水系统原理图

消防电梯集水坑排水系统原理图

4号楼生活中水系统管道原理图

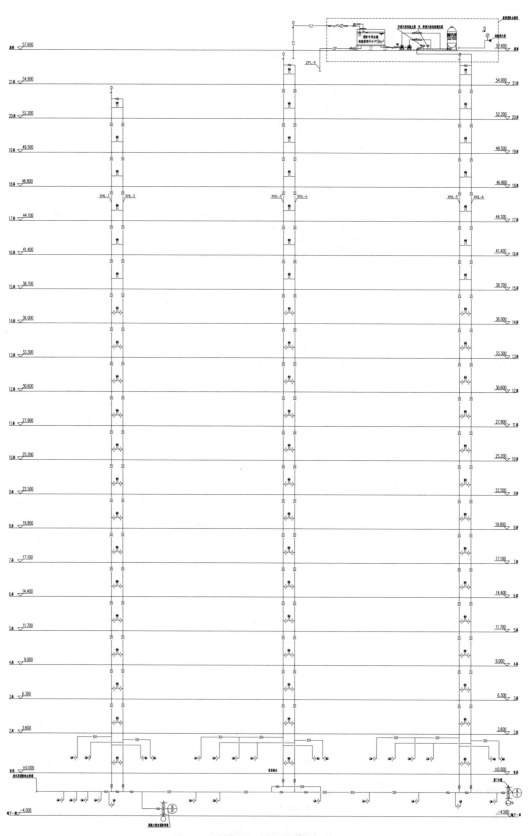

4号楼消火栓系统管道原理图

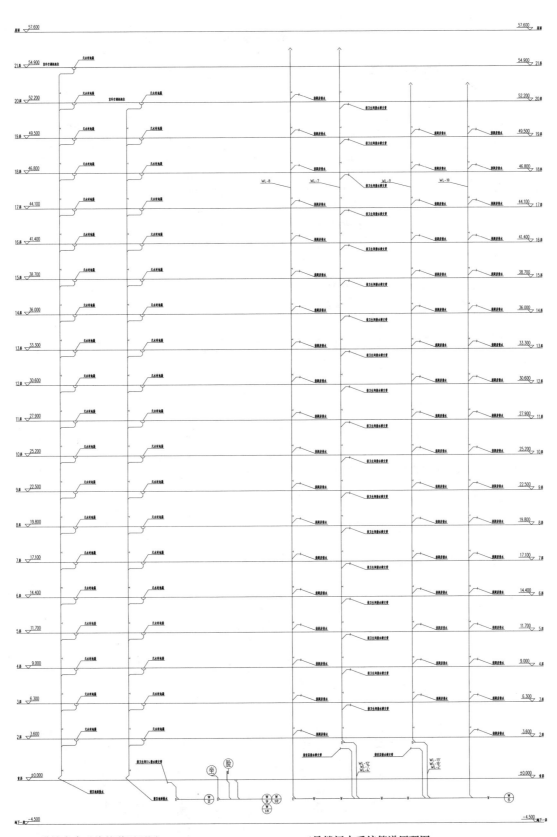

4号楼废水系统管道原理图   4号楼污水系统管道原理图

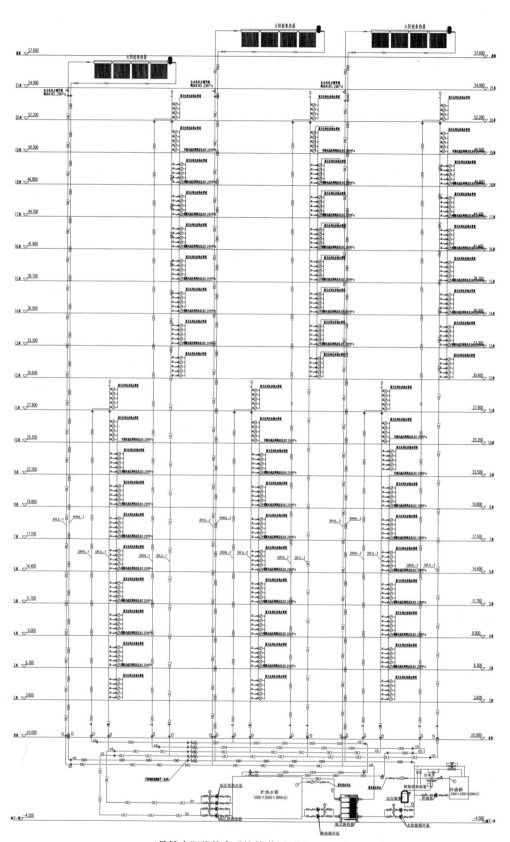

4号楼太阳能热水系统管道原理图

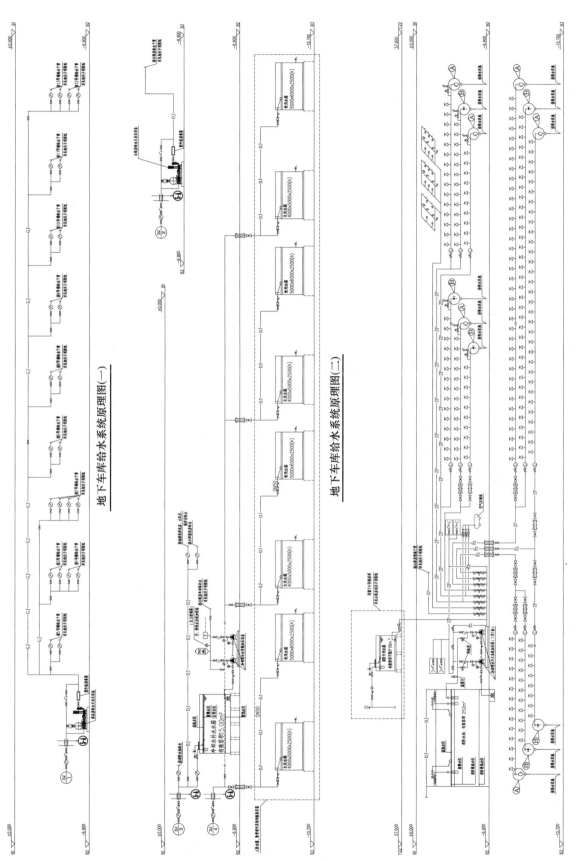

地下车库给水系统原理图（一）

地下车库给水系统原理图（二）

地下车库自动喷水灭火系统原理图

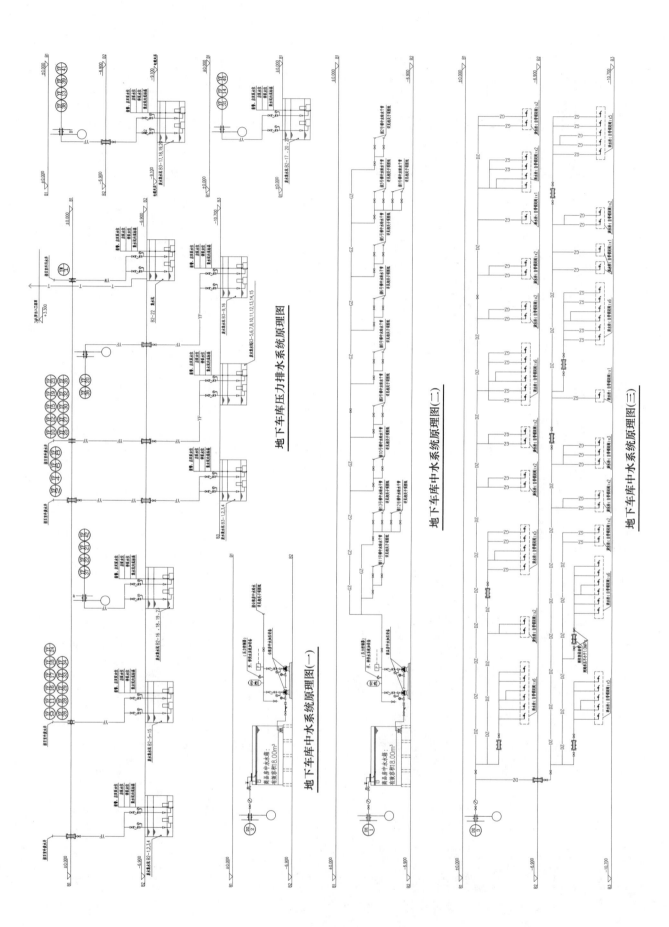

地下车库压力排水系统原理图

地下车库中水系统原理图(一)

地下车库中水系统原理图(二)

地下车库中水系统原理图(三)

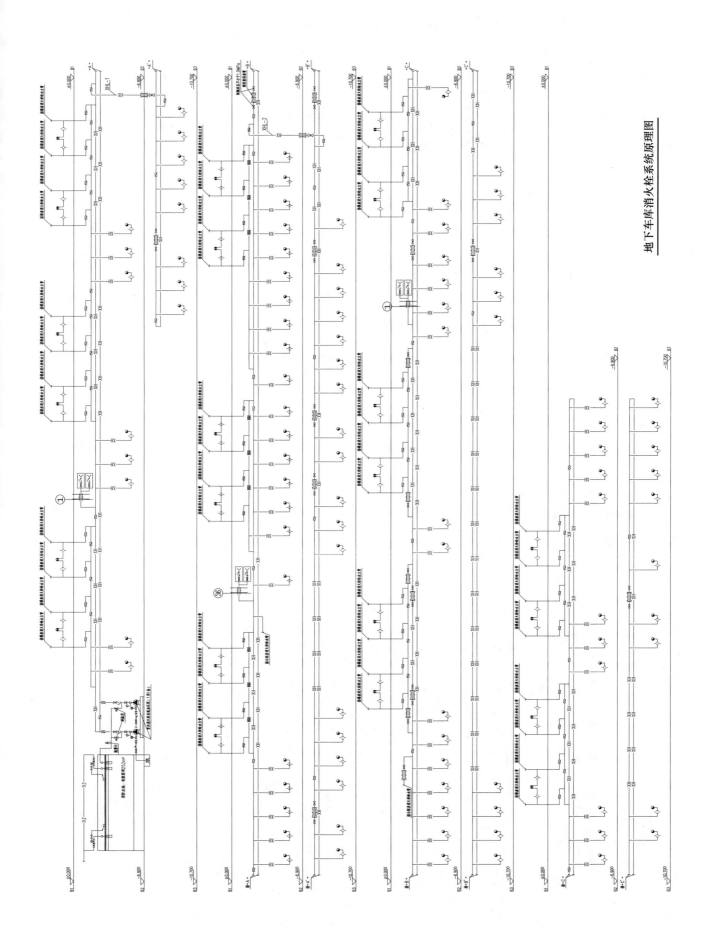

地下车库消火栓系统原理图

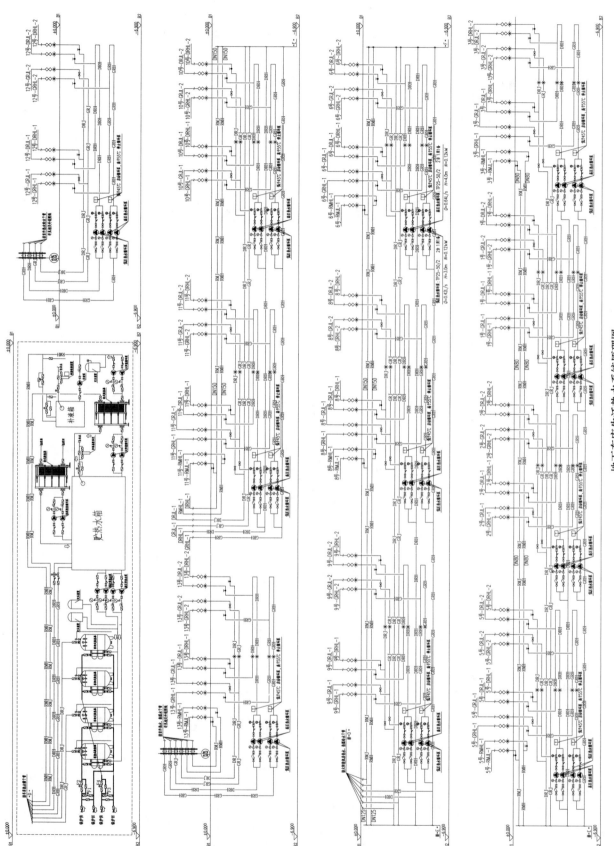

地下车库生活热水系统原理图

工业建筑篇

采埃孚转向系统汽车电液转向机系统项目

设计单位： 中衡设计集团股份有限公司
设 计 人： 严涛 薛学斌 王文学 任立 周玮
获奖情况： 工业建筑类 一等奖

工程概况：

采埃孚转向系统有限公司在泵和商用汽车转向行业处于全球市场领先地位，在电动转向行业的市场领导者中也跻身全球前三位。为了开发其在中国和国际原始设备制造商的业务，集团成立采埃孚转向系统（南京）有限公司，并投资 22028.8 万美元（约 135917.3 万元）。本项目实施后，可实现年产 190 万台汽车电液转向机系统的生产能力。

本工程位于南京市南京经济技术开发区栖霞区，地块北侧为恒竞路东延，东侧为炼西路。项目总占地面积为 92855.1m²，总建筑面积为 57149.54m²，建筑高度不超过 24.0m。项目分期建设，本次设计范围为一期和二期部分，拟建总建筑面积 29799.5m²。本次工程设计含新建主厂房 NG201（201a）生产车间＋办公 NG202（202a）＋雨棚，为耐火等级二级的丁类厂房；附房（设备用房）NG203；主门卫房 NG204。

本工程设计时间为 2013 年 11 月～2014 年 5 月。2015 年 3 月 20 日陆续投入使用。

工程说明：

一、给水排水系统

（一）给水系统

1. 冷水用水量（见表 1）

主要用水项目及其用水量　　　　　　　　　　　　　　表 1

用水性质	用水定额	用水单位数	最大班使用数量	最大班使用时间（h）	小时变化系数	最高日用水量（m³/d）	最大时用水量（m³/h）
生活用水	50L/(人·d)	500 人	300 人	8	1.5	25	2.8
淋浴用水	50L/人次	500 人次/d				25	
淋浴用水	300L/(个·h)		30 个	1			9
食堂	25L/人次	500×1.5 人次/d	300 人	4	1.5	18.75	2.8
小计						68.75	14.6

续表

用水性质	用水定额	用水单位数	最大班使用数量	最大班使用时间(h)	小时变化系数	最高日用水量(m³/d)	最大时用水量(m³/h)
冷却水补水	1.0%循环水量		3600m³/h	10		360	36
绿化和道路浇洒	2L/(m²·d)					计入未预见水量部分	
未预见水量	10%					42.87	5.06
总计						471.6	55.66

故本项目最高日用水量为 471.6m³/d，最大时用水量为 55.66m³/h（本项目淋浴用水单列两项，基于最高日用水量和最大时用水量计算公式不一样）。

2. 水源

本工程从地块东侧的炼西路的市政给水管引入一路 DN200 给水管。市政给水管接入基地处分别设 DN150 消防水表一只和 DN150 生活水表一只。根据业主提供的资料，市政供水的压力不低于 0.15MPa。

3. 系统竖向分区

本工程生活给水采用市政直供和恒压变频供水相结合的方式。一层采用市政直供，充分利用市政压力；二层及以上采用恒压变频供水，恒压变频供水设备压力调节精度需小于 0.01MPa，配备水箱无水停泵、小流量停泵控制运行功能，以达到节水节能。循环水系统补水均采用恒压变频供水设备供给。

4. 供水方式及给水加压设备

在 NG203 的生活水泵房内设置 90m³ 的不锈钢生活拼装水箱，分为两格。每格的尺寸取为 4.0m×7.0m×3.5m。设置一套高区变频加压泵组供高区生活给水。水泵流量为每台 $Q = 20m³/h$，$H = 50m$，3 用 1 备，配气压罐一个（$\phi600×1500$（H））。

5. 管材

室内给水管道均采用 SS304L 不锈钢给水管道，生活水箱的材质采用 SS444 不锈钢材质。

（二）热水系统

1. 热水用水量

（1）局部热水供应系统热水用水量

局部分散的卫生间洗手盆就地采用独立式贮热式电热水器，每个卫生间的清洁间内设置 $V = 50L$、$N = 1.5kW$ 的电热水器一台，便于维护和管理。茶水间洗涤盆下设置 $V = 10L$、$N = 1.5kW$ 的小厨宝供洗涤盆热水使用。

（2）集中热水供应系统热水用水量（见表 2）

集中热水用水量（60℃）   表 2

用水项目	用水定额	用水单位数	最大班使用数量	最大班使用时间(h)	小时变化系数	最高日用水量(m³/d)	最大时用水量(m³/h)
淋浴用水	50L/(人·d)(40℃)	500 人				15.9	
淋浴用水	300L/(个·h)(40℃)		30 个	1			5.7
食堂	10L/人次(60℃)	500 人次/d	300 人	4	1.5	5.0	1.1
用水量总计						20.9	6.8

冷水最低温度取为 5℃，设计小时耗热量为 400kW。本项目集中热水用水量最高日用水量（60℃）为 20.9m³/d，最大时用水量（60℃）为 6.8m³/h（本项目淋浴用水单列两项，基于最高日热水用水量和最大时热水用水量计算公式不一样，用水量计算亦考虑到温度的换算）。

2. 辅助热媒

本系统由市政蒸汽作为辅助热媒。采用无缝钢管，管径为 $\phi88\times4.0$mm，蒸汽压力为 $P=0.4$MPa，供热负荷不小于 450kW。

3. 太阳能热水预热系统

本工程生活热水采用太阳能及其辅助加热系统，在 NG203 设备用房屋顶设置 136 块平板式太阳能板，每块的集热面积为 2.37m²，共 320m²。太阳能板单位面积的产热水量取为 65L/(m²·d)，每天产热水量为 20.8m³。热水供应温度不大于 60℃。

太阳能热水循环工作流量取为 0.0083kg/(m²·s)，太阳能热水循环泵的参数为 $Q=25$m³/h，$H=25$m，$N=3.0$kW。太阳能基础采用预制板式基础，布置和安装更为方便灵活。

4. 蒸汽冷凝水进行热回收

本项目空调系统冬季采用汽-水板换换热，蒸汽来自市政蒸汽管道，蒸汽温度为 152℃，压力为 0.4MPa，市政热力管网不回收蒸汽冷凝水。由于蒸汽经过疏水器后的冷凝水温度高达 80℃，如果就地排放，不仅造成热能和水资源的浪费，而且还需要对高温蒸汽冷凝水作降温处理，可通过对高温蒸汽冷凝水进行热回收作为集中生活热水系统的预热，以降低生活热水的热能消耗。由于生活热水的用水曲线与空调热负荷曲线不吻合，所以需要设置冷凝水回收水箱在生活热水用水低谷时段把高温蒸汽冷凝水回收起来。本项目市政蒸汽主要用于全年生活热水供应及供暖季（11 月至 4 月）空调系统供暖。冷凝水回收的热量与冷凝水供生活热水加热后的排放温度有关，排放温度越低可回收的热量越多，但受限于容积式换热器盘管选型，排放温度越低换热盘管面积越大。考虑到 40℃以上热水排放需要经过降温处理，故冷凝水排放温度按 40℃设定。

通过模拟，取蒸汽冷凝水不锈钢回收水箱的容积为 20m³，尺寸为 4.0m×2.0m×3.0m；冷凝水的加压泵参数为 $Q=15$m³/h，$H=15$m，$N=1.5$kW。高温蒸汽冷凝水通过加压泵供至容积式热交换预热罐进行换热后排放。

5. 系统竖向分区

热水系统竖向分区与生活给水系统竖向分区相同。

6. 热交换器

根据《建筑给水排水设计规范》GB 50015—2003 第 5.3.3 条第 1 款相关规定，导流型容积式水加热器的有效贮热容积系数为 0.8～0.9，计算容积应附加 10%～15%，则热交换器供热罐选型为 $Q=6.8\times1.15=7.82$m³/h，取 8m³/h。其中导流型容积式水加热器为 2 个，每个型号为 RV-04-4（0.6/1.0），$V=4$m³，$S=10.9$m²。考虑到预热罐可以通过太阳能热水和蒸汽冷凝水分别进行预热，故预热罐采用双盘管式，容积式水加热器取为 2 个，每个型号为 RV-04-8（0.6/1.0），$V=8$m³，$S_1=16$m²，$S_2=16$m²。容积式水加热器的材质为不锈钢罐体，盘管采用浮动型紫铜盘管。

7. 热水系统机械循环

热水系统采用全日制机械循环，各系统均设 2 台热水循环泵，互为备用。热水循环泵的启闭由设在热水循环泵之前的热水回水管上的电接点温度计自动控制，启泵温度为 50℃，停泵温度为 60℃。热水循环泵的参数为 $Q=3.6$m³/h，$H=15$m，$N=0.55$kW。

8. 冷、热水压力平衡措施及热水温度的保证措施

（1）热水供水分区同生活给水分区，并适当加大热水供水管管径，采用低阻力损失的半容积式热交换器，使用水点处冷热水同源，以便冷热水出水压力基本相同。

（2）各热水系统均采用供回水同程设置，并加设静态平衡阀以保证循环水的均匀分配，同时保证各用水点的热水温度。

9. 管材

室内热水管均采用不锈钢给水管，$\phi100$ 以上采用不锈钢管，承插氩弧焊连接，$\phi100$ 及以下采用薄壁不锈钢管，卡压连接；埋墙支管采用塑覆管道。室外热水管和热水回水管采用 50mm 聚氨酯泡沫保温直埋不锈钢管，外设 HDPE 外护管。热交换器采用不锈钢材质。

（三）排水系统

1. 排水系统的形式

本工程排水体制为雨、污水分流和污、废水合流。

2. 通气管的设置方式

本工程设置专用通气立管和环形通气管以保证排水顺畅。

3. 采用的局部污水处理设施

（1）根据当地市政部门要求，生活污水收集后排至室外，经末端格栅井（水质检测井）拦截较大污物并经化粪池处理后排至市政污水管网，然后排至城市污水处理厂集中处理。

（2）厨房区域排放的含油脂和泡沫污水，经地埋式不锈钢隔油池（设于室外）处理后排至室外污水检查井。

（3）NG203 设备用房西侧有工艺相关的轻油排放，故室外设置进口专用埋地式轻油油水分离器 OLEOP-ATOR-P-NS3-SF300，处理量为 3L/s。

（4）蒸汽冷凝水和空调制冷机组产生的高温排水当温度超过 40℃时，经室外埋地式排污降温池处理后排至室外污水检查井。

4. 管材

室内生活污水管采用 PP 超级静音管，柔性承插连接；设备用房排水管采用抗震柔性（法兰）连接离心铸铁排水管；污废水提升泵出水管采用内涂塑镀锌钢管；工艺废水管采用不锈钢管，承插氩弧焊连接。室外污水管采用 HDPE 双壁缠绕管，弹性密封承插连接。

（四）雨水系统

1. 雨水系统排放形式选择

主厂房和设备用房屋面采用压力流虹吸式雨水排放系统，屋面采用 PVC 柔性屋面，并设置溢流口或溢流雨水系统。雨水系统按照 50 年重现期设计，溢流设施按照 100 年重现期设计。

2. 管材

室内重力雨水管采用内外涂覆钢管，丝扣连接或卡箍连接；虹吸雨水管采用 HDPE 排水管；室外雨水管采用 HDPE 双壁缠绕管，弹性密封承插连接。

3. 雨水收集回用系统

为满足业主提出的节水要求，本项目设置雨水收集回用系统，采用了室外塑料模块拼装式埋地蓄水池，同时设有溢流装置、弃流装置和成品处理间。回用水用于绿化浇灌和降温池补水等，大大节约了自来水用水量。

（五）工艺给水排水系统

1. 工艺纯水系统

（1）本项目厂区内设有工艺生产用纯水系统。工艺给水管在厂区内各处均有用水点，为方便车间工艺布置，防止后期管道在厂房内乱接乱拉，管道在厂区设计成几个环状布置，在环状管网上每隔 6m 设置接头。

（2）设备用房内设置纯水处理设备，生产纯水用水量约 $3m^3/h$，精度为 $2.0\mu S/cm$。水源为加压后的自来水，经软化处理、细砂过滤、活性炭过滤和微孔过滤后，再经两级反渗透，使纯水水质达到电导率的要求。工艺纯水供水泵独立设置，采用变频控制。

（3）工艺纯水系统管道考虑设置回流管道，以保证管道内的纯水不因长时间不流动造成水质的污染。

（4）工艺纯水系统均采用薄壁不锈钢管，卡压连接。

2. 工艺给水系统

本项目厂区内设有工艺给水系统，水源来自设备用房内加压变频供水机组，设置原则和管道布置均与工艺纯水系统相同。

3. 工艺冷却水系统

本项目厂区内设有工艺冷却水系统，用于设备的换热。工艺冷却水循环量约 $450m^3/h$，设计在厂区内形成环状供水。为防止后期管道在厂房内乱接乱拉，管道在厂区设计成几个环状布置，在环状管网上每隔 6m 设置冷却水供水和回水接头。

4. 综合管架

厂房内给水、通风、动力等各种工艺管道很多，如果不综合考虑布置，则厂房内管线会非常杂乱，故在厂房内设置综合管架，所有工艺管线全部敷设在综合管架上，厂房内各种管线排布非常整齐。

（六）冷却循环水系统

本工程空调冷冻机、空压机和厂房的生产设备均设置冷却循环水系统，仅补充少量蒸发及飞溅损失。

1. 空调冷却循环水系统

（1）根据暖通所提资料，空调系统设置 5 台负荷为 3000kW 的水冷离心式冷冻机，设置 1 台负荷为 1000kW 的溴化锂吸热式冷冻机。冷却水温 $t_1=32℃$，$t_2=37℃$，$\Delta t=5℃$。

（2）本设计选用超低噪声方型阻燃型逆流冷却塔，按湿球温度 28.1℃、进水温度 37℃、出水温度 32℃，冷却水量为 $450m^3/h$，共为 8 台。冷却塔设于设备用房屋顶，而冷却循环水泵则设置于冷冻机房内。屋顶冷却塔设置钢平台，方便冷却塔和冷却水管道的安装和检修，并且对不同类型和型号的冷却塔使用没有限制。

（3）泵房内设置有效容积 $250m^3$ 的冷却循环水箱，分为两格，中间用不到顶的隔板隔开，一方面形成两个水箱，另一方面可避免回水溢流出水箱造成浪费。冷却循环水回水管进水箱时设置了泄压装置，以减轻冷却塔回水对水箱的冲击力。

（4）为便于系统的联动控制，系统共设置循环水泵 5 台，参数为 $Q=620m^3/h$、$H=25m$、$N=75kW$，与水冷离心式冷冻机一一对应；设置循环水泵 1 台，参数为 $Q=300m^3/h$、$H=25m$、$N=30kW$，与溴化锂吸热式冷冻机相对应。冷却水经冷冻机后直接回流至冷却塔处理。

2. 空压冷却循环水系统

根据暖通所提资料，空压系统的换热负荷为 610kW，冷却循环水的供回水温度与冷冻机的要求一致。考虑到管路和空压机的管道损失较大，故单独设置循环水泵，并与工艺冷却循环水系统合用。

系统设冷却循环水变频供水设备一套，型号为 $Q=150m^3/h$、$H=40m$、$N=30kW$，4 台，3 用 1 备，带变频控制和气压罐。

3. 工艺冷却循环水系统

根据业主要求，NG201 生产区的换热负荷为 1000kW，NG211 生产区的换热负荷为 600kW。工艺冷却循环水的供水温度为 26℃，回水温度为 36℃。因开式循环系统的水质较差，对工艺冷却循环水水质要求较高。故对工艺冷却循环水设置独立的闭式循环系统，并通过板式换热器与一次侧循环水系统进行热交换。因为冷却塔回水温度的限制，针对夏季和其他季节采用了不同的运行工况。在除夏季以外的其他季节，循环冷却水的一次侧供水温度设定为 24℃，回水温度设定为 29℃；在夏季，循环冷冻水的一次侧供水温度设定为 7℃，回水温度设定为 13℃。分别设置 3 套 1200kW 的板式换热器，并设置 3 台循环水泵，水泵的参数为 $Q=100m^3/h$、$H=40m$、$N=18.5kW$。为调节闭式管道由于温度变化而引起的体积膨胀及收缩，系统设置水泵式定压补水装置，并按设定的压力对系统进行控制。

4. 冷却循环水补水和水质处理

（1）冷却循环水补水采用软化水处理装置，通过生活变频加压泵组经产水量为 $30m^3/h$ 的软化水处理装置后直接供至循环水箱内补水。

（2）为防止经多次循环后的水质恶化影响冷凝器传热效果，在冷却循环水泵出口处设全自动自清过滤器，以去除冷却过程中带入的灰尘及除垢仪产生的软垢。系统还设有杀菌消毒投药装置。

（3）冷却循环水系统设置电导度自动控制系统控制冷却水自动排放和补水，防止冬天结冰冻裂设备，在机房内设置专用的循环水收集水箱；冷却水经处理后直接排至循环水收集水箱。一方面回水温度更为均匀，另一方面也可将部分杂质进行沉淀处理。

（4）冷却循环水系统设置专用的过滤器反冲洗水泵，水泵参数为 $Q=50m^3/h$、$H=50m$、$N=15kW$，以便对全自动过滤器进行反冲洗保证过滤的效果。

二、消防系统
（一）消火栓系统
1. 消火栓系统用水量

本工程按照办公楼来计算，室外消火栓系统用水量为 30L/s，室内消火栓系统用水量为 15L/s，火灾延续时间为 2h；按照丙类厂房和仓库来计算，室外消火栓系统用水量为 40L/s，室内消火栓系统用水量为 10L/s，火灾延续时间为 3h。故室内消火栓系统用水量为 10L/s，室外消火栓系统用水量为 40L/s，均贮存在消防水池内，室内外消火栓系统一次灭火用水量为 $540m^3$。

2. 系统竖向分区

室内外消火栓系统采用合用系统，为临时高压系统。考虑到系统的静水压力不超过 1.0MPa，故消火栓系统不分区。

3. 消火栓泵（稳压设备）的参数

消火栓系统设置全自动气压给水设备供水，配备消火栓电动主泵 2 台，1 用 1 备，参数为 $Q=50L/s$、$H=60m$、$N=55kW$；消火栓稳压泵 2 台，1 用 1 备，参数为 $Q=5L/s$、$H=65m$、$N=7.5kW$，配气压罐 2 个（$\phi2200\times3500$（H）），调节容积为 $9.0m^3$。

4. 水池、水箱的容积及位置

火灾延续时间 3h 内全部室内消火栓系统用水量为 $108m^3$，火灾延续时间 3h 内室外消火栓系统用水量为 $432m^3$，加之自动喷水灭火系统 1h 的用水量，合计为 $1200m^3$，消防水池位于能源房 NG203 一层的消防水泵房内。根据业主要求，屋顶不设置消防水箱，考虑在消防水泵房内设置全自动气压给水设备，配气压罐 2 个（$\phi2200\times3500$（H）），有效调节容积取为 $9.0m^3$，以满足初期 10min 的室内消火栓系统用水量。

5. 系统控制

全自动气压给水设备根据系统压力控制消火栓泵启、停。当系统压力为 0.60MPa 时，稳压泵启动；压力为 0.65MPa 时，稳压泵停止运行；压力降至 0.55MPa 时，主泵启动。每个消火栓箱内均设消火栓泵启动按钮，火警时供消火栓使用，消火栓泵可自动启动，也可人工启动，并同时将火警信号送至消防控制室，消火栓泵也可由消防水泵房及消防控制室的启停按钮控制。

6. 管材

室内小于 $DN100$ 的管道采用热浸镀锌加厚钢管，丝扣连接；大于或等于 $DN100$ 的管道采用热浸镀锌无缝钢管（Sch30），卡箍连接。所有消防产品及材料采用由 FM 认证机构认证过的消防产品。

（二）自动喷水灭火系统

1. 自动喷水灭火系统用水量

按业主要求，本工程除不宜用水扑救的场所外，均设置自动喷水灭火系统。其中办公楼按轻危险级设计，作用面积为 160m²，设计喷水强度 4L/(min·m²)；设备用房、厨房和生产区域按中危险Ⅰ级设计，作用面积为 160m²，设计喷水强度 6L/(min·m²)；仓库区域（无货架）按仓库危险Ⅱ级设计，作用面积为 280m²，设计喷水强度 15L/(min·m²)。

系统的喷淋用水量取为 91L/s，火灾延续时间为 2h。

根据业主要求，净空高度大于 300mm 的办公区域吊顶内设置直立型喷头，吊顶下设置隐蔽型喷头。为了安装方便，避免因时间推移引起的天花板移动或凹陷导致喷头位置偏移影响喷水效果，隐蔽式型喷头的连接管道均采用 FM 认证的喷淋专用金属波纹管。

2. 系统竖向分区

自动喷水灭火系统采用临时高压系统。考虑到系统的静水压力不超过 1.2MPa，故系统不分区。

3. 喷淋泵（稳压设备）的参数

自动喷水灭火系统设置全自动气压给水设备供水，配备喷淋电动主泵 2 台，1 用 1 备，参数为 $Q=91L/s$、$H=90m$、$N=132kW$；喷淋稳压泵 2 台，1 用 1 备，参数为 $Q=1.4L/s$、$H=100m$、$N=2.2kW$，配气压罐 2 个（$\phi2200\times3500$（H）），调节容积为 6.4m³。根据业主要求，屋顶不设置消防水箱，考虑在消防水泵房内设置全自动气压给水设备，以满足初期 4 个喷头 10min 的用水量。

4. 喷头选型

（1）厨房选用公称动作温度 93℃的直立型闭式喷头（$K=80$）。

（2）办公区域选用公称动作温度 68℃的直立型闭式喷头（$K=80$）。

（3）厂房生产区域选用公称动作温度 68℃的直立型闭式喷头（$K=80$）。

（4）厂房仓库区域（含室外雨棚）选用公称动作温度 68℃的直立型闭式喷头（$K=161$）。

（5）设备用房区域选用公称动作温度 68℃的直立型闭式喷头（$K=80$）。

5. 报警阀的数量及位置

根据每个报警阀控制 800 个喷头的原则设置报警阀。设备用房 NG203 单独在一层设置一个报警阀供本建筑使用。其余 9 个报警阀均集中设置在厂房中间二层夹层内，其中 7 个为湿式报警阀，分别服务于办公区、设备夹层间、生厂区和仓库区域；2 个为干式报警阀，服务于室外的雨棚喷淋。每个防火分区和各个楼层均单独设置信号阀和水流指示器，报警阀前均设置信号阀。

6. 水泵接合器的设置

自动喷水灭火系统设置水泵接合器，位于能源房的南侧，共 7 套。

7. 系统控制

全自动气压给水设备根据系统压力控制喷淋泵启、停。当系统压力为 0.95MPa 时，稳压泵启动；压力为 1.00MPa 时，稳压泵停止运行；压力降至 0.90MPa 时，主泵启动。各水流指示器的信号接至消防控制室，湿式报警阀的压力开关信号亦接至消防控制室。喷淋泵可自动启动，也可人工启动，并同时将火警信号送至消防控制室，喷淋泵也可由消防水泵房及消防控制室的启停按钮控制。

8. 管材

室内小于 $DN100$ 的管道采用热浸镀锌加厚钢管，丝扣连接；大于或等于 $DN100$ 的管道采用热浸镀锌无缝钢管（Sch30），卡箍连接。

（三）气体灭火系统

1. 气体灭火系统设置的位置

基于控制中心的重要性，根据业主要求，NG201 办公区两个大的服务器室和配套 UPS 电源室设置 IG541 洁净气体灭火系统。

2. 系统设计

（1）所有防护区的设计温度取为 20℃。

（2）设计灭火浓度取为 37.5%。

（3）系统喷射时间小于 60s，浸渍时间采用 10min，设计系统充装压力为 15MPa（表压）。气体灭火系统需由中标专业公司进行深化设计后报设计院校核后方可实施。

（4）设计采用两套有管网单元独立全淹没系统进行保护，即用一套气体灭火剂贮存装置通过管网保护两个防护区（UPS 电源室和服务器室），系统的灭火剂贮存量应按防护区的贮存量确定。

3. 系统的控制

本系统具有自动、手动及机械应急启动三种控制方式。保护区均设两路独立探测回路，当第一路探测器发出火灾信号时，发出警报，指示火灾发生的部位，提醒工作人员注意；当第二路探测器亦发出火灾信号后，自动灭火控制器开始进入延时阶段（0～30s 可调），此阶段用于疏散人员（声光报警器等动作）和联动设备的动作（关闭通风空调、防火卷帘门等）。延时过后，向保护区的电磁驱动器发出灭火指令，打开驱动瓶容器阀，然后由瓶内氮气打开贮存气瓶，向着火区进行灭火作业。同时报警控制器接收压力信号发生器的反馈信号，控制面板喷放指示灯亮。

当报警控制器处于手动状态时，报警控制器只发出报警信号，不输出动作信号，由值班人员确认火警后，按下报警控制面板上的应急启动按钮或保护区门口处的紧急启停按钮，即可启动系统喷放 IG541 灭火剂。

4. 厨房专用灭火系统

（1）厨房区域除了设置自动喷水灭火系统外，针对厨房烹调设备因高温而造成油脂或食物燃烧引起的火灾，需要采用厨房专用灭火系统。

（2）ANSUL 厨房专用灭火系统的灭火原理：当灶台发生火灾时，安装在灶台上方的喷嘴将药剂喷放到发生火灾的炉具中，药剂和炉具中的油脂发生反应生成一层厚厚的皂化泡沫膜，皂化泡沫膜将炉具彻底覆盖，使得油脂与空气隔绝，从而达到灭火的目的。厨房专用灭火系统配有自动燃气阀，灭火的同时自动切断燃气供应。

（3）该系统有一套完整的探测、报警、释放、灭火剂容器等专用系统组件，除了与消防报警系统的连接（增加电触点开关）外，此系统基本没有其他与外界联系的管线。

（4）厨房专用灭火系统由厨房专业公司进行计算、设计、安装及调试。设计预留相关的给水条件。

5. 建筑灭火器配置

根据《建筑灭火器配置设计规范》GB 50140—2005 的要求，本工程各灭火器配置场所均按中危险级设计；厨房和变配电间按严重危险级设计。

在每个组合式消火栓箱内设置 3 具 MF/ABC3 灭火器，其他部位最大保护距离大于 20m 处增加独立的手提式灭火器存放箱，每箱设置两具 MF/ABC3 灭火器；变配电间加设两具 MF/ABC5 灭火器；厨房区域设两具 MF/ABC5 灭火器，且灭火器最大保护距离不大于 15m。

三、项目特点及设计体会

本工程是采埃孚在南京经济技术开发区的一家生产和研发型企业，由世界 500 强公司德国采埃孚公司和博世公司合资建设，业主对本项目高度重视。本工程是按德国标准设计和建造的，具有设计建造要求较高、面积大、生产工艺配合度高、安全性要求高等特点。

（一）设计心得和体会

（1）本项目最初的方案设计由德国的事务所完成，但方案设计的内容仅包含与工艺相关的数据。所有给水排水和消防系统的方案设计均由中衡设计集团股份有限公司完成，德国标准与我国规范的有机融合是本项目的设计难点和重点。从最初的可行性研究设计、方案设计、初步设计、施工图设计、招标清单的编制、配合招标答疑、施工样品确认、定期的工地服务、项目竣工验收和后期维保服务，设计师参与了该项目全生命周期的设计和管理。通过参与建筑物全生命周期的设计和管理，才使设计师和业主的想法与要求得到实现，从而保证了厂房的高品质要求。

（2）对于常规的国内项目，设计的重点仅限于施工图设计。而对于各个节点往往欠缺考虑，通常由施工单位现场深化完成。在本项目设计过程中，对于每个复杂的转换节点均手工绘制了相关的剖面图纸指导施工；对于各个专业的管线进行合理地综合，并通过结构专业得以实现。故从精细化设计、管理及施工的理念，本工程对于外资高品质厂房的设计均有很高的要求。

（3）常规的国内工业建筑类设计往往仅包含厂房建筑配套的给水、排水、雨水及必要的消防系统，而与工艺相关的冷却循环水系统的设计一般很少涉及。对于给水排水专业而言，设计出更好地服务于工艺、服务于项目的合理有效的冷却循环水系统即是高端外资厂房设计的重点，也是设计的难点。

（4）相比于公共建筑，对于工业类建筑的节能和节水的绿色建筑理念往往容易忽略。利用空调余热回收热水系统和平板式集中太阳能生活热水系统的设计虽然在一定程度上会增加初期的投资，但远期回报率相当可观。具有很强的参考意义。

（5）选用的材料和设备品质较高，大部分采用进口品牌，对于厂房的品质有不少的加分。而对产品参数的核对和对样品的确认才能有效地控制品质。

（二）采用的先进技术及效果

设计贯彻以人为本及可持续发展的理念，各系统综合采用国内外建筑给水排水最新技术，达到节能、节水、节材、节地、环保的效果，取得了不错的经济效益、社会效益和环境效益。

1. 采用的先进技术

（1）IG541洁净气体灭火系统；

（2）厨房专用灭火系统；

（3）无高位水箱的稳高压消防气压给水系统；

（4）雨水收集回用系统；

（5）利用空调余热回收和太阳能的生活热水系统；

（6）虹吸雨水排放系统技术；

（7）挂墙式坐便器的固定方式及节水型洁具的应用；

（8）小型机器人进行室外雨污水管道内部安装检查；

（9）FM认证的喷淋专用金属波纹管。

2. 工程效果

（1）经济效益

1）室外设埋地塑料模块雨水收集回用系统，设置贮水模块 $V=400\text{m}^3$，处理后供绿化浇灌及降温池补水。每年为厂区节约绿化浇灌用水约 3000m^3。

2）采用节水型洁具，其中坐便器采用挂墙式，洗脸盆龙头和小便器均为感应式，每年为厂区节约生活用水约 20%。

3）采用分区供水，一层及以下采用市政直供，二层及以上采用变频供水，配备水池无水停泵、小流量停泵控制运行功能，以达到节水节能。

4）设置太阳能及其辅助加热系统，在屋顶敷设有136块平板式太阳能板，每天产60℃热水约20.8m³，每年节约60万kW的能耗。极大地节约了厂区淋浴热水所需要的能耗。

（2）环境效益和社会效益

本项目在设计之初便综合考虑把对周边环境的影响尽量降到最低，在设计过程中采用以下几种方式降低噪声、污水、雨水等对周边环境的影响。

1）冷却塔采用低噪声型，噪声控制在55dB以下，减小对周围环境噪声的影响。

2）设置雨水收集回用系统，减小暴雨对周边雨水管网的压力。

3）淋浴和食堂用热水设置太阳能及其辅助加热系统，采用蒸汽热回收装置，节约能源。

四、工程照片及附图

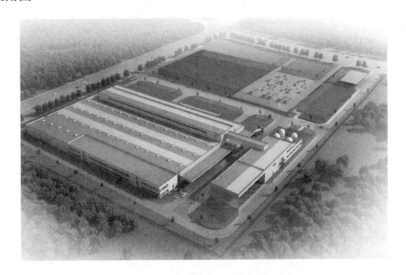

主厂房外立面

消防气压水罐

喷淋报警阀的安装

消防水泵房

软化水处理设施

全自动自清过滤器

纯水处理设施

冷却循环水机房（一）

冷却循环水机房（二）

冷却循环水机房（三）

厂房内综合管架（一）

厂房内综合管架（二）

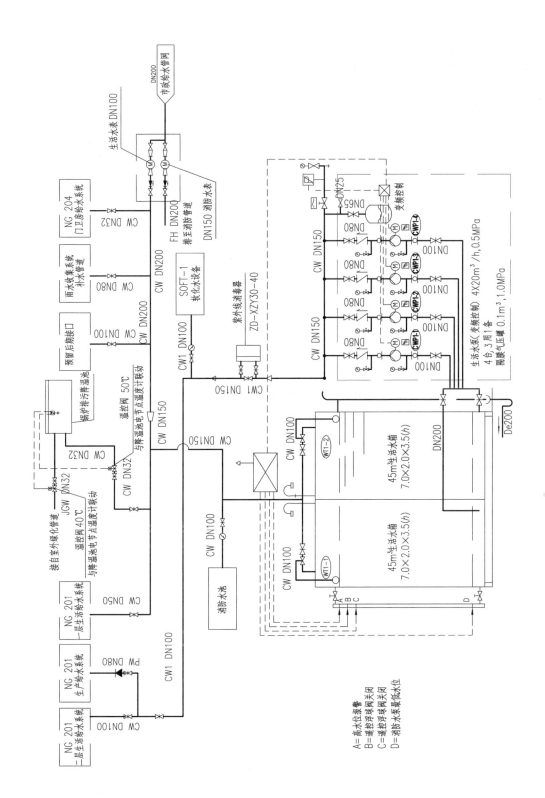

序号	设备编号	名称	规格及技术数据	电机功率	数量	备注
1	CWP1-1~CWP1-4	恒压变频供水设备	配100L 1.0MPa隔膜气压罐 生活水泵(变频控制)4×20m³/h,0.5MPa 4台,3用1备 隔膜气压罐 0.1m³,1.0MPa Q=20m³/h, H=0.50MPa	5.5kW	3	3用1备
2	WT1-1~WT1-2	成品不锈钢拼装水箱	45m³生活水箱 7.0×2.0×3.5(h) 45m³×2 4.0×3.5×3.5(h)×2		1	
3	DIP1-1,2	浮球阀	DN100		2	

A=高水位报警
B=遥控浮球阀关闭
C=遥控浮球阀关闭
D=消防水泵最低水位

生活给水流程图

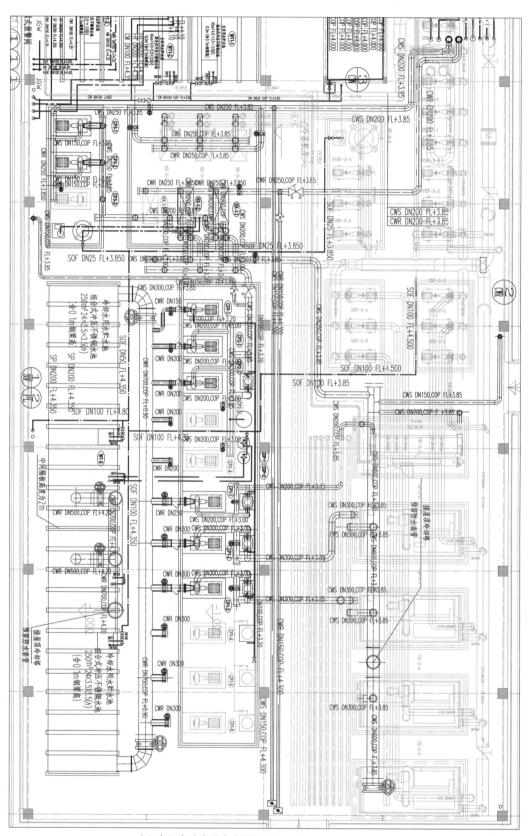

冷却水机房给水排水大样图(一) 1:50

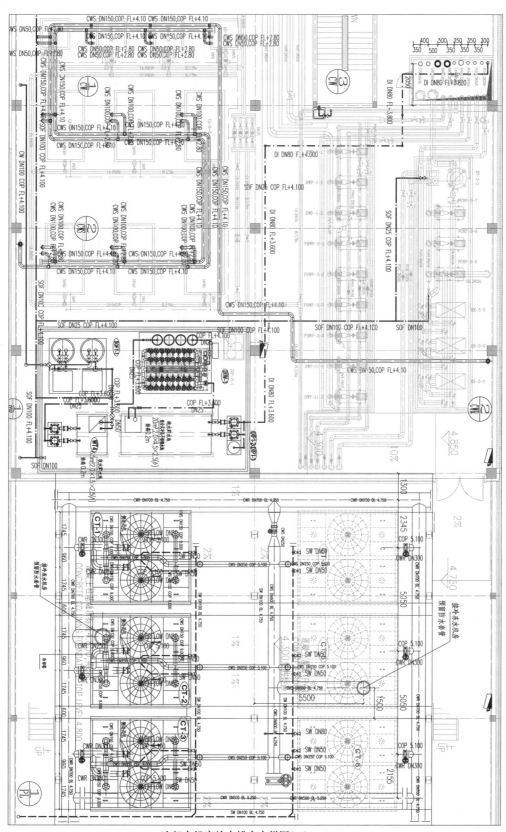

冷却水机房给水排水大样图(二) 1:50

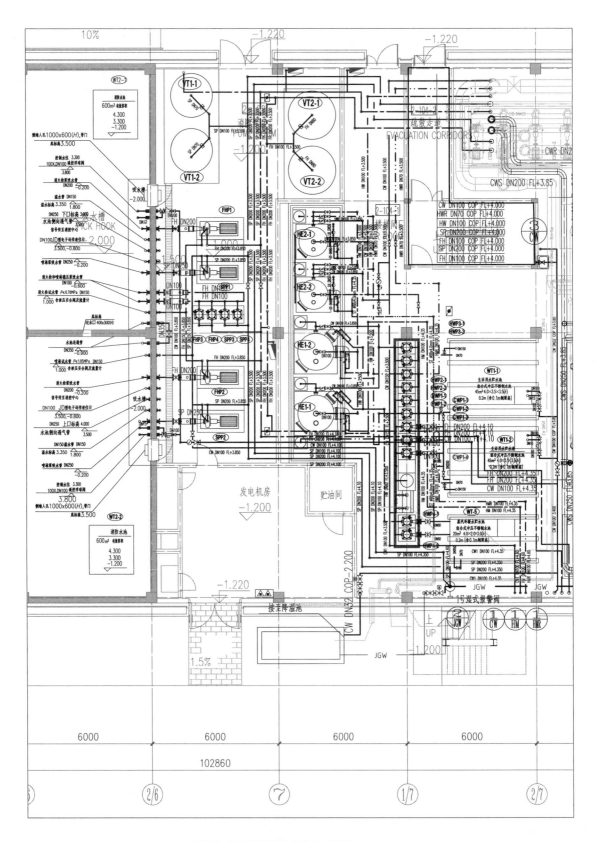

消防和生活水泵房给水排水大样图 1:50

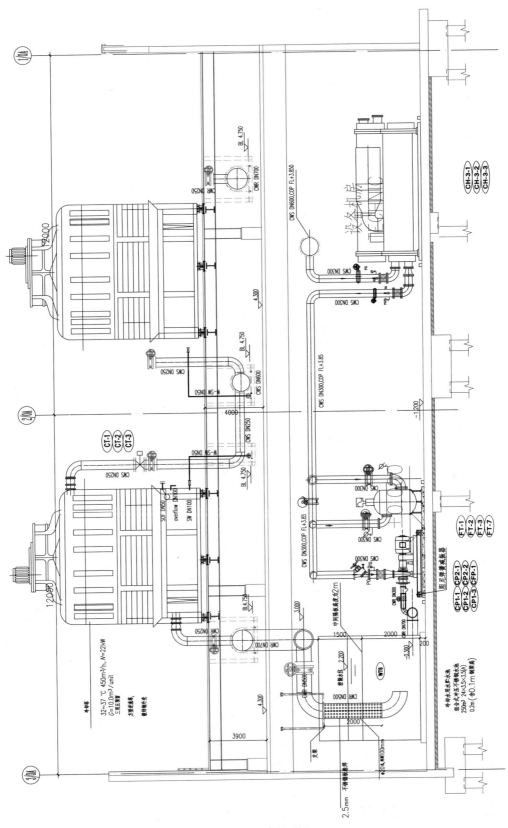

冷却机房剖面图 1:50

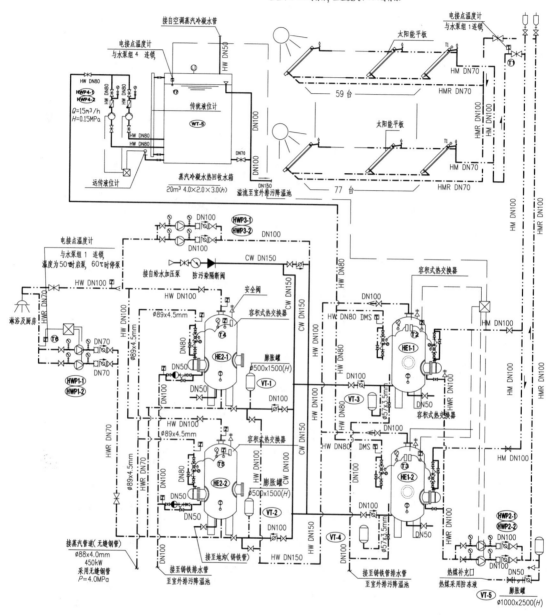

控制要求：
与水箱 T_1 和 T_2、T_3 温差达到 5τ 时启泵
温差小于 2τ 时停泵，且温度大于 65τ 时停泵
与水箱 T_7 和 T_2、T_3 温差达到 5τ 时启泵
温差小于 2τ 时停泵，且温度大于 65τ 时停泵

序号	设备编号	名称	型号及制造图号	规格及技术数据	电机功率	数量	备注
1	HWP1-1,2	热水循环泵	自带控制柜	$Q=3.6m^3/h$,$H=20m$	0.55kW	2	1用1备
2	HWP2-1,2	热水循环泵	自带控制柜	$Q=25m^3/h$,$H=25m$	3.0kW	2	1用1备
3	HWP3-1,2	热水循环泵	自带控制柜	$Q=20m^3/h$,$H=15m$	1.5kW	2	1用1备
4	HWP4-1,2	蒸汽冷凝水热回收水泵	自带控制柜	$Q=15m^3/h$,$H=15m$	1.5kW	2	1用1备
5	HE1-1,2	容积式热交换器(水—水 双盘管)	不锈钢罐体,紫铜盘管	RV-04-8(0.6/1.0),$V=8m^3$,$S_1=16m^2$,$S_2=16m^2$		2	2用
6	HE2-1,2	容积式热交换器(水—水)	不锈钢罐体,紫铜盘管	RV-04-4(0.6/1.0),$V=4m^3$,$S=10.9m^2$		2	2用
7		太阳能板		$S=2.37m^2/unit$		136	含自动控制系统
8		蒸汽冷凝水热回收水箱		4000×2000×3000($L×W×H$)		1	

生活热水流程图

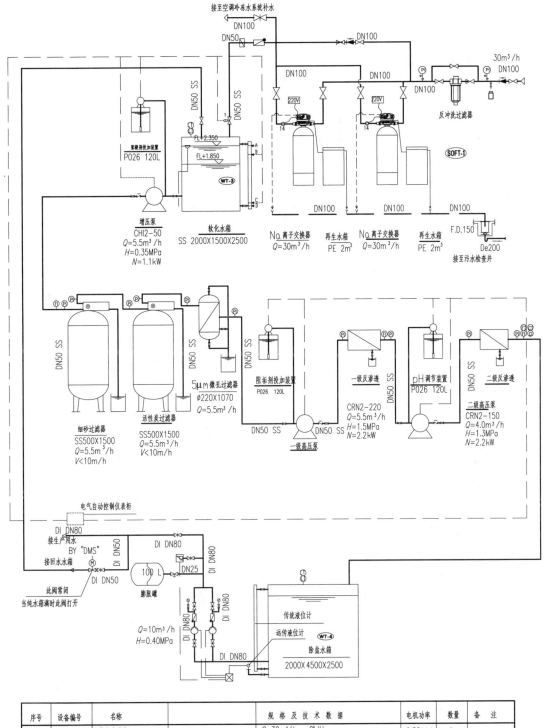

接至空调冷冻水系统补水
DN100
DN50
DN100
DN100
DN100
30m³/h
DN100
DN100
反冲洗过滤器
DN50 SS
DN50 SS
220V
220V
SOFT-1
阻垢剂投加装置
P026 120L
FL+2.350
FL+1.850
WT-3
14
14
增压泵
CHI2-50
Q=5.5m³/h
H=0.35MPa
N=1.1kW
软化水箱
SS 2000X1500X2500
Nα 离子交换器
Q=30m³/h
再生水箱
PE 2m³
Nα 离子交换器
Q=30m³/h
再生水箱
PE 2m³
DN100
DN100
DN100
F.D.150
De200
接至污水检查井

DN50 SS
DN50 SS
DN50 SS
DN50 SS
DN50 SS
DN50 SS
细砂过滤器
SS500X1500
Q=5.5m³/h
V<10m/h
活性炭过滤器
SS500X1500
Q=5.5m³/h
V<10m/h
5μm 微孔过滤器
Ø220X1070
Q=5.5m³/h
阻垢剂投加装置
P026 120L
一级反渗透
CRN2-220
Q=5.5m³/h
H=1.5MPa
N=2.2kW
一级高压泵
pH调节装置
P026 120L
二级反渗透
二级高压泵
CRN2-150
Q=4.0m³/h
H=1.3MPa
N=2.2kW

电气自动控制仪表柜
DI DN80
接生产用水
BY "DMS"
DI DN50
DI DN80
DI DN80
接回水水箱
DI DN50
100 L
DN25
DI DN80
DI DN80
此阀常闭
当纯水箱满时此阀打开
DI DN50
膨胀罐
DI DN80
DI DN80
传统液位计
远传液位计
WT-4
Q=10m³/h
H=0.40MPa
DI DN80
除盐水箱
2000X 4500X2500

序号	设备编号	名称		规格及技术数据	电机功率	数量	备注
1	SOFT-1	软化水设备		Q=30m³/h，0°dH	0.55kW	1	
2	DIW	纯水设备		Q=3.0m³/h，2μS/cm	3.0kW	1	
3	DIP1-1,2	纯水加压泵（变频控制）	配100L 1.0MPa	隔膜气压罐 Q=10m³/h，H=0.40MPa	1.5kW	2	1用1备
4	CDP-3	化学贮液罐及加药计量泵		200L 7.6L/h 0.35MPa		1	
5	WT-3	软化水箱	不锈钢水箱	6.5m³，SS 2000×1500×2500($L×W×H$)		1	
6	WT-4	纯水水箱	不锈钢水箱	20m³，SS 2000×4500×2500($L×W×H$)		1	

软水和纯水流程图

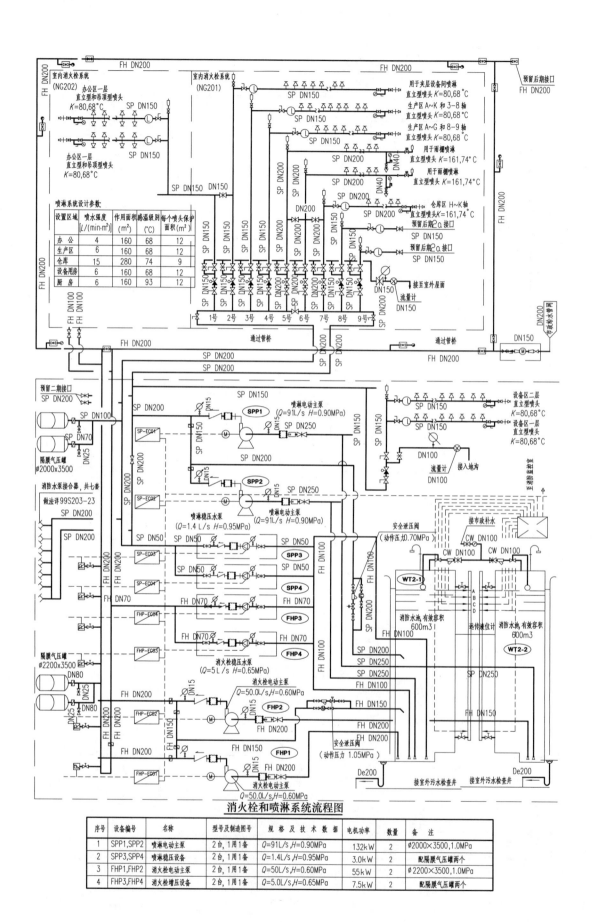

喷淋系统设计参数

设置区域	喷水强度[L/(min·m²)]	作用面积(m²)	感温级别(°C)	每个喷头保护面积(m²)
办公	4	160	68	12
生产区	6	160	68	12
仓库	15	280	74	9
设备用房	6	160	68	12
厨房	6	160	93	12

消火栓和喷淋系统流程图

序号	设备编号	名称	型号及制造图号	规格及技术数据	电机功率	数量	备注
1	SPP1,SPP2	喷淋电动主泵	2台,1用1备	Q=91L/s,H=0.90MPa	132kW	2	φ2000×3500,1.0MPa
2	SPP3,SPP4	喷淋稳压设备	2台,1用1备	Q=1.4L/s,H=0.95MPa	3.0kW	2	配隔膜气压罐两个
3	FHP1,FHP2	消火栓电动主泵	2台,1用1备	Q=50L/s,H=0.60MPa	55kW	2	φ2200×3500,1.0MPa
4	FHP3,FHP4	消火栓增压设备	2台,1用1备	Q=5.0L/s,H=0.65MPa	7.5kW	2	配隔膜气压罐两个

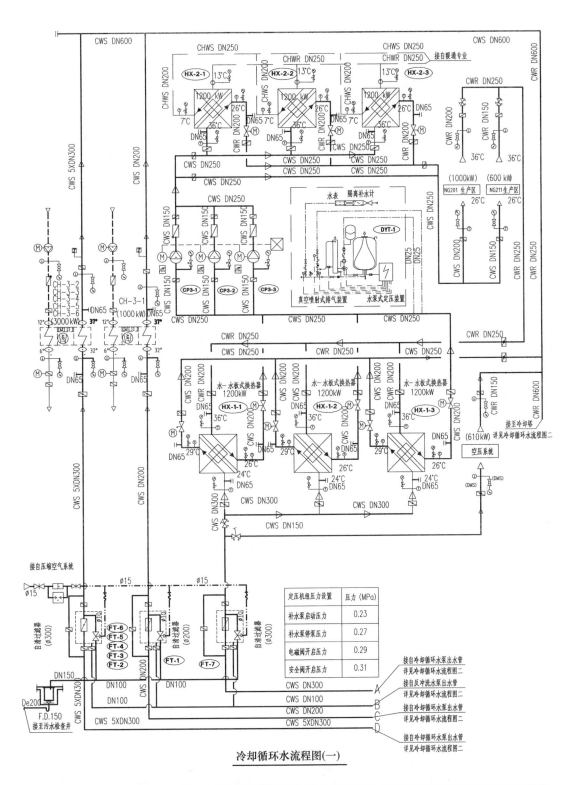

冷却循环水流程图(一)

序号	设备编号	名称	型号及制造图号	规格及技术数据	电机功率	数量	备注
1	FT-1~7	全自动自清过滤器		100μm DN200/100μm DN300		1/6	1用/7用
2	HX-1-1,2,3	水—水板式换热器	不锈钢材质	1200kW，一次侧7~13℃ 二次侧36~26℃		3	
3	HX-2-1,2,3	水—水板式换热器	不锈钢材质	1200kW，一次侧24~29℃ 二次侧36~26℃		3	
4	DYT-1	水泵式定压补水装置		V=1000L,Q=1.2L/s,H=0.40MPa	0.55kW	1	

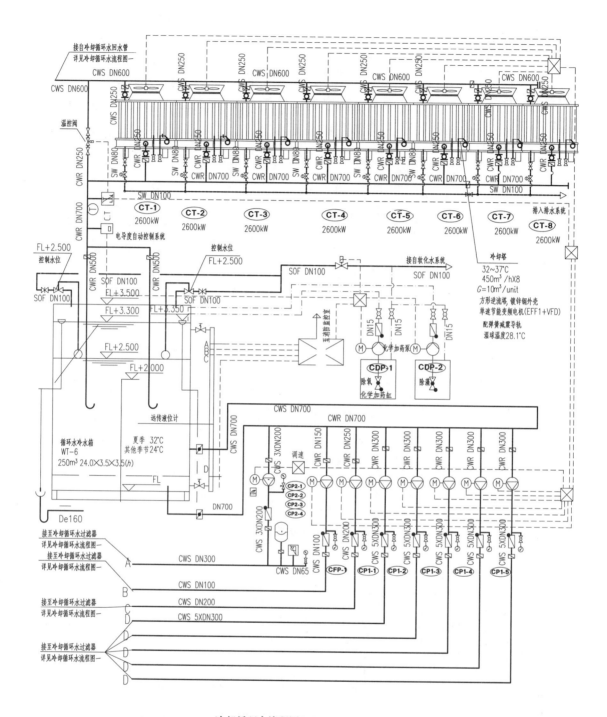

冷却循环水流程图(二)

注:屋顶明露的冷却水管和软水管设置电伴热，N=80W/m。

序号	设备编号	名称	型号及制造图号	规格及技术数据	电机功率	数量	备注
1	CP1-1	冷却水泵	端吸卧式离心泵	Q=300m³/h,H=0.25MPa	30kW	1	1用
2	CP1-2,3,4,5,6	冷却水泵	端吸卧式离心泵	Q=620m³/h,H=0.25MPa	75kW	5	5用
3	CP2-1,2,3,4	冷却水泵	端吸卧式离心泵	Q=150m³/h,H=0.40MPa	30kW	4	3用1备
4	CFP-1	过滤器反冲洗水泵	端吸卧式离心泵	Q=50m³/h,H=0.50MPa	15kW	1	1用
5	CT-1~8	冷却塔(变频控制电机),镀锌钢外壳	逆流型冷却塔	32~37℃,450m³/h	22kW	8	8用
6	CDP-1(2)	化学贮液罐及加药计量泵	不锈钢水箱	200L 7.6L/h 0.35MPa	0.22kW	2	

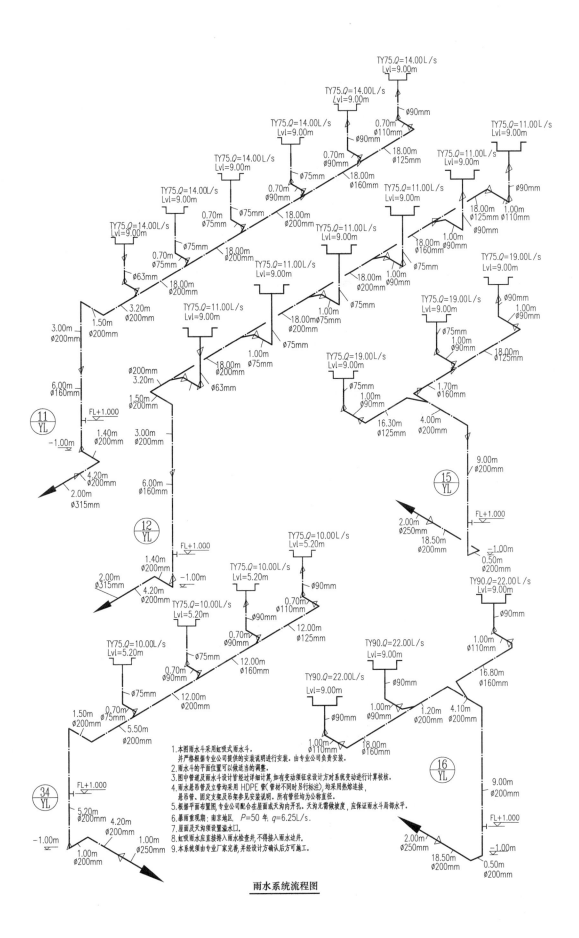

1. 本图雨水采用虹吸式雨水斗。
   并严格根据专业公司提供的安装说明进行安装。由专业公司负责安装。
2. 雨水斗的平面位置可以做适当的调整。
3. 图中管道及雨水斗设计皆经过详细计算,如有变动须由设计方对系统变动进行计算校核。
4. 雨水悬吊管及立管均采用 HDPE 管(管材不同时另行标注),均采用热熔连接,
   悬吊管、固定支架及吊架参见安装说明。所有管径均为公称直径。
5. 根据平面布置图,专业公司配合在屋面或天沟内开孔。天沟无需做坡度,应保证雨水斗局部水平。
6. 暴雨重现期:南京地区, P=50 年, q=6.25L/s。
7. 屋面及天沟须设置溢水口。
8. 虹吸雨水应直接排入雨水检查井,不得接入雨水边井。
9. 本系统须由专业厂家完善,并经设计确认后方可施工。

雨水系统流程图

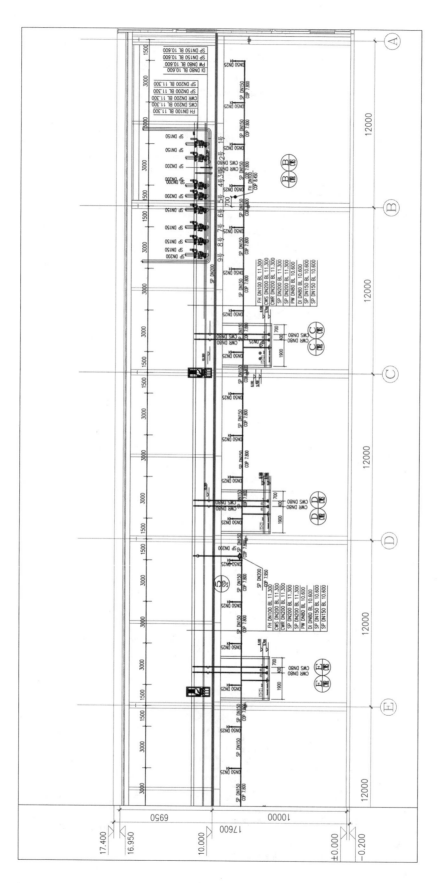

主厂房管道剖面图 1:50

长沙市轨道交通 2 号线一期工程

设计单位： 中铁第四勘察设计院集团有限公司
设 计 人： 赵建伟　邓敏锋　王彦华　王韬
获奖情况： 工业建筑类　二等奖

工程概况：

长沙市轨道交通 2 号线一期工程为长沙市第一条开通建成的地铁线路。线路自望城坡站至光达站，正线全长 22.26km，设 19 座车站，全部为地下线和地下车站。设黄兴车辆基地一座；控制中心一座（与 2、3、4、5 号线共用）；主变电站两座。车辆采用 B 型车，四动二拖 6 辆编组，初期配属车数为 16 列/96 辆；牵引供电采用 DC1500V 架空接触网供电。线路走向见图 1。

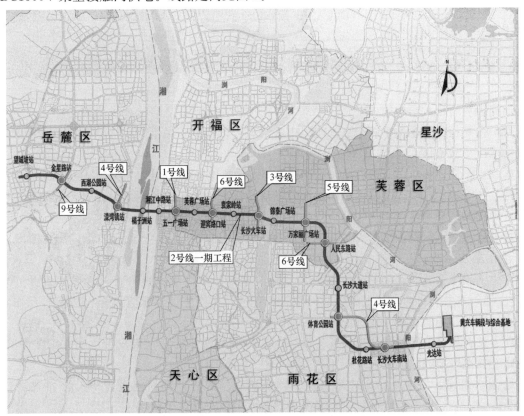

图 1　长沙市轨道交通 2 号线一期工程线路走向示意图

给水排水设计包括了生产生活给水系统、消防给水系统、排水系统、气体灭火系统、灭火器配置等。

工程说明：

一、给水排水系统

（一）给水系统

1. 用水量（见表1）

典型车站（袁家岭站）生产、生活用水量   表1

序号	用水名称	用水量标准	用水倍数	使用时间	用水量 (m³/d)
一	生产用水				
1	空调冷冻水补水	0	2.00%	24h	0.00
2	空调冷却水补水	0	2.00%	24h	0.00
3	冲洗用水	2L/(m²·次)	3033m²	每天一次	6.07
4	小计				6.07
二	生活用水				
1	工作人员生活用水	50L/(人·班)	30人1班	每天2班	3.00
2	乘客生活用水	6L/(人·d)	全日客流×1%	18h	4.20
3	小计				7.20
	合计		（一）+（二）		13.27
	车站平时日用水量(以上合计)				15.26

注：1. 本表为典型车站袁家岭站生产、生活用水量表；

    2. 本站为集中冷站供冷车站，故不含空调系统补水量。

2. 水源

除光达站附近没有市政给水管线外，2号线一期工程沿线其他车站都具有一路或两路市政给水管，根据长沙市供水有限公司提供的车站市政给水水压，市政给水可以满足车站生产生活给水的水量和水压要求，站内生产生活给水由市政直供。

市政水压和水量满足要求的车站，由车站两端市政给水管网分别接出1根DN150车站给水引入管，由风亭进入车站，每一根给水引入管按消防用水设计秒流量计算。生产生活用水在站外与消防给水分开，并单设水表井计量，车站内采用生产生活和消防分开的给水系统。

光达站从长沙县黄兴镇就近临时引入一条给水管作为其水源，以满足车站运营期间用水需求。

3. 生产生活给水系统

车站生产生活给水系统与消防给水系统分设，从其中一条车站给水引入管（消防水表井前）接出一根DN100生产生活给水总管，与车站生产生活给水管相连接，生产生活给水管在车站内呈枝状布置，室外设置生产生活水表井，与消防水表井并排设置。主要的生产生活用水点如下：

（1）站厅、站台层公共区两端适当位置各设一个DN25冲洗水栓箱（带皮带水嘴并配备冲洗软管），共计4个，均暗装在离壁墙或隔墙内。

（2）车站废水泵房、污水泵房、冷水机房、环控机房、清洁工具间内设置DN20冲洗龙头，并设置600mm×600mm清洗水池，开水间设一个6kW电热开水器供车站员工使用。

（3）冷却塔补水由室外生产生活水表井后接出一根DN50补水管供给，在补水管上设置单独的水表计量。卫生间给水支管也设置单独的水表计量。

4. 管材

室外给水管采用球墨铸铁管，橡胶圈接口。室内生产生活给水管采用薄壁不锈钢管，锥螺纹连接。

(二) 排水系统

排水系统主要由污水系统、废水系统及雨水系统组成。其中污水包括车站厕所冲洗水及生活污水；废水包括车站冲洗水、消防废水和结构渗漏水等；雨水主要来自车站出入口通道及风亭。站内采用污、废水分流制排水系统，污水、废水和雨水经集水池内潜污泵提升至室外压力释放井后，排入市政排水系统。

1. 车站污水系统

车站生活污水排放采用半真空排污系统。车站污水泵房设在卫生间旁边，污水泵房内设有真空泵站，真空泵站包含真空泵和排污泵各 2 台。排污泵扬水管管径为 $DN100$，由排风亭排到地面污水压力检查井，经化粪池处理后排至市政污水管网。卫生间真空提升器及真空泵站设通气管，接至车站排风井。

2. 车站废水系统

车站每隔 30～40m 沿边墙设排水地漏，出入口通道和车站站厅层连接处设横截沟并设排水箅子，沟内设排水地漏。环控机房、冷水机房内围绕设备基础布置排水明沟，排水明沟内设地漏。废水排入排水沟并沿车站纵坡汇入车站废水泵房。站台板下废水沿车站纵坡汇入车站废水泵房。

在车站最低端设置车站主废水泵房，主废水泵房集水池有效容积为 30m³，一般车站主废水泵房集水池内设 2 台潜污泵，平时 1 用 1 备，消防时 2 台同时启动。水域下的车站增设 1 台潜污泵，设 3 台潜污泵，每台泵的排水能力大于最大小时排水量的 1/2。

在出入口自动扶梯基坑附近、出入口地面直达站厅层的垂直电梯基坑、折返线车辆检修坑端部、车站站台板下、碎石道床区段及电梯井等不能自流排水而又有可能集水的低洼处设置局部排水泵站。

3. 区间废水系统

区间消防废水和结构渗漏水由区间隧道两侧道床排水沟收集后，经预埋的排水管排入区间废水泵房集水池。区间废水由潜污泵提升，经就近车站引至室外压力释放井后，排入市政排水系统。一般区间废水泵房集水池有效容积为 30m³，集水池内设 2 台潜污泵，平时 1 用 1 备，消防时 2 台同时启动。水域下的车站增设 1 台潜污泵，设 3 台潜污泵，每台泵的排水能力大于最大小时排水量的 1/2。

4. 雨水系统

在隧道洞口、露天出入口及敞开式风亭等处设雨水泵站，主要用于排除雨水。洞口道床的适当位置应设置横向截水沟，保证将雨水导流至雨水泵站集水池。

5. 管材

室外排水管采用 HDPE 双壁缠绕塑料排水管，热熔连接；室内有压管采用内外涂塑钢管，管径≤$DN80$ 时采用螺纹接口，管径>$DN80$ 时采用沟槽连接；室内无压管采用 HDPE 塑料排水管，热熔连接。

二、消防系统

(一) 消火栓系统

本线车站和区间设置消火栓系统，车站消火栓系统用水量不小于 20L/s，区间消火栓系统用水量不小于10L/s，火灾延续时间为 2h。一条线路、一座换乘车站及其相邻区间的防火设计按同一时间发生一次火灾计。

1. 车站消防给水系统

橘子洲站附近只有一路枝状市政给水管，光达站从长沙县黄兴镇就近临时引入一条给水管作为其水源，因此这两个车站消防给水系统采用临时高压系统，站内设置了消防泵房和消防水池，消防水池有效容积为144m³，以满足车站消防给水系统要求。

其余各车站市政水压满足消防供水压力要求，车站消防给水系统采用常高压系统，不设置消防泵房和消防水池。两条 DN150 消防给水引入管在室外均设消防水表井，在风道内设倒流防止器。

室内消火栓系统主要设计原则如下：

（1）消火栓系统在站厅层水平成环，并通过立管与站台管网层连接竖向成环，使整个车站消防给水系统形成环状供水管网。站厅层两端各设竖管与区间 DN150 消防给水管相接，消防管上串联安装手动、电动蝶阀。

（2）消防环状给水管网采用阀门分成若干独立段，当某段损坏时，停止使用的消火栓在一层中不应超过 5 个。

（3）站厅公共区、设备区及出入口通道内均设置单口消火栓箱，站台公共区设置双阀双出口消火栓箱。消火栓的设置满足两支水枪的充实水柱同时到达车站内任何部位，每一股水柱流量不应小于 5L/s，且充实水柱长度不应小于 10m。消火栓口径为 65mm，水枪口径为 19mm，水龙带长度为 25m，栓口距离地面高度为 1.1m。

（4）车站公共区和出入口通道消火栓箱均暗装于离壁墙内，设备区消火栓箱尽可能暗装，若无条件可明装或半暗装，但不得影响疏散。车站与区间结合处适当位置设消防器材箱，每处 2 套，共 8 套。

（5）风亭附近各设 1 个地上式水泵接合器，共 2 个。在水泵接合器 15~40m 范围内各设置一个与水泵接合器供水量相当的室外消火栓。室外消火栓选用 SS100/65 型，水泵接合器选用 SQS150 型。

2. 区间消防给水系统

全线地下区间设消火栓系统，消防给水干管接自相邻车站环状消防管网，并设置电动阀门，与车站接口在车站区间分界里程处。其主要设计原则如下：

（1）区间消火栓系统水源由两端相邻车站的环状消防给水管网上分别接出两条 DN150 消防管进入左右线区间隧道，沿行车方向右侧布置，使车站和区间形成环状消防供水系统。

（2）区间设置消火栓口，不设消火栓箱，消火栓间距按不大于 50m 控制，车站站台进入区间隧道处设置两具消防器材箱供区间消防使用，消防器材箱内设水龙带 2 套、多功能水枪 2 个。

（3）地下区间消防管沿行车方向右侧布置，水管中心标高距离轨面 450mm，消火栓口的安装高度为距道床面 1100mm。消火栓系统每隔 5 个消火栓布置一个检修蝶阀，在左右线每个区间消防给水干管的最低点设一个 DN50 泄水阀，在管网最高点处设 DN25 截止阀与自动排气阀。

3. 管材

室外消防给水管采用球墨铸铁管，橡胶圈接口。室内消防给水管采用消防专用内外涂塑钢管，管径≤ DN80 时采用螺纹接口，管径＞DN80 时采用沟槽连接。

（二）气体灭火系统

地下重要电气设备用房采用气体自动灭火系统，全线统一采用 IG541 灭火剂，一个组合分配系统所保护的防护区数量不大于 8 个。保护范围为：通信设备室（含电源室）、信号设备室（含电源室）、环控电控室、屏蔽门控制室、跟随所、1500V 直流开关柜室、35kV 开关柜室、400V 开关柜室、变电所控制室、整流变压器室、警务通信设备室、再生电能回馈装置室等。

IG541 气体自动灭火系统由报警控制子系统和管网子系统两部分组成。系统具有火灾报警和自动灭火的功能。在正常运营时，由报警控制子系统监视防护区的状态，在火灾时能自动报警并按预先设定的控制方式启动管网子系统释放灭火剂，迅速扑灭防护区内的火灾。

（三）其他消防措施

车站公共区及设备区设置灭火器箱，配置和数量按《建筑灭火器配置设计规范》GB 50140—2005 的要求计算确定。地下车站按照严重危险级 A 类火灾进行计算确定灭火器数量，同时对设备区内的电气房间按 B 类火灾核算。

手提式灭火器最大保护距离 A 类严重危险级为 15m，B 类严重危险级为 9m。灭火器选用 MF/ABC5 磷酸铵盐灭火器，每个灭火器箱内置两具，同时配置防毒面具两具。设备区消火栓与灭火器未共箱设置时均单独设置灭火器箱。

三、工程特点介绍

（一）真空排污系统的全线推广使用

本工程地下车站卫生间污水排放采用了半真空排污系统，取消了传统的重力排污方式。

纵观国内外地铁车站排污系统方式，目前运用最广泛的是传统的重力排污系统，重力排污系统存在以下不足：

（1）冲洗厕所耗水量大，节水性能差。

（2）需在车站内单独设置污水池、污水泵房，给建筑设计的灵活性造成了一定的制约。

（3）车站内单独设置的污水池存在臭气外溢、蚊蝇滋生等现象，严重破坏了车站的卫生环境。

（4）污水池一般均设置在车站的站台板下，排污泵的维护不便。

从环保、提高地铁运营服务的角度出发，改变排污方式是迫在眉睫的问题。真空排污系统是一种完全密闭的新型的环保型排污系统，引起了业界的广泛关注。

通过对重力排污系统、密闭提升装置及真空排污系统等多种排污系统的方案比选，在长沙市轨道交通 2 号线一期工程全线车站卫生间采用了重力排污系统与真空排污系统相结合的半真空排污系统。该系统是一个由卫生洁具、重力流管路、污废水提升器、真空管路、真空泵组、控制柜等组成的排污系统。系统中大便器和小便器均为传统重力式便器，粪便污水采用真空污水提升器收集，地漏水、洗涤水采用真空废水提升器收集，废水和污水在进入真空系统前是严格分开的。地下车站卫生间半真空排污系统工作原理示意如图 2 所示。

与传统的卫生间重力排污系统相比，卫生间环保型真空排污系统的主要特点和优势如下：

（1）解决了臭气外溢的环保问题

真空管路内为负压，且全封闭，臭气不容易外泄，相比传统的重力排污系统在卫生间下方设置开式污水池的做法，改善了污水泵房及整个车站的卫生环境。

（2）大大减小了建筑房间布局难度

长沙市轨道交通 2 号线一期工程站台层设有公共卫生间，站厅层设有员工卫生间，如果卫生间排水采用传统的重力排污系统，站厅层员工卫生间与站台层公共卫生间共用一套排污系统和污水泵房时，员工卫生间必须设置在公共卫生间的正上方，这给建筑房间布局带来了很大的难度。同时传统重力排污系统需要将污水泵房的污水池设置在车站的站台板下，站台板下一般为供电电缆通道，这对建筑布局产生一定的影响。

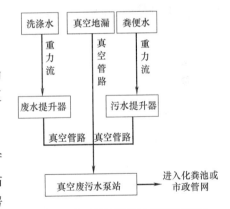

图 2　地下车站卫生间半真空排污
系统工作原理示意图

真空排污系统以真空泵组使管道内始终维持真空作为排水的动力源，卫生洁具排水管路可实现向上提升，提升高度高达 3.5m 左右，完全打破了水往下流的设计理念，可以实现同层排水。因此站厅层员工卫生间的布置不受污水泵房布置的影响，同时不需要设置污水池，不占用站台板下电缆通道，从而大大减小了建筑布局的难度。

（3）解决了运营维护不便问题

系统可以对真空管网的关键点压力进行监控，一旦任何一点发生泄漏，控制系统发出报警，提示维保人员及时进行故障排除。可以有效地实现人性化监控，无人值守，大大降低了维保人员的工作量。而重力排污系统的污水池一般均设置在车站的站台板下，排污泵的维护不便。

（4）污水提升器的真空管道上使用双真空隔膜阀，降低了排污系统的故障率

在其他城市地铁车站真空排污系统使用过程中发现，地铁车站污水排放中手机、毛巾等较大体积丢弃物含量较多，而设置在从污废水提升器到真空罐体的真空管路上的隔膜阀通过断面有限，对于大体积的硬物通过，极易对隔膜阀阀瓣造成损坏，从而影响真空管路的真空度，造成排水困难，甚至出现个别厕所停用情况。鉴于上述原因，长沙市轨道交通 2 号线一期工程全线真空排污系统污水提升器采用双隔膜阀控制，如图 3 所示，当前一个隔膜阀损坏时发出报警信号，提醒车站工作人员进行及时维修，同时自动切入备用隔膜阀投入工作，避免了系统瘫痪、厕所停用情况。

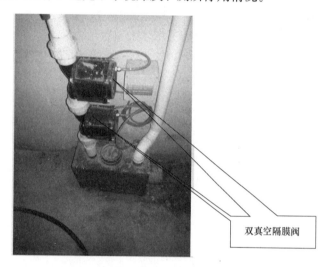

图 3 污水提升器真空管路上的双真空隔膜阀设置示意图

（5）排污泵组扬水管与真空管路之间设置旁通管，使系统更加完善

在真空排污系统排污泵组扬水管与真空管路（真空管接真空罐体主管）之间设置旁通管，保证设备维护时将扬水管上的残留污废水通过旁通管放空到真空罐中，极大地方便了运营维护使用，使系统功能更加完善。

（二）选择的自动灭火系统方案安全可靠

为确保地铁工程的消防安全及运营安全，选取一种安全、可靠的自动灭火系统方案非常重要，在长沙市轨道交通 2 号线一期工程自动灭火系统设计中，对应用于轨道交通领域的 IG541、七氟丙烷和高压细水雾三种灭火介质进行了综合比较，选择了成熟的、性能可靠的、在轨道交通领域广泛应用的

IG541 气体自动灭火系统，其主要优势如下：

（1）对环境无影响

IG541 是一种混合气体，由 52% 的氮、40% 的氩、8% 的二氧化碳三种气体组成，是一种无色、无味、无毒、不导电的气体，臭氧耗损潜能值 $ODP=0$，温室效应潜能值 $GWP=0$，其在大气中存留的时间很短，是一种绿色环保型灭火剂。

（2）灭火过程中药剂与火焰无反应物产生

七氟丙烷在灭火过程中会发生化学反应，产生一定量的 HF（氟化氢）气体，HF 与气态水结合后产生的氢氟酸对人体及精密仪器是有伤害和侵蚀影响的。HF 的产生量与喷放时间和设计浓度有关，喷放时间长、设计浓度低则 HF 的产生量大，因此要求七氟丙烷喷射时间短，根据不同的防护区一般规定为 8s 或 10s，同时对其灭火设计浓度取值需考虑较大的安全系数。

IG541 是靠物理窒息灭火，在与火焰接触时无伴随物产生。

细水雾灭火是通过冷却、窒息、阻隔热辐射、浸润等综合作用实现的，在与火焰接触时无伴随物产生，但细水雾灭火系统对遮挡灭火有一定的难度，不能完全等同全淹没系统，且水蒸气凝结可能对电气设备造成一定影响，同时可能会有水渍。

（3）系统安全性、适用性高

IG541 灭火剂是多种惰性气体的混合，对人体、设备及大气环境均不存在任何不安全因素；IG541 灭火

剂平时以高压气体形式贮存在压力容器中，火灾时通过输配管线释放到发生火灾的防护区内，由于贮存状态下压力较高，因此对贮存容器、输配管线及阀门的耐压提出较高的要求，但就我国设备生产工艺水平而言，只需在设计、施工、采购等环节中给予充分关注，即可保证系统的安全性。

IG541 气体自动灭火系统在国内外已经过充分的实践证明，该系统是安全、可靠且有效的，尤其是在国内其他大中型城市轨道交通工程中的应用实例，更能证明该系统对轨道交通工程的适用性。

（三）充分利用市政水压开展给水系统设计

通过现场管线调查和与自来水公司的反复对接，本工程大部分车站周边道路两边均有 2 条市政自来水管，能满足车站用水量要求；通过现场实测车站附近的市政给水压力，沿线各车站市政水压较高，完全能满足车站消防给水压力要求，为避免像其他城市一样，自来水公司提供一个较低的、每个车站都相同的、不准确的市政水压，而造成全线所有车站都需要设置消防泵房和消防水池的问题，经与自来水公司相关技术人员反复沟通，自来水公司为每个车站提供了一个较准确合理的市政水压，经水力计算，全线仅光达站和橘子洲站设置了消防泵房和消防水池，其余 17 个车站都是利用市政水压为车站供水，大大减少了消防泵房和消防水池的建设和维护费用。

（四）车站周边无完善市政给水排水配套设施情况的综合处理

长沙市轨道交通 2 号线一期工程终点站光达站地处市郊，附近无市政给水管线和排水管线。为解决车站给水问题，以从邻近的长沙火车南站引入的区间消防管道作为车站的水源，在光达站设置消防泵房和消防水池，解决消防给水问题。为满足环评验收要求，在车站室外设置一体化污水处理装置，卫生间生活污水经装置处理达到排放标准后就近排到附近的沟渠。

（五）出入段线洞口雨水泵站结合区间废水泵房设置，节省工程造价

为排除出入段线敞口段雨水，一般在距离 U 型槽起点里程以下 20m 左右设置一座雨水泵站；出入段线在线路最低点需要设置区间废水泵房。在长沙市轨道交通 2 号线一期工程黄兴车辆段出入段线泵房设计中，区间最低点距离 U 型槽起点里程为 68m，为节省工程造价，经过反复的排水量核算，区间废水泵房兼出入段线雨水泵站综合考虑设置，比较传统的泵房设计，节省了区间废水泵房的土建投资。

四、工程照片及附图

车站卫生间真空排污系统设备

车站主废水泵房

公共区消火栓箱外观

公共区消火栓箱内部消防器材

敞口风亭集水井

设备区消火栓箱

车站轨行区给水排水管线

区间给水排水管线

地下车站消防泵房内消防泵

地下车站消防泵房内气压罐

地下车站室外水泵接合器

地下车站室外消火栓

区间消火栓栓口

消防器材箱

气瓶室内钢瓶

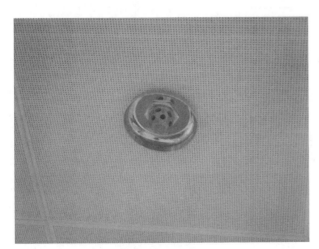

气体灭火系统喷头

气体灭火系统就地控制盘

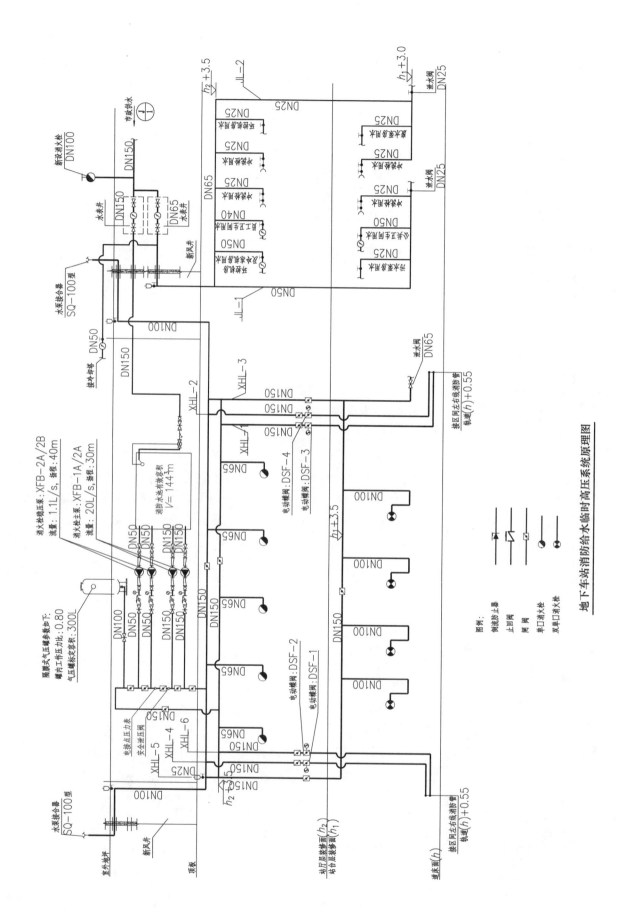

地下车站消防给水临时高压系统原理图

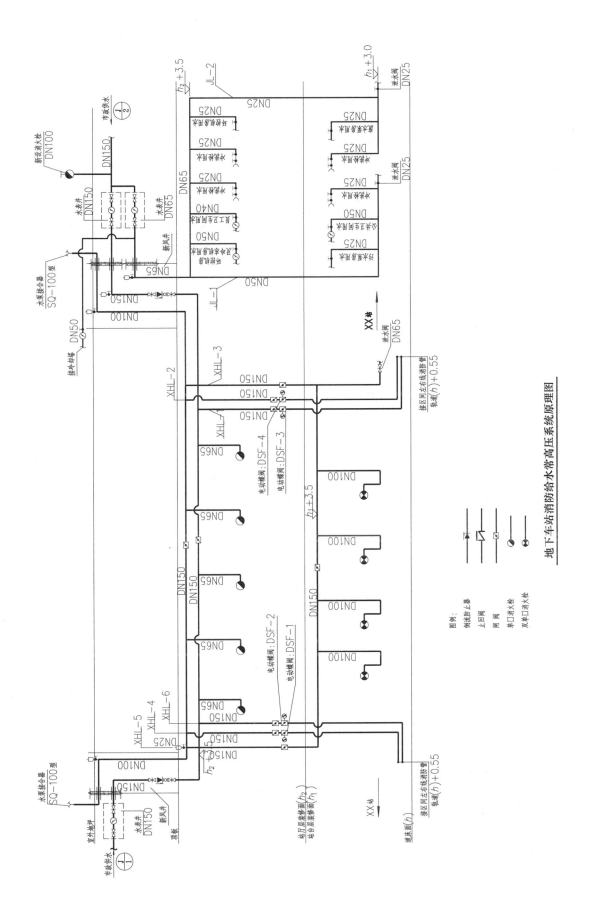

地下车站消防给水常高压系统原理图

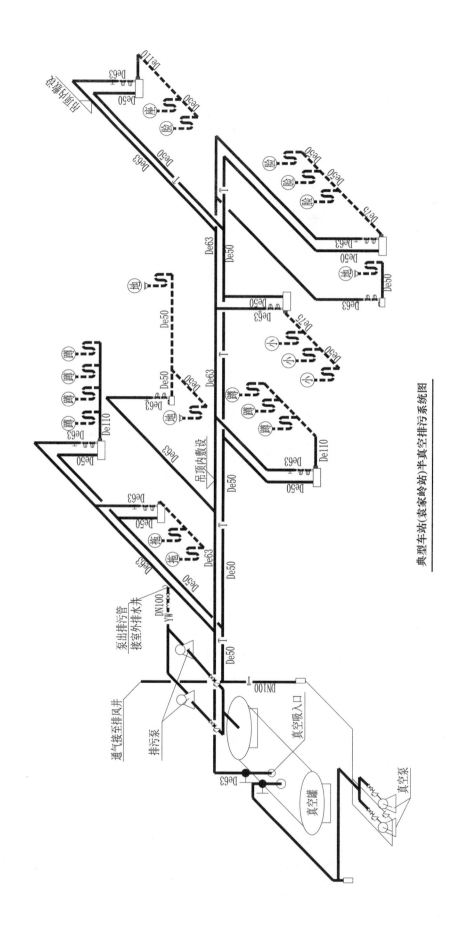

典型车站(袁家岭站)半真空排污系统图